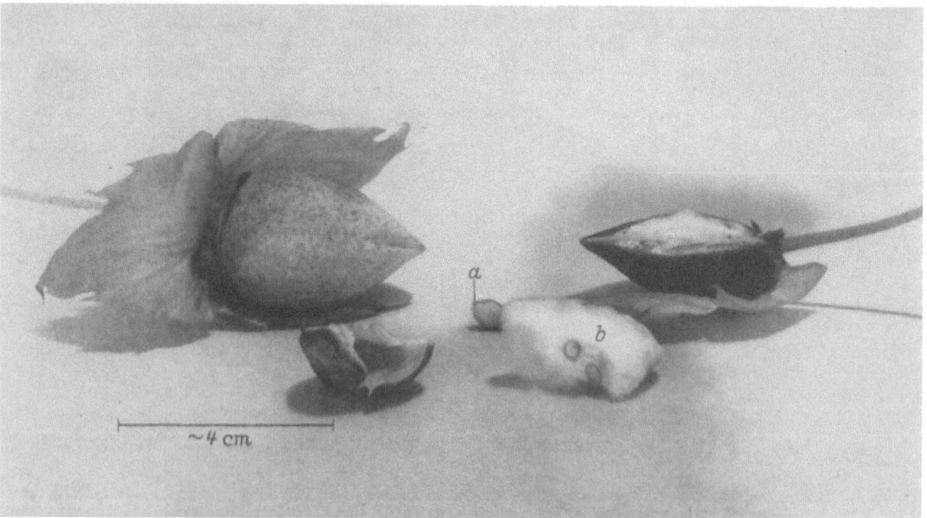

Unsere natürliche Quelle reinster Cellulose, die Baumwolle

Bild oben: Baumwollstrauch in Blüte

Bild unten: unaufgesprungene Baumwollkapsel; daneben dieselbe im Schnitt mit Baumwollsamen *(a)* sowie Baumwollsamen mit den anhaftenden, kunstvoll zusammengefalteten Samenhaaren *(b)* der Baumwolle, die botanisch einen Flugapparat darstellen

DIE CHEMIE DER PFLANZENZELLWAND

EIN BEITRAG ZUR MORPHOLOGIE PHYSIK · CHEMIE UND TECHNOLOGIE DER CELLULOSE UND IHRER BEGLEITER

BEARBEITET VON:

E. ADLER · S. ASUNMAA · J. GIERER · O. HÄRTEL · B. KOLJO (O. KRATKY) · P. W. LANGE · B. LINDBERG · H. MEIER · G. POROD J. SCHURZ · P. SITTE · L. STOCKMAN · E. TREIBER

HERAUSGEGEBEN VON

ERICH TREIBER

ZENTRALLABORATORIUM DER SCHWEDISCHEN CELLULOSEINDUSTRIE STOCKHOLM

MIT 249 ABBILDUNGEN

IN 336 EINZELDARSTELLUNGEN

Springer-Verlag Berlin Heidelberg GmbH

1957

Ursprünglich erschienen bei Springer-Verlag Berlin Heidelberg in 1957
Softcover reprint of the hardcover 1st edition 1957

ISBN 978-3-642-49493-2 ISBN 978-3-642-49779-7 (eBook)
DOI 10.1007/978-3-642-49779-7

Vorwort

In den letzten Dezennien hat sich mehr und mehr die Erkenntnis durchgesetzt, daß die submikroskopische Struktur, oft die ganze biologische Einheit (Faserzelle), von außerordentlicher Bedeutung für das Verstehen chemischer und technologischer Eigentümlichkeiten ist. Eine Cellulosechemie muß daher mehr und mehr auch die übermolekulare und biologische Struktur, an die physikalische und zum großen Teil auch chemische Eigenschaften hochpolymerer Stoffe geknüpft sind, hervorheben und behandeln. Darüber hinaus müssen die Eigenheiten wie auch die Rolle der Begleitstoffe der Cellulose — vom chemischen, physikalischen wie auch morphologischen Gesichtspunkt aus — im biologischen Zusammenhang betrachtet werden. Dies führt zwangsweise zu einer Chemie, Physik und submikroskopischen Morphologie der Pflanzenzellwand.

Vorliegende Monographie stellt nun einen Versuch dar, diese Lücke in der Darstellung verschiedener Cellulosechemien auszufüllen, wie auch die zu kurze und nur auf das Nutzholz ausgerichtete Behandlung in den Lehrbüchern der Holzchemie zu komplettieren. Man kann heute eben nicht mehr allein von einer *chemischen* Holzforschung sprechen; muß sich doch der Cellulosechemiker ebenso mit gewissen botanischen, anatomischen, pflanzenphysiologischen, biologischen, physikalischen und physiko-chemischen Fragen beschäftigen, wenn er den von der Natur so heterogenen, jedoch nach unfaßbaren Gesetzmäßigkeiten so logisch aufgebauten Naturstoff „Holz" kennenlernen, verstehen und in seiner zweckmäßigen technologischen Verwertung völlig beherrschen will.

Es ist der Wunsch der Autoren, neben den wissenschaftlichen Tatsachen und Erkenntnissen, die an verschiedensten Pflanzenorganen gemacht wurden, vornehmlich auch die Ergebnisse herauszustellen, die technische Bedeutung besitzen. Somit soll dieses Buch wissenschaftlichen Instituten mit Lehrtätigkeit, Forschungslaboratorien, wie auch der Industrie sich gleich dienlich erweisen. Es muß jedoch hervorgehoben werden, daß es *nicht* in der Absicht des Herausgebers lag, eine Cellulose- oder Holzchemie zu schreiben, auch wenn bedauerlicherweise kein modernes, umfassendes, in deutscher Sprache geschriebenes Buch existiert (NIKITINs Buch „Die Chemie des Holzes" in deutscher Übersetzung [Akademieverlag Berlin 1955] stützt sich allzu einseitig auf die russische Literatur) und viele hervorragende angelsächsische Ausgaben durch die rasche Entwicklung dieser Gebiete oft nicht mehr völlig up to date sind. Es muß daher an dieser Stelle auch dem Springer-Verlag — neben der gewissenhaften und vorzüglichen Druckausstattung — vor allem für die rasche Drucklegung gedankt werden, die es ermöglichte, eine, wie wir hoffen, den Wissensstand, wie er zum Zeitpunkt der Drucklegung herrschte, weitgehend entsprechende moderne Darstellung vorzulegen. Andererseits muß der Nachteil mit in Kauf genommen werden, daß es auf vielen Gebieten, auf denen die Entwicklung noch zu sehr im Flusse ist, nur möglich war, Tatsachen zu referieren und Arbeitshypothesen gegenüberzustellen, ohne ein kritisch abgerundetes Bild zu geben.

Da der Monographie in ihrer Zielsetzung — neben einer Einführung in die mikroskopische Morphologie (nebst Abriß des Baues der wichtigsten Zellstoff- und

Textilfaserlieferanten) für Chemiker und Zellstofftechniker, die Darstellung der Chemie, Physik und submikroskopischen Morphologie der Cellulose und ihrer Begleiter, gesehen im biologischen Durchdringungssystem, welches die Zellwand darstellt — kein eigentlicher Vorläufer vorausgegangen ist, muß sie als ein erster Versuch gewertet werden, das umfangreiche und verstreute Material referierend in einem Buch zusammenzufassen, und es ist so verständlich, daß sich manche Punkte für eine Kritik ergeben werden, insbesondere, was Stoffauswahl und Anordnung betrifft. Gelegentliche Stoffüberschneidungen — die erfahrungsgemäß häufig in Handbüchern mit unabhängigen Beiträgen einer größeren Anzahl Autoren zu beobachten sind — sind wohl vorgekommen. Da jedoch solche speziellen Teile eines Sachgebietes von recht unterschiedlichen Gesichtspunkten aus behandelt und von verschiedenen Federn geschrieben wurden, kann darin vielfach sogar ein didaktischer Vorteil erblickt werden.

Das Buch ist in zwei Teile gegliedert, und zwar in eine Einführung mit besonderer Betonung der botanischen Seite, während der zweite Teil die Chemie, physikalische Chemie und submikroskopische Morphologie der Pflanzenzellwand — getrennt nach primären und sekundären Pflanzenstoffen — behandelt. Die Einführung wie der Anhang zum Abschnitt über die Cellulose — ein allgemeiner Grundriß ihrer Chemie und Physik — sollen die speziellen Ausführungen abrunden und dem Buch einen breiteren Anwendungsraum geben. Es bedarf übrigens wohl keiner Begründung dafür, daß die wesentlichen Untersuchungsmethoden nur kurz und in grundsätzlicher Hinsicht berührt wurden.

Den Fachkollegen danke ich im eigenen Namen sowie den der Mitarbeiter für viele Anregungen, für zur Verfügung gestellte Literatur und Originalabbildungen, für solche insbesonders Herrn Prof. Dr. K. Hess, Dozent Dr. W. Liese, Dozent Dr. B. Thunell und der Cellulosefabrik Attisholz AG (Dr. H. Bucher).

Für das fördernde Interesse am Zustandekommen dieses Beitrages zur Holzchemie danke ich ferner dem hiesigen Zentrallaboratorium der Celluloseindustrie, dem Holzforschungsinstitut sowie der schwedischen Zellstoffindustrie. Für Mithilfe bei den Übersetzungen gebührt mein Dank Herrn Dr. J. Gierer. Die Register hat Herr Ing. J. Rehnström besorgt.

Lidingö, Sommer 1957 **Erich E. Treiber**

Mitarbeiterverzeichnis

ADLER, E. Prof. Dr., Chalmers Technische Hochschule, Göteborg, Schweden

ASUNMAA, S. Dr., Schwedisches Holzforschungsinstitut, Stockholm

GIERER, J. Dr., Schwedisches Holzforschungsinstitut, Stockholm

HÄRTEL, O. Prof. Dr., Pflanzenphysiologisches Institut der Universität Graz, Österreich

KOLJO, B. Dr., Schwedisches Holzforschungsinstitut, Stockholm

KRATKY, O. Prof. Dr., Institut für physikalische Chemie der Universität Graz, Österreich

LANGE, P. W. Doz. Dr., Zentrallaboratorium der Borregaard AG., Sarpsborg, Norwegen

LINDBERG, B. Doz. Dr., Königl. technische Hochschule Stockholm und schwedisches Holzforschungsinstitut, Stockholm

MEIER, H. Dr., Schwedisches Holzforschungsinstitut, Stockholm

POROD, G. Doz. Dr., Institut für physikalische Chemie der Universität Graz, Österreich

SCHURZ, J. Dr., Institut für physikalische Chemie der Universität Graz, Österreich

SITTE, P. Dr., Elektronenmikroskopisches Laboratorium der Universität Innsbruck, Österreich

STOCKMAN, L. Prof., Königl. technische Hochschule Stockholm und Zentrallaboratorium der schwedischen Celluloseindustrie, Stockholm

TREIBER, E. PDoz. Dr., Zentrallaboratorium der schwedischen Celluloseindustrie, Stockholm

Inhaltsverzeichnis

Erster Teil

Einführung

Erstes Kapitel

Einleitung

Bearbeitet von
E. Treiber und L. Stockman
Mit 30 Abbildungen

Zweites Kapitel

Die Kohlenhydrate

(Kurze allgemeine Darstellung)
Bearbeitet von E. Treiber
Mit 4 Abbildungen

Drittes Kapitel

Mikroskopische Morphologie

(nebst einem Abriß des Baues der wichtigsten Faserpflanzen)
Bearbeitet von O. Härtel
Mit 49 Abbildungen

Zweiter Teil

Chemie und submikroskopische Morphologie der Pflanzenzellwand

Viertes Kapitel

Die primären Pflanzenstoffe

Bearbeitet von

S. Asunmaa, P. W. Lange, B. Lindberg, H. Meier und E. Treiber

Mit 103 Abbildungen

Fünftes Kapitel

Anhang (zu § 19 und 20)

(Allgemeines zur Chemie und Physik der Cellulose)

Bearbeitet von

(O. Kratky), B. Lindberg, G. Porod, J. Schurz und E. Treiber

Mit 31 Abbildungen

Sechstes Kapitel

Die Chemie der übrigen Wandsubstanzen

Bearbeitet von

E. ADLER, J. GIERER, O. HÄRTEL, B. KOLJO, B. LINDBERG, P. SITTE und E. TREIBER

Mit 32 Abbildungen

Erster Teil

Einführung

Erstes Kapitel

Einleitung

Bearbeitet von

E. Treiber und L. Stockman

Mit 30 Abbildungen

§ 1. Vorbemerkung

Von E. Treiber

Der Baustein der Pflanze, der die Synthese der Cellulose vollbringt, ist bekanntlich die Zelle. Von ihren Hauptbestandteilen — Zellwand, Protoplasma und Zellkern — interessiert uns hier nur der erstere, die Zellwand oder Zellmembran, die die Zellen deutlich von einander abgrenzt und einen Cellulosemantel darstellt. Sie gibt also der Zelle ihre Form und begrenzt sie nach außen. Daß sie hingegen nicht unbedingt notwendig ist, zeigt das Vorkommen nackter Zellen, wie z. B. Schwärmsporen und Plasmodien der Schleimpilze *(Myxomyceten)*. Der Aufbau mehrzelliger, höher differenzierter Organismen ist jedoch stets an das Vorhandensein der Zellwände gebunden; diese übernehmen nicht allein mechanische Funktionen, vermöge der in ihnen enthaltenen Gerüstsubstanzen, sondern auch physiologische.

Im allgemeinen werden einmal gebildete Zellwände nicht mehr in den Stoffwechsel einbezogen, wenngleich es hier auch eine Reihe von Ausnahmen gibt. Physiologisch findet z. B. eine Resorption bei den Querwänden der Tracheen statt, ferner in lysigenen Intercellularen; in pathologischen Fällen findet sich Wandauflösung häufiger (Pilzinfektionen, Gummosis u. a.). Im Gegensatz zu Membranstoffen werden Reservestoffe wieder mobilisiert. Allerdings läßt sich eine Grenze zwischen Gerüst- und Reservestoffe, beides vorwiegend Ausscheidungsstoffe des lebenden Protoplasmas, nicht scharf ziehen. So besitzen z. B. die Hemicellulosen sowohl die Funktion von Stütz- als auch von Reservestoffen; erstgenannte Funktion wird besonders bei den Samen deutlich, letztere ist bei den Hemicellulosen mancher Hölzer, z. B. Weiden *(Salix)* beobachtbar. Ähnlich verhält es sich mit den Pektinstoffen, die in der Mittellamelle zunächst als selbständige Wandschicht in Erscheinung treten können; darüber hinaus spielen Pektine eine Rolle als Reservestoffe, Haftelement und möglicherweise auch die eines Schutzkolloids. Die physiologische Bedeutung ist allerdings noch unzureichend bekannt. Pflanzenschleime, die keine pathologischen Ausscheidungen darstellen, spielen ebenfalls eine wichtige Rolle im Pflanzenmetabolismus[1]. (Nahrungs- und Wasserreserve). (Vgl. S. 252).

[1] Vgl. P. S. Rao: Sci. a. Cult. **17**, 36 (1951).

Gerüst- oder Membranstoffe können nun primäre oder sekundäre Pflanzenstoffe darstellen. Zu den primären zählt das wichtigste Bauelement der Zellwand, die *Cellulose*; ferner gehören wohl hierher die übrigen Kohlenhydrate mit den verschiedenen Funktionen bis zu den eigentlichen Reservestoffen, die im Rahmen der Kohlenhydrate am Rande eine knappe Erwähnung finden werden. Unter den sekundären Pflanzenstoffen beanspruchen Lignin, Suberin und die Cuticularstoffe unser spezielles Interesse.

Wie noch hervorgehoben wird, sind bei makromolekularen Stoffen physikalische Eigenschaften — zum Teil auch chemische — stark an die übermolekulare Struktur geknüpft. Bei natürlichen Hochpolymeren ist oft die ganze biologische Einheit (Zelle, Faser) von großer Bedeutung für das Verstehen gewisser chemischer und technischer Eigentümlichkeiten.

Bei der Zellstofferzeugung z. B. fällt die Cellulose bekanntlich nicht in Form von ungeordneten Cellulosefibrillen, sondern in Form von mehr oder minder intakten, isolierten Zellen an, und für die Papierfabrikation sind beispielsweise die biometrischen Kennwerte (Faserlänge und -breite, Zellhöhlung, Wandstärke, Geschmeidigkeits- und Verfilzungskoeffizient) ebenso wichtig wie chemisch-analytische Daten. Es sei nebenbei erwähnt, daß die Süddeutsche Zellwollfabrik/Kehlheim in ihrem Patent[1] einst den Gedanken aussprach, die Strukturerhaltung der Faserzellen aufzugeben und den Zellstoff in Hammermühlen zu zermahlen. BARTUNEK stellt vom Gesichtswinkel der Kunstseidenindustrie mit Recht fest, daß die Reaktionsweise der Cellulose nur zu verstehen ist, wenn man den makromolekularen-micellaren-fibrillären Aufbau dieses Kohlenhydrats berücksichtigt, also die Morphologie des Faserstoffs. L. E. WISE sagt: "cellulose is a *system* not a pure individual". JAHN, der sich mit der Chemie des Holzes auseinandersetzt, bemerkt: Holz — ein Produkt biologischer Entwicklung — ist eine anatomisch, physikalisch und chemisch heterogene Substanz. Sie ist selbst im einzelnen Baum nicht gleichartig und variiert bis zu einem gewissen Ausmaß zwischen den Individuen derselben Art; oft sehr merkbar zwischen verschiedenen Spezies. Holz ist ein typisches, lignifiziertes Pflanzengewebe und die Zellwände bestehen aus einem sich durchdringenden System von hochpolymeren Substanzen, in der Hauptsache Cellulose, Pentosane, Polyuronide und Lignin. In der Zellwand findet sich noch ein weiterer Komplex von Naturstoffen, wie Tannine, Stärke, Harze, Öle, Farbstoffe usw. Die Erforschung der Natur all dieser Stoffe, besonders der höhermolekularen in der Zellwand, und die Entschleierung ihrer Verteilung, Anordnung, Beziehungen und Assoziationen macht die Holzchemie zu einem der heikelsten Gebiete chemischer Forschung.

Als erschwerend sieht WENZL mit Recht noch den Umstand an, daß man eben kaum mehr allein von einer chemischen Holzforschung sprechen kann; muß sich doch der Cellulosechemiker ebenso mit gewissen botanischen, anatomischen, pflanzenphysiologischen, biologischen, physikalischen und physikochemischen Fragen beschäftigen, wenn er den von der Natur so heterogenen, jedoch nach unfaßbaren Gesetzmäßigkeiten so logisch aufgebauten Naturstoff Holz verstehen und kennenlernen und in seiner zweckmäßigen technologischen Verwertung beherrschen will.

Auf alle Fälle darf weder das Holz noch ein anderer Faserrohstoff, ja nicht einmal reine native Cellulose (Baumwolle) als eine simple Mischung verschiedener hoch- und niedermolekularer Stoffe betrachtet werden. Durch chemische und physikalische Assoziationen liegt in jedem Fall ein submikroskopisches komplexes Durchdringungssystem vor und Eigenarten der Reaktion und des physikalischen Verhaltens werden zum Großteil durch morphologische Faktoren bestimmt, insbesonders textiltechnologische Eigenschaften natürlicher Faserstoffe (Baumwolle, Bast- und Blattfasern). Aber selbst die Eigenschaften der Kunstseide werden — wenn sich die DOLMETSCHsche Auffassung[2] bewahrheitet — bis zu einem gewissen Ausmaß von rein morphologischen Faktoren des Ausgangszellstoffs mitbestimmt, wenn biologische Strukturelemente in den künstlichen Faden mit übernommen und eingebaut werden.

Voraussetzungen für eine Faserbildung und die Beeinflussungen faserbildender Hochpolymerer durch chemische und morphologische Faktoren u. dgl. sollen an Beispielen nun eingehender diskutiert werden.

[1] Belg. P. 449626.

[2] DOLMETSCH, H.: Holz Roh-Werkstoff **13**, 178 (1955).

§ 2. Bauprinzipien der Faserstoffe

Natürliche und mit wenigen Ausnahmen auch künstliche Faserstoffe, wie z. B. Baumwolle, Seide, Wolle, Nylon u. a. verdanken ihre Fasereigenschaft Kettenmolekülen, die sich perlschnurartig aus Grundbausteinen aufbauen, welche durch Hauptvalenzen zusammengehalten werden. Nach CAROTHERS muß die Kettenlänge wenigstens etwa 700—1300 Å betragen, um brauchbare Fasern zu ergeben; dies deckt sich auch mit mehreren Beobachtungen an Cellulose, daß

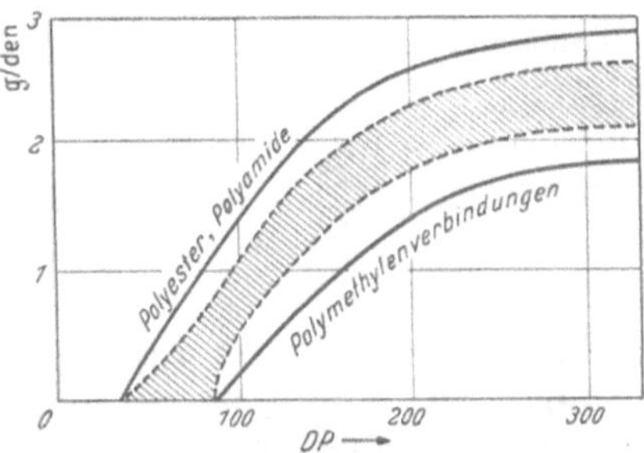

Abb. I, 1. Diagramm nach H. MARK

unter einem DP-Wert von etwa 100 keine Fäden gesponnen werden können (vgl. auch Abb. I, 1). Die Fadenmoleküle sind flexibel, wobei die Biegsamkeit sowohl von der Art der Reste (Kettenglieder; z. B. -CH_2-Gruppen, Glucoseringe usw.), als auch von der Sperrigkeit und Fähigkeit der seitlichen Gruppen intramolekulare H-Brücken (lose Vernetzungen) (Abb. I, 2) und intermolekulare Haftstellen auszubilden, abhängen wird (vgl. Abb. I, 2 B)[1]. Auch das Problem des Fadenziehvermögens der Lösungen und Schmelzen, die Erscheinung besonderer Viscositätsanomalien (NITSCHMANN[2]) steht damit im Zusammenhang. Durch *starke*

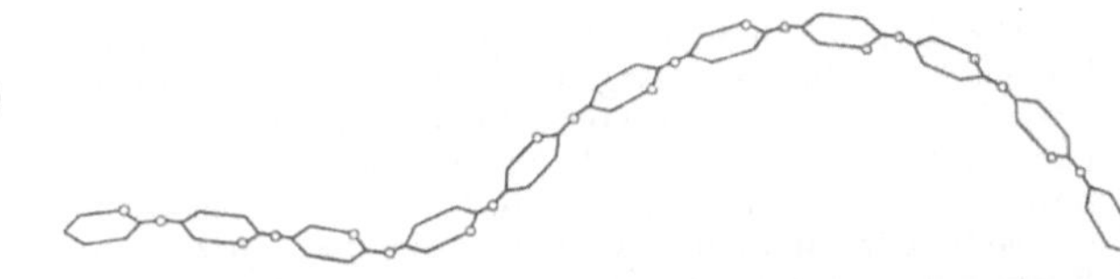

Abb. I, 2. A Stuartmodell einer Cellulosekette nach P. H. HERMANS. B Möglichkeiten intramolekularer Wasserstoffbrücken nach BERNAL, MEGAW und SHERMAN, die auch zu einer Versteifung der Einzelkette führen[3]. C Intermolekulare Wasserstoffbrücken (/·/·/·/·/·/) in (fester) Cellulose (oben) und Nylon 66 (unten) zum Vergleich. D Gestalt eines Cellulosemoleküls bei weitgehender Behinderung der freien Drehbarkeit

[1] PARISOT, A.: Melliand Textilber. **37**, 65 (1956).

[2] NITSCHMANN, Hs.: Helvet. chim. Acta **31**, 297 (1948).

[3] Nach P. H. HERMANS: In H. R. KRUYT, "Colloid Science" Bd. 2, S. 612. Amsterdam 1949.

Vernetzungen geht jedoch die Fasereigenschaft weitgehend verloren (Hartgummi, Phenoplaste) (Vgl. Tab. I, 1a).

Hochvernetzte makromolekulare Verbindungen,' die wegen ihrer Vernetzung auch nicht gelöst werden können und bei denen z. B. die Frage nach Molekülgröße bzw. Molekulargewicht mehr oder minder sinnlos wird, bezeichnet STAUDINGER[1] als *einaggregatige Stoffe*.

Die Eigenschaften der Fasern werden weiter noch bestimmt sowohl von der Länge, Orientierung, Faltung (z. B. im α-Keratin), wie auch von der Packung der Kettenmoleküle — letzten Endes also vom Fehlen oder Vorhandensein kristalliner Bereiche und der Art des Gefüges (Textur) — in der Faser. So besitzen z. B. technische Protein- und Caseinfasern nur einen geringen kristallinen Anteil; sie sind daher wenig reißfeste und plastische Fasern (vgl. Tab. I, 1b und Abb. I, 3).

Tabelle I, 1a

Intermolekulare Kräfte in kcal/Mol		
Polyisopren . .	1,3	Gummicharakter
Polybutadien .	1,1	Gummicharakter
Celluloseacetat .	4,8	
Cellulose . . .	6,2	
Seide	9,8	

Tabelle I, 1b

Struktur des Fadens	Reißfestigkeit	Dehnbarkeit
hohe Orientierung	hoch	gering
schwache Orientierung	gering	hoch
hohe Kristallinität	hoch	sehr gering
geringe Kristallinität	gering	hoch

Auch die elastischen Eigenschaften sind an die übermolekulare Struktur geknüpft; wir haben es hier entweder mit Deformationsprozessen eines Netzwerkes oder mit Verknäuelungsvorgängen (Wärmebewegung der orientierten Segmente) zu tun. Dasselbe gilt zum Teil auch für die Zerreißfestigkeit — eine sehr komplexe Größe, die wesentlich von den Störstellen des makromolekularen Aufbaues abhängt — und für die Quellungsphänomene.

Aus diesen kurzen Hinweisen ersehen wir, daß für die physikalischen Eigenschaften, zum Teil auch für die chemische Reaktionsfähigkeit der Faserstoffe, im hohen Maße neben dem Molekulargewicht und der Molekülgestalt, wie bereits erwähnt, vor allem die *Textur* verantwortlich ist, so daß Stoffe mit chemisch stark verschiedenen Grundbausteinen, aber übereinstimmendem übermolekularen Aufbau weitgehend ähnliche Eigenschaften aufweisen.

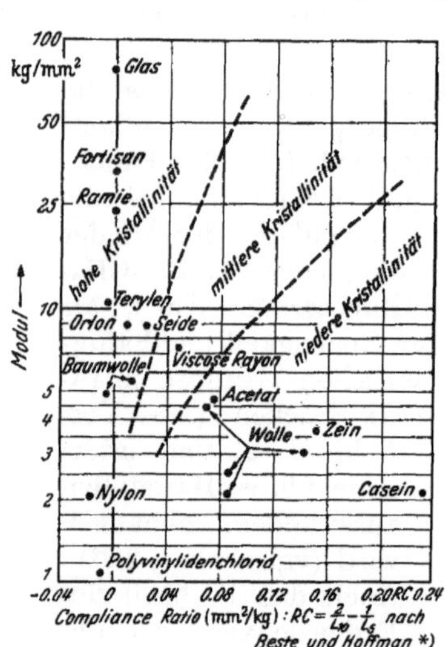

Abb. I, 3. Diagramm nach S. J. ALLEN

*) L. F. BESTE und R. M. HOFFMAN (Textile Res. J. **20**, 441 [1950]; L_x = Spannung [stress] in g per den. bei x % Verlängerung)

Ein Beispiel hierfür ist z. B. Seide und Cellulose. Tabelle I, 2 bringt eine Gegenüberstellung der Dichte und optischen Eigenschaften von Cellulose und Seidenfibroin nach FREY-WYSSLING[2]. Auch in morphologischer Hinsicht bestehen gewisse Parallelen (Abb. I, 4). Beide Faserstoffe — Sekundärwände der Pflanzenzelle und speziell die Kernschicht des Fibroinfadens — spalten in parallelen Fibrillen auf, doch scheint die Naturseide mehr den Kunstseiden zu entsprechen, mit denen sie hinsichtlich des Bildungsprozesses (Spinnprozesses) auch viel mehr gemein hat. Trotz der relativ einfachen Spinnvorrichtung des Seidenspinners ist die morphologische Struktur der echten Seide verhältnismäßig kompliziert (Abb. I, 4; d, e), aber auch bei der Regeneratcellulose der Kunstseide, die gewissermaßen als Vergleich angeführt werden kann,

[1] STAUDINGER, H.: Makromol. Chem. **9**, 221 (1953).

[2] FREY-WYSSLING, A.: Biochim. et Biophysica Acta **17**, 155 (1955).

sind die Strukturverhältnisse nicht allzu simpel. Bei Anfärbeversuchen von Faserquerschnitten[1] wird im allgemeinen eine Haut-Kern-Struktur beobachtet und Arbeiten von Elöd, Kratky und Hermans zeigten auch das Vorhandensein eines Strukturgefälles an, d. h., daß die Orientierung der Kristallite an verschiedenen Stellen des Querschnittes verschieden ist, insbesonders, daß im allgemeinen eine Zu- oder Abnahme der Orientierung in Richtung von der Oberfläche gegen den Kern der Faser erfolgt[2]. Verfeinerte Untersuchungen des Haut-Kern-Effekts zeigen, daß mehrere Zonen im Querschnitt beobachtet werden können. Nach Vegt[3] besteht die Mantelzone aus der Epidermis, der schwammartigen zweiten Schicht und der maschenartigen dritten Schicht. Die komplexe Struktur der Haut — die eine stärkere axiale Micellorientierung anzeigt — wird von Joshi[4] wie folgt interpretiert: die äußerst dünne Außenschicht ist offenbar eine Fixierung der Viskoseorientierung während des Austritts aus der Düse innerhalb der Relaxationszeit ($\sim 10^{-6}$ sec). Die zweite Schicht, die eigentliche Haut, verdankt ihre Entstehung der Eindiffusion des Fällbades. Die dritte dünne Schicht geht unscharf in den Kern über. (Die Hautstruktur hängt stark von den Spinnbedingungen ab und Morehead und Sisson konnten Fäden zwischen beiden Extremen, hautlose und Vollmantelfasern, darstellen. Hochfeste Cordseiden sind Vollmantelfasern oder Fasern mit dicker Haut). Ramanathan[5] weist auf die textiltechnologische Bedeutung der Hautsysteme bei Textilfasern hin. Derartige Hautstrukturen werden z. B. auch an Polyamidfasern beobachtet (Preston, Elöd u. a.).

Tabelle I, 2. *Vergleich zwischen nativer Cellulose und kristallinem Seidenfibroin nach* Frey-Wyssling *(*n_ε Brechungsindex parallel zur Kettenachse)*

	Doppelbrechung			Dispersion		Dichte	
	$(n_D)_\varepsilon^*$	$(n_D)_\omega$	Δn_D	$(n_F - n_C)_\varepsilon$	$(n_F - n_C)_\omega$	$(n_D)_{iso}$	ϱ
native Cellulose (20° C)	1,600	1,531	0,069	0,0114	0,0088	1,554	1,55
Seidenfibroin (25° C)	1,596	1,545	0,051	0,0130	0,0089	1,562	$1,46_4$

Während bei Metallen und Silikaten die das Gefüge aufbauenden Kristallite oft noch mikroskopisch sichtbar sind, so daß Einblicke in die Textur relativ leicht gewonnen werden können, sind die gittermäßig geordneten Bereiche der organischen Hochpolymeren — soweit sie nicht überhaupt fehlen — weit unter der Grenze der mikroskopischen Sichtbarkeit. Auch fehlt die ebene, rational geordnete Phasengrenzfläche.

Um ein möglichst vollständiges Bild des gesamten Aufbaus zu erhalten, muß die räumliche Anordnung der Atome zum Kettenmolekül, der Kettenmoleküle zum nächsten Strukturelement, der Micelle, und schließlich die der Micellen zu den nächst höheren Einheiten — Mikrofibrille, Sekundärfibrille *(Filum)*, Lamelle usw. — bis zum makroskopischen Festkörper, der Faserzelle und dergleichen, erforscht werden.

Aus den anschließend zu besprechenden Bildungsprozessen kann man — aus dem geschilderten Zusammenspiel der Verknäuelungs- und Kristallisationstendenz — das Zustandekommen eines neuartigen Aggregatzustandes ableiten, in welchem kristalline und amorphe Bereiche auftreten, die durch gemeinsame Fadenmoleküle verhängt sind (Abb. I, 5).

Eine weitere Eigenschaft der meisten Hochpolymeren ist die seitliche Anisotropie der Molekülkette und der kristallinen Bereiche, die im Falle der Hydratcellulose z. B. sehr ausgeprägt und aus der Diskussion der verschiedenen Gitter-

[1] Vgl. W. Fuhrmann: Skinners Silk a. Rayon Rev. **29**, 70 (1955). — Berry, W. R.: Textile Res. J. **24**, 397 (1954). — Preston, J. M., u. G. D. Joshi: Kolloid-Z. **122**, 6 (1951).

[2] Kratky, O.: In R. Pummerer, Chemische Textilfasern, Filme und Folien. S. 105/106. Stuttgart: F. Enke 1951. — Hermans, P. H.: Textile Res. J. **20**, 553 (1950). — Elöd, E.: Textil-Rdsch. **9**, 13 (1954).

[3] Vegt, A. K. van der, u. G. J. Schuringa: Riv. Tessile Aracue **7**, 975 (1952).

[4] Joshi, G. D., u. J. M. Preston: Textile Res. J. **24**, 971 (1954).

[5] Ramanathan, N. (Vortrag): Ref. in J. Textile Inst. **46**, P 727 (1955).

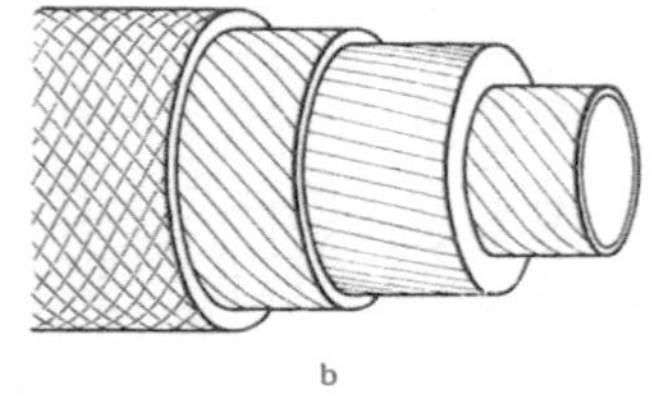
b

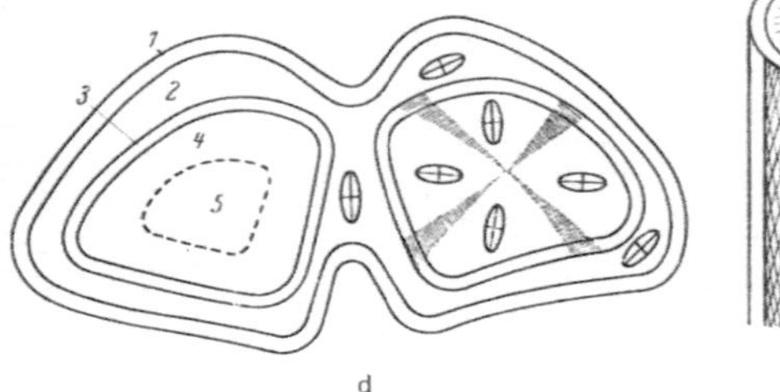
1
2
3
4
5
d

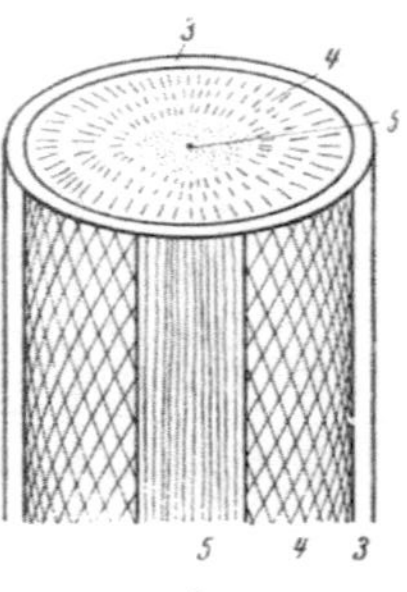
3
4
5
e

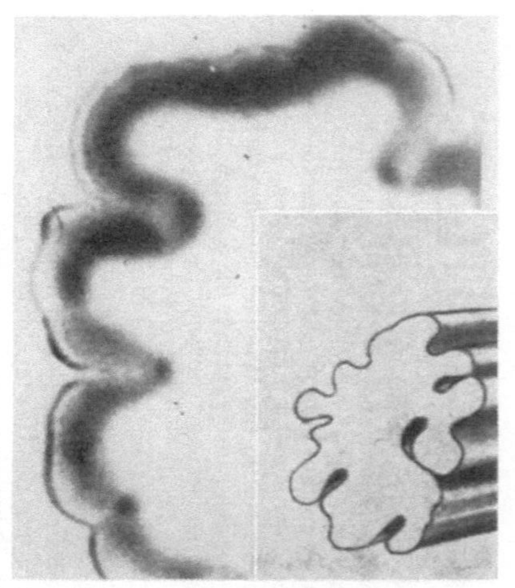

1μ

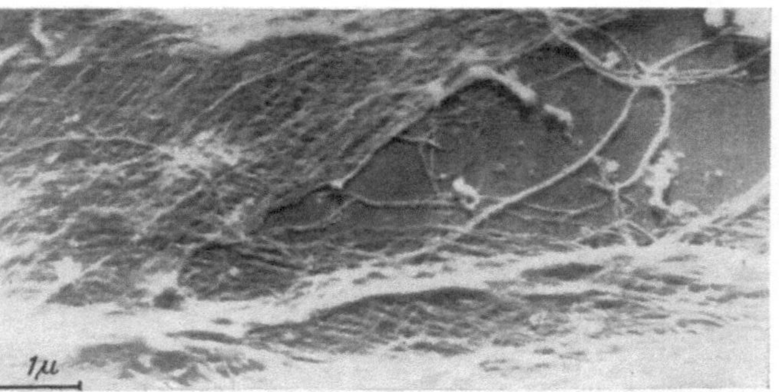
1μ

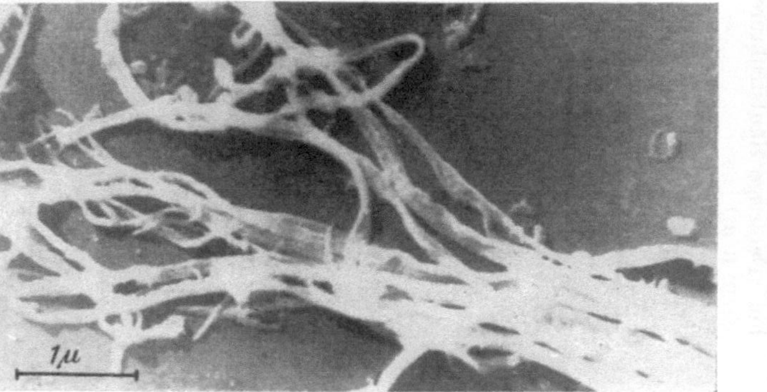
1μ

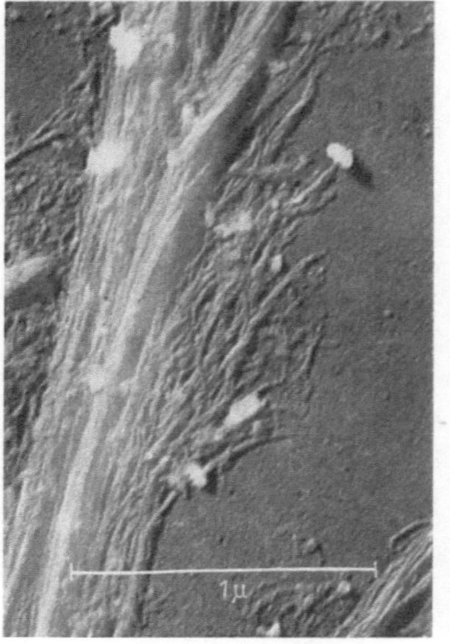
1μ

kräfte verständlich ist (s. S. 152). Derartige blättchenförmige Micellen sind vorwiegend durch zweidimensionale Lamellen, die stellenweise in Einzelketten übergehen können, verhängt (lineare Scharniere [KRATKY]; vgl. auch Abb. I, 6a, b).

Kristallitstränge oder -bündel bilden nun die Mikrofibrillen. Die oft aufgezeigte Konstanz in der seitlichen Dimension kann teils einer biologischen „Kontrolle" (FREY-WYSSLING), teils physikalischen Gegebenheiten (weitreichende zwischenmolekulare Kräfte usw.) entspringen.

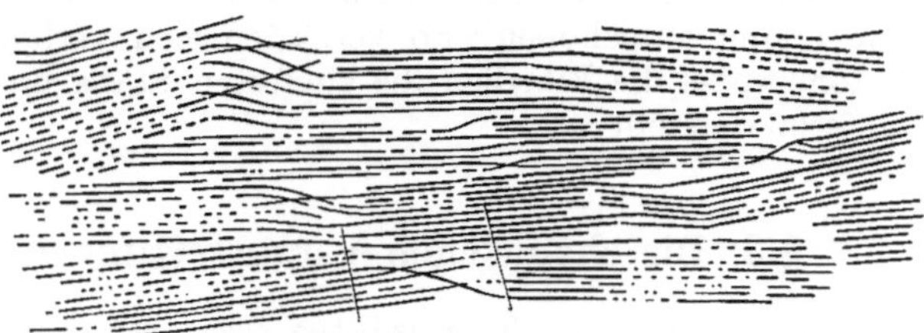

Abb. I, 5. Schema der Kettenlagerung in kristallinen und nichtkristallinen Bereichen (nach ALLEN)

Vor allem BALASHOV und PRESTON[1] sehen in der Mikrofibrille keine biologische, sondern eine thermodynamische Einheit (vgl. S. 14). Unter Wirkung von nicht abgesättigten Oberflächenkräften kann es zu weiteren Aggregationen, wie zur Bildung der Sekundärfibrille bzw. eines Mikrofibrillenbändchens kommen.

Der weitere Aufbau ist im allgemeinen streng durch die biologische Funktion bestimmt. Geeignete Quellfähigkeit, Quer-, Reiß- und

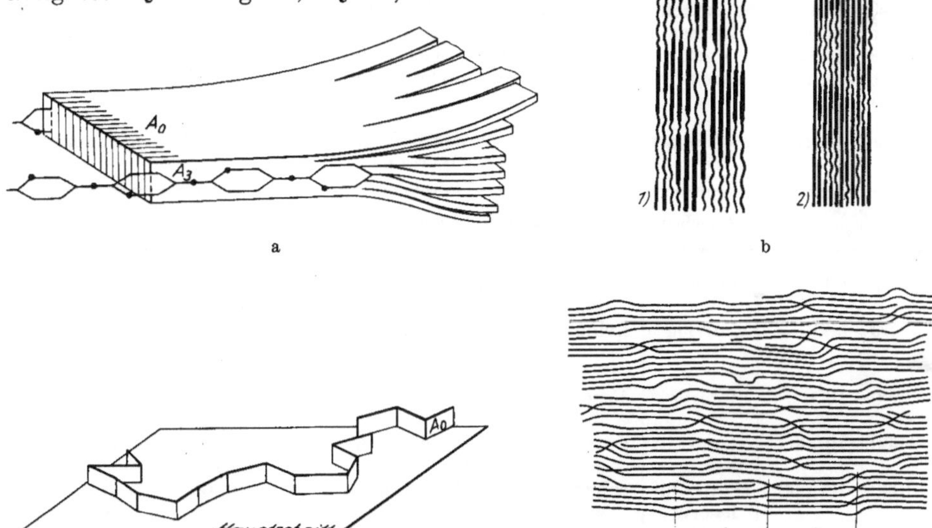

Abb. I, 6a. Aufspaltung der Hydratcellulosemicelle nach P. H. HERMANS, die Lage der Glucoseringe ist symbolisch angedeutet. 6b. Extreme Möglichkeiten der Anordnung von kristallinem und nichtkristallinem Material: 1: geordnete Bereiche, eingebettet in eine amorphe Matrix, 2: ungeordnete Bereiche, eingebettet in eine hochgeordnete Matrix. 6c. Idealmodell des „Micellarbandes mit linearen Scharnieren" nach KRATKY. 6d. Schema des micellaren Baues von vollsynthetischen Fasern nach HESS und KIESSIG

Abb. I, 4. Vergleich der Feinstruktur von Celluloselinters, Naturseide und Viskoseseide. a) Elektronenmikroskopische Aufnahme von Linters (Sekundärwand, durch Ultraschall zerteilt [RÅNBY]). b) Modell einer Cellulosefaser (Holzfaser). c) Elektronenmikroskopische Aufnahme der Seide nach HEGETSCHWEILER (oben: nach intensiver Aufschließung). d) Mikroskopischer Querschnitt (schematisch) durch einen Kokonfaden nach OHARA. e) Submikroskopische Struktur des Fibroinfadens. (1 = Hautschicht [amorphe Sericinmembran], 2 = faserige Mantelzone, in der die beiden Fibroinfäden eingebettet sind, 3 = Hautzone, 4 = Mittelschicht, 5 = Kernschicht). f) Submikroskopischer Bau einer hochverstreckten Viskoseseide. g) Angefärbte Hautschicht eines Querschnitts durch Viskoseseide nach JOSHI, mehrere Schichten zeigend. h) Modell eines gewöhnlichen Viskosefadens

[1] BALASHOV, V., u. R. D. PRESTON: Nature (London) **176**, 64 (1955).

Naßfestigkeit wird durch Schuppenschichten, Umwicklung eines Kerns von Fibrillenbündel mit Fibrillenbändern, seilförmige Anordnungen bzw. Verdrillungen, Querverbindungen und Kittsubstanzen erzielt. Die mangelnde Druckfestigkeit der Fasertextur wird bei den Holzzellen z. B. durch eine „Inkrustierung" mit Lignin aufgehoben. So verhalten sich verholzte Zellwände wie armierter Beton, wobei die Fibrillen die zugfesten Stäbe und Lignin das druckfeste Füllmaterial darstellt.

§ 3. Die chemischen Voraussetzungen für die Faserbildung

Über den Zusammenhang zwischen chemischer Konstitution und Faserbildung hochmolekularer Verbindungen liegt eine große Zahl theoretischer und experimenteller Veröffentlichungen vor, die dem erheblichen technischen Interesse an dieser Frage entspricht. Trotzdem ist zwischen den verschiedenen Eigenschaften, vornehmlich der Festigkeit einerseits und der Natur und Struktur der Kettenglieder oder Teile derselben, die die Faserstoffe aufbauen, andererseits kaum eine quantitative Beziehung angebbar. Durch die Untersuchungen an Polyoxymethylenen weiß man, daß das Faserbildungsvermögen an einem linear-makromolekularen Aufbau des die Faser bildenden Stoffes gebunden ist. CAROTHERS zeigte, daß eine bestimmte Mindestlänge der Fadenmolekel (vgl. Abb. I, 1) und eine gewisse Kristallisationsfähigkeit nötig ist. Für die Kristallisationsfähigkeit sind vornehmlich zwischenmolekulare Kräfte maßgeblich. Die Natur dieser diente z. B. BROSER[1] sogar als Einteilungsprinzip synthetischer Fasern. BATZER[2] formuliert die Voraussetzungen für die Faserbildung wie folgt: Solche makropolymere Verbindungen sind zur Faserbildung befähigt, deren Molekulargewicht ausreicht, um bei Summation der vorhandenen Nebenvalenzkräfte bzw. der daraus resultierenden zwischenmolekularen Kräfte längs der Molekülketten genügende Querfestigkeit zu liefern. Da Festigkeit bei einem bestimmten Schwellenwert dieser Kräfte erreicht wird, ist die Höhe des erforderlichen Molekulargewichts von Zahl, Stärke und Auswirkungsmöglichkeiten der *polaren Gruppen* pro Grundmolekül abhängig (vgl. Tab. I, 3 und I, 4).

Tabelle I, 3. *Abhängigkeit der Faserbildung von der Zahl der Kettenglieder eines fraktionierten Polyesters nach* BATZER[2]

Zahl der Kettenglieder	Aussehen	Festigkeit und Filmbildung	Löslichkeit, Quellung, Viscosität
20—50	pulvrig	verreibbar, salzartig, kristallin, keine Festigkeit	leicht löslich, ohne Quellung, dünnviscos
50—500	pulvrig	keine Filmbildung, wenig fest	löslich, Beginn von Quellungserscheinungen, dünnviscos
500—1000	faserig	Faser- u. Filmbildung, fest	löslich unter leichter Quellung, viscos
1000—10000	langfaserig	gute Film- u. Faserbildung, sehr fest u. zäh	unter Quellung löslich, hochviscos
10000—100000	sehr langfaserig	sehr fest und hart, spröde, schwer verspinnbar	unter Quellung langsam löslich, sehr hochviscos

Wieweit die chemische Konstitution oder Konstellation eine Rolle spielt, konnte BATZER an Polyestern von Fumar- und Maleinsäure zeigen. Während Fumarsäurepolyester bei niedereren Molekulargewichten als die analogen Bernsteinester Fasern bilden, sind die isomeren Polyester der Maleinsäure Öle oder Schmieren. Die Versteifung der trans-Konfiguration bei den Fumarsäurepolyestern bedingt eine Erhöhung der Symmetrie, die Gesamtmolekel wird gestreckt und kann sich leichter aneinanderlagern, wodurch eine Faserbildung begünstigt wird.

---

[1] BROSER, W., K. R. GOLDSTEIN u. H. E. KRÜGER: Kolloid-Z. **105**, 131 (1943); **106**, 187 (1944). — GOLDSTEIN, K. R.: Melliand Textilber. **32**, 900 (1951).

[2] BATZER, H.: Angew. Chem. **67**, 556 (1955): Vgl. auch R. HILL: Chem. a. Ind. **1954**, 1083. — ALLEN, S. J.: J. Textile Inst. **44**, P 286 (1953). — HEARLE, J. W. S.: Skinners Silk a. Rayon Rev. 28, 354 (1956).

Tabelle I, 4. *Molekulargewicht M und Zahl der Ester-Gruppen, bei denen das Film- und Faserbildungsvermögen verschiedener aliphatischer Polyester beginnt (nach* BATZER*)*

Polyester aus:	Filmbildungsbeginn bei: M	Filmbildungsbeginn bei: Zahl der Estergruppen	Faserbildungsbeginn bei: M	Faserbildungsbeginn bei: Zahl der Estergruppen
Oxalsäure + 1,6-Hexandiol	10000	120	14000	160
Oxalsäure + 1,7-Heptandiol	18000	200	20000	220
Bernsteinsäure + 1,6-Hexandiol	14000	140	18000	180
Glutarsäure + 1,6-Hexandiol	22000	205	27000	250
Adipinsäure + 1,6-Hexandiol	16000	140	20000	175
Pimelinsäure + 1,6-Hexandiol	23000	190	28000	230
Sebacinsäure + 1,6-Hexandiol	20000	140	24000	170

Elastizität: MEYER und LOTMAR[1] haben versucht, die Elastizität der Cellulose unter der Annahme, daß die elastischen Kräfte der C—C-Bindung $4{,}3 \cdot 10^5$ dyn/cm und die der —C—O-Bindung $5 \cdot 10^5$ dyn/cm beträgt, zu berechnen. Der Elastizitätsmodul errechnet sich zu 7900 bis 12300 kg/mm². Zwei Faktoren sind maßgeblich, die elastischen Kräfte der schwächsten Bindung und die Packungsdichte. Wieweit native Fasern diesen theoretischen Wert erreichen, zeigt Tabelle I, 5.

Tabelle I, 5. *Nach* MEYER *und* LOTMAR

Ramie, trocken	6000 kg/mm²
Ramie, naß	1900
Ramie, mercerisiert	8200
Flachs	8000—11000
Viscose-Reyon	6000

Für die *Reißfestigkeit* kommen nach MARK[2] folgende Faktoren in Betracht:

a) Bruch der Hauptvalenzbindung in der Kette. Die abgeschätzten Werte von ~ 60 g/den liegen etwa achtmal höher als die höchstbeobachteten Festigkeitswerte bei Flachs und Hanf.

b) Bruch der zwischenmolekularen (VAN DER WAALSschen) Kräfte: sie betragen ~ 2 g/den und stimmen mit der Festigkeit von ganz trockener, sehr schwach orientierter Kunstseide überein.

c) Bruch der VAN DER WAALSschen Kräfte mit nachfolgender Gleitung der Ketten aneinander. Die Werte von etwa 8—10 g/den stimmen größenordnungsmäßig gut mit beobachteten Reißfestigkeiten überein (Tab. I, 6).

Die Gesamtenergie der Wasserstoffbrücken scheint jedoch größer zu sein als die, die zum Abbruch der C—O-Bindung erforderlich ist (MICHAILOW).

Tabelle I, 6

		g/den
	Roh-Hanf (völlig trocken)	≦ 9,0
	Roh-Ramie (völlig trocken)	≦ 8,0
	Abaca	6—7,6
	Sisal	4,4—4,6
	Baumwolle	2,7—4,8
	(Seide	3,4—4,4)
	Viscosereyon, extrem orientiert	5,8—6,0
	Acetatreyon, hochorientiert	3,5—6,5
	Fortisan 36	≧ 8,0
Viskosereyon	Viscosereyon, orientiert	3—3,5
Viskosereyon	Supercordura	4,2
Viskosereyon	Fiber G	4,1
Viskosereyon	Toramomen	3,3
Viskosereyon	Zellwolle (normal)	≈ 2,7
	Kupferseide normal	2—2,4
	(Nylon	4,5—5,5)

Tabelle I, 7

	Bruchdehnung in %
(Fiberglas ESE 31/1	1,8)
Roh-Ramie	3—6
Baumwolle	4—10
Reifencord	9—12
Viscosereyon (normal)	15—30
Acetatseide	22—28
[Nylon	15—25]
Dacron	24,1—39,7
Thermovyl	~100

Die „textile Güte" wird aber nicht nur von diesen beiden Größen geprägt. So kommt u. a. noch Bruchdehnung (Tab. I, 7), Knotenfestigkeit (die z. B. mit steigender Orientierung abnimmt), Schlingenfestigkeit, Quellwert, Scheuer- (Abrieb-)

[1] MEYER, K. H., u. W. LOTMAR: Helvet. chim. Acta **19**, 68 (1936).

[2] MARK, H.: „Elasticity and Strength", in E. OTT „Cellulose and Cellulose Derivatives". New York: Interscience Publ. Co. 1943.

Festigkeit, Farbaufnahme, Kochbeständigkeit usw. hinzu. Besonders problematisch ist die erschöpfende Prüfung der Reifencordseide (vgl.[1]).

(Über den Einfluß schwacher Stellen, statistisch verteilt über die Faserlänge bzw. den Faserquerschnitt vgl. MARK[2]).

§ 4. Die biologische Entstehung der Cellulose

1. Einleitung

Über die biologische Entstehung von Makromolekülen ist noch recht wenig bekannt. Zweifellos wirkt, wie noch dargelegt werden wird, ein komplizierter Fermentapparat — Systeme von Katalysatoren und Aktivatoren — mit. Einigermaßen befriedigend scheint nun die enzymatische Synthese von Amylose und Amylopektin, Glykogen, Dextran, Laevan, Polyfructosan und Lignin geklärt zu sein.

Hinsichtlich einer enzymatischen Stärkesynthese vgl. S. 51; bezüglich Lignin s. S. 474. Dextran konnte HEHRE mit Hilfe zellfreier Extrakte von *Leuconostoc* aus Rohrzucker erhalten. Dextrandextrinase scheint 1—4-glucosidische Bindungen in 1—6-Bindungen umzuwandeln. Die Synthese von Laevan war die erste, die durch ein extracelluläres Enzym bewerkstelligt werden konnte (BEIJERINCK 1910). An dieser Stelle möge angemerkt werden, daß anorgan. Phosphor zur Laevansynthese nicht benötigt wird und keinen Einfluß darauf nimmt. Auch Amylomaltase benötigt kein phosphoryliertes Substrat. Bei der Synthese der Fructosane konnten BACON und BLANCHARD zu Reaktionsbeginn Oligosaccharide fassen, die neben Fructose noch Glucose enthielten. FITTING und DOUDOROFF fanden in *Neisseria meningitidis* ein Enzym, welches α-Bindungen in β-Bindungen umwandeln kann. Die Auffindung solcher Inversionsprozesse lassen es nicht ausgeschlossen erscheinen, daß z. B. Cellulose direkt aus α-D-Glucose-1-phosphat oder ähnlichen Vorstufen entsteht. Die vielleicht überraschende Tatsache, daß wir über den Cellulose-Synthesemechanismus so wenig wissen, hängt mit der Tatsache zusammen, daß bis heute kein *lösliches* Enzymsystem gefunden werden konnte.

Bei Faserproteinen wurde häufig die Feststellung gemacht, daß diese durch kettenförmige Aneinanderlagerung globularer Teilchen und Verschmelzung solcher perlschnurartiger Assoziate entstehen (z. B. Actin). Im Falle des Tabakmosaikvirus wurde von HART gezeigt, daß die undenaturierte Proteinkomponente in saurer Lösung krapfenartige Körperchen zurückbilden kann, die unter geeigneten Bedingungen lange, virusartige, inaktive Stäbchen bilden. (FRAENKEL-CONRAT konnte übrigens diese mit der inaktiven Nucleinsäurekomponente zum aktiven Virus zurückbilden). FARR[3] hat auch für die Cellulose einen ähnlichen Mechanismus angenommen und will im Cytoplasma der Baumwolle Cellulosekeime, "*ellipsoidal particle*" beobachtet haben, die sich in einem späteren Stadium kettenförmig aneinanderlagern und schließlich zu Fibrillen verschmelzen sollen. FARRs Theorie und ihre Beobachtungen konnten bisher *nicht* hinreichend verifiziert werden. Auch die Existenz bzw. Interpretation von *sekundären* Celluloseteilchen (Zerfallspartikel) (Dermatosomen [WIESNER], Supermicells [THIESSEN], Celluloseteilchen [LÜDTKE, HESS, WERGIN, KERR]) ist sehr umstritten.

Neuerdings vertritt DOLMETSCH[4] die Auffassung, daß bei der Auflösung neben einer Längsaufspaltung in Fibrillen bzw. Mikrofibrillen auch eine Querstruktur hervortritt in dem Sinne, daß es zur Ausbildung perlschnurartiger Fila kommt, wobei aber keine komplette Durchtrennung die scheinbare Segmentierung begleitet.

Polymere Stoffe können z. B. durch sukzessive Zusammenfügung und durch Verschmelzung größerer Fragmente erhalten werden. Schon der Aufbau der niedermolekularen Fettsäure als Beispiel erfolgt durch wiederholte Kondensation von Essigsäure-Einheiten unter Mitwirkung von Coenzym A. Aus Versuchen mit D-Glucose-1-C^{14} [5] scheint hervorzugehen, daß ein Teil der Hexoseeinheiten vor der Cellulosebildung gespaltet wird.

Bei Eiweißstoffen nimmt SPIEGELMAN den Aufbau des Makromoleküls in einer Stufe an und STEINBERG spricht von einer simultanen Kondensation der Aminosäuren (vgl.[6]).

[1] FROMANDI, G.: Kautschuk Gummi **2**, 113 (1949).

[2] Siehe S. 9, Fußnote 2.

[3] FARR, W. K., u. W. A. SISSON: Contrib. Boyce Thompson Inst. **6**, 189, 309, 315 (1934). — FARR, K. W.: J. Appl. Phys. 8, 228 (1937). — Vgl. auch K. W. FARR: In W. Crocker „Growth of Plants". New York 1948.

[4] DOLMETSCH, H.: Kolloid-Z. **145**, 141 (1956). Vgl. dazu Diskussionsbemerkung: Papier **10**, 362 (1956).

[5] MINOR, F. W., G. A. GREATHOUSE, H. G. SHIRK, A. M. SCHWARTZ u. M. HARRIS: J. Amer. Chem. Soc. **76**, 1658 (1954).

[6] Vgl. Chem. Engng. News **32**, 3942 (1954).

Usmanov hält für die Cellulosebildung — zumindest im ersten Stadium in der Baumwolle — einen Polykondensationsmechanismus wahrscheinlicher als eine Polymerisation.

Über den Wirkstoff, der Cellulose aufbaut, an die Zellwand gebunden zu sein scheint und der vom Protoplasma erzeugt werden dürfte, ist wenig bekannt. Wir kennen wesentlich besser die Fermente, die den umgekehrten Vorgang bewirken (z. B. Cellulase), aber man kann annehmen, daß solche oder ähnliche Fermente unter ganz bestimmten Bedingungen, die an der Grenzschicht Zellwand-Plasma gegeben sind, umgekehrt, also auch aufbauend wirksam sind. Die Tatsache, daß mit Diastase, die normalerweise Stärke zu Glucose abbaut — und ebenso mit Salzsäure (Reversion) — unter veränderten Bedingungen auch der Aufbau in vitro gelang, rechtfertigt diese Annahme. Durch geeignete Enzyme können gleiche Polysaccharide aus verschiedenen Substraten entstehen. Beim Intussuszeptionswachstum konnten Frey-Wyssling und Mühlethaler tatsächlich eine „Erweichung" der Zellwand, eine Texturauflockerung, zum Teil auch partielle *Wandauflösung* bzw. Aufsprengung durch intensives Plasmawachstum zu Lochbezirken, in die neue Mikrofibrillen eingeflochten werden (Stecher[1]), beobachten und gelegentlich können, wie bekannt, auch gebildete Zellwände wieder in den Stoffwechsel einbezogen werden. Derartige Lochbezirke können auch zum Teil speziellen Aufgaben — Ausbau zu Tüpfel — zugeführt werden (Stecher[1]). Wuchsstoffe (Heteroauxin) wirken bloß indirekt auf das Cellulosewachstum (Kursanow).

Vielfach wird man ein amorphes Gelstadium als Vorstufe der Faserstoffe annehmen dürfen. Auch bei Cellulose scheint, zumindest im Falle der extracellulären Entstehung der Bakteriencellulose nach Frey-Wyssling und Mühlethaler[2] ein solches amorphes Schleimstadium vorauszugehen.

So wird bei *Acetobacter xylinum* eine strukturlose Schleimhülle um die Bakterienzelle gebildet, in der Cellulosefibrillen gebildet werden, möglicherweise durch Polymerisation oder Kristallisation einer gelartigen Vorstufe. Auch Hestrin spricht von einem schleimigen Gel. Klaushal beobachtet reichlich amorphes Material an jungen Kulturen, welches er einem Vorpolymerisat mit kleinerem DP zuschreibt (vgl. S. 21). Hess, Trogus und Wergin sowie Sisson und Clark nehmen auch bei jungen Baumwollhaaren an, daß primär ein amorphes Gel entsteht, woraus sich langsam ein geordnetes, micellares Kettengitter ausbildet.

Work hebt hervor, daß in der lebenden Zelle die Proteinsynthese sehr schnell verläuft. Wir finden bei der Cellulose eine Parallele. Ambronn[3] beobachtet eine Plasmaansammlung — die mit einem Gelstadium der Cellulose eng verknüpft sein kann —, aus der plötzlich die doppelbrechenden Cellulosefäden hervorschießen. Nach Frey-Wyssling erfolgt Polymerisation und Kristallisation nicht getrennt, sondern nahezu gleichzeitig. Betrachtungen über die Cellulosesynthese müssen daher auch Betrachtungen über Kristallisation oder allgemeiner gesagt über

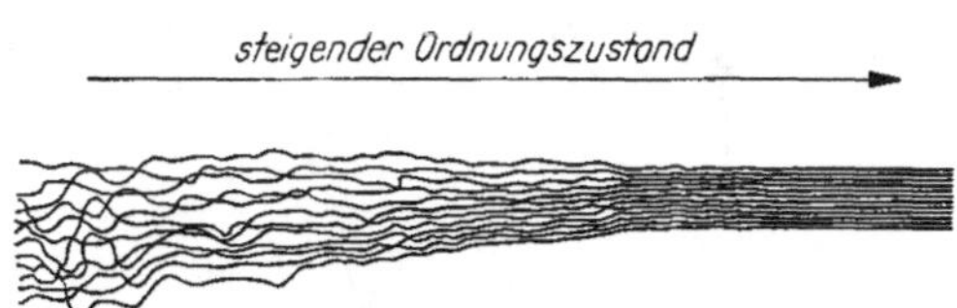

Abb. I, 7. Schema der Ordnungszustände von Kettenmolekülen

Ordnungszustände in hochpolymeren Faserstoffen mit einschließen (vgl. Abb. I, 7). Direkte Beobachtungen — wie noch referiert wird — über die Formierung liegen an genuiner Cellulose kaum vor. Jedoch sind durch Untersuchungen, teils der

[1] Stecher, H.: Mikroskopie **7**, 30 (1952).
[2] Frey-Wyssling, A., K. Mühlethaler u. R. W. G. Wyckoff: Experientia (Basel) **4**, 475 (1948). — Frey-Wyssling, A, u. K. Mühlethaler: J. Polymer Sci. **1**, 172 (1946).
[3] Ambronn, H.: Kolloid-Z. (Zsigmondy-Festschrift) **36**, 119 (1925).

Regenerationsvorgänge an Cellulosespinnlösungen, teils der Ordnungserscheinungen an synthetischen Hochpolymeren eine Reihe von grundsätzlichen Erkenntnissen gewonnen worden, wie in den vorausgegangenen Paragraphen bereits angedeutet wurde.

„Kristallisiert" eine Schmelze von Fadenmolekülen beim Abkühlen, so kann aus dem ursprünglichen Haufwerk von Fadenmolekülen, auch bei gut ausgebildeter Nahordnung, nie wie bei niedermolekularen Stoffen ein völlig durchkristallisiertes System, ohne amorphe Zwischensubstanz, entstehen. Abb. I, 8 läßt erkennen, daß die in A bis E entstandenen Kristallisationskeime, die bei genügend rascher Abkühlung zum Teil schon entlang ein und derselben Kette entstehen können, aufeinander zu wachsen. Dabei kommt es infolge unregelmäßiger Verknäuelung sowie der Tatsache, daß Teile desselben Moleküls bereits in mehreren Gitterbereichen fest eingebaut sind, zu Störungen und zu einem örtlichen Abstoppen des Kristallisationsprozesses. Der Kristallisationsmechanismus erfährt noch eine Beeinflussung durch das Prinzip der „Autoorientierung"[1].

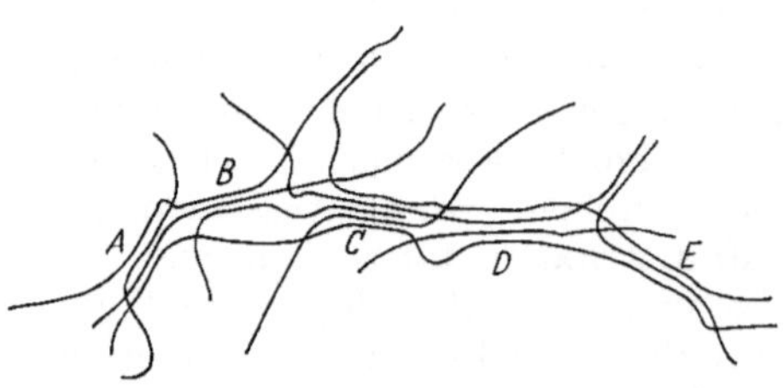

Abb. I, 8. Entstehung einer kristallin-amorphen Mischphase von Fadenmolekülen nach STUART. (Der Übersichtlichkeit halber sind nur einzelne Ketten eingezeichnet, in Wirklichkeit liegen die Ketten dicht beisammen)

NATTA[2] konnte bestimmte α-Olefinpolymere in amorphe und höchstkristalline Fraktionen, die sich u. a. durch Löslichkeit, Dichte und Fließpunkt unterscheiden, trennen.

Bei sehr unterschiedlicher Kettenlänge kann es zu Entmischungen kommen, wobei die kurzkettigen Anteile angereichert werden. Vielleicht kommt es dann zur adsorptiven Niederschlagung als „Hautschicht" an die hochmolekulare kristalline Substanz. Solbestandteile, die nicht aktiv an einer Koagulation teilnehmen können, können jedoch mechanisch mit ausgerichtet werden (THIELE). DEUEL weist darauf hin, daß auch nichtgelierende Polysaccharide am Aufbau eines Gelgerüstes teilnehmen können.

Modellmäßig schnappt, wie bei einem Reißverschluß, eine Bindung nach der anderen ein (Abb. I, 9A), wobei gleichzeitig zur Energieverminderung eine Streckung stattfindet. Auch jede Entquellung oder Trocknung führt zu Ausrichtungseffekten. (Alle möglichen Wachstumsmechanismen bei der Kristallisation von Polymeren, wie sphärisches, fibrilläres und laminares Wachstum wurden z. B. von MORGAN[3] rechnerisch auf das Beispiel des Polyäthylenterephthalats angewandt. Als Hauptmechanismus erweist sich der des Aneinanderlegens von Ketten zu einer halbkristallinen Struktur, wobei das Wachstum in Richtung der Hauptketten bevorzugt erscheint.)

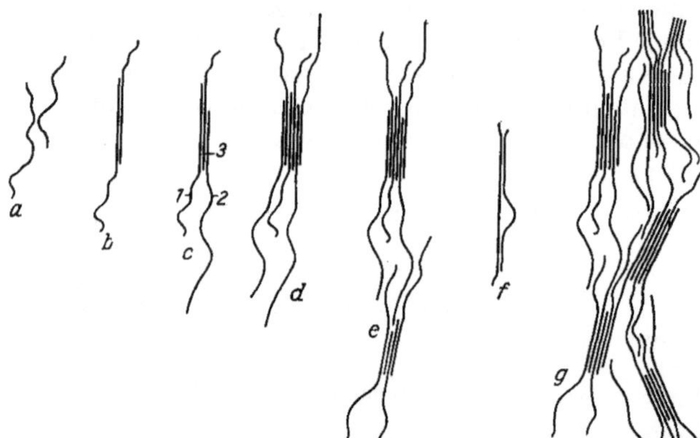

Abb. I, 9A. (a–e) Entstehung eines Micellarnetzes aus einzelnen beweglichen Fadenmolekülen nach KRATKY. (f) Kristallisationshemmung nach dem Prinzip des „schlecht zugeknöpften Rockes" nach HÜTTIG. g) Ausschnitt aus einem micellaren System

Die Bildung von Hydratcellulose aus einer Lösung[4], von der wir annehmen mögen, daß in ihr weitgehend einzelne Ketten existieren, umfaßt zugleich den Wechsel der Löslichkeit durch die Verringerung der Solvatation der OH-Gruppen der Cellulose, welche mit analogen

---

[1] SCHUUR, G.: J. Polymer Sci. **11**, 385 (1953).

[2] NATTA, G.: Atti Accad naz. Lincei Mem. (II, 8) **4**, 61 (1955).

[3] MORGAN, L. B.: Philos. Trans. Roy. Soc. London (A) **247**, 13 (1954).

[4] MEYER, K. H.: Die hochpolymeren Verbindungen. Leipzig 1940. — SCHRAMEK, W.: Melliand Textilber. **28**, 383 (1947). — KRATKY, O.: Z. phys. Chem. (B) **50**, 255 (1941). — KRATKY, O.: Der übermolekulare Aufbau der Cellulose, in R. PUMMERER, Chemische Textilfasern, Filme und Folien. Stuttgart 1951. — ROSEVEARE, W. E., R. C. WALLER u. J. N. WILSON: Textile Res. J. **18**, 114 (1948).

Gruppen Bindungen eingehen. Sind genügend Bindungen zwischen den Ketten wiederhergestellt, erstarrt die Lösung zu einem Gel, wobei die Solvatation noch weiter zurückgeht. Nach der Synärese wird erst der Hauptteil der Bindungen ausgebildet und die Kristallite formieren sich. Der Vorgang ist erst mit dem Regenerieren bzw. Trocknen abgeschlossen.

Eine solche Betrachtung ist natürlich ein Grenzfall, wie er für eine molekulardisperse Lösung gelten müßte. (Über den Lösungszustand in technischer Viscose vgl. [1].)

Nimmt man die Ausfällung unter gleichzeitiger Einwirkung eines starken Zuges auf die halbcoagulierte Masse vor, wie es beim Streckspinnprozeß geschieht, so sind die Micellen orientiert (Abb. I, 9B). Es werden offenbar zunächst jene Teile der Ketten coaguliert, die mit dem Fällungsreagens in Berührung kommen. Zieht man nun so ein coaguliertes Teilchen aus, so zieht man damit die noch vom Lösungsmittel umgebenen Teile der Kette samt angrenzende Ketten nach und erhält so einen orientierten Faden, in welchem die Orientierung auf ähnliche Weise entsteht, wie in einem Wollkammzug. Lagerung und Größe der Kristallite hängen von den Bedingungen ab, unter denen die Celluloseketten desolvatisiert werden.

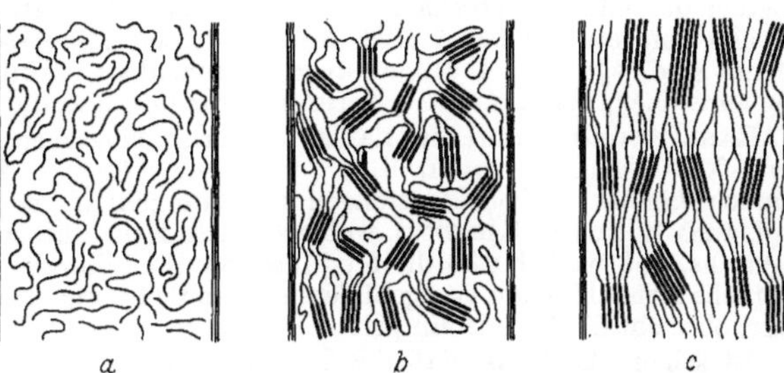

Abb. I, 9 B. Schematische Darstellung einer hochpolymeren Substanz. a) amorph, b) kristallin, unorientiert, c) orientiert. (Nach OTT)

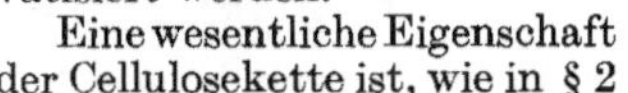

Eine wesentliche Eigenschaft der Cellulosekette ist, wie in § 2 erwähnt, ihre seitliche Anisotropie. Die Bindung zweier Ketten, die wir im gestreckten Zustand zufolge der fast vollkommen ebenen Ausbildung der Glucoseringe als langgestreckte Bänder ansehen können, ist dann besonders stabil, wenn die Glucoseringe mit ihren großen Flächen aufeinanderliegen. Als Vorstadium der Bildung eines dreidimensionalen Micells werden dann laminare Gebilde entstehen, indem sich eine größere Zahl von Ketten in dieser Weise aneinanderlagert[2]. Die Breite der entstehenden Lamelle verläuft also normal zur Ebene der Glucoseringe (Abb. I, 10), ihre größte Dimension parallel zur Kettenachse. Wenn sich dann mehrere solcher übermolekularer Lamellen mit ihren großen Flächen zusammenlagern gemäß Abb. I, 10b, so entsteht das Micell, bei dem die Dimension normal zu den Glucoseresten größer ist als die Dimension normal zur Fläche der ursprünglich zweidimensionalen Lamelle. Die Micellen als Ganzes sind also wieder mit einem Bändchen vergleichbar (KRATKY, POROD, TREIBER[2]; vgl. Abb. I, 6a u. 6c). Das gesamte micellare System werden wir dann so beschreiben können, daß die dreidimensionalen Micellen vielfach in zweidimensionale Lamellen „aufgespalten“ sind, die ihrerseits stellenweise wieder in Einzelketten übergehen können.

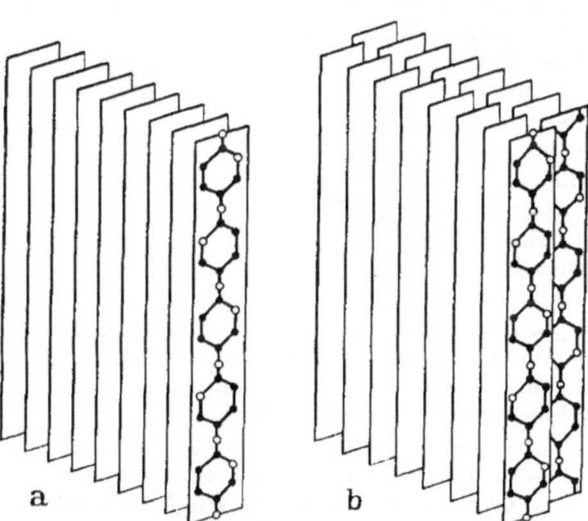

Abb. I, 10. Schematische Darstellung: a) einer zweidimensionalen Lamelle, b) eines dreidimensionalen Micells nach KRATKY

Das eigentümliche Phänomen, daß ein Fadenmolekül sich durch mehrere kristalline und nichtkristalline Bereiche hindurchziehen kann und wir ein Konglomerat kristalliner und nichtkristalliner Bereiche vor uns haben (Abb. I, 5) — wobei auch die Ordnungsstufen im kristallinen Bereich von „idealen“ Gittern bis zu parakristallinen Zuständen variieren können — und das seinen Ausdruck in den noch zu besprechenden Modellvorstellungen (z. B. Fransenmicelle, MEYER-VAN DER WYKsches Micellarsystem [kontinuierliche, periodisch gestörte Struktur]) gefunden hat, ist für alle Faserstoffe typisch, auch für natürlich gewachsene.

Die Natur vermag nun, sei es durch den biologischen Wachstumsprozeß oder sei es, indem die Ketten vielleicht schon beim Polymerisieren geordnet werden bzw. die Ordnung besonders

[1] RÅNBY, B. G., H. W. GIERTZ u. E. TREIBER: Sv. Papperstidn. **59**, 117, 205 (1956).

[2] KRATKY, O.: Der übermolekulare Aufbau der Cellulose, in R. PUMMERER, Chemische Textilfasern, Filme und Folien. Stuttgart: F. ENKE 1951.

langsam oder an Oberflächen verläuft, außerordentlich differenzierte und komplizierte Struktureinheiten (Biostrukturen) aufzubauen. Dadurch werden spezielle Aufgaben — Fasern mit bestimmten Eigenschaften hervorzubringen — ideal gelöst.

Wie auch immer, wir werden neben der *Kettenordnung* auch eine weitgreifende *übermolekulare Ordnung* beobachten. Über die Entstehung morphologischer Strukturen ist wenig bekannt. STUART[1] hat einen Mechanismus der „induzierten Sekundärkeime" aufgestellt. Es scheint offenbar die „Fibrille" die einfachste morphologische Form zu sein, doch lassen sich keine Voraussagen über den Feinbau solcher Mikrofibrillen machen, und es ist z. B. auch bei der Cellulose keineswegs die Frage abgeschlossen, ob die Mikrofibrille identisch mit einem Kristallitstrang (Micellarstrang), also ein (gestörter) „Einkristall" ist oder ein supermicellares System darstellt. Auch ASTBURY betont, daß alle natürlichen und synthetischen Fasern fibrillär mit etwa 250 Å $\pm$ 50% Mikrofibrillendurchmesser bei relativ einheitlicher Dicke gebaut sind (vgl. Abb. I, 4), daß aber der Innenbau praktisch unbekannt ist. Man darf offenbar annehmen, daß die innere Kernzone kristallin und die Außenschicht amorph ist.

RÅNBY[2] weist darauf hin, daß es schwer zu verstehen ist, daß Kettenmoleküle von mehr als 4000 Glucoseeinheiten, d. h. von einer Länge $>$ 20000 Å nach ihrer Synthese sich bündeln können zu Micellarsträngen von so regelmäßiger Gestalt, in denen individualisierte (vgl. auch KAST und KRATKY), wohlgeordnete Kristallitbereiche vorkommen. Auf Grund der Tatsache, daß nach KUBO die Modifikation „Cellulose I" metastabil ist, zieht er eine nachträgliche Kristallisation von gebildeten freien Celluloseketten in der Zelle in Zweifel und diskutiert, ob nicht die Micelle ein primäres Strukturelement darstellen könnte.

Es scheint übrigens, daß die Unterschiede im Feinbau zwischen Cellulose und synthetischen Faserstoffen, insbesonders Cellulosereyon, kleiner sind als man bisher angenommen hat und daß für die Erklärung einer Reihe von Besonderheiten nicht unbedingt biologische Faktoren herangezogen werden müssen. So weist z. B. BALASHOV[3] darauf hin, daß Mikrofibrillen recht einheitlicher Dicke von $\sim$ 200 Å auch bei anderen fibrillären Hochpolymeren beobachtet werden können. Auch vergleichende elektronenmikroskopische Untersuchungen von RIBI[4] zwischen Superpolyamiden und Viskoseseide zeigen, daß die Eigenschaften der Fadenmoleküle selbst genügen können, um fibrilläre Überstrukturen zu bilden[5]. THIELE[6] weist darauf hin, daß Polyuronsäuren als Sole durch mehrwertige Kationen ionotrop ausgerichtet und zu anisotropen Gelen mit der Struktur von Micellen fixiert werden. Über geordnete Koagulation berichten auch BECHHOLD, HERZOG und HABER. Durch weitreichende Anziehungskräfte — die z. B. auf $\leqq$ 500 Å wirksam sein können — kann es zur Selbstordnung fibrillärer Strukturen kommen (WOHLFARTH-BOTTERMANN[7] an Schwanzsehnenkollagen). Spezifische Anziehungskräfte zwischen identischen Makromolekülen vom quantenmechanischen Gesichtspunkt — besonders unter Bezugnahme auf das Duplikationsprinzip der Gene usw. — hat JEHLE[8] interpretiert.

SIGNER[9] schreibt: Zu beachten ist die ausgeprägte, physiko-chemisch bedingte Fähigkeit der großen Moleküle, sich gegenseitig durch übermolekulare Kräfte zu binden oder auch kleine Moleküle zu lokalisieren. Hierdurch werden die Makromoleküle zu den wichtigsten Trägern einer heute noch kaum erfaßbaren, räumlich-zeitlichen Ordnung des chemischen Geschehens innerhalb kleinster Zellbezirke.

Man gelangt so zu den biologischen Strukturen, die sich an die Molekülarchitektur anschließen und durch deren Eigenschaften viele Besonderheiten bedingt sind. Auf diesen Strukturen werden die bekannten Gestaltungsphänomene im Mikroskopischen und Makroskopischen bei Wachstum und Entwicklung der Organismen weitgehend beruhen.

ASTBURY[10] weist darauf hin, daß fast alle wesentlichen biologischen Makromoleküle Kettenmoleküle sind, aus denen sich auch die Fasern aufbauen, die in der belebten Natur eine so außerordentlich wichtige Rolle spielen.

BALASHOV[3] sieht auch in der Mikrofibrille im Gegensatz zu FREY-WYSSLING keine biologische, sondern eine thermodynamische Einheit.

Auch die Parallelisierung von Micellarsträngen muß nicht biologisch geschehen. So konnte z. B. WEIBULL[11] an einem Film, der durch Eintrocknen von Bakteriengeißeln gewonnen wurde,

[1] STUART, H. A.: Kunststoffe **44**, 385 (1954). [2] RÅNBY, B. G.: Tappi **35**, 53 (1952).
[3] BALASHOV, V., u. R. D. PRESTON: Nature (London) **176**, 64 (1955). — FÜHRT, R.: R. Exp. Med. Surg. **13**, 17 (1955). [4] RIBI, E., u. A. NORLING: Ark. Kemi **7**, 417 (1954).
[5] Vgl. O. SAMUELSON, F. ALVÅNG u. Å. SVENSSON: Sv. Papperstidn. **59**, 712 (1956). — Vgl. ferner RÅNBY, B. G.: Svensk Kem. Tidskr. **69**, 61 (1957) sowie PATAT, F. u. J. HARTMANN: Angew. Chem, **69**, 197 (1957).
[6] THIELE, H., u. G. ANDERSEN: Kolloid-Z. **142**, 5 (1955).
[7] WOHLFARTH-BOTTERMANN, K. E., u. F. KRÜGER: Z. Naturforsch. **9 b**, 30 (1954).
[8] JEHLE, H.: Proc. Nat. Acad. Sci. **36**, 238 (1950).
[9] SIGNER, R.: Naturwiss. **42**, 265 (1955).
[10] ASTBURY, W. T.: Ann. Sci. Text. Belges **1955**, 22.
[11] WEIBULL, C.: Ark. Kemi **65**, 573 (1949).

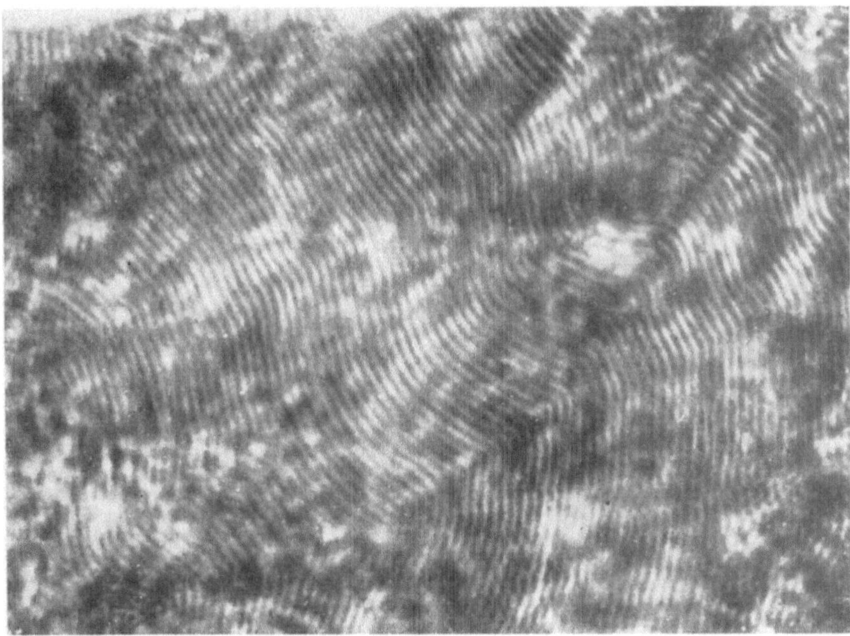

Abb. I, 11a. Elektronenmikroskopische Abbildung eines Films, gebildet aus Bakteriengeißeln nach WEIBULL

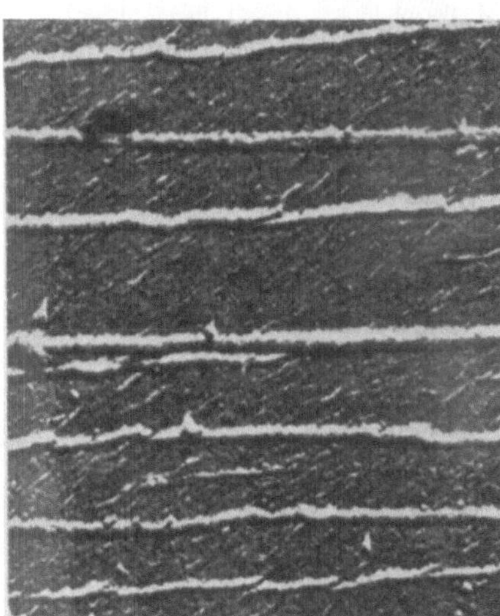

Abb. I, 11b. Fibrillenbildung an einem gespreiteten Nylonfilm nach der Kompression nach TACHIBANA und INOKUCHI

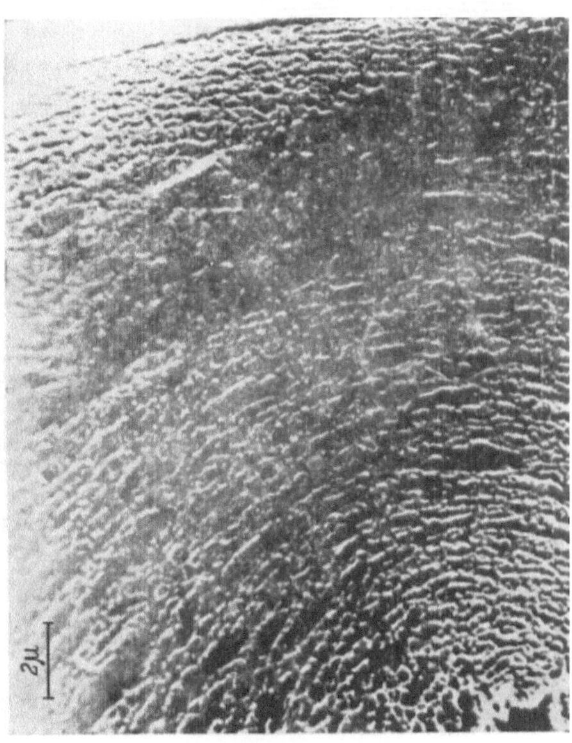

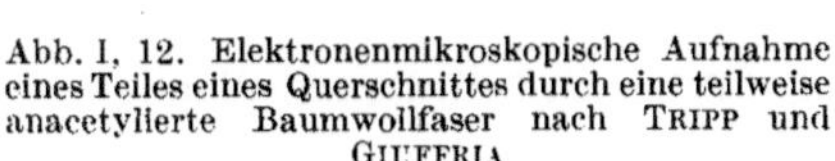

Abb. I, 12. Elektronenmikroskopische Aufnahme eines Teiles eines Querschnittes durch eine teilweise anacetylierte Baumwollfaser nach TRIPP und GIUFFRIA

das in Abb. I, 11a wiedergegebene Bild erhalten. Die sehr perfekte Parallelordnung, die sich über große Bereiche ungestört erstreckt, wird allerdings nur ab einem bestimmten Reinheitsgrad gebildet.

TACHIBANA[1] beobachtet, daß gespreitete, strukturlose monomolekulare Schichten kristallisierender Polymerer bei der Kompression in einem LANGMUIR-Trog parallele Fibrillen im rechten Winkel zur Kompressionsrichtung bilden, die im Elektronenmikroskop abbildbar sind (Abb. I, 11b). THIELE[2] schließlich stellte Modellexperimente zur Synthese micellarer Strukturen an.

Was die weitere Organisation betrifft, die natürlich im gesamten gesehen biologisch gelenkt wird, ist beispielsweise der SCHAAFFSsche Versuch[3] einer Deutung rhythmischer Ringstrukturen (Zonenbildung; vgl. Abb. I, 12) bei biologischen Objekten als Quanteneffekt recht interessant.

Mit der Frage nach der Entstehung des höheren Ordnungsgrades der Sekundärwand und der weiteren Organisation (Spiralwinkel der parallelisierten Fibrillen, Lamellen usw.) beschäftigt sich DOLMETSCH[4]. In allen diesen Fragen sieht er die Auswirkung eines ordnenden Prinzips, das von dem Augenblick ab wirksam wird, in dem die bisher meristematische Cambialzelle von der übergeordneten Ganzheit des Organismus den Impuls erhält, sich zur Faserzelle zu differenzieren. Wie kann nun dieses dem belebten Plasma der Zelle übertragene Ordnungsprinzip sich an dem außerhalb seiner Sphäre gelegenen Bildungsort der Cellulose durchsetzen? DOLMETSCH nimmt an, daß sein Einfluß an der wachsenden Spitze jeder einzelnen Grundfibrille zur Geltung kommen muß, da die Fibrillen, einmal gebildet, festgelegt sind. Da sie sofort in der endgültigen Breite angelegt werden, scheint eine gleichzeitige Bildung in ihrer beträchtlichen Länge ($\sim 2\,\mu$) unwahrscheinlich, woraus ein gesteuertes Spitzenwachstum abgeleitet wird (vgl. S. 22). DOLMETSCH benutzt die Hyphen des Pilzmycels als Modell. Bei Nährstoffarmut tritt durch die Konzentrationsabnahme in unmittelbarer Umgebung tatsächlich ein ordnendes Prinzip auf, wie Abb. I, 13A, zeigt. DOLMETSCH gibt in der zitierten Arbeit auch eine zusammenfassende Hypothese der gesamten Zellwandbildung (vgl. Abb. I, 13B).

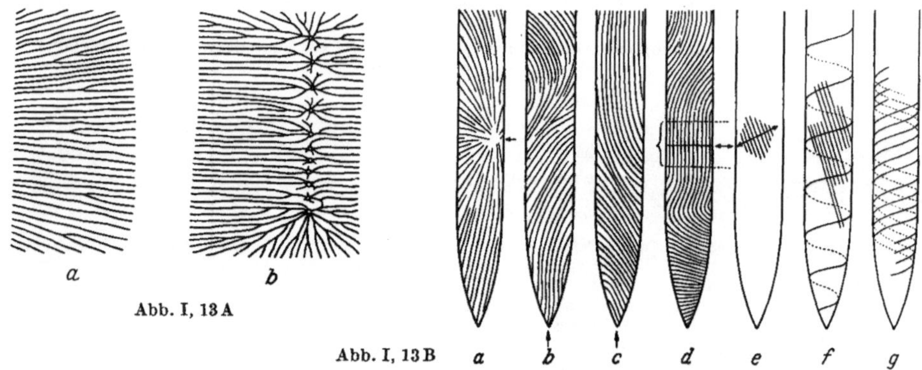

Abb. I, 13A

Abb. I, 13B

Abb. I, 13A. Parallelrichtung der Hyphen in gleichbleibenden gegenseitigen Abständen: a) in größerem Abstand vom Zentrum; b) bei mehreren gleichzeitig wachsenden Keimzentren, die in einer Geraden angeordnet sind (nach DOLMETSCH)

Abb. I, 13B. Unter verschiedenen Voraussetzungen theoretisch nach DOLMETSCH zu erwartender Verlauf der Cellulosefibrillen in einer Faserzellwandlamelle: Bei punktförmigem Keimzentrum: a) an beliebiger Stelle der Fasermitte; b) und c) zwei der beliebig vielen Ausbildungsmöglichkeiten beim Keimzentrum an der Spitze. Bei linearer Keimzone: d) Fixierung der Anfangsrichtung durch ringförmige Keimzone; e) schräg liegende Keimzone, ergibt sich aus dem stets gleichen tatsächlichen Fibrillenverlauf in einem spitzen Winkel zur Längsachse; f) seitliche Verlängerung der Keimzone führt schraubenförmig zu den Faserenden, wodurch eine wiederholte Korrektur der Fibrillenrichtung möglich wird; g) in Übereinstimmung mit den an nativen Fasern beobachteten Schraubenstrukturen ist eine mehrgängige schraubenförmige Keimzone anzunehmen (nach DOLMETSCH)

2. Die Bildung der Cellulose

Es darf als bekannt vorausgesetzt werden, daß die pflanzliche Zellwand einen Cellulosemantel bildet und daß auch dieser Teil der Zelle — vornehmlich im

[1] TACHIBANA, T., K. INOKUCHI u. T. INOKUCHI: Nature (London) **176**, 1117 (1955).

[2] THIELE, H.: Kolloid-Z. **136**, 80 (1954).

[3] SCHAAFFS, W.: Kolloid-Z. **137**, 121 (1954).

[4] DOLMETSCH, H.: Holz Roh-Werkstoff **12**, 419 (1954). — Vgl. auch I. R. BAKER: Nature (London) **165**, 585 (1950).

Jugendstadium — ein lebendiges, kompliziertes Gebilde darstellt, das von plasmatischen Elementen durchdrungen ist. An der Spitze der Wurzelhaare dürfte nach FREY-WYSSLING die Zellwandstruktur vollständig vom lebenden Plasma durchflutet sein.

Über die Struktur der Wandbegrenzung gegen das Lumen zu durch eine offenbar morphologisch differenzierte Membran (Tertiärlamelle)[1] ist wenig bekannt (vgl. § 20, S. 213). Vielfach wird die Vermutung ausgesprochen, daß es sich bei der Tertiärlamelle, die anscheinend substantiell differenziert ist, um keine „tertiäre" Bildung handelt und daß ihr gegebenenfalls besondere Aufgaben zukommen. So vermeint FARR in der Tertiärlamelle den Ort erblicken zu dürfen, wo das protoplasmatische Material zu den Cellulosepartikeln geformt wird.

Auf Grund verschiedener Beobachtungen müssen wir annehmen, daß die Cellulose letzten Endes ein Produkt des Protoplasmas ist, gleichgültig, ob man die Bildung aus einer Primärsubstanz, aus Celluloseteilchen, oder „Keimen" oder aus intercellularer Substanz, wandständiger Protoplasmaansammlung usw. annimmt. Auch die alte WIELERsche Theorie, nach der die Cellulose als chemischer Niederschlag zweier reagierender Lösungen aufgefaßt wird, sieht im Plasma den Ursprung. Selbst für das Wachstum der Sporenhäute, die nicht in Kontakt mit dem Plasma stehen, läßt sich eine Erklärung geben, die nicht im Widerspruch zur Auffassung steht, daß für die Cellulosebildung letztlich das Protoplasma verantwortlich ist.

Grundstoff der Synthese bilden zweifellos die Assimilate. Nach WISLICENUS [2] sinken von den Blattorganen die Erzeugnisse des Chlorophyllapparates, hauptsächlich diffusible Zucker, durch die Siebröhren des Bastteils zunächst als Siebröhrensaft gemäß der MÜNCHschen Druckstromtheorie stammabwärts herab. Dabei tritt ein Teil seitlich in die einzelnen Cambiumregionen als „Ernährungssaft" ein und wird dort in die osmotisch unwirksame Cellulose umgewandelt[3]. (Ein anderer Teil wird als Reservestoffe gespeichert, die, wenn sie beim Wachstumsprozeß zur Neubildung von Zellbestandteilen gebraucht werden, durch geeignete Fermente mobilisiert werden können). Nach WISLICENUS sollen nun kolloide Holzbildungsstoffe in Abhängigkeit von den vegetativen Witterungszuständen im Cambialsaft auftreten. Er will im Cambialsaft eine „*Urcellulose*", die sich im Schleimzustand abtrennen lassen soll, gefunden haben und sein Mitarbeiter E. SCHMIDT soll angeblich aus Rohrzucker eine schleimige „Urcellulose" künstlich erhalten haben.

Nach DOLMETSCH[4] soll die Bildung der Cellulose in der Dunkelperiode am intensivsten sein, wobei Stärke die Rolle eines Energieakkumulators spielt. BRÜNNING[5] stellt an Sojabohnen das Synthesemaximum nach 7 Std. nach Beginn der Tagesperiode fest; bei Erbsen treten zwei Maxima auf, zu Beginn und nach 10—12 Std. Die Lamellierung der Baumwollsekundärwand wurde mit diesen Tag-Nacht-Rhythmen in Zusammenhang gebracht. Nach LAMBERTZ ist auch das Auftreten von Plasmodesmen — feinste plasmatische Fäden, die sich durch die Zellwand zur Epidermisaußenwand (am zahlreichsten an Laubblättern und jungen Stengeln) ziehen — vom tageszeitlichen Rhythmus, wie auch Licht und Wärme, abhängig. Im Kletterhaar des Hopfens werden jedoch nach FRANZ[6] in 24 Std. bis zu 7 Lamellen angelegt. (Die Schichtenbildung im Stärkekorn erfolgt so, daß unter konst. Licht-, Temperatur- und Feuchtigkeitsverhältnissen 2 bis 3 Schichten per Tag angelegt werden. Die Schleimschichten von *Calluna vulgaris* werden vom Plasma her an die innere Zellwand ebenfalls schichtenförmig niedergelegt [ESDORN]).

Über das Zustandekommen parallelgeschichteter Lamellen mit verschiedenen Spiralwinkeln der parallelisierten Mikrofibrillen gibt VAN ITERSON[7] ein mechanistisches Modell: die submikroskopische Struktur wird durch die Strömungsrichtung des Protoplasmas bedingt, das Appositionsschichten gerichtet niederlegt. Kreuzweise Schichtung, wie z. B. in der Zellwand der Alge Valonia sei so zu erklären, daß das Protoplasma nach Niederlage einer Schicht gezwungen werde, seine Strömungsrichtung entsprechend zu ändern.

---

[1] BUCHER, H.: Die Tertiärlamelle von Holzfasern und ihre Erscheinungsformen bei Koniferen. Attisholz 1953. — MEIER, H.: Dissertation ETH Zürich 1955; Holz als Rohwerkstoff **13**, 323 (1955). — FARR, W. K.: Textile Res. J. **19**, 152 (1949).

[2] WISLICENUS, H.: Papierfabrikant **31** (Auslandsheft 1933), 65 (1933).

[3] Vgl. A. KIESEL u. R. JATZINA: Planta (Berlin) **24**, 308 (1935). Siehe ferner § 40.

[4] Siehe S. 16, Fußnote 4.

[5] BRÜNNING, E.: Planta (Berlin) **39**, 460 (1951).

[6] FRANZ, H.: Flora (Jena) **29**, 287 (1934).

[7] ITERSON, G. VAN: Chem. Wkbl. **24**, 166 (1927), Protoplasma **27**, 190 (1937).

Daß die Grundstoffe Produkte der Photosynthese sind, steht — wie bereits bemerkt — außer Zweifel. Wie das ziemlich komplette Schema von WILSON und CALVIN[1] zeigt (Abb. I, 14), geht die Umwandlung zu Rohrzucker über phosphorylierte Zwischenstufen, ein Mechanismus, den wir wahrscheinlich auch bei der Cellulose wiederfinden dürften. Eine Reihe von Untersuchungen befaßte sich auch mit der Synthese von Disacchariden (vgl. [2]). In allen Fällen handelte es sich um enzymatische Prozesse, die über phosphorylierte Zwischenkörper gingen[3].

Vielfach werden aber schon die Primärprodukte der Photosynthese als hochmolekular angesprochen (vgl. z. B. DOMAN[4]). Das erste hochpolymere Photosyntheseprodukt in *Chlorella pyrenoidosa* besitzt einen DP-Wert von ~ 1000. Besonders RUBEN[5] vertritt einen Bildungsmechanismus über Carbonsäuren direkt zu hochpolymeren Produkten. Einfache Zucker wären dann eher als Abbauprodukte aufzufassen, die enzymatisch aus Polysacchariden erhältlich sind. Di-, Tri- und Tetrasaccharide sind auch z. B. aus Pektinsäure durch enzymatische Hydrolyse darstellbar. BALY konnte auch im Modellversuch an einem Nickelkatalysator Kohlendioxyd photosynthetisch direkt zu einem stärkeähnlichen Produkt polymerisieren.

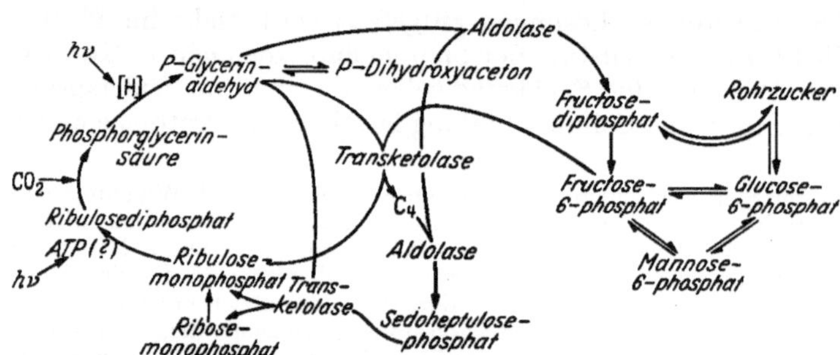

Abb. I, 14. Photosynthesezyklus (die angenommenen Zwischenstufen der CO_2-Kohlenstofftransformation in der Photosynthese in einer Darstellung von WILSON und CALVIN)

Daß Zucker zur Bildung als Rohmaterial herangezogen werden, zeigt sowohl die Abnahme der Monosaccharide im Bildungsmaximum der Baumwolle[6] — dieselben Forscher[7] nehmen an, daß die Sekundärwandverdickung der Baumwolle durch den disponiblen Zuckergehalt begrenzt ist — als auch Wachstumsversuche an Bakteriencellulose auf Zuckerlösungen und die Einverleibung radioaktiv markierter Zucker.

Ähnlich schlüssige Beobachtungen an wachsender Baumwolle sind auch von COMPTON und HAVEN gemacht worden. Nach WERGIN erfolgt der „Materialtransport" zum wachsenden Baumwollhaar aus dem Innern der Epidermiszellen in Form eines vermutlich wachsartigen (?) Körpers. Nach FARR geschieht die Ernährung der sich entwickelnden Faser durch den "*boll sap*". Auch die Bildung der Flachscellulose geht auf Kosten der reduzierenden Zucker (DASTUR[8]). NEISH[9] weist ganz allgemein darauf hin, daß Glucose die ideale Vorstufe für Cellulose- und Xylanbildung ist und darin anderen Zuckern überlegen ist. SCHLUBACH[10] zeigt schließlich, daß der DP-Grad der Polyfructosane in *Lolium perenne* im Laufe der

[1] WILSON, A. T., u. M. CALVIN: J. Amer. Chem. Soc. **77**, 5948 (1955).
[2] HORECKER, B. L., u. A. H. MEHLER: Annual Rev. Biochem. **24**, 207 (1955).
[3] Über die Photosynthese in Algen vgl. R. W. KRAUSS: Ind. Engng. Chem. **48**, 1449 (1956).
[4] DOMAN, N. G.: Dokl. Akad. Nauk SSSR. **84**, 1017 (1952).
[5] RUBEN, S., M. D. KAMEN u. W. Z. HASSID: J. Amer. Chem. Soc. **62**, 3443, 3450, 3451 (1940).
[6] KURSANOW, A. L., u. E. I. VYSKREBENTSEVA: Biochimija **17**, 480 (1952).
[7] KURSANOW, A. L., u. E. I. VYSKREBENTSEVA: Biochimija **18**, 448 (1953).
[8] DASTUR, R. H., u. S. SINGH: Indian J. Agr. Sci. **12**, 603 (1942).
[9] NEISH, A. C.: Canad. J. Biochem. **33**, 658 (1955).
[10] SCHLUBACH, H., u. H. LÜBBERS: Angew. Chem. **66**, 744 (1954).

Vegetationsperiode zunimmt, wenn eine hohe Konzentration an der die Fructose liefernden Komponenten vorherrscht. Jedoch ist immer noch die Frage offen, wieweit *freie Glucose ein unmittelbarer Vorläufer ist.*

a) Ältere Anschauungen

Nach der FARRschen Theorie[1] wird die Cellulose in großen Plastiden gebildet, die im Cytoplasma der lebenden Zelle beobachtbar sind.

In einem bestimmten Stadium der Entwicklung bersten diese Plastiden und die Cellulose tritt in Form kleiner elliptischer Partikel ("FARRsche *ellipsoidal particles*") von $1{,}5 \cdot 1{,}1\ \mu$ in das Cytoplasma über. Diese Teilchen vereinigen sich zu Fibrillen (vgl. Abb. I, 15), die an der Sekundärwand niedergelegt werden und diese aufbauen. Behandlung der reifen Faser mit Salzsäure kann angeblich den Wiederzerfall in die ursprünglichen Partikel bewirken.

FARR schreibt in neueren Arbeiten: Die Bildung der Cellulose bei *Halicystis* erfolgt in den Chloroplasten, in denen auch die Bildung der Stärke vor sich geht. Man beobachtet ein flüssiges Stadium, ein gelähnliches Stadium und ein festes Stadium (Bildung von „Celluloseringen" in den Plastiden). Hierauf zerplatzt die Plastidenmembran, die Celluloseteilchen gehen in das Cytoplasma und werden mit ihren Überzügen von Plastiden- und Cytoplasmasubstanz in die Wand abgelagert (aus den „Überzügen" soll möglicherweise die „Fremdhaut" entstehen). Bei der Baumwolle erfolgt die Bildung ähnlich aus farblosen Plastiden. Die beobachtbaren Cellulosepartikel sollen identisch mit den Mikrosomen von STRASBURGER und den Dermatosomen von WIESNER sein. Eine abweichende Bildung wird bei der Alge *valonia* gefunden: Die Fibrillen sind im reifen Zustand dicht zusammengerollt innerhalb der Plastidenmembran. Nach dem Zerplatzen wird der zusammengerollte Cellulosefaden lose und gestreckt. In diesem Stadium ist auch ein Zerfall in Cellulosepartikel möglich. Nach dem Aufrollen erfolgt der Einbau in die Zellwand.

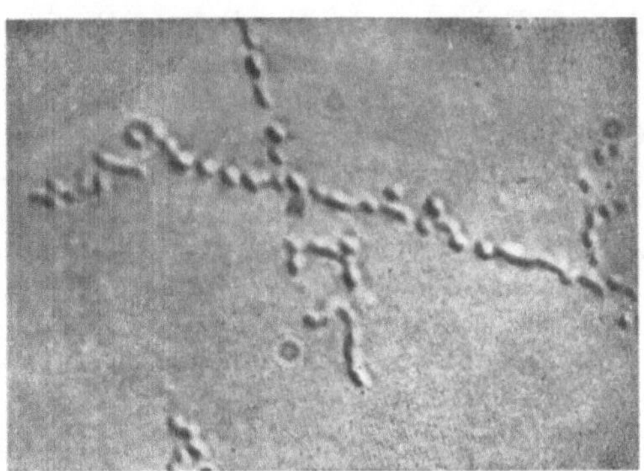

Abb. I, 15. Cellulosekeime nach FARR, beobachtet im Cytoplasma

Obgleich diese Beobachtungsergebnisse eine qualitative Ähnlichkeit mit der Dermatosomentheorie WIESNERs, mit den "Supermicells" von THIESSEN und mit den Celluloseteilchen von LÜDTKE, HESS, WERGIN und KERR besitzen, sind sie im Spiegel anderer Cellulose- und Zellwanddimensionen einer eindeutig ablehnenden Kritik begegnet. Man nimmt an, daß es sich um Beugungs- oder Interferenzerscheinungen handelt, gegebenenfalls auch um eine Verwechslung mit Plastiden.

Die anderen Theorien sehen den Bildungsort mehr oder minder in respektive an der Zellwand. WIELER[2] faßt die Cellulosebildung selbst als „Niederschlag" zweier reagierender Lösungen auf. Die Glucose soll möglicherweise zuerst einer Veränderung im Cytoplasma unterliegen. Nach ZIEGENSPECK[3] soll bei der Cellulosebildung nun ein Zwischenkörper auftreten, das sog. *Amyloid,* das an der Zellwand niedergeschlagen wird und dort sich in Cellulose umwandelt. LÜDTKE[4] spricht im selben Zusammenhang von „Intercellulosen" als Zwischenkörper und HESS und ENGEL[5] brachten Primärpektin und Primärwachs, die zu Anfang der Wandentwicklung erscheinen, in engem Zusammenhang mit der weiteren Wandentwicklung. Ein an die Wand transportierter Zwischenkörper, der über Cellobiose

[1] Siehe S. 10, Fußnote 3.
[2] WIELER, A.: Beih. bot. Zbl. **62** A, 107 (1943).
[3] ZIEGENSPECK, H.: Bot. Arch. **9**, 297 (1925).
[4] LÜDTKE, M.: Cell. Chem. **12**, 307 (1931).
[5] HESS, K., u. W. ENGEL: Naturwiss. **28**, 143 (1940). — Vgl. auch W. WERGIN: Planta (Berlin) **30**, 800 (1940), ferner F. A. HENGLEIN: J. makromol. Chem. **3**, 1, 121 (1943).

entstehen soll, ist auch die „Urcellulose“ von WISLICENUS[1]. Nach ZHEREBOV[2] sind Pektinkomplexe Zwischenstufen.

Schließlich wirft RÅNBY[3] in einem Alternativvorschlag die Möglichkeit auf, daß Micellen im Protoplasma vorgebildet werden. Diese werden unter gleichzeitigem Einbau in die Wand zu Strängen geordnet und zusammengeknüpft. Die zweite Bildungsmöglichkeit, die RÅNBY sieht, besteht in einer geordneten Niederlegung der Celluloseketten in der Wand, wodurch Bündel präformiert werden, die dann in unbekannter Weise enzymatisch kristallisieren.

b) Neuere Anschauungen

Anhaltspunkte über den Entstehungsmechanismus der Cellulose müßten Wachstumsbeobachtungen liefern (vgl. [4]). Die Cellulosefibrillen bilden sich indessen so schnell aus, daß praktisch keine Zwischenstufen beobachtet werden können[5]. Es ist dies eine Parallele zur Proteinsynthese in der lebenden Zelle (WORK). Eine solche spontane Synthese wird auch beim Polysaccharid von *Oscillatoria princeps* beobachtet (FREDERICK). HARTT[6] findet bei der Dunkelfixierung von $^{14}CO_2$ an Zuckerrohr, daß die Cellulose nach 15 sec radioaktiv wird; sie bildet sich etwa zur selben Zeit wie das Speicherprodukt Rohrzucker.

Die weitverbreitete Annahme, daß Cellulose direkt durch Glucosepolymerisation entsteht — die ersten Versuche von GREATHOUSE[7] mit Glucose-1-C^{14} an Baumwollkapseln wurden auch so gedeutet — muß wahrscheinlich modifiziert werden. Wohl zeigt die Abnahme der Monosaccharide im Bildungsmaximum der Baumwolle[8] (die Anwesenheit aktiver Invertase und Amylase verhindert eine Ansammlung von Rohrzucker und Stärke), daß Zucker die „Syntheserohstoffe“ sind, aber die gleichzeitige Anwesenheit von organischen Phosphorverbindungen dürfte anzeigen, daß der Kohlenhydratmetabolismus unter aktiver Teilnahme phosphorilierter Zucker abläuft. Die Aktivierung geschieht in der Faserzelle selbst. Dabei ist Glucose, Saccharose und Salicin ausnützbar, nicht jedoch Cellobiose[9]. Auch WAHBI findet Phosphor in (ägyptischer) Rohbaumwolle (0,113% P_2O_5). Mehr und mehr wird die synthesebegünstigende Funktion der Phosphorylierung im Stoffwechsel offenbar. Es scheint selten eine Kondensation und Polymerisation in der Zelle vor sich zu gehen, ohne daß nicht wenigstens einer von zwei Partnern phosphoryliert wäre[5]. Wir müssen uns immer wieder vor Augen halten, daß bei der glykolytischen Spaltung der Hexosen phosphorylierte Bruchstücke entstehen, die also aktiviert sind und sich wesentlich leichter miteinander koppeln lassen als freie Brenztraubensäure, Essigsäure, Dioxyaceton usw. Während im späteren Stadium die sehr aktiven Zwischenprodukte der Zuckerspaltung teilweise anderen Umwandlungen anheimfallen, deren Resultat die lagerfähigen sekundären Stoffe sind, übertrifft in jungen Geweben der spaltende Umsatz oft den oxydativen (GODDARD), so daß gerade hier Hexosebruchstücke für die Synthese bereitstehen. Nach BROWN[10] kommen zwei Mechanismen der Cellulosebildung in Frage:

[1] Siehe S. 17, Fußnote 2.
[2] ZHEREBOV, L. P.: Ref. in C. A. **40**, 378_9 (1946).
[3] Siehe S. 14, Fußnote 2.
[4] Vgl. auch A. FREY-WYSSLING u. H. STECHER: Experientia (Basel) **7**, 420 (1951). — STECHER, H.: Mikroskopie **7**, 30 (1952). — WILLIAMS, R. T.: Biological transformation of starch and cellulose. New York 1953.
[5] SCHRAMM, M., Z. GROMET u. S. HESTRIN: Nature **179**, 28 (1957).
[6] HARTT, C. E., u. G. O. BURR: Proc. Internat. Bot. Congr., Stockholm 1950, **7**, 748 (1953). — Vgl. auch ST. A. BROWN, K. G. TANNER u. J. E. STONE: Canad. J. Chem. **31**, 755 (1953).
[7] GREATHOUSE, G. A.: Science (Lancaster, Pa.) **117**, 553 (1953).
[8] Siehe S. 18, Fußnote 6. [9] Siehe S. 18, Fußnote 7.
[10] BROWN, ST. A., u. A. C. NEISH: Canad. J. Biochem. **32**, 170 (1954).

a) Glucose wird phosphoryliert und kondensiert als Glucosephosphat.

b) Transglucosidation von Rohrzucker, ähnlich der Dextranformation (vgl.[1]).

Isotopenversuche von MINOR[2] und Mitarbeitern mit *Acetobacter* zeigten, daß die ursprünglichen Hexoseeinheiten vor der Cellulosesynthese gespalten werden. Eine direkte Glucosepolymerisation findet also *nicht* statt. Zu analogen Auffassungen ist auch SHAFIZADEH[3] an Baumwolle gekommen.

Wenn wir noch von Versuchen an Weizensämlingen absehen (BROWN[4], EDELMAN[5]), sind die meisten Versuche mit *Bakteriencellulose* durchgeführt worden.

Die extracelluläre Entstehung der Bakteriencellulose gestattet in der Tat auch bessere Einblicke und übersichtlichere bzw. einfachere Experimente (Kulturmedien). Diese Cellulosebildung, deren Feinbau im flüssigen Substrat ohne Einfluß der Begrenzung des Reaktionsraumes völlig den der Reaktion innewohnenden formenden Kräften überlassen bleibt, ist in hervorragender Weise als Modellreaktion zum Studium der Cellulosebildung geeignet.

Auf Grund von übermikroskopischen Aufnahmen kommen FREY-WYSSLING und MÜHLETHALER[6] zu dem Schluß, daß die Cellulosestränge aus einem elektronenoptisch amorphen, extracellulären Schleim im Zuge einer Kristallisation entstehen (vgl. S. 12).

Ähnliche Beobachtungen stammen auch von KAUSHAL[7] und HESTRIN[8].

Die Freiheit in der Wahl der Nährlösungen legte auch hier zunächst den Gedanken nahe, zu untersuchen, wieweit Glucose eine unmittelbare Vorstufe der Cellulose ist (KARR, HIBBERT, HESTRIN, KAUSHAL u. a.). HESTRIN[8] beobachtete z. B., daß Bakteriencellulose auf Nährlösungen von Glucose, Fructose, Mannit, Sorbit, etwas schlechter auch auf Glycerin, Galaktose, Lactose, Rohr- und Malzzucker gebildet wird, jedoch nicht auf Sorbose, Mannose, Cellobiose, Erythrit, Äthanol (obwohl dieses die Synthese auf Glucoselösungen beschleunigt) und Acetaten. Pentosane und Stärke gaben nur unbedeutende Häutchen[9]. Beim Umsatz von Glykol wurde das intermediäre Auftreten von *Glykolaldehyd* beobachtet[10], das erste Beispiel eines Zwischenprodukts (?).

Nach MINOR[2] wird (Versuche mit D-Glucose-1-C^{14} an *Acetobacter Xylinum*) ein Teil der Hexoseeinheiten vor der Cellulosebildung gespalten. BOURNE[11] kam nach Wachstumsversuchen auf radioaktiver Milchsäure zu dem Schluß, daß die Glucoseeinheiten durch Verschmelzung zweier C_3-Fragmente aufgebaut wurden. Versuche mit 1-C^{14}-Mannit zeigte das Auftreten von C^{14} in C_1 und C_6-Position[12].

Auf Parallelen zwischen der Cellulosesynthese in der Zellwand und durch Bakterien weist HESTRIN[13] hin. Die äußere Bakterienoberfläche enthält den Katalysator und es werden etwa 100 Monoschichten pro Stunde gebildet. Auch die Herstellung gefriergetrockneter Zellen mit der Fähigkeit zur Glucosepolymerisation ist ihnen gelungen. (Daß das Enzym an die Zellwand gebunden ist, geht

---

[1] HEHRE, E. J.: Science (Lancaster, Pa.) **93**, 237 (1941).

[2] Siehe S. 10, Fußnote 5.

[3] SHAFIZADEH, F., u. M. L. WOLFROM: J. Amer. Chem. Soc. **77**, 5182 (1955).

[4] Siehe S. 20, Fußnote 10.

[5] EDELMAN, J., V. GINSBURG u. W. Z. HASSID: J. of Biol. Chem. **213**, 843 (1955).

[6] Siehe S. 11, Fußnote 2.

[7] KAUSHAL, R., T. K. WALKER u. D. C. DRUMMONT: Biochemie J. **50**, 128 (1951).

[8] HESTRIN, S., M. ASCHNER u. J. MAYER: Nature (London) **159**, 64 (1947).

[9] KAUSHAL, R., u. T. K. WALKER: Nature (London) **160**, 572 (1947).

[10] KAUSHAL, R., u. T. K. WALKER: Biochemic. J. **48**, 618 (1951).

[11] BOURNE, E. J., u. H. WEIGEL: Chem. a. Ind. **1954**, 132.

[12] MINOR, F. W., G. A. GREATHOUSE, H. G. SHIRK, A. M. SCHWARTZ u. M. HARRIS: J. Amer. Chem. Soc. **76**, 5052 (1954).

[13] HESTRIN, S., u. M. SCHRAMM: Biochemic. J. **58**, 345 (1954).

auch aus Untersuchungen von BARCLAY und Mitarbeitern[1] hervor.) Auch STACEY[2] konnte aus Fructose mittels Zellwandbruchstücken aus *Acetobacter Xylinum* Cellulose enzymatisch synthetisieren.

Auch im Falle der lävanbildenden Bakterien konnte LINDEBERG zeigen, daß die Bakterien ein konstitutives, an die Zelle *gebundenes*, lävanbildendes Enzym tragen.

Nach allem darf gesagt werden, daß die *Synthese der Cellulose*[3] enzymatisch ist, gesteuert vom Protoplasma. Grundstoffe der Synthese sind Photosyntheseprodukte, und zwar Zucker. Diese werden wahrscheinlich teilweise vor der Polymerisation gespaltet; die Resynthese zum Makromolekül dürfte wahrscheinlich über phosphorylierte Zwischenstufen bzw. Zucker verlaufen. Das Enzym scheint fest an der Zellwand gebunden zu sein, und zwar bei den Pflanzenzellen vermutlich an der Grenzschicht: Plasma-Zellwand, bei den celluloseerzeugenden Bakterien an der Zellaußenwand. Gewisse Erscheinungen des übermolekularen Aufbaus der Cellulose können aus dem Verhalten hochpolymerer Stoffe verstanden werden.

Eine weitere Frage ist noch die, ob die Celluloseketten bzw. die daraus aufgebauten Micellarstränge zu einem Längenwachstum befähigt sind. Nach MÜHLETHALER[4] weisen die Elementarfibrillen ein Spitzenwachstum auf. USSMANOV beobachtet ein Ansteigen des DP-Grades der Baumwolle mit wachsender Reife der Kapsel. Auch der DP-Grad der Polyfructosane in *Lolium perenne* nimmt im Laufe der Vegetationsperiode durch enzymatische Transfructosidation zu[5]. Daß unter der Zellstreckung des Baumwollhaares die Zelle in der ganzen Länge radioaktiv — und nicht nur an der Spitze — wird[6], ist nicht unverständlich, wenn wir ein mosaikartiges Flächenwachstum mit betonter Längsrichtung (FREY-WYSSLING) annehmen. Es ist jedoch nicht völlig ausgeschlossen, daß die Cellulosekette ein „Wachstum" besitzt. Ein solches Kettenwachstum konnte auch KORSCHAK bei synthetischen Polyveresterungen beobachten. Im Anfangsstadium werden die Monomeren schnell umgesetzt und die niedermolekularen Polyester reagieren miteinander, wobei Monomere als Aktivatoren fungieren. Im Maße des Verbrauchs der Monomeren verlangsamt sich die Reaktion, die bei Zusatz von weiteren Monomeren unter Ansteigen des Molekulargewichts wieder einsetzt. BARKER weist darauf hin, daß der Anteil des die enzymatische Reaktion bestimmenden Startmaterials *(„primer")* Reaktionsgeschwindigkeit und Kettenlänge influiert. Bei der Degradation von Cellulosetriacetat fand WARD[7] neben einer Degradation auch eine Rekombination.

Die *chemische* Synthese von Glucosepolymeren — gemäß der KÖNIG-KNORR-Reaktion — beschreiben WHELAN und HAQ[8].

§ 5. Der Einfluß morphologischer Faktoren auf die Herstellung von Zellstoff und Papier

von L. STOCKMAN

1. Holzart (allgemeine Gesichtspunkte)

Von der totalen Weltproduktion an chemisch aufgeschlossenem Zellstoff werden gegenwärtig 85—90% aus Nadelhölzern *(Coniferae)* hergestellt. Der Rest stammt hauptsächlich von Laubhölzern *(Dicotyledoneae)* und nur ein untergeordneter Teil wird aus Stroh, Espartogras, Bagasse, Bambus, Manilahanfabfällen

[1] BARCLAY, K. S., E. J. BOURNE, M. STACEY u. M. WEBB: J. Chem. Soc. (London) **1954**, 1501.

[2] STACEY, M.: Chem. a. Ind. **1950**, 727.

[3] Vgl. auch E. HEUSER: The Chemistry of Cellulose; S. 33—40. New York 1944. — HASSID, W. Z.: in D. M. GREENBERG: Chemical Pathways of Metabolism. New York 1954. — STACEY, M.: Advances in Encymol. **15**, 301 (1954). — SKOPEK, J.: Dissertation, Univ. of Maryland. — HORECKER, B. L. u. A. H. MEHLER: Ann. Rev. Biochem. **24**, 207 (1955). — JONES, J. K. N.: Ann. Rev. Biochem. **24**, 113 (1955).

[4] MÜHLETHALER, K.: Biochim. et. Biophysica. Acta **3**, 529 (1949).

[5] Siehe S. 18, Fußnote 3.

[6] O'KELLEY, J. C.: Plant Physiol. **28**. 281 (1953).

[7] WARD, K., CH-CH. TU u. M. LAKSTIGALA: J. Amer. Chem. Soc. **77**, 5679 (1955).

[8] WHELAN, W. J., u. S. HAQ: Chem. a. Ind. **1955**, 600.

usw. *(Monocotyledoneae)* gewonnen. Zur Zellstoff- und Papierherstellung werden Nadelhölzer als besonders geeignet betrachtet; jedoch aus Gründen der Knappheit geht die Entwicklung mehr und mehr in Richtung einer steigenden Anwendung von Laubhölzern. Die Tatsache, daß man gewöhnlich aus Laubholzzellstoffen, hergestellt nach gangbaren Aufschlußmethoden, schwächere Papiere erhält, führt man im allgemeinen auf die kürzeren Laubholzfasern zurück[1,2]. Generell ist diese Ansicht nicht mehr länger vertretbar, seit man durch spezielle Aufschlußmethoden Zellstoffe herstellen konnte, die annähernd gleiche oder auch bessere Reißlänge als Fichtensulfitzellstoffe aufwiesen[3]. Andere Festigkeitseigenschaften, wie z.B. Durchreißfestigkeit, können wegen der erwähnten Kurzfasrigkeit sich nicht mit denen der Nadelholzzellstoffe messen[4]. Gilt es hingegen ein Papier mit geringer „Wolkigkeit" herzustellen, so zeigen die Laubholzzellstoffe einen ausgesprochenen Vorteil, da sie wegen ihrer Kurzfasrigkeit leichter dispergierbar sind und somit eine verringerte Tendenz zur Flockenbildung aufweisen[5]. Außerdem zeichnen sich Laubholzzellstoffe im allgemeinen dadurch aus, daß sie gute Blattstruktur, hohe Opazität, Reinheit und Absorptionsvermögen ergeben, weshalb sie sich für Druck- und Schreibpapiere eignen[6].

Das höhere Volumgewicht der Laubhölzer, speziell der Birke, macht ein Flößen unmöglich oder erschwert dieses; es besteht das Risiko, daß es sinkt[7]. Außerdem verursacht das höhere spezifische Gewicht einen erhöhten Leistungsbedarf bei der Hackschnitzelherstellung. Andererseits ergibt jedoch das höhere Darrgewicht in Verein mit dem höheren Cellulose- plus Hemicellulosegehalt (gleichbedeutend mit niederem Ligningehalt) eine erhöhte Stoffausbeute, da ja das Faserholz im Volummaß (Raummeter oder Festmeter) gekauft, während die Cellulose nach Gewicht gehandelt wird. Auch Laubholz mit relativ niederem Darrgewicht (wie z. B. Espe) liefert, auf Grund des vorhin erwähnten höheren Cellulosegehaltes gewöhnlich höhere Ausbeuten als Nadelholz[8].

Laubholz mit höherem spezifischen Gewicht vermag, im Vergleich zu poröserem Holz, keine so große Menge Kochflüssigkeit zu absorbieren. Die Zufuhr von Chemikalien während des Aufschlußes sowie die Herauslösung des Lignins und dergleichen hängt hier in einem höheren Grade von der Diffusion ab[9].

Bei der Herstellung von halbchemischem Zellstoff gemäß Methoden, nach denen die Hackschnitzel zuerst mit Kochflüssigkeit imprägniert und dann in der Dampfphase aufgeschlossen werden, spielt ebenfalls das Vermögen des Holzes, Kochflüssigkeit aufzunehmen, eine große Rolle. Laubholz mit hohem Darrgewicht, wie z. B. Birke, kann so nicht genügend Chemikalien aufnehmen, um einen „bleichbaren" halbchemischen Zellstoff zu ergeben[10].

Da jedoch die Zellstofferzeugung hauptsächlich auf Nadelholz als Rohmaterial basiert, soll sich die nachfolgende Darstellung in erster Linie mit der Herstellung von Nadelholzzellstoff und daraus gefertigtem Papier befassen.

---

[1] Kress, O., u. F. W. Brainerd: Paper Trade J. **98**, [13], 35 (1934).

[2] Brown, R. B.: Paper Trade J. **95**, [13], 27 (1932).

[3] Peterson, H. E., M. W. Bray u. G. J. Ritter: Paper Trade J. **121**, [2], 13 (1945).

[4] Doughty, R. H.: Paper Trade J. **94**, [9], 29 (1932).

[5] Casey, J. P.: Pulp and Paper, Vol. 1, S. 420. New York: Interscience Publishers Inc. 1952.

[6] Johansson, S.: Worlds Paper Trade Rev. **142**, 949 (1954); vgl. H. P. Dahm: Norsk Skogind. **10**, 140 (1956).

[7] Tydén, H.: Norsk Skogind. **6**, 175 (1952).

[8] Hägglund, E.: Chemistry of Wood, S. 351. New York: Acad Press Inc. 1951.

[9] Casey, J. P.: Pulp and Paper, Vol. 1, S. 118. New York: Interscience Publishers Inc. 1952.

[10] Fiber Containers, Report on Conference on Semichemical Pulping, S. 66, Nov. 1949.

a) Kernholz — Splintholz

Vom Gesichtswinkel der Sulfitkochung aus ergeben sich ausgesprochene Unterschiede zwischen Kern- und Splintanteil. Da im Kernholz verschlossene Hoftüpfel vorkommen, wird das Eindringen der Kochsäure im hohen Grade erschwert[1, 2, 3]. Gegebenenfalls kann auch der höhere Harzgehalt des Kernholzes dazu mit beitragen. Versuche mit Fichtenholz haben ergeben, daß die Strömungsgeschwindigkeit im gelagerten Splintholz ~ 50 bis 60 mal größer ist als im entsprechenden Kernholz[4]. Die Unterschiede in der Penetrierungsgeschwindigkeit zwischen Kern- und Splintholz variieren innerhalb sehr weiter Grenzen bei den verschiedenen Holzarten[5]. Bei triploider Espe hat man sogar im Kernholz eine höhere Eindringgeschwindigkeit beobachtet als im Splint[5]. Bei Sinkversuchen mit frischem, evakuiertem Kern- bzw. Fichtensplintholz hat sich gezeigt, daß die Sinkzeiten für Kernholzhackschnitzel (normaler Länge [~ 15 mm]) etwa 1000 bis 2000 mal länger sind als die der anderen Späne[6]. Jedoch muß wohl darauf Bedacht genommen werden, daß der Wassergehalt des frischen Holzes im Kern bedeutend geringer ist als im Splint.

Unterschiede in der Penetrierungsgeschwindigkeit der Weißlauge in Kern- bzw. Splintholz bei der Sulfatkochung der Kiefer sind hingegen unbedeutend[7]. Die Ursachen dafür dürften teils darin zu suchen sein, daß das Harz im Kernholz, welches unter anderem für die Absperrung des Flüssigkeitstransportes durch die Tüpfel mitverantwortlich ist, von der alkalischen Aufschlußlauge gelöst wird, teils, daß die Lauge die Cellulose quillt, wodurch die Penetrierung erleichtert wird.

Kiefernholz besitzt im allgemeinen zwei- bis dreifach höheren Extraktstoffgehalt als Splintholz, ein Umstand, der für die Tallölausbeute bei der Sulfatkochung Bedeutung besitzt. Die Zusammensetzung des Tallöls variiert mit der Spanzusammensetzung, da der Fettsäuregehalt des Extraktes im Kernholz etwa 30%, hingegen in den äußeren Holzschichten 60% beträgt[8]. Weiters sei hier angemerkt, daß Kiefernkernholz geringe Mengen Pinosylvin (3,5-Dioxystilben) und dessen Monomethyläther enthält, was eine Ligninauslösung durch die übliche Sulfitkochung unmöglich macht[9] (vgl. S. 382). Durch eine Vorkochung mit Bisulfit kann diese Schwierigkeit umgangen werden[10].

Ein Unterschied in der Stoffausbeute oder im Ligningehalt bei der Sulfitkochung von Fichtenkern- bzw. Splintholz unter identischen Bedingungen konnte unter der Voraussetzung, daß die Ankochzeit nicht extrem kurz gewesen ist, nicht beobachtet werden[11, 12]. Bei der Sulfatkochung der Kiefer mit Splintholz erhält man scheinbar eine 2—3% höhere Ausbeute, beruhend auf dem niedrigen Gehalt des Splintholzes an Extraktstoffen.

Hingegen beobachtet man deutliche Unterschiede hinsichtlich der Papiereigenschaften bei Zellstoffen, hergestellt aus Splint- bzw. Kernholz. Die Ursache

---

[1] Wurz, O.: Papierfabr. **35**, 481 (1937).
[2] Howard, E. J.: Pulp a. Paper Mag. Canada. **52**, [8], 91 (1951).
[3] Stamm, A. J.: Pulp a. Paper Mag. Canada **54**, [2], 55 (1953).
[4] Beazley, W. B., W. B. Campbell u. O. Maass: Dominion Forest Service-Bull. 93. Canadian Dept. of Mines and Resources, Ottawa 1939.
[5] Stone, J. E.: Pulp a. Paper Mag. Canada **57**, [7], 139 (1956).
[6] Saunderson, H. A., u. O. Maass: Canad. J. Res. **10**, 24 (1934).
[7] Siehe S. 25, Fußnote 3.
[8] Bergström, H., u. K. G. Trobeck: Sv. Papperstidn. **50**, 215 (1947).
[9] Hägglund, E., J. Holmberg u. T. Johnson: Sv. Papperstidn. **39**, Spezialnr., 37 (1936). — Erdtman, H.: Sv. Papperstidn. **42**, 344 (1939); **43**, 255 (1940); Cellulosechemie **18**, 83 (1940).
[10] Söderquist, R.: Paper Trade J. **139**, [42], 30 (1955).
[11] Hägglund, E., u. S. Hansen: Acta Acad. Aboensis, Math. et Phys. **3**, Nr. 2 (1923); vgl. E. Hägglund: Chemistry of Wood, S. 548. New York 1951.
[12] Hägglund, E.: Ingenjörsvetenskapsakad. Tidskr. Nr. 2 (1942).

hierzu ist teils darin zu suchen, daß die mittlere Jahresringbreite gegen die Peripherie des Stammes zu abnimmt bei gleichzeitiger Zunahme des Spätholzgehaltes, teils, daß die mittlere Faserlänge gegen die Peripherie hin ansteigt. Hinzu kommt noch eine allgemeine Verdickung der Zellwände in peripherer Richtung[1]. Vom Festigkeitsstandpunkt aus betrachtet, ergibt Splintholz ein Papier mit geringerer Reißlänge und Berstfestigkeit, aber mit höherer Durchreißfestigkeit als Kernholz[2,3]. Die Verhältnisse liegen bei Sulfit- und Sulfatkochung gleich. Da als Rohmaterial für Sulfatzellstoff teilweise Sägewerksabfall ausgenutzt wird, welcher im wesentlichen aus Splintholz besteht, besitzt ein solcher Zellstoff relativ hohe Durchreißfestigkeit, jedoch geringere Reißlänge als ein Sulfatzellstoff, der nur auf Rundholz basiert. Die höhere Durchreißfestigkeit des Splintholzzellstoffs kann auf den höheren Gehalt an Spätholz mit dicken Zellwänden zurückgeführt werden[4].

b) Schnellwüchsigkeit, Jahresringbreite

Die Bedeutung, die Schnellwüchsigkeit und Jahresringbreite für die Zellstoff- und Papierherstellung besitzen, kann in der Hauptsache auf Unterschiede im Spätholzfasergehalt zurückgeführt werden, die mit der Variation in der Jahresringbreite oft symbat geht. Parallel hierzu geht auch das Raumgewicht des Holzes, welches, wie erwähnt, von großer ökonomischer Bedeutung ist, da ja Faserholz nach Raummaß gehandelt wird[5]. Rasch gewachsenes Holz einer schwedischen Fichte ergab ein Darrgewicht von 0,30 für Früh- und 0,61 für Spätholz[6]. In einer Untersuchung über Bäume, die unter verschiedenen Bedingungen gewachsen waren, zeigten rasch gewachsene Bäume einen Spätholzgehalt von 5—15% im Vergleich zu 20—30% im Normalfall[7]. Gewöhnlich ist der Spätholzgehalt in üppiggewachsenem Holz geringer, jedoch kommen große Variationen vor. So kann der Spätholzgehalt einer schnellgewachsenen Südkiefer (USA) zwischen 17 und 47% variieren, während langsam gewachsene Südkiefer einen Prozentgehalt zwischen 23 und 58% aufwies[8]. (Abb. I, 16).

Die Aufschlußzeit bis zu einem gewissen Ligningehalt im Zellstoff scheint von der Jahresringbreite unbeeinflußt zu sein[7,9]. Hingegen liegt die Zellstoffausbeute für typisch schnellwüchsiges Holz 2—3% niedriger, verglichen mit einem gemäß schwedischen Verhältnissen normalem, langsam gewachsenem Holz[7,10]. In Übereinstimmung hiermit ergibt der Wipfel, in welchem die Jahresringe relativ breit sind und der einen geringen Gehalt an Spätholz aufweist, eine etwa 1—2% geringere Stoffausbeute sowohl bei der Sulfit- als auch bei der Sulfatkochung[2,11,12,13,14]. Aber auch extrem trägwüchsiges Holz kann indessen geringere Ausbeute ergeben,

---

[1] Johansson, D.: Pappers- och Trävarutidskr. Finland **21**, Nr. 7A, 54 (1939).

[2] Siehe S. 24, Fußnote 12.

[3] Regnfors, L., u. L. Stockman: Sv. Papperstidn. **60** (1957).

[4] Erdtman, H.: Sv. Papperstidn. **43**, 241 (1940).

[5] Nylinder, P., u. E. Hägglund: Medd. Stat. Skogsforskningsinst. Stockholm **44**, Nr. 11, 63 (1954).

[6] Johansson, D.: Holz als Roh- und Werkstoff **3**, 73 (1940).

[7] Hägglund, E., u. a.: Papier-Fabrikant **33**, 73 (1935).

[8] Curran, C. E.: Paper Trade J. **103**, [11], 36 (1936).

[9] Chidester, G. H., u. J. N. McGovern: Paper Trade J. **107**, [13], 24 (1938).

[10] Hägglund, E.: Chemistry of Wood, S. 439—441. New York 1951.

[11] Bray, M. W., u. C. E. Curran: Paper Trade J. **105**, [20], 39 (1937).

[12] Nylinder, P., u. E. Hägglund: Medd. Stat. Skogsforskningsinst., Stockholm **44**, Nr. 11, 57 (1954).

[13] McGovern, J. N., u. G. H. Chidester: Paper Trade J. **106**, [23], 37 (1938).

[14] Chidester, G. H., J. N. McGovern u. G. C. McNaughton: Paper Trade J. **107**, [4], 36 (1938).

möglicherweise auf Grund eines größeren Druckholz- und Astgehaltes[1,2]. Im großen und ganzen steigt jedoch mit abnehmender Jahresringbreite die Ausbeute.

Die Papierfestigkeiten eines Sulfitzellstoffes aus einem extrem schnellgewachsenen Holz sind in jeder Beziehung geringer als von einem normalen[3]. Bei der Sulfitkochung eines extrem dichtgewachsenen Holzes (Jahresringbreite 0,2 bis

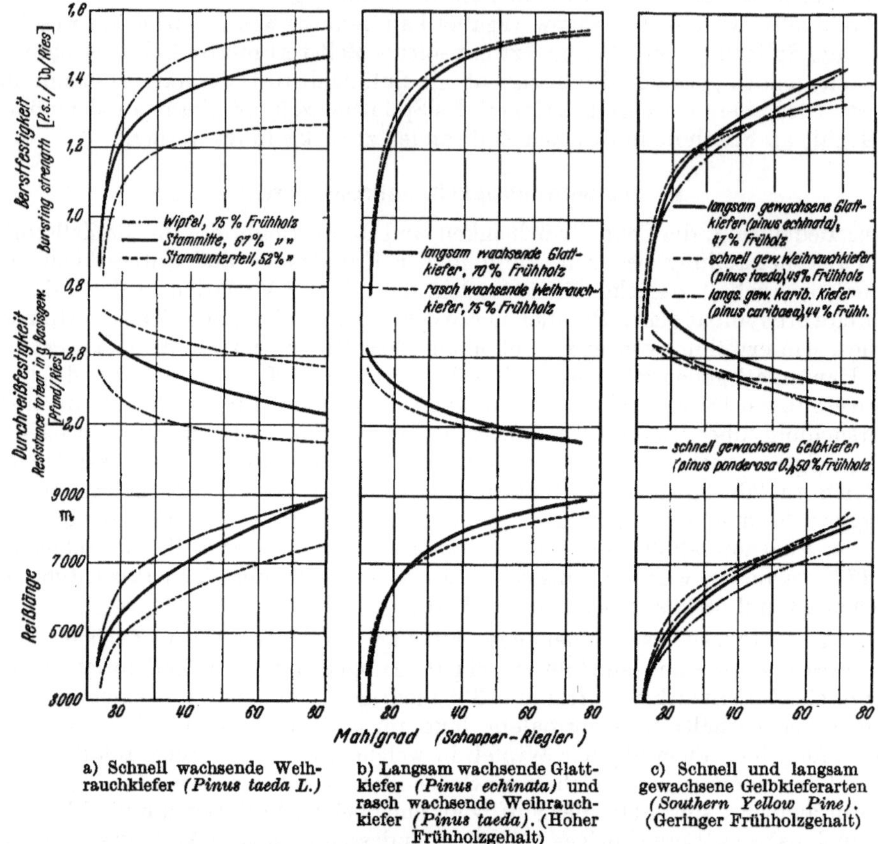

a) Schnell wachsende Weihrauchkiefer *(Pinus taeda L.)*

b) Langsam wachsende Glattkiefer *(Pinus echinata)* und rasch wachsende Weihrauchkiefer *(Pinus taeda)*. (Hoher Frühholzgehalt)

c) Schnell und langsam gewachsene Gelbkieferarten *(Southern Yellow Pine)*. (Geringer Frühholzgehalt)

Abb. I, 16. Einfluß des Verhältnisses von Früh- und Spätholz auf die Festigkeitseigenschaften von Sulfatzellstoffen aus Gelbkieferarten (Southern yellow pine) nach N. W. Bray und C. E. Curran. (Anmerkung: 1 lbs [Pfund] = 453,59 g; 1 Quadratzoll = 6,4516 cm^2; 1 Ries [Tappi-Standard] = 500 Bogen $25 \cdot 40$ Zoll)

0,5 mm) erhält man gleichfalls einen Zellstoff mit geringen Festigkeitseigenschaften[1]. In einer in Norwegen durchgeführten Untersuchung[4,5] konnte festgestellt werden, daß die Durchreißfestigkeit mit steigender Jahresringbreite sank. Reißlänge und Berstdruck zeigten sich hingegen annähernd konstant bis zu etwa 4 mm Jahresringbreite. Bei größeren Jahresringbreiten zeigt dann hauptsächlich der Berstdruck eine deutlich abnehmende Tendenz.

---

[1] Siehe S. 25, Fußnote 5.

[2] Wegelius, Th.: Sv. Papperstidn. **49**, 51 (1946).

[3] Siehe S. 25, Fußnote 10.

[4] Klem, G.: Medd. Det norske Skogforsöksvesen 1942.

[5] Klem, G.: Medd. Det norske Skogforsöksvesen 1945.

c) Frühholz, Spätholz (Trockenvolumgewicht)

Beim Nadelholz beobachtet man einen merkbaren Unterschied in der Dicke der Zellwände zwischen Spät- und Frühholz. Frühjahrstracheiden besitzen eine Zellwanddicke von 2 bis 4 μ gegenüber 4 bis 10 μ beim Spätholz. Diese morphologischen Unterschiede erklären zu einem Großteil die Variationen in den Festigkeitseigenschaften, die durch variierenden Spätholzgehalt bedingt sind[1]. Darüber hinaus besteht eine bedeutende Differenz in der Faserbreite, welche mit dem großen Unterschied in der Lumengröße zusammenhängt. Frühholzfasern fallen daher bei der Mahlung viel eher zusammen (und ergeben dichte Blätter) als Spätholzfasern, die gewöhnlich auch nach der Mahlung fortfahrend noch ihre Röhrenform beibehalten[2].

Der prozentuelle Gehalt an Spät- bzw. Frühholz mit den daraus folgenden Variationen in den Fasereigenschaften ist der vielleicht wichtigste morphologische Faktor, der die Papiereigenschaften wie Festigkeit, Porosität, Absorptionsvermögen, Fülligkeit, Farbe usw. beeinflußt.

Infolge der Variation der Fasereigenschaft mit dem Spätholzgehalt besteht auch ein enger Zusammenhang zwischen Spätholzgehalt und Darrgewicht. Auch wenn man die Unterschiede im Darrgewicht nicht nur mit der Zellwanddicke in Beziehung bringen darf, so kann man bei vielen Untersuchungen, wo der Einfluß verschiedener Zellstoffeigenschaften vom Darrgewicht studiert wurde, die Resultate auch als Funktion vom Spätholzgehalt und der Zellwanddicke betrachten.

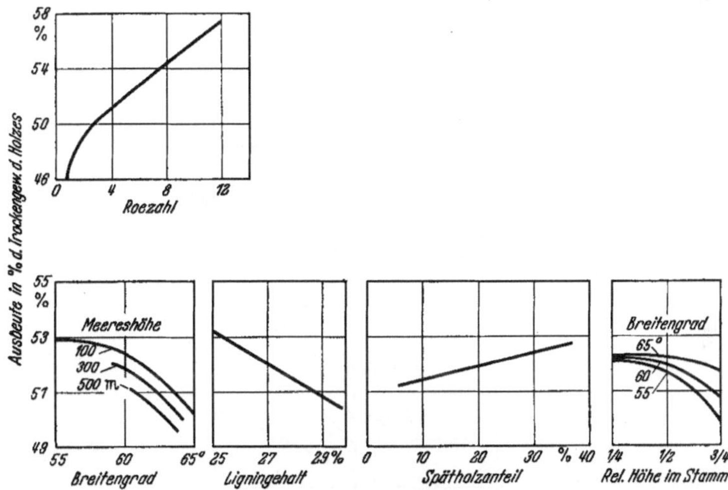

Abb. I, 17. Partialzusammenhänge für die Stoffausbeute als Funktion von Roezahl, Breitengrad, Meereshöhe, Ligningehalt, Spätholzanteil und Ort der Probennahme im Stamm. Nach NYLINDER und HÄGGLUND

Für das Eindringen der Sulfitkochsäure hat der Gehalt an Spätholz eine gewisse Bedeutung. Die Tüpfel in den Frühholzfasern sind sowohl größer wie auch zahlreicher als in den Spätholzfasern. Daraus resultiert eine größere Imprägnierungsgeschwindigkeit für das Frühholz im Vergleich zum Spätholz. Als Folge des größeren Volumens des Lumens enthält das Frühholz überdies eine erheblich größere Menge Kochsäure, weshalb man bei der Ligninauslösung aus dem Frühholz in nicht so hohem Grade von der Diffusion der Chemikalien berührt wird als beim Spätholz. Dies erklärt wohl die beobachteten Unterschiede in der Delignifizierungsgeschwindigkeit[3].

[1] Siehe S. 25, Fußnote 6.

[2] Siehe S. 25, Fußnote 11.

[3] BUCHER, H.: Morphology and Structure of Wood Fibers S. 9, Attisholz/Solothurn 1938.

Da das Lignin auf die Mittellamelle konzentriert ist und deren Dicke nicht parallel zur Zellwanddicke geht, liegt die Annahme nahe, daß der Ligningehalt bei gleichzeitiger Zunahme des Cellulosegehaltes und somit auch der Stoffausbeute

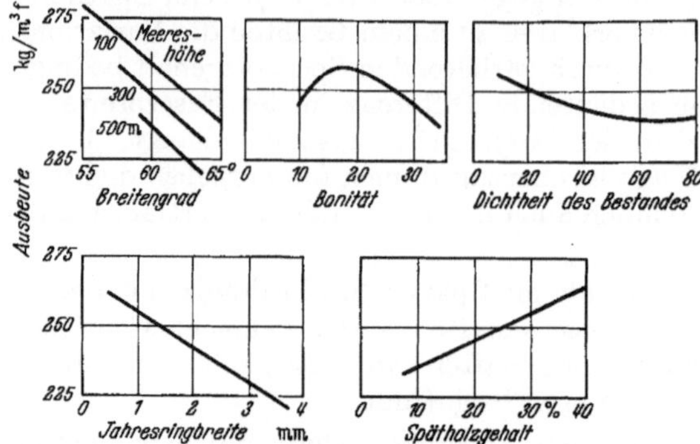

Abb. I, 18. Partialzusammenhänge für die Stoffausbeute in kg per m³ (Festgehalt) als Funktion des Breitengrades, Meereshöhe, der Bonität, Dichte des Bestandes, Jahresringbreite und Spätholzgehalt. Nach NYLINDER und HÄGGLUND

bei steigendem Spätholzanteil abnehmen müßte[1]. Die Verhältnisse scheinen jedoch verwickelter zu sein; so findet man u. a. die Angabe, daß Frühholz etwa 2% höhere Stoffausbeute ergeben soll im Vergleich zu Spätholz[2]. In derselben

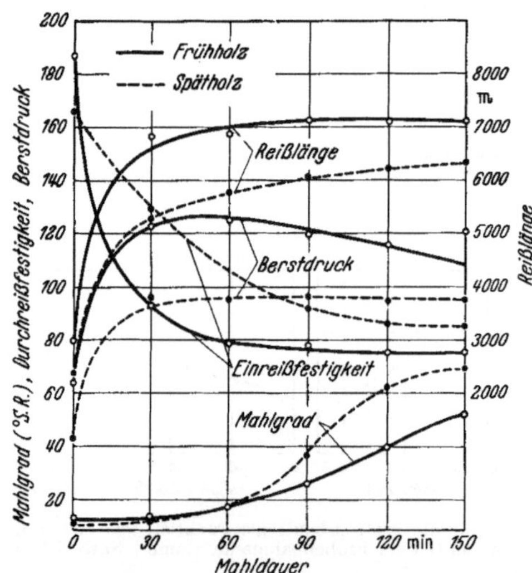

Abb. I, 19. Festigkeitswerte von Sulfatzellstoffen aus Frühholz und Spätholz aus Glattkiefer (Shortleaf pine; *Pinus echinata*) nach D. JOHANSSON. Lampén-Mahlung

Veröffentlichung wurde der Ligningehalt bei Früh- und Spätholz gleichbefunden. Aus einer späteren und bedeutend umfassenderen Untersuchung geht jedoch hervor, daß der Ligningehalt mit steigendem Darrgewicht geringfügig sinkt[3]. In

[1] Siehe S. 25, Fußnote 9.

[2] HÄGGLUND, E., u. T. JOHNSON: Pappers- och Trävarutidskr. Finland 8, 524 (1926).

[3] NYLINDER, P., u. E. HÄGGLUND: Medd. Stat. Skogsforskningsinst., Stockholm 44, Nr. 11, 49 (1954).

Übereinstimmung damit zeigte die gleiche Untersuchung, daß die Stoffausbeute bei der Sulfitkochung etwa um 1% zunahm, wenn der Gehalt an Spätholz von 5 auf 30% anstieg — stets bei der gleichen Chlorzahl verglichen[1]. (Abb. I, 17; vgl. auch Abb. I, 18, welche die Ausbeute als Funktion des Holzvolumens zeigt).

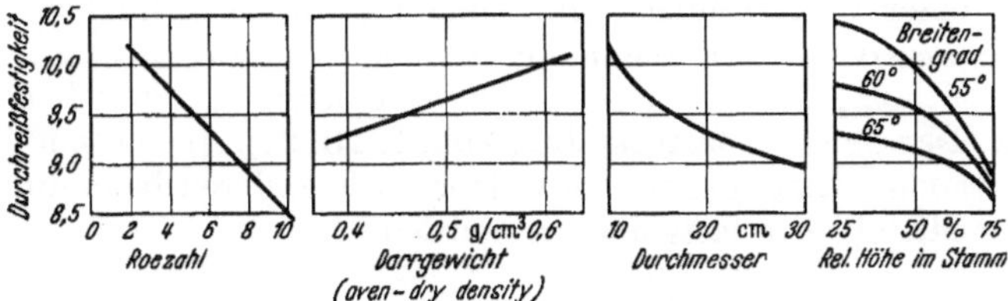

Abb. I, 20. Partialzusammenhänge der Durchreißfestigkeit als Funktion von Roezahl, Trockenwichte, Durchmesser der Holzprobe und Ort der Probennahme im Stamm. Nach NYLINDER und HÄGGLUND

Die Festigkeitseigenschaften der Papierzellstoffe hängen stark vom Spätholzanteil ab. Eine größere Anzahl von Untersuchungen läßt darauf schließen, daß die Durchreißfestigkeit mit steigendem Spätholzgehalt und Darrgewicht zunimmt[2,3,4,5,6,7] (Abb. I, 19, 20). Gleichzeitig wies man auf geringere Reißlänge, Berstdruck und

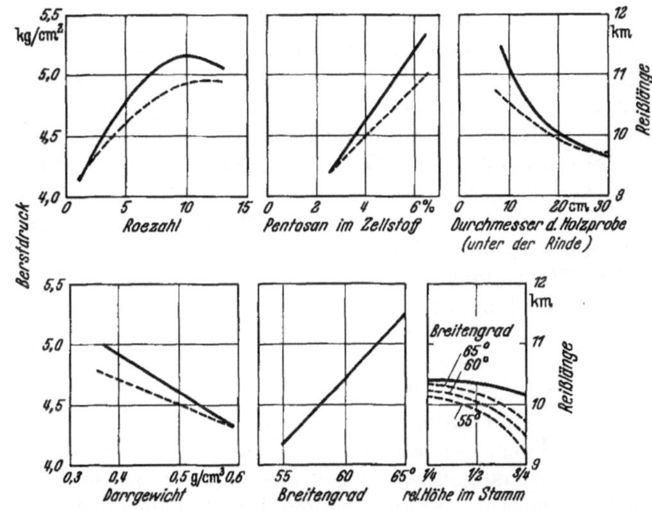

Abb. I, 21. Partialzusammenhänge für Berstdruck bzw. Reißlänge als Funktion von Roezahl, Pentosangehalt, Durchmesser der Holzprobe, Trockenwichte, Breitegrad und Lage der Probe im Stamm. (—— Berstdruck, ------ Reißlänge). Nach NYLINDER und HÄGGLUND

Falzfestigkeit der Spätholzzellstoffe hin[3,8]. Dieser Zusammenhang ergab sich sowohl bei Sulfit- als auch bei Sulfatzellstoffen. Ferner konnte man zeigen, daß dieser Zusammenhang zwischen Spätholzanteil und Papierfestigkeit unabhängig davon, ob das Holz rasch oder dicht gewachsen ist, gilt[5]. (Vgl. Abb. I, 16). Andere

[1] Siehe S. 25, Fußnote 12. [2] Siehe S. 25, Fußnote 9.
[3] Siehe S. 25, Fußnote 6. [4] Siehe S. 25, Fußnote 8.
[5] Siehe S. 25, Fußnote 11. [6] Siehe S. 25, Fußnote 14.
[7] JOHANSSON, D.: Sv. Papperstidn. 36, 137 (1933).
[8] Siehe S. 28, Fußnote 2.

Forscher konnten keine Relation zwischen Reißlänge und Berstdruck und dem Darrgewicht des Holzes bzw. Ligningehalts finden[1]; jedoch konnte der Zusammenhang mit der Durchreißfestigkeit verifiziert werden[2,3]. In einem Fall hat man jedoch hohe Berstfestigkeit sowohl von rasch gewachsenem Holz mit hohem Frühholzgehalt als auch von langsam gewachsenem Holz mit geringem Frühholzanteil erhalten[4]. In einer umfassenden Untersuchung über Sulfitzellstoffe hat man ebenfalls einen positiven Zusammenhang zwischen Durchreißfestigkeit und Darrgewicht bzw. Spätholzgehalt sowie eine negative Korrelation zwischen Berstdruck, Reißlänge und Darrgewicht festgestellt (Abb. I, 20, 21). In diesem Fall handelt es sich um Partialzusammenhänge, bei welchen alle anderen bekannten Variablen innerhalb ihrer Mittelwerte festgehalten wurden.

2. Fasereigenschaften

Wie im vorhergehenden erwähnt, ist die Primärursache für den Zusammenhang, der zwischen Papiereigenschaften usw. und den verschiedenen Variablen, wie z. B. Spätholzgehalt, Jahresringbreite und dergleichen aufgefunden wurde, oft nicht in letzteren selbst zu suchen, sondern in der Unterschiedlichkeit in den Fasereigenschaften, die parallel zu der Veränderung der genannten Variablen geht.

Einer der wichtigsten morphologischen Primärfaktoren, der für die Zellstoffeigenschaften Bedeutung besitzt, ist die Dicke der Zellwand. Im Spätholz sind die Zellwände im allgemeinen etwa doppelt so dick wie in den Frühholztracheiden[5]. Die Fasern mit dicken Zellwänden können — um ein Beispiel herauszugreifen — bis zum fünffachen Betrag steifer als dünnwandige Frühholzfasern sein[6]. Dickwandige Spätholzfasern ergeben ein voluminöses, relativ grobes Papier mit hoher Porosität und Absorptionsvermögen, welches auch eine große Elastizität beim Pressen aufweist[4,7,8]. Nach der Mahlung behalten solche Fasern im großen und ganzen ihre „Röhrenform" bei. Die Mahldauer bis zu einem bestimmten Mahlgrad ist um etwa 25% kürzer — sowohl für Sulfit- als auch für Sulfatzellstoffe — verglichen mit den dünnwandigen Frühholzfasern[9]. Letztere bilden hingegen nach der Mahlung abgeplattete Bänder und ergeben als Folge davon Papiere mit großer Dichtigkeit und geringer Opazität, gleichmäßiger Oberfläche sowie hohe Reißlänge und Berstfestigkeit wegen der größeren Kontaktfläche zwischen den Fasern[4,8,10]. Die Ursache, daß z. B. im allgemeinen Birkenzellstoff eine größere Papierfestigkeit als andere Laubholzarten ergibt, ist in der relativen Dünnwandigkeit der Fasern zu suchen. Obwohl die dünnwandigen Fasern im Holz, relativ betrachtet, etwas höheren Ligningehalt beinhalten, ist das Verhältnis nach dem Aufschluß ein gegenteiliges, welches man mit dem größeren Diffusionswiderstand und der damit zusammenhängenden langsameren Ligninauslösung aus Fasern mit großer Wandstärke in Zusammenhang bringen darf. Solche Fasern sind daher auch vielfach etwas dunkler und zeigen einen etwas erhöhten Chlorverbrauch bei der Bleiche[11,12].

---

[1] Siehe S. 24, Fußnote 12.
[2] KLEM, G., F. LÖSCHBRANDT u. O. BADE: Medd. Det norske Skogforsöksvesen 1945.
[3] SIEBER, R.: Papier-Fabrikant **34**, 478 (1936).
[4] Siehe S. 25, Fußnote 8. [5] Siehe S. 25, Fußnote 1.
[6] SEBORG, C. O., u. F. A. SIMMONDS: Paper Trade J. **113**, [17], 49 (1941).
[7] SEBORG, C. O., F. A. SIMMONDS u. P. K. BAIRD: Paper Trade J. **109**, [8], 35 (1939).
[8] RITTER, G. J.: Paper Trade J. **101**, [18], 92 (1935).
[9] Siehe S. 25, Fußnote 7.
[10] KLAUDITZ, W.: Holz als Roh- und Werkstoff **6**, 4, 127 (1943).
[11] RITTER, G. J., u. L. C. FLECK: Ind. Eng. Chem. **15**, 1055 (1923).
[12] Ritter G. J., u. L. C. FLECK: Ind. Eng. Chem. **18**, 608 (1926).

Die Durchreißfestigkeit des Papiers steht in Beziehung zur Dicke der Faserwand, und zwar so, daß die Reißfestigkeit mit zunehmender Wandstärke ansteigt. Dies beruht darauf, daß beim Zerreißvorgang prozentual mehr Fasern durchgerissen als aus dem Verband herausgezerrt werden. Mit erhöhter Mahlung und der damit verbundenen Quetschung und Fibrillierung wird auch der Widerstand der Faserwand gegen das Zerreißen herabgemindert. Somit ändert sich bei der Mahlung die Durchreißfestigkeit in entgegengesetzter Richtung als die Reißlänge und Berstfestigkeit, welche bis zu einem gewissen Punkt mit zunehmender Fibrillierung und Quetschung bei der Mahlung ansteigen. Das bedeutet, daß die Anzahl der Faser-Faserverbindungen bei der Blattbildung zunimmt, wodurch das Voneinander-Wegreißen der Fasern erschwert wird.

Durch lange Zeit hindurch maß man der Faserlänge eine ausschlaggebende Bedeutung für die Festigkeitseigenschaften von Papierzellstoffen zu. Sicherlich spielt die Faserlänge eine gewisse Rolle, aber bedeutend wichtiger ist die Eigenschaft der Fasern bei der Mahlung sich so zu zerquetschen und zu fibrillieren, daß sich bei der Blattbildung eine größtmöglichste Anzahl Faser-Faser-Bindungen ausbilden kann. So steigt Reißlänge und Berstfestigkeit bei der Mahlung an, obwohl gleichzeitig eine gewisse Faserverkürzung stattfindet.

Man darf wohl als feststehend annehmen, daß kein oder nur ein sehr geringfügiger Zusammenhang zwischen Faserlänge und Reißlänge bzw. Berstfestigkeit besteht[1, 2, 3, 4, 5, 6, 7, 8, 9]. Am Rande möge hier noch erwähnt sein, daß man ein Papier mit relativ guter Reißlänge und Berstfestigkeit mit einer Faserlänge von nur etwa 0,3 mm erhalten kann[10]. Ein Versuch an einem Kunstfaserpapier aus Reyon[11], geschnitten in Längen, die zwischen 0,5 und 5 mm variierten, mit Johannisbrotgummi als Bindemittel, ergaben sich folgende Zusammenhänge zwischen der Faserlänge L und den Stärkeeigenschaften:

$$\begin{aligned}\text{Reißlänge} &= K_1 \cdot L^{1/2}\\ \text{Berstfestigkeit} &= K_2 \cdot L\\ \text{Durchreißfestigkeit} &= K_3 \cdot L^{3/2}\,.\end{aligned}$$

Andere Autoren vertreten die Meinung[12], daß Reißlänge, Berstfestigkeit und Doppelfalzzahl zunehmen, wenn die mittlere Faserlänge von 0,3 auf 0,9 mm ansteigt, um hierauf bei einer weiteren Zunahme der mittleren Faserlänge wieder abzunehmen. Die Durchreißfestigkeit hingegen zeigt mit zunehmender Faserlänge eine fortschreitende Steigerung.

Zwischen der mittleren Faserbreite und den Festigkeitseigenschaften konnte man im großen und ganzen keinen Zusammenhang herausfinden, ausgenommen der Durchreißfestigkeit, die mit steigender Faserbreite abnimmt, sofern die Breitenzunahme auf einem größeren Prozentgehalt dünnwandiger Frühholzfasern beruht.

---

[1] Siehe S. 24, Fußnote 11.
[2] Siehe S. 25, Fußnote 10.
[3] Johansson, D.: Sv. Papperstidn. **33**, 916 (1930).
[4] Doughty, R. H.: Paper Trade J. **94**, [9], 29 (1932).
[5] Nylinder, P., u. E. Hägglund: Medd. Stat. Skogsforskningsinst., Stockholm **44**, Nr. 11, 68, 70 (1954).
[6] Kress, O., u. F. W. Brainerd: Paper Trade J. **98**, [13], 35 (1932).
[7] Graff, J. H., u. R. W. Miller: Paper Trade J. **109**, [6], 31 (1939).
[8] Siehe S. 30, Fußnote 10.
[9] Runkel, R.: Wochenbl. f. Papierfabr. **71**, 9, 93 (1940).
[10] Jayme, G.: Papier-Fabrikant **40**, 35/36, 137 (1942).
[11] d'A. Clark, J.: Paper Trade J. **115**, [26], 36 (1942).
[12] Vincent, G. P., u. J. F. White: Paper Ind. **27**, 1038 (1945).

Man hat angenommen, daß das Verhältnis Faserlänge zu Faserbreite für die Papierfestigkeiten eine Rolle spiele; jedoch konnte man nunmehr feststellen, daß dies offenbar nicht der Fall ist[1,2].

Für die Zugänglichkeit der Kochflüssigkeit spielt beim Nadelholz das Lumen der Tracheiden sowie das Tüpfelsystem und die Anordnung dieser eine große Rolle, speziell für die Sulfitkochung hinsichtlich der Diffusion von Chemikalien und Reaktionsprodukten[3], wie mehrfach bereits erwähnt. Da die Nadelholztracheiden bloß an den radialen Seitenflächen (d. h. senkrecht zum Radius) Hoftüpfel besitzen, jedoch nicht an den tangentialen, sollte der Flüssigkeitstransport in tangentieller Richtung (also durch die Tüpfel) leichter sein als in radieller. Die Spätholztracheiden haben zwar auf allen Seiten Tüpfel, jedoch in Hinblick auf deren bedeutend geringere Anzahl sowie das kleinere Faserlumen, spielen diese vom Penetrierungs- und Diffusionsstandpunkt eine untergeordnete Rolle. Entgegen diesen Überlegungen ist die Penetrationsgeschwindigkeit in radieller Richtung von ungefähr der gleichen Größenordnung wie in der tangentiellen, ja unter Umständen sogar etwas größer. Hierbei dienen die radialen Markstrahlen als Kanäle, wiewohl deren Hohlraum prozentuell einen sehr geringen Teil des totalen Hohlraumvolumens des Holzes ausmacht[4].

Die Imprägnierungsgeschwindigkeit im Splintholz ist am größten in der Faserrichtung, da das Eindringen in das Holz in der Hauptsache durch eine Strömung von Tracheide zu Tracheide durch die Perforierung in den Hoftüpfelmembranen vorsichgeht[5]. Der Wassergehalt der Hackschnitzel spielt in diesem Zusammenhang eine große Rolle, da bei einem Wassergehalt über dem Fasersättigungspunkt sich ein System von Luftblasen und Flüssigkeitströpfchen im Holz ausbildet, welches das Eindringen der Kochflüssigkeit erschwert[6,7,8]. Je höher der Wassergehalt ist, in um so höherem Ausmaß muß die Penetrierung durch Diffusion erfolgen. Andererseits sind aber auch ausgesprochen trockene Hackschnitzel unvorteilhaft[6,9,10]. Theoretische Berechnungen, die in der Hauptsache durch Experimente verifiziert werden konnten, haben zur Annahme geführt, daß die Diffusion in der Faserrichtung des Nadelholzes ganz auf dem prozentuellen Hohlraumanteil der Querschnittsfläche beruht[11]. Die Tüpfel stellen ein merkbar geringeres Diffusionshindernis dar, als die damit in Serie gekoppelten Faserlumina. In der tangentiellen Richtung hingegen scheinen die Tüpfel, relativ gesehen, ein größeres Hindernis für die Diffusion zu bedeuten. Bei der Diffusion von nichtquellenden Flüssigkeiten sind die Diffusionsgeschwindigkeiten in der Faserrichtung 20—30 mal größer als in der transversalen Richtung und halb so groß wie bei einem Modellversuch in Wasser[7,12]. Im teilweise aufgeschlossenem Holz sowie nach einer Vorbehandlung mit Dampf nimmt die Diffusionsgeschwindigkeit in tangentieller und radieller Richtung bis zum zwei- bis vierfachen Betrag zu, während hingegen die Geschwindigkeit in der Faserrichtung unverändert bleibt[13]. Das Verhalten, daß

---

1 Siehe S. 25, Fußnote 10.
2 Siehe S. 31, Fußnote 5.
3 Beazley, W. B., H. W. Johnston u. O. Maass: Dominion Forest Service Bull. 95, Canadian Dept. of Mines and Resources. Ottawa 1939.
4 Siehe S. 24, Fußnote 3.
5 Siehe S. 24, Fußnote 4.
6 Siehe S. 24, Fußnote 1.
7 Hägglund, E.: Sv. Papperstidn. **39**, 95 (1936).
8 De Montigny, R., u. O. Maass: Dominion Forest Service Bull. 87. Ottawa 1935.
9 Hansen, R. B., u. S. Hazelquist: Paper Trade J. **95**, [20], 27 (1932).
10 Bergson, C. R.: Sv. Papperstidn. **39**, 32 (1936).
11 Stamm, A. J.: U. S. Dept. Agr., Washington D. C., Techn. Bull. 929 (1946).
12 Yorston, F. H.: Pulp a. Paper Res. Inst. of Canada, Lab. Report Nr. 23 (1943).
13 Luner, P.: Pulp a. Paper Mag. Canada **57**, [3], 216 (1956).

die Diffusion mit ungefähr der gleichen Schnelligkeit in tangentieller wie auch radieller Richtung erfolgt, dürfte teilweise auf das Vorhandensein der radialen Markstrahlen beruhen[1].

Bei der Sulfatkochung hingegen wird das Eindringen der alkalischen Kochflüssigkeit in den Hackspan keinesfalls im selben Grad vom morphologischen Bau des Holzes beeinflußt. Die Penetrierung erfolgt mit ungefähr der gleichen Geschwindigkeit in allen Richtungen und wesentlich rascher als bei der Anwendung neutraler und saurer Kochflüssigkeiten, was man auf die Quellung, wodurch die Struktur der Zellwände geöffnet wird[2], zurückführt. Die Penetrierung stellt daher in der Sulfatindustrie ein bedeutend geringeres Problem dar, als bei der Sulfitzellstofferzeugung.

Die Markstrahlzellen tragen auf Grund ihrer kleinen Dimensionen zur Papierfestigkeit nicht bei. Beim Sulfitprozeß können sie wegen ihres hohen Harz- und Fettsäuregehaltes und dergleichen, 10—15%, Anlaß zu unangenehmen Harzablagerungen an Sieben, Metallflächen, Filtern und dergleichen geben. Sie werden daher in solchen Fällen durch Fraktionierung abgeschieden. Die Markstrahlzellen nach einem Sulfitaufschluß besitzen im Verhältnis zu den übrigen Fasern einen hohen Ligningehalt, möglicherweise auf Grund der schweren Benetzbarkeit. Bei relativ gleichem Gehalt an Markstrahlzellen sind die Harzschwierigkeiten bei stark heruntergekochten Sulfitzellstoffen ausgeprägter als bei hartgekochten[3]. Dies dürfte man im letzteren Falle mit großer Wahrscheinlichkeit auf eine größere mechanische Festigkeit der Markstrahlzellen zurückführen können, wodurch das Harz bei der mechanischen Bearbeitung des Zellstoffs im geringeren Grade in Freiheit gesetzt wird.

Druckholz, welches angeblich öfter in schnellwüchsigem Holz vorkommen soll[4], besitzt einen wesentlich geringeren Cellulosegehalt, hingegen einen größeren Gehalt an Lignin sowie leichthydrolysierbarem Galactan als normales Holz. Die Stoffausbeute wird hierdurch merkbar verschlechtert, wobei gleichzeitig der Ligningehalt des Zellstoffs abnormal hoch ist. Bei vergleichenden Sulfitkochungen von Druckholz und normalem Holz vom selben Stamm wurde auf diese Art bei Druckholz ein Zellstoff mit 45% Ausbeute erhalten, der 17% Lignin enthielt, gegenüber einer 45%igen Ausbeute mit nur 1% Lignin beim Normalholz[5]. Druckholzzellstoff war trotz des hohen Ligningehalts leicht defibrierbar, da das Lignin zum Großteil zwischen der Außen- und Zwischenschicht der Sekundärwand eingelagert liegt[6]. Diese Beobachtungen stehen in Übereinstimmung mit früheren Untersuchungen, die zeigten, daß Druckholz etwa 10% geringere Stoffausbeute als normales Holz ergibt[7,8]. Analoge Verhältnisse herrschen bei der Sulfatkochung[9].

Druckholzzellstoffe besitzen wesentlich schlechtere Festigkeitseigenschaften als normale Zellstoffe[7,9,10].

Aus krankem Holz resultieren Minderausbeuten (Geijer, Storch) (z. B. Rotfäule, die eine ausgesprochene Faserschädigung bewirkt). Verunreinigungen im Zellstoff werden auch durch Insektenangriffe auf Hölzer verursacht. An dieser Stelle sei auch erwähnt, daß auf die

[1] In Untersuchungen über die axiale Wegsamkeit von Holzprüfkörpern durch verschiedene Lösungen und Lösungsmittel werden von B. Huber und W. Merz (Naturwiss. **43**, 114 [1956]) nun genaue Zahlenangaben über die Wirksamkeit des Hoftüpfelverschlusses gemacht.

[2] Larocque, G. L., u. O. Maass: Canad. J. Res. **15**, Sect. B, 3, 89 (1937).

[3] Stockman, L., u. B. Persson: unveröffentlicht.

[4] Siehe S. 25, Fußnote 11.

[5] Stockman, L., u. E. Hägglund: Sv. Papperstidn. **51**, 269 (1948).

[6] Lange, P.: Sv. Papperstidn. **57**, 525 (1954).

[7] Ulfsparre, S.: Sv. Papperstidn. **31**, 642 (1928).

[8] Johansson, D.: Sv. Papperstidn. **36**, 137 (1933).

[9] Siehe S. 25, Fußnote 8.

[10] Moore, T. R., u. F. H. Yorston: Pulp a. Paper Mag. Canada **46**, 3, 161 (1945).

Reinheit des Zellstoffs sich besonders störend Rindenäste (Schwarzäste) auswirken. Gleich störend sind sog. „Innenrinden", welche z. B. durch Verwachsungen entstehen können. Ebenso schädlich sind starker Harzfluß (Pechmuscheln) oder sonstige Gewebemißbildungen.

Muß pilzgeschädigtes Holz verarbeitet werden, so kann dies vielfach in einem Kraftaufschluß (HOLZER, HARRIS) geschehen[1].

§ 6. Der Einfluß morphologischer Faktoren auf den chemischen Umsatz von Kunstseidenzellstoffen

Von E. TREIBER

Als Beispiel für den Einfluß morphologischer Faktoren und solcher, die in mittelbarem Zusammenhang damit stehen, auf den chemischen Umsetzungsprozeß und den Eigenschaften des Endproduktes, sei der Viscoseprozeß herausgegriffen, der zweifellos bis heute die größte wirtschaftliche Bedeutung besitzt.

Rohstoffe für den Viscoseprozeß sind vor allem veredelte Fichtenholzzellstoffe, daneben Kiefern-(sulfat-)zellstoffe (wichtig ist vor allem die amerikanische Südkiefer [Karibische Kiefer; *Southern slash pine* = *Pinus caribaea*] aufgeschlossen nach einem modifizierten Sulfitverfahren) und der Zellstoff der westamerik. Hemlock-(Schierlings-)tanne *(Western hemlock [Tsuga heterophylla])*. Anscheinend ergeben die in hohen Breitegraden langsam wachsenden Nadelhölzer die besseren Reyonzellstoffe.

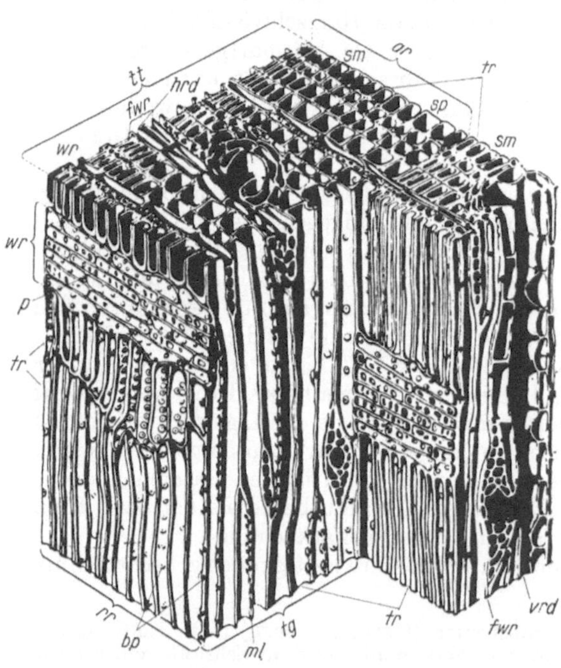

Abb. I, 22a. Aufbau des Nadelholzes (*tr* Tracheiden, *vrd* vertikaler Harzkanal, *hrd* horizontaler Harzkanal, *p* einfache Tüpfel, *bp* Hoftüpfel)

Von den Laubholzarten werden hochwertige Zellstoffe aus Tupelo-(*Gumwood*; [z. B. Bergtupelo *Nyssa silvatica*])-Arten[2] gewonnen. Die übrigen Laubhölzer, wie Ahorn, Eucalyptus, Espe, Birke[3] und Buche ergeben Zellstoffe, die heute meist nur für Zellwolle und Textilreyon in Frage kommen. Wenn man von Verarbeitungsschwierigkeiten absieht, so steht Linterszellstoff heute fortgesetzt an der Spitze und stellt das vorläufig anzustrebende Ziel in der Entwicklung von Holzzellstoffen dar. Für die Herstellung von Zellwolle und dergleichen sind noch weitere Rohstoffe vorgeschlagen bzw. in begrenztem Umfang angewendet worden, wie z. B. Kastanie, Pappel, Götterbaum *(Ailanthus glandulosa)* [ADAMIK], Strohzellstoff, Schilf, *(Phragmites communis Trin.)* und Pfahlrohr *(Arundo donax)* (JAYME, KOČEVAR), Bagasse (NOLAN), Esparto u. a.

[1] Vgl. Übersicht bei TH. N. KLEINERT: Österr. Papierztg. **62**, [7] 3; [8] 5 (1956).
[2] WISE, L. E., u. J. PICKARD: Tappi **38**, 618 (1955).
[3] Vgl. H. P. DAHM: Norsk Skogind. **10**, 140 (1956).

Durch das Verfahren der Vorhydrolyse — Wasser, Pufferlösungen, Natriumsulfit, Bisulfit, Mineralsäuren[1] — ist es möglich gewesen, auch aus den letzterwähnten, weniger geeigneten Pflanzen verwendbare Reyonzellstoffe zu erzeugen[2]. Ausgehend von geeigneten Holzsorten erhält man so lintersähnliche Cordzellstoffe, wie insbesonders veredelte Fichten- und Kiefersulfatcordzellstoffe beweisen.

An dieser Stelle sei auch auf die Wichtigkeit der Qualität der Hackspäne für den daraus herstellbaren Zellstoff hingewiesen. Zerquetschtes Material ergibt minderwertige Zellstoffe[3].

In reaktionsmäßiger wie auch qualitativer Hinsicht beobachtet man eine Reihe von Unterschieden zwischen Nadel- und Laubholzzellstoffen sowie zwischen Sulfit-, vorhydr. Sulfat- und Linterszellstoffen.

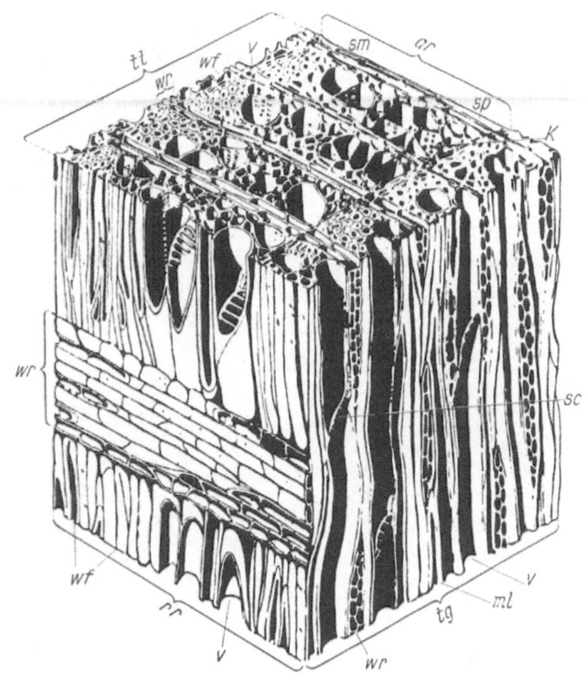

Abb. I, 22b. Aufbau des Laubholzes. *dt* Querschnitt, *rr* Radialschnitt, *tg* Tangentialschnitt, *wf* Holzfaser, *v* Gefäß, *sp* Frühholz, *sm* Spätholz, *ar* Jahresring, *wr* Markstrahlen, *ml* Mittellamelle

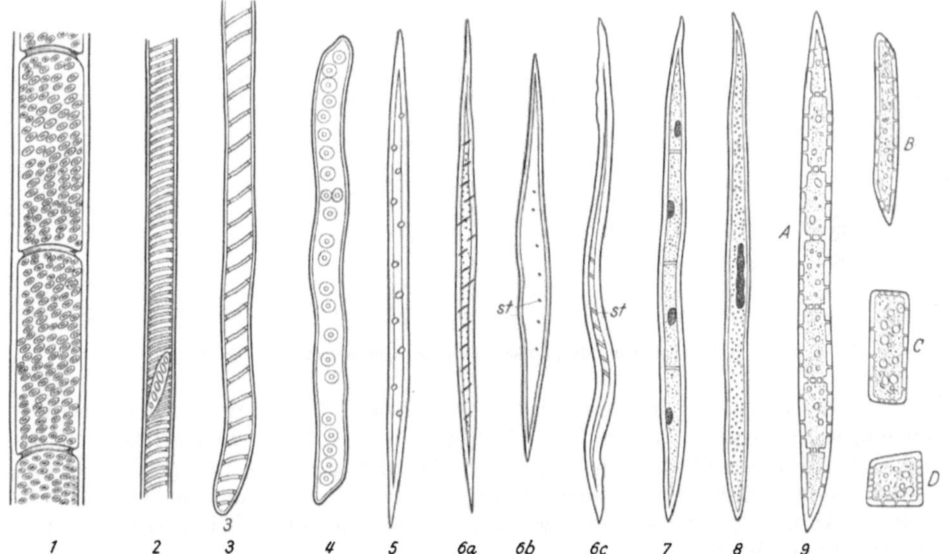

Abb. I, 22c. Einige Zellformen. *1* und *2* Tracheen, *3* und *4* Tracheiden, *5* Fasertracheiden, *6* Holzfasern (*6b* schwach verdickte Lindenfaser, *6c* stark verdickte Buchenfasern [*st* schlitzförmige Tüpfel]), *7* Ersatzfasern mit Querwänden, *8* Ersatzfasern, *9* parenchymatische Zellen von verschiedenen Hölzern (mehr als zweifach vergrößert gegenüber den in *1*—*8* dargestellten Zellen). *A* Esche; *B*—*D* sind Markstrahlparenchymzellen, *B* von Buche, *C* und *D* von Eiche.

[1] Vgl. z. B. G. A. Richter: Tappi **39**, **193** (1956).
[2] Vgl. z. B. G. Centola, F. Pancirolli u. D. Borruso: Ind. Carta **6**, 1 (1952).
[3] Sihtola, H., A. Saarinen, G. Wigren, T. Ulmanen u. E. Saxén: Papper och Trä **37**, 511 (1955). — Vgl. auch Morgan u. Dixon: Techn. Assoc. Papers **21**, 364 (1938).

Die „Harthölzer“ der Dicotyledonen, die industriell zur Kunstseidenzellstoffherstellung genutzt werden, zeigen gegenüber den Weich- oder Nadelhölzern chemische und morphologische Unterschiede (Abb. I, 22a—c). Unter anderem weisen sie höheren Holocellulosegehalt, vielfach weniger Lignin-, dafür aber höheren Acetyl- und Pentosangehalt auf. Sie besitzen höheren Extraktgehalt, der schwerer extrahierbar ist.

Das relativ in seiner Struktur einfach gebaute *Nadelholz* besteht zu etwa 85—95% aus Nadelholzfasern oder (Längs-)*Tracheiden* (abgestorbene Leitzellen, die

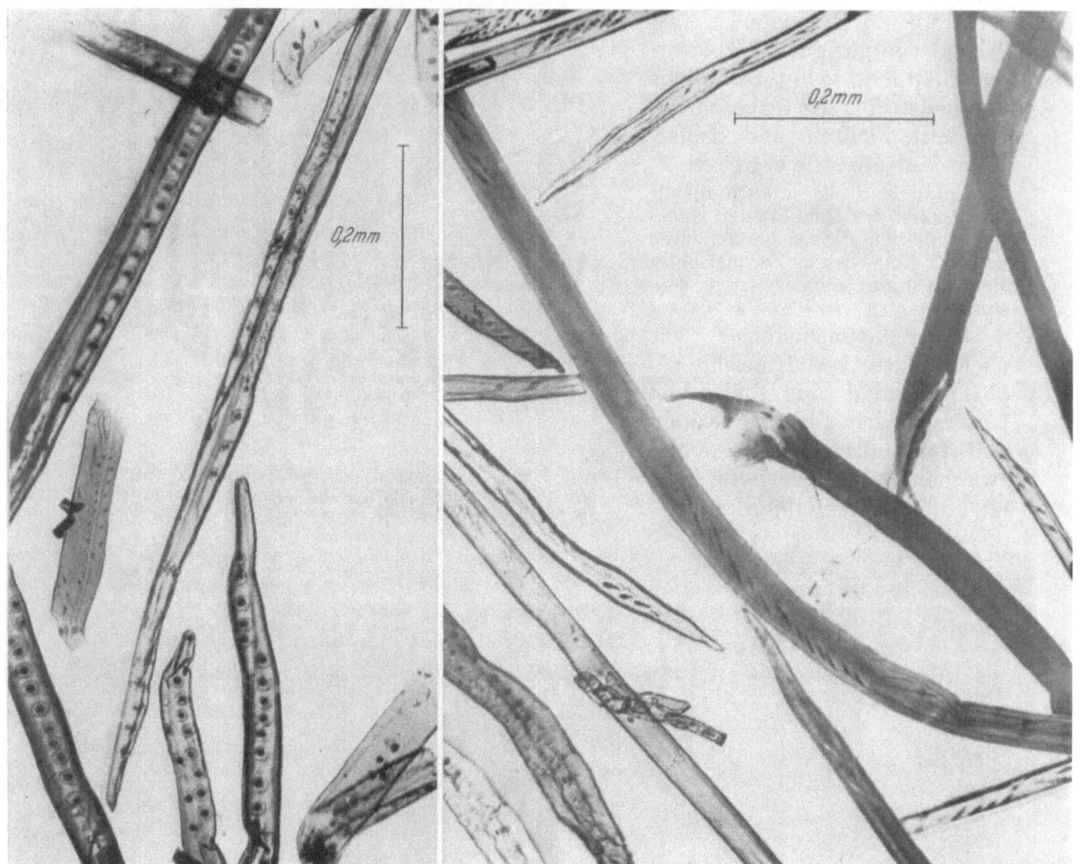

Abb. I, 23a, b. Fichtenholztracheiden, (links) Frühholztracheiden; (rechts) Spätholztracheiden

in Frühjahrstracheiden und [den Sklerenchymfasern ähnlicheren] Herbsttracheiden eingeteilt werden können [Abb. I, 23a u. b]), ~ 1,5% (Längs-)Parenchym- und ~ 6% Markstrahlzellen (Abb. I, 24), wobei letztgenannte zufolge ihrer Kürze (0,1—0,2 mm) bei der Faserfraktionierung (Siebung) weitgehend in der *O-Faserfraktion* (Abb. I, 25) abgeschieden werden, so daß der Zellstoff praktisch nur aus den Tracheiden besteht.

Nach IMAMURA[1] ist der Fichtensulfitzellstoff vom Spätholz dem Frühjahrsholz überlegen, doch ist der Zellstoff nach dem Alkalisieren schwerer abpreßbar und die Viscose filtriert schlechter. Offenbar ist dies ein Einfluß der dickeren Sekundärwand (vgl. Abb. I, 26), da schon MÜHLSTEPH[2] ganz allgemein beobachtete, daß

[1] IMAMURA, R.: J. Soc. Text. Cell. Ind. Japan **9**, 14 (1953).
[2] MÜHLSTEPH, W.: Cell. Chemie **18**, 132 (1940).

dünnwandigere Zellen eine besser filtrierbare Viscose ergeben. (Besonders dünnwandig sind z. B. die Zellen des Schirmbaumes, besonders dickwandig die von Mangrove).

Im übrigen beobachtet man auch Unterschiede zwischen Splint- und Kernholz, wobei nach CENTOLA[1] ersteres die besser filtrierende Viscose ergibt. Nach

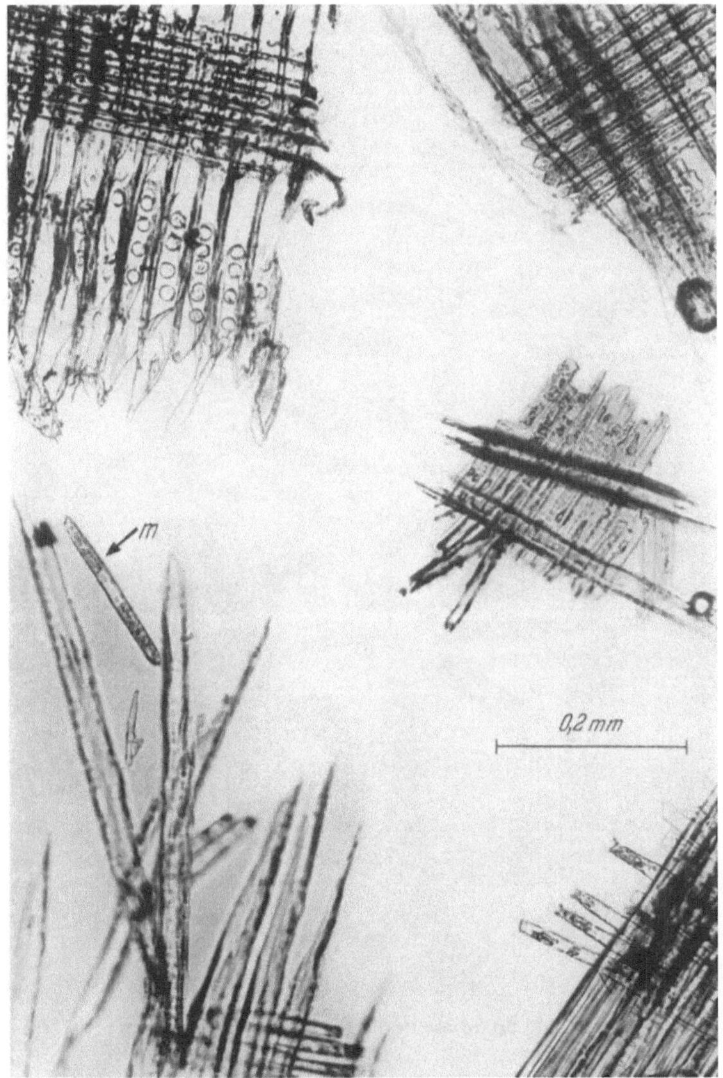

Abb. I, 24. Auslösung von Markstrahlzellen aus dem Faserverband bei chemischer Delignifizierung (verschiedene Stadien)

MABREY[2] ergibt die äußere Sektion des Stammes in der Nähe der Basis bei der Südkiefer die höchste Zellstoffqualität bei maximaler Ausbeute. Den Einfluß der

[1] CENTOLA, G., u. F. PANCIROLLI: Ind. Cart. 2, 117 (1948).
[2] MABREY, G. S.: Paper Mill News 78, 14, 16 (1953); Southern Paper Mfr. 18, 116 (1955).

Lagerungszeit untersuchte EISENHUT[1]; ihm zufolge ergibt länger gelagertes Holz einen reaktionsfähigeren Zellstoff.

O-Fasern (parenchymatische Markstrahlzellen und Markstrahltracheiden, Parenchymzellen der Harzgänge, Steinzellen und Gefäße — letztere bei Laub-

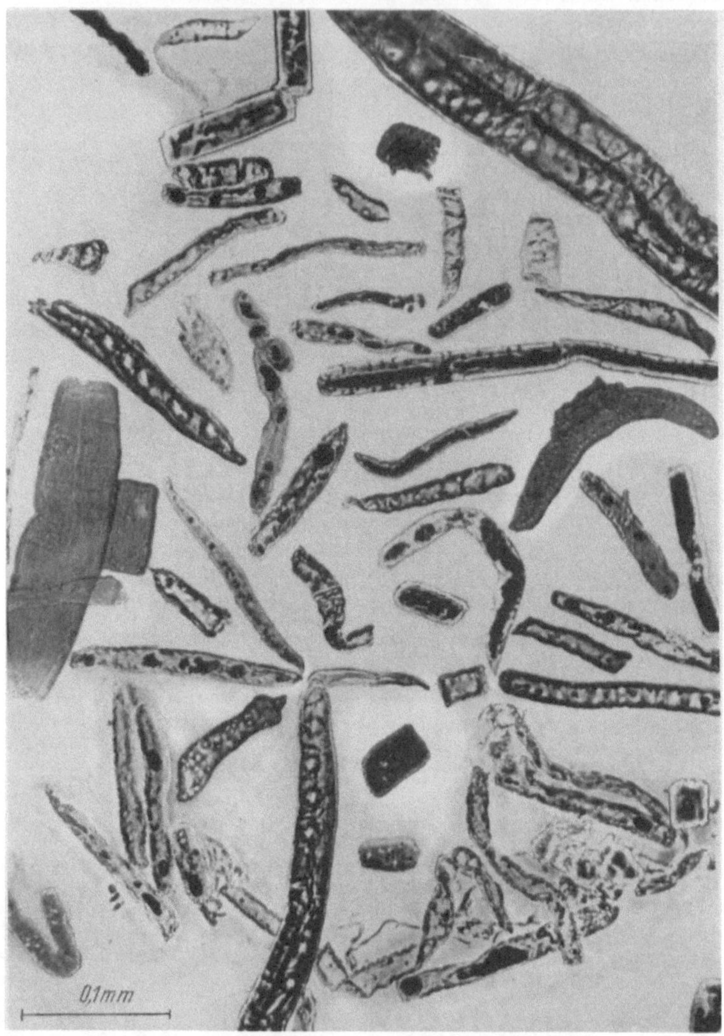

Abb. I, 25. Bei technischer Siebung abgeschiedene O-Fasern

hölzern —, Epithelzellen — bei Strohzellstoffen —) zeigen verschiedene Erschwerungen im Fabrikationsprozeß, wie Erschwerung der Bleiche, Verkleben der Saugzellenfilter bei der Filtration der Alkalicellulose nach dem Flockenalkalisierverfahren[2] und Störungen bei der Vicsosefiltration. O-Fasern aus Fichtenzellstoffen zeigen niederen Weißgehalt, den zehnfachen Extraktwert des Reinstoffs, 5—10-fachen Ligningehalt (besonders beim Sulfitaufschluß), 10—15fachen Aschegehalt,

[1] EISENHUT, O.: Cell. Chemie 19, 45 (1941).
[2] TENGQVIST, E.: Papier 8, 479 (1954).

hohe Kupferzahl bei niederem α-Gehalt und DP-Wert. (SARTEN[1]). TREIBER fand an stark gebleichten O-Fasern papierchromatographisch an Fremdzuckern: 5%

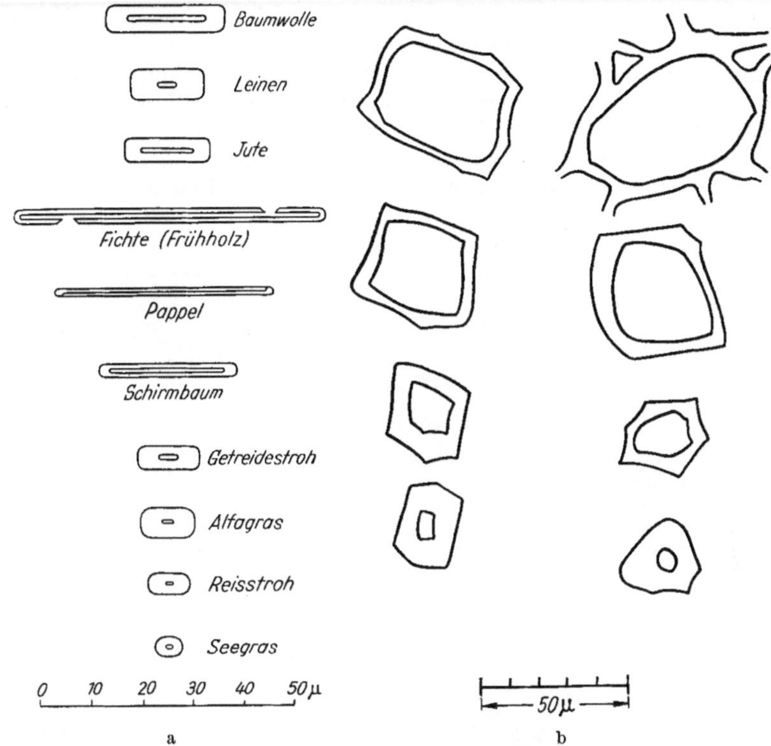

Abb. I, 26. Formen und Dimensionen der Querschnitte verschiedener Fasern. (a nach L. VIDAL im Papiergefüge. b Faserquerschnitte, gezeichnet nach Holzquerschnitten. Von oben nach unten: linke Reihe: Faserquerschnitte aus einem Jahresring von Fichte [Frühholz bis Spätholz], rechte Reihe: Schirmbaum, Araukaria, Aspe, Mangrove, [nach MÜHLSTEPH])

Mannose, 4% Xylose und ~ 1% Arabinose. KITAO[2] zeigte an einem Laubholzzellstoff, daß die Kettenlängenverteilung in der Cellulose der Markstrahlzellen gegenüber der der übrigen Cellulose anders ist (Abb. I, 27). Nach SIHTOLA[3] liegt

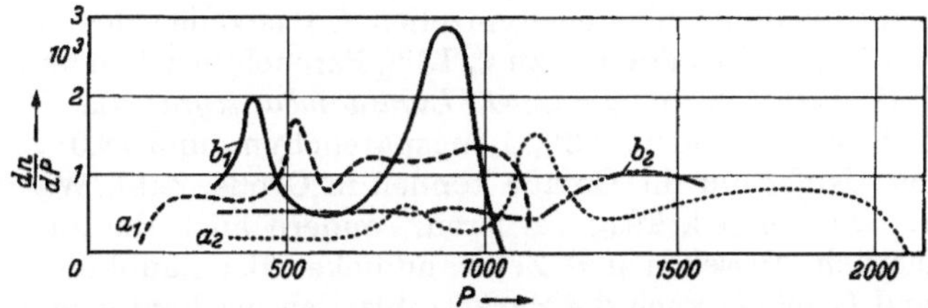

Abb. I, 27. Kettenlängenverteilung eines Sulfatkraftzellstoffs eines Laubbaumes aus der Familie der Teegewächse (*Stewartia monadelpha*) nach KITAO. *a* Holzzellen, *b* Parenchymzellenfraktion, (a_1 Zellstoff lange Kochzeit [DP 670], a_2 do., kurze Kochzeit [DP 1343], b_1 Parenchymfraktion, lange Kochzeit [DP 670], b_2 do., kurze Kochzeit [DP 916])

allerdings der Hauptunterschied in einem anderen (und zwar niedereren) Viscositätsniveau. Viscose aus Zellstoff mit (experimentell) hohem Anteil an O-Fasern

[1] SARTEN, P.: Papier 8, 376 (1954).
[2] KITAO, K.: Wood Res. [13], 129 (1954); [11], 21 (1953).
[3] Siehe Seite 35, Fußnote 3; vgl. auch P. SARTEN: Papier **10**, 554 (1956).

ist merklich trüber und es treten Harzabscheidungen in den Rohrleitungen usw. auf. Der Einfluß auf die Filtrierbarkeit ist nicht so eindeutig, da der Harzgehalt — wenn er entsprechend dispergiert vorliegt — zunächst filtrationsfördernd wirken kann. So beobachtete SIHTOLA bei höheren O-Fasereinmischungen teils eine Verbesserung, teils Verschlechterung im Filtrationsverhalten. TREIBER konnte bei Einmischung extrahierter O-Fasern eine merkbare Filtrationsverschlechterung beobachten. Eine Faserfraktionierung erhöht den α- und senkt merkbar den Harzgehalt. (Über den Einfluß der O-Fasern auf Viscosezellstoffe vgl. auch SIHTOLA und Mitarbeiter[1]). Interessant ist ferner die Beobachtung von HELLER[2], daß im gelagerten, gealterten Holz ein unlöslicher Harzanteil in Erscheinung tritt.

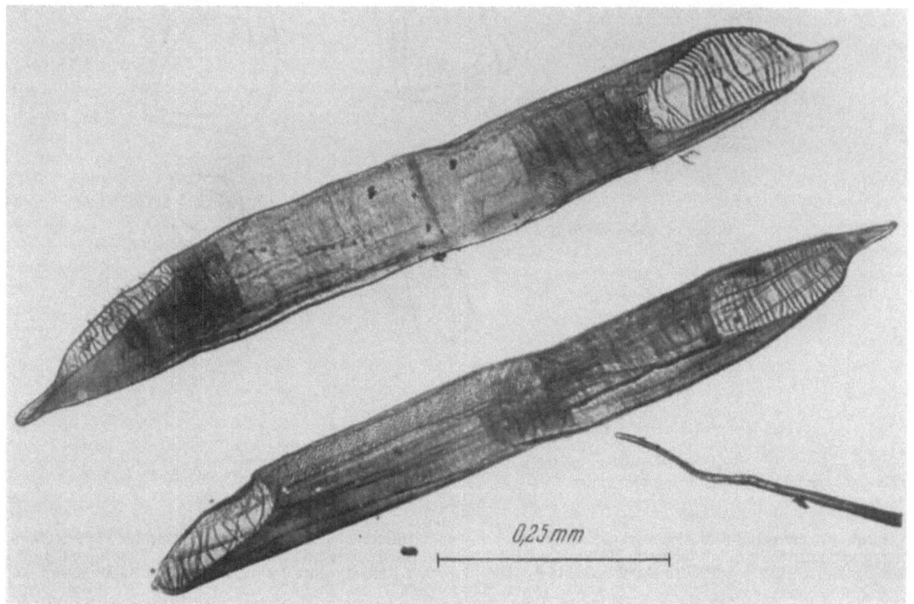

Abb. I, 28. Gefäße (Birkenzellstoff)

Laubhölzer sind wesentlich komplexer in ihrer anatomischen Struktur (Abb. I, 22). Sie bestehen zu etwa 20% aus Tracheen, ein zu charakteristischen Gefäßen (Abb. I, 28) ausgebildetes Leitgewebe, zu ~ 49% aus Libriformzellen — lange, schmale, dickwandige Sklerenchymzellen („Bastzellen des Holzes", Holzfasern), die das Stützgewebe bilden — zu < 13% Parenchymzellen und 18% Markstrahlzellen. Z. B. setzt sich *red gum wood (Liquidambar styraciflua* L.*)* aus 54,9% Gefäßen, 26,3% Fasertracheiden, 0,3% Längsparenchym- und 18,3% Markstrahlzellen zusammen. Nicht nur die Gefäße können in Größe, Zahl, Wanddicke, Art und Anordnung der Poren kräftig variieren, sondern auch die anderen Längselemente hinsichtlich Aussehen und Zellwanddicke. Bei Laubhölzern treten — durch Anzahl und Größe — auch die Markstrahlzellen markanter in Erscheinung.

Die größere Heterogenität und ausgeprägtere Differenzierung wird zur Erklärung der im allgemeinen schlechteren Filtrierfähigkeit und wesentlich schlechteren Eignung zur Cordseidenherstellung herangezogen (vgl.[3]). Angeblich beruhen die

[1] Siehe S. 35, Fußnote 3. — Vgl. auch SARTEN, P.: Papier **10**, 554 (1956).

[2] Ref. von W. H. RAPSON: Pulp a. Paper Mag. Canada **57**, 147 (1956).

[3] LE ROLLAN, A.: Ind. Textile **62**, 144 (1945); Chimie & Industrie **56**, 489 (1946). — ASAOKA, H., u. K. KUDO: J. Chem. Soc. Japan **56**, 455 (1953). — HEUSER, E., u. L. JÖRGENSEN: Tappi **34**, 57 (1951). — MÜLLER, J.: Kunstseide Zellwolle **28**, 385 (1950).

Hauptunterschiede auf den mengenmäßig hervortretenden Markstrahlparenchymzellen. Nach Entfernung dieser sollen, bei höherem CS_2-Einsatz, ebenfalls hochfeste Fasern erhaltbar sein. Der Mehlstoff der Laubhölzer ist aber anscheinend von der übrigen Cellulose nicht so stark differenziert, wie dies bei den O-Fasern der Nadelhölzer der Fall ist, wenngleich auch hier das gesamte Restlignin und der Hauptteil der Asche an die O-Fasernfraktion gebunden ist. Aber auch die Gefäße, wie z. B. beim Birkenzellstoff, werden als der Sitz von Restlignin, Harz und Fett-Wachskomponenten betrachtet (BACK[1]).

BEAUDRY weist darauf hin, daß Zellstoffreaktivität und Farbe des Endproduktes stark vom Restlignin beeinflußt wird. Nach RICHTER ist Hartholzrestlignin chemisch aktiver als Restlignin von Weichhölzern. Extraktivstoffe können die Alkaliaufnahme verlangsamen (WALKER).

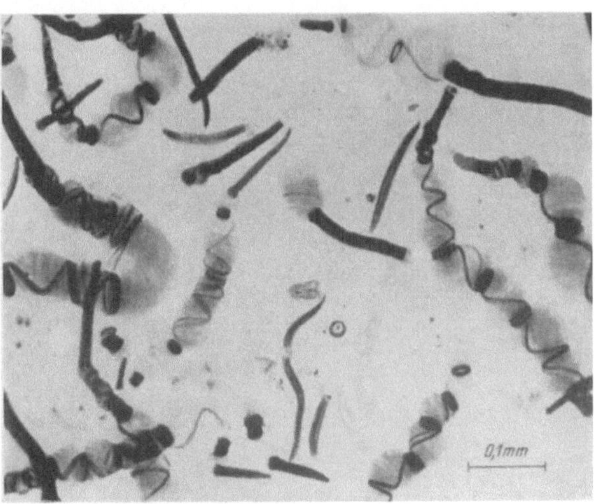

Abb. I, 29. Xanthogenierter Buchenzellstoff unter der Auflösung (nach HAAS und Mitarbeiter)

Die schlechtere Reaktionsfähigkeit beruht aber sicher auch auf den stark verdickten Sklerenchymfasern, so daß die dünnwandigeren Markstrahlzellen der Buche nach KLAUDITZ[2] die bessere Filtrierbarkeit besitzen sollen. HAAS und Mitarbeiter[3] weisen auf die ungleichmäßige Reaktion des Buchenzellstoffs hin (Abb. I, 29). Nach den Autoren handelt es sich um Cellulose der inneren Schicht, welche durch eine ungequollene und feste „Außenschicht" reaktionsbehindert ist. Es geht allerdings aus der Veröffentlichung nicht klar hervor, ob es sich bei der reaktionsbehinderten oder behindernden Schicht um die "winding layer", die äußere Schicht der Sekundärwand, handelt, die nach einer Reihe von Beobachtungen reaktionsträger ist.

Gewisse Verarbeitungsschwierigkeiten, die mit der Buche zusammenhängen (z. B. klebriges Xanthat), beruhen auf anderen Quellungsverhältnissen[4]. Auch der Einfluß der Hemicellulose auf den Spinnprozeß ist bei Laubhölzern — namentlich Buche und Birke — ungünstiger. (Die höhere Alkalibeständigkeit des Espenholzpentosans hat SCHOETTLER[5] untersucht).

Welchen Einfluß Rindenbast — schlecht entrindetes Buchenholz — auf die Zellstoffqualität hat, untersuchte KLEINERT[6]. Während die Cellulosefasern des Rindenbastes beim Viskoseprozeß völlig gelöst werden, bleiben die stark mineralisierten Steinzellen intakt. MARTIN und BROWN[7] haben den Einfluß der Rinde beim Sulfataufschluß von Südkiefer untersucht.

Druckholzzellen haben mehr Restlignin und erweisen sich als reaktionsträger (JAYME).

Bei den Schilf- und Strohzellstoffen sind es vornehmlich die verkieselten Oberhautzellen – mit ihrem charakteristischen sägezahnförmigen Aussehen (Abb. I, 30) –,

[1] BACK, E., u. O. T. CARLSON: Sv. Papperstidn. 58, 415 (1955).
[2] KLAUDITZ, W., u. K. BERLING: Cell. Chemie 22, 121 (1944). — KLAUDITZ, W., u. G. STEGMAN: Cell. Chemie 22, 20 (1944).
[3] HAAS, H., E. BATTENBERG u. D. TEVES: Tappi 35, 116 (1952).
[4] BARTUNEK, R., u. W. JANCKE: Holzforsch. 7, 71 (1953).
[5] SCHOETTLER, J. R.: Tappi 37, 686 (1954).
[6] KLEINERT, TH. N., u. PH. WURM: Sv. Papperstidn. 57, 19 (1954).
[7] MARTIN, J. S., u. K. J. BROWN: Tappi 35, 7 (1952).

die die Hauptverarbeitungsschwierigkeiten hervorrufen (die Asche ist auch Mg-reich). Nach Entfernung der Blätter und Ähren, Hauptträger der siliciumreichen Epidermiszellen, ist nach JAYME[1] aus Weizenstroh auch Acetatzellstoff herstellbar.

Den Hauptanteil im Strohzellstoff bilden die Parenchymzellen („Sackzellen") von etwa 60—850 μ Länge und 50—113 μ Breite. Die Oberhaut- und Cutikularzellen sind 60—340 μ lang und 13—76 μ breit. Die Tracheiden — lange, spindelförmige Zellen — sind nur 5 μ breit; die Bastzellen sind 0,41—3,1 mm lang und 8—38 μ breit.

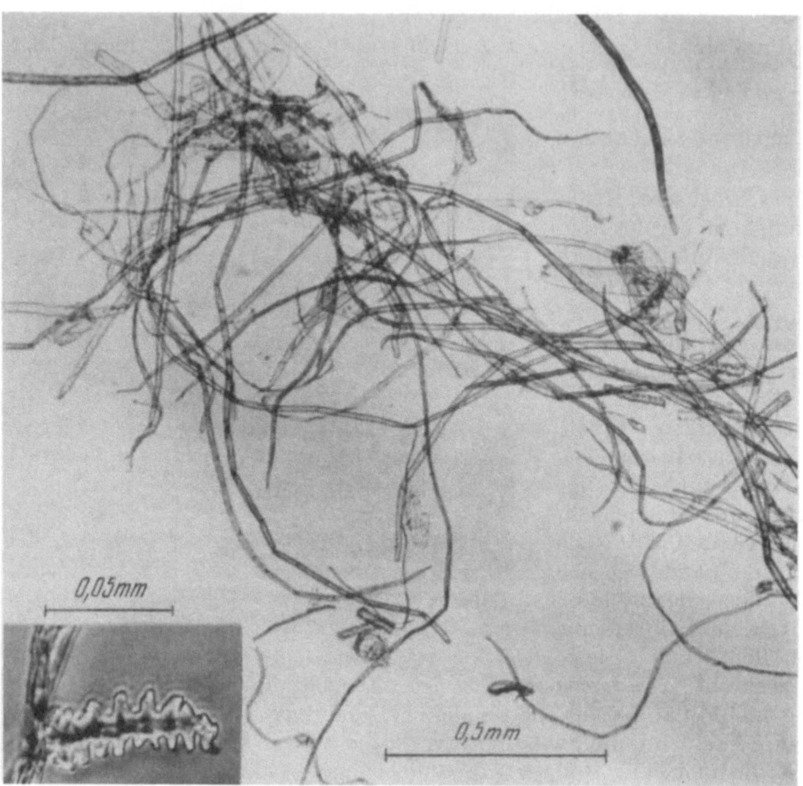

Abb. I, 30. Strohzellstoff

Wenig ist über die Ursache der Reaktionsschwierigkeit (z. B. schlechte Filtrierbarkeit) von Linterszellstoffen bekannt. Sicher dürfte diese teilweise im höheren Ordnungszustand begründet sein. Nach CENTOLA[2] sollen Spuren von Samenepithelgeweben einen wesentlichen Faktor ausmachen. TRIPP[3] nimmt an, daß im Gegensatz zur allgemeinen Ansicht bei der technischen Alkalibehandlung die Primärwand kaum entfernt wird. Daß aber z. B. die Quellungseigenschaften durch die Primärwand beeinflußt werden, ist bekannt (vgl. z. B. ROLLINS[4]).

Über das Verhalten der verschiedenen Strukturelemente innerhalb der Faserzelle im Viskoseprozeß ist wenig bekannt. Die Außenschicht der Sekundärwand (winding layer) — die dichtere Struktur und stärkere Doppelbrechung zeigt —,

[1] Vgl. G. JAYME u. L. SCHEURING: Papier 7, 298, 347 (1953).
[2] CENTOLA, G., u. G. PRATI: Ind. Carta 5, 25 (1951).
[3] TRIPP, V. W., A. T. MOORE u. M. L. ROLLINS: Textile Res. J. 24, 956 (1954).
[4] Vgl. M. L. ROLLINS: Analyt. Chem. 26, 718 (1954). — REESE, E. T., u. W. GILLIGAN: Textile Res. J. 24, 663 (1954). — SSIWOCHIN, Ss., P.: Papier-Ind. 31, [2], 6 (1956).

gleich wie Verdickungsleisten und die Tertiärlamelle (BUCHER[1]), ist offenbar wesentlich reaktionsträger und RÅNBY[2] konnte auch in technischen Viscoselösungen im Elektronenmikroskop Fragmente, offenbar herstammend von dieser, beobachten. Nach KORCHEMKIN[3] tritt eine Reaktivitätserhöhung ein, wenn die Außenwand der Fasern geschwächt oder zerstört ist (vgl. auch[5]).

Nach RICHTER[4] ist der Einfluß der Faserdimensionen und der Zellstoffblattstruktur (Faserbindung, Eindiffusion von Chemikalien und das Entweichen der eingeschlossenen Luft, mechanische Bearbeitung[5] und dergleichen) noch völlig unzureichend interpretierbar.

Die Unterschiede, die zwischen Sulfit- und Sulfatzellstoffen beobachtet werden und die im wesentlichen holzartunabhängig sind (RÅNBY), sind weitestgehend ungeklärt. Die Unterschiede der Sulfatzellstoffe gegenüber den entsprechenden Sulfitzellstoffen sind im wesentlichen: geschmeidigere und stärkere Fasern — die opakere Blätter mit besseren Festigkeitseigenschaften ergeben — mit höherem Mahlwiderstand, sehr niederer Harzgehalt, niedere Quellwerte in Wasser, kaum Längs- oder Querspaltenbildung bei der Laugequellung[6] sowie langsamerer Viscositätsabfall bei der Vorreife der Alkalicellulose samt geringere Reaktivität bei der Sulfidierung und schlechterer Lösungszustand in der Viscose[2]. JAYME[7] konnte kürzlich im Elektronenmikroskop zeigen, daß auch die Faseroberfläche gewisse Differenzierungen je nach den Aufschlußarten erkennen läßt. Der Widerstand gegen Aufquellung scheint durch die Vorhydrolyse verstärkt zu werden. Wie schon in der Einleitung erwähnt, ergeben vorhydrol. Sulfatzellstoffe trotz des oft höheren Pentosanwerts (bei niederem Polyuronidanteil) vorzügliche Cordzellstoffqualitäten. Das Restpentosan, welches sich viel resistenter erweist, besitzt offenbar hier geringere Schädlichkeit. (Im Acetatprozeß rufen Xylane und Mannane eine Trübung hervor; nach ENGLEMAN sind außerdem Polyuronide und gebundenes Ca mitverantwortlich[8]. Im Viscoseprozeß werden Filtrationsstörungen durch solche Begleitstoffe verursacht.)

---

[1] BUCHER, H.: Die Tertiärlamelle von Holzfasern und ihre Erscheinungsformen bei Coniferen. Attisholz **1953**.

[2] RÅNBY, B. G., H. W. GIERTZ u. E. TREIBER: Sv. Papperstidn. **59**, 117, 205 (1956).

[3] KORCHEMKIN, F. I. u. L. P. ZHEREBOV: Zhur. Priklad Khim. **28**, 872 (1955).

[4] RICHTER, G. A.: Tappi **39**, 668 (1956). — Vgl. auch Fußnote[6].

[5] Vgl. A. W. MCKENZIE u. H. G. HIGGINS: Holzforsch. **10**, 150 (1956).

[6] TREIBER, E., J. REHNSTRÖM u. S. BERGSTEDT: Sv. Papperstidn. **59**, 838 (1956).

[7] JAYME, G., u. G. HUNGER: Holz Roh- u. Werkstoff **13**, 212 (1955).

[8] Vgl. L. E. WISE: Indian Pulp a. Paper **10**, 490 (1956).

Zweites Kapitel

Die Kohlenhydrate

(Kurze allgemeine Darstellung)

Bearbeitet von E. TREIBER[1]

Mit 4 Abbildungen

§ 7. Zucker und zuckerähnliche Polysaccharide (Oligosaccharide)

Kohlenhydrate sind Stoffe, die die Elemente C, H und O enthalten, vorwiegend die Bruttoformel $C_n(H_2O)_m$ (eine Ausnahme bildet z. B. die Ribodesose) besitzen und vielfach als Polymere des Formaldehyds angesprochen werden können. Die Kohlenhydrate haben für alle Lebewesen eine wichtige Aufgabe. Der Energiebedarf wird vielfach zu einem erheblichen Teil direkt oder indirekt durch Umsetzung von Kohlenhydraten gedeckt. In den Pflanzen und bei den Insekten bilden Kohlenhydrate die chemische Grundlage der Gerüstsubstanzen.

Die Zahl der Kohlenhydrate ist recht groß; ihre Einteilung beruht zunächst darauf, daß manche durch Hydrolyse nicht, andere in eine kleinere oder größere Zahl von Spaltprodukten zerfallen. Es ergeben sich daraus zwanglos die Klasse der Monosaccharide, Oligosaccharide und Polysaccharide. Eine weitere Unterteilung richtet sich nach der Zahl der Sauerstoffatome (Biosen, Triosen, Tetrosen, Pentosen, Hexosen, Heptosen) und der chemischen Natur (Aldosen, Ketosen). Wenn man vom Glykolaldehyd und Dioxyaceton absieht, haben alle Monosaccharide — zugleich Bausteine der Polysaccharide — ein oder mehrere asymetrische C-Atome, sind optisch aktiv und müssen daher als optische Antipoden auftreten. Die Mannigfaltigkeit wird noch durch Tautomerieerscheinungen vergrößert. Die natürlichen Monosaccharide besitzen, mit Ausnahme der Apiose, Cordycepose[2], einiger Methylpentosen (z. B. Digitalose) und dem Zucker des Hamamelitannins (Hamamelose) eine normale, d. h. unverzweigte Kohlenstoffkette.

Von den Pentosen sind die L-Arabinose und D-Xylose (Hemicellulosen, Pflanzengummi, Pektine) wichtig; von den Methylpentosen kommen L-Rhamnose (Hemicellulosen, Gummen und Schleime) und L-Fucose (in Gummi und Algen — sie spielt eine wichtige Rolle im Tierreich in der Blutgruppensubstanz A [BRAY, AMINOFF]) vor. Von den Hexosen sind D-Fructose, D- bzw. L-Galactose, D-Glucose und D-Mannose die wichtigsten.

Traubenzucker und Fruchtzucker, die beiden wichtigsten Hexosevertreter, sind in der Natur auch im freien Zustand sehr verbreitet (z. B. süße Früchte). In weit größerem Maßstab beteiligen sie sich am Aufbau der Oligo- und Polysaccharide (Stärke, Cellulose, Inulin usw.).

Das Bestehen von α- und β-Formen sowie eine Reihe weiterer chemischer und physikalisch-chemischer Tatsachen (z. B. auch das Fehlen einer Selektivabsorption im UV) hat zu der Annahme geführt, daß die Zucker normalerweise praktisch völlig in der Cyclohalbacetalform vorliegen (TOLLENS). Die offene Carbonylform

---

[1] Redigiert von B. LINDBERG.

[2] $(HO\cdot CH_2)_2\cdot C(OH)\cdot CH(OH)\cdot CHO$ — Apiose; $(HO\cdot CH_2)_2\cdot CH\cdot CH(OH)\cdot CHO$ — Cordycepose

der Glucose z. B. konnte nur in Form des Pentabenzoats und des Pentaazetats isoliert werden. Die ringschließende Sauerstoffbrücke kann verschieden geschlagen werden, so daß z. B. die Kohlenstoffatome 1 und 4 oder 1 und 5 verbunden werden (Furanosen, Pyranosen). (Der gewöhnliche Traubenzucker scheint δ-oxydisch zu sein [Pyranose], zumindest in den meisten Derivaten).

Das Vorliegen solcher „Ringstrukturen" geht auch aus röntgenoptischen Untersuchungen hervor; McDonald und Beevers[1] konnten mittels Fourieranalyse zeigen, daß die α-D-Glucose einen sesselförmigen Pyranosering besitzt (Abb. II, 1a, b) und als weiteres wesentliches Ergebnis, daß alle OH-Gruppen an Wasserstoffbrücken beteiligt sind (Abb. II, 1b). Auch aus

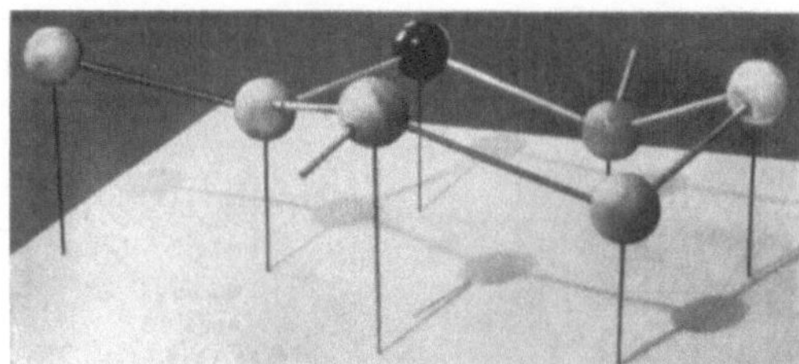

Abb. II, 1a. Raummodell der α-D-Glucose, konstruiert nach den Angaben von McDonald und Beevers (schwarz: O-Atom)

UR-Messungen geht hervor, daß die Sesselform stabiler ist[2] und wir müssen annehmen, daß die β-Glucose — auch in der Cellulosekette — in der Sesselform vorliegt (Abb. II, 2). Untersuchungen an Cellobiose[3] ergaben für das Molekül eine Dicke von $\sim$ 1,2 Å und eine Länge von $\sim$ 10,2 Å, dieselbe Länge, die als Längsperiodizität bei der Cellulosekette in Erscheinung tritt.

Abb. II, 1b. Projektion der Glucosestruktur (Fourierdiagramm) längs der c-Achse nach McDonald und Beevers, (Wasserstoffbrücken gestrichelt eingezeichnet)

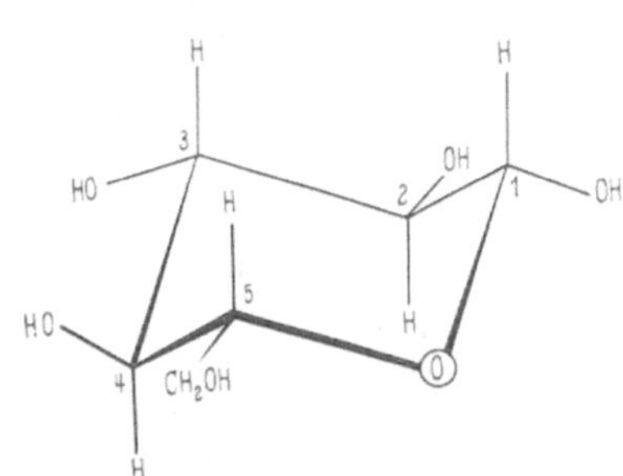

Abb. II, 2. Schematische Darstellung der β-Glucose in der „Sessel"-Form, wie sie in der Cellulose vorkommt

Durch Oxydation kann man sich Aldehydcarbonsäuren, sog. *Uronsäuren* entstanden denken, die auch in der Natur weitverbreitet sind (z. B. D-Glucuronsäure, D-Galacturonsäure, D-Mannuronsäure). Auch Zuckeralkohole kommen in den Pflanzen vor, z. B. Arabit (Flechten), D-Mannit in Pflanzenexsudaten (Manna) und Braunalgen, Sorbit und Idit (Vogelbeere, Birne); von den höheren Polyalkoholen finden sich Perseit und Volemit in der Natur.

Die OH-Gruppen sind der Veresterung und Verätherung fähig; wichtig sind die Phosphorsäureester (z. B. Harden-Young-, Neuberg-, Embden- und Robi-

[1] McDonald, T. R. R., u. C. A. Beevers: Acta crystallogr. **3**, 394 (1950).
[2] Barker, S. A., E. J. Bourne, R. Stephens u. D. H. Whiffen: J. Chem. Soc. **1954**, 3468.
[3] Wunderlich, J.: C. r. Acad. Sci. (Paris) **240**, 1350 (1955).

son-Ester), Schwefelsäureester (Chondroitin- und Mucoitinschwefelsäure[1]) und die „Äther", die *Glykoside* (vgl. S. 384). Durch analoge glykosidische Verknüpfung entstehen die Disaccharide (Maltose, Meliobiose, Cellobiose, Saccharose), Trisaccharide (z. B. Raffinose, Gentianose, Melezitose, Panose), Tetrasaccharide (Stachyose), Pentasaccharide (Verbascose) und die zuckerunähnlichen Polysaccharide. (Einige solcher Oligosaccharide, wie Rohrzucker, Meliobiose, Raffinose und Stachyose sind z. B. im Haselnußkern [Cerbulis] enthalten. Im Coniferensamen finden sich Saccharose, Stachyose und Raffinose [Duperon]).

Ersatz einer OH-Gruppe durch die Aminogruppe führt zu Aminozuckern (Glucosamin, Galactosamin).

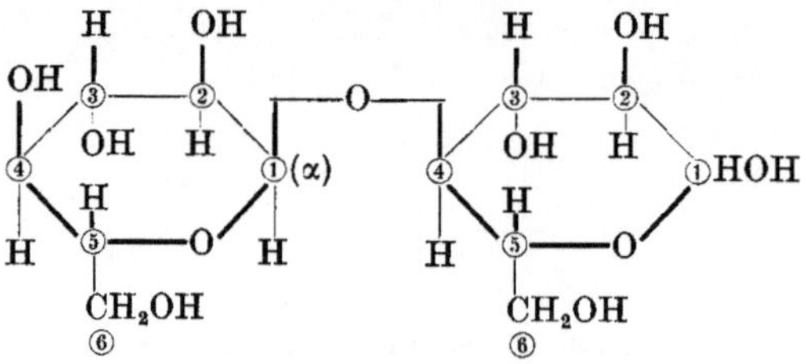

4-(α-D-glucopyranosyl)-D-glucose
Maltose

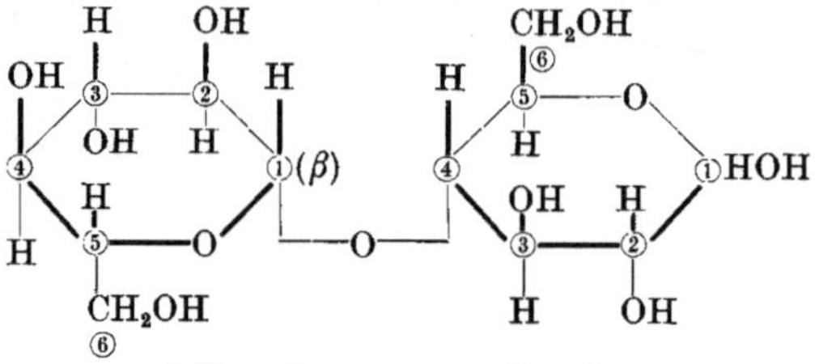

4-(β-D-glucopyranosyl)-D-glucose
Cellobiose

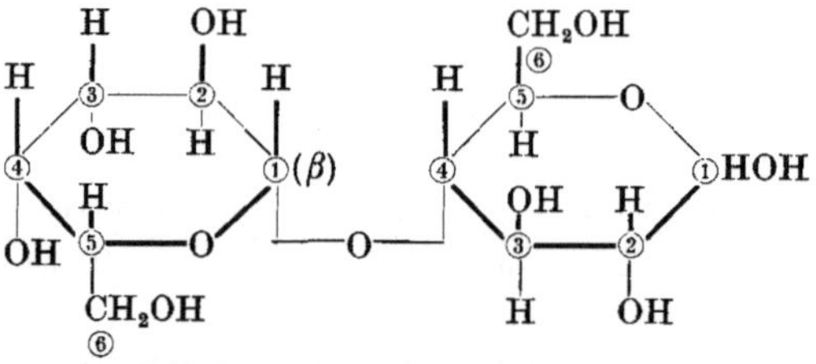

4-(β-D-galactopyranosyl)-D-glucose
Lactose

1 Chondroitinsulfat nach Davidson und Meyer

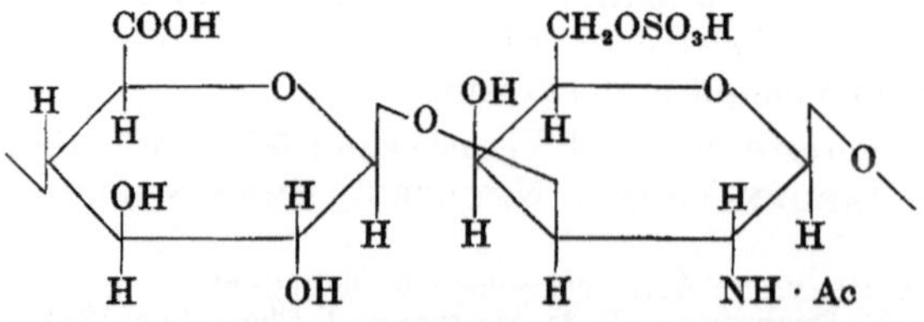

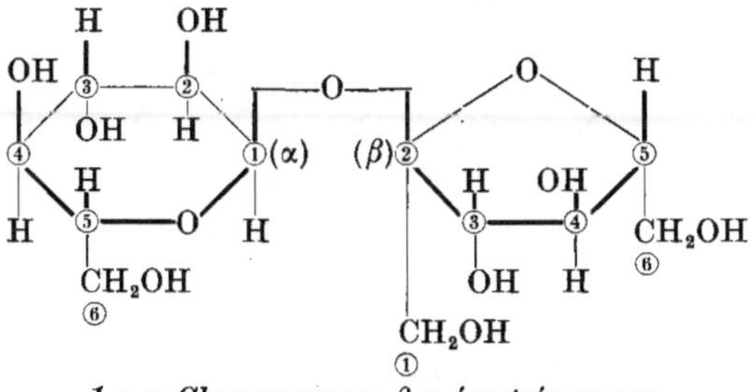

1-α-D-Glucopyranose-β-D-fructofuranose
Saccharose

Während starke Laugen die Zucker zersetzen, bewirken schwache eine Epimerisation, die wahrscheinlich über eine Dienolform verläuft. Mineralsäuren wirken in der Hitze wasserentziehend unter Bildung von Furfurol (Pentosen) bzw. ω-Oxymethylfurfurol (Hexosen), welche sich weiter in Lävulinsäure umwandeln können. Mineralsäuren können, in Konkurrenz zu der Säurehydrolyse, auch eine Polymerisation (Reversion) bewirken[1].

Mit den einfachen Zuckern bzw. Zuckeralkoholen haben die *Zyklite* eine gewisse Ähnlichkeit. Hierher gehören die Quercite (Eichelzucker) und Inosite (Muskelzucker [vgl. PLOETZ u. DANGSCHAT[2]]).

Häufig liegt Inosit als ein Hexaphosphorsäureester, die sog. Phytinsäure[3], vor, deren Calcium-Magnesiumsalz, das Phytin, in den Globoiden der Nährgewebe von Samen die Phosphorsäurereserve des Embryos darstellt. Diese Speicherform dürfte wegen der schweren Mobilisierbarkeit des Calciumphosphates einer anorganischen Reserve überlegen sein. Über die Mittlerstelle der Inosite und verwandten alicyclischen Säuren (Chinasäure, Shikimisäure) in der Biosynthese zwischen aliphatischen und aromatischen Naturstoffen siehe S. 475—477.

§ 8. (Zuckerunähnliche) Polysaccharide

Diese überaus verbreiteten und in großen Mengen vorkommenden Verbindungen spielen entweder die Rolle von Reserve- oder von Gerüststoffen. Die verschiedenartigsten pflanzlichen Verbindungen, wie Stärke, Inulin, Lichenin, Gummiarten und Schleime, Pektinstoffe, Cellulose und Hemicellulosen gehören in diese Klasse.

Gemeinsame Kennzeichen ergeben sich aus dem Bauplan. Es besteht allgemein die Auffassung, daß die hochpolymeren Polysaccharide im wesentlichen aus glykosidisch verknüpften Monosaccharidresten bestehen.

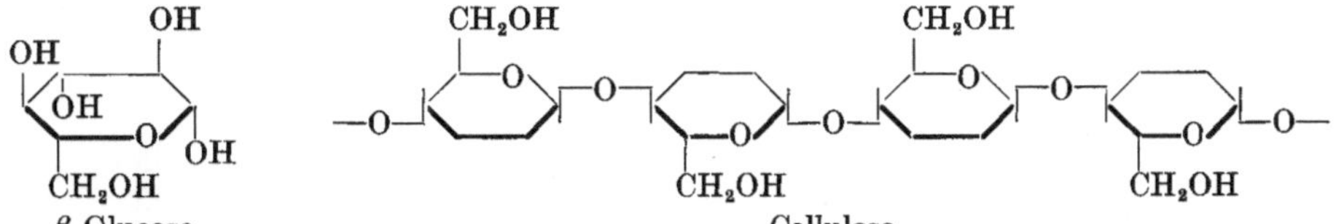

β-Glucose Cellulose

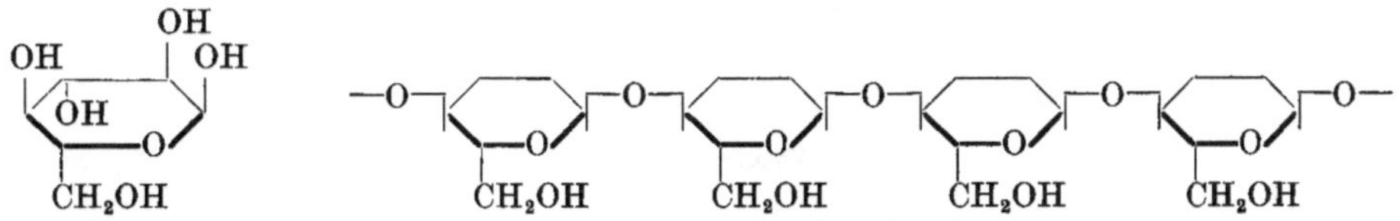

α-Glucose Stärke (Amylose)

[1] THOMPSON, A., K. ANNO, M. L. WOLFROM u. N. INATOME: J. Amer. Chem. Soc. **76**, 1309 (1954); vgl. auch K. TÄUFEL, H. IWAINSKY u. H. RUTTLOFF: Z. Naturwiss. **42**, 626 (1955).

[2] PLOETZ, TH: Chemie **56**, 231 (1943). — DANGSCHAT, G.: Inosite und verwandte Naturstoffe in PAECH-TRACEY: Moderne Methoden der Pflanzenanalyse, Bd. 3, S. 351, Springer Berlin 1955.

[3] COURTOIS, J.: Bull. Soc. Chim. biol. **33**, 1075 (1951).

OH, OH, HO, O, OH, CH_2OH

β-Mannose

CH_2OH, O, O, O, O, O, O, O, O, CH_2OH, CH_2OH, CH_2OH

Steinnußmannan

OH, OH, OH, HO, O, COOR

α-Galakturonsäure
(R = CH_3 oder H)

COOR, COOR, O, O, O, O, O, O, O, O, COOR, COOR

Polygalakturonsäure

CH_2O---, O, O, O, O, O, O, O, CH_2OH, CO_2H, x

Polysaccharid von *Rhizobium radicicolum*

CH_2OH, CH_2OH, O, O, O, O, O, O, O, CO_2H

Oxydierte Cellulose

$CH_2 \cdot OH$, O, O—CH_2, O, O—CH_2, O, O—CH_2, O, O—CH_2, O, O---, O, Hauptkette

CH_2, O—CH_2, O, O—CH_2, O, O, O---, $CH_2 \cdot OH$, O, O—CH_2, O, O, Hauptkette

Dextran

$HO \cdot H_2C$, O, O, H, HO, H, $CH_2 \cdot OH$, HO, H, H_2C, O, O, H, HO, H, $CH_2 \cdot OH$, HO, H, $_{8-10}$, H_2C, O, OH, H, HO, H, $CH_2 \cdot OH$, HO, H

Lävan

Unter der hydrolysierenden Einwirkung von Mineralsäuren zerfallen sie in Monosen. In den gebräuchlichen Lösungsmitteln sind die Polysaccharide unlöslich oder kolloidal löslich, wobei es bis zu einem gewissen Grade fraglich ist, ob bzw. wie weit eine molekulardisperse Verteilung auftritt (vgl. auch S. 358). Aus den Ergebnissen der Röntgenspektroskopie darf geschlossen werden, daß die meisten Polysaccharide teilweise kristallinen Bau besitzen (vgl. S. 156).

Tabelle II, 1. *Übersicht über Polysaccharide bekannter Konstitution*

	Verknüpfung in der Hauptkette	wenn vorhanden, Bindung am Verzweigungspunkt	Bemerkung
	a) Polyglucosane		
Cellulose, (Tunicin)	β 1—4		Aneinanderreihung von Cellobioseeinheiten
Laminarin	β 1—3		(relativ niedermolekular)
Polysaccharid aus der Gerüstsubstanz der Bäcker- (Hefedextran) und Bierhefe	β 1—3		(hochmolekular)
Pustulin, Luteose	β 1—6		
Lichenin	β 1—4 (≈ 60%) u. β 1—3		unverzweigt
Bakteriendextran	α 1—6		
Amylose	α 1—4		Aneinanderreihung von Maltoseeinheiten
Amylopektin, Glykogen	α 1—4	α 1—6	verzweigt
(Schardinger-Dextrin	α 1—4		ringförmig)
Polysaccharid aus Gerstenwurzel	α 1—6		
	b) Andere Polysaccharide		
Araban	α 1—5	α 2—1 oder 3—1	
Xylan	β 1—4	1—3	vgl. S. 239
Mannan (Steinnuß)	β 1—4		
Inulin	1—2		
Irisin	1—2	2—4	hochverzweigt } Fructosane
Asparagosin, Graminin, Sinistrin	1—2	?	verzweigt } Fructosane
Triticin	1—2	2—6	hochverzweigt } Fructosane
Phleïn	2—6		niedermolekular } Fructosane
Bakterienlaevan	β 2—6		
Galactan (Pectin)	β 1—4		} Galactane
Carrageenin	in der Seitenkette α 1—3		} Galactane
Alginsäure	β 1—4	?	Poly-D-Mannuronsäure[1] u. L-Gulonsäure[2]
Chitin	β 1—4		Kette von N-Acetyl-D-Glucosaminresten

Zu den (zuckerunähnlichen) Polysacchariden gehören auch — wie bereits erwähnt — die *Reservestoffe*, die teilweise auch die Funktion einer Gerüstsubstanz ausüben können und als solche im Rahmen der Hemicellulosen (§ 21) Erwähnung finden sollen. Zu den eigentlichen Reservestoffen sind vornehmlich Stärke, Glykogen und Inulin zu zählen.

[1] Siehe Schulzen, H.: Melliand Textilber. **37**, 1087 (1956).
[2] Fischer, F. G., u. H. Dörfel: Hoppe-Seyler's Z. physiol. Chem. **302**, 186 (1955).

Stärke: Die Stärke[1] findet sich in den Pflanzen in Form von Körnern, die sich leicht von den sie erzeugenden Zellteilen, den Plastiden, abtrennen lassen. Das durch Assimilation entstehende Kohlenhydrat wird als „Assimilations"- oder „autochthone" Stärke in den grünen Plastiden (Chloroplasten) gebildet und vorübergehend abgelagert; auch die Reservestoffe (transitorische oder Reserve-Stärke) in den Samen, Früchten usw. werden aus zugeführtem Zucker durch Plastiden gebildet. Alle als Reservestoffe geltenden Polysaccharide (Oligosaccharide, Stärke, Inulin, Hemicellulosen) — ja selbst die Cellulose als Gerüstsubstanz (z. B. im Endosperm vieler Palmensamen) — können durch spezifische Fermente wieder mobilisiert werden, die die Reversibilität derartiger Umwandlungen gewährleisten.

Abb. II, 3a. Schema der Anordnung der kristallinen Micelle (dick gezeichnet) und der sie verbindenden Hauptvalenzketten in einer Schicht des Stärkekorns

Die Form der Stärkekörner ist linsenförmig, sphärisch, oval usw.; die Größe liegt zwischen 0,002 und 0,17 mm. Sie sind aus Schichten länglicher, radial angeordneter Micellen (Abb. II, 3a) aufgebaut, die sich um den zentrisch oder exzentrisch liegenden Wachstumskern anlagern. Die lichten Streifen erweisen sich als stärkereich, während die dunklen Streifen reicher an Wasser sind. Unter konstanter Belichtung, Temperatur und Feuchtigkeit werden zwei bis drei Schichten pro Tag gebildet. Die Micellen geben Anlaß zu Kristallinterferenzen, die beim völligen Entwässern verschwinden. Die Kristallite sind sehr klein (einige 100 Å); das Bestehen verschiedener Modifikationen (A, B, C [Abb. II, 3b]) ist feststellbar, jedoch ist derzeit eine Angabe über die Elementarzelle nicht möglich. Die Lage der Glucosereste dürfte der Abb. II, 3c entsprechen. (Über elektronenmikroskopische Untersuchungen am Stärkekorn siehe MÜHLETHALER[2]).

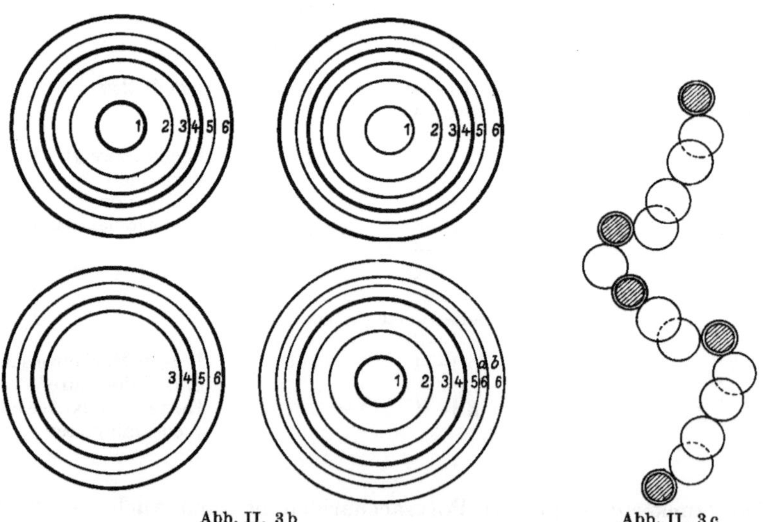

Abb. II, 3b Abb. II, 3c

Abb. II, 3b. Röntgendiagramme der Stärke (die Intensität ist schematisch durch die Linienbreite dargestellt) *1 A*-Spektrum, *2 B*-Spektrum, *3 C*-Spektrum mit mittelstarkem *1*-Ring, *4 C*-Spektrum mit schwachem *1*-Ring

Abb. II, 3c. Ausschnitt aus der Hauptvalenzkette der Stärke. Die Abbildung zeigt die Glucoseringe in seitlicher Betrachtung (weiß: C-Atome; schraffiert: O-Atome). (Nach K. H. MEYER)

---

[1] Vgl. M. SAMEC: Kolloid-Z. **124**,135 (1951). — MEYER, K. H.: Experientia (Basel) **8**, 405 (1952). — RADLEY, I. A.: Starch and its Derivatives. London: Chapman Hall Ltd. 1953.

[2] MÜHLETHALER, K.: Z. wiss. Mikrosk. **62**, 394 (1955).

Aus Hydrolyseversuchen mit Oxalsäure sowie enzymatischer Spaltung war zunächst zu folgern, daß in der Stärke vornehmlich 1,4-α-glucosidisch verknüpfte Glucosereste vorliegen, analog der Verknüpfung in der Maltose (vgl. die Formelbilder auf S. 46 und S. 47). Diese Folgerung wurde durch weitere Forschungsergebnisse gestützt.

Untersuchungen über die Leitfähigkeit führten zur Auffindung von Phosphorsäureresten (ROBISON-Ester) und mit dem Amylopektin gekoppelten Phosphatiden (POSTERNAK). Wir finden hier also einwandfrei Fremdgruppen in das Polysaccharid eingebaut. Die Frage nach solchen Fremdgruppen spielt übrigens in der Erforschung der Feinstruktur der Polysaccharide eine große Rolle (z. B. Cellulose).

Die Stärke liefert, in gewisser Analogie zur Cellulose, Additionsverbindungen mit Alkalien. An Maisstärke wurde beobachtet[1]: $2\,C_6H_{10}O_5 \cdot NaOH$, $C_6H_{10}O_5 \cdot NaOH$, $C_6H_{10}O_5 \cdot 2\,NaOH$. Aus DK-Messungen folgerte ABADIE, daß Stärke über mehr als doppelt so viele freie, nicht durch Wasserstoffbrücken blockierte OH-Gruppen verfügt als Cellulose.

Die Stärke besteht aus zwei Kohlenhydraten verschiedener Konstitution, der *Amylose* (etwa 20%, die mit Jod eine rein blaue Einschlußverbindung liefert) und der Hauptkomponente, dem *Amylopektin*. Die native Amylose, die offenbar im Stärkekorninneren angereichert ist, und von einer loseren Haut schwer löslichen Amylopektins umschlossen wird[2], besitzt gestreckte lange Ketten aus Glucose in 1,4-α-glucosidischer Bindung. Nach REEVES[3] liegt die Amylose offenbar in der B 1-Ringform vor, welche durch Zusatz von etwas Alkali in B 3 (C 1) übergeht[4]. Im „Amylomaize" liegt eine Varietät mit ~ 50% Amylose vor[5].

Nach den neueren Untersuchungen von HUSEMANN[6] beträgt das Mindest-Molekulargewicht eine Million. Eine ähnliche Größenordnung (1,8 · 10^6 und darüber) ergab sich bei Messungen in der Ultrazentrifuge durch LAMM.

Stärke ist auch enzymatisch aus Glucose-1-Phosphorsäure synthetisierbar (das verzweigte Amylopektin wird analog durch das Q-Enzym aufgebaut.

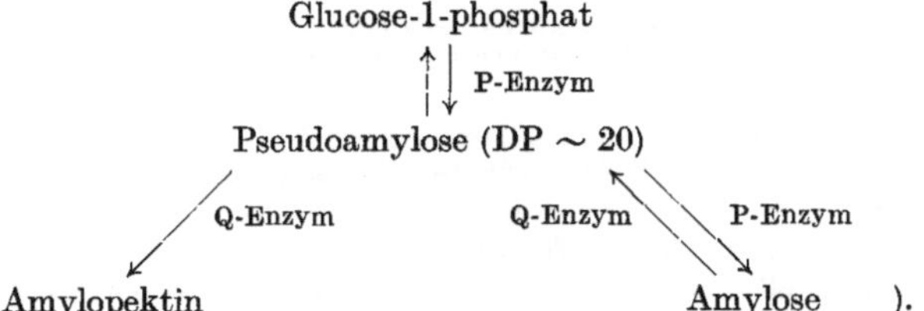

).

Das Amylopektin, die Hauptsubstanz, ist ein Gemenge verzweigter Moleküle, wobei neben α-1,4 auch α-1,6-Bindungen vorkommen, durch die die Zweige angeheftet sind (Abb. II, 4). CILLIE fand am Amylopektin von *Passiflora edulis* 17 Glucosereste in den Seitenzweigen. Enzymatisch können die Seitenketten des Amylopektins verlängert werden, wodurch glykogenähnliche Produkte entstehen[7]. β-Amylase baut Amylopektin bis zu den Verzweigungsstellen ab und es hinterbleibt ein hochmolekulares Grenzdextrin (Erythrogranulose). (Beim Abbau der Stärke durch *Bac. macerans* erhielt SCHARDINGER kristalline Dextrine, die wahrscheinlich aus einer ringförmig geschlossenen Maltosekette bestehen und im Zuge

---

[1] YOWANOVITCH, O.: C. r. Acad. Sci. (Paris) **232**, 1833 (1951).

[2] MÜHLETHALER, K.: Z. wiss. Mikrosk. **62**, 394 (1955); siehe auch W. Z. HASSID in D. M. GREENBERG, Chemical Pathways of Metabolism. Bd. I, S. 235. New-York 1954.

[3] REEVES, R. E.: J. Amer. Chem. Soc. **76**, 4595 (1954).

[4] Über die Bezeichnung siehe REEVES, R. E.: Adv. in Carbohydrate Chem. **6**, 107 (vgl. S. 123) (1951). — Vgl. auch KLYNE, W.: Progress in Stereochemistry, London, Butterworth Sci. Publ. 1954.

[5] WOLFF, I. A., B. T. HOFREITER, P. R. WATSON, W. L. DEATHERAGE u. M. M. MACMASTERS: J. Amer. Chem. Soc. **77**, 1654 (1955).

[6] HUSEMANN, E., u. H. BARTL: Makromol. Chem. **10**, 183 (1953).

[7] Vgl. S. A. BARKER u. E. J. BOURNE: Quarterly Rev. **7**, 56 (1953).

einer „Homologisierungsreaktion" [NORBERG] entstehen sollen). Das Molekulargewicht des Amylopektins wird zu 40000—1000000 angegeben. WITNAUER[1] fand an vorsichtig isoliertem Kartoffelamylopektin mittels Lichtstreuung ein Molekulargewicht von $\sim 36 \cdot 10^6$.

Nach SAMEC liegt das Molekulargewicht der Stärke in der Größenordnung von 300000, jedoch bilden sich leicht Aggregate (Molate).

(Durch die α-glucosidische Bindung sollen Spiralen zustandekommen, die durch H-Brücken verfestigt sind. Auf diese Weise sollen Stäbchen von 15—20 Å entstehen.)

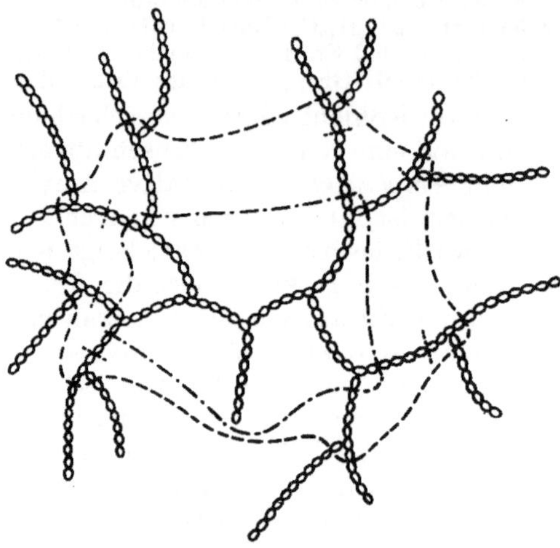

Abb. II, 4. Verzweigungsschema des Maisamylopektins: Glucoserest, ----- Spaltung, welche zum Grenzdextrin I führt, -·-·-·-·- Spaltung, welche zum Grenzdextrin III führt.

Von CHAMPBELL[2] wurde Holzstärke näher untersucht. Der Amylosegehalt beträgt hier ebenfalls etwa 20%. Holzstärke soll ein Vorläufer (?) der Holzhemicellulosen sein, was seinerzeit auch von den Holzpektinstoffen fälschlicherweise vermutet wurde. Näheres s. S. 232.

Glykogen. Pflanzliches Glykogen findet sich in Pilzen sowie im unreifen Samen von "Golden Bantam". Es stellt chemisch ein amorphes, sehr stark verzweigtes Amylopektin dar und besteht offenbar aus einer niedermolekularen, wasserlöslichen und einer hochpolymeren Komponente. Für erstere sind Molekulargewichte von ein bis mehreren Hunderttausend wahrscheinlich.

Die Kettenzweige bestehen aus 1,4-α-glucosidisch verbundener Glucose. Die Verzweigungspunkte sind 1,6-α-glucosidisch[3]. Näher untersucht sind noch Bäckerhefe und Bierhefe. Bäckerhefe A und Bierhefe sind sich sehr ähnlich; der DP-Wert der Kettenzweige liegt bei etwa 13; das Molekulargewicht bei $\sim 2 \cdot 10^6$.[4]

Inulin. Inulin ist als Reservesubstanz in den Knollen der *Compositen* im Zellsaft gelöst. Es baut sich aus Fructofuranoseresten in 1,2-glucosidischer Bindung auf. HAWORTH schlägt folgendes Schema vor:

$$\left[\begin{array}{l} -CH_2 \quad O- \\ \qquad \rangle C \langle \\ CHOH \quad O \\ | \qquad\quad | \\ CHOH-CH \cdot CH_2OH \end{array}\right]_n$$

[1] WITNAUER, L. P., F. R. SENTI u. M. D. STERN: J. Polymer. Sci. **16**, 1 (1955).

[2] CHAMPBELL, W. C., J. L. FRAHN, E. L. HIRST, D. F. PACKMAN u. E. G. V. PERCIVAL: J. Chem. Soc. **1951**, 3489.

[3] BELL, D. J., u. D. J. MANNERS: J. Chem. Soc. **1954**, 1891. — CORI u. LARNER: J. of Biol. Chem. **188**, 17 (1951).

[4] MANNERS, D. J., u. K. MAUNG: J. Chem. Soc. **1955**, 867.

Das Molekulargewicht des Dahlieninulins beträgt ~ 3000—5000. Die Hydrolyse von Topinambur-Inulin ergab: ~ 86% Fructose, 6—7% Glucose und 7,5% Difructosedianhydride. Kürzlich wurde auch noch die verwandte Artemose (aus *Artemisia vulgaris*) näher untersucht (Molekulargewicht ~ 1950).

Andere aus Fructose zusammengesetzte pflanzliche Polysaccharide, die vorwiegend in den unterirdischen Speicherorganen vorkommen, sind Irisin, Graminin, Triticin, Sinistrin, Secalin, Asparagosin und Phlein. Der Polymerisationsgrad ist zum Teil gering, wie beispielsweise die von SCHLUBACH untersuchten Polyfructosane der Gräser (Festucin: [DP = 17], Poain [DP = 47]) zeigen. (Ein gemischtes, aus Glucose- und Fructoseresten aufgebautes Polysaccharid ist das Asphodelin. Siehe auch S. 237.)

Andere Polysaccharide, wie z. B. Lichenin (vornehmlich in Moosen), die Mannane, Xylane und dergleichen sowie Algenpolysaccharide siehe unter Hemicellulosen S. 224 u. 250. (ACKER untersuchte das vom Moos-Lichenin unterschiedliche Haferlichenin. Es ist möglicherweise schwach verzweigt und das MG liegt bei ~ 63000.)

Dextran (ein α-Glucosan) erwies sich als sehr verzweigt und besitzt ein hohes Molekulargewicht von 12—600 · 10^6.*

---

* Vgl. L. H. AROND u. H. P. FRANK: J. physik. Chem. **58**, 953 (1954).

Drittes Kapitel

Mikroskopische Morphologie
(nebst einem Abriß des Baues der wichtigsten Faserpflanzen)

Bearbeitet von O. HÄRTEL

Mit 49 Abbildungen

§ 9. Einleitung

Als ROBERT HOOKE[1] 1667 dünne Schnitte des Flaschenkorkes mit seinem noch sehr primitiven Mikroskop untersuchte, fand er diesen aus lauter kleinen Kämmerchen aufgebaut, die er *"cells"* nannte. Es hat sich in der Folgezeit durchwegs bestätigt, daß alle Pflanzen (wie überhaupt alle Lebewesen) zur Gänze aus solchen „Kämmerchen", also aus Elementarbausteinen aufgebaut sind (MOHL[2], SCHLEIDEN[3]), allein es erwies sich nicht deren Wandung, die HOOKE sah, als das wesentliche, sondern ihr Inhalt, der mit der Verbesserung der optischen Hilfsmittel immer eingehender untersucht und genauer bekannt wurde. Obwohl HOOKE den Begriff *cellulae* an totem, inhaltsleerem Gewebe geprägt hatte, wurde trotzdem an der Bezeichnung „*Zelle*" für die Elementarbausteine festgehalten. Dabei ist es nicht einmal unbedingtes Erfordernis, daß die Zelle von einer Wand umgeben ist; manche pflanzliche Organismen sowie bestimmte, der Fortpflanzung dienende Zellen besitzen gleich der tierischen Zelle überhaupt keine derartige Hülle. Wenn wir aber unser Hauptaugenmerk auf die technisch genutzten pflanzlichen Fasern richten, so rückt die Zellwand wieder in den Mittelpunkt der Betrachtungen. Sie ist das Bauelement, das der Zelle, der Faser, Form, Festigkeit und viele ihrer charakteristischen Eigenschaften verleiht. Auch stellen die technisch genutzten Fasern ja durchweg tote und meist auch inhaltsleere Zellen dar; hervorgegangen sind sie aber immer aus lebenden Zellen und ihre Wandungen sind stets ein Produkt des lebenden Zellinhaltes. Schließlich ist für ihre Form auch das Gewebe der Pflanze, in dem die Fasern entstanden sind und in dem sie ihre Funktion hatten, von entscheidendem Einfluß. Wenn wir daher die Morphologie der Zellwände, insbesondere der Faserzellen verstehen wollen, müssen wir von den lebenden Zellen und vom Bau der Pflanze ausgehen.

Soweit in den nachfolgenden Darlegungen Tatsachen referiert sind, die auch den gängigen Lehrbüchern der Botanik[4] entnommen werden können, wurden sie, um den Text nicht zu sehr mit Literaturzitaten zu belasten, nicht gesondert belegt.

§ 10. Der celluläre Bau der Pflanze

Träger des Lebens ist das *Protoplasma.* Es besteht neben Wasser, das weitaus den größten Teil (90% und darüber) seiner Masse ausmacht, aus Eiweißstoffen, Lipoiden, Kohlenhydraten und vielen anderen, vielfach nur in geringen Mengen vorhandenen, jedoch unbedingt lebensnotwendigen Stoffen. Das „Leben" an sich ist allerdings nicht an das Vorhandensein eines

---

[1] HOOKE, R.: Micrographia. London 1665/67.

[2] MOHL, H. v.: Über die Poren des Pflanzenzellgewebes. Tübingen: Fues 1828. — Über den Bau der porösen Gefäße der Dicotyledonen. München: Franz 1832.

[3] SCHLEIDEN, M. J.: Grundzüge der wissenschaftlichen Botanik. Leipzig: Engelmann 1842/43.

[4] Lehrbuch der Botanik für Hochschulen. 26. Aufl., bearb. v. H. FITTING, R. HARDER, W. SCHUMACHER, u. F. FIRBAS, Stuttgart: Gustav Fischer 1954. — MOLISCH, H.: Anatomie der Pflanze. 6. Aufl., bearb. v. K. HÖFLER. Jena: Gustav Fischer 1954. — HABERLANDT, G.: Physiologische Pflanzenanatomie. 6. Aufl., Leipzig: Engelmann 1924. — TROLL, W.: Allgemeine Botanik. Stuttgart: F. Enke 1948. — GUTTENBERG, H. v.: Lehrbuch der allgemeinen Botanik. Berlin: Akademie-Verlag 1956. — KÜSTER, E.: Die Pflanzenzelle. 2. Aufl. Jena: Gustav Fischer 1951. — EAMES, A. J., u. L. H. MACDANIELS: An Introduction to Plant Anatomy, New York u. London: McGraw-Hill Book Comp. 1947. — ESAU, K.: Plant Anatomy. New York: John Wiley, 1953. — Werke über spezielle Holzanatomie vgl. S. 112.

hypothetischen „Lebens*stoffes*" gebunden, Voraussetzung für das Leben ist ein den jeweiligen Bedürfnissen entsprechend einregulierter *kolloidaler* Plasma*zustand*. Wird dieser über ein bestimmtes Maß hinaus in Unordnung gebracht, so bricht das kolloidale System des Plasmas zusammen, die Eiweißstoffe koagulieren und damit geht die Zelle zugrunde.

Kein Plasma ist längere Zeit lebensfähig, wenn kein *Zellkern* vorhanden ist[1]. Er kann in gewisser Hinsicht mit einer Befehlszentrale verglichen werden, von der aus wichtige Funktionen der Zelle gesteuert werden, zumal in ihm auch ein großer Teil der vererbbaren Merkmale und Eigenschaften der Pflanze lokalisiert ist. Damit hängt auch der außerordentlich komplizierte Vorgang der Kernteilung zusammen.

Viele Zellen sterben aber trotz Vorhandenseins eines Zellkernes schon innerhalb der lebenden Pflanze ab, sobald sie ein bestimmtes Alter oder eine bestimmte Höhe ihrer Differenzierung erreicht haben. Die meisten der der mechanischen Festigung des Pflanzenkörpers (Holz- und Bastfasern) oder der Wasserleitung dienenden Zellen (Gefäße und Tracheiden), sowie viele Zellen des Hautgewebes (Periderm, Kork) können erst im *toten* Zustande ihre Aufgabe voll erfüllen. Der Holzkörper ist zum überwiegenden Teile aus toten Zellen aufgebaut. In unmittelbarer Nachbarschaft solcher Zellen finden sich andere, die Hunderte, ja Tausende von Jahren lebens- und funktionstüchtig bleiben und (wie dies bei den Fortpflanzungszellen der Fall ist) selbst den Tod des Individuums überdauern. Die Lebensdauer der einzelnen Zelle ist demnach durch ihre Lage im Organismus, durch die mit der Differenzierung bestimmte Funktion, also von inneren Faktoren bestimmt.

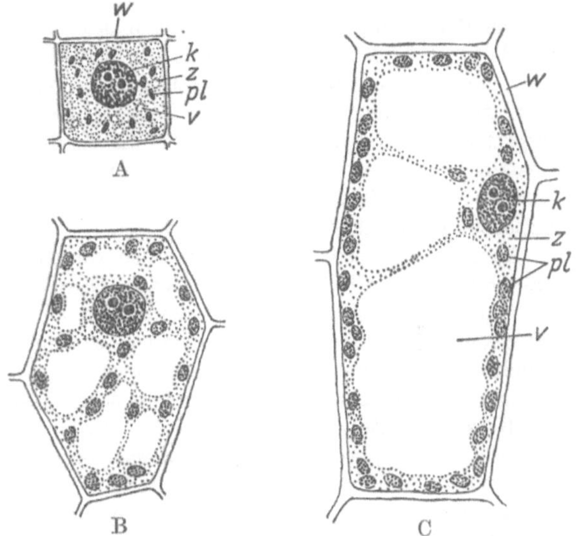

Abb. III, 1. Zellbestandteile (schematisch); A: meristematische Zelle, B u. C: Zelle im Streckungswachstum. *w* = Zellwand, *z* = Protoplasma, *k* = Zellkern, *pl* = Chlorophyllkörner, *v* = Vacuole. (Aus STOCKER)

Neben dem Zellkern befindet sich im Plasma noch eine Reihe weiterer organisierter Einschlüsse (*Plastiden, Chondriosomen, Mitochondrien, Sphärosomen*) mit besonderen, für die Lebensvorgänge der Pflanze wesentlichen Funktionen; die grünen Chlorophyllkörner (Chloroplasten) synthetisieren aus CO_2 und Wasser mit Hilfe des Sonnenlichtes organische Substanz, mit der dann die Pflanze ihren Körper aufbaut (Photosynthese oder CO_2-Assimilation), andere Einschlüsse sind Träger von Enzymen, die für die Atmung und andere Vorgänge wichtig sind, die Bedeutung mancher derartiger Einschlüsse ist allerdings noch nicht genau bekannt.

Innerhalb des Protoplasmas befindet sich in älteren Zellen ein Hohlraum, der mit einer wäßrigen Lösung von Salzen, Säuren, organischen Stoffen (Zucker u. a.) sowie gelegentlich auch von Farbstoffen erfüllt ist, die *Vacuole*. Sie kann den Protoplasten schließlich bis auf einen schmalen, kaum mehr sichtbaren Schlauch zurückdrängen. Infolge der geringen Durchlässigkeit bestimmter Plasmaschichten für gelöste Stoffe führt die Vacuole zu bedeutenden osmotischen Drucken innerhalb der Zelle, die den Geweben und Organen der Pflanze ihre Straffheit und Festigkeit verleihen (*„Turgordruck"*).

Zellwand. Das Plasma endlich liegt eng der Zellwand an, die dieses wie ein allseitig geschlossenes Kästchen umgibt, der Zelle Form und Festigkeit verleiht und der unsere besondere Aufmerksamkeit zu gelten hat. Ob die Zellwand ein totes Ausscheidungsprodukt der Zelle oder als ihr lebender Bestandteil zu betrachten ist, wird uns noch später beschäftigen (S. 64). Die Zellwände bilden in ihrer Gesamtheit ein Kammersystem, aus dem die ganze Pflanze aufgebaut ist. Von diesem cellulären Bau überzeugt nicht nur die unmittelbare mikroskopische

[1] Hierin machen allerdings, wie neuestens festgestellt wurde, die Siebröhren (vgl. S. 59f.) eine interessante Ausnahme [RESCH, A.: Planta (Berlin) **44**, 75 (1954)].

Beobachtung jedes beliebigen Pflanzenteiles, sondern auch die Entstehungsgeschichte der pflanzlichen Gewebe und Organe sowie der Umstand, daß es jederzeit möglich ist, diese mittels geeigneter Methoden wieder in Einzelzellen zu zerlegen *(Maceration)*; darauf beruht letzten Endes auch die großtechnische Verwendbarkeit von Holz und anderen pflanzlichen Organen als Faserrohstoffe.

In der botanischen Mikrotechnik wird zur Maceration von Holz im allgemeinen das sog. SCHULZEsche Gemisch ($KClO_3$ in Salpetersäure) verwendet; dieses stark oxydierende Gemisch zerstört allerdings das Lignin völlig und läßt auch die Cellulose keineswegs unbeeinflußt, was sich in erhöhter Brüchigkeit der so erhaltenen Fasern äußert. ClO_2 bzw. $Ca(HSO_3)_2$ unter Überdruck sind geeignete Macerationsmittel, milder wirken Wasserstoffperoxyd, Chrom-, Oxal- oder Essigsäure, Ammoniak, Kalilauge, in manchen Fällen genügt auch schon kochendes Wasser (vgl. KISSER[1]).

Die Bedeutung der Unterteilung in kleine Elementareinheiten liegt einmal in der dadurch bedingten höheren Stabilität des lebenden Systems, ferner ermöglicht sie eine weitgehende Arbeitsteilung und damit die Ausbildung hochentwickelter Formen. Je stärker die Zellen differenziert sind, desto höhere Entwicklungsstufen konnten die Pflanzen im Laufe der Stammesgeschichte erreichen, wie dies ein Vergleich der von den Einzellern, den verschiedenen Algen, den Moosen, Farnen und schließlich den Blütenpflanzen erreichten Entwicklungshöhen und Anpassungen deutlich macht.

Auch die höchstorganisierte Pflanze, der mächtigste Baum, entwickelt sich aus einer einzigen Zelle, der befruchteten Eizelle. Aus dieser entsteht durch Zellteilungen innerhalb des Samens der Embryo, der sich nach Keimung des Samens auf geeigneter Unterlage zur Pflanze weiterentwickelt. Ein Apfelbaum voller Früchte besteht roh geschätzt aus etwa $2^1/_2$—3 Billionen Zellen, und nicht viel weniger oft mußte sich daher auch der an sich schon höchst komplizierte Vorgang der Kern- und Zellteilung abspielen. Dieser wiederum ist auf bestimmte Zonen des Pflanzenkörpers, die sog. *Meristeme*, beschränkt, die vor allem in den Spitzen der wachsenden Triebe und Wurzeln bzw. in den Knospen, also den sog. *Vegetationspunkten*, liegen, ferner in einzelnen in der Längsrichtung des Sprosses verlaufenden Strängen bzw. (bei mehrjährigen Stämmen) in Form eines Zylindermantels im Innern des Stammes, dem sog. Verdickungsring oder dem *Cambium* (vgl. S. 90). Bei Blättern wird das anfängliche Spitzenwachstum bald eingestellt, die weitere Vergrößerung des Blattes geschieht dann durch basales, durch Rand- oder Flächenwachstum. also intercalar. Andere intercalare Wachstumszonen finden sich auch z. B. bei den Gräsern über den Halmknoten; diese Halme verfügen daher über mehrere Wachstumszonen, wodurch sie sich gleichsam teleskopartig verlängern („Schieben"); horizontal liegende Halme, z. B. nach Unwettern usw. können sich in den Halmknoten wieder aufrichten.

§ 11. Die wichtigsten Zellformen und ihre Verbände (Gewebe)

1. Meristeme

Die Zellen der Teilungszonen, der sog. Meristeme, können als die Urform der Zelle der höheren Pflanze angesehen werden, da aus ihnen alle übrigen vielfältig gestalteten Zellen des Pflanzenkörpers hervorgehen. Sie haben ein einheitliches gleichförmiges Aussehen, sind meist $\pm$ isodiametral oder von prismatischer bis kubischer Gestalt, plasmareich und besitzen einen großen Zellkern. Eine Vacuole fehlt in der Regel, die Zellwände sind gleichmäßig dünn. Trotz dieser Einförmigkeit des Aufbaues teilen sich die Zellen jedoch keineswegs regellos, sondern nach

---

[1] KISSER, J.: In Abderhalden, Handbuch der biologischen Arbeitsmethoden, Abt. XI., T. 4, S. 285, 1931.

einem bestimmten Plan; in den Verdickungsringen (Cambien) entstehen strickleiterartige Bilder, vielfach (besonders in den Nadelhölzern) lassen sich lange Zellreihen leicht bis zur Ursprungszelle zurückverfolgen; auch in Meristemen der Sproßspitzen oder der Keimlinge läßt sich das Schicksal der aus einer bestimmten Meristemzelle hervorgegangenen Tochterzellen durch mehrere Teilungsschritte verfolgen (GUTTENBERG und Mitarbeiter[1]). Infolge der fortgesetzten Teilungen geraten aber die bereits gebildeten Zellen allmählich aus dem Bereich des Meristems, verlieren dabei (bis auf bestimmte Zellgruppen) ihre Teilungsfähigkeit und werden zu *Dauerzellen*. Gleichzeitig damit setzt eine Vergrößerung der einzelnen Zellen selbst ein, durch verschieden starke Streckung in den einzelnen Richtungen des Raumes verändert sich die Form der ursprünglich isodiametrischen Meristemzelle. Mit diesem auf das Teilungswachstum folgenden Schritt, dem *Streckungswachstum*, verlängert sich das Organ in meist auffälliger Weise. Parallel dazu erhalten die Zellen durch den Vorgang der *Differenzierung*, die ihrer künftigen Aufgabe entsprechende Form. Dabei wird das Prinzip der Arbeitsteilung befolgt, Zellen ähnlicher Gestalt und gleicher Funktion schließen sich zu Verbänden zusammen, den *Geweben*, die ihrerseits wieder untereinander in gegenseitige Abhängigkeit treten. Die Bezeichnung Gewebe geht bereits auf einen der Begründer der Pflanzenanatomie, NEHEMIAH GREW, zurück[2].

2. Dauergewebe

Die jungen wachsenden Organe benötigen zunächst einen Schutz nach außen. Die oberste (äußerste) Zellschichte (das Dermatogen HANSTEINS[3]) bildet sich zum primären Hautgewebe, der Epidermis um. Die Hauptmasse des Pflanzenkörpers wird vom Grundgewebe *(Parenchym)* gebildet, das die weichen Teile des Pflanzenkörpers, den größten Anteil der Blattgewebe, die massigen Organe der verdickten Wurzeln, die Früchte usw. aufbaut. Die sich teilenden und vermehrenden Zellen der Vegetationspunkte sowie die Grundgewebsmassen benötigen naturgemäß auch bedeutende Mengen von Bau- und Betriebsstoffen, die aus den älteren Teilen der Pflanze bzw. den Speicherorganen zugeleitet werden müssen; weiterhin muß Vorsorge für eine ausreichende Versorgung mit Wasser (namentlich nach Ausbildung der ständig Wasser abgebenden Blätter) sowie auch für die Ableitung der in den Blättern gebildeten organischen Stoffe getroffen werden. Hierfür dient das

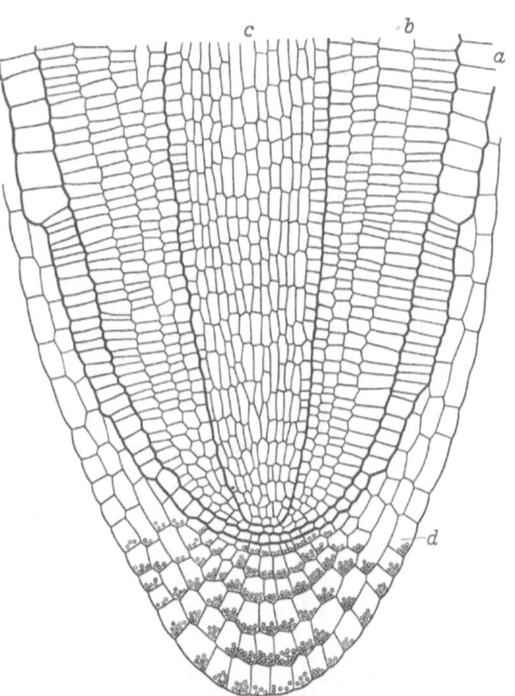

Abb. III, 2. Vegetationspunkt (Wurzelspitze) schematisch; *a* Anlage des Hautgewebes, *b* Anlage des Grundgewebes, *c* Anlage des Stranggewebes, *d* Wurzelhaube. (Aus GUTTENBERG[4])

[1] GUTTENBERG, H. v., H. R. HEYDEL u. H. PANKOW: Flora (Jena) **141**, 298 u. 476 (1955).
[2] GREW, N.: The Anatomy of Plants. London 1682.
[3] HANSTEIN, J.: Bot. Abh. 1, 1 (1870).
[4] Siehe S. 54, Fußnote 4.

Leitungssystem der Pflanze. Dieses ist anatomisch meist mit jenen Zellen bzw. Geweben verbunden, die dem Organ, der Pflanze, die nötige Festigkeit verleihen, um z. B. den Widerstand, den die wachsende Wurzel beim Vordringen ins Erdreich findet, überwinden und die Pflanze genügend fest im Boden verankern zu können oder damit der Stamm das eigene und immer mehr zunehmende Gewicht z. B. der Baumkrone zu tragen imstande ist. Dazu dient das *Festigungsgewebe* (mechanisches System im Sinne HABERLANDTs[1]), das in seiner Funktion noch durch den osmotischen Druck der Grundgewebszellen und der dadurch entstehenden Gewebespannung wirksam unterstützt wird. Festigungs- bzw. mechanische Elemente treten aber auch gesondert vom Leitungssystem auf (vgl. S. 134). Festigungs- und Leitungssystem wird zusammenfassend auch als *Stranggewebe* (SACHS[2]) bezeichnet.

3. Die Zellformen

Die *Parenchymzellen* entstehen aus den Meristemen durch annähernd gleichmäßige Vergrößerung der Zellwände nach allen Richtungen des Raumes. Dabei bleiben sie entweder isodiametrisch, durch den dabei sich vergrößernden osmotischen Druck platten sie sich gegenseitig ab, wobei sie polyedrische (theoretisch kubisch-oktaedrische, meist aber weniger regelmäßige) Formen annehmen. Es kommt auch zu mäßiger Längsstreckung, so daß kurzprismatische oder -zylindrische Zellen mit entsprechend abgeplatteten Zellenden (Abb. III, 3) entstehen. Im Mark und in der Rinde erscheint das Gewebe weitgehend homogen aus gleichartigen Zellen aufgebaut, in bestimmten Organen jedoch, insbesonders in den Blättern kommt es zu einer weiteren Differenzierung im Grundgewebe; die Zellen der Blattoberseite sind längsprismatisch bzw. zylindrisch und stehen senkrecht zur Blattoberfläche, so daß sie am Blattquerschnitt wie Palisaden aussehen *(Palisadenparenchym)*; das Gewebe der Blattunterseite ist dagegen locker und aus ± rundlichen Zellen aufgebaut und hat schwammartigen Charakter *(Schwammparenchym)*.

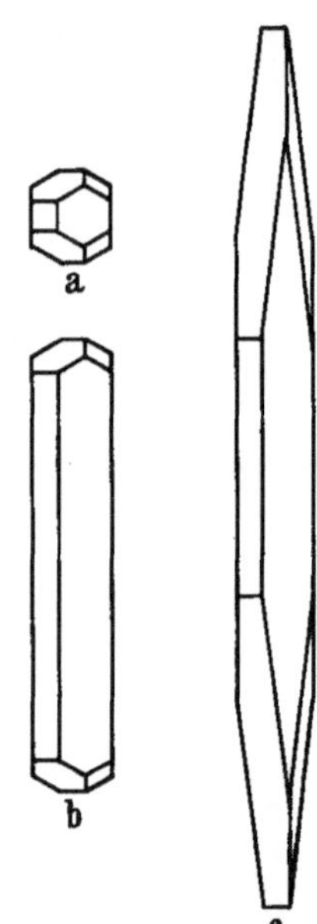

Abb. III, 3. Isolierte meristematische Zelle (*a*) und Zellen nach Streckung der Längswände (*b*, Parenchymzellen), und nach Spitzenwachstum (*c*, Faserzellen). (Aus FREY-WYSSLING[3])

In die reichlich Blattgrün führenden Palisadenzellen kann das Licht tiefer in das Blatt eindringen, sie sind der hauptsächlichste Ort der Synthese organischer Verbindungen aus Kohlendioxyd, Wasser und Licht (Photosynthese); das Schwammparenchym sorgt für gleichmäßige Verteilung des durch die Spaltöffnungen in der Epidermis der Blattunterseite (s. u.) in das Blatt gelangenden Kohlendioxyds.

Gewebe, die zwischen den Zellen reichlich luftführende Zwischenräume (sog. Intercellularen, vgl. S. 65) besitzen, finden sich häufig in den zentralen Gewebepartien von Stengeln (Mark), z. B. von Gräsern, Juncaceen, Cyperaceen u. v. a., besonders häufig sind sie bei Wasserpflanzen zu finden, da sie dort den Gasaustausch bzw. den Wegtransport der bei der Atmung entstehenden Kohlensäure wesentlich erleichtern.

Parenchymzellen können auch in Reihen angeordnet innerhalb von Stranggewebe auftreten, wodurch sich Parenchym gut in den Bauplan auch dieser Gewebe einfügt (z. B. Holzparenchym, vgl. S. 100).

---

[1] Siehe S. 54, Fußnote 4.
[2] SACHS, J.: Lehrbuch der Botanik. Leipzig: Engelmann 1868.
[3] FREY-WYSSLING, A.: Deformation and Flow in Biological Systems. Amsterdam: North-Holland Publ. Comp. 1952.

Das Festigungs- und Leitgewebe (Stranggewebe) ist in der Regel aus stark in die Länge gestreckten Zellen aufgebaut, ihre Länge kann das Mehrhundertfache des Durchmessers der Meristemzelle bzw. des eigenen Durchmessers betragen. Entstehen dabei spitz oder verjüngt zulaufende Zellen mit meist stark verdickten Wänden und weitgehend verengtem Lumen, so sprechen wir von Sklerenchymfasern (Abb. III, 4e u. f, Abb. III, 5). Bei diesen ist die Wand der bald absterbenden Zelle der eigentliche Träger der Funktion; sie treten als Bastfasern in Bast und Rinde sowie als Holz- oder Libriformfasern im Holz auf und erfüllen dort ihre Funktion als mechanische Elemente (Libriform leitet sich von liber = Bast, Rinde ab). Gelegentlich zeigen solche Fasern auch eine Querfächerung (Abb III, 4g).

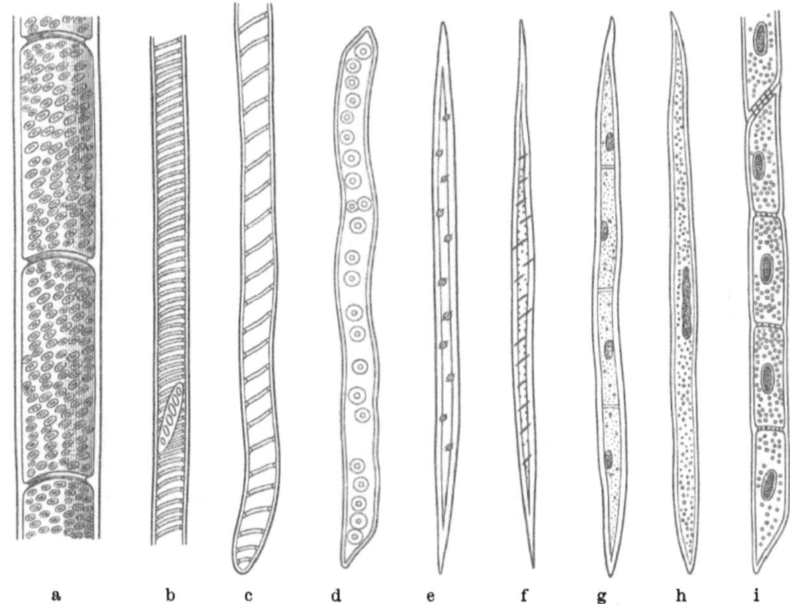

Abb. III, 4. Prosenchymzellen: *a*, *b* Gefäße, *c* Schrauben-, *d* Tüpfeltracheide, *e*, *f* Faserzellen, *g* gefächerte, *h* ungefächerte Ersatzfasern, *i* Holzparenchym. (Nach STRASBURGER)

Bleiben hingegen langgestreckte Zellen weitlumig, so vermögen sie als Leitungsbahnen zu dienen; die Funktion dieser Zellen wird also vom Lumen übernommen. Sie sind als Einzelzellen (Tracheiden) oft von recht ansehnlicher Länge, die Tracheiden der Coniferen messen mehrere Millimeter (vgl. S. 108) und besitzen meist stumpf-abgerundete oder meißelartige Enden (Abb. III, 4c, d, Abb. III, 6). Ein anderer höherer Typ von Leitelementen zeichnet sich durch größeres Lumen, jedoch geringere Länge der einzelnen Glieder aus. Diese liegen aber in Reihen, wobei die Querwände entweder teilweise oder gänzlich aufgelöst werden. Solche Zellfusionen nennt man *Tracheen,* (Abb. III, 4a, b, Abb. III, 7, vgl. auch Abb. III, 33).

Tracheen, Tracheiden, Libriformfasern und reihenförmig angeordnetes Holzparenchym bildet die Hauptmasse des Holzteiles des Stranggewebes, bzw. des Holzkörpers der Holzpflanzen.

Leitelemente finden sich aber auch im unverholzten Gewebe. Hier finden sich ebenfalls in Reihen angeordnete röhrenförmige, jedoch nicht verholzte Zellen, deren Querwände siebartig durchlöchert sind, wodurch der Stoffdurchtritt erleichtert wird (Abb. III, 8). Diese *Siebröhren* sind lebende Zellen, besitzen aber

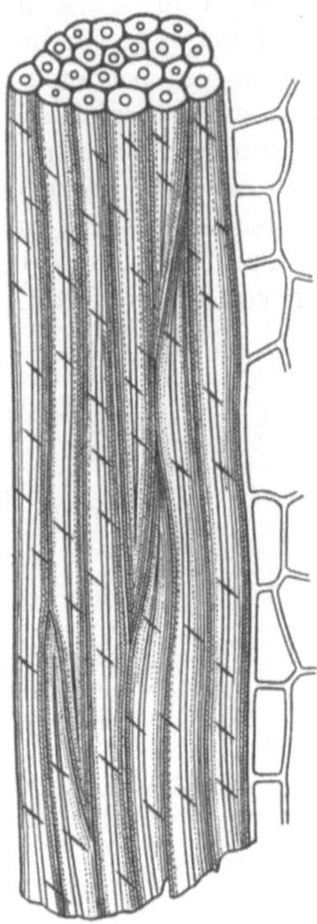

Abb. III, 5. Sklerenchymfasern. (Nach GIESENHAGEN)

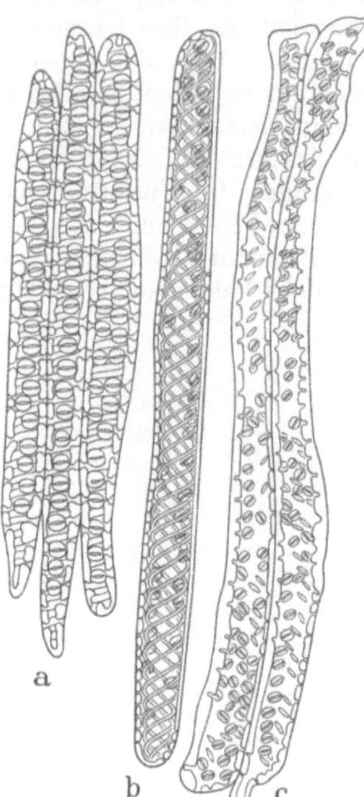

Abb. III, 6 a—c. **Tracheiden, links mit relativ großen, rechts mit kleinen fast schlitzförmigen Hof**tüpfeln, die mittlere mit Spiralverdickungen. (Nach GREGUSS)

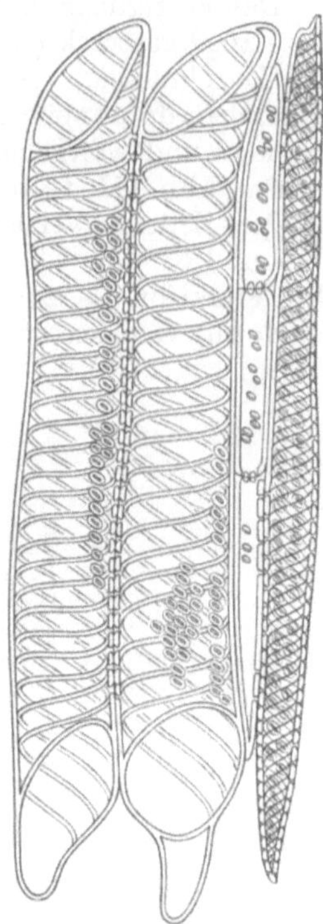

Abb. III, 7. **Offene** Gefäße mit **Spiralverdickungen**, (daran anliegend Holzparenchym und eine Spiraltracheide) *Tilia tomentosa*. (Nach GREGUSS)

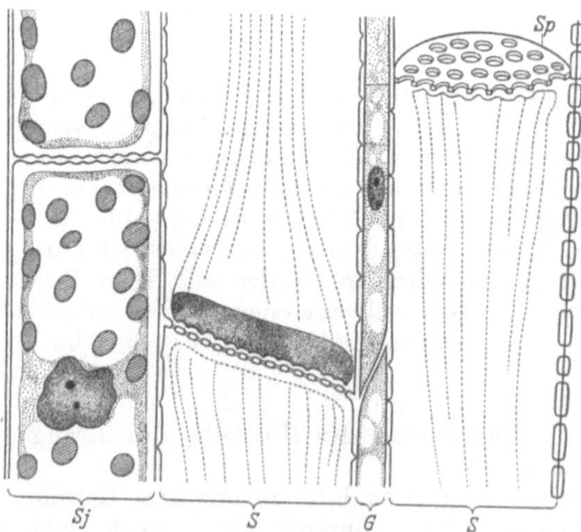

Abb. III, 8. Siebröhren, mit Siebplatten und Geleitzellen, Siebröhren (*S*) mit Siebplatten (*Sp*) und Geleitzellen (*G*). (Aus GUTTENBERG)

bei den Angiospermen keinen Kern, sondern erhalten die vom Kern ausgeschiedenen, zur Aufrechterhaltung des Lebens jedoch nötigen Stoffe offenbar von den die Siebröhren stets begleitenden länglichen *Geleitzellen* (RESCH[1]). Die Lebensdauer der Siebröhren ist daher auch kurz und überschreitet nie eine Vegetationsperiode (HUBER[2]). Die Siebröhren der Gymnospermen sind primitiver, besitzen einen Kern und dementsprechend fehlen Geleitzellen.

Siebröhren, Geleitzellen, Bastfasern und gleicherweise wie das Holzparenchym reihenförmig angeordnetes Bastparenchym bilden zusammen den *Siebteil* des Stranggewebes; Holz- und Siebteil zusammen bauen ein *Gefäßbündel* auf.

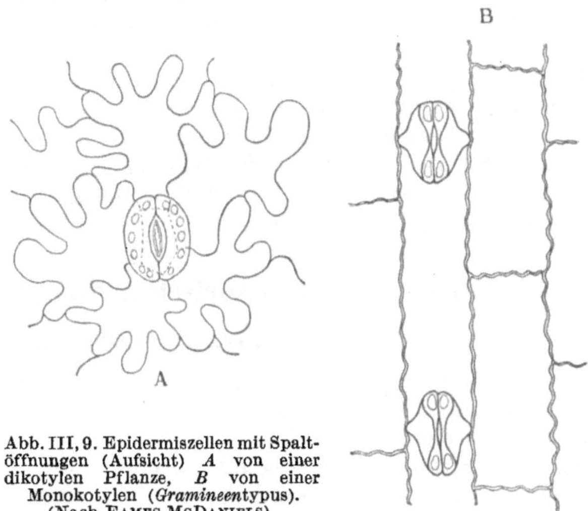

Abb. III, 9. Epidermiszellen mit Spaltöffnungen (Aufsicht) *A* von einer dikotylen Pflanze, *B* von einer Monokotylen (*Gramineen*typus). (Nach EAMES-MCDANIELS)

Wenn sich Zellen nach *zwei* Richtungen des Raumes stärker strecken, entstehen plattenförmige Zellen. Derartiges Wachstum verläuft meist parallel zur Außenfläche des Organs und tritt insbesonders bei den Zellen der Hautschicht (Epidermis) in mannigfacher Form auf. Häufig sind die Wände, mit denen die Epidermiszellen aneinanderstoßen, gewellt oder verzahnt, wodurch ein stärkerer Zusammenhalt der Zellen untereinander gewährleistet und wohl auch eine größere Festigkeit

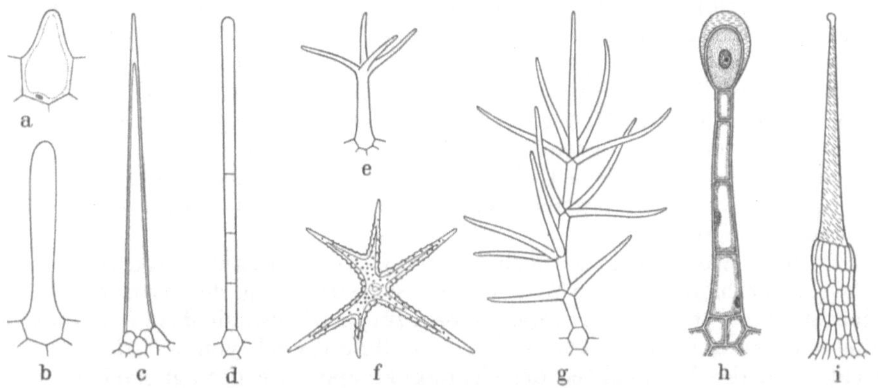

Abb. III, 10a—i. Verschiedene Haartypen; *a* papillenartiges Haar, *b* und *c* einfache einzellige Haare, *d* mehrzelliges Haar, *e* und *f* sternförmige Haare, *g* stockwerkartiges Haar, *h* Drüsenhaar, (*c* das durch ausgeschiedenes Sekret abgehobene Cuticularhäutchen) und *i* Brennhaar (*b* nach KNY, *c*, *f*, *g* und *h* nach KIENITZ-GERLOFF, *i* nach STRASBURGER, alle aus TROLL)

überhaupt erreicht wird (Abb. III, 9). Die Form der Epidermiszellen und die Art ihrer Verzahnung stellen vielfach wichtige differentialdiagnostische Merkmale bei der Bestimmung der Herkunft von Fasern dar, da sich Epidermisreste

[1] Siehe S. 55, Fußnote 1.

[2] HUBER, B.: Jb. wiss. Bot. 88, 176 (1939)

vielfach im Fasermaterial vorfinden. Eine besondere Form der Epidermiszellen sind die Schließzellen, paarig angeordnete halbmond- oder bohnenförmige (bei den Gräsern etwa hantelförmige) Zellen, die zwischen sich einen Spalt freilassen, dessen Weite je nach der (vom Innendruck bestimmten) Krümmung der Schließzellen variiert ist. Diese „Spaltöffnungen" genannten Einrichtungen regeln den Gasaustausch zwischen der Außenluft und dem Blattinnern und damit die Intensität der Kohlensäureassimilation bzw. der Wasserabgabe. Starkes lokales Wachstum der Außenwand der Epidermiszellen führt zur Bildung von Haaren (Trichome) (Abb. III, 10), die gleichfalls unter Umständen zur Differentialdiagnose herangezogen werden können.

Mit der Ausbildung der Zellform erfährt auch die Zellwand selbst Veränderungen. Die dabei auftretenden feineren Strukturen und Skulpturen sowie die chemischen Veränderungen der Zellwand sollen in den folgenden Paragraphen ausführlicher dargestellt werden.

§ 12. Aufbau und mikroskopisch sichtbare Strukturen der Zellwand

1. Die meristematische Zellwand

Wenn sich eine Meristemzelle teilt, wird zwischen die auseinanderweichenden Tochterkerne eine neue Zellwand eingeschoben. Als erster Schritt der Zellwandbildung tritt eine sog. „Zellplatte" auf, in der sich kleinste Tröpfchen in lebhafter Brownscher Molekularbewegung befinden. Sie fließen alsbald zusammen und bilden eine zarte, im wesentlichen aus Ca- und Mg-Pektat bestehende Mittellamelle. Sie ist ca 0,5μ dick, stark hydratisiert, optisch isotrop und gibt noch keine Cellulosereaktion (Tupper-Carey und Priestley[1]), vielleicht ist ein geringer Anteil an Cellulose durch die übrigen Wandbestandteile maskiert. Ob die Tröpfchen der Zellplatte aus Protopektin bestehen oder ob sie lediglich das bei der Polymerisation von Pektin freiwerdende Hydratationswasser sind, ist ungewiß (Frey-Wyssling[2]). (s. S.180 ff.)

Die Orientierung der Zellplatte und der neugebildeten Wand folgt meistens der kürzesten Verbindung zwischen den gegenüberliegenden Wänden, sie kann aber auch anders liegen; so teilen sich z. B. die langgestreckten Zellen des Cambiums der Länge nach, die Kerne weichen also in Richtung der kurzen Querachse auseinander, so daß sich die Mittellamelle zentrifugal stark ausdehnen muß, um die Wände der Mutterzelle zu erreichen (Abb. III, 11).

Sobald die Mittellamelle seitlich den Anschluß an die Zellwand gefunden hat, werden an diese von den nunmehr getrennten Protoplasten neue Wandschichten zu beiden Seiten angelegt.

Auch diese Wandschicht ist noch sehr stark hydratisiert, der Trockensubstanzgehalt beträgt bloß etwa 7,5% (Frey-Wyssling[2]); von der Trockensubstanz wiederum ist nur etwa ein Drittel Cellulose; für die Zellwände des Cambiums von Coniferen geben Allsopp und Misra[3] einen Cellulosegehalt von 25% des Trockengewichtes an, der Volumanteil der Cellulosekomponente beträgt nach Preston und Wardrop[4] nur 8%. Die Cellulose liegt jedoch bereits in geordneter Struktur vor, die Primärwand leuchtet im polarisierten Licht auf und gibt auch entsprechende Röntgeninterferenzen. Ferner sind in der Primärwand bedeutende Mengen

---

[1] Tupper-Carey, R. M., u. J. M. Priestley: Proc. Roy. Soc. London **95**, 109 (1923).

[2] Frey-Wyssling, A.: Submicroscopic Morphology of Protoplasm Amsterdam, London u. New York: Elsevier 1953.

[3] Allsopp u. Misra (1940): Zit. nach R. D. Preston in Handbuch der Pflanzenphysiologie, Bd. 1, S. 723. Berlin-Göttingen-Heidelberg: Springer-Verlag 1955.

[4] Preston, R. D., u. A. B. Wardrop: Biochim. et Biophysica Acta **3**, 549 (1949).

von Protein nachweisbar, CHRISTIANSEN und THIMANN[1] finden 12,5% Protein (vgl. auch PRESTON und WARDROP[2]); auf das Vorkommen von Lipoiden in jungen Zellwänden hat bereits HANSTEEN-CRANNER[3] nachdrücklich hingewiesen (s. S. 199ff.).

In diesem Stadium macht die junge meristematische Zelle die bedeutendsten Form- und Größenveränderungen durch. Besitzt eine Meristemzelle im Mittel einen Durchmesser von etwa 15—20 μ, was einem Volumen von $3-8 \cdot 10^{-4}$ cm³ entspricht, so besitzt eine normale Parenchymzelle etwa das 30fache dieses Volumens bei einer Länge von etwa 30—200 μ; faserförmige Zellen können bis zu einer Länge von 500 μ, bei Coniferen und Bastzellen sogar von mehreren Millimetern oder sogar Zentimetern heranwachsen; die längsten Fasern *(Ramie)* erreichen eine Länge von 250 mm! Die schon seit NÄGELI und MOHL vieldiskutierte Frage

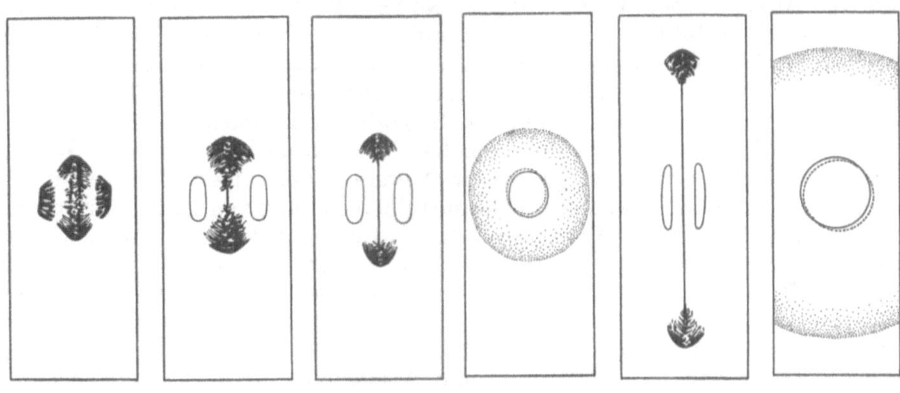

Abb. III, 11. Zellteilung in längsgestreckten (z. B. Cambial-) Zellen. *A*, *B*, C_1 und D_1 zentrifugale Vergrößerung der neugebildeten Wand zwischen den beiden Tochterkernen, tangential gesehen; C_2 und D_2 vorgeschrittenere Stadien (entsprechend *C* und *D*) in radialer Richtung (Zellplatte in der Aufsicht) gesehen, die Peripherie der Zellwand nähert sich auch den polaren Enden der ursprünglichen Zelle. (Nach EAMES-MCDANIELS)

nach dem Mechanismus der so enormen Vergrößerung der Zellwände gipfelte im wesentlichen in zwei Alternativen, Wachstum durch Anlagerung neuer Schichten und Dehnung der Zellwände (Appositionswachstum) oder Einlagerung neuer Zellwandsubstanz in die gestreckte und gedehnte Zellwand (Intussuszeptionstheorie) (vgl. auch S. 64). Diese Alternative darf heute wohl dahingehend entschieden werden, daß grundsätzlich beide Möglichkeiten realisiert sind. Beim Flächenwachstum läßt sich trotz starker Dehnung der Zellwand kaum eine Verringerung der Dicke feststellen, was wohl dahingehend interpretiert werden muß, daß gleichzeitig mit der Flächenvergrößerung neues Zellwandmaterial eingeflochten werden muß. Elektronenmikroskopische Aufnahmen haben tatsächlich gezeigt, daß in die beim Flächenwachstum sich erweiternden Maschen des Cellulosefibrillengerüsts neue Fibrillen, gleichsam wie beim Kunststopfen, eingezogen werden. Diese Flächenvergrößerung kann entweder lokal, also mosaikartig an den verschiedenen Partien der Zellwand nacheinander, erfolgen (FREY-WYSSLING u. STECHER[4], STECHER[5]) oder es werden bei apikal wachsenden Zellen an den Enden der Zellen immer neue Wandpartien angesetzt (SCHOCH-BODMER[6]); die so wachsende Prosenchymzelle besitzt demnach während ihres Wachstums keinen festen apikalen

[1] CHRISTIANSEN, G. S., u. K. V. THIMANN: Arch. of Biochem. **26**, 220 (1950).
[2] Siehe S. 62, Fußnote 4.
[3] HANSTEEN-CRANNER, B.: Planta (Berlin) **2**, 438 (1926).
[4] FREY-WYSSLING, A., u. H. STECHER: Experientia (Basel) **7**, 420 (1951).
[5] STECHER, H.: Mikroskopie (Wien) **7**, 30 (1952).
[6] SCHOCH-BODMER, H.: Ber. schweiz. bot. Ges. **55**, 313 (1945).

Abschluß. Durch den Nachweis des Spitzenwachstums prosenchymatischer Zellen erscheint die ältere Vorstellung vom sog. „gleitenden Wachstum“ (vorübergehende Auflösung der Mittellamelle und gleitendes Aneinander-Vorbeischieben der verschieden wachsenden Zellwandflächen) unnötig und hinfällig (vgl. S. 204).

Als Ursache des Wachstums und der Formveränderungen der Zellen erschien zunächst ihr auf osmotische Kräfte zurückgehender Innendruck (Turgordruck) und die daraus sich ergebende elastische Dehnung der Zellwand naheliegend. Diese Vorstellung schien noch dadurch wesentlich gestützt, daß in der Pflanze Stoffe nachgewiesen werden konnten, die von ihr selbst produziert werden und sowohl in außerordentlich geringen Mengen das Wachstum der Pflanze entscheidend fördern als auch die Dehnbarkeit der Zellwand deutlich zu erhöhen imstande sind (Wuchsstoffe oder Auxine, KÖGL, WENT, vgl. SÖDING bzw. BÜNNING[1]). Allerdings sind zur Erhöhung der Dehnbarkeit der Zellwand unphysiologisch hohe Wuchsstoffkonzentrationen (10^{-2} bis 10^{-3}) nötig, während im lebenden Organismus bereits Konzentrationen von 10^{-8} bis 10^{-11} wirksam sind, der Schwellenwert wird mit $2{,}86 \cdot 10^{-13}$ angegeben (GEIGER-HUBER u. BURLET[2]). So geringe Auxinmengen sind nun nicht imstande, die Plasmaoberfläche monomolekular zu bedecken. Um eine Wachstumsförderung herbeizuführen, genügt ein Auxinmolekül auf ein Wandgebiet von einigen hundert Cellulosebalken, eine unmittelbare Lösung von Haftpunkten zwischen den Fibrillen (FREY-WYSSLING[3]) durch das Auxin kommt demnach wohl kaum in Frage (BÜNNING[1]). Ferner hat sich gezeigt, daß der Wanddruck der Zellen gerade während der Streckungsperiode minimal bzw. fast Null ist (RUGE[4]), so daß eine passive Dehnung der Membran nicht als primäre Wachstumsursache in Frage kommen kann, ganz abgesehen davon, daß ein von innen her gleichmäßig wirkender Druck eher zur Abrundung und Abkugelung der Zellen und nicht zu einer Streckung oder zur Bildung unregelmäßiger Zellformen führen müßte. Offenbar wirkt der Wuchsstoff unmittelbar auf das Plasma (GUTTENBERG u. KRÖPELIN, BONNER[5]), so daß die Erhöhung der Dehnbarkeit der Zellwand erst eine sekundäre Erscheinung ist (POHL[6]). Auch die Neubildung von Zellwänden ist ja wie das Wachstum überhaupt ein an die Tätigkeit des Plasmas, insbesondere der Atmung (BONNER[5]), gebundener aktiver Lebensprozeß.

Über den Mechanismus der Einflechtung neuer Celluloseketten in das vorhandene Fibrillengerüst ist heute noch wenig bekannt. Daß Cellulose-Makromoleküle im Plasma selbst oder in plasmatischen Gebilden fertig vorgebildet und dann eingebaut werden (FARR[7]), ist zweifelhaft. Wahrscheinlich werden die Makromoleküle im wandständigen Plasma kondensiert und dabei gleichzeitig der Zellwand ein- oder angelagert, wobei also den äußersten Plasmaschichten die wesentlichste Aufgabe zufiele; die Textur der Zellwand würde dann in gewissem Sinne ein Abbild von Plasmastrukturen darstellen (MIDDLEBROCK u. PRESTON[8]). Die Frage, ob die Zellwand selbst als lebender oder als toter Bestandteil der Zelle anzusprechen ist, möge unbeantwortet bleiben. Sicher ist, daß die jungen Primärwände von Plasma durchtränkt und ihre Fibrillen von Plasma umspült sind, da

[1] SÖDING, H.: Die Wuchsstofflehre. Stuttgart: Georg Thieme 1952. — BÜNNING, E.: Entwicklungs- und Bewegungsphysiologie der Pflanze. 3. Aufl. Berlin-Göttingen-Heidelberg: Springer-Verlag 1953.

[2] GEIGER-HUBER, M., u. E. BURLET: Jb. wiss. Bot. **84**, 233 (1937).

[3] Siehe S. 62, Fußnote 2.

[4] RUGE, U.: Planta (Berlin) **27**, 352 (1937).

[5] GUTTENBERG, H. v., u. L. KRÖPELIN: Planta (Berlin) **35**, 257 (1947). — BONNER, J.: Plant Biochemistry. New York: Academic Press 1950.

[6] POHL, R.: Naturwiss. **40**, 110 (1953).

[7] FARR, W. K.: J. Phys. a. Colloid Chem. **53**, 260 (1949).

[8] MIDDLEBROCK, M., u. R. D. PRESTON: Biochim. et Biophysica Acta **9**, 32 (1952).

sonst eine Synthese von Cellulosefibrillen an Ort und Stelle nicht möglich und ein geordneter organischer Einbau in die bereits bestehenden Gerüste undenkbar wäre (FREY-WYSSLING[1]). (Siehe § 4.)

2. Intercellularen

Bei der Vergrößerung der Zellen des Meristems wird häufig ihr ursprünglich lückenloser Zusammenschluß etwas gelockert. Bei der teilweisen Abrundung der Zellen entstehen unter gleichzeitiger Aufspaltung der Mittellamelle kleine Zwickel, Hohlräume, die mit Luft gefüllt sind und Intercellularen genannt werden. Nach MARTENS[2] sowie SIFTON[3] kann die bei der Zellteilung neugebildete Mittellamelle nicht an die Mittellamelle der Mutterzelle, sondern nur an die fertige Zellwand, also deren Celluloseschichten Anschluß finden. An dieser Stelle wird die Zellwand aufgelöst, wodurch ein kleiner, innerhalb der Wand gelegener Hohlraum entsteht, der sich dann zur Intercellulare erweitern kann. Diese Intercellularen

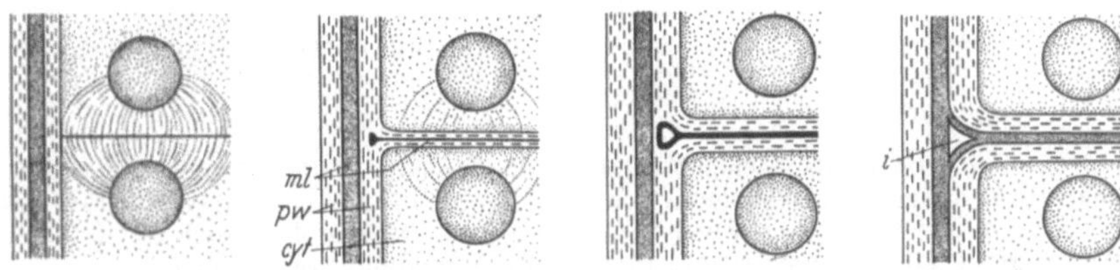

Abb. III, 12. Anschluß der neuen Mittellamelle an die bereits bestehende Zellwand; Bildung von Intercellularen (*ml* Mittellamelle, *l* Primärwand, *cyt* Cytoplasma, *i* Intercellulare) (nach MARTENS, aus EAMES-MCDANIELS)

entstehen also durch Auseinanderweichen der Zellwände (schizogene Intercellularen), es können auf diese Weise auch größere Hohlräume, Gänge, Sekretbehälter (z. B. die Harzgänge im Coniferenholz) entstehen. Auch die großen Intercellularen der lufthaltigen Gewebe des Markes oder der Wasserpflanzen (vgl. S. 58) entstehen meist auf diesem Wege, die großen Markhöhlen allerdings bilden sich vielfach auch unter Zerreißung der Zellwände (rhexigene Intercellularen) während manche Öl- und Sekretbehälter durch Auflösung, also lysigen, entstehen.

3. Die Schichtung der Zellwand

Nach Beendigung des Streckungswachstums (zum Teil auch schon während desselben) nimmt auch die Dicke der Zellwand durch Anlagerung neuer Schichten an die bereits vorhandene Primärwand zu. Es handelt sich also offenbar um ein Appositionswachstum. Innerhalb der so angelegten Sekundärwand werden wiederum mehrere Schichten unterschieden, eine äußere, der Primärwand unmittelbar anliegende, eine mittlere oder zentrale Schicht, die bisweilen außerordentliche Mächtigkeit erreichen kann; den inneren Abschluß der Wand gegen das Zellumen bildet ein häufig schwer sichtbares Häutchen, die Innenschicht, die vielfach auch als eigene Tertiärlamelle von der Sekundärwand abgetrennt wird.

An der fertig ausgebildeten Wand lassen sich demnach nach KERR-BAILEY[4] folgende Wandschichten unterscheiden, die in nachfolgender Übersicht mit den üblichen Bezeichnungen angeführt sind (vgl. auch Abb. III, 13 u. IV, 36).

Mittellamelle oder Klebschicht		0
Primärwand (Cambialwand)		1
Sekundärwand:	äußere Schicht (Übergangslamelle)	2
	mittlere (zentrale) Schicht	3
	innere Schicht (= Tertiärlamelle)	4

[1] Siehe S. 62, Fußnote 2.
[2] MARTENS, P.: Cellule **46**, 357 (1937) u. Beih. Bot. Zbl. Abt. A, **58**, 349 (1938).
[3] SIFTON, H. B.: Bot. Rev. **11**, 108 (1945).
[4] KERR, TH., u. I. W. BAILEY: J. Arnolds Arbor. **15**, 327 (1934).

Allerdings lassen sich namentlich im verholzten Gewebe Mittellamelle und Primärwände nicht mehr ohne weiteres unterscheiden, sie machen den Eindruck einer einheitlichen „Mittellamelle", mit diesem Ausdruck werden diese drei Schichten (1 + 0 + 1) namentlich in der angewandten Holzanatomie zusammengefaßt (neuestens z. B. von MAYER-WEGELIN[1]). Wir können dem jedoch aus entwicklungsgeschichtlichen wie auch aus praktischen Gründen nicht

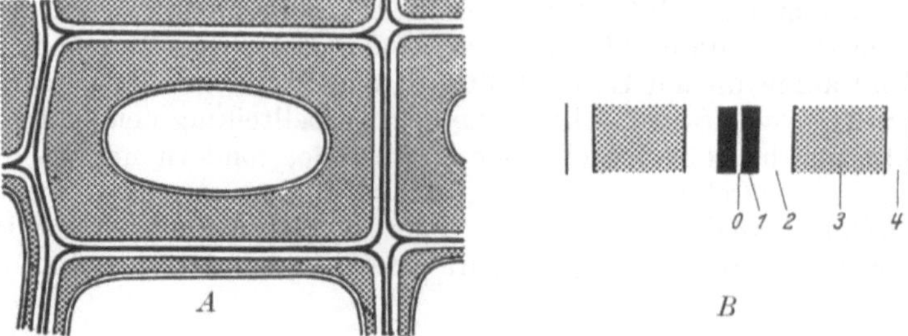

Abb. III, 13. Schichtung der Zellwand: *A* Querschnitt, *B* Schichtenfolge der Wände zweier aneinanderliegender Zellen. *0* Mittellamelle, *1* Primärwand, *2* äußere, *3* mittlere und *4* innere Schicht der Sekundärwand (oder Tertiärwand) (nach BAILEY)

beipflichten; gerade beim chemischen Aufschluß des Holzes erleiden Mittellamelle i.e.S. und die Primärwände ein ganz verschiedenes Schicksal, wobei die Beschaffenheit der Primärwand für die Eigenschaften der Faser wesentlich ist; gerade im Hinblick auch auf fasertechnologische Fragen ist daher eine getrennte Behandlung unbedingt vorzuziehen.

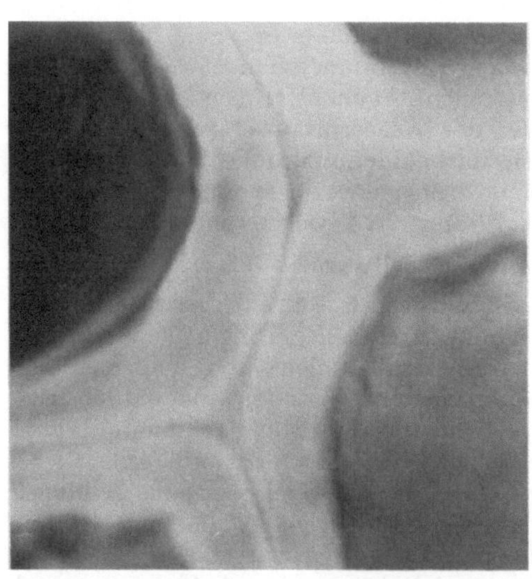

Abb. III, 14. Holzzellwand in polarisiertem Licht (die Primärwand ist deutlich schwächer doppelbrechend) (nach BUCHER-WIDERKEHR)

Namentlich bei stärkeren Verdickungen ist die mittlere Schichte weiterhin lamelliert; so bestehen bei der Baumwolle 20—30 Lamellen innerhalb der Sekundärwand (BALLS[2], KERR[3]), die sich aus einer dichteren Tagesschicht und einer lockerer gebauten, bei Nacht gebildeten Schicht zusammensetzen; bei Kultur in gleichmäßigem konstantem Licht werden keine derartigen Lamellen ausgebildet (ANDERSON, KERR u. MOREY[4]); im Gegensatz dazu hatte allerdings BARROWS[5] auch unter konstanten Bedingungen Lamellierung der Sekundärwand der Baumwolle erhalten. An anderen Haaren konnten wiederum bis zu 7 Schichten pro Tag gezählt werden, so daß auch andere Faktoren wie innere Rhythmik, vielleicht auch Ermüdungserscheinungen mitbestimmend sein dürften (FRANZ[6]).

---

[1] TRENDELENBURG, R.: Das Holz als Rohstoff. 2. Aufl., bearb. v. H. MEYER-WEGELIN. München: Hanser 1955.

[2] BALLS, W. L.: Proc. Roy. Soc. London (B) **90**, 542 (1919).

[3] KERR, TH.: Protoplasma (Wien) **27**, 229 (1937).

[4] ANDERSON, D. B., u. D. R. MOREY: Amer. J. Bot. **24**, 503 (1937). — ANDERSON, D. B., u. T. H. KERR: Ind. Engng. Chem. **30**, 48 (1938); zit. nach TREIBER (siehe S. 67, Fußnote 1.)

[5] BARROWS, L. F.: Zit. nach TREIBER (siehe S. 67, Fußnote 1.)

[6] FRANZ, H.: Flora (Jena) **29** (1934).

Bei nicht inkrustierten, also vorwiegend cellulosischen Zellwänden (z. B. Baumwolle) rührt die Schichtung wohl vom verschiedenen chemisch-physikalischen

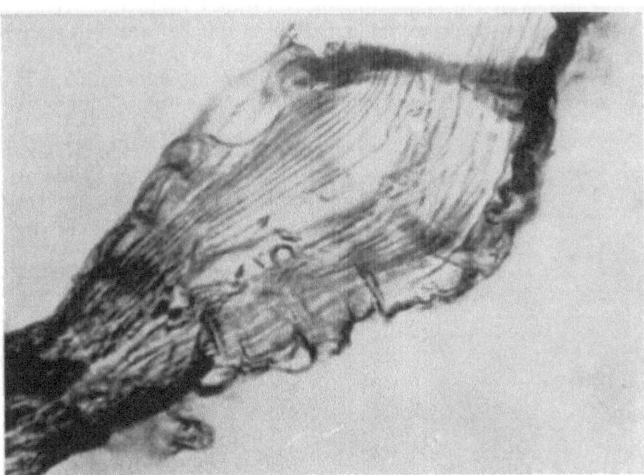

Abb. III, 15. Fichtenholzzelle nach Quellung in Cuoxam, Lamellierung der Sekundärwand (nach BUCHER-WIDERKEHR)

Zustand oder vom Wassergehalt bzw. der Porosität der unter wechselnden Bedingungen abgelagerten Cellulose her (BAILEY, vgl. TREIBER[1]). Auch ein verschiedenes Verhältnis von Cellulose und Pektin kann, besonders in Collenchymen, hierfür verantwortlich sein (PRESTON u. DUCKWORTH[2]). Auch Fremdlamellen aus cellulosefremder Kittsubstanz wurden diskutiert, doch dürften derartige Vorstellungen kaum zutreffen (FREY-WYSSLING[3]). Schließlich kann auch ein verschiedener Grad der Inkrustierung eine kenntliche Lamellierung (z. B. bei den Sekundärwänden von Holzzellen (BAILEY u. KERR[4]) bewirken. (s. S. 190 f.)

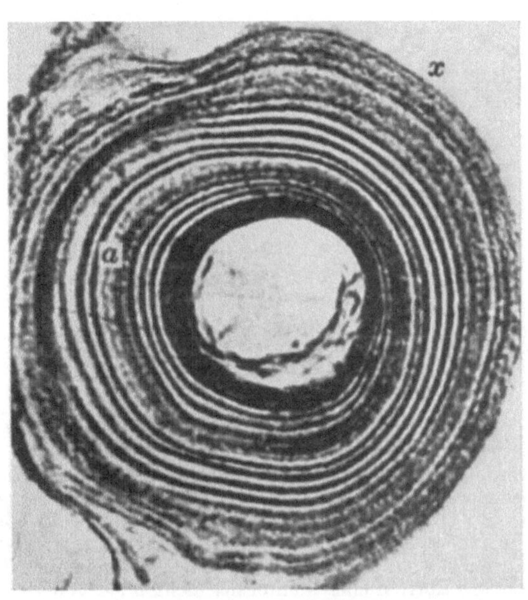

Abb. III, 16. Querschnitt durch ein gequollenes Baumwollhaar mit Tagesringen (nach KERR)

Ob die innerste Schichte der Zellwand als Teil der Sekundärwand angesehen oder ihr als Tertiärlamelle der Rang einer eigenen selbständigen Wandschicht zuerkannt wird, ist mehr als eine Sache der Definition. LÜDTKE[5] sowie BUCHER[6] betonen mit Nachdruck die Eigenständigkeit der Tertiärlamelle, die sich auch aus der ontogenetischen Entwicklung ergibt.

[1] TREIBER, E.: Protoplasma (Wien) **40**, 166, 267 (1951). [2] PRESTON, R. D., u. R. B. DUCKWORTH: Proc. Leeds Phil. Soc. **4**, 343 (1946). [3] Siehe S. 62, Fußnote 2. [4] BAILEY, I. W., u. TH. KERR: J. Arnolds Arbor. **16**, 273 (1935); **18**, 261 (1937). [5] LÜDTKE, M.: Holzforsch. **4**, 65 (1950). [6] BUCHER, H., u. L. P. WIDERKEHR-SCHERB: Morphologie und Struktur von Holzfasern. Attisholz 1947. BUCHER, H.: Die Tertiärlamelle von Holzfasern und ihre Erscheinungsformen bei Coniferen. Attisholz 1953.

Während STRASBURGER[1] die Tertiärwand als innerste, also zuletzt angelegte Schicht der Sekundärwand angesehen hat, vertrat DIPPEL[2] die entgegengesetzte Ansicht, daß die Tertiärlamelle bereits vorhanden sei, bevor die Zellwand ihre volle Dicke erreicht hat. Diese Anschauung scheint durch die jüngsten Untersuchungen BUCHERS[3] bestätigt. Wohl ist die Tertiärlamelle meist nur schwer zu beobachten, nach Quellung der Zellwand in Cuoxam oder in Cu-Äthylendiamin tritt sie deutlich als gewundener Schlauch hervor (Abb. III, 17). Diese innerste Membranschicht besteht nach BUCHER[3] aus Cellulose mit eingelagerten zum Teil hydrophoben Begleitstoffen, ist gegen quellende Agentien wesentlich widerstandsfähiger als die Sekundärwand und ähnelt damit in chemischer wie in physikalischer Hinsicht eher der Primärwand. Sie zeigt flache oder steilere („offene") spiralige sowie auch komplexe (aus mehreren verschiedenen Schraubungen zusammengesetzte) Textur; letztere könnte vielleicht dem mosaikplattenartigen Charakter der Tertiärlamelle, wie ihn KÜNEMUND[4] beim Holze von *Salix* beschreibt, entsprechen.

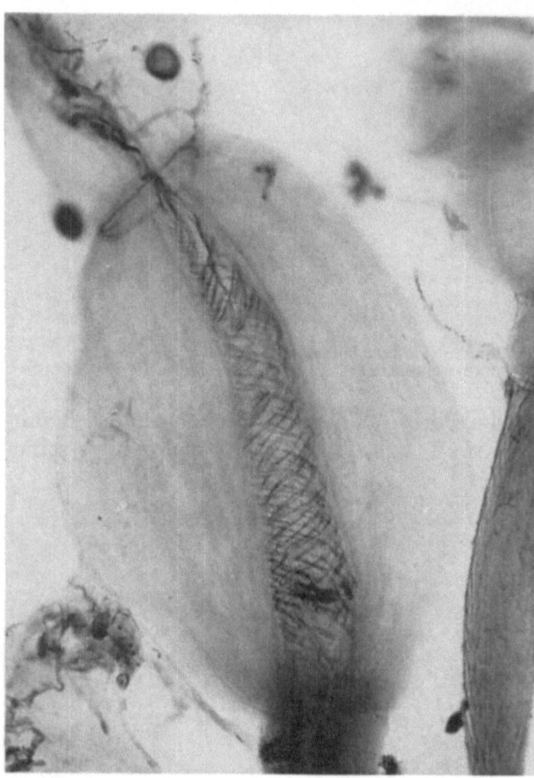

Abb. III, 17. Tertiärlamelle von Fichtenholzzellen mit verschiedener Schraubung, durch Verquellung der Sekundärwand sichtbar gemacht. (Nach BUCHER)

Auf Grund der chemischen, physikalischen und auch hinsichtlich der Färbbarkeit bestehenden Ähnlichkeiten zwischen Primär- und Tertiärwand sieht BUCHER[3] die Ansicht DIPPELS[2] darin bestätigt, daß die Tertiärwand bereits *vor* der Sekundärwand gebildet wird und letztere also nicht auf dem Wege der Apposition, sondern eigentlich mehr der Intussuszeption in die Dicke wachsen. Wohl erscheint damit das Vorkommen der mit Tertiärwandsubstanz ausgekleideten Tüpfelkanäle (s. S. 74) plausibler, die Mechanik des Dickenwachstums ist aber durch diese Vorstellung nicht gerade einfacher geworden. Anderseits sind aber schon seit langem Fälle bekannt, daß Membranwachstum ohne unmittelbarem Kontakt mit dem Zelllumen erfolgt, die Bausteine also durch Flüssigkeit oder durch die Membran hindurch zum Orte ihrer Anlagerung diffundieren müssen (z. B. äußere zentrifugale Wandverdickungen bei Sporen).

In manchen Fällen kann die innere Wandschicht besonders stark verdickt sein und eine knorpelig-gallertartige Beschaffenheit annehmen, die mit RENDLE[5] gelatinöse Fasern genannt werden *(gelatinous fibres)*. Sie kommen in bestimmten Holzarten vor allem den auf Zug beanspruchten Holzpartien vor, zeigen keine spiralige oder ähnliche Struktur und scheinen, wie ihr besonders häufiges Auftreten im Kernholz lehrt, wohl durch nachträgliche chemische Umwandlungen von Sekundärwandsubstanz zu entstehen (BUCHER[3]). Diese Schichten werden demnach wohl aber kaum als den Tertiärlamellen homologe Schichten anzusprechen sein, sondern dürften eher Membranschichten sui generis darstellen. Sie sind durch starke Quellfähigkeit ausgezeichnet (BAILEY u. KERR[6]).

---

[1] STRASBURGER, E.: Über den Bau und das Wachstum der Zellhäute. Jena 1882.
[2] DIPPEL, L.: Das Mikroskop. 2. Aufl. Jena 1890.
[3] Siehe S. 67, Fußnote 6.
[4] KÜNEMUND, A.: Bot. Arch. **34**, 462 (1932).
[5] RENDLE, B. J.: Trop. Woods **52**, 11 (1937).
[6] Siehe S. 67, Fußnote 4.

In den Holzzellen z. B. der Weiden finden sich unverholzte Wandschichten von größerer Mächtigkeit, die innen der Sekundärwand anliegen und gleichfalls oft, und zwar allem Anschein nach bereits in vivo, eingefaltet sind. Es handelt sich dabei um Kohlenhydrate, die als Reservestoffe während des Herbstes gebildet und abgelagert werden und im Frühjahr wiederum abgebaut werden (LECLERC DU SABLON[1]).

4. Streifung

Viele Zellwände zeigen in der Flächenansicht eine feine Streifung, die meist in steilerer oder flacherer Schraubenwindung um die Zelle herumlaufen. Sie haben zweifellos verschiedene Ursache. Es wurde bereits oben bemerkt, daß feine Skulpturen der innersten Membranschicht, also feine, ins Innere der Zelle vorspringende Membranleistchen (von Schraubenverdickungen sei hier vorerst abgesehen) solche Zeichnungen verursachen können (DIPPEL[2]). Meist werden derartige Streifungen (die schon an die hundert Jahre bekannt sind) deutlicher, wenn die Zellwand quellenden Agentien ausgesetzt wurde; es lassen sich dann oft sogar Streifensysteme verschiedener Steilheit unterscheiden, häufig gibt aber auch der entgegengesetzte Streifenverlauf der Zellwand der Ober- und Unterseite, die bei der so vorbehandelten Zelle oft eng aufeinanderliegen, zu Täuschungen Anlaß. Die Streifung ist demnach in vielen Fällen zweifellos der Ausdruck einer bestimmten molekularen (fibrillären) Architektur der Zellwand. Bei starker Quellung kann sich die Zellwand entlang dieser Streifen in Fibrillenbündel auflösen, eine Erscheinung, die auch bei starker mechanischer Beanspruchung, z. B. bei der Defibrillierung während der Mahlung bei der Papierherstellung zu beobachten ist.

Bei starker Quellung der Sekundärwand löst sich die Primärwand ab und schlingt sich als spiraliges Band oder in Form ringartiger Manschetten um die gequollenen Innenschichten, wodurch kugelige Auftreibungen oder gewundene Figuren entstehen (Abb. III, 19).

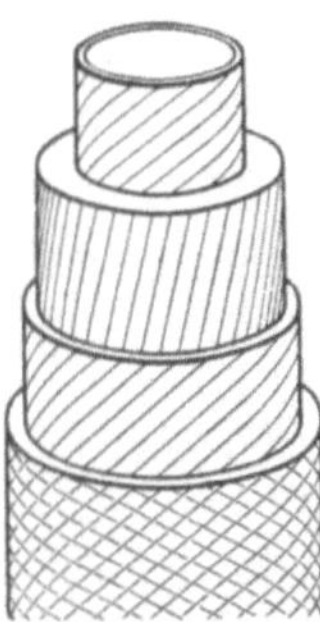

Abb. III, 18. Schema einer Holzfaser (Primärwand, äußere, mittlere und innere Schicht der Sekundärwand). (Aus TREIBER) (vgl. auch Abb. IV, 36)

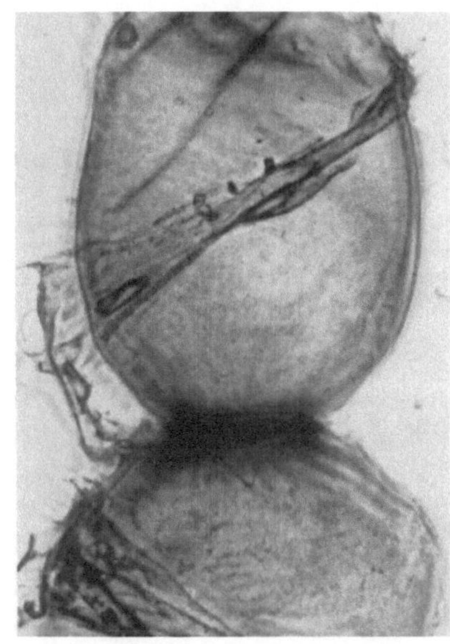

Abb. III, 19. Primärwand nach Verquellung der Sekundärwand als Schraubenband losgelöst sichtbar. Einschnürungen durch die Primärwand verursacht. (Nach BUCHER-WIDERKEHR)

5. Artifizielle Strukturen

Zellwände faserförmiger Zellen, die mechanischen oder chemischen Angriffen (Einwirkung verdünnter Mineralsäuren o. ä.) ausgesetzt waren, zeigen oft die Erscheinung der sog. Gleitflächen *(slip planes)*, die sich in Form quer zur Faser oder in geringem Winkel zur Querrichtung verlaufender Linien zu erkennen geben, im polarisierten Licht treten sie deutlich hervor. Solche Gleitflächen wurden bereits von HÖHNEL[3] beobachtet und als Folge des Rindendruckes angesehen, von SCHWENDENER[4] jedoch richtig als Kunstprodukte erkannt. Sie finden sich nicht in intakten Zellen, sondern stets erst nach Isolierung der Fasern aus dem Gewebe, wodurch die Zellwand mechanischen oder chemischen Einflüssen leichter ausgesetzt ist. Nach FREY-WYSSLING[5] sind die Gleitflächen der Fasern nicht mit ähnlichen Erscheinungen in Kristallen

[1] LECLERC DU SABLON, M.: Rev. gén. Bot. **16**, 341, 386 (1904).
[2] Siehe S. 68, Fußnote 2.
[3] HÖHNEL, F.: Jb. wiss. Bot. **15**, 311 (1884).
[4] SCHWENDENER, S.: Ber. dtsch. bot. Ges. **12**, 239 (1894).
[5] FREY-WYSSLING, A.: Z. wiss. Mikrosk. **51**, 29 (1934).

identisch, da der Cellulosefaser ein ganz anderer molekularer Bau zukommt; auch nimmt die mechanische Festigkeit der Faser durch das Auftreten solcher Verschiebungslinien kaum ab. Es handelt sich vielmehr um Lockerstellen im Micellargefüge; da die Kohäsion der Fibrillen in seitlicher Richtung viel geringer ist als in der Längsrichtung, kann es zu seitlichem Ausweichen kommen (die Zellwand nimmt an der Verschiebungsstelle einen elliptischen Querschnitt an)

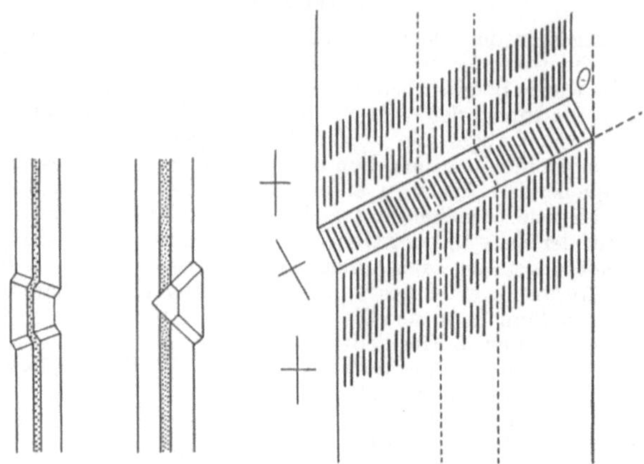

Abb. III, 20. Gleitflächen. (Nach FREY-WYSSLING)

wobei aber der molekulare Ordnungszustand durchaus erhalten bleibt (Abb. III, 20). Die Verschiebungsflächen lassen sich auch durch Farbstoffe deutlich hervorheben (vgl. S. 85). Verschiebungsfiguren treten nur an längsstrukturierten Fasern ohne wesentliche Inkrustierungen auf, an verholzten Fasern z. B. sind sie nicht zu beobachten.

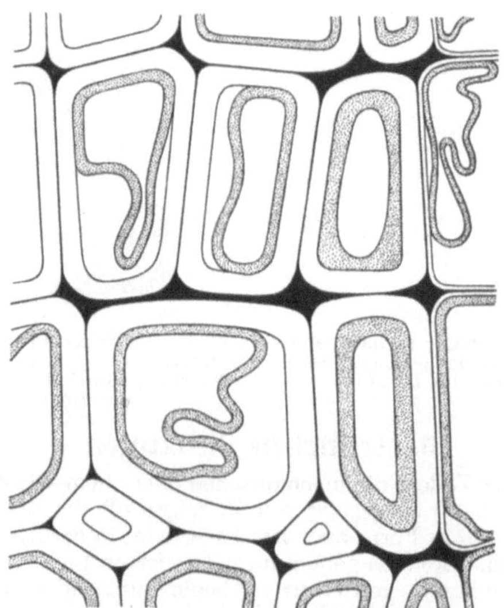

Abb. III, 21. Ablösung von Sekundärwandschichten nach mechanischer Einwirkung. (Nach KISSER

Derartige Lockerstellen sind naturgemäß für Farbstoffe wie auch für Quellungsmittel leichter zugänglich, es kommt daher zu einer stärkeren Anfärbung mit substantiven Farbstoffen, ferner können die Fasern an diesen Stellen zu knotenartigen Verdickungen anschwellen; es handelt sich dabei also gleichfalls um Bildungen, die erst nach Isolation der Faser entstanden und keinesfalls schon der nativen Faser eigentümlich sind.

Bei der mikroskopischen Beobachtung feinerer Membranstrukturen oder -skulpturen ist Vorsicht am Platze. Durch die Präparation, namentlich durch die Schnittführung wird häufig, je nach Vorbehandlung, die Struktur der Holzzellwand verändert, es treten feine Risse und Sprünge auf, die Tüpfel oder Kanäle, aber auch Schichtungen vortäuschen, die in Wirklichkeit gar nicht vorhanden sind (KISSER u. STURM[1]). Es kann durch derartige mechanische Behandlung (beim Schneiden mit einem scharfen Messer wirkt auf eine geringe Fläche ein ganz bedeutender Druck ein!) und dadurch bedingte Rißbildungen in den verholzten Membranen der Zutritt von Reagenzien (z. B. Chlorzinkjod) zu der normalerweise vom Lignin „maskierten" Cellulose ermöglicht werden; es kann dann mit Chlorzinkjod die verholzte Zellwand blau gefärbt erscheinen, während diese normalerweise mit diesem Reagens gelb tingiert wird.

Beim Schneiden von Holz bzw. der damit verbundenen notwendigen Vorbehandlung zur Erweichung des Holzes (Methoden hierzu vgl. KISSER[2]) können sich ferner auch einzelne Wandschichten infolge ihrer verschiedenen Quellbarkeit voneinander lösen. So liegt dann oft die mittlere und innere Schicht der Sekundärwand (bzw. die Tertiärlamelle) losgelöst und infolge Quellung gefaltet im Innern der Zelle (KISSER[3], KISSER u. JÜNGER[4], vgl. Abb. III, 21). Ähnliche Veränderungen treten auch beim chemischen Aufschluß des Holzes auf (Abb. III, 22).

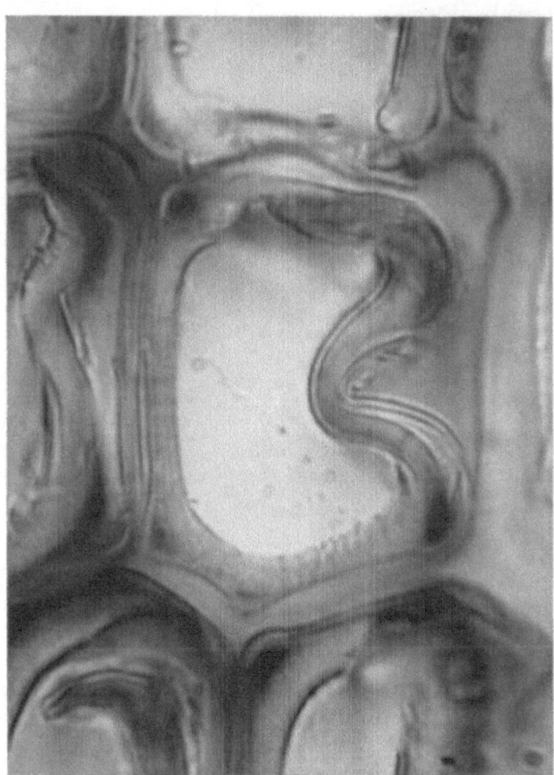

Abb. III, 22. Quellung und Ablösung der Sekundärwand nach Kochen in Bisulfitlauge (Fichtenholz). (Nach BUCHER-WIDERKEHR)

6. Lokale Wandverdickungen

Die Anlagerungen sekundärer Verdickungsschichten bzw. die Wandverdickungen überhaupt erfassen nun keineswegs stets die ganze Innenfläche der Zellwand.

In Collenchymen werden nur die Kanten der Zellen durch Verdickungen verstärkt; diese besitzen einen höheren Gehalt an Hemicellulosen und Pektinen, sind

[1] KISSER, J., u. M. STURM: Int. Holzmarkt, Mitt. österr. Ges. Holzforsch. **2**, 28 (1949).
[2] KISSER, J.: Leitfaden der botanischen Mikrotechnik. Jena: Gustav Fischer 1926.
[3] KISSER, J.: Bot. Arch. **42**, 100 (1941).
[4] KISSER, J., u. E. JÜNGER: Mikroskopie (Wien) **7**, 272 (1952).

stark hydratisiert und sehr elastisch (werden Collenchyme mit wasserentziehenden Mitteln, z. B. zwecks Anfertigung von Dauerpräparaten, behandelt, entquellen sie weitgehend, so daß der Charakter des Gewebes fast völlig verlorengeht). Zwischen den verdickten Zellwandpartien befinden sich daher immer unverdickte Wandstreifen, wodurch diese Zellen noch ihren Querschnitt vergrößern und damit dem Dickenwachstum des Organs bis zu einem gewissen Grade folgen können. Collenchym findet sich daher vielfach als mechanisches Gewebe krautiger oder noch wachsender Pflanzenteile (Abb. III, 23).

In den wasserleitenden Elementen (Tracheen und Tracheiden) von Organen, die sich noch im Streckungswachstum befinden, sind ring- und schraubenförmige Anlagerungen von Sekundärwand charakteristisch (Abb. III, 24, a—d). Sie steifen die Zelle von innen her aus, so daß sie vom umgebenden Gewebe nicht zusammengedrückt wird. Diese Art der Verdickung erlaubt noch ausgiebige Verlängerung der Elemente, wobei sich lediglich der Abstand der Ringe oder die Ganghöhe der Schraubenwindungen ändert (Ring- bzw. Schraubentracheiden). Treten zwischen den Verdickungen Anastomosen, Querverbindungen, auf, so wird eine Längenzunahme allmählich unmöglich. Netzgefäße finden sich daher stets erst im fertig ausgebildeten Organ bzw. nach Beendigung seines Streckungswachstums. Werden die Verdickungsleisten so breit, daß nur mehr geringe Partien unverdickter Zellwand zwischen den verdickten verbleiben, bekommt die Zellwand ein getüpfeltes Aussehen und man spricht dann von Tüpfelgefäßen (Abb. III, 24, f—h). In manchen Fällen zeigen tracheidale Elemente mit sekundären Zuwachsschichten noch aufgelagerte schraubige Verdickungen (Tracheiden der Eibe und der Douglasie, Gefäße der Linde, Pappel u. a. m.). Diese Verdickungsleisten gehen aber nach BUCHER[1] nicht auf die Tertiärlamelle zurück,

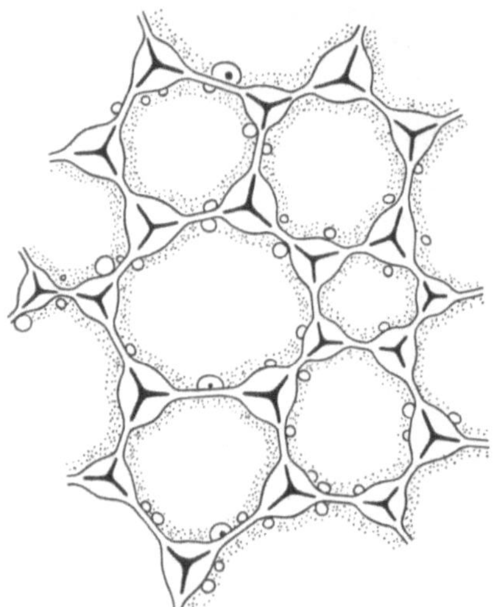

Abb. III, 23. Collenchym. (Nach HABERLANDT)

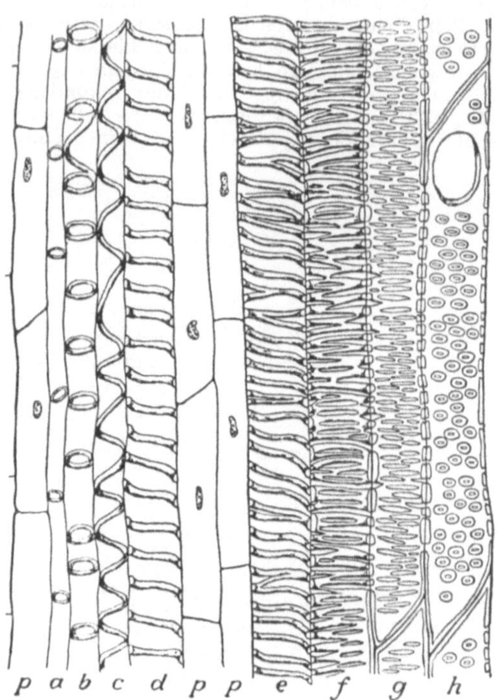

Abb. III, 24. Wandverdickungen: *a*, *b* ringförmig, *c*, *d* schraubenförmig, *f* netzartig, *g*, *h* Tüpfelgefäße. (Nach EAMES-MCDANIELS)

[1] Siehe S. 67, Fußnote 6.

sondern gehören gleichfalls der Sekundärwand an. Besonders interessant ist der Umstand, daß die Muster der netzartigen Wandverdickungen benachbarter Zellen korrespondieren, was auf eine gegenseitige Beeinflussung der Protoplaste hindeutet, die sich über mehrere Zellen hinweg erstreckt (Abb. III, 25, SINNOT u. BLOCH[1]). Die Verdickungen gehen von Plasmaansammlungen aus; wie es zu solchen gegenseitigen Beeinflussungen kommt, ist unbekannt, es sei hier jedoch an die intensive plasmatische Durchdringung und Durchströmung der Primärwände (vgl. S. 64) erinnert.

Von weiteren Membranverdickungen seien hier nur noch die sog. *crassulae* genannt, Verdickungen der Primärwände, die von den Sekundärwänden überdeckt werden und dann bogen- oder mondförmige Wülste oberhalb und unterhalb der Hoftüpfel (vgl. S. 75) bilden; sie wurden auch als SANIOsche Balken bezeichnet, doch sollte diese Bezeichnung für die sog. *trabeculae* reserviert bleiben, sporadisch auftretende Membranlamellen, die die Tracheiden von Coniferen in radialer Richtung durchziehen und im Querschnitt als quer durch das Lumen der Zelle ziehende Balken erscheinen.

Von der Besprechung sonstiger lokaler Zellwandverdickungen, die z. T. exzessive Ausmaße annehmen und, wie z. B. bei den Cystolithen unter Umständen fast das ganze Innere der Zelle erfüllen können, soll hier wegen ihrer geringeren Bedeutung für die in diesem Handbuch behandelten Fragen abgesehen werden; hierüber kann in jedem Lehrbuch der Pflanzenanatomie nachgelesen werden. Auf gelegentlich vorkommende warzenförmige u. ä. Wandskulpturen wird fallweise im speziellen Teil hinzuweisen sein.

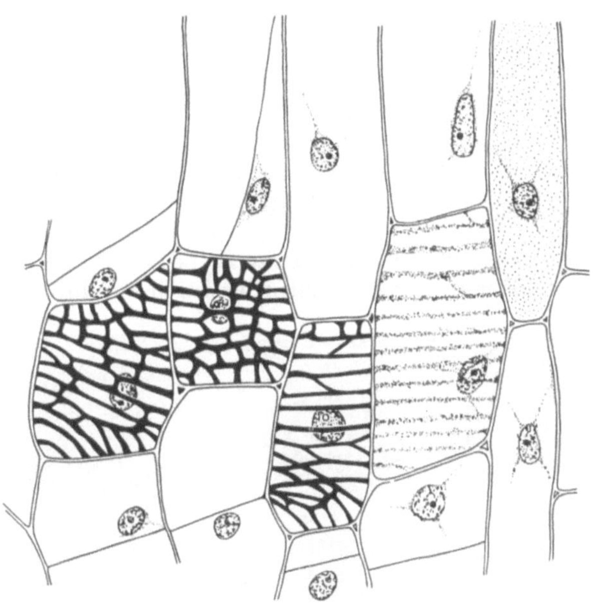

Abb. III, 25. Zellen mit korrespondierenden Wandverdickungen. (Nach SINNOT u. BLOCH aus BÜNNING)

7. Tüpfel

Die verdickten Zellwände setzen dem Stoffaustausch naturgemäß einen bedeutenden Widerstand entgegen, was zur Erschwerung des Stoffwechsels der Zelle zu deren Lebzeiten und zur Beeinträchtigung ihrer Funktionen innerhalb der Pflanze nach ihrem Tode (insbesondere der Wasserleitung) führen müßte. Man findet daher bei derartig verdickten Zellwänden stets Stellen mit unverdickter Wand, die in Form von Poren bzw. bei sehr dickwandigen Zellen als Kanäle erscheinen (Abb. III, 26) und Tüpfel genannt werden. Ihre Anlage erfolgt bei der Ausbildung der Sekundärwand. Die Primärwand inkl. Mittellamelle ist noch ungetüpfelt, allerdings zeichnen sich die Stellen, an denen Tüpfel ausgebildet werden sollen, durch stärkere Porosität aus. In diesen sog. Tüpfelfeldern werden die Cellulosefibrillen zu stärkeren Strängen zusammengefaßt, zwischen denen dann weitere (allerdings noch submikroskopische) Poren verbleiben. Diese Tüpfelfelder bilden die Schließhaut, die die Plasmen der beiden Zellen trennt; in vielen Fällen lassen sich jedoch mit geeigneten Färbemethoden von einer Zelle in die andere reichende Plasmabrücken nachweisen, die sog. Plasmodesmen. Die

[1] SINNOT, E. W., u. R. BLOCH: Amer. J. Bot. **32**, 151 (1945).

Verdickung der Zellwand, d. h. die Anlage der Sekundärwand bleibt dann über diesen Tüpfelfeldern aus, wodurch die Tüpfelpore oder der Tüpfelkanal entsteht

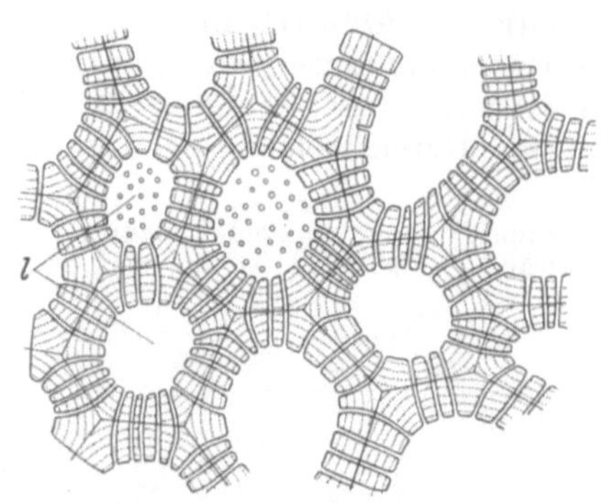

Abb. III, 26. Sklerenchymzellen mit stark verdickten Wänden (Steinzellen) und korrespondierenden einfachen Tüpfeln. (Nach GIESENHAGEN)

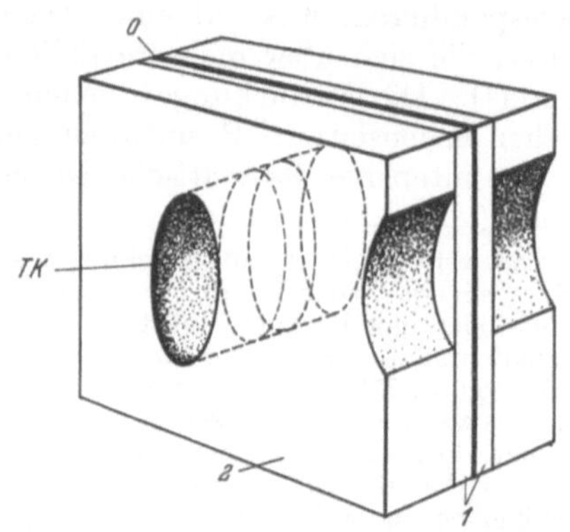

Abb. III, 27. Schema eines einfachen Tüpfels; *0* Mittellamelle, *1* Primärwände, *2* Sekundärwände, *TK* zylindrischer Tüpfelkanal. (Nach PRESTON)

(einfache Tüpfel), und zwar zu beiden Seiten der Mittellamelle, also in beiden aneinanderliegenden Zellen, wodurch ein durchlaufender, nur durch die Tüpfelhaut unterbrochener Tüpfel bzw. ein Tüpfelkanal entsteht (korrespondierende Tüpfel Abb. III, 26, 27). (In manchen Fällen ist allerdings die Beziehung von primärem Tüpfelfeld zum schließlichen Tüpfel nicht so streng.) Vielfach, z. B. in den Bastzellen, sind die Tüpfel schlitzförmig, wobei der Schlitz in der Streichrichtung der Cellulosefibrillen liegt.

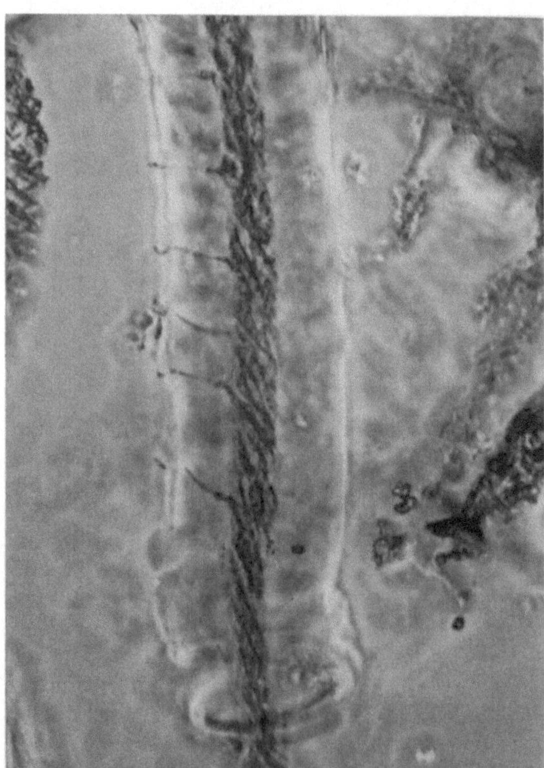

Abb. III, 28. Durch Verquellung der Sekundärwand Tertiärlamelle der Tüpfelauskleidung seitlich lang auseinandergezogen (Fichtenholzzellen). (Nach BUCHER)

Die Tüpfelkanäle sind (ebenso wie die gleich nachher zu besprechenden Tüpfelkammern der Hoftüpfel) von Tertiärwand ausgekleidet (BUCHER[1]): Bei Quellung der Sekundärwand werden die die Innenschicht mit dem primären Tüpfelfeld verbindenden Schläuche der Tertiärlamelle gut sichtbar (Abb. III, 28), ein weiteres Argument dafür, daß die Tertiärlamelle bereits vor der Sekundärlamelle ausgebildet wird (vgl. S. 68).

Diesen einfachen Tüpfeln stehen die sog. Hoftüpfel gegenüber, wie wir sie in besonders

[1] Siehe S. 67, Fußnote 6.

schöner Form bei den Tracheiden der Coniferen und, wenn auch wesentlich kleiner, in den tracheidalen Elementen der Laubhölzer vorfinden. Ihr Name kommt daher, daß die Sekundärwand zu beiden Seiten der Schließhaut uhrglasförmig aufgewölbt ist; dadurch erscheint die in der Mitte der Aufwölbung liegende Tüpfelöffnung (der *Porus*) in der Aufsicht wie von einem Hof umgeben. Die Aufwölbungen umschließen die sog. Tüpfelkammer, die wiederum von der Schließhaut (der Mittellamelle und Primärwänden) halbiert wird. Die Schließhaut zeigt eine netzartige Textur, die in einigen besonders günstigen Fällen sogar mit dem Lichtmikroskop eben noch wahrgenommen werden kann. Dadurch wird der Wasserdurchtritt wesentlich erleichtert, die Poren der Schließhaut sind so weit, daß auch Tuschepartikelchen und dergleichen hindurchtreten können. In der Achse des Tüpfels trägt die Schließhaut eine linsenförmige verholzte Verdickung, den Torus; dieser kann sich früher oder später an eine der beiden Tüpfelöffnungen anlegen und damit das Tüpfel wie ein Ventil verschließen, dieser Verschluß ist allerdings dann ein dauernder. Dieser Verschluß ist anfangs reversibel; bei Prüfung der Durchlässigkeit von Nadelholz nimmt die Durchströmbarkeit allmählich ab, steigt aber bei Umkehr der Strömungsrichtung wieder stark an, da durch den Gegendruck die Hoftüpfel gleich Ventilen wieder geöffnet werden (Huber u. Merz[1]). Bei Verkernung des Holzes in den älteren zentralen Partien des Stammes wird das Hoftüpfel wohl irreversibel verklebt, ein Zurückweichen des Torus ist dann nicht mehr möglich (Liese, Harris[2]). Ist der größte Teil der Tüpfel in dieser Weise verschlossen, wird die Tracheide naturgemäß funktionslos.

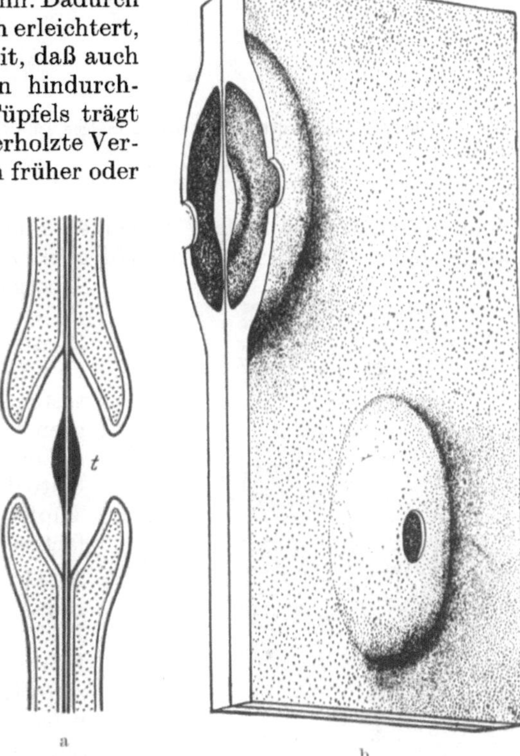

Abb. III, 29. *a* Schematischer Längsschnitt durch ein Hoftüpfel [*t* = Torus]. (Nach Kerr-Bailey); *b* Hoftüpfel plastisch. (Nach Preston)

Hoftüpfel von der beschriebenen kreisrunden Form finden sich in der Regel nur in weitlumigen Tracheiden. In englumigen Fasertracheiden nehmen die Tüpfel eine langgestreckte Gestalt an, die Pori und die Höfe werden mitunter schlitzförmig, wobei ähnlich wie bei den einfachen Tüpfeln die Spalten in der Richtung der Fibrillen liegen[3]; in den „Höfen" laufen die Fibrillen konzentrisch zum Umfang des Tüpfels, also tangential (Ziegenspeck[4]). Zur Ausbildung einer Tüpfelkammer ist eine Vorwölbung der inneren Wandschichten nicht unbedingt nötig, sie kann auch innerhalb der stark verdickten Sekundärwand liegen, wobei dann ein Tüpfelkanal das Zellumen mit der Tüpfelkammer verbindet. Dieser

[1] Huber, B., u. W. Merz: Naturwiss. **43**, 114 (1956).

[2] Liese, W.: Holz Roh- u. Werkstoff **9**, 347 (1951). — Harris, J. M.: New Phytologist **53**, 517 (1954).

[3] Vgl. zu dieser Frage S. 194 u. Abb. IV, 55. [4] Siehe S. 80, Fußnote 2.

Kanal kann seinerseits wieder an seiner inneren (dem Plasma zugekehrten) Öffnung trichterartig oder schlitzartig verbreitert sein. Da die Faserrichtungen der Zellwände aneinanderliegender Zellen in der Regel nicht parallel, sondern unter einem spitzen Winkel laufen, erscheinen auch die beiden Schlitze solcher korrespondierender Tüpfel in der Aufsicht gekreuzt (Schlitztüpfel Abb. III, 30). Am Übergang von weitlumigem Frühholz in englumiges Spätholz kann man alle Zwischenformen von runden Hoftüpfeln zu Schlitztüpfeln verfolgen. Hoftüpfel treten nur an bzw. in toten Zellen auf; grenzt eine tote Tracheide an Holzparenchym, so findet sich der Hof nur an der Seite der Tracheide, das korrespondierende Tüpfel der Holzparenchymzelle ist ein einfaches, unbehöftes Tüpfel.

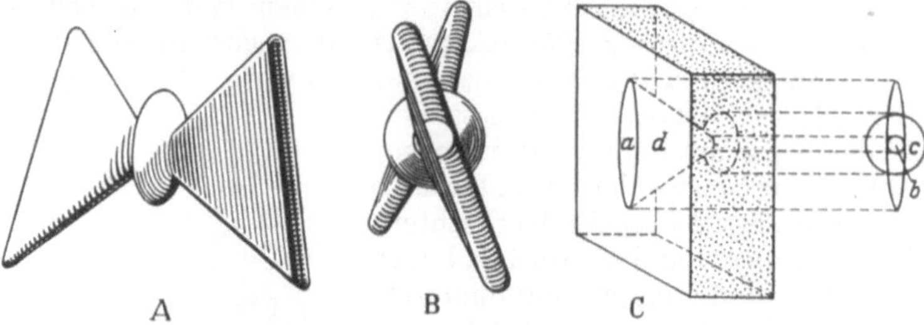

Abb. III, 30a. Hoftüpfel mit schlitzförmigen Tüpfelkanälen. (Nach EAMES-MCDANIELS).

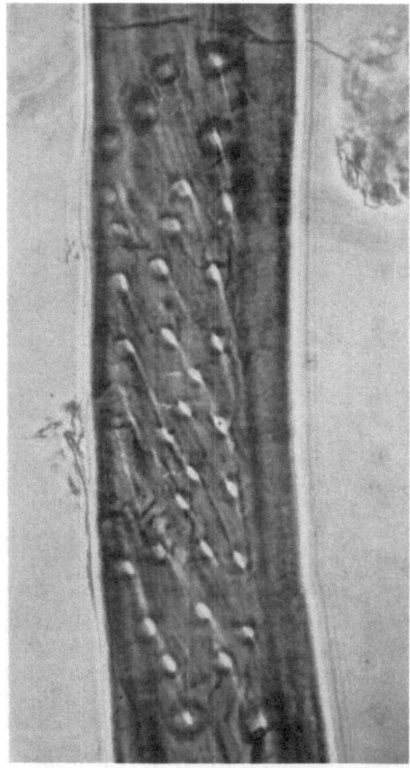

Abb. III, 30b. Buchenholztracheide mit Verbindungstüpfeln zu den Markstrahlen; die Tüpfel ordnen sich in den Fibrillenverlauf ein. (nach BUCHER-WIDERKEHR)

Große Hoftüpfel finden sich in der Regel in Längsreihen vor allem an den Radialwänden der Tracheiden (bei Fichte, Föhre und Tanne meist nur eine einzige Reihe, bei der Lärche häufig in Doppelreihe). Im Wurzelholz liegen Hoftüpfel auch an den tangentialen Wänden (Erleichterung der Wasserbewegung in radialer Richtung RIEDL[1]). An den Gefäßen der Angiospermen können die Tüpfel in verschiedener Weise angeordnet sein. Man findet sie in kurzen horizontalen Reihen (bei enger Häufung viereckig verformt), in schrägen Reihen (dabei oft sechseckig abgeplattet) oder in mehr oder weniger regelmäßig begrenzten Feldern (wenn sehr kleine Tüpfel in solchen Feldern beisammenliegen, spricht man von Siebtüpfeln); schließlich können die Tüpfel auch regellos über die Gefäßwandung verstreut sein oder z. B. auch in der

[1] RIEDL, H.: Jb. wiss. Bot. 85, 1 (1937).

Querrichtung verlängert, ähnlich den Sprossen einer Leiter parallel angeordnet eng beieinanderliegen (Leitergefäße, scalariforme Tüpfel, Abb. III, 31).

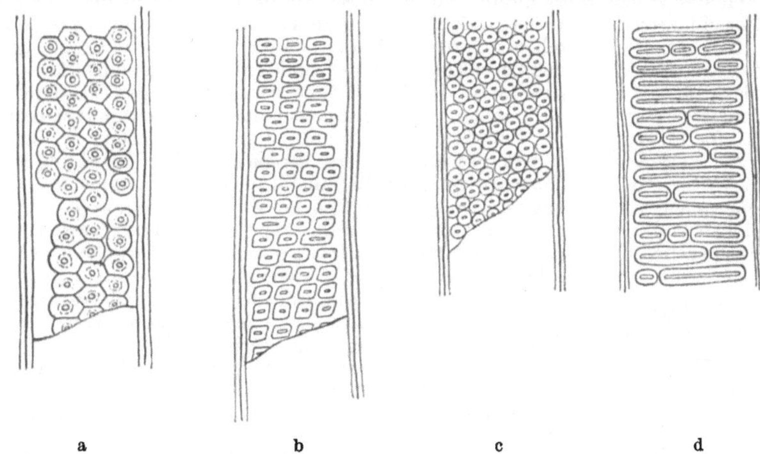

Abb. III, 31. Tüpfelung von Gefäßwänden; *a* Tüpfel enggestellt, sechseckig abgeplattet, *b* Tüpfel in horizontalen Reihen, *c* Tüpfel in schräg aufsteigenden Reihen, *d* schlitzartige bzw. leiterartige (scalariforme) Tüpfel. (Nach EAMES-MCDANIELS)

§ 13. Chemische Veränderungen der Zellwand

Mit dem Wachstum der Zellwand verändert sich auch deren Chemismus. Der Pektingehalt, der in der Mittellamelle und der Primärwand sehr hoch ist, nimmt ab, während der Celluloseanteil zunimmt. Gleichzeitig werden auch Wandbegleitstoffe, Hemicellulosen u. a. m. eingelagert; Hemicellulosen sind vor allem in den exzessiv verdickten Zellen (den sog. Steinzellen) reichlich vorhanden und verleihen diesen Zellwänden eine hohe mechanische Festigkeit (z. B. in Fruchtschalen, ferner in Collenchymen und anderen Sklerenchymzellen, vgl. Abb. III, 23 u. 26).

1. Verholzung

Von besonderer biologischer wie praktischer Bedeutung ist die Einlagerung von Holzstoff oder *Lignin.* Dieses ist offenbar im wesentlichen als ein Polymerisationsprodukt von Coniferin (dem Glucosid des Coniferylalkohols) oder von Coniferin mit Syringin (im Angiospermenlignin) aufzufassen. Coniferin resp. Syringin findet sich zur Saftzeit (vgl. S. 94) reichlich im Cambialsaft der Bäume, wird dann durch bestimmte, jedoch unspezifische Enzyme (Dehydrasen) polymerisiert (FREUDENBERG[1]). Dem Lignin kommt keine Fibrillen- oder ähnliche Struktur zu, es polymerisiert nach allen drei Richtungen des Raumes und füllt als wohl amorpher Körper die Hohlräume zwischen den Fibrillen der neugebildeten Zellwände der Holzzellen aus. Dadurch wird die infolge ihrer Fibrillenstruktur zugfeste Cellulosewand auch gegenüber Druckbeanspruchung widerstandsfähig, ähnlich dem mit Eisen armierten Beton. Ob eine engere chemische Bindung zwischen der Cellulose und dem Lignin stattfindet, ist noch nicht endgültig geklärt, jedoch liegt eine solche chemische Bindung auf Grund verschiedener Indizien nahe (WACEK u. SCHROTH[2]).

Es erscheint heute merkwürdig, daß die Rolle des Lignins eigentlich erst spät erkannt wurde. Die Frage nach der biologischen Bedeutung der Verholzung hat die verschiedensten Antworten erfahren. Gestützt auf die — heute in dieser Form natürlich längst überholte — Theorie SACHS', daß das Wasser in den Wänden der Gefäße geleitet werde, schrieb man dem Lignin eine Erhöhung der Wasserwegsamkeit der Zellwände zu, indem durch die Einlagerung von Lignin die Zellwände gewissermaßen vorgequollen seien. Auch PORSCH (1926) vermutete Zusammenhänge mit der Wasserleitung bzw. einen besseren Kontakt der Wasserfäden mit den

---

[1] FREUDENBERG, K.: Holz Roh- u. Werkstoff **10**, 339 (1952).
[2] WACEK, A. v., u. D. SCHROTH: Papier **4**, 410 (1950).

Zellwänden. SCHELLENBERG glaubte das Wesentliche der Verholzung im Abschluß des Wachstums der Zelle erblicken zu können, während MOLISCH[1] dem Lignin eine antiseptische Wirkung zuschrieb und die Verholzung damit als wesentlich für das Ausdauern der Gewebe und die Beständigkeit des Holzkörpers ansah. Mögen diese Argumente auch in der einen oder der anderen Hinsicht zutreffen, so können sie doch nicht als so ausschlaggebend angesehen werden, daß diese „Erfindung" in ziemlich stereotyper Form sich durch das ganze Pflanzenreich hindurchzieht. KISSER[2] sieht in der Verholzung in erster Linie eine Reaktion auf Druck, während Zugholz relativ ärmer an Lignin ist (unter Umständen bis zum völligen Verschwinden der Holzreaktion, JACCARD u. FREY[3]). Damit rückt das mechanische Moment in den Mittelpunkt, womit auch eine in wesentlichen Punkten durchaus befriedigende Erklärung der biologischen Bedeutung der Verholzung gegeben erscheint. Allerdings kann die Druckwirkung auch nicht die alleinige Ursache der Verholzung sein, denn Lignineinlagerung tritt auch bei völlig unbelasteten Geweben auf; tracheidale Elemente, die sich bei Kultur von Gewebsstückchen auf künstlichen Nährböden allerdings ohne geordneten Zusammenhang ausbilden, zeigen deutliche, wenn auch schwächere Verholzung; auch die Verholzung einzelner im Gewebe liegender stark verdickter Zellen (sog. Sklerenchym-Idioblasten, wie z. B. im Fruchtfleisch der Birne) kann nicht auf Druckwirkungen zurückgehen. Es scheint somit auch eine endonome Komponente vorzuliegen, die die Verholzung bestimmt, Druck- und auch andere Wirkungen greifen dann modifizierend ein. Daher müssen auch alle Deutungen der biologischen Rolle des Verholzungsvorganges, die nur von einem einzigen Gesichtspunkt ausgehen, unzureichend sein.

Tabelle III, 1. *Ligningehalte einiger Holzarten*

Holzart	%
Tanne . .	28,8
Kiefer . .	29,9
Birke . .	24,6
Buche . .	22,9
Pappel . .	21,7
Esche . .	24,6
Erle . . .	24,2
Weide . .	25,0

(Vergleiche die eingehenderen Angaben in Tab. IV,19, VI,10 und die eingehenderen Darstellungen auf S. 260 u. 446

Starke Lignifizierung tritt insbesonders in der Mittellamelle und auch in den Primärwänden auf; an den Stellen, wo mehrere Zellen aneinanderstoßen und die Mittellamelle als „Intercellularsubstanz" in größerer Mächtigkeit vorliegt, bilden sich sog. „Ligninpfröpfe". Dadurch werden die primären Wandschichten nicht mehr ohne weiteres unterscheidbar, so daß bisweilen in der Literatur (namentlich der Praxis) die drei mittleren Wandschichten (das ist Mittellamelle s. str. mit den beiden angrenzenden Primärwänden) schlechthin als „Mittellamelle" bezeichnet werden (vgl. S. 66). Die Beschaffenheit der Verholzung, die Membrandichte und damit die Widerstandsfähigkeit der inkrustierten Zellwände ist übrigens an den Radial- und Tangentialwänden verschieden, was sich sowohl bei der Zerstörung der Zellwände durch Mikroorganismen als auch beim chemischen Aufschluß des Holzes zeigt; die Radialwände mazerieren leichter als die tangentialen (KISSER und STURM[4], BUCHER-WIDERKEHR[5]). Über den Ligningehalt der Zellwände gibt obenstehende Tabelle (KÖNIG u. BECKER[6]) einen Überblick.

2. Kork und Kutin

Von weiteren chemischen Veränderungen der Zellwand sei hier noch auf die Verkorkung hingewiesen, die vor allem in den sekundären Abschlußgeweben (Rinde und Borke) auftritt, auch bei der Verheilung von Verletzungen treten verkorkte Schichten auf. Korkstoff (Suberin) entsteht durch Veresterung und Verätherung zweibasischer höherer Fettsäuren, so daß die verkorkte Zellwand wasser- und luftundurchlässig ist. Suberin wird nicht in bereits vorhandene Zellwände inkrustiert, sondern den Celluloselamellen aufgelagert (SITTE[7]).

Ähnliche, nur wohl noch komplizierter gebaute und noch widerstandsfähigere Polymerisate von Oxyfettsäuren und Wachsalkoholen (vgl. FREY-WYSSLING[8]) liegen als wasserundurchlässige Häutchen den Epidermiszellen auf und bilden als Cuticula den Abschluß der oberirdischen primären Gewebe nach außen.

3. Gummi

Nach Verwundungen usw. kommt es oft zur Erscheinung des sog. Gummiflusses. Hierbei sind zwei verschiedene Formen zu unterscheiden. Entweder geht die Gummibildung mit der

[1] MOLISCH, H.: Z. Bot. 25, 583 (1931/32); hier auch die ältere Literatur referiert.

[2] KISSER, J.: Jb. Hochsch. f. Bodenk. Wien 1, 153 (1947).

[3] JACCARD, P., u. A. FREY: Jb. wiss. Bot. 68, 844 (1928).

[4] KISSER, J.: u. M. STURM Internat. Holzmarkt, Mitt.-Österr.-Ges. f. Holzforschg. 1949, Folge 2, S. 10.

[5] Siehe S. 67, Fußnote 6.

[6] KÖNIG, J., u. E. BECKER: Z. angew. Chem. 52, 155 (1919).

[7] SITTE, P.: Mikroskopie, (Wien) 10, 178 (1955).

[8] Siehe S. 62, Fußnote 2.

Zerstörung der Zellen und Gewebe Hand in Hand, also auf Kosten der Zellwände (Gummifluß oder Gummosis), dann handelt es sich um einen ausgesprochen pathologischen Vorgang; oder aber es kann auch die Gummibildung auf Kosten von Zellinhaltsstoffen vor sich gehen, wobei dann die Membranen mit Gummi imprägniert werden können. Solche Gummibildungen können dann konservierend (z. B. nach Verletzungen wirken), sie kann natürlich nur von lebenden Zellen ausgehen (im Holz bei der Bildung von Schutz- oder Reaktionsholz von den Holzparenchym- und Markstrahlparenchymzellen). Sie kann auch schädliche Folgen haben, wie z. B. bei der sog. Sereh-Krankheit des Zuckerrohrs; Gummi, das von den genannten Zellen gebildet wird, dringt durch die Tüpfelschließhäute in die Gefäße ein und verstopft diese (näheres vgl. KÜSTER[1]). Chemisch sind die Gummen aus Hexosen, Pentosen und Uronsäurederivaten aufgebaut (vgl. BONNER[2]), Gummiausscheidungen geben vielfach gleichfalls positive Holzreaktion (z. B. Rotfärbung mit Phloroglucin-Salzsäure an Wundrändern). (Näheres über den Aufbau der Gummen siehe IV, § 24).

4. Anorganische Inkrusten

Von anorganischen Inkrusten sei in diesem Zusammenhang lediglich die Verkieselung der Zellwände als technisch interessant und bedeutsam erwähnt; diese findet sich insbesonders bei den Gramineen (Gräsern), ferner sind auch die Zellwände vieler Palmhölzer verkieselt. Ein weiteres interessantes Vorkommen von Verkieselung der Zellwände stellen die Schachtelhalme dar. Durch die Verkieselung wird die Zellwand starr, ihre Festigkeit dürfte sich nur wenig ändern. Die Kieselsäure liegt nur zum Teil als freies SiO_2 vor, zum wahrscheinlich größeren Teil ist sie organisch (vermutlich an Kohlenhydrate) gebunden und mit heißem Wasser extrahierbar (HOLZAPFEL[3]). (Vgl. VI, § 45).

§ 14. Optische Eigenschaften der Zellwand

1. Lichtabsorption

Die native Zellwand erscheint im Lichtmikroskop meist farblos und in der Flächenansicht homogen, bzw. ist eine leichte durch die Fibrillierung bedingte Streifung wahrnehmbar (vgl. S. 69). Eine spezifische Absorption von sichtbarem Licht tritt nicht ein (von den wenigen Fällen von Farbstoffeinlagerungen in die Zellwand sei hier abgesehen, vgl. hierzu MÖBIUS[4]), ebenso ist sie auch für das langwellige Ultraviolett durchlässig, es tritt lediglich eine von der Wellenlänge abhängige Streuung und damit eine Scheinabsorption von UV gemäß dem RAYLEIGHschen Gesetz auf (TREIBER[5]). Spezifische Absorption findet sich erst im kurzwelligen UV, doch soll diese hier außer Betracht bleiben.

2. Lichtbrechung

Der Brechungsindex der lebenden Zellwand wird mit $n = 1{,}47$—$1{,}52$ (im Mittel 1,48—1,50) angegeben (SENN[6]). Er ist jedoch nicht nach allen Richtungen gleich, die Zellwände sind optisch anisotrop, sie zeigen das Phänomen der Doppelbrechung.

Dies war schon MOHL bekannt und NÄGELI hat daraus auf die kristalline Struktur bzw. den micellaren Bauplan der Zellwand geschlossen. Die Anisotropie der Zellwand ist einmal eine Folge der gerichteten Molekülketten (Eigendoppelbrechung), während zum anderen die Fibrillenpakete insbesondere der Sekundärwand als Stäbchen-Mischkörper wirken (Struktur-Doppelbrechung, FREY-WYSSLING[7]). Der Sinn der Doppelbrechung ist, bezogen auf die Längsachse der Faser oder der Zellwand positiv (Brechungsindex des außerordentlichen Strahles größer als der des ordentlichen Strahles, bei Einschaltung eines Gipsplättchens Rot 1. Ordnung tritt Addition der Interferenzfarben, also Farbumschlag nach Blau ein, wenn die Faser bzw. die Fibrille in Richtung der α-Achse des Plättchens liegt).

---

[1] KÜSTER, E.: Pathologische Pflanzenanatomie. 3. Aufl. Jena: Gustav Fischer 1925.
[2] Siehe S. 64, Fußnote 5.
[3] HOLZAPFEL, L.: Z. Elektrochem. **55**, 577 (1951).
[4] MÖBIUS, M.: Die Farbstoffe der Pflanzen. In: LINSBAUER, Handbuch der Pflanzenanatomie, Abt. I, T. 1, Bd. 3. Berlin: Gebr. Borntraeger 1927.
[5] TREIBER, E.: Kolloid-Z. **130**, 39 (1953), vgl. auch angew. Chem. **67**, 69 (1955).
[6] SENN, G.: Lichtbrechung der lebenden Pflanzenzelle. In: Die Gestalts- und Lageveränderungen der lebenden Pflanzenzellen. Leipzig: Engelmann 1908.
[7] Siehe S. 62, Fußnote 2.

Aus der Streuung der Auslöschungsrichtungen kann auf die Richtung der Micellierung der Zellwand geschlossen werden. So unterscheidet FREY-WYSSLING[1] eine Faser- bzw. eine faserähnliche Struktur mit ganz oder vorwiegend in der Längsrichtung orientierten Fibrillen (Micellen); eine solche Zellwand wirkt als ganzes positiv doppelbrechend (Baumwollhaare, Bastfasern, Libriformfasern). Liegen die Fibrillen quer zur Längsrichtung, entsteht die Röhrenstruktur; da die Fibrillen eine positive Eigendoppelbrechung besitzen, aber quer zur Längsrichtung der Faser liegen, erscheint die Zellwand, bezogen auf die Längsrichtung der Zelle, optisch negativ (Ringstruktur der Ringverdickungen). Wenn die Gitterbereiche der Ringstruktur um ihre Querlage streuen, entsteht die Röhrenstruktur; dabei ist die Zellwand in der Aufsicht wie bei der Ringstruktur optisch negativ, im Radialschnitt aber optisch positiv, da die Projektionen der streuenden Micellen auf die Radialebene längsorientiert sind; zwischen positiver und negativer Zone tritt ein optisch isotroper Streifen (Indifferenzzone) auf. Wenn die Micellen der Ringstruktur nur nach einer Seite streuen, dabei aber untereinander parallel laufen, kommt die Schraubenstruktur zustande (Tracheiden und Libriformfasern). Am Faserquerschnitt entstehen die entsprechenden kreuzähnlichen Interferenzerscheinungen, als Bezugsrichtung für die optische Anisotropie dient hier zweckmäßigerweise die Tangentialrichtung.

3. Dichroismus und Difluoreszenz

Unter Dichroismus versteht man die Erscheinung, daß optisch anisotrope Körper in verschiedener Stellung zur Schwingungsebene des polarisierten Lichtes Farbänderungen zeigen. Da die Zellwand im sichtbaren Bereich nicht absorbiert, wird ihr Dichroismus erst nach Anfärbung sichtbar. Diese kann entweder durch chemische Reaktionen (Reaktionsdichroismus, z. B. nach Zusatz von Chlorzinkjod), durch Metallablagerung innerhalb der Fasern oder durch Anfärbung mit substantiven Farben (besonders wird Benzoazurin 3 R oder Oxaminblau 4 RX empfohlen; ZIEGENSPECK[2]) erfolgen. Dabei werden die Farbstoffteilchen oder die Jod- bzw. Metallmoleküle in geordneter Weise in der Zellwand festgelegt, so daß diese dann selbst wie ein kleiner Nicol wirkt. Mittels des Dichroismus lassen sich auch übereinanderliegende Lamellen verschiedener Micellierung auseinanderhalten (ZIEGENSPECK[2]).

Färbt man Zellwände mit geeigneten Farbstoffen (Acridinorange) an, die im UV-Licht lebhaft fluoreszieren, so erhält man eine dem Dichroismus verwandte Erscheinung, die Difluoreszenz (ZIEGENSPECK[3]), d. h. das von den gefärbten Zellwänden ausstrahlende Fluoreszenzlicht ist polarisiert. Dies rührt davon her, daß die flachen Farbstoffmoleküle in die Zwischenräume der Fibrillen orientiert eingelagert, gleichsam eingeklemmt werden (Inclusionsfärbung, KINZEL[4]), und damit polarisiertes Licht aussenden. Difluorescenz tritt bei reinen Cellulosewänden (Baumwolle) deutlich auf, verholzte Wände lassen die Erscheinung vermissen, da der Farbstoff offenbar in anderer Weise unorientiert festgelegt wird. Auch die verdickten Innenschichten mancher Bastfasern *(Ricinus)* zeigen Difluorescenz, während die Reservecellulose der Innenschichten der Holzzellen *(Salix)* diese vermissen lassen; offenbar bewirkt die mechanische Beanspruchung eine entsprechende Orientierung der Micellen, die im Holz von der verholzten Zellwand übernommen wird (HÄRTEL-THALER[5]).

4. Doppelbeugung

Schließlich bewirkt optische Anisotropie noch die sog. *Doppelbeugung* (FREY-WYSSLING[1]); das Licht wird nach den verschiedenen Richtungen ungleich stark abgebeugt, worauf verschiedene Glanzerscheinungen zurückzuführen sind (Glanz von Fasern, der Markstrahlen am Spiegel- oder Radialschnitt).

---

[1] Siehe S. 62, Fußnote 2.

[2] ZIEGENSPECK, H.: Der submikroskopische Bau des Holzes im Vergleich mit dem der Fasern im allgemeinen. In: H. FREUND, Handbuch der Mikroskopie in der Technik, Bd. 5, S. 371. Frankfurt/M.: Umschau-Verlag 1952.

[3] ZIEGENSPECK, H.: Kolloid-Z. **105**, 3 (1943).

[4] KINZEL, H.: Protoplasma (Wien) **45**, 73 (1955).

[5] HÄRTEL, O., u. I. THALER: Österr. bot. Z. **103**, 44 (1956).

Die Darstellung von Streifungen bzw. des Feinbaues der Zellwandschichten (soweit sie lichtmikroskopisch auflösbar sind) gelingt auch gut durch Kombination der Phasenkontrastoptik mit polarisiertem Licht (ZIEGENSPECK[1]), auch die Dunkelfeldmikroskopie kann mit Erfolg herangezogen werden (namentlich nach vorangegangener Quellung und Verwendung von Azimutblenden). An Holzzellen sind mit dieser Methodik noch kaum Untersuchungen durchgeführt worden.

5. Verhalten zu Farbstoffen

Seit langem sind zur Unterscheidung verholzter und unverholzter Zellwände Doppelfärbungen in Gebrauch, wobei unter Verwendung verschiedener Farbstoffpaare die Zellwandkomponenten in verschiedener Weise angefärbt werden. Solche gebräuchlichen Farbstoffkombinationen sind Fuchsin-Pikrinsäure nach ALTMANN oder Safranin in Verbindung mit Hämalaun oder Anilinblau bzw. Tannin-Eisenchlorid als Gegenfarben oder Gentianaviolett mit Eosin-Nelkenöl u. a. m. (vgl. KISSER[2]). In der praktischen Faser- und Papierprüfung werden u. a. die Kombinationen Brillantkongoblau mit Baumwollbraun oder Siriuslichtblau mit Azoflavin verwendet. Die unverholzte Zellwand speichert die Farbstoffe in erster Linie vermittels ihrer freien sauren Gruppen, also elektrostatisch (zur Färbung eignen sich daher kathodische oder basische Farbstoffe) während die verholzte Zellwand den Farbstoff in erster Linie chemisch und damit p_H-unabhängig bindet; die Anfärbbarkeit der Cellulosewand reicht daher nur bis etwa p_H 3 und hört im stärker sauren Bereich auf. Hierfür ist in erster Linie die Pektinkomponente maßgebend (KINZEL[3]). Durch derartige unterschiedliche Färbungsmechanismen können chemische Unterschiede in dem Auge wahrnehmbare optische übersetzt werden.

Weitere Möglichkeiten in der optischen Differenzierung von Zellwandschichten bestehen in der Ausnützung der *Metachromasie* verschiedener Farbstoffe. Metrachromatische Farbstoffe zeigen je nach Teilchengröße verschiedene Farben, Grob- und Feinkornfarbe (CZAJA[4], ZIEGENSPECK[5]), wodurch die Zellwandschichten je nach der Weite der Hohlräume und der Größe der in sie eingelagerten Farbstoffteilchen bzw. wohl auch auf Grund der verschiedenen Affinität der Farbstoffe zur Zellwand in verschiedener Farbe tingiert erscheinen. Metachromatische Farbstoffe eignen sich auch zur Unterscheidung verholzter und unverholzter Zellen; Chicagoblau 4 R z. B. färbt verholzte Wände rot, unverholzte tiefblau; bis zu einem gewissen Grade kann auch der Grad der Verholzung auf diese Weise geschätzt werden (KISSER und STURM[6]).

Solche metachromatischen Färbungen, die vor allem mit substantiven Farbstoffen ausgeführt werden (z. B. mit Viktoriablau B), sind sehr wichtig, da sie auch Rückschlüsse auf die Beschaffenheit der differenzierten Teile zulassen können (vgl. dazu BUCHER[7]).

Mit Hilfe färbender Reagenzien können die zur Papierherstellung verwendeten Fasern in verschiedene Gruppen eingeteilt werden. So läßt die Chlorzinkjodlösung nach HERZBERG eine Einteilung in Holzschliff, chemische Zellstoffe und Hadern zu; ähnliche Differenzierungen geben jodhaltige Lösungen nach SELLEGER, SUTERMEISTER, JENKE und GRAFF. Ungebleichte Zellstoffe werden im Gegensatz zu gebleichten durch basische Farbstoffe angefärbt; eine bekannte Methode zur Unterscheidung beider ist hier die von BRIGHT. Zur Unterscheidung von (ungebleichten) Sulfit- und Sulfatzellstoffen dient das Farbreagens von LOFTON-MERRIT. Schwierig ist die Unterscheidung zwischen gebleichten Sulfit- und Sulfatzellstoffen. Neuerdings ist eine solche Unterscheidung mit STOCKERS-Lösung möglich. Die Bestimmung des Kochungsgrades kann mit GRAFFscher Lösung oder nach der Methode von BRIGHT erfolgen.

Auch Inhomogenitäten des Stoffes wie auch Aufschlüsse können mikroskopisch durch Farbteste beurteilt werden. So läßt sich Harz durch Sudanorange, Lignin durch Malachitgrün, saure Gruppen durch FRAMsche Carbol-Gentianaviolettlösung nachweisen usw. JAYME

---

[1] Siehe S. 80, Fußnote 2. [2] Siehe S. 71, Fußnote 2.
[3] KINZEL, H.: Anz. Akad. Wiss. Wien, Math.-Naturwiss. Kl. **1952**, Nr. 15, 247 (1952).
[4] CZAJA, A. TH.: Planta (Berlin) **11**, 583 (1930).
[5] ZIEGENSPECK, H.: Protoplasma (Wien) **35**, 237 (1941).
[6] Siehe S. 71, Fußnote 1.
[7] BUCHER, H.: Die Tertiärlamelle von Holzfasern und ihre Erscheinungsformen bei Coniferen, S. 27 ff Attisholz 1953.

zeigte, daß durch Färbeteste (mit Brillantbenzoblau und Benzo-Echtgelb) auch eine Erkennung von Packungs-Dichteunterschieden und somit der Zugänglichkeit möglich ist. (Über Färbungsmethoden-Vorschriften und Einzelheiten[1]).

Pektin selbst kann (nach MANGIN) mittels Rutheniumrot oder mit Methylenblau nachgewiesen werden: diese Reaktionen sind aber, wie alle Färbungsreaktionen keinesfalls streng spezifisch.

Fluorescenz. Die native unverholzte Zellwand leuchtet im UV-Licht matthell- bis silbrigblau; nach Lignineinlagerung kann sich die Farbe des Fluorescenzlichtes auch nach grünlich oder gelblich verändern (KISSER und WITTMANN[2]). Diese Farbänderung ist aber kein Charakteristikum des Lignins an sich, denn die Fluorescenz läßt sich durch langdauerndes Extrahieren mit heißem Wasser weitgehend entfernen, das Lignin bleibt jedoch bis auf einen geringen wasserlöslichen Anteil, erhalten (KISSER und WITTMANN[2]). Auch durch Fluorochrome läßt sich die verholzte Zellwand darstellen; Acridinorange läßt verholzte Zellwände in lebhafter, p_H-unabhängiger Gelbfluorescenz aufleuchten, während die Speicherung von Acridinorange durch Cellulosewände nur bis zum Entladungspunkt bei p_H 3 reicht (HÖFLER[3]).

§ 15. Mechanische Eigenschaften der Zellwand

1. Zug- und Druckfestigkeit

Während die Zugfestigkeit der Zellwände unverdickter oder nur relativ gering verdickter Zellen verglichen mit technischen Werkstoffen im allgemeinen gering ist und sich (z. B. bei Epidermiszellen) zwischen etwa 0,2 und 1,4 kg/mm² beträgt (WEINZIERL[4]), steigt sie bei verdickten faserförmigen Zellen stark an; Collenchyme besitzen einen Festigkeitsmodul zwischen 8 und 14 kg/mm² (AMBRONN[5]), während Bastfasern eine Zugfestigkeit bis $\sim$ 100 kg/mm² erreichen können; bei lufttrockenen reinen Cellulosewänden beträgt der Festigkeitsmodul bis 120 kg/mm², was ungefähr der Festigkeit der besten Stahlsorten entspricht (SONNTAG[6]). Einige Festigkeitswerte sind in nebenstehender Tabelle (nach KOLLMANN, aus KNUCHEL[7]) zusammengestellt.

Tabelle III, 2. *Festigkeit von Zellwänden*

	kg/cm²
[Tiegelstahldraht . .	10000—25000]
[Baustahl	4000—6000]
Flachs	6000—11000
Baumwolle	2800—4200
Nadelhölzer	500—1500
Laubhölzer	200—2600
Bambus	1000—3300

Diese zum Teil außerordentlich hohen, jedoch auch sehr unterschiedlichen Festigkeitsmodule stehen nun in Beziehung zum Fibrillenbau der Zellwand bzw. zur Steilheit der Schraubung der Fibrillen, wie nachstehende kurze Übersicht (Tab. III, 3) erkennen läßt.

Faserzellen mit vorwiegend längsgerichteten oder steil verlaufenden Fibrillenschrauben sind besonders auf Zug beanspruchbar, können aber eben deshalb nur beschränkt druckfest sein. Die Druckfestigkeit steigt an, wenn die Schraubenwindungen flacher werden. Druckholz besitzt im allgemeinen flachere Schrauben-

[1] FIEBIGER, H.: „Mikroskopie in der Papierindustrie" (Heft 3) Wiesbaden 1953. B. IVARSSON, Svensk Papperstidn. **52**, 493 (1949). — VIDAL, L.: «L'Analyse microscopique des papiers». — JAYME, G., u. M. HARDERS-STEINHÄUSER: Das Papier **9**, 507 (1955). Hinsichtlich Fasermikroskopie vgl.: "Papermaking Fibres", Tullis Russell Co Ltd., Scotland. — CARPENTER, C. H., u. L. LENEY: "382 Photomicrographs of 91 Papermaking Fibers", College of Forestry at Syracuse (1952). — BUCHER, H.: Textil-Rundschau **4**, 1 (1955).

[2] KISSER, J., u. W. WITTMANN: Mikrochemie u. Microchim. Acta **36/37**, 1134 (1951).

[3] HÖFLER, K.: Anz. Akad. Wiss. Wien, Math.-Naturwiss. Kl. **1946**, Nr. 7.

[4] WEINZIERL, TH.: Sitzgsber. Akad. Wiss. Wien, Math.-Naturwiss. Kl. I. Abt. **76**, 385 (1877).

[5] AMBRONN, H.: Jb. wiss. Bot. **12**, 473 (1891).

[6] SONNTAG, P.: Landw. Jb. **21**, 839 (1892).

[7] KNUCHEL, H.: Das Holz. Aarau-Frankfurt/M.: Sauerländer 1954.

windungen als Zugholz der gleichen Art. So beträgt der Spiralwinkel beim Druckholz von *Picea excelsa* in der Sekundärmembran 40,5°, im Zugholz dagegen nur 20,5° (SONNTAG[1]). PILLOW und LUXFORD[2] fanden bei *Pseudotsuga Douglasii* im Normalholz einen Schraubenwinkel von 6,1°, im Druckholz einen solchen von 22,6°; ähnlich stark differieren die Winkel bei *Pinus taeda* (4,8°:29,3°), *Pinus ponderosa* (3,9°:24,7°), *Sequoia sempervirens* (8,3°:29,4°) und *Abies concolor* (8,3°:20,9°). An *Pinus resinosa* wurde eine strenge Korrelation zwischen dem Steigwinkel der Fibrillen und der Druckfestigkeit gefunden (KRAEMER[3]).

Tabelle III, 3. *Festigkeit und Schraubentextur von Faserwänden*

Faser	Festigkeit kg/mm²	Winkel zur Faserachse in Grad
Baumwollhaare[7] . .	30—80	28—44
Ramie	85—95[8]	6[9]
Hanf	92[10]	2[9, 11]
Flachs	bis 110[10]	6[9]
Pinus radiata[12]		
Spätholz	33,6	10
	13,4	25
Frühholz	22,7	11
	17,2	41
Sisal[13].	8,3	50
	50	10

Die Schraubungen sind nun in den einzelnen Membranschichten keineswegs gleich. Die Primärwand besitzt meist flachere Schraubengänge, die Sekundärwand steilere Fibrillenwindungen. Einige weitere Spiralwinkel wichtigerer Zellarten sind nachstehend zusammengestellt (in Anlehnung an KISSER[4]), vgl. S. 208.

Die Tertiärlamelle ist, wie die Mikrophotographien von BUCHER[5] zeigen, wieder aus flacheren Schraubungen aufgebaut (Abb. III, 17). MÜNCH[6] weist mit Nachdruck auf das Zusammenwirken der einzelnen Zellwandschichten mit ihren verschiedenen Fibrillenrichtungen hin. Steile Schraubengänge der inneren Zellwandschichten (Sekundärwand) werden bei Druckbeanspruchung auseinanderweichen, jedoch durch die flachen

Tabelle III, 4. *Spiralwinkel einiger Faserzellen*

	Primärwand in Grad	Sekundärwand in Grad
Hanf[14, 1].	28(—90)	1,9 (4—8)
Ramie[14], Außenschicht . .		12,5—7,5
Zentralschicht		5—3,2
Flachs[14], Außenschicht . .		10,1
Zentralschicht		5
Baumwolle[15]		24—35
Bambus[9]	35	10
Pinus radiata[1]	64	20
Pseudotsuga Douglasii[1] . .	47—90	20—48—71
Phormium tenax[1]	50—90	13—35
Agave americana[1]	25—38	25—40
Tilia parvifolia[1]	75—86	7—10
Picea excelsa[1].	achsenparallel	30—40

[1] SONNTAG, P.: Flora (Jena) **39**, 203 (1909).
[2] PILLOW, M. Y., u. R. F. LUXFORD: U.S. Deptm. Agric. Techn. Bull. 546 (1937); zit. nach MÜNCH.
[3] KRAEMER, J. H.: J. of Forestry **48**, 842 (1950).
[4] KISSER, J: in C. OPPENHEIMER u. L. PINCUSSEN: Tabulae biologicae. Bd. 1 Berlin: Junk 1925.
[5] Siehe S. 67, Fußnote 6.
[6] MÜNCH, E.: Flora (Jena) **132**, 357 (1938).
[7] BERKELEY, E. E., u. D. C. WOODYARD: Ind. Engng. Chem. **10**, 451 (1938); zit. nach FREY-WYSSLING, s. S. 58, Fußnote 3.
[8] HERMANS, P. H.: Physics and Chemistry of Cellulose Fibres New-York u. Amsterdam: Elsevier 1949.
[9] PRESTON J. M.: J. Soc. Dyers Coll. **47**, 312 (1934); zit. nach FREY-WYSSLING[7].
[10] Siehe S. '82, Fußnote 6.
[11] CLAYTON, F. H., u. F. T. PEIRCE: Shirley Inst. Mem. 8, 69 (1929).
[12] WARDROP, A. B.: J. Austral. J. Sci. Res. B. **4**, 391 (1951); zit. nach R. D. PRESTON in Handbuch der Pflanzenphysiologie. Berlin-Göttingen-Heidelberg: Springer-Verlag 1955.
[13] PRESTON, R. D., u. M. MIDDLEBROCK: J. Textile Inst. **40**, 715 (1949).
[14] REIMERS, H.: Angew. Bot. **4**, 65 (1922).
[15] DISCHENDORFER, O.: Angew. Bot. **7**, 57 (1925).

umhüllenden Schraubengänge der Primärwand daran gehindert, so daß die Zellwand eine Versteifung erfährt; bei Zugbeanspruchung dagegen werden die Fibrillen der Sekundärwand gegen die flachen Schraubenwindungen der innersten Wandschichten (Tertiärwand, knorpelige Innenschicht, vgl. S. 68) gedrückt und damit der Dehnung eine Grenze gesetzt. Durch diese Schraubentextur der Zellwand werden also Querkräfte in Längskräfte und Längskräfte in Querkräfte umgewandelt (MÜNCH[1]). Hinsichtlich weiterer Angaben über Zugfestigkeit vgl. KISSER[2], HERMANS[3], PRESTON[4], MEYER und LOTMAR[5].

2. Elastizität

Durch vorhin beschriebenes Bauprinzip erhält die Zellwand Elastizitätseigenschaften, die sich bei gleicher Festigkeit bei keinem anderen Naturstoff finden. Die elastische Dehnbarkeit ist etwa 10mal so groß wie die des Stahles; sie kann bei unverholzten Zellwänden 1—10% (Meeresalgen, KOTTE[6]), bei Landpflanzen 5—10% (BURSTÖM[7]), nach KRASSNOSELSKY-MAXIMOW[8] bis 14% betragen. Unter natürlichen Bedingungen besorgt der osmotische Druck des Zellinhaltes die Dehnung.

Nach Überschreiten eines bestimmten maximalen Dehnungsgrades kehrt allerdings die Zellwand nicht mehr bis zu ihrer Ausgangslänge zurück, dasselbe ist auch bei längerer Einwirkung geringerer Dehnungskräfte der Fall; die elastische Dehnung geht in die plastische über (die Grenze ist allerdings nicht scharf). Dabei werden die Verbindungen zwischen den Fibrillen und den Schraubenwindungen gelockert, es kommt gleichsam zu Kriecherscheinungen, wobei sich die Feinbauelemente gegeneinander verschieben. Steil gerichtete Fibrillen bedingen eine geringe Elastizität, wobei aber die Verlängerung nach Entlastung zu einem großen Teil wieder rückgängig ist. Fasern mit flacher verlaufenden Schraubenwindungen sind stärker dehnbar, wobei aber die Verlängerung nur zu einem geringen Teil reversibel ist, die Dehnung ist zum größeren Teile plastisch, die elastische Dehnbarkeit ist geringer. So ist bei Sisalfasern die Dehnung, die bis zum Zerreißen führt, (etwa 20% der Gesamtlänge) zu 40% irreversibel, wenn die Spiralen flach laufen (50% Neigungswinkel), während die Dehnung bei Fasern mit steilen Fibrillenschrauben nur knapp 3% beträgt, dabei ± proportional der Belastung und auch fast ganz reversibel ist und daher einer echten elastischen Dehnung entspricht (PRESTON and MIDDLEBROCK[9]).

Fasern, die nach Dehnung größere bleibende Längenzunahme aufweisen, nennt man duktile Fasern. Da die Übergänge natürlich stets gleitend sind und die elastische Dehnung allmählich in die plastische übergeht (streng genommen ist keine Dehnung einer Zellwand rein elastisch, es bleibt auch bei der Dehnung durch den eigenen Turgor stets eine kleine „plastische Dehnung“ zurück[10]), können die Angaben von Elastizitätsmodulen nur ungefähren Vergleichszwecken dienen (unter Elastizitätsmodul wird diejenige Belastung verstanden, die notwendig wäre, um bei vollkommener Elastizität den Probekörper auf seine doppelte Länge auszudehnen). Allerdings ist keine strenge Übereinstimmung zwischen Faserrichtung und Inkrustation einerseits, der Elastizität und Duktilität anderseits festzustellen wie die Übersicht (Tab. III, 5) einiger Werte zeigt.

Nach Austrocknen und Wiederanfeuchten bis zum ursprünglichen Wassergehalt stellt sich eine höhere Festigkeit, aber eine geringere Elastizität der Gewebe bzw. der Zellwände ein, als ursprünglich vorhanden war.

Auch Collenchyme weisen große Unterschiede ihrer Elastizitätseigenschaften auf. Manche erreichen bereits bei einer Dehnung von 2,5% ihre Bruchgrenze (Collenchym von *Heracleum sphondylium*, OPPENHEIMER[11]) das Collenchym von *Myrrhis odorata* reißt bereits bei einer

[1] Siehe S. 83, Fußnote 6. [2] Siehe S. 83, Fußnote 4.
[3] Siehe S. 83, Fußnote 8. [4] Siehe S. 83, Fußnote 9.
[5] MEYER, K. H., u. W. LOTMAR: Helvet. chim. Acta **19**, 68 (1936).
[6] KOTTE, H.: Wiss. Meeresuntersuchungen, Kiel **17**, 119 (1914).
[7] BURSTRÖM, H.: Ann. Agr. Coll. Sweden **10**, 113 (1942).
[8] KRASSNOSELSKY-MAXIMOW, T. A.: Ber. dtsch. bot. Ges. **43**, 527 (1926).
[9] Siehe S. 83, Fußnote 13.
[10] HEYN, A. N. J.: Protoplasma **19**, 78 (1933).
[11] OPPENHEIMER, H. R.: Ber. dtsch. Bot. Ges. **48**, 192 (1930).

Dehnung von 1,1%, während das von *Malva crispa* um 13,9% seiner ursprünglichen Länge gedehnt werden kann, ehe es reißt, das von *Rheum Rhaponticum* um 13,1%. Epidermiszellen, deren Zellwände keine strenge, in einer bestimmten Richtung orientierten Fibrillen besitzen, sind am stärksten dehnbar und besitzen daher die geringsten Elastizitätsmodule; die Werte schwanken zwischen 8—16% bzw. 1 bis 12 kg/mm² im frischen Zustand (WEINZIERL[1]). Weitere Angaben über Elastizitätseigenschaften vgl. KISSER[2], WIESNER[3], HERMANS[4], WARDROP[5].

Bei zu starker oder zu plötzlicher Einwirkung von Zug- oder Druckkräften können sich die Elemente der Zellwand auch voneinander lösen, wobei zunächst submikroskopische Spalten und Risse entstehen. Diese führen unter Umständen dazu, daß auch in lignifizierten Zellwänden die Cellulosereaktion auftritt, während die Cellulose bei intakten Wänden durch die Inkrusten maskiert und die Reaktion negativ ist. Nach mechanischer Überbeanspruchung vermag aber das Reagens durch die feinen Risse bis an die Cellulose vorzudringen und mit ihr zu reagieren (KISSER und Mitarbeiter[6]). Die feinen submikroskopischen Risse, Stauchlinien usw. entstehen unabhängig von anderen Zellwandstrukturen, während gröbere sichtbare Veränderungen der Zellwand meist von den Hoftüpfeln als den Orten geringsten Widerstandes ausgehen.

Tabelle III, 5. *Elastizitätseigenschaften der Zellwände.* In Anlehnung an FREY-WYSSLING[9] und KISSER[2]

		Dehnbarkeit %	Elastizitäts-Modul kg/mm²
Nicht duktile Fasern			
parallel fibrilliert	Baumwollhaare	1,4—2,0[10]	2760[11]
	Ramie	1,7[10]	6500[12]
	Hanf	1,7[10]	8700[13]
	Flachs	1,8[10]	8—11000[13]
schraubig fibrilliert	*Phormium tenax*[14]	1,36	1540
	Picea excelsa	1,4—2,0[14]	
	Roggenhalme[15]	0,44	3450
Duktile Fasern			
	Agave americana[16] Sisal		
	parallel fibrilliert	2,0	10000 f. d. elast. Dehnung
	schraubig fibrilliert	14,5	300
	Pseudotsuga Douglasii[14]	4,7—7,0	
	Caryota urens[14]	26 (max)	
	Schmiedeeisen in Stäben[15]	0,067	19700
	Stahl[15]	0,012	20500

3. Quellung

Bei Befeuchtung trockener Fasern nimmt ihre Länge nur unbedeutend zu, nach HÖHNEL[7] nur um Bruchteile eines Prozents, quellen dabei aber um 20—30% in der Dicke. Die Quellung ist ausgesprochen anisotrop. Dies rührt daher, daß zwischen den Fibrillen nur schwache Bindungskräfte bestehen und daher in die Hohlräume leichter Wasser eingelagert werden kann. Der Wassergehalt frischer Zellwände darf mit 40—45% angenommen werden (für Bastfasern von WEINZIERL[8] bestimmt), nach Austrocknen sinkt die Wasseraufnahmefähigkeit ab und

[1] Siehe S. 82, Fußnote 4. [2] Siehe S. 83, Fußnote 4.

[3] WIESNER, J.: Rohstoffe des Pflanzenreichs. 3. Aufl. Leipzig: Engelmann 1921.

[4] Siehe S. 83, Fußnote 8. [5] Siehe S. 83, Fußnote 12.

[6] KISSER, J., u. H. FRENZEL: Schriftenreihe österr. Ges. Holzforschg. 2, 3 (1950). Siehe auch S. 71, Fußnote 1 und 3.

[7] HÖHNEL, F. v.: Ber. dtsch. bot. Ges. 2, 41 (1884).

[8] Siehe S. 82, Fußnote 4. [9] Siehe S. 58, Fußnote 3.

[10] MARK, H.: Physik und Chemie der Cellulose. Berlin: Julius Springer 1932.

[11] Siehe S. 83, Fußnote 11. [12] Siehe S. 82, Fußnote 6.

[13] Siehe S. 84, Fußnote 5. [14] Siehe S. 83, Fußnote 2.

[15] WEISBACH, zit. nach WIESNER[3].

[16] Siehe S. 83, Fußnote 1.

beträgt im Gleichgewicht mit wasserdampfgesättigter Luft zwischen 10 und 20%. Nach PFUHL[1] nimmt Jute bis 34% Wasser auf, WIESNER[2] findet für Manilahanf und Piassave bis 50% hygroskopisches Wasser. Die Sunn-Faser (vgl. S. 132) ist durch besonders niedrige Hygroskopizität ausgezeichnet. Die Hygroskopizität der Zellwände ist im übrigen auch von der Herkunft der Pflanze, den Wuchs- und Ernährungsbedingungen abhängig (HÄRTEL, HÄRTEL und VUKOVITS[3]).

Bei Einwirkung stark quellender Agenzien (Cuoxam, Cu-äthylendiamin) kommt es zu erheblichen Verkürzungen bei gleichzeitiger starker Dickenzunahme, die Verkürzung kann bis 20—30% betragen (WIESNER[2]); sie hängt nach MÜNCH[4] unmittelbar mit dem spiraligen Bau der Zellwand zusammen. Schon HÖHNEL[5] wies darauf hin, daß ein aus Spiralen (besser Schrauben) aufgebauter Zylinder, der nicht die Fähigkeit, sich zu verlängern, besitzt, bei der Quellung notwendigerweise kürzer werden muß. Da die längsfibrillierten Sekundärwände in der zur Zellachse Senkrechten an Dicke zunehmen, anderseits die flachschraubigen Fibrillen der äußersten Wandschichte mit den benachbarten fest verbunden sind, ist eine Lockerung der Außenspirale nicht möglich, der Querschnitt kann nur durch flachere Lagerung der Außenspiralen vergrößert werden; diese erfolgt für jede Schraubenwindung gesondert, so daß das prozentuale Ausmaß der Verkürzung von der Faserlänge unabhängig ist (MÜNCH[4]).

Beim exzessiven Aufquellen unter der Einwirkung quellender Agentien kommt es vielfach zu tonnen- oder kugelförmigen Deformationen der Zellwand; die Primärwand ist nicht imstande, der Quellung zu folgen, sie schiebt sich zu ringförmigen Bandagen zusammen, wodurch das Bild einer Kugelkette entsteht, oder sie liegt in lockeren Schrauben außen der gequollenen Sekundärwand an, die ihrerseits dadurch gleichfalls schraubig gedreht erscheint; solche Torsionen sind auch durch die weniger quellbare Tertiärwand bedingt, diese erscheint im Innern der gequollenen Faser oft als deutlich hervortretender gewundener Schlauch (vgl. z. B. BUCHER-WIEDERKEHR[6]). Solche Quellungsfiguren erlauben uns wichtige Einblicke in den Feinbau der pflanzlichen Zellwand, (vgl. Kap. 4, § 3, Abb. III, 15), kommen aber in der Natur niemals vor. Auch zur Diagnostik der Fasern können sie mit Vorteil herangezogen werden (z. B. zur Unterscheidung der Hanf- und Flachs-Faser).

Durch die Einlagerung von Lignin werden die mechanischen Eigenschaften der Zellwand weitgehend verändert; ihre Elastizität nimmt ab (der Elastizitätsmodul für Kiefernholz z. B. liegt zwischen 100000 und 150000 kg/qcm), während die Druckfestigkeit gleichzeitig stark zunimmt. Das Fibrillensystem und das die Hohlräume zwischen diesen erfüllende Lignin verhält sich ungefähr wie eine mit Beton armierte Eisenkonstruktion. Verschiebungen bzw. Gleitflächen (vgl. S. 69f.) kommen in verholzten Fasern nicht vor.

Auch die verholzten Zellwände sind noch zu Formänderungen fähig, schrägstehende Stämme und Äste können sich wieder in die senkrechte Lage aufrichten. Die Kräfte hierzu gehen wohl von der stark quellbaren gelatinösen Innenschicht aus, wodurch auf kleinstem Raume außerordentlich starke Kräfte wirksam werden, die dann zu den oben beschriebenen Kriechveränderungen führen. Ob Wuchsstoffe, die in höherer Konzentration gleichfalls die Dehnbarkeit der Zellwände beeinflussen können, dabei maßgebend beteiligt sind, ist nicht sicher. Die Verlängerung des Druckholzes der Nadelhölzer dürfte auf Intussuszeption, also Wachstumsvorgänge in der innersten Schichte der Zellwand und die dadurch entstehenden hohen Drucke zurückgehen, die Verkürzung des Zugholzes beim Aufrichten horizontaler oder

[1] PFUHL (zit. nach WIESNER[2]): Die Jute und ihre Verarbeitung. Berlin 1888.

[2] Siehe S. 85, Fußnote 3.

[3] HÄRTEL, O.: Protoplasma (Wien) **37**, 350 (1943). — HÄRTEL, H.: Phyton (Horn, N.-Ö.) **3**, 69 (1951). — HÄRTEL, O., u. G. VUKOVITS: Ber. dtsch. bot. Ges. **65**, 383 (1953).

[4] Siehe S. 83, Fußnote 6.

[5] HÖHNEL, F. v.: Ber. dtsch. bot. Ges. **2**, 41 (1884).

[6] Siehe S. 67, Fußnote 6.

schräger Laubholzstämme oder -äste vermutlich auf Verquellung der innersten gelatinös erscheinenden Wandschicht, wodurch es infolge der Feinstruktur zu einer Verkürzung dieser Schichten kommt, zurückgehen (MÜNCH[1]).

4. Härte

Über die Härte der Zellwände liegen nur wenige ältere Angaben vor (OTT[2]). Nach diesen besitzen die Epidermen, soweit sie nicht besonders mit mineralischen Stoffen inkrustiert sind, die Härtestufe 1 d, kommen also der Härte des Muscovits gleich. Einlagerungen (z. B. bei *Equisetum*) kann die Härte der Membranen bis zu der des Calcits (Härtestufe 3) steigern. Auch die Härte der meisten Fasern entspricht der des Muscovits (Ausnahmen machen nur *Cocos nucifera, Arenga sp.* und *Stipa tenacissima*) deren Zellwandhärte höher ist.

SANDERMANN[3] diskutiert in einer neueren Arbeit die Methoden der Härteprüfung von Hölzern und beschreibt eine Schnellmethode mit dem Schaukelhärteprüfer. Die Härte parallel zur Faser ist niedriger als die senkrechte dazu, wobei die Unterschiede mit wachsender Härte abnehmen. Nadelhölzer haben eine Brinellhärte von $\sim 0{,}8$—1,7, Eiche zwischen 2 und 3, Palisander > 4.

5. Wärmeleitfähigkeit

Die Wärmeleitfähigkeit der Fasern ist in der Längsrichtung offenbar größer als in der dazu Senkrechten (WIESNER[4]), auch bei Holz erfolgt die Wärmeleitung in der Längsrichtung des Faserverlaufs rascher (DETMER[5]).

§ 16. Der Aufbau des Stammes und die Bildung des Holzkörpers

Die vielfältig differenzierten Zellen, deren Mannigfaltigkeit im Vorstehenden nur in den gröbsten Zügen und nur soweit, als es für unsere Zwecke unbedingt nötig erscheint, angedeutet wurde, treten in der Pflanze in bestimmter Ordnung auf. Sie sind zu Zellverbänden von charakteristischem Aussehen und bestimmter Funktion zusammengefügt, den *Geweben*, die ihrerseits wieder die pflanzlichen Organe, Stamm, Blatt, Wurzel usw. aufbauen. Fassen wir zunächst das wichtigste faserliefernde Organ der Pflanze ins Auge, den *Stamm*. Über den Aufbau orientiert zunächst am besten ein Querschnitt (Abb. III, 32b, III 33 [I b u. II b]).

1. Der primäre Stamm

Der junge einjährige Stamm einer Holzpflanze besitzt in seiner zentralen Partie parenchymatisches Gewebe, das Mark. Auf dieses folgt nach außen eine mehr oder weniger unterbrochene Zone verholzten Gewebes, der Holzteil oder das Xylem. Bei Nadelhölzern ist es einfach gebaut und aus radial angeordneten, untereinander ähnlichen Zellen gebildet, bei dikotylen Pflanzen zeigt sich eine größere Vielfalt der Zellformen auch auf dem Querschnitt. Es enthält leitende Elemente (Tracheiden, bei den Dikotylen auch Tracheen), ferner als Festigungselemente in verschiedener Menge Holzfasern sowie Holzparenchym als lebende Zellen. Dem Holzteil liegt außen eine dünne Schicht zartwandiger Zellen, das Cambium auf, dem seinerseits wieder außen das Phloem oder der Siebteil folgt.

---

[1] Siehe S. 83, Fußnote 6.

[2] OTT, E.: Österr. bot. Z. **50**, 237 (1900).

[3] SANDERMANN, W., u. E. SCHWARZ: Holzforsch. **10**, 48 (1956).

[4] Siehe S. 85, Fußnote 3.

[5] DETMER, W.: Das Pflanzenphysiologische Praktikum. Jena: Gustav Fischer 1888.

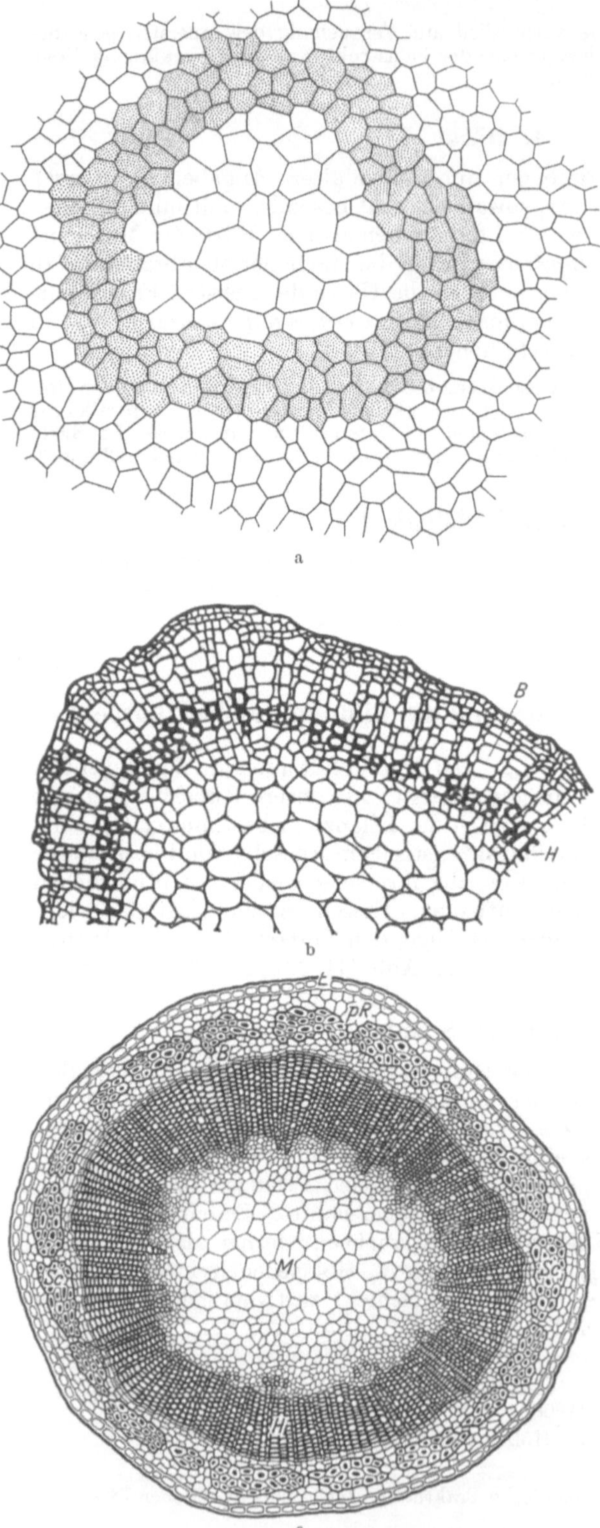

Dieses ist gleichfalls aus unverholzten, größtenteils dünnwandigen Zellen (Siebröhren, Geleitzellen, Bastparenchym) aufgebaut. Dem Phloem liegen Gruppen von faserförmigen sklerenchymatischen Elementen scheiden- oder sichelförmig auf, oft finden sie sich auch bereits innerhalb desselben, nicht selten findet sich ein geschlossener Bastring um Holz und Phloem. Außerhalb dieser Bastzellen liegt das Rindenparenchym, das schließlich außen vom Hautgewebe, der Epidermis, abgeschlossen wird.

Holzteil wie Siebteil werden von (ein- oder mehrere Zellschichten breiten) Zügen unverholzter Zellen in radialer Richtung unterteilt; diese vom Mark in das Rindenparenchym ziehenden Zellreihen heißen *Markstrahlen*.

Ein ähnlicher primärer Bau des Stammes findet sich auch bei vielen krautigen dikotylen Pflanzen, doch finden wir bei diesen auch ein anderes Bild. Holz- und Siebteile erscheinen dann zu isolierten Gruppen zusammengefaßt, die im Querschnitt außen das Phloem, innen das Xylem erkennen lassen, dazwischen liegt das Cambium. Solche Gefäßbündel durchziehen

Abb. III, 32a—c. *a* Querschnitt durch die Partie hinter dem Vegetationspunkt (Procambium-Ring); *b* Querschnitt durch den primären Stamm von *Galium mollugo* mit geschlossenem Xylemring (*H*); *c* Sproßquerschnitt im sekundären Stadium mit geschlossenem Xylemring *(Linum usitatissimum)*. *H* Holzteil, (Xylem), *B* Bastteil, *Sc* Sklerenchymfasern, *pR* primäre Rinde, *E* Epidermis, *M* Mark (*a* nach HELM, *b* nach KOSTYTSCHEW, *c* nach FRANK u. TSCHIRCH, aus TROLL)

als Stränge von Leit- und Festigungsgewebe das Achsenorgan in ringförmiger Anordnung der Länge nach. Zwischen den Gefäßbündeln liegen breite parenchymatische Streifen, die wir gleichfalls als Markstrahlen ansprechen dürfen. Das Cambium kann auf die Gefäßbündel beschränkt bleiben (Fascicularcambium) oder aber auch in manchen Fällen in den Markstrahlen erkennbar sein (Interfascicularcambium), so daß es dann gleichfalls einen geschlossenen Ring ähnlich dem zuerst beschriebenen Falle bildet (Abb. III, 33 II, a, b).

In den Blättern bilden die *Gefäßbündel* die Nervatur (Aderung); beide Bezeichnungen sind mißverständlich und sogar irreführend, denn die Blattaderung hat weder mit einem Blutkreislauf noch mit der Leitung von Erregungen oder Empfindungen wie die Nerven irgend etwas zu tun. Der Holzteil der Bündel liegt oben und der Siebteil unten.

Die leitenden Elemente des Holzteiles (Tracheiden und, soweit vorhanden, die Tracheen) dienen dem Wassertransport, der Versorgung der oberirdischen Organe, besonders der verdunstenden Blätter, mit dem notwendigen Wasser; der Saftstrom ist also im Xylem akropetal gerichtet (aufsteigender Saftstrom). Die Holzparenchymzellen (sofern überhaupt vorhanden) sowie die Markstrahlzellen stehen mit den leitenden Elementen durch zahlreiche Tüpfel in engem Austausch.

Früher war man der Ansicht, daß die Holzparenchymzellen gleichsam als Pumpstationen im aufsteigenden Saftstrom wirken, da ein Emporheben des Wassers über 10 m allein durch Saugung von oben unmöglich schien. Heute wissen wir aber, daß die Kohäsion der Wasserfäden in den engen Capillarräumen der Gefäße und Tracheiden durchaus ausreicht, das Wasser mit dem Transpirationsstrom auch in die Wipfel der höchsten Bäume (bis 150 m bei *Eucalyptus*) zu befördern. Ausschaltung der lebenden Zellen des Xylems, z. B. durch Unterkühlung, zieht keinerlei Unterbrechung des Saftstromes nach sich; er funktioniert genau so gut bei Nadelhölzern, die überhaupt kein Holzparenchym besitzen. Auch der aktiv durch die Wurzel ausgeübte Druck (Wurzeldruck) spielt für den Wassertransport in die höheren Regionen des Baumes keine wesentliche Rolle.

Im Siebteil oder Phloem hingegen wandern die in den Blättern aus dem Kohlendioxyd von Luft und Wasser unter der Einwirkung des Sonnenlichtes gebildeten organischen Stoffe abwärts zu den Orten des Verbrauches oder den Speicherorganen. Hierzu dienen die sog. Siebröhren, schlauchförmige Zellen, deren Querwände siebartig durchlöchert sind, um den großmolekularen Stoffen (Zucker und andere Kohlenhydrate, Eiweißkörper usw.) den Übergang von einer Zelle in die andere zu erleichtern. Gegen Ende der Funktionsperiode einer Siebröhre, die nur einige Wochen beträgt, werden die Siebplatten mit einer Auflage (Callus) bedeckt und damit undurchlässig. Die Porenweite der Siebporen kann einige μ betragen (bei der *Robinie* bis 10 μ), bei anderen Pflanzen lassen sich die Siebtüpfel nur elektronenmikroskopisch darstellen. Der Mechanismus des Stofftransportes innerhalb der Siebröhren ist heute noch nicht ganz geklärt: sowohl für einen Transport durch Diffusion (SCHUMACHER[1]) als auch durch Massenströmung lassen sich Argumente beibringen, wenngleich nach dem derzeitigen Stand der Dinge der zuletztgenannten Auffassung doch die größere Wahrscheinlichkeit zukommen dürfte. Nach MÜNCH[2] sollen osmotische Kräfte einen nach abwärts gerichteten Saftstrom aufrechterhalten (Druckstromtheorie).

Die Siebröhren werden, wenigstens bei den Angiospermen, in der Regel von schmalen parenchymatischen Zellen begleitet, den sog. Geleitzellen. Über ihre Funktion war man sich lange im Unklaren; der Stoffleitung, wie man früher annahm, scheinen sie jedenfalls nicht zu dienen. Nach neuesten Beobachtungen sind sie für die Funktion der Siebröhren wichtig, denn diese stellen den interessanten Ausnahmefall kernloser Zellen dar (RESCH[3] 1954).

[1] SCHUMACHER, W.: Jb. wiss. Bot. **77**, 685 (1933); **82**, 507 (1936); **85**, 422 (1937).
[2] MÜNCH, E.: Die Stoffbewegungen in der Pflanze. Jena: Gustav Fischer 1930.
[3] Siehe S. 55, Fußnote 1.

Dem Holzparenchym entspricht im Siebteil ähnlich gebautes, jedoch unverholztes Bastparenchym, während die mechanischen Elemente des Siebteiles die Bastfasern sind (vgl. S. 61). Bastfasern können aber auch unabhängig vom Gefäßbündel im Rindengewebe als Bastscheide, als Gefäßbündelscheide oder als isolierte Bastbündel zur Verstärkung der Gewebe (z. B. bei Blättern, vgl. S. 126), auftreten (extrafasciculare Bastbündel).

Zwischen Phloem und Xylem liegt bei den Gefäßbündeln der Dikotylen das Cambium, eine dünne Schicht meristematischen Gewebes. Dieses geht auf das Meristem der Vegetationsspitze zurück; schneidet man einen Sproß knapp unterhalb der Spitze quer durch, so findet man entweder einzelne Stränge meristematischen Gewebes innerhalb der bereits zu Dauerzellen gewordenen Grundgewebszellen kreisförmig angeordnet, das sog. Procambium. Dieses bildet nach innen die ersten Xylem-(Protoxylem) und — zentrifugal — Phloemelemente (Protophloem) aus, so daß getrennte Gefäßbündelstränge entstehen. Vielfach — und zwar bei vielen krautigen und den meisten Holzpflanzen — entsteht bereits von allem Anfang an eine ringförmige Zone von Promeristem, die dann natürlich auch einen (nur durch schmale Markstrahlen unterbrochenen) Ring von Protoxylem und Protophloem bildet. Diese Cambien stellen demnach primäre Meristeme dar, da sie unmittelbar auf das Spitzenmeristem des Vegetationspunktes zurückgehen. Wenn sich jedoch die einzelnen Cambiumzonen des Gefäßbündelringes erst nachträglich durch sog. Interfascicularcambien, die sich wie Brücken durch die Markstrahlen ziehen, zu einem geschlossenen Cambialring zusammenschließen, dann stellt letzterer ein sekundäres Meristem dar.

Die hier geschilderten Meristeme teilen sich nicht wie das Spitzenmeristem in der Längsrichtung, sondern in radialer Richtung, sie stellen somit Lateralmeristeme dar. Der promeristematische Zustand bleibt solange erhalten, als sich das betreffende Organ in die Länge streckt. Dementsprechend finden sich im Protoxylem zunächst nur Leitelemente mit Ring- und Schraubenverdickungen, Netzverdickungen fehlen in diesem Stadium noch (vgl. S. 72). Erst nach Abschluß des Streckungswachstum entstehen stärker verdickte, größerlumige und damit auch leistungsfähigere Leitelemente des Xylems (Metaxylem) und Phloems (Metaphloem); das Procambium ist damit gleichzeitig zum Cambium geworden.

Auch in den sich entwickelnden Blättern bleiben verzweigte Stränge innerhalb der Blattlamina meristematisch und bilden als Procambium den Ausgangspunkt der Blattnervatur. Dieses Procambium bildet ähnlich wie im Stamm auf der einen Seite (der Blattoberseite) verholzte und auf der andern (der Unterseite) unverholzte Leitelemente (Phloem). Diese als Blattnervatur mit freiem Auge sichtbaren Bündel finden auf mannigfache und komplizierte, hier nicht näher zu beschreibende Weise Anschluß an die stammeigenen Bündel.

2. Das sekundäre Dickenwachstum

Mit der Ausbildung der getrennten Gefäßbündel oder des Xylemringes mit dem außen anliegenden Phloem hat das primäre Stadium des Stammbaues seinen Abschluß gefunden. Wir finden ihn bei den krautigen Pflanzen. Bei den Holzpflanzen setzt alsbald aber ein Erstarkungswachstum ein, das durch Bildung immer neuer Xylem- und Phloemelemente zu einer Dickenzunahme des Stammes führt und das daher sekundäres Dickenwachstum genannt wird. Es geht gleichfalls vom ringförmig geschlossenen Cambium aus und führt schließlich zur Ausbildung eines kompakten Holzkörpers innerhalb des Cambiumringes bzw. der sog. sekundären Rinde, worunter sämtliche außerhalb des Cambiumringes neugebildeten Gewebsanteile verstanden werden.

Es muß hier jedoch darauf hingewiesen werden, daß sich die hier nur kurz skizzierte Ontogenie des Holzkörpers keinesfalls mit der stammesgeschichtlichen Entwicklung deckt.

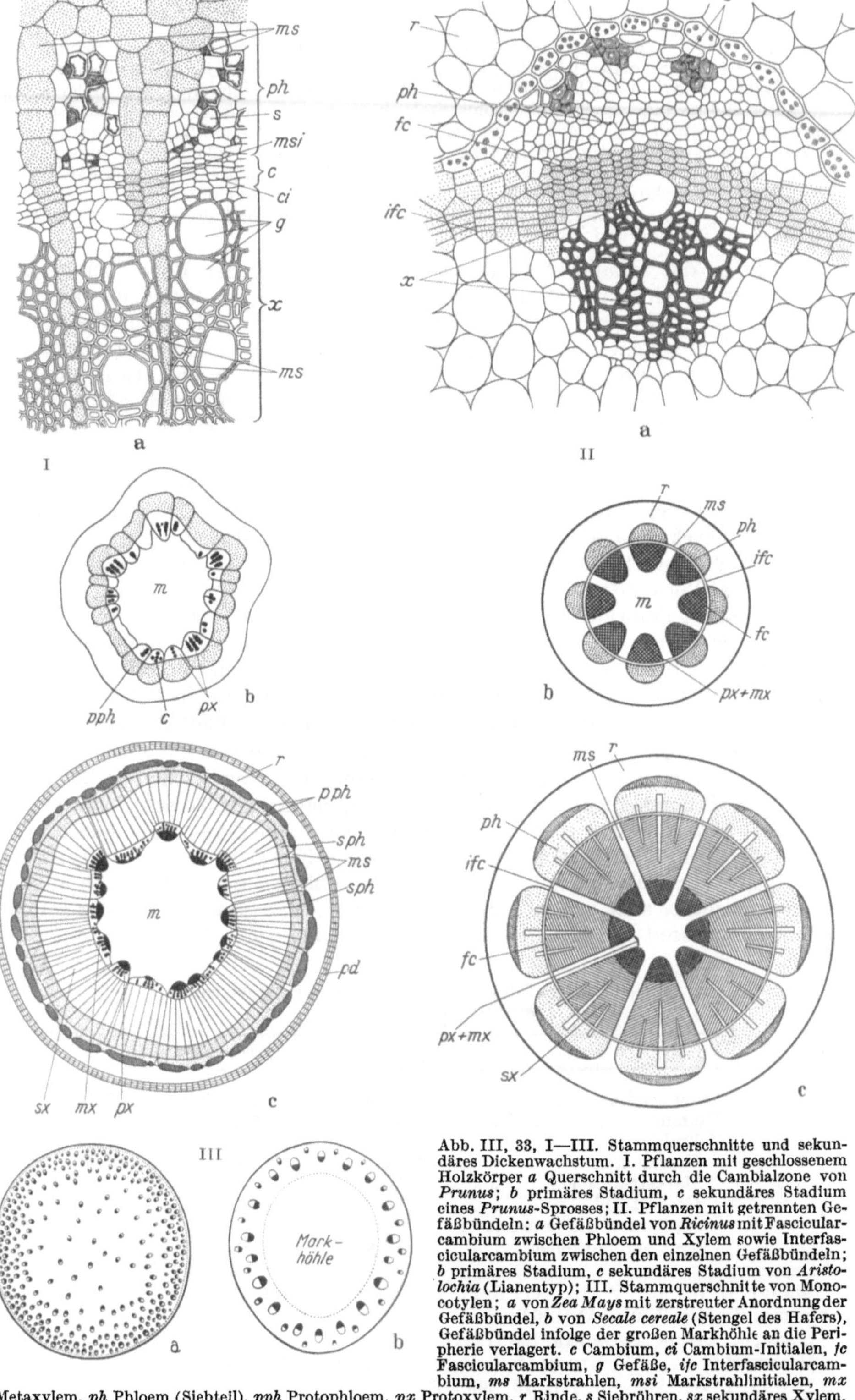

Abb. III, 33, I—III. Stammquerschnitte und sekundäres Dickenwachstum. I. Pflanzen mit geschlossenem Holzkörper *a* Querschnitt durch die Cambialzone von *Prunus*; *b* primäres Stadium, *c* sekundäres Stadium eines *Prunus*-Sprosses; II. Pflanzen mit getrennten Gefäßbündeln: *a* Gefäßbündel von *Ricinus* mit Fasciculararcambium zwischen Phloem und Xylem sowie Interfasciculararcambium zwischen den einzelnen Gefäßbündeln; *b* primäres Stadium, *c* sekundäres Stadium von *Aristolochia* (Lianentyp); III. Stammquerschnitte von Monocotylen; *a* von *Zea Mays* mit zerstreuter Anordnung der Gefäßbündel, *b* von *Secale cereale* (Stengel des Hafers), Gefäßbündel infolge der großen Markhöhle an die Peripherie verlagert. *c* Cambium, *ci* Cambium-Initialen, *fc* Fasciculararcambium, *g* Gefäße, *ifc* Interfasciculararcambium, *ms* Markstrahlen, *msi* Markstrahlinitialen, *mx* Metaxylem, *ph* Phloem (Siebteil), *pph* Protophloem, *px* Protoxylem, *r* Rinde, *s* Siebröhren, *sx* sekundäres Xylem, *x* Xylem. (I *a*, *b*, *c* nach ESAU, II *a* nach SACHS, II *b* und *c* nach ROTHERT aus TROLL, III *a* und *b* aus TROLL)

Zweifellos waren die ältesten Landpflanzen krautig, sie besaßen jedoch viel primitivere Leitgewebe als unsere heute lebenden krautigen Pflanzen, wie wir sie heute noch bei den Moosen finden. Aus dem axialen Leitbündel dürfte dann ein aus Holz- und Phloemelementen aufgebauter Hohlzylinder bzw. Bündelrohr (Stele) hervorgegangen sein, das sich einerseits in einen Ring von Gefäßbündeln mit dazwischenliegenden Markstrahlen aufgespaltet hat, anderseits zum kompakten mächtigen Holzkörper weiterentwickelt hat. Solche Holzkörper finden wir bereits bei ausgestorbenen Farnen der Carbonzeit, sind also von hohem stammesgeschichtlichem Alter; zahlreiche Anzeichen sprechen dafür, daß der vielbündelige Typus der heutigen krautigen Pflanzen erst später, etwa im Tertiär entstanden ist und damit den abgeleiteten Typus darstellt (SINNOT und BAILEY[1]).

Zu Beginn des sekundären Dickenwachstums ist in der Regel bereits ein geschlossener einjähriger Xylemzylinder und ebenso ein geschlossener Cambialring vorhanden (vgl. oben). Bei schlingenden Gewächsen z. B. beim Weinstock oder der vieluntersuchten *Aristolochia* geht das Dickenwachstum vom Stadium der getrennten Gefäßbündel aus, deren Cambien sich erst durch Interfascicularbrücken zum geschlossenen Ring vereinen. Dadurch entsteht ein Holzkörper mit außerordentlich breiten Markstrahlen, die das Winden erleichtern und die Elastizität des Holzes erhöhen (Abb. III, 33 II).

Gleichwohl wurde und wird *Aristolochia* wegen seiner klar erscheinenden anatomischen Verhältnisse noch in vielen Lehrbüchern als Prototyp des sog. „sekundären Dickenwachstums", der Bildung ausdauernder verholzter Achsen, angesehen. Es handelt sich jedoch um einen Sonderfall. Bereits frühzeitig hat SANIO[2] auf das Vorhandensein eines geschlossenen Verdickungsringes hingewiesen; KOSTYTSCHEW[2] gebührt das Verdienst, auf die Sonderstellung von *Aristolochia* hingewiesen zu haben, während HELM[3] den Meristemring auch mikrochemisch sicherstellte. Die vielen einander widersprechenden Ansichten sind offenbar darin begründet, daß nur selten Schnittserien angefertigt, sondern in der Regel verschieden weit fortgeschrittene Differenzierungsstadien untersucht worden sind.

Das Cambium differenziert nach innen Zellen ab, die sich zu Bauelementen des Holzkörpers umwandeln, die nach außen abgeteilten Zellen werden zu Rindenzellen. Diese Teilungsfolge kann alternierend sein, häufig werden aber mehr Holzzellen ausgebildet, so daß schon aus diesem Grunde die Rinde eine bedeutend geringere Mächtigkeit erlangt ($^1/_3$—$^1/_{10}$, HOLDHEIDE-HUBER[4]). Bei jeder Differenzierung von einer Holzzellenschicht wird das Cambium naturgemäß nach außen geschoben, wobei es auch seinen Umfang vergrößert. Wie groß die Änderungen im Laufe der Lebenszeit eines Baumes sein kann, möge folgende Tabelle zeigen:

Tabelle III, 6. *Cambium einer 1- und einer 60jährigen Douglasie (nach* BAILEY*)*[5]

	1 jährig	60 jährig
Stammradius	2 mm	200 mm
Umfang	12,56 mm	1256 mm
Zellzahl		
Faserzellen	724	23100
Markstrahlzellen	70	8796
Gesamtzahl	794	31890
Tangentialer Durchmesser der Cambiumzellen	16 μ	42 μ

[1] SINNOT, E. W., u. I. W. BAILEY: Ann. of Bot. **28**, 547 (1914).
[2] SANIO, C.: Bot. Z. **21**, 357 (1863).
[3] HELM, J.: Planta (Berlin) **15**, 105 (1931).
[4] HOLDHEIDE, W., u. B. HUBER: Holz Roh- u. Werkstoff **10**, 203 (1952).
[5] BAILEY, I. W.: Amer. J. Bot. **10**, 499 (1923).

Auch SANIO[1] findet in der alten Kiefer die Cambiumzelle nur etwa von doppeltem Durchmesser als in der 2jährigen. Die Zahl der Cambiumzellen muß demnach ganz erheblich vermehrt werden. Dies erfolgt nun meist nicht durch radiale Teilungen, sondern die durch tangentiale Teilung entstandenen Tochterzellen verschieben sich während des Wachstums derart, daß sie schließlich nebeneinander zu liegen kommen. Nur bei Cambien, die einen stockwerkartigen Aufbau besitzen, kommt es auch zu radialen Teilungen (BAILEY[2]).

Im Cambium teilt sich in der Regel nur eine einzige Zellschicht, nur diese ist daher strenggenommen als Cambium anzusprechen (monomeres Cambium). Da es aber schwer fällt, diese Zellschicht von den jüngsten abdifferenzierten Zellen zu unterscheiden, wird die ganze Schichte zartwandiger Zellen zwischen Xylem und Phloem als Cambium bezeichnet. Nach innen zu beginnen die Zellen zu verholzen; nach 6—8 Zellreihen wird die Holzreaktion positiv, während sich die jüngsten, nicht oder nur schwach verholzten Zellen noch mit Indican blau färben; Indican zeigt die Enzyme an, durch die die im Cambialsaft vorhandenen Ligninbausteine (Coniferyl- und Sinapinalkohol) zu Lignin polymerisiert werden (FREUDENBERG[3], vgl. S. 77, 402 u. 477). Wenn sich das Cambium in reger Teilung befindet, besitzt es daher eine größere Mächtigkeit, da mehr noch nicht zu Holz oder Rindenzellen umgewandelte Zellen vorliegen. Dies ist während der „Saftzeit", im allgemeinen von April bis August, der Fall. In dieser Zeit läßt sich daher auch die Rinde leicht vom Holzkörper lösen, während dies zur Zeit der winterlichen Ruheperiode, in der das Cambium dünn und aus dickerwandigen Zellen aufgebaut ist, wesentlich schwieriger vonstatten geht. Vielfach tritt auch im Mittsommer, etwa Anfang Juli, eine kurze Zeit schwererer Entrindbarkeit auf (HUBER[4]), möglicherweise eine Reminiszenz an vergangene Klimaperioden, in denen ähnlich dem heutigen Mittelmeerklima, nicht die Winterkälte, sondern die sommerliche Trockenzeit die Vegetationsruhe erzwang. Die periodische Aktivität des Cambiums ist daher für die verschieden leichte Entrindbarkeit maßgebend und somit auch von großem praktischen Interesse. Durch Behandlung mit Giften wird, besonders in Amerika, erreicht, daß der Stamm während der Saftzeit rasch abstirbt und dann leicht entrindet werden kann bzw. daß die Rinde von selbst abfällt[5].

Die Aktivität des Cambiums ist aber auch durch eine endonome, d. h. nicht von außen erheblich beeinflußbare Komponente gesteuert, die in erster Linie wohl stoffliche Ursachen hat. Durch die Knospen und jungen Triebe wird sog. Wuchsstoff (Auxin, vgl. S. 64) gebildet, der auch den Stamm abwärts geleitet wird und die Teilungen des Cambiums anregt. Sobald die Wuchsstoffproduktion nachläßt, wird auch im Cambium die Teilungstätigkeit eingestellt, lange bevor klimatische Faktoren (niedrige Temperaturen z. B.) dies nötig machten. Anderseits beginnt die Wuchsstoffproduktion bereits vor dem eigentlichen Dickenwachstum; durch die niedrigen Temperaturen des Frühjahres wird offenbar eine Teilungstätigkeit unterbunden, die autonome Ruhe des Herbstes geht in die erzwungene Ruhe des Spätwinters über. Allerdings scheint auch eine im Stamm selbst gelegene Komponente mitzuspielen, denn ein ähnlicher Rhythmus tritt auch auf, wenn der Baum sämtlicher Äste und Knospen beraubt wird. Der Zeitpunkt des Eintretens und des Endes der leichteren Entrindbarkeit hängt wohl von der Exposition und der

---

[1] SANIO, C.: Jb. wiss. Bot. **9**, 50 (1873/74).

[2] Siehe S. 92, Fußnote 5.

[3] Siehe S. 77, Fußnote 1.

[4] HUBER, B.: Dtsch. Forstwirt **1941**, Nr. 29/30, 1.

[5] HALE, J. D., u. D. C. McIntosh: Forest. Prod. Lab. Canada Mimeo **116** (1946) u. **119** (1949). — D. C. MCINTOSH: Pulp and Paper Magaz. of Canada Juni 1948. S. 1 (1948).

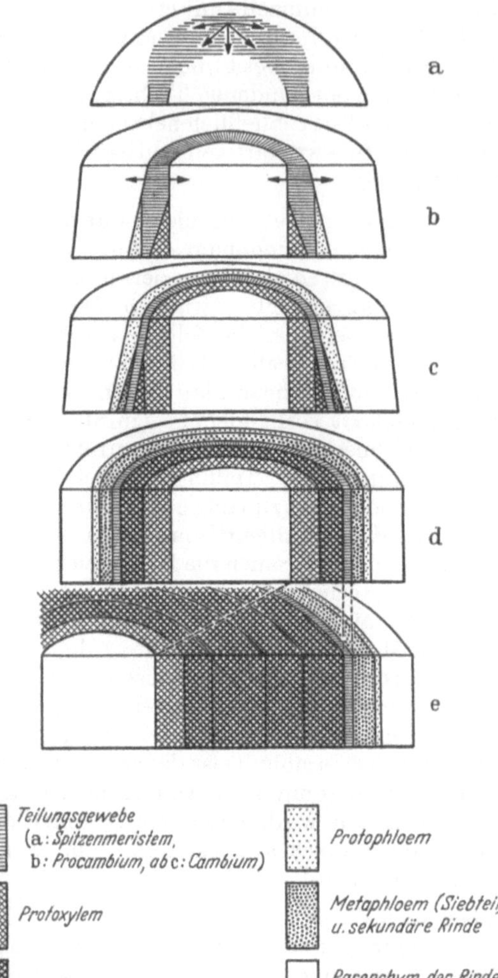

Abb. III, 34a—e. Schema der Entwicklung eines Dikotylen-Sprosses und des Holzkörpers (nach EAMES-MCDANIELS, verändert und ergänzt). *a* Sproßspitze mit Scheitelmeristem (die Pfeile deuten die Richtungen der Zellteilungen an) und Übergang zum Procambiumring; *b* Procambiumring mit beginnender Bildung von Protoxylem und Protophloem; *c* Ring von Protoxylem, Procambium und Protophloem sowie beginnende Ausbildung von Metaxylem und Metaphloem, wobei das Procambium in das Cambium übergeht (Ende der Streckungszone); *d* Primäres Stadium eines Dikotylen-Stammes mit geschlossenem Gefäßbündelring (Protophloem bereits teilweise zusammengedrückt); *e* Stammbau nach 3 Jahren sekundären Dickenwachstums; zwischen Metaxylem und Cambium liegen 3 Jahresringe sekundären Holzes, das Dickenwachstum des Phloems bleibt dagegen zurück (*s. R.* sekundäre Rinde). — Die Markstrahlen sind in obigem Schema weggelassen worden. In anderen Fällen schließt sich das Procambium erst im Stadium *b* oder *c* aus einzelnen Strängen zu einem Ring, bei den Lianen *(Aristolochia)* entsteht erst im Stadium *d* ein geschlossener Cambialring

Höhenlage ab, kann aber durch künstliche Eingriffe nicht wesentlich verschoben werden[1, 2].

Auch während der „Saftzeit“ ist die Beschaffenheit des von dem Cambium gebildeten Gewebes nicht gleichartig. In der ersten Zeit der Aktivität werden hauptsächlich großlumigere und dünnwandigere Zellen gebildet, das sog. Frühholz, in der zweiten Hälfte der Vegetationszeit dagegen englumigeres, dichteres Spätholz. Durch den regelmäßigen jährlichen Wechsel von Früh- und Spätholz entstehen so die Jahresringe, deren Zahl somit das Alter des Baumes angibt. Mehr noch, Jahre mit günstigen Witterungsbedingungen werden einen stärkeren Zuwachs ermöglichen und damit größere Jahresringbreiten zur Folge haben als ungünstige Jahre; es werden also die Witterungsverhältnisse fixiert, so daß man an Hand der Jahresringbreiten auf Klimaperioden und den Ablauf der Witterung, zu Lebzeiten des Baumes schließen kann, und umgekehrt ist aus bekannten Jahresringperioden unter Umständen auch eine Datierung der Holzprobe möglich (Jahresringchronologie[3]).

Im Holze tropischer Bäume sind infolge des gleichbleibenden Klimas meist keine deutlichen Jahresringe vorhanden.

Der Verlauf der Jahresringe zeigt bei einigen Holzarten einige Besonderheiten; so ist er bisweilen nicht gleichmäßig kreisrund, sondern fein- oder grobwellig, wie dies bei der Hainbuche *(Carpinus Betulus)* der Fall ist; Spielarten mit welligen Jahresringen nennt man wimmerig. Das Holz der Haselfichten ist durch Einkerbungen

---

[1] Siehe S. 93, Fußnote 4.
[2] ZIEGER, E.: Der Wald **2**, 210 (1952).
[3] MARSHALL, R.: J. of Forestry **25**, 415 (1927). — ANTEVS, E.: Progr. rei bot. **5**, 285 (1917); Carneg. Inst. Publ. Wash. **469**, 1 (1938). — HUBER, B.: Naturwiss. **35**, 141 (1948)

der Jahresringe an den Stellen, wo sie die Markstrahlen kreuzen, gekennzeichnet; ähnlicher Bau findet sich auch bei einigen anderen Holzarten (WIESER[1]), wodurch das Holz eine sehr dichte und feste Beschaffenheit erhält. Die grobe Wellung der Jahresringe kann sich auch im äußeren Umfang des Stammes ausprägen und damit zur Spannrückigkeit der Stämme (Hainbuche) führen.

3. Das Dickenwachstum der Einkeimblättrigen

Bei den Einkeimblättrigen wie z. B. den Palmen oder baumförmigen Liliengewächsen *(Aloe, Dracaena* u. a. m.*)* finden sich abweichende Verhältnisse. Da die Bündel bei diesen unregelmäßig über den Stammquerschnitt verteilt sind (vgl. Abb. III, 33, [III]), ist auch kein Cambiumring und somit kein sekundäres Dickenwachstum wie bei den Dikotylen (Zweikeimblättrigen) möglich. Unmittelbar hinter dem Vegetationspunkt führt ein Procambium zu einem primären Dickenwachstum, der Stammdurchmesser wird daher bereits im Vegetationspunkt festgelegt, da das Procambium seine Tätigkeit alsbald einstellt; die Stämme der Palmen sind über ihre ganze Länge gleich dick. Die notwendige Festigkeit wird durch Einlagerungen in die Zellen hergestellt, wodurch das Palmholz seine Schwere und Härte erhält.

Nur in einigen Gruppen der Monokotyledonen, so bei den baumförmigen Liliifloren, kommt es zu einem sekundären Dickenwachstum. Dieses geht aber nicht von einem Cambium zwischen Xylem und Phloem aus, sondern von einem Meristem, welches den primären Stamm außen umgibt; innerhalb dieses Meristems entstehen neue Gefäßbündel, die daher eine ähnliche zerstreute Anordnung wie im primären Stamm aufweisen *(Dracaena, Yucca)*.

4. Die sekundäre Rinde

Gleichzeitig mit der Bildung des Holzkörpers geht auch die Bildung neuer Siebteil- (Phloem)schichten durch das Cambium in zentrifugaler Richtung vor sich. Man bezeichnet sämtliche während des sekundären Dickenwachstums nach außen gebildeten Gewebsschichten als sekundäre Rinde oder auch Bast. Letztere Bezeichnung ist jedoch zweideutig, da Bast in verschiedenem Sinne gebraucht wird, es wird darunter auch das technisch verwertbare Fasermaterial aus der Rinde, aber auch aus anderen Teilen der Pflanze verstanden (das Wort Bast leitet sich von binden her!).

Das Cambium stellt somit ein bilaterales Meristem dar, d. h. es teilt nach innen wie nach außen Zellen ab, allerdings nicht in gleicher Zahl. Daher ist das Dickenwachstum der außerhalb des Cambiums gebildeten Schichten wesentlich geringer, es macht oft kaum ein Zehntel der Dickenzunahme des Holzkörpers aus. Dazu kommt, daß die Zellelemente des sekundären Phloems (insbesondere die Siebröhren) nach Funktionsloswerden zusammenfallen und flachgedrückt werden (obliterieren).

Der Bau des sekundären Phloems ist ähnlich dem des primären der Gefäßbündel; es finden sich die gleichen Zellelemente; das Phloem der Gymnospermen ist durch einen wesentlich einfacheren Bau (Fehlen von Geleitzellen) gekennzeichnet. Jahreszeitliche Unterschiede im Bau des Phloems lassen sich wohl feststellen, sie sind aber keineswegs so deutlich wie im Holz und durch verschiedene radiale Vergrößerung der Zellelemente kenntlich (HUBER[2], HOLDHEIDE[3]). Bastfasern treten bei vielen Gymnospermen und Angiospermen innerhalb des Phloems

[1] WIESER, R. F.: Int. Holzmarkt **41**, 21 (1950).

[2] HUBER, B.: Sv. bot. Tidskr. **43**, 376 (1949).

[3] HOLDHEIDE, W.: Anatomie mitteleuropäischer Gehölzrinden (mit mikrophotographischem Atlas). In H. FREUND: Handbuch der Mikroskopie in der Technik, Bd. 5, 293. Frankfurt/M.: Umschau-Verlag 1951.

in Form tangentialer Banden auf (Hartbast), zwischen denen dünnwandige, aus Siebröhren, Geleitzellen und Parenchymzellen bestehende Weichbastanteile liegen. Der Wechsel von Hart- und Weichbast steht allerdings in keinem Zusammenhang mit den Jahresringen, es können während des Jahres mehrere derartige Schichtfolgen angelegt werden, so daß sie zur Altersbestimmung unbrauchbar sind. Die Bastfasern können auch in Form von isolierten Bündeln oder von Scheiden, die die Phloemteile außen umgeben, auftreten und sind vielfach von bedeutender Länge (Ramie bis 250 mm!). Zur Festigkeit verholzter Stämme tragen sie wohl nicht mehr bei, können jedoch den mechanisch wenig widerstandsfähigen Siebteil vor Verletzungen schützen. Diese Fasern werden bei vielen Pflanzen technisch genutzt (Flachs, Hanf, Ramie, Papiermaulbeerbaum, Jute u. v. a.). Sie können unverholzt sein (Flachs, Ramie) oder aber in wechselnder Menge Lignin eingelagert enthalten, wobei die Menge der Inkrusten art- bzw. sortenspezifisch ist und auch mit zunehmendem Alter der Pflanze bzw. gegen die Fruchtreife hin zunimmt.

Auch der Bast wird von Markstrahlen durchzogen, die die Verlängerung der Xylemmarkstrahlen darstellen. Bei manchen Hölzern (z. B. bei der Linde) sind diese in der Rinde stark verbreitert, so daß diese dadurch auf dem Querschnitt ein geflammtes Aussehen erhält. Auch in den Phloemstrahlen können Reservestoffe gespeichert werden.

5. Periderm, Borke

Die Epidermis, das primäre Hautgewebe des Stammes, vermag durch eingeschobene Teilungen der Dickenzunahme des Stammes nur bis zu einem gewissen Grade zu folgen, dann reißt sie auf und an ihre Stelle tritt das sekundäre Hautgewebe, das Periderm. Dieses geht bei den Dikotylen aus einem Meristem hervor, das sich unterhalb der Epidermis oder innerhalb des Rindengewebes bildet (also

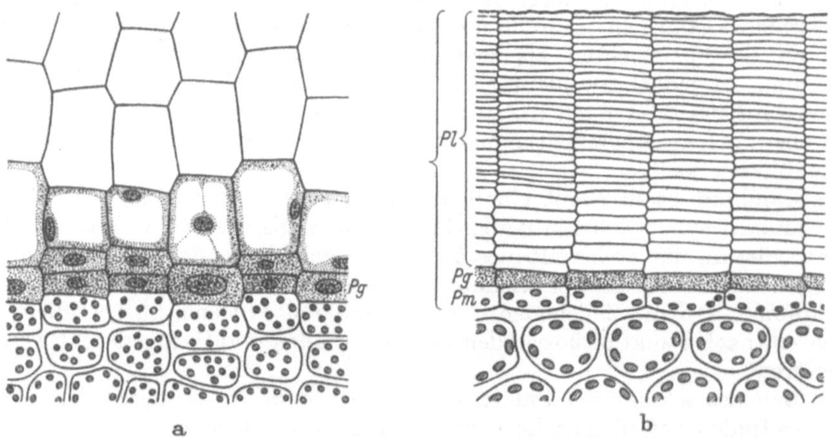

Abb. III, 35 a—b. Peridermbildung. *a* Korkcambium (*Phellogen, Pg*) mit nach außen abdifferenzierten, balc absterbenden Korkzellen; *b* Periderm mit mächtiger Korkschicht (*Pl*), Korkcambium (*Pg*) und einzelliger parenchymatischer Phellodermschicht (*Pm*) (nach HABERLANDT aus TROLL)

ein Folge- oder sekundäres Meristem ist) und das nun durch tangentiale Teilunger nach außen Korkschichten, nach innen Parenchymschichten bildet; dieses Meristem heißt Phellogen. In den meisten Fällen liegt dieses zunächst knapp unter der Epidermis, so daß ein Oberflächenperiderm mit meist glatter Oberfläche entsteht Verkorkte Zellwände sind wasser- und luftundurchlässig, und stellen damit eir wirksames Abschlußgewebe dar.

Um den Gaswechsel aber nicht völlig zu unterbinden und die Entfernung der Atmungskohlensäure aus dem Innern des Stammes sowie den Zutritt des lebensnotwendigen Sauerstoffes zu ermöglichen, werden in bestimmter, bei den einzelnen Pflanzen verschiedener Weise Rindenporen (Lentizellen) gebildet. An der Stelle, an der eine Lentizelle entstehen soll (meist unter einer Spaltöffnung), bildet das Korkcambium statt Korkzellen reichliche Mengen sog. Füllzellen aus, die die Korkschichte aufwölben und schließlich zum Platzen bringen. Im übrigen ist Bau und Bildung der Lentizellen bei den verschiedenen Holzarten nicht gleichartig (WUTZ[1]).

Das Oberflächenperiderm beginnt sich meist nach Abschluß des Streckungswachstums zu bilden und kann dauernd funktionsfähig bleiben. In vielen Fällen wird es aber nach einiger Zeit (bei manchen Bäumen erst nach Jahrzehnten) von einem Periderm abgelöst, das aus tiefer in der Rinde entstehenden sekundären Cambien bzw. Korklagen hervorgeht (Tiefenperiderm). Die von diesem Phellogen gebildeten Korkschichten schließen naturgemäß die außerhalb desselben liegenden Gewebspartien von jeder Zufuhr von Wasser und Salzen ab, so daß sie vertrocknen und schließlich abfallen. Es tritt Borkenbildung auf. Die Form der Borke hängt von der Anordnung der Phellogenschichten ab, sie kann sich in breiten Platten (Blätterborke, z. B. Platane), in verschieden großen Schuppen (Schuppenborke, z. B. Fichte, Obstbäume), in Form querlaufender Streifen (Ringelborke bei der Birke) oder in Form von schmalen Strängen oder Fasern (Faserborke, Weinstock, Waldrebe) ablösen. Die Tiefenperiderme entstehen gleichsam nach gewissen Mustern, sodaß auch die Form der Borkenschuppen oft charakteristisch ist (z. B. rhombische Schuppen bei *Pinus ponderosa*). Die Borke stellt kein einheitliches Gewebe dar, sie enthält vielmehr die verschiedensten Gewebeanteile wie Kork, Parenchym-, Collenchym- und andere sklerenchymatische Elemente, Bastparenchym und andere Zellen. Meist finden sich in ihr auch große Mengen von oxalsaurem Kalk und anderen Stoffwechselendprodukten, deren sich die Pflanze auf dem Wege der Abschuppung durch die Borke entledigt. Die Borke stellt somit in gewissem Sinne ein Ausscheidungsorgan der Pflanze dar. Besonders die die Faserzellen begleitenden Zellreihen enthalten reichlich Calciumoxalat (Kristallkammerfasern), und stellen ebenso wie die gleichen Zellen der lebenden Gewebe ein wichtiges diagnostisches Merkmal dar.

In manchen Fällen kann die Korkbildung exzessive Ausmaße erreichen und zur Ausbildung von Korkleisten, Korklamellen (*Euonymus*, *Liquidambar styraciflua*, *Acer*-Arten u. a. m.) oder (besonders nach Verwundung) von mächtigen Korklagen führen, die technisch genutzt den Flaschenkork liefern (*Quercus Suber*, Korkeiche).

6. Das Holz

a) Die Längselemente des Holzkörpers

α) Tracheiden

Als Grundelement des Holzkörpers darf die Tracheide angesehen werden, das Holz der Coniferen besteht zu 90% und darüber aus diesen. Ihre Morphologie wurde bereits beschrieben (vgl. S. 59, 76). Im Nadelholz-Querschnitt regelmäßig, meist strickleiterartig angeordnet, sind sie im Frühholz von weiterem Lumen und mit dünnerer Wand und mehr polygonalem Umriß, im Spätholz dagegen dickwandig, mit verengtem Lumen und rechteckigem Querschnitt. Die Länge kann

[1] WUTZ, A.: Anatomische Untersuchungen über System und periodische Veränderungen der Lentizellen. In B. HUBER: Vergleichend anatomische Untersuchungen aus dem Forstbotanischen Institut München. Bot. Stud. H. 4. Jena 1955.

im Extrem bis zum Mehrhundertfachen des Durchmessers betragen. Der Übergang von den Leitungstracheiden des Frühholzes zu den Fasertracheiden des Spätholzes kann allmählich (unscharfe Grenze zwischen Früh- und Spätholz, Fichte, Tanne), oder wie z. B. bei der Lärche ziemlich unvermittelt erfolgen. Nur die Frühholztracheiden besitzen die großen kreisförmigen Hoftüpfel, bei den Fasertracheiden des Spätholzes finden sich schlitzartige Tüpfel (vgl. S. 76). Bei den Laubhölzern treten die Tracheiden weit weniger auffällig in Erscheinung, auch sind ihre Poren stets kleiner als die der Nadelholztracheiden.

Die Länge der Tracheiden kann im Extrem bis zum Mehrhundertfachen des Durchmessers betragen. Nachstehende kleine Tabelle (nach BAILEY bzw. FORSAITH, aus ESAU[1]) gibt das Ausmaß der nachträglichen Streckung der Cambial. zellen wieder.

Tabelle III, 7. *Längenzunahme der Cambialzellen bei Differenzierung in Fasertracheiden einiger Laubhölzer*

	Länge in mm		Faserlänge / Länge der Cambialzellen
	Cambial-Zelle	Faser-Tracheide	
Liquidambar Styraciflua L. .	0,70	0,96	1,36
Betula populifolia WILLD. .	0,94	1,31	1,40
Quercus alba L.	0,53	1,00	1,89
Fraxinus americana L. . .	0,29	0,96	3,30
Ulmus americana L.. . . .	0,35	1,53	4,36
Robinia Pseudo-Acacia L. .	0,17	0,87	5,10

Extraxyläre Fasern machen einen wesentlich stärkeren Streckungsprozeß durch, vgl. hierzu Näheres auf S. 129ff.

β) *Gefäße*

Diese gehen gleichfalls aus längsgestreckten Cambialzellen hervor, verlängern sich aber gegenüber der Mutterzelle nicht wesentlich, sondern nehmen vornehmlich im Durchmesser zu, wobei sie die ursprüngliche Anordnung der umliegenden Zellen stören. Dadurch ist der Aufbau des Laubholzes — nur in diesem finden sich Tracheen — wesentlich bewegter und abwechslungsreicher. Die Gefäßglieder entstehen stets in Längsreihen, wobei die sie trennenden Querwände durch Verquellung oder auf andere Weise aufgelöst werden. In den so entstandenen Röhren kann das Wasser ohne wesentliche Widerstände über lange Strecken geleitet werden. Die Länge der Gefäße ist schwer bestimmbar, sie schwankt je nach Holzart von einigen Zentimetern bis mehrere Meter. Für die Esche, Eiche und Ulme werden Gefäßlängen von durchschnittlich 3 m, maximal 7,5 m angegeben, die von Ahorn sind über einen halben Meter lang (HANDLEY, PRIESTLEY[2]). Die längsten und weitesten Gefäße besitzen wohl die Lianen (durch Abschneiden der Sprosse kann steriles Trinkwasser erhalten werden).

Die Auflösung der Querwände kann vollständig sein, so daß ovale Öffnungen entstehen oder aber nur partiell erfolgen, wobei leiterartige Sprossen stehenbleiben; netzartige Perforationen sind selten. Die Art der Perforation, besonders die Zahl der Stege stellt ein wichtiges Bestimmungsmerkmal dar (Abb. III, 36).

Die Wände sind häufiger als bei den Tracheiden mit Spiralverdickungen versehen, von diesen leitet sich auch die Bezeichnung ab; man hielt sie früher ähnlich

[1] Siehe S. 45, Fußnote 4.

[2] HANDLEY, W. R. C.: New Phytologist **35**, 457 (1936). — PRIESTLEY, J. H.: Forestry **6**, 105 (1932).

den Atmungsorganen der Insekten für luftführend und vermutete eine ähnliche Funktion; die Bezeichnung blieb auch, nachdem die gänzlich andere Funktion der Gefäße aufgeklärt worden war.

Die Seitenwände der Gefäße sind mit einfachen oder Hoftüpfeln mehr oder weniger reich getüpfelt. Die Tüpfel können unregelmäßig angeordnet sein, oder in Längsreihen, entsprechend den angrenzenden Zellen, in horizontalen Querreihen (bei dichter Lagerung erscheinen sie dann viereckig deformiert) oder in schräg aufsteigenden Linien, wobei sie oft sechseckig abgeplattet erscheinen und

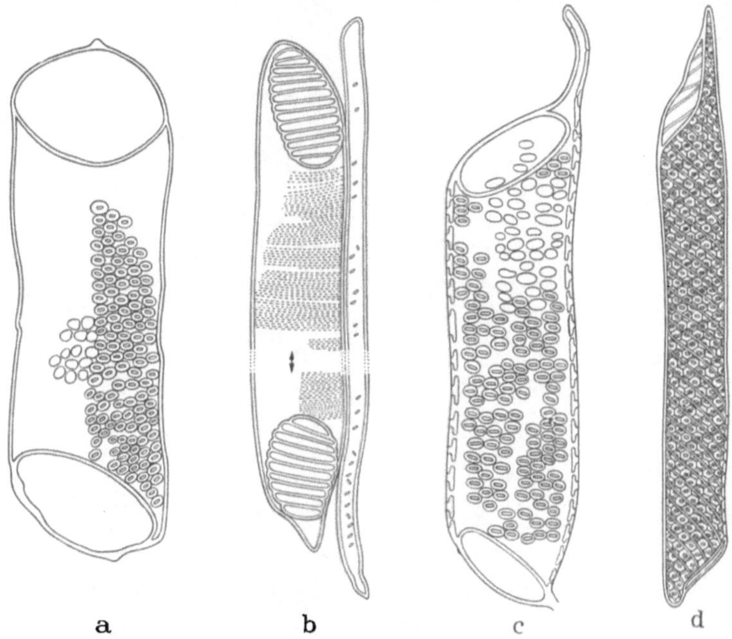

Abb. III, 36a—d. Verschiedene Typen von Gefäßen; *a* mit offenen Gefäßen (*Popolus tremula*), *b* mit leiterförmigen Perforationen (*Betula pendula*), beachte auch die Tüpfelfelder mit den in Querreihen liegenden kleinen Tüpfeln, *c* offenes Gefäß mit langem fingerartigen Fortsatz (*Eucalyptus*), *d* Gefäß mit Schraubenverdickungen und offenen Enden (*Tilia*). (Nach GREGUSS). (Vgl. Abb. I, 28 u. IV, 54)

gelegentlich ein bienenwabenartiges Aussehen darbieten. Schließlich können sie in scharfbegrenzten Tüpfelfeldern beisammenstehen. Ob diese Hoftüpfel ähnlich wie die der Tracheiden verschlossen werden können, ist noch nicht bekannt.

Die Gefäße liegen entweder einzeln oder in Gruppen (oft in kurzen radialen Reihen) mehr oder weniger gleichmäßig über den Stammquerschnitt (bzw. über den Jahresring) verteilt (zerstreutporige Hölzer, z. B. Ahorn, Buche, Birke, Weide, Pappel, Erle, Hainbuche, Nußbaum). In diesen Fällen sind die Gefäße im allgemeinen relativ englumig und mit dem freien Auge nicht kenntlich, besitzen aber durchwegs ungefähr die gleiche Größe. Eine Ausnahme stellt in obiger Übersicht *Juglans* (Nußbaum) dar, der durch große, mit freiem Auge kenntliche Gefäße ausgezeichnet ist. Oder aber die Gefäße sind von sehr verschiedener Größe und so angeordnet, daß die im Frühjahr gebildeten Gefäße einen schmalen Ring großer, meist kenntlicher Poren im Frühholz bilden, während sich im Spätholz nur mehr kleine Gefäße, die nicht mehr mit dem bloßen Auge kenntlich sind (Durchmesser unter 0,1 mm), vorfinden. Solche Hölzer nennt man ringporig. Das Auftreten der weiten Gefäße im Frühjahr hängt zweifellos mit dem erhöhten Wasserbedarf zu dieser Zeit zusammen. Die Gesamtleitfläche, d. h. der Anteil am Querschnitt, der zur Wasserleitung zur Verfügung steht, ist bei den ringporigen Hölzern erheblich geringer, weswegen auch bei diesen die höchsten Strömungsgeschwindigkeiten (bis 50 m/Std.!) gefunden werden (HUBER[1]). Beispiele für ringporige Hölzer sind Eiche, Ulme, echte Kastanie, Götterbaum.

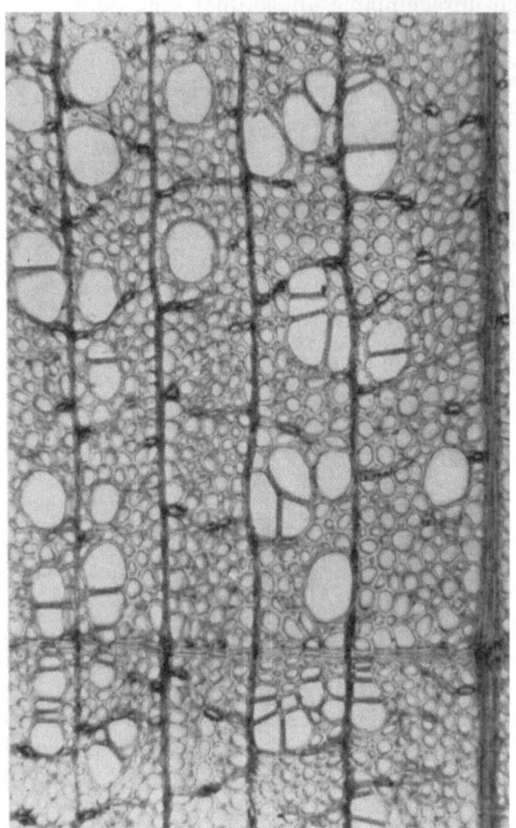

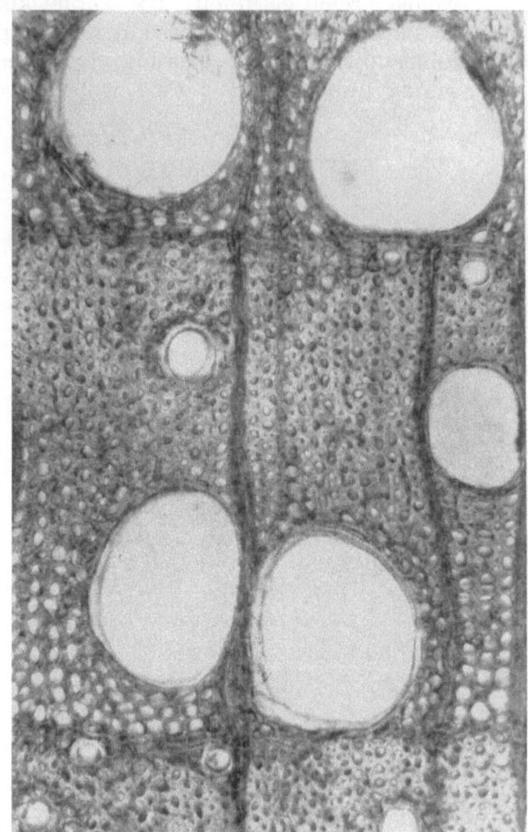

Abb. III, 37. Querschnitt durch ein zerstreutporiges (Linde, links) und ein ringporiges (Eiche, rechts) Holz. Orig.

γ) Holz-(Libriform-)fasern

(vgl. S. 59) finden sich im Gymnospermenholz noch nicht vor; hier wird die Festigung von den Fasertracheiden übernommen. Im Laubholz finden sie sich in wechselnder Menge, häufig finden sich die Holzfasern in Gruppen angeordnet vor oder treten im Spätholz in verstärktem Maße auf.

Schließlich seien noch die Ersatzfasern genannt, kurze, die Form der Cambiumzellen zeigende Zellen. Sie sind unmittelbar aus Cambiumzellen ohne vorhergehende Streckung zu Dauerzellen geworden; sie können auch Fächerung zeigen.

δ) Holzparenchym

Die Morphologie der Holzparenchymzellen wurde bereits auf S. 59 kurz geschildert. Die Holzparenchymzellen können im Holz ohne Beziehung zu den Gefäßen angeordnet sein (meta- oder apotracheal), verstreut über den ganzen Jahresring, in Form tangentialer Parenchymbanden oder besonders im Spätholz. Die Anordnung der Holzparenchymzellen um die Gefäße herum heißt paratracheal. Über die Rolle der Holzparenchymzellen bei der Verkernung des Holzes vgl. S. 104.

[1] HUBER, B.: Ber. dtsch. bot. Ges. **53**, 711 (1935).

b) Markstrahlen

Diese hier kurz besprochenen längsgerichteten Holzelemente gehen aus Cambiumzellen hervor, die selbst in der Richtung der Längsachse des Stammes liegen und sich beim Wachstum mehr oder weniger in der Längsrichtung ineinanderschieben (fusiforme Initialen, Abb. III, 38 a siehe auch Abb. I, 24). Aber schon bei Erwähnung der Holzparenchymzellen sind uns Cambiumzellen begegnet, die sich auch in der Querrichtung teilen. Eine zweite Gruppe solcher Initialzellen im Cambium streckt sich nun nicht in die Länge, sondern nach vorheriger Querteilung, also wesentlich kürzerer Länge in der Radialrichtung, wobei das Ausmaß der Streckung wesentlich geringer ist. Diese Zellen werden zu Markstrahlzellen, die betreffenden Cambiumzellen bezeichnet man als Markstrahlinitialen (Abb. III, 38 b). Das zahlenmäßige Verhältnis zwischen Markstrahl- und Faserinitialen ändert sich von Art zu Art und auch mit dem Alter; für die Douglasie gibt BAILEY[1] ein Verhältnis von 1:10 (beim einjährigen Stamm) und 1:3 (beim 60jährigen Stamm) an.

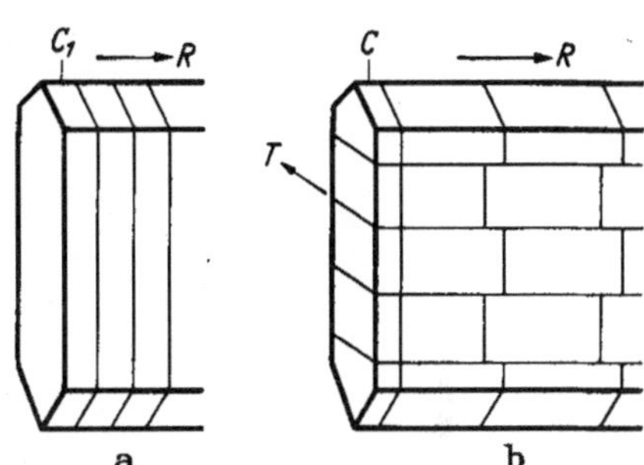

Abb. III, 38 a—b. Cambiuminitialen *a* der Längselemente, *b* der Markstrahlzellen. (Nach GUTTENBERG)

Mit fortschreitendem Dickenwachstum rücken die Markstrahlen an der Peripherie des Holzkörpers immer weiter auseinander. Es entstehen dann im Cambium neue Markstrahlinitialen, die sich zwischen die vorhandenen einschieben und zur Bildung neuer Markstrahlen führen. Diese sekundären Markstrahlen enden natürlich blind im Holz (im Gegensatz zu den primären, die bis ins Mark reichen).

Die Markstrahlen sind vielfach schon mit freiem Auge als radial verlaufende Linien kenntlich, nämlich dann, wenn sie aus mehreren nebeneinanderlaufenden Zellreihen bestehen (mehrschichtige „kenntliche" Markstrahlen, z. B. Buche, Eiche, Nußbaum, auch Ahorn, Esche). Wenn der Markstrahl nur einschichtig ist, ist er am Querschnitt nicht mit freiem Auge wahrzunehmen (unkenntliche Markstrahlen, z. B. Nadelhölzer, ferner Weide, Pappel, Birke, u. a. m.). Im radial geführten Schnitt erscheinen die Markstrahlen als verschieden breite bzw. hohe Bänder oder Streifen, die vielfach glänzen, und „Spiegel" genannt werden (der Radialschnitt heißt darum auch Spiegelschnitt). Besonders breite Markstrahlen finden sich im Holzkörper schlingender lianenartiger Gewächse, wie z. B. bei *Aristolochia, Clematis, Vitis*. Bei der Erle und der Hainbuche rücken mehrere einschichtige Markstrahlen eng zusammen, so daß sie nur durch Fasern und Parenchym getrennt werden, ohne daß aber Gefäße dazwischen liegen. Solche Markstrahlen sind, obwohl der einzelne an sich unkenntlich, in ihrer Gesamtheit als breite meist etwas unscharf begrenzte Linien mit freiem Auge zu sehen („unechte" oder „falsche" Markstrahlen).

Die Markstrahlen sind bei den Laubhölzern nur aus parenchymatischen Elementen aufgebaut; diese können sämtlich von einheitlichem Aussehen sein (homogene Markstrahlen) oder aber die randständigen Zellen („Kantenzellen") unterscheiden sich von den übrigen (heterogene Markstrahlen); so z. B. besitzen die Weiden (*Salix*-Arten) prismatische Kantenzellen, die in der Längsachse des Stammes gestreckt sind (stehende Kantenzellen), während das ganz ähnlich gebaute Holz der Pappel (*Populus*) homogene Markstrahlen besitzt. Bei Nadelhölzern wie z. B. der Kiefer, ferner bei Lärche und auch der Fichte, tritt eine Differenzierung der

[1] Siehe S. 92, Fußnote 5.

Markstrahlzellen in parenchymatische Zellen und Zellen tracheidalen Charakters, die das Markstrahlparenchym an der Ober- und Unterkante begleiten, auf. Diese „Markstrahltracheiden“ sind tote Zellen, sie dienen der Wasserleitung in radialer Richtung und stehen mit den Längstracheiden durch Hoftüpfel in Verbindung; bei manchen Holzarten wie z. B. der Kiefer, sind die Markstrahltracheiden durch unregelmäßige Wandverdickungen besonders auffällig (Abb. III, 40). Auch das Markstrahlparenchym steht mit den übrigen Holzelementen durch einfach behöfte

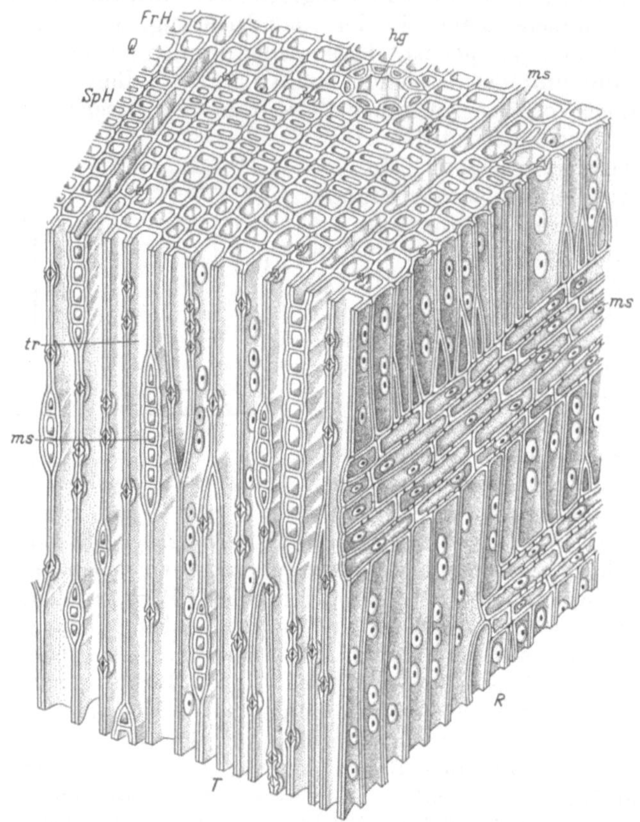

Abb. III, 39. Fichtenholz, plastisch; *Q* Querschnitt, *R* Radialschnitt, *T* Tangentialschnitt, *tr* Tracheiden, *ms* Markstrahlen, *hg* Harzgang. (Nach SCHMEIL-SEYBOLD aus TONZIG)

oder einfache Tüpfel in Verbindung. Die Zahl der Tüpfel in den sog. „Kreuzungsfeldern“, das sind die quadratischen oder rechteckigen Felder, die sich beim Überschneiden der Längstracheiden mit den horizontalen Markstrahlzellen ergeben, ist ein wichtiges Merkmal zur mikroskopischen Holzbestimmung; so besitzt die Fichte in den Kreuzungsfeldern bis 6, die Tanne nur bis 3 Tüpfel in jedem Kreuzungsfeld, während im Frühholz der Kiefer nur ein großes ovales Tüpfel (ein sog. Fenstertüpfel) auftritt (bei der nahe verwandten Zirbe liegen meist zwei Fenstertüpfel in einem Kreuzungsfeld). Im Laubholz stehen die Markstrahlparenchymzellen mit dem Holzparenchym in Verbindung und bilden ein zusammenhängendes, den ganzen Stamm durchziehendes Netzwerk parenchymatischer Elemente. Aber auch die breiten Markstrahlen z. B. bei Buche oder Eiche spalten sich wiederum gelegentlich auf und vereinigen sich mit anderen Markstrahlsträngen, so daß es zu einer Vernetzung der Markstrahlen kommt (BRAUN[1]).

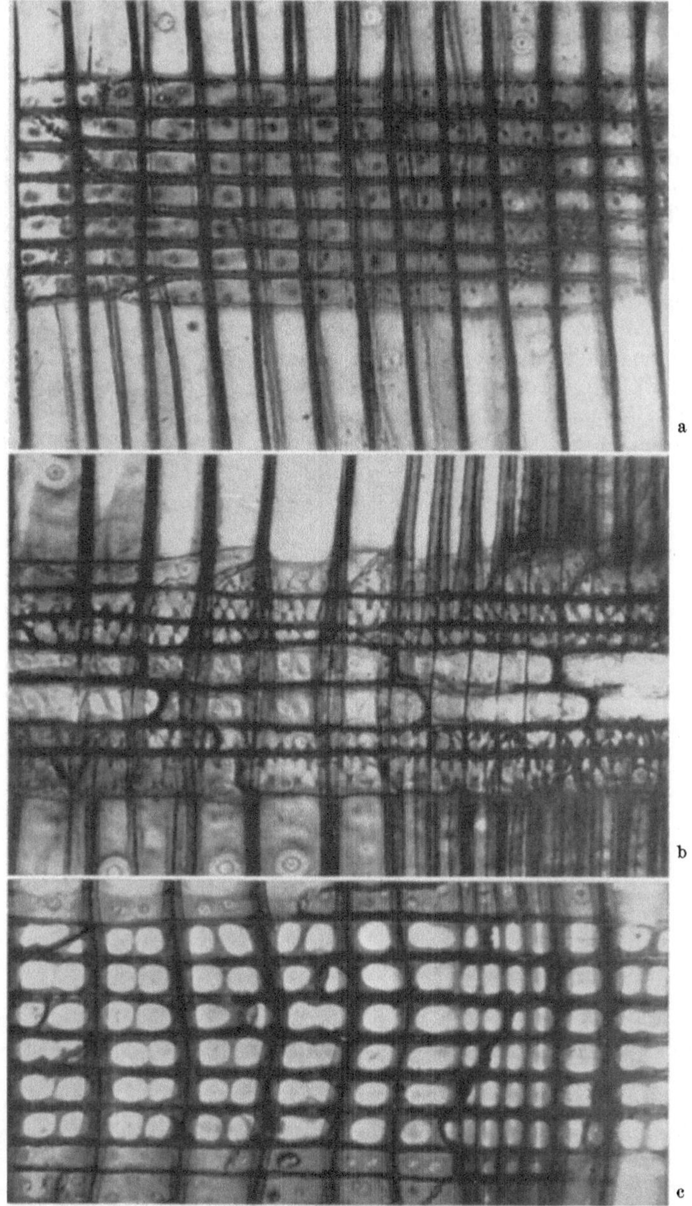

Abb. III, 40. Markstrahlen im Radialschnitt; *a* Markstrahl nur aus Parenchym aufgebaut, Markstrahltracheiden fehlen *(Abies nobilis)*; *b* Markstrahl mit zwei Reihen Parenchym und beiderseits begleitenden Reihen von stark gezackten Markstrahltracheiden *(Pinus palustris)*; *c* nur aus Parenchym gebildeter Markstrahl mit 1 – 2 großen Fenstertüpfeln pro Kreuzungsfeld *(Pinus Lambertiana)*. (Nach Tappi-Standards)

[1] BRAUN, H. J.: Beiträge zur Entwicklungsgeschichte der Markstrahlen. In B. HUBER: Vergleichend anatomische Untersuchungen aus dem Forstboten. Institut München. Botan. Studien, H. 4. Jena: Gustav Fischer 1955.

Das Markstrahlparenchym fungiert ähnlich dem Holzparenchym als Speicherorgan und enthält Reservestoffe (Fett oder Stärke, vgl. § 40) aufgespeichert. An Hand des Aussehens der Stärke kann auf die vorangegangene Behandlung des Holzes geschlossen werden, es läßt sich so z. B. vorgedämpftes Holz von nativem (Auftreten verquollener Stärkekörner) unterscheiden (KISSER[1]).

c) Thyllen, Verkernung

In vielen Hölzern vermag das Parenchym des Xylems und auch der Markstrahlen in das Lumen benachbarter Gefäße sich vorzuwölben. Bei Spiral- oder Ringgefäßen wölben sich die in der Regel innig miteinander verklebten Zellwände der Trachee und der Parenchymzelle bruchsackartig in das Innere der Trachee vor; bei Tüpfelgefäßen ist es die Schließhaut der Tüpfel, die durch den Protoplasten der benachbarten Holzparenchymzelle in das Lumen des Gefäßes hineingedrückt wird. Diese Vorwölbungen heißen Thyllen. Die Vorwölbung vergrößert sich, plattet sich nach Berührung mit anderen Vorwölbungen ab, so daß das Gefäßlumen wie von einem dünnwandigen Parenchym verschlossen wird, es kann auch zu Teilungen dieser Füllzellen kommen; in manchen Fällen können die Wände der Thyllen nachträglich stark verdickt werden (Steinthyllen, vgl. WEBER[2]). Vielfach werden in die Thyllen Gummi, Gerbstoffe u. a. m. abgelagert, wodurch

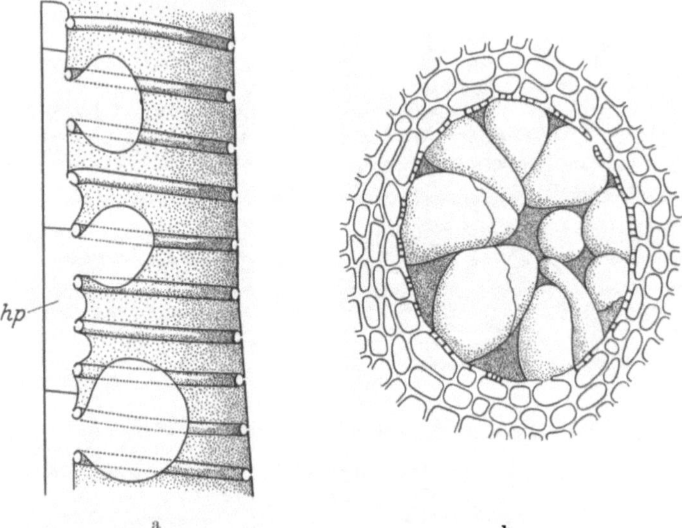

Abb. III, 41. Gefäße mit Thyllen; *a* im Längsschnitt (nach MOLISCH), *b* Querschnitt. (Nach SCHENCK)

das Holz nicht nur schwerer wird, sondern auch oft weniger leicht von holzzerstörenden Organismen angegriffen werden kann. Freilich fallen diese Gefäße dann für die Wasserleitung aus, auch die Luftführung wird geringer, eine weitere Erschwerung der Lebensbedingungen holzzerstörender Pilze. Da diese Verstopfung in der Regel erst nach einer bestimmten Funktionsdauer der Gefäße, also in einem bestimmten Alter des Holzes einsetzt, erscheinen die zentralen Partien des Holzes durch geringere Feuchtigkeit und dunklere Farbe meist ziemlich scharf von den jüngeren noch voll funktionstüchtigen Holzzonen abgesetzt. Diese zentralen

[1] KISSER, J.: Mikroskopie (Wien) 7, 363 (1952).
[2] WEBER, F.: Phyton (Horn, N.-Ö.) 3, 104 (1951).

Partien nennt man Kernholz zum Unterschied vom saftreicheren peripher gelegenen Splintholz.

Bei Nadelhölzern ohne Holzparenchym werden die Tracheiden dadurch ausgeschaltet, daß die Hoftüpfel irreversibel verschlossen werden (vgl. S. 75). Es braucht damit keineswegs auch eine Verfärbung einzutreten (Reifkern). Da auch bei Laubhölzern die Thyllenbildung keineswegs die einzige Voraussetzung für die Verkernung ist, sondern diese auch durch Einlagerungen von Inkrusten in die Zellwände verursacht werden kann, besteht keine strenge Parallelität zwischen Wassergehalt, Thyllenbildung und Verfärbung.

Übersicht über die verschiedenen Kernhölzer (nach TRENDELENBURG-MEYER-WEGELIN[1]).

a) Hölzer mit gefärbtem Kern (Farbkern).

α) mit deutlichem Feuchtigkeitsunterschied: Kiefer, Lärche, Douglasie, Eibe, [bei Ulme liegt zwischen Farbkern und Splint ein Ring trockenen unverfärbten Holzes (Kernreifholz)].

β) ohne deutlichen Farbunterschied: Eiche, Edelkastanie, Kirsche, Nuß.

b) Hölzer mit ungefärbtem Kern.

α) mit deutlichem Feuchtigkeitsunterschied: Fichte, Tanne.

β) mit mäßigem Feuchtigkeitsunterschied: Buche, Ahorn, Linde.

γ) ohne deutlichen Feuchtigkeitsunterschied: Birke, Hainbuche, Erle.

d) Harzgänge

Abschließend muß noch eines weiteren Bauelementes vieler Nadelhölzer, aber auch einiger (besonders tropischer) Anigospermen gedacht werden, der Harzgänge. Sie verlaufen als Röhren sowohl in der Längsrichtung des Stammes als auch in radialer Richtung innerhalb der Markstrahlen, die dann mehrschichtig werden. Sie entstehen dadurch, daß die Zellen des Holzgewebes unter lokaler Auflösung der Mittellamelle auseinanderweichen (schizogene Intercellularen, vgl. S. 65); diese so entstehenden Hohlräume sind mit Parenchym ausgekleidet, dem sog. Epithel, das das Harz unter Druck in diese absondert, so daß sie einen regelmäßig kreisförmigen Querschnitt annehmen. Das Epithel ist bei der Kiefer dünnwandig, bei der Fichte und auch bei der Lärche dagegen dickwandiger. Die Länge der Harzgänge ist wegen ihres meist gewundenen Verlaufes schwer zu bestimmen, es werden Längen zwischen 10 und 80 cm angegeben[1]. Sie enden blind, stehen

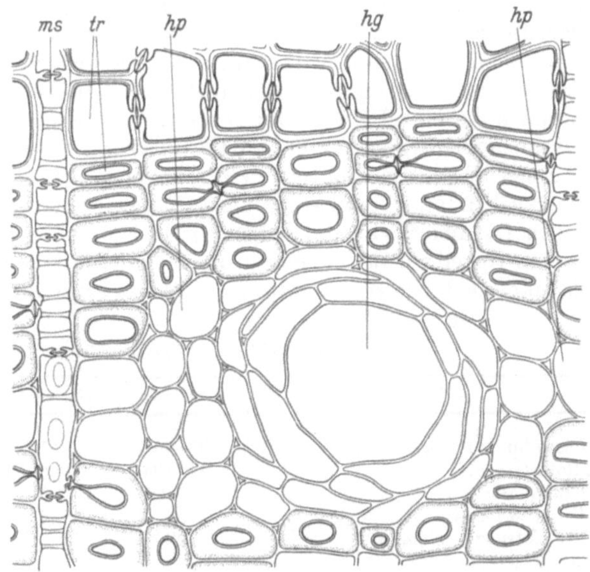

Abb. III, 42. Harzgang der Kiefer (Querschnitt); *hg* Harzgang, *hp* Holzparenchym, *tr* Tracheiden. (Nach KNY)

[1] Siehe S. 66, Fußnote 1.

aber untereinander in Verbindung. Harzgänge werden hauptsächlich während des stärksten Dickenwachstums angelegt, besonders aber nach Verletzungen oder Verwundungen (Frostrisse, Druckwirkungen usw.); das Sekret dient offenbar zum raschen und desinfizierenden Wundverschluß. Interessant ist, daß manche Holzarten, die normalerweise keine Harzgänge enthalten *(Abies, Sequoia, Tsuga* und *Cedrus)*, im Wundholz Harzgänge ausbilden; offenbar ist bei diesen Arten die Fähigkeit zur Ausbildung von Harzgängen im Laufe der Stammesgeschichte verloren gegangen und kehrt erst dann wieder, wenn besondere Verhältnisse, Verletzungen usw. hierfür geeignete Bedingungen schaffen.

Der Durchmesser der längsverlaufenden Harzgänge beträgt $\sim$ 0,08 mm und 0,03 mm bei den radialen.

Mit zunehmendem Alter wird Harz in die Intermicellarräume der umgebenden Zellen eingepreßt, wodurch die Quellbarkeit der Zellwände abnimmt. Aus Kernholz findet daher kein ausgiebiger Harzfluß mehr statt; die Harznutzung beschränkt sich daher stets auf das Anschneiden von Splintholz, aus dem es zu einem ausgiebigen pathologischen Harzfluß kommt; dieser beruht nicht nur auf passiver Auspressung von Harz infolge Eröffnung der Harzgänge, sondern auf aktiv gesteigerter Harzsekretion.

§ 17. Quantitative Holzanatomie

1. Quantitativer Anteil der Zellarten im Holz

Wir haben bereits mehrfach darauf hingewiesen, daß die verschiedenen Holzarten aus verschiedenen Anteilen der einzelnen Zellformen aufgebaut sind. So sahen wir, daß Gefäße nur im Holz der Angiospermen vorkommen (wenn wir von den höchststehenden Gymnospermen, den Gnetales absehen, die jedoch keinen praktischen Wert besitzen), daß Parenchym in verschiedener Menge in den verschiedenen Holzarten vorkommt usw. Es ist daher angebracht, die qualitative Holzanatomie durch einige quantitative Angaben über das mengenmäßige Vorkommen der einzelnen Zellformen und weiter über die Dimensionen der das Holz aufbauenden Zellen zur ersten Orientierung zu ergänzen: Die Darstellung darf sich hierbei auf die wichtigsten Tatsachen beschränken, da von TRENDELENBURG-MAYER-WEGELIN[1] sowie KNUCHEL[2] ausgezeichnete einschlägige Darstellungen neuen Datums vorliegen, denen wir hier weitgehend folgen.

Der Anteil der Zellelemente am Aufbau der Nadelhölzer geht aus nachfolgender Tabelle (nach TRENDELENBURG-MAYER-WEGELIN[1]) hervor.

Tabelle III, 8. *Zusammensetzung des Nadelholzes*

Holzart	Tracheiden	Markstrahlzellen	Parenchym	Harzgänge
Picea sp.	93—95	5—7	—	0,2—0,3
Abies sp.	91—94	6—10	—	—
Pinus sp.	91—95	5—8	—	0,5—1,0
Pinus Strobus	94	4—5	—	0,7
Pseudotsuga Douglasii	93	7	Spur	0,2
Larix	89	9	0,9	0,1

Die Zahlen sind einer Arbeit von FORSAITH[3] entnommen und beziehen sich auf amerikanische Arten, können aber auch für die einheimischen Arten als gültig

[1] Siehe S. 66, Fußnote 1.
[2] Siehe S. 82, Fußnote 7.
[3] FORSAITH: Zit. nach MAYER-WEGELIN[1].

angesehen werden (vgl. auch HUBER-PRÜTZ[1]). Deutlich kommt das Überwiegen der Tracheiden, das völlige oder fast völlige Fehlen von Parenchym zum Ausdruck; die Markstrahlen übersteigen nie 10% der Gesamtmenge (ausschließlich einreihige Markstrahlen).

Die schon bei der mikroskopischen Beobachtung auffallende größere Mannigfaltigkeit des Baues der Laubhölzer kommt auch in der Gegenüberstellung der quantitativen Anteile der Bauelemente zum Ausdruck.

Tabelle III, 9. *Flächenanteile der Zellarten am Querschnitt von Laubhölzern* (in Anlehnung an TRENDELENBURG[2])

Holzart	Gefäße	Faser-Tracheiden	Hartfasern	Markstrahlen	Parenchym
Quercus[3]	12,0[a]	38,0	45,2	4,8[b]	nicht
65—70 Jahre	(6,7—19,4)	(14,3—57,5)	(24,3—72,7)	(1,2—10,6)	gemessen
Quercus[1]					
pedunculata hart . .	8		58	29	5
Quercus rubra[4]	11,6[a]	36,9	41,4	10,1	nicht
	(2,0—21,0)	(25,8—59,4)	(13,3—61,6)	(5,7—14,5)	gemessen
Fraxinus excelsior[5] . .	13,3[a]	30,2	55,0	[c]	nicht
	(3,3—25,4)	(16,2—46,0)	(28,5—78,0)		gemessen
Fraxinus excelsior[1] . .	12		62	15	11
Fagus silvatica[6]	40	nicht gemessen		10—15[d]	nicht
	(15—63)				gemessen
Fagus silvatica[1]	31		37	27	5
Alnus sp.[2]	28		60	12	nicht
	(11—42)		(56—74)	(7—20)	gemessen
Populus tremula[1] . . .	26	nicht	61	13[c]	0
Betula-Arten[7]	10—21	gemessen	66—76	11—12	2
Betula-Arten[1]	25		65	10	0
Acer-Arten[7]	18—21		61—69	12—18	Spuren

[a] Frühholzgefäße; [b] nur breite Markstrahlen gemessen, schmale unberücksichtigt; [c] Markstrahlen nehmen beim Eschen-Holz etwa 10% der Fläche ein; [d] ohne Scheinmarkstrahlen, die etwa 3—10% der Fläche einnehmen.

Wenn auch die Ausscheidung der Zellanteile nicht bei allen Autoren gleichartig erfolgt ist, (HARTIG[6] z. B. hat Fasertracheiden und enge Gefäße, zwischen denen sich noch Parenchym befindet, zusammengenommen, während HUBER und PRÜTZ[1] genauer unterteilen), so zeigt sich doch eine überraschend große Variabilität in der quantitativen Zusammensetzung der Laubhölzer. Selbst bei ein und derselben Holzart variieren die Werte ganz außerordentlich. Es ist freilich zu erwarten, daß sich Früh- und Spätholz namentlich der ringporigen Hölzer erheblich voneinander unterscheiden; so nehmen z. B. die Gefäße im Frühholz der Esche 13,3%, im Spätholz dagegen nur 1,4% der Querschnittfläche ein (SCHNEIDER[5]), bei der Eiche nehmen die Gefäße von 15,9% auf 6% ab, der Faser- und Parenchymanteil dagegen von 51,5 auf 67,0% zu (HUBER und PRÜTZ[1]). Aber auch Rasseunterschiede, Standortsverhältnisse und Wachstumsbedingungen spielen zweifellos eine erhebliche Rolle. So ist z. B. bei freistehenden Bäumen der Markstrahlanteil wesentlich größer als bei Bäumen im Bestand, ebenso in niedrigen Breiten,

[1] HUBER, B., u. G. PRÜTZ: Holz Roh- u. Werkstoff **1**, 377 (1937/38).
[2] TRENDELENBURG, R.: Das Holz als Rohstoff. 1. Aufl. München-Berlin: Hansen 1939.
[3] HARTIG, R.: Forstl. naturwiss. Z. **4**, 49 (1895).
[4] EICHHORN, F.: Forstl. naturwiss. Z. **4**, 233 u. 281 (1895).
[5] SCHNEIDER, F.: Forstl. Naturwiss. Z. **5**, 395 (1896).
[6] HARTIG, R.: Allg. Forst- u. Jagdztg. **64**, 52 (1888).
[7] FORSAITH, C. C.: The Technology of New York State Timber. Techn. Publ. Nr. 18, N. Y. State Coll. of Forestry, Syracuse.

während er an der Baumgrenze zurückgeht, in den Tropen finden sich Markstrahlanteile bis 41% (FORSAITH[1]).

Über den Markstrahlanteil am Aufbau des Holzes gibt nachstehende Übersicht eine gute Vorstellung.

Tabelle III, 10. *Anteile der Markstrahlen* (nach HUBER-PRÜTZ[2])

10%	Nadelhölzer
10—15%	Birke, Aspe, Esche, Okumé, Bongossi
15—20%	Ahorn, Walnuß, Schirmbaum, Teak
20—25%	Ceiba, Abachi
>25%	Eiche, Buche, Maulbeerbaum (bis 45%!)

Auch Parenchym findet sich bei tropischen Hölzern in reichlicher Menge vor, beim Kapok-Baum *(Ceiba pentandra)* fanden HUBER und PRÜTZ[2] 41% Längsparenchym, Verfasser fand einen ähnlichen, hohen Parenchymanteil bei einer Probe einer indonesischen *Bombax*-Art (unveröffentlicht).

Auch das Alter drückt sich in der Holzzusammensetzung aus. Nach HARTIG[3] nimmt der Gefäßanteil einer Eiche mit dem Alter von 5,7% (20—40jährig) bis 17% bei 360—400jährigen Eichen zu, der Anteil der Tracheiden und engen Gefäßen von 14,0 auf 68,7%, während der Anteil der Fasern von 76,4 auf nur 4,6% zurückgeht!

2. Faserdimensionen

Die Faserlänge und der Durchmesser variiert ebenfalls von Art zu Art und auch innerhalb ein und derselben Art erheblich. Die durchschnittliche Faserlänge beträgt bei den Nadelhölzern zwischen 2 und 5 mm, die Breite in tangentialer Richtung schwankt zwischen 0,02—0,04 mm; bei den Laubhölzern beträgt die Länge der Tracheiden im Durchschnitt 0,5—1,0 mm, während die eigentlichen Holzfasern (Libriformfasern) zwischen 0,9—1,5 mm (Mittel aus 534 Arten 1133 μ) Länge variieren. (Zusammenstellung bei METCALFE-CHALK[4]). Die Gefäßglieder sind durchwegs kürzer (vgl. S. 98), die größte Häufigkeit liegt zwischen 0,2—0,6 mm (Mittelwert aus 600 Arten 533 μ), während der Durchmesser zwischen 40—80 μ (Mittel aus 1500 Arten 79,5 μ) liegt[4]. In nachstehender Tabelle sind die Dimensionen der wichtigsten Holzzellen auszugsweise zusammengestellt.

Tabelle III, 11.

a) Ausmaße von Nadelholzzellen in mm (aus TRENDELENBURG-MAYER-WEGELIN[5])

	Tracheiden		Markstrahlparenchym	
	Länge mm	Breite μ	Länge μ	Breite μ
Fichte	1,1—*3,4*—6,0	21—*31*—40	17—20	8—14
Tanne	1,6—*3,7*—5,7	18—*38*—58		
Kiefer	1,8—*3,1*—4,5	14—*35*—46		15—35
Lärche	1,4—*3,5*—6,2	24—*38*—52	20—24	
Nadelhölzer allgemein	0,3—*2,0*—*5,0*—11,0	10—*20*—*40*—80	10—16	20—50

[1] FORSAITH, C. C.: Ecology 1, 124 (1920).

[2] Siehe S. 107, Fußnote 1.

[3] Siehe S. 107, Fußnote 3.

[4] METCALFE, C. R., u. L. CHALK: Anatomy of the Dicotyledons. Oxford: Clarendon Press 1950.

[5] Siehe S. 66, Fußnote 1.

b) Ausmaße von Laubholzzellen in μ (z. T. gleiche Quelle)

	Gefäßglieder		Fasern		Tracheiden Länge
	Länge μ	Durchmesser μ	Länge μ	Durchmesser μ	μ
Edelkastanie	250	15—500	600—1570	10—30	
Eiche	100—400	10—400	600—1600	10—30	500—900
Esche	150—250	14—350	150—1600	9—50	300—800
Pappel	500	20—150	700—1600	20—44	
Weide	200—450	20—120	830—1310	20—30	
Birke	300—600	30—130	800—1600	14—40	
Ahorn	300	30—110	670—1080	10—20	
Erle	770	50	1010	23	
Buche	300—700	5—100	600—1300	16—22	500—1000
Hainbuche	400—700	16—80	860—1300	20	400—800
Ceiba pentandra[1] . . .			1420—2440 *1790*		
Alstonia congensis[1] . .			1200—2160 *1680*		
Musanga Smithii[1] . .			940—1980 *1380*		
Eucalyptus globulus[1] .			1000—1480 *1210*		

Bezüglich der Methodik der Bestimmung von Zelldimensionen muß auf die einschlägige Literatur verwiesen werden (z. B. JAYME und HARDERS-STEINHÄUSER sowie LIEBERT[2]. Zur genaueren Charakteristik der Faserlängen genügt die Angabe von Mittelwert und Extremwerten häufig nicht, es muß vielmehr vielfach auch die Verteilungskurve angegeben werden. Die Messung geschieht meist an Macerationspräparaten, von Schnitten ist nur der tangentiale zu Messungen brauchbar, da nur in diesem die flachen keilförmigen Enden der Tracheiden in hrer ganzen Länge sichtbar sind (HUBER[3]).

Bereits SANIO[4] hatte festgestellt, daß die Länge der Tracheiden der Kiefer bis zu einem Alter von 30—50 Jahren zunimmt, worauf sie konstant bleibt oder in späteren Jahren wieder absinkt, was auch neuere Untersuchungen immer wieder bestätigt haben[5]. Bei der Fichte und der Tanne nimmt sie von 1 mm Länge im ersten Jahr auf 3 mm bei 20jährigen und 4,5 mm bei 80jährigen haubaren Stämmen zu (vgl. TRENDELENBURG[6]); bei Laubhölzern ist die Zunahme nicht so bedeutend, sie beträgt nicht über 100%. Entsprechend hierzu nimmt die Faserlänge der äußersten Jahresringe mit zunehmender Stammhöhe ab, da die Triebe zu einem immer späteren Zeitpunkt gebildet wurden und daher jünger sind (vgl. TRENDELENBURG[5]). Ferner rückt die Zone maximaler Faserlänge mit jedem neugebildeten Jahresring etwas stammaufwärts (LEE und SMITH[7]). Abfallholz, das beim Besäumen von Brettern anfällt, besitzt daher günstigere Faserlängen und ist

[1] Siehe S. 107, Fußnote 1.

[2] JAYME, G., u. M. HARDERS-STEINHÄUSER: Bestimmung von Faserlängen in Zellstoffen. In H. FREUND, Handbuch der Mikroskopie in der Technik, Bd. 5, S. 545. Frankfurt/M.: Umschau-Verlag 1952. — LIEBERT, E.: Die Mikroskopie des Papiers und seiner Rohstoffe. In H. FREUND, Handbuch der Mikroskopie in der Technik, Bd. 5, S. 573. Frankfurt/M.: Umschau-Verlag 1952.

[3] HUBER, B.: Mikroskopische Untersuchung von Hölzern. In H. FREUND, Handbuch der Mikroskopie in der Technik, Bd. 5, S. 79. Frankfurt/M.: Umschau-Verlag 1952.

[4] SANIO, C.: Jb. wiss. Bot. 8, 401 (1872).

[5] Siehe S. 66, Fußnote 1.

[6] TRENDELENBURG, R.: Papierfabr. **34** (1936). — BROWN, H. P., A. J. PANSHIN u. C. D. FORSAITH: Textbook of Wood Technology. New York, Toronto, London 1949, 1952. — ANDERSON, E. A.: J. of Forestry **49**, 38 (1951).

[7] LEE, H. N., u. E. M. SMITH: For. Quart. **14**, 671 (1916).

als meist gesundes Holz für die Papierindustrie daher sehr wertvoll. Das dichtere Druckholz besitzt im allgemeinen kürzere Fasern als normal gewachsenes, woraus sich, abgesehen von der stärkeren Lignineinlagerung bei Nadelholz, auch die geringere Eignung von Astholz als Faserrohmaterial ergibt.

Auch nach Erreichen ihrer maximalen Länge ist die Faserlänge innerhalb einer Holzart keineswegs einheitlich, sondern schwankt innerhalb einer oft erheblichen Streuungsbreite, so daß nur Verteilungsdiagramme eine richtige Vorstellung über die vorliegenden Faserlängen vermitteln können.

Die Dimensionen der Zellen ändern sich auch mit den Wuchsbedingungen. Langsam gewachsenes Holz besitzt engere und längere Tracheiden als schnell gewachsenes mit breiteren Jahresringen (Hägglund[1], vgl. Trendelenburg[2,3]). Dementsprechend sind auch die Faserlängen des Spätholzes in der Regel größer, bei den Laubhölzern bis um 168%, bei den Nadelhölzern nur etwa um 10% (Holzer-Lewis[4], Bisset-Dadswell-Amos[5], vgl. auch Spurr-Hyvärinen[6]).

Tabelle III, 12. *Faserlänge und entsprechende Höhen über dem Boden* (Douglasie, nach Lee u. Smith[10])

Jahre	maximale Faserlänge mm	in ... Fuß über dem Boden
30	3,52	10
70	5,26	34
110	6,07	42
150	6,17	48
190	6,31	98

(Gesamthöhe des Baumes 141 Fuß)

Auch der Durchmesser der Zellen ändert sich mit dem Alter. Nadelholztracheiden nehmen in tangentialer Richtung nur wenig, in radialer Richtung dagegen mit zunehmendem Alter bedeutend zu, besonders ausgeprägt sind die Unterschiede im Frühholz: der radiale Durchmesser der Kiefertracheiden nimmt z. B. (nach Schwarz[7]) bei einem im zweiten Jahrzehnt stehenden Stamme vom Früh- zum Spätholz von 37 auf 18 μ, bei 115—119jährigen Kiefern dagegen von 55 auf 19 μ ab; der radiale Durchmesser der Spätholztracheiden bleibt praktisch unverändert. Auch die Gefäßweite steigt mit zunehmendem Alter, bei dem Holz der Ulme z. B. von 100 μ bei 3jährigen Pflanzen auf 300 μ tangentialem Durchmesser bei 60 Jahre alten Stämmen (Clarke[8]). Bei ringporigen Hölzern ist die Gefäßweite von Frühholz und Spätholz naturgemäß sehr stark verschieden (der Unterschied kann bis 1:10 betragen), aber auch bei zerstreutporigen Hölzern läßt sich eine wenn auch geringe Abnahme der Gefäßweite beobachten (nach Trendelenburg[3] beträgt der Flächenanteil der Gefäße im Querschnitt des Frühholzes 24,2%, im Spätholz nur 5%. Auffallend ist, daß tropische zerstreutporige Hölzer sehr geringe Gefäßweiten aufweisen, die unter denen der Frühholztracheen einheimischer Laubhölzer liegen, ein Umstand, der ökologisch nicht ganz erklärlich scheint [Huber-Prütz[9]]).

[1] Hägglund, E.: Papierfabr. **33**, 73 (1935).

[2] Siehe S. 107, Fußnote 2.

[3] Siehe S. 66, Fußnote 1.

[4] Holzer, W. F., u. H. F. Lewis: Tappi **33**, Nr. 2, 110 (1950).

[5] Bisset, O. J. W., H. E. Dadswell u. G. L. Amos: Nature (London) **165**, Nr. 4192, 348 (1950).

[6] Spurr, S. H., u. Matti J. Hyvärinen: Biol. Rev. **20**, 561 (1954). (Zusammenfassende Übersicht über Faserlängen mit ausführlicher Bibliographie).

[7] Schwarz, F.: Physiologische Untersuchungen über Dickenwachstum und Holzqualität von Pinus silvestris. Berlin 1899.

[8] Clarke, S. H.: For. Prod. Res. Labor. London Bull. 7 (1930); zit. nach Trendelenburg 3.

[9] Siehe S. 107, Fußnote 1.

[10] Siehe S. 109, Fußnote 7.

Auch die Wandstärke der Fasern resp. Fasertracheiden wechselt, an Stämmen unter schlechten Wachstumsbedingungen (Hochgebirge, Unterdrückung durch andere Bäume, Fraßschäden) bleiben die Wände dünn. Ferner nimmt die Wanddicke vom Stamm in die Krone meist etwas ab. Zwischen Früh- und Spätholz sind die Unterschiede meist sehr ausgeprägt, die Dicke kann im Spätholz bis zum Dreifachen der Wandstärke des Frühholzes ansteigen (bei der Kiefer oder Fichte beträgt die Wandstärke des Frühholzes 2—4 μ, die des Spätholzes 6—8 μ [OMEIS[1]] bei der Sitkafichte steigt die Wandstärke gegen die Jahresringgrenze von 2,5 auf 6,7 μ an [KOEHLER[2]]). Der Übergang vom Früh- zum Spätholz kann allmählich erfolgen wie bei der Fichte oder aber plötzlich, was zu den scharf abgesetzten Jahresringen z. B. der Lärche führt. Namentlich im Spätholz sind in der Regel die Radialwände stärker als die Tangentialwände. Druckholz ist gleichfalls durch stärkere Wanddicken ausgezeichnet, wovon vor allem das Spätholz betroffen ist.

3. Porenvolumen und Wichte

Der Anteil der Zellwandsubstanz an dem Volumen des Holzes hängt vor allem von den mengenmäßigen Anteilen der einzelnen Zellarten ab. Hoher Anteil der Gefäße und anderer weitlumigerer Elemente bedingt größeres Porenvolumen und damit geringeres spezifisches Gewicht des Holzkörpers, umgekehrt ist in schweren Hölzern der Anteil der Hartfasern und anderer englumiger Elemente hoch. Bei annähernd konstantem spezifischen Gewicht der verholzten Zellwand (im Durchschnitt 1,48—1,51) schwankt das spezifische Gewicht des Porenkörpers Holz (seine „Wichte") innerhalb weitester Grenzen, sie wird eigentlich nur durch physiologische Gründe begrenzt. Bei Unterschreiten eines bestimmten minimalen Festanteils ist der Stamm außerstande, das Gewicht seiner Krone zu tragen und dem Sturm usw. Widerstand zu leisten. Das leichteste Holz, *Balsa* (Südamerika) besitzt mit einer Wichte von 0,13 g/cm^3 etwa 90% Porenraum; für das Holz des afrikanischen Schirmbaumes wird eine Wichte von 0,20—0,25 g/cm^3 und damit ein Porenvolumen von etwa 85% angegeben (TRENDELENBURG[3]). Anderseits kann Holz, dessen Porenvolumen einen bestimmten minimalen Anteil unterschreitet, nicht mehr genügend Wasser nachleiten. Der Maximalwert der Wichte wasserführender Splinthölzer liegt um 1,0 g/cm^3 (RECORD[4]). Nicht mehr der Leitung dienendes Kernholz kann wesentlich höhere Wichten besitzen, es wurden Werte bis 1,3 und darüber gemessen (vgl. TRENDELENBURG-MEYER-WEGELIN[5]). Die Wichten der einheimischen Holzarten schwanken zwischen 0,45 und 0,85. Bedeutende Unterschiede ergeben sich zwischen Früh- und Spätholz (der sog. Wichtekontrast); seine Bestimmung wird vor allem durch eine elegante photometrische Methode (Lichtdurchlässigkeit angefärbter Holz-Querschnitte, MÜLLER-STOLL[6]) ermöglicht. Das Frühholz der Nadelhölzer kann mit 80% Porenvolumen gleichfalls recht locker gebaut sein. Die Wichten von Früh- und Spätholz verhalten sich bei Nadelhölzern etwa 1:2—1:3, ringporige Laubhölzer können an diese Werte heranreichen, zerstreutporige besitzen mit etwa 1:1,5 einen wesentlich geringeren Wichtekontrast (Esche), er erreicht bei Birke, Pappel, Weide den Wert 1 (vgl. TRENDELENBURG[5], daselbst auch Zusammenstellung weiterer Werte für die Wichte des Holzes).

---

[1] OMEIS, E.: Forstl. naturwiss. Z. 4, 137 (1895).

[2] KOEHLER, A.: U. S. Dept. Agr. Techn. Bull. 342 (1933).

[3] TRENDELENBURG, R.: Z. Weltforstwirtsch. 8, 93 (1941/42).

[4] RECORD, S. J.: Identification of the Timbers of temperate North America. New York 1934.

[5] Siehe S. 66, Fußnote 1.

[6] MÜLLER, STOLL, W. R.: Planta (Berlin) **35**, 397 (1947); Forstwiss. Zbl. **68**, 21 (1949).

§ 18. Kurze makroskopische und mikroskopische Charakteristik einiger für die Cellulosetechnik wichtigeren Fasern

1. Vorbemerkung

Nachstehend soll in Ergänzung zu den allgemeinen Ausführungen der vorigen Abschnitte eine kurze Charakteristik der anatomischen Merkmale sowie einiger wichtigerer Eigenschaften cellulosetechnisch wichtiger Fasern gegeben werden. Die Darstellung beschränkt sich auf qualitative Merkmale, quantitative Angaben sind nur gelegentlich eingefügt, da die Dimensionen außerordentlich starken Schwankungen unterliegen, die oft genug größer sind als die Unterschiede zwischen den einzelnen Arten. Es sei hier auf das in § 16 Gesagte bzw. auf die einschlägige Spezialliteratur der Papier- und Cellulosetechnik verwiesen (Literatur z. B. bei JAYME-HARDERS-STEINHÄUSER[1], SPURR-HYVÄRINEN[2]).

Die Pflanzen sind unter ihrer wissenschaftlichen lateinischen Bezeichnung unter Beifügung gebräuchlicher Synonyma und Angabe der Familie, der die betreffende Art zugehört, angeführt; ferner wurden die jeweils gebräuchlichsten deutschen und teilweise auch englischen Bezeichnungen hinzugesetzt. Es muß aber beachtet werden, daß diese, namentlich die englischen, Bezeichnungen keineswegs immer eindeutig sind, manche gelten für mehrere Holzarten (bis zu 40!), die freilich handelsmäßig nicht immer unterschieden werden, botanisch aber selbstverständlich genau zu trennen sind. Ausführliche Namensverzeichnisse für die verschiedensten Sprachen finden sich nebst Beschreibungen makroskopischer Merkmale und wichtigerer Eigenschaften bei BÄRNER[3] (allerdings ohne Register). An weiterer wichtiger Literatur zur Holzanatomie seien SCHMIDT[4], GREGUSS[5], BROWN-PANSHIN-FORSAITH[6], METCALFE-CHALK[7], KNUCHEL[8], PHILLIPS[9], WIESNER[10] sowie die Tappi-Normen[11] genannt. Eine ausführliche Bibliographie von holzanatomischen Gebietsmonographien findet sich bei HUBER[12] Bei der Beschreibung der Bastfasern usw. folgen wir vornehmlich WIESNER[10], TOBLER-WOLFF[13] und Tappi-Standards[11]. In der botanischen Nomenklatur und der Anführung der Autorenbezeichnungen (auf die namentlich bei den ausländischen Nadelhölzern angesichts der vielen Synonyma auf keinen Fall verzichtet werden kann) folgen wir, soweit es sich um in Mitteleuropa heimische Pflanzen handelt, MANSFELD, im übrigen ENGLER-PRANTL; die Nadelhölzer werden im Anschluß an BEISSNER-FITSCHEN[14] sowie an das Holzarten-Lexikon von KNUCHEL[8] (hinsichtlich Anführung der gebräuchlichen Synonyma) bezeichnet.

2. Nadelhölzer

a) Allgemeine Charakteristik

Holz einfach und gleichmäßig gebaut, Gefäße fehlen durchweg. Tracheiden in radialen Reihen, die nur durch vorhandene Harzgänge unterbrochen werden. Markstrahlen gleichfalls ungestört in radialer Richtung verlaufend, meist einschichtig, nur die radial verlaufende Harzgänge führenden Markstrahlen mehrschichtig.

---

[1] Siehe S. 109, Fußnote 2. [2] Siehe S. 110, Fußnote 6.

[3] BÄRNER, J.: Die Nutzhölzer der Welt. 3 Bde. (unvollst.). Neudamm: Neumann 1942.

[4] SCHMIDT, E.: Mikrophotographischer Atlas der mitteleuropäischen Hölzer. Neudamm: Neumann (1941); Überseehölzer. Berlin 1951.

[5] GREGUSS, P.: Identification of the most important genera of firs (= Gymnospermenhölzer) based on xylotomy. Acta Univ. Szeged. 3 (1944—47) u. 4 (1949); Bestimmung der mitteleuropäischen Laubhölzer und Sträucher auf xylotomischer Grundlage, Budapest 1945. Ungar. Naturwiss. Museum; Xylotomische Bestimmung der heute lebenden Gymnospermen. Budapest, Akédemiai Kiadó 1955.

[6] Siehe S. 109, Fußnote 6. [7] Siehe S. 108, Fußnote 4.

[8] Siehe S. 82, Fußnote 7.

[9] PHILLIPS, E. W. J.: Identification of Softwoods by their microscopie structure. Deptm. Scient. and Industr. Res., Forest Products Res. Bull. 22. London 1948.

[10] Siehe S. 85, Fußnote 3.

[11] Tappi-Standards. T 8 sm—40.

[12] Siehe S. 109, Fußnote 3.

[13] TOBLER-WOLFF, F. u. G.: Mikroskopische Untersuchung pflanzlicher Faserstoffe. Leipzig: S. Hirzel 1951.

[14] MANSFELD, R.: Verzeichnis der Farn- und Blütenpflanzen des Deutschen Reiches. Jena: Gustav Fischer (1940). — A. ENGLER u. K. PRANTL: Die natürlichen Pflanzenfamilien. 1. Aufl. Leipzig: Engelmann (1887—1899). — BEISSNER, L., u. J. FITSCHEN: Handbuch der Nadelholzkunde. 2. Aufl. Berlin: Parey (1930).

b) Spezielle Beschreibungen

Pinaceae:

Picea Abies (L.) KARSTEN. (Synonym: *Picea excelsa* LINK) Fichte, Rottanne (engl. Common Spruce).

Reifholz, d. h. Splint und Kern gleich weißlichgelb bis strohgelb, zuweilen (auf feuchteren Standorten) etwas rötlich gefärbt. Markstrahlen mit freiem Auge nicht

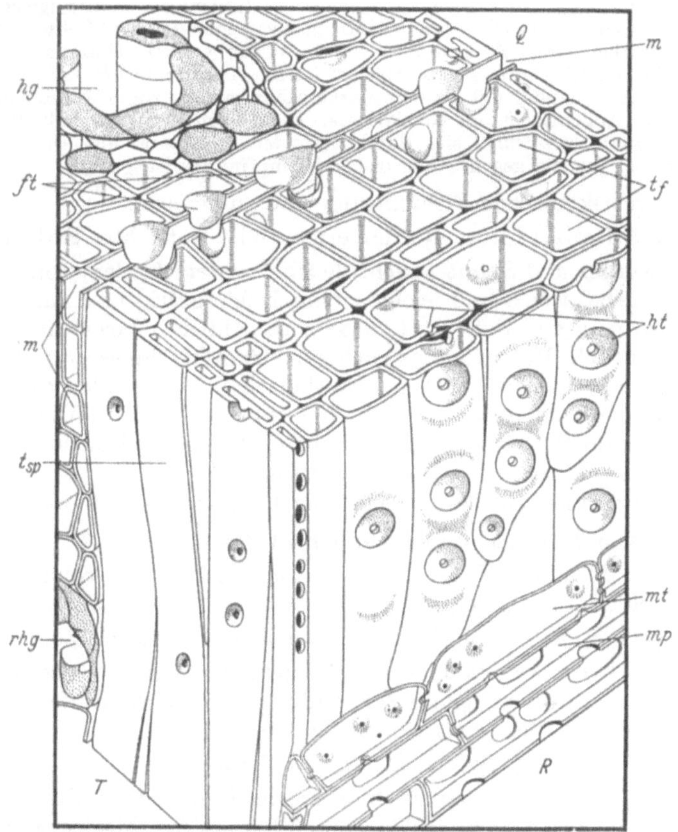

Abb. III, 43. Übersicht über den Bau eines Nadelholzes. t_f Tracheiden des Frühholzes, t_{sp} Tracheiden des Spätholzes, *m* Markstrahl, *mt* Markstrahltracheiden, *mp* Markstrahlparenchym, *ht* Hoftüpfel zwischen den Tracheiden, *ft* Fenstertüpfel zwischen Markstrahlzellen und Tracheiden, *hg* Harzgang (in der Längsrichtung des Stammes verlaufend) mit Epithelzellen, *rgh* Harzgang, radial im Markstrahl verlaufend. *Q* Querschnitt, *R* Radialschnitt, *T* Tangentialschnitt. (Northern white pine nach WISE)

kenntlich, am Radialschnitt oft einen feinen Spiegelglanz bildend. Harzgänge als feine Nadelrisse (Längsschnitt) oder feine dunkle Pünktchen (Querschnitt) (bes. mit Lupe) kenntlich. Jahresringgrenzen scharf, Übergang von Früh- zur Spätholzzone allmählich.

Holz nur aus Tracheiden (Gefäß- und Fasertracheiden) aufgebaut, Holzparenchym fehlt. Hoftüpfel nur an den Radialwänden der Tracheiden und meist einreihig, Enden der Tracheiden meist flachspitzig unverzweigt. Länge der Tracheiden 3—4 mm, Durchmesser 21—40 μ. Markstrahlen einreihig, nur die Harzgänge führenden mehrschichtig; Markstrahlparenchym ober- und unterseits von 1—2 Reihen Markstrahltracheiden begleitet, Zellwände der Markstrahltracheiden nicht gezackt, nur an der Außenseite oft leicht gewellt. In den Kreuzungsfeldern von Markstrahlzellen und Tracheiden bis 6 Tüpfel. Harzgänge relativ spärlich, mit dickwandigen harzausscheidenden Epithelzellen.

Die Fichte ist einer der wichtigsten europäischen Faserholzbäume. Sie ist über ganz Mittel-, Nord- und Osteuropa verbreitet, reicht bis an die arktische und alpine Baumgrenze und erreicht (als Subspezies *Picea excelsa* LINK var. *obovata* LEDEB., bzw. auch als eigene Art *Picea obovata* ANT.), den Stillen Ozean (Kamtschatka und Amur-Gebiet). Auch innerhalb des Verbreitungsgebietes kommen mehrere Abarten vor, nach Zapfenfarbe und Rinde, Kronenform (Hänge- und Säulenfichte, Kugelfichte), nach der Zapfenform (rotzapfige oder Spätfichte mit leichtem und leichter bearbeitbarem Holz, grünzapfige oder Frühfichte mit schwererem und schwerer bearbeitbarem Holz) u. a. m. unterschieden werden. Holzanatomisch bestehen kaum Unterschiede. Eine interessante Spielart ist die Haselfichte *(P. excelsa l. fissilis)* der österreichischen Alpenländer mit an den Markstrahlen eingekerbten Jahresringen und entsprechend rilliger Außenfläche des Holzkörpers. Die Fasern sind länger als die der gewöhnlichen Fichte, das Holz zeichnet sich durch besondere Elastizität aus, wodurch der Baum besonders in seiner Jugend gegen Schneedruck unempfindlich ist.

Von nordamerikanischen Fichtenarten sind zu nennen:

Picea rubra (LAMB.) LINK. Nordamerikanische Rotfichte, Red Spruce.

Holz des Kernes und Splintes nicht deutlich unterschieden, von hellgelblicher bis rötlicher Farbe, weich und leicht, ziemlich feinfaserig und am Radialschnitt glänzend; Übergang von Früh- zu Spätholz allmählich. Markstrahlen mit freiem Auge nicht kenntlich, Harzgänge spärlich, 50—90 μ Durchmesser, mit freiem Auge eben noch sichtbar, mit dickwandigen Epithelzellen. Tracheiden 28—42 μ Durchmesser, nur an den Radialwänden spärlich getüpfelt. Markstrahltracheiden randständig, nicht gezackt, Tüpfel in den Kreuzungsfeldern weit auseinandergerückt, oval bis eckig, 1—6 (meist 2—4) pro Kreuzungsfeld.

Vorkommen: Neuschottland bis Neubraunschweig, Quebec, Nord-Karolina, Tennessee.

Dem Holz von *Picea rubra* sehr ähnlich ist das von

Picea glauca (MOENCH) VOSS (syn. *P. canadensis* BRITTON, STERNS et POGGENBERG), der Weißfichte und der von

Picea Engelmannii (PARRY) ENGELM., der ENGELMANN-Fichte.

Diese beiden Arten werden unter der Bezeichnung White Spruce gehandelt und finden auch zur Zellstofferzeugung Verwendung. Die Markstrahlen von *P. Engelmannii* sind etwas deutlicher als bei den übrigen Fichten.

Picea sitchensis CARR. Sitkafichte (Sitka Spruce).

Holz des Splintes hellgelb bis strohfarben, des Reifkernes hellbraun bis rötlichbraun, glänzend. Weich und leicht, ziemlich feinfaserig. Markstrahlen unkenntlich, außer die Harzgänge führenden, Harzgänge selbst ziemlich groß (bis 90 μ Durchmesser), häufig paarweise oder in Gruppen zu drei. In den Kreuzungsfeldern zwischen Markstrahlzellen und Tracheiden 1—4 (meist 2—3) Tüpfel.

Verbreitung vor allem Küste des Pazifischen Ozeans. Außer zur Papiererzeugung zu zahlreichen anderen Zwecken (Bau- und Möbelholz, Flugzeugbau usw.) verwendet. *P. sitchensis* wird als größte unter den Fichten bis 60 m hoch.

Ferner wäre noch als Papierholz *Picea mariana* (MILL.) BRITTON, STERNS et POGGENBERG (Nordamerikanische Schwarzfichte, Black Spruce) zu nennen.

Abies alba MILL. (syn. Abies *pectinata* DC.) Tanne, Weißtanne (Common silver fir).

Gelblichweißes oder schwach rötlichweißes Holz (heller als das Holz der Fichte) ohne erkennbaren Kern. Holz weich und leicht, mit scharf abgesetzten Spätholzzonen und regelmäßigen Jahresringen; Splintholz sehr wasserreich, so daß die Grünwichte bis 1,20 betragen kann. Markstrahlen mit freiem Auge nicht kenntlich, Harzgänge fehlen, nur im Wundholz treten Harzgänge auf.

Holz hauptsächlich aus Tracheiden aufgebaut, Faserlänge im allgemeinen 3—4 mm, Tracheiden nur an den Radialwänden mit einer Reihe Hoftüpfeln versehen. Parenchym findet sich spärlich nur an der Jahresringgrenze. Die Markstrahlen sind unkenntlich, einschichtig, nur aus Markstrahlparenchym zusammengesetzt und 15 bis über 40 Zellen hoch. In den Kreuzungsfeldern 1—4 (im allgemeinen 3) behöfte Tüpfel; in den Markstrahlzellen gelegentlich Calciumoxalatkristalle.

Verbreitung Südeuropa (Apennin, Pyrenäen, Mazedonien), Mitteleuropa bis Thüringen, Sachsen, Schlesien, Galizien, Bukowina und Siebenbürgen, steigt in den Südalpen bis 2000 m, in den Alpen bis 1300 m empor. Kaum Spielarten.

Von ausländischen (nordamerikanischen) Tannenarten kommen als Zellstofflieferanten insbesonders in Betracht:

Abies balsamea (L.) MILL. Balsam Fir.

Abies grandis LINDL. White Fir, Lowland White Fir.

Abies amabilis FORB. Silber-Purpurtanne, Silver Fir.

Abies nobilis L NDL. Edeltanne, Noble Fir.

Abies concolor LINDL. et GORD., Kalifornische Tanne, White Fir.

Holzanatomisch unterscheiden sich diese Hölzer kaum von der Weißtanne *Abies alba*; sie werden als Celluloseholz vielfach gemeinsam gehandelt und oftmals auch gleich bezeichnet.

Pinus silvestris L. Föhre, Kiefer.

Weiches, jedoch sehr dauerhaftes Holz mit breitem, gelblichem bis rötlichweißem Splint und bräunlichrotem Kern (Färbung des Kernes oft erst nach der Fällung hervortretend). Jahresringe deutlich abgesetzt, Markstrahlen mit freiem Auge unkenntlich; Harzgänge im Querschnitt als dunkle Punkte, am Längsschnitt als Nadelrisse deutlich sichtbar, mit dünnwandigen Epithelzellen ausgekleidet (Unterschied gegenüber Fichte!). Die Harzgänge sind von Holzparenchym umgeben, das eine geschlossene Scheide bilden kann. Tracheiden mit zahlreichen Hoftüpfeln an den Radialwänden, meist einreihig. Markstrahlen einschichtig nur die Harzgänge führenden mehrschichtig; das Markstrahlparenchym wird beiderseits von je 1—3 Reihen Markstrahltracheiden eingesäumt, deren Zellen stark verdickt und grob gezackt sind und zahlreiche Tüpfel (im Frühholz einfach, gegen das Spätholz zu behöft) aufweisen. Nur ein großes fensterartiges Tüpfel im Kreuzungsfeld von Markstrahlparenchym und Tracheiden (nur selten 2), im Frühholz sind diese Tüpfel einfach, gegen das Spätholz schlitzförmig und behöft. Das Parenchym des Kernholzes enthält meist reichlich Harz.

Pinus silvestris ist ein Baum mit außerordentlich großer ökologischer Amplitude, das Verbreitungsgebiet umfaßt Gebiete zwischen 400 und 1000 mm jährlicher Niederschlagshöhe, es reicht von SW-Europa über Mittel- nach Nord- und Osteuropa und findet seine Grenze sowohl fast an der arktischen und alpinen Baumgrenze wie am südrussischen Steppengebiet: ostwärts kommt die Kiefer bis in das Amurgebiet vor. Dementsprechend ist auch die Qualität des Holzes je nach Provenienz sehr unterschieden. So besitzt die Schwedische Kiefer mit 20—30 μ Tracheidendurchmesser erheblich feinere Fasern als es dem Durchschnitt (35 μ) entspricht (JOHANSSON, nach MAYER-WEGELIN[1]).

Die verwandte, am Alpenostrand vorkommende österreichische Schwarzkiefer *Pinus nigricans* HOST. (syn. *P. austriaca* HÖSS) besitzt ähnlich gebautes Holz und läßt sich holzanatomisch nicht von *P. silvestris* unterscheiden. Der Markstrahlkoeffizient (Verhältnis von Markstrahlparenchym zu Markstrahltracheiden) nach SCHROEDER[2] hat sich nach HUBER[3] als unsicheres Unterscheidungsmerkmal

[1] Siehe S. 66, Fußnote 1.

[2] SCHRÖDER, J.: Thar. Forstl. Jb. **22**, 45 (1872).

[3] HUBER, B.: Forstw. Zbl. **68**, 456 (1940).

erwiesen (nur extrem parenchymarme Markstrahlen deuten auf *Pinus silvestris*). Das Holz ist etwas rötlichbraun, grobfaseriger als das von *Pinus silvestris*, besitzt einen breiteren Splint (er nimmt die Hälfte bis $^2/_3$ des Stammradius ein) und ist harzreicher (Pecherei!).

Pinus Strobus L. Weymouthskiefer, Strobe (White Pine) (Vgl. Abb. III, 43).

Splintholz gelblich, Kernholz bräunlichweiß, hellrötlich bis gelblichrötlich; sehr weich, leicht und feinfaserig. Jahresringe breit, ungleich, Übergang von Früh- zum Spätholz verlaufend. Kernholz innen heller, gegen außen, dem Splint zu, stark nachdunkelnd. Harzgänge als helle Pünktchen kenntlich, zahlreich (90 bis 120 μ ⌀), mit dünnwandigen Epithelzellen (die radiär verlaufenden wesentlich enger, 60 μ ⌀), hauptsächlich in den mittleren Teilen des Jahresringes liegend. Tracheiden 25—30 μ ⌀, in den Spätholztracheiden auch die Tangentialwände mehr oder weniger getüpfelt, im Frühholz nur die Radialwände. Markstrahlen unkenntlich, nur aus Markstrahlparenchym bestehend, in den Kreuzungsfeldern 1—3 (meist 2) Tüpfel.

Pinus Strobus ist eine aus Nordamerika eingeführte Holzart, die sich aber in Mitteleuropa gut akklimatisiert hat (in Bayern ist sie mit gutem Erfolg angepflanzt worden). Ihre Heimat sind die nordöstlichen Teile der Vereinigten Staaten von Nordamerika.

Das Holz der fasertechnisch allerdings nicht verwendeten Zirbe, *Pinus Cembra* L., ähnelt holzanatomisch weitgehend dem der Strobe, nur sind die Jahresringe gleichmäßiger und enger.

Im westlichen Nordamerika findet sich eine Varietät

Pinus Strobus var. *monticola* NUTT. (syn. *Pinus monticola* DOUGL.), die Westamerikanische Weymouthsföhre (Western White Pine) mit sehr leichtem, weichem Holz von dunklerer Farbe als das der östlichen Art; Jahresringe gleichmäßiger mit nur wenig unterschiedenem Spät- und Frühholz. Markstrahlen schmal und undeutlich, Harzgänge größer als bei *P. Strobus*. Tracheiden wie bei Strobe 40 bis 50 μ ⌀, aber öfter mit paarweisen Hoftüpfeln im Frühholz; 1—4 (meist 1—2) fensterartige Tüpfel in den Kreuzungsfeldern.

Pinus ponderosa DOUGL. Gelbkiefer, Ponderosa Pine, Yellow Pine, leichtes bis schweres festes Holz von weißer bis bleichgelber Farbe des Splints und gelblichrötlichem bis orangebraunem Kern, feinfaserig, ziemlich spröde. Grenze zwischen Früh- und Spätholz scharf. Markstrahlen fein, kaum sichtbar, aus Parenchym und Tracheiden zusammengesetzt, letztere mit zackig verdickten Wänden. Harzgänge als dunkle Punkte oder Striche (im Längsschnitt) mit freiem Auge kenntlich, 90—120 μ ⌀. Tracheiden 30—40 μ ⌀, radiale Tüpfel in ein bis drei unregelmäßigen Reihen. 1—3 linsen- bis spaltförmige Tüpfel in den Kreuzungsfeldern.

Hauptverbreitung westliches Nordamerika bis Nord-Mexiko. Das Holz zeigt je nach Standort und Herkunft starke Unterschiede in seiner Beschaffenheit.

Pinus lambertiana DOUGL. Zuckerkiefer, Sugar Pine.

Leichtes gradfaseriges Holz mit gelblichweißem Splint und hellrotbraunem Kern. Jahresringe gleichmäßig weit, Früh- und Spätholz nur wenig voneinander unterschieden, Übergang vom Früh- zum Spätholz allmählich. Markstrahlen undeutlich, Harzkanäle als braune Flecken oder Striche (am Längsschnitt) deutlich erkennbar, bis 200 μ ⌀, mit dünnen Epithelzellen. Tracheidentüpfel in 1—2 Reihen an den Radialwänden, 1—2 Fenstertüpfel in den Kreuzungsfeldern.

Das Holz besitzt einen zusammenziehenden Geschmack; nach Verletzung fließt aus dem Kernholz ein zuckerhaltiger Saft, der zu einer kandiszuckerartigen Masse erstarrt. Verbreitungsgebiet Gebirge der westlichen Vereinigten Staaten (zwischen 900 und 2500 m).

Pinus banksiana LAMB. BANKs Kiefer, Jack Pine.

Ziemlich leichtes und weiches Holz mit weißem bis gelblichem Splint und hellbraunweißem bis rötlichbraunem oder strohfarbigem Kern. Übergang von Frühholz zum Spätholz scharf oder auch verlaufend, Holz ziemlich grobfaserig und spröde. Harzgänge als dunkle, bräunliche Flecke oder Striche (Längsschnitt) kenntlich, meist auf die mittleren Partien des Jahresringes beschränkt, Epithelzellen dünnwandig. Markstrahltracheiden mit gezackten Wänden. Hoftüpfel der Tracheen an den Radialwänden und einreihig, Tüpfel der Kreuzungsfelder breit linsenförmig bis fensterartig.

Vereinigte Staaten von Nordamerika; besiedelt gerne magere Böden und eignet sich zur Besiedlung von Ödland und Befestigung von Flugsand und Dünen. Wird oft mit Red Pine zusammen gehandelt.

Unter dem Namen Jack Pine wird vielfach auch *Pinus rigida* MILL., die Pechföhre verstanden, ein minderwertiges Holz mit breitem, gelblichem Splint und hellrötlichbraunem sehr harzigem Kern.

Pinus resinosa AIT. Amerikanische Rotkiefer, Norway Pine.

Mittelhartes und mittelschweres Holz mit gelblichem Splint, gelblich- bis rötlichbraunem Kern und harzigem Geruch. Ringe verschieden weit, Früh- und Spätholz scharf geschieden. Markstrahlen nicht kenntlich (nur die Harzgänge führenden mit freiem Auge sichtbar), Markstrahltracheiden mit gezackten Wänden. Tracheiden 35—42 μ ⌀, Hoftüpfel einreihig an den Radialwänden, in den Kreuzungsfeldern 1—2 Fenstertüpfel.

Pinus palustris MILL. Gelb-, Parkett- oder Sumpfkiefer. Echte Pitch Pine, Red Pine, Southern yellow Pine.

Harzreiches schweres grobfaseriges Holz mit gelblichweißem Splint und gelblich bis lichtbraunem, bisweilen rötlichbraunem Kern, ziemlich hart. Enge Jahresringe mit schroffem Übergang von Früh- zu Spätholz; Markstrahlen nicht kenntlich, Markstrahltracheiden mit stark gezackten Wänden. Harzgänge als braune Punkte oder Striche deutlich sichtbar. Tracheiden 35—45 μ ⌀, Hoftüpfel an den Radialwänden in einer Reihe. Tüpfel der Kreuzungsfelder linsen- bis schlitzförmig, 1—6 (meist 2—5).

Ähnlich dem Holz von *Pinus palustris* ist das von *Pinus taeda* L. (Loblolly Pine, Southern yellow Pine) gebaut, die Jahresringe sind bei letzterer wesentlich weiter voneinander entfernt, ferner auch *Pinus echinata* MILL. (Glattkiefer, Shortleaf Pine), sämtliche werden auch als Southern yellow Pine gehandelt.

Das Holz der in Mitteleuropa heimischen Lärche (*Larix europaea* DC. = *Larix decidua* MILL.) kommt als Faserholz wegen seiner vorzüglichen sonstigen Eigenschaften (und des damit zusammenhängenden Preises) nicht in Betracht, dagegen wird die Ostamerikanische Lärche (*Larix laricina* [DUROI] KOCH.), Black Larch oder Tamarack, als Pulpholz angeführt[1]. Das Holz ist feinfaserig, schwer und hart, schwindet und wirft sich stark; die Farbe des Splintholzes ist weiß bis gelblich, die des Kernholzes gelblichbraun ohne rötlichen Stich. Jahresringe breit und deutlich abgesetzt, Übergang von Früh- und Spätholz ebenfalls plötzlich; Markstrahlen sehr fein, am Radialschnitt gut sichtbar, ohne verdickte oder gezähnte Kantenzellen. Harzgänge als vertikale braune Linien kenntlich, mit dickwandigen Epithelzellen ausgekleidet, einzeln oder häufig paarweise liegend. Tracheiden 25—35 μ ⌀, sehr lang, im Spätholz mit Spiralverdickungen, im Frühholz ein bis zwei Tüpfelreihen an den Radialwänden; in den Kreuzungsfeldern 1—12 (meist 4—6) kleine ovale bis eckige Tüpfel.

---

[1] Siehe S. 112, Fußnote 11.

Pseudotsuga taxifolia (Poir.) Britt. (syn. *Pseudotsuga Douglasii* Carr.) Douglastanne, Douglas Fir, Douglasie.

Eines der wichtigsten Nutzhölzer nicht nur Nordamerikas. Mäßig hart bis hart, gradfaserig, leicht bis mittelschwer; Splint weiß bis gelblichweiß, Kern gelblich bis orangenrot, an der Luft gegen rötlichbraun nachdunkelnd. Jahresringe sehr scharf abgegrenzt, ebenso die Spätholzzonen gegen das Frühholz. Markstrahlen deutlich, im Radialschnitt braun und schmal, Markstrahltracheiden randständig und häufig mit Spiralverdickungen, aber nicht gezackt. Harzgänge deutlich, in Gruppen. Tracheiden im Frühholz mit Spiralverdickungen, an der Spätholzgrenze etwas Strangparenchym; in den Kreuzungsfeldern 1—6 (2—4) entfernte, ovale bis kreisrunde Tüpfeln.

Westküste der Vereinigten Staaten, von Nord-Mexiko bis Britisch-Columbien, besonders im Gebirge; als Papierholz weniger geeignet.

Dagegen sind die beiden folgenden Holzarten als Papierholz besonders geschätzt und wertvoll:

Tsuga canadensis (L.) Carr. Kanadische Hemlockstanne, Schierlingstanne, Eastern Hemlock, Canadian Hemlock.

Weiches bis mittelhartes Holz grobfaseriger Textur, leicht bis mittelschwer, spaltet leicht, spröde und oft schälrissig. Splint gelblichweiß, Kern rötlichbraun bis gelbbraun, Kern vom Splint meist nicht deutlich unterschieden. Jahresringe ungleich weit, Grenze zwischen Früh- und Spätholz scharf. Harzgänge fehlen. Tracheiden 28—40 μ ⌀, Hoftüpfel gewöhnlich nur einreihig. Markstrahlen mit glattwandigen, nicht gezähnten oder gezackten Tracheiden; 1—5 (meist 2—4) ovale bis eckige, gleich große Tüpfel in den Kreuzungsfeldern.

Tsuga heterophylla (Raf.) Sarg. Mertens Hemlock-Tanne, Westamerikanische Hemlockstanne, Western Hemlock; besitzt eine feinere Textur als Tsuga canadensis, Splint gelblich. Kern gelbbraun bisweilen etwas rötlich. Harzgänge fehlen, sie finden sich nur im Wundholz, dafür entstehen bei Verletzungen oft harzhaltige Zellen, die wie dunkle Streifen oder Taschen aussehen (Harztaschen). Wichtiger Rohstoff für Dissolving Pulp. Holzanatomisch nicht wesentlich von *Tsuga canadensis* unterschieden, in den Kreuzungsfeldern finden sich meist nur 2—3 Tüpfel.

Die Kanadische Hemlockstanne findet sich von Kanada an über das Gebiet der großen Seen, den St. Lorenz-Strom und das Alleghanygebirge bis nach Georgia, die Westamerikanische Hemlockstanne dagegen entlang der Küste von Nordkalifornien bis Alaska und landeinwärts in den Rocky Mountains.

Als Papierholz ist schließlich auch *Tsuga mertensiana* (Beng.) Carr. Berg-Hemlock, Black Hemlock zu nennen (Britisch-Kolumbia bis Kalifornien). Sie wird auch als Western Hemlock bezeichnet und wohl nicht immer von dieser unterschieden.

Taxodiaceae:

Sequoia sempervirens (Lamb.) Endl. Küstensequoie, Redwood (syn. *S. gigantea* Endl.).

Weiches und ziemlich leichtes Holz von gradfaseriger Beschaffenheit, brüchig und wenig schwindend, leicht trocknend. Splintholz fast weiß bis gelblichweiß, Kern mattrot bis tiefrotbraun, Jahresringe gleichmäßig, Früh- und Spätholz scharf geschieden. Harzgänge fehlen. Tracheiden dünnwandig 50—65 μ ⌀, am Längsschnitt oft als feine Nadelrisse mit freiem Auge kenntlich, mit 1—3 (4) (meist 1—2) Tüpfelreihen an den Radialwänden, Spätholz auch an den Tangentialwänden getüpfelt. Markstrahlen unkenntlich, ohne Markstrahltracheiden; in den Kreuzungsfeldern 1—3 (meist 2) schräge bis quereiförmige, nur auf der Tracheidenseite behöften Tüpfeln. Im Holz besonders Spätholz, reichlich Strangparenchym.

Das Holz der Sumpfzypresse *Taxodium distichum* (L.) RICH., Bald Cypress, ähnelt in seinem mikroskopischen Aufbau weitgehend dem von *Sequoia*, nur finden sich in den Tracheiden meist 3 Tüpfelreihen an den Radialwänden; wie dort ist das Innere der Zellen mit rotem Gerbstoff erfüllt.

Das Holz der Riesensequoia, *Sequoia gigantea* DECSN. spielt im Handel keine Rolle, da diese unter Naturschutz gestellt ist.

3. Laubhölzer

a) Allgemeine Charakteristik

Die *Laubhölzer* zeigen eine ungleich größere Mannigfaltigkeit ihres anatomischen Baues als die Nadelhölzer. Dies rührt einmal vom Vorkommen von Gefäßen her und weiter von der verschiedenen Anordnung der Zellelemente und ihre stark wechselnden Dimensionen her. Die Gefäße sind entweder mit freiem Auge unkenntlich oder kenntlich (d. i. ohne Vergrößerung

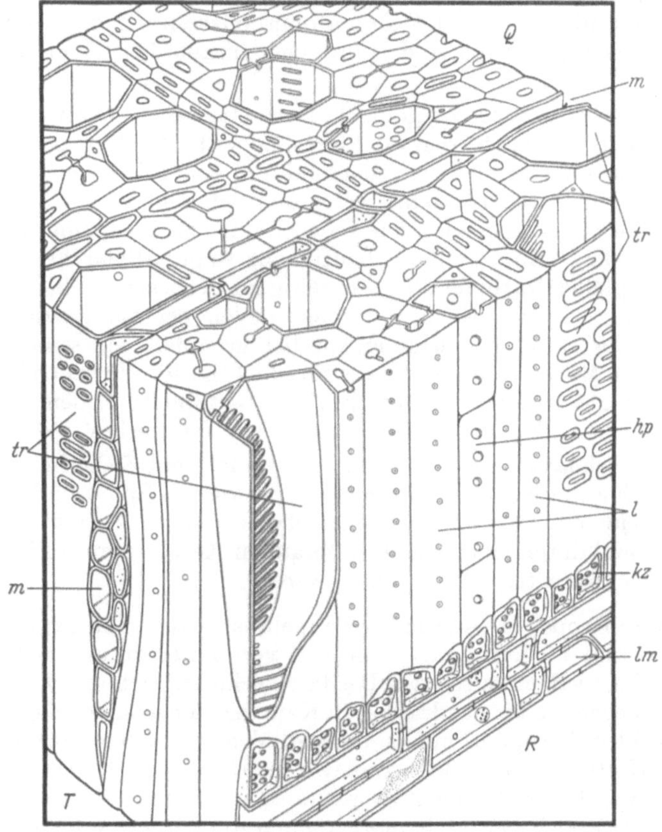

Abb. III, 44. Übersicht über den Bau eines Laubholzes. *tr* Tracheen (Gefäße), *l* Holz- (Libriform-)fasern, *hp* Holzparenchymzellen, *m* ein- bis zweischichtiger Markstrahl, *kz* Kantenzellen eines heterogenen Markstrahls, *lm* liegende Markstrahlzellen. *R* Radialschnitt, *Q* Querschnitt, *T* Tangentialschnitt. (Red gum nach WISE)

sichtbar); ihre Tüpfelung und die Art der Perforation der Querwand (vgl. S. 76) bilden weitere wesentliche Bestimmungsmerkmale, ebenso die Anordnung auf dem Jahresringquerschnitt (Ring- oder Zerstreutporigkeit). Die Jahresringgrenze ist bei Laubhölzern im allgemeinen viel weniger scharf als bei den Nadelhölzern, bei Hölzern tropischer Herkunft fehlt sie ganz oder sie ist nur sehr undeutlich. Der Anteil parenchymatischer Zellen ist im Laubholz meist größer als bei den Nadelhölzern. Die Markstrahlen sind vielfach mehrschichtig und dadurch auch schon mit dem freien Auge wahrnehmbar; Mannigfaltigkeit besteht ferner in der Ausbildung der Markstrahlzellen, vielfach besitzen die die Markstrahlen einsäumenden Zellen (die Kantenzellen) ein stark abweichendes Aussehen (heterogene Markstrahlen), oft sind sie sogar in der Längsrichtung der Stammachse gestreckt (prismatische Kantenzellen bei der Weide). In Größe und Mächtigkeit der Markstrahlen finden sich gleichfalls zwischen den einzelnen Holzarten starke und charakteristische Unterschiede. Durch alle diese Verschiedenheiten erhält das Holz auch bereits makroskopisch eine mannigfaltige Zeichnung und Maserung, die noch durch die verschiedene Färbung des Kernes infolge Einlagerung gefärbter Stoffe stark gesteigert wird.

Bei der Besprechung fasertechnisch wichtiger Holzarten kann jedoch eine gewisse Beschränkung geübt werden, zumal diese derzeit gegenüber den Nadelhölzern quantitätsmäßig noch ziemlich zurücktreten.

b) Spezielle Beschreibungen

Salicaceae: Salix L. Weide. Als Nutzhölzer sind in Europa *Salix alba* L. (Silberweide), *Salix fragilis* L. (Bruchweide) und in geringerem Maße *Salix caprea* L., die Salweide, von Bedeutung, in Nordamerika *Salix nigra* Marsh. (Schwarzweide, Black Willow). Holzanatomisch lassen sich die Weidenarten kaum eindeutig auseinanderhalten, so daß ihre gemeinsame Besprechung gerechtfertigt erscheint.

Das Holz ist hellweißlich bis gelblich, Kern oftmals etwas rötlich und gewässert (mit unregelmäßig verlaufenden dunkleren Zonen). Zerstreutporig mit unkenntlichen Gefäßen, Jahresringgrenze ist nur durch eine (oft unterbrochene) Schicht von Parenchym gebildet und daher wenig deutlich. Gefäße 80—120 μ ⌀ (im Spätholz unter 50 μ ⌀), einzeln oder in radialen Reihen zu 2—3, dünnwandig, Perforationen kreisförmig (Enden offen), häufig mit fingerartigen Fortsätzen; Wände reichlich getüpfelt (Hoftüpfel oft gegenseitig zu Sechsecken abgeplattet oder unregelmäßig angeordnet). Nach Greguss[1] fehlen bei *Salix caprea* Tracheiden. Fasern meist derbwandig, weitlumig, spärlich getüpfelt, mit stumpfen oder zugespitzten Enden. Markstrahlen fast stets einschichtig, 10—20 Zellen hoch, heterogen (Kantenzellen als aufrechtstehende reichlich getüpfelte Zellen ausgebildet, die Zellwände gleichen „den Maschen eines zierlichen Netzwerkes" [Wiesner[2] S. 512]).

Mikroskopisch lassen sich die Weidenarten nicht mit Sicherheit unterscheiden, makroskopisch ist *Salix alba* und *fragilis* durch weißen Splint und hellroten Kern, das der Salweide *(S. caprea)* durch einen etwas rötlichen Splint und die Schwarzweide *(S. nigra)* durch einen leicht nußbraunen Kern gekennzeichnet; die beiden erstgenannten Holzarten sind etwas schwerer.

Populus L. Pappel. Das Holz der Pappeln ist makroskopisch dem der Weiden sehr ähnlich und oft kaum mit Sicherheit von diesen zu unterscheiden. Mikroskopisch sind sie jedoch durch den Besitz einschichtiger hoher homogener Markstrahlen mit liegenden bis quadratischen Kantenzellen ausgezeichnet. Markstrahlzellen meist klein betüpfelt, nur an den radialen, zu Gefäßen führenden Wänden 2—4 große Hoftüpfel. Gefäße in radialen Gruppen zu dreien (deutlicher als bei *Salix*), dünnwandig, glatt oder (besonders an den tangentialen, an Gefäße grenzenden Wänden) reich betüpfelt, dort können die Tüpfel so dicht stehen, daß sie sich gegenseitig abplatten (Tüpfelanordnung alternierend oder bei spärlicherer Betüpfelung opponiert, vgl. S. 76f). Wände, die an Fasern grenzen, frei von Tüpfeln. Gefäße spitz zulaufend oder schräg abgeschnittenen Walzen gleichend, mit einfachen Perforationen, häufig mit Thyllen. Tracheiden und Fasertracheiden

[1] Siehe S. 112, Fußnote 5. [2] Siehe S. 85, Fußnote 3.

fehlen (GREGUSS[1]). Libriformfasern dünnwandig, mit spaltförmigen, in der Mitte sich erweiternden Tüpfeln, zugespitzt. Holzparenchym findet sich nur an der Jahresringgrenze, wodurch diese nur undeutlich in Erscheinung tritt.

Von einheimischen (mitteleuropäischen) Pappelarten sind als Nutzholz- und Faserholzarten insbesonders die Zitterpappel (*Populus tremula* L., auch Aspe genannt) zu nennen, ihr Holz ist gelblich, ohne jede Kernfärbung; *Populus nigra* L. (Schwarzpappel) besitzt einen hellbraunen bis grünlichen Kern, die Silberpappel (*Populus alba* L.) einen rötlichgelben bis gelbbraunen Kern mit eigentümlichem Geruch nach alten Krautfässern (SCHMIDT[2]). Von nordamerikanischen Pappeln ist insbesonders zu nennen *Populus grandidentata* MICHX. (Großzähnige Aspe, Largetooth Aspen), *Populus canadensis* MICH. (syn. *Populus deltoides* MARSH.), die Kanadapappel oder Cottonwood mit weißgrauem bis bläulichbraunem, kaum scharf abgegrenztem Kern, und *Populus tremuloides* MICHX., Amerikanische Aspe, Trembling Aspen mit dem größten Verbreitungsgebiet aller amerikanischen Laubholzarten, schließlich *Populus heterophylla* L., herzblättrige Swamp Cottonwood. Zahlreiche künstlich hergestellte Bastarde mit bedeutend verbesserter Holzproduktion und rascherem Zuwachs.

Betulaceae: Betula alba L. (syn. *Betula verrucosa* EHRH., *Betula pendula* ROTH.) Weißbirke. Gelblichweißes bis rötlichweißes Holz ohne besondere Kernfärbung, häufig mit rotbraunen Markflecken. Zerstreutporig, Gefäße am frischen Querschnitt als weiße Pünktchen erscheinend („Mehlstäubigkeit"). Gefäße eng, 40—130 (im Mittel etwa 90) μ ⌀, einzeln und in radialen Gruppen zu 2—4, bis über 10mal so lang als der Durchmesser. Gefäßwände dünn und außerordentlich dicht alternierend mit feinen (höchstens etwa 5 μ großen) Hoftüpfeln mit spaltenförmigen Pori besetzt (Abb. I, 28). Gefäße stumpf oder schwach zugespitzt endigend, Perforationen leiterartig mit (10)—16—20—(23) Sprossen. Fasern dünnwandig, mit einfachen schräggestellten Tüpfeln ziemlich reich besetzt (besonders Tangentialwände). Der Abschluß des Jahresringes wird nur von 3—4 Lagen dickwandiger Spätholzfasern gebildet und ist dadurch nur schwach ausgeprägt. Holzparenchym spärlich und verstreut, langgezogen rechteckige Zellen; an den Wänden, mit denen sie an Gefäße grenzen, fein getüpfelt. Markstrahlen zahlreich, das 3—4fache des Gefäßdurchmessers voneinander entfernt, 1—4schichtig und homogen, Zellen relativ dickwandig, auffallend klein, die inneren Zellen ziegelförmig, die Kantenzellen mehr quadratisch, Zellwände zerstreut fein getüpfelt.

Von ausländischen Birkenarten sind zu erwähnen:

Betula lutea MICHX. Gelbbirke, Yellow Birch, östliches Nordamerika von Neufundland bis Süd-Carolina und die Großen Seen.

Betula papyrifera MARSH. Papierbirke, Paper Birch (nördliche USA und Kanada).

Hölzer mit gelb- bis bräunlichweißem Splint und hell- bis rötlichbraunem deutlicher erkennbarem Kern und kaum erkennbaren Jahresringen. Mikroskopischer Bau wie oben.

Alnus MILL. Erle. Zerstreutporiges Holz von rötlichweißer bis gelbroter Farbe ohne sichtbaren Kern. Markstrahlen kenntlich, oft unscharf begrenzt, Jahresringgrenzen meist deutlich, Gefäße unkenntlich, einzeln oder in radialen Gruppen von 2 bis 5, Durchmesser 20—90 μ, Wände reichlich getüpfelt, Tüpfel meist in horizontalen Reihen, die sich oft zu rechteckigen Feldern zusammenschließen. Gefäße dickwandig, mit kegelförmigen Enden und leiterartigen Perforationen (12 bis

[1] Siehe S. 112, Fußnote 5. [2] Siehe S. 112, Fußnote 4.

25 Sprossen). Fasern ziemlich dickwandig und einförmig, mit spaltartigen kleinen Tüpfeln. Holzparenchym sehr dünnwandig. Markstrahlen meist einschichtig, unkenntlich, jedoch in Gruppen zu unscharf begrenzten „Scheinmarkstrahlen" (vgl. S. 101) zusammengeschlossen; Kreuzungsfelder meist reichlich fein getüpfelt. Kantenzellen von den Innenzellen nicht unterschieden, ziemlich dickwandig. Jahresringe bei Kreuzung mit unechten Markstrahlen häufig eingebuchtet.

Von praktischer Bedeutung sind *Alnus glutinosa* GAERTN., die Schwarzerle und *Alnus incana* WILLD., die Grauerle. Holzanatomisch sind sie nur schwer zu unterscheiden, makroskopisch fällt die Grauerle durch stärkeren Glanz, die Schwarzerle durch zahlreichere unechte Markstrahlen und Markflecken auf, das sind kleine braune Fleckchen im Holz, die durch den Stich eines Insekts entstehen; dadurch verholzen die an der Stichstelle vom Cambium gebildeten Zellen nicht, sie bleiben parenchymatisch und werden mit braunem Inhalt (wohl Gerbstoffen) erfüllt.

Fagaceae: Fagus silvatica L. Rotbuche. Hartes, ziemlich schweres, rötlichweißes Holz, normal ohne sichtbaren Kern; vielfach tritt jedoch ein unechter, nicht mit Jahresringen begrenzter, sondern unregelmäßig geformter Kern mit schwärzlichbrauner Farbe auf, der als pathologischer oder Frostkern angesprochen wurde, aber auch als Abwehrmaßnahme des Baumes gegen eindringende Pilzhyphen usw. gedeutet wird; eine wesentliche Qualitätsverschlechterung tritt dadurch nicht ein, das Holz wird dadurch eher noch fester und widerstandsfähiger. Zerstreutporig mit engen unkenntlichen Gefäßen von etwa 75 μ (16—80 μ) ⌀, etwa 10 mal so lang wie ihr Durchmesser, ziemlich dünnwandig mit schlauchartigen oder etwas schnabelartig verjüngten Enden; Perforationen offen, daneben aber auch skalariforme Durchbrechungen im Spätholz mit bis zu 20 dichtstehenden, oft verzweigten Sprossen. Wände der Gefäße stets, aber meist nur spärlich betüpfelt, zerstreut oder in sich schlängelnden Reihen angeordnet. Tüpfelhöfe meist oval bis gestreckt oder gekrümmt (besonders auf den Tangentialwänden). Tracheiden dickwandig, abgerundete Enden mit schrägstehenden, spaltenförmigen Tüpfeln. Holzfasern dickwandig, mit sich allmählich verjüngenden, aber nicht ganz spitz zulaufenden Enden und spaltartigen kleinen Tüpfeln. Fasertracheiden und Sklerenchymfasern bilden die Grundmasse des Holzes. Markstrahlen einschichtig und homogen, daneben auffällige bis 25schichtige, mit dem freien Auge besonders am Tangentialschnitt als spindelförmige Strichelchen kenntliche breite Markstrahlen. In den Kreuzungsfeldern mit Gefäßen reichlich getüpfelt, spärlich Calciumoxalat enthaltend. Reichlich Parenchym ohne besondere Beziehungen zu den Gefäßen.

Die amerikanische Buche (*Fagus americana* SWEET., syn. *Fagus grandifolia* EHRH.) unterscheidet sich vom Holz von *Fagus silvatica* durch den Besitz eines rötlich- bis bräunlichweißen Reifkerns; die Parenchymzellen bilden gezackte Bänder oder Girlanden zwischen den breiten Markstrahlen.

Castanea dentata (MARSH.) BORK. Amerikanische Kastanie Chestnut. Leichtes, weiches und grobfaseriges Holz mit hellrötlichem braunem Splint und dunklerem bis olivbraunem Kern. Ringporig, Gefäße im Frühholz weit, Gefäßglieder breiter als lang, ohne Hilfsmittel gut kenntlich; Spätholzporen bedeutend enger, zahlreich in Reihen und flammenartigen Zeichnungen, Wände der Gefäße mittelstark, nur stellenweise mit Hoftüpfeln besetzt, Höfe breit, Pori oval bis eckig; Perforationen einfach und weit. Tracheiden in der Umgebung der Gefäße vertreten als dünnwandige Fasertracheiden die fehlenden Fasern, ihre Tüpfelung ist meist spärlich. Markstrahlen homogen, meist einschichtig, nur selten zweischichtig (*Castanea* ist die einzige Gattung mit ringporigem Holz und einschichtigen Markstrahlen [HUBER[1]]). Tüpfel in den Kreuzungsfeldern groß und in Gruppen.

[1] Siehe S. 109, Fußnote 3.

Magnoliaceae: Liriodendron tulipifera L. Tulpenbaum Yellow poplar. Ziemlich grob- und geradfaseriges Holz von im Splint weißlichgelber Farbe (oft grünlich oder grau gestreift oder gesprenkelt), Kernholz gelb bis dunkelgelblich- oder grünlichbraun, weich bis mittelhart, leicht, bisweilen brüchig. Jahresringe deutlich, zerstreutporig. Gefäße unkenntlich, einzeln oder in kurzen radialen Reihen, 50 bis 120 μ ⌀, 10—20 mal so lang wie weit, Gefäßwände dicht mit querovalen, in 2—4 Reihen stehenden Hoftüpfeln bedeckt, Pori quergestreckt oft schlitzartig schmal. Perforationen mit 2—5 Sprossen, die häufig mit Querspangen verbunden sind und so ein weitmaschiges unvollkommenes Gitterwerk bilden. Fasertracheiden oft mit gegabelten Enden, dünnwandig, Fasern mit schwachen Spiralverdickungen und linsenförmigen bis spaltenförmigen spärlichen Tüpfeln. Holzparenchym in 3—4 Lagen an der Jahresringgrenze, nur bisweilen zerstreute Stränge zwischen den Holzfasern (apotracheal). Markstrahlen homogen oder heterogen, in letzterem Falle mit aufrechtstehenden Kantenzellen, deren Wände auffallend stumpfzackig verdickt sind, meist 1—3 schichtig. Tüpfel der Kreuzungsfelder groß und verschieden geformt.

Einer der schönsten und wertvollsten Bäume NO-Amerikas.

Das Holz des Tulpenbaumes wird oft von dem einiger anderer Magnolienarten (*Magnolia acuminata* L., Gurkenmagnolie, Cucumber Magnolia und von *Magnolia grandiflora* L. der Immergrünen M. oder Evergreen Magnolia) handelsmäßig nicht unterschieden. Mikroskopisch unterscheidet sich jedoch *Magnolia acuminata* von *Liriodendron* durch stets einfache Gefäßperforationen und skalare (leiterartige) Tüpfelung der Gefäßwände; dieses Merkmal teilt sie mit *Magnolia grandiflora*, die jedoch wiederum durch das Vorhandensein von Spiralverdickungen ausgezeichnet ist. *M. grandiflora* besitzt wie *Liriodendron* leiterartige Gefäßperforationen, die Zahl der Sprossen ist jedoch höher als bei *Liriodendron* (6—10). Gelegentlich wird sogar amerikanisches Pappelholz mit dem Holz des Tulpenbaumes verwechselt.

Hamamelidaceae: Liquidambar stryraciflua L. Amberbaum, Satin-Nußbaum, Sweet gum oder Red gum. Schweres weiches bis mäßig hartes, dichtfaseriges Holz mit oft blaßrosa Splint und rötlichbraunem, oft geflecktem Kern. Jahresringe undeutlich, zerstreutporig, Gefäße unkenntlich, sehr zahlreich, nur 60—90 μ ⌀, im Querschnitt eckig erscheinend, in kleinen Gruppen, Gefäßwände spärlich getüpfelt, mit skalariformen, schlitzartigen, breitgehöften Tüpfeln, oft mit Spiralverdickungen. Gefäßperforationen leiterartig mit 25—30 Sprossen. Hauptmasse des Holzes aus Fasertracheiden von 13—24 μ lichter Weite und dicken Wänden mit engen Hoftüpfeln bestehend. Das spärliche Parenchym metatracheal (s. S. 100). Markstrahlen 1—4 (meist 2-)schichtig, heterogen mit 1—2 Reihen hochgestellter stark getüpfelter Kantenzellen. Tüpfel der Kreuzungsfelder meist relativ groß, elliptisch (vgl. Abb. III, 44).

Östliches Nordamerika.

Simarubaceae: Ailanthus glandulosa Desf. Firnisbaum, Götterbaum. Mittelhartes, ziemlich schweres Holz mit gelblichweißem Splint und gelblichgrauem, wenig scharf abgesetztem Kern. Ringporig, Frühholzporen kenntlich, 170—250 μ ⌀, 2—3 mal so lang wie breit, die Wände ziemlich reich mit Hoftüpfeln versehen; Perforationen einfach, ohne Querspangen. Die englumigen Spätholzgefäße mit Spiralverdickungen und Hoftüpfeln mit schräggestellten länglichen Pori. Hauptmasse bilden die Fasern, teils dick- teils dünnwandig, mit verschieden gestalteten Enden, oft plötzlich an den Enden verengt und zugespitzt, an den Radialwänden Reihen schräger Hof- oder einfacher Tüpfel. Markstrahlen 5—7 Zellschichten breit, daneben auch einschichtige, etwas heterogen mit aufrechtstehenden Kantenzellen, Zellen von mäßiger Wanddicke und reichlich getüpfelt. Holzparenchym reichlich, besonders in der Umgebung der Gefäße. (In vielen Gefäßen des Frühholzes ein gelblicher, in Alkohol unlöslicher Inhaltsstoff).

Ostasien, außerhalb seiner Heimat als Zierbaum viel kultiviert und leicht verwildernd, gedeiht gut auf trockenen, jedoch mineralstoffreichen Böden. Aussichtsreiches Faserholz (ADAMIK[1]).

Aceraceae: Acer L. Ahorn. Die mitteleuropäischen Ahornarten spielen fasertechnisch wohl kaum eine Rolle, doch kommen (nach Tappi[2]) *Acer saccharum* MARSH. *Acer saccharinum* L. sowie *Acer rubrum* (L.), durchweg nordamerikanische Arten, als Pulpehölzer in Frage.

Acer saccharum MARSH. Zuckerahorn, Sugar Maple. Schweres, hartes, fein- und kurzfaseriges Holz von rötlichbrauner Farbe (oder fleischfarben). Jahresringe fein, aber deutlich, Holz ringporig, Gefäße 30—100 μ ⌀, 2—3mal so lang wie breit, in kurzen radialen Reihen. Wand reichlich mit (zum Teil rechteckig abgeplatteten Hoftüpfeln), bedeckt mit breiten Höfen und elliptischen Pori. Gefäße gleich den dünneren Tracheiden mit Spiralverdickungen, Wanddicke wechselnd. Fasern meist kurz zugespitzt, Parenchym an der Jahresringgrenze und auch die Tracheen begleitend. Markstrahlen homogen, 5—7 Zellreihen breit, daneben auch einschichtige. Tüpfel der Kreuzungsfelder groß, eckig, oft gehäuft.

Acer saccharinum L. Silberahorn Silver maple und
Acer rubrum L. Rotahorn, Red maple
besitzen einen deutlichen breiten fast weißen Splint und braunen Kern oft mit rötlichem oder bläulichem bis purpurnem Farbstich. Mikroskopisch ähnlich dem oben beschriebenen Ahorn, Gefäße wesentlich länger mit deutlichen Spiralverdickungen. Markstrahlen im allgemeinen nur 2—4 Zellreihen breit.

Tiliaceae: Von den *Tilia*-Arten (Linde) kommen die mitteleuropäischen Vertreter (*Tilia cordata* MILL., Winterlinde, und *Tilia platyphyllos* SCOP., die Sommerlinde) zur Fasergewinnung nicht in Betracht. Von den amerikanischen Lindenarten ist als wichtigste

Tilia glabra VENT., Basswood zu nennen. Leichtes, weiches dichtfaseriges, aber nicht festes Holz mit sehr breitem fast weißem bis hellbraunem Splint, vom nur wenig dunkleren Kern kaum unterscheidbar. Jahresringe zart, nur durch dünne Lagen dichteren Gewebes, und die etwas größeren Poren des Frühholzes angedeutet zerstreutporig; Gefäße verschieden lang, mit Spiralverdickungen (Abb. IV, 53) und einfachen Perforationen und runden bis hexagonalen Tüpfeln. Fasertracheiden dünnwandig, Tüpfel schlitzartig und kaum behöft. Parenchym reichlich metatracheal angeordnet. Markstrahlen homogen, teils ein- und teils mehr- (2—6) schichtig.

Cornaceae: *Nyssa silvatica* MARSH (syn. *N. multiflora* WANGENH). Black Gum, Tupelo, Black Tupelo.

Mittelschweres Holz mit hellem, etwas gelblichem Splint und dunklerem grünlichem oder graubraunem Kern; Jahresringe ungleich, Markstrahlen kenntlich. Gefäße nur mit der Lupe kenntlich, zerstreutporig. Gefäße meist in Querreihen getüpfelt, Querwände leiterförmig durchbrochen, Spangen sehr schmal und zahlreich. Die Grundmasse des Holzes bildet derbes, jedoch ziemlich weitlumiges Sklerenchym, Parenchym spärlich, entlang des Sklerenchyms vielfach Kristallkammerfasern. Markstrahlen ein- bis zweischichtig, heterogen, Kantenzellen bis 8 mal so hoch als breit, getüpfelt (WIESNER[3]).

Das Holz von *Nyssa uniflora* WANGENH. (syn. *N. aquatica L.* z. T.) water Tupelo, Tupelo Gum, ist anatomisch nur schwer von *N. silvatica* zu unterscheiden. Letzteres besitzt einen etwas höheren Gehalt an α-Cellulose (43—44% gegenüber

---

[1] ADAMIK, K.: Zbl. ges. Forst- und Holzwirtsch. **74**. 85 (1955).
[2] Siehe S. 112, Fußnote 11. [3] Siehe S. 85, Fußnote 3.

40% bei *N. aquatica*) und bei ungefähr gleichem Ligningehalt weniger Extraktstoffe (WISE und PICKARD[1]).

Bombacaceae: Das Holz afrikanischer Bombacaceen (z. B. *Ceiba pentandra* GAERT., Baumwoll- oder Kapokbaum) ist im allgemeinen durch sehr weite Gefäße (140—460 μ ⌀) ausgezeichnet, die meist einzeln und verstreut liegen (1—2 pro mm^2) und dem Längsschnitt ein nadelrissiges Aussehen verleihen. Die Hauptmasse des Holzes wird von dünnwandigem, oft geschichtetem Strangparenchym gebildet, das mit dickerwandigen Fasern abwechselt, so daß das Holz am Querschnitt gestreift erscheint. Radial verkürzte Parenchymschichten bilden als Querzonen die Grenzen der Zuwachsschichten; die Parenchymzellen reichlich mit großen Tüpfeln versehen. Markstrahlen sehr ungleich in Höhe und Mächtigkeit, homogen oder auch mit anders gestalteten Kantenzellen (kurz bis aufrecht gestreckt), elliptisch oder spaltenförmig getüpfelt.

Myrtaceae: Eucalyptus L. Fieberbaum, Eukalyptus. Artenreiche Gattung (etwa 200 Arten), in Australien beheimatet, mit folgendem gemeinsamen Bau (WIESNER[2]):

Hartes, schweres, festes und zähes Holz, zerstreutporig; die als feine Pünktchen erkennbaren Gefäße in schrägen Streifchen wechselnder Richtung angeordnet (zonenweise auch aussetzend), 120—300 μ ⌀. Wände mit großen, bis 11 μ breiten querspaltigen, einander nicht berührenden, Hoftüpfeln besetzt; oft in lange Schnäbel auslaufend; Perforationen einfach. Die spärlich vorkommenden Tracheiden sind dicht getüpfelt. Langgestreckte und an beiden Enden zugespitzte Fasertracheiden mit wechselnder Wandstärke und 6-eckigem Querschnitt (16 μ ⌀ mit deutlichen Hoftüpfeln) bilden die Hauptmasse des Holzes. Strangparenchym um die Gefäße, vereinzelt auch in der Grundmasse, mit feinen einfachen Tüpfeln. Markstrahlen meist einschichtig, Kantenzellen meist etwas kürzer als die Mittelzellen, in den Kreuzungsfeldern zu den Gefäßen auffallend große ovale Tüpfel fast so hoch wie die Radialwände der Markstrahlzellen).

4. Technisch verwertbare Fasern außerhalb des Holzkörpers

a) Allgemeines

Während es sich bei den Zellen des Holzes um zwar vielgestaltige, aber ihrer Herkunft nach einheitliche Zellelemente handelt, sind die faserförmigen Zellen außerhalb des Holzkörpers (vgl. S. 95f.) morphologisch wesentlich eintöniger, dagegen jedoch von ganz unterschiedlichem Ursprung. Dazu kommt, daß im technischen Sinne unter Fasern nicht nur die faserförmigen Zellen an sich, also die prosenchymatischen Elemente, verstanden werden, sondern daß auch Zellverbände, ja sogar Gewebeverbände und ganze Organe unter diesem Begriff vereinigt werden!

Es wurde bereits früher (vgl. S. 91) darauf hingewiesen, daß auch der Siebteil der Gefäßbündel mechanische Elemente besitzt, die als Bastfasern bezeichnet werden. Diese liegen demnach in der Regel an der Außenseite des Phloems gegen das Rindenparenchym zu und bilden einzelne Stränge, in manchen Fällen (z. B. Linde) wechseln innerhalb des Phloems Bast- und Siebteilschichten miteinander ab, wobei jedoch kein Zusammenhang mit den Jahresringen erkennbar ist (HOLDHEIDE[3]).

Daneben finden sich auch Stränge oder Gruppen von Bastfasern in dem Rindengewebe selbst, ohne erkennbaren Zusammenhang mit den Gefäßbündeln als selb-

[1] WISE, L. E. u. J. PICKARD: Tappi 38 (10) 618 (1955).
[2] Siehe S. 85, Fußnote 3. [3] Siehe S. 95, Fußnote 3.

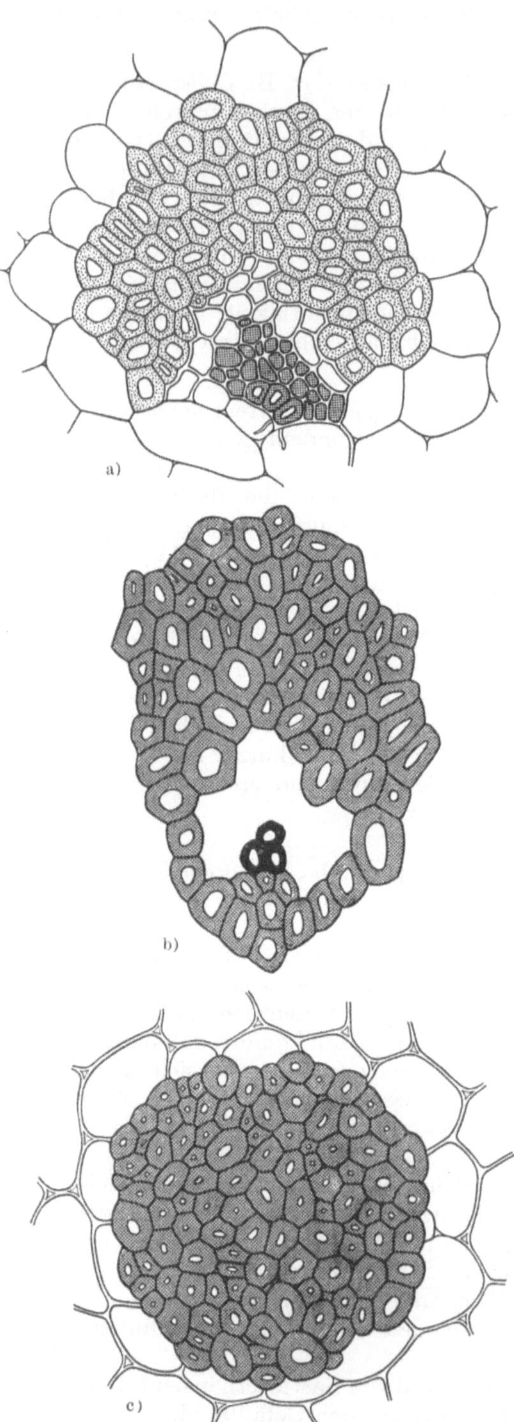

ständige sklerenchymatische Elemente. Sie sind wohl auch ohne Verbindung mit den Gefäßbündeln aus Rindenzellen durch Streckung und Verdickung entstanden. Beide Fasergruppen werden als extraxyläre Fasern oder als Bastfasern zusammengefaßt. Häufig besteht ein mehr oder weniger deutlicher Unterschied zwischen den primären und den sekundär ausgebildeten Bastfasern, z. B. beim Hanf (Abb. III, 48). Sie lassen sich leicht von der Unterlage (dem Holzkörper) lösen und liefern nach Entfernung der anhaftenden Zellen durch chemische bzw. biologische Mittel (Röste, das ist Auflösung der Mittellamelle durch pektinzersetzende Mikroorganismen oder durch chemische Einwirkungen) und nachherige mechanische Behandlung (Brechen und Schwingen) reines, nur aus Bastfasern bestehendes Fasermaterial.

Im technischen Sinne werden solche Fasern auch als Weichfasern zusammengefaßt.

Gruppen von Bastfasern finden sich auch unterhalb der Epidermen vieler Blätter, wo sie deren Festigkeit erhöhen und vor allem die Widerstandskraft gegenüber scherenden Kräften vergrößern. Solche subepidermale Bastbündel finden sich besonders häufig im Stamm und in den Blättern von Monokotyledonen.

Die Gefäßbündel der Monokotylen liegen im Gegensatz zu den Dikotylen nicht in einem Ring, sondern über die Querschnittsfläche des Stammes verstreut (vgl. Abb. III, 33). Die Bündel sind meist vom sog. geschlossen kollateralen Typ, d. h., es liegen die Xylem- und Phloemstränge hintereinander, wobei das Phloem in der Regel außer- bzw. unterhalb des Xylems zu liegen kommt, ohne daß

Abb. III, 45 a – c. Hartfasern. *a* Querschnitt durch eine Hartfaser (= Gefäßbündel) von *Agave sisalana*; *x* Xylem, *ph* Phloem, *b* Bastfasern, *p* Parenchym; *b* Hemikonzentrisches Bündel von *Agave cantala*; *c* einfaches Bastbündel aus dem Blatt von *Agave cantala*. (Nach WIESNER)

ein Cambium dazwischenliegt. In manchen Fällen, so bei einigen Vertretern der Liliifloren (z. B. *Dracaena)* finden sich auch konzentrische Bündel, bei denen das Xylem die Siebteile peripher umschließt. Die Gefäßbündel sind durch oft mächtige sichelförmige Bastscheiden verstärkt, die entweder dem Xylem und dem Phloem getrennt aufliegen oder aber das kollaterale Bündel mehr oder weniger vollständig umschließen (hemikonzentrische Bündel). Beim Trocknen und der weiteren Verarbeitung der Faser verschwindet der Siebteil fast völlig, so daß entweder Fasern von rinnenförmigem Querschnitt entstehen oder aber (bei konzentrischen oder hemikonzentrischen Bündeln) ein zentraler kanalförmiger Hohlraum auftritt.

Bei derartigem anatomischem Bau ist es naturgemäß unmöglich, die Bastfasern gesondert zu erhalten. Die Phloem- und Xylemteile bleiben von den Bastscheiden umschlossen und in dauerndem Kontakt mit der Scheide, so daß diese Fasern eigentlich nichts anderes als herausgelöste Gefäßbündel, also Verbände verschiedenartiger Zellen oder einen ganzen Gewebekomplex darstellen. Dies sowie die wesentlich stärkere Verholzung der Bastfasern bewirkt, daß die so gewonnenen Fasern wesentlich härter, wenig geschmeidig und schlechter spinnbar sind und sich daher nur für gröbere Gespinste eignen, sie werden als Hartfasern bezeichnet. Verholzte Bastfasern finden sich auch bei dikotylen Weichfasern, doch wird die Zellwand dadurch niemals so starr wie die der Monokotyledonen. Diese Hartfasern sind auch meist viel weniger einheitlich, da die Bündelscheiden je nach Alter des Blattes, der Lage im Organ usw. verschieden gebaut sind; es finden sich in wechselnder Menge und Größe unechte Bündel Bastfaserstränge ohne Gefäß- oder Siebteil, die also nur der Festigung und nicht auch gleichzeitig der Leitung dienen.

Anderseits werden im technisch-kommerziellem Sprachgebrauch auch die Haare der Baumwolle und anderer Pflanzen (vegetabilische Seiden) als Fasern angesprochen. Hierbei handelt es sich wohl um faserförmige Zellen, nicht aber um Faserzellen im Sinne von Sklerenchym. Es sind vielmehr Haarbildungen, die einer einzigen Zelle (in der Regel der Oberhaut) entspringen und durch außerordentlich starkes Längenwachstum ausgezeichnet sind, ihre Funktion liegt nicht in der Festigung, sondern im Dienste der Samenverbreitung, entweder indem sie durch Quellung die Samenkapsel sprengen oder aber die Verbreitung der Samen durch den Wind erleichtern. Dementsprechend sind diese Gebilde auch stets unverholzt (Baumwolle, Kapok, vegetabilische Seiden).

b) Spezielle Beschreibungen

α) Samenhaare

Gossypium, Baumwolle *(Malvaceae)*. Die Haare sitzen mit einem etwa zwiebelförmig verdickten Fuß in der Oberhaut der Samenschale; in der verarbeiteten Baumwolle sind diese Basalpartien nur mehr selten zu sehen, da die Haare bei der maschinellen Gewinnung oberhalb ihrer Ansatzstelle abgerissen werden. Die Gestalt der Haare ist langgestreckt-kegelförmig, der maximale Durchmesser der Haare findet sich allerdings nicht an der Basis, sondern etwas unterhalb der Mitte der Haare. Die Länge der Haare (Stapellänge) schwankt zwischen den einzelnen Sorten und auch innerhalb der einzelnen Sorten selbst erheblich. Samenhaare von *Gossypium barbadense* L. (Seal-Island-Baumwolle) besitzen Stapellängen von über 5 cm, indische Baumwolle *(Gossypium herbaceum* L.*)* solche von nur 1—2 cm; im allgemeinen schwankt die Länge der Haare zwischen 2 und 4 cm. Neben den langen Haaren findet sich noch ein kurzhaariger Filz, die Grundwolle, von etwa 3 mm Länge, die für die Verarbeitung wertlos ist (manche Sorten besitzen nur einen derartigen Wollfilz, viele Kultursorten besitzen nur das lange Haarvlies ohne Grundwolle). Nach dem maschinellen Entfernen der Haare bleibt ein Rest von etwa 1 cm langen Haaren stehen, die Linters; diese können in einem zweiten Verfahren entfernt werden, worauf meist die etwa 5 mm langen Hullfibres zurückbleiben, die gleichfalls noch wertvollen Rohstoff liefern. Im Linters und den Hullfibres sind zwiebelförmige Basisstücke wesentlich häufiger zu finden. Die Dicke der Haare schwankt zwischen 12 *(Gossypium herbaceum* L. 12—22 μ) und 42 μ *(G. religiosum* L. 25,5—42 μ). Die Wanddicke beträgt $^1/_3$—$^2/_3$ des Querschnittes. Das trockene Haar ist meist bandförmig zusammengefallen, daher erscheint auch das Lumen oft ungleich breit. Charakteristisch sind Drehungen (Überschlagungen) des Bandes um 180°, die Häufigkeit der Drehungen ist sortenverschieden und scheint auch von den Ernährungsbedingungen abzuhängen. Das Haarende läuft kegelförmig verjüngt in eine Spitze aus; abgerissene Faserenden erscheinen zackig oder wurzelartig. Die Cuticula ist am trockenen Präparat deutlich zu sehen, besonders an den Sorten mit gröberen Haaren, sie läßt bei stärkerer Vergrößerung oft eine Körnelung oder Streifung erkennen. Die Haare sind ohne auffällige Zeichnung; bisweilen läßt sich eine feine gitterartige Streifung erkennen,

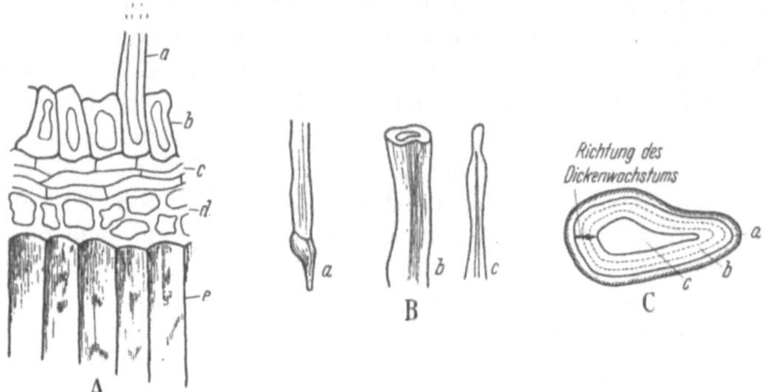

Abb. III, 46 A—C. Baumwollhaare. A: Teil der Samenschale mit Epidermis (*b*) und Fußteil eines Baumwollhaares (*a*); *c* = Pigmentschicht, *d* = Kristallzellen, *e* = Palisadenzellen. B: *a* = Fußteil, *b* = Mittelstück, *c* = Spitze eines Baumwollhaares. C: Querschnitt durch das Baumwollhaar mit geschichteter Sekundärwand (vgl. S. 67). Aus TREIBER

die bei Quellung deutlicher wird und von dem schraubigen Fibrillenverlauf herrührt. Bei der Quellung entstehen typische kugelige Auftreibungen (Kugelquellung); die Cuticula (und auch die Primärwand) schiebt sich ringförmig zusammen und schnürt die sich quellende Faser in ± gleichmäßigen Abständen ein, im Polarisationsmikroskop erscheint in den Kugeln das BREWSTERsche Kreuz ähnlich wie in Sphärokristallen, weil durch diese Art der Quellung die Fibrillen zum Teil tangential zu liegen kommen. Das Lumen tritt infolge der größeren Widerstandsfähigkeit der Tertiärlamelle gegenüber quellenden Agentien (vgl. S. 86) deutlich als gewundener Schlauch hervor. Poren, Knoten oder Verschiebungen fehlen der Zellwand gänzlich.

Linters und Hullfibres gleichen in der Morphologie der Haare ganz den langen Baumwollhaaren. Zwischen den normal ausgebildeten Haaren finden sich noch normal breite, aber wesentlich dünnwandigere Haare mit sehr schwacher Cuticula. Es sind dies unreife, sog. „tote" Haare; sie haben keinerlei Wert, sondern gelten geradezu als Verunreinigung.

Die Baumwollhaare bestehen fast aus reiner Cellulose (96—97% des trockenen Haares).

Samenhaare sind auch die von verschiedenen Pflanzen, insbesondere tropischen Asclepiadaceen (*Asclepias Cornuti* DCNE. und *A. curassavica* L. sowie *Calotropis*-Arten), stammenden „Pflanzenseiden", die sich aber infolge ihrer Glattheit nicht zum Verspinnen eignen, sondern lediglich als Polstermaterial dienen. Diese Fasern sind meist verholzt, besitzen eine Länge von 3—4 cm und sind oft durch den Besitz von Verdickungsleisten ausgezeichnet. Dagegen stellt der Kapok nicht

Samenhaare, sondern Haarbildungen der inneren Fruchtwandung dar. Kapok stammt von tropischen Bombaceen *(Eriodendron, Bombax, Chorisia)*. Diese Haare sind mit einem hammerähnlichen Ansatz in die Grundgewebe eingesenkt, die Faser ist durch netzförmige Verdickungsleisten und dazwischenliegende Tüpfel ausgezeichnet und schwach verholzt.

β) Bastfasern (Weichfasern)

Linum usitatissimum L., Flachs, Lein *(Linaceae)*. Die Fasern liegen in bündelförmigen Strängen im Rindenparenchym des Stengels kreisförmig angeordnet (Ausschnitt vgl. Abb. III, 47). Sie sind von polygonaler Gestalt und besitzen ein enges, oft nur punktförmig erscheinendes Lumen. Die Länge der Bastbündel des Rohflachses kann über einen Meter betragen, die Bündellänge des Reinflachses

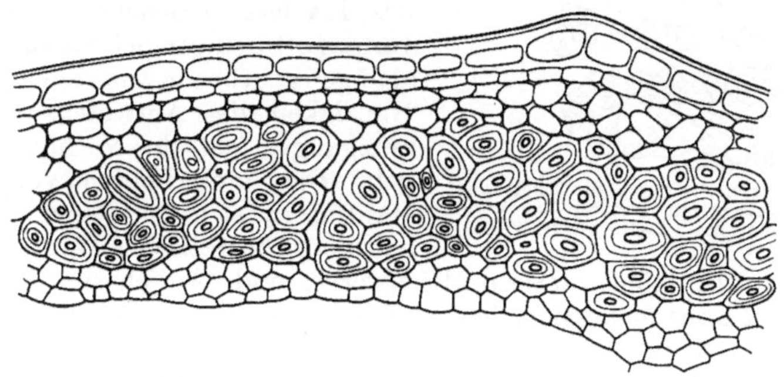

Abb. III, 47. Querschnitt durch die Rinde von *Linum usitatissimum*. (Nach TOBLER, aus TONZIG.) (Siehe auch Abb. IV, 33)

wird mit 280—960 mm angegeben (WIESNER[1] S. 171). Die Bastzellen selbst sind erheblich kürzer und messen im Durchschnitt zwischen 20 und 40 mm mit Extremwerten bis zu 70 mm, Mittelwert 25 mm (Tappi[2]), der Durchmesser beträgt 6,8—37 (Mittel 16) μ. Die Faser erscheint ohne deutliche Zeichnung oder ist ganz zart fast parallel zur Längsrichtung gestreift, nach Quellung tritt die Streifung deutlicher hervor; es zeigt sich dabei oft ein System gekreuzter Fibrillenverläufe bzw. eine deutliche Schichtung. Die ausgesprochene Längsfibrillierung bewirkt ein leichtes Aufspalten in Fibrillen, welche Eigenschaft die Leinenfaser für viele Zwecke so wertvoll macht. Die abgerissenen Faserenden zeigen pinselartiges Aussehen, wobei die Fibrillen nahezu parallel in Richtung der Längsachse auslaufen (Unterschied zur Baumwolle!). Die intakten Enden der Faser sind verjüngt und spitz. Die Fasern haben nicht in allen Teilen des Stengels gleiches Aussehen, die untersten Partien können grobe und auch etwas verholzte, also weniger wertvolle Fasern enthalten, auch kann die Außenlinie fast wellenartig verlaufen; die Fasern der oberen Stengelpartien dagegen können oft etwas stumpfliche Enden besitzen. Auffallend ist das Vorkommen von Verschiebungslinien oder Knotenbildungen, die Artefakte darstellen (vgl. S. 69f.), allerdings auch schon in der intakten Pflanze nach Hagelschlag usw. vorkommen können.

Die Leinpflanze kommt in zwei Kulturrassen vor, den Öllein und den Faserlein. Öllein besitzt derbere Fasern und einen reicher verzweigten Stengel, was sich auf die Faserqualität ungünstig auswirkt, auch wird bei der Gewinnung von Ölsamen und der dadurch notwendigen späteren Ernte die Faser gröber und unter Umständen schon etwas holzhaltig.

Eine ähnliche doppelte Verwendbarkeit besteht bei

Cannabis sativa L. *(Cannabaceae)*, Hanf. In der Rinde finden sich mehrere Zonen von Faserbündeln, die äußersten, zuerst angelegten (primären) Fasern sind

[1] Siehe S. 85, Fußnote 3. [2] Siehe S. 112, Fußnote 11.

wesentlich dicker als die späteren sekundären Bündel. Diese Unterscheidung ist besonders deutlich beim weiblichen Hanf, dessen Fasern überhaupt derber und gröber sind als die des männlichen Hanfes (Staubhanfes). Der Hanf ist ein zweihäusiges Gewächs. Die Faserbündel sind länger als die des Flachses, die Länge der Einzelfaser schwankt zwischen 5—55 mm (Mittel 20 mm), die Dicke zwischen 6,8 bis 50 (Mittel 16) μ. Das Lumen ist meist etwas breiter als das der Flachsfasern, doch ist dies kein Unterscheidungsmerkmal. Die Hanffaser gleicht weitgehend der des Flachses, erscheint aber im Längsverlauf oft weniger gleichmäßig. Die Enden sind gelegentlich etwas verästelt, wobei die Häufigkeit des Auftretens solcher Auszweigungen mit der Verholzung parallelgeht. Die Unterscheidung von Flachs- und Hanffasern ist in der Regel schwierig und hat mehr theoretischen Wert, da die Fasern in technischer Hinsicht praktisch gleichwertig sind. Am ehesten lassen sie sich nach den meist anhängenden Zellen der Oberhaut (bes. im Werg) unterscheiden:

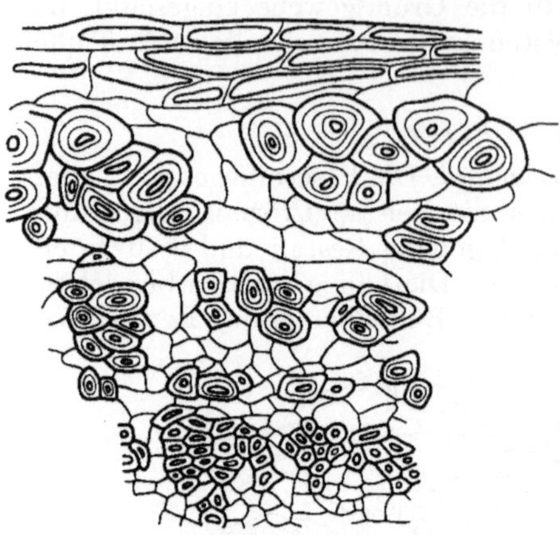

Abb. III, 48. Querschnitt durch die Rinde von Hanf *(Cannabis sativa)* mit primären (oben) und sekundären Bastbündeln. (Nach TOBLER-WOLFF)

Hanf	Flachs
Begleitzellen quadratisch	Begleitzellen gestreckt
gebogene und verdickte Haare	Haare fehlen
Spaltöffnungen spärlich	Spaltöffnungen reichlich
Gerbstoffschläuche vorhanden	Gerbstoffschläuche fehlen.
Cuoxam: blasenförmige Quellung	gleichmäßige Quellung
und Innenschlauch breit und quergefaltet	Innenschlauch schmal, gestreckt
Streifung linksläufig	oder wellig
Chromschwefelsäuregemisch (WIESNER):	
Lumen gerade, nie gewunden	Lumen zackig
Enden konisch erweitert	

Knicke, Knoten und Verschiebungslinien kommen wie beim Flachs vor; in älteren Fasern tritt (namentlich in den Basalteilen der Stengel) Verholzung ein.

Die Faser des gleichfalls zur Familie der Cannabaceen gehörigen Hopfens *(Humulus lupulus* L.) spielt technisch keine große Rolle (schwere Gewinnung, ungleichmäßiges Material, rotbraune Farbe). Die Faser ist an sich fein und dünnwandig, glatt, mit breit abgerundeten Enden und meist unverholzt. Im Präparat ist sie leicht an den meist sie begleitenden Kletterhaaren (kreuzhackenartige Haare in breitem Sockel eingesenkt) kenntlich.

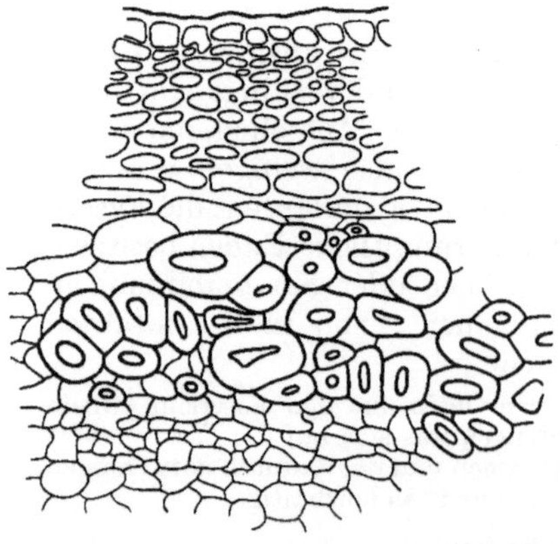

Abb. III, 49. Querschnitt durch die Rinde von *Boehmeria nivea* (Ramie). (Nach TOBLER-WOLFF)

Urticaceae, Nesselgewächse. Weitaus die wichtigste Pflanze ist

Boehmeria nivea HOOK. et ARN. und *B. „viridis"* (vermutlich *B. nivea f. indica* HOOK. et ARN.), das Chinagras oder die Ramie. Die Fasern sind rindenständig in zerstreuten kleinen Gruppen oder auch einzeln angeordnet (diese Anordnung ist für alle Nesselfasern recht charakteristisch). Sie sind am Querschnitt deutlich geschichtet und dickwandig und von abgerundetem Umriß. Am Längsbild ist eine ungleiche Weite des Lumens auffällig, ferner treten häufig Verschiebungslinien auf; Poren sind in der unverletzten Faser meist nicht zu beobachten, doch treten bei der Gewinnung und Verarbeitung Risse und Sprünge auf. Die Faser ist deutlich längsfibrilliert. Die Ramiefaser gehört zu den längsten des Pflanzenreiches überhaupt, sie erreicht eine Länge von 250 mm, als mittlere Länge wird 60 mm angegeben (Tappi[1]). Auch der Durchmesser kann sehr erheblich, zwischen 10,8—80 μ, schwanken. Im allgemeinen ist die Faser von *Boehmeria viridis* feiner und dünner und darum auch wertvoller als die von *B. nivea*; daneben kann die Beschaffenheit der Faser auch durch verschiedene Ernährung verändert werden; N-Düngung macht die Fasern dünnwandiger und damit schlechter, während K-Düngung zur Erzeugung hochwertiger Fasern nötig erscheint. Ramie gehört zu den festesten, aber auch schönsten Fasern überhaupt und ist durch große Glätte und Glanz ausgezeichnet.

Die Faser ist nicht verholzt, mit $J + H_2SO_4$ tritt der gelbgrüne Innenschlauch, von blauer wulstartiger Außenschicht spiralig umgeben, deutlich hervor (gutes Erkennungsmerkmal). Enden meist abgerundet, Längsstreifung und leichte Fibrillierbarkeit.

Wegen der früher großen Seltenheit der Ramie wurde sie in China einst dem Banknotenpapier zum Schutz vor Verfälschungen sowie zur Erzielung größerer Haltbarkeit zugesetzt.

Die Fasern der übrigen Nesselgewächse (*Urtica cannabina* L., die Hanfnessel, *Urtica dioica* L. und *U. urens* L., die Brennessel) sind von ungleich geringerer Bedeutung und wurden höchstens zu Notzeiten als Faserrohmaterial herangezogen. Von Aussehen ähnlich der Ramie, glänzend und weiß, kommen sie in wesentlich geringerer Menge als in Ramie vor (Faseranteil 2—4%), die Rentabilität der Gewinnung wird noch durch die keineswegs geringen Ansprüche, die die Brennessel an Boden und Nährstoffreichtum stellt, verringert; die auf Ruderalstellen vorkommenden Nesseln liefern ein für die technische Verarbeitung viel zu ungleiches Material. Immerhin konnte bei der auch auf Moorboden gedeihenden Zuchtform von *Urtica dioica* ein Fasergehalt von 15% erzielt werden, die Faserlänge beträgt 4—92 mm bei etwa 50 μ Durchmesser (Tobler-Wolff[2]).

Broussonetia papyrifera (L.) Vent. *(Moraceae)*, Papiermaulbeerbaum (Tapa- oder Kodzu-Faser). Die Bastzellen liegen in einem dichten, durch feine, nur mikroskopisch sichtbare Markstrahlen unterbrochenen Ring bis zu 2 mm Breite in der Rinde. Sie erscheinen am Querschnitt meist stark abgeplattet polygonal oder dreieckig, dickwandig und deutlich geschichtet, der Durchmesser kann bis 36 μ betragen. Die Länge beträgt 6—25 mm, die Enden sind zugespitzt, seltener abgeplattet. Verschiebungen sind häufig; meist haften die äußeren (Primärwand-) Schichten nur als lose gefaltete Scheide der Faser an, oft finden sich auch korkzieherartige Drehungen. Mitunter hängen den Fasern noch Markstrahlzellen (mit Calciumoxalatkristallen) und kristallführende Bastparenchymzellen an.

Heimat: Ostasien.

Spartium junceum L., *Sarothamnus soparius* Wimmer *(Leguminosae)*, Ginsterfasern. Fasergruppen, meist unter den Rippen des Stengels liegend, unregelmäßig begrenzt, durch mehrere tangentiale und radiale Parenchymbande voneinander getrennt und so den Eindruck von Wachstumszonen erweckend, leicht in Streifen ablösbar. Querschnitt polygonal und verschieden gestaltet, mit ungleich weiten Lumina. Fasern der Länge nach oft umgeschlagen mit meist stumpfen Enden, stets verholzt und von wechselnder Länge. Gewinnung durch Röste infolge des Eiweißreichtums durch den unangenehmen Fäulnisgeruch erschwert.

[1] Siehe S. 112, Fußnote 11. [2] Siehe S. 112, Fußnote 13.

Spartium juncem, Pfriemenginster; Mittelmeergebiet, besonders auf Kalk,

Sarothamnus scoparius, Besenginster; vom Mittelmeergebiet bis Skandinavien, auf Heide- und Sandboden, nicht auf Kalk.

Corchorus capsularis L. und *C. olitorius* L. *(Tiliaceae)*, Jute. Fasergruppen in einem fast geschlossenen breiten rindenständigen Ring, der durch nach außen sich verbreiternde (also markstrahlähnliche) sowie durch tangentiale Parenchymbande in kleine Gruppen aufgespaltet ist, so daß der Eindruck von Wachstumszonen entsteht. Einzelfasern besitzen polygonalen 5—6seitigen Querschnitt bei einer Dicke von 10—25 μ (im Mittel bei *C. capsularis* 12, bei *C. olitorius* 16 μ) und außerordentlich ungleich weiten Lumina; streckenweise kann das Lumen überhaupt verschwinden. Die innere und äußere Kontur der Zellwand verlaufen also nicht parallel. Die Länge der Fasern schwankt zwischen 1,5—5,0 (Tappi[1]) bzw. 0,8 bis 4,1 mm (WIESNER[2]), im Mittel etwa 2 mm, sind also auffallend kurz, die Faserbündel können aber eine Länge von 1,5—2,5 m erreichen. Die Enden sind schlank, bei manchen Sorten hingegen eher verdickt und rundlich. Verschiebungslinien und Drehungen fehlen völlig, da die Faser stets mehr oder weniger verholzt ist (vgl. S. 69ff), namentlich die basal gelegenen Fasern sind stets stärker verholzt und gröber und darum von geringerem Werte. Bastparenchym oder Kristallzellen finden sich in der Jute in der Regel nicht. Die Unterscheidung von *C. capsularis* und *C. olitorius* spielt in der Praxis kaum eine Rolle. Cellulosegehalt etwa 70% des TrG.

Hibiscus cannabinus L. *(Malvaceae)*, Bimli-Hanf, Gambo, Kenaf. Die Pflanze ist in Südasien beheimatet (Indien, Java usw.), kultiviert aber auch in Afrika, Mittel- und Südamerika und Südeuropa. Die Faser ähnelt mit ihrem polygonal- bis rundlichem Querschnitt den dicken Wänden und dem gleichfalls stark variierendem Lumen in manchem der echten Jute. Die Mittellamelle tritt deutlich hervor, eine Schichtung ist nicht zu beobachten. Durchmesser der Fasern 10—30 μ (TOBLER[3]) bzw. 20—41 μ (WIESNER[2]), die Länge 1,5—2,5 (nach WIESNER bis 6) mm. Sie kann auch durch die den Fasern anhaftenden Parenchymzellen von der echten Jute unterschieden werden, die Enden sind stumpf, manchmal gabelförmig, ungleiche Verholzung.

(Auch Fasern anderer Herkunft werden als Gambohanf gehandelt, wie diejenigen von *Urena*).

Crotolaria juncea L. *(Leguminosae)*, Sunn. Die Bastbündel dieser einjährigen Pflanze liegen als flache radialgestreckte Stränge in der Rinde, die Fasern selbst haben vielfach gleichfalls eine tangential flachgedrückte Gestalt. Im Querschnitt (Durchmesser der Fasern 20—50 μ) fällt die stark hervortretende Mittellamelle auf, die verholzt ist; nach längerer Quellung in Chromsäure lassen sich die peripheren Wandschichten leicht abschieben. Länge der Fasern im Durchschnitt 3—6 mm (Extremwerte 0,5—9 mm), die Enden sind stumpf abgerundet. Im ungequollenen Zustand ist keine auffälligere Membranskulptur zu beobachten, nach Behandlung mit Cuoxam tritt deutlich eine spiralige Streifung hervor, nach Chromsäurebehandlung wird die Schichtung der recht mäßig dicken Zellwände deutlicher. Verholzung nur auf die Mittellamelle beschränkt. Charakteristisch ist das Vorkommen von Parenchym- sowie Oberhautzellen, die namentlich an den über den Bastbündeln gelegenen Stellen dicht mit spitzen Haaren bedeckt sind.

Edgeworthia papyrifera SIEB. et ZUCC. *(Thymelaceae)*, Mitsumata. Die Bastfasern bilden im Phloem durch nach außen sich verbreiternde Markstrahlen

[1] Siehe S. 112, Fußnote 11. [2] Siehe S. 85, Fußnote 13. [3] Siehe S. 112, Fußnote 13.

dreieckige Gruppen (für viele Thymelaceen charakteristisches Merkmal), die Einzelfasern besitzen abgerundet — polygonalen Querschnitt und zeigen häufig Abplattungen, Einfaltungen oder tiefe Einbuchtungen, der Durchmesser wird zwischen 3,75—18,73 μ (WIESNER[1]) bzw. 6,8—27 μ (Tappi[2]) angegeben. Die Fasern sind relativ kurz und unterscheiden sich dadurch von den ähnlichen der Jute, des Flachses und Hanfes. Sie besitzen ein breiteres, 11,9—27 μ (nach Tappi) im Durchmesser messendes Mittelstück von etwa 300 μ Länge, an die sich beiderseits schlanke Enden ansetzen; die Enden sind abgerundet, die Faser zeigt einen sehr unregelmäßigen, oft gekröpften Längsverlauf, mit Ausbuchtungen, nicht selten sind die Enden auch verzweigt; Drehungen kommen vor. Das Lumen ändert häufig seinen Durchmesser sprunghaft, bisweilen verschwindet es streckenweise überhaupt, so daß die Faser ein gefächertes Aussehen erhält. Gelegentlich finden sich auch wenig deutliche Querbrüche in den Fasern. Die jüngeren Fasern sind dünnwandig und ohne innere Vorsprünge. Die Faserwand ist geschichtet, nicht verholzt und fast ohne Poren. Charakteristisch sind die die Bastfasern meist begleitenden Markstrahl- und Bastparenchymzellen und Drusen von Calciumoxalat.

Von anderen Seidelbastgewächsen sei *Wikstroemia canescens* (WALL.) MEISN. mit juteähnlichen, aber schwächeren (7—20 μ ⌀), leicht verholzten Fasern genannt (wird aber von Mitsumata verdrängt), *Daphne involucrata* WALL. besitzt nur lokale Bedeutung (Nepalpapier). Der einheimische Seidelbast ist als Faserpflanze bedeutungslos (Naturschutz, schwer kultivierbar, selten und giftig).

Adansonia digitata L. (*Bombacaceae*), Affenbrotbaum. Die Rinde dieses bis 47 m im Umfang messenden Stammes ist außerordentlich fest und läßt sich oft nur mit Spitzhacken von dem Holze trennen. Die Faser selbst ist aber leicht durch Kochen aufschließbar, nicht verholzt und von großer Feinheit und Verfilzbarkeit. Charakteristisch sind stellenweise Veränderungen der Breite der Fasern bei gleichbleibender Wandstärke, es entstehen dabei Figuren eines schlanken gleichschenkligen Dreiecks, in dem sich stets einige schräggestellte Poren befinden. Die äußeren Schichten der Zellwand können sich bisweilen (durch mechanische Einwirkung) ablösen und die Faser wie mit einem Schleier umgeben.

γ) Baste

Die Bastfasern in der Rinde mancher Bäume lassen sich nicht leicht aus ihrem Zusammenhang lösen, auch nach Röste bleiben sie zu Strängen oder Bändern vereinigt und liefern damit die technischen *Baste*. Am wichtigsten ist der Lindenbast (*Tilia*-Arten).

Die Hart- und Weichbastschichten des Lindenbastes (vgl. S. 96) lösen sich bei mechanischer Zerstörung des Gewebes in Bastbänder von 40—80 μ Dicke auf. Die einzelnen Bastfasern haben einen Durchmesser von etwa 15 μ, besitzen stark verdickte Wände, die das Lumen meist nur punktförmig erscheinen lassen. Die Hartbastschichten werden stets von Elementen des Weichbastes begleitet (Bastparenchym usw.).

Ähnlichen Bast liefert auch die Ulme (*Ulmus campestris* L.), ferner einige Weiden- (*Salix-*) Arten und einige andere Baumrinden.

δ) Hartfasern der Monocotyledonen

Solche Fasern werden z. B. aus den Blättern der blattsucculenten tropischen und subtropischen *Liliaceen* und *Amaryllidaceen* gewonnen. Die wichtigsten

[1] Siehe S. 85, Fußnote 3. [2] Siehe S. 112, Fußnote 11

Vertreter sind

Agave sisalana PERR. *(Amaryllidaceae)*, Sisal (in zahlreichen Spielarten).
Agave fourcroydes LEM. Henequen (auch als „Sisal" gehandelt).
Agave cantala ROXB. Kantala.
Fourcroya gigantea VENT. Mauritiushanf.
Aloe sp. (Liliaceae), Aloe-Fasern.
Sanseviera ceylanica WILD. und
S. guineensis (WILD.).

Die technische Faser erreicht bei *Agave sisalana* PERR. eine Länge bis 170 cm, die Einzelfasern sind jedoch relativ kurz (2,4—4,4 mm) und besitzen einen Durchmesser von etwa 20 μ. Diese Maße sind für alle Agaven ungefähr gleich. Die Faser von Henequen ist eher etwas fester als die von *Agave sisalana*, während Kantala eine zartere, jedoch leichter angreifbare Faser liefert. Die Wände sind ziemlich stark verdickt (besonders bei Kantala); die Faserenden sind stumpf bis spitz, oft mit stachelartigen Anhängseln. Das Lumen ist meist unregelmäßig, die Wand schräg gestreift mit ebenso schräg gestellten Tüpfeln. In Cuoxam tritt Kugelquellung oder gleichmäßige Quellung auf längeren Strecken ein. Die Fasern sind stets verholzt. Im übrigen unterscheiden sich die Fasern auch nach ihrer Herkunft. Besonders stark ist auch die *Sanseviera*-Faser verdickt (Faserlänge 2—5 cm, Dicke 18—30 μ).

Den Fasern hängt meist noch Grundgewebe an, bei *Sanseviera* zeigen auch die Grundgewebszellen Verdickungsleisten.

Die Qualität bzw. Beschaffenheit der Bündel ist nicht über die ganze Länge des Blattes gleich; an der Basis überwiegen verholzte Bastfasern sowie treten reichlich unvollständige Bündel auf, während gegen die Spitze zu die Gefäßbündel noch des mechanischen Gewebes entbehren, daselbst also nur Leitungsfunktionen erfüllen.

Von nichtsucculenten Liliaceen stammt der

Neuseeländer Flachs *(Phormium tenax* FORST.*)* sowie die

Yucca-Faser *(Yucca filamentosa* L. und andere *Yucca*-Arten*)*.

Beim neuseeländischen Flachs sind die Gefäßbündel kollateral und dorsal wie ventral von mächtigen hufeisenartig konturierten Baststrängen begleitet, die bisweilen von der oberen zur unteren Epidermis des Blattes reichen und damit erheblich zur Festigkeit beitragen. Daneben liegen unterhalb der Epidermen der Blatt-Ober- wie Unterseite noch isolierte Baststränge, durch die vor allem die Scherfestigkeit des Blattes erhöht wird. Die Fasern besitzen polygonalen Umriß; der Durchmesser wird mit 3—27 μ, im Mittel 13 (WIESNER[1]) —16 (Tappi[2]) μ, angegeben. Die Länge der Fasern schwankt zwischen 3,9—15 mm, die Fasern sind verholzt, geschichtet, ohne Verschiebungslinien und von ziemlich gleichmäßiger Kontur. WIESNER[1] gibt die Faser als recht weitlumig an, während TOBLER und Tappi[2] die Lumina als stark verengt anführen. Die Faserenden sind verschieden gestaltet, von spitz zulaufenden bis meißelartigen oder stumpfen Faserenden. Auffallend ist eine geringe Widerstandsfähigkeit der Faser gegen Seewasser.

Im Gegensatz zu *Phormium tenax* sind die Bastfasern im Blatte der Palmlilie *(Yucca filamentosa)* in Form schmaler Sicheln an der Dorsal- und Ventralseite der Gefäßbündel angeordnet. Die isolierten Einzelfasern zeigen eine wellige Kontur sowie stark verdickte Spitzen. Die Faserlänge beträgt 1,4—1,6 mm, *(Y. filamentosa)*, die Breite schwankt zwischen 13—17 μ (bei *Y. flaccida* zwischen 15—25 μ).

[1] Siehe S. 85, Fußnote 3. [2] Siehe S. 112, Fußnote 11.

Die Fasern der Blattbasis sind auch hier derber als an der Spitze, Verholzung ist die Regel.

Musa textilis, Luis Née, M. Ensete GMEL. und andere Bananenarten *(Musaceae)*, Manila, bilden keine Stämme, sondern Scheinstämme, die aus den scheidenartigen Blattbasen gebildet werden. Diese schließen halb- oder dreiviertelkreisartig ineinander und können auch den Blütenschaft umfassen. In den Blattbasen finden sich sowohl gefäßbündelfreie Baststränge (besonders in den äußeren Partien) wie vollständige Gefäßbündel. Die äußeren Partien des Scheinstammes liefern grobe Fasern (Bandala), darauf folgt die feinere Sorte Lupis, die innersten und feinsten heißen Tupoz. Die Einzelfasern besitzen eine gleichmäßige Weite mit allmählich zulaufenden Enden (die Verjüngung erfolgt langsamer als bei Sisal), das deutliche Lumen ist parallel konturiert, nur gelegentlich finden sich Verengungen, häufig finden sich darin auch Granula. Die Fasern treten in zwei Formen auf, einer langen, weitlumigen und einer kurzen, dickwandigen. Charakteristisch sind die die Fasern begleitenden Stegmata oder Deckzellen mit an der der Faser abgekehrten Seite liegenden Wandverdickungen, die mit Kieselsäure inkrustiert sind. Die Länge der Faser beträgt 5,18—8,32 mm (Mittel 6,2 mm) für die langen; für die schmalen Fasern 1,10—2,87 (Mittel 1,8) mm. Der Durchmesser beträgt im Mittel 18 bzw. 11 μ. Auch Gefäße begleiten die Bastfasern bisweilen. Die Faser ist steif, glänzend, gelb-bräunlich, ähnlich dem Roßhaar. Die Lumina reichen bis ganz in die Spitze der Faser.

Ähnlich wie in den Blättern von *Yucca* oder *Agave* liegen die Gefäß- und Bastbündel in den Blättern der (allerdings nicht succulenten) tropischen Bromeliaceen-Arten. Teilweise begleiten die Bastscheiden die Gefäßbündel, teilweise treten sie auch als isolierte Bastbündel auf. Im Querschnitt ist die Faser auffallend eckig mit sehr engem Lumen. An wichtigeren Faserpflanzen wäre insbesonders zu nennen:

Ananas sativus SCHULT. mit zwei Arten von Zellen, dünnen Fasern mit schmalem Lumen und spitzen Enden sowie dicken, stark verholzten Zellen von geringerer Länge. Die Länge der ersteren schwankt zwischen 3—9 (Mittel 5) mm, die Dicke um 6 μ.

Bromelia-Arten, Caraguatá und

Neoglaziovia-Arten (Caròa) mit etwa 4 mm langen und 10 μ dicken, gut verfilzbaren Fasern (Süd- und Mittelamerika).

Gramineae, Gräser. Zahlreiche Grasarten sind wichtige Faserlieferanten, so in den Tropen Bambus, Zuckerrohr und Reis, in den Subtropen und dem Mediterrangebiet das Halfagras und das Pfahlrohr, in den gemäßigten Klimazonen Mais und das Stroh der Getreidearten und aushilfsweise auch von Schilf, Rohrkolben u.a.m.

Der Aufbau der Gräser ist recht einheitlich, charakteristisch ist die Gliederung der Halme in Knoten und Internodien, deren jedes für sich knapp oberhalb des Knotens eine eigene wachstumsfähige Zone besitzt. Die Halme sind unter der Oberhaut meist mit Sklerenchym verstärkt, dieses besteht aber meist nicht aus Bastfasern, sondern aus verdicktem Grundgewebe, an das sich nach innen die Gefäßbündel anschließen, häufig in unmittelbarem Zusammenhang mit der Sklerenchymschicht. Einlagerung von Kieselsäure verleiht der Zellwand eine größere Härte und Starrheit, die Zugfestigkeit dürfte dadurch kaum wesentlich erhöht werden. Die Gefäßbündel sind vom kollateralen Typ, jedoch ohne Cambium (also geschlossene Bündel) und meist beiderseits mit Bastscheiden versehen. Sie liegen entweder zerstreut über den ganzen Stammquerschnitt, nach innen zwar größer, meist aber auch spärlicher werdend (Mais, Zuckerrohr), oder aber durch weitgehenden Verlust des zentralen Grundgewebes und Entstehung einer Markhöhle kreisförmig angeordnet; zwischen den Gefäßbündeln liegen häufig noch reine Bastbündel. Die Anordnung der sklerenchymatischen Elemente ist stets so, daß mit einem Minimum von Material ein Maximum an Festigkeit erzielt wird. Die Bastscheiden können gleichsam als die Gurtungen eines Trägers aufgefaßt werden, und das dazwischen liegende Gefäßbündel als Füllung, die die Gurtungen in unveränderlichem Abstand fixiert. Die Verlagerung an die Peripherie folgt gleichfalls den Gesetzen der Festigkeitslehre, je zwei diametral gegenüberliegende Gefäßbündel können wieder als Gurtungen aufgefaßt werden und das ganze mechanische Gewebesystem eines Grashalmes demnach als ein System ineinandergesteckter I-Träger, wobei die eng stehenden Bündel sich soweit gegeneinander versteifen, daß ein Verlust der Füllungen (das Auftreten einer Markhöhle) ohne Einbuße an Festigkeit möglich ist (RASDORSKY[1], HABERLANDT[2]).

Auch die Blätter sind nach dem gleichem Prinzip gebaut, wie es sich schon bei der Besprechung des Blattbaues von *Yucca* oder *Phormium* ergab.

Am besten sind die verschiedenen Zellelemente der Gramineen im Strohaufschluß zu beobachten, wenngleich die Mehrzahl der kleineren Elemente bei der weiteren Verarbeitung entfernt werden. Insbesonders sind dies die Parenchymzellen, die im Strohzellstoff als tonnenähnliche, zylindrische oder von gekrümmten Wänden begrenzte würfelartige Gebilde auftreten, häufig sind die Wände auf einer Seite eingedrückt, die Zelle also kollabiert, wodurch sie ein sackartiges Aussehen erhält (Sackzellen). Ebenso sind auch die die Querwände in den Knoten aufbauenden Zellen verschwunden, es sind dies meist kleine, oft sternförmig gebaute Zellen, solche Sternzellen erfüllen in manchen Gramineen (und in verwandten Familien wie z. B. den Cyperaceen und Juncaceen) auch das locker gebaute Mark. Die Hauptmasse des Strohaufschlusses wird von den Bastfasern gebildet. Die Länge der Fasern des Getreidestrohs bewegt sich zwischen 0,7 bis 3,1 mm, im Mittel 1,5 mm, ist also relativ gering, die Dicke liegt zwischen 6,8 und 34 μ im Mittel bei 13,3 μ. Die Bastfasern sind im allgemeinen ziemlich dünnwandig, durchweg verholzt; gelegentliche Verschiebungen ausgenommen, bieten sie keine Besonderheiten und sind bei den verschiedenen Getreidestroharten auch durchweg von gleichem Aussehen und ähnlicher Größe. Neben den Bastzellen finden sich Bruchstücke von Gefäßen; sie haben querstehende offene Enden und keine fingerartigen Fortsätze, wie dies bei den Laubhölzern der Fall ist. Die Wände der Gefäße sind reichlich mit querstehenden runden oder schlitzartigen Tüpfeln besetzt und bei Reisstroh mit feinen netzartigen Verdickungen versehen. Häufig finden sich auch enge Ring- oder Schraubengefäße, meist sind erstere aber stark auseinandergezogen, von Schraubengefäßen findet man häufig nur einzelne Ringe.

Charakteristisch sind die Epidermiszellen, die in den Strohaufschlüssen regelmäßig zu finden sind. Die Zellen haben rechteckigen Umriß und stark gewellte Längswände (vgl. Abb. III, 9, u. I, 30); es finden sich meist langgestreckte Formen, die mit kurzen Zellen von gleicher Breite abwechseln, den sog. Kurzzellen; sie sind im Aufschluß naturgemäß weniger häufig. Die Form der Epidermiszellen und die Art der Verzahnung können als Hinweise für die Herkunft der Aufschlüsse und der Fasern herangezogen werden (näheres bei WIESNER[3]). Ebenso sind Membranskulpturen und Haarbildungen wesentliche Erkennungsmerkmale; so besitzen die Epidermiszellen von Reis warzenförmige Erhebungen, während die von Esparto kleine kommaartige Härchen tragen, die für diese Pflanze außerordentlich kennzeichnend sind.

Die größten Fasern besitzt Maisstroh, *(Zea mays L.)*, sie erreichen eine Länge von 5 mm und eine Dicke bis 80 μ, die Enden sind mitunter geweihartig; die die Kolben umhüllenden Blätter (Maislieschen) liefern einen feineren wertvolleren Stoff.

[1] RASDORSKY, W.: Biol. gen. 5, 63 (1929).

[2] Siehe Seite 54, Fußnote 4. [3] Siehe S. 85, Fußnote 3.

Arundo donax L. (Pfahlrohr, auch *Canna brava* genannt) besitzt in der Hauptsache dickwandige englumige Fasern von 2—3 mm Länge und 55 μ Breite. Parenchymzellen klein, rechteckig sowie rundlänglich; Tüpfelgefäße sind selten.

Typha (Rohrkolben) besitzt feine, kurze dickwandige Fasern und sehr viele dünnwandige Parenchymzellen; eine eindeutige Erkennung ist an Hand der unregelmäßigen sternförmigen Zellen aus dem lockeren Mark (das als Durchlüftungsgewebe fungiert) möglich.

Die Fasern von Schilf (*Phragmites communis* L.) und anderer Hydrophyten haben noch keine allgemeine und verbreitete Verwertung gefunden. Die Fasern sind 1—1,25 mm lang und 8—12 μ breit, Spiralgefäße sind selten und meist nur in Bruchstücken vorhanden. Parenchymzellen quadratisch bis langgestreckt mit Poren. Ferner treten unregelmäßig geformte „Zackenzellen" aus den Diaphragmen der Knoten auf.

Eine besondere Stellung nehmen Reis und Halfagras als Faserstoffe ein.

Oryza sativa L. (Reis) besitzt Fasern von 0,7—3,5 mm (im Mittel 1,5 mm) Länge und 5,1—13,6 μ (im Mittel 8,5 μ) Dicke; Gefäße lang und schmal mit netzartigen Verdickungen. Epidermiszellen warzig. Das die Halme tragende Stroh (Padi-Stroh) liefert feinere Fasern als das Feldstroh (Stoppeln).

Das sog. chinesische Reispapier stammt jedoch nicht von dieser Pflanze, sondern wurde aus dem Mark von *Aralia papyrifera* Hook. (= *Textrapanax papyrifer* K. Koch) hergestellt, dessen Mark nach Art von Schälfurnieren der Länge nach tangential geschnitten und getrocknet wurde.

Esparto (Halfagras). Als Stammpflanze werden zwei Grasarten angegeben, *Stipa tenacissima* L. und *Lygaeum Spartum* L.; botanisch ist echtes Halfagras jedoch stets nur die erstere Art. Die Parenchymschichten unter der Oberhaut der Blätter sind außerordentlich stark verdickt; von der Blattoberseite reichen sklerenchymatische Träger bis an die Unterseite des zylindrisch eingerollten rinnenförmigen Blattes. Zwischen den Sklerenchymmassen liegen dünnwandige chlorophyllhaltige Gewebe und in diesen die Gefäßbündel, die wiederum (aber nicht alle) mit Bastscheiden armiert sind. Im Querschnitt ist eine Unterscheidung von Grundgewebe und Fasern oft nicht möglich. Die Fasern sind spitz, dicker als die von Reis (6,8—13,6, im Mittel 9,2 μ ⌀), doch von geringerer durchschnittlicher Länge (0,6—1,6 mm, im Mittel 1,1 mm), an den Enden oft ungleich und mit geschlängelter Kontur. Sackzellen fehlen bei Esparto vollkommen. Charakteristisch sind die kleinen Häkchen (Trichome) von etwa 30—50 μ Länge. Die Gefäße sind eng (bis 20 μ ⌀), ebenso sind die Parenchymzellen nur klein und, wie schon oben hervorgehoben, dickwandig. Die Epidermiszellen sind schmal und scharf gezähnt mit zahlreichen seitlichen Tüpfeln; die die Spaltöffnungen begleitenden Zellen sind dünnwandig.

Die Fasern und die Zellelemente von *Lygaeum Spartum* L. ähneln ganz denen von Esparto, es fehlen jedoch die Zähnchen, die Trichome sind vielmehr abgestumpft, daneben finden sich dünnwandige zweizellige Trichome; ferner sind die Epidermiszellen wesentlich größer[1].

Die größten Gräser gehören der Gattung *Bambusa*, Bambus, an. Charakteristisch ist das Vorkommen von zwei verschiedenen Faserformen, zylindrische zugespitzte von 1,5—4,4 mm Länge und im Mittel 14 μ Durchmesser und daneben breite dünnwandige bandartige (oft wie Baumwolle gedrehte) Fasern von 2,8 bis 3,2 mm Länge und 21—41 μ Dicke. Die dicken Fasern verkürzen sich in Quellungsmitteln, so daß der Innenschlauch als geschlängelte Linie im Innern der Faser zu liegen kommt. Die Gefäße sind auffallend groß, jedoch meist nur in Bruchstücken

[1] Hayek, A. v.: Österr. bot. Z. 52, 1 (1902).

anzutreffen, daneben finden sich kleine enge mit einem Durchmesser von etwa 44 μ. Die Gefäße sind auffallend reich getüpfelt (Tüpfelfelder), Tüpfel mit geschlitzten Poren. Verschiebungslinien sind bei den Fasern häufig. Selbst kleine Gefäßbündel besitzen oft mächtige Bastscheiden. Im übrigen bestehen zwischen den Bambusarten ziemliche Unterschiede. Parenchymzellen sind meist klein, ähneln aber sonst dem Stroh. Die Oberhautzellen fallen durch ihre Schuppenform und feine netz- bzw. punktartige Zeichnung auf.

Zuckerrohr (*Saccharum officinale* L.). ist durch drei Zellarten gekennzeichnet, bis 3 mm lange und 25 μ dicke Zellen mit verdickten Wänden und stumpfen Enden, kurze sehr schmale (Breite 10—15 μ) und starkwandige Zellen mit feinen zugespitzten Enden und kurze, bis über 30 μ breite, stark getüpfelte, dünnwandige Fasern. Daneben finden sich auch häufig große getüpfelte sackzellenartige Parenchymzellen, Epidermiszellen sind im Aufschluß weniger zu finden. In den Gefäßbündeln finden sich häufig auch Ringgefäße. Die Fasern zeigen außer gelegentlichen schmalen Tüpfeln keine Besonderheiten. Im übrigen ähnelt der aus Zuckerrohr (Bagasse, ein Abfallprodukt der Rohrzuckerfabriken) gewonnene Stoff dem Bambus.

5. Sonstige Faserstoffe

Von einer Besprechung weiterer, weniger wichtiger Faserstoffe soll hier abgesehen werden. Viele sind nur bedingt als Faserstoffe anzusprechen, namentlich diejenigen, bei denen nicht ein Macerationsprodukt, also die isolierten Fasern oder Bündel, sondern ganze Gewebekomplexe genutzt werden. Solch gröberes Fasermaterial sind z. B. die Piassaven, Gefäßbündelkomplexe mit anhängenden Gewebeteilen aus Palmblattstielen (die echte Piassave oder Bahia-Piassave stammt von der brasilianischen Palme *Attalea funifera* Mart., die afrikanische Piassave von *Raphia vinifera* P. B., die indische von *Borassus flabelliformis* L.; daneben kommen auch noch weitere Pflanzen als Piassave-Lieferanten in Betracht). Die Fasern sind sowohl hinsichtlich Größe, Feinheit und Sprödigkeit von ganz verschiedener Beschaffenheit. Die Elementarfasern spielen keine Rolle, ein Aufschluß dieser Fasern wird nicht vorgenommen, die Verwendung beschränkt sich auf die Herstellung von Matten, Flechtwerk, Besen und Bürsten.

Selbst ganze Organe werden als Faserstoffe genutzt; so ist der Bindebast des Gärtners das grob geschlitzte Blatt der Palme *Raphia Ruffia* Jacqu.; die geschlitzten Blätter einer anderen Palme, *Chamaerops humilis* L. liefern das vegetabilische Roßhaar, grob zerteilte Coniferennadeln die sog. Waldwolle. Getrocknete *Zostera marina* L. (eine Potamogetonacee, zu den Monokotylen gehörend) ist als Seegras bekannt und auch von *Tillandsia* (Fam. *Bromeliaceae*) wird die ganze trockene Pflanze als grobes Faser- und Polstermaterial verwendet, kann also nicht mehr als eigentliche Faserpflanze gelten. Allerdings wird bei Einwirkung von Feuchtigkeit das äußere Gewebe der Rinde allmählich so zersetzt, daß schließlich nur mehr Stranggewebe übrigbleibt, so daß auch dieses Produkt als Faser angesprochen werden kann.

Auch bei Zersetzung von Pflanzen in Mooren entstehen gelegentlich faserige Produkte; die Fasern sind zwar nicht verspinnbar und daher höchstens ein Behelfsrohstoff, können aber als Beimengung zu Papieren oder Pappen verwendet werden. Hier spielt das Wollgras *Eriophorum vaginatum* L., das in Mooren oft massenhaft vorkommt und dann der Zersetzung anheimfällt, eine Rolle. Dabei lösen sich, ähnlich wie beim Röstvorgang, die Zellen aus ihrem Zusammenhang und nur das widerstandfähige Stranggewebe der Stengel und Blätter bleibt übrig. Dabei machen die Fasern auch chemische Veränderungen durch. Durch die teilweise Humifizierung nehmen sie aseptische Eigenschaften an und werden auch schwer brennbar, beim Anzünden verglosen sie bloß. Charakteristische Einzelheiten sind nicht mehr zu erkennen. Mit Sicherheit kann auf Torffaser geschlossen werden, wenn, wie dies meist der Fall ist, Blättchen vom Torfmoos (*Sphagnum*) beigemischt sind. Diese bestehen aus einer einzigen Zellschicht und sind aus zwei verschiedenen Zellarten aufgebaut, großlumigen leeren Zellen mit weiten Öffnungen und Querversteifungen sowie schmalen, im lebenden Zustande chlorophyllführenden Assimilationszellen, die die hylinen „Capillarzellen" (sie dienen der Wasserhaltung) umgeben. Im Präparat erscheinen die Blättchen meist netzartig gezeichnet mit rhombischer Grundform. Auch die Stengel bzw. die Reste lassen gelegentlich noch die aus solchen Capillarzellen bestehende äußere Zellschicht erkennen. Ferner finden sich auch Stämmchenreste von der Besenheide (*Calluna vulgaris* L.) mit typischen Holzelementen.

Zweiter Teil

Chemie und submikroskopische Morphologie der Pflanzenzellwand

Viertes Kapitel

Die primären Pflanzenstoffe

bearbeitet von S. ASUNMAA, P. W. LANGE, B. LINDBERG, H. MEIER und E. TREIBER

Mit 103 Abbildungen

§ 19. Die Cellulose

Von E. TREIBER

Das Kettenmolekül Cellulose wird durch lineare Aneinanderlagerung von β-D-Glucose (Aldohexose) in 1,4-β-glucosidischer Bindung gebildet; das Idealmodell stellt somit ein lineares Kettenpolymerisat von Glucose bzw. Cellobiose dar.

Die Annahme, daß Cellulose ein hochmolekulares Polysaccharid ist, wurde schon vor etwa 45 Jahren von H. OST ausgesprochen und von FISCHER, TOLLENS und FREUDENBERG geteilt. Unglücklicherweise wurde diese Vorstellung zunächst zugunsten einer niedermolekularen Betrachtungsweise wieder aufgegeben.

Beweise für den chemischen Aufbau und die Kettenstruktur wurden zunächst durch Acetolyse, speziell aber durch Methylierungsversuche erbracht. FRANCHIMONT erhielt schon 1879 bei der Acetolyse Cellobiose- und reinste Cellulose in Form von Baumwolle ergab bei der Totalhydrolyse stets lediglich Glucose. Inwieweit Cellulose wirklich ein reines Linearpolymerisat aus Glucose ist, zeigten quantitative Hydrolyseversuche von WILLSTÄTTER und ZECHMEISTER, MONIER-WILLIAMS, KARRER und ILLING, IRVINE und SOUTAR bzw. HIRST und schließlich HESS und WELTZIEN[1]; aus diesen Versuchen ging hervor, daß reine Cellulose zu etwa 99% aus Glucoseresten (in β-Form [siehe Strukturformel, Abb. IV, 1]) besteht, die die Grundeinheit bilden.

Die Methylierung der Cellulose brachte weitere Anhaltspunkte zur konstitutionellen Aufklärung, indem es gelang, gute Ausbeuten an 2,3,6-Trimethylglucose zu erhalten. Die Glucosereste im Cellulosemolekül konnten daher nur in 4- oder 5-Stellung als α- oder β-Glucoside verknüpft sein. Von besonderer Bedeutung war HAWORTHs Feststellung, daß die Zucker normalerweise in Form von Pyranoseringen auftreten, wodurch es wahrscheinlich wurde, daß die Glucoseeinheiten in der Cellulose durch 1,4-Brücken verbunden sind. Die Konstitution der Cellobiose wurde durch HAWORTH und Mitarbeiter endgültig durch Hydrolyse des Cellobioseoctaacetats zu 2,3,6-Trimethyl- und 2,3,4,6-Tetramethylglucose und durch Oxydation zur Cellobionsäure, deren Methylierung und nachfolgende Hydrolyse zu

[1] HESS, K., u. W. WELTZIEN: Liebigs Ann. **442**, 49 (1925).

2,3,4,6-Tetramethylglucose und dem γ-Lacton der 2,3,5,6-Tetramethylgluconsäure aufgeklärt. Bei der Acetolyse wurden überdies Cellotriose und eine Cellotetraose isoliert. Beim acetolytischen Abbau der Cellulose entstehen also acetylierte

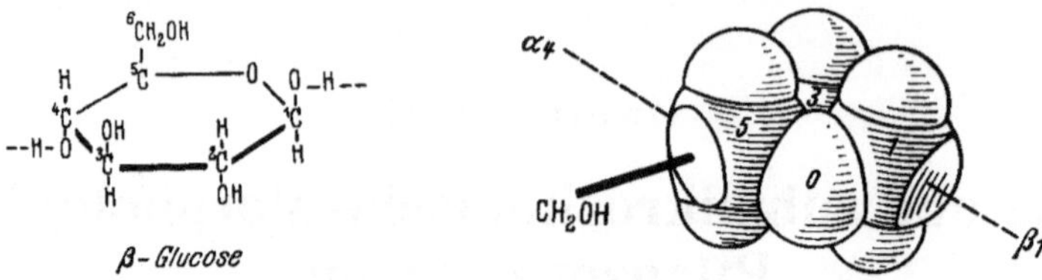

Abb. IV, 1. Links: Strukturformel der β-Glucose; rechts: Kalottenmodell des Ringsystems der β-Glucose. (Man beachte, daß die C—H-Bindungen senkrecht zur Ring-„Ebene" stehen.) (Nach HERMANS)

Oligosaccharide und DICKEY und WOLFROM konnten durch chromatographische Analyse Cellobiose, -triose, -tetraose, -pentaose und -hexaose im kristallisierten Zustand isolieren. Neulich konnte WOLFROM auch Celloheptaose fassen.

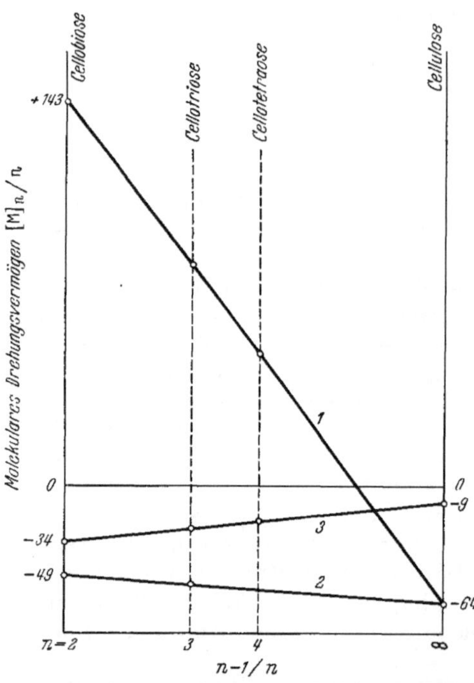

Abb. IV, 2. Zusammenhang zwischen dem molekularen Drehungsvermögen per Kettenglied (M_n/n) gegen $n-1/n$ (n = Anzahl Glucoseeinheiten) von: *1* Acetate von α-Cellobiose, -triose, -tetraose und Cellulose in Chloroform; *2* Acetate von β-Cellobiose, -triose und Cellulose in Chloroform; *3* methyliertes β-Methylcellobiosid, -triosid, -tetraosid, und Trimethylcellulose. (Nach FREUDENBERG)

Weitere Beweise für eine Kettenstrukturformel und für die Gleichheit aller glucosidischen Bindungen brachten die polarimetrischen Untersuchungen von FREUDENBERG (vgl. Abb. IV, 2), kinetische Studien (KUHN, FREUDENBERG) sowie Hydrolyseversuche (Ausbeuteberechnungen [KUHN]) (vgl. auch § 31, [9]).

In diesem Zusammenhang sind auch noch die Arbeiten von STAUDINGER über die Darstellung polymerhomologer Reihen von Celluloseverbindungen und die Ergebnisse von VAN DER WYK und STUDER[1] sowie IRVINE und HIRST[2] zu nennen, die zugleich dafür sprechen, daß das Molekulargewicht der Cellulose sehr groß sein muß. Schließlich wurde röntgenoptisch die auf rein chemischer Basis gewonnene Vorstellung bestätigt, daß Cellulose aus aneinandergereihten Glucose- bzw. Cellobioseeinheiten besteht.

Die Resultate sagen jedoch nichts Näheres über die Molekülgröße aus sowie über die sehr umstrittene Existenz von Fehlstellen und dergleichen.

Es erhebt sich nun zunächst weiters die Frage nach der **Konstellation der Cellulose,** d. h. nach der Form, die das Molekül unter dem Einfluß freier Drehbarkeit einnehmen kann. Der Pyranosering eines Glucosemoleküls ist nicht eben (vgl. auch Abb. II, 1a) und kann 8 verschiedene spannungsfreie Formen einnehmen, die ohne erheblichen Energieaufwand ineinander übergehen können. Die

[1] WYK, A. J. A., VAN DER, u. M. STUDER: Helvet. chim. Acta **32**, 1698 (1949).
[2] IRVINE, J. C., u. E. L. HIRST: J. Chem. Soc. **123**, 529 (1923).

Ringe sind also gewellt und in gewissem Sinne biegsam. Ferner sind die Achsen beiderseits des glucosidischen Verbindungs-O-atoms drehbar (Abb. IV, 3). Allerdings kann durch diese Drehbarkeit das einzelne Fadenmolekül nicht alle erdenklichen Gestalten annehmen. Die lange Kette ist in Wirklichkeit — z. B. in molekulardisperser Lösung — nur schwach geknäuelt; kurze Stücke bis zu 30 und mehr Kettengliedern erscheinen nahezu gestreckt (NAKUSHIMA).

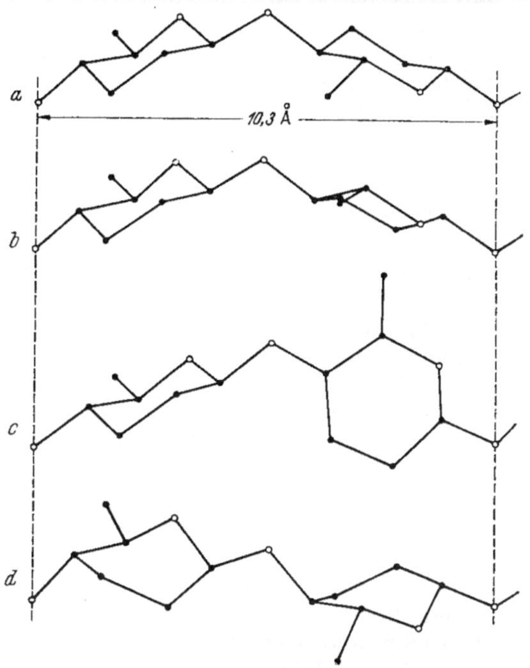

Abb. IV, 3. Projektion einer Cellobioseeinheit nach einem Kettenmodell gemäß Modell-Fotographien von BJØRNHAUG. *a* MEYERsches klassisches Modell, *b* nach geringer Verdrehung eines Glucoserings. *c* Maximale Verdrehung eines Glucoserings, *d* Glucose in Wannenform

Von den zahlreichen Lagen, die zwei Kettenglieder in der Cellulosekette zueinander einnehmen können, seien die Formen C 1 und 3 B (Nomenklatur nach REEVES[1]) abgebildet (Abb. IV, 4), die eine geradlinige Fortsetzung erlauben. Auf Grund der Längsperiodizität von 10,29 Å ist wahrscheinlich, daß die „Sesselform" C 1 bei nicht völliger Streckung vorliegt. Zu ähnlichen Schlüssen aus einer eindimensionalen Fouriersynthese kam BJØRNHAUG[2] (vgl. Abb. IV, 3b).

Auch aus UR-Messungen geht hervor, daß die Sesselform bei Kohlenhydraten stabiler und somit bevorzugt ist[3]. Die C 1-Konstellation liegt auch beim Glucosamin vor[4].

SIPPEL[5] zeigte, daß übrigens auch zwei Wannenformen existieren, die eine periodische Anordnung im Sinne einer Cellulosekette mit 10,3 Å Periodenlänge zulassen, doch ist die Wahrscheinlichkeit für deren Existenz gering.

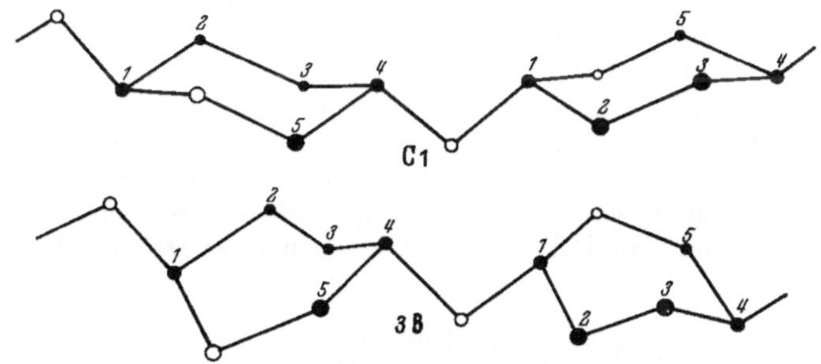

Abb. IV, 4. (C_6 weggelassen)

Als nächste Fragen nach Klarstellung des chemischen Molekülbaues (Konstitution) erheben sich solche nach der Kettenlänge (Molekulargewicht) und

[1] REEVES, R. E.: J. Amer. Chem. Soc. **71**, 215 (1949). Siehe auch S. 51, Fußnote 3.
[2] BJØRNHAUG, A., Ø. ELLEFSEN u. B. A. TØNNESEN: Norsk Skogind. **7**, 171 (1953).
[3] BARKER, S. A., E. J. BOURNE, R. STEPHENS u. J. H. WHIFFEN: J. Chem. Soc. **1954**, 3468.
[4] FODOR, G.: Angew. Chem. **68**, 188 (1956).
[5] SIPPEL, A.: Kolloid-Z. **122**, 20 (1951).

Kettenlängenverteilung (Polydispersität), Einheitlichkeit des Fadenmoleküls (Endgruppen, Fremdgruppen, Fehlerstellen; also Abweichungen vom Idealtyp) und Kristallstruktur (einschließlich Polymorphie), d. h. Betrachtungen zur räumlichen Anordnung der Ketten zum Kristallit (Micell). Damit im Zusammenhang stehen dann weitere Fragen nach Größe, Form und Anordnung der Micelle sowie nach dem Kristallinitätsgrad, womit die Grundlagen für eine Diskussion des Feinbaues der Fibrillen und der Zellwände gegeben sind.

1. Molekülgröße

Über Kettenlänge und Polymolekularität der ungeschädigten nativen Cellulose ist wenig bekannt; DP-Werte von ~ 3000 Glucoseresten gelten heute schon als ungewollt abgebaut. Für langfaserige Baumwolle der ungeöffneten Kapsel fand man DP-Werte zwischen 4000 und 5000 (TIMELL[1] z. B. 4720). SCHULZ und MARX[2] fanden an Baumwolle zwischen dem 70. und 90. Tag nach der Blüte 7800, an handelsüblichen Baumwollen 6200—6700. MOROZOV[3] findet einen DP-Wert von ~ 9000, HESSLER[4] 10650. Ähnliche oder noch höhere Werte finden in der Ultrazentrifuge GRALÉN (9000—11000) und MEYERHOFF[5] (8470).

Die viscosimetrischen Molekulargewichtsbestimmungen sind von GALOWA und IWANOW[6] einer Kritik unterzogen worden, da der DP-Wert selbst unter den denkbar mildesten Bedingungen bei der Bestimmung herabgesetzt wird. Für unbehandelte Baumwolle wird ein Wert von ~ 14000 und für Bakteriencellulose von < 3000 als wahrscheinlich erachtet. Im allgemeinen soll man bei genuiner Cellulose offenbar mit *Grenz*-polymerisationsgraden von $P < 44500$ rechnen können.

Gewöhnlich wird man nach MARX[7] bei Fasercellulosen mit DP-Werten zwischen 6000 und 8000, bei Primärwandcellulosen mit 1500—3000 und bei (aufgeschlossenen) Holzcellulosen mit > 3000 rechnen müssen. Einige Beispiele mögen dies belegen: Linters: 6500 (MARX); Flachs 8000 (SCHULZ), (36000 [GRALÉN]); Ramie: 5740 (TIMELL), 6500 (SCHULZ), (12000 [GRALÉN]); *Asclepias syriaca:* 5800 (TIMELL); Bakteriencellulose *(Bact. xylinum):* 2700, Bakterienschleim: 1400 (SCHULZ). Für Cellulose von *Acetobacter acetigenum* wurde ein DP von ~ 600 gemessen (BURKLEY). Baumwollprimärwandcellulose (junge unreife Baumwollfasern): 5940 (HESSLER[4]).

An gereinigter Baumwolle werden bereits kleinere DP-Werte gemessen (1500 bis 3000), ebenso an α-Cellulosen aus Fasercellulosen (800—1100[8]) und an — selbst schonend — aufgeschlossenen Holzcellulosen. So finden MARX an Fichte 3300, an Buche 3050; RÅNBY[9] an Fichte 1600—3220 (kleinere bzw. größere Werte wurden an den gleichen Proben nach der osmotischen bzw. Ultrazentrifugen-Methode erhalten [600—9780]); HEUSER[10] an Espe und Tanne ~ 2500. Kürzlich teilte MARX mit, daß sie einen sehr schonend aufgeschlossenen Fichtenzellstoff vom DP ~ 4000 erhalten hat, der Polydispersitätsmaxima bei DP 250, 3500, 5750 und 8000 zeigte.

---

1 TIMELL, T. E.: Ind. Engng. Chem. **47**, 2166 (1955).
2 SCHULZ, G. V., u. M. MARX: Makromol. Chem. **14**, 52 (1954).
3 MOROZOV, A. A., u. Z. L. ZOSIM: Ukrain. Khim. Zhur. **19**, 687 (1953).
4 HESSLER, L. E., G. V. MEROLA u. E. E. BERKLEY: Textile Res. J. **18**, 628 (1949).
5 MEYERHOFF, G.: Naturwiss. **41**, 13 (1954).
6 GALOWA, O. P., u. W. J. IWANOW: Über das Molekulargewicht der Cellulose. Berlin: Akademie-Verlag 1953.
7 MARX, M., u. G. V. SCHULZ: Papier **9**, 13 (1955).
8 CHATTERJEE, H., K. B. PAL u. P. B. SALKAR: Textile Res. J. **24**, 43 (1954).
9 BRYDE, Ø., u. B. G. RÅNBY: Sv. Papperstidn. **50**, [11 B] 34 (1947).
10 HEUSER, E., u. L. JÖRGENSEN: Tappi **34**, 57 (1951); vgl. auch J. JURISCH: Chem. Ztg. **51**, 1 (1947).

Während Endgruppenmethoden (HAWORTH, YUNDT, MCGILVRAY, FRAMPTON) im allgemeinen niedere Molekulargewichte ergeben (~ 1000), geben Ultrazentrifugenmessungen vielfach etwa 2—6fach höhere Werte als viscosimetrische Methoden.

Zum Teil beruhen bis zu einem gewissen Grade solche Divergenzen auf der Polymolekularität, die in der verschiedenen Art der Mittelwertsbildung des Molekulargewichts zum Ausdruck kommt. Die osmotischen Methoden sowie die chemische Endgruppenbestimmung liefern ein Zahlenmittel *(number average)* $\overline{M}_n \left(\frac{\Sigma n_i M_i}{\Sigma n_i} = \Sigma c_i \Big/ \Sigma \frac{c_i}{M_i}\ ;\ \Sigma c_i = \text{Konzentration } c\right)$, während die Lichtstreuungsmethode sowie die viscosimetrische Molekulargewichtsbestimmung aus der Fließkurve (UMSTÄTTER) das Massen- oder Gewichtsmittel *(weight average)* $\overline{M}_w \left(= \frac{\Sigma n_i M_i^2}{\Sigma n_i M_i} = \frac{\Sigma c_i M_i}{\Sigma c_i}\right)$ liefert. Die Ultrazentrifuge ergibt: Gewichtsmittel (vorwiegend Sedimentation) und Z-Mittel (Sedimentationsgleichgewicht) $\left(\overline{M}_z = \frac{\Sigma M_i^3 n_i}{\Sigma M_i^2 n_i}\right)$. Viscositätsmessungen liefern ein Viscositätsmittel $\overline{M}_\eta \left(= \left[\frac{\Sigma n_i M_i^{\alpha+1}}{\Sigma n_i M_i}\right]^{1/\alpha}\right)$, welches für $\alpha = 1$ in das Gewichtsmittel übergeht. Allgemein gilt:

$$\overline{M}_n < \overline{M}_\eta \leqq \overline{M}_w < \overline{M}_z .$$

WALES bestimmte an einem Polystyrol das Verhältnis $\overline{M}_n : \overline{M}_w : \overline{M}_z \sim 1:2:3$. Bei sorgfältig fraktionierten Celluloseproben sind die Differenzen im allgemeinen nicht wesentlich größer als $\sim 10\%$; an unfraktionierten Proben können jedoch, wie erwähnt, bedeutende Divergenzen aufscheinen (vgl. Tabelle IV, 1).

Gegenwärtig stehen nun auch andere Methoden, wie z. B. Lichtstreuung, zur Verfügung[1].

Tabelle IV, 1. Nach Angaben von SVEDBERG u. BRYDE

	$\overline{M}_n$	$\overline{M}_w$	$\overline{M}_z$
Celluloseprobe 1	—	19100	47900
Celluloseprobe 2	—	17900	21800
Celluloseprobe 3	—	22700	42800
Celluloseprobe 4	188000	525000	1235000
Celluloseprobe 5	95700	462000	340000

2. Polydispersität

Die gelegentlich ausgesprochene Vermutung, daß native, ungeschädigte Cellulose praktisch monodispers (kettenlängeneinheitlich) sei, ist heute kaum vertretbar. DOLMETSCH[2] diskutierte neulich vom morphologischen Gesichtswinkel (Querspaltenflächen) die Frage nach einer einheitlichen Kettenlänge sowie einer eventuellen natürlichen Längenbegrenzung. Hingegen gibt es zwei Auffassungen betreffend das Ausmaß der Polydispersität. Es scheint, daß genuines, ungeschädigtes Material eine relativ enge Kettenlängenverteilung aufweist zum Unterschied von vorbehandelten oder aufgeschlossenen Cellulosematerialien, wo öfters mehrere scharfe Maxima in der Verteilungskurve beobachtet werden (Abb. IV, 5a, b).

Wesentlich für die Diskussion der Ergebnisse ist die Frage nach Bestimmungsmethoden (vgl.[3]), deren Zuverlässigkeit sowie Darstellung der Ergebnisse. Die Darstellung kann durch die SCHULZsche (Häufigkeits-) Verteilungsfunktion $h_{(P)}$ erfolgen (Angabe, wieviel Mole vom Polymerisationsgrad P im Grundmol des Gemisches vorhanden sind; $dn = h_{(P)} \cdot dP$) oder üblicher durch die *differentielle Massenverteilungsfunktion* $H_{(P)}$ $(= P \cdot h_{(P)})$ — die angibt, wieviel Gramm Substanz vom Polymerisationsgrad P in einem Gramm Gemisch vorhanden sind — die direkt durch graphische Differentiation der integralen Massenverteilungsfunktion $I_{(P)}$ (die uns die Fraktionierung direkt liefert) hervorgeht (vgl. Abb. IV, 6).

Zur Aufstellung der integralen Massenverteilungsfunktion $I_{(P)}$ bzw. der Treppenkurve dient hauptsächlich die Methode der fraktionierten Fällung, gelegentlich auch der fraktionierten Lösung sowie der Trübungstitration. Erstere Methode wird heute noch als die verläßlichste angesehen, wenngleich — wie vor allem kürzlich SNYDER[4] zeigte — auch diese Methode sehr

[1] Chem. Engng. News **29**, 1503 (1951).
[2] DOLMETSCH, H.: Makromol. Chem. **13**, 130 (1954).
[3] SCHURZ, J.: Österr. chem. Ztg. **56**, 311 (1955).
[4] SNYDER, J. L., u. T. E. TIMELL: Sv. Papperstidn. **58**, 889 (1955).

große Unsicherheiten in sich birgt. Hinsichtlich der anderen Methoden zur Polydispersitätsbestimmung muß auf die Literatur verwiesen werden[1].

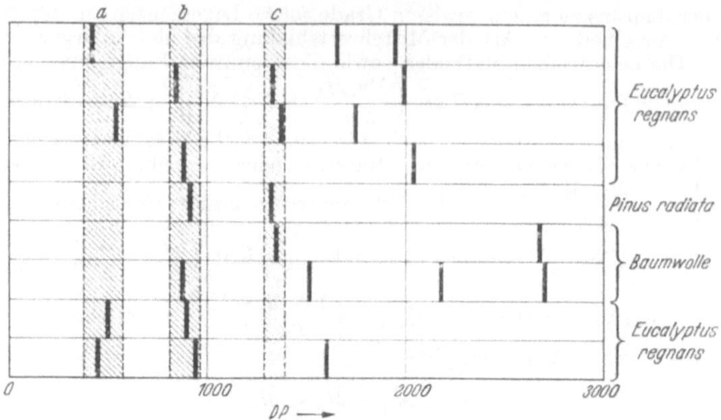

Abb. IV, 5a. Lageverteilung der Maxima der Kettenlängenverteilungskurve nach SCHULZ und KÖMMERLING[2]

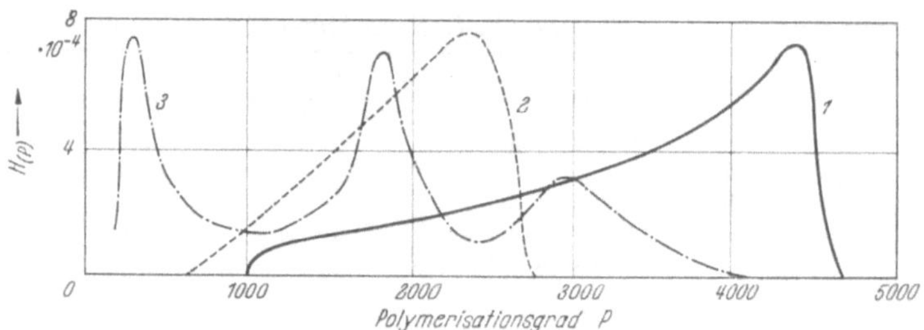

Abb. IV, 5b. Kettenlängenverteilungskurven nach HEUSER und JÖRGENSEN[3]. *1* Baumwolle, ungeöffnete Kapsel, *2* Espenholzcellulose, *3* MITSCHERLICH-Zellstoff (DP ~ 1980)

Zufolge der Langwierigkeit und Beschwerlichkeit einer Aufstellung einer Verteilungskurve sowie der erwähnten Unsicherheiten (Mitfällung, Polydispersität

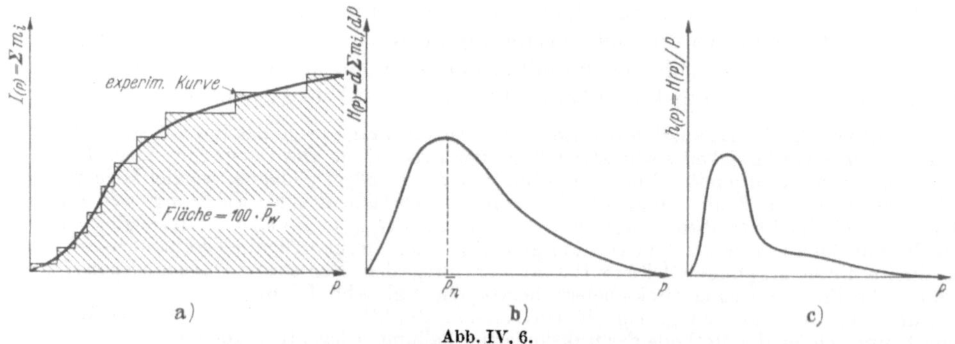

Abb. IV, 6.

der Einzelfraktion, Abbau und Veränderung unter der Fraktionierung usw.) sind unsere Kenntnisse — vor allem technische Probleme betreffend — weder

[1] Siehe S. 143, Fußnote 3.
[2] SCHULZ, G. V., u. I. KÖMMERLING: Makromol. Chem. **9**, 25 (1952).
[3] Siehe S. 142, Fußnote 10.

umfassend noch gesichert. Abb. IV, 7 gibt eine Zusammenstellung von Polydispersitätskurven verschiedener Cellulosematerialien neueren Datums; Abb. IV, 8 eine entsprechende für Cellulosereyon. Über Molekulargewichtsverteilungen in technischen Zellstoffen vgl. HAAS[1]. (Eingehende und moderne Untersuchungen an hoch- und niederpolymeren Reyonzellstoffen sowie den daraus hergestellten und gereiften Alkalicellulosen wurden nun von BJÖRKQVIST[2] angestellt. S. S. 295.)

Oft wird die Frage gestellt, ob für die Cellulose in der Natur ein einheitliches Modell vorliegt. Meist wird die Frage verneint und man neigt zur Auffassung, daß

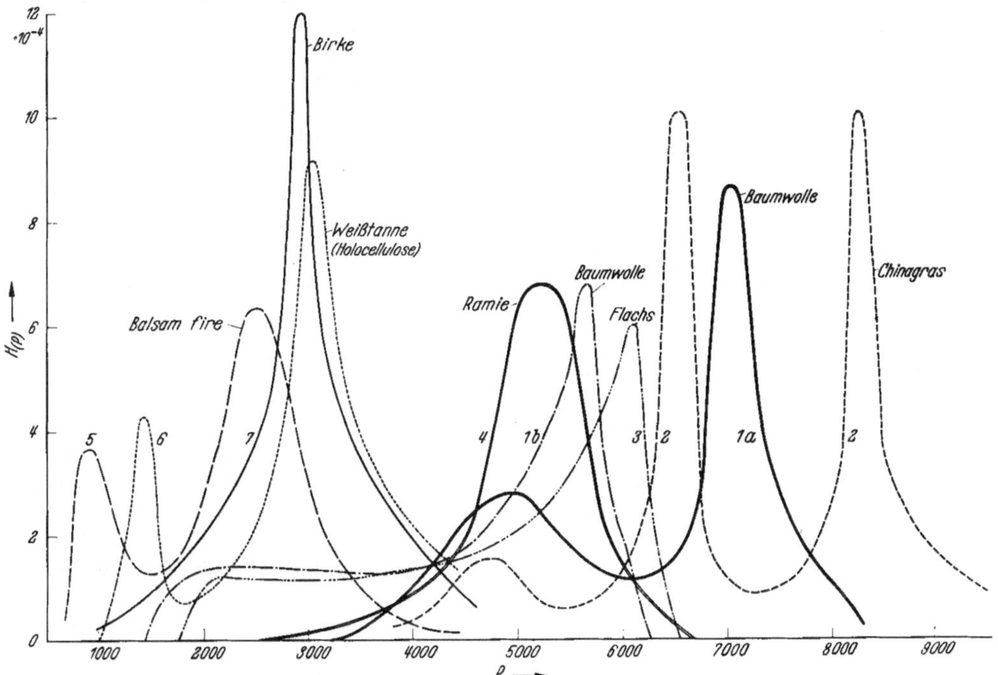

Abb. IV, 7. Kettenlängenverteilungsdiagramme von *1a* Baumwolle nach SCHULZ und MARX[3], *1b* unbehandelte Baumwolle nach TIMELL[4], *2* Chinagras *(Boehmeria nivea forma chinensis)* nach SCHULZ und MARX[3], *3* Flachs nach TIMELL[4], *4* Ramie (Chinagras) nach TIMELL[4], *5* Balsamtannencellulose *(Balsam fire, Abies balsamea)* nach SNYDER und TIMELL[5], *6* Weißtannenholocellulose nach TIMELL[6]. *7* Birkencellulose nach TIMELL[7] (Betreffend Holocellulosen s. a. TIMELL[8])

vornehmlich durch Vorzugslängen, Kristallinität, Fremdgruppen und Lockerstellen gewisse Differenzierungen vorkommen. Seinerzeit hat KUBO geglaubt, zwischen zwei Celluloseformen — und zwar der Ramie- und Huflattichform — unterscheiden zu können. Andere Beobachtungen, wie z. B. an Cellulose von *Posidonia australis,* die angebliche (native) Hydratcellulose der Alge *Halicystis,* die neuen Äquatorinterferenzen bei Jute (SEN und ROY) und dergleichen konnten einer genaueren Überprüfung nicht standhalten. Wirklich größere Unterschiede scheinen nur bei Bakteriencellulose zu bestehen[3]. Der heutigen Auffassung gemäß

[1] HAAS, H., u. D. TEVES: Makromol. Chem. **6**, 174 (1951).

[2] BJÖRKQVIST, K. J.: Third Symposium on Viscose Technical Questions, Stockholm, 14. 11. 1956 (Meddelande från Cellulosaindustriens Centrallaboratorium, Ser. B. nr. 36, 1957).

[3] Siehe S. 142, Fußnote 2. [4] Siehe S. 142, Fußnote 1.

[5] SNYDER, J. L., u. T. E. TIMELL: Sv. Papperstidn. **58**, 851 (1955).

[6] TIMELL, T. E.: Pulp Paper Mag. Canada **56**, 104 (1955).

[7] TIMELL, T. E.: Sv. Papperstidn. **59**, 1 (1956).

[8] TIMELL, T. E.: Tappi **40**, 25 (1957).

scheint es angängig zu sein von der Gruppe: Baumwoll- und Ramiecellulosen und der Gruppe Holz- und Strohcellulosen zu sprechen (RÅNBY[1]). (So werden z. B. von SHARPLES in ägyptischer Baumwolle Lockerstellen etwas anderer Art als in Holzcellulose vermutet. SAMUELSON findet ebenfalls Unterschiede im Abbau zwischen Baumwolle und Holzzellstoffen. Auch „Quellwiderstände", Kristallinitäten und dergleichen sollen unterschiedlich sein.) WELLARD[2] vermeint, in den Elementarzellenparametern je nach Celluloseherkunft ganz feine Unterschiede feststellen zu können (z. B. Bakteriencellulose: $\beta' = 98{,}25°$; Ramie: $\beta' = 96{,}5°$).

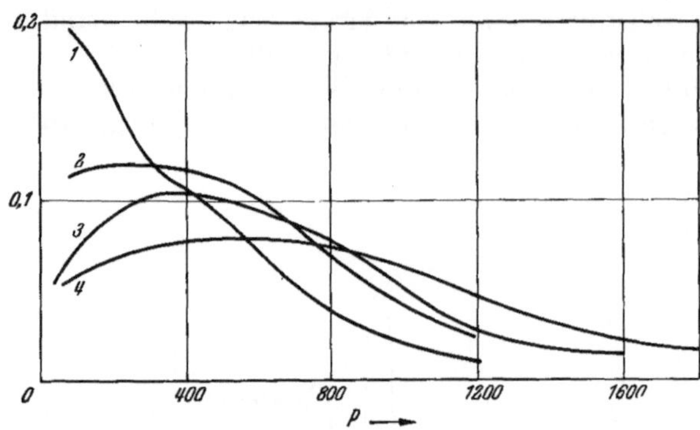

Abb. IV, 8. Kettenlängenverteilungskurven von Viscoseseiden nach HARLAND. *1* gewöhnliches Viscosereyon, *2* Tenasco-Reyon, *3* Bemberg Reyon, *4* Durafil Reyon

Nach SCHULZ[3] scheinen aber die Holzcellulosen — zumindest hinsichtlich einer Kettenvorzugslänge ($P \sim 6500$—9000) — den Fasercellulosen doch sehr verwandt zu sein; größere Differenzierungen scheinen — neben der erwähnten Bakteriencellulose — nur Primärwandcellulosen aufzuweisen. Das Tunicin, die tierische Cellulose (*Tunicaten*, z. B. Seescheide), ist in diesem Zusammenhang wohl noch zu wenig bearbeitet worden[4]. HEUSER und JÖRGENSEN[5] meinen, auch eine Unterscheidung zwischen Hartholz- und Weichholzcellulose treffen zu können.

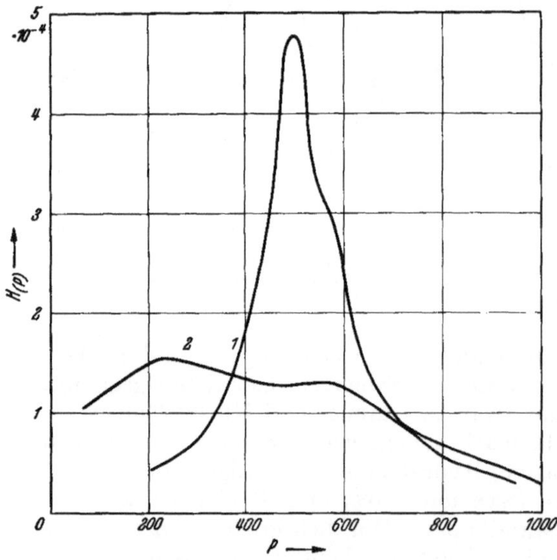

Abb. IV, 9. Verteilungskurven von bei 0° C kurz *(1)* und lang *(2)* abgebauter Natroncellulose nach HUSEMANN[6]

Diese Betrachtungen leiten zu einer neuen Frage über, und zwar nach den

3. Abweichungen von der idealen Formel

Es soll hier nicht auf die verschiedenartigen und verschieden engen Assoziationen mit den Cellulosebegleitern und Inkrusten, die von oberflächlich freiliegenden Molekülen ausgehen können, eingegangen werden. Wir wollen an dieser Stelle lediglich die Frage untersuchen, wieweit Cellulose wirklich ein reines Kettenpolymerisat von Anhydroglucose ist.

---

[1] RÅNBY, B. G.: Makromol. Chem. **13**, 40 (1954); vgl. auch Chem. Engng. News **33**, 1633 (1955).
[2] WELLARD, H. J.: J. Polymer. Sci. **13**, 471 (1954).
[3] Siehe S. 142, Fußnote 2.
[4] KRÄSSIG, H.: Makromol. Chem. **13**, 21 1954).
[5] Siehe S. 142, Fußnote 10. [6] HUSEMANN, E.: Papier **8**, 157 (1954).

Aus zahlreichen Hydrolyseversuchen geht hervor, daß reine Cellulose zu wenig mehr als 99% aus Glucoseresten besteht. Der Fehlbetrag dürfte Störstellen und Fremdgruppen zuzuschreiben sein. ABD EL AKHER weist darauf hin, daß in der Cellulose 0,1—0,2% durch Perjodatoxydation nicht veränderbare „Glucose" gefunden wird (Glucose mit blockierter —OH-Gruppe).

Vor allem auf Grund von papierchromatographischen Untersuchungen nimmt man heute an, daß als Fremdgruppen auch andere Zucker (-Reste) in der Kette auftreten können, wie z. B. Xylose, Mannose, Galaktose sowie Glucuronsäure — namentlich Vertreter der „Glucosereihe" (D-Glucuronsäure und L-Xylose). Jedoch ist die Frage keineswegs leicht zu beantworten, ob die reine, von Begleitern befreite, ungeschädigte, genuine Cellulose alle oder einen Teil solcher genannter Reste *primär eingebaut* enthält. So gelang es VAN DER WYCK und STUDER[1], aus Baumwolle eine völlig carboxylgruppenfreie Cellulose herzustellen; diesem Befund nach müssen z. B. Carboxylgruppen primär lediglich den Polyosen entstammen. Auch ANT-WUORINEN[2] meint, daß kein Anhaltspunkt vorliegt, COOH-Gruppen als einen integralen Teil des Cellulosemoleküls zu betrachten.

ADAMS[3] weist darauf hin, daß α-Cellulose von Hartholz-, Stroh- und Bakteriencellulose Spuren von Xylose, Arabinose, Mannose, Galaktose, Ribose und Rhamnose enthält. Im Roh-Tunicin finden sich Xylose, Arabinose und Galaktose; im gereinigten noch Galaktose. Nach einer Cuoxamreinigung von α-Cellulosen fanden sich immer noch Spuren von Xylose. CENTOLA[4] findet in Cellulosen, außer von Linters und Baumwolle, Spuren von Xylose und Mannose. HATANO[5] findet in Rohbaumwolle Arabinose, Galaktose, Glucuron- und Galakturonsäure; Rohlinters enthält übrigens auch Aminosäuren. Nach einer Reinigung verbleiben immer noch Spuren von Arabinose. DAS[6] findet in Baumwolle, unserer reinsten Cellulose, die die Natur uns bietet, Xylose- und Arabinosespuren (vgl. auch Tab. IV, 2).

Die Frage nach Fremdgruppen, Stör- und Lockerstellen ist lebhaft bearbeitet und in der Literatur diskutiert worden, ohne daß bisher restlose Klarheit erzielt wurde.

Tabelle IV, 2. *Chemische Zusammensetzung der (Roh-) Baumwollfaser.* Nach ROLLINS

	Gesamte Faser %	Primärwand[1] %
Cellulose	95,3	52
Protein	1,0	12
Pektine	1,0	12
Wachs	0,8	7
Asche	0,9	3
Cutin	—	3
Andere organische Verbindungen	1,0	11

[1] 1—5% der Gesamtfasermasse.

Neben der erwähnten Annahme von eingebauten oder vielleicht besser „an"-gebauten Fremdzuckerspuren — der man heute eine gewisse Wahrscheinlichkeit nicht abspricht — wurde eine Reihe weiterer Hypothesen zur Diskussion gestellt. So hat vor allem PACSU[7] unter Störstellen Acetal- und Halbacetalbindungen, die Anlaß zu Vernetzungen — sog. Quervernähungen — geben, verstanden. Andere Theorien waren die der blockierten OH-Gruppen, der oxydischen Vernetzungsbrücken, Esterbindungen, der eingebauten Glucuronsäure, sowie die NEUMANNsche Ringkettentheorie[8].

Die Annahme von **Lockerstellen,** d. h. schneller spaltende Bindungen in der Cellulosekette, geht vornehmlich auf die Beobachtung zurück, daß, vor allem bei hydrolytischen und oxydativen Abbaureaktionen, Kettenlängen oder Bruch-

[1] STUDER, M.: Dissertation Genf 1946.

[2] ANT-WUORINEN, O.: 4th Meeting Techn. Comm. Wood Chem. Brussels 1949, p. 126.

[3] ADAMS, G. A., u. C. T. BISHOP: Tappi **38**, 672 (1955).

[4] CENTOLA, G.: Ricerca sci. **23**, 1780 (1953).

[5] HATANO, A., u. H. SOBUE: Bull. Chem. Soc. Japan **26**, 403 (1953).

[6] DAS, D. B., M. K. MITRA u. J. F. WAREHAM: Nature (London) **174**, 1058 (1954).

[7] PACSU, E.: J. Polymer. Sci. **2**, 565 (1947); Fortschr. Chemie org. Naturstoffe **5**, 128 (1948); HILLER, A. J., u. E. PACSU: Textile Res. J. **16**, 490 (1946).

[8] KARRER, P., u. E. ESCHER: Helvet. chim. Acta **19**, 1192 (1936). — HESS, K., u. E. STEURER: Ber. dtsch. chem. Ges. **73**, 669 (1940). — HESS, K., u. F. NEUMANN: Ber. dtsch. chem. Ges. **70**, 728 (1937). — STAUDINGER, H., u. A. W. SOHN: J. prakt. Chem. **155**, 177 (1940).

stücke bevorzugten DP-Grades auftreten. So nimmt SCHULZ[1], gestützt auf Fraktionierversuche an Cellulose (-nitraten) in verschiedenen Abbaustadien von EMERY und COHEN, an, daß bevorzugt Spaltstücke mit DP 465, 900 und 1350 auftreten (vgl. Abb. IV, 5a [Bereiche a, b, c]). SCHULZ kommt zu dem Schluß, daß etwa 0,2% der gesamten Bindungen schneller spalten — nach HUSEMANN[2] etwa $\approx$ 3000 mal schneller als die normale β-glucosidische Bindung — und daß diese in regelmäßigen Abständen von 465 $\pm$ 30 Glucoseeinheiten liegen. PACSU nimmt — in einem allerdings sehr schematisierten Modell, auf Grund sehr umstrittener[3] Versuche — die Periodizitäten zu 64, 128 bzw. 256 Kettengliedern an. Der Wert $\approx$ 500 — ein Polymerisationsgrad, ab dem Abbaureaktionen sich deutlich verlangsamen — wird auch von HUSEMANN[4] mit Lockerstellen in Zusammenhang gebracht (bei der Luftreife der Alkalicellulose soll auch eine weitere Spaltung bei $P \sim 250$ eintreten [vgl. Abb. IV, 9]). SIEGWART[5] wies neulich darauf hin, daß nach saurer Hydrolyse bevorzugt Kettenlängen von 350, bei alkalischem Abbau von 400 und 600 auftreten. Bei kräftigerer oder längerer Degradation findet man Anhäufungen von kurzkettigem Material mit DP-Werten von 100—200 (HAWORTH). Das nach Hydrolyse faßbare „Micellsol" von RÅNBY[6] zeigt im Elektronenmikroskop Stäbchen von 80—100 Å Breite und 200—1000 Å Länge (Abb. IV, 10), entsprechend einem Polymerisationsgrad von 50—200. Ähnliche Ergebnisse — unregelmäßige Querspaltung von Fibrillenbändchen, 300—1000 Å lang — erhielt

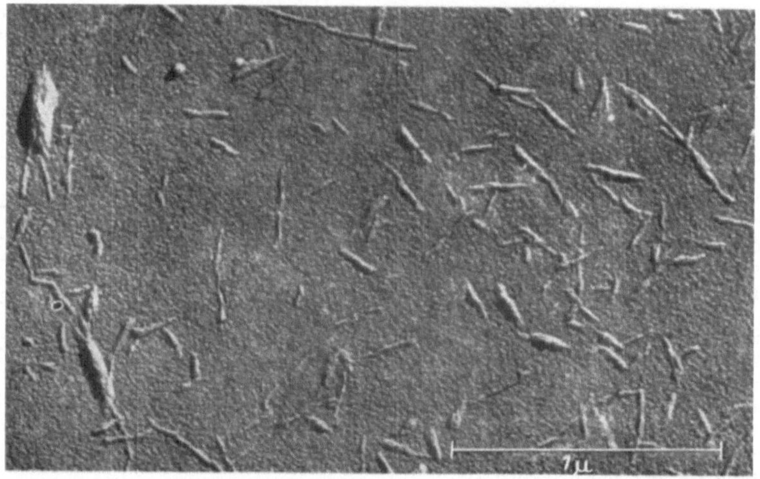

Abb. IV, 10. Elektronenmikroskopische Aufnahme eines „Micellsols" nach RÅNBY

VOGEL[6] an Ramie. NOBÉCOURT findet auch beim Zerreiben mit flüssiger Luft Spaltungen an bevorzugten Stellen. Eine Längenstatistik der hydrolytischen Fibrillenabschnitte, vermessen im Elektronenmikroskop, ergab ein Maximum bei $\sim$ 2300 Å = $\sim$ 450 Glucosereste (HUSEMANN[3]). Aus Untersuchungen über die

[1] Siehe S. 144, Fußnote 2
[2] HUSEMANN, E., u. M. GOECKE: Makromol. Chem. 2, 298 (1948).
[3] HUSEMANN, E., u. Ü. CONSBRUCH: Makromol. Chem. 5, 179 (1950).
[4] HUSEMANN, E.: Papier 8, 157 (1954).
[5] SIEGWART, Y., L. REBENFELD u. E. PACSU: Textile Res. J. 25, 1001 (1955).
[6] RÅNBY, B. G.: Faraday Soc. Disc. 11, 158 (1951). — RÅNBY, B. G., u. E. RIBI: Experientia (Basel) 6, 27 (1950); vgl. auch S. N. MUKHERJEE u. H. J. WOODS: Biochim. et Biophysica Acta 10, 499 (1953). — VOGEL, A.: Diss. ETH Zürich 1953.

Beständigkeit der Cellulose gegen Wärme und Röntgenstrahlung von SIPPEL[1] geht hervor, daß etwa gleichviel „lichtempfindliche“ Bindungen wie HUSEMANNsche Lockerstellen vorhanden sind. DOLMETSCH[2] nimmt auf Grund von Querstrukturen natürliche Lockerzonen im Abstand $P \sim 3200$ an.

SHARPLES[3] kommt in eingehenden Untersuchungen aber zum Schluß, daß keine oder höchstens vereinzelte, schwache, säurelabile Bindungen in der Cellulosekette, ziemlich unregelmäßig verteilt, vorkommen (1: ~ 2900) und auf keinem Falle solche vom SCHULZ-HUSEMANN-PACSU-Typ. Er läßt jedoch die Möglichkeit offen, daß durch Oxydation im alkalischen Milieu *sekundär* mehr labile Bindungen, etwa nach je 660 Resten, auftreten können. RÅNBY wies in einer späteren Arbeit darauf hin, daß die Längen der Partikel im sog. Micellsol nicht fundamental sind, sondern von der Präparation abhängen[4].

Wenn also Lockerstellen wirklich existieren — was von vielen Forschern stark angezweifelt oder überhaupt abgelehnt wird —, so erhebt sich noch die Frage nach der Natur und nach dem Grund der Regelmäßigkeit. Zunächst ist es naheliegend, die Ursache in eingebauten Fremdgruppen oder Störstellen von der besprochenen Art zu suchen. Andere Deutungen sind z. B. das Vorliegen von Glucoseringen in einer anderen Konstellation (BARTUNEK), α-glucosidischerBindung, mechanische Effekte usw. SCHULZ[5] stellt zur Diskussion, daß Cellulose zunächst zu Ketten von $P = 500$ biosynthetisiert wird, die dann erst weiter zu langen Molekülen vereinigt werden.

FRANZ[6] bemerkt zu dem Problem der Lockerstellen noch folgendes: Zu berücksichtigen ist, daß ein Linearmolekül gegenüber chemischen und mechanischen Einflüssen relativ instabil ist. Man darf daraus vielleicht folgern, daß die Hauptvalenzkräfte keineswegs über die ganze Moleküllänge gleichmäßig verteilt sind und in ihrer Stärke durch die zwischen parallel liegenden Makromolekülen sich auswirkenden Nebenvalenzen beeinflußt werden. Man kann vielleicht einen Wechsel von Verstärkungen mit entsprechenden Herabminderungen in den Hauptvalenzkräften annehmen, der unter Umständen oszillatorisch vor sich geht. Auch durch einen solchen ungleichmäßigen, jedoch periodischen Aufbau können Lockerstellen erklärt werden. Man kann bei den im Linearmolekül vor sich gehenden Schwingungen Wellenberge und Wellentäler annehmen, die im Fall, daß sie sich überdecken, d. h. durch Interferenz mehr

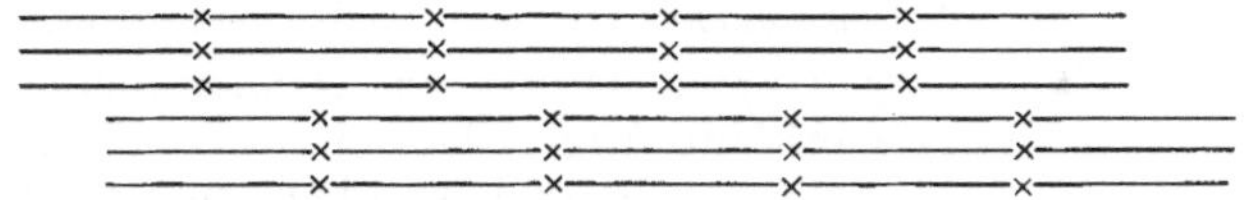

Abb. IV, 11. (Schema nach HUSEMANN)

oder minder auslöschen, zu schwachen Stellen führen. Andererseits kann an den reaktionsfähigen Stellen ebenfalls durch oszillatorische Vorgänge ein Austausch der in Längs- und Querrichtung wirkenden Kräfte angenommen werden, so daß bei einer bestimmten Lage zweier Linearmoleküle zueinander die Querkräfte zu Lasten der in der Faserachse wirksamen Hauptvalenzen verstärkt werden.

FREY-WYSSLING[7] und DOLMETSCH[8] versuchen[9] die Lockerstellen morphologisch zu deuten. Wir werden bei den Querspaltenerscheinungen an Cellulosefasern auf diese Anschauungen noch zu sprechen kommen (vgl. S. 193).

HUSEMANN[10] zog den Schluß, daß Lockerstellen in der Faser senkrecht zur Faserrichtung angeordnet sind und ein Langperiodengitter vorliegt (vgl. Schema

[1] SIPPEL, A.: Textilpraxis **11**, 1131 (1955).
[2] Siehe S. 143, Fußnote 2.
[3] SHARPLES, A.: J. Polymer Sci. **13**, 393; **14**, 95 (1954).
[4] Siehe S. 146, Fußnote 1. [5] Siehe S. 142, Fußnote 2.
[6] FRANZ, E.: Angew. Chem. **56**, 113 (1943).
[7] FREY-WYSSLING, A.: Makromol. Chem. **6**, 7 (1951).
[8] DOLMETSCH, H.: Holz, Roh- u. Werkstoff **13**, 85 (1955).
[9] Vgl. dazu auch H. STAUDINGER: Papier **5**, 438 (1951).
[10] Siehe S. 148, Fußnote 4.

in Abb. IV, 11). Es hat daher nicht an Bemühungen gefehlt, nach weiteren, eindeutigeren Beweisen für solche Lockerstellen, insbesonders für die Existenz eines Überperiodengitters, welches bei vollsynthetischen Faserstoffen gefunden wurde[1] (vgl. Abb. I, 6d), zu suchen.

Exakte physikalisch-chemische Beweise für das Vorhandensein von Querstrukturen sind noch nicht gefunden worden. Eine Deutung gelegentlich beobachteter Querstrukturen im Elektronenmikroskop (KINSINGER, HESS, WERGIN, HUSEMANN) von 150, 500 bzw. 2500 Å bzw. einer Überperiode von 610 Å (ZAŘDES), ferner für das Auftreten mikroskopischer Querspaltungen von Fasern (sowie Dermatosomenbildung), Verschiebungsfiguren usw. im Zusammenhang mit obigen Fragen ist noch offen.

Durch die jüngsten Untersuchungen von HESS wurde die in Vergessenheit geratene Beobachtung scharfer Röntgenkleinwinkelinterferenzen (an Regeneratcellulose) von CLARK[2] verifiziert und möglicherweise darf man darin sowie in den interessanten elektronenmikroskopischen

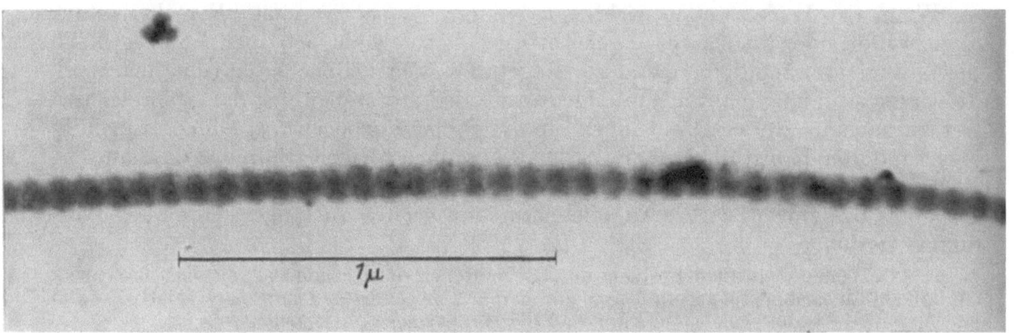

Abb. IV, 12. Native Cellulosefibrille (Zellstoff „Modocord X") nach Jodbehandlung. Größe der Periode etwa 720—740 Å (unveröffentlichte elektronenmikroskopische Aufnahme von K. HESS)

Aufnahmen von HESS[3] (s. Abb. IV, 12) einen Hinweis auf die Existenz von Überperioden (650 bis 740 Å), in der Größenordnung einer Micellänge erblicken. KRATKY[4] konnte an jodierter Kunstseide nun ebenfalls Längsperiodizitäten im Röntgenkleinwinkelgebiet beobachten (Periodenlänge ~ 250 Å). Damit ist zwar erwiesen, daß eine besondere Gleichmäßigkeit im Längsaufbau der Fasern herrscht; eine exakte Deutung ist aber derzeit noch nicht möglich.

Die RÅNBY-HESS-KRATKYschen Beobachtungen scheinen mehr darauf hinzudeuten, daß es sich eher um die erhöhte Angreifbarkeit von amorphen Bereichen, periodisch angeordnet längs der Kettenbündel, handelt, als um spezielle Querelemente.

Kürzlich hat sich auch MELLER[5] kritisch mit einigen wesentlichen Konzeptionen der Lockerstellentheorie befaßt und festgestellt, daß die bisherigen, oben referierten Untersuchungen nicht ausreichen, die Existenz solcher regulär angeordneter säureempfindlicher Lockerstellen sicherzustellen. Die Eigenart der alkalischen Spaltung — alkaliempfindliche Bindungen — können nach MELLER auch durch die Eigenart gewisser Reaktionen der „festen" Cellulose erklärt werden.

Endgruppen. Ausgehend von der „akademischen" Cellulose-Strukturformel, müssen sich beide endständigen Glucosereste von den übrigen Kettengliedern durch eine reduzierende Halbacetalgruppe bzw. am anderen Ende durch eine zusätzliche Hydroxylgruppe unterscheiden. Das Vorliegen einer reduzierenden Endgruppe kann nicht eindeutig bewiesen werden und es ist wahrscheinlich, daß

---

[1] HESS, K., u. H. KIESSIG: Kolloid-Z. **130**, 10 (1953). — HESS, K., u. H. MAHL: Naturwiss. **41**, 86 (1954).

[2] CLARK, G. L.: Applied X-rays, 3. Aufl. New York: McGraw Hill 1940.

[3] HESS, K., u. H. MAHL: Naturwiss. **41**, 68 (1954).

[4] KRATKY, O., u. A. SEKORA: Z. Naturforsch. **9b**, 505 (1954).

[5] MELLER, A.: Holzforsch. **9**, 149 (1955).

— wie bei anderen Polysacchariden — die Kette auf andere Weise abgeschlossen wird. Endgruppenuntersuchungen an gereinigter Baumwolle haben es nicht unwahrscheinlich erscheinen lassen, daß der Abschluß durch eine saure Endgruppe erfolgt. Die Existenz der zusätzlichen —OH-Gruppe darf vermutlich als bestätigt gelten. Degradationsprozesse, die nicht ausschließlich rein hydrolytischer Natur sind, führen zur Bildung verschiedener Typen von Endgruppen, so daß wir über die Endgruppen an Zellstoffen beispielsweise noch weniger wissen.

4. Die Kristallstruktur der Cellulose

Unsere Kenntnisse über die räumliche Anordnung der Ketten zum Kristallit verdanken wir röntgenoptischen Untersuchungen. Wie NISHIKAWA, ONO, SCHERRER, HERZOG, JANCKE u. a. zeigen konnten, gibt Cellulose ein Faserdiagramm. (Abb. IV, 13). Ausgedehnte Untersuchungen, vor allem an höher orientierten

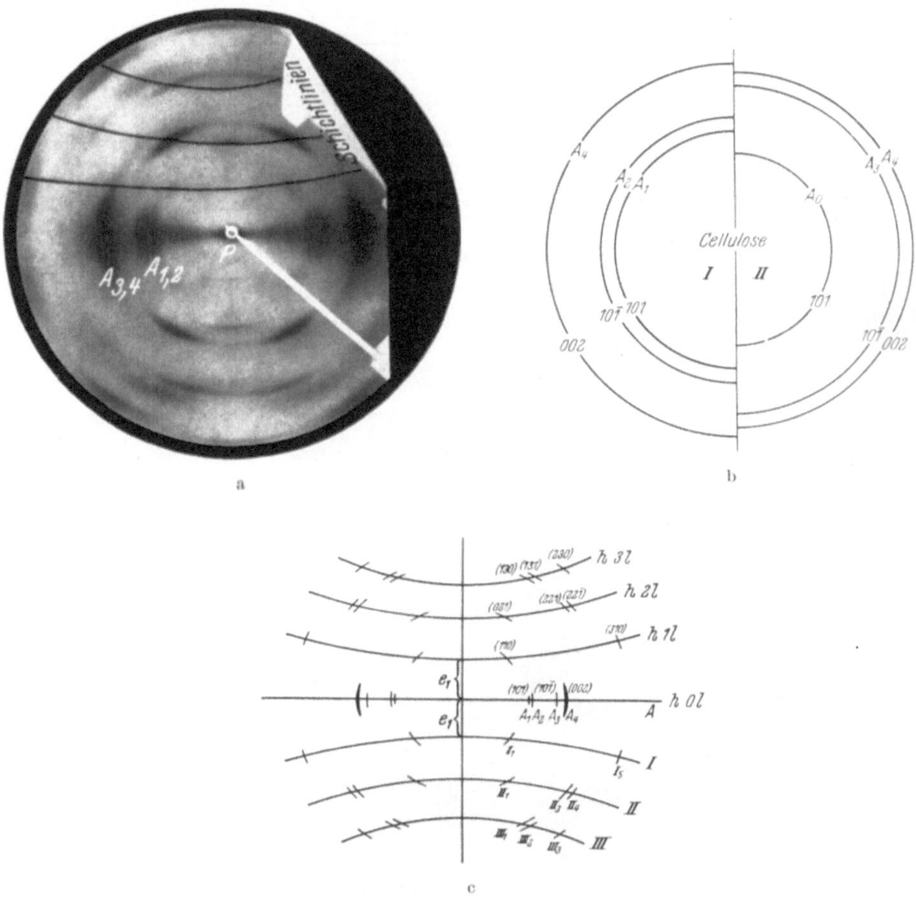

Abb. IV, 13a—c. a Faserdiagramm von Ramie-Cellulose; b Schema eines Röntgendiagramms von Cellulose I (linke Bildhälfte) und Cellulose II (rechte Bildhälfte) im unorientierten Zustand, berechnet für CuKα-Strahlung; c theoretisches Faserdiagramm für hochorientierte native Cellulose mit der Indexbezeichnung nach MILLER über dem Äquator und nach HERZOG unter dem Äquator

Präparaten, ergaben unter Einbeziehung chemischer Gesichtspunkte den in Abb. IV, 14 dargestellten Elementarkörper, der 4 Glucosereste enthält.

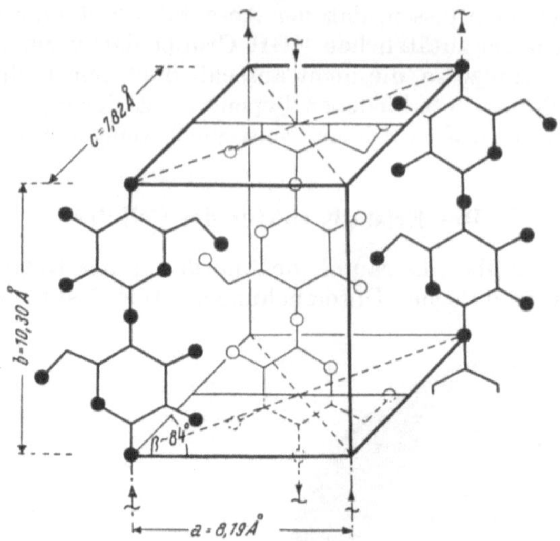

Abb. IV, 14. Elementarkörper der Cellulose I. (Nach MEYER und MISCH)

a) Kräfte, die die Gitterstruktur zusammenhalten

Die Kräfte, die die Gitterstruktur zusammenhalten, sind u. a. eingehend von MARK und KAST diskutiert worden. In Richtung der b-Achse, d. h. Kettenachse, sind

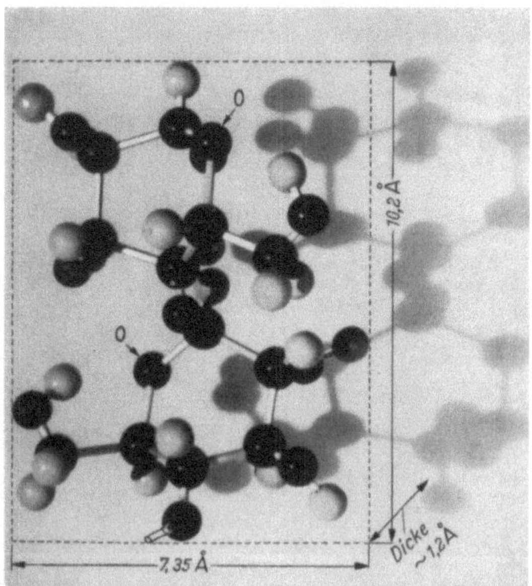

Abb. IV, 15. Atommodell einer Cellobioseeinheit; Moleküldimensionen nach WUNDERLICH[1]

die Glucosereste durch eine Hauptvalenzbindung zusammengehalten (Bindungsenergie > 50 kcal/Mol [vgl. Abb. IV, 15]). In der a-Achse (vgl. Abb. IV, 16a, b) sind

[1] WUNDERLICH, J.: C. r. Acad. Sci. (Paris) **240**, **1350** (**1950**).

Glucoseringe nur durch einen Zwischenraum von etwa 2,5 Å getrennt, was bedingt — verglichen mit vielen organischen Substanzen, insbesondere Polypeptiden —, daß starke zwischenmolekulare Kräfte in Form von Wasserstoffbrücken (Bindungsenergie ~ 15 kcal/Mol) zwischen zwei Sauerstoffatomen wirksam werden (zwischen den Hydroxylen 6 der einen und 2 bzw. 3 der Nachbarkette in der *a*—*b*-Ebene; vgl. Abb. IV, 16b). Dies erklärt auch die dichtere Packung in der *a*—*b*-Ebene und die Tatsache, daß Quellungsmittel diese Bindungen verändern oder partiell aufheben können. In der feuchten Faser der mercerisierten Cellulose sind z. B. die Wasserstoffbrücken zwischen den Ketten durch Hydratisierung vielfach gesprengt bzw. umgewandelt, so daß in solchen „Inklusionscellulosen" (STAUDINGER) die nun freien Hydroxylgruppen z. B. einer Acetylierung zugänglich sind.

In Richtung der *c*-Achse ist der kleinste Abstand etwa 3,1 Å; die hier wirkenden Kräfte werden daher von der Natur der VAN DER WAALSschen Kräfte, im speziellen wohl von der Art der Dispersionskräfte sein (Bindungsenergie ~8 kcal pro Mol). Somit wirken in drei kristallographisch verschiedenen Richtungen 3 Arten von Anziehungskräften. Die Festigkeit dieser Kräfte steht auch einer Auflösung der Cellulose in gewöhnlichen Lösungsmitteln entgegen.

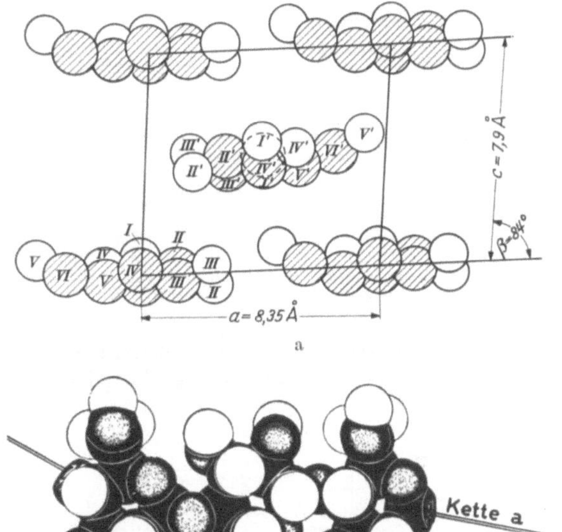

Abb. IV, 16a–b. a Gitterstruktur der nativen Cellulose, Schnitt normal zur *b*-Achse (Faserachse). (Nach MEYER und MISCH); b Gegenseitige Lage zweier Celluloseketten (*a* und *b*) im Elementarkörper und seitlicher Zusammenhalt durch Wasserstoffbrücken (—OH⁶ mit —OH² bzw. —OH³). (Kalottenmodell)

In der letzten Zeit ist diese Auffassung modifiziert worden. Schon SCHIEBOLD[1]) hat bei der Diskussion der Elementarzellen und Zelldimensionen betont, daß die die zwischenmolekularen Bindungen betreffenden Gesichtspunkte in viel größerem Umfang zu beachten sind und kündigte die Aufstellung eines revidierten Modells an (vgl. dazu Abb. IV, 17a). In ähnlicher Richtung bewegten sich Arbeiten von PIERCE[2] (Abb. IV, 17b). SCHURZ[3] weist mit Recht darauf hin, daß z. B. bei Schichtgitterreaktionen, wie auch bei Auflösungsvorgängen und dergleichen „Roste" auftreten, bei denen die Glucoseringe, eindimensional in 101-Richtung

[1] SCHIEBOLD, E.: Kolloid-Z. **108**, 248 (1944). [Die 2. Mitteilung ist durch die Kriegseinwirkung verlorengegangen; vgl. dazu die wiedergegebene Abb. 2 in der Kolloid-Z. **120**, 55 (1951)].

[2] PIERCE, R.: Trans. Faraday Soc. **42**, 546 (1946).

[3] SCHURZ, J.: Phyton **5**, 53 (1955); Protoplasma **48**, 237 (1957)

zusammengehalten, eine Aufbaueinheit bilden (vgl. Abb. I, 10). Daraus wird geschlossen, daß die 101-Ebene die stärksten physikalischen Bindungen im Cellulosekristallit enthält. Auch FREY-WYSSLING[1] kommt, durch Betrachtung der Wachs-

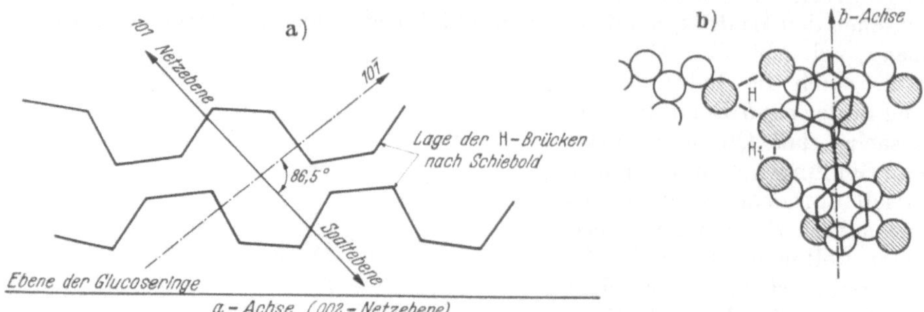

Abb. IV, 17a—b. a Lage der H-Brücken nach SCHIEBOLD in der *a—c*-Ebene; b Zwischenmolekulare (H) und innermolekulare (H*i*) Wasserstoff-Brücken nach PIERCE in der *a—b*-Ebene

tums- und Aufspaltungsflächen zu dem Schluß, daß die H-Bindungen (*d*) in der 101-Ebene stärker sind als in irgendwelchen anderen Ebenen (Abb. IV, 18), z. B. 002-Ebene. Die fibrilläre Struktur kommt nach FREY-WYSSLING durch eine weitere (schwächere) Verknüpfung (*d'*) über Wasserstoffbrücken in der 10Ī-Ebene zustande.

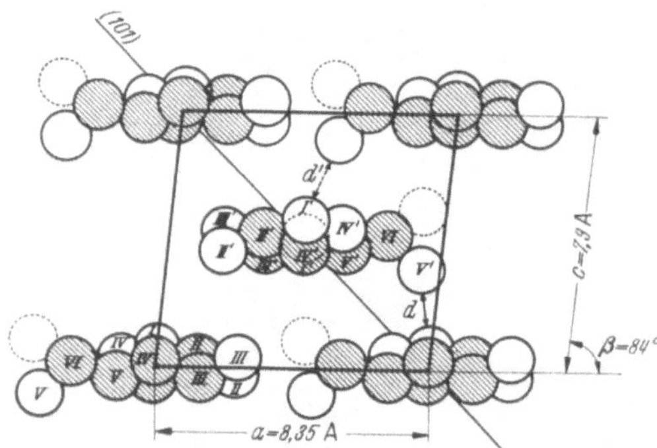

Abb. IV, 18. Projektion des nach FREY-WYSSLING modifizierten Kristallgitters von Cellulose *I*. Wasserstoffbrücken verknüpfen vornehmlich die Celluloseketten der Ebenen 101 und im geringen Ausmaß die von 10Ī. Die ursprüngliche Position der Sauerstoffatome O_V, O_X, O_V' und O_X' im Gitter von MEYER und MISCH (s. Abb. IV, 16a) ist durch strichlierte Kreise gekennzeichnet

Wasserstoffbrücken. Die Bedeutung der H-Brücken für den Aufbau, Morphologie (ordnender Faktor) und Eigenschaften von Hochpolymeren ist heute klar erkannt (vgl. auch S. 3 und Abb. I, 2). Aber auch die Assoziation niedermolekularer Flüssigkeiten, wie Wasser, Alkohol und dergleichen wird durch diese Bindungsarten (O—H ··· O im Abstand von < 2,8—3,0 Å [O—O-Abstand vornehmlich 2,45 bis 2,88 Å]) bewirkt.

Für die Existenz der Wasserstoffbrücken gibt es eineReihe von Beweisen. Zum Beispiel bewirkt eine sehr geringe Acetylierung durch die Zerstörung der H-Brücken eine Steigerung, eine fortgeschrittenere durch zunehmende Hydrophobie wieder eine Herabsetzung der Hygroskopizität[2]. Auch das physikalische Verhalten spricht zu Gunsten unserer Vorstellung. Der so wichtige Vorgang der Papierblattbildung z. B. beruht weitgehendst auf H-Brücken. Durch Zugaben von oberflächenaktiven Mitteln (z. B. Pluronics) kann die Wasserstoffbrückenbildung herabgesetzt werden, wodurch reaktivere Zellstoffblätter mit einer loseren Struktur

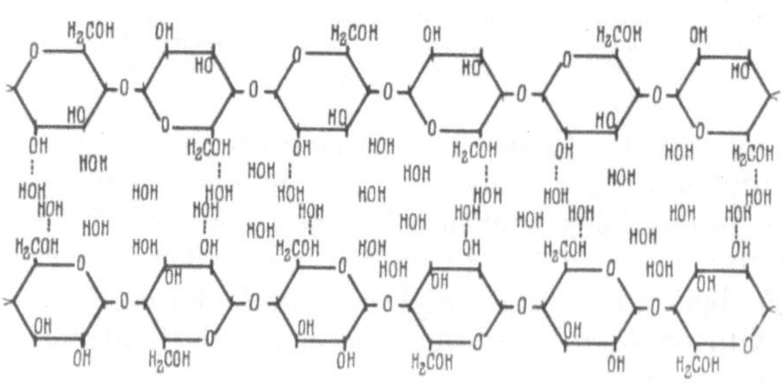

Abb. IV, 19. (Nach STAUDINGER)

[1] FREY-WYSSLING, A.: Biochim. et Biophysica Acta 18, 166 (1950).

[2] BLETZINGER, J.: Ind. Engng. Chem. 35, 474 (1943). — AIKEN, W.: Ind. Engng. Chem. 35, 1206 (1943).

resultieren. PIERCE (Abb. IV, 17b) nimmt sowohl zwischen- wie auch intramolekulare H-Brücken bei der Cellulose an (vgl. auch BERNAL; Abb. I, 2b).

Auch die Bindung von Wasser an Cellulose erfolgt durch H-Brücken (vgl. Schema IV, 19). Nach MUUS[1] soll die Bindung über H-Brücken nach 2 Arten erfolgen.

Entscheidend für das Studium der Wasserstoffbrücken ist die UR-Spektroskopie. Die Entstehung einer H-Brücke wird durch eine deutliche Verringerung der OH-Bindungsfrequenz angezeigt; gleichzeitig beobachtet man eine verwaschenere Bandenstruktur (Abb. IV, 20 und Tab. IV, 3a).

Tabelle IV, 3a. *Absorptionsbanden von Fasern und Folien in μ.* Nach NIKITIN

Bindung	Schwingungsform	Fasern							Dinitrat (Nitrofilm mit 12 % N)	Folie aus denitrierter Cellulose	Acetylcellulose (55,6 % Acetyl)	Folie aus desacetylierter Cellulose	Äthylcellulose (45,5 % Äthoxyl)
				nitriert									
		nativ (Ramie)	mercerisiert	3 % N	5,5 % N	7,6 % N	12 % N	13,7 % N					
O—H	2 ν	—	—	1,44	1,44	1,44	1,44	—	1,44	—	—	—	—
O—H···O Wasserstoffbrücke	2 ν	1,49	1,48	1,48	1,48	1,48	—	—	—	1,48	—	—	—
		1,54											
		1,58	1,58	1,58	1,58	—	—	—	—	1,58	—	—	—
C—H	2 ν	—	—	—	—	—	—	—	1,74	—	1,69 1,74	1,69 1,74	1,69 1,74
O—H	?	—	—	—	—	—	1,91	—	1,91	—	—	—	—
O—H	ν + δ	—	—	—	—	—	2,07	—	2,07	—	—	—	—
O—H···O	ν + δ	2,11	2,09	<2,09	<2,09	<2,09	—	—	—	2,09	—	—	—
O—H	ν	—	—	—	—	—	—	—	2,8	—	2,8	—	2,8
O—H···O	ν	—	—	—	—	—	—	—	—	>2,9	—	2,9	—
C—H	ν	—	—	—	—	—	—	—	3,4	3,4	3,4	3,4	3,4
C=O	ν	—	—	—	—	—	—	—	—	—	5,75	—	—
—ON(=O)O	ν (as)	—	—	—	—	—	—	—	6,1	6,1 schwach	—	—	—
CH_3 (C mit 3 H)	δ	—	—	—	—	—	—	—	—	—	7,3	—	7,3

Tabelle IV, 3b. *Bruchteil der reaktionsfähigen OH-Gruppen kristalliner Gebiete nach* KAST

native Fasern	$\sigma = 0{,}19$
Fortisan	0,40
Fiber G	0,56
Mehrzahl üblicher Regeneratfasern	0,64

Das UR-Spektrum der Cellulose ist von HUGGINS, BERNAL, BARCHEWICZ, FORZIATI, SHERMAN, ELLIS, NIKITIN, BROWN und MARRINAN[2] näher untersucht worden. Die wesentlichsten Ergebnisse sind:

Nach übereinstimmenden Angaben von ELLIS und NIKITIN nehmen praktisch alle OH-Gruppen der Cellulose I an H-Bindungen teil. Beim Übergang zur Cellulose II nimmt nach NIKITIN die Zahl der H-Bindungen ab. Eine Veränderung in der Kristallinität geht mit entsprechenden Veränderungen im UR-Spektrum symbat, so daß

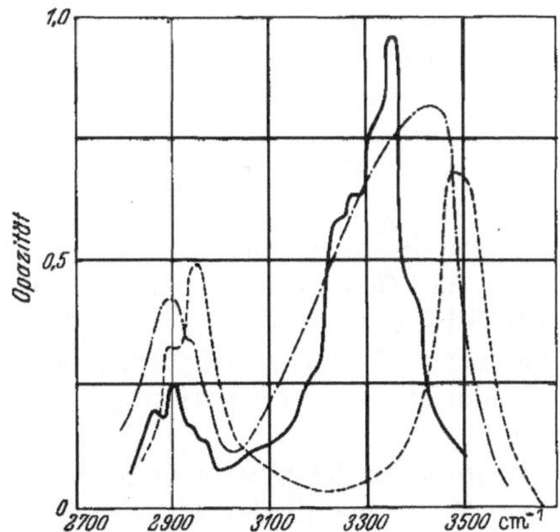

Abb. IV, 20. UR-Absorption von Cellulose in der 3-μ-Region nach BROWN, HOLLIDAY und TROTTER. ——— Cellulose I (*Valonia ventricosa*); -·-·-·- Cellulose II; ----- Cellulose-Sekundäracetat

[1] MUUS, L. T.: Tidskr. Textiltekn. **13**, 139 (1955).

[2] HUGGINS, H.: J. Organ. Chem. **1**, 407, 439, 440, 455 (1936). — BERNAL, J. D., u. H. D. MEGAW: Proc. Roy. Soc. (London) **151**, 384 (1935). — SHERMAN, J.: J. Phys. Chemistry **41**, 117 (1937). — ELLIS, J. W., u. J. J. BATH: J. Amer. Chem. Soc. **62**, 2859 (1940). — NIKITIN, W. N.: J. Phys. Chem. (Leningrad) **23**, 775 (1949). — BROWN, L., P. HOLLIDAY u. I. F. TROTTER: J. Chem. Soc. **1951**, 1532. — BARCHEWITZ, P., L. HENRY u. J. CHÉDIN: J. Chim. physique Physico-Chim. biol. **48**, 590 (1951). — MARRINAN, H. J., u. J. MANN: J. Appl. Chem. **4**, 204 (1954); J. Polym. Sci. **21**, 301 (1956).
— KONKIN, A. A., D. N. ŜIGORIN u. L. I. NOVIKOVA: Faserforsch. **8**, 85 (1957).

eine Kristallinitäts-Schnellbestimmung auf UR-Wege möglich erscheint (MARRINAN). Auch in Hinblick auf die zuvor diskutierten Kräfteverhältnisse im Cellulosekristallit wird die UR-Methode Wichtigkeit erlangen; so lehnen MARRINAN und MANN die Konzeption von PIERCE (Abb. IV, 17b) vom UR-Standpunkt aus ab.

b) Die Gitterstruktur der Cellulose

Wir wollen hier auf Annahmen, die zur Vorstellung eines amorphen Aufbaues führten (KARGIN, KOSLOW; Autoren nehmen an, daß z. B. das Elektroneninterferenzbild nur durch Streuung an den Cellobioseresten zustande kommt), nicht weiter eingehen, da sie als widerlegt zu betrachten sind[1].

Es ergibt sich aus Röntgen- wie auch elektronographischen Untersuchungen, einschließlich der Röntgenkleinwinkelstreuung, das Konzept, daß die Cellulose aus geometrisch geordneten Bereichen mit einer mikrokristallinen (micellaren) Struktur besteht, (d. h. die diskutierten zwischenmolekularen Kräfte bedingen eine geordnete übermolekulare Struktur). Die Kristallite (Micellen) entsprechen einem gittergestörten Kristall; ferner fehlen die charakteristischen Kristallflächen. Wenn auch so etwas wie ein Kristallhabitus und bevorzugte Spaltflächen beobachtet werden können, so fehlen doch, wie erwähnt, individualisierte, ausgebildete Kristallflächen; vielmehr nimmt der Unordnungsgrad nach außen zu, so daß wir einen Übergang vom kristallinen Kern zu einer ungeordneteren Phase vor uns haben (vgl. Abb. IV, 27b). Die Kristallite, eingebettet in einer amorphen Matrix, können bei Deformationsvorgängen orientiert werden; das isotrope Röntgendiagramm (Abb. IV, 13b) geht in ein Faserdiagramm über, welches im Falle extremer Parallelisierung (Ramie, Fortisan) nahezu ein Punktdiagramm ergeben kann.

Im Jahre 1921 hat POLANYI erstmals eine Indizierung des von HERZOG und JANCKE aufgenommenen Röntgen-Faserdiagramms von Cellulose gegeben. Die damalige rhombische Gitterzelle konnte jedoch das Auftreten des A_2-Reflexes (vgl. Abb. IV, 13) nicht erklären. SPONSLER und DORE haben 1926 eine weitere rhombische Gitterzelle aufgestellt, die zum Ausgangspunkt der monoklinen Gitterzelle von MEYER und MARK (1928) wurde. Die Elementarzelle enthält 4 Glucosereste; die Ebenen zweier übereinandersitzender Glucoseringe sind jeweils um 180° verdreht, so daß eine Schraubenachse entsteht (vgl. dazu auch SHIMANOUCHI[2]). ANDRESS (1929) zeigte, daß die Übereinstimmung mit den beobachteten Intensitäten besser wird, wenn man die mittlere Schraubenachse um 0,73 der Identitätsperiode in Faserrichtung verschiebt. HESS, TROGUS und GUNDERMANN fanden, daß sich die Faserperiode der Cellulose wie ihrer Derivate als Vielfache der Größe 5,15 Å (Glucoserest) darstellen läßt; jedoch treten auch ungeradzahligeVielfache auf (z. B. Cyanoäthylcellulose: $15{,}2_1$ Å [HAPPEY]). Der letzte publizierte Vorschlag stammt von MEYER und MISCH[3]; das Gitter wurde bereits in Abb. IV,14 gezeigt.

Wenn auch die Übereinstimmung mit dem Experiment recht befriedigend ist (CLARK[4]) — so daß der Gitterbau der Cellulose in seinen Grundlagen wohl als geklärt angesehen werden darf —, sind doch eine Reihe von Beobachtungen vorhanden (z. B. der verbotene Reflex 030), die zeigen, daß das MEYER-MISCHsche Modell nicht absolut korrekt ist (vgl. dazu auch KIESSIG[5]). ANTZENBERGER[6] bemerkt, daß das Modell z. B. für feuchte Ramie besser stimmt als für trockene. Weitere Vorschläge, die allerdings Ablehnung gefunden haben, sind von SAUTER

[1] Vgl. NIKITIN, N. I.: Die Chemie des Holzes. Berlin: Akademie-Verlag 1955.
[2] SHIMANOUCHI, T., u. S. I. MIZUSHIMA: J. Chem. Phys. **23**, 707 (1955).
[3] MEYER, K. H., u. L. MISCH: Helvet. chim. Acta **20**, 232 (1937).
[4] GROSS, S. T., u. G. L. CLARK: Z. Kristallogr. (A) **99**, 357 (1938).
[5] KIESSIG, H.: Z. phys. Chem. (B) **43**, 79 (1939).
[6] ANTZENBERGER, P., G. FOURNETT u. J. ROGUE: J. Polymer Sci. **18**, 47 (1955).

sowie KARGIN und LEIPUNSSKAJA, SEN und ROY veröffentlicht worden. Es hat in neuerer Zeit nicht an weiteren Versuchen gefehlt, das MEYER-MISCHsche Modell zu verbessern. Solche Versuche sind von PIERCE[1], SCHIEBOLD[2, 3], FREY-WYSSLING[4] (vgl. Abb. IV, 18), SAUTER, SMOLA, BJØRNHAUG[5] und NORMAN[6] unternommen worden. Letztbeide Forscher versuchen eine bessere Angleichung durch eine Drehung jedes zweiten Pyranoserings zu erreichen.

Nach MEYER und MARK bzw. MEYER und MISCH kommt der Cellulose I also eine monokline Elementarzelle [Raumgruppe offenbar $P\,2_1(C_2^2)$] zu, wobei sich durch den ganzen Kristallit Glucoseeinheiten in diagonaler Verschraubung entlang der Faserrichtung hindurchziehen. Die Netzebenenabstände und Achsenabmessungen gehen aus Tab. IV, 4 hervor. Die „röntgenographische" Dichte der Cellulose I beträgt $1{,}62_7$.

Tabelle IV, 4

Cellulose I	D_{A_1}	D_{A_2}	D_{A_4}	D_{II_0}	*a*	*b*	*c*	*β*
LEGRAND	—	—	—	5,15	8,22	10,30	7,81	85°6′
	—	—	—	—	8,16	10,28	7,83	84°20′
KIESSIG	$5{,}94_1$	$5{,}35_8$	$3{,}90_1$	$5{,}15_2$	$8{,}16_7$	$10{,}30_6$	$7{,}84_4$	84°5′
Mittelwert aus älteren Arbeiten	—	—	—	—	$8{,}26_5$	10,29	$7{,}83_6$	84°
Mittelwert in Å	—	—	—	—	$8{,}20_3$	$10{,}29_5$	$7{,}83_0$	84°23′
Cellulose II	feucht				trocken			
	a	*b*	*c*	*β*	*a*	*b*	*c*	*β*
LEGRAND	$7{,}96_5$	—	$9{,}24_2$	62°9′	$8{,}18_5$	—	$9{,}22_2$	61°31′
KIESSIG	$8{,}01_5$	$10{,}29_8$	$9{,}12_6$	62°37,5	$8{,}16_4$	$10{,}30_2$	$9{,}16_2$	62°10′
HERMANS u. WEIDINGER .	(8,14	10,3	9,14	62°	8,58	10,3	9,38	59°)
korrigiert	7,94	—	8,82	64°	8,35	—	9,10	61°18′
TREIBER	$7{,}97_9$	$10{,}28_0$	$9{,}24_2$	62°8′	$8{,}52_6$	—	$9{,}49_9$	58°55′
KRATKY u. TREIBER	$7{,}96_3$	10,28	$9{,}26_8$	62°8′	—	—	—	—
KAST u. SCHWARZ	$7{,}64_1$	10,3	$9{,}20_0$	63°31′	$8{,}03_3$	10,3	$9{,}30_3$	61°13′
Mittelwert in Å	$7{,}91_7$	$10{,}29_2$	$9{,}15_0$	62°45′	$8{,}25_1$	10,3	$9{,}25_7$	61°13′

c) Polymorphe Celluloseformen — Hydratcellulose

Neben der vorhin besprochenen Kristallform *(native Cellulose* oder *Cellulose I)*, in der uns die gewachsene Cellulose (wie auch Tunicin) gegenübertritt, gibt es zufolge der Polymorphie der Cellulose noch weitere Formen, von denen besonders die der mercerisierten bzw. regenerierten Cellulose bedeutsam ist *(Hydratcellulose* oder *Cellulose II)*, die offenbar auch die stabile Form darstellt.

Von einigen Seiten wurde die Vermutung ausgesprochen, daß bei einigen Algen *(Halicystis)* die Cellulose in der Form II vorliege. Genauere Untersuchungen[7] zeigten jedoch, daß die lamellierte Zellwand von *Halicystis Osterhoutii* als Hauptbestandteil ein Xyloglucan neben einer weiteren alkaliresistenten, unbekannten Wandsubstanz enthält.

α) *Hydratcellulose*

tritt immer dann auf, wenn Cellulose mercerisiert (vgl. S. 334) oder aus Lösungen regeneriert wird. Beim Übergang in Regeneratcellulose tritt vielfach eine hydrati-

[1] Siehe S. 153, Fußnote 2. [2] Siehe S. 153, Fußnote 1.
[3] Vgl. H. STAUDE: Physikalisch-chemisches Taschenbuch, S. 736, Leipzig 1945.
[4] Siehe S. 154, Fußnote 1. [5] Siehe S. 141, Fußnote 2.
[6] NORMAN, N.: Acta cristallogr. 7, 462 (1954).
[7] ROELOFSEN, P. A., V. CH. DALITZ u. C. F. WIJNMAN: Biochim. et Biophysica Acta 11, 344 (1953).

sierte Zwischenform, die Wassercellulose, oder besser bezeichnet als Cellulosehydrat II, auf (mit ~ 5—7 Moleküle H_2O pro Elementarzelle). Auch die Cellulose II kann durch Feuchtigkeitsaufnahme Cellulosehydrate I bilden, verbunden mit einer Gitteraufweitung (vgl. Tab. IV, 4). Neuere Untersuchungen über diese Gitteraufweitung und mögliche Hydratationsstufen sind von KRATKY, TREIBER, KAST und LEGRAND[1,2] durchgeführt worden. KAST spricht sich für die Existenz von 4 Hydratationsstufen mit ~ 0,8, 1,3, 1,8 und 2,8 Moleküle H_2O pro Elementarzelle aus.

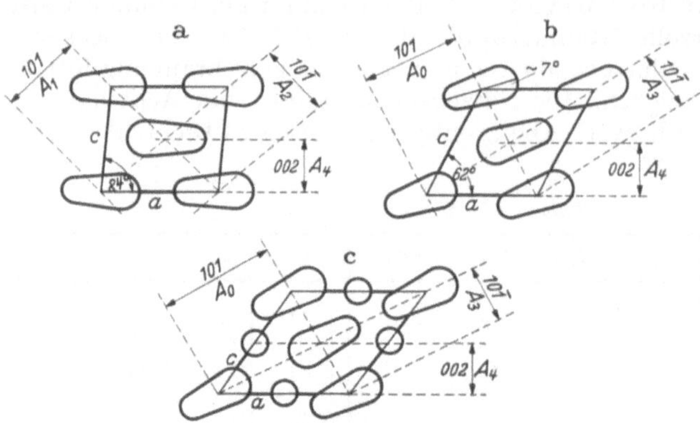

Abb. IV, 21a—c. Schematisch dargestellter Schnitt normal zur *b*-Achse (Faserachse) durch die Elementarkörper von Cellulose I (*a*), Cellulose II (*b*) und Wassercellulose (*c*)

Cellulose II zeigt ein von der Nativcellulose unterschiedliches Röntgendiagramm (vgl. Abb. IV, 13 b) und besitzt eine andere Gitterzelle (Abb. IV, 21 b). Die Dimensionen sind in Tab. IV, 4 wiedergegeben; die „röntgenoptische" Dichte beträgt ~ $1{,}61_5$ und dürfte somit geringer sein als von Cellulose I (1,63). (Allerdings für den absolut wasserfreien Zustand [*bone dry*] soll sich nach KAST ein Wert von ~ $1{,}6_5$ ergeben).

β) Der übermolekulare Aufbau der Hydratcellulose

Im durch einen Spinnprozeß wiederausgefällten Faden bilden die Kettenmoleküle durch regelmäßige Aneinanderlagerung ein Kristallgitter, welches KREBS[3] röntgenoptisch schon am laufenden Faden unmittelbar nach dem Verlassen des Spinnbades beobachten konnte. Für das Verständnis der sich so aufbauenden übermolekularen Struktur sind im wesentlichen zwei Eigenschaften der isoliert gedachten Kettenmoleküle wesentlich: Einerseits ihre Fähigkeit, sich unter dem Einfluß freier Drehbarkeit zu verknäueln, andrerseits das Bestreben, sich unter Parallellagerung zu einem Kristallgitter zusammenzufügen (Kristallisationstendenz). Letztgenannter Vorgang dürfte sicher durch gewisse Präformierungen — wie sie in spinnreifer Viscose auf Grund verschiedener Untersuchungen vorliegen dürften (KIESSIG, TREIBER, SCHURZ) — begünstigt sein. Das Zusammenwirken beider Eigenschaften sowie die Tatsache, daß durch das Fortbzw. aufeinander Zuschreiten einer Kristallisation von verschiedenen Keimzentren entlang derselben Molekülkette zwangsläufig irreversible Störstellen entstehen, kommt es zur Ausbildung einer übermolekularen Struktur, einem neuartigen hochmolekularen Aggregatzustand, für welchen die untrennbare Koexistenz von besser geordneten und schlechter geordneten Bereichen typisch ist. Die schematisch und näherungsweise als „kristallin"

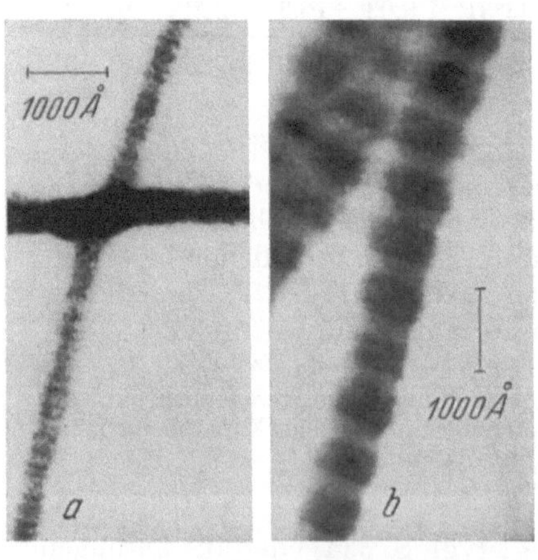

Abb. IV, 22a, b. Überperioden im Elektronenmikroskop einer hochverstreckten Zellwolle (*Colvadur*) nach verschiedenartigen Jodeinlagerungen nach HESS

[1] KRATKY, O., u. E. TREIBER: Z. Elektrochem. **55**, 716 (1951). — KAST, W., u. R. SCHWARZ: Z. Elektrochem. **56**, 228 (1952).

[2] LEGRAND, CH.: Ann. physique [12] **8**, 863 (1953).

[3] KREBS, G.: Kolloid-Z. **98**, 200 (1941).

oder „amorph“ bezeichneten Gebiete haben aber einen unbestreitbaren physikalischen Sinn; an *hoch*verstreckten Seiden können fibrilläre Aufspaltungen in der Längsrichtung und regelmäßige Quersegmentierungen (im Elektronenmikroskop nach einer Jodierung gemäß HESS [Abb. IV, 22] und röntgenoptisch nach Jodierung oder Quellung [KRATKY, HERMANS, KIESSIG]) analog zu den gewachsenen Fasern beobachtet werden. Die nach verschiedenen physikalischen Methoden durchgeführten Bestimmungen der Menge des „kristallinen“ Anteils führte zu befriedigend übereinstimmenden Werten in der Größenordnung von 40%.

Betrachten wir die regenerierte Cellulose im hochgequollenen (Bildungs-) Zustand, so haben wir anzunehmen, daß das Quellwasser vornehmlich in den amorphen Bereichen sitzt, da das Röntgendiagramm, von geringer Aufweitung der Netzebene A_0 abgesehen (vgl. auch S. 333), nahezu quellungsunabhängig ist. KRATKY konnte feststellen, daß der kristalline Anteil bei verschiedenen Quellungs-, Entquellungs- und Streckungsvorgängen praktisch konstant bleibt.

Röntgenuntersuchungen — vor allem Kleinwinkelmessungen — an sog. „höher orientierten“ Präparaten — wie sie z. B. durch Dehnen *und* Walzen entstehen, weisen auf eine blättchenförmige oder besser gesagt bändchenförmige Micellgestalt hin (BURGENI und KRATKY). Die höhere Orientierung, d. h. die parallele Ausrichtung der Micellen nach zwei Achsen (Folientextur) und die sich damit manifestierende seitliche Anisotropie wäre bei rundem oder quadratischem Micellquerschnitt undenkbar. Im verschiedentlich nachgewiesenen bändchenförmigen übermolekularen Verband bildet die Netzebene A_0 die Blättchenebene und A_3 die Seitenebene (Abb. IV, 23a, b). Der Übergang zum schlechter geordneten Bereich erfolgt über zweidimensionale Lamellen. Die laminare Aufspaltung verdeutlicht die schematische Skizze von P. H. HERMANS (s. Abb. I, 6a).

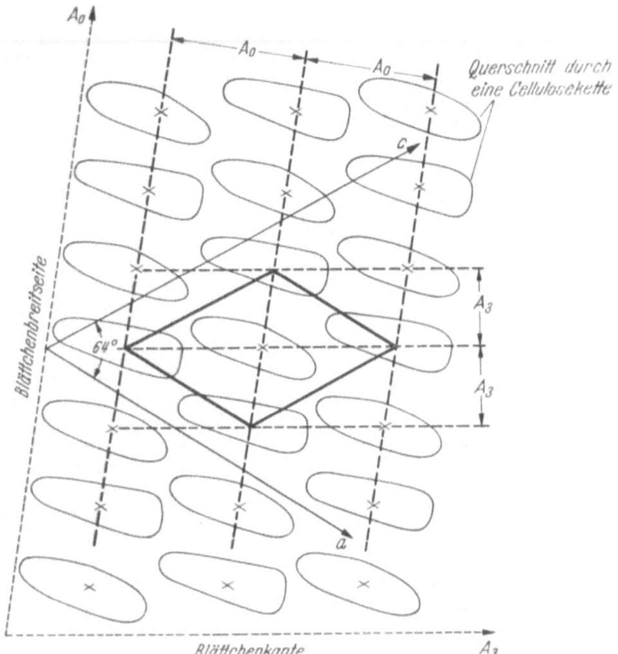

Abb. IV, 23a. Schnitt durch einen Kristallitbereich von Cellulose II normal zur Faserachse. Elementarkörper, kristallographische Achsen und Spuren des Micells angedeutet

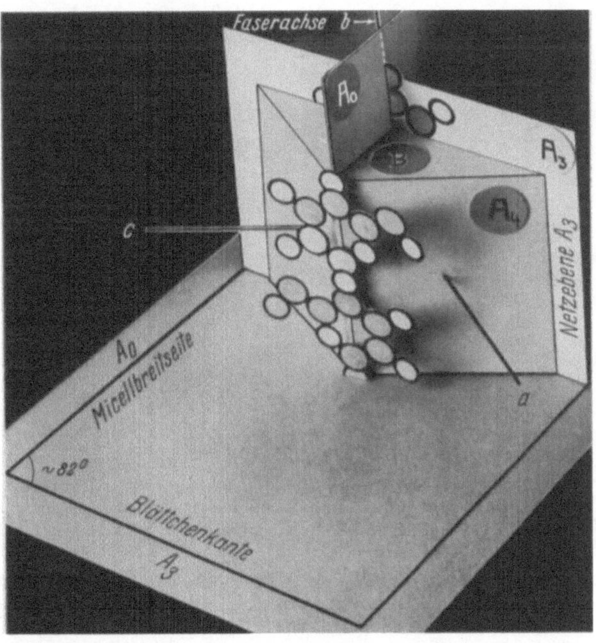

Abb. IV, 23b. Modell einer Elementarzelle von Cellulose II mit Andeutung der Netzebenen, kristallographischen Achsen und Spuren des Micells (TREIBER)

Die zweifellos vorhandene Koexistenz zwischen gittermäßig besser und schlechter geordneten Bereichen fand ihren modellmäßigen Niederschlag in mehreren Theorien, von denen die neuere Fransenmicelltheorie (Gerngross, Herrmann, Abitz, Kratky, Mark) — nach der Micellen unter flächenhafter Aufspaltung in parakristalline Bereiche übergehen, wobei die Molekülketten durch amorphe Bereiche hinweg sich über mehrere Micellen erstrecken (Abb. IV, 24; vgl. auch IV, 25a u. b) — den Sachverhalt befriedigend wiedergibt.

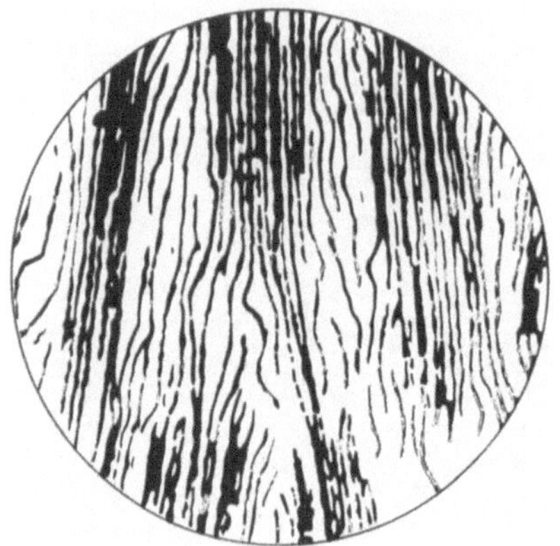

Abb. IV, 24. Schema kristalliner und amorpher Bereiche nach Kratky u. a. nach einer Zeichnung von Meredith

Unter der deformierenden Kraft einer Verstrekkung nehmen die mehr oder minder individualisierten Blättchen (Abb. IV, 25c) eine Orientierung an, und es ist auf Grund von Modellvorstellungen möglich gewesen (Kratky, Hermans, Kast, Porod, Sisson), die Deformation quantitativ zu erfassen und zu einem tieferen Verstehen des Spinnvorganges zu kommen. Da diese Überlegungen ausführlich veröffentlicht sind, sei hier nur auf die neuere Literatur verwiesen[1].

Allerdings dürfte das Modell, welches in Abb. IV, 24 noch einmal wiedergegeben ist, weder für die native Cellulose noch für die hochverstreckte Kunstseide voll zutreffen. Die Beobachtung einer Überperiode und dergleichen zwingt in diesen Fällen zu gewissen Modifizierungen. (Gewisse Feinheiten, wie Auftreten eines Intensitätswechsels, Mischdiagramme zwischen Cellulose II und IV bei bestimmten Spinnverfahren [z. B. Supercord] und dergleichen, sind ungeklärt). Hingegen sind die von Dolmetsch beobachteten Feinstrukturen an *ausgefällter* Regeneratcellulose in guter Übereinstimmung mit den entwickelten Modellvorstellungen.

Wenn sich also die Micellen mehr oder minder individuell verhalten, hat es auch einen Sinn, nach den Abmessungen und nach der Menge „kristalliner" Substanz zu fragen.

Für die Micellgröße ergeben sich zum Teil kleinere Werte als bei der nativen Cellulose. Hengstenberg und Mark finden aus Linienbreitenmessungen die Dimensionen ~ 40 · 300 Å; Kratky aus Kleinwinkelaufnahmen schließt auf eine Micelldicke von ~ 40 Å und kommt zu dem weiteren wesentlichen Befund, daß größere Hohlräume — wie wir sie vor allem zwischen

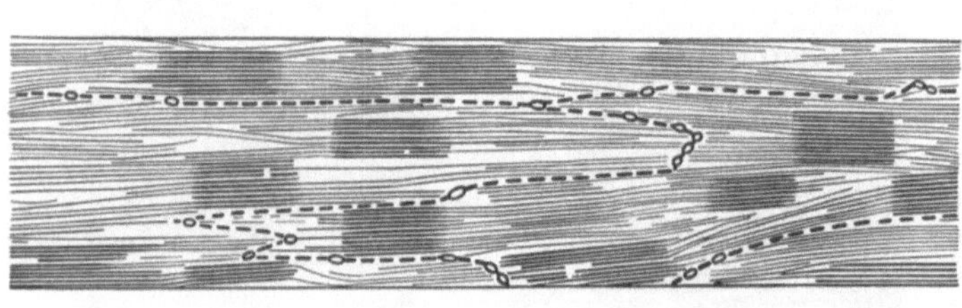

a

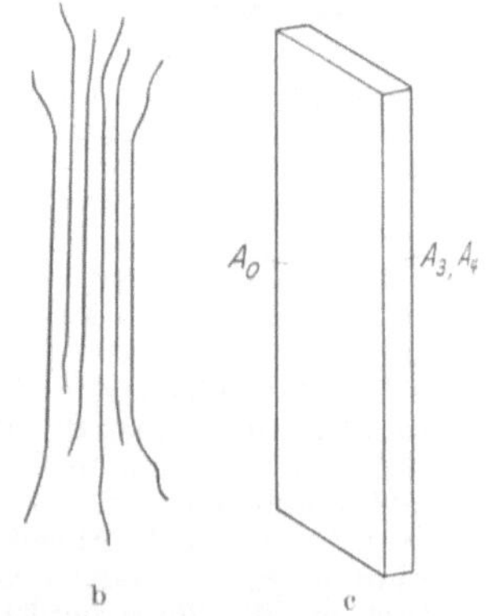

Abb. IV, 25a—c. a Zerlegung eines micellaren Systems beim oxydativen Abbau oder in Auflösung im Sinne der älteren Auffassung von Schramek; b Fransenmicell; c Blättchenmicell. (Nach Kratky)

den Mikrofibrillen nativer Cellulose annehmen müssen — fehlen. Hydratcellulose, regeneriert aus sehr verdünnter Viscose, zeigt starke laminare Aufspaltungen (Treiber). Fankuchen und Mark fanden nach der Kleinwinkelmethode mittlere Micellbreiten zwischen 50 und 200 Å. Kahovec und Treiber bestimmten an isotropen Hydratcellulosefäden die ungefähre Micelldicke zu 50—140 Å.

Die Micellänge wurde von Hengstenberg und Mark zu ~ 300 Å bestimmt. Aus beobachteten Überperiodizitäten leiten sich Werte zwischen 200 bzw. 250 und 700 Å ab.

[1] Vgl. O. Kratky: Der übermolekulare Aufbau der Cellulose in R. Pummerer, Chemische Textilfasern, Filme u. Folien Stuttgart: F. Enke 1951. — Hermans, P. H., u. W. Kast: Kolloid-Z. **121**, 21 (1951).

Der Fragenkomplex, betreffend die seitliche Dimension, ist in den letzten Jahren von verschiedenen Seiten erneut bearbeitet worden. HERMANS[1] findet ~ 30—40 Å; KRATKY[2] erhielt für den Blättchenquerschnitt ~ 30 · 100 Å, daraus ergibt sich ein Nebenachsenverhältnis von ~ 1:3. Beide Forscher sprechen sich für die Existenz relativ scharf begrenzter Micellen aus.

Der Kristallinitätsgrad der Regeneratcellulose beträgt, wie bereits erwähnt, 35—40%. Aus verdünnter Viscose ausgefällte Cellulosen zeigen ~ 45%, nach einer Wärmebehandlung 47—53% (ausgefällte β-Cellulose ergab 50—62% [TREIBER]). Ausnahmen zeigen ferner Fortisanfaser (48%) und Fiber G (53%) (HERMANS).

d) Weitere Gittertypen

Neben der Cellulose I und II wurden von HESS und Mitarbeiter[3] zwei weitere Typen von Cellulose gefunden, die bei der Regeneration unter bestimmten Bedingungen entstehen können: Cellulose III und IV. Letztere bildet sich bei höherer Temperatur und wurde auch Hochtemperaturcellulose (HTC) genannt. (Über die Gitterdimensionen vgl. u. a. WELLARD[4]), (s. Tabelle IV, 5 und [5]).

MANN beobachtete eine Überführung von Cellulose in Cellulose III durch Äthylamin. Cellulose IV-Bildung kann, wie schon erwähnt, bei bestimmten Spinnverfahren auftreten.

5. Das Cellulosemicell

Einleitend soll festgehalten werden, daß wir in der Natur, namentlich in den Gerüstsubstanzen des Pflanzen- und Tierreiches, zahlreiche Objekte vorfinden, die im röntgenographischen Sinne als Polykristalle anzusprechen sind, die aber, wie ein genaueres Studium gezeigt hat, ein sog. „*micellares System*" darstellen. Die Entwicklung unserer heutigen Vorstellungen vom micellaren System geht im wesentlichen auf Arbeiten von ASTBURY, FREY-WYSSLING, GERNGROSS, HERMANS, HERRMANN, KRATKY, MARK u. a. zurück.

Da wir bereits ausführlich die Entstehung micellarer Systeme an anderer Stelle diskutiert haben, muß hier auf diese Ausführungen verwiesen werden (s. S. 12 und S. 158). Zusammenfassend können wir nach KRATKY ein micellares System (Abb. IV, 26a) durch folgende 3 Merkmale kennzeichnen:

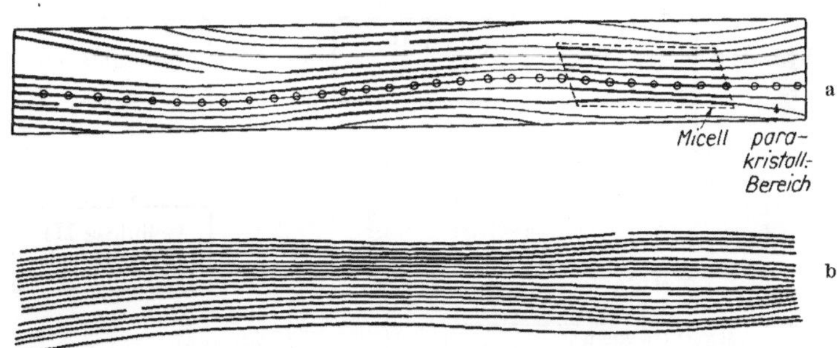

Abb. IV, 26a u. b. Anordnung der Celluloseketten im micellaren System der nativen Cellulose. a nach KRATKY und MARK, (-o-o-o- durchlaufende Kette), b nach K. H. MEYER und VAN DER WYK

1. Es ist aus kristallinen und amorphen Bereichen von kolloidalen Dimensionen aufgebaut. Die ersteren werden oft als Micelle, die letzteren gelegentlich als Fransenbereiche, heute öfter als parakristalline Bereiche, bezeichnet.

[1] HERMANS, P. H., u. A. WEIDINGER: Makromol. Chem. **13**, 30 (1954).
[2] KRATKY, O., u. H. SEMBACH: Angew. Chem. **67**, 603 (1955).
[3] HESS, K., u. J. GUNDERMANN: Ber. dtsch. chem. Ges. **70**, 1788 (1937). — HESS, K., H. KIESSIG u. J. GUNDERMANN: Z. phys. Chem. (B) **49**, 64 (1941).
[4] WELLARD, H. J.: J. Polymer Sci. **13**, 471 (1954).
[5] MARRINAN, H. J., u. J. MANN: J. Polym. Sci. **21**, 301 (1956).

Tabelle IV, 5. *Umwandlungsmöglichkeiten der Cellulosemodifikationen*

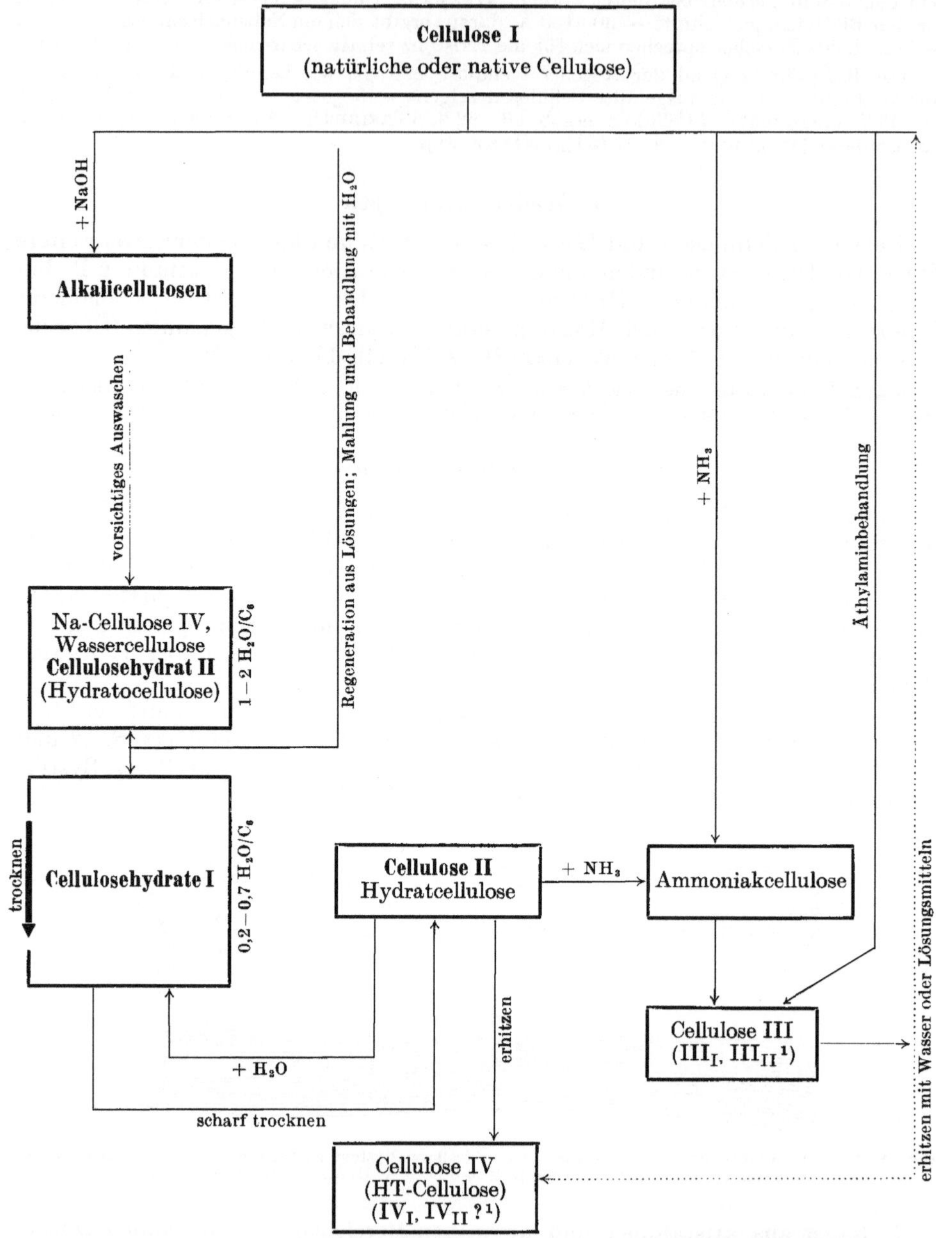

Cellulose I
(natürliche oder native Cellulose)

+ NaOH

Alkalicellulosen

vorsichtiges Auswaschen

Na-Cellulose IV,
Wassercellulose
Cellulosehydrat II
(Hydratocellulose)

1 – 2 H_2O/C_6

Regeneration aus Lösungen; Mahlung und Behandlung mit H_2O

trocknen

Cellulosehydrate I

0,2 – 0,7 H_2O/C_6

Cellulose II
Hydratcellulose

+ H_2O

scharf trocknen

erhitzen

+ NH_3

+ NH_3

Ammoniakcellulose

Äthylaminbehandlung

Cellulose III
(III_I, III_{II}[1])

erhitzen mit Wasser oder Lösungsmitteln

Cellulose IV
(HT-Cellulose)
(IV_I, IV_{II} ?[1])

2. Beide Arten von Bereichen bestehen aus mehr oder weniger langgestreckten Fadenmolekülen, doch ist die gittermäßige Parallelordnung nur in den kristallinen Bereichen gut, in den amorphen Bereichen schlechter. Die Übergänge können fließend sein, ebenso kann die Unordnung in den Fransenbereichen zwischen der eines wenig gestörten Kristalls (Parakristall) und völliger Regellosigkeit (amorph) schwanken.

[1] Siehe S. 161, Fußnote 5.

3. Die Fadenmoleküle erstrecken sich meist durch mehrere Bereiche (kristalline und amorphe) hindurch, so daß wir kein gewöhnliches Gemisch aus beiden Bestandteilen vor uns haben, sondern eine Verknüpfung der beiden Typen von Bereichen mit verfließenden Übergängen vorliegt, die ohne Zerreißung der verbindenden Moleküle, also ohne weitgehenden chemischen Abbau nicht gelöst werden kann.

Eine nicht unwesentliche Modifikation gegenüber Abb. IV, 26a stellt aber die von K. H. MEYER und VAN DER WYK stammende Darstellung in Abb. IV, 26b dar. Wenn Abb. IV, 26a den tatsächlichen Verhältnissen entspricht, so hat es einen Sinn, eine Micellgröße bestimmen zu wollen, während es nach der MEYERschen Vorstellung von vornherein unklar ist, was man unter Micellgröße verstehen soll. Eine definierte, übermolekulare Einheit könnte dann allenfalls bei der nativen Cellulose in Form der sog. „Mikrofibrille" vorliegen, worunter die kleinsten in sich abgeschlossenen, gewachsenen, histologischen Strukturelemente verstanden werden. Mit dem Elektronenmikroskop konnte bei nativer Cellulose eine solche Einheit in Form eines etwa 250 Å dicken individuellen Stranges nachgewiesen werden.

Bei regenerierter Cellulose, die solche Mikrofibrillen nicht in dieser ausgeprägten Form besitzt, wäre dagegen die Frage nach einer übermolekularen submikroskopischen Einheit vernünftigerweise überhaupt nicht zu stellen, wenn man den Standpunkt von MEYER und VAN DER WYK vertritt.

Nun wurde aber schon betont, daß Röntgenkleinwinkeluntersuchungen mehr und mehr — zumindest, wenn man die HOSEMANNsche Interpretation[1] verwirft — zur Auffassung von recht individualisierten Micellen führten[2, 3]. (Hinsichtlich des Dualismus: kristallin — amorph vgl. auch LEFEBVRE[4]).

Solch ausgeprägte micellare Systeme bildet nicht nur die Cellulose, sondern sie sind auch zum größten Teil in vollsynthetischen Fasern und Faserproteinen der tierischen Gerüstsubstanz zu finden. Dabei liegt in der Regel eine histologisch bedingte „Wachstumsstruktur" vor, d. h. die stäbchen- oder blättchenförmigen, gittermäßig geordneten Bereiche liegen nicht wirr durcheinander, sondern weisen eine gesetzmäßige räumliche Richtungsverteilung *(Textur)* auf. Der bekannteste Fall ist die Easertextur oder -struktur, worunter wir eine Parallelrichtung der Längsachsen der kristallinen Bereiche verstehen (vgl. S. 169).

Wie auch der Mechanismus der Kristallisation im einzelnen verlaufen möge, Tatsache bleibt, daß die Wachstums- oder Kristallisationstendenz parallel zur $10\bar{1}$-Ebene größer ist als parallel zur Ebene 101 (die auch den größten Netzebenenabstand aufweist), so daß letztere am Micell die Blättchenbreitseite bildet (Abb. IV, 27a, b). Diese Ebene A_1 ist auch die hydrophilste, da die Zahl der OH-Gruppen je Flächeneinheit hier größer ist ($\sim$ 90%) als in der Ebene 002 ($\sim$ 65%), die mit den „Ringebenen" (*e*) zusammenfällt, oder der Netzebene $10\bar{1}$.

Lange hat man vermutet, daß die Blättchennatur der Micellen der Cellulose I nur sehr schwach ausgeprägt ist, da man nicht so leicht, wie bei Cellulose II, eine höhere Orientierung erreicht, wenn von kleineren Effekten (Orientierungsversuche an Bakteriencellulose [SISSON], schwache Orientierungseffekte am Papier [gemahlener Zellstoff; CENTOLA[5]]) absieht. Dies könnte z. B. damit zusammenhängen, daß individualisierte Micellbändchen mit einer amorphen „Rinden"-substanz aus mindergeordneter Nativcellulose so umhüllt sind, daß der Blättchencharakter teilweise verloren geht (Abb. IV, 27b). Da auch das Tunicin, welches von vornherein eine Ringfaserstruktur besitzt (und dann beim Dehnen eine höhere

[1] Vgl. O. KRATKY, u. G. POROD: Z. Elektrochem. 58, 918 (1954).
[2] Siehe S. 161, Fußnote 1. [3] Siehe S. 161, Fußnote 2.
[4] LEFEBVRE, S. G.: Bull. Soc. roy. Sci. Liège 20, 205 (1951).
[5] CENTOLA, G.: Papier 9, 588 (1955).

Orientierung annimmt) und die natürliche selektive biaxiale (uniplanare) Orientierung der Cellulose in den Zellwänden der Algen[1] *Valonia, Chaetomorpha, Cladophora* und *Fucus* nicht als eindeutiger Beweis für die Blättchengestalt anzusprechen ist, scheint ein solcher erst durch neuere Experimente erbracht zu sein. Nun konnte MUKHERJEE[2] an Eintrocknungsfilmen eines RANBYschen Micellsols eine Ringfasertextur beobachten und eine elektronenmikroskopische Untersuchung zeigte längliche Teilchen mit einem Querschnitt von 30 · 150 Å. Auch an Ramie konnten schwache Äquatorinterferenzen (HEIKENS, FOURNET, OBERLIN) beobachtet werden, die ebenfalls für eine Blättchennatur sprechen. Den wohl erstmaligen einwandfreien röntgenoptischen Nachweis der Blättchengestalt der Cellulose I hat kürzlich KRATKY[3] erbracht. Er fand ein Nebenachsenverhältnis von ≈ 1:3.

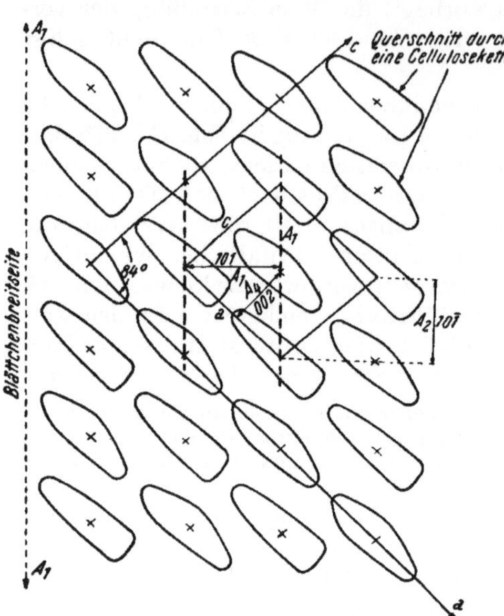

Abb. IV, 27a. Schnitt durch einen Kristallitbereich von Cellulose I normal zur Faserachse (*b*-Achse). Elementarkörper, kristallographische Achsen und Spuren des Micells angedeutet

Sofern nähere Angaben über die einzelnen seitlichen Dimensionen gemacht wurden, ergaben sich folgende Zahlenpaare: 45 · 70 Å (PACSU), 30 bis 50 · 150 Å (MUKHERJEE) und 35 · 40 Å (MOREHEAD), beide elektronenmikroskopisch bestimmt, 30 · 70 bzw. 50 · 60 Å (FREY-WYSSLING), 53 · 148 Å (PRESTON) und nun ~ 28 · 93 Å (KRATKY). Im allgemeinen werden nur mittlere seitliche Dimensionen (ϱ) erschlossen (Abb. IV, 27b), die zwischen 44 und maximal 200 Å sich bewegen. Nach HOSEMANN soll allerdings die Micelldicke < 400 Å sein. ANTZENBERGER[4] bestimmt die Dicke kristalliner Bereiche zu ~ 100 Å. An *Valonia* bestimmt BALASHOV[5] die Kristallitdicke zu ~ 100 — < 500 Å. KRATKY fand in älteren Arbeiten 70 Å in Übereinstimmung mit Messungen der Metalleinlagerung. Vorzugsweise werden jedoch Zahlen zwischen 55 und 80 Å genannt (vgl. auch Tab. IV, 6). HEYN gibt folgende Durchschnittswerte bekannt: Hanf 44 Å, Flachs 51,5 Å,

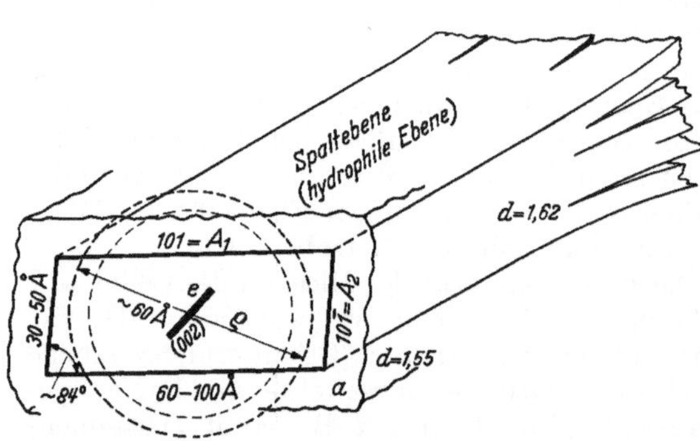

Abb. IV, 27b. Schematische Darstellung eines nativen Cellulosemicells. Dimensionen und Dichteangaben nach FREY-WYSSLING u. a. (Netzebenen sind eingezeichnet; *e* Lage der Ebene der Glucoseringe [002-Ebene] *a* parakristalline bzw. amorphe Rindenschicht)

[1] KANTOLA beobachtete auch am Birkendruckholz eine höhere Orientierung. [KANTOLA, M.: Papper och Trä **36**, 973 (1954).]
[2] MUKHERJEE, S. M., J. SIKORSKI u. H. J. WOODS: Nature (London), **167**, 821 (1951).
[3] Siehe S. 161, Fußnote 2.
[4] ANTZENBERGER, G. FOURNET u. J. ROGUÉ: C. r. Acad. Sci. (Paris) **240**, 885 (1955).
[5] BALASHOV, V., u. R. D. PRESTON: Nature (London) **176**, 64 (1955).

Jute 55 Å, Ramie 68 Å, Baumwolle 146 Å. (Auch nach den Angaben von FORSTER und WARDROP ist die Baumwollmicelle breiter als z. B. die der Holocellulose von *Eucalyptus regnans*. (Vgl.[1]).

Tabelle IV, 6a. *Micelldimension der nativen Cellulose* nach HENGSTENBERG

Vermessener Reflex hkl	Seitliche Dimension Å
101	56
002	56
004	53
002	59
002	57

Tabelle IV, 6b. (nach WARDROP)

Probe	Linienbreite (1/β) für den Reflex 002
Valonia	0,020
Tunicin	0,022
Baumwolle	0,027
Fichtenspätholz	0,032
Jute	0,037
Fichtenfrühholz	0,037
Eukalyptus (Zugholz)	0,040
Eukalyptus (Normalholz)	0,061
Lärche (Cambium)	0,077

Zu wesentlich anderen Werten ist CARPENTER[2] beim Sulfitzellstoff gekommen; er findet eine Micellänge von mehr als 600 Å bei einer Dicke von nur 13—17 Å. In primären Zellwänden findet WARDROP[3] schmälere Micellen mit ~ 26 Å Durchmesser. OBERLIN[4] bestimmt die Kristallitdicke von Ramie zu ~ 16—26 Å (ADAM 24 Å).

Noch unsicherer ist unsere gegenwärtige Kenntnis von der Längserstreckung (wie wir auch kaum in der Lage sind, ein brauchbares Bild des Fibrillenlängsbaues heute zu geben). Sicher ist die Micellänge größer als 600 Å; es werden Werte zwischen 900 und 3000 Å genannt (vgl. Tabelle IV, 7).

Tabelle IV, 7. *Kristallitlängen* (Zusammenstellung nach GÖTZE, ergänzt)

Material	Autor	Länge in Å
Baumwolle	FREY-WYSSLING	750
Baumwolle	SISSON	500
Baumwolle	NICKERSON u. HABRLE	1450
Baumwolle	MOREHEAD	1460
Baumwolle	RODET	600—650
Ramie	HENGSTENBERG u. MARK	> 600
Ramie	HESS, TROGUS, AKIM, SAKURADA	>1000
Ramie	K. H. MEYER	1500
Ramie	FREY-WYSSLING	1350—1710
Ramie	HOSEMANN u. CARNAP	2250
Ramie	MOREHEAD	1200
Ramie	MUKHERJEE, WOODS	< 2500
Holz	MOREHEAD	1450
Sulfitzellstoff	CARPENTER	> 600
(Viscosereyon	HENGSTENBERG u. MARK	305)

Durch Anwendung der VON LAUEschen Methode der Linienverbreiterung sind erstmalig HENGSTENBERG und MARK[5] zu dem Ergebnis gekommen, daß die

[1] HEYN, A. N. J.: J. Amer. Chem. Soc. **70**, 3138 (1948). — HOSEMANN, R.: Z. Physik **114**, 133 (1939). — FORSTER, D. H. u. A. B. WARDROP: Austral. J. Sci. Res. (A) **4**, 421 (1951). — KRATKY, O.: Kolloid-Z. **120**, 24 (1951). — KRATKY, O., u. G. POROD: Z. Elektrochem. **58**, 918 (1954).

[2] CARPENTER, CH.: Cellulosechemie **16**, 64 (1934).

[3] WARDROP, A. B.: Nature (London) **164**, 366 (1949).

[4] OBERLIN, M., u. J. MERING: C. r. Acad. Sci. (Paris) **238**, 1046 (1954).

[5] HENGSTENBERG, J., u. H. MARK: Z. Kristallogr. **69**, 271 (1928). — MARK, H., u. K. H. MEYER: Z. phys. Chem. (B) **2**, 115 (1929).

kristallinen Bereiche der nativen Cellulose eine Dicke von etwa 60 Å und eine Länge von mindestens 600 Å aufweisen. (Unter Berücksichtigung dieses Micellquerschnittes kommen auf denselben 50—100 Celluloseketten). (Vgl. auch Tab. IV, 6b.)

FREY-WYSSLING[1] bestimmt im Vergleich dazu bei Ramie die Kristallitlänge zu etwa 1350—1710 Å und die Dicke zu 53—57 Å (Durchmesser bei Hanf ~ 56 Å, Bambus $<$ 70 Å). HERZOG vertritt für die Micelldimensionen die Werte 1170 · 66 Å; WUHRMANN 2000 · 100 Å. Eine ähnliche Längserstreckung findet K. H. MEYER[2] ($>$ 1000—1500 Å).

NICKERSON und HABRLE[3] setzen den von ihnen gefundenen Grenzpolymerisationsgrad von DP = 280 gleich der Micellänge (~ 1400 Å). An hydrolysierter Cellulose (Micellsol) findet RÅNBY eine Teilchenlänge von etwa 600 Å. (VOGEL am Sol aus Ramie 300—1 000 Å). Aus Säurehydrolyse ermittelt RODET[4] eine Kristallitdimension von etwa 600—650 Å Länge und 50—100 Å Breite.

Die HESSschen Überperioden weisen eine Länge von etwa 750 Å auf.

(Was den reaktionsmäßigen Unterschied zwischen Baumwoll- und „Reyon" Micellen betrifft, so sei darauf hingewiesen, daß z. B. nach ROSEVEARE[5] eine größere Konzentration von NO_2 in CCl_4 notwendig ist, um die Baumwollkristallite anzugreifen, im Vergleich zu Reyonkristalliten).

6. Kristallinitätsgrad

Besser ist die Frage nach der kristallinen Menge in der Faser beantwortet. Neben dem breiten Untersuchungsmaterial (nach der röntgenoptischen Methode) von HERMANS (vgl. PRESTON, HERMANS, WEIDINGER[6]) stehen noch weitere Ergebnisse, nach anderen Methoden (vor allem D_2O-Austausch [FRILETTE]) gewonnen, zum Vergleich zur Verfügung. Zum Teil auftretende Diskrepanzen haben vor allem ihren Grund in der Verschiedenheit, wie die einzelnen Methoden den Kristallit von der amorphen Umgebung abgrenzen. Die verschiedenen Methoden, wie röntgenoptische, volumetrische, calorimetrische, physikalische, elastometrische sowie

Tabelle IV, 8. *Die kristalline Menge nativer Cellulosematerialien*

Aus röntgenoptischen Messungen von PRESTON, HERMANS u. WEIDINGER[6]	%	Aus dem D_2O-Austausch nach FRILETTE, HANLE u. MARK	%
Zellwand von *Valonia ventricosa* L.	65—70	Baumwolle	75—82
Holz von *Pinus radiata* (5., 10. u. 15. Jahresring)	73—55	Linters	54
		Buchenzellstoff	64
Bambusfaser	50—64	Fichtenzellstoff	36—63
Ramie und Baumwolle	69	Holzzellstoff (Jodadsorptionsmethode[7])	51—67
Bakteriencellulose	40	Baumwolle (Jodadsorptionsmethode)	~68
Holzzellstoff	65	Cellulose I (volumetrische Methode)	$64^1/_2$

[1] FREY-WYSSLING, A.: Protoplasma (Wien), **27**, 372, 536 (1937). Naturwiss. **28**, 385 (1940).
[2] MEYER, K. H.: Ber. dtsch. chem. Ges. **70**, 266 (1937).
[3] NICKERSON, R. F., u. J. A. HABRLE: Ind. Engng. Chem. **39**, 1507 (1947).
[4] RODET, P.: Ann. Chem. **6**, 786 (1951).
[5] ROSEVEARE, W. E., u. D. W. SPAULDING: Ind. Engng. Chem. **47**, 2172 (1955).
[6] PRESTON, R. D., P. H. HERMANS u. A. WEIDINGER: J. Exper. Bot. **1**, 344 (1950). — HERMANS, P. H.: Kolloid-Z. **115**, 103 (1949); **120**, 3 (1951); J. Chim. physique **44**, 135 (1947); Makrom. Chem. **6**, 25 (1951). — HERMANS, P. H., u. A. WEIDINGER: J. Polymer Sci. **4**, 135 (1949); J. Appl. Phys. **19**, 491 (1948). — Zur Frage der Meßmethodik vgl. ferner: Ø. ELLEFSEN, E. WANG LUND, B. A. TØNNESEN u. K. ØIEN: Papper och Trä **38**, 153 (1956). — ANT-WUORINEN, O.: Papper och Trä **37**, 335 (1955). — TREIBER, E., W. BERNDT, M. RUCK u. H. TOPLAK: Chem. Ing. Technik **26**, 687 (1954).
[7] HESSLER, L. E., u. R. E. POWER: Textile Res. J. **24**, 822 (1954); vgl. dazu auch A. G. CHITALE: Textile Res. J. **25**, 886 (1955).

reaktionschemische und -physikalische Methoden sind ausführlich kürzlich von KAST[1] (nebst Meßergebnissen an Cellulose) dargestellt worden, so daß hier auf diese Ausführungen verwiesen werden kann. Für die native Cellulose ergeben sich Kristallinitätsgrade zwischen ~ 50 und 83%; nach der röntgenoptischen Methode vorzugsweise um ≈ 71%. Niederere Werte findet man nur in der Primärwand (34—37%), die auch kleinere Micelldimensionen (WARDROP) aufweist und bei Bakteriencellulose (40%) (vgl. auch Tab. IV, 8).

Mit dem Wachstum und Alter nimmt die Kristallinität zu, wobei nach TREITEL[2] bei zu hoher Kristallinität Gewebetod eintritt. KOHARA findet im über 300—1300 Jahre alten Holz von Buddha-Tempeln höhere Kristallinitäten als im frischen.

Bereits bei der Besprechung der Cellulose II haben wir festgestellt, daß bei Verstreckung usw. die Kristallinität praktisch konstant bleibt (KRATKY, OKAJIMA). Es erhebt sich nun die Frage, ob und wie die Kristallinität beeinflußbar ist, wenn wir von einer mechanischen Zerstörung der Kristallite durch Mahlung in Schwingmühlen usw. absehen, mit deren Hilfe man weitgehend amorphe Cellulose (Kristallinität ~ 8%) erhalten kann. SUSICH[3] konnte zeigen, daß eine Quellung mit niederen aliphatischen Aminen die Kristallinität senkt, während hingegen nach OKAJIMA eine Heißdampfregenerierung geringfügig die Kristallinität erhöht. Auch ein kurzzeitiger Abbau mit verdünnten Mineralsäuren bringt — durch eine Durchschneidung der amorphen Bereiche mit nachfolgender Nachkristallisation — eine Erhöhung der Kristallinitätswerte (BRENNER, HERMANS). Eine Mercerisierung senkt die Kristallinität auf ~ 52% (über Baumwollbeuche vgl. NELSON[4]). Eine Rekristallisation tritt ein, wenn man amorph gemahlene Cellulose mit Wasser befeuchtet. Aus solchen Versuchen konnten HERMANS und CALVET[5] die Kristallisationswärme der Cellulose zu ~ 4100 cal/Mol bestimmen (4720 korrigiert).

Auch technische Prozesse sind nun eingehender studiert worden. Holzschliff ist erwartungsgemäß amorpher als chemische Zellstoffe[6]. Bei der Bleiche steigt geringfügig die Kristallinität durch Entfernung der Inkrusten an[6], während bei der Mahlung dieselbe absinkt[6, 7]. Auch an Reyon läßt sich — z. B. durch Dämpfen — eine Erhöhung des Kristallinitätsgrades herbeiführen; SCHWERTASSEK[8] beleuchtete kürzlich die Möglichkeiten im Zusammenhang mit der Frage, ob sich dadurch die Eigenschaften von Viscosefasern verbessern lassen.

Hinsichtlich Früh- und Spätholz (letzteres besitzt bei Douglasie höhere Kristallinität) siehe [9].

§ 20. Der übermolekulare Aufbau der Cellulose und die Textur der Zellwände

Von E. TREIBER

(mit Beiträgen von S. ASUNMAA und H. MEIER)

1. Vorbemerkung

Im Anschluß an die Besprechung der Micelle, ihrer Form, Größe und relativen Menge ist noch die Frage nach ihrer Orientierung im biologischen Material offen. Wie schon ausgeführt, können durch Deformationsprozesse — besonders bei Hydratcellulose — künstlich Orientierungen geschaffen werden. Diese Fragen sind eingehend z. B. von KRATKY und SISSON zusammenfassend dargestellt worden[10]. Wir wollen uns hier die Frage stellen, welche Orientierung wir als Wachstumstextur beobachten können.

[1] KAST, W.: In H. A. STUART, Die Physik der Hochpolymeren, Bd. 3. Berlin: Springer-Verlag 1955.

[2] TREITEL, O.: J. Colloid Sci. **3**, 263 (1948).

[3] SUSICH, G.: Amer. Dyestuff Reptr. **42**, 713 (1953). — LOEB, L., u. L. SEGAL: Textile Res. J. **25**, 596 (1955).

[4] NELSON, M. L., L. Segal u. H. M. ZIFLE: Textile Res. J. **25**, 534 (1950).

[5] CALVET, E., u. P. H. HERMANS: J. Polymer Sci. **5**, 27 (1950).

[6] CLARK, G. L., u. H. C. TERFORD: Analytic. Chem. **27**, 888 (1955).

[7] WIJNMAN, C. F.: Tappi **37**, 96 (1954).

[8] SCHWERTASSEK, K.: Faserforsch. Textiltechn. **6**, 351 (1955).

[9] HOLZER, W. F., u. H. F. LEWIS: Tappi **33**, 110 (1950).

[10] KRATKY, O.: In R. PUMMERER, Chemische Textilfasern, Filme und Folien. Stuttgart: F. Enke 1951. — SISSON, W. A.: In E. OTT, Cellulose and Cellulose Derivatives. New York: Interscl. Publ. 1943. — Vgl. auch F. W. JANE: Science Progr. **37**, 705 (1949).

Einschaltend soll gleich vorweggenommen werden, daß die Micellen parallel zur Faserachse der noch näher zu besprechenden Fibrille bzw. Mikrofibrille orientiert sind (Fasertextur), so daß Fibrillenorientierung und Micellorientierung (wie auch Molekülkettenorientierung) *identisch* sind. Den eindeutigen Beweis dürften PRESTON und RIPLEY[1] erbracht haben. Mit dem Feinbau der Mikrofibrille wird sich dann Abschnitt b) befassen. Auf der erwähnten Tatsache beruht z. B. auch die röntgenoptische Bestimmung der Fibrillenorientierung auf Grund der Messung

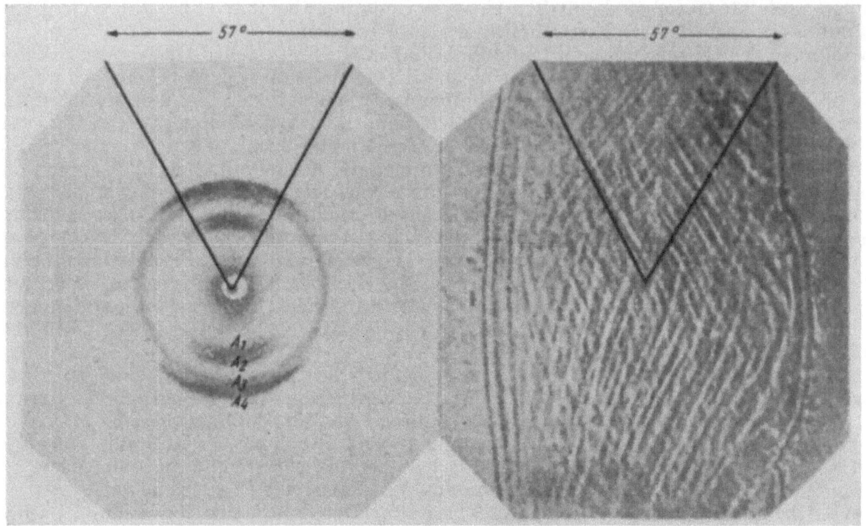

Abb. IV, 28. Vergleich zwischen Röntgendiagramm und Fibrillenorientierung nach SISSON (links: Röntgendiagramm reifer Baumwollfaser, rechts: dieselbe schwach gequollen, zur Sichtbarmachung der Fibrillenstruktur)

der Micellorientierung (vgl. Abb. IV, 28). Andere Methoden stützen sich auf lichtmikroskopische Studien der sichtbaren Fibrillen (Fila), Streifungen, Risse sowie auf Untersuchungen im polarisierten Licht (Dichroismus, Auslöschung).

Tabelle IV, 9. *Relation zwischen der Festigkeit der Baumwolle und ihrer röntgenoptisch gemessenen Orientierung* (nach SISSON)

Festigkeit in lbs/Quadratzoll	röntgenoptischer Orientierungswinkel
111,900	24,2°
105,000	23,2°
92,200	30,5°
84,400	35,6°
80,000	37,5°
71,900	43,0°

Während es verständlich ist, daß die Natur solche Orientierungen in ihrem Bauprinzip bevorzugt, da dadurch die physikalischen und chemischen Eigenschaften der Cellulose sich verändern (vgl. Tab. IV, 9 sowie III, 3) ist es jedoch weitgehend unklar, wie die Orientierung selbst zustande kommt. HERZOG[2] nimmt an, daß, ähnlich dem Streckspinnprozeß, eine Orientierung durch den Zug während des Wachstumsprozesses auftritt. In der Tat weisen zwar die Mikrofibrillen eine Tendenz zur Orientierung in der Wachstumsrichtung auf (WARDROP[3]), doch scheint es sich um einen primären und nicht um einen sekundären Prozeß zu handeln. VAN ITERSON[4] meint, daß die Plasmaströmung an der Orientierung maßgeblich beteiligt ist. Über die DOLMETSCHschen Deutungsversuche sowie weitere Einzelheiten sei auf § 4 verwiesen. Wir dürfen heute wohl annehmen, daß die Cellulose in Form eines Micellarstranges entsteht und daß die Wachstumsstruktur im Plasma vorgegeben ist.

[1] PRESTON, R. D., u. G. W. RIPLEY: Nature (London) **174**, 76 (1954).
[2] HERZOG, R. O.: Ber. dtsch. chem. Ges. **58**, 1254 (1925).
[3] WARDROP, A. B.: Austral. J. Bot. **2**, 165 (1954).
[4] ITERSON, G. VAN: Chem. Wbl. **24**, 166 (1927); Protoplasma (Wien) **27**, 190 (1937).

a) Wachstumstexturen

Die Micellen können in den pflanzlichen Geweben zu verschiedenartigen *Texturen* angeordnet sein. Art und Grad der Orientierung können dabei außerordentlich wechseln.

Wenn die Längsachsen der Micelle parallel zu der Faserachse liegen, spricht man von *Fasertextur*. Sie findet sich ausgeprägt im Wollgras und ziemlich vollkommen in den Bastfasern (S. 209). Daß in diesen Fasern alle Micellen und Hauptvalenzketten parallel zur Faserachse liegen, geht außer aus dem Röntgendiagramm auch aus dem mechanischen Verhalten hervor.

In solchen völlig trockenen Fasern muß die Packung sehr dicht und regelmäßig sein, denn das spezifische Gewicht der trockenen Einzelfaser beträgt nach DAVIDSON $1{,}57 \pm 0{,}02$ in Helium und ist damit innerhalb der Fehlergrenze nahezu ebenso groß wie die röntgenographisch bestimmte Dichte der Kristallite (1,627). Die Ketten müssen also fast durchwegs annähernd gleich dicht gepackt sein, wie im gittermäßig geordneten Anteil. Daraus leitete K. H. MEYER den Schluß ab, daß in Bastfasern wirklich amorphe Partien mit *regelloser* Lagerung der Ketten nicht vorkommen.

Als *Fasertextur im engeren Sinne* bezeichnet man eine Anordnung, in der die Kristallite nur in der Längsachse zueinander parallelliegen, während sie in bezug auf die beiden anderen Achsen verschieden gerichtet sein können. Sind auch die beiden anderen Achsen (Nebenachsen) festgelegt, so daß eine Molekülanordnung ähnlich wie in einem Einkristall zustande kommt, spricht man von *höherer Orientierung*. Wir sind zur Annahme berechtigt, daß eine solche in der Mikrofibrille vorherrscht und wahrscheinlich auch in den konzentrischen Schichten der Fasern (101-Ebene tangential zur Zylinderwand). In der Zellwand einiger Algen (*Valonia ventricosa*, *Chaetomorpha sp.*, *Cladophora prolifera*) ist eine höhere Orientierung einwandfrei nachgewiesen worden (vgl. Abb. IV, 29a). Die höhere Orientierung würde auch zwanglos eine Lamellenstruktur verständlich machen (Abb. IV, 29b).

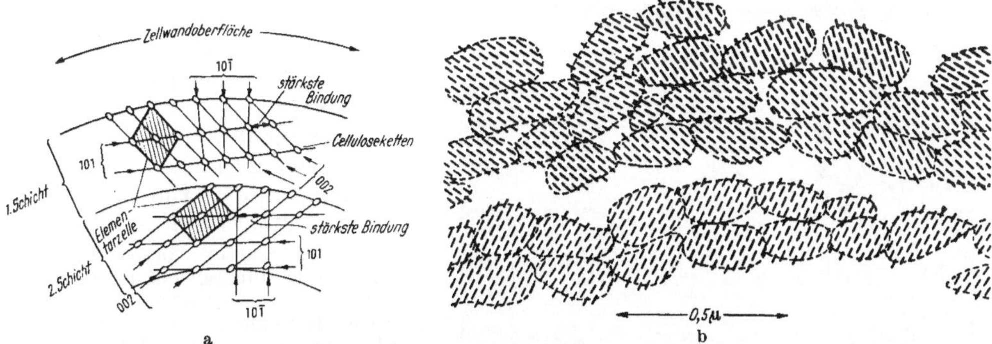

Abb. IV, 29a–b. a Schematischer Querschnitt durch eine Valonia-Zellwand nach SCHURZ[1]; b Ausschnitt aus einem schematischen Querschnitt durch zwei aufeinanderfolgende Lamellen der Zellwand einer Cellulosefaser nach K. H. MEYER (die Striche deuten die Lagerung der Glucoseringe an; der Maßstab bezieht sich auf die Micellstränge, die Glucosereste sind etwa viermal so groß gezeichnet. Es sollten also mehr Glucosereste in der Micelle sein. In den Zwischenräumen ist Wasser, Luft oder amorphe Kittsubstanz

Liegen die Micellen mit ihrer Längsachse in einer Ebene, innerhalb deren sie regellos gestreut sind, so spricht man von *Folientextur*. Sie findet sich in den Wänden von Zellen, die keine ausgesprochene morphologische Achse besitzen. (Auch Cellophan z. B. besitzt Folientextur.) Die damit fast identische *Streuungstextur* (FREY-WYSSLING) findet man in Primärwänden und die der Folientextur ebenfalls ähnlich geartete *Ringfaserstruktur* (zwei Achsen in einer Ebene) im Tunicin, der tierischen Cellulose im Mantel der Tunicaten.

[1] SCHURZ, J.: Phyton (Argentina) **5**, 53 (1955).

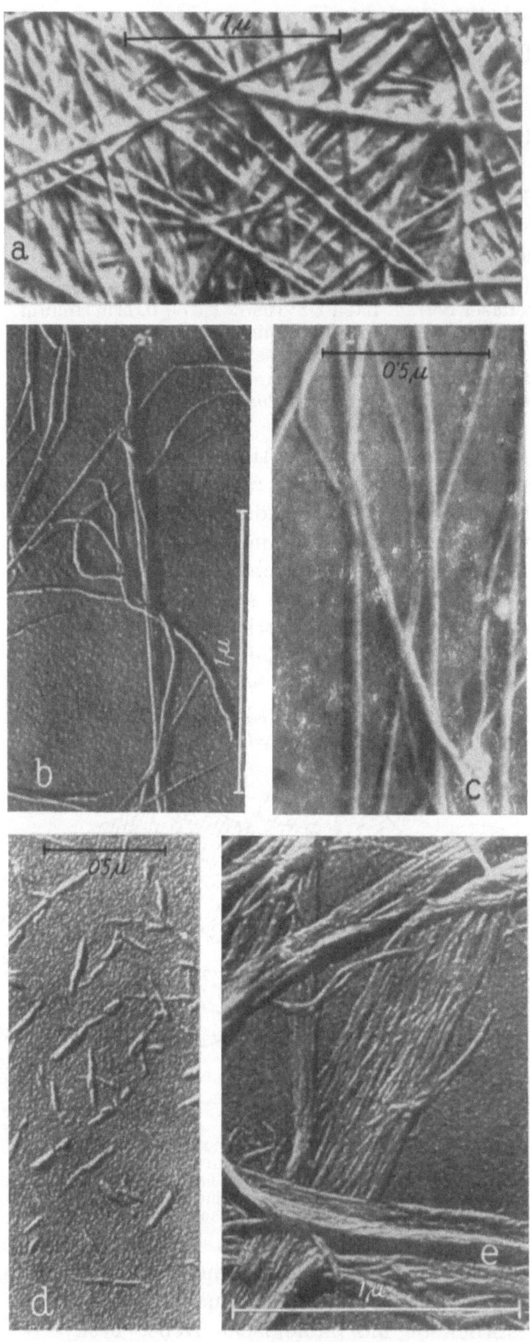

Abb. IV, 30a—e. *a* Bakteriencellulose nach MÜHLETHALER; *b* Elektronenmikroskopische Aufnahme von gereinigtem Tunicin von *Corella parallelogramma* nach RÅNBY; *c* Isolierte Mikrofibrillen der *Vallonia* nach PRESTON; *d* „Micellsol“ nativer Cellulose, zerteilt durch Ultraschall und präpariert auf oxydierter Berylliummembran nach RÅNBY; *e* gereinigte Baumwolle, zerteilt durch Ultrabeschallung nach RÅNBY

Als *Schraubentextur* bezeichnet man eine Anordnung, in der die Micellen sich in einem Winkel zur Längsachse um dieselbe herumschrauben. Ein eindrucksvolles Beispiel ist hier die Kokosfaser mit dem Steigungswinkel $\sim 45°$. Sie ist daher dehnbar und wird als duktile Faser bezeichnet (vgl. auch Lianen).

b) Bau der Mikrofibrille

Im Gegensatz zu isotroper oder schwach orientierter Hydratcellulose müssen wir bei Cellulose I annehmen, daß die Micellen eine weitere übermolekulare Einheit, die Mikro- oder Elementarfibrille aufbauen, die hier offenbar als natürliche biologische Einheit aufgefaßt werden muß und bereits im Elektronenmikroskop sichtbar gemacht werden kann (Abb. IV, 30a—e).

Eingehende elektronenmikroskopische Untersuchungen der letzten Jahre von FREY-WYSSLING, MÜHLETHALER, RÅNBY u. a. mit einer sehr hoch gezüchteten Präparationstechnik haben es wahrscheinlich gemacht — wie bereits hingewiesen —, daß ein natürliches individualisiertes Strukturelement von möglicherweise relativ konstantem Durchmesser (~250Å), die *Mikrofibrille*, existiert.

Während, wie im vorigen Paragraphen ausgeführt, sowohl die micellare Struktur (vorwiegend mit röntgenoptischen Methoden) näher untersucht werden konnte, als auch in den letzten Jahren die mikroskopische Struktur bis herab zur submikroskopischen Mikrofibrille mit Hilfe des Elektronenmikroskops abbildbar wurde, bestehen im Übergangsgebiet noch manche Unklarheiten. Da diese Zwischendimension derzeit experimentell weitgehend unzugänglich ist, kann man nur versuchen, ypothetische Modelle aufzustellen, die noch zu verifizierende Bindeglieder darstellen, um komplette anschauliche Bilder von der Cellulosekette bis zum makroskopischen Baumwollhaar und dergleichen entwerfen zu können.

Die wesentliche Frage ist zunächst die, ob die Mikrofibrille noch unterteilbar ist oder nicht. Für die Diskussion dieser Frage und der nach der seitlichen Abmessung, erscheint es notwendig, die historische Entwicklung kurz zu streifen.

α) Existenz und Dimension der Mikrofibrille

Eine Klärung hinsichtlich des Baues der im Lichtmikroskop gerade noch sichtbaren Fibrille wurde zweifellos durch das Elektronenmikroskop angebahnt. Übereinstimmend wurde in der Folgezeit eine weitere Aufspaltung der lichtmikroskopisch noch sichtbaren Fibrille in feinere Fibrillen beobachtet, die man als Grund-, Elementar- oder *Mikrofibrillen* bezeichnete. Als Erster wies BEISCHER auf die Tatsache hin, daß die etwa 0,1—1,4 μ dicke Fibrille ein Bündel von Mikrofibrillen darstellt, wovon jede einzelne nach WERGIN[1] 80—100 Å dick sein soll.

RUSKA und KRETSCHMER[2] fanden an Baumwolle, abgebaut mit Salzsäure, Mikrofibrillen von etwa 50 Å Dicke. Ähnliche Beobachtungen machte FRANZ[3]. KUHN[4] beschreibt Fibrillen von 100—200 Å Durchmesser an mit Cuoxam behandelter Baumwolle. HESS, KIESSIG und GUNDERMANN[5] beobachteten bei der Trockenmahlung von Zellstoff in der Schwingmühle Fibrillen in der Dimension von 100—750 Å. EISENHUT und KUHN[6] finden 100 Å dicke Fibrillen; an Ramie solche von 200 Å. BERKLEY und GREATHOUSE[7] finden an besonders präparierter Baumwolle rutenförmige Teilchen mit einem Durchmesser von 150—200 Å und einer Länge von 10000—15000 Å. WUHRMANN, HEUBERGER und MÜHLETHALER[8] sowie FREY-WYSSLING und MÜHLETHALER[9] finden bei der Ultrabeschallung von Fasern Micellarstränge bis herab zu 60—70 Å; es werden dabei eine Reihe von Übergängen beobachtet. Ein ähnliches Bild ergaben Mahlungsversuche in der Schwingmühle von HUSEMANN und CARNAP[10] und eine schonendere Mahlung von Flachsfasern durch ERIKSSON und SÄVERBORN[11]. Bei der Naßmahlung verschiedener Fasern erhält HERMANS[12] ebenfalls Fibrillen bis unter 100 Å im Durchmesser. Ähnliche Beobachtungen wurden auch von JENTGEN[13], WALLNER[14], BARNES und BURTON[15], SEARS und KREGEL[7] u. a. mitgeteilt. Eine neuere Arbeit von KINSINGER und HOCK[16], in der elektronenmikroskopische Aufnahmen nach der Methode des Metallschattenverfahrens, des Oberflächenabdruckes sowie der „Kontrastfärbung" von einer Reihe natürlicher Fasern gemacht wurden, zeigte folgendes Ergebnis: Ramie spaltet in Mikrofibrillen von ~ 370 Å Dicke auf, Baumwoll-Linters in solche von 160 Å, Stapelbaumwolle ~ 100 Å und Holzzellstoff 90—100 Å. Eine Zusammenstellung gibt Tab. IV, 10.

Aus diesen Arbeiten scheint zunächst nicht klar ersichtlich zu sein, ob es sich bei den Mikrofibrillen um natürliche Strukturelemente handelt oder nicht. Da die meisten Ergebnisse eher von der Art der angewandten Präparationsmethode als vom Präparat abzuhängen scheinen, wird zweifellos der Eindruck erweckt, daß das übermolekulare Gefüge zufolge seines komplizierten „Kohäsionsspektrums" auf verschiedene Zerteilungsmethoden, wie Zerquetschen nach Quellung oder chemische Hydrolyse, Angriff chemischer Agenzien (vor allem NO_2), Mahlen (insbesondere in der Kugel- oder Schwingmühle) und schließlich Zerteilung durch Ultraschall in verschiedener Weise anspricht. Diese zweifellos richtige Vorstellung verträgt sich aber nun eher mit der Auffassung, daß es ein natürliches, submikroskopisches Strukturelement nicht gibt, und eine Zeit hindurch wurde z. B. von HERMANS, HUSEMANN und insbesondere von FREY-WYSSLING diese Auffassung vertreten.

---

1 WERGIN, W.: Kolloid-Z. **98**, 131 (1942); Biol. Zbl. **63**, 350 (1953).
2 RUSKA, H., u. M. KRETSCHMER: Kolloid-Z. **93**, 163 (1940).
3 FRANZ, E.: Angew. Chem. **56**, 113 (1943).
4 KUHN, E.: Melliand Textilber. **22**, 249 (1941).
5 HESS, K., H. KIESSIG u. J. GUNDERMANN: Z. phys. Chem. (B) **49**, 64 (1941).
6 EISENHUT, O., u. E. KUHN: Angew. Chem. **55**, 198 (1942).
7 Siehe SEARS, G. R., u. E. A. KREGEL: Paper Maker Brit. Paper Trade J. **114**, T 43 (1942).
8 WUHRMANN, K., A. HEUBERGER u. K. MÜHLETHALER: Experientia (Basel) **2**, 105 (1946).
9 FREY-WYSSLING, A., u. K. MÜHLETHALER: Textile Res. J. **17**, 32 (1947).
10 HUSEMANN, E., u. A. CARNAP: J. makromol. Chem. **1**, 16 (1943).
11 ERIKSSON, B., u. S. SÄVERBORN: Acta Agric. suecana **16**, 233 (1946).
12 HERMANS, P. H.: Textile Res. J. **16**, 545 (1946).
13 JENTGEN, H.: Kunstseide **23**, 76 (1941).
14 WALLNER, L.: Melliand Textilber. **23**, 158 (1942).
15 BARNES, R., u. C. J. BURTON: Ind. Engng. Chem. **35**, 120 (1943).
16 KINSINGER, W. G., u. CH. W. HOCK: Ind. Engng. Chem. **40**, 1711 (1948).

Tabelle IV, 10. *Dicke der Grundfibrillen bei Baumwolle, Fichtenzellstoff, Ramie u. a. nach den elektronenmikroskopischen Bestimmungen verschiedener Autoren* (*nach* HESS)

Objekt	Präparierung	Art der Elektronenbestrahlung	Dicke in Å	Autoren
Pflanzenhaar				
Baumwolle	Hydrolyse mit HCl ($d = 1{,}19$)	direkt	etwa 50	H. RUSKA u. M. KRETSCHMER (1490)
Baumwolle	Verkupferung und Quetschen	direkt	100—400	E. KUHN (Institut HESS, 1941)
Baumwolle	gemahlen	direkt	150—200	BERKLEY und GREATHOUSE
Baumwolle	Ultraschall H_2O, 10000 Hertz	direkt	herunter bis 60	A. FREY-WYSSLING und K. MÜHLETHALER (1947)
Baumwolle	Hydrolyse mit 2,5 n H_2SO_4, 100° 120′	Au-Beschattung	50—100	B. G. RÅNBY und ED. RIBI (1947)
Bw.-Linters	Im "Waring Blendor" (12000 T/min) unter H_2O 15—20 min	Cr-Beschattung	~160	W. G. KINSINGER und CH. W. HOCK (1948)
Bw.-Stapel	Im "Waring Blendor" (12000 T/min) unter H_2O 15—20 min	Cr-Beschattung	~100	
Baumwolle	Im "Waring Blendor" unter Wasser 5 Minuten	Metalldampf-Beschattung	250—300	A. FREY-WYSSLING, K. MÜHLETHALER und R. W. G. WYCKOFF (1948)
Baumwolle	Im "Waring Blendor" unter Wasser 5 Minuten	Cr- oder Pd-Beschattung	250—400	K. MÜHLETHALER (1949)
Holzfaser				
Fichtenzellstoff	Schwingmahlung (lufttrocken)	direkt	300—500	K. HESS, H. KIESSIG und J. GUNDERMANN (1941)
Fichtenzellstoff	dgl., nachträgliche Behandlung mit H_2O	direkt	150	W. WERGIN (Institut HESS, 1942)
"Wood pulp"	Schwingmahlung (naß)	Au-Beschattung	etwa ≧150	P. H. HERMANS (1946)
Sulfit und Sulfatzellstoff	Hydrolyse, Ultraschall (wäßrige kolloidale Lösungen)	Au-Beschattung	50—100	B. G. RÅNBY und ED. RIBI (1947)
"Wood pulp"	Im "Waring Blendor" (12000 T/min) unter H_2O 15—20 min	Cr- oder Au-Beschattung	~90	W. G. KINSINGER und CH. W. HOCK (1948)
„Holzfaser"	Im "Waring Blendor" unter Wasser 5 Min (dünnste Schnitte)	Cr- oder Pd-Beschattung	250	K. MÜHLETHALER (1949)
Tracheiden v. *Pseudotsuga taxifolia*	delignifiziert, „Waring Blendor"	U-Beschattung	50—100	A. J. HODGE und A. B. WARDROP (1950)

Tabelle IV, 10. (Fortsetzung)

Objekt	Präparierung	Art der Elektronenbestrahlung	Dicke in Å	Autoren
Bastfaser				
Ramie	Schwingmahlung (lufttrocken)	direkt	80—100	W. WERGIN (Institut HESS, 1942)
Ramie	Ultraschall H_2O, 10000 Hertz	direkt	herunter bis 60	K. WUHRMANN, A. HEUBERGER und K. MÜHLETHALER (1946)
Ramie	Im "Waring-Blendor" (12000 T/min) unter H_2O 15—20 min	Cr-Beschattung	~370	H. G. KINSINGER und CH. W. HOCK (1948)
Ramie	Im "Waring Blendor" unter Wasser 5 Minuten	Cr- oder Pd-Beschattung	250	K. MÜHLETHALER (1949)
Flachs	Im "Waring Blendor" unter Wasser 5 Minuten	Cr- oder Pd-Beschattung	etwa 250	K. MÜHLETHALER (1949)
Bacteriencellulose				
Bacterium Xylinum	dünnste Abscheidung aus der Kulturflüssigkeit	direkt	etwa 200	A. FREY-WYSSLING und K. MÜHLETHALER (1946)

In den letzten Jahren konnte nun, wie einleitend erwähnt, FREY-WYSSLING, MÜHLETHALER und Mitarbeiter durch geeignete und äußerst schonende Zerteilungsmethoden zeigen, daß die Fibrille leicht zu offenbar individualisierten Mikrofibrillen aufspaltet, die konstante Durchmesser von etwa 200 bis 300 Å aufweisen[1]. Dieselben Cellulosestränge, die aus der Sekundärwand erhalten wurden, wurden auch in ganz jungen Primärwänden gefunden (*Coleoptile* eines Maiskeimlings). Gleichdimensionierte Bauelemente zeigten auch tierische Cellulose (Tunicin[2]), Bakteriencellulose und Pflanzenschleime. Diese Größenordnung tritt auch in der vorhin referierten Zusammenstellung sowie in Tab. IV, 10 dort in Erscheinung, wo es sich um schonendere Präparationsmethoden handelt. So fand z. B. HERMANS[3] bei der schonenden Naßmahlung von Zellstoff keine dünneren Fibrillen als etwa 150 Å im Durchmesser. In ähnlicher Größenordnung liegen beobachtete Werte von HESS und BERKLEY. Auch die Oberflächenabdrücke der Zellwand der *Valonia ventricosa* von PRESTON[4] lassen Mikrofibrillen in der intakten Zellwand von etwa 300 Å erkennen (vgl. Abb. IV, 30). Hervorgehoben werden muß noch die übereinstimmend beobachtete große Länge der Mikrofibrillen ($> 10\ \mu$). Man erhält den Eindruck, daß innerhalb einer Faser überhaupt keine eindeutig definierten Enden dieser Strangbündel vorhanden sind.

Im Gegensatz zu den 200—400 Å dicken Mikrofibrillen der FREY-WYSS-

[1] FREY-WYSSLING, A.: Makromol. Chem. **6**, 7 (1951); Kolloid-Z. **98**, 131 (1942). — FREY-WYSSLING, A., u. K. MÜHLETHALER: Fortschr. Chem. org. Naturstoffe **8**, 1 (1951). — FREY-WYSSLING, A., K. MÜHLETHALER u. R. W. G. WYCKOFF: Experientia (Basel) **4**, 475 (1948). — MÜHLETHALER, K.: Biochim. et Biophysica Acta **3**, 15 (1949).

[2] FREY-WYSSLING, A., u. F. FREY: Protoplasma (Wien) **39**, 656 (1951).

[3] Siehe S. 171, Fußnote 12.

[4] PRESTON, R. D., E. NICOLAI, R. REED u. A. MILLARD: Nature (London) **162**, 665 (1948). — Vgl. auch R. D. PRESTON: Discuss. Faraday Soc. **11**, 165 (1951).

LINGschen Schule kommt vor allem RÅNBY[1] — und mit ihm einige andere Autoren — zu Dimensionen von ≈100 Å (in älteren Arbeiten RÅNBYs ≈70—90 Å[2]; KLING und MAHL[3] 100—200 Å; PRESTON[4] 100—400 Å).

Weitere Versuche in der Frage, ob diese dünneren Einheiten in der Faser bereits vorliegen oder Zerteilungsprodukte sind, sind noch von RIBI, MÜHLETHALER und HODGE unternommen worden. RIBI[5] und MÜHLETHALER[6] haben Ultradünnschnitte von Fasern im Elektronenmikroskop untersucht und Stränge mit ~100 Å Breite direkt in der Faserwand sichtbar gemacht. *Valonia*-Stränge nach RÅNBY und MÜHLETHALER[7] zeigten ebenfalls ~100 Å Breite. Ähnliche Ergebnisse lieferten Abdrücke von nativen Pflanzenzellwänden.

FREY-WYSSLING zog aus seinen Beobachtungen und denen seiner Mitarbeiter den Schluß, daß die Mikrofibrille ein biologisches Strukturelement ist und daß dieses mit großer Konstanz in der seitlichen Dimension in der Natur auftritt. Kleinere vermessene Dimensionen — vor allem die Mikrofibrillen RÅNBYs — deutet er als sekundäre Zerteilungen in sog. Micellarstränge, die z. B. WUHRMANN[8] in seinem Institut ebenfalls beobachtete (60—70 Å) und für die FREY-WYSSLING die Querschnitte mit 30 × 70—90 Å angibt.

Tabelle IV, 11. *Seitliche Dimensionen von sieben elektronenmikroskopisch vermessenen Mikrofibrillen nach* PRESTON

Breite (in Å)	Dicke (in Å)
430	351
530	380
465	307
333	145
490	226
201	97
148[1]	53

[1] Zum Vergleich: Micellsol von Baumwolle und Ramie nach MUKHERJEE: 150 (bis 200) × 50 Å.

Andere Erklärungsmöglichkeiten sind die, daß teils die postulierte Konstanz in der seitlichen Dimension keineswegs so streng zutrifft, teils die Mikrofibrillen Bändchen darstellen. Die beobachteten Dimensionen bewegen sich dann also zwischen der Breite und Dicke eines Fibrillenbändchens. Dies soll z. B. die Variation zwischen 100 und 400 Å bei Valonia (PRESTON[4]) erklären. VOGEL[9] gibt für den Querschnitt einer Ramiefibrille den Wert 30 × 85—100 Å an. Eine weitere Komplikation bedeutet noch die Verklebung der Fibrillen zu Zweierbändchen, von denen noch zu sprechen sein wird.

Aus den Beobachtungen an *Valonia* und *Chaetamorpha* von PRESTON[4] geht, wie Tab. IV, 11 zeigt, hervor, daß die von FREY-WYSSLING vertretene Konstanz in den seitlichen Dimensionen — die auch HESS[10] in Zweifel zieht — *keineswegs so streng zutrifft* und daß Mikrofibrillen vermessen werden konnten, die in Breite und Höhe mit den Teilchen des RÅNBYschen Micellsols, ausgemessen von MUKHERJEE, völlig übereinstimmen.

β) Feinbau der Mikrofibrille

Aus dem älteren Konzept — FREY-WYSSLINGsche Mikrofibrille mit ~250 Å Fibrillendurchmesser — mußte folgern, daß etwa 2000 parallel gelagerte Cellulosekettenmoleküle im Querschnitt vorhanden sind und daß derselbe mehrere Micellen

[1] RÅNBY, B. G.: Makromol. Chem. **13**, 40 (1954). — RÅNBY, B. G., u. E. RIBI: Experientia (Basel) **6**, 12 (1950). — RÅNBY, B. G.: Tappi **36**, 8 B (1953). — Vgl. auch TH. SVEDBERG: Sv. Papperstidn. **52**, 157 (1949).

[2] RÅNBY, B. G.: Diss. Uppsala 1952; Tappi **35**, 53 (1952).

[3] KLING, W., u. H. MAHL: Melliand Textilber. **33**, 32, 328, 829 (1952).

[4] PRESTON, R. D.: Discuss. Faraday Soc. **11**, 165 (1951).

[5] RIBI, E.: Exper. Cell. Res. **5**, 161 (1953).

[6] MÜHLETHALER, K.: Z. Zellforsch. **38**, 299 (1953).

[7] RÅNBY, B. G.: Diss. Uppsala 1952. — ROELOFSEN, P. A., V. CH. DALITZ u. C. F. WIJNMAN: Biochim. et Biophysica Acta **11**, 344 (1953). — STEWARD, F. C., u. K. MÜHLETHALER: Ann. of Bot. N. S. **17**, Nr. 66, 295 (1953).

[8] Siehe S. 171, Fußnote 8.

[9] VOGEL, A.: Makromol. Chem. **11**, 111 (1953).

[10] HESS, K.: Kunstseide, Zellwolle **28**, 339, (1950).

enthält, wobei über deren Verteilung bzw. Lagerung zunächst jede Aussage fehlte. Unter Hinzuziehung der Tatsache, daß bei energischer Zerteilung weitere „Aufspleißungen" in fadenförmige Bruchstücke von ≈60 Å Durchmesser beobachtet wurden (u. a. HODGE[1] an Coniferentracheiden), lag der Schluß nahe, daß die Micellen im biologischen Material weniger im Sinne der bisherigen Modelle micellarer Systeme (Abb. IV, 31 c) angeordnet sind, sondern bevorzugt Micellarstränge bilden, die seitlich oder an „Störstellen" durch vereinzelte Ketten oder auch H-Brücken leicht miteinander vernäht sind (Abb. IV, 31 b, d, e).

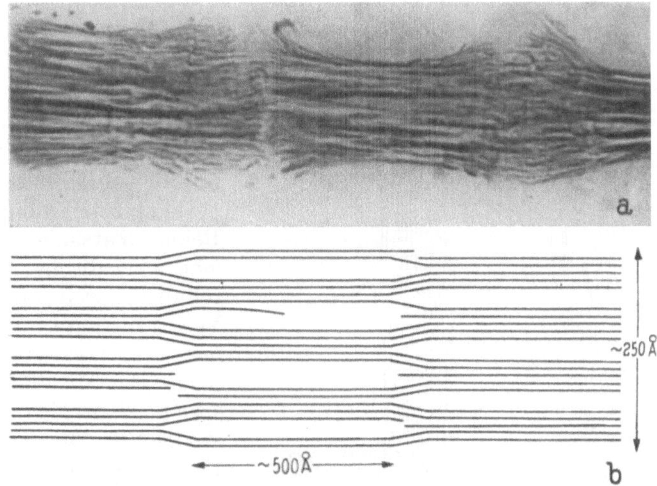

Abb. IV, 31a—b. a Einwirkung des Acetylierungsgemisches auf abgebaute Ramiefaser nach dem Behandeln mit Chloroform nach M. STAUDINGER; b Schema des Mikro-Fibrillen-Feinbaues mit amikroskopischen Querzonen nach FREY-WYSSLING

Übrigens bemängelte auch HOCK[2] am KRATKY-MARKschen Schema kristalliner und amorpher Bereiche bei nativen Fasern den Umstand, daß dasselbe den fibrillären Charakter der Cellulose nicht genügend zutage treten läßt.

Es ergab sich so zunächst folgende Übersicht über die Bauelemente einer gewachsenen Cellulosefaser (Tabelle IV, 12):

Tabelle IV, 12. *Bauelemente einer gewachsenen Cellulosefaser, in Anlehnung an* FREY-WYSSLING

	Querschnitt	Ungefähre Anzahl der Kettenmoleküle
Cellulosefadenmolekül	8,3 × 3,9 Å	1
Micellarstrang	50 × 60 Å	100
Mikrofibrille	250 × 250 Å	2000
Mikrofibrillenbänder	(entsprechend 2 Mikrofibrillen)	4000
Fibrillen	0,4 × 0,4 μ	500000
Fibrillenbänder	variabel	—
Schichten (mittel)	~ 12,6 μ	30000000
Faserzelle (Baumwollhaar)	~ 314 μ	750000000

Wenn wir zunächst die Überlegung nach der Anzahl solcher Micellarstränge in der Mikrofibrille zurückstellen, so ergibt sich die weitere Frage nach dem Feinbau des Micellarstrangs. Grundsätzlich ergeben sich mehrere Modelle:

[1] HODGE, A. J., u. A. B. WARDROP: Nature (London) **165**, 272 (1950).
[2] HOCK, CH. W.: J. Polymer Sci. **8**, 425 (1952).

a) Der Micellarstrang ist ein „idealer" Kristall mit amorpher Rindenschicht (etwa 10% Dicke vom Gesamtdurchmesser), in der nahezu die gesamte Menge parakristalliner Cellulose konzentriert ist.

Ein solches Modell schwebte wohl HOCK[1] vor, wenn er als Bild ein Fadenmolekülbündel vorschlägt, welches mit Ausnahme gelegentlicher größerer Unregelmäßigkeiten eine mehr oder minder gute Ordnung — etwa im Sinne von MEYER-WYK — und *dichte* Packung besitzen soll.

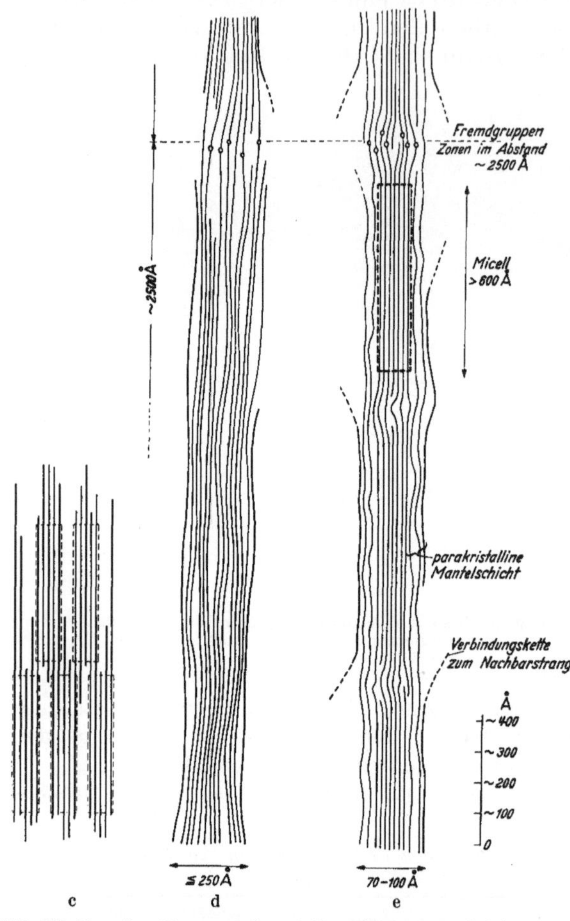

Abb. IV, 31c—d. c Fasermodell nach FREY-WYSSLING; d Schema einer Mikrofibrille im K. H. MEYERschen Sinne; e Schema eines Micellarstranges nach TREIBER (seitliche Dimension etwa zweieinhalbmal vergrößert)

Ein solches Modell widerspricht aber der gemessenen Elastizität der Elementarfibrillen, wie FREY-WYSSLING[2] zeigen konnte. Auch wären die kürzlich aufgefundenen Längsperiodizitäten nicht erklärbar. Beide Tatsachen verlangen eine periodische Längsunterteilung durch eine teilweise Verlegung parakristalliner Cellulose ins Stranginnere.

b) Der Micellarstrang entspricht dem MEYER-VAN DER WYKschen Micellmodell (vgl. IV, 31d [siehe auch Abb. IV, 26b]). Dieses Modell erklärt aber nicht, wie bereits erwähnt, befriedigend die röntgenoptischen Beobachtungen; desgleichen auch nicht die Längsperiodizität.

c) Der Micellarstrang entspricht etwa dem Schema in Abb. IV, 31e. Dieses Modell steht mit den bisherigen Beobachtungen in guter Übereinstimmung.

Im Spiegel älterer Dimensionen, die auch der Tab. IV, 12 zugrunde liegen, durfte man also erwarten, daß die Mikrofibrille ein supermicellares Gebilde ist und aus 15—25 Micellsträngen aufgebaut wird. Diese Ansicht wurde auch von KRATKY vertreten.

FREY-WYSSLING gab daher 1950 ein erweitertes Modell[3] (vgl. dazu Abb. IV, 32a), demzufolge auf den Querschnitt ~20 Micellarstränge kommen. Zwischen den kristallinen Bereichen finden sich intermicellare Spalten (~10 Å Breite), die für die chemischen Reaktionen der Cellulose von entscheidender Bedeutung sind. Von ihnen aus sollen die topochemischen Umwandlungen des Zellstoffs vor sich

[1] Siehe S. 175, Fußnote 2.
[2] FREY-WYSSLING, A.: Experientia (Basel) 9, 181 (1952).
[3] FREY-WYSSLING, A.: Makromol. Chem. 6, 7 (1951).

gehen. Für das Schema des Mikrofibrillenlängsbaues hat FREY-WYSSLING mehrere Modelle zur Diskussion gestellt. Im einfachsten Falle sollen die Micellen bzw. Micellarstränge seitlich untereinander durch parakristalline Cellulosestränge verknüpft sein. Die von FREY-WYSSLING und MÜHLETHALER beobachtete bloße Auffransung an Stelle einer Fibrillierung bei energischerer Behandlung spräche für

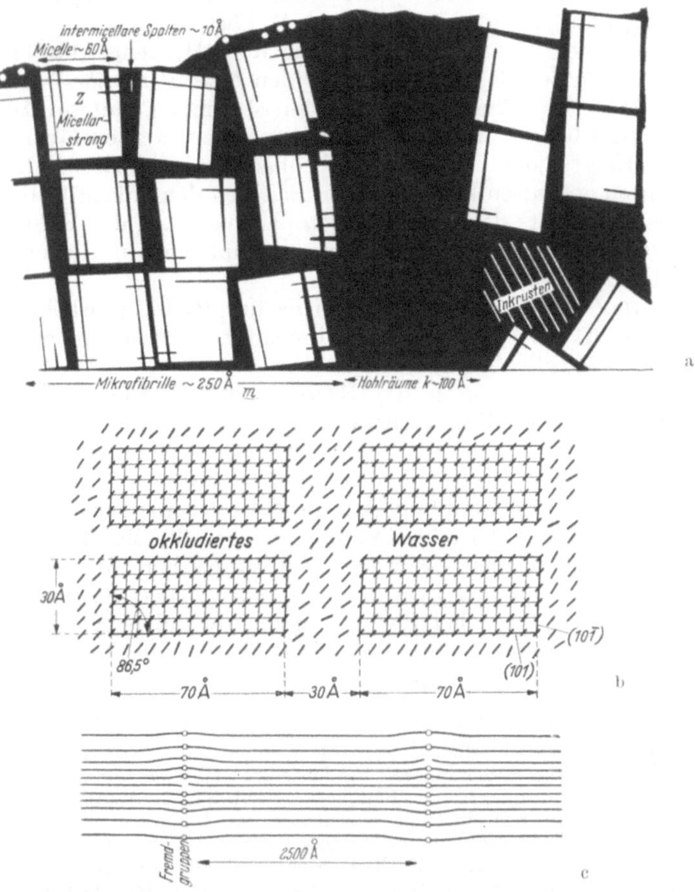

Abb. IV, 32a—c. a Schematischer Querschnitt durch eine Fibrille in Anlehnung an FREY-WYSSLING; b Neues Modell von FREY-WYSSLING (1954) c; Schema einer Mikrofibrille von der Dicke einer Micelle

dieses Modell. Hingegen steht es schlecht in Einklang mit den noch zu besprechenden Beobachtungen von Querrissen und Querspalten an hydrolysierten und oxydierten Fasern. Um solche Erscheinungen erklären zu können, muß man einen periodischen Wechsel kristalliner und parakristalliner Cellulose in der Mikrofibrille annehmen. Um sowohl den relativ guten seitlichen Zusammenhalt als auch das Fehlen jeder elektronenmikroskopisch beobachtbaren submikroskopischen Segmentierung zu verstehen, wurde eine Trennung submikroskopischer Segmente durch amikroskopische (< 50 Å und unsichtbar im Elektronenmikroskop) Inhomogenitäten schließlich angenommen (Abb. IV, 31 b).

Neuere elektronenmikroskopische Untersuchungen haben nun aber Zweifel aufkommen lassen, ob die Dimension der Mikrofibrillen so konstant ist und es wahrscheinlicher erscheinen lassen, daß die seitliche Dimension im Mittel geringer ist — Frey-Wyssling nennt in neueren Arbeiten[1] einen mittleren Durchmesser von 150—250 Å — und gleichzeitig gezeigt, daß wahrscheinlich die Mikrofibrillen eine mehr bändchenförmige Gestalt aufweisen. Gleichzeitig ist auch die rechteckige Querschnittsform der Micellen klarer erkannt worden und man weiß um ihre seitlichen Dimensionen besser Bescheid. Das Ergebnis einer erneuten Diskussion ist nun das, daß eine Mikrofibrille bestenfalls nur aus sehr wenigen Micellarsträngen aufgebaut sein kann (vgl. S. 174).

Nach dem neuen Frey-Wysslingschen Modell[1] (siehe Abb. IV, 32b) bauen nun 4 Micellarstränge oder Elementarfibrillen eine *Mikrofibrille* auf. Zwischenräume und Randzonen bestehen aus parakristalliner Cellulose. In den Spalten parallel zur 101-Ebene kann z. B. Wasser adsorbiert werden (aber auch die Jodeinlagerung erfolgt hier). Die größten beobachtbaren Spalten, die andere Zellwandsubstanzen enthalten können, liegen *zwischen* den Mikrofibrillen und werden im Zuge des Rücktritts des lebenden Cytoplasmas nach der Bildung der Mikrofibrille gebildet. Dieses Modell ist mit röntgenoptischen und chemischen Ergebnissen in Übereinstimmung.

Nach Vogel[2] soll z. B. die Mikrofibrille der Ramie (seitliche Dimensionen: 173—203 Å × 30 Å) ein verklebtes Micellarstrangbändchen sein, welches im Querschnitt nur zwei Micellen enthält[3].

Wenn wir uns nun erinnern, daß Rånby die Mikrofibrille zu ≈100 Å Dicke bestimmte und auch die Micelle nach den neuen Kratkyschen Arbeiten in bezug auf die Breite dieselbe Dimension erreicht, erhebt sich die Frage, ob nicht letztlich Mikrofibrille und Micellarstrang identisch sind. Rånby vertritt auch im Gegensatz zu Frey-Wyssling diese Meinung, daß die Mikrofibrille einen einzigen Micellarstrang — etwa im Sinne der Abb. IV, 32c — darstellt. Bei der Unsicherheit der exakten Dickenvermessung elektronenmikroskopischer Aufnahmen in dieser Dimension, bei den offenbar vorhandenen natürlichen Schwankungen in der seitlichen Abmessung und bei der nur unzureichenden Kenntnis der Micelldimensionen verschiedener Cellulosepräparate besteht vielleicht gar kein reeller Gegensatz zwischen beiden Auffassungen.

2. Die Struktur der Faserzellwand (Bau der Faserzelle)

Technisch interessant sind Cellulosefasern, die in einem *Zellverband* vorkommen — wie z. B. *Holzfasern*, *Bastfasern*, die in der inneren Rindenschicht (Phloem) sich finden (Abb. IV, 33), wie Flachs, Hanf, Jute, Ramie, Kenaf, *Blattfasern* (Sisal, Yukka, Manilahanf, Mauritiushanf) und dergleichen — sowie das einzellige *Samenhaar* des Baumwollsamens, die Baumwolle. Neben der Baumwolle — Langhaar und Linters — gibt es auch weitere Samenhaare (die übrigens keineswegs alle einzellig sind), die eine gewisse technische Bedeutung besitzen, wie Kapok (Ceibawolle), Samenhaare der Seidenpflanze (*Asclepia syriaca*) usw. (s. S. 125).

Ein Querschnitt durch eine Faserzelle zeigt drei Hauptelemente: Die *Primärwand*, die *Sekundärwand* und das *Lumen* (Zentralkanal).

Im **Faserverband** sind die Zellen durch die isotrope Mittellamelle zusammengekittet (Abb. IV, 34). Bei den einzelligen Pflanzenhaaren ist über der Primärwand noch eine Cuticula oder (falls eine differenzierte Cuticula fehlt) die Primärwand ist cutinisiert (Abb. IV, 35). Auch das primäre Hautgewebe besitzt als Deckschicht der oberirdischen Organe als Schutzschicht eine Cuticula oder Cuticularschicht. (In einigen Fällen kann allerdings auch eine abschließende Cuticularschicht fehlen [*Bromeliaceen*].)

---

[1] Frey-Wyssling, A.: Science (Lancaster, Pa.) **119**, 80 (1954). [2] Siehe S. 174, Fußnote 10.

[3] Kürzlich stellte Hess (Vortrag Heidelberg 28. 6. 1957) unter Miteinbeziehung neuer Röntgenkleinwinkelergebnisse (diatrope Reflexe) ein weiteres Modell auf. Demnach sind etwa 8 Molekülkettenbündel der seitlichen Dimension ≈ 60×32 Å — segmentiert durch kristalline und amorphe Zonen (< 240 Å) — so vereinigt, daß letztere in Ebenen von offenbar über dem Bändchenquerschnitt 65×260 Å hinausgehender Ausdehnung zu liegen kommen (geordnete seitliche Vernetzung [Beyersdorfer-Effekt]).

Bei den **einzelligen Pflanzenhaaren** fehlt die Mittellamelle. Zum Schutz wird entweder eine isotrope definierte Cuticula gebildet, die aus reinem amorphen Cutin besteht — eine solche cellulosefreie Cuticula konnten LEGG und WHEELER an der

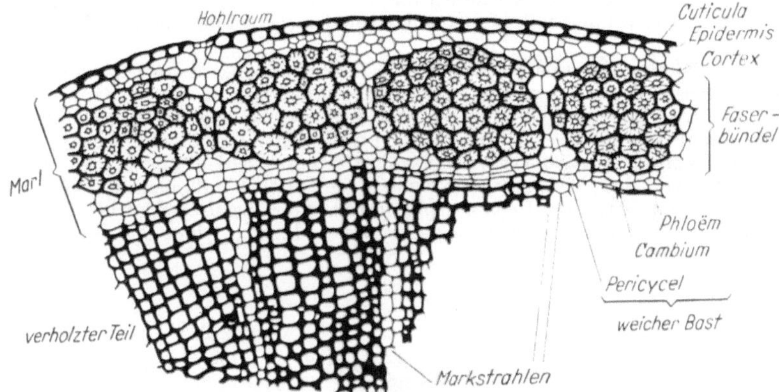

Abb. IV, 33. Teil eines Querschnittes durch den Flachsstengel

Agave americana beobachten; kräftig ist beispielsweise die Cuticula bei *Myrtus pinnata* ausgebildet — oder Wachse und Pektine durchsetzen mehr oder minder vollständig die Primärwand.

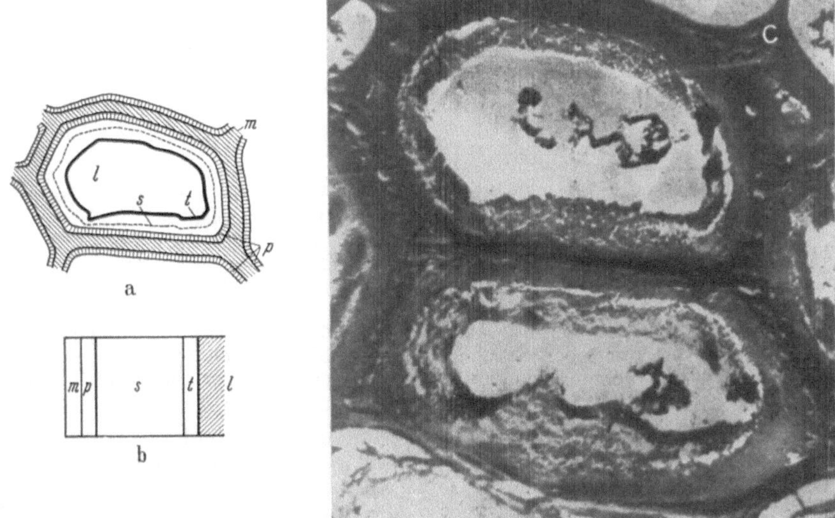

Abb. IV, 34a—c. a Schematischer Querschnitt durch eine Zelle, *p* Primärwand, *m* Mittellamelle, *s* Sekundärwand mit Zentralschicht, *t* Tertiärlamelle, *l* Lumen; b Schematischer Längsschnitt durch eine Zelle aus einem Zellverband: *m* Mittellamelle, *p* Primärwand, s Sekundärwand, *t* Tertiärlamelle, *l* Lumen; c Ultradünnschnitt durch Weidenholzzellen im Elektronenmikroskop (die obere Zelle liegt schematisch und verkleinert der Abb. 34a zugrunde)

Nach Ansicht mehrerer Autoren soll die Baumwolle eine Cuticula besitzen, ein feines, die Faser nach außen zu abschließendes Wachshäutchen. Hingegen konnten KLING und MAHL[1] eine scharfe Trennung zwischen der offenbar vorhandenen Wachs-Pektinschicht, die für die „Seidigkeit“ und Unbenetzbarkeit der Faser verantwortlich ist, und der Primärwand nicht finden und lehnen es ab, von einer gesonderten Cuticula zu sprechen. Beuche und Bleiche

[1] KLING, W., u. H. MAHL: Mellian Textilber. **32**, 131 (1951); **33**, 32, 328, 829 (1952).

zerstören die in die Primärwand eingelagerte Wachs-Pektin-Schicht und greifen die zugänglich gewordene Primärwand stark an[1].

Ein Querschnitt durch ein Baumwollhaar zeigt die Primärwand mit den eingelagerten Cuticularsubstanzen, eine Sekundärwand von großer Mächtigkeit (ein bis zwei Drittel des Durchmessers), die durchaus den Bastfasern vergleichbar (mit Ausnahme der noch stärker entwickelten Flachszellwand) und teilweise lamellar gebaut ist, und das Lumen (Abb. IV, 35; vgl. auch Abb. III, 46).

EISENHUT[2] will eine Cuticula bei Baumwolle isoliert haben, die im Elektronenmikroskop sich als strukturloses Häutchen erwies. DISCHENDORFER[3] will an einer „Baumwollcuticula" eine zarte, feinkörnige Streifung in Längsrichtung der Faser beobachtet haben. Für die Kugelquellung der Baumwolle soll die Cuticula insofern maßgeblich mitbeteiligt sein (WERGIN[4]), als die teilweise aufgeplatzte Cuticula sich ringförmig zusammenschiebt und so lokal die Quellung hemmt. Gestützt wird diese Ansicht durch einen Modellversuch mit einer künstlichen Cuticula an oberflächlichen esterifizierten Cellulosespinnfasern (Stearinsäureanhydrid). Dieselbe kann sich beim Quellen von der Faser abheben und legt sich dann in Ringe und Spiralen um diese (SCHNEIDER[5]).

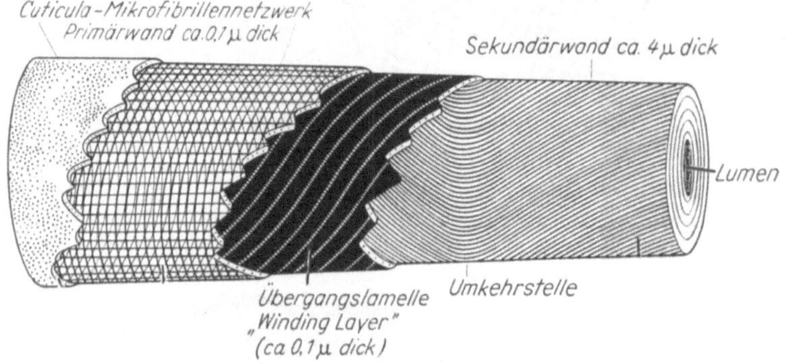

Abb. IV, 35. Schema eines Baumwollhaares

Nach den optischen Untersuchungen von M. MEYER[6] (vgl. auch S. 440f. u. Abb. VI, 23) scheinen die Cuticularwandsubstanzen — Cellulose, Pektin, Cuticularwachs und Cutin — vielfach mehr oder minder ausgebildete Zonen oder Schichten zu bilden. Die Cuticularschicht besteht demnach aus einem nicht schmelzbaren Gerüst von Cellulose und Cutin und tangential orientierten, blättchenförmigen Cutinwachsmicellen. Die äußerste Schicht wird häufig durch einen Film submikroskopischer Dicke von reinem Cutin gebildet, welches somit als unabhängige Wandsubstanz auftreten kann, aber wahrscheinlich in diesem Falle mit dem Cutin der Cuticularschicht nicht identisch ist.

Man neigt zur Annahme, daß die Cuticula im flüssigen Zustand ausgeschieden wird und an der Oberfläche, vermutlich durch den Einfluß von Sauerstoff und Licht, polymerisiert. Hiernach würden Cutinsäuren, im niederpolymeren Zustand gelöst, durch die Wand hindurchwandern.

Die **Mittellamelle** — die bei einzelligen Pflanzenhaaren fehlt — geht bei der Zellteilung aus der Zellplatte hervor und bildet die erste Membran, die Mutter- und Tochterzelle teilt. Sie ist isotrop, möglicherweise paarig angelegt und zeigt zunächst eine Pektinreaktion. (Im Augenblick der Entstehung sind vielleicht auch Eiweißkörper vorhanden.) Aus dem Phragmoplast wird sofort Cellulose, gemischt mit Protopektin, an diese abgelagert. Bei Zerreißungen im Streckungswachstum erfolgen Ergüsse und Zwickelbildungen aus Pektin, Amyloid und Kalose. Im fortgeschrittenen Alter besteht die Mittellamelle aus amorphem Lignin und ist viel-

[1] NICKERSON, R. F.: In E. OTT, Cellulose and Cellulose Derivatives. New York **1946**.
[2] EISENHUT, O., u. E. KUHN: Angew. Chem. **55**, 198 (1943).
[3] DISCHENDORFER, O: Angew. Bot. **7**, 57 (1925).
[4] WERGIN, W.: Planta (Berlin) **26**, 751 (1937).
[5] SCHNEIDER, J: Faserforsch. **13**, 121 (1938).
[6] MEYER, M.: Protoplasma (Wien) **29**, 552 (1938).

leicht mit Hemicellulose durchtränkt. Sie wird jedoch übereinstimmend als cellulosefrei angenommen.

Hinsichtlich näherer Einzelheiten sei auf den folgenden Abschnitt 3 verwiesen.

Terminologie. Die Terminologie der verschiedenen Strukturelemente ist in der Literatur keineswegs einheitlich und unmißverständlich. Am zweckmäßigsten ist die Einteilung von KERR und BAILEY[1], der sich auch weitestgehend FREY-WYSSLING anschließt. Eine Präzisierung erfolgte durch MEIER[2], der wir hier den Vorzug geben. Dementsprechend baut sich eine Faserzelle aus folgenden Elementen auf (vgl. auch Abb. IV, 36):

a) *Mittellamelle*	Mittelschicht	Cuticularschicht	Cuticula
b) *Primärwand*			Primärwand

c) *Sekundärwand*:
1. äußere Schicht oder *Übergangslamelle* (winding layer),
2. mittlere Schicht (Zentralschicht) oder *eigentliche Sekundärwand*,
3. innere Schicht oder *Tertiärlamelle*.

d) *Lumen*

Das Lumen und die Intercellularräume sind für die Porosität und die geringe Dichte des (trockenen) Pflanzenmaterials verantwortlich.

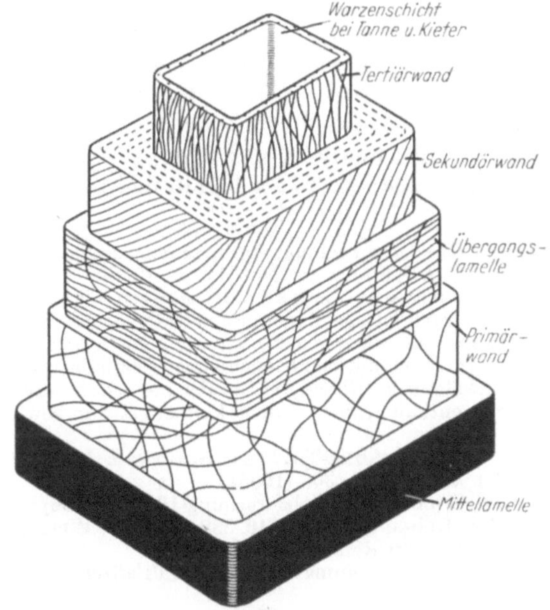

Abb. IV, 36. Schema einer Holzfaser nach MEIER

3. Die Mittellamelle

Von S. ASUNMAA

a) Definition und Dimensionen

Als *Mittellamelle* bezeichnet man die intercellulare Substanz zwischen den Cellulosefasern des Holzes. Zusammengesetzte Mittellamelle (compound middle lamella) bzw. Mittelschicht oder „wahre" Mittellamelle (true middle lamella)

[1] KERR, T., u. J. W. BAILEY: J. Arnold Arb. **15**, 327 (1934).
[2] MEIER, H.: Holz Roh- u. Werkstoff **13**, 332 (1955).

sind die exakten Bezeichnungen je nachdem, ob die Abgrenzung, die Primärwand, zur Lamelle mitgerechnet wird oder nicht. Beim Aufschluß des Holzes wird die Mittellamelle mehr oder weniger vollständig aus dem Faserverbande entfernt. Die Mittellamelle scheint im Holz als Kontinuum vorzukommen, in das die Fasern gleichsam hineingewachsen sind. BECHERER[1] konnte trotz verschiedener Versuchsbedingungen röntgenoptisch *keine* Texturdiagramme erzielen.

Die Dicke der zusammengesetzten Mittellamelle (Mittelschicht) variiert zwischen einigen Zehntel μ und etwa zwei μ (selten drei), je nach Holzart und Lignifizierungsstadium. Die Dicke der Primärwand ist sehr gering, meist 0,1—0,2 μ[2,3]. Wegen ihrer geringen Dimension und der praktisch kaum durchführbaren Abtrennung der Hauptbestandteile im nativen Zustand[4] sind einer genauen chemischen und morphologischen Untersuchung der Mittellamelle bisher ziemliche Schwierigkeiten entgegengestanden.

b) Chemische Zusammensetzung

Die intercellulare Substanz der jungen Zellen besteht hauptsächlich aus Pektin[5,6]; keine oder höchstens schwache morphologische Differenzierung ist in diesem Stadium festgestellt worden[2]. In polarisationsoptischen Untersuchungen erwies sich die Mittellamelle isotrop[5]. Nach Einlagerung der Cellulose in die Zellwände von Lumen her fängt die Verholzung — eine Erhärtung der Mittellamelle — an. Während der Verholzung ist Lignin chemisch nachgewiesen[7] und eine Absorption des kurzwelligen Lichtes beobachtet[8] worden. Bezüglich der Feinstruktur beobachtet man eine gewisse Streifung an jungen Zellen[2].

Nach den chemischen Mikroanalysen von BAILEY[9] enthält die Mittellamelle von Douglas Tanne (*Pseudotsuga*) etwa 72% Lignin und 14% Pentosane; der Rest besteht aus glucuronanartigen Hemicellulosen[10].

Eine mikrospektrographische Untersuchung von Schnitten aus nativem Holz ist im ultravioletten Gebiet von LANGE[11] ausgeführt worden. Es wurde ein Absorptionsmaximum bei 280 mμ gefunden und der aromatische Charakter des nativen Lignins somit sichergestellt. Dies wurde später auch durch ultrarot-spektroskopische Untersuchungen von KRATZL[12] verifiziert. Die UV-Methode erlaubt außerdem eine Bestimmung der relativen Ligninverteilung in der Mittellamelle und einen Vergleich mit den benachbarten Sekundärwänden. Während man heute annimmt, daß die Mittellamelle *cellulosefrei* ist oder nur selten vorkommende Reste der ursprünglichen Zellmembran enthält[13], dürfte die Sekundärwand in gewissen Fällen deutlich

[1] BECHERER, G., u. G. VOIGTLAENDER-TETZNER: Naturwiss. **42**, 577 (1955).

[2] ASUNMAA, S.: Sv. Papperstidn. **58**, 308 (1955).

[3] EMERTON, H. W., u. V. GOLDSMITH: Holzforschung **10**, 108 (1956).

[4] FREUDENBERG, K.: Holz Roh- u. Werkstoff **10**, 339 (1952). — WISE, L. E., u. E. C. JAHN: Wood Chemistry, p. 103. New York: Reinhold Publ. Co.

[5] FREY-WYSSLING, A.: Stoffausscheidung der höheren Pflanzen. S. 72. Berlin-Göttingen-Heidelberg: Springer-Verlag 1953.

[6] HÄGGLUND, E.: Chemistry of Wood. New York: Acad. Press Inc. 1952.

[7] BOVER, J. R., JR., L. M. COOKE, u. H. HIBBERT: J. Amer. Chem. Soc. **65**, 1195 (1943). — LOMMATZSCH, H.: Beih. Bot. Zbl. **60**, A 97 (1939). — BONDI, A., u. H. MEYER: Biochemic. J. **43**, 248 (1948). — KISSER, J.: Mitt. österr. Ges. Holzforsch. **1**, 10 (1949). — KRATZL, K., u. J. EIBL: Mitt. österr. Ges. Holzforsch. **3**, 77 (1951). — KRATZL, K.: Holz Roh- u. Werkstoff **11**, 269 (1953). — PIGDEN, W. J.: Canad. J. Agr. Sci. **33**, 364 (1953).

[8] MANSKAYA, S. M., u. M. S. BARDINSKAYA: Biochimija **17**, 711 (1952).

[9] BAILEY, A. J.: Ind. Engng. Chem. Anal. Ed. 8, 52, 389 (1936).

[10] JÖRGENSEN, L.: Billerud Comp. Säffle, Sweden (unveröffentlicht). — (GIERTZ, H. W.: Food and Agriculture Org. United Nations, FAO/WC-56/4).

[11] LANGE, P. W.: Sv. Papperstidn. **47**, 262 (1944); **48**, 241 (1945).

[12] KRATZL, K.: Holz Roh- u. Werkstoff: **11**, 269 (1953). — TSCHAMLER, H., K. KRATZL, R. LENTNER, A. STEINIGER u. J. KISSER: Mikroskopie 8, 238 (1953).

[13] WARDROP, A. B., u. H. E. DADSWELL: Austr. J. Scient. Res. B **5**, 385 (1952). MÜHLETHALER, K.: Z. Zellforschung u. mikr. Anatomie **38**, 299 (1953).

lignifiziert sein[1]. Nach den Messungen von LANGE[2] variiert der Ligningehalt der Mittellamelle des Fichtenholzes zwischen 60 und 90%; in Laubhölzern ist Lignin beinahe hundertprozentig, im Fichtenholz zu 70% in der Mittellamelle zu finden. Hingegen dürfte im Fichtenholz eine merkbare Ligninkonzentration auch in der Sekundärwand beobachtbar sein. (MEIER[3]). Die großen Schwankungen der Meßwerte der UV-Methode dürften teils auf die heterogene Zusammensetzung der Zellen, teils auf unzulängliche Meßgenauigkeit[2] zurückzuführen sein. Nach den autoradiographischen Versuchen (FREUDENBERG, REZNIK, FUCHS, REICHERT[4]) wird das radioaktive D-Coniferin bevorzugt in der Mittellamelle eingebaut und lokalisiert somit die intensivste Lignifizierung.

Elektronenmikroskopische Aufnahmen von enzymatisch abgebautem Holz geben auf mikrobiologischem Wege Einblicke in die Struktur und Chemie der Zellkomponenten. MEIER[3] hat den Abbau von Fichtenholz und Birkenholz bei Einwirkung von verschiedenen Pilzen untersucht. Die Pilzkulturen greifen selektiv Cellulose oder Lignin an (Abb. IV, 38 und 39). Abb. IV, 39 z. B. stellt ein Schnittgebiet von Birkenholz nach dem Abbau mit *Trametes pini* dar. Theoretisch wird Lignin, besonders im Anfangsstadium der Zersetzung, selektiv abgebaut. Nach den UV-Aufnahmen zeigt die Mittellamelle etwa konstanten Ligningehalt. In der Mikroaufnahme Abb. IV, 39 sind jedoch deutlich schwarze materiereiche Gebiete in der zum größten Teil zerstörten Mittellamelle zu beobachten.

c) Submikroskopische Morphologie

Die elektronenmikroskopische Methode zeigt bekanntlich eine gute Auflösung. Ihre Anwendung zur Untersuchung des nativen unbehandelten Holzes ist aber durch die Präparationsmethode begrenzt. In Dünnschnitten ohne „Elektronenfärbung“ wurden die verschiedenen Komponenten der Zellwand, wie Mittellamelle, Hauptteil der Sekundärwand und Tertiärlamelle wohl scharf abgebildet, aber keine Feinstruktur beobachtet[5] (Abb. IV, 41).

In elektronenmikroskopischen Aufnahmen von enzymatisch abgebauten *Coniferae* von ASUNMAA[5] sind einige Präparate wiedergegeben, in denen die Mittellamelle von der Sekundärwand abgelöst ist und völlig isoliert zurückblieb. Wenn jedoch die Sekundärwand der Coniferen Lignin enthält, mag die Beobachtung des Verschwindens so zu erklären sein, daß entweder die Pilzkulturen keine Reinkulturen gewesen sind (was im Falle des Präparates, welches im Wald unbekannte Zeit dem natürlichen Abbau ausgesetzt war, möglich ist), oder es ist eine scharfe morphologische Abgrenzung zwischen der zusammengesetzten Mittellamelle und dem Material der Sekundärwand vorhanden.

Für die letztgenannte Annahme spricht folgendes. In Dünnschnitten (mit einer Dicke $< 0{,}5\,\mu$) wurde ein markanter Unterschied zwischen der UV-Absorption der Mittellamelle und der benachbarten Sekundärwände festgestellt (Abb. IV, 37). In den elektronenmikroskopischen Aufnahmen von Fichtenholz nach MEIER[3] (Abb. IV, 38) ist ein Leerraum zwischen der materiereichen Mittellamelle und der übriggebliebenen Gerüstsubstanz der Sekundärwand zu sehen. In einigen elektronenmikroskopischen Aufnahmen (ASUNMAA) wurde zwischen den Resten der zum größten Teil zerstörten Sekundärwand (Abb. IV, 40 [links]) und der noch vorhandenen Mittellamelle eine Membran mit der Breite von etwa $0{,}1\,\mu$ von einem nicht-osmophilen Charakter festgestellt[5]. Diese Wand dürfte die nicht zerstörte Primärwand mit einem hohen Gehalt an Kohlenhydraten sein.

d) Feinstruktur der Mittellamelle

Für die elektronenmikroskopische Untersuchung der Feinstruktur der Mittellamelle bereitet sogar die Methode der Ultra-Dünnschnitte Schwierigkeiten. Das Material in der Mittellamelle ist sehr schwer penetrierbar und zeigt eine hohe

[1] WARDROP, A. B.: Tappi **40**, 225 (1957).
[2] LANGE, P. W.: Sv. Papperstidn. **53**, 749 (1950); **57**, 525 (1954).
[3] MEIER, H.: Holz Roh- u. Werkstoff **13**, 323 (1955).
[4] FREUDENBERG, K., H. REZNIK, W. FUCHS u. M. REICHERT: Naturwiss. **42**, 29 (1955).
[5] Siehe S. 182, Fußnote 2.

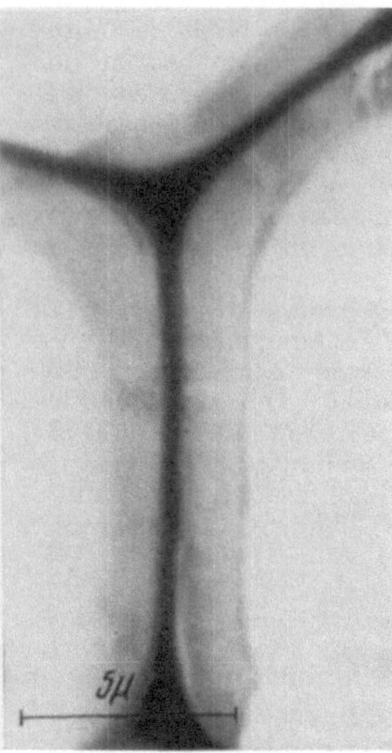

Abb. IV, 37. Dünnschnitt durch Fichtenholz, UV-Aufnahme (ASUNMAA)

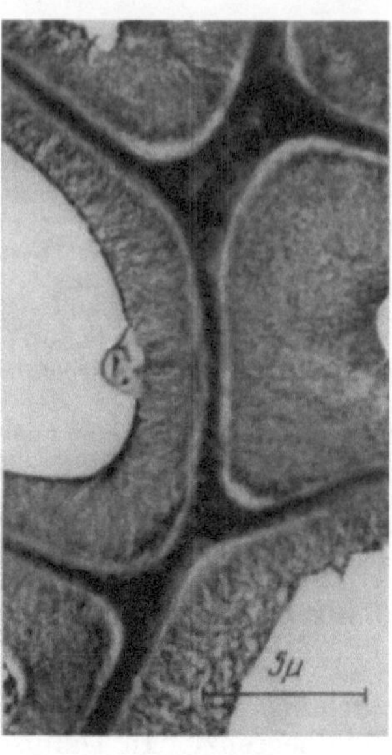

Abb. IV, 38. Querschnitt durch Fichtenspätholz, 3 Monate durch *Merulius domesticus* abgebaut. ELMI-Aufnahme (MEIER)

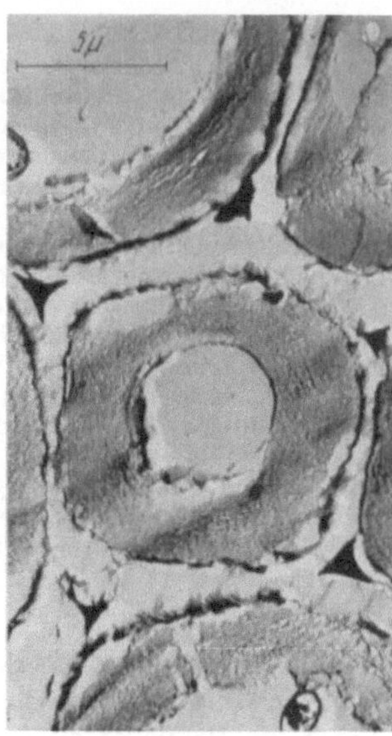

Abb. IV, 39. Querschnitt durch Birkenholz, 8 Monate durch *Trametes pini* abgebaut. ELMI-Aufnahme (MEIER)

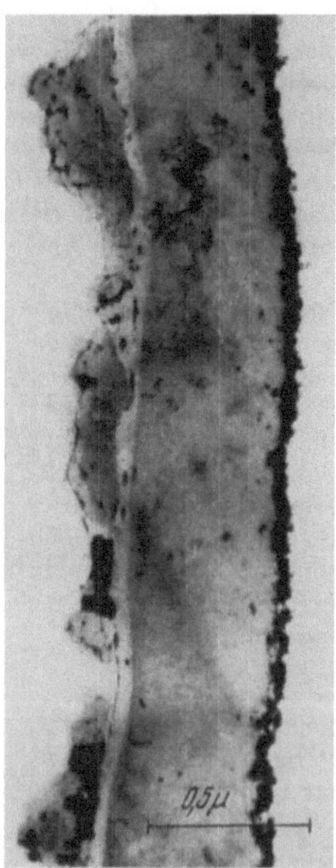

Abb. IV, 40. Überreste der Sekundärwand (links), Primärwand (0,1 μ) und Mittellamelle in enzymatisch abgebautem Fichtenholz. ELMI-Aufnahme (ASUNMAA)

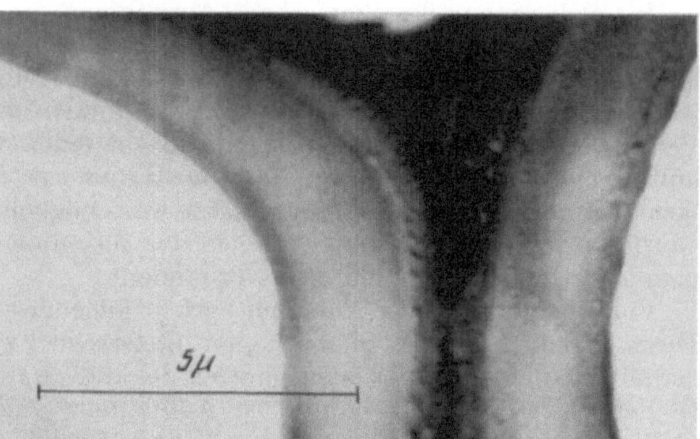

Abb. IV, 41. Querschnitt durch natives, unbehandeltes, getrocknetes Fichtenholz. ELMI-Aufnahme (ASUNMAA)

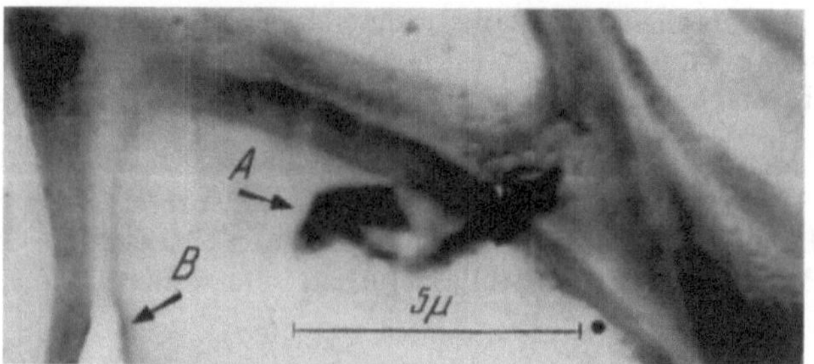

Abb. IV, 42. Querschnitt durch natives, unbehandeltes, getrocknetes Birkenholz. *A* Fremdkörper (Schmutzpartikel), *B* Rißstelle. ELMI-Aufnahme (ASUNMAA)

Abb. IV, 43. Verteilung der Angriffstellen in der Mittellamelle von "Holocellulose" aus Fichte. *A* eine Ausschnittsvergrößerung aus *B*. ELMI-Aufnahme (unveröffentlicht, ASUNMAA)

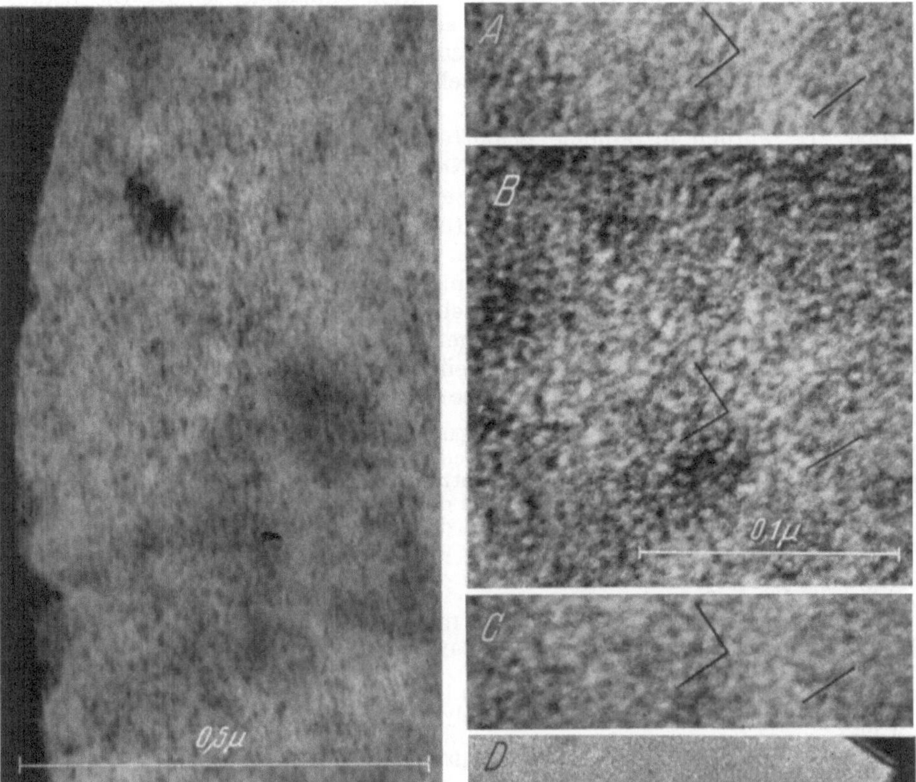

Abb. IV, 44. Feinstruktur der Mittellamelle des durch *Coniophora* abgebauten Fichtenholzes. Präparat ohne Trägerfolie, die links als schwarze, dichte Wand abgebildet ist. ELMI-Aufnahme (unveröffentlicht, ASUNMAA)

Abb. IV, 45. Feinstruktur der Mittellamelle des durch *Polyporus* abgebauten Fichtenholzes. *A*, *B*, *C* Stufen einer Focusserie, *D* Korngröße des photographischen Materials. Vgl. Text. ELMI-Aufnahme (ASUNMAA)

„Streuungsdichte", besonders in den getrockneten Proben[1] (vgl. Abbildungen IV, 41 und IV, 42). Das Verhältnis der relativen „Streuungsdichten" der Mittellamelle und der benachbarten Sekundärwände ist aber von dem Entwicklungsstadium der Holzzellen abhängig. Nach den Messungen von LANGE[2] ist die Substanzkonzentration der Mittellamelle kleiner als die der benachbarten Sekundärwände, wenn diese mit Hilfe von weichen Röntgenstrahlen bestimmt wird. Die Bildentstehung bei der mikroradiographischen Methode ist ausschließlich von der Absorption bestimmt[3], im Elektronenmikroskop dagegen von der Elektronenstreuung. Der relative Wasserstoffgehalt von Lignin und von Cellulose würde somit in erster Linie den theoretischen Unterschied in der „Röntgendichte" und „Streuungsdichte" bestimmen[4]. Die mikroradiographische Methode gibt ein Originalbild im Maßstabe 1:1. Die Korngröße des photographischen Materials — die nach ENGSTRÖM[5] im optimalen Falle 1 μ ist — begrenzt somit die Auflösung.

Die Feinstruktur der Mittellamelle von Holz wird den jetzigen Methoden zugänglich, wenn die Dichte der Lamelle herabgesetzt wird, z. B. mit Hilfe einer rein chemischen Weglösung oder durch enzymatische Methoden.

In der Abb. IV, 43 ist ein Teil aus der übriggebliebenen Mittellamelle von Holocellulose aus Fichte (*Picea excelsa*) abgebildet. Die nach dem Aufschluß hart gebliebenen Stückchen des Zellstoffes wurden nach der Elektronenfärbung mit Thalliumäthylat[6] in ultradünnen Schnitten untersucht. Die Lamelle ist von Methacrylat nicht penetriert worden. Die weißen Gebiete der Photographie entsprechen somit Löchern in dem Material des Schnittes. Die schwarzen Punkte sind Tl-Kristalle, die während der Präparation entstanden sind. Die herausgelösten Komponenten der Mittellamelle scheinen ein Gerüst mit ziemlich gleichmäßig verteilten Angriffstellen übrigzulassen.

Die Feinstruktur der enzymatisch behandelten Mittellamelle kann in elektronenmikroskopischen Aufnahmen mit guter Auflösung (< 20 Å) abgebildet werden. Es wurden ultradünne Schnitte von osmiumimprägnierten Lamellen untersucht. Die Schnitte sind auf einer Netzmembran montiert. Dadurch wurde eine Kontrasterhöhung erreicht und die eventuelle Struktur der sonst üblichen Trägerfolie von der Abbildung eliminiert (Abb. IV, 44). Die beobachtete Struktur ist fein und gleichmäßig. Sie zeigt Details, die nicht mit den Kontrastvariationen der Kontaminationsschicht (Verschmutzungsschicht) oder mit der Korngröße des photographischen Materials zu verwechseln sind[7]. Die häufigsten Abstände der osmiumreichen Gebiete in den Abbildungen IV, 44 und 45 sind etwa 60—70 Å, die Minimal-Abstände etwa 30 Å. Die Verteilung der metallreichen Linien ist willkürlich und die abgebildete Struktur dürfte deswegen als *amorph* aufgefaßt werden[7].

Durch Bestrahlung kann ein Teil des organischen Materials sublimieren, oberhalb des Elektronenobjektes kondensieren und als eine Verschmutzungsschicht auf das Präparat zurückfallen. Die Ungleichmäßigkeiten der Verschmutzungsschicht zeigen aber schwache Kontraste und außerordentlich kleine Dimensionen[8]. Bei der benutzten elektronenoptischen Vergrößerung von 25000 entsprechen die 30 Å-Abstände der Originalstruktur einem Abstand von 75 μ auf der photographischen Platte (Abb. IV, 44 und IV, 45), übersteigen also den kritischen

---

[1] Siehe S. 182, Fußnote 2.

[2] LANGE, P. W.: Sv. Papperstidn. 57, 533 (1954).

[3] COMPTON, A. H., u. S. K. ALLISON: X-Rays in Theory and Experiment. p. 799. New York 1935.

[4] ASUNMAA, S.: Sv. Papperstidn. **60** (1957) [im Druck].

[5] ENGSTRÖM, A.: Historadiography. In Analytical Cytology, Mellors, New York: McGraw Hill 1955.

[6] ASUNMAA, S.: Sv. Papperstidn. 57, 367 (1954); 58, 33 (1955).

[7] Siehe S. 182, Fußnote 1.

[8] SJÖSTRAND, F. S.: Physical Techniques in Biological Research, Vol. III. New York: Acad. Press Inc. 1956. — SJÖSTRAND, F. S.: Science Tools **2**, 25 (1955).

Wert der Korngröße ($\leqq$ 60—70 μ)[1]. Die Details der Feinstruktur wiederholen sich in verschiedenen Schritten einer Fokussierungsserie. In Abb. IV, 45 *A*, *B*, *C* sind einige leicht vergleichbare Stellen der Struktur durch schwarze Markierungsstriche gekennzeichnet worden. In Abb. IV, 45 *D* ist die Korngröße des photographischen Materials der Originalplatte wiedergegeben. Die Platte ist unter denselben Bedingungen bestrahlt worden, wie *A*, *B*, *C* (ein Kohlepartikel rechts als Fokussierungsobjekt) und hat dieselbe lineare Vergrößerung wie *A*, *B*, *C*.

Die abgebildete Feinstruktur gibt die Struktur des übriggebliebenen Materials wieder, das den enzymatischen Abbau überstanden hat. Während des enzymatischen Prozesses kann allerdings die native Feinstruktur eventuellen sekundären Veränderungen ausgesetzt sein.

Die chemischen Mikroanalysen und die mikrospektrographischen Messungen im UV-Gebiet kombiniert mit den morphologischen Untersuchungen haben zwar unsere Kenntnisse über die Mittellamelle erweitert, sind aber nur als Einleitung notwendiger ausführlicherer Untersuchungen aufzufassen.

4. Aufbau der Einzelfaser

Von E. Treiber

Individualisierte Einheiten, einzelne Faserzellen, erhält man durch Weglösen der verkittenden Pektinschicht (z. B. im sehr jungen, respektive unverholzten Stadium) bzw. der Ligninschicht, falls nicht die Natur — wie im einzelligen Baumwollsamenhaar — uns solche direkt anbietet. Im zweiten Abschnitt dieses Paragraphen haben wir die Feststellung getroffen, daß die Fasern aus Primärwand, Sekundärwand (mit Tertiärlamelle) — also einer zusammengesetzten Membran — und dem Lumen bestehen. Vom Lumen nach außen fortschreitend kann schließlich entweder eine Zwischenzellsubstanz, die Mittellamelle, oder eine Cuticula bzw. Cuticularschicht (die stellungsmäßig etwa der Mittelschicht entspricht) angetroffen werden. Diese Dreiteiligkeit (Lignin-, Pektin- bzw. Cutinschicht—Cellulosemembran—Lumen) hat ihre Wiederholung in der Dreischichtigkeit der Cellulosemembran (Primär-, Sekundär- und Tertiärwand), die zum Großteil ein physikalisches Phänomen darstellt. Sie wird nämlich weitgehend durch die verschiedene Orientierung der Cellulosemicellen in den Wandschichten bedingt.

Zur Frage der Lamellierung der Membranen sei angemerkt, daß in manchen Fällen eine solche nur sehr schwer und unsicher nachgewiesen werden kann (z. B. in den Gefäßen, so daß solche von *Fraxinus* strukturlos erscheinen). In Collenchymzellen ist eine Schichtung nur in den verdickten Wandpartien sichtbar (Preston). In *Petasites vulgaris* scheint die Cellulose gleichmäßig in der Membran verteilt zu sein[2].

a) Zellgröße und Form

Die Zellgröße kann sich unter der Differenzierung der Zelle stark verändern. Eine undifferenzierte meristematische Zelle besitzt etwa einen Durchmesser von 15—20 μ, das entspricht einem Zellvolumen von ~ 3—$8 \cdot 10^{-4}\,cm^3$. Bei der Differenzierung zu einer parenchymatischen Zelle kann dieselbe etwa das 30-fache Volumen erreichen, wobei die Expansion vorwiegend in einer Richtung erfolgt, so daß schließlich eine Zelle von etwa 30 μ Breite und $> 200\ \mu$ Länge resultiert. Xylematische Gefäßzellen sind etwa 500 μ lang und 300 μ im Durchmesser. Collenchymzellen — die übrigens schwach lignifiziert sind — erreichen eine Länge von $\sim$ 400—600 μ und sind $\sim 15\ \mu$ breit. Coniferentracheiden schließlich können Längen von $^1/_2$ bis mehrere Millimeter erreichen. Parenchymzellen, die vielfach nur im Holz lignifiziert sind, sind dünnwandig und isodiametrisch.

Riesenhafte Zellen treten bei Meeresalgen auf, die bis zu mehreren cm lang sein können. Eine Übersicht geben Tabellen IV, 13a und b.

---

[1] Ruska, E.: Convegno di Elettronica e Televisione, Milano 12—17 april 1954, consiglio Nazionale delle Richerche. Roma 1954.

[2] Preston, R. D., u. R. B. Duckworth: Proc. Leeds Philos. Soc. 4, 343 (1946).

Tabelle IV, 13a. *Ungefähre Größe einiger wichtiger Fasern und Zellen*[1]

Faser	Kategorie	Faserlänge in mm	Faserdurchmesser in μ	Zellenlänge in mm	Zelldurchmesser in μ
Baumwolle	Samenhaar	15—56	12—25	15—56	12—25
Flachs	Bastfaser	200—1400	40—620	4—66	12—76
Jute	Bastfaser	1500—3600	30—140	0,8—5	10—25
Hanf	Bastfaser	1000—3000	—	5—55	16—50
Ramie	Bastfaser	100—1800	40—60	60—250	>16
Manilahanf	Blattfaser	1800—3600	12—280	3—12	12—46
Mauritiushanf	Blattfaser	—	—	1,9	—
Neuseel. Flachs	Blattfaser	—	—	4,3	—
Kokosfaser	Blattfaser	—	—	0,75	—
Sisal	Blattfaser	750—1200	100—460	1,5—4	16—32
Holz (allgemein)	Holzfaser	1—14	~20—50	0,14—5	variabel

Tabelle IV, 13b. *Dimensionen von Holzfasern nach* HÄGGLUND

Holzart	Länge in mm	Breite in μ
Coniferen:		
Kiefer	2,6—3,8	25—69
Fichte	2,6—4,4	30—75
Weißtanne	2,3—4,2	—
Hemlocktanne	2,8—5,0	—
Laubhölzer:		
Espe	0,8—1,7	20—46
Birke	0,8—1,6	14—40
Pappel	0,7—1,6	20—44

b) Chemisch-mikroskopische Beobachtungen

(Dislocations, Striations, Lamellierung der eigentlichen Sekundärwand, Querelemente)

Neben den verschiedenen Anfärbe- und Differenzfärbemethoden ist die Einwirkung von quellenden und lösenden Agenzien im Zusammenhang mit mikroskopischen Faseruntersuchungen wertvoll geworden.

Läßt man auf Fasern z. B. starke Quellmittel einwirken, so ergeben sich unter Einschnürung gewisser Teile starke bauchige oder kugelförmige Aufquellungen (Abb. IV, 46a, b). Diese Erscheinung, die *Kugelquellung*, war die Veranlassung zur Annahme von Querelementen[2]. Es besteht jedoch Grund zur Annahme, daß diese Erscheinungen teils mit einem gewissen Restligningehalt in der Wandschicht in Verbindung gebracht werden können — völlig ligninfreie und stark lignifizierte Fasern zeigen die Kugelquellung praktisch nicht —, teils mit der Primärwand, die nach ROLLINS[3] anderes Quellungsverhalten zeigt, teils (bei Baumwolle) mit der Cutinschicht (vgl. S. 180).

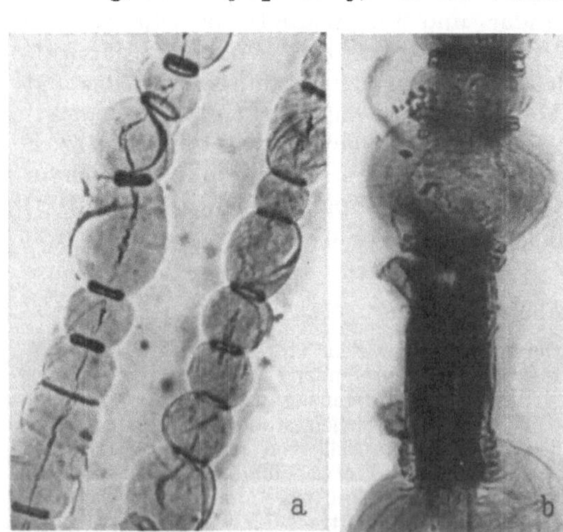

Abb. IV, 46a, b. a Baumwollfaser in Kupferoxydammoniak quellend nach ZIEGENSPECK; b Beispiel einer Kugelquellung nach BUCHER

ROLLINS[3] konnte an isolierten Primärwänden feststellen, daß diese z. B. in 18%iger Lauge beträchtlich schrumpfen (~ 40% in der Länge und ~ 60% in der Breite). REESE[4] konnte auch nach enzymatischer Zerstörung der Primärwand höhere Quellwerte beobachten. Wieweit die Primärwand den

[1] Vgl. auch A. J. TURNER: J. Textile Inst. **45**, 317 (1954).
[2] LÜDTKE, M.: Biochem. Z. **233**, 1 (1931).
[3] ROLLINS, M. L., u. V. W. TRIPP: Textile Res. J. **24**, 345 (1954).
[4] REESE, E. T., u. W. GILLIGAN: Textile Res. J. **24**, 663 (1954).

einzelnen technischen Prozessen Widerstand leistet, ist noch ziemlich unklar und es herrschen verschiedene Auffassungen. So wird nach TRIPP[1] im Gegensatz zur allgemeinen Auffassung bei der technischen Alkalibehandlung der Baumwolle die Primärwand kaum entfernt. Nach JAYME besitzen hart gekochte Sulfitzellstoffe eine ziemlich intakte Primärwand. Erst bei ligninarm gekochten wird sie stark angegriffen. Nach KOMAROW zeigen sich bei der Sulfitkochung sehr starke Veränderungen an der Primärwand.

Behandelt man die sekundäre Wand mit celluloselösenden, hydrolysierenden Mitteln, so erhält man ein zusammenhängendes „Ligninskelett". Delignifizierende Reagenzien liefern im Gegensatz hierzu bei schonender Behandlung ein Cellulose-Kohlenhydrat-Skelett.

Dies hat zur Auffassung geführt, daß sich die beiden Zellwandkomponenten im Entwicklungsstadium teilweise durchdrungen haben. So sollen gelegentlich einzelne Mikrofibrillen durch die Mittellamelle hindurch benachbarte Primärwände verbinden (MÜHLETHALER). Andrerseits wird auch die Sekundärwand teilweise von einer gewissen Lignifizierung betroffen (s. S. 183), wobei nach TRAYNARD[2] das Lignin in Form konzentrischer Lignocellulosekittschichten eingelagert werden soll.

FARR[3] vermeint bei der Auflösung in Cuoxam Cellulosepartikel der Dichte 1,5 und der Dimension 1,5 · 1,1 μ beobachtet zu haben und die Auflösung der Cellulose soll hier praktisch stehenbleiben. Ähnliche Anschauungen wurden kürzlich auch von DOLMETSCH[4] vertreten. HOCK[5] konnte bei einer Überprüfung der FARRschen Löseversuche zeigen, daß praktisch nur isotrope Fragmente der Primär- und Tertiärwand zurückbleiben.

Bei der Behandlung mit starker Lauge tritt bei Cellulosefasern (z. B. Baumwolle, Flachs) ein Mercerisierungseffekt ein, der auch u. a. mikroskopisch sichtbar ist. Die Fasern bekommen einen mehr rundlichen Querschnitt, das Lumen wird reduziert, der Glanz verändert usw. Auch die Kugelquellung ist durch Schwächung der Primärwand und teilweiser Entfernung der Cuticularsubstanzen bei weitem nicht so ausgeprägt. Eine Zusammenfassung verschiedener Erscheinungen, wie Schrumpfung, Änderung des Brechungsindex, der Wasseraufnahme, Orientierung, Farbaufnahme usw. an Baumwolle gibt VALKO[6].

Dislocations. Cuoxam und Chlorzinkjodid machen an Flachsfasern Querstreifen und Verschiebungsstellen *(Dislocations)* deutlich sichtbar. FREY-WYSSLING[7] hat sich eingehend mit dem Feinbau von Verschiebungsfiguren, vornehmlich Stauchlinien in überbeanspruchtem Holz, befaßt. Sie stellen Auflockerungen der Textur vor.

Striations. Starke Aufquellungen lassen im Lichtmikroskop zwei weitere Wandelemente in Erscheinung treten, und zwar die *Fibrille* (filum) (vgl. Abb. IV, 47 u. 56) und oft eine weitere Lamellierung der Sekundärwand. Ähnlich, wie eine Verbänderung der Mikrofibrillen beobachtet werden konnte, findet man auch bei den Fibrillen, daß diese zunächst Bänder zu bilden scheinen, die dann schraubig um die Faserlängsachse gewickelt sind, ähnlich wie eine Gamasche.

---

[1] TRIPP, V. W., A. T. MOORE u. M. L. ROLLINS: Textile Res. J. **24**, 956 (1954).

[2] TRAYNARD, PH., A. M. AYROUD, A. EYMERY, A. ROBERT u. S. DE COLIGNY: Holzforsch. 8, 42 (1954).

[3] FARR, W. K.: Contr. Boyce Thompson Inst. **10**, 71 (1938). — FARR, W. K., u. S. H. ECKERSON: Contr. Boyce Thompson Inst. **6**, 189 (1934). — COMPTON, J.: Contr. Boyce Thompson Inst. **10**, 113 (1938). — SISSON, W. A.: Contr. Boyce Thompson Inst. **10**, 57 (1938). — FARR, W. K.: J. Physic. Chem. **42**, 1113 (1938).

[4] DOLMETSCH, H.: KOLLOID-Z. **145**, 141 (1956).

[5] HOCK, CH. W., u. M. HARRIS: J. Res. Nat. Bur. Stand. **24**, 743 (1940); Textile Res. **10**, 323 (1940).

[6] VALKO, E. I.: In E. OTT, Cellulose and Cellulose Derivatives. New York 1943.

[7] FREY-WYSSLING, A.: Holz Roh- u. Werkstoff **11**, 283 (1953).

Verbänderungen von Mikrofibrillen[1] wurden zuerst an Bakteriencellulose[2] beobachtet und später auch im Tunicin und in pflanzlichen Zellwänden (Mesophyllzellen im Speichergewebe der Tulpenzwiebel, Holzparenchymzellen der Esche) aufgefunden. Die Verbänderung erfolgt derart, daß die hydrophilste Fläche (101) des Cellulosekettengitters der Bandfläche entspricht, denn die Kristallisationstendenz senkrecht zur Kettenrichtung ist in der 101-Ebene am größten. Unter diesen Umständen erscheint die Verbänderung der Mikrofibrillen leicht verständlich und man muß sich wundern, daß sie nicht häufiger beobachtet wird.

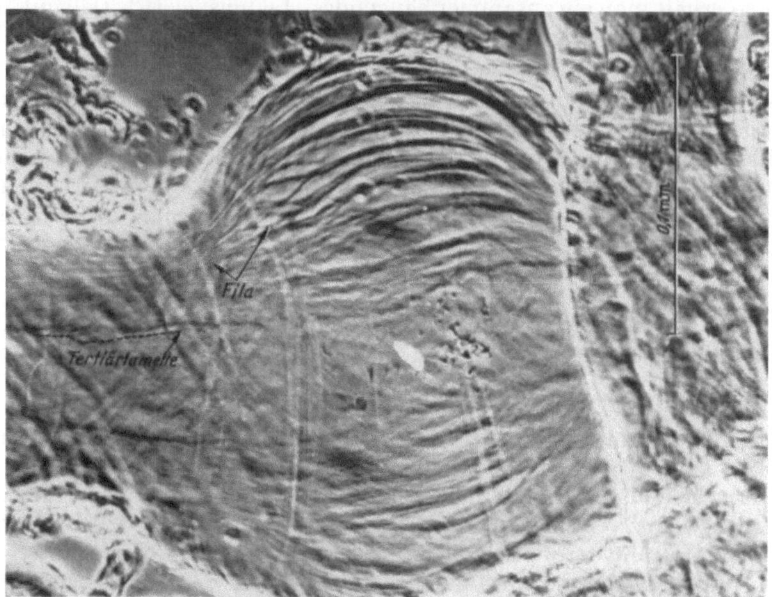

Abb. IV, 47. Schwach xanthogenierte Cellulosefaser, gequollen in Lauge

Zur Frage, ob die lichtmikroskopisch gerade noch sichtbare Fibrille ein echtes Strukturelement ist oder nicht, soll im Abschnitt 5 Stellung genommen werden. Hier wollen wir uns jedoch mit der Frage der feineren

Lamellierung der Sekundärwand beschäftigen.

Gequollene Querschnitte an Baumwollfasern zeigen eine zweite, sehr ausgeprägte feinere Lamellierung der Sekundärwand, wie BALLS[3] erstmals zeigen konnte (vgl. Abb. III, 16). Die Lamellen im gequollenen Zustand sind etwa 0,3 bis 0,4 μ breit, das würde auf eine ungequollene Dicke von 0,1—0,25 μ schließen lassen; dieselbe Größenordnung, die WERGIN für den Durchmesser einer Fibrille angibt. Stärker differenziert ist die äußere Schicht der Sekundärwand, die Übergangslamelle (winding layer), die auch aus gröberen, dichteren Fibrillen zu bestehen scheint (vgl. Abb. IV, 62a) und offenbar nur eine lockere Bindung zur eigentlichen Sekundärwand aufweist, sowie die innere Schicht oder Tertiärlamelle.

Die Sublamellierung der eigentlichen Sekundärwand, die in manchen Sekundärwänden nach vorausgegangener Quellung beobachtet worden ist, wird entweder auf eine variierende Porosität oder auf Dichteschwankungen des Cellulosegerüstes oder auf unterschiedlichen Wassergehalt zurückgeführt. Nach LÜDTKE[4] sollen die einzelnen Lamellen durch Fremdhautsubstanzen voneinander

[1] FREY-WYSSLING, A.: Holz Roh- u. Werkstoff **9**, 333 (1951).
[2] MÜHLETHALER, K.: Biochim. et Biophysica Acta **3**, 527 (1949).
[3] BALLS, W. L.: Proc. Roy. Soc. (London) B **90**, 342 (1919).
[4] LÜDTKE, M.: Holzforsch. **4**, 65 (1950).

getrennt sein, was jedoch auf Grund der elektronenmikroskopischen Untersuchungen sehr unwahrscheinlich erscheint. Eine Differenzierung und zugleich ein Zusammenhalt zwischen den Strukturelementen soll gegebenenfalls durch hydrophile Hemicellulose, Lignin und dergleichen bewirkt werden, zum Teil durch Unterschiede in Kettenlänge, Ordnungszustand und Fremdgruppengehalt.

Nachdem BALLS[1] und KERR[2] zeigten, daß die Anzahl der Lamellen bei der Baumwolle (20—30) mit der Anzahl der Tage vom Appositionsbeginn bis zur Reife zusammenhängt, lag es nahe, die Lamellen als Tages-Wachstumsringe zu deuten. Genauere Beobachtung zeigte eine Differenzierung in eine kompakte Tageszone und eine poröse Nachtzone, so, wie der Jahresring der Bäume sich aus Früh- und Spätholz zusammensetzt. Diese Auffassung fand eine Stütze in Wachstumsversuchen von ANDERSON und MOREY[3], die zeigten, daß die Lamellierung bei Wachstum unter konstanter Belichtung ausbleibt. Im Gegensatz dazu stehen ähnliche Versuche bei konstanter Belichtung von BARROWS[4], denen zufolge unabhängig von den Versuchsbedingungen Lamellen von etwa 1 μ Dicke entstehen. Von FRANZ[5] wurde die 150—200 μ dicke Sekundärwand der Kletterhaare des Hopfens untersucht. Innerhalb von 24 Stunden sollen hier bis zu 7 Lamellen angelegt werden. In diesem Falle kann es sich nicht um Assimilationseffekte, d. h. um die Tagesschwankungen im Kohlenhydrathaushalt handeln, sondern um Wachstumsrhythmen anderer Art. Als solche wurden z. B. u. a. Ermüdungserscheinungen geltend gemacht.

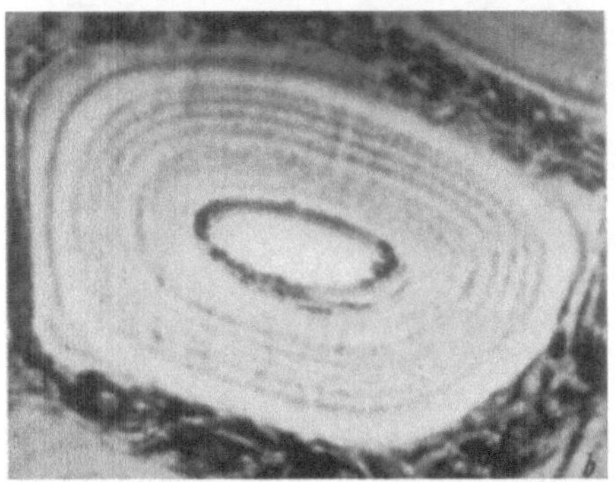

Abb. IV, 48. Querschnitt durch eine Holzfaser nach BAILEY. Auf dem Bild sind die konzentrischen Lagen für Cellulose in der verdickten Sekundärwand (hell) zu sehen

Bei Collenchymzellen von *Heracleum sphondyllium* führt PRESTON die Schichtung auf Schwankungen im Pektingehalt zurück.

Eine ausgesprochene Wandlamellierung zeigen viele Algen. *Valonia* z. B. zeigt etwa 40 mikroskopisch sichtbare Lamellen (vom Collenchymtyp), die in weitere submikroskopische Lamellen zerfallen, in denen die Micellen eine höhere Orientierung aufweisen (vgl. Abb. IV, 29) und wo deren Faserachsen in je zwei aufeinanderfolgenden Lamellen einen Winkel von $\sim 79°$ einschließen.

Zum Unterschied von Baumwolle konnten an Querschnitten von Fichtentracheiden und Birkenholzfasern selten deutlich voneinander getrennte Lamellen festgestellt werden und WARDROP[6] u. a. halten solche z. B. bei Coniferentracheiden für sehr unwahrscheinlich. RIBI[7], der Balsa und Espe im Elektronenmikroskop untersucht, schließt die Möglichkeit einer Sublamellierung nicht aus, betont jedoch, daß viele Beobachtungen Artefakte darstellen. Im Gegensatz dazu steht eine ältere Arbeit von DOLMETSCH[8], der in der Fichtenspätholztracheide 15—35 konzentrische Tagesschichten beobachtet haben will. Auch BAILEY spricht sich für eine feinere Lamellierung der Holzfasern aus (Abb. IV, 48). Nach ASUNMAA[9] finden sich in Espenfasern nach Thalliumäthylatbehandlung an Ultradünnschnitten im Elektronenmikroskop oftmals Andeutungen einer diffusen Lamellierung. An Fichte konnte Autorin[10] ebenfalls Anzeichen einer (unregelmäßigen) Lamellierung auffinden, doch mehr im KLING- und MAHLschen Sinne, als im BALLS-KERRschem Sinn (Abb. IV, 49a, b). In unbehandeltem Zustand scheint die Lamellierung nicht beobachtbar zu sein. Nach NAGATAMO[11] spaltet nach extremer Quellung auch die Übergangslamelle in zwei feinere auf.

---

[1] Siehe S. 190, Fußnote 3.
[2] KERR, T. H.: Protoplasma (Wien) **27**, 229 (1937).
[3] ANDERSON, D. B., u. D. R. MOREY: Amer. J. Bot. **24**, 503 (1937). — ANDERSON, D. B. u. T. H. KERR: Ind. Engng. Chem. **30**, 48 (1938).
[4] BARROWS, L. F.: Contr. Boyce Thompson Inst. **11**, 161 (1940).
[5] FRANZ, H.: Flora (Jena) **29**, 287 (1934).
[6] WARDROP, A. B.: Holzforsch. 8, 12 (1954).
[7] RIBI, E.: Exper. Cell Res. **5**, 161 (1953).
[8] DOLMETSCH, H.: Kolloid-Z. **108**, 183 (1944).
[9] ASUNMAA, S.: Sv. Papperstidn. **58**, 33 (1955).
[10] ASUNMAA, S.: Sv. Papperstidn. **59**, 527 (1956); vgl. auch Sv. Papperstidn. **57**, 367 (1954).
[11] NAGATAMO, S.: Bot. Mag. Japan **65**, 765 (1952).

Die Frage, ob eine feinere Lamellierung primär in der Sekundärwand, also ohne vorhergehende Quellung existiert oder nicht, ist in der letzten Zeit — mit Ausnahme bei den Algenzellwänden — lebhaft diskutiert worden, nachdem KLING und MAHL[1] im Elektronenmikroskop an Baumwollquerschnitten keine streng konzentrische Schichtung beobachten konnten. Die durch Anätzen erkennbaren Schichten verlaufen nur selten konzentrisch zum Lumen, sondern eher geneigt dazu, so daß man vielmehr von einer gemischten (konzentrischen und radialen) Struktur sprechen kann, die noch durch Verwerfungen usw. stark verwischt wird, besonders wenn die Fasern nach der Öffnung der Kapsel austrocknen. TRIPP[2] konnte in Ultradünnschnitten ebenfalls keine deutliche Lamellierung feststellen, jedoch trat nach einer partiellen Acetylierung eine solche deutlich in Erscheinung (vgl. Abb. I, 12), wobei ebenfalls ~ 20 bis > 30 Ringe beobachtet werden konnten. KASSENBECK spricht sich nun ebenfalls für eine Lamellenstruktur der Baumwollsekundärwand aus. Nach dem Oberflächenabdruckverfahren ist nun schließlich auch LIESE zur Auffassung gekommen, daß eine echte Lamellierung der Sekundärwand, hervorgerufen durch geringe Differenzierungen in den Mikrofibrillenorientierungen, selbst in Holzfasern, vorliegt (Abb. IV, 50). Auch EMERTON schließt sich dieser Auffassung an. MÜHLETHALER beobachtet bei der Mittelschicht der Weide eine Lamellierung.

a b

Abb. IV, 49a, b. Thalliumäthylateinlagerung in Querschnitten von Fichtenholocellulose nach ASUNMAA

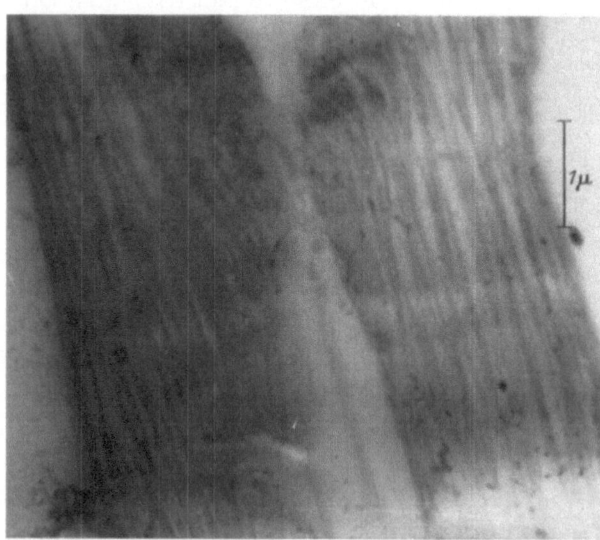

Abb. IV, 50. Querschnitt durch eine chemisch aufquellende Zellwand von *Abies alba* mit den parallel angeordneten fibrillären Elementen. (Aufnahme: LIESE)

Querelemente: Abbaureaktionen — vornehmlich hydrolytische mit Säuren — und/oder der Angriff vieler Agenzien, wie z. B. Acetyliergemische, und mechanische Einwirkungen lassen *Querspalten* in Erscheinung treten[3], von denen aus die Reaktion bevorzugt weitergreift. Es

[1] KLING, W., u. H. MAHL: Melliand Textilber. **32**, 131 (1951); **33**, 32, 328, 829 (1952).

[2] TRIPP, V. W., u. R. GIUFFRIA: Textile Res. J. **24**, 757 (1954).

[3] STAUDINGER, H., u. J. JURISCH: Melliand Textilber. **20**, 693 (1938). — STAUDINGER, M.: Chem. Ztg. **67**, 316 (1943); Makromol. Chem. **7**, 70 (1951). — STAUDINGER, H.: Papier **5**, 438 (1951).

kann an diesen Stellen z. B. relativ rasch zu einer Bildung von Triacetat kommen, welches im polarisierten Licht gut von der noch weitgehend unveränderten Cellulose unterschieden werden kann. Nach Weglösung in Chloroform bleiben Faserbruchstücke, gegebenenfalls ein Haufwerk spindelförmiger Nadeln oder die HESS-SCHULTZEschen „Kristallspindeln"[1] zurück (vgl. Abb. IV, 31a). Auch die Fibrillierung bei der Mahlung geht oft nur bis zur ersten derartigen Zone.

Solche Erscheinungen, die schon früh beobachtet wurden (WIESNER 1886) und denen von SEARLE und KELANEY (1924—1930) erneut Aufmerksamkeit gezollt wurde, werden als Stütze für die bereits diskutierte Lockerstellentheorie (s. S. 147ff.) angesehen und man hat diese teils mit solchen Lockerstellen, Fremdgruppen und teils mit Querelementen in der Faser in Verbindung gebracht. Während SEARLE[2] zeigte, daß die Querspalten vornehmlich an Inhomogenitätsstellen — dislocation marks — (Querstreifen, Verschiebungsstellen, Einschnürungen, Knick- und Knotenstellen) auftreten, wurde zunächst dem Konzept besonderer Hautsysteme und Querelemente (vgl. Abb. IV, 51a—c) der Vorzug gegeben, mit dem man zugleich die Kugelquellung, das Auftreten von Lamellen, Fibrillen und Dermatosomen erklären zu können glaubte. Diese Vorstellung von cellulosefremden Querelementen wurde in der Folgezeit von SCHRAMEK, DOLMETSCH, LÜDTKE u. a.[3] modifiziert und ausgebaut. Eine ausführliche Diskussion dieser um 1940—1945 aufgekommenen Modellvorstellungen findet sich bei HÄGGLUND[4]. Soweit eine substantielle

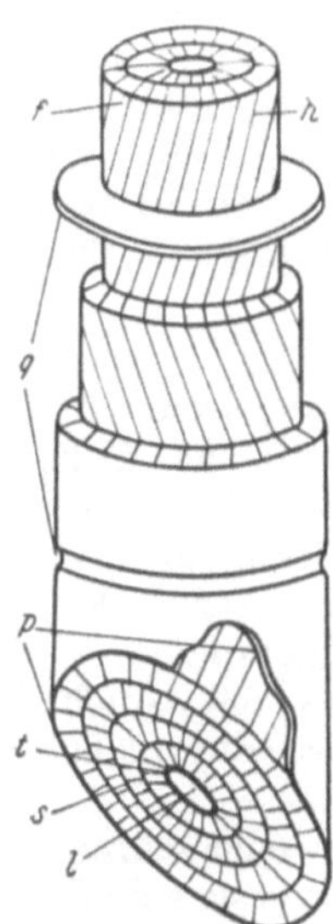

a

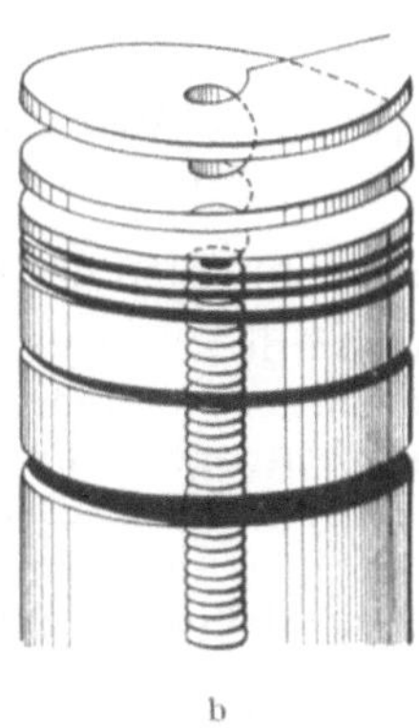

b

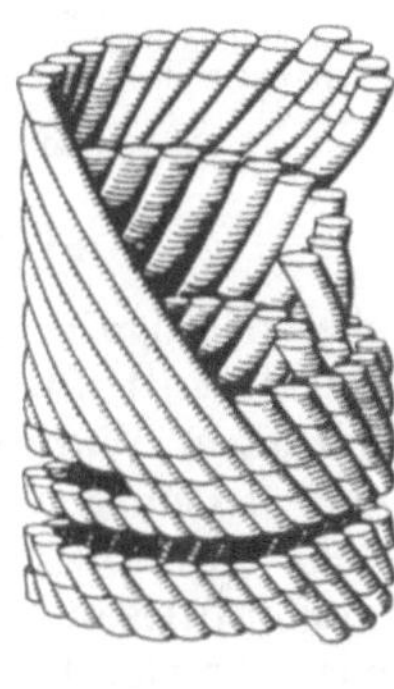

c

Abb. IV, 51a—c. a Faseraufbau nach LÜDTKE. *p* Primärwand, *s* lamellierte Sekundärwand mit *t* Tertiärlamelle, *l* Lumen, *f* Fibrillen, *h* Hauptsystem, *q* Querelemente; b Mittelschicht der Sekundärwand einer Zelle mit den zur Faserachse transversalen Spiralblättern; c Schema des Zerfalls in Cellulosepartikel

Trennschicht vermutet wird, soll es sich um eine hydrophile Zementsubstanz von Pektincharakter oder Holzpolyosen (DOLMETSCH) handeln. Solche Elemente sollen in Form von Spiralblättern, die gegebenenfalls noch unterteilt sein sollten, die Faser durchziehen (Abb. IV, 51b). Nach WIELER umgeben Membranen 1 · 1,6 μ große Cellulosepartikel, die perlschnurartig die Fibrillen und Lamellen aufbauen

[1] HESS, K., u. G. SCHULTZE: Liebigs Ann. **456**, 55 (1927).

[2] SEARLE, G. O.: J. Textile Inst. **15**, T 371 (1924). — KELANEY, M. A., u. G. O. SEARLE: Proc. Roy. Soc. (London) B **106**, 362 (1930).

[3] SCHRAMEK, W.: Holzforsch. **5**, 97 (1951). — DOLMETSCH, H.: Kolloid-Z. **108**, 183 (1944). — DOLMETSCH, H., E. FRANZ u. E. CORRENS: Kolloid-Z. **106**, 176 (1944).

[4] HÄGGLUND, E.: Chemistry of Wood, New York: Acad. Press Inc. 1951.

und den Zerfall in Dermatosomen bzw. "ellipsoidal bodies" verständlich machen sollten. Eine ähnliche Auffassung wird von HALLER[1] vertreten. In einem neueren Konzept diskutiert DOLMETSCH[2] die Möglichkeit der Existenz solcher Lockerstellen und nimmt an, daß diese Zonen sich von den resistenten Bereichen entweder durch geringere Packungsdichte auf Grund anomaler Ausbildung oder durch das Fehlen einer sonst anzunehmenden Vernetzung unterscheiden.

Daß gewisse Ordnungszustände über die ganze Zelle, ja über ganze Gewebsteile sich erstrecken können, zeigt die *Linea lucida* bei den Palisadenzellen der Leguminosensamen. CAVAZZA[3] konnte zeigen, daß diese helle Zone durch eine dichtere Packung der Cellulose hervorgerufen wird.

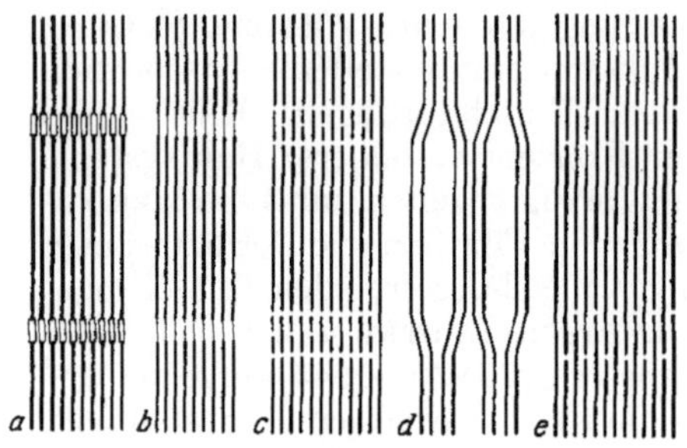

Abb. IV, 52. Schemata zu verschiedenen chemischen und physikalischen Hypothesen zur Struktur der Lockerzonen nach DOLMETSCH (*a*, *b*: Periodische Einfügung abweichend gebauter chem. Bindungen; *c*: Periodischer Einbau leichtlöslicher bzw. niederpolymerer Cellulose oder Begleitsubstanz; *d*: amikroskopische Querzonen nach FREY-WYSSLING [vgl. Abb. IV, 31b]; *e*: periodische Änderung der Packungsdichte)

In keinem der zahlreichen elektronenmikroskopischen Untersuchungen sind je Anhaltspunkte für die Existenz solcher Querelemente oder Hautsysteme gefunden worden. Hingegen sind gewisse geringfügige Deformierungen, wie Stauchungen, Verschiebungsstellen usw., die nach SEARLE, WARDROP und DADSWELL[4] auf Überbeanspruchung beruhen, an der Zellwand schon von HÖHNEL (1884) beobachtet worden. Nach FREY-WYSSLING — der jede Fremdhauttheorie usw. streng ablehnt — sind es die amikroskopischen Inhomogenitäten, die für den Querzerfall verantwortlich sind (vgl. auch Abb. IV, 52).

c) Weitere Diskontinuitäten der Faserstruktur

Neben den ligninreichen Kantenverdickungen in Form von Längsleisten in den Zellzwickeln tritt uns in Gefäßelementen die innere Wandschicht oft nur in Form von spiraligen Wandverdickungen entgegen, die also der Sekundärwand entsprechen. In einigen Fällen erscheint die Verdickung als Tertiärschicht.

Solche einsinnig geschraubten Verstärkungselemente — die eine starke Doppelbrechung aufweisen und offenbar sehr dichte Strukturelemente darstellen — sind besonders für Gefäße, z. B. bei der Linde, typisch (vgl. Abb. IV, 53). Auch die leiterförmigen Durchbrechungen der Tracheen zeigen gleiches physikalisches Verhalten.

Auch an den Tracheiden einiger Nadelhölzer finden sich ring- oder schraubenförmige Wandverstärkungen, so z. B. bei *Pseudotsuga Douglasii*, wo sie eine flachschraubige Windung bilden.

Schließlich müssen in diesem Zusammenhang noch die *Poren* und Öffnungen in der Faser und Gefäßwandung Erwähnung finden, die von innen durch die Sekundär- und Primärwand hindurchgehen und mit einer Öffnung in der Nachbarfaser korrespondieren.

Von besonderem Interesse sind die einfachen und behöften Tüpfel. In den Nadelhölzern spielen die Schließhäute der Hoftüpfel physiologisch und technisch eine wichtige Rolle, weil sie Engpässe für den Wassertransport und Barrieren für die Holzimprägnierung darstellen.

[1] HALLER, R.: Schweiz. Arch. angew. Wiss. Techn. **14**, 365 (1948).
[2] DOLMETSCH, H.: Holz Roh- u. Werkstoff **13**, 85 (1955).
[3] CAVAZZA, L.: Ber. schweiz. bot. Ges. **60**, 596 (1950).
[4] WARDROP, A. B., u. H. E. DADSWELL: Austral. J. Sci. Res. B **5**, 385 (1952).

Im Querschnitt erscheinen die Hoftüpfel als Aussparung bzw. Höhlung zwischen zwei aneinandergrenzenden Faserwänden. Sie besitzen demnach die Gestalt einer bikonvexen Linse, die im Inneren hohl ist und zwei gegenüberliegende Öffnungen aufweist. In der Höhlung (Tüpfelraum) findet sich eine stark verholzte Lamelle *(Torus)*, welche gegenüber den Pori kompakt, an den Randpartien jedoch perforiert ist (BAILEY). Bei einseitigem Druck oder Zug verschließt diese Lamelle die Öffnung, während in der Mittelstellung freie Zirkulation durch Tüpfelöffnungen und die Randperforationen möglich ist (vgl. S. 74ff. u. Abb. III, 29).

Aus den Untersuchungen von LIESE und FAHNENBROCK[1] geht hervor, daß die Cellulosemikrofibrillen im von der Mittelschicht abgehobenen Hofe zirkular verlaufen und daß der Torus an radial verlaufenden Spangen oder „Haltefäden" aufgehängt ist.

Über die Submikroskopie der Durchbrechungen der Tüpfelschließhaut sind zwei Ansichten bekanntgeworden. FREY-WYSSLING[2] und HARADA kommen zum Schluß, daß es sich um ein Ultrafilter handelt (vgl. Abb. IV, 54). Der Torus besitzt eine Textur von parallel angeordneten zirkular verlaufenden Cellulose-

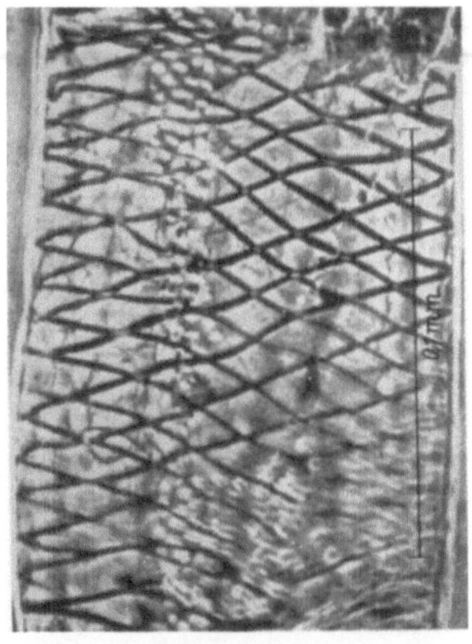

a

b

Abb. IV, 53a, b. a Lindengefäß mit schraubenförmiger Wandverdickung nach BUCHER; b dieselbe Wandverdickung, im polarisierten Licht (TREIBER)

[1] LIESE, W., u. M. HARTMANN-FAHNENBROCK: Biochim. et Biophysica Acta **11**, 190 (1953). — LIESE, W.: Ber. dtsch. bot. Ges. **66**, 203 (1953).

[2] FREY-WYSSLING, A., u. H. H. BOSSHARD: Holz Roh- u. Werkstoff **11**, 417 (1953). — HARADA, H., u. Y. MIYAZAKI: J. Jap. Forestry Soc. **34**, 350 (1952).

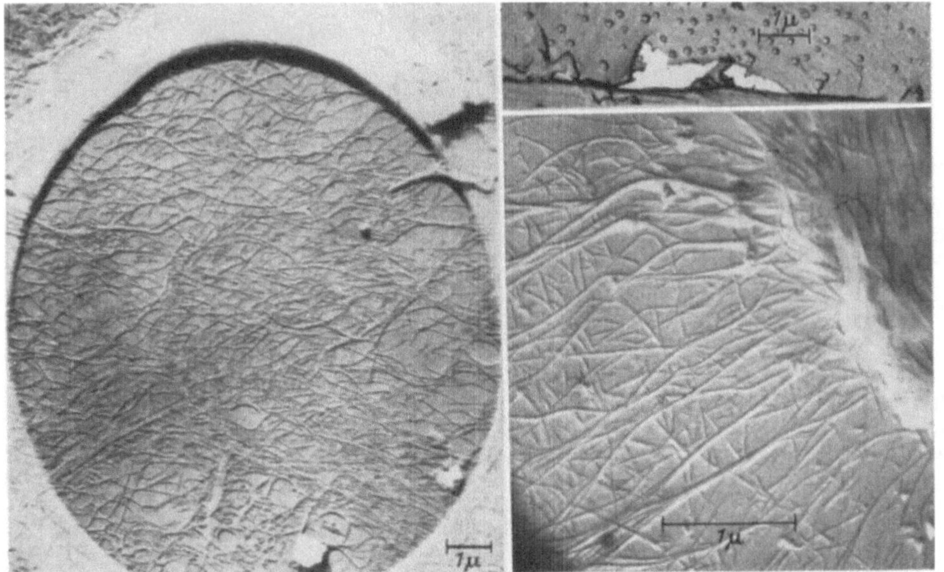

a b c

Abb. IV, 54a–c. a Aufsicht auf einen in Differenzierung begriffenen Hoftüpfel einer Tanne nach FREY-WYSSLING; der Wulst liegt unter der Primärwand; b Flächenschnitt durch einen Hoftüpfel (Tanne) durch die Mittellamelle; Schließhaut gespalten (FREY-WYSSLING); c Warzen an der Tüpfelinnenwand (*Pinus khasya Royle* [FREY-WYSSLING])

mikrofibrillen. LIESE[1] hingegen findet kein aus der Primärwand gebildetes Ultrafilter. An gewissen Pinusarten werden auf der Innenwandung der Hoftüpfel Warzen von etwa 0,04—0,28 μ ⌀ und 0,02—0,20 μ Höhe beobachtet (LIESE, HARADA, FREY-WYSSLING[2]).

Zum Teil scheint allerdings die Gegensätzlichkeit auch auf gewissen Mißverständnissen zu beruhen. Dazu ist anzumerken, daß die Untersuchungen LIESEs sich auf ausgebildete fertige Tüpfel bezogen und nicht auf solche, die in Differenzierung begriffen sind. Außerdem sind die Dimensionsangaben der Poren mißverstanden worden, so daß hinsichtlich der Porengröße keine eklatanten Unstimmigkeiten vorliegen.

Abb. IV, 55. Spätholztüpfel von *Picea excelsa*. Man beachte die unterschiedliche Streichrichtung von Porus-Achse und Tertiärwandfibrillen. (Aufnahme: LIESE)

Neuere Untersuchungen sind nun von FREY-WYSSLING und STEMSRUD veröffentlicht worden[3].

Die Tüpfel entwickeln sich aus den primären Tüpfelfeldern, das sind Öffnungen oder dünne Wandstellen ohne höhere strukturelle Organisationen, die sich auf den Cambialzellen finden. Später entwickeln sich die primären Tüpfelfelder zu größeren runden Öffnungen, deren Rand sich allmählich zum Tüpfelhof erweitert.

Über den Feinbau von Siebröhren und Siebplatten vergleiche PRESTON[4].

d) Spaltsysteme

Zwischen den Micellarsträngen müssen sich, worauf schon FREY-WYSSLING hinwies, submikroskopische Spaltsysteme befinden (vgl. Abb. IV, 32a). Ein solches histologisches System kommunizierender intermicellarer Spalten und gröberer Hohlräume — in welche Inkrusten eingelagert werden — besitzt in biologischer

[1] LIESE, W., u. I. JOHANN: Naturwiss. **41**, 579 (1954).

[2] FREY-WYSSLING, A., K. MÜHLETHALER u. H. H. BOSSHARD: Holz Roh- u. Werkstoff **13**, 245 (1955). — HARADA, H.: J. Japan Wood Res. Soc. **1**, 85 (1955).

[3] FREY-WYSSLING, A., H. H. BOSSHARD u. K. MÜHLETHALER: Planta (Berlin) **47**, 115 (1956). — STEMSRUD, F.: Holzforsch. **10**, 69 (1956).

[4] PRESTON, R. D.: In W. RUHLAND, Handbuch der Pflanzenphysiologie, Bd. 1, S. 730. Berlin-Göttingen-Heidelberg: Springer-Verlag 1955.

(Wasserleitung) wie auch technischer Hinsicht eine besondere Bedeutung; spielen sich in diesen Räumen doch die Lebensprozesse der wachsenden Zellwand ab und sind dieselben Eintrittswege für Farbstoffe sowie zugleich jene Stellen, von denen aus permutoide chemische Reaktionen sich vollziehen. Die Größe dieser Hohlräume — die ihr Entstehen im wesentlichen wohl der Wasserabscheidung bei der Bildung der Cellulose zu verdanken haben — und ihre Form ist durch Edelmetalleinlagerungen (FREY-WYSSLING, MARK, KRATKY, SCHOSSBERGER u. a.) erschlossen worden. Die Größe der intermicellaren Räume wurde übereinstimmend zu 50 bis 130 Å (Ramie ~ 85, Hanf 55—136, Bambus ~ 83[1]) gefunden; für die feinen Spalten werden Werte von ~ 10 Å angenommen. HUNT[2] findet für feine Spalten Durchmesser von ~ 40 Å. FREY-WYSSLING[3] konnte auch zeigen, daß die Kanäle, etwa im Durchschnitt 2500 Å lang, parallel zu den Faserachsen verlaufen, im übrigen jedoch irregulär verteilt sind. Größere Hohlräume, die möglicherweise einem feinen Röhrensystem angehören, konnte RUSKA im Querschnitt eines Baumwollhaares im Elektronenmikroskop sichtbar machen. Diese Deutung wird allerdings sehr angezweifelt. Lediglich an artifizieller Cordseide konnten HERMANS[4], nun auch KASSENBECK, im Querschnitt einwandfrei eine schaumige Rindenschicht im Elektronenmikroskop beobachten.

Von KRATKY[5] wurde darauf hingewiesen, daß die eingelagerten Goldlamellen ihrerseits ein Gerüst bilden — ein „Negativ der Faser" —, welches sich auch zur Bestimmung der Micelldicke eignet. Röntgenkleinwinkeluntersuchungen legten weiters die Annahme nahe, daß eine ganze Größenskala intermicellarer Spalten besteht. Im übrigen betonte aber KRATKY, daß man mit einer Verfälschung der Werte durch Ausweitung der Hohlräume durch die Metallausscheidung rechnen muß. WARDROP[6] hat nunmehr auch im Elektronenmikroskop solche Metallausscheidungen untersucht und gezeigt, daß mit solchen Ausweitungen in der Tat zu rechnen ist. Die Breite der größeren Zwischenräume muß zu ≈ 70 Å angenommen werden. In einer Diskussion über das Eindringen von Thalliumäthylat kommt ASUNMAA zu Werten von 40—60 Å für die Dicke der Thalliumeinlagerung.

Indirekte Rückschlüsse auf das Spaltsystem erlauben u. a. Dichtemessungen. Nach HARLAND, BALLS, DAVIDSON bestehen die Zellwände der Baumwolle zu ≈ 20% aus lufterfüllten Hohlräumen. Neuere Untersuchungen stammen von WAKEHAM[7].

5. Existenz und Bau der Sekundärfibrille (Fila)

Die Annahme, daß native Cellulose fibrillär in der Sekundärwand niedergelegt ist, geht schon auf lichtmikroskopische Beobachtungen von N. GREW (1682) zurück. In der Folgezeit wurden derartige Beobachtungen auch von CRUGER, NÄGELI, WIESNER, REIMERS u. a. gemacht, die jedoch keineswegs ausreichend erscheinen, die Frage zu klären, ob es sich hier um vorgebildete echte Fibrillierungen oder um Artefakte und dergleichen handelt. Fibrillen von ~ 0,1—1,4 μ Dicke treten z. B. bei der Mahlung (Abb. IV, 56b) und Quellung der Fasern zweifelsfrei in Erscheinung (im letzten Falle sind sie für die Streifungen [vgl. Abb. IV, 28 u. 47] verantwortlich), doch darf man nicht vergessen, daß man sich bereits an der Grenze des lichtoptischen Auflösungsvermögens bewegt, vor allem, daß aber nicht erkannt werden kann, ob Fibrillen regelmäßiger Dicke, insbesondere in der unbehandelten Zellwand, vorhanden sind. Im Elektronenmikroskop hat man keine entsprechende periodische Übereinheit gefunden, die die Annahme einer weiteren

---

[1] FREY-WYSSLING, A., K. MÜHLETHALER u. R. W. G. WYCKOFF: Experientia (Basel) **4**, 475 (1948).

[2] HUNT, C. M., R. L. BLAINE u. J. W. ROWEN: Textile Res. J. **20**, 43 (1950).

[3] FREY-WYSSLING, A.: Kolloid-Z. **85**, 148 (1938).

[4] HERMANS, P. H.: Kolloid-Z. **122**, 1 (1951).

[5] KRATKY, O.: Angew. Chem. **53**, 153 (1940).

[6] WARDROP, A. B.: Biochim. et Biophysica Acta **13**, 306 (1954).

[7] WAKEHAM, H.: Textile Res. J. **19**, 595 (1949).

biologischen Übereinheit stützt. Dasselbe gilt auch für die vereinzelt beobachteten größeren Konglomerate, wie Fibrillenbänder, Makrofibrillen und dergleichen. ELÖD traf folgende Einteilung: Makrofibrillen (Durchmesser 15—25 μ), Spindelstellen (5 μ) und Fibrillen ($\approx$ 0,4 μ).

Neuerdings wird jedoch von KLING und MAHL[1] auf Grund von elektronenmikroskopischen Untersuchungen der Baumwolle die Existenz solcher Übereinheiten (d. h. Bündel von Mikrofibrillen mit etwa 0,1—0,2 μ Dicke sowie Gruppen von Fibrillenbündeln, getrennt durch aufgelockerte Stellen im Gefüge, bestehend aus etwa 10—20 Sekundärfibrillen) angenommen. DOLMETSCH[2] erblickt nun im Oberflächenabdruck einer Linterssekundärwand von KINSINGER und HOCK den elektronenmikroskopischen Nachweis der Fibrillenexistenz.

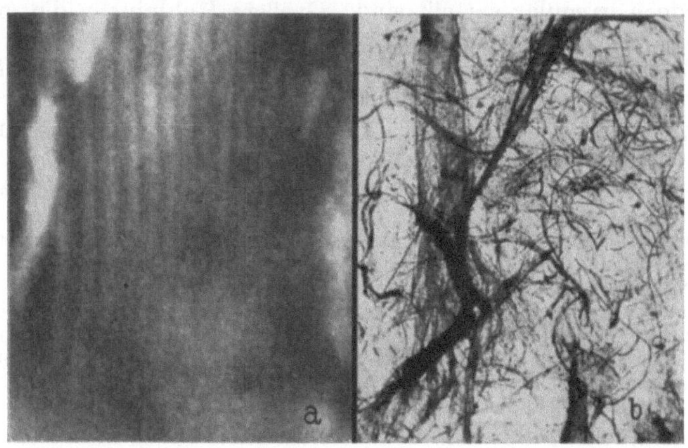

Abb. IV, 56. a Einzelne feine parallellaufende Fibrillen in einer Sekundärwand nach ZIEGENSPECK (Beobachtungen im Lichtmikroskop äußerst stark vergrößert); b Aufspaltung gemahlener Fasern in Fibrillen. (Nach BUCHER)

Die Annahme, daß Bündel aus 15—500 Mikrofibrillen eine neue biologische Übereinheit bilden, vertritt neben HESS[3] nun vor allem mit Nachdruck DOLMETSCH[4]. Durch Behandlung mit heißer Hydrazinlösung gelang es, Fibrillen aus dem Verband zu lösen und die Dicke durch Ausmessen einer großen Anzahl zu bestimmen. Es ergab sich für Baumwolle ein mittlerer Sekundärfibrillendurchmesser von 0,4 μ, für Fichtenzellstoff 0,3 μ, doch erscheint es wahrscheinlich, daß der Durchmesser in der ursprünglichen ungestörten Faser etwas kleiner ist (0,2 bis 0,3 μ). WERGIN[5] fand im UV-Mikroskop 0,2—0,4 μ, KLING und MAHL[1], wie referiert, im Elektronenmikroskop 0,1—0,2 μ.

Da sich für die Dicke der einzelnen Sublamellen der eigentlichen Sekundärwand ähnliche Dimensionen ergaben, ist oft der Schluß gezogen worden, daß diese durch eine einreihige Lage solcher Fibrillen aufgebaut werden und daß die Differenzierung durch mehr oder minder kleine Richtungsänderungen in der Schraubungsrichtung dieser zustande kommt.

Unabhängig von der Frage, ob „Sekundärfibrillen" echte Struktureinheiten sind oder nicht — eine Frage, die heute keineswegs geklärt ist —, kommt ihnen bei

[1] Siehe S. 192, Fußnote 1.
[2] DOLMETSCH, H.: Papier **11**, 52 (1957).
[3] HESS, K.: Kunstseide Zellwolle **28**, 339 (1950).
[4] DOLMETSCH, H.: Melliand Textilber. **36**, 419 (1955).
[5] WERGIN, W.: Ber. dtsch. chem. Ges. **63**, 12 (1950).

der Untersuchung der Zellwände eine hohe Bedeutung zu. Die Streifungen, wie auch die Fila, die in sehr günstigen Fällen lichtmikroskopisch (Abb. IV, 56a) sichtbar sind und auch im Polarisations-, Phasen- und UV-Mikroskop beobachtet werden können, geben — als definierte oder willkürliche Mikrofibrillaggregate — die Orientierung der Micellarstränge und damit auch die der Cellulosekette wieder, gestatten also, die Textur in den pflanzlichen Geweben zu erkennen.

Einen rohen Anhaltspunkt über die Fibrillenorientierung im allgemeinen gibt eine Methode von TREITEL[1], der Schnitte in flüssiger Luft einfriert und im gefrorenen Zustand zerschlägt. An Blattstengeln von *Nymphaea gladstonia* erhält man so irreguläre Bruchstücke, woraus der Autor schließt, daß die Cellulose dort weitgehend ein unorientiertes Netzwerk bildet. Teile eines verholzten Zweiges von *Salix babylonia* lieferten hingegen fasrige Splitter.

6. Die Primärwand

Der Primärwand kommt als äußerster Abschluß der isolierten individuellen Zelle im Hinblick auf das Verhalten derselben gegenüber ihrer Umgebung, insbesondere gegenüber einwirkenden Agenzien, eine besondere Bedeutung zu. Sie widersteht auch weitaus am längsten dem Angriff aller Aufschluß- und Bleichmittel. Selbst Cuoxam löst sie verhältnismäßig sehr langsam. Sie quillt auch nur wenig und wird weder nennenswert gedehnt, noch schrumpft sie durch Delignieren.

Bei der Naßmahlung von Baumwolle werden, schon nach kurzer Behandlung, flächenhafte Fragmente der Primärwand abgeschält, die nach ROLLINS[2] etwas expandieren. Durch Trocknungsvorgänge können Primärwände unter Umständen bis auf $^1/_3$ in der Dicke schrumpfen (PRESTON). Die Analyse solch isolierter Wandfragmente weist niedereren Cellulosegehalt und einen hohen Anteil an Pektin-, Protein- und anderen Substanzen auf (vgl. Tab. IV, 2). In Baumwollprimärwänden findet man $\sim 52\%$ Cellulose (ROLLINS [nach KLING $\sim 10\%$]), in *Avena coleoptilen* $\sim 40\%$ (THIMAN) und im Coniferencambium bloß 25% (ALLSOPP). Der α-Cellulosegehalt bei Mais-Primärwänden beträgt nach FREY-WYSSLING 5—12%.

Untersucht man die Primärwand einer jungen teilungsfähigen Zelle (meristematische Primärwand) mikrochemisch, so kann man keine Cellulose nachweisen[3] (vgl. S. 62, 202). Röntgenographische Aufnahmen von GUNDERMANN, WERGIN und HESS[4] an der in Streckung befindlichen Zelle von *Avena coleoptiles* nach Entfernung der Epidermis zeigten die Faserperiode der Cellulose. Daß nur die Basisebenen zur Reflexion kommen, wurde damit erklärt, daß die Mikrofibrillen aus einer zu geringen Anzahl von Micellen bzw. geordneten Ketten bestehen. Die Flauheit der Röntgendiagramme beruht jedoch möglicherweise auf der geringeren Micellbreite ($\sim$18 Å nach WARDROP[5]) und geringeren Kristallinität, überdeckt durch Begleitstoffe. Nach anderen Interpretationen soll die Cellulose zunächst amorph sein. Nach SISSON[6] ist die Cellulose der Baumwolle nur maskiert und nach Entfernung der Maskierung schon etwa nach dem 5. Entwicklungstage nachweisbar. Nach 16 Tagen ist sie auch mikrochemisch leicht nachweisbar und nach dem 25. Tage findet man bereits eine Achsenorientierung. Nach 30—35 Tagen ist das normale Röntgendiagramm ohne Beschwer erhaltbar. Nach RITTER und HESS tritt die maximale Faserorientierung bei Weißtanne nach dem 10. Tage und bei Buche nach dem 14. Tage der Entwicklung auf. Die Annahme, daß z. B. durch den Einfluß des freiwerdenden Kondenswassers die Kristallisation zunächst stark behindert ist, wirft auch die Frage auf, ob die Feinstruktur frischer pflanzlicher Gewebe identisch ist mit den Resultaten, vorwiegend gewonnen an getrockneten Gewebeteilen. Zur Klärung dieser Fragen untersuchten PRESTON, WARDROP und NICOLAI[7] frische nasse Fäden der Alge *Rhizoclonium* und das Cambialgewebe von *Pinus sylvestris*. In beiden Fällen konnten in den sehr störenden „Wasserhöfen"

[1] TREITEL, O.: J. Colloid Sci. **2**, 237 (1947).
[2] ROLLINS, M. L.: Analyt. Chemistry **26**, 718 (1954).
[3] TUPPER-CAREY, R. M., u. J. H. PRIESTLEY: Proc. Roy. Soc. (London) **1923**, 95. — NICOLAI, E., u. A. FREY-WYSSLING: Protoplasma (Wien) **40**, 401 (1938).
[4] GUNDERMANN, J., W. WERGIN u. K. HESS: Ber. dtsch. chem. Ges. **70**, 517 (1937).
[5] WARDROP, A. B.: Nature (London) **164**, 366 (1949).
[6] SISSON, W. A.: Contrib. Boyce Thompson Inst. **8**, 389 (1937).
[7] PRESTON, R. D., A. B. WARDROP u. E. NICOLAI: Nature (London) **162**, 957 (1948).

einwandfrei Celluloseinterferenzen erkannt werden, die bezüglich ihrer Orientierung mit den Ergebnissen an den klaren Diagrammen der trockenen Proben übereinstimmten.

Selbst extrahierte Primärwände sind gegenüber Hydrolyse widerstandfähiger. Beim Mercerisieren tritt eine starke Schrumpfung auf, besonders nach einer Extraktion von Wachs und Pektin. ROLLINS[1] fand fast 40% Schrumpfung in der Längsdimension und nahezu 60% in der Querrichtung.

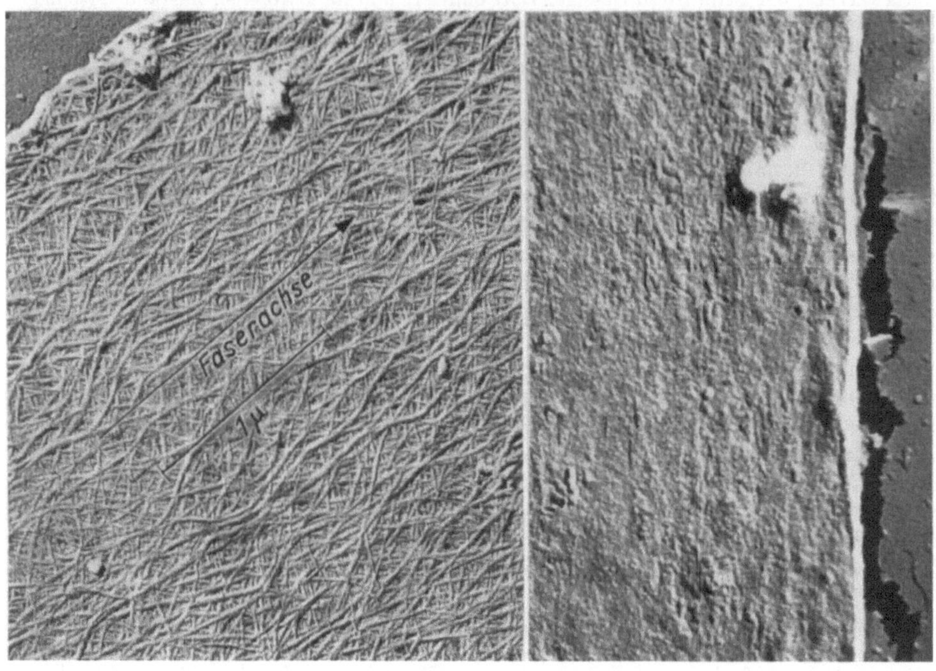

a b

Abb. IV, 57a, b. a Aufnahme einer Baumwollprimärwand, ausgekocht mit 3%iger Kalilauge nach MEIER; b dieselbe Baumwollprimärwand, unbehandelt

Unbehandelte Baumwollprimärwand zeigt an der Oberfläche nach mehreren Beobachtern (MÜHLETHALER, ROLLINS, MEIER, KLING u. a.) keine oder nur eine uncharakteristische Feinstruktur (vgl. Abb. IV, 57b), während nach einer Extraktion oder Warmalkalibehandlung die bekannte Primärwandstruktur hervortritt (Abb. IV, 57a).

Die größere Resistenz der Primärwände hat oft zu Diskussionen geführt, wie weit die Primärwand bei verschiedenen technischen Prozessen angegriffen bzw. zerstört wird. TRIPP[2] nimmt an, daß bei der technischen Alkalibehandlung der Baumwolle die Primärwand kaum entfernt wird (KLING[3] findet bei der Beuche einen starken Angriff); auch die Einwirkung verschiedener Chemikalien (Bleichmittel) wurde untersucht. HALLER und SOOKNE weisen darauf hin, daß die Baumwollprimärwand sehr stark die Oberflächeneigenschaften, die eine Rolle bei der Ausrüstung und Färbung spielen, beeinflußt. JAYME[4] hat diese Frage an Fichtensulfat- und -sulfitzellstoffen studiert. Die Struktur der Faseroberfläche wechselte innerhalb der gleichen Zellstoffprobe stark; in manchen Fällen war die Primärwand gut erkennbar, an anderen Stellen war sie zerstört und zu Sekundärformen zusammengeschoben. Zweifelsfrei

[1] Siehe S. 199, Fußnote 2.
[2] TRIPP, V. W., A. T. MOORE u. M. L. ROLLINS: Textile Res. J. **24**, 956 (1954).
[3] Siehe S. 192, Fußnote 1.
[4] JAYME, G., u. G. HUNGER: Holz Roh- u. Werkstoff **13**, 212 (1955).

hängt die Zerstörung der Primärwand, was auch KASSENBECK betont, stark von den Kochbedingungen ab. Die Delignifizierung der Primärwände bereitet übrigens große Schwierigkeiten[1]. An weichgekochten Zellstoffen ist die Primärwand weitgehend zerstört. JAYME stellte zur Diskussion, ob nicht bei Sulfatzellstoffen ein stärkeres Hervortreten solch sekundärer Aggregationen von Primärwandfragmenten für gewisse reaktive Unterschiede zwischen Sulfit- und Sulfatzellstoffen mitverantwortlich ist.

Die Primärwand im getrockneten Zustand, wie sie im Elektronenmikroskop zur Abbildung kommt, ist etwa 2- bis 3mal so dick als eine Mikrofibrille, d. h. etwa 300 Å. In situ ist durch den beträchtlichen Wassergehalt mit einer Dicke von $\sim 0{,}1\,\mu$ zu rechnen (nach KLING $< 0{,}2\,\mu$). Die Cellulose nimmt einen sehr kleinen Raum davon für sich in Anspruch; bei frischen *Avena coleoptilen* $\sim 14\%$, im Coniferencambium $\sim 8\%$. Wir müssen daher annehmen, daß die Cellulose in

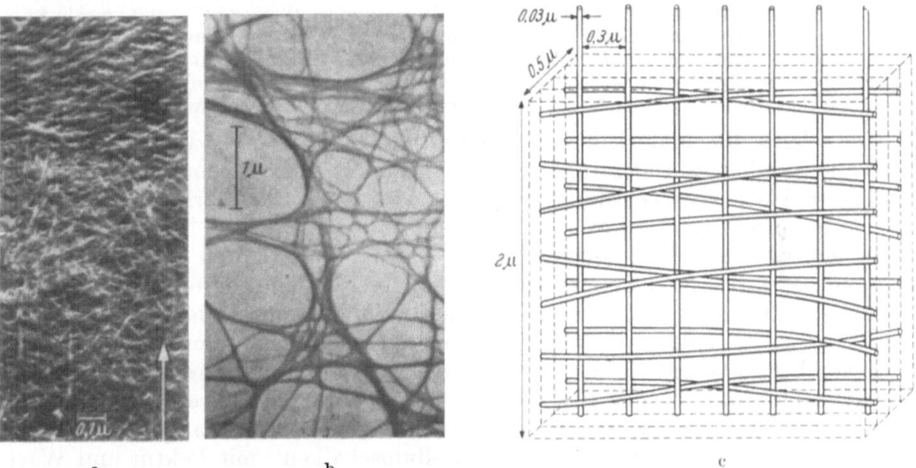

Abb. IV, 58a–c. a Primärwand des Baumwollhaares. Oben innere Seite; unten äußere Seite der Primärwand. Der Pfeil kennzeichnet die Zellachse (in den inneren Schichten ist die Orientierung mehr transversal, in den äußeren stärker axial ["multi-net-growth"]). (Aufnahme: ROELOFSEN). b 8 Tage alte Cellulosemembran nach MÜHLETHALER; c Modell des Cellulosegerüstes einer lebenden Primärzellwand nach FREY-WYSSLING. Die Mikrofibrillen nehmen nur etwa 2,5% des Raumes ein

Form eines dünnen, lockeren Gerüstes vorliegt, eingebettet in einer voluminösen, amorphen Matrix, die aus Pektinen, möglicherweise Proteinen, Wachsen, Cutin bzw. Lignin und unidentifizierten Substanzen besteht (vgl. Abb. IV, 58c).

Die Frage, warum isolierte Mikrofibrillen in der Primärwand auftreten können, im Vergleich zu den verbänderten Aggregaten in der Sekundärwand, wurde von FREY-WYSSLING[2] diskutiert. Die Ursache wird teils in der größeren räumlichen Trennung, teils in der geringeren Kristallinität (34 bis $\sim 60\%$), d. h. dickere Randzone parakristallinen Materials, am Kristallisieren durch Hemicellulosen und Pektin verhindert, gesehen. PRESTON[3] weist hingegen darauf hin, daß die Mikrofibrillen aus zwei Einzelfibrillen bestehen sollen, die miteinander verdrillt sind. Dieser Befund ist schwer aus der Vorstellung heraus, daß die Niederlegung der Fibrillen an einer Cytoplasma-Zellwandgrenzschicht erfolgt, zu verstehen.

Wenn man von niederer Kristallinität und geringerem DP-Grad absieht (vgl. S. 142, 167), so werden nach FREY-WYSSLING die Primärwände von denselben Mikrofibrillen (oder Mikrofibrillbändchen [Zweierbändchen]) aufgebaut wie die

[1] CARPENTER, C. H., u. H. F. LEWIS: Paper Trade J. **99**, 37 (1934). — HARLOW, W. M.: Paper Trade J. **116** (15), 52 (1943); **117** (2), 27 (1943).

[2] FREY-WYSSLING, A.: Science (Lancaster, Pa.) **119**, 80 (1954).

[3] Siehe S. 196, Fußnote 4.

Sekundärwand (vgl. Abb. IV, 58a, b), aber sie sind nicht parallel orientiert, sondern zeigen, wie schon früh aus polarisationsoptischen Untersuchungen von FREY-WYSSLING erschlossen wurde, eine charakteristische *Streuungs*- oder *Röhrentextur*. Dies steht auch in Übereinstimmung mit dem physikalisch-mechanischen Verhalten, d. h. Primärwände sind nicht spaltbar und, wenn Risse entstehen, bilden sie sich meist quer zur Faserrichtung aus[1]. Verschiedene Unterschiede gegenüber der Sekundärwandcellulose, die bereits eingangs erwähnt wurden, insbesondere jedoch die Beobachtung MEIERs[2], daß die Primärwandcellulose pilzresistent ist, wirft aber die Frage auf, ob die Primärwandcellulose mit der Sekundärwandcellulose völlig identisch ist.

Eine mikroskopische Beobachtung der Primärwand ist an jugendlichen Zellquerschnitten leicht; bei Ginsterfasern z. B. soll dieselbe sogar kräftig entwickelt sein. Schwieriger wird die Untersuchung im älteren Stadium, wo sie durch die sekundäre Wandverdickung überdeckt ist. So wird z. B. beim Baumwollhaar etwa ab dem 16. Tag, an dem offenbar das Wachstum der Sekundärwand beginnt, die Primärwandstruktur durch die Sekundärschicht so verdeckt, daß Einzelheiten nur sehr schwer zu beobachten sind[3]. Bei den meisten verholzten Geweben kann sie nur an sehr dünnen Schnitten und häufig erst nach Maceration beobachtet werden[4].

Ein solches Flechtwerk kann nach FREY-WYSSLING[5] nur zustande kommen, wenn alle Fibrillen im wandständigen Cytoplasma gleichzeitig entstehen, wobei die Textur im Plasma vorbestimmt sein muß oder wenn die Fibrillen ein Spitzenwachstum aufweisen. Im letzten Falle könnten sie als „Schuß" zwischen bereits vorhandenen, dem Zettel vergleichbaren Fibrillen eingezogen werden. In den Maschen des zarten, netzartigen Cellulosegerüstes liegen die von HESS und Mitarbeitern[6] näher beschriebenen kristallinen Pflanzenwachseinlagerungen; kurze Wachsketten, die Röntgeninterferenzen, entsprechend einer Periode von 60 und 83 Å, ergeben. Da die Wachse extrem hydrophob, die Celluloseketten dagegen sehr hydrophil sind, können sich beide Membranstoffe nicht direkt berühren. Als Zwischensubstanz werden teils Polypeptidketten, teils Pektine angenommen. Die Anwesenheit bzw. die Maskierung der „Cellulosebalken" mit Pektin und Wachs ist auch der Grund, warum in den Primärwänden Cellulose mikrochemisch nicht unmittelbar nachweisbar ist (Abb. IV, 59, Fig. 4 und 6). Jedoch ist die Cellulose durch ihre Doppelbrechung zu erkennen, da derartige Pektine überhaupt keine Doppelbrechung zeigen und auch die fetten Wachse (kurze Ketten vom Typ $C_nH_{2n+1}CO{-}O{-}C_mH_{2m+1}$; n und m zwischen 24 und 33) in den Radialschnitten ihre Doppelbrechung vermissen lassen[7]. Bei der Baumwolle läßt sich diese Matrize von Wachs und Pektin, in der das Cellulosenetzwerk eingebettet ist, durch eine geeignete Behandlung weglösen, so daß das Celluloseskelet zurückbleibt. Ein solches zusammenhängendes Gebilde aus verwobenen Mikrofibrillen bei Baumwolle konnte auch ELVERS[8] im Elektronenmikroskop nachweisen. Auch Aufnahmen zwischen gekreuzten Nicols an unreifer Baumwollfaser zeigen die netzähnliche Struktur (siehe Abb. IV, 57). Auch WOOD[8] berichtet, daß nach Entfernung von Pektinschichten verwobene Primärwandstrukturen sichtbar werden.

---

[1] FREY-WYSSLING, A., u. K. MÜHLETHALER: Schweiz. Bauztg. **67**, 1 (1949).

[2] MEIER, H.: Holz Roh- u. Werkstoff **13**, 323 (1955).

[3] ROLLINS, L. M.: Textile Res. J. **15**, 65 (1945).

[4] Vgl. H. BUCHER u. L. P. WIDERKEHR-SCHERB: Morphologie und Struktur von Holzfasern. Attisholz 1947.

[5] FREY-WYSSLING, A.: Ber. schweiz. bot. Ges. **59**, 5 (1949). — FREY-WYSSLING, A.: In Fortschritte der Botanik, Bd. XII, von E. GÄUMANN u. O. RENNER. Berlin-Göttingen-Heidelberg: Springer-Verlag 1949.

[6] HESS, K., W. WERGIN u. H. KIESSIG: Planta (Berlin) **33**, 151 (1942).

[7] WUHRMANN-MEYER, K., u. M.: J. wiss. Bot. **87**, 642 (1939).

[8] ELVERS, I.: Sv. bot. Tidskr. **37**, 331 (1943). — WOOD, R. K. S., A. H. GOLD u. T. E. RAWLINS: Amer. J. Bot. **39**, 132 (1952).

Diese Netzstruktur (Flechtwerk), die in den letzten Jahren von vielen Forschern an vielen Fasern (Baumwolle, Flachs, Wurzelmeristem, Holzfasern usw.) untersucht worden ist, ist vielfach eingehend diskutiert worden. Anmerkungsweise sei noch erwähnt, daß auch die Primärwand der Kornwurzelspitze (WHALEY) und der *Valonia* aus einem unregelmäßigen Geflecht besteht[1] und ebenso die Primärwand junger Sporangienträger von *Phycomyces blakesleeanus*, nur daß hier die Cellulose durch Chitin ersetzt ist[2]. Nach TRIPP[3] scheint es sich bei den Primärwänden um einen geschichteten Aufbau zu handeln, wobei entweder die Fibrillen völlig regellos streuen oder eine Vorzugsrichtung von $\sim 70°$ erkennen lassen. An Cambialwänden maß PRESTON[4] 74—90° und bei Markstrahlzellen *(Grevillea robusta)* ergab sich die Vorzugsrichtung zu 80—90°.

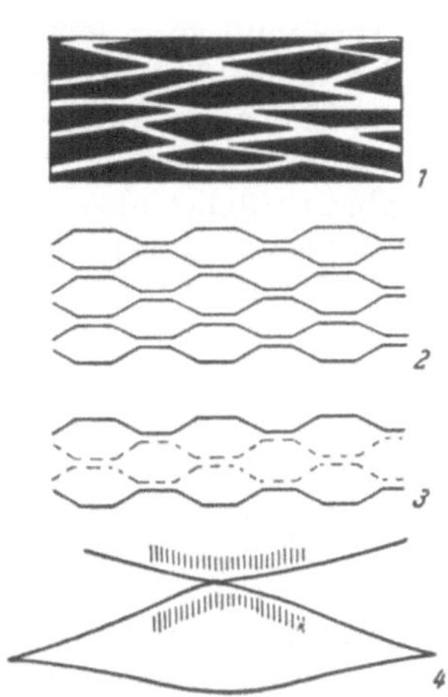

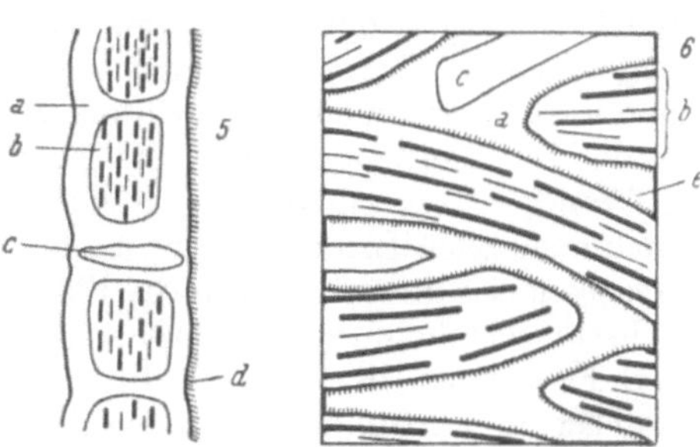

Abb. IV, 59. Schema der Primärwand nach FREY-WYSSLING sowie HESS, WERGIN und KIESSIG. *1* Submikroskopisches Strukturschema der meristematischen Primärwand von prosenchymatischen Zellen. Cellulosegerüst eingebettet in Pektin und Wachs. *2* Micellares Cellulosegerüst, idealisiert als Rautennetz. *3* Intussuszeptionswachstum: nach Lösung der Haftpunkte schieben sich neue Cellulosefäden (— — — —) ein. *4* Maskierung der Cellulosefäden durch kristallines Wachs (|||||||). *5* Querschnitt nach HESS, WERGIN und KIESSIG. *6* Tangentialschnitt nach HESS, WERGIN und KIESSIG. *a* Wachs, *b* Celluloseketten + Pektin, *c* Spaltöffnung, *d* Plasmagrenzschicht, *e* Phosphatidschicht

Nach KLING und MAHL[5] soll es sich bei Baumwolle um zwei Netzsysteme handeln, wobei das äußere mehr längs, das innere mehr transversal orientiert ist ($\sim 80°$). Zur selben Auffassung kommen auch ROLLINS[6], WARDROP[7] und ROELOFSEN. Auch die Aufnahmen von MEIER (Abb. IV, 57a, b) zeigen eine äußere Schicht grober Fibrillen, die bevorzugt axial gerichtet sind, während in den tieferen Schichten eine mehr quergerichtete Netzstruktur beobachtet werden kann. In den Coniferentracheiden ist die Micellorientierung in der Primärwand vorwiegend transversal und unabhängig von der Zellänge[8]. Auch das Primärwandmodell FREY-WYSSLINGs (Abb. IV, 58c) ist kritisch beleuchtet worden. Es gibt Stimmen, die eine richtige Verflechtung ablehnen und die Bilder als eine Projektion von 3 Mikrofibrillschichten — entsprechend der Primärwanddicke — ansehen, die sich nicht gegenseitig verweben. In den Schichten sollen die Fibrillen in variierenden, bevorzugt flach verlaufenden Spiralen angeordnet sein.

---

[1] STEWARD, F. C., u. K. MÜHLETHALER: Ann. of Bot. **17**, 295 (1953).
[2] FREY-WYSSLING, A., u. K. MÜHLETHALER: Vjschr. naturforsch. Ges. Zürich **95**, 45 (1950).
[3] TRIPP, V. W., A. T. MOORE u. M. L. ROLLINS: Textile Res. J. **21**, 886 (1951).
[4] PRESTON, R. D., u. A. B. WARDROP: Biochim. et Biophysica Acta **3**, 549 (1949).
[5] Siehe S. 192, Fußnote 1.
[6] ROLLINS, M. L., u. V. W. TRIPP: Textile Res. J. **24**, 345 (1954).
[7] WARDROP, A. B.: Holzforsch. 8, 12 (1954).
[8] PRESTON, R. D.: Proc. Roy. Soc. (London) (B) **134**, 202 (1947). — PRESTON, R. D., u. A. B. WARDROP: Biochim. et Biophysica Acta **3**, 549 (1949).

Das Wachstum der Primärwand

Die Zellstreckung oder das Streckungswachstum, jene Wachstumsperiode, während der die meristematischen Zellen ihre Längen in kurzer Zeit vervielfachen, bevor sie in den Dauerzustand übergehen, geht nun keineswegs auf eine passive Dehnung durch die Spannung des lebenden Inhalts durch Wasseraufnahme zurück. Ein elastisches Nachgeben ist höchstens als erster Schritt anzunehmen. Welche Leistungen die einzelnen Pflanzen während dieses Streckungswachstums vollbringen, zeigen einige Zahlen: So wächst die Coleoptile von *Avena sativa* um 3,7 cm je Tag und die Roggenfilamente um 2,2 mm in der Minute. Es wird vielmehr nach FREY-WYSSLING und Mitarbeitern[1] das Flechtwerk lokal gelockert (vgl. auch MÜHLETHALER[2]), und neu entstandene Mikrofibrillen schieben sich ein. Die „Erweichung" der Wand, die Texturauflockerung, wird indirekt hormonal durch Wuchsstoffe geregelt. Die Primärwand ist ohne Zweifel in diesem Stadium ein lebender Teil der Zelle, durchsetzt vom Cytoplasma. Dies muß vor allem angenommen werden, wenn eine Verdrillung von Mikrofibrillen tatsächlich existiert.

Nach der Intussuszeption wird die Plastifizierung, zum Teil auch Auflösung gewisser Wandpartien, rückgängig gemacht, und die Membran verfestigt sich, worauf sich neue plastifizierte Felder ausbilden. Die Membran wächst also nicht als Ganzes, sondern mosaikartig in die Fläche, wodurch sich bisher schwer erklärbare Wachstumserscheinungen verstehen lassen[3]. In verschiedenen fadenförmigen Algen und Faserzellen der höheren Pflanzen muß aber mit einem bevorzugten Spitzenwachstum gerechnet werden (vgl. auch S. 63).

Schon vor den überzeugenden elektronenmikroskopischen Aufnahmen von MÜHLETHALER hat 1936 FREY-WYSSLING ein nunmehr weitgehend verifiziertes anschauliches Schema des Flächenwachstums primärer Zellwände gegeben: Bei dem Intussuszeptionsvorgang werden — da sich der Charakter der Doppelbrechung nicht ändert — die sicherlich festen Haftpunkte eines netzförmigen Cellulosegerüstes, welches man schematisch als Rautennetz idealisieren könnte (Abb. IV, 59, Fig. 2), gelöst, so daß eine Erweichung der Primärwand eintritt. Durch diese stark aufgelockerte plastifizierte Textur kann durch den Turgordruck die Fläche nunmehr vergrößert werden, worauf sich neue Fäden einschieben (Abb. IV, 59, Fig. 3). Die vornehmlich quer verlaufenden Fibrillen behindern als Hauptvalenzketten eine stärkere Querdehnung, wodurch sich die als Streckungswachstum gekennzeichnete längsgerichtete Flächenvergrößerung ergibt (z. B. Roggenstaubfäden vor der Zellstreckung: Länge 3,1 mm, Dicke 112 μ; nach der Zellstreckung: Länge 15 mm, Dicke 103 μ; die Wurzelenden von *Triticum vulgare* verlängern sich um das Zwanzigfache, die Epidermiszellen der Hafercoleoptilen um das Hundertfache und das Baumwollsamenhaar innerhalb 15 Tagen um das rund Tausendfache). Nach der Intussuszeption werden die Haftkräfte an den Berührungspunkten wieder verstärkt und die Membran verfestigt sich. Die Haftkräfte werden als Dipolkräfte von der Art der Sekundär- oder Restvalenzen aufgefaßt. Ihre Stärke ist abhängig von der Hydratisierung der heteropolaren Gruppen und das beim Wachstumsprozeß geschilderte Lösen und Wiederverfestigen scheint eine Folge des jeweiligen Hydratationszustandes zu sein[4].

[1] FREY-WYSSLING, A.: Vakol. biolog. (Nd) **27**, 89 (1947); Vjschr. naturforsch. Ges. Zürich **93**, 24 (1948); Submicroscopic Morphology of Protoplasm and its Derivatives. New York 1948; Ber. schweiz bot. Ges. **59**, 5 (1949); Fortschritte der Botanik, Bd. XII von E. GÄUMANN u. O. RENNER. Berlin-Göttingen-Heidelberg: Springer-Verlag 1949.

[2] MÜHLETHALER, K.: Biochim. et Biophysica Acta (1949).

[3] STECHER, H.: Mikroskopie (Wien) **7**, 30 (1952). — FREY-WYSSLING, A.: Ber. schweiz. bot. Ges. **59**, 5 (1949). — FREY-WYSSLING, A.: In Fortschritte der Botanik, Bd. XII von E. GÄUMANN u. O. RENNER. Berlin-Göttingen-Heidelberg: Springer-Verlag.

[4] Vgl. FREY-WYSSLING, A.: Protoplasma (Wien) **25**, 262 (1936). — HEYN, A. N. J.: Diss. Utrecht. — SÖDING, H.: J. wiss. Bot. **74**, 127 (1931). — ZOLLIKOFER, C.: Ber. dtsch. bot. Ges. **53**, 152 (1931).

HOUWINK und ROELOFSEN[1] veröffentlichten eine weitere Arbeit über das Flächenwachstum von Baumwollhaaren, Wurzelhaaren von *Zea mays* und Sternhaaren von *Juncus effusus*. Die Zellwanddicke blieb während der Streckung konstant und die ursprüngliche Fibrillenanordnung ungestört, wenn das Wachstum nach allen Richtungen gleichmäßig erfolgte. Sobald aber eine Richtung zu überwiegen beginnt, erfolgt eine Umorientierung. Ein günstiges Beobachtungsobjekt ist die Internodialzelle von *Nitella axillaris*. GREEN[2] beobachtete eine Verschiebung von Markierungspunkten längs einer Schraubenlinie beim Streckungswachstum. WARDROP[3] untersuchte Zellstreckungen in xylematischen Zellen von *Pinus radiata*, *Eucalyptus elaeophora* und *Ulmus sp.* In den Zellspitzen scheinen die Mikrofibrillen in der Wachstumsrichtung orientiert zu sein. Die aufgelockerten Wandgebiete werden teils als Wachstumsbezirke, teils als Anlagen sich ausbildender Tüpfelfelder gedeutet.

Neue Einblicke kann möglicherweise das Studium der abnormalen Zellstreckung durch Phenylborsäure[4] bringen. Die Verfestigung und Stabilisierung des Netzwerkes, welches offenbar ein begrenzender Faktor der Zellstreckung ist, kommt wohl dadurch zustande, daß die einzelnen Polysaccharidketten sich allmählich durch H-Brücken und VAN DER WAALSche Kräfte zusammenschließen. Dies kann nun offenbar durch Komplexbildung zwischen der Arylborsäure und einem „Polyalkohol" verhindert werden, solange, bis sich der Komplex an einem Punkt längs der Kette wieder auflöst.

Die Membran stellt ihr Flächenwachstum ein, wenn die äußeren und die im Plasma liegenden Bedingungen die erforderlichen Voraussetzungen nicht mehr erfüllen. Es wäre auch denkbar, daß die Struktur der Wand sich so weit verändert hat, daß eine weitere Neueinlagerung von Wandteilen nicht mehr möglich ist bzw. intermicellare Einlagerungen von Lignin usw. den weiteren Einbau von Cellulosemicellen hemmen.

7. Die Sekundärwand

Die Sekundärwand verdankt ihr Entstehen dem Dickenwachstum. Die Frage, ob das Dickenwachstum ein Appositions- (VON MOHL) oder Intussuszeptionswachstum ist, scheint wohl zugunsten der ersten Auffassung, d. h. einer Ablagerung von der Plasmaseite her, entschieden zu sein.

Wie bereits erwähnt, wird die Cellulose in Form paralleler Mikrofibrillen in Form einer dichten Faser-, faserähnlichen oder Schraubentextur niedergelegt.

Normalerweise besitzt diese Celluloseablagerung einen wesentlich höheren Cellulosegehalt als ihr Vorläufer, die Primärwand und ist im großen und ganzen im Gegensatz zu dieser zu einem weiteren Wachstum nicht fähig. Die Dicke variiert beträchtlich bei den verschiedenen Zelltypen. In parenchymatischen Zellen ist die Sekundärwand meist recht dünn. In Tracheiden ist sie gewöhnlich etwa 5 μ dick. MÜHLSTEPH hat die Fasern nach dem Verhältnis der Zellwanddicke zum Gesamtquerschnitt eingeteilt; in die Gruppe IV mit mächtiger Sekundärwand fallen z. B. Mangrovenfasern der Art: *Rhizophora apiculata* und *Bruguiera gymnorrhiza*.

a) Untersuchungsmethoden

Zur Bestimmung der Micellorientierung in Zellwänden haben röntgenoptische Methoden viel beigetragen. Die Übereinstimmung der Orientierung mit der Sichellänge am Diagramm geht aus Abb. IV, 28 hervor. Zur quantitativen Bestimmung ist die Kenntnis der Schwärzungsverteilung entlang dem Interferenzkreis, unter Abtrennung der Untergrundschwärzung, notwendig. Die einfachste Kennzeichnung des Präparates kann durch die Halbwertsbreite α_h

---

[1] HOUWINK, A. L., u. P. A. ROELOFSEN: Acta bot. neer. **3**, 385 (1954).
[2] GREEN, P. B.: Amer. J. Bot. **41**, 403 (1954).
[3] WARDROP, A. B.: Austral. J. Bot. **2**, 165 (1954).
[4] TORSSELL, K.: Svensk. Kem. Tidskr. **69**, 34 (1957).

der Interferenz erfolgen. Über weitere Möglichkeiten vergleiche KRATKY[1]. Nicht übersehen darf man allerdings dabei den Umstand, daß die Orientierung über ein größeres Volumelement gemessen wird, in der Regel $\sim 0{,}2\ mm^3$. Auch die Röntgenkleinwinkelstreuung kann zur Kristallitorientierungsbestimmung herangezogen werden, wie HEYN[2] zeigte (Abb. IV, 60). Eine ausführliche Interpretation ist von KRATKY[1] gegeben worden.

Auch die Doppelbrechung vermag über die Orientierung der Kettenmoleküle Aufschluß zu geben. Sie ergänzt die Röntgenmethode insofern, als sie bei Stoffen mit großer Eigendoppelbrechung schon sehr geringe Orientierungen messend verfolgen läßt. Ferner erfaßt sie

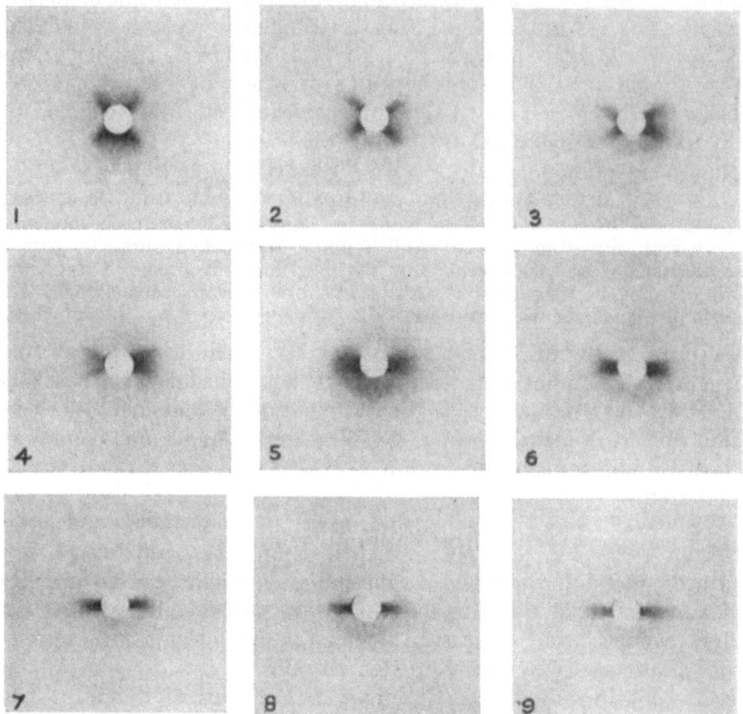

Abb. IV, 60. Kleinwinkeldiagramm von nativen Cellulosefasern nach A. N. J. HEYN. *1* Cocosfaser; *2 Agave lophantha*; *3* Tampicofaser; *4* mexikanische Blattfaser (*Agave fourcroydes*); *5* afrikanische Bogensehne (*Sansevieria guinensis*); *6* Sisalhanf; *7* Yuccafaser; *8* Manilahanf; *9* Ananasfaser

auch die Ausrichtung der Ketten in den nichtkristallinen Bereichen. Ihr großer Mangel liegt jedoch darin, daß sie nicht die Winkelverteilung der Moleküle, sondern nur eine mittlere Orientierung liefert. Während man bei der Röntgenmethode aus der Intensitätsverteilung direkt die Verteilung der Micellen auf die einzelnen Richtungen, also wirklich die *Verteilungsfunktion*, bestimmen kann, ist etwas Analoges bei der Doppelbrechung und auch beim Dichroismus im UR und UV nicht möglich.

LOEB und WELO[3] haben auch untersucht, welcher Zusammenhang zwischen der magnetischen Anisotropie und dem röntgenoptisch bestimmten Orientierungsgrad besteht.

Weitere Bestimmungen läßt natürlich die Elektronenmikroskopie zu. Hier ist die Methode im wesentlichen durch die Präparationstechnik begrenzt.

b) Bau der Sekundärwand (allgemein)

Wie schon erwähnt, werden in den Zellwänden höherer Pflanzen vorzugsweise 3 Schichten in der Sekundärwand beobachtet, die sich physikalisch, färbemäßig

[1] KRATKY, O.: In H. A. STUART, Die Physik der Hochpolymeren, Bd. 3. Berlin-Göttingen-Heidelberg: Springer-Verlag 1955.

[2] HEYN, A. N. J.: Textile Res. J. **19**, 163 (1949); J. Amer. Chem. Soc. **70**, 3138 (1948).

[3] LOEB, L., u. L. A. WELO: Textile Res. J. **28**, 251 (1953).

und chemisch unterscheiden können. Es sind dies die äußere Schicht der Sekundärwand, die *Übergangslamelle* (winding layer), die *eigentliche Sekundärwand* (Mittelschicht) und die Tertiärlamelle (S_1, S_2 und S_3). MEIER[1] weist mit Recht darauf hin, daß sowohl die Übergangslamelle wie auch Tertiärwand mehr den Charakter eigener Strukturelemente haben, bzw. daß die Übergangslamelle eher zur Primärwand als zur Sekundärwand zu zählen sei.

c) Die Übergangslamelle

Verschiedene neuere Untersuchungen haben es wahrscheinlich gemacht, daß die Übergangslamelle, zumindest in gewissen Fällen, eine gekreuzte Fibrillenstruktur besitzt (z. B. Birkenfaser[1]). EMERTON[2] findet auch bei Coniferentracheiden in der Außenschicht der Sekundärwand eine gekreuzte Fibrillenstruktur (vgl. ferner auch WARDROP[3, 4], BOSSHARD[5], ROLLINS[6]). Die fibrilläre Struktur ist bedeutend dichter als in der Sekundärwand und die Vorzugsrichtung — z. B. bei *Pseudotsuga douglasii* und *Pinus radiata* — ist mehr transversal (47—75°) im Vergleich zur Mittelschicht (13—40°). Mit wachsender Länge der Tracheiden wird die Micellspirale steiler[7] (zur Bezeichnungsweise vgl. auch Abb. IV, 66a).

Abb. IV, 61. Äußere Schicht der Sekundärwand, bestehend aus einem Spiralband mit 3 Fäden

Für die Dicke der Übergangslamelle wird bei Holzfasern ein Wert von $\sim 0{,}2\,\mu$ angegeben (MEIER). Nach WARDROP[4] $\sim 0{,}5\,\mu$ in Angiospermen und $< 1\,\mu$ in Gymnospermen.

Die Übergangslamelle bei der Baumwollfaser ("winding layer" nach HOCK) besteht aus einer Schicht von Fibrillenbündeln, die unter einem Winkel von $\approx$ 20—30° die Faser umwinden. In manchen Fällen scheinen auch die Fibrillen Bänder zu bilden, die die Faser umwickeln. DOLMETSCH vermeinte solche Bänder, die aus 3 „Fäden“ bestehen, die durch eine Art „Haut“ verbunden sind, beobachten zu können (vgl. Abb. IV, 61). In dieser Haut sollen die Tüpfelöffnungen sitzen, eine Vorstellung, die *nicht* aufrecht zu halten ist. Bei Baumwolle ist die Übergangslamelle von ROLLINS näher studiert worden[6]. Neben dichten Bändern konnten auch verwebte Fibrillenbündel beobachtet werden. Chemisch konnten keine Fremdstoffe usw. nachgewiesen werden, trotzdem zeigte es sich, daß diese Schicht recht resistent ist. Es wird der Schluß gezogen, daß die anders geartete Reaktionsweise vielleicht durch große mechanische Spannungen zustande kommt. In Holzfasern ist die Übergangslamelle stark mit Lignin inkrustiert. Auch für die Kugelquellung scheint sie eine große Bedeutung zu besitzen.

An Birke fand MEIER[1], daß die Mikrofibrillen in der Übergangslamelle zwei Vorzugsrichtungen besitzen, von je etwa 40—55° zur Faserachse, wobei eine Richtung bevorzugt sein kann. An Fichtentracheiden scheint der Winkel > 50° zu sein.

Nach WARDROP[4] wird die Übergangslamelle aus zwei bis drei Sublamellen aufgebaut. An Eukalyptus konnte Autor seitlich assoziierte, grobe Mikrofibrillenbündel sichtbar machen (Abb. IV, 62a), begleitet von einer schwach ausgebildeten,

---

[1] Siehe S. 202, Fußnote 2.
[2] EMERTON, H. W.: Zit. in Paper Maker **131**, 159 (1956).
[3] Siehe S. 203, Fußnote 7.
[4] WARDROP, A. B.: Austral. J. Bot. **2**, 154 (1954).
[5] BOSSHARD, H. H.: Ber. schweiz. bot. Ges. **62**, 482 (1952).
[6] Siehe S. 203, Fußnote 6.
[7] PRESTON, R. D., u. A. B. WARDROP: Biochim. et Biophysica Acta **3**, 585 (1949).

Abb. IV, 62a. Übergangslamelle einer Eukalyptusfaser nach WARDROP (*Eucalyptus elaeophora*)

gekreuzten Struktur. Deutlich tritt die gekreuzte Struktur bei der Ulme hervor. In den Kanten der Holzfasern zwischen Übergangslamelle und Mittelschicht, liegen nach EMERTON achsenparallele Fibrillenbündel (Abb. IV, 66a)[1].

An Holzfasern wird im allg. eine flache Z-Schraubung beobachtet; im Druckholz liegen die Fibrillen nahezu senkrecht zur Faserachse.

Die Differenzierung in die drei Sekundärwandschichten S_1 bis S_3 kann auch an Bastfasern beobachtet werden und von ROELOFSEN[2] wurde die Vorzugsrichtung der drei Wandschichten bestimmt (vgl. Abb. IV, 64b—d).

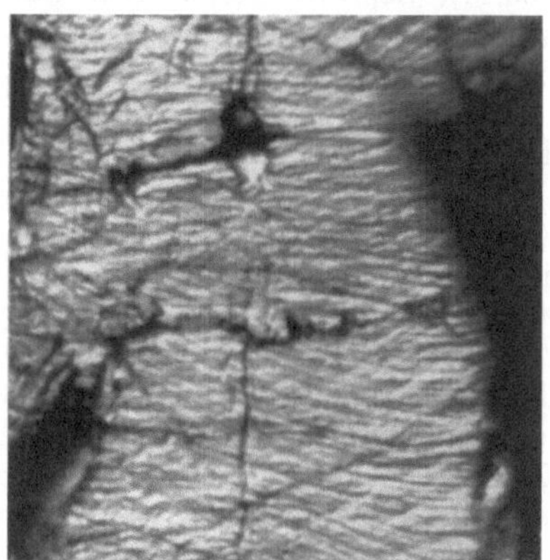

Abb. IV, 62b. Teil einer Übergangslamelle von *Pinus caribea* nach EMERTON

d) Feinbau der eigentlichen Sekundärwand (Zentralschicht)

Von allen Zellwandschichten ist der Bau der Zentralschicht — etwa 1 bis über 10 μ dick — am besten bekannt. Hier ist der Hauptteil der Cellulose in dichten parallelen Strukturen niedergelegt (Abb. IV, 63). Die Niederlage erfolgt wahrscheinlich in Lamellen, doch dürfte die Anlagerung sehr homogen sein, da deutliche Lamellierung selten beobachtet wird (vgl. auch S. 190). Die Fibrillenrichtung kann völlig parallel zur Faserachse verlaufen (Fasertextur) oder um diese sich herumschrauben (Schraubentextur).

Tabelle IV, 14a

Faser	Steigungswinkel α
Mauritiushanf	22,5°
Sisal	23,1°
Manilahanf	19,1°
Neuseeld. Flachs	11,1°

Blatt- und Bastfasern haben meist ziemlich achsenparallel angeordnete Fibrillen, d. h. die Steigungswinkel sind klein, wie Tab. IV, 14 zeigt[3].

Blattfaserzellen zeigen merkbare Variationen in den Dimensionen und der Orientierung; längere Zellen haben kleinere Durchmesser und steilere Fibrillspiralen als kürzere. Phloëm-

[1] Nach HUNGER liegen diese Bündel zwischen P und S_1 und dürften P zugehörig sein. Bei der Kugelquellung bilden diese die flachschraubigen Bänder um die Ballons (?).

[2] ROELOFSEN, P. A.: Textile Res. J. **21**, 412 (1951).

[3] STERN, F., u. H. P. STOUT: J. Textile Inst. **45**, T 896 (1954).

zellen haben unterschiedliche Dimensionen und Orientierungen, je nachdem, ob es sich um solche primären oder sekundären Ursprungs handelt. Primäre Zellen sind länger und breiter und die Fibrillen liegen mehr achsenparallel. Es scheint, daß die Windungszahl pro Längeneinheit nicht sehr differiert.

Agavenfasern zeigen nach HEYN[1] 18—35°, bei *Sanseviera guinensis*, der afrikanischen Bogensehne, ergab sich ein Wert von ~ 10° für den Steigungswinkel.

a 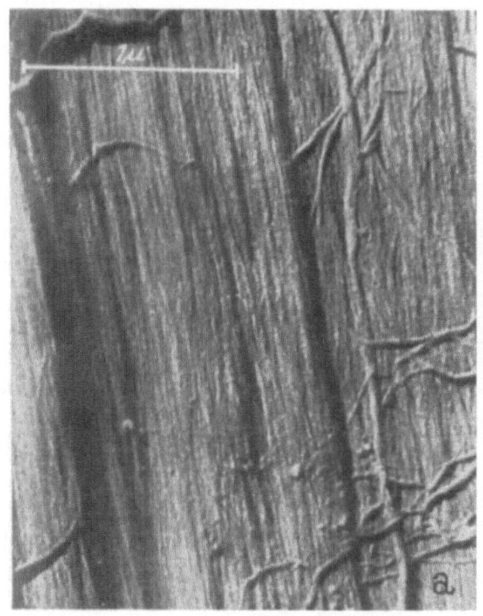

 b

Abb. IV, 63 a, b. Elektronenmikroskopische Aufnahme von Sekundärwänden. a *Pseudotsuga taxifolia*, Teil der Sekundärwand nach HODGE und WARDROP. b Ausschnitt aus der Zellwand der *Valonia ventricosa* nach PRESTON

Die Ramiefaser zeigt zufolge kräftigerer Strukturausbildung viele charakteristische Erscheinungen besser. Man sieht sehr deutlich die spiralige Anordnung der Fibrillen in den äußersten Wandschichten. Die Fibrillarreihen im Inneren sind ziemlich achsenparallel geordnet; der mittlere Neigungswinkel der Schraubung mit der Längsachse ist kleiner als 12° (nach SEN und WOODS ~ 7°).

Eine ausgesprochene Faserstruktur wurde im Wollgras gefunden.

Ähnliche Verhältnisse ergeben sich bei den übrigen Bastfasern. Auf Grund der Neigungswinkel kann man nach REIMERS die Bastfasern in drei Gruppen einteilen: „Hanf"-Faser-, „Nessel"-Faser- und „Flachs"-Fasergruppe. An Hanf wurde der mittlere Steigungswinkel zu ~ 2° und an Flachs zu ~ 12° gefunden[2]. Die Fibrillen der äußeren und inneren Schicht verlaufen gegensinnig (vgl. Abb. IV, 64). Ähnliche Verhältnisse fand ULLRICH[3] bei *Asclepias* und *Apocynum*.

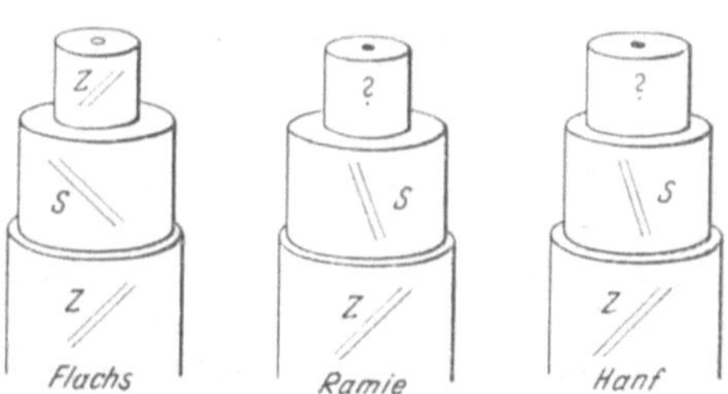

Abb. IV, 64. Schematische Darstellung der Spiralstruktur in verschiedenen Schichten von Flachs, Ramie und Hanf

[1] Siehe S. 206, Fußnote 2.

[2] ROLLINS, L. M.: Textile Res. J. **15**, 65 (1945). — NODDER, C. R.: J. Textile Inst. **13**, 161 (1922). — ANDERSON, D. B.: Amer. J. Bot. **14**, 187 (1927). — PRESTON, R. D.: Proc. Roy. Soc. (London) (B) **130**, 130 (1941). — CHAKRABARTI, B. K., u. C. R. NODDER: Nature (London) **163**, 19 (1949). — TURNER, A. J.: J. Textile Inst. **40**, 857, 972 (1949).

[3] ULLRICH, J.: Ber. dtsch. bot. Ges. **63**, 100 (1950).

In einer Untersuchung von PRESTON und SINGH[1] wurde die Feinstruktur verschiedener Bambusfasern eingehend studiert. Auch hier findet sich eine viellagige Sekundärwand. In der dünnen Außenschicht liegen die Fibrillen mit einem Steigungswinkel von etwa 35°. In den inneren Lagen der Mittelschicht nimmt der Winkel von 20° bis auf 10° ab. Diese Lagen sind durch dickere Fibrillen mit einem Spiralwinkel von 5—6° getrennt. Diese Durchschnittswerte der Winkel variieren (wie bei Baumwolle, Sisal, den Tracheiden usw.) mit der Zellänge, und zwar so, daß längere Zellen steilere Spiralen besitzen. An Sisalfasern wurde eine dünne, äußere Schicht (Übergangslamelle) von Fibrillen gefunden, die anders orientiert ist als die Hauptmasse in der Zellwand[2]. In der Übergangslamelle beträgt der Winkel 50°, in der Mittelschicht ~ 20°.

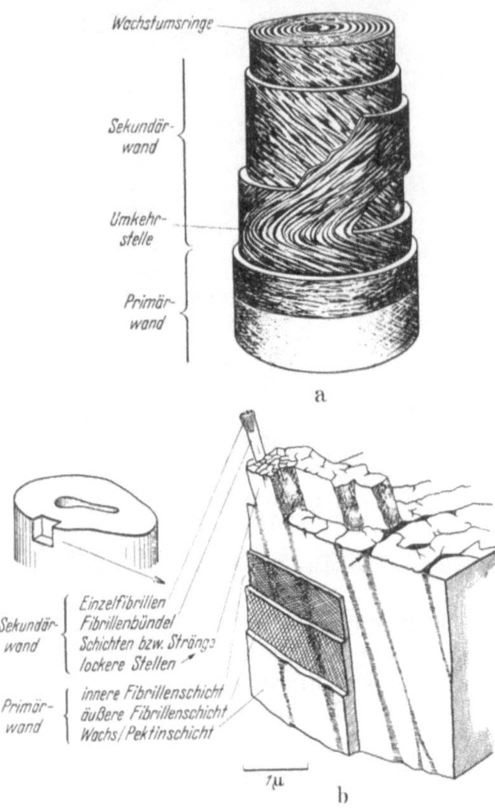

Abb. IV, 65. Modell der Baumwollfaser, a älteres Modell nach ANDERSON und KERR; b neues Modell nach KLING und MAHL

Das Mark von *Clematis* zeigt eine spiralige Streifung von 45—50°[3]. SCHURZ[4] bestimmte an *Clematis vitalba*-Bastfasern den Winkel zu 47—48°, ein für Bastfasern ziemlich hoher Wert.

Cocosfasern zeigen einen Spiralwinkel von 45°. Im Stengel der Jerichorose verlaufen die Fibrillen in extrem flachen Spiralen[3].

Besonders eingehend ist die *Baumwolle* untersucht worden. Die Fibrillen sind in den Lamellen schraubenförmig angeordnet, wobei der Windungssinn von Lamelle zu Lamelle wechseln soll. Aber auch innerhalb der einzelnen Lamellen selbst sollen Umkehrungen beobachtbar sein (vgl. Abb. IV, 65a). Nach HOCK und Mitarbeiter[5] tritt an jeder Umkehrstelle in allen Lagen der Sekundärwand eine korrespondierende Umkehr, aber in entgegengesetzter Richtung auf. Es wurde auch versucht, eine Relation zwischen der Spiralrichtung und der Tordierung der Baumwollfaser aufzustellen. Der mittlere Steigungswinkel wird aus röntgenoptischen Daten zu 57/2, d. i. $< 30°$ gefunden (Abb. IV, 28). Die Orientierung von reifer und unreifer Baumwolle ist verschieden[6]. Nach anderen Angaben findet sich in der Baumwolle ein mehr axial und ein tangential (Übergangslamelle) orientiertes Fibrillensystem. Die Annahme steht keineswegs im Widerspruch zu den

[1] PRESTON, R. D., u. K. SINGH: J. of Exper. Bot. **1**, 214 (1950).
[2] PRESTON, R. D., u. M. MIDDLEBROOK: J. Textile Inst. **40**, T 715 (1949).
[3] Vgl. H. W. GONELL u. O. KRATKY: Im Handbuch der physikalisch-technischen Mechanik IV/2, von F. AUERBACH u. W. HORT. Leipzig 1931.
[4] SCHURZ, J.: Naturwiss. **41**, 363 (1954).
[5] HOCK, C. W., R. C. RAMSAY u. M. HARRIS: J. Res. Nat. Bur. Standards **26**, 93, 1362 (1941).
[6] WORK, R. W.: Textile Res. J. **19**, 387 (1949).

Röntgendaten, da diese Kristallitlagen zwischen 0 und 30° zulassen. ROLLINS[1] z. B. findet unter der Übergangslamelle keine spiralige Struktur; die Fibrillen scheinen ziemlich parallel zur Faserachse zu verlaufen. Hinsichtlich verschiedener gemessener Spiralwinkel vergleiche[2].

ANDERSON und KERR[3] beobachteten in der Außenschicht eine dicke Fibrillspirale mit einem Steigungswinkel von etwa 20—30°, die mit der gröberen „Spiralschicht" von HOCK bzw. der "winding layer" von ROLLINS identisch zu sein scheint.

Die neuen Untersuchungen von KLING und MAHL[4] verifizieren den spiraligen Aufbau (s. Abb. IV, 65), jedoch konnten keine gekreuzten Schichten beobachtet werden, was auch insofern erklärlich ist, wenn keine strenge konzentrische Schichtung vorhanden ist.

Die Frage, ob überkreuzte Zellwandstrukturen auch in der eigentlichen Sekundärwand vorkommen, muß, im Gegensatz zu älteren Anschauungen und der Annahme BOSSHARDs, im allgemeinen verneint werden. Mit Sicherheit ist eine solche in den lamellierten Algenzellwänden festgestellt worden. Nach BOSSHARD soll *Fraxius* eine solche besitzen und nach WARDROP und FREY-WYSSLING Zellen von *Alstonia spathulata*.

Die äußerlich glatten, feinen und gleichmäßigen Fasern von Weizenstroh zeigen einen relativ stark axial orientierten Fibrillarbau. Das Bauprinzip der Faser dürfte ähnlich dem der Holzfasern sein[5].

Holzfasern: HAAS[6], der den morphologischen und chemischen Aufbau einer Reihe von Holzfasern (Aspe, Buche, Fichte) untersuchte, kommt zu dem Ergebnis, daß die Außenschicht der Sekundärwand reich an Polyosen ist. Meist verlaufen die Fibrillen der Übergangs- bzw. Tertiärlamelle in flachen Spiralen, während in der mittleren die Fasern in steilen Spiralen in Faserlängsrichtung angeordnet sind[7]. Nach einigen Forschern sind die Schraubungsrichtungen gegensinnig (vgl. BUCHER[5]). JACCARD und FREY[7] führen die Überkreuzung aber auf

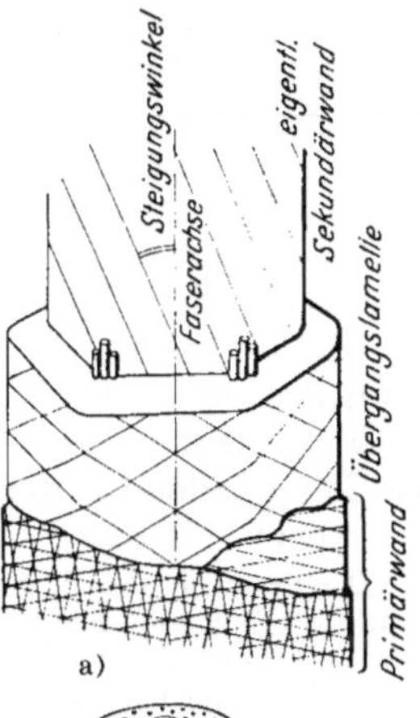

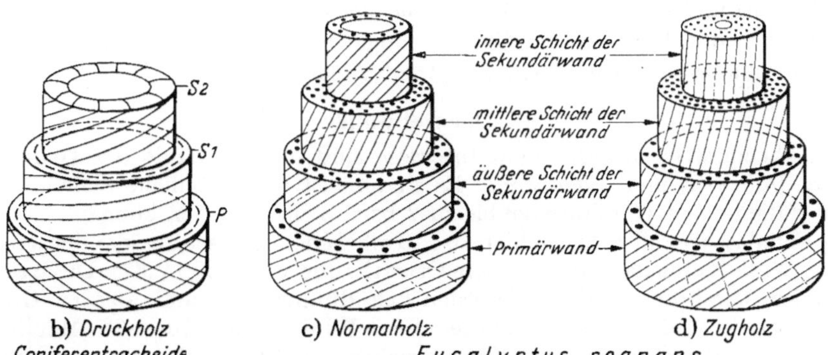

Abb. IV, 66a—d. a Schema der Lamelle S_1 und S_2 in Anlehnung an EMERTON[8]; b—d Schematische Darstellung des Wandschichtenaufbaues einer Normalholzfaser und einer Zugholzfaser von *Eucalyptus regnans* sowie Druckholzfaser von Coniferen nach WARDROP und DADSWELL. Beachte auch die verschiedenartige Neigung der Schraubenwindungen

[1] Siehe S. 202, Fußnote 3.
[2] Siehe Textile Res. J. **18**, 519 (1948); **19**, 387 (1949).
[3] ANDERSON, D. B., u. T. KERR: Ind. Engin. Chem. **30**, 48 (1938).
[4] Siehe S. 192, Fußnote 1. [5] Siehe S. 202, Fußnote 4.
[6] HAAS, H.: Makromol. Chem. **3**, 117 (1949).
[7] JACCARD, P., u. A. FREY: Jb. Bot. **68**, 844 (1928); BERKLEY, E. E., u. O. C. WOODYARD: Textile Res. J. **18**, 519 (1948).
[8] Vgl. S. 208, Fußnote 1

den Fibrillenverlauf der hinteren Wand zurück. An aufgeschnittenen Tracheiden wurden folgende Spiralwinkel vermessen: *Pinus nigra* ~ 42—50°, *Pseudotsuga douglasii* ~ 50°. An *Picea excelsa* konnte gezeigt werden, daß langsam wachsendes Holz flachere Spiralen (~ 58°) als rasch wachsendes (~ 70°) zeigt. Preston und Wardrop[1] zeigten, wie der Winkel von der Zellänge abhängt und daß er zwischen 14 und 20° bis 38° und 40° (bei jungen, kurzen Zellen) variieren kann. Es konnte eine empirische Beziehung zwischen der Länge l und dem Cotanges des Spiralwinkels Θ gefunden werden. Da ähnliche Verhältnisse auch bei der Übergangslamelle gefunden wurden, ist dies ein Hinweis, daß der ganze Aufbau der Sekundärwand stark von der Zellänge abhängt. Nach Freudenberg[2] soll jede Schicht eine etwas verschiedene Orientierung des Fibrillenlaufes besitzen; auch Bailey und Berkley finden, daß die Orientierung in den Coniferentracheiden von Schicht zu Schicht schwankt.

An Zellen des zehnten Jahresringes wurden von Preston und Wardrop[1] in beiden Schichten folgende Fibrillenorientierungen gemessen: *Pinus radiata:* Übergangslamelle 64°, Mittelschicht 20°; *Pseudotsuga douglasii:* Übergangslamelle 47°, Mittelschicht 18°. Die Verhältnisse sind also ähnlich wie bei Sisal. Eine gekreuzte Fibrillenstruktur wurde nicht beobachtet. Die Fibrillen in der Zentralschicht der Kiefer (auch Druckholz) bilden eine Z-Schraubung. (Vgl. auch Tab. IV, 14b sowie III, 3 u. 4.)

Nach Schramek umläuft in der Fichtenfaser ein Fibrillenband einen Kern geradeliegender Fibrillen.

Nun ist von Svensson[3] auch die Feinstruktur der Tracheiden von *Picea abies* studiert worden. Der gekreuzte Mikrofibrillenaufbau (⌀ ~ 100 Å) der Primärwand scheint äußerlich von einer dünnen Hemicelluloseschicht überdeckt zu sein. Die parallel geordneten Mikrofibrillen der Übergangslamelle sind in einer Z-Windung mit einem Steigungswinkel von ~ 50—80° angeordnet.

Die Struktur der Übergangslamelle von Kieferntracheiden nach einem Kraftaufschluß wurde kürzlich auch von Emerton[4] untersucht. Die Dicke derselben ergab sich zu ≈ 1440 Å und sie besteht aus 2 Fibrillensystemen mit ~ 60° Neigungswinkel. In der Sekundärwand (Zentralschicht) wird eine Z-Spirale mit kleinem Steigungswinkel (~ 10—20°) beobachtet.

In Markstrahlzellen wird der Orientierungswinkel zu 30—50° angegeben[5].

Die Verhältnisse bei Zugholzfasern zeigt Abb. IV, 66d.

e) Algenzellwände

Von hohem wissenschaftlichem Interesse sind die Zellwände der Grünalgen *Valonia, Halicystis* und *Cladophora*. Es sind meist blasenähnliche Zellen, die in einigen Fällen einen Durchmesser bis zu 2 bzw. 3 cm erreichen können.

Die Cellulosekristallite liegen hier so, daß alle Kristallachsen zueinander parallel sind, d. h., es liegt eine natürliche höhere Orientierung vor (Abb. IV, 67). Die Kristallite zweier Membranen, die außerordentlich dünnwandig und an der Grenze der Sichtbarkeit sind, kreuzen sich unter einem Winkel von ~ 70—80°. Möglicherweise findet sich noch eine dritte Vorzugsrichtung (Wilson, Preston, Stewart) von ~ 60°. Die Richtung der Micellen bzw. der „Faserachsen" ist in den jeweils übernächsten Schichten gleich. Diese regelmäßige Schichtung (30—40 Lamellen), die ein gitterförmiges Muster ergibt, wird für die ganze Dicke innerhalb großer Bereiche der Zellwand ausgebildet gefunden. Die Netzebenen mit einem Netzebenenabstand von 5,9 Å (A_1) liegen sämtlich tangential zur Lamellenoberfläche,

[1] Siehe S. 207, Fußnote 7.
[2] Freudenberg, K.: Papierfabrikant **30**, 189 (1932).
[3] Svensson, A. Å.: Arkiv Kemi **10**, 239 (1956).
[4] Emerton, H. W., u. V. Goldsmith: Holzforsch. **10**, 108 (1956).
[5] Wardrop, A. B., u. H. E. Dadswell: Austral. J. Sci. Res. (B) **5**, 223 (1952).

jene mit dem Netzebenenabstand ~ 5,4 Å (A_2) radial (vgl. Abb. IV, 29a). Auch neuere elektronenmikroskopische Studien[1] zeigen Fibrillen unbestimmter Länge, die in benachbarten Lamellen unter einen Winkel von etwa 80° verlaufen (Abb. IV, 63b). Die Cellulose der Fibrillen besitzt eine hohe Dichte und ist hochkristallin (> 71%). (Über die Cellulosen der Meeresalgen vgl. auch PERCIVAL und ROSS[2].)

Tabelle IV, 14b. *Spiralwinkel in der Zentralschicht der Sekundärwand von Normalholz nach* CORRENS[3]

Pappel	~ 35°
Buche	~ 20°
Eiche	~ 23°
Kastanie	~ 15°

(Vgl. auch die Angaben in Tab. III, 3 u. 4.)

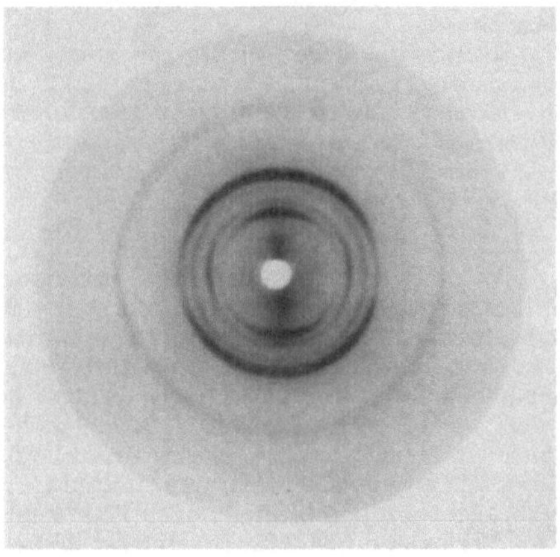

Abb. IV, 67. Röntgendiagramm eines flachen Fadenstückes von Gladophora mit dem Strahl parallel zur Bändchenebene und senkrecht zur Länge. Man beachte die höhere Orientierung

8. Die Tertiärwand

Von H. MEIER

a) Begriff

Seitdem die Tertiärwand als Bestandteil der verdickten Zellmembran entdeckt wurde, sind schon mehr als hundert Jahre verflossen. Ihre Benennung, ihre Ontogenese, ihre Morphologie und ihr Chemismus waren aber stets und sind zum Teil heute noch stark umstritten. HARTIG[4] bezeichnete sie als *Ptychode.* SANIO[5] hat sie wohl als erster *tertiäre Verdickungsschicht* genannt. In der Folge wird sie als *Tertiärlamelle oder Tertiärwand* beschrieben, bis KERR und BAILEY[6] sie einfach als *innere Sekundärwandschicht* bezeichneten. Die Terminologie von KERR und BAILEY für den Bau der Zellwand hat sich rasch durchgesetzt, weil sie einfach und logisch erscheint. Was nicht Primärwand ist, wird als sekundärer Zuwachs betrachtet und somit Sekundärwand genannt. Der Vorzug der Einfachheit dieser Einteilung birgt allerdings den Nachteil in sich, den Eigenheiten der drei Schichten der Sekundärwand nicht in jeder Beziehung gerecht zu werden. Besonders in den letzten Jahren hat sich aber gezeigt, daß sich die drei Schichten der Sekundärwand in Morphologie und Chemismus bedeutend stärker unterscheiden als man bisher angenommen hatte. Es genügt darum in der Regel nicht, einfach von der Sekundärwand zu sprechen, sondern man muß präzisieren, welche ihrer drei Schichten im betreffenden Fall gemeint ist. Diese Präzisierung erfolgt aber wohl bedeutend leichter, wenn jede Schicht ihren adäquaten Terminus besitzt, durch den auch ihre morphologische und chemische Individualität stärker betont wird als nach der KERR- und BAILEYschen Benennung. Daß heute ein Zug in dieser Richtung besteht, zeigt die Tatsache, daß sich der alte Begriff der Tertiärwand wieder langsam einzubürgern beginnt (vgl. BUCHER[7], LIESE und JOHANN[8],

[1] PRESTON, R. D., E. NICOLAI, R. REED u. A. MILLARD: Nature (London) **162**, 665 (1948); vgl. auch R. D. PRESTON: Faraday Soc. Discuss. **11**, 165 (1951).

[2] PERCIVAL, E. G. V., u. A. G. ROSS: Nature London) **162**, 895 (1948). — SCHURZ, J.: Phyton (Argentina) **5**, 53 (1955). — PRESTON, R. D., u. G. W. RIPLEY: Nature (London) **174**, 76 (1954).

[3] CORRENS, E., W. WERGIN u. CH. RUSCHER: Faserforsch. Textiltechn. **7**, 565 (1956).

[4] HARTIG, TH.: Beiträge zur Entwicklungsgeschichte der Pflanzen, 1843.

[5] SANIO, C.: Bot. Ztg. **18**, 201, 209 (1860).

[6] KERR, TH., u. I. W. BAILEY: J. Arnold Arb. **15**, 327 (1934).

[7] BUCHER, H.: Die Tertiärlamelle von Holzfasern und ihre Erscheinungsformen bei Coniferen. Attisholz (Schweiz) **1953**.

[8] LIESE, W., u. I. JOHANN: Planta (Berlin) **44**, 269 (1954).

LÜDTKE[1], MEIER[2]). Es war vor allem BUCHER[3], der durch seine Arbeit über die Tertiärwand der Coniferen gezeigt hat, daß diese ein individueller Bestandteil der Zellwand ist mit einem oft recht komplexen Bau. — Um auch die Außenschicht der Sekundärwand mit einem eigenen Terminus zu versehen, wurde vorgeschlagen[2], diese als *Übergangslamelle* zu bezeichnen.

Solange man noch nichts Sicheres weiß, ob der Charakter der Tertiärwand in den verschiedenen Pflanzenzellen und -Familien in bezug auf Morphologie und Chemismus derselbe ist, definiert man sie wohl am besten folgendermaßen: *Die Tertiärwand ist die innerste, verhältnismäßig dünne Wandschicht von Zellmembranen mit sekundärem Dickenwachstum, die sich durch ihre Morphologie und ihr chemisches Verhalten deutlich von den andern Verdickungsschichten unterscheidet.*

b) Vorkommen

WIELER[4] schreibt über das Vorkommen der Tertiärwand: „Da in allen untersuchten Fällen, in sehr verschiedenen Zellformen, das Vorhandensein einer Innenhaut (= Tertiärwand) nachzuweisen ist, darf angenommen werden, daß in allen Zellen, wenigstens in denen, wo sekundäre Verdickungsschichten auftreten, eine Innenhaut vorhanden ist." Dies dürfte im allgemeinen zutreffen, hat doch WIELER bei zahlreichen Pflanzen die verschiedensten Zellarten, wie Parenchymzellen, Gefäße, Tracheiden, Libriformfasern, Bastfasern und Baumwollhaare untersucht. Auch Endospermzellen von Samen, deren sekundäre Verdickungen aus Reservehemicellulosen (Mannan, Galaktan, Araban) bestehen, die bei der Keimung der Samen verbraucht werden, besitzen nach WIELER eine Tertiärwand als Abschluß gegen das Zellumen. Vom Verfasser durchgeführte Untersuchungen an Endospermzellen von Dattelsteinen sprechen allerdings eher gegen das Vorhandensein einer individuellen Tertiärwand.

Wohl der bekannteste Fall, wo verschiedene Autoren übereinstimmend das Vorhandensein einer Tertiärwand verneinen, liegt bei den Druckholzzellen (Rotholz) der Nadelbäume vor (MÜNCH[5], TRENDELENBURG[6], WARDROP[7] u. a.). Nach WARDROP[7] soll auch in den Fasern von *Phormium tenax* die Schicht S_3 (= Tertiärwand) fehlen. Nach den Untersuchungen von SITTE[8] fehlt die Tertiärwand auch teilweise in den Korkzellen, so z. B. beim Flaschenkork. In andern Fällen wie z. B. im Kartoffelknollenkork ist sie jedoch vorhanden und soll aus Kohlenhydraten bestehen.

Als besonders deutlich ausgeprägt wird die Tertiärwand gewöhnlich bei den Zugholzfasern von Laubbäumen und im Weißholz von Nadelbäumen geschildert (MÜNCH[5], WARDROP und DADSWELL[9]). Ob es sich allerdings, besonders beim Zugholz der Laubbäume bei der dicken, gelatinösen innersten Zellwandschicht um eine der Tertiärwand homologe Bildung handelt, ist nicht erwiesen und dürfte auch schwer zu beweisen sein (vgl. auch BUCHER[10]). Nach den neuesten Untersuchungen von WARDROP und DADSWELL[9] scheint es überhaupt, daß Zugholzfasern in verschiedenen Pflanzenarten stark verschieden gebaut sind und zwei, drei oder vier Verdickungsschichten aufweisen können. Es ist daher vorsichtiger, die innerste gelatinöse Schicht der Zugholzfasern nicht Tertiärwand zu nennen. Wir möchten hier eher dem Vorschlag von JAYME und HARDERS-STEINHÄUSER[11] folgen und von der Zugholzlamelle sprechen.

c) Ontogenese

Die Ontogenese der Tertiärwand rief schon bald nach ihrer Entdeckung eine wissenschaftliche Streitfrage hervor, um die es bis heute nie ganz ruhig geworden ist. Während STRASSBURGER[12] und die Anhänger der Appositionstheorie der Ansicht sind, daß die Tertiärwand einfach die zuletzt abgelagerte Zellwandschicht ist, vertreten DIPPEL[13] und die Vertreter der Intussusceptionstheorie die Auffassung, daß die Tertiärwand gleich nach der Primärwand gebildet wird, und daß die andern Schichten durch sie hindurch durch Intussusception entstehen.

---

[1] LÜDTKE, M.: Holzforsch. **4**, 65 (1950).
[2] MEIER, H.: Holz Roh- u. Werkstoff **13**, 323 (1955).
[3] Siehe S. 213, Fußnote 7.
[4] WIELER, A.: Protoplasma (Wien) **34**, 202 (1940).
[5] MÜNCH, E.: Flora (Jena) **132**, 357 (1938).
[6] TRENDELENBURG, R. (neu bearb. von H. MAYER-WEGELIN): Das Holz als Rohstoff, 2. Aufl. München 1955.
[7] WARDROP, A. B.: Holzforsch. **8**, 12 (1954).
[8] SITTE, P.: Mikroskopie (Wien) **10**, 178 (1955).
[9] WARDROP, A. B., u. H. E. DADSWELL: Austral. J. Bot. **3**, 177 (1955). — DADSWELL, H. E. u. A. B. WARDROP: Holzforsch. **9**, 97 (1955).
[10] BUCHER, H.: A. T. I. P. Bull. No. 4/5, 95 (1955).
[11] JAYME, G., u. M. HARDERS-STEINHÄUSER: Papier **4**, 104 (1950).
[12] STRASBURGER, E.: Über den Bau und das Wachstum der Zellhäute. Jena 1882.
[13] DIPPEL, L.: Das Mikroskop, 2. Aufl. 2. Teil, Braunschweig 1898.

Ein neuerer Vertreter der Intussusceptionstheorie ist WIELER[1]. FARR[2] nimmt eher eine Mittelstellung ein. Danach sollen bei *Halicystis* und *Valonia*, zwei marinen Algen, die Chloroplasten an der Bildung der Sekundärwand beteiligt sein, während bei der Baumwolle farblose Plastiden deren Funktion übernehmen. Das zur Bildung der sekundären Verdickung bestimmte Material wird nach FARR zuerst in den Plastiden gefunden, geht dann ins Cytoplasma und schließlich wird es, vor der endgültigen Ablagerung in die Wand, in der *Tertiärwand* (dem Sinne nach wohl eher als „*Praetertiärwand*“ zu bezeichnen) organisiert und orientiert. — Wenn auch diese Auffassung nicht als bewiesen gelten kann, so ist die Idee, die Bildung der Fibrillen mit den Plastiden in Verbindung zu bringen, erwähnenswert. — Nach eigenen Untersuchungen[3] ist es vermutlich so, daß die Cellulosefibrillen (wie immer sie auch im einzelnen gebildet werden mögen) vom Plasmaschlauch sukzessive, wahrscheinlich lamellenweise nach außen abgeschoben werden. Geht die Zellwandbildung dem Abschluß entgegen, so kristallisieren offenbar die restlichen Kohlenhydrate noch aus, bleiben dann aber in dem eintrocknenden und denaturierten Plasma (sofern und soweit dieses nicht in andere im Aufbau begriffene Zellen abwandert) liegen und bilden so die Tertiärwand. Wenn nun die Zellen vor der vollständigen Ausbildung der Sekundärwand fixiert werden, zeigt die innerste Wandschicht analoge Eigenschaften wie die Tertiärwand, die ja letztlich daraus hervorgeht. Aus diesem Grunde war es wohl möglich, daß die Intussusceptionstheorie aufgekommen ist, mit der Ansicht, die Sekundärwand werde durch die innerste Wandschicht hindurch gebildet. Doch diese ist eben wohl nichts anderes als die Fibrillen ablagernde Schicht. Von der Sekundärwand unterscheidet sich dann schließlich die Tertiärwand dadurch, daß ihre Mikrofibrillen oft eine andere Richtung aufweisen, und daß sie eine Reihe verschiedener, beim Fibrillenaufbau mitwirkender und dann denaturierter Substanzen als Inkrusten enthält.

d) Morphologie

Als innerste Wandschicht kleidet die Tertiärwand, wie BUCHER[4] gezeigt hat, auch die Höfe der Hoftüpfel und die Kanäle der einfachen Tüpfel aus (Abb. IV, 68). Sie besteht ebenso wie die andern Wandschichten (mit Ausnahme der Mittellamelle) einesteils aus kristallinen und andernteils aus amorphen Bestandteilen. Der kristalline Anteil bildet Mikrofibrillen (Abb. IV, 69). Die vorherrschende Auffassung war bis jetzt die, daß diese in allen Holzfasern und Nadelholztracheiden mehr oder weniger senkrecht zur Zellachse in einer flachen Spirale verlaufen. Diese Ansicht wird vor allem gestützt durch die Doppelbrechung, die die Tertiärwand in Querschnitten durch manche faserartigen Zellen zeigt. Besonders deutlich ist diese Doppelbrechung z. B. bei Tracheiden von *Pinus radiata* und andern Kieferarten (vgl. WARDROP[5]). — Im Gegensatz dazu zeigten

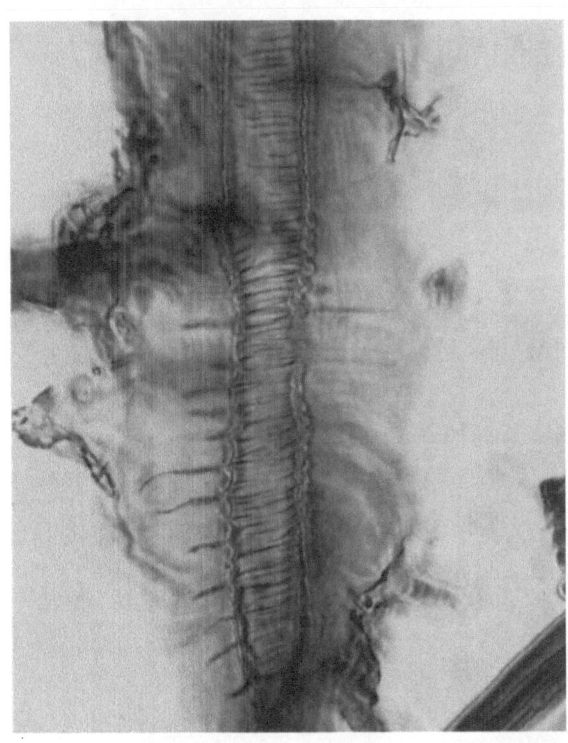

Abb. IV, 68. Tertiärwand einer Fichtentracheide mit Tüpfelansätzen. Vergr. 360 mal. (Nach BUCHER)

[1] Siehe S. 214, Fußnote 4.
[2] FARR, W. K.: J. Phys. Colloid Chem. **53**, 260 (1949).
[3] Siehe S. 214, Fußnote 2. [4] Siehe S. 213, Fußnote 7.
[5] Siehe S. 214, Fußnote 7.

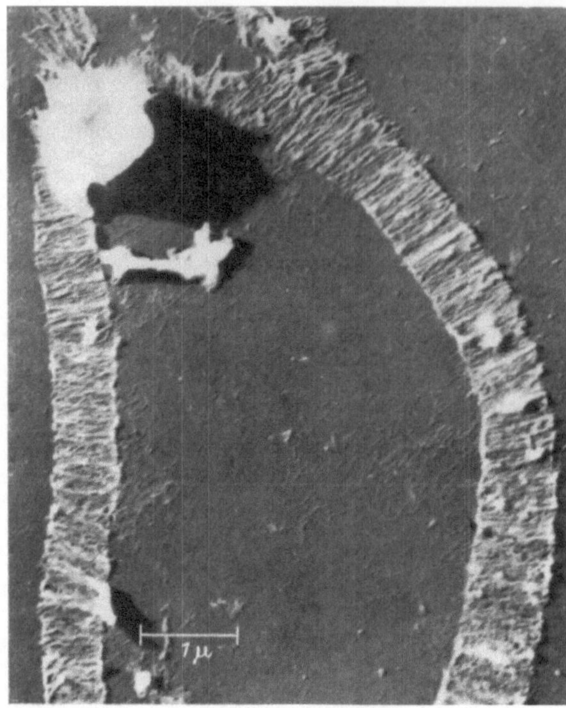

Abb. IV, 69. Bändchen der Tertiärwand aus einem Querschnitt durch Birkenholz, das 3 Monate durch *Trametes radiciperda* abgebaut worden ist. Vergr. 13000 mal

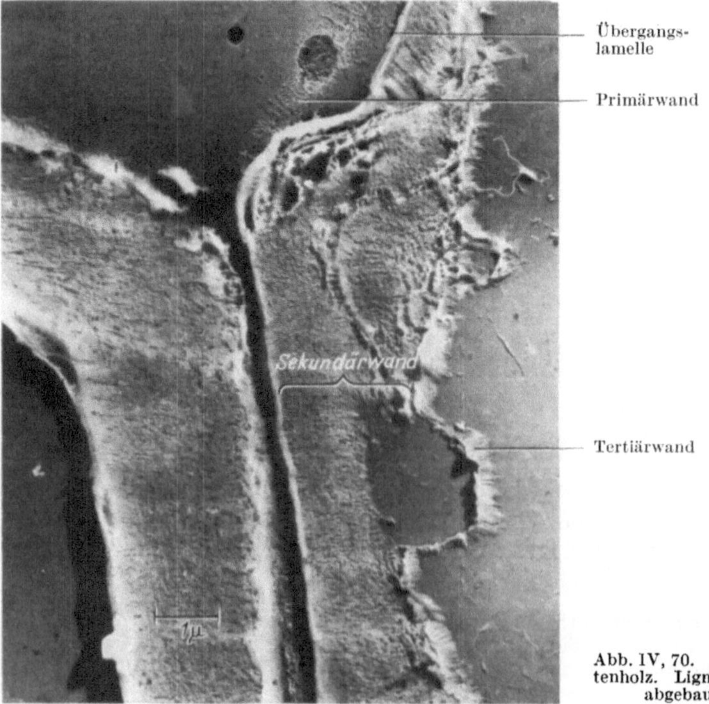

Abb. IV, 70. Querschnitt durch Fichtenholz. Lignin durch *Trametes Pini* abgebaut. Vergr. 9100 mal

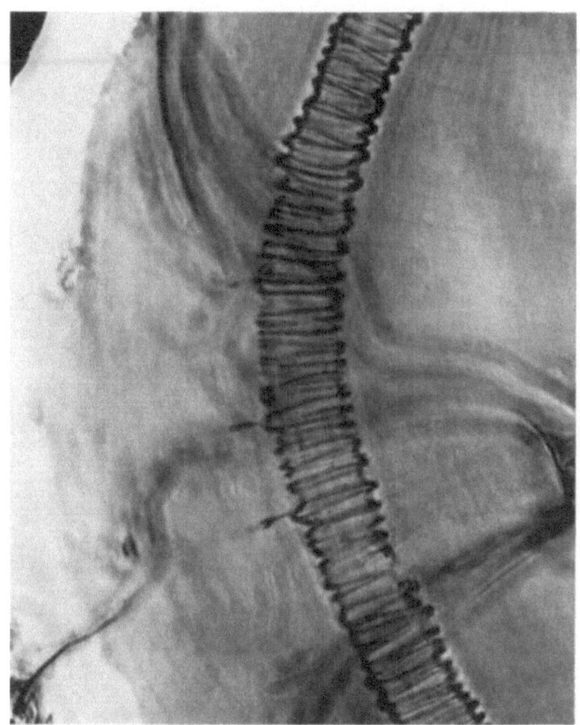

Abb. IV, 71. Tertiärwand einer Tracheide von *Pinus silvestris*. Vergr. 360 mal. (Nach BUCHER)

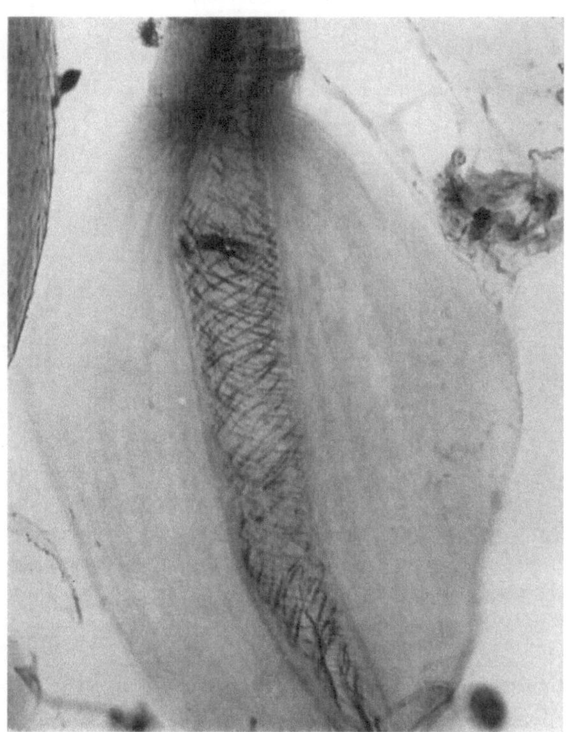

Abb. IV, 72. Tertiärwand einer Tracheide von *Picea excelsa*. Vergr. 360 mal. (Nach BUCHER)

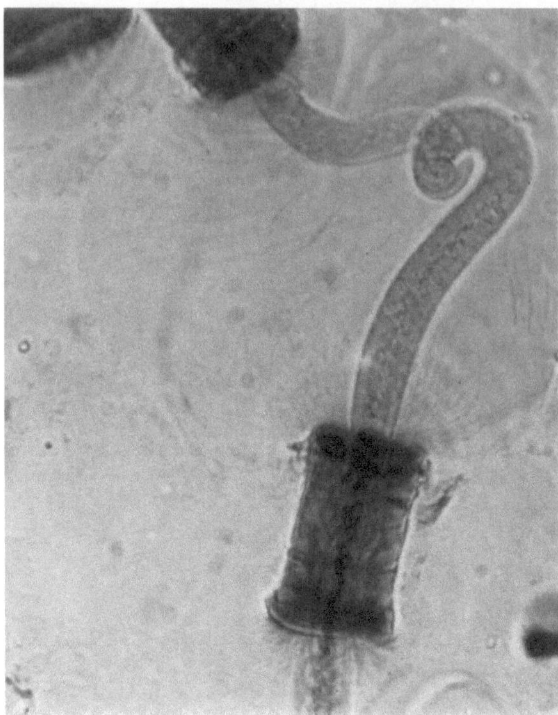

Abb. IV, 73. Tertiärwand einer Tracheide von *Picea excelsa*. Vergr. 770 mal. (Nach BUCHER)

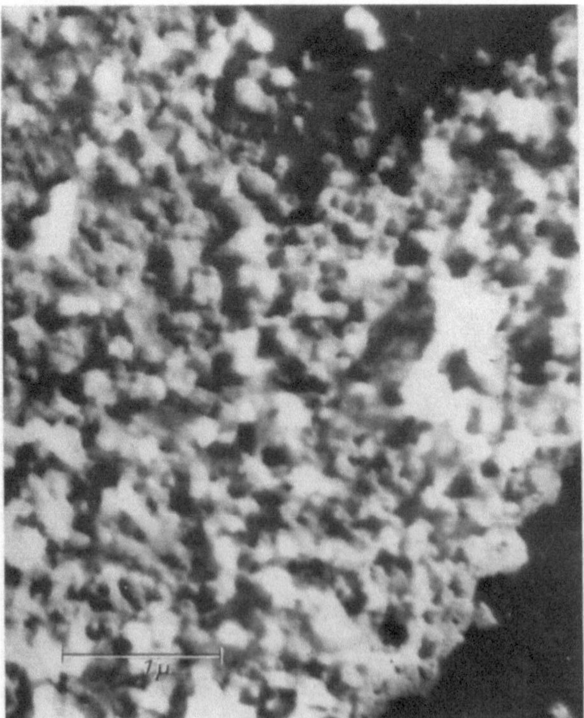

Abb. IV, 74. Flächenansicht der Tertiärwand einer Birkenholzfaser. Vergr. 22000 mal

eigene Untersuchungen[1], daß in den Tertiärwänden von Fichtentracheiden und Birkenholzfasern die Mikrofibrillen in einer steilen Spirale verlaufen (Abb. IV, 69 und 70). Diese Tatsache erklärt auch die fehlende oder äußerst schwache Doppelbrechung der Tertiärwände in Querschnitten durch Fichte, Birke und einige andere Holzarten. Es ist demnach so, daß die Fibrillenrichtung der Tertiärwand in verschiedenen Holzarten variiert und man kein allgemein gültiges Schema aufstellen kann.

Bei den lichtmikroskopischen Untersuchungen der Tertiärwand von BUCHER[2] zeigt diese sehr mannigfaltige Erscheinungsformen. In vielen Fällen besitzt sie eine schraubige Struktur, manchmal ist sie aber auch hyalin strukturlos oder körnig (Abb. IV, 71—73). Die Frage bei BUCHERs Untersuchungen ist natürlich die, ob bei der von ihm eingeschlagenen Methode (Färbung der entlignifizierten Fasern mit Viktoriablau B und Quellung mit Kupferäthylendiamin) die Mikrofibrillen der Tertiärwand aufgelöst werden oder nicht. Es ist dies wohl möglich, zeigt doch die auf diese Weise isolierte Tertiärwand im polarisierten Licht keine deutliche Doppelbrechung mehr. Es wären demnach vorwiegend nur noch die amorphen Bestandteile vorhanden. Nun kann man ja allerdings vermuten, daß diese in ihrer Struktur ein Negativ der mikrofibrillären Struktur der Tertiärwand darstellen. Man muß sich dabei allerdings bewußt sein, daß dieses Negativ infolge von Quellungserscheinungen kein in jeder Beziehung wirklichkeitsgetreues Bild der nativen Struktur geben kann.

Betreffs der Morphologie der Tertiärwand, wie sie sich im nativen Zustand der Zellen in einer Flächenansicht vom Lumen her zeigt, sind in den letzten Jahren verschiedene Arbeiten erschienen (LIESE & JOHANN[3], HARADA und Mitarbeiter[4,5]), FREY-WYSSLING und Mitarbeiter[5]). Es zeigte sich bei den *Abies*-Arten, bei *Sequoja sempervirens* und einer Anzahl von *Pinus*-Arten (z. B. *Pinus silvestris*) eine warzige Struktur. Bei andern *Pinus*-Arten (z. B. *Pinus Strobus*), bei *Picea*, *Larix* und *Pseudotsuga* ist hingegen die Oberfläche der Tertiärwand glatt. FREY-WYSSLING und Mitarbeiter[6] zeigten, daß die warzige Struktur artkonstant ist und als Bestimmungsmerkmal benützt werden kann. — Warzig oder eigentlich eher körnig ist die Tertiärwand auch bei der Birke (Abb. IV, 74). Die einzelnen Körner zeigen dabei einen Durchmesser von 200—2000 Å.

e) Chemismus

Sicher besteht die Tertiärwand aus verschiedenen chemischen Komponenten, die einesteils in den kristallinen Mikrofibrillen, andernteils im amorphen Teil dieser Wandschicht lokalisiert sind. Es ist sehr wohl möglich oder sogar wahrscheinlich, daß der Chemismus bei verschiedenen Pflanzen nicht der gleiche ist.

Die wenigen Angaben, die man darüber in der Literatur findet, beruhen meistens auf mikrochemischen Farbreaktionen oder auf Lösungsreaktionen. Dies rührt daher, daß es bis heute noch niemandem gelungen ist, die Tertiärwand in ihrem nativen Zustand und in genügender Menge für eine chemische Analyse zu isolieren. WIELER[7] stellt fest, daß die Tertiärwand sich bei verschiedenen Zellen sehr verschieden verhält gegen eine Färbung. — Von den meisten Autoren wird angegeben, daß sie auf Jodpräparate nicht reagiert, was allerdings kein Beweis ist für die Abwesenheit von Cellulose und andern kristallinen Polysacchariden. — Wie im folgenden Abschnitt f) dargelegt wird, ist die Tertiärwand der Fichtentracheiden wahrscheinlich zum Teil aus Xylan aufgebaut. — Nach SANIO[8] ist die Tertiärwand der Tracheiden von *Pinus silvestris* verholzt. Bei Birkenholzfasern konnte nachgewiesen werden[1], daß die Tertiärwand ligninfrei ist. Nach MÜNCH[9] ist sie beim Nadelweißholz (Gegensatz zu

[1] Siehe S. 214, Fußnote 2. [2] Siehe S. 213, Fußnote 7. [3] Siehe S. 213, Fußnote 8.

[4] HARADA, H., u. Y. MIYAZAKI: J. Jap. Forestry Soc. **34**, 350 (1952).

[5] HARADA, H.: J. Jap. Forestry Soc. **35**, 393 (1953).

[6] FREY-WYSSLING, A., K. MÜHLETHALER u. H. H. BOSSHARD: Holz Roh- u. Werkstoff **13**, 245 (1955).

[7] Siehe S. 214, Fußnote 4.

[8] SANIO, C.: Jb. wiss. Bot. **9**, 82 (1873/74).

[9] Siehe S. 214, Fußnote 5.

Druckholz) stark verholzt und besitzt manchmal erhabene Schraubenleisten. — Daß in der Tertiärwand Restplasma inkrustiert ist, läßt sich wohl denken (CORRENS[1]). Ultraviolett-absorptionsmessungen an der Tertiärwand von Birkenholzfasern sowie die Reaktion mit MILLONschem Reagens zeitigten jedoch negative Resultate für Eiweiße. Stark positiv hingegen fiel die Reaktion auf Pektine mit Rutheniumrot aus[2].

BUCHER[3] hat die differenzierte Anfärbung der Tertiärwand mit Viktoriablau B an entlignifizierten Fasern bei Quellung derselben mit „Cuen" eingeführt. Er hat den Charakter dieser metachromatischen Farbreaktion untersucht und auch weitgehend zu erklären vermocht. Wahrscheinlich ist es so, daß gewisse, gegenüber dem Aufschluß unempfindliche, saure Komponenten (saure Hemicellulosen ? Pektine ?) eine besondere Bindung mit dem basischen Farbstoff eingehen. Dieser wird dadurch der Rotfärbung (Viktoriablau B hat Indikatorcharakter) durch das alkalische „Cuen" entzogen.

Einen Einblick in den Chemismus der Tertiärwand kann man auch erhalten, indem man die Zellwände mit starken Säuren oder Basen behandelt. Beim Quellen mit starker Schwefelsäure wie auch mit konzentrierter Phosphorsäure und Chromsäure zeigt die Tertiärwand stets eine besondere Resistenz und löst sich oft von der Sekundärwand ab. Auch gegen „Cuoxam", „Cuen" und Kalilauge ist die Tertiärwand resistenter als die Sekundärwand.

Es ist eventuell auch möglich, durch die Analyse des bei der Quellung mit „Cuoxam" resistenten Faseranteils — zu dem, wie gesagt, auch die Tertiärwand gehört — einen Einblick in ihren Chemismus zu erhalten. Dieser resistente Faseranteil bei Nadelhölzern soll z. B. nach ROLLINSON und WISE[4] vor allem Mannose bei der Hydrolyse ergeben. Diese und auch die von andern Autoren ausgeführten Untersuchungen (vgl. auch WARDROP und DADSWELL[5]) sind aber alle mit Vorsicht zu interpretieren, da dabei außer der Tertiärwand immer noch viele andere Faserteile, oft wohl noch ganze ungelöste Faserbruchstücke mitanalysiert werden. Außerdem ist anzunehmen, daß nur ein Teil der Tertiärwandkomponenten gegenüber „Cuoxam" resistent sind, und es ist wohl hier wie bei den übrigen Reaktionen schwer zu sagen, ob diese dem mikrofibrillären oder dem amorphen Anteil zukommen. Eher können vielleicht die mit Pilzen ausgeführten Abbauversuche[2] besonders an Birkenholzfasern darauf hinweisen, daß hier die Mikrofibrillen der Tertiärwand chemisch anderer Natur sind als jene der Sekundärwand. Obwohl sie nämlich von den zellulosezerstörenden Pilzen oft sehr schön von den Inkrusten befreit werden, erleiden sie doch keinen Abbau (Abb. IV, 69).

f) Resistenz gegenüber verschiedenen Aufschlußverfahren bei Fichtentracheiden

Je nachdem auf welche Weise Fichtenholz und wohl auch andere Nadelhölzer entlignifiziert werden, wird die Tertiärwand der Tracheiden mehr oder weniger stark zerstört. Ihre Erscheinungsform bildet deshalb ein gutes Kriterium zur Unterscheidung verschiedener Zellstoffe, insbesondere von Sulfat- und Sulfitzellstoffen (vgl. MEIER und YLLNER[6]).

Zur Untersuchung der Tertiärwand wird dabei am einfachsten die Methode von BUCHER[3] benützt, indem die entlignifizierten Fasern mit Viktoriablau B gefärbt und anschließend mit „Cuen" gequollen werden. Sofern die Untersuchungen mit Hilfe eines Phasenkontrastmikroskopes durchgeführt werden, erübrigt sich oft eine Färbung, und die bloße Quellung genügt. — In Holocellulose ist die Tertiärwand meist gut erhalten und zeigt eine kräftige Struktur (Abb. IV, 75). Ebenso gut läßt sie sich in Tracheiden nachweisen, die nach dem Sulfatverfahren aufgeschlossen und technisch gebleicht worden sind (Abb. IV, 76). In vorhydrolisiertem Sulfatzellstoff jedoch (Vorhydrolyse mit 0,5% H_2SO_4 bei 120° C) ist die Tertiärwand weitgehend zerstört. In manchen Tracheiden stellt man hier fest, daß die Sekundärwand durch keine individuelle Schicht mehr gegen das Lumen abgegrenzt wird (Abb. IV, 77). Auch in gebleichtem Sulfitzellstoff ist die Tertiärwand stark angegriffen. Sie ist in der Regel nur noch als dünnes Häutchen vorhanden (Abb. IV, 78) oder als unregelmäßig strukturierter Schlauch, der keinen innern Zusammenhang mehr zu haben scheint und deshalb leicht zerfällt (Abb. IV, 79). In α-Cellulose schließlich, die durch Extraktion mit 17,5% NaOH bei 20° C aus Sulfatzellstoff hergestellt, und ebenso bei solcher, die aus Holocellulose bereitet wird, ist die Tertiärwand nur noch in vereinzelten Tracheiden nachweisbar. Diese α-Cellulose unterscheidet sich auch von den Holocellulose-, Sulfat- und Sulfitzellstoffen durch eine viel schwächere Anfärbung mit Viktoriablau B, was darauf hindeuten mag, daß dieser von BUCHER[7] verwendete Farbstoff vor allem Hemicellulosen und andere Begleitstoffe der Cellulose anfärbt.

---

[1] CORRENS, C.: Jb. wiss. Bot. **23**, 254 (1892).
[2] Siehe S. 214, Fußnote 2. [3] Siehe S. 213, Fußnote 7.
[4] ROLLINSON, R. R., u. L. E. WISE: Tappi **35** (11), 139 A (1952).
[5] WARDROP, A. B., u. H. E. DADSWELL: Austral. Pulp a. Paper J. T. A. **4**, 198 (1950).
[6] MEIER, H., u. S. YLLNER: Sv. Papperstidn. **59**, 395 (1956).

Die Folgen des unterschiedlichen Angriffs der Kochflüssigkeit auf die Tertiärwand beim Sulfat- und Sulfitprozeß können wohl folgendermaßen zusammengefaßt werden: Beim Sulfatverfahren, wo die Tertiärwand nur wenig angegriffen wird, setzt sie der Kochflüssigkeit und den von dieser gelösten Zellwandbestandteilen einen großen Diffusionswiderstand entgegen. Sie bildet gegen das Lumen ungefähr eine gleich starke Barriere wie die Primärwand und die Übergangslamelle nach außen. Somit werden das Lignin und die Hemicellulosen beim Sulfatverfahren aus der ganzen Zellwand ungefähr gleich schwer herausgelöst, und das Restlignin

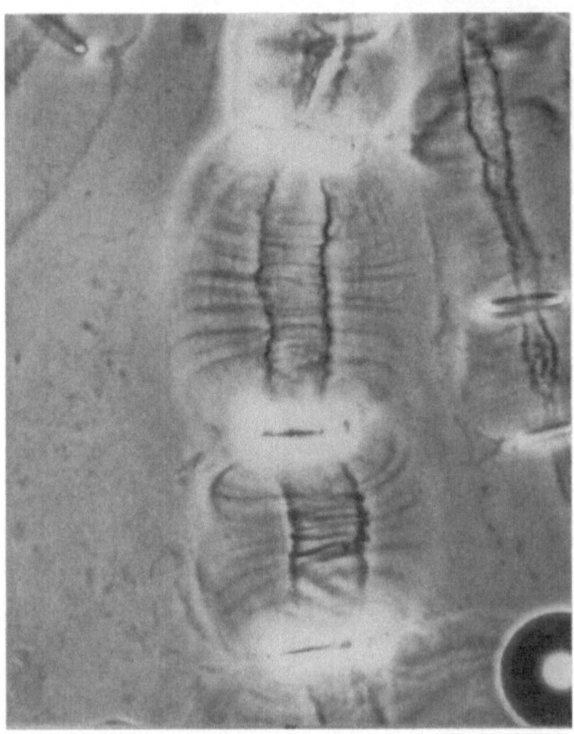

Abb. IV, 75. Tertiärwand in einer gequollenen Fichtentracheide. Holocellulose. Vergr. 300 mal

und die Resthemicellulosen sind ziemlich gleichmäßig über die Wand verteilt (vgl. JAYME und KÖPPEN[1]). Anders verhält es sich beim Sulfitaufschluß. Dort wird die Tertiärwand stark zerstört, und der Widerstand, den sie der Diffusion entgegensetzt, ist deshalb viel geringer als jener von Primärwand und Übergangslamelle. Die Kochflüssigkeit löst darum vorwiegend vom Lumen her Lignin und Hemicellulosen aus der Sekundärwand, und sie löst sie auch vollständiger daraus heraus als beim Sulfatverfahren. Dafür bleiben Restlignin und Resthemicellulosen vor allem in den äußeren Zellwandschichten erhalten (JAYME und KÖPPEN[1]).

Der unterschiedliche Abbau der Tertiärwand bei verschiedenen Aufschlußverfahren erlaubt es auch, Schlüsse in bezug auf ihre chemische Zusammensetzung zu ziehen. Quantitative papierchromatographische Analysen der einzelnen Zellstoffe mit mehr oder weniger stark zerstörter Tertiärwand weisen darauf hin, daß am Aufbau der Fichtentertiärwand Xylane beteiligt sind[2].

[1] JAYME, G., u. A. v. KÖPPEN: Papier **4**, **373**, **414** u. 455 (1950).

[2] Siehe S. 220, Fußnote 6.

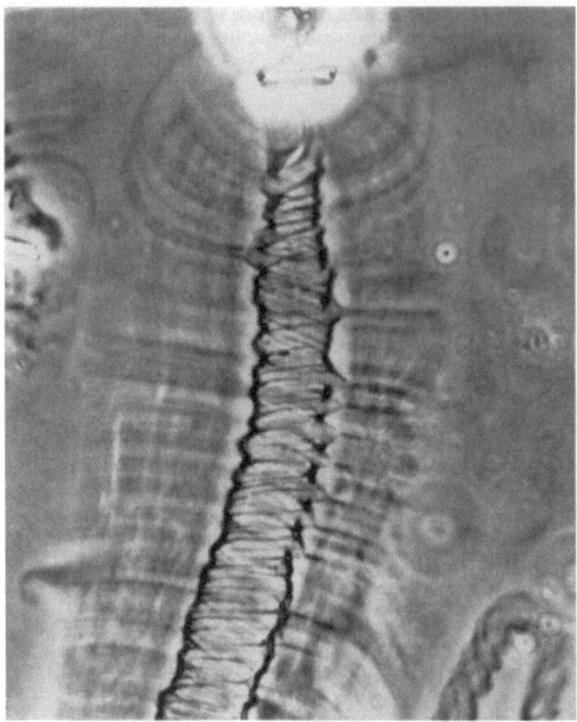

Abb. IV, 76. Tertiärwand in einer gequollenen Fichtentracheide. Sulfatcellulose. Vergr. 300 mal

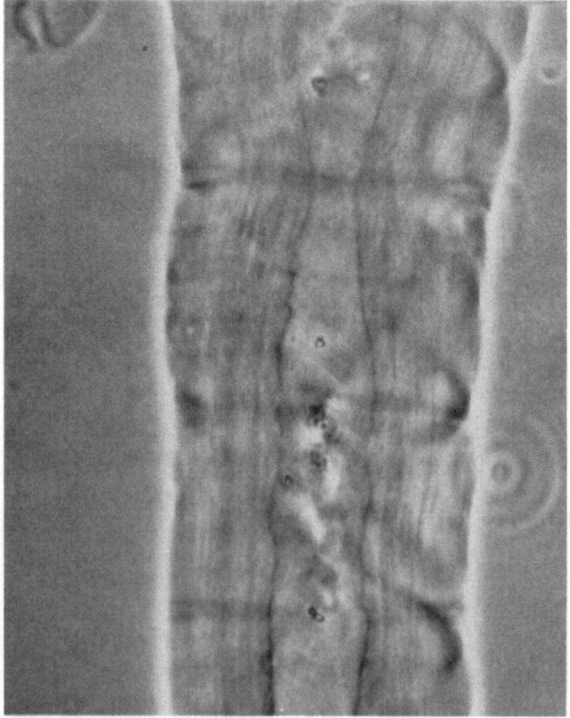

Abb. IV, 77. Gequollene Fichtentracheide eines vorhydrolisierten Sulfatzellstoffes. Tertiärwand nur noch andeutungsweise vorhanden. Vergr. 300 mal

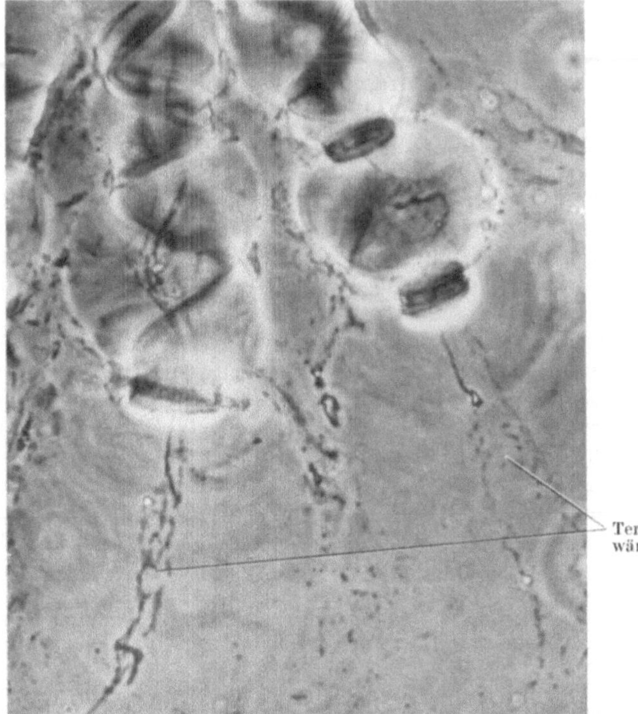

Abb. IV, 78. Tertiärwände von Fichtentracheiden. Sulfitcellulose. Vergr. 300 mal

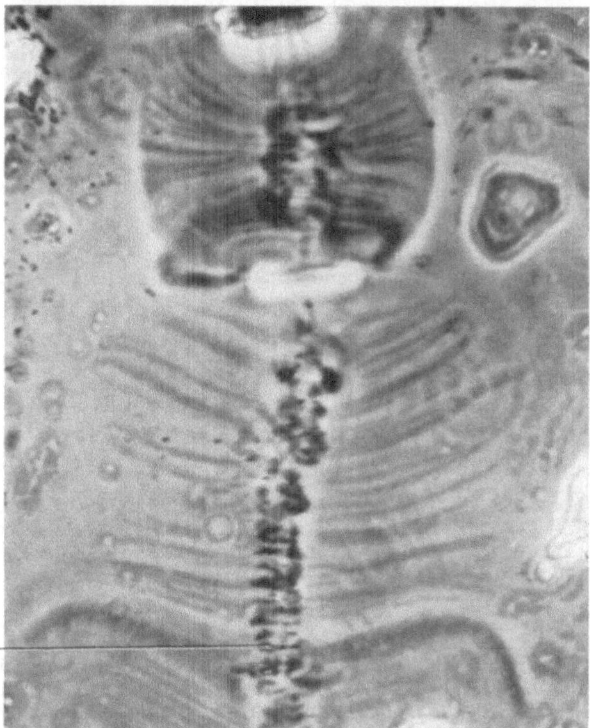

Abb. IV, 79. Tertiärwand in einer gequollenen Fichtentracheide. Sulfitcellulose. Vergr. 300 mal

§ 21. Hemicellulosen

Von E. Treiber

Bekanntlich enthalten die natürlichen Cellulosefasern, insbesondere die Cellulosemembranen höherer Landpflanzen, außer Cellulose noch andere Kohlenhydrate, zu denen die Holzpolyosen, Polyuronsäuren, Pektine, Gummi und Schleime zu rechnen sind[1]. Solche werden ferner noch in größerer Menge in Maiskolben, Samen, Nüssen, Schalen und Stengeln gefunden. Nach Schulze wird bekanntlich als „Hemicellulosen" nun eine Gruppe dieser Cellulosebegleiter bezeichnet, die, ähnlich der Cellulose, aus einer Kette glucosidisch verknüpfter Zuckerreste bestehen und vielfach durch Säuren leichter hydrolysiert und im allgemeinen durch Alkalien leichter gelöst werden als Cellulose. Mehr oder minder eine Ausnahme in diesem chemisch-physikalischen Verhalten machen die sog. „resistenten" Hemicellulosen. Zufolge des Fehlens streng spezifischer Lösungsmittel und sauberer Fraktionierungsmethoden ist die Abgrenzung des Gebietes der Hemicellulosen weder begrifflich noch analytisch scharf. Durch den Holzaufschluß sowie durch Bleich- und chemische Umsetzungsvorgänge entstehen in technischen Zellstoffen und Regeneratprodukten weitere Hemi-Anteile, die man vielleicht besser als sekundäre Hemicellulosen bezeichnen müßte[2,3,4]. Aber auch die isolierte primäre Hemicellulose ist physikalisch-chemisch nicht mehr mit dem Material *in situ* identisch.

Die Situation, die durch die geschilderte verschwimmende begriffliche und analytische Abgrenzung geschaffen wurde (der Mangel an klaren Kenntnissen über das gesamte Gebiet, die Überschneidung und Durchdringung dieser Stoffe mit anderen Zellwandkomponenten und der verschwimmende Übergang ineinander sowie das Fehlen einwandfreier Isolierungs- und Analysenmethoden), wird noch durch eine unbefriedigende Nomenklatur verschlechtert. Selbst wenn man von der weiteren Verkomplizierung absieht, die durch die Miteinbeziehung gewisser laugelöslicher Fraktionen des aufgeschlossenen und gebleichten, also chemisch attacktierten Materials in den Sammelbegriff Hemicellulose geschaffen wird — vielfach werden auch noch Holzgummi und Holzpektine, Holzstärke, (Pflanzen-)-Glycogen, die Reservekohlenhydrate, wie Inulin und Irisin, die Polysaccharide der Moose und Flechten (Lichenin usw.) und Algen (z. B. Laminarin) miteinbezogen — fehlt es keineswegs an berechtigter, zum Teil auch unberechtigter Kritik, lediglich summarisch von Hemicellulosen zu sprechen. Staudinger schlug vor, an Stelle von Hemicellulosen von Pentosanen und Hexosanen oder von Holzpolyosen zu sprechen. Karrer empfahl, die Polysaccharide der Zellwand gemäß ihren Zuckerkomponenten zu bezeichnen, Hess gebrauchte den Ausdruck „begleitende Kohlenhydrate", und Norman unterschied zwischen Cellulosanen und Polyuroniden, wobei Cellulosane mit der Cellulose vergesellschaftete Kohlenhydrate sind, während die Polyuronide Uronsäuregruppen tragen und auch mit dem Lignin in gewisser Verbindung stehen. Für alle vorgenannten Nomenklaturvorschläge ergibt sich ein Für und ein Wider, und wenn man den Ausdruck „Hemicellulosen" mit der notwendigen Begriffseinschränkung gebraucht, die ihm eigentlich schon Schulze gegeben hat — der leicht hydrolysierbare Anteil der Zellwand —, so scheint er immer noch bis zu einem gewissen Grade zweckmäßig zu sein und hat sich auch aus dem internationalen Schrifttum nicht verdrängen lassen.

Der Gesamtanteil an Hemicellulosen im pflanzlichen Material schwankt gewöhnlich zwischen 15 und 30% (eine Übersicht über die Verteilung der Komponenten in der extraktfreien Zellwand siehe[5] und S. 264). Es ist interessant, daß bei den Hemicellulosen des Holzes praktisch nur eine beschränkte Zahl von Zuckern als Bausteine beteiligt sind, nämlich D-Glucose, D-Mannose und D-Xylose und in

[1] Wise, L. E.: Pulp Paper Mag. Canada **50**, 179 (1950). — Hirst, E. L.: J. Chem. Soc. **1955**, 2974. — Wise, L. E.: In L. E. Wise u. E. C. Jahn, Wood Chemistry, Bd. 1, S. 379, 1952. — Waldmann, E., V. Prey u. W. Krzandalsky: Papier 8, 84 (1954). — Rånby, B. G.: Sv. Kem. Tidskr. **66**, 275 (1954). — Treiber, E., H. Toplak, M. u. H. Ruck: Holzforsch. **9**, 49 (1955).

[2] Wilson, K., E. Ringström u. I. Hedlund: Sv. Papperstidn. **55**, 31 (1952).

[3] Vgl. auch Th. N. Kleinert u. W. Wincor: Textil-Rdsch. **9**, 201 (1954).

[4] Vgl. E. Treiber: Diskussionsbemerkungen in Sv. Papperstidn. **57**, 48 (1954). — Siehe auch Wise, L. E., u. E. K. Ratliff: Holzforsch. **2**, 83 (1948); Analyt. Chem. **19**, 459 (1947).

[5] Asunmaa, S., u. P. W. Lange: Sv. Papperstidn. **57**, 501 (1954).

geringerem Umfang auch L-Arabinose, D-Galactose und L-Rhamnose (vgl. Tab. IV, 15) Außer diesen Zuckerrückständen wird bei der Hydrolyse der Hemicellulosen Essigsäure frei, die ursprünglich in Form von Acetylgruppen vorgelegen hat. Hexuronsäurerückstände in Kohlenhydratfragmenten enthalten zuweilen Methoxylgruppen.

Tabelle IV, 15 (nach GUSTAFSSON u. Mitarb.[1])

Holzart	Art der Probe	Galakt. %	Gluc. %	Mann. %	Arab. %	Xylose %
Picea excelsa	Stammquerschnitt	6,0	65,5	16,0	3,5	9,0
	Frühholz	4,5	64,5	17,0	3,0	11,0
	Spätholz	8,0	62,0	19,5	2,0	8,5
Pinus silvestris	Stammquerschnitt	6,0	65,0	12,5	3,5	13,0
	Frühholz	4,0	63,5	19,0	3,5	10,0
	Spätholz	5,5	64,5	17,5	3,0	9,5
Larix sibirica	Stammquerschnitt	17,5	63,0	7,5	3,0	9,0
Betula verrucosa	Normalholz	2,0	58,8	2,0	0,9	36,3
Populus tremula	Stammquerschnitt	1,5	64,5	3,0	1,0	30,0
Alnus glutinosa	Stammquerschnitt	2,5	73,5	3,5	1,0	19,5
Juniperus communis	rindenfreies Stamm- oder Astholz	13,5	61,0	14,0	0,5	11,0
Populus balsamifera		3,5	68,0	2,5	2,5	23,5
Betula pubescenc		1,0	55,0	2,5	2,5	39,0
Corylus avellana		2,0	69,5	2,0	2,0	24,5
Tilia cordata		1,5	58,5	3,5	2,0	34,5
Acer plantanoides		2,0	60,5	4,0	1,0	32,5
Fagus silvatica		4,0	65,0	1,5	1,5	28,0
Quercus robur		2,5	68,5	2,0	1,0	26,0
Fraxinus excelsior		3,0	60,0	2,5	2,5	32,0
Salix alba		3,0	74,0	2,5	1,0	19,5
Ulmus scabra		2,5	68,5	2,0	1,0	26,0
Alnus incana		3,5	67,0	1,5	1,0	27,0
Prunus padus		2,5	65,5	2,5	1,0	28,5
Sorbus aucuparia		1,5	66,5	2,5	2,0	27,5

Die Bedeutung der Hemicellulosen für das Leben der Pflanze ist außerordentlich groß. Sie dienen als Aufbau- wie auch Reservestoffe und nehmen eine Stellung zwischen Cellulose und Stärke ein. Sie sind echte Zellwandpolysaccharide, auch wenn ihnen vielfach andere Funktionen zukommen. Die Bedeutung für den keimenden Samen umreißt SENTSCHENKO[2]. Fermente des Cytasekomplexes bewirken eine Hydrolyse der Pentosane unter Bildung kolloidal löslicher und niedermolekularer Produkte, die von den Embrionen aufgenommen werden. Im Holz können bis zu 41% enthalten sein, wobei in den Nadelholzarten die Hexosane, in den Laubhölzern dagegen die Pentosane vorherrschend sind (vgl. Tab. IV, 15 und 16).

Tabelle IV, 16 (nach N. I. NIKITIN)

Art	Pentosan in %
Kiefer	10,80
Kiefer (*Pinus silvestris*)	11,02—11,05
Fichte (*Picea excelsa*)	10,51—11,30
Tanne	11,48
Sibirische Lärche (*Larix sibirica*)	9,30
Sibirische Zeder (*Pinus sibirica*)	8,64
Birke	24,01—25,86
Espe (*Populus tremula*)	22,71—22,90
Buche	24,30
Esche	23,68
Weide	23,31
Erle	22,94
Pappel	22,71
Ulme (*Ulmus laevis*)	19,65
Ahorn (*Acer platanoides*)	25,62
Linde (*Tilia cordata*)	23,31
Populus nigra	23,40
Wintereiche (*Quercus sessiliflora*)	22,78

[1] GUSTAFSSON, CH., J. SUNDMAN, ST. PETTERSSON u. TH. LINDH: Papper och Trä **33**, 300 (1951). — GUSTAFSSON, CH.: Papper och Trä **38**, 383 (1956).

[2] SENTSCHENKO, W. A.: Ber. Akad. Wiss. UdSSR **95**, 195 (1954).

Die Menge an Pentosanen ist jedoch im Stamm nicht überall gleich (s. Tab. IV, 18). KOMAROW und JAKOWLJEW haben gefunden, daß in den Ästen von Fichte, Kiefer und Espe mehr Pentosan enthalten ist als im Stamm. Hinsichtlich Untersuchungen über Unterschiede in verschiedenen Holzteilen des Baumes sowie in Abhängigkeit vom Standort siehe HÄGGLUND und Mitarbeiter[1]. Deutlich treten Unterschiede bei der Espe in Erscheinung. In jungen Kiefernschößlingen haben SHEREBOW und WEINOW bis zu 19% Pentosane nachgewiesen. Der Pentosangehalt ist gewöhnlich im Spätholz anders als im Frühholz (Pentosan in *picea excelsa*: Frühjahrsholz: 7,58%, Sommerholz 6,77%[2]; ähnliches gilt für Kern- und Splintholz (vgl. Tab. IV, 17). Nach MEIER ist Kiefernfrühholz reicher an Xylan und Araban, jedoch ärmer an Mannan als Spätholz.

In geringen Mengen sind Methylpentosane in den Hydrolyseprodukten von Nadelholz-hemicellulosen nachgewiesen worden; der Gehalt an Methylpentosan ist in Nadelhölzern etwas höher als in Laubhölzern. So konnten HÄGGLUND und RICHTZENHAIN[3] in sauren Hydrolysenprodukten von Fichtenholz und Fichtenholocellulose einen Methoxylgehalt bis zu 6,5% nachweisen, der auf methoxylhaltige Aldobionsäure zurückgeführt wird. O'DWYER[4] fand in Pentosanen 4-Methylglucuronsäure.

Tabelle IV, 17 (nach RITTER und FLECK)

	% Pentosan	
	Kernholz	Splintholz
Hemlock (Schierlings-) Tanne .	9,06	8,79
Redwood	8,86	10,04
roter Maulbeerbaum	20,28	21,16
Ahorn	20,42	20,50
Roteiche	20,95	21,88

Tabelle IV, 18 (nach N. I. NIKITIN)

Art	Stamm			Äste
	Basis	Mitte	Krone	
Fichte	11,42	9,62	10,49	—
Fichte	10,11	8,60	9,85	12,86
Kiefer	9,24	10,97	11,08	—
Kiefer	9,63	10,64	12,89	13,15
Espe	22,59	22,37	23,18	—
Espe	23,04	21,79	23,89	35,90

Technisch sind die Holzpolyosen, denen man bis vor wenigen Jahren noch zu wenig Augenmerk widmete, sehr interessant, weil sie in verschiedener Weise die Darstellung und Verarbeitung der Cellulose beeinflussen und auch den Fertigprodukten wertvolle oder unerwünschte Eigenschaften aufprägen können.

So ist es durch eine Reihe von Untersuchungen bekannt, daß Hemicellulosen — besonders der Polyuronidanteil — durch ihre besonderen physikalisch-chemischen Eigenschaften, offenbar auch durch ihre spezielle Lagerung in der Holzzellwand, eine verklebende Wirkung auf die Einzelfaser bei der Papierblattbildung ausüben (vor allem mannanhaltige Anteile [WISE]; nach GUSTAFSSON sind z. B. Weichholzxylane effektiver als Birkenxylan). Es besteht erfahrungsgemäß eine Beziehung zwischen dem Hemigehalt eines Sulfitzellstoffs und den papierbildenden Eigenschaften[5]. RÅNBY weist darauf hin, daß die Hemicellulose, die zum Großteil an die Fibrillen absorbiert ist, ein hydrophiles System schafft, welches die Eigenschaften der Cellulosefasern in wäßriger Lösung durch Schutzkolloidwirkung entscheidend beeinflußt.

Schwieriger ist eine Diskussion über den Einfluß der Hemisubstanzen auf den Ablauf chemischer Umsetzungen (z. B. Alkalisierung, Filtrierbarkeit der Viscose und ihren spinntechnischen Eigenschaften und dergleichen) und Fertigprodukte, wie z. B. Cellulosereyon (s. S. 294) und Cellophan. Nach BRADWAY[6] sind Trübstoffe in Celluloseacetatlösungen reich an Xylan und Mannan.

[1] HÄGGLUND, E., O. SANDELIN, C. NYMAN, T. ERIKSSON u. H. KOSKULL: Sv. Papperstidn. 37, 133 (1934).

[2] HÄGGLUND, E., u. T. JOHNSON: Papper och Trä 6, 524 (1926).

[3] HÄGGLUND, E., H. RICHTZENHAIN u. E. DRYSELIUS: Ber. dtsch. chem. Ges. 89, 375 (1956).

[4] O'DWYER, M.: Biochemic. J. 33, 713 (1939).

[5] RUNKEL, R.: Papierfabrikant 30, 682 (1932). — SCHWALBE, G.: Papierfabrikant 25, 481 (1927). — FINEMAN, M. N.: Tappi 35, 320 (1952). — Vgl. auch A. ROUDIER: Assoc. techn. ind. papetiere 2, 53 (1953). — WISE, L. E.: Paper Ind. Papier World 29, 825 (1947). — MARCH, R. E.: Techn. Assoc. Papers 31, 240 (1948). — RATLIFF, F. T.: Tappi 32, 357 (1947). — ROSS, J. H.: Pulp. Paper Mag. Canada 51, 93 (1950). — CODRALL, L. G.: Pulp Paper Mag. Canada 51, 135 (1950). — WISE, L. E.: Tappi 36, 155 A (1953); Paper Ind. 37, 1024 (1956).

[6] BRADWAY, K. E.: Tappi 37, 440 (1954).

1. Überblick über die Hemisubstanzen

a) Vorbemerkung

Der akademische Begriff „Cellulose“ umfaßt höhere Polymerisate von anhydrischen Glucoseresten. Da nach DAS[1] und ADAMS selbst reine Baumwollcellulose Spuren von Xylose und/bzw. Arabinose enthalten dürfte, ist es wohl praktischer, den Begriff Cellulose im allgemeinen nicht so extrem eng zu fassen. Bereits breiter ist der technische Begriff *Cellulose*, d. h. „*α-Cellulose*“, in dem sich mehr oder minder feststellbare Mengen resistenter Hemicellulose verbergen sowie der Begriff „*Cross und Bevan*-Cellulose“. Der Botaniker faßt den Begriff Cellulose noch weniger eng und versteht darunter im allgemeinen *Cross und Bevan*-Cellulose, bezieht gelegentlich aber auch die gesamten Holzpolyosen mit ein, versteht unter Cellulose dann also das, was man mit *Holocellulose* (Skelettsubstanz) zu bezeichnen pflegt (RITTER) (vgl. Diagramm S. 234).

Eine Frage ist oft die der schonenden Darstellbarkeit von Holocellulose ohne Kohlenhydratverlust. Einen solchen Weg hat WISE[2] gewiesen. Bei einer Gegenüberstellung der Chloritmethode und POLJAKs Peressigsäuremethode stellten HAAS und Mitarbeiter[3] fest, daß beide Methoden letztlich nicht perfekt sind und etwa gleich große Hemiverluste zeigen. Viscositätsuntersuchungen zeigen, daß die aus Holocellulose gewinnbaren Hemicellulosen mehr oder minder abgebaut sind, beruhend auf Aufschlußart und auch der Extraktionsweise.

Wie noch ausgeführt wird, gibt die α-Bestimmung gleichzeitig die Möglichkeit zu einer weiteren rein konventionellen Aufteilung des Zellstoffs in eine β- und γ-Fraktion. Es sei hier vorausgeschickt, daß die β-Cellulose als stark degradierte, teilweise auch chemisch modifizierte Cellulose anzusprechen ist (Sekundärprodukt), während die γ-Cellulose aus Holzpolyosen besteht, die gegebenenfalls recht merkbare Veränderungen bereits erlitten haben. Genannte Aufteilung ist allerdings nur bei Sulfitzellstoffen eindeutig.

Tabelle IV, 19

Material	α-Cellulose %	Hemi %	Lignin %	Div.
Espe	48	23	17	
Tupelo-Holz	46	17	24	
Papyrus-Mark	40	21—25	16—19	
Sonnenblumenrose	52	8	12	27,5% Pectine
Ramie	72,8	4,6	1,3	0,9% Wachse, Fette
Flachs	64,7	10,6	4,1	2,2
türk. Hanf	62,3	9,8	4,2	1,1
span. Esparto	41	22	13	2—5% Wachs

Tabelle IV, 20

	Holocellulose		Lignin	Extraktivstoffe	Mineralasche
	Cellulose %	Pentosan %	%	%	%
Nadelhölzer	~ 58,0	~ 14,0	~ 30,0	~ 4,0	~ 0,5
Harthölzer	~ 60,0	~ 26,0	~ 27,0	~ 3,0	0—5

b) Isolierung

Bis vor kurzem glaubte man in der Technik mit einer konventionellen Bestimmungsmethode auszukommen, die darauf basierte, daß man zwischen einer laugelöslichen und durch Essigsäure präzipitierbaren β- und einer durch Säuren nicht fällbaren γ-Fraktion unterschied. Die α-Cellulose stellt dann die alkaliresistente, sehr hochmolekulare (DP $\gg$ 200) und praktisch reine Cellulose dar. Der Umstand jedoch, daß kalte Natronlauge zwischen ~ 10 und 20% einerseits weder ein

[1] DAS, D. B., M. K. MITRA u. J. F. WAREHAM: Nature (London) **174**, 1058 (1954). — ADAMS, G. H., u. C. T. BISHOP: Tappi **38**, 672 (1955).

[2] WISE, L. E., M. MURPHY u. A. A. D'ADDIECO: Techn. Assoc. Progr. **29**, 210 (1946).

[3] HAAS, H., W. SCHOCH u. U. STRÖHLE: Papier **9**, 469 (1955).

spezifisches, noch ein schonendes Extraktionsmittel darstellt — erleiden doch die gelösten Polyosen verschiedene chemische Veränderungen, die sich u. a. auch in einer fortschreitenden Veränderung in der UV-Absorption solcher Hemilaugen zu erkennen gibt, und einen fortschreitenden Abbau (vom ursprünglichen Wert in der Gegend von DP $\sim$ 160 bis auf Werte zwischen 7 und 73) — andererseits resistente Hemicellulosen (die scheinbar auch bezüglich der Hydrolysierbarkeit sich unterscheiden sollen [SCHARKOW][1]) wiederum nur sehr unvollkommen oder nicht herausgelöst werden, führte zu berechtigten Einwänden gegen ein solches Bestimmungsverfahren. Sicher ist die konventionelle α-Zahlbestimmung für eine grobe Klassifizierung vor allem vom technischen Gesichtspunkt wertvoll; für eine genauere Bewertung, vor allem der Kunstseidenzellstoffe, müssen Laugelöslichkeitsmessungen, meist bei verschiedenen Konzentrationen, den α-Wert ergänzen. (Näheres s. S. 293).

Es ist auch keineswegs so, daß im allgemeinen solche Laugeextraktionen einen „α-Rückstand" hinterlassen, der mit dem wissenschaftlichen Begriff „Cellulose" völlig identisch ist. In den meisten Fällen werden größere oder kleinere Mengen resistente „Resthemicellulose" zurückgehalten.

Solche „alkaliunlöslichen" Hemicellulosen — vornehmlich Xylane oder Mannane — sollen mit Cellulose (teils auch mit Lignin) assoziiert sein. Es sind dies vornehmlich Cellulosane in der Bezeichnung von NORMAN. ANTHIS hält es durchaus für wahrscheinlich, daß möglicherweise Mannoseeinheiten mit den Glucosegliedern der Cellulosekette chemisch verknüpft sind (über Assoziationen von Hemisubstanzen mit α-Cellulose berichtet z. B. ADAMS und DAS[2]); hingegen zieht SCHUERCH die Existenz von Ligninkohlenhydratbindungen (nach AALTIO[3] z. B. in der Pappel und STEWART in Eukalyptus) in Frage (vgl. dazu RICHTZENHAIN[4]). MATSUZAKI[5] nimmt an, daß resistentes Pentosan im kristallinen Anteil als gemischte Kette mit Cellulose eingebaut ist. Zweifellos bestehen aber starke Nebenvalenzkräfte und auch Adsorptionseffekte[6] dürfen nicht außer Betracht bleiben. Nach SCHARKOW[1] genügen etwa 8—10 Celluloseketten, um Mannan einzubauen. Bei Xylan sind etwa 50—100 Ketten erforderlich. Teilweise kann aber auch die Resistenz mit der chemischen Isolierung zusammenhängen; so beobachtet BINGER, daß Pentosane in Chloritcellulose besonders resistent sind. (Nach SCHOETTLER enthielt[7] gebleichter Espenholzkraftzellstoff 8—9% resistentes Xylan, während die entsprechende Chloritholocellulose nur etwa 2% enthielt. Untersuchungen ergaben, daß alkaliresistentes Xylan bei der Sulfatkochung aus löslichen Pentosanen *nicht* entsteht. Vgl. dazu YLLNER, S. 231). GIERER und TREIBER behandelten extrahierte Fichtenholzspäne mit konzentrierten Calciumchloridlösungen in der Wärme; der Pentosangehalt fällt von etwa 7,5% (Blindprobe, mit Heißwasser extrahiert) auf weniger als 4%, etwa dem resistenten Pentosanwert entsprechend.

ROSCHIER[8] weist darauf hin, daß verschiedene Metallhydroxydkomplexe vom Typ $[Cu(OH)_4]^{--}$ Polysaccharide aus alkalischer Lösung fällen. Cuprite und

[1] SCHARKOW, W. I., u. O. A. DOBUSCH: Papier-Ind. **28**, 14 (1953).

[2] DAS, D. B., M. K. MITRA u. J. F. WAREHAM: Sci. a. Cult. (India) **18**, 249 (1952); ADAMS, G. A., u. C. T. BISHOP: Nature (London) **172**, 28 (1953).

[3] AALTIO, E., u. R. H. ROSCHIER: Papper och Trä **36**, 157 (1954).

[4] RICHTZENHAIN, H.: Z. Pflanzenernähr. **69**, 25 (1955); V. C. FARMER: Research (London) **6**, 47 (1953). — Siehe nunmehr auch A. BJÖRKMAN: Sv. Papperstidn. **60**, 243 (1957). — Merewether, J. W. T: Holzforschg. **11**, 65 (1957)

[5] MATSUZAKI, K., A. HATANO, T. ABE u. H. SOBUE: Bull. Chim. Soc. Japan **27**, 483 (1954).

[6] Vgl. J. SCHURZ: Sv. Papperstidn. **57**, 399 (1954).

[7] SCHOETTLER, J. R.: Tappi **37**, 686 (1954).

[8] ROSCHIER, R. H., u. K. ESKOLA: Papper och Trä **37**, 399 (1955). — Vgl. auch Papper och Trä **35**, 4 (1953); **36**, 27 (1954).

Plumbite fällen die $\beta + \gamma$-Fraktion quantitativ. Der Xylankomplex mit FEHLINGscher Lösung ist schon früh zur Isolierung herangezogen worden. Die Chromatographie der Cupritfällung zeigte bei Fichten- und Birkensulfitzellstoffen Glucan, Mannan, Xylan und möglicherweise Galactan an.

Auch in der Pflanzenanalyse geht man bis heute in der Isolierung ähnlich vor; man verwendet vorwiegend wäßrige oder alkoholische Alkali- oder Alkalikarbonatlösungen (z. B. 5%ige Pottaschelösung) verschiedener Konzentration. Gegenwärtig wird bevorzugt unter Sauerstoffausschluß, gelegentlich auch in Gegenwart reduzierender Substanzen gearbeitet.

Beispielsweise extrahierte WETHERN[1] die Hemicellulose aus Schwarztanne mit 5%iger und anschließend mit 16%iger Kalilauge. Er fand hierbei im 1. Extrakt: 7,7% Mannan, 21,1% Uronsäuren und 47,5% Pentosane mit dem Molekulargewicht von 6500—44000; im zweiten Extrakt: 22,2% Mannan, 13,5% Uronsäuren und 38,9% Pentosane mit dem Molekulargewicht von 14000—30000.

An weiteren Extraktionsmitteln sind LiOH, Salzlösungen, Cuoxam, Nioxam und Nioxen[2], Dimethylsulfoxyd (LINDBERG[3]) usw. genannt worden. JONES[4] berichtete nun, daß durch Metaboratzugabe (3—4% H_3BO_3 zu einer 16%igen Kalilauge) eine erhöhte Menge löslicher Kohlenhydrate (reich an Mannan) herausgelöst werden können.

Von DYMLING, GIERTZ und RÅNBY[5] wurde nitrierter Zellstoff mit Äthylacetat-Alkohollösungen extrahiert. In den Hydrolysaten der leicht löslichen Fraktionen finden sich neben Glucose Mannose und Xylose bei Sulfatzellstoffen auch Spuren von Arabinose. RÅNBY[6] extrahiert mit 18%iger NaOH und fällt verschiedene γ-Fraktionen mit HCl in verschiedenen p_H-Bereichen[7, 8, 9, 10].

O'DWYER[11] analysierte dereinst Eichenholz, das zunächst mit Wasser und anschließend mit 4%iger NaOH extrahiert worden war. Der alkalische Auszug ergab nach Fällung mit Essigsäure den Hemicelluloseanteil *A*; das Filtrat wurde mit Alkohol gefällt und gab den Hemicelluloseanteil *B*. *A* enthielt etwa 83% Xylan, 10% Methyluronsäureanhydrid und ungefähr 7% eines Glucans; Anteil *B* enthielt 60% Xylan, 17% Methyluronsäure und 23% Glucan. Sicher enthielt der alkalische Extrakt Alkalilignin und die Hemifraktionen, nach dieser Methode erhalten, waren nicht rein.

ANDERSON und Mitarbeiter[12] setzten derartige Untersuchungen fort; sie schalteten nach einer anfänglichen alkalischen Extraktion eine Chlorierung ein und führten so Lignin in Chlorlignin über und extrahierten dieses durch Alkohol. Den ligninfreien Rückstand extrahierten sie neuerdings mit Alkali und fanden den Xylananteil in verschiedenen Laubholz-Hemicellulosefraktionen zwischen 78 und 93% und den Methylhexuronsäureanhydridanteil zu 7,8—19,5%. Bei Nadelhölzern ergab Kiefernsplintholz Hemifraktionen, die 36—46% Mannane, 40—50% Xylane und etwa 10—15% Methyluronsäurereste enthielten. Die Hydrolyse der Hemicellulosen lieferte u. a. Aldotriuronsäure, worin zwei Moleküle Xylose an die Uronsäurereste geknüpft waren.

WISE und Mitarbeiter[13] haben Holzproben in Holocellulose übergeführt und diese unter Stickstoff mit KOH-Lösungen fraktioniert extrahiert. Sie erhielten 3 Hemifraktionen und einen Rückstand nach der Behandlung mit 24%iger Lauge, den sie als „α-Cellulose" bezeich-

---

[1] WETHERN, J. D.: Tappi **35**, 267 (1952).
[2] JAYME, G., u. K. NEUSCHÄFFER: Papier **9**, 563 (1955).
[3] HÄGGLUND, E., B. LINDBERG u. J. MCPHERSON: Acta chem. Scand. **10**, 1160 (1956).
[4] JONES, J. K. N., L. E. WISE u. J. P. JAPPE: Tappi **39**, 139 (1956).
[5] DYMLING, E., H. W. GIERTZ u. B. G. RÅNBY: Sv. Papperstidn. **58**, 10 (1955).
[6] RÅNBY, B. G.: Vortrag Uppsala 1955.
[7] Siehe S. 226, Fußnote 5. [8] Siehe S. 226, Fußnote 6.
[9] Siehe S. 224, Fußnote 2. [10] Siehe S. 224, Fußnote 3.
[11] O'DWYER, H. A.: Biochemic. J. **17**, 501 (1923); **28**, 2116 (1934); **34**, 149 (1940).
[12] ANDERSON, E., M. G. SEELEY, W. T. STEWART, J. C. REDD u. D. WESTERBEKE: J. of Biol. Chem. **135**, 189 (1940). — ANDERSON, E., R. B. KASTER u. M. G. SEELEY: J. of Biol. Chem. **144**, 767 (1942). — ANDERSON, E., T. KESSELMANN u. E. C. BENNETT: J. of Biol. Chem. **140**, 563 (1941).
[13] WISE, L. E., M. MURPHY u. A. A. D'ADDIECO: Paper Trade J. **122**, (2), 35 (1946). — WISE, L. E., u. E. K. RATTLIF: Anal. Chem. **19**, 459 (1947).

neten (vgl. Tab. IV, 21). Die heterogene Verteilung der einzelnen Komponenten ist offensichtlich.

BISHOP und ADAMS[1] extrahieren nun nach einer Vorquellung in flüssigem Ammoniak mit Wasser, 0,5%iger Sodalösung, 0,5%iger und 2,2%iger Kalilauge. Sie erhalten so Fraktionen mit fallendem Uronsäure- und steigendem Pentosangehalt.

CLERMONT[2] extrahierte sukzessive eine Holocellulose der Schwarztanne mit heißem Wasser, 5 und 16%iger Kalilauge. Durch Weiterfraktionieren wurden insgesamt 18 Unterfraktionen erhalten. In allen fand sich Xylose, Arabinose, Mannose, Glucose und Galaktose, jedoch in variablem Verhältnis. Sicher repräsentiert keine der Fraktionen ein einziges, definiertes Polysaccharid; man gewinnt jedoch den Eindruck, daß 2 Typen in Schwarztanne vorkommen, eine, die sich weitgehend auf Mannose und eine, die sich vornehmlich auf Xylose aufbaut.

PREECE wendet eine fraktionierte Fällung mit Ammonsulfat an. Es muß aber darauf hingewiesen werden, daß alle Methoden der fraktionierten Fällung oder Auflösung zur Gewinnung reiner, einheitlicher Fraktionen wenig aussichtsreich sind. Es sind daher auch leider die meisten Untersuchungen an komplexen Stoffgemischen ausgeführt worden. Vielleicht eröffnen andere physikalisch-chemische Verfahren bessere Aspekte, wie z. B. die Thermodiffusion, mittels der LANGHAMMER erstmals Triacetylcellulose fraktionieren konnte.

Tabelle IV, 21 (nach WISE)

Fraktion	Mannangehalt	
	Kiefer %	Fichte %
Hemicellulose *A*	11,5	9,3
Hemicellulose *B*	27,2	26,4
Hemicellulose *C*	45,2	44,9
„Alpha"-Cellulose	12,2	11,9

Wie Viscositätsuntersuchungen zeigten, sind die aus Holocellulose gewonnenen Hemifraktionen mehr oder minder abgebaut, beruhend auf Aufschlußart und Extraktionsweise. So ist nach WETHERN[3] die Hemicellulose, isoliert aus nach dem Chloräthanolaminverfahren gewonnener Holocellulose weniger stark abgebaut als die aus Holocellulose, erhalten nach dem Chlorit- bzw. Chlordioxyd-Pyridinverfahren.

Gewisse Hemicellulosen, Holzgummi im engeren Sinne[4], sind bereits in Wasser löslich. So gehen 10% von jungem Fichtenholz nach KLASON in heißem Wasser in Lösung, davon sind etwa 25% Pentosane. Im Lärchenholz findet sich ein wasserlösliches Arabogalactan (das wasserlösliche Polysaccharid von *larix leptolepis* Gord. enthält 3% homogenes ε-Galactan[5]); ebenso in der Schwarztanne[6] (6 Galaktose: 2 Arabinose: 1 Uronsäure). Haferstrohzellstoffextrakt enthält fast 50% lösliche Xylane. Die wasserlösliche Hemisubstanz vom Endosperm von *triticum vulgare* ist hoch verzweigt und offenbar ein Araboxylan[7]. RÅNBY hat ein möglicherweise monodisperses Glucomannan aus der Zwiebel von *lilium candidum* L. isoliert[8].

Wasserlösliche Hemicellulosen beschreiben z. B. ADAMS (aus Weizenstroh) und STEWART (aus Eucalyptusholz). In *Pseudotsuga taxifolia* findet sich ein fast uronsäurefreies wasserlösliches Polysaccharid vom Molekulargewicht ≈ 67000.

WADMAN und Mitarbeiter[9] haben aus *Jeffrey Pine* ein wasserlösliches Arabogalactan isoliert. Es enthielt L-Arabinose, D-Galaktose und Spuren von methylierten Uronsäuren; es war polydispers mit einem mittleren Molekulargewicht von ~ 100000.

HUFFMAN und Mitarbeiter[10] haben sogar aus Filterpapieren und Edelzellstoffen eine wasserlösliche „Hemisubstanz" isolieren können (Xylose, Arabinose, Glucose, Galaktose,

[1] BISHOP, C. T., u. G. A. ADAMS: Canad. J. Res. (B) **28**, 753 (1950).
[2] CLERMONT, L. P.: Pulp Paper Mag. Canada **56**, 107 (1955).
[3] Siehe S. 229, Fußnote 1.
[4] T. THOMSEN bezeichnet mit Holzgummi (wood gum) die mit 10%iger Lauge extrahierbaren Kohlenhydrate.
[5] TACHI, I., u. N. YAMAMORI: J. Agric. Chem. Soc. Japan **27**, 139 (1953).
[6] THOMPSON, I. O., J. J. BECHER u. L. E. WISE: Tappi **36**, 541 (1953).
[7] MONTGOMERY, R., u. F. SMITH: J. Amer. Chem. Soc. **77**, 3325 (1955).
[8] Siehe S. 229, Fußnote 6.
[9] WADMAN, W. H., A. B. ANDERSON, W. Z. HASSID: J. Amer. Chem. Soc. **76**, 4097 (1954).
[10] HUFFMAN, G. W., P. A. REBERS, D. R. SPRIESTERSBACH u. F. SMITH: Nature (London) **175**, 990 (1955).

Uron- und Aldobiuronsäure). Wahrscheinlich handelt es sich hier um ein sekundäres Abbauprodukt.

Schließlich sei hier noch eingeschaltet, daß großtechnisch in der Vorhydrolyse, d. h. durch Behandlung vor dem eigentlichen Aufschluß mit Wasser oder sehr verdünnten Säuren, ein Teil der leicht hydrolysierbaren Hemicellulosen entfernt wird, um den Aufschluß zu erleichtern und den Endwert der nichtcellulosigen Begleiter im Zellstoff herabzudrücken. WITTWER[1] hat die dabei auftretenden Kohlenhydrate bzw. Spaltstücke untersucht (Tabelle IV, 22).

Auch die Hydrolyseprodukte der Kochablaugen sind wiederholt Gegenstand von Untersuchungen gewesen. SHAW[2] zeigt, daß Bruchstücke mit einem DP von 2—7 in Sulfitablauge vorkommen. An Zuckern wurden bei der Hydrolyse gefaßt: Glucose, Mannose, Xylose, Galaktose (Rhamnose). SUNDMAN[3] findet noch Arabinose; Spuren von Fructose sind als Sekundärprodukt (Epimerisation) anzusprechen. Bei der Kochung von Fichte und Tanne herrschen Mannose, Galaktose und Xylose vor[4], bei Birke und Espe Xylose. Arabinose erscheint gleich wie Xylose und Galaktose zu Anfang der Kochung; während Arabinose bei der Temperatursteigerung über 100° teilweise zerstört wird, verschwinden die beiden Letztgenannten während des Kochprozesses nicht. Mannose wird nicht vor Erreichung von etwa 130° C, Glucose vor etwa 140° C gefunden. ROSCHIER[5] isolierte aus Sulfitablaugen harter Kochung Di-, Tri- und Tetrasaccharide vom Hexose- und Pentosetyp. Sulfatablauge enthält bedeutende Mengen an Polysacchariden, und zwar außer reichlich Xylan noch Galaktan und Araban.

Tabelle IV, 22 (nach WITTWER)

Vorhydrolysat von	Glucose	Xylose	Arabinose	Mannose	Galaktose	Rhamnose	Xylobiose	Xylotriose	Uronidfraktion
Buche	sp	**+**	**+**	**+**	**+**	sp	+	sp	**+**
Pappel	sp	**+**	+	+	+	sp	+	sp	**+**
Kiefer	+	**+**	**+**	**+**	+	sp	sp	?	+
Fichte	+	+	**+**	**+**	+	?	sp	sp	+

+ vorherrschend
+ deutlich nachweisbar
sp Spuren

c) Löslichkeit

Die verschiedene Löslichkeit der diversen Hemicellulosen beruht auf Verschiedenheiten in der Kettenlänge, Kristallisationsgrad, Carboxylgruppen- bzw. Uronsäuregehalt und Assoziation oder Verknüpfung mit anderen Wandsubstanzen, wobei nach WHISTLER auch an eine mechanische Verflechtung zu denken ist[6]. (z. B. findet ANDERSON in verschiedenen Hölzern Xylane mit dem Verhältnis: Xylose zu Methylglucuronsäure wie 8:1 bis 19:1; die letzteren sind am schwersten löslich). Neben der Zugänglichkeit übt die Zahl der eingeschnappten Wasserstoffbrücken sowie die Menge inkludierter Fremdmolekeln einen Einfluß aus. In dieser Richtung sind auch Alterungs- und Verhornungseffekte zu interpretieren[7]. Es wird oft beobachtet, daß bei längerem Stehen, vornehmlich bei längerem Trocknen oder Erhitzen die Fraktionen unlöslich werden.

Zur Frage der Adsorption ist kürzlich von YLLNER[8] ein wichtiger Beitrag geliefert worden. Es wurde gezeigt, daß Xylan, welches während der Sulfatkochung in der Kochlauge gelöst ist, von Cellulosefasern während der Kochung bis zu einem gewissen Grad irreversibel adsorbiert werden kann. (Die Adsorption wurde an Baumwoll- und Lintersproben untersucht, die während der Kochung in Behältern aus feinmaschigem Stahldrahtnetz eingeschlossen waren).

[1] WITTWER, R.: Faserforsch. Textiltechn. **6**, 58 (1955).
[2] SHAW, A. C.: Pulp a. Paper Mag. Canada **57**, 95 (1956).
[3] SUNDMAN, J.: Papper och Trä **32** B, 267 (1950).
[4] Vgl. STOCKMAN, L., u. E. HÄGGLUND: Sv. Papperstidn. **51**, 269 (1948).
[5] ROSCHIER, R. H., u. K. ESKOLA: Papper och Trä **37**, 399 (1955); vgl. auch Papper och Trä **35**, 4 (1953); **36**, 27 (1954).
[6] Es darf nie übersehen werden, daß der Begriff: Extraktfreies Holz wie auch Holocellulose ein komplexes Durchdringungssystem hochpolymerer Stoffe umschreibt. Die Stoffe sind physikalisch-chemisch und morphologisch heterogen. Auch SCHOETTLER führt Unterschiede in der Herauslösbarkeit auf Verschiedenheiten in der Faserstruktur, dem physikalischen Zustand, in den zwischenmolekularen Kräften und Molekulargewicht zurück.
[7] Siehe S. 224, Fußnote 4.
[8] YLLNER, S., u. B. ENSTRÖM: Sv. Papperstidn. **59**, 229 (1956).

Die aus der alkalischen Lösung beim Ansäuren abscheidbaren Hemicellulosen bezeichnet man nach O'DWYER[1] als A-Fraktion. Zugabe von Alkohol oder Aceton zum A-Filtrat ergibt schrittweise die B- und C-Fraktion. Weitere Fraktionierungen bzw. Reinigungen durch Fällung der Kupferkomplexe und dergleichen ergeben die entsprechenden Fraktionen A_1, B_1, C_1; durch anschließende Alkohol-Acetonfällung erhält man daraus die Fraktionen B_2 und C_2. Die Schärfe der „Fraktionierung" läßt, wie bereits bemerkt, sehr viel zu wünschen übrig. Je nach der Konzentration des Alkalis bzw. der Anwendungsform (Hydroxyd, Karbonat) unterscheidet man gelegentlich auch zwischen einer Hemicellulose I, II usw. Die Ermittlung der Zusammensetzung der Polysaccharide ist durch die Papierchromatographie der Hydrolyseprodukte wesentlich erleichtert worden, so daß mit dem Vorliegen einer zweckmäßigen und einfachen Analysenmethode unsere Kenntnis über den Bau der Hemicellulosen nun sprunghaft zunimmt[2].

(Am Rande sei bemerkt, daß MORITA[3] eine Charakterisierung der Polysaccharide durch partielle Thermoanalyse versucht).

Eine große Bedeutung für die Erforschung der Struktur der Hemicellulose kann die enzymatische Hydrolyse erlangen. WHISTLER[4] hat von diesem Gesichtswinkel her die enzymatische Hydrolyse von Xylan studiert.

d) Einteilung

Sowohl die eingangs skizzierte unscharfe Abgrenzung als auch die immer breitere Fassung des Begriffes Hemicellulose bringt, in Verein mit den gegenwärtig bestehenden Schwierigkeiten der Isolierung, Fraktionierung und Strukturaufklärung, es mit sich, daß wir beispielsweise recht verschwimmende Übergänge zwischen den Pektinen, der Holzstärke, Pflanzengummi und Schleime haben.

Die zuerst in der Primärwand auftretenden Polysaccharide, die Pektine, die nach CANDLIN im Holz — zum Unterschied bei nicht verholzten Pflanzen (z. B. Ramiebast) — allerdings nur in ganz geringer Menge vorkommen, sind kaum von den eigentlichen Hemisubstanzen abzutrennen, so daß viele die *Holzpektine* den Hemisubstanzen zurechnen (HAAS). 1925 wurde erstmals Holzpektin aus Buchenholz und 1931 aus Buxbaumholz (0,4%) isoliert. Im Zitronenbaum sind bis zu 3,4% Pektine enthalten. Reicher an Pektinen sind Blätter, Triebe und das Cambialgewebe. Die ursprüngliche Annahme, daß Holzpektine Vorstufen der Hemisubstanzen sind, kann kaum aufrechterhalten werden. Die physiologische Bedeutung der Holzpektine ist noch ungenügend bekannt.

1933 erschienen die Arbeiten von CAMPBELL über Holzstärke des Eichen- und Nußholzes und die von NIEMANN über Apfelbaumholz. An *Holzstärke* wurde z. B. gefunden: Amerikanische Birke (Mai) 4,9—5,4%, Erle (Jänner) 3,0%, amerikanische Eiche 1,3%, Ulme 0,16%. Ulmenholzstärke enthält nach CAMPBELL[5] $\sim$ 20,5% Amylose.

Pflanzengummi und Schleime, die in einem eigenen Paragraphen besprochen werden, finden sich vornehmlich in den Samen. Man kann sie einteilen in: Celluloseschleime, Pektinschleime und Calloseschleime.

Durch diesen Umstand als auch durch die Tatsache bedingt, daß der Zellstofftechniker infolge sekundärer Veränderungen im Fabrikationsprozeß meist andere Produkte in den Händen hat als der Holzchemiker und Botaniker, wird jede Einteilung sehr erschwert. Es wird z. B. überhaupt noch zu klären sein, welche Veränderungen eine genuine Hemicellulose im technischen Aufschlußprozeß erleidet. So wird bekanntlich von WILSON[6] u. a. die Auffassung vertreten, daß die sog. β-Cellulose in der Hauptsache ein sekundäres Produkt ist und sich erst beim Kochprozeß bildet (vgl. S. 243).

Nach COTTRALL findet man im Sulfitzellstoff wenig Galaktan und Araban, die herausgekocht werden. Ein hartgekochter Sulfitzellstoff besitzt etwa 8,4% Mannan und 4,6% Xylan, die beiden dominierenden Hemivertreter. Im Sulfitreyonzellstoff findet man etwa 4,2% Mannan und 2,0% Xylan (vgl. Tab. IV, 25). Im Gegensatz zum Sulfitprozeß entfernt der Sulfatprozeß völlig die Polyuronide, mit Ausnahme bei Birke und Espe.

---

[1] Siehe S. 229, Fußnote 11.

[2] Vgl. M. A. JERMYN: In K. PAECH u. M. V. TRACEY, Moderne Methoden der Pflanzenanalyse. Berlin: Springer 1954. — GEE, M., u. R. M. MCCREATY: Analyt. Chem. **29**, 257 (1957).

[3] MORITA, H.: Anal. Chem. **28**, 64 (1956).

[4] WHISTLER, R. L., u. E. MASAK: J. Amer. Chem. Soc. **77**, 1241 (1955).

[5] CAMPBELL, W. G., J. L. FRAHN, E. L. HIRST, D. F. PACKMAN u. E. G. V. PERCIVAL: J. Chem. Soc. **1951**, 3489.

[6] WILSON, K., E. RINGSTRÖM u. I. HEDLUND: Sv. Papperstidn. **55**, 31 (1952).

Man kann nun nach verschiedenen Einteilungsprinzipien suchen. Für den Botaniker naheliegend wäre eine Einteilung der physiologischen Funktion nach. Die biologischen Aufgaben der Hemisubstanzen sind, wie erwähnt, noch keinesfalls völlig klargelegt; man kann gegenwärtig lediglich von

a) *Gerüstsubstanzen* (vornehmlich Pentosane, in der Hauptsache Xylane und Arabane. Vorkommen: Holz, Stroh, Samen, Fruchtschalen [Hülsen] und dergleichen) und

b) *Reservestoffe* (meist reich an Hexosane, hauptsächlich in Kernen und Samen) sprechen.

Unter Berücksichtigung der chemischen Konstitution der monomeren Kettenglieder kommt man nach KARRER etwa zu nebenstehendem Schema (Tab. IV, 23).

Auch über den Sitz der Hemisubstanzen im genuinen Material ist wenig bekannt. Meist wird der Auffassung Raum gegeben, daß Hemisubstanzen, vornehmlich Pentosane, vorwiegend im amorphen Anteil — offenbar in der amorphen Rindenzone der Micellarstränge — sich befinden. Dies trifft in gewisser Beziehung auch für die 5—20% niederpolymeren Anteile (DP ≈ 100) im Reyon zu (SOBUE[1]). Ferner sitzt die sehr hydrophile Hemicellulose (speziell Uronide) zwischen den Fibrillen. Die Verteilung der Hemisubstanz über die Sekundärwand hinweg scheint nur bei Baumwolle gleichmäßig zu sein, während sie bei Fichte und Birke symbat mit der Packungsdichte der Cellulose geht und mengenmäßig in den äußeren Schichten zunimmt (ASUNMAA und LANGE[2]). Resistentes Pentosan soll nach MATSUZAKI[3] im kristallinen Anteil als gemischte Kette mit Cellulose vorliegen.

Eine andere, zweifellos einfachere Einteilung geht auf CANDLIN und SCHRYVER zurück. Danach werden die Hemicellulosen, die bei der Hydrolyse neben Zucker größere Mengen an Uronsäuren ergeben, als *Polyuronide* bezeichnet (nicht zu verwechseln mit Polyuronsäuren). Sie erweisen sich, sofern sie nicht etwa mit Lignin chemisch verknüpft sind, im allgemeinen als schwach gebunden und leicht extrahierbar.

Tabelle IV, 23

Physiologische Rolle	Hexosen							Pentosen			Hexosen-Pentosen			
	Glucan	Fructan	Mannan	Galaktan	Glucofructan (*Lycoris radiata*, *Dasycladus vermicularis*)	Glucomannan (Ilesmannan, *Lilium cand.*)	Galaktomannan (*Kentucky*-Kaffeebohne, griech. Heusame)	Xylan	Araban	Araboxylan	Galaktoaraban (Pektinstoffe)	Glucoaraban	Galaktoxylan	Glucoxylan
Skeletsubstanz	*Cellulose*	Polyfructosane der Gräser; Lävulan?	Mannane d. Zellwand	Galaktane d. Samenschalen				Strukt. Xylan	Strukt. Araban	(z. B. Eichenhemi)				
Reservesubstanz	*Stärke*, Glykogen Lichenin	Inulin Irisin Tricitin	(z. B. Steinnuss-Mannan)	Galaktane d. Reservestoffe der Samen				Reservexylan	Reservearaban	(Araboxylane in Getreidehülsen und Kleie)				

[1] SOBUE, H., K. MATSUZAKI, A. HATANO u. Y. ARISOWA: J. Soc. Text. Cell. Inst. Japan 8, 78 (1952).

[2] Siehe S. 224, Fußnote 5.

[3] MATSUZAKI, K., A. HATANO, T. ABE u. H. SOBUE: Bull. Chem. Soc. Japan 27, 483 (1954).

Dieser Stoffgruppe stellen NORMAN und HAWLEY die stärker gebundenen und schwerer extrahierbaren *Cellulosane* gegenüber, die keine oder nur geringe Mengen an Uronsäuren enthalten und sich weiter in Hexosane, Pentosane und Hexosane-Pentosane aufteilen lassen.

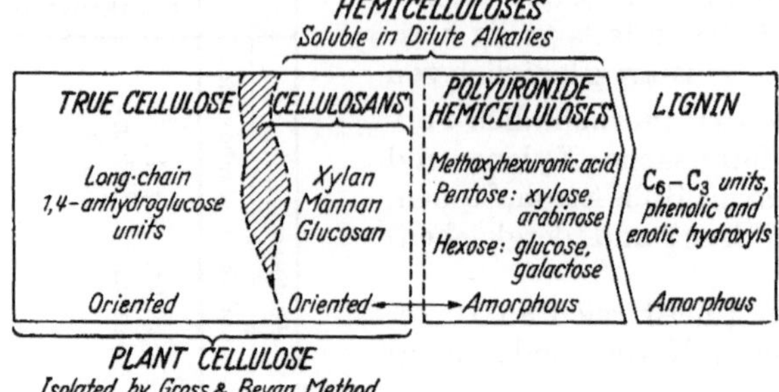

Wie schon mehrfach erwähnt, beobachtet man leichter und schwerer herauslösbare Cellulosane. (Vgl. nachstehendes Schema, unterer Teil [nach COTTRALL].) Auch in der Hydrolysierbarkeit finden sich analoge Unterschiede. So besitzen z. B. Sonnenblumenschalen 24% leicht und 41,6% schwer hydrolysierbare Hemisubstanzen. Von den Pentosanen sind etwa 20% langsam hydrolysierend. Bei Baumwollsamenschalenpolyosen sind 26% leicht und 39% schwer hydrolysierbar (ZAKOSHCHIKOW). Im „Restpentosan" haben wir vornehmlich ein schwer lösliches Xylan vor uns, welches möglicherweise acetyliert ist (WALDMANN).

Tabelle IV, 24. *Übersicht in Anlehnung an* WISE

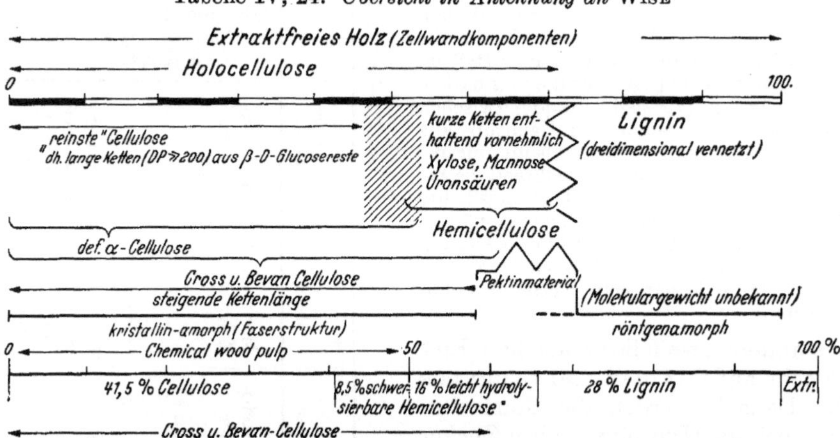

* Nach L. G. COTTRAL, Paper Maker **78**, 125 (1954).

Wie betont, sind aber nicht nur chemische Ursachen maßgebend, sondern wahrscheinlich noch viel mehr physikalisch-chemische und morphologische Faktoren. Die Annahme, daß bei der Sulfatkochung aus löslichen Pentosanen alkaliresistentes Pentosan entsteht, dürfte wohl durch die Untersuchung von SCHOETTLER[1] widerlegt sein. Auch unter der Weiterverarbeitung ist die Zurückhaltung verschiedener Hemireste unterschiedlich; so werden in gereinigten Zellstoffen beim Acetatprozeß Mannane stärker zurückgehalten als Pentosane und sollen für anomale Viscosität verantwortlich sein. Auch im fertigen Reyon finden sich daher Hemianteile wie z. B. Xylan (DÖRR; vgl. auch BUURMAN[2]). Im Buchenkunstseidenzelistoff verbleibendes Pentosan (~ 6%) soll die Viscosität der Viscose merkbar beeinflussen[3].

[1] Siehe S. 228, Fußnote 7. — Vgl. jedoch dazu S. 231.

[2] BUURMAN: Textile Res. J. **23**, 888 (1953).

[3] ASAOKA, H., u. K. KUDO: J. Chem. Soc. Japan **56**, 455 (1953).

Auch wir konnten eine Übertragung des Xylans in die fertige Cordseide beobachten, während — in Übereinstimmung mit anderen Beobachtungen — Mannan praktisch im Laufe des Prozesses ausgeschieden wird (s. Tab. IV, 25). Im übrigen vergleiche auch S. 245 und Tab. IV, 32, 33 u. 34.

Tabelle IV, 25

Zellstoff	Zucker bei der Totalhydr.	Ausgangszellstoff %	Cordseide %
vorhydr. Kiefernsulfat-Zellstoff	Glucose	95,5	98,4
	Mannose	1,4	Spuren
	Xylose	3,1	1,6
vorhydr. Southern Pine Sulfatzellstoff	Glucose	94,2	98,2
	Mannose	3,2	Spuren
	Xylose	2,6	1,8

STEWART[1] schlägt, in Anlehnung an neuere Nomenklaturvorschläge, nachstehende Einteilung vor.

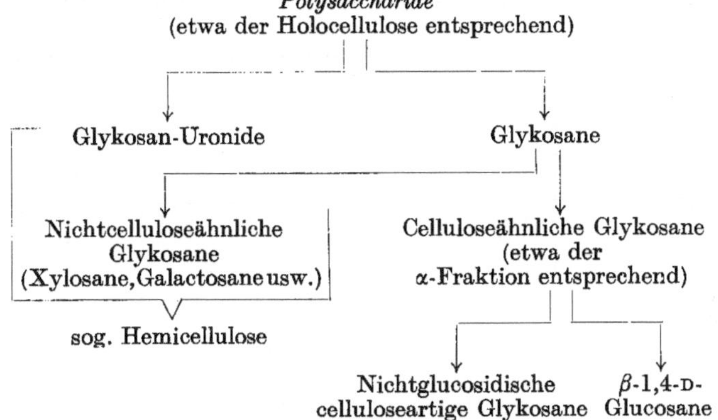

Wie noch ausgeführt wird, gibt die α-Bestimmung der Sulfitzellstoffe gleichzeitig die Möglichkeit zu einer weiteren rein konventionellen Aufteilung des Zellstoffs in eine β- und γ-Fraktion. Erstere ist als stark degradierte, teilweise auch chemisch modifizierte Cellulose anzusprechen, während die γ-Cellulose aus Holzpolyosen besteht, die gegebenenfalls recht merkbare Veränderungen erlitten haben.

2. Vorkommen und Bauprinzip

Die Strukturbestimmung stützt sich einerseits auf die chromatographische Bestimmung der Zucker nach der Totalhydrolyse, andererseits auf konstitutionelle Bestimmungsmethoden, wie z. B. die Methylierungsmethode nach PURDIE und IRVINE (siehe als Beispiel Tab. IV, 26), die Methode der Perjodatoxydation und die nach BARRY.

Die Cellulosane der Gymnospermen enthalten vornehmlich Glucosan, Mannan und etwas Xylan, die der Angiospermen Glucosane und Xylane (in Spuren können als Hydrolyseprodukte noch Galaktose, Arabinose und Fructose [?] auftreten). Die Nadelhölzer enthalten mehr Hexosane als die Laubhölzer (s. Tab. IV, 27). (Über Hemicellulosen der Bastfasern vgl. MAZUMDAR[2]).

Tabelle IV, 26. *Methylierungsprodukte des Steinnußmannans*

Mannan A %	Mannan B (höher polymer) %	Methylierungsprodukt
7,3	1,3	2,3,4,6-Tetramethylmannose
83,0	81,8	2,3,6-Trimethylmannose
6,8	14,3	2,3,4-Trimethylmannose
1,2	1,3	Dimethylmannose
1,7	1,3	2,3,4,6-Tetramethylgalactose

Tabelle IV, 27

	Hexosane %
Fichte	10,2
Kiefer	8,5—12,8
Espe	0,7
Birke	4,6

[1] STEWART, CH. M.: Holzforsch. 8, 46 (1954).
[2] MAZUMDAR, A. K.: J. Sci. Ind. Res. 14 B, 542 (1955).

a) Hexosane

Glucosane. Nach O'DWYER soll sich Glucose als Hydrolyseprodukt nur in Weichholzhemi vorfinden. Ferner ist Glucose das Hydrolyseprodukt der Holzstärke. WALDMANN und PREY stellen überhaupt zur Diskussion, ob es Glucosane gibt. Glucose wurde einwandfrei in Hemicellulose der *Gramineaen* nachgewiesen (EHRENTHAL). In den Knollen von indonesischen *Amorphophallus*-Gewächsen wurde ebenfalls ein Glucan gefunden.

Vertreter nativer Glucosane — die vielfach noch zu den Hemisubstanzen gezählt werden — sind Maisglykogen sowie das Lichenin des Isländischen Mooses, welches in Moosen, Flechten und Haferspelzen vorkommt. Lichenin und Isolichenin bestehen aus Glucoseresten in β-1,4- und β-1,3-Bindung ($\sim$ 20%) in unbekannter, wahrscheinlich unregelmäßiger Reihenfolge. Das Molekulargewicht beträgt etwa 40000.

Laminarin (in Meeresalgen) besitzt eine β-1,3-Verknüpfung. Gemischte Verknüpfungen dürfte das lineare Gersten-Gummi-Glucosan haben.

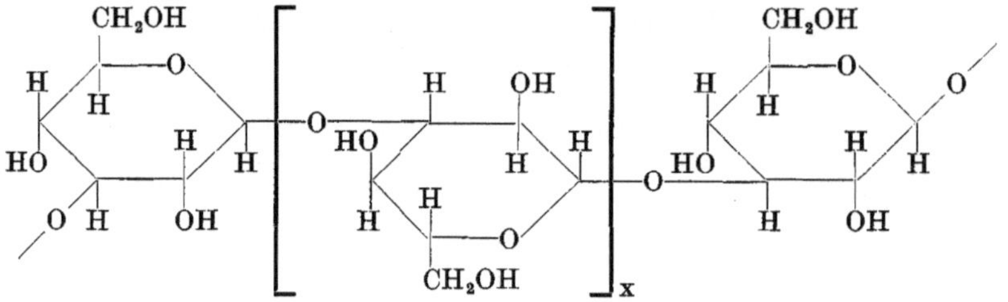

Ein Polyglucosan aus dem Fruchtfleisch des Pilzes *Polyporus betulinus* untersuchte DUFF[1].

Mannane. Der Mannangehalt einiger Hölzer geht aus Tab. IV, 28 hervor. Das Fichtenholzmannan dürfte offenbar eine reine Polymannose sein. Das Reservekohlenhydrat „Salepmannan" besitzt eine Acetylgruppe auf 11 Mannosereste.

Tabelle IV, 28

	% Mannan
Kiefer. . . .	4,6— 8,4
Fichte. . . .	7,6—10,5
Eibe	9,1

Angiospermen: 0,6— 1,3 } ROUDIER[2]
Gymnospermen: 8 —10 }

Eingehend ist das Steinnußmannan studiert worden. Nach MEYER, MARK und KLAGES liegen lineare Ketten von β-1,4-glucosidisch verknüpften Mannoseresten vor (I); im Falle des Steinnußmannan A sind es < 40 Reste. Eine größere Kettenlänge besitzt Mannan B. Der DP-Grad der im allgemeinen schwerer löslichen Nadelholzmannane liegt etwa zwischen 150 und 160. Wir unterscheiden auch hier leicht und schwer hydrolysierbare (resistente). (Nach RICHTZENHAIN sind Mannane durch Lauge bei höherer Temperatur leichter abbaubar als Glucane und diese wieder leichter als Pentosane). (Hinsichtlich näherer Einzelheiten vgl. Tab. IV, 26 und die Ausführungen auf S. 246 u. 249).

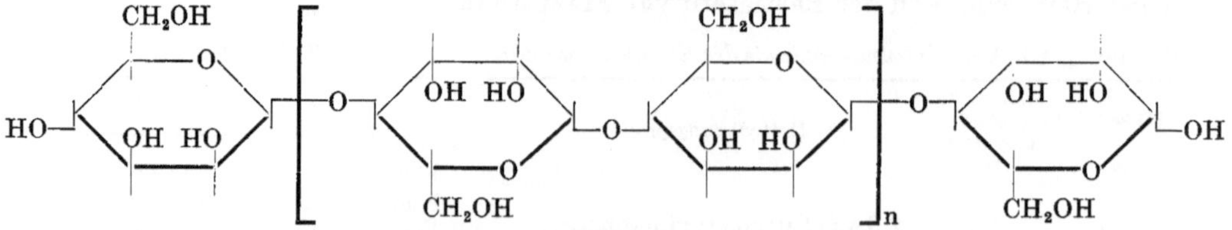

(I)
Mannan A

In letzter Zeit sind eine Reihe von gemischten Hexosanen aufgeklärt worden:

[1] DUFF, R. B.: J. Chem. Soc. **1952**, 2592.
[2] ROUDIER, A., u. L. EBERHARD: C. r. Acad. Sci. (Paris) **235**, 207 (1952).

Glucomannane. Ein solches Glucomannan wurde von ANDREWS[1] mit dem Verhältnis D-Glucose : D-Mannose ~ 1:2 mit β-1,4-glucosidischer Verknüpfung in den Zwiebeln von *Lilium cand.* (einheitliches wasserlösliches Glucomannan mit dem Bausteinverhältnis 1:3; MG = 28000), *henryii* und *umbellatum* gefunden. Ein analog zusammengesetztes Polysaccharid findet sich im *Iles*-Mannan[2]. Glucomannane sind ferner das *Konjak*- und *Cremastro*mannan. Ein Glucomannan aus *Lycores radiata* wurde von HAYASHI[3] beschrieben. Vermutlich kommen im Holz zwei Typen Glucomannane vor.

Galaktomannane. Ein Galaktomannan mit etwa 80% D-Mannose und 20% D-Galaktose aus der Kentucky-Kaffeebohne beschrieb LARSON[4]. Ein anderes Galaktomannan wurde aus griechischem Heusamen erhalten. Besser untersucht ist das Guaran

$$\begin{array}{l} \text{——}\ 4\,\mathrm{M}\,\beta\,1\ \text{——}\ 4\,\mathrm{M}\,\beta\,1\ \text{——} \\ \quad\ \ 6 \\ \quad\ \ | \\ \quad\ \ 1\,\alpha\,\mathrm{Ga} \end{array} \qquad \begin{pmatrix} \mathrm{M} = \text{Mannose} \\ \mathrm{Ga} = \text{Galaktose} \end{pmatrix}$$

Galaktane. Der Gehalt an Galaktanen ist in Laub- und Nadelhölzern gering (vgl. Tab. IV, 29).

Galaktane werden ferner im Rindengewebe, in Blättern und Früchten verschiedener Pflanzen (Erdnüsse, *Strychnos nux vomica*-Samen) beobachtet; ferner in Luzerne, Bohnen und Gerstensamen (δ-Galaktan) und in der Zuckerrübe (γ-Galaktan).

Tabelle IV, *29*

	Galaktan %
Fichte	0,7—2,6
Haloxylon ammodendron	9,0
Kiefer	0,5—4,3

Arabogalactane. Bekannt ist das Arabogalaktan *(ε-Galaktan)* der Lärche (3 bis 4%); es war jedoch lange eine Streitfrage, ob es sich um einen individuellen Stoff oder um ein Polysaccharidgemisch handelt. Inzwischen konnte das Arabogalaktan in eine α- und β-Komponente — beide wiederum Arabogalaktane — aufgespaltet werden. Im japanischen Lärchenholz sind etwa 3% eines *homogenen* ε-Galaktans gefunden worden[5].

Eine Reihe Arabogalaktane sind dadurch ausgezeichnet, daß L-Arabinose (A) die Galaktose (Ga) in der Seitenkette vertritt, wie folgendes allgemeines Schema andeutet:

$$\begin{array}{l} \mathrm{Ga}\,\beta\,1\ \text{——}\ 6\,\mathrm{Ga}\,\beta\,1 \\ \qquad\qquad\quad 3 \\ \qquad\qquad\quad | \\ \qquad\qquad\quad 1\,\beta\,\mathrm{Ga}\,6 \\ \qquad\qquad\quad \text{oder A} \end{array}$$

Fructosane. Die Laevulane sind teilweise schwerer, teilweise jedoch schon bereits in siedendem Wasser (Dahlieninulin und Gras-Laevan [ASPINALL]) hydrolysierbare Hemicellulosen. Gut bekannt ist das *Inulin* der Jerusalemartischoke, Dahlienknollen und Zichorienwurzel, die verwandte Artemose und die noch wenig aufgeklärten Polysaccharide unterirdischer Speicherorgane, wie das verzweigte Irisin, Asparagosin, Graminin, Sinistrin, Triticin und Secalin. Fructosane kommen im Holz nicht vor.

Von SCHLUBACH wurden die Polyfructosane der Gräser untersucht (vor allem *Lolium perenne*). Es sind unverzweigte polymerhomologe Reihen. Das schwerlöslichste und höchstpolymere Phleïn findet sich im Timothegras. Ein Fructosan bildet auch den Hauptreservestoff

---

[1] ANDREWS, P., L. HOUGH u. J. K. N. JONES: J. Chem. Soc. **1956**, 181.
[2] REBERS, P. A., u. F. SMITH: J. Amer. Chem. Soc. **76**, 6097 (1954).
[3] HAYASHI, K., Y. NAGATA u. T. MIZUNO: J. Agr. Chem. Soc. Japan **27**, 234 (1953).
[4] LARSON, E. B., u. F. SMITH: J. Amer. Chem. Soc. **77**, 429 (1955).
[5] TACHI, I., u. N. YAMAMORI: J. Agric. Chem. Soc. Japan **27**, 139 (1953).

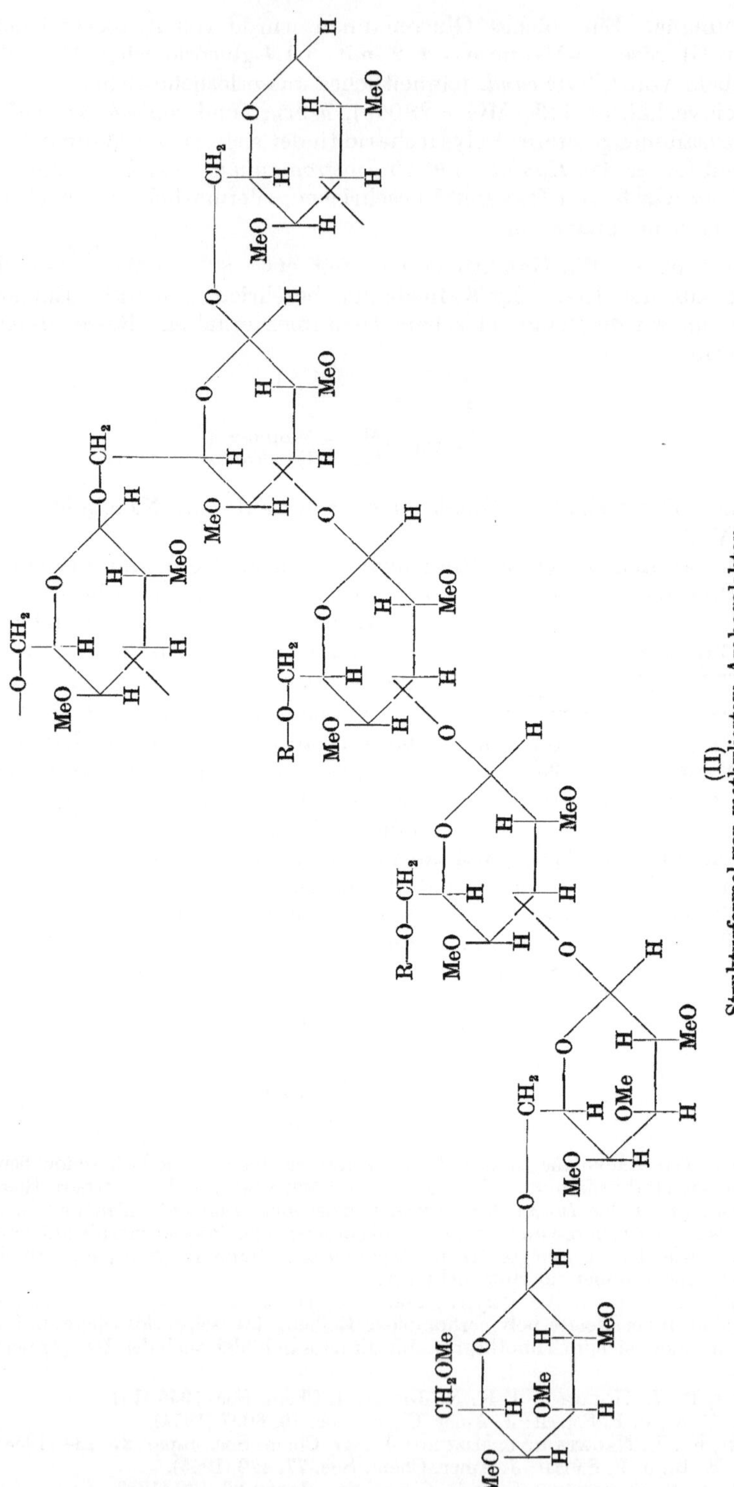

(II)
Strukturformel von methyliertem Arabogalaktan

im Weizenstengel[1]. Ein *Glucofructan* (Fructose : Glucose ~ 8:1; MG ~ 1550) wurde in *Lycoris radiata*[2] sowie im Thallus der Alge *Dasycladus vermicularis* gefunden[3].

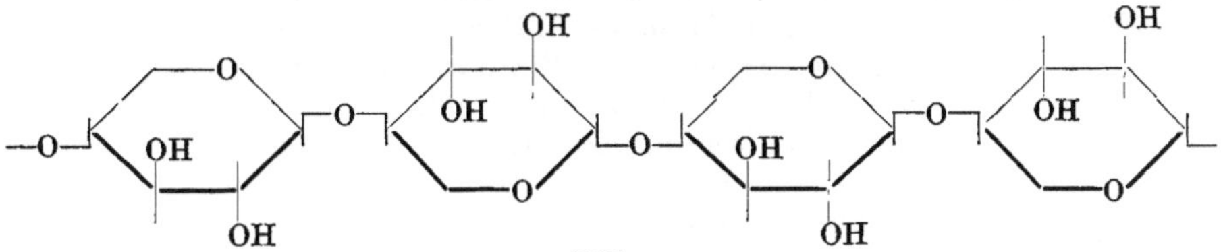

(III)
Maiskolben-Xylan

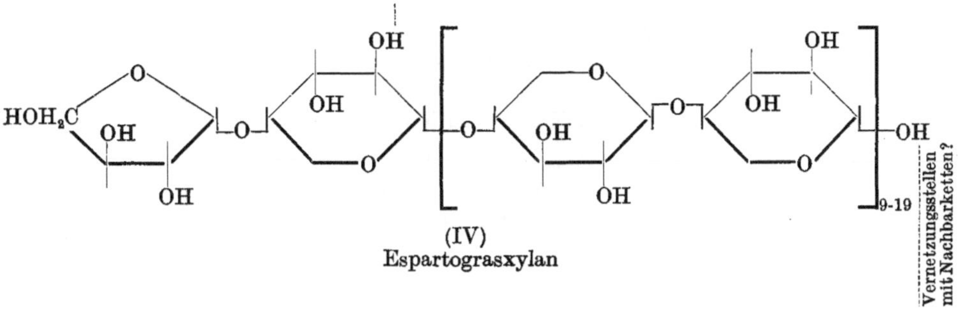

(IV)
Espartograsxylan

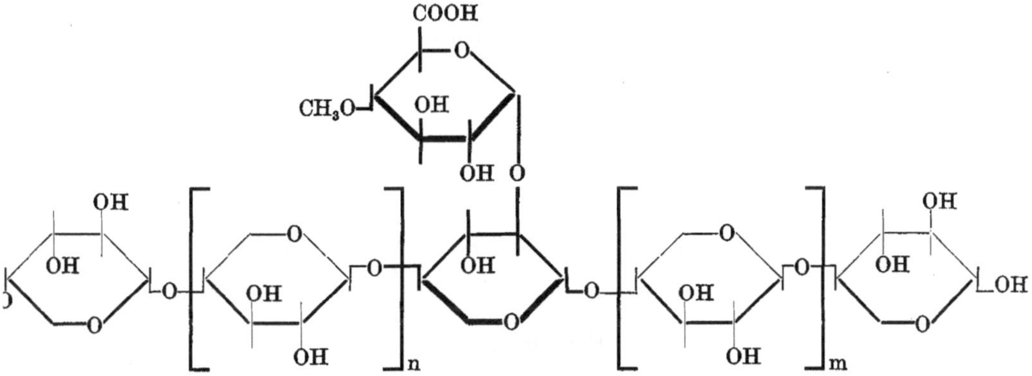

Vernetzungsstellen mit Nachbarketten?

(V)
„Saures" Birkenxylan (SAARNIO) (die stärker gezeichnete Gruppierung scheint für alle sauren Xylane, wie sie sich z. B. auch in Aspe vorfinden, charakteristisch zu sein).

b) Pentosane

Xylane. Xylane bilden unzweifelhaft die Hauptgruppe der Hemisubstanzen und sie sind heute teilweise schon recht gut erforscht; mangelhaft sind noch vor allem unsere Kenntnisse über Nadelholzxylane. Der Gehalt an Xylan kann beträchtlich sein; Espartoholocellulose enthält etwa 30% Xylan. Laubhölzer enthalten mehr Xylan (8—30%) als Nadelhölzer. Beide Xylantypen dürften sich offenbar voneinander merklich unterscheiden.

[1] KOSSTRUBIN, M. W.: Biochemie **20**, 360 (1955).
[2] Siehe S. 237, Fußnote 3.
[3] MÉRAC, M. L. DU.: C. r. Acad. Sci. (Paris) **241**, 88 (1955).

Man gewinnt heute den Eindruck, daß Stroh- und Laubholzxylane ein ähnliches Bauprinzip besitzen, nämlich eine Hauptkette aus 1,4-β-Xyloseeinheiten — ein Musterbeispiel dürfte hier das lineare Maiskolbenxylan (III) sein, — die gegebenenfalls kurze Seitenketten (L-Arabinose in Furanoseform [IV] oder Glucuronsäure) tragen. Saure Xylane werden z. B. in Birke und Espe gefunden (V), selbst in deren Zellstoffen nach Sulfit- und Sulfataufschluß.

Durch die schonende Extraktion mit Dimethylsulfoxyd scheint der Nachweis erbracht worden zu sein, daß in Xylanen auch sehr schwach gebundene Acetylgruppen vorkommen können (LINDBERG).

Beispiele sind:

```
X 1 —— 4 X 1 —— 4 X 1 —— 4 X 1 —— 4 X
                  3
                  |
       X 1 —— 4 X 1
```

Espartoxylan

```
X 1 —— 4 X 1 —— 4 X 1 —— 4 X
         3        3
         |        |
         1 A      1 X 4 —— 1 X
```

Araboxylan aus Esparto

```
X 1 —— 4 X 1 —— 4 X 1 —— 4 X 1 —— 4 X
                  3        3 2
                  |       /   \
                  1 A  A 1     1 A
```

Weizenmehlxylan

```
X 1 —— 4 X 1 —— 4 X 1 —— 4 X 1 —— 4 X 1 —— 4 X
                  3                 3
                  |                 |
                  1 A               1 G
```

Weizenstrohxylan

```
X 1 —— 4 X 1 —— 4 X 1 —— 4 X 1 —— 4 X
         3                 2
         |                 |
         1 A               1 Gs
```

Haferstrohxylan

```
X 1 —— 4 X 1 —— 4 X 1 —— 4 X 1 —— 4 X 1 —— 4 X
                  3                 3
                  |                 |
       X 1 —— 4 X 1                 1 Gs
```

Birnenzellwandxylan

```
X 1 —— 4 X 1 —— 4 X 1 —— 4 X 1 —— 4 X
                  2
                  |
                  1 MGs
```

Buchenxylan

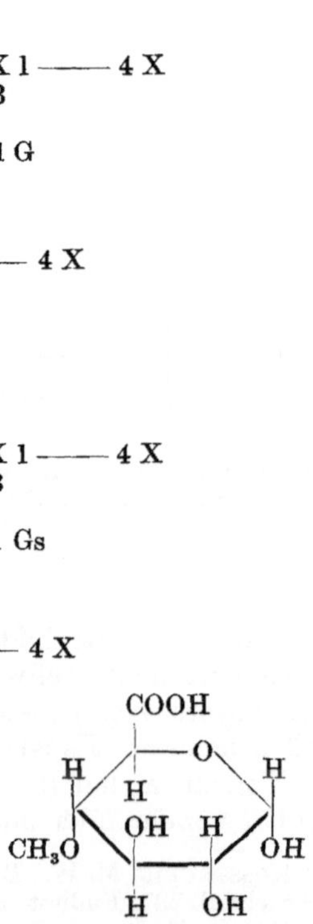

MGs = Methylglucuronsäure

—— X 1 —— 4 X 1 —— 4 X 1 ——
3
|
1 MGs

Jutexylan

$(X)_{9\text{-}10}$ 1 —— 4 X 1 —— 4 $(X)_{9\text{-}10}$
2
|
1
X
4
|
1 Gs

(X = Xylose; A = Arabinose; Gs = D-Glucuronsäure)

*Phormium*xylan

Das Weißfichtenxylan *(Pinus strobus)*, ein Nadelholzxylan, enthält Xylose, Methyluronsäure und Mannose. Nach RÅNBY kommen im Holz mindestens 2 Xylane vor.

Einen neuen Typ stellt das Algenxylan von *Rhodymenia palmata* dar, wo Xyloseeinheiten in 1—4′ und 1—3′-Bindung zu einer unverzweigten Kette zusammengefügt sind.

Erwähnung verdient, daß BISHOP[1] aus Stroh ein kristallisiertes Xylan erhalten konnte.

Nach DAS[2] ist z. B. in Jute das Xylan mit α-Cellulose assoziiert und JONES[3] weist darauf hin, daß sich Xylan im extrahierten Holz gegenüber einer Oxydation anders verhält als das isolierte Xylan. Untersucht wurde ferner u. a. auch die Hydrolysengeschwindigkeit von Xylan im Vergleich zur Cellulose[4]. Nach WHISTLER[5] ist Xylan in sauerstoffreier Lauge bis ~ 100° stabil.

Araboxylan. Über ein stark verzweigtes Araboxylan (50% Arabinose, 38,5% Xylose, 9% Uronsäure) aus Weizenkleie berichtet ADAMS[6]; ein anderes wasserlösliches Araboxylan fand sich im Endosperm von *Triticum vulgare*. Aus Getreidehülsen wurden Hemisubstanzen, die Xylose, Arabinose und Galaktose enthielten, isoliert.

Im Xylan aus Espartogras wird Arabinose in der Furanoseform — in einer leicht abhydrolysierbaren Konstellation — gefunden.

Araban. Arabane sind seltener und auch schlechter erforscht. Sie finden sich in Laubhölzern (Weißeiche bis zu 2% vom Holzgewicht), in Rüben (Diffusionssaft der Zuckerfabriken) und Früchten. ERDTMAN[7] hat L-Arabinose im Kernholz von verschiedenen Pinus- und Zypressenarten gefunden; es ist möglich, daß es einem Polysaccharid angehört hat, welches langsam im toten Kernholz hydrolysiert ist.

c) Zusammengesetzte Polyosen

In den meisten Fällen handelt es sich um zusammengesetzte Polysaccharide, wobei mehrere Zucker am Aufbau teilnehmen. Einige solcher Zusammensetzungen mit zwei Zuckerarten, wie zusammengesetzte Hexosane, Pentosane und Polysaccharide vom Hexosan-Pentosantyp wurden vorhin schon erwähnt. In geringer Menge kann so z. B. auch eine Methylpentose, und zwar L-Rhamnose, am Aufbau

[1] BISHOP, C. T.: Canad. J. Chem. **21**, 793 (1953).
[2] Siehe S. 227, Fußnote 1.
[3] JONES, J. K. N., u. L. E. WISE: J. Chem. Soc. **1952**, 2750.
[4] KONKIN, A. A., N. I. KAPLAN u. Z. A. ROGOVIN: Z. angew. Chem. **28**, 729 (1955).
[5] WHISTLER, R. L., u. W. M. CORBETT: J. Amer. Chem. Soc. **78**, 1003 (1956).
[6] ADAMS, A.: Canad. J. Chem. **33**, 56 (1955).
[7] ERDTMAN, H.: Sv. Papperstidn. **46**, 222 (1943); Tappi **32**, 305 (1949).

Tabelle IV, 31

	Zucker	Hexosen				Pentosen			Uron-säuren	Bemerkungen
		D-Glucose	D-Mannose	D-Galaktose	D-Fructose	L-Arabinose	D-Xylose	L-Rhamnose		
	Drehung im Wasser (Endwert) $[\alpha]_D^{20}$	α + 52,76 β (+ 19,8) AW	α + 14,25 β +	α + 80,72	β — 90,46	β + 106,54	α + 18,10	α + 9,43		
	Schmelzpunkt	α 146—147° β 148—150°	α 133° β 132°	α 161—170°	β 95°	β 158,5 bis 159,5°	α 153°	α 122—126°		
Galaktane	Galaktan v. *Strychnos nux vomica*-Samen	—	2[1]	5	—	1	1	—	—	—
	Hülse von *Pisum sativum* und *Phaseolus vulg.*	—	—	+[2]	—	+	—	—	—	—
	Pseudotsuga tax.	—	—	90	—	9	1	—	Spuren	wasserlöslich
	Schwarztanne	—	—	6	—	2	—	—	1	—
Mannane u. Fructosane	Lävulan	—	—	—	+	—	—	—	—	—
	Salep-Mannan, Steinnußmannan	(+ ?)	+	Spuren	—	—	—	—	—	—
	Polyfructosane d. Gräser (Poaïn, Festucin)	—	—	—	+	—	—	—	—	(DP 17—47)
Xylane	Xylan der Harthölzer und des Maiskolbens	—	—	—	—	—	+	—	(+)	
	Weizenstrohxylan	—	—	—	—	—	+	—	+	Uronsäure als Seitenkette 4 O-Methyl-O-Glucuronsäure als Seitenkette am C_2 (Monomethyl-hexurons.)
	Buchenxylan	—	—	—	—	—	+	—	+	
	White Oak	—	—	—	—	—	6	—	1	
	Espenhemi	—	—	+	—	+	+	+	+	

div. Hemi-substanzen	Espenhemi	+	(+)	+	—	+	+	(+)	+	Ligninkomplex ? (L-Fucose)
	Schwarztanne	—	+	+	—	+	+	+	+	
	Fichtenhemi	+	+	+	—	+	+	—	—	
	Buxbaumhemi	+	+	—	—	—(?)	+	—	+	
	Juteholocell.	—	—	—	—	+	+	+	+	
	Flachsfaserhemi	+	+	+	—	+	+	+	+	
	Espartograshemi	1	—	1	—	5	12	—	—	
	Jute	—	—	—	—	+	+	+	+	
	Eukalyptushemi	+	—	—	—	—	+	—	+	
	Pinus radiata	+	+	+	—	+	+	—	+	
Pektine	Pektinsubstanzen	—	—	+	—	+	—	—	+	Galakturonsäure
Pflanzen-gummi	Gummiarabicum	—	—	+	—	+	—	+	+	
	Kirsch- u. Eierpflaumengummi	—	+	+	—	+	+	—	+	
	Lemon-Gummi	—	—	+	—	+	—	—	+	
	Neem-Gummi	—	—	+	—	+	—	—	+	L-Fucose
Schleime	Leinölsamenschleim	—	—	+	—	—	+	+	+	Galakturonsäure
	Schleim v. *Brassica alba*	+	—	+	—	+	—	(+)	+	
	Plantago arenaria-Samen (Flohsamenschleim)	—	—	1	—	3	12	1		[2-O-(α-D-Galakturon-osyl)-L-Rhamnose]

[1] Teile. [2] Eindeutig nachgewiesen.

teilnehmen. Flachsfaserhemicellulose stellt nach GEERDES[1] eine verzweigte Kette von 4-O-Methyl-D-Glucurono-L-Rhamnoxylan dar. BJÖRKQVIST und JÖRGENSEN[2] fanden geringe Mengen in Hydrolysaten von Birken- und Espenholz.

Vor allem zwei Hemi-Typen treten markant in Erscheinung, und zwar eine, die sich vornehmlich auf Mannose und eine, die sich auf Xylose aufbaut.

Uronsäuren nehmen häufig am Aufbau der Hemisubstanzen teil; ausgeprägt in den sog. Polyuroniden. Laubhölzer enthalten mehr Uronsäuren als Nadelhölzer (Tab. IV, 30).

Tabelle IV, 30

	Uransäuregehalt in %
Birke . . .	5,08
Rotbuche .	5,36
Kiefer . .	2,9
Jutebast .	8,8
Flachsbast .	6,9
Hanfbast .	6,1—6,7
Kenafbast .	6 —7

d) β- und γ-Cellulose

Aus den bisherigen Abschnitten ist hervorgegangen, daß man die laugenlöslichen Anteile eines Zellstoffs, gleich wie die laugelöslichen Fraktionen von Holzmehl oder vorsichtig

[1] GEERDES, J. D., u. F. SMITH: J. Amer. Chem. Soc. **77**, 3569 (1955).
[2] BJÖRKQVIST, K. J., u. L. JÖRGENSEN: Acta chem. scand. (Copenh.) **6**, 800 (1952).

präparierter Holocellulose mit dem Sammelbegriff *Hemicellulose* bezeichnet und daß in beiden Fällen, Zellstoffanalyse und Holzchemie — zumindest bis vor nicht allzu langer Zeit —, ähnliche Extraktions- und Fraktionierungsmethoden angewandt wurden. Trotzdem sind gewisse wesentliche Unterschiede zu verzeichnen.

In technischen Zellstoffen werden eine Reihe von Polyosen, teils solche, die in der Mittellamelle niedergelegt, teils solche, die leicht angreifbar sind, nicht auftreten. Andere resistentere Bestandteile genuiner Polyosen werden abgebaut und mehr oder minder stark verändert sein. Man vertritt heute die Auffassung, daß die γ-Fraktion offenbar im wesentlichen solche mehr oder minder veränderte primäre Hemicellulose darstellt.

Nach den Untersuchungen von RÅNBY, TREIBER und BJÖRKQVIST[1] gibt die γ-Fraktion ein von der Cellulose abweichendes Röntgendiagramm (vgl. Abb. IV, 80) (Nach MEIER vielfach das des Glucomannans) und erweist sich teils als partiell kristallin, teils als amorph.

Die β-Cellulose ist nach WILSON[2] nicht ursprünglich im Holz enthalten, sondern stellt ein Artefakt durch die partielle Degradation der α-Cellulose dar. Überdies dürfte sie teilweise chemisch verändert sein — dies trifft vornehmlich für die isolierte Fraktion zu[3] — und größere Mengen der γ-Fraktion adsorbiert enthalten. Sie gibt das Röntgendiagramm der Cellulose. ROSCHIER wie auch SIMMONS[4] ist es gelungen, auch praktisch „hemifreie β-Cellulose" herzustellen.

Tabelle IV, 32. *Oxydationsgrade laugenlöslicher Celluloseanteile aus Reyonzellstoffen und Preßlaugen nach* KLEINERT

Substanz		$(CO_2/O_2 - 1) \cdot 10^3$
Buchenzellstoff-β-Cellulose		1,5
Buchenzellstoff-γ-Cellulose		9,7
Fichtenzellstoff-β-Cellulose		1,4
Fichtenzellstoff-γ-Cellulose		9,2
Aus Preßlauge isolierte Hemicellulose		17,6
Aus Preßlauge isolierte γ-Cellulose		20,1
Laugelöslicher Anteil gereifter Alkalicellulosen (30° C, 48h)		
Fichten	β-Cellulose	5,4
	γ-Cellulose	15,5
Buchen	β-Cellulose	7,5
	γ-Cellulose	17,5

Die Tatsache der chemischen Veränderung drückt sich nach KLEINERT[5] auch im sog. Oxydationsgrad aus (Tab. IV, 32).

Weiters versuchte KLEINERT[6] β- und γ-Cellulosen polymeranalog zu nitrieren. Es resultierten acetonlösliche (im wesentlichen Hexosane) und unlösliche (Pentosane, Uronide) Anteile. Die Löslichen wurden noch einer fraktionierten Fällung unterworfen; die höchstpolymere β-Fraktion besaß einen DP-Wert von $\sim$ 200. Eine Abschätzung der maximalen mittleren Kettenlänge in γ-Cellulose führte zu Werten von < 20.

Es mag verwundern, daß scheinbar für eine rein konventionelle Industrieanalyse sich eine so sinnvolle Interpretation ergibt und daß augenscheinlich eine so klare Separierung stattfindet. In Wirklichkeit sind aber die Verhältnisse wesentlich weniger einfach; es wurde schon betont, daß die β-Cellulose erhebliche γ-Anteile adsorbiert enthält (vgl. Tab. IV, 33) und überdies gehen nicht nur kurzkettige Artefakte ($<$ DP 200) in Lösung. Außerdem gelten obige Feststellungen

[1] RÅNBY, B. G.: Sv. Papperstidn. **55**, 115 (1952). — TREIBER, E., W. FELBINGER u. M. FLORIANTSCHITSCH: Österr. chem. Ztg. **54**, 106 (1953). — BJÖRKQVIST, K. J., L. JÖRGENSEN u. A. WALLMARK: Sv. Papperstidn. **57**, 113 (1954).

[2] Siehe S. 224, Fußnote 2.

[3] Vgl. E. TREIBER (Diskussionsbem.): Sv. Papperstidn. **57**, 48 (1954). — TREIBER, E., u. Mitarb.: Österr. chem. Ztg. **54**, 106 (1953). — SCHAUENSTEIN, E., E. TREIBER, W. BERNDT, W. FELBINGER u. H. ZIMA: Mh. Chem. **85**. 120 (1954).

[4] ROSCHIER, R. H., u. K. ESKOLA: Papper och Trä **37**, 399 (1955). — SIMMONS, J. R.: Proc. of Techn. Section **36**, 195 (1955).

[5] KLEINERT, TH. N., u. W. WINCOR: Holzforsch. **10**, 80 (1956).

[6] KLEINERT, TH. N., V. MÖSSMER u. W. WINCOR: Mh. Chem. **87**, 82 (1956).

eigentlich nur für Sulfitzellstoffe. Nach RAPSON überlagern sich die Verteilungskurven zwischen α- und β-Cellulose beträchtlich; in letztgenannter wurden noch Anteile mit DP ~ 600 gefunden.

Tabelle IV, 33 (nach BJÖRKQVIST)

Material	α-Gehalt	Fraktion	NaOH-Konz.	Menge bezogen auf Zellstoff	Prozente Glucan	Mannan	Araban	Xylan	Galactan
Fichtensulfit	90,0%	β	10%	7,0	68	12	—	20	—
		γ		3,2	15	50	—	35	—
Fichtensulfit	86,0%	β	10%	3,7	38	50	—	19	—
Fichtensulfit (neutral, chloritgebleicht) .	63,0%	γ	10%	17,8	12	58	4	23	3
Fichtenholocellulose .	56 %	β	10%	6,6	60	30	—	10	—
		γ		17,4	10	53	Spuren	37	—
Kiefersulfat	86,5%	β	10%	4,5	23	20	7	48	2
		γ		1,4	5	20	8	62	5
Kiefersulfat		β	8%	3,9	44	2	—	54	—
vorhydrolys. . . .	93,5%	γ		1,5	10	15	Spuren	75	—

Einen Einblick über die Herauslösung von Hemicellulose sowie Zusammensetzung dieser beim technischen Alkalisierungsprozeß von Kunstfaserzellstoffen möge Tab. IV, 34 sowie die Angaben von RENTZ[1] geben: Im Kostheimer Buchenzellstoff wurden papierchromat. gefunden: ~ 2,9% Xylose und 0,9% Mannose. 18%ige Lauge löste etwa 5,6% Kohlenhydrate heraus, darin fanden sich ≈ 42% Xylose und 13% Mannose. Im getauchten Zellstoff (R_{18}) fanden sich noch ~ 0,66% Xylose und ~ 0,19% Mannose.

Tabelle IV, 34 (nach BUURMAN)

Eingesetzter Zellstoff	g Hemicellulose pro 100 g Preßlauge	Zusammensetzung der Hemicellulose aus der Preßlauge: Glucose %	Mannose %	Xylose %	unbekannt %
Linters	0,159	21	—	32	47
vorhydr. Kiefernsulfat	0,765	18	17	26	39
Strohsulfat (hochgereinigt) . . .	0,427	13	—	46	41
Buchensulfit . . .	2,420	30	9	36	25
	1,590	30	8	27	30
	2,880	28	9	39	24
Fichtensulfit . . .	2,820	24	29	15	32
	1,730	22	28	14	36
	1,900	26	32	18	24
	1,800	25	35	16	24

3. Physikalisch-chemische Untersuchungsergebnisse an Hemicellulosen

a) Molekülgröße

Eine wichtige Fragestellung bei hochpolymeren Verbindungen ist stets die nach Molekülgröße und Kettenlängenverteilung. Beide Fragen sind zur Zeit bei den Hemisubstanzen keineswegs erschöpfend beantwortbar. HUSEMANN[2] studierte Buchen- und Weizenstrohxylane. Sie findet die Kettenlänge der einzelnen Frak-

[1] RENTZ, A.: Papier **10**, 192 (1956).
[2] HUSEMANN, E.: J. prakt. Chem. **155**, 13 (1940).

tionen ziemlich einheitlich und schließt auf das Vorliegen eines homogenen Materials im genuinen Zustand. Die DP-Werte liegen zwischen 145 und 152. Ähnliche Ergebnisse findet TIMELL[1] bei Birkenhemicellulose (DP ~ 220). DP-Messungen nach verschiedenen Methoden führten MILLETT und STAMM[2] an Espenhemicellulose aus. Die Molekulargewichte liegen zwischen 8000 und 11000. Am Fichtenmannan wurde ein DP-Wert von ~ 160 gemessen.

Weitere bisher bekanntgewordene Messungen ergaben Werte zwischen etwa 70 und 220 (z. B. osmotische Messungen von WETHERN[3] an einem größeren Material DP-Werte zwischen 120 und 150), so daß man vielleicht sagen darf, daß schonend isolierte Hemicellulose etwa DP-Werte zwischen 50 und 300 aufweist. CLERMONT gibt für Hemifraktionen der Schwarztanne DP-Werte zwischen 57 und 175 an. Durch Abbauvorgänge können die Werte bis auf ~ 7—73 absinken.

Molekulargewichtsbestimmungen sind in diesem Übergangsgebiet zwischen relativ niedermolekularen und den hochmolekularen Verbindungen mit einer Reihe von Schwierigkeiten und Unsicherheiten behaftet. Dazu kommt der Abbau bei der Isolierung. Bei der osmotischen Methode z. B. ist das Membranproblem[4] bedeutungsvoll; das Arbeiten mit den Butyraten scheint hier Vorteile zu bringen. Daß nach WETHERN Hemicellulosen aus Holocellulose, nach dem Chloräthanolaminverfahren hergestellt, den geringsten Abbau aufweisen, wurde schon erwähnt.

Es ist verständlich, daß mehr und mehr die verschiedensten physikalisch-chemischen Untersuchungsmethoden in den Dienst der Hemiforschung gestellt werden. HORIO[5] führte an Benzylacetylxylan Lichtstreuungsmessungen durch; es ergab sich, daß das Molekül völlig gestreckt ist und daß der DP-Grad 175 ± 5 beträgt. Ein Musterbeispiel für Messungen in der Ultrazentrifuge ist die Untersuchung des Arabogalaktans der europäischen Lärche durch MOSIMANN und SVEDBERG[6]. Sie konnten dieses in zwei vermutlich einheitliche Arabogalaktane aufspalten mit den Molekulargewichten 16000 (α) und 100000 (β).

Im Gegensatz zur HUSEMANNschen Auffassung muß man die Hemisubstanzen als polydisperse Gemische ansehen, wobei möglicherweise das Ausmaß der Polydispersität recht unterschiedlich sein kann. So nimmt HAWORTH für Xylane eine geringe Polydispersität an. Wenn man von α- und β-Arabogalaktan absieht, so fand sich das einzige bisher bekanntgewordene homogene monodisperse Polysaccharid in der Blaualge *Anabaea cylindrica* (Glucose : Xylose : Glucuronsäure zu Galaktose : Rhamnose : Arabinose wie 5:4:4:1:1:1[7]).

Für die Xylane ergeben sich DP-Werte zwischen 50 und 200, wobei die kurzkettigen vornehmlich in Algen und im Stroh vorkommen (z. B. Weizenstroh: DP = 40—53 [jedoch kann möglicherweise der DP-Grad im lebenden Material bedeutend höher sein]). Am Aufbau des Buchenxylans nehmen etwa 70, am Espartograsxylan etwa 80 Xylosereste teil. Das Araboxylan aus Weizenkleie hat einen DP-Wert von ~ 300 und aus Maishüllenspelzen wurde ein sehr hochviscoses Araboxylan isoliert, während hingegen das polyuronide Araboxylan aus Weizenhalmen nur einen DP-Wert von 34 aufweist.

Für Mannane sind Werte zwischen 16 und 160 bekannt. MEIER bestimmte nun osmotisch die DP-Werte von Steinnußmannan A und B und bekommt für A Werte von 16—18 und für B 79. An einem Glucofructan wurde kürzlich ein Molekulargewicht von 1550 gemessen.

Hohe Molekulargewichte werden an Holzstärke beobachtet; für Ulmen und Gummibaumstärke ~ $5 \cdot 10^6$ (HIRST und GREENWOOD).

Wesentlich andere Verhältnisse ergeben sich bei den verwandten Wandsubstanzen, den Pektinen und Gummen (vgl. S. 255).

[1] TIMELL, E. T., u. E. C. JAHN: Sv. Papperstidn. 54, 831 (1951).
[2] MILLETT, H. A., u. A. G. STAMM: J. Phys. Coll. Chem. 51, 134 (1947).
[3] Siehe S. 229, Fußnote 1.
[4] PATAT, F.: Z. Elektrochem. 60, 208 (1956).
[5] HORIO, M., R. IMAMURA u. H. INAGAKI: Tappi 38, 216 (1955).
[6] MOSIMANN, H., u. THE SVEDBERG: Kolloid-Z. 100, 99 (1942).
[7] BISHOP, C. T., G. A. ADAMS u. E. O. HUGES: Canad. J. Chem. 32, 999 (1954).

b) Molekülgestalt

Im einfachsten Falle bestehen die Moleküle aus kurzen, geraden Ketten. Da derartige Ketten eine ziemliche Steifigkeit besitzen, ist kaum mit nennenswerter Verknäuelung zu rechnen, d. h., die Moleküle werden ziemlich stäbchenförmig sein. Nur von den Höherpolymeren wird man annehmen dürfen, daß sie faserförmige Strukturen bilden. Die meisten Molekülketten tragen aber Seitenketten, von denen man zum Teil annimmt, daß sie regelmäßig angeordnet sind. So soll nach ASPINALL[1] Buchenhemi A aus etwa 70 β-D-Xyloseresten bestehen, von denen jeder zehnte am C_2 einen 4-O-Methyl-D-Glucuronsäurerest trägt. Starke Verzweigungen besitzen z. B. Hemicellulosen der Jute und Gramineen. Auch die Hemicellulose (Arabogalaktan) von *Pinus Jeffreyi* gehört hierher (WADMAN). Sehr komplizierte Verzweigungen besitzen z. B. die Gummen, wie DILLON am Gummi arabicum zeigen konnte. Auf weitere Einzelheiten im Zusammenhang mit der übermolekularen Struktur wird noch eingegangen werden.

Eingehende physikalisch-chemische Untersuchungen zur Bestimmung der Moleküldimension fehlen im allgemeinen. Für nicht abgebauten Tragantgummi wurden in der Ultrazentrifuge die Moleküldimensionen 4500 × 10 Å ermittelt, für Karaya-Gummi 2750 × 66 Å und für Tragasol 255 × 51 Å. Eine zusammenfassende Darstellung über Größe und Form einiger Polysaccharidmoleküle ist nun auch von GREENWOOD[2] gegeben worden.

c) Chemische Umsetzungen

Hemisubstanzen sind im allgemeinen der Cellulose analogen Umsetzungen zugänglich. Viele Derivate sind aus wissenschaftlichem Interesse hergestellt worden; es kann jedoch hier nicht näher darauf eingegangen werden.

KAGAWA[3] hat die Nitrierung und FUJIMURA[4] die Acetylierung und Verseifung von Xylan untersucht.

Etwas umstritten war die Frage der Xanthogenierung der Hemicellulose. Nach HEUSER, SCHORCH und MIGITA sollte z. B. Xylan keine Viscose bilden. LIESER, MATTHES, JULLANDER und TREIBER konnten aber Xanthogenierungsprodukte erhalten. Scheinbar führt die Xanthogenierung rasch zu hohen γ-Werten, wobei schleimige, sehr instabile Xanthogenate entstehen. Kürzlich hat PHILIPP[5] die Bildungs- und Zerfallsgeschwindigkeiten einer Reihe von Xanthogenaten (Mannan, Xylan usw.) untersucht.

Auch das Röntgendiagramm sowie die UV- und UR-Absorption ist von mehreren Präparaten vermessen worden (TREIBER, RÅNBY, BJÖRKQVIST u. a.), (vgl. Abb. IV, 80, 81). (MEIER erhielt an Mannan A ein sehr scharfes, linienreiches Röntgendiagramm).

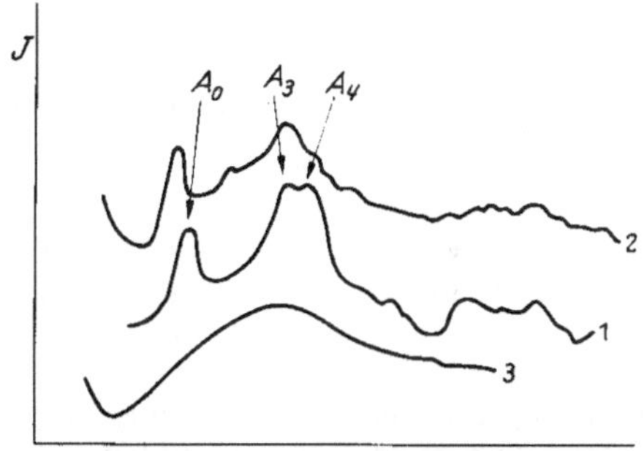

Abb. IV, 80. Photometerkurven der Röntgendiagramme nach BJÖRKQVIST. *1* Cellulose II; *2* γ-Cellulose (aus einem Fichtensulfitreyonzellstoff); *3* amorphe, wasserlösliche Hemicellulose einer mit Ammoniak gequollenen Fichtenholocellulose

Von technischem Interesse ist das Verhalten gegenüber hydrolysierenden Agenzien und Bedingungen, wie sie bei der Zellstoffkochung auftreten. Die Hydrolyse von Xylan ist von KONKIN und WHISTLER studiert worden (vgl. S. 241). Die Persistenz von Xylan und Mannan hat nun auch MITCHELL[6] untersucht. Mannan B wird unter den Bedingungen der

[1] ASPINALL, G. D., E. L. HIRST u. R. S. MAHOMED: J. Chem. Soc. **1954**, 1734.
[2] GREENWOOD, C. T.: Adv. Carbohydrate Chem. **7**, 289 (1952).
[3] KAGAWA, I., u. T. KONDO: J. Chem. Soc. Japan **53**, 247 (1950).
[4] FUJIMURA, T.: J. Soc. Text. Cell. Ind. Japan **9**, 597 (1953).
[5] PHILIPP, B.: Faserforsch. Textiltechn. **8**, 21 (1957).
[6] MITCHELL, R. L.: Tappi **39**, 571 (1956).

Vorhydrolyse zu < 1/5, unter den Bedingungen eines Sulfataufschlusses zur Hälfte zerstört (MEIER). (Vgl. auch S. 236). Schwermetallionen können D-Galakturonsäure decarboxylieren[1].

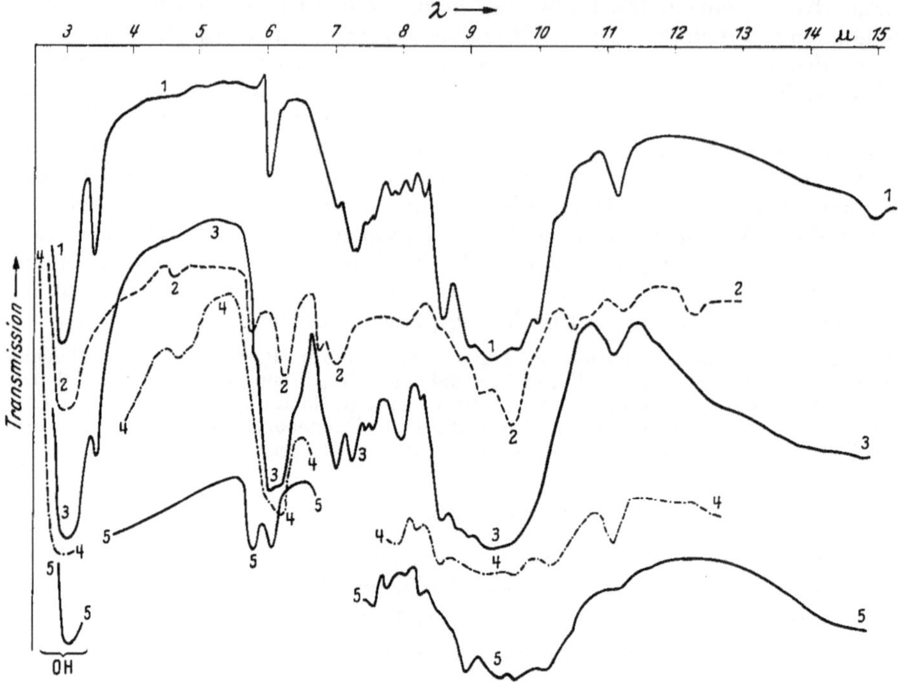

Abb. IV, 81. Ultrarotaufnahmen von: Hydratcellulose, *2* Alginsäure, *3* Schleim von *Cydonia vulg.*, *4* Buchenxylan (in Paraffinöl), *5* Oxycellulose

d) Übermolekulare Struktur

Auch die übermolekulare Struktur der Hemisubstanzen ist noch wenig erforscht. RÅNBY[2] hat die β- und γ-Cellulose eines Nadelholzzellstoffs untersucht. β-Cellulose zeigte kurze Strangfragmente und kleine Partikel, γ-Cellulose so gut wie keine Struktur. An zerteilter Holocellulose (Abb. IV, 82) fand RÅNBY neben den Micellarsträngen der Cellulose wolkig strukturierte Hemicellulose. Das bedeutet offenbar, daß die Holzhemicellulose keine fibrillären Elemente bildet. An Buchenxylan, welches sich röntgenoptisch als praktisch amorph erwies, beobachtete TREIBER[3] körnig längliche Partikel. Röntgeninterferenzen an Xylanpräparaten wurden hingegen von HERZOG und GONELL beobachtet und IMAMURA[4] erhielt zahlreiche DEBYE-SCHERER-Ringe an auf einer Wasseroberfläche gebildeten Xylanfilmen. Und schließlich wurde schon darauf hingewiesen, daß YUNDT[5], ROELOFSEN und BISHOP[6] kristallisierte Xylanpräparate erhalten haben. ROELOFSEN[7] hat solche Kristalle röntgenoptisch (starke Interferenz bei 4,36 Å Netzebenenabstand), lichtoptisch und elektronenmikroskopisch untersucht. Aus der Doppelbrechung zu schließen, sind die Molekülketten quer zur Kristallängsachse

[1] ZWEIFEL, G., u. H. DEUEL: Helvet. chim. Acta **39**, 662 (1956).
[2] Siehe S. 244, Fußnote 1.
[3] TREIBER, E., H. TOPLAK, M. u. H. RUCK: Holzforsch. **9**, 49 (1955).
[4] IMAMURA, R.: J. Soc. Text. Cell. Ind. Japan **8**, 445 (1952).
[5] YUNDT, A. P.: Tappi **34**, 89 (1951).
[6] Siehe S. 241, Fußnote 1.
[7] ROELOFSEN, P. A.: Biochim. et Biophysica Acta **13**, 592 (1954).

oder wahrscheinlicher in Form einer axial orientierten Spirale angeordnet. Die Kristalle bestehen gemäß den elektronenmikroskopischen Bildern aus länglichen Blättchen in einer schnurrbartförmigen Anordnung. Buxbaumhemicellulose zeigte im relativ gut ausgebildeten Röntgendiagramm Andeutung einer Orientierung, woraus auf eine Faserstruktur geschlossen werden darf (TREIBER). Zu diesem scheinbaren Widerspruch bemerkt nun RÅNBY[1]: Ein Xylan, welches aus Holz unter milden Bedingungen (z. B. durch Extraktion von Holocellulose oder Papierzellstoff) isoliert wurde, kristallisiert nicht, wohl aber Xylane aus stärker hydrolysierten Zellstoffen. Die Fähigkeit zur Kristallisation ist also eine Funktion der Abspaltung der Seitenketten, eventuell auch einer gleichzeitigen Depolymerisation. Gut ausgeprägte Faserdiagramme werden an gedehnten Schleimfäden erhalten, und wir konnten in Übereinstimmung mit MÜHLETHALER[2] im Elektronenmikroskop eine reticulare Struktur beobachten. In den aus Fibrillen gebildeten Maschen sitzt offenbar das Quellwasser. Kürzlich hat MEIER Mannane im Elektronenmikroskop untersucht. Nur die hochpolymere Fraktion scheint stäbchen- oder fibrillenartige Überstrukturen zu bilden. Die fibrillären Elemente in der Steinnuß sind parallel zur Zellachse, im Dattelkern in Form einer flachen Spirale angeordnet. Natives Material, im Defibrator zerteilt und mittels Ultraschall zur Aufnahme präpariert, zeigte im Elektronenmikroskop teils fibrilläre Elemente [f] (Fibrillendurchmesser ~ 100 Å), die dem Mannan B zugeordnet werden, teils eine körnige Struktur [a] (Mannan A) (vgl. Abb. IV, 83).

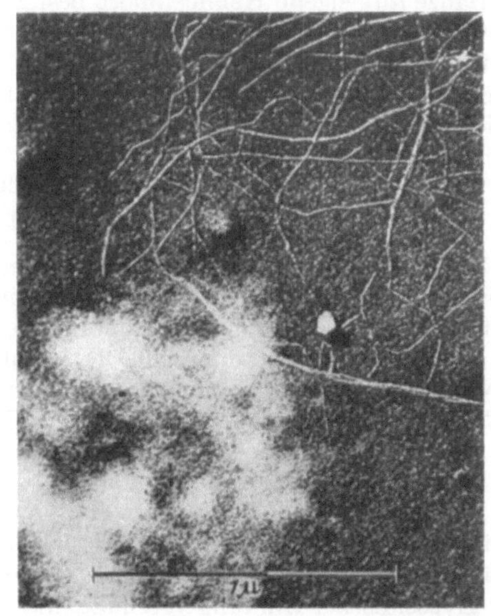

Abb. IV, 82. Zerteilte Holocellulose von Fichte im Elektronenmikroskop nach RÅNBY. Man erkennt Micellarstränge der Cellulose und die wolkig strukturierte Hemicellulose

An dieser Stelle möge einschaltend darauf hingewiesen werden, daß wir röntgenoptisch zwischen einem *kristallinen* und *amorphen* Material unterscheiden und auf Grund elektronenmikroskopischer Aufnahmen von *morphologisch definierten*, hier also fibrillären *Strukturen* oder von einem *strukturlosen Material* sprechen können. Dabei kann z. B. ein kristallines Material fibrillär (z. B. Cellulose) oder auch strukturlos (z. B. Mannan A) sein.

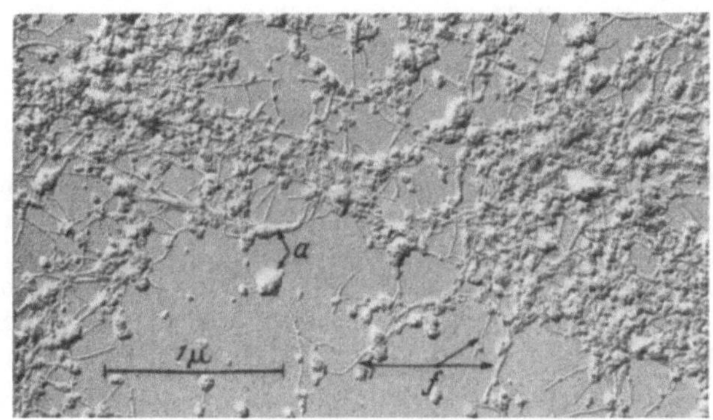

Abb IV, 83. Elektronenmikropische Aufnahme von Mannan (Aufnahme H. MEIER)

Bisherige Beobachtungen lassen den Schluß zu, daß von den vielen Kombinationsmöglichkeiten, die eine Aneinanderreihung verschiedener Zucker- und

[1] RÅNBY, B. G.: Svensk Kem. Tidskr. **69**, 61 (1957).
[2] MÜHLETHALER, K.: Exper. Cell. Res. **1**, 341 (1950).

Uronsäuren zu geraden und verzweigten Ketten bietet, nur ein sehr kleiner Bruchteil von der Natur im Gegensatz zu ähnlichen Verhältnissen bei den Proteinen ausgeschöpft wird.

Trotzdem dürfen wir wahrscheinlich annehmen, daß möglicherweise jede Pflanze ihre eigene Hemicellulose besitzt. Auch hinsichtlich der übermolekularen Struktur scheint sich die ganze Skala der Möglichkeiten, die wir bei den Gerüstsubstanzen der Pflanzenzelle vorfinden, noch einmal zu entfalten; d. h., es gibt scheinbar alle Übergänge vom völlig amorphen bis zum hochkristallinen sowie fibrillären bis strukturlosem Material.

§ 22. Die Polysaccharide der Algen

Von B. Lindberg

Die Algen beinhalten große Mengen an Polysacchariden, und da viele von diesen einen ganz anderen Typ darstellen als die, die man in den Landgewächsen findet, und einige außerdem große ökonomische Bedeutung besitzen, ist es wohl berechtigt, sie getrennt zu behandeln. (Die Polysaccharide der Algen sind im Buch von Whistler und Smart über Polysaccharide[1] eingehend dargestellt sowie in einem Übersichtsartikel von Mori[2]).

Die Polysaccharide der *Grünalgen* sind wenig untersucht. Außer Cellulose und Stärke beinhalten sie auch hemicelluloseähnliche Polysaccharide[3,4].

Die *Braunalgen* beinhalten drei Polysaccharide, die offenbar einzigartig für diese Gewächse sind, nämlich Alginsäure, Laminarin und Fucoidin. Die Alginsäure ist eine Polymannuronsäure, wobei die Mannuronsäure-Baueinheiten in 1,4-β-glycosidischer Bindung vereinigt sind (I). Sie wird in großen Mengen gewonnen und findet u. a. Anwendung in der Textilindustrie, Lebensmittelindustrie und kosmetischen Branche. Gemäß Fischer und Dörfel[5] enthält Alginsäure auch L-Guluronsäure, welche früher in der Natur nicht angetroffen wurde.

Das Laminarin ist aus Glucoseeinheiten aufgebaut, die mit 1,3-β-Bindungen verknüpft sind (II). Außerdem scheint es den Zuckeralkohol Mannit (III) in das Molekül eingebaut zu enthalten[6].

Das Fucoidin ist das dritte dominierende Polysaccharid der Braunalge. Es ist aufgebaut aus L-Fucose und beinhaltet ungefähr eine Sulfatestergruppe pro Fucoseeinheit. Es ist noch unvollständig untersucht, aber vieles deutet darauf hin, daß in der Hauptsache die Fucoseeinheiten in einer 1,2-α-Bindung vereinigt sind und daß die Sulfatestergruppen am C_4 sitzen (IV).

Die wichtigsten Polysaccharide in den *Rotalgen* sind Agar und das nahverwandte Carragheen. Sie sind beide kompliziert gebaut, und deren Konstitution ist noch bei weitem nicht aufgeklärt. Carragheen konnte neulich in zwei Fraktionen aufgeteilt werden[7], von welchen die eine hauptsächlich aus D-Galaktoseeinheiten aufgebaut ist, während die andere annähernd gleiche Teile D-Galaktose und 3,6-Anhydro-L-Galaktose (V) enthält[7]. Beide Fraktionen besitzen einen hohen Gehalt an Sulfatestergruppen. Agar enthält die gleichen Einheiten und außerdem L-Galaktose, welche ebenfalls im unfraktionierten Carragheen vorkommt und dort mög-

[1] Whistler, R. L., u. C. L. Smart: Polysaccharide Chemistry. New York: Acad. Press 1953.
[2] Mori, T.: Adv. Carbohydr. Chem. 8, 315 (1953).
[3] Fisher, J. S., u. E. E. Percival: Second International Seaweed Symposium. London 1956, S. 5.
[4] Brading, J. W. E., N. M. T. George-Plant u. D. M. Hardy: J. Chem. Soc. **1954**, 319.
[5] Fischer, F. G., u. H. Dörfel: Hoppe-Seyler's Z. physiol. Chem. **302**, 186 (1955).
[6] Peat, S., W. J. Whelan u. H. G. Lawley: Chem. a. Ind. **1955**, 35.
[7] Smith, D. B., A. N. O'Neill u. A. S. Perlin: Second International Seaweed Symposium, London, 1956, S. 45.

licherweise in einer kleinen Fraktion angereichert werden kann. Die D-Galaktose ist in der Hauptsache durch 1,3-β-Bindungen verkettet (VI). Während der Schwefelgehalt im Agar gering ist (0,3—4%), ist er im Carragheen hoch (8—12%). Beide Polysaccharide können reversible Gelbildungen in Wasserlösungen geben und werden als Medien für Bakterienkulturen verwendet. Darüber hinaus finden sie auch in der Lebensmittel- und pharmazeutischen Industrie Anwendung.

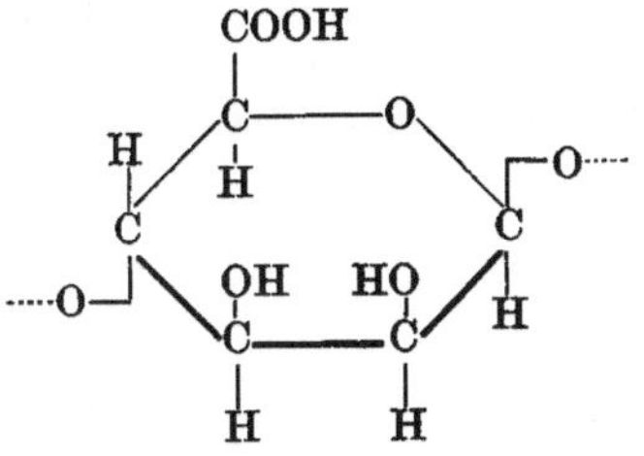

COOH CH₂OH

I 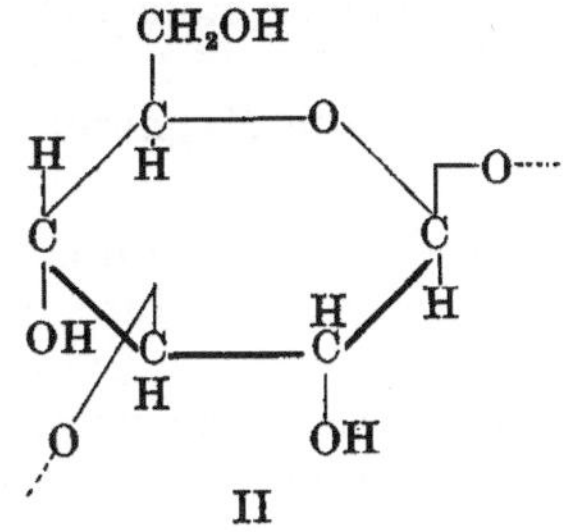 II

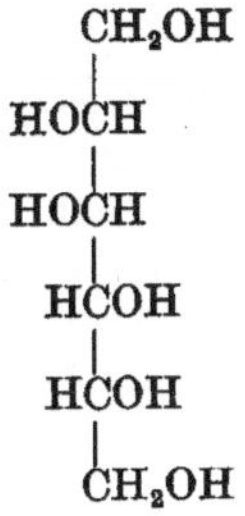

III 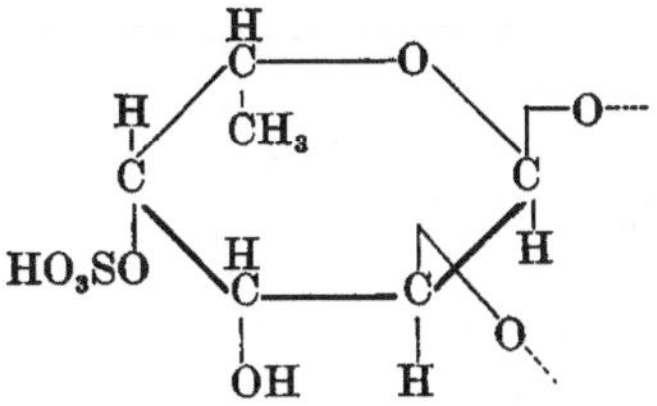 IV

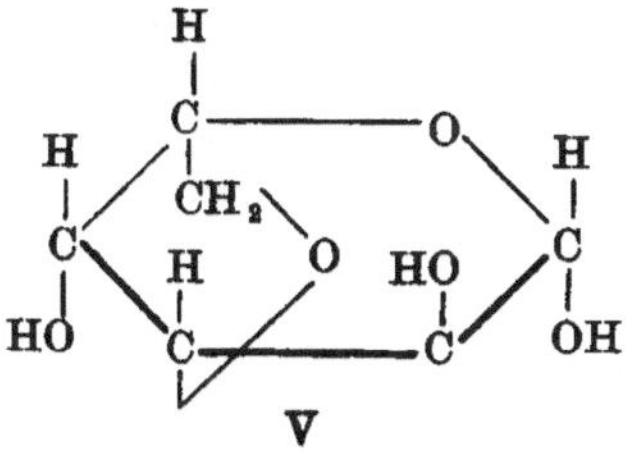

V 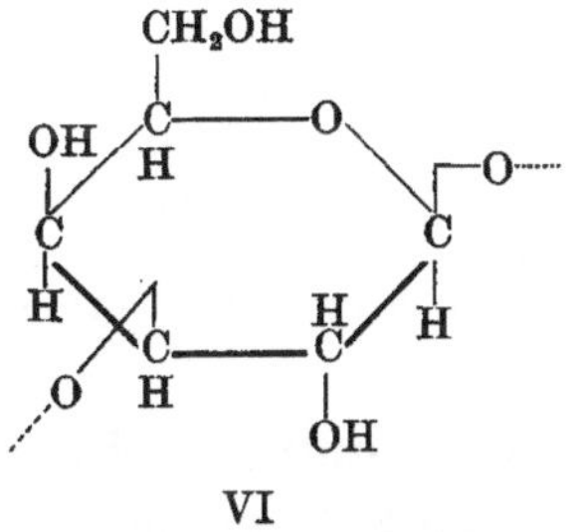 VI 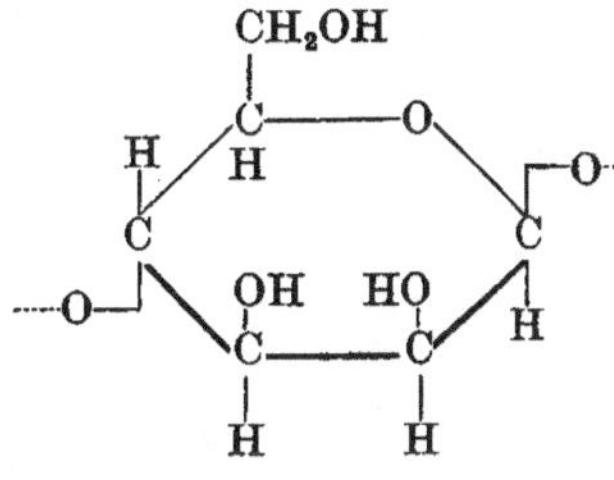 VII

Ein Xylan von ungewöhnlichem Typus wurde aus der Rotalge *Rhodymenia palmata* isoliert. Es enthält 1,4-β-Bindungen, analog dem Hemicellulosexylan, aber außerdem auch reichlich 1,3-β-Bindungen. Es scheint praktisch linear gebaut zu sein, wobei beide Bindungstypen alternieren.

Der gleiche Unterschied wie zwischen Algenxylan und dem gewöhnlichen Xylan scheint auch zwischen dem stärkeähnlichen Produkt, der Florideastärke, die sich in Rotalgen findet, und der gewöhnlichen Stärke vorzuliegen; d. h., die erstere enthält sowohl 1,4-α als auch 1,3-α-Bindungen. Gemäß einer kürzlich veröffentlichten Arbeit[1] soll jedoch Florideastärke ein verzweigtes 1,4-α-Glucosan sein, welches praktisch keine 1,3-glucosidische Bindungen enthält. Ein Polysaccharid des ersten Typs wurde neulich aus dem Schimmelpilz *Aspergillus niger*[2] isoliert.

Ein Mannan, in der Hauptsache aus 1,4-β-Mannoseeinheiten aufgebaut, wurde aus der Rotalge *Porphyra ambilicatis* isoliert (VII).

[1] Fleming, J. D., E. L. Hirst u. D. J. Manners: J. Chem. Soc. **1956**, 2831.
[2] Barker, S. A., E. J. Bourne u. M. Stacey: J. Chem. Soc. **1953**, 3084.

§ 23. Pektine

Von E. Treiber

Pektinsubstanzen finden sich vornehmlich in jungen Pflanzen (Zellwände des jungen Meristemgewebes, Mittellamelle), Früchten und Wurzeln. Diese Kohlenhydrate zeichnen sich durch hohes Wasserbindevermögen aus und dürften auch deshalb eine besondere biologische Rolle spielen. Man findet lösliche (Pflanzen- und Fruchtsäfte) und unlösliche Pektine, sog. Protopektine (grüne Pflanzenteile). Calcium- und Calcium-Magnesiumsalze der Pektinsäure finden sich z. B. in der unverholzten Mittellamelle.

Als Spaltprodukte der sauren Totalhydrolyse erhält man D-Galaktose, L-Arabinose und D-Galakturonsäure, Glieder einer „biologischen Reihe“ analog zu: Glucose, Glucuronsäure → Xylose. Außerdem findet man Methylalkohol, der entsprechenden Galakturonsäureestern entstammt. Die Pektine sind offenbar lineare Makromoleküle; die Polygalakturonsäure, Hauptbestandteil der Pektinstoffe, ist als eine Kette α-1,4-glycosidisch verknüpfter Galakturonsäurereste aufzufassen. Die Salze sind die Pektate. Pektin besteht aus teilweise methoxylierten Polygalakturonsäuren (H-Pektin: Veresterungsgrad $> 50\%$, L-Pektin: $< 50\%$), ihre Salze sind die Pektinate. Im Protopektin (Pektose) liegt eine salzartige Vernetzung von Pektinketten durch mehrwertige Metallionen vor. Pektinstoffe sind schließlich reich an Begleitstoffen (bis $\sim 30\%$), die vornehmlich dem Pektin beigemischt, mit diesem assoziiert, möglicherweise aber auch chemisch verknüpft sind. Die Konstitution dieser abtrennbaren Arabane (vor allem in der Erdnuß *Arachis*) und Galaktane (reichlich im Samen von *Lupinus albus*) hat Hirst näher untersucht.

Pektine bilden Filme und Fäden mit einer Faserperiode von 13—14 Å (3 Galakturonsäurereste). Die Molekulargewichte dürften mehrere 100000 betragen (Äpfel- und Citruspektin [Henglein]). Roelofsen[1] findet in frischen Collenchymzellwänden *(Petasites vulgaris)* axial orientierte submikroskopische Fibrillen von axial orientierten Pektinkristalliten mit negativer Doppelbrechung.

Versuche mit Glucose-1-C^{14} von Seegmiller[2] zeigten, daß nach 2—3 Tagen das Pektin von *Boysenberry* aktive Galakturonsäure und Arabinose enthielt, wobei der radioaktive Kohlenstoff vornehmlich den Platz des aldehydischen C-Atoms einnahm.

§ 24. Pflanzengummi und Schleime

Von E. Treiber

Viele Bäume sondern bei Verletzung gummiartiges Material aus, welches zumeist aus Kohlenhydraten besteht, in gewissen Fällen aber auch Terpencharakter besitzen kann. Ein Beispiel für ein „Kohlenhydrat-Gummi“, das etwa zur Hälfte auch Terpenharze enthält, ist die Myrrhe. In den Gummen sind übrigens vielfach noch Enzyme enthalten. Das Gummi vom *Catinga*-Baum (Species von *Caesalpinia*) enthält 16% Wasser, 52% Arabin und 15% wachsartige Stoffe; an Enzymen finden sich Oxydasen und Peroxydasen. In der Asche sind neben Mg, Ca und Al Spurenelemente vorhanden[3]. Gummen finden sich auch, gleichsam wie die Schleime, in den Vacuolen. Pflanzenschleime, die ebenfalls Polysaccharide darstellen, sind keine pathologische Ausscheidung, sondern sie spielen eine wichtige Rolle als Nahrungs- und Wasserreserve sowie als Schutzkolloid.

---

[1] Roelofsen, P. A., u. D. R. Kreger: J. of Exper. Bot. 2, 332 (1951).
[2] Seegmiller, C. G., B. Axelrod u. R. M. McCready: Biol. Chem. 217, 765 (1955).
[3] Rosenthal, F. R. T.: Bol. INT 4, 30 (1953).

Nach ihrer Entwicklungsgeschichte unterscheiden FRANK und TSCHIRCH folgende Gruppen vegetabilischer Schleime:

a) Intercellularschleime. Diese werden von der Mittellamelle gebildet und befinden sich zwischen den einzelnen Zellen. Sie kommen nur bei Kryptogamen vor.

b) Membranschleime. Diese werden von den sekundären Membranverdickungsschichten gebildet und von den Zellen in die Intercellularräume abgeschieden (z. B. in die Oberhautzellen von Birken-, Weiden-, Pflaumen- und Eichenarten).

c) Inhaltsschleime. Diese werden im Plasmaschlauch gebildet, treten im Zellinhalt auf und haben entwicklungsgeschichtlich mit der Zellmembran nichts zu tun. Sie beschränken sich fast ganz auf die Monokotyledonen.

Vom histologischen Gesichtspunkt (Färbereaktionen) unterscheidet man zwischen Celluloseschleimen, Pektinschleimen und Kalloseschleimen (MANGIN).

Vornehmlich tritt Gummi, wie erwähnt, nach Verletzungen von Bäumen (hauptsächlich zur Familie *Leguminosae* und *Rosaceae* gehörend) oder auch Früchten (z. B. Pflaume) aus und hat hier zweifellos die Aufgabe eines die bakterielle Infektion verhütenden Wundverschlusses.

Eine Reihe von Pflanzengummen wird — vornehmlich nach künstlicher Verletzung — kommerziell verwertet, wie z. B. das Gummi arabicum, Traganthgummi, Karayagummi usw.

Alle Gummen sind hochpolymere, recht komplex gebaute Polysaccharide, in denen hauptsächlich Hexose-, Pentose- und Uronsäurereste miteinander verknüpft sind (s. Tab. IV, 35). Gelegentlich finden sich seltene Zuckerarten, wie im Gummi des *Sterculia setigera*-Baumes (D-Tagatose). Durch das gelegentliche Auftreten acetylierter und methylierter Derivate wird die Struktur noch verwikkelter — so kommt z. B. im Schleim von *Ulmus fulva* 3-Methyl-D-Galaktose vor — und besonders schwierige Probleme ergeben sich bei Algenschleimen, die Schwefelsäureestergruppierungen (als Natriumsalz) enthalten (z. B. Agar aus *Gelidium*, Carraghen [Schwefelsäurerest am C-Atom 4 des Galaktoserestes]; Sulfatfucose in Fucoidin usw.). Eine weitere Schwierigkeit besteht noch insofern, als manche Gummen aus mehreren Fraktionen bestehen (z. B. Traganthgummi aus einer wasserlöslichen und einer alkalilöslichen Fraktion) und sekundäre Veränderungen erleiden respektive beim Trocknen ihre Eigenschaften (Löslichkeit) ändern.

Tabelle IV, 35. *Die Zusammensetzung einiger Pflanzengummen und -Schleime nach* HIRST u. a.

Stoff	Vorhandene Zuckerreste
Gummi arabicum	Glu, G, R, A,
Kirschgummi	Glu, G, M, A, X
Damascenenpflaumengummi	Glu, G, M, A, X, (R)
Eierpflaumengummi	Glu, G, A, X
Mezquitegummi	Glu, G, A, 4-Methylglu
Traganthgummi	Gal, G, F, A, X
Sterculia Setigera-Gummi	Gal, G, R, D-Tagatose
Grapefruitgummi	G, A, Methylglu (?)
Mandelgummi	G, A, Glu
Zitronengummi	G, A, Methylglu (?)
Leinsamenschleim	Gal, G, R, X
Kressensamenschleim	Gal, G, R, X, A
Plantago psyllium und *P. fastigiata* Samenschleim	Gal, A, X
Samenschleim von *Plantago arenaria*	Gal, G, A, X
Schleim aus der Rinde von *Ulmus fulva*	Gal, G, R, und 3-Methyl-D-Galakt.
Carragheen	G und Sulfate
Fucoidin	F und Sulfate
Agar	G, L und Sulfate
Laminarin	D-Glucose
Alginsäure	D-Mannuronsäure

Schlüssel.

Glu = D-Glucuronsäure — M = D-Mannopyranose
Gal = D-Galakturonsäure — R = L-Rhamnopyranose
G = D-Galaktopyranose — F = L-Fucose
A = L-Arabofuranose
X = D-Xylopyranose
L = L-Galaktose

Neben der Äquivalentgewichts- und Methoxylbestimmung ist die Papierchromatographie von besonderer Wichtigkeit, die zur Aufstellung der Bruttozusammensetzung führen. Das schwierigste Problem ist aber die Frage nach der Verknüpfung der Zucker und nach der Architektur des Moleküls. Ohne auf die Probleme der Strukturbestimmung hier einzugehen, sei am Rande vermerkt, daß die Partialhydrolyse sehr oft ein Disaccharid, und zwar eine Aldobiuronsäure, liefert. ANDREWS[1] konnte z. B. bei der Untersuchung des Lemongummis neben Galaktose nachstehendes methyliertes Disaccharid fassen:

```
            COOH
             |                          H    OH
       H    /|----O                     |    |
        |  /       \  H     H           |----|
        | /         \ |     |          /      \ OH
        |/  OH   H   \|     |         /        \|
  CH3O  |\   |   |   /|__O__|\   OH  H         /|
         \   |---|  /         \  H            / H
          \  |   | /           \ |           /
             H   OH             \|----O-----/
                                 |
                                 H
```

Durch Verzweigungen steigen die Schwierigkeiten einer Strukturbestimmung.

Gummi arabicum ist ein Salz einer hochmolekularen Säure, der Arabinsäure. Das Molekül dieses Gummis ist sicher verzweigt gebaut und dürfte sehr kompliziert sein. Wahrscheinlich sind an einem resistenten Kern von Galaktose und Glucuronsäure Zweige aus L-Arabofuranose, L-Rhamnopyranose sowie 3-Galaktopyranosido-L-Arabofuranoseresten angeheftet. Nach DILLON ergibt sich wahrscheinlich folgendes Polymerisationsschema:

```
                  Rh1 ——— 4Gl1 ——— 6G3 ——— 1Ar
                                    |1
                                    |
                                    |6
 ———————— 3G1 ————————————————————— G1 ——— 3G1 ————————
           |6      G                        |6      G
           |       |1                       |       |1
           |1      |3                       |1      |3
 Ar1 — 3G1 — 3G    Ar         Ar1 — 3G1 — 3G        Ar
       |6   |6     |1               |6    |6        |1
       |1   |1     |3               |1    |1        |3
       Ar   G3 — 1Ar                Ar    G3 —— 1Ar
            |6                            |6
            |1                            |1
            Gl4 — 1Rh                     Gl4 — 1Rh
```

G = D-Galaktose; Gl = D-Glucuronsäure; Ar = L-Arabofuranose; Rh = L-Rhamnose.

nach HIRST und SMITH

```
 ——— 6G1 ——— 6G1 ——————— 6G1 ——— 6G1 ——————— 6G1 ———
      |3      |3          |3      |3          |3
      |       |1          |       |1          |
      Rh  Rh1—3G          Rh  Rh1—3G          Rh
              |6                  |6
              |1                  |1
              Gl                  Gl
              |4                  |4
              Rh                  Rh
```

Gummi aus der Rinde damascenischer Pflaumenbäume und Kirschgummi sind ähnlich gebaut. Sapotegummi besteht nach WHITE[2] aus einer Hauptkette von D-Xylose in 1,4-Bindung

[1] ANDREWS, P., u. J. H. N. JONES: J. Chem. Soc. **1954**, 1724.

[2] WHITE, E. V.: J. Amer. Chem. Soc. **75**, 4692 (1953).

mit Seitenketten. Eine weitere Anzahl von Pflanzengummen ist näher untersucht, doch ist in keinem Falle ein sicherer Bauplan ermittelt worden. Lediglich das Verhältnis der einzelnen Zucker ist bekannt. So ist im Gummi von *Acacia cyanophylla* das Verhältnis von L-Rhamnose zu L-Arabinose : D-Galaktose : D-Glucuronsäure wie 5:2:11:5[1]. Im Kohlenhydratanteil des Myrrhengummi finden sich D-Galaktose, L-Arabinose, 4-O-Methyl-D-Glucuronsäure im Verhältnis 8:2:7[2]. Die saure Hydrolyse des Gummis von *Acacia karroo H.* ergab: 2% L-Rhamnose, 36% L-Arabinose, 50% D-Galaktose und 12% D-Glucuronsäure[3]. In neuerer Zeit wurde auch Neem-Gummi und Goldapfel-Gummi untersucht[4].

Der Schleim aus dem Endosperm der Johannisbrotkerne, das Carubin (Johannisbrotgummi), ist, ähnlich wie das Guaran, ein Galaktomannan mit dem Verhältnis Mannose: Galaktose wie 4:1. Die Struktur dürfte etwa dem nachstehenden Schema entsprechen[5]:

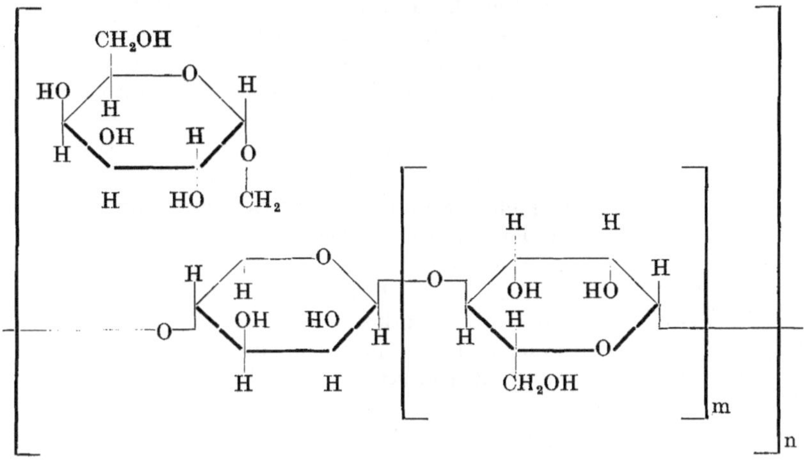

Das Molekulargewicht, bestimmt in der Ultrazentrifuge, beträgt ~ 310000[6].

Physikalisch-chemische Messungen wurden an Gummi traganth (Gralén) und Karaya-Gummi (Kubal) durchgeführt. Die Molekulargewichte sind sehr hoch (840000 und $9 \cdot 10^6$), woraus sich Moleküldimensionen von < 3000—4000 Å in der Länge und mehr als 20—80 Å im Durchmesser ergeben.

Die Bildung des Kirschgummis haben kürzlich Ceruti[7] und Mitarbeiter studiert. Zuerst entsteht aus Körnchen polymerer Hexosen ein *Prägummi*, an dessen Randzone bald Pentosen und Uronsäuren erscheinen. Nach einem löslichen Zwischenstadium bildet sich das Gummi, das hierauf beginnt, die Zellwände zu imprägnieren (vgl. Abb. IV, 84).

Über die Bedeutung der Pflanzengummen in der Papierindustrie vgl.[8].

Die **Pflanzenschleime** unterscheiden sich von den Hemicellulosen dadurch, daß sie mit Wasser schleimige Lösungen ergeben und einen Widerstand gegen saure Hydrolyse aufweisen. Zum Teil sind Schleime auch in Chloralhydrat und Cuoxam löslich. Die Löslichkeit der Schleime beruht wahrscheinlich auf der Anwesenheit

---

[1] Charlson, A. J., J. R. Nunn u. A. M. Stephen: J. Chem. Soc. **1955**, 269.
[2] Jones, J. K., u. J. R. Nunn: J. Chem. Soc. **1955**, 3001.
[3] Charlson, A. J., J. R. Nunn u. A. M. Stephen: J. Chem. Soc. **1955**, 1428.
[4] Mukherjee, S., u. H. C. Srivastava: J. Amer. Chem. Soc. **77**, 422 (1955). — Andrews, P., u. J. K. N. Jones: J. Chem. Soc. **1954**, **1724**, **4134**.
[5] Deuel, H., u. H. Neukom: Adv. in Chemistry **11**, 51 (1954); Chimia **8**, 64 (1954).
[6] Kubal, J. V., u. N. Gralén: J. Coillod Sci. **3**, **457** (1948).
[7] Ceruti, A., u. J. Scurti: Ann. Sperim. Agr. **1953**, I, II.
[8] Büttner, M.: Wbl. Papierfabr. **85**, **45** (1947)

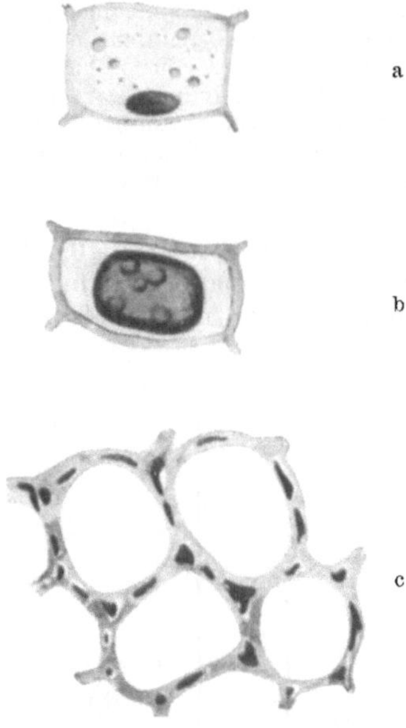

Abb. IV, 84a—c. Einige Phasen der Entstehung des Kirschgummis nach CERUTI. a Körnchen von Prägummi in Parenchymzellen. b Großes Prägummitröpfchen. An der Oberfläche treten Uronsäuren und Pentosen auf. c Imprägnierung der Zellwand mit Gummi

von uronsauren Salzen. Elektronenmikroskopische Bilder pflanzlicher Schleime zeigen ein Netzwerk von Kohlenhydratfäden. Am Aufbau des Gelgerüstes können nach DEUEL nichtgelierende Polysaccharide teilnehmen. Im gequollenen Zustand wird in den Maschen des Schleimsubstanzgerüstes das Wasser gebunden. MÜHLETHALER[1], der sich mit der Elektronenmikroskopie pflanzlicher Schleime beschäftigte, konnte ziemlich übereinstimmende Bilder bei allen Pflanzenschleimarten erhalten, und in allen waren offenbar Cellulosemikrofibrillen von Primärwanddimension anwesend; in den Celluloseschleimen herrschen sie natürlich vor (vgl. Abb. IV, 85). Im Leinsamenschleim wurde von MÜHLETHALER eine Zerteilung von Cellulosemikrofibrillen in Partikel (Abb. IV, 85b) beobachtet. Am Schleim von *Calluna vulgaris* konnte die Beobachtung gemacht werden, daß der Schleim vom Plasma an der inneren Zellwand in Schichten niedergelegt wird[2].

Auch in den Pflanzenschleimen, die ebenfalls Zellwandbestandteile sind (z. B. Schleimmembranen) findet man Zucker und Uronsäuren als Spaltprodukte (s. Tab. IV, 35). So enthält

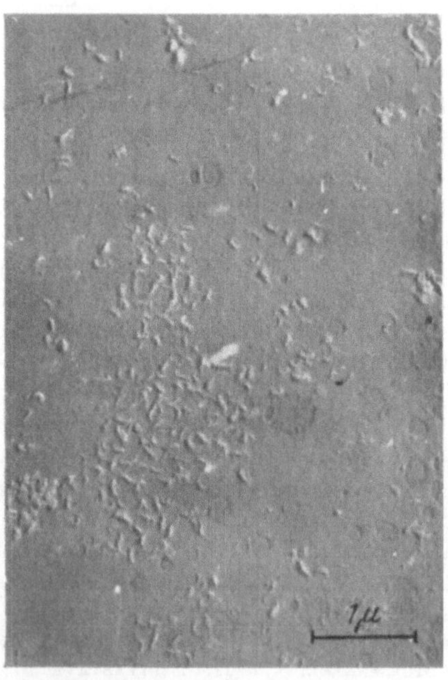

a b

Abb. IV, 85. Elektronenmikroskopische Aufnahme von Quittenschleim (a) und Leinsamenschleim (b), nach MÜHLETHALER

[1] MÜHLETHALER, K.: Exptl. Cell. Res. 1, 341 (1950).
[2] ESDORN, I., u. R. SCHANZE: Pharmacie, 9, 995 (1954).

Leinsamenschleim 2-D-Galakturonopyranosido-L-Rhamnose neben L-Galaktose und D-Xylose. Der verzweigt gebaute Schleim aus Samen von *Plantago lanceolata* enthält Xylose, Methylpentose, Galaktose und Uronsäuren. Der Schleim aus Luzernensamen *(Medicago sativa)* ergibt bei der Hydrolyse D-Galaktose und D-Mannose. Sehr einfach scheint das „*Salep*"-Mannan gebaut zu sein. Aus *Hibicus esculentus*-Schleim konnte WHISTLER erstmals eine kristallisierte Galaktobiose isolieren.

In einigen Fällen wurde auch das Verhältnis der Zucker zueinander bestimmt. So ergab der Schleim von *Corchorus olitorius* 60% Galaktose, 20% Rhamnose, 12% Arabinose, 6% Xylose und 1,2% Uronsäure[1]. Der Schleim von *Ulmus glabra* lieferte: 22,4% Galaktose, 16,8% 3-Methyl-Galaktose, 16,1% Rhamnose und 43,8% Galakturonsäure[2].

Es wird vermutet, daß einige Pflanzenschleime (Samen von *Cydonia vulgaris, Lepidium sativum, Brassica hirta* u. a.) auch abtrennbare Celluloseketten besitzen. Wir hätten hier wieder einen Fall von chemisch verknüpften „Assoziaten", wie sie bei Cellulose—Hemicellulose, Cellulose—Polyuronsäure, Cellulose—Lignin, Hemicellulose—Lignin usw. vorliegen dürften. Von TREIBER wurde kürzlich der von RENFREW[3] näher beschriebene Cydoniaschleim röntgenoptisch untersucht[4]; die Schleimfäden ergaben ein Faserdiagramm. Das Röntgendiagramm der abgetrennten „Cellulose" war aber mit dem der Cellulose I nicht völlig identisch, doch könnten die Unterschiede auch auf Unreinheiten des Spaltprodukts beruhen.

Interesse verdienen noch die Schleimstoffe der Algen. So besteht das Carragheen, das Hauptpolysaccharid und Strukturelement der Rotalge (Tang) zu $\sim {}^2/_3$ aus D-Galaktose und $\sim$ 30% monoveresterter Schwefelsäure in Salzform (SMITH[5]). SMITH konnte auch zeigen, daß Carragheen in eine kaliumempfindliche $\varkappa$-Fraktion und unempfindliche λ-Fraktion aufgespaltet werden kann. Agar[6] enthält D-Galaktopyranose (vermutlich in 1,3-Bindung), L-Galaktose und Sulfatestergruppen an Galaktoseresten (offenbar C^4). Alginsäure, die sich technisch zu Fäden verspinnen läßt, ist als Polymanuronsäure anzusprechen (vgl. § 22 u. [7]). Das Molekulargewicht dürfte in der Größenordnung von 150000 liegen. Begleitet wird sie von Laminarin.

Das Studium der Pflanzengummi und Schleime führt zu einigen fundamentalen Problemen der Chemie der Kohlenhydrate, nämlich der Untersuchung der Vorgänge, durch welche primäre Produkte der Photosynthese (offenbar D-Glucose) in andere Hexosen übergeführt werden. Es scheint z. B. heute festzustehen, daß eine Umwandlung der D-Galaktose in die stereochemisch verwandte L-Arabinose nicht im Makromolekül stattfindet.

§ 25. Besondere Zellwandstoffe — Chitin

Von E. TREIBER

Besondere Zellwandstoffe werden in den Moosen gefunden, die möglicherweise an Cellulose gebunden sind, und zwar ein Celluloseäther (?) des phenolartigen Sphagnol und die Dicranumgolsäure. In den Wurzeln der Compositen finden sich Phytomelane, die neben H und O einen sehr hohen Gehalt an C besitzen. Cellulose in offenbar unbekannter Form enthalten einige Algen *(Spirogyra, Vaucheria)*. Auch über die Kallose (MANGIN) ist wenig bekannt. ESCHRICH[8] hat nun kürzlich

[1] AMIN, E. S.: J. Chem. Soc. **1946**, 828.
[2] ÖISETH, D.: Pharm. Acta Helvet. **29**, 251 (1954).
[3] RENFREW, A. G., u. L. H. CRETCHER: J. of Biol. Chem. **47**, 503 (1932).
[4] TREIBER, E., H. TOPLAK, M. u. H. RUCK: Holzforschung **9**, 49 (1955).
[5] SMITH, D. B., A. N. O'NEILL u. A. S. PERLIN: Canad. J. Chem. **33**, 1352 (1955).
[6] Vgl. E. G. V. PERCIVAL u. T. H. G. THOMSON: J. Chem. Soc. **1942**, 750.
[7] SCHULZEN, H.: Melliand Textilber. **37**, 1087 (1956).
[8] ESCHRICH, W.: Planta (Berlin) **44**, 532 (1954).

Kallose aus den Cystolithen von *Ficus elastica* untersucht. Sie erwies sich als ein unlösliches Glucosan, da im Hydrolyseprodukt nur Glucose nachgewiesen werden konnte.

Umstritten ist die Existenz des Amyloids, welches nach ZIEGENSPECK als Zwischenkörper der Cellulosebildung aufzufassen wäre, nach SCHLEIDEN, VOGEL und REISS zu den Hemicellulosen zählt, vornehmlich die Rolle eines Reservestoffes spielen soll und bei Hydrolyse in Dextrose, Galaktose und Xylose zerfällt. In der älteren Literatur (SCHWALBE) werden auch Präcipitate von Hydratcellulose aus Säurelösungen zufolge der blauen Jodreaktion als „Amyloid" bezeichnet.

Eine ähnliche Rolle wie die Cellulose spielt als Gerüstsubstanz das Chitin, welches sich im Tierreich und bei den Pilzen findet. Eine Reihe von Ähnlichkeiten mit der Cellulose führten MEYER und MARK[1] zu der Auffassung, daß Glucosaminreste analog dem Bauplan der Cellulose in β-1,4-Bindung und diagonaler Verschraubung zusammengefügt sind. JEANLOTZ[2] hat nun kürzlich sich eingehend mit der Chitinstruktur befaßt und bestätigt gefunden, daß es sich um eine kontinuierliche Kette von N-Acetyl-D-glucosaminresten mit β-1,4-Bindung handelt. Die MEYER-MARKsche Auffassung ist in der Folgezeit durch BERGMANN, ZECHMEISTER und Mitarbeiter bestätigt worden. DIEHL und VAN ITERSON[3] schließlich bewiesen, daß Pilzchitin identisch mit dem tierischen Chitin ist. (Chitin ist meist stark mit Eiweiß vergesellschaftet. In den letzten Jahren sind in vielen biologisch aktiven Substanzen auch gemischte Polysaccharide mit Hexosaminresten gefunden worden. In Antibiotica wurden kürzlich Aminozucker [Aminocyclit und Desosamin] gefunden).

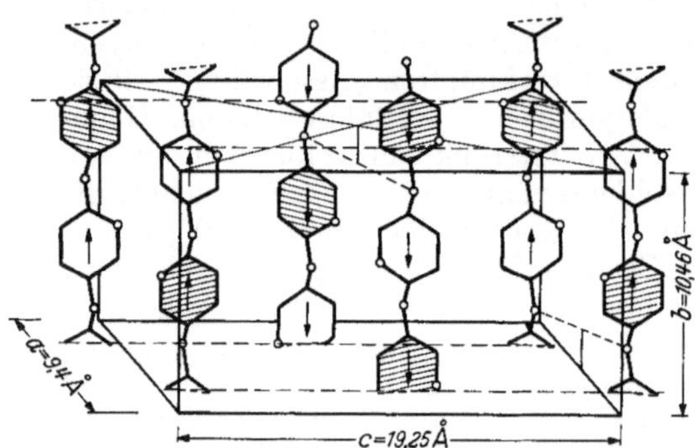

Abb. IV, 86. Schema des Elementarkörpers des Chitins. (Nach MEYER und PANKOW)

Auch der Elementarkörper mit 8 Glucosaminresten ist nach MEYER und PANKOW[4] ähnlich der der Cellulose, und zwar der metastabilen Cellulose III (Abb. IV, 86) gebaut.

Orientierte Chitinketten finden sich in vielen Organteilen mit ausgeprägter Faserstruktur.

Nach HEYN[5] ist Chitin in den Wänden der Sporangien höher orientiert. In diesen Hohlzylindern liegen die Längsachsen der Chitinketten in der Faserrichtung, die c-Achse liegt radial und die a-Achse tangential; somit liegen auch die Ringebenen annähernd radial.

Nach FREY-WYSSLING[6] bauen sich die *jungen* Sporangienträger von *Phycomyces Blakesleeanus* wie folgt auf: Unter einer Cuticula befindet sich eine Primärwand, die in der unteren Wachstumszone aus einer äußeren Lamelle, die ein unorientiertes Flechtwerk feinster Fibrillen darstellt, und einer inneren Lamelle mit gröberen Fibrillen (250—300 Å ⌀), die vorzugsweise quer zur Zellachse verlaufen, besteht.

[1] MEYER, K. H., u. H. MARK: Ber. dtsch. chem. Ges. **61**, 1936 (1928).
[2] JEANLOTZ, R.: Experientia (Basel) **6**, 52 (1950). — Vgl. auch FODOR, F., u. L. ÖTVÖS: Chem. Ber. **89**, 701 (1956).
[3] DIEHL, J. M., u. G. VAN ITERSON: Kolloid-Z. **73**, 142 (1935).
[4] MEYER, K. H., u. G. W. PANKOW: Helvet. chim. Acta **18**, 589 (1935).
[5] HEYN, A. N. J.: Protoplasma (Wien) **25**, 372 (1936).
[6] FREY-WYSSLING, A.: Vjschr. naturforsch. Ges. Zürich **95**, 45 (1950).

Möglicherweise existiert noch eine dritte Primärlamelle mit zwei sich unter einem Winkel von ~ 120° überkreuzenden Fibrillensystemen. In der Sekundärwand dürfte sich zunächst eine „Übergangslamelle" befinden, in der eine Fibrillenrichtung stark vorherrscht. Die übrige Sekundärwand zeigt eine sehr schöne Paralleltextur in der Wachstumsrichtung.

§ 26. Verteilung der Zellwandkomponenten in der Zellwand

Von P. W. LANGE

Vorliegende Übersicht stützt sich hauptsächlich auf Arbeiten des Autors und Mitarbeiter[1], die die Verteilungen von Cellulose, Hemicellulose und Lignin in Holzfaserzellen, besonders bei schwedischer Fichte (*Picea excelsa*) studierten.

1. Problemstellung

HARLOW[2] hat die Problemstellung wie folgt formuliert: "Although wood, — — —, is an exceedingly heterogenous material, its analysis has for the most part followed methods already developed in other branches of chemistry where greater homogeneity obtains. When a wood sample is reduced to powder of a specified degree of fineness and analyzed for various constituents, it is not possible to determine the chemical nature of the various layers of the cell wall, or even of the different tissues which comprise this very complicated organic structure. It is becoming increasingly apparent that the best chemical utilization of wood is dependent not only upon a knowledge of the *amounts* of certain substances (lignin, cellulose, pentosans, etc.) in wood, but also upon *where they are located in the cell wall,* and how the complicated cell aggregate (wood) behaves when chemically treated with various reagents."

Aufgezeigtes Problem blieb bis dato darauf begrenzt, daß versucht wurde, die Verteilung von Cellulose, „Hemicellulose" und Lignin in den Zellwänden schwedischer Fichte (*Picea excelsa*) in Mikroskala bei einer Auflösung von etwa 0,5—1,0 μ zu studieren. Ein Teil der Untersuchungen erstreckte sich jedoch auch auf Birke (*Betula verrucosa*) und Baumwolle (*Gossypium herbaceum*). Im wesentlichen scheinen Untersuchungen dieses Typs vornehmlich nur vom Autor und seinen Mitarbeitern ausgeführt worden zu sein.

2. Einblick in die Meßmethodik, Nomenklatur

Die Schwierigkeiten, die hier auftauchen, werden vorwiegend durch die Kleinheit des Objektes und die äußerst geringen Substanzmengen, um die es sich handelt, bedingt (ein Würfel Holzsubstanz mit 1 μ Kantenlänge wiegt etwa 10^{-12} g). Prinzipiell scheinen zwei Möglichkeiten zur Verfügung zu stehen, nämlich 1. mit einem Mikromanipulator oder einem ähnlichen Hilfsmittel sich eine hinreichende Substanzmenge der entsprechenden Zellteile zu verschaffen und hierauf dieselbe einer gewöhnlichen chemischen Mikroanalyse zu unterwerfen, oder 2. mit Hilfe physikalischer Methoden das chemische Verhalten *direkt* in den unbehandelten Zellen zu studieren. Der erste Weg, der unzweifelhaft mit großen Schwierigkeiten verknüpft ist, wurde z. B. von BAILEY[3] beschritten. Von den unter Punkt 2 allgemein angedeuteten Methoden dürften die optischen den Vorzug verdienen, da sie das Zellmaterial intakt lassen und sich sowohl in qualitativer wie auch quantitativer Hinsicht ausarbeiten ließen.

Von den denkbaren optischen Methoden hat die, die sich auf die Absorption elektromagnetischer Strahlung im Mikropräparat gründet, eine breite Anwendung gefunden. Auf solche Weise konnte im Zusammenhang mit den skizzierten speziellen Problemen Lignin mit Hilfe einer UV-Mikroabsorptionstechnik[4], Cellulose und „Hemicellulose" mit cytophotometrischen Methoden im sichtbaren Spektralbereich[5] studiert werden. Die totale Masse (Kohlenhydrate plus Lignin) per Flächeneinheit in den Zellwänden kann durch Messung der Röntgenstrahlabsorption in der Faserwand bestimmt werden[6].

Es muß jedoch betont werden, daß die Fehler in dem Falle recht ansehnlich sind, wo es gilt, die Absolutmenge des Materials in der Zellwand zu bestimmen. In erster Linie beruht dies auf

[1] LANGE, P. W.: Sv. Papperstidn., **57**, 563 (1954). (Zusammenfassung und Literaturübersicht.)

[2] HARLOW, W. M.: In L. E. WISE u. E. C. JAHN: Wood Chemistry, Bd. 1, p. 99. New York 1952.

[3] BAILEY, A. J.: Industr. Engin. Chem., Anal. Ed. 8, 52, 389 (1936).

[4] LANGE, P. W.: Sv. Papperstidn., **57**, 525 (1954).

[5] ASUNMAA, S., u. P. W. LANGE: Sv. Papperstidn., **57**, 501 (1954).

[6] LANGE, P. W.: Sv. Papperstidn., **57**, 533 (1954).

der Schwierigkeit, die Dicke eines Mikrotomschnittes — z. B. eines Holzquerschnittes — exakt zu bestimmen[1] (vgl. auch [2]). Daher darf man wohl den geeigneten cytophotometrischen Methoden zur *relativen* Bestimmung der Komponenten, d. h. also Vergleich der chemischen Zusammensetzung verschiedener Bezirke in derselben Zelle oder den nächstliegenden Zellen, derzeit den Vorrang geben.

Die Konzentration der Substanz bzw. Substanzen, die untersucht werden, soll jedoch 1% nicht untersteigen. Nachdem die Messungen innerhalb *einer* Zelle durchgeführt werden, ist es selbstverständlich, daß man Messungen an einer großen Anzahl von Zellen der gleichen Art ausführen muß, um wirklich signifikante Resultate zu erhalten. Es ist auch einleuchtend, daß große Unterschiede in der chemischen Zusammensetzung zweier Fasertypen einer geringeren Anzahl Kontrollmessungen bedürfen im Vergleich zu einer statistischen Sicherstellung geringer Differenzen.

Die Apparatur für cytophotometrische Messungen im sichtbaren und UV-Spektralbereich besteht aus Lichtquelle, Monochromator (oder Filter), Mikroskop und Detektor (photographische oder photoelektrische Registrierung). Im Prinzip werden die Messungen wie in einem Spektrophotometer zur „Makro“-analyse ausgeführt. In zweierlei Hinsicht jedoch unterscheiden sich die Verfahren, und zwar: 1. daß der Strahlengang durch das Mikroskop und somit Präparat kompliziert ist und unter besonders genauer Kontrolle gehalten werden muß und 2. daß die Heterogenität des Präparats (auf Grund des biologischen Ursprunges) sowie die Form desselben Anlaß zu nichtabsorptiven Lichtverlusten geben kann. Der Einfluß dieser Faktoren auf Absorptionsmessungen von Holz- bzw. Cellulosefasern ist eingehend von LANGE behandelt worden[3, 4, 5].

Die Absorption der Röntgenstrahlen in Materie folgt einfachen Gesetzen. Man kann z. B. die Strahlungsverluste ganz vernachlässigen, die auf Grund der Streuung im Präparat entstehen. Eine Methode um die Absorption zu messen, ist die, ein „Absorptionsbild“ (Kontaktbild oder Mikroradiogramm) des Präparates (im Verhältnis 1:1) mit hinreichendem Auflösungsvermögen herzustellen, so daß man dieses auf optischem Wege, z. B. in einem Mikroskop, entsprechend vergrößern kann (Mikroradiographie). Hinsichtlich näherer methodischer Einzelheiten sei auf die bereits umfangreiche Literatur über dieses Gebiet verwiesen[6–16].

Die *Nomenklatur*, d. h. Bezeichnung der verschiedenen Teile der Zellwand, entspricht der dieses Buches, lehnt sich also an die Vorschläge von BAILEY und KERR[17] an.

3. Verteilung des Lignins in den Zellwänden

Das native Lignin wurde spektrographisch zuerst von LANGE[18, 19] untersucht, der die UV-Absorption der Mittelschicht[17] bestimmte und so verifizieren konnte, daß (natives) Lignin aromatischer Natur ist.

Das Lignin besitzt eine selektive Absorption im Wellenlängengebiet 2500 bis 3300 Å, in dem Kohlenhydrate keine Absorption aufweisen[20]. Somit ist es möglich, das Lignin direkt in den Holzzellen mit Hilfe mikrospektrographischer Methoden im UV-Bereich in Gegenwart der Kohlenhydrate zu studieren.

[1] LANGE, P. W., u. A. ENGSTRÖM: Labor. Invest. **3**, 116 (1954).
[2] HALLÉN, O.: Acta anat. (Basel) Suppl. **25** ad **26** (1955).
[3] Siehe S. 259, Fußnote 4.
[4] LANGE, P. W.: Sv. Papperstidn., **53**, 749 (1950).
[5] LANGE, P. W.: Sv. Papperstidn., **56**, 807 (1953).
[6] CASPERSSON, T. O.: Cell Growth and Cell Function; A Cytochemical Study. New York 1950.
[7] ENGSTRÖM, A., u. M. WEISSBLUTH: Exper. Cell. Res. **4**, 711 (1951).
[8] Optical Methods of Investigating Cell Structure. Faraday Society, London 1950.
[9] BLOUT, E. R., u. P. M. DOTY: Science (Lancaster, Pa.) **112**, 639 (1950).
[10] Conference on the Chemistry and Physiology of the Nucleus. Brokhaven National Laboratory, Upton, L. I New York 1951.
[11] Conference on Microspectrophotometry of Cells. MIT, Cambridge, Massachusetts 1951.
[12] Conference on Physical Aspects of Cytochemical Methods. Stockholm, Sweden 1951.
[13] GLICK, D., A. ENGSTRÖM u. B. G. MALMSTRÖM: Science (Lancaster, Pa.), **114**, 253 (1951).
[14] FITZGERALD, P. J., u. A. ENGSTRÖM: Cancer **5**, 643 (1952).
[15] ENGSTRÖM, A.: Physiol. Rev. **39**, 190 (1953).
[16] MELLORS, R. C. ED.: Analytical Cytology. New York 1955.
[17] BAILEY, I. W., u. T. KERR: J. Arnold Arbor. **16**, 275 (1935).
[18] LANGE, P. W.: Sv. Papperstidn., **47**, 262 (1944).
[19] LANGE, P. W.: Sv. Papperstidn., **48**, 241 (1945).
[20] Vgl. E. TREIBER: Kolloid-Z. **130**, 39 (1953).

Experimentell verfährt man in folgender Weise: Ein Holzquerschnitt (2—10 μ dick) wird in Glycerin eingebettet, zwischen zwei Quarzglasplättchen plaziert und in einem UV-Mikroskop bei monochromatischer Beleuchtung photographiert (Wellenlängenbereich 2750—3300 Å). Unmittelbar vor der photographischen Platte wird ein rotierender Sektor mit mehreren Absorptionsabstufungen angebracht. Man erhält so ein Bild gemäß Abb. IV, 87a. Mittels eines Mikrophotometers (Mikrodensitometer) werden die Schwärzungen in den verschiedenen Teilen der Zellwand mit den Schwärzungen der verschiedenen Sektorstufen verglichen (Abb. IV, 87b). Daraus kann die Verteilung des Lignins quer über die Zellwand berechnet werden.

Für die mikrospektrographische Bestimmung der Ligninverteilung in dem Zellwandquerschnitt sind folgende Faktoren von Bedeutung: 1. Der Absorptionskoeffizient des Lignins, 2. die konservative Lichtabsorption (vornehmlich Intensitätsverluste durch Lichtstreuung), vor allem auf Grund des heterogenen Präparataufbaues, 3. die Dicke des Holzschnittes (Querschnitt) und 4. die Apertur des auf das Präparat einfallenden Lichtes. Der Einfluß der Punkte 1, 3 und 4 auf die Ermittlung der Ligninverteilung kann berechnet werden[1]. Hingegen ist es auf rein theoretischem Weg unmöglich, den Einfluß der Licht-

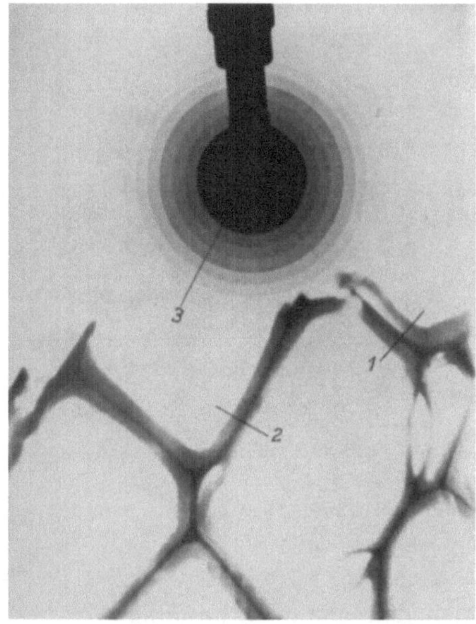

a

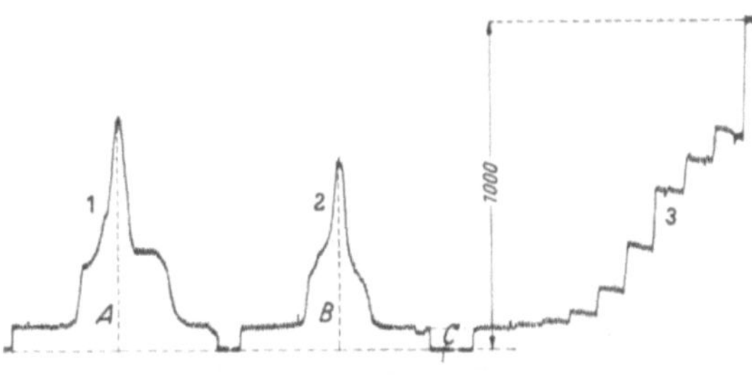

b

Abb. IV, 87a, b. a Querschnitt von *Picea excelsa*, photographiert bei 2800 Å zusammen mit dem rotierenden Sektor. Das Originalnegativ wurde entlang der eingezeichneten Strecken (*1* bzw. *2* und *3*) photometriert; b Photogramm entlang der Strecken 1, 2 und 3 der in Abb. IV, 87a gezeigten Abbildung. Der Photometerausschlag ist zu rechnen von der gestrichelten Linie (Galvanometerausschlag, wenn kein Licht auf die Thermozelle fällt). Der Ausschlag, gemessen an unbelichteten Stellen der Platte ($\log I_0/I = \infty$) — obere gestrichelte Linie —, ist willkürlich gleich 1000 gesetzt worden. Die Ausschläge *A* und *B* sind die maximalen Photometerausschläge für die Mittellamelle (Vergr. ≈ 750×)

streuung zu korrigieren. Durch Messung der scheinbaren Lichtabsorption in der Nähe des Lumens und in der Mittelschicht bei verschiedenen Wellenlängen kann man zeigen, daß die Lichtstreuung in der Nähe des Lumens am größten ist. In der Mittellamelle (s. z. B. Abb. IV, 87a, bzw. IV, 88) ist die Ligninkonzentration am höchsten, in der Nähe des Lumens am niedrigsten. Man kann daher annehmen, daß in der Mittellamelle das Lignin in einer homogeneren Struktur niedergelegt ist, als im Bereich um das Lumen herum. Im letztgenannten Bezirk ist wahrscheinlich das Lignin zwischen geordnete Cellulosestränge eingelagert. Die Anzahl der Grenzflächen zwischen Lignin und den anderen Zellwandkomponenten müßte somit hier wesentlich größer als in der Mittellamelle sein, was sich auch in einer größeren Lichtstreuung im Bereiche um das Lumen zu erkennen gibt. Wenn es daher gilt, die relative Ligninverteilung zu bestimmen, so kann man wohl so vorgehen, daß man die Ligninkonzentration in der Mittellamelle als relative Einheit für die (für die Lichtstreuung korrigierte) Ligninkonzentration in den übrigen Teilen der Zellwand annimmt (vgl. Abb. IV, 89). Eine Betrachtung der genannten 4 Punkte hat gezeigt[2], daß man die mikrospektrographischen Messungen im Maximum der Ligninabsorption (∼ 2800 Å) ausführen soll, und zwar an *dünnen* Schnitten, um den ungünstigen Einfluß der Apertur auf den Lichtweg durch das Präparat herabzumindern. Es wäre ein sehr kleiner Öffnungswinkel vorzuziehen (d. h. daß die Präparatbeleuchtung annähernd mit parallelem Licht erfolgt, was die Berechnung vereinfacht), aber dabei verringert sich auf der anderen Seite das Auflösungsvermögen. Es hat sich gezeigt, daß ein Öffnungswinkel von 50° vorteilhaft ist.

[1] Siehe S. 260, Fußnote 4. [2] Siehe S. 259, Fußnote 4.

Abb. IV, 88a, b, c gibt Mikrophotographien von drei Querschnitten von Fichte, Buche und Espe, eingebettet in Glycerin, wieder. Man sieht unmittelbar, daß die Mittelschicht die ultravioletten Strahlen in bedeutend höherem Grad absorbiert, als die Sekundärwände. Daraus geht deutlich hervor, daß die Konzentration an Lignin in den Sekundärwänden bedeutend geringer ist, als dem Mittelwert für die Ligninkonzentration im Holzkörper entspricht, d. h. für Fichte weniger als ~ 30% und für Birke kleiner als etwa 20%.

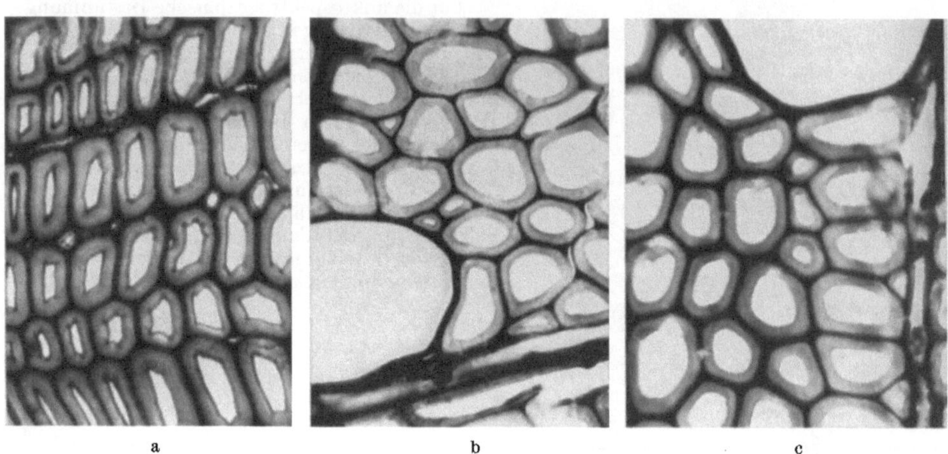

Abb. IV, 88a–c. a UV-Mikrophotographie (2750 Å) eines Querschnittes von (schwed.) Fichte (Vergr. ~ 500 mal); b UV-Mikrophotographie (2750 Å) eines Birkenholzquerschnittes (Vergr. ~ 375 mal); c UV-Mikrophotographie (2750 Å) eines Espenholzquerschnitts (Vergr. ~ 375 mal)

Man entnimmt ferner den Mikrophotographien, daß eine recht auffällige Veränderung in der Ligninkonzentration in der Sekundärwandaußenschicht auftritt. Um eine weitere Bestätigung hierfür zu finden, wurde folgender Versuch durchgeführt: Es wurden Mikrophotographien im UV (2750 Å) und im sichtbaren polarisierten Licht von denselben Querschnitten einer schwedischen Fichte verglichen. Auf den UV-Mikrophotos wurden die Distanzen A quer über das stärkst absorbierende Gebiet zwischen zwei benachbarten Zellen gemessen. Entlang der entsprechenden Meßstrecke wurde an den Mikrophotographien im polarisierten Licht 2 Abstände B und C ausgemessen, und zwar die Breite B der dunklen, nicht doppelbrechenden Bezirke (Mittellamelle mit den zwei anliegenden Primärwänden) und der größte Abstand C zwischen den zwei doppelbrechenden Bereichen in der Außenschicht der Sekundärwand. Das Resultat der Messungen an einigen Querschnitten ist in Tab. IV, 36 wiedergegeben.

Tabelle IV, 36

A	B	C
1,3	0,7	2,8
1,6	0,8	2,1
1,3	0,8	2,9
2,4	2,4	3,9
1,3	0,5	2,1
1,6	0,5	1,8
1,6	0,8	2,6
1,3	0,5	1,8
1,6	1,3	2,6
1,6	0,8	1,8
1,8	0,5	2,1

Man sieht, daß die auffällige Änderung in der Lignineinlagerung in der Außenschicht der Sekundärwände vor sich geht. Die Holzfasern wechseln auch gerade in dieser Region ihren Charakter, so daß man die Tatsache verifiziert findet, daß außerhalb dieser Zone die Fasern hauptsächlich aus Lignin bestehen, während im zellinneren, mengenmäßigen Hauptteil der Fasern die Kohlenhydratkomponenten dominieren. Es ist höchstwahrscheinlich, daß die Eigenschaften der Fasern einer auffälligen Änderung in dieser Grenzzone: Sekundärwand — Mittelschicht unterliegen.

Wenn man die optimal günstigsten Bedingungen für eine quantitative oder halbquantitative Messung der Ligninverteilung quer über die Zellwand hinweg auswählt, so erhält man durch solche Bestimmungen ein Ergebnis, welches durch Abb. IV, 89 illustriert wird. Die ausgezogene Linie gibt die am photographischen Bild gemessene Lichtabsorption (Extinktion an einem Fichtenholzquerschnitt bei 2750 Å). Unter idealen Verhältnissen (parallele Beleuchtung und Abwesenheit einer Lichtstreuung und anderen nicht-absorptiven Lichtverlusten) sollte diese Kurve die relative Ligninverteilung in der Zellwand repräsentieren. Wie im Vorangegangenen erwähnt, ist die Lichtstreuung im Innenbezirk der Faserwand bei 2750 Å erheblich (im Gegensatz zu 3300 Å). Messungen[1] haben nun gezeigt, daß die Extinktionen für den inneren Bereich der Fasern um etwa 30% reduziert werden müssen (strichlierte Linie). Auf Grund der Konvergenz des einfallenden Lichtes (Öffnungswinkel 50°) ist die Extinktion für den inneren Bereich der Faser um ~ 20% zu hoch (das gilt bei einer Schnittdicke von der Hälfte des Abstandes: Lumen — Mittellamelle). Die Korrektur auf Grund dieser Konvergenz ergibt die punktierte Linie, die somit die relative Ligninverteilung wiedergibt. Der Fehler in dieser Verteilungskurve ist zum größten Teil eine Funktion der Unsicherheit in der Abschätzung der Lichtstreuung.

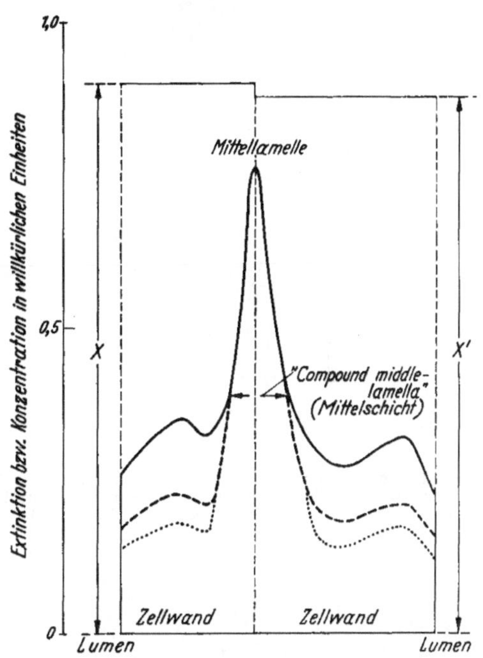

Abb. IV, 89. Erläuterung zum Vorgehen der Umrechnung und Korrektur der gemessenen Extinktionsverteilung auf eine Ligninverteilungskurve

Um die relative Verteilungskurve in die „absolute" überzuführen, wurde die Annahme einer konstanten Materialkonzentration x quer über die Zellwand angenommen. Der Wert x (die obere ausgezogene waagrechte Linie) für die zwei Zellwände wurde so berechnet, daß die Fläche unter der Ligninverteilungskurve 28% — dem Ligningehalt in schwedischer Fichte — der totalen, unter der x-Linie gelegenen entsprach. In Abb. IV, 89 beträgt somit die Ligninkonzentration in der Mittellamelle ~ 85% und im Bereich um das Lumen ~ 15%. Die Messungen an ungefähr 50 Querschnitten, ausgewählt aus etwa 500, hat Mittelwerte von 73 bzw. 16% für schwedische Fichte ergeben[1]. BAILEY[2] fand vergleichsweise 71% Lignin in der Mittelschicht der *Douglas*-Tanne.

Die allgemeine Ansicht geht bekanntlich dahin, daß das Lignin dem Holz gewisse mechanische Eigenschaften verleiht. Man kann daher erwarten, daß Verschiedenheiten in der Ligninverteilung zwischen normalem Holz und Druck- bzw. Zugholz sich vorfinden. Abb. IV, 90a zeigt einen Querschnitt durch Druckholz einer schwedischen Fichte. Aus Abb. IV, 90b, die die Ligninverteilung im Druckholz von Lumen zu Lumen zeigt, geht klar hervor, daß das Lignin in diesem Holz in einer ganz anderen Weise eingelagert ist als im normalen Holz. Es sieht

[1] Siehe S. 259, Fußnote 4. [2] Siehe S. 259, Fußnote 3.

aus, als würden sich zwei Ligninsysteme vorfinden; eines bildet ein „Röhrensystem" mit dünnen Wänden und hoher Ligninkonzentration. Im Innern dieser (inneren) „Röhre" liegt die Hauptmasse der Zellwand, deren äußeren Teile also recht ligninreich sind, während die inneren im großen und ganzen ligninfrei sind. Aus Abb. IV, 91 a, b geht schließlich klar der Unterschied in der Ligninverteilung zwischen Zugholz und normalem Holz (bei Rotbuche) hervor. Im Zugholz (b) fehlt in den Sekundärwänden vollständig das Lignin (vgl. auch WARDROP und DADSWELL[1]).

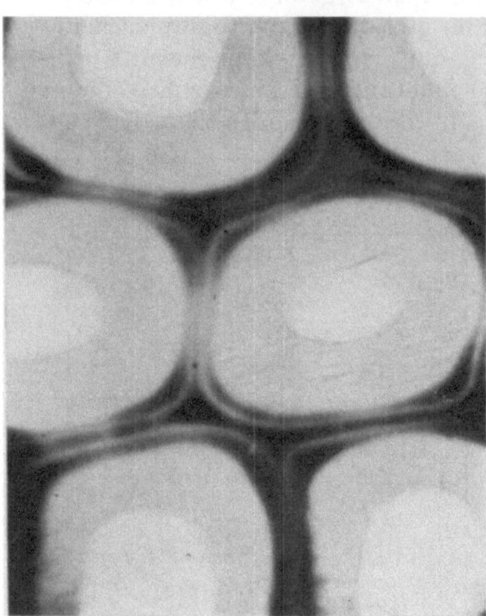

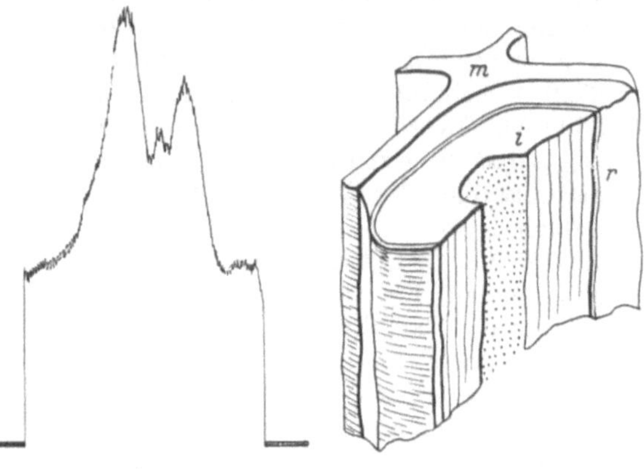

a b c

Abb. IV, 90a–c. a Querschnitt von Fichtendruckholz (2750 Å). Die Sekundärwände sind praktisch ligninfrei; die Grenze zwischen Wand und Lumen ist kaum zu sehen; b Photogramm über zwei Zellwände von Fichtendruckholz hinweg. Die Ligninverteilung ist vom Normalholz verschieden (vgl. Schema c); c Schema einer Druckholzzelle; die Bezirke *m* und *r* sind sehr ligninreich; die Sekundärwand im Inneren *i* ist hingegen praktisch ligninfrei (Vergr. ≈ 70×)

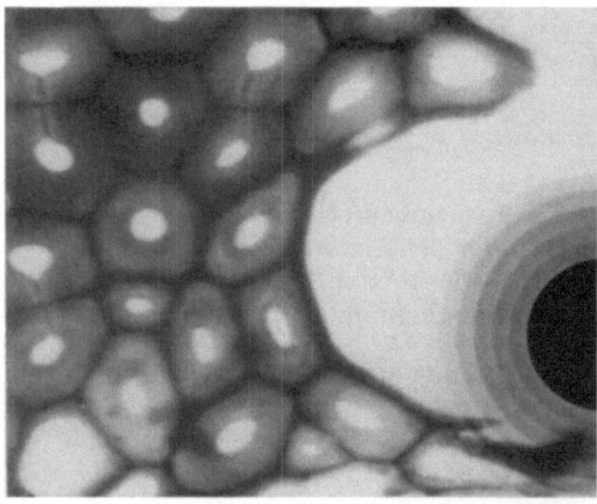

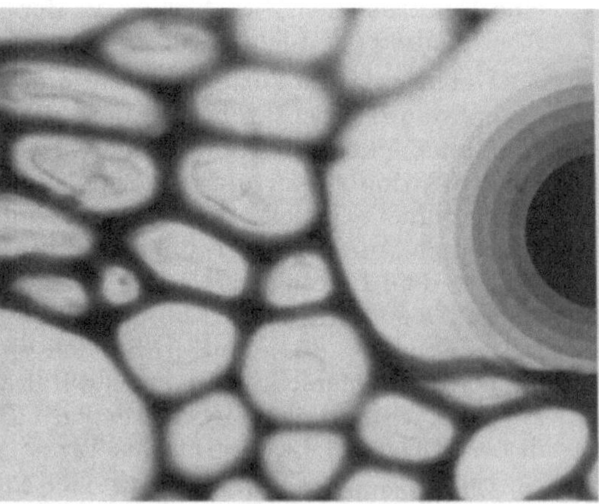

a b

Abb. IV, 91a, b. Querschnitt von normalem Holz (a) und Zugholz (b) einer Rotbuche (2750 Å). Die Sekundärwand des Zugholzes ist praktisch ligninfrei (Vergr. ~ 375 ×)

4. Verteilung der Kohlenhydrate (Cellulose und Hemicellulose)

Die Verteilung der Kohlenhydrate in den Zellwänden mit Hilfe cytophotometrischer Methoden in Gegenwart von Lignin ist nicht möglich. In lignifizierten

[1] WARDROP, A. B., u. H. E. DADSWELL: Austral. J. Sci. Res. B 1, 3 (1948).

Zellwänden muß daher das Lignin zuerst entfernt werden. Dazu kommt noch, daß die Kohlenhydrate im Spektralbereich > 2000—7000 Å, d. i. das sichtbare und ultraviolette Spektralgebiet, keine selektive Eigenabsorption aufweisen. Um in der beschriebenen cytophotometrischen Arbeitsweise die Substanzverteilung der Stoffe von Kohlenhydratnatur in den Zellwänden bestimmen zu können, muß man eine chromophore Komponente in die Zellwände so einführen, daß:

1. die Größe der Lichtabsorption ein quantitatives Maß der Kohlenhydratmenge ist, was bedingt, daß sämtliche Kohlenhydrate quantitativ mit dieser chromophoren Komponente reagieren,

2. daß der Faserfeinbau erhalten bleibt, und

3. daß, wenn möglich, die selektive Lichtabsorption im sichtbaren Spektralgebiet auftritt, da hier die Streuverluste wesentlich geringer sind als im UV-Bereich.

Es hat sich nun gezeigt, daß p-Phenylazobenzoylchlorid eine lichtabsorbierende Substanz ist, die diese Bedingungen erfüllt[1]. Sie reagiert mit den Kohlenhydraten in den Fasern ziemlich quantitativ unter Bildung eines orangeroten ,,Faser-Esters". Von Fasern dieses Umsetzungsproduktes wurden Querschnitte, gequollen in Pyridin, untersucht. Die Zellwanddimensionen nehmen durch die Veresterung und Quellung zu. Die Verteilung des lichtabsorbierenden Kohlenhydratesters, die man quer zur Zellwand in der veresterten, pyridingequollenen Faser mißt, muß nun auf irgendeine Weise auf die unveresterte Faser zurückgeführt werden. Untersuchungen von ASUNMAA und LANGE[2] zeigten, daß praktisch alle Dimensionsveränderungen unter der Veresterung und Quellung gleichmäßig über die ganze Zellwand erfolgen. Die relative Verteilung der Lichtabsorption (d. h. Kohlenhydratkonzentration) in der veresterten und gequollenen Zellwand kann somit leicht auf die ursprüngliche unbehandelte Kohlenhydratfaser zurückgeführt werden.

Die nichtabsorptiven Lichtverluste in den ligninfreien, pyridingequollenen Faser-Estern kann praktisch vernachlässigt werden, wie eingehend von LANGE[3] gezeigt wurde.

Der Grad der Esterifizierung wurde u. a. durch Analyse des Stickstoffgehaltes kontrolliert. Tab. IV, 37 gibt Analysenresultate (gefundene und berechnete) für eine Reihe verschiedener veresterter Fasern wieder.

Tabelle IV, 37. *Stickstoff- und Pentosangehalt (in %) für verschiedene veresterte Fasern*

	N gefunden	Pentosan %	N berechnet
Fichtenholocellulose	10,87	9[4]	10,64
Birkenholocellulose	10,45	32[4]	10,52
Fichtensulfitzellstoff	10,46	6[5]	10,65
Kiefernsulfatzellstoff	10,88	11[5]	10,61
Standardbaumwolle	10,65	—	10,68
Hexosane			10,68
Pentosane			10,22

Da die Genauigkeit der mikrospektrographischen Methoden geringer ist als die der konventionellen analytischen im ,,Makro"-Maßstab und da gegenwärtig Methoden für eine selektive Differenzierung zwischen ,,Cellulose" und ,,Hemicellulose" in der Zellwand nicht greifbar sind, konnte nur eine recht rohe Differen-

[1] ASUNMAA, S., u. P. W. LANGE: Sv. Papperstidn., **56**, 85 (1953).
[2] ASUNMAA, S., u. P. W. LANGE: Sv. Papperstidn., **57**, 498 (1954).
[3] Siehe S. 260, Fußnote 5.
[4] BJÖRKQVIST, K. J., u. L. JÖRGENSEN: Acta chem. scand. (Copenh.) **5**, 978 (1951).
[5] SUNDMAN, J., J. SAARNIO u. CH. GUSTAFSSON: Papper och Trä B **4**a, 115 (1951).

zierung zwischen Cellulose und „Hemicellulose" erzielt werden, wobei auf konventionelle Methoden, wie alkalische oder hydrolytische Behandlung oder eine Kombination beider, zurückgegriffen wurde. Der Begriff „Hemicellulose", wie er in dieser Übersicht benutzt wird, bezieht sich hauptsächlich auf jenes Kohlenhydratmaterial, welches aus den verschiedenen Arten von Cellulosefasern mit Alkalien oder durch Säurebehandlung herausgelöst werden kann und weniger auf die mehr oder weniger unbekannten Eigenschaften komplexer Gemische von Polysacchariden, die man unter dem Sammelbegriff „Hemicellulose" mit einbezieht. Im Nachstehenden möge eine kurze Beschreibung der verschiedenen untersuchten Faserproben gegeben werden.

A. Faserproben, im Laboratorium hergestellt

1. Holocellulose aus (schwedischer) Fichte (*Picea excelsa*) (= Probe I): wurde in Anlehnung an JAYMÉs Methode[1] hergestellt. Die Ausbeute aus dem Holz betrug 70% und der Stickstoffgehalt der veresterten Faser 10,87%[2].

2. Warmalkalibehandelte Holocellulose: Holocellulose (Probe I) wurde mit 2%iger NaOH bei 100° C 2 Std. behandelt. Ausbeute, berechnet auf Holocellulose, war 75,7%; Stickstoffgehalt der veresterten Faser: 10,7%.

3. Warmalkalibehandelte Querschnitte von Holocellulose: Die chemische Behandlung war identisch mit vorhergehender. Jedoch lag das Ausgangsmaterial (Holocellulose) in Form von Querschnitten vor. Diese Materialform wurde gewählt um Einblicke in die Unterschiede zwischen intakten Holocellulosefasern und Querschnitten zu bekommen, die bei der alkalischen Behandlung gegebenenfalls auftreten können.

4. Kaltalkalibehandelte Holocellulose: Holocellulose (Probe I) wurde mit 11%iger Natronlauge bei 0° eine Stunde behandelt. Die alkalibehandelten Fasern wurden schrittweise mit schwächeren NaOH-Lösungen gewaschen. Die Ausbeute, berechnet auf Holocellulose, betrug 65% und der Stickstoffgehalt der veresterten Faser 10,72%.

5. Partiell hydrolysierte Holocellulose: Holocellulose (Probe I) wurde in Anlehnung an eine modifizierte NICKERSON-Methode behandelt. Diese Modifikation (kürzere Reaktionszeit) war notwendig, da es sich zeigte, daß es außerordentlich schwer war, Faserquerschnitte zu erhalten, wenn die Hydrolyse über eine längere Reaktionszeit, wie gewöhnlich angewandt, ausgedehnt wurde. Die Reaktionsbedingungen waren: 3,5 m HCl + 0,6 m $FeCl_3$, 95° C, $^1/_2$ Std.; N-Gehalt: 10,59%.

6. Vorhydrolysierte, kaltalkalibehandelte Holocellulose: Holocellulose (Probe I) wurde zuerst mit einer 1,25 m Schwefelsäure bei 90° für 5′ einer Vorhydrolyse unterworfen. Das Produkt wurde hierauf in 17,8%iger Lauge bei 20° 1 Std. gequollen. Ausbeute: 61%; N-Gehalt der veresterten Faser 10,81%.

7. Birkenholocellulose (*Betula verrucosa*): Wurde nach der bereits zitierten JAYMÉschen Methode hergestellt (= Probe II). Die Ausbeute, auf Holz bezogen, betrug 79,5%; der N-Gehalt der veresterten Faser war 10,45%.

8. Warmalkalibehandelte Birkenholocellulose: Probe II wurde gemäß (2.) behandelt; Ausbeute, bezogen auf Holocellulose = 63,0%.

9. Standard-Baumwolle: Wurde in Anlehnung an die von der American Chemical Society[3] empfohlenen Methode hergestellt. N-Gehalt der veresterten Faser 10,65%.

10. Warmalkalibehandelte Standard-Baumwolle: Wurde gemäß den in (2.) bzw. (8.) genannten Bedingungen bereitet. Ausbeute 95%.

11. Regeneratcellulose: In Form von Viscosereyon.

12. Fichtensulfitreyonzellstoff: Mit 90,1% α-Cellulose (gemäß CCA 7). Ausbeute bezogen auf Holz: 44,6%; Viscosität: 28,5 cP. N-Gehalt der veresterten Faser: 10,68%.

13. Fichtensulfit-Acetatzellstoff: Mit 95,0% α-Ausbeute, bezogen auf Holz 33,4%; Viscosität 28,5 cP. N-Gehalt der veresterten Faser: 10,76%.

B. Faserproben aus kommerziellen Zellstoffen. 14. Kiefernsulfat-Kraftzellstoff: (etwa 42% Ausbeute). Stickstoffgehalt der veresterten Faser: 10,88%.

15. Vorhydrolysierter Kiefernsulfatzellstoff: (etwa 34% Ausbeute); N-Gehalt der veresterten Faser 10,71%.

---

[1] JAYME, G.: Cellulosechem. **20**, 42 (1942).

[2] Siehe S. 265, Fußnote 1.

[3] Industr. Engin. Chem. **15**, 748 (1923).

Es möge hier darauf hingewiesen werden, daß die verschiedenen Faserproben aus einem größeren Ansatz ausgewählt wurden. So konnte allerdings z. B. keine Differenzierung getroffen werden zwischen Fasern unterschiedlichen Alters oder von verschiedenen Bezirken im Baumstamm. Im Falle der Birkenfasern wurden jedoch die Gefäße abgesondert.

Abb. IV, 92 zeigt ein Bild des Objektes (ein Querschnitt einer pyridingequollenen, veresterten Faser) und den Monochromatorspalt zusammen mit der Abbildung des rotierenden Sektors. Die Durchlässigkeit des Negativs des Faserquerschnittes sowie des Stufenkeils (Sektor) wurde so photometriert, daß der Faserquerschnitt in verschiedenen Richtungen vermessen wurde.

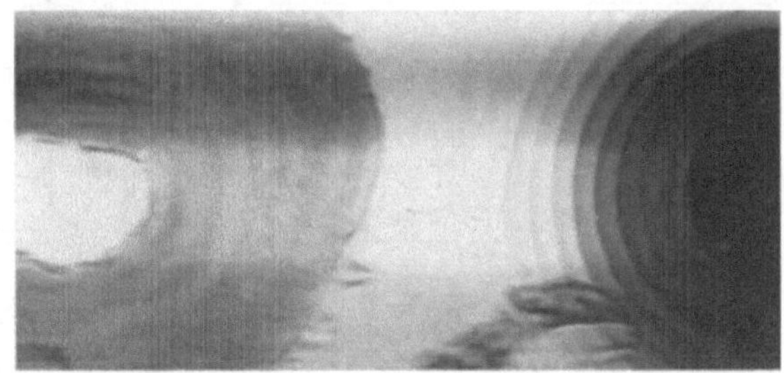

Abb. IV, 92. Aufnahme eines Faserquerschnitts zusammen mit dem Monochromatorspalt und der rotierenden Sektorblende

Abb. IV, 93 zeigt die Photometerkurve quer über zwei Zellwände einer kaltalkalibehandelten Fichtenholocellulose nach einer kurzen Vorhydrolyse. (Der Bereich um das Lumen liegt auf der linken Bildseite.) Gleichzeitig mitaufgenommen ist das Photogramm des Stufenkeils im Vergleichssystem, welcher durch den rotierenden Sektor vor der Platte hervorgerufen wird.

Um eine gemittelte Materialverteilungskurve zu erhalten, welche repräsentativ für das untersuchte Fasermaterial ist, wurden aus zahlreichen individuellen Verteilungskurven in verschiedenen Richtungen des Zellwandquerschnitts Mittelwerte gebildet. Der Abstand vom Lumen bis zur äußersten Wandschicht wurde willkürlich für alle Fasern gleichgesetzt und der höchste Konzentrationswert innerhalb der Zellwand wurde gleich 100% gesetzt (vgl. Abb. IV, 94b). In analoger Weise wurden mittlere Materialverteilungskurven für die gesamte Faserprobe aus den mittleren Verteilungskurven der verschiedenen Faserschnitte gewonnen. Eine solche Materialverteilungskurve gibt eine ziemlich zuverlässige Auskunft über die relative Stoffverteilung in den verschiedenen Lagen der Zellwand. Darüber hinaus kann die Kurvenform verschiedener Fasern miteinander verglichen werden; allerdings sind sicherlich kleine Unterschiede der Verteilung, z. B. verursacht durch eine Lamellierung, verwischt. Solche Variationen können wohl nur an den einzelnen Verteilungskurven studiert werden.

Bei vielen Fasertypen kann die gemittelte Verteilungskurve durch eine gerade Linie angenähert werden.

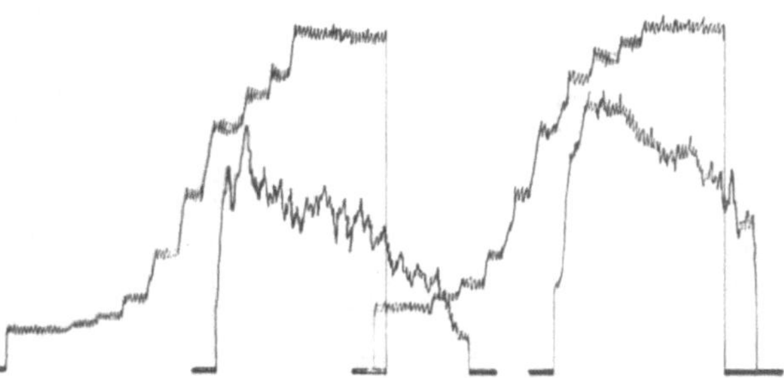

Abb. IV, 93. Durchlässigkeitskurve eines Querschnittes einer kaltalkalibehandelten Fichtenholocellulose nach einer kurzen Vorhydrolyse

Die Lichtdurchlässigkeitskurven wurden umgerechnet auf die relative Verteilung des lichtabsorbierenden Materials (Kohlenhydrate). Für die vorhin angegebenen untersuchten Proben (1—15) erhalten wir die in Abb. IV, 94—101 wiedergegebenen Kurven. In allen Abbildungen ist das Gebiet um das Lumen auf der *rechten*, die Faseraußenschicht auf der *linken* Seite zu denken. Die relativen Substanzkonzentrationen sind in einer willkürlichen Prozentskala (vgl. oben) angegeben.

a) Allgemeiner Überblick

In Fasern, in denen lediglich ein geringer Bruchteil der Kohlenhydrate ausgelöst wurde — z. B. in Fichten- und Birkenholocellulose sowie in Baumwolle — findet man eine recht gleichmäßige Materialverteilung über die Zellwand hinweg.

Nur geringe Schwankungen um den Mittelwert der Konzentration sind beobachtbar; somit ist die Kohlenhydratkonzentration um das Lumen die gleiche wie in den äußeren Regionen der Zellwand (s. Abb. IV, 94a, 95b u. d).

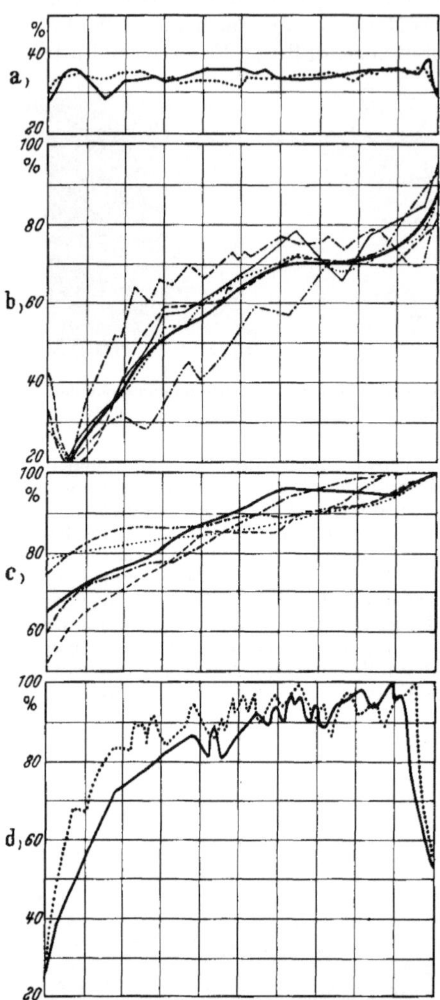

Abb. IV, 94. *a* Relative Materialverteilungskurve (ausgedrückt durch den Extinktionsverlauf) in einer Zellwand von Fichtenholocellulose. (Das Lumen ist rechts zu denken.) *b* Relative Materialverteilungskurven sowie Mittelwert derselben (dicke Linie) innerhalb einer einzelnen Zelle einer warmalkalibehandelten Fichtenholocellulose. *c* Relative Materialverteilungskurven innerhalb einer einzelnen Zellwand einer kaltalkalibehandelten Fichtenholocellulose. *d* Relative Materialverteilungskurven innerhalb einer einzelnen Zellwand einer Fichtenholocellulose nach einer $^1/_2$-stündigen NICKERSON-Hydrolyse

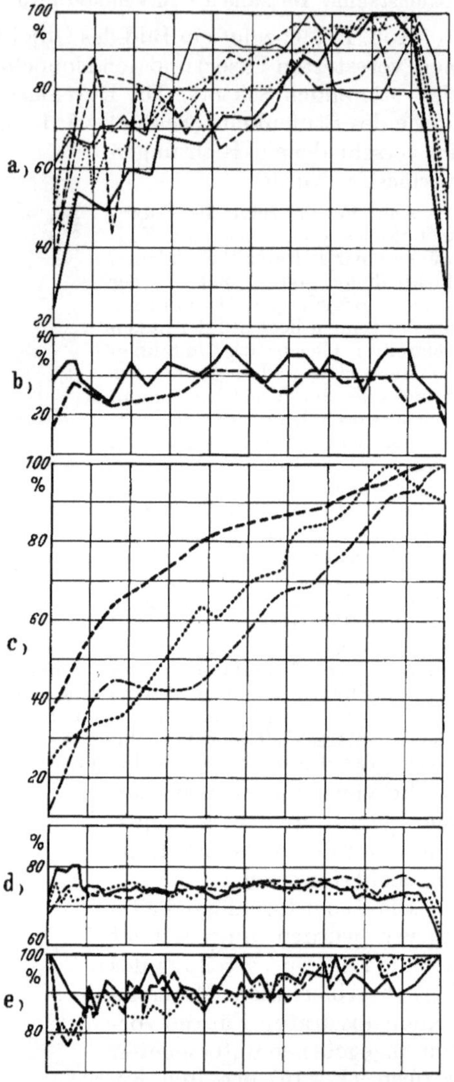

Abb. IV, 95. *a* Relative Materialverteilungskurven innerhalb einer einzelnen Zellwand einer kaltalkalibehandelten Fichtenholocellulose nach einer kurzen Vorhydrolyse. *b* Relative Materialverteilungskurven innerhalb einer einzelnen Zellwand von Birkenholocellulose. *c* Relative Materialverteilungskurven einer warmalkalibehandelten Birkenholocellulose. *d* Relative Materialverteilungskurven innerhalb einer einzelnen Zellwand von Standard-Baumwolle. *e* Relative Materialverteilungskurven innerh. einer einzelnen Zellwand einer warmalkalibehandelten Baumwolle

Die Konzentration ist natürlich konstant über den ganzen Querschnitt bei einer Regeneratfaser (Probe 11).

Aus den übrigen Faserproben (2—6, 8 und 10) wurden durch die Behandlungen größere oder kleinere Mengen von „Hemicellulose“ durch die beschriebenen Behandlungen ausgelöst. Der überwiegende Kohlenhydratrückstand ist Cellulose und so geben die relativen Verteilungskurven in diesen Fällen ein ungefähres Bild, wie die Cellulose über die Zellwand hinweg verteilt ist. In allen untersuchten Fällen (Proben 2—6, 8 und 10) hatte die Packungsdichte der Zellwandsubstanz in der Umgebung des Lumens ihr Maximum. Die Konzentration sinkt gleichmäßig in Richtung der äußeren Wandschichten. Die verschiedenen Verteilungskurven werden im Abschnitt 4 b u. c näher besprochen. Als allgemeiner Schlußsatz soll jedoch hier festgehalten werden, daß die höchste Konzentration in der Nähe des Lumens liegt. Ein Einblick in die Hemicelluloseverteilung in der Faser kann aus der Differenz der Verteilungskurven für Holocellulosefasern (Probe 1 bzw. 7) und den hydrolysierten bzw. alkalibehandelten Fasern (Proben 2—6, 8 und 10) erschlossen werden. Die Hauptmenge des „akzessiblen“ Materials in der Faserwand ist in ihrem äußeren Teil lokalisiert und die Menge nimmt in Richtung des Lumens stetig ab. Der Effekt unterschiedlicher Behandlungsmethoden, die in der Probenübersicht (s. S. 266) genannt wurden, wirkt sich daher auch in erster Linie in dieser Zellwandaußenschicht aus.

Die Abweichungen von der Tendenz linearer Abnahme an den Grenzbezirken der Zellwand beruht auf der Konvergenz der Lichtstrahlen der Beleuchtungsquelle. Eine rohe Korrektur kann durch Extrapolation der Verteilungskurve über den inneren Zellwandbezirk auf die außenliegenden Grenzbereiche erfolgen.

b) Vergleich der relativen Substanzverteilung in warm- und kaltalkalibehandelten Fasern

In allen hier untersuchten Faserproben, behandelt in verschiedener Weise (Alkalibehandlung und saure Hydrolyse), wurde hauptsächlich Material von den äußeren Schichten der Zellwand weggelöst. Das Material, welches in den verschiedenen Versuchen in Lösung ging, war stets in der gleichen Zellwandregion lokalisiert. Die einfachste Erklärung für das übereinstimmende Verhalten scheint zu sein: 1. praktisch gesehen wird in den verschiedenen Fällen etwa das gleiche Material aus der Faser entfernt und 2. das hier lokalisierte Material repräsentiert die „akzessiblen“ Anteile in der Zellwand. Jedoch könnte man die erhaltene Verteilungskurve für das ausgelöste bzw. „akzessible“Material gleich simpel auch mit der Eindiffusion des Alkalis bzw. der Säure von den äußeren Schichten in Richtung der Inneren erklären. Um eine nähere Unterscheidung zwischen diesen Möglichkeiten treffen zu können, wurden die Proben 2 und 3 zum Vergleich herangezogen. Beide Proben waren genau in derselben Weise warmalkalibehandelt; im letzteren Falle wurde jedoch die Probe in Form eines Querschnittes angewandt, so daß die gesamte Querschnittsfläche für das Alkali zugänglich war. Ein Vergleich zeigte keine prinzipiellen Unterschiede in den Verteilungskurven zwischen beiden Proben; im Falle des behandelten Querschnittes scheint die Kurve ein bißchen steiler zu verlaufen. Im ersten Fall muß ja das Alkali zuerst die äußeren Schichten penetrieren bevor es die inneren erreicht. Im anderen Falle reagiert natürlich die gesamte Schnitt-Oberfläche gleichzeitig. Trotzdem wird das akzessible Material unabhängig von der Angriffsmethode in analoger Art entfernt und es ist kein Hinweis auf eine Behinderung durch Diffusionsschwierigkeiten durch die äußeren Zellwandschichten eindeutig zu erkennen.

Die folgenden Verteilungskurven werden nur für den Fall, daß die gesamte Faser chemisch behandelt wurde, diskutiert. Es ist wohl ziemlich klar, daß eine Behandlung der ganzen Fasern weitestgehend mit den Erscheinungen korrespondiert, die auftreten, wenn Zellstoffe verschiedener Qualität hergestellt werden.

c) Detaillierte Aussagen aus den relativen Verteilungskurven

Einleitungsweise sei am Rande erwähnt, daß in warmalkalibehandelten Holocelluloseproben von Fichte und Birke ein gewisser Rhythmus in der Stoffverteilung beobachtet werden kann; ausgeprägter bei Fichte als bei Birke. Die Anzahl dieser „Maxima" in der Zellwand ist etwa 5—6; es scheint sich hier um eine Sublamellierung als Folge von Wachstumsrhythmen und dergleichen zu handeln.

α) *Einfluß einer Kaltalkalibehandlung, verglichen mit einer Warmalkalibehandlung an Fichtenholocellulose*

Die Substanzverteilung in der Zellwand von Fichtenholocellulose nach einer Kaltalkalibehandlung zeigt denselben Typ wie er bei den warmalkalibehandelten Faserproben in Erscheinung trat. Die Kohlenhydrate sind vornehmlich in den Bereichen um das Lumen konzentriert. Die Konzentrationsabnahme in Richtung der Außenschichten ist jedoch nicht so ausgeprägt, wie für die Warmalkalibehandlung. Die Verteilungskurve verläuft flacher und besitzt keine „S"-Form (vgl. Abb. IV, 94b, c).

Während der Kaltalkalibehandlung sind Bezirke in der Faserwand zugänglich, welche bei der Warmalkalibehandlung inakzessibel sind. Es ist sehr wahrscheinlich, daß die für die Warmalkalibehandlung unzugänglichen Bezirke rund um das Lumen lokalisiert sind. Der Grund dafür scheint in der sehr dichten Packung der Cellulose in dieser Region zu liegen. Daher muß offenbar die Kohlenhydratverteilung über die Zellwand hinweg bei einer kaltalkalibehandelten Holocellulosefaser gleichmäßiger sein, als bei einer warmalkalibehandelten. Natürlich könnte man die Unterschiede in den Verteilungskurven auch so interpretieren, daß die Kaltalkalibehandlung in den äußeren Zellwandschichten nur einen geringen Auslöseeffekt besitzt, was aber wohl unwahrscheinlich erscheint. Die angeschnittenen Fragen werden in folgendem Abschnitt noch weiter diskutiert werden.

Auf Grund der beträchtlichen Quellung der Faserwand kaltalkalibehandelter Fasern entstehen Schwierigkeiten in der Herstellung mikrospektrographischer Präparate. Die Verteilungskurven, die hier diskutiert werden, geben einen Einblick in die Substanzverteilung in solchen Fasern, die noch nach der Kaltalkalibehandlung intakt geblieben sind.

β) *Hydrolytische Behandlung, verglichen mit einer Alkalibehandlung von Fasern einer Holocellulose*

Eine kurze NICKERSON-Hydrolyse ($^1/_2{}^h$) entfernt Kohlenhydrate in der Hauptsache von den äußeren Teilen der Zellwand und nur im geringeren und abnehmenden Maß von den weiteren Schichten in Richtung des Lumens. Die Säure dringt wohl in die gesamte Zellwand ein, greift jedoch vornehmlich nur die leichtakzessiblen Nichtcellulose-Materialien an, die zuerst aus der Faser ausgelöst werden. Die Verteilungskurve des zurückgebliebenen Materials sieht daher jener einer warmalkalibehandelten Faser ähnlich, was ein Vergleich der Abb. IV, 94b und d auch erkennen läßt. Mehr Material wird natürlich aus der Holocellulose bei einer 1 stündigen NICKERSON-Hydrolyse entfernt, aber die Faser ist hernach mehr oder minder zerstört. Die Angriffsstellen in Richtung der Faserachse sind equidistant und stellen einen charakteristischen Zug veresterter, hydrolysierter Fasern dar und geben Anlaß zu deren Querzerfall.

γ) *Kurze Vorhydrolyse, gefolgt von einer Kaltalkalibehandlung*

Aus Fichtenholocellulose wurde, nach einer kurzen Vorhydrolyse, mittels 17,8%iger Natronlauge (0° C, 1^h) eine „α-Cellulose" dargestellt (Probe 6). Die kombinierte Hydrolyse- und Alkalibehandlungsmethode scheint, im Falle der Fichtenholocellulose, hohe Selektivität für „Cellulose" bzw. „Hemicellulose" zu besitzen[1]. Der „Zick-Zack"-Verlauf der Verteilungskurve ist möglicherweise ein

[1] GIERTZ, H. W.: Proc. Techn. Sec. Brit. Paper Board Makers Assoc. **33**, 487 (1952).

Zeichen einer effektiven Auslösung von akzessiblen, nichtcellulosigem Material. Auf der anderen Seite sind aber auch die Variationen in der Kurvenform zwischen den verschiedenen Verteilungskurven innerhalb desselben Querschnittes größer als bei den anderen untersuchten Proben. Es mag dies so zu erklären sein, daß die kurze Vorhydrolysezeit nicht einmal der Salzsäure Gelegenheit gibt, das akzessible Material gleichmäßig anzugreifen (vgl. Abb. IV, 95a).

d) „Absolute" Verteilungskurven

In den vorausgegangenen Abschnitten wurde stets nur die Form der Verteilungskurven diskutiert. Der relative Betrag an Zellwandsubstanz innerhalb den verschiedenen Zellwandregionen kann sicherlich relativ genau bestimmt werden, jedoch besteht keine Möglichkeit, die absoluten Substanzmengen in der Zellwand verschiedener Faserarten zu vergleichen, wenn nur relative Verteilungskurven vorliegen. Um diesem Mangel abzuhelfen, ist eine Kenntnis der Schnittdicke und der Quellung nach der Schnitt-Einbettung in Pyridin notwendig. Die Messung dieser Größen sind schwierig, zeitraubend und bisher nicht perfekt durchgeführt worden. Der gangbarsteWeg scheint sich mit Hilfe röntgenoptischer oder interferenzmikroskopischer Methoden zu eröffnen.

Wie dem auch sei, so ist doch auch ohne Kenntnis von Schnittdicke und Quellung eine Möglichkeit zu einem quantitativen Vergleich der Verteilungskurven verschiedener Proben gegeben, wenn diese von demselben Ausgangsmaterial herstammen. Zusätzlich muß noch die Menge an ausgelöstem Material bei den verschiedenen Behandlungsmethoden bekannt sein. Unter diesen Voraussetzungen ist es nun möglich, die Verteilungskurven aller Faserproben der Fichte quantitativ zu vergleichen, wenn der Kohlenhydratgehalt der Fasern bekannt ist.

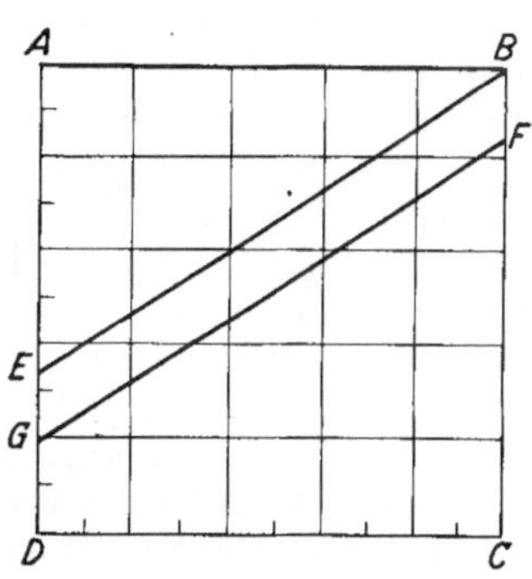

Abb. IV, 96. „Absolute" Materialverteilungskurve *F—G*, berechnet aus der relativen Verteilungskurve *B—E*. Näheres siehe Text

Das Verfahren ist in Abb. IV, 96 erläutert. Die Strecke *A—B* möge z. B. die relative Verteilungskurve der Kohlenhydrate in einer Holocellulosefaser sein. Die Strecke *C—D* entspricht der Zellwanddicke, gerechnet vom Lumen bis zur äußersten Schicht. Die Ordinate stellt, wie bisher, relative Konzentrationseinheiten dar. Die Fläche unter der Linie *A—B* ist ein relatives Maß des Kohlenhydratgehaltes der Holocellulose. Nehmen wir nun an, daß die Holocellulose chemisch behandelt wurde und nun ein neues Präparat X mit bekanntem Kohlenhydratgehalt vorläge. Die relative Verteilungskurve für das Präparat X möge nun durch *B—E* ausgedrückt sein. Wie bereits erwähnt, ist die Maximalkonzentration innerhalb der Zellwand, relativ gesehen, gleich. Wenn auch das lösliche Material vornehmlich in den äußeren Wandschichten lokalisiert ist, so bedeutet dies aber nicht, daß die Materialkonzentration in Lumennähe für alle Faserproben, erhalten aus *derselben* Holocellulose, gleich sein muß. Die Fläche unter *B—E*, also *B E D C*, ist ein Maß für den Kohlenhydratgehalt des neuen Faserpräparats. Da aber dieser Betrag für X, wie gesagt, bekannt sein soll, ist es möglich, eine konforme Verteilungskurve *F—G* so zu ziehen, daß die Fläche unter dieser den der Analyse entsprechenden Betrag von der Gesamtfläche *A B C D* bzw. ursprünglichen Gesamtmenge repräsentiert. Die Fläche *A B F G* stellt dann die Menge der ausgelösten Substanz unter der Präparation der Faserprobe X dar und zeigt zugleich die relative Substanzmenge, die aus den verschiedenen Bezirken der Faser ausgelöst wurde. Aus unserem Beispiel geht hervor, daß $\sim 16\%$ derWandsubstanz rund um das Lumen weggelöst wurden; in den mittleren Bezirken wären es etwa 50% und in den Randzonen etwa 80%. Aus einem solchen Gesichtswinkel heraus kann die Kurve *F—G* als „Absolutkurve" betrachtet werden. Es ist ferner wohl verständlich, daß zwei Fasern, z. B. aus einer Birke und einer Fichte, nicht in dieser Weise verglichen werden können.

Solche „absolute“ Verteilungskurven für Holocellulose, warm- und kaltalkalibehandelte sowie vorhydrolysierte und kaltalkalibehandelte Fichtenholocellulose sind in Abb. IV, 97 zusammengefaßt.

Die Verteilungskurve für Fichtenholocellulose repräsentiert die Linie *A—H*. Die Materialverteilung nach einer Warmalkalibehandlung, die Kurve *A—B*, zeigt, daß das lösliche Material in den äußeren Wandschichten niedergelegt ist. Es ist zu beachten, daß kein Material aus der unmittelbaren Umgebung um das Lumen ausgelöst wurde. Die Materialverteilung nach einer Kaltalkalibehandlung (*E—F*) zeigt eine gleichmäßigere Herauslösung über die gesamte Zellwand. Aber auch hieraus geht hervor, daß der Hauptanteil des auslösbaren Materials in der äußeren Schicht sitzt, während das nach beiden Methoden resistente Material — offenbar Cellulose — zum größten Teil um das Lumen herum konzentriert ist. Während der Warmalkalibehandlung wird nicht nur der „akzessible“ Teil der Faserwand angegriffen, sondern offenbar auch die „Oberfläche“ der Cellulosefibrillen. Da die Fibrillen in der äußersten Schicht weniger dicht gepackt sind, kann angenommen werden, daß der einsetzende Angriff auf die Cellulose hauptsächlich in diesem Bezirk vor sich geht. Eine Stütze für diese Annahme ist der Vergleich der Kurven für die Kalt- und Warmalkalibehandlung. Wie Abb. IV, 97 zeigt, hat die Warmalkalibehandlung mehr Material von den äußeren Regionen der Zellwand entfernt als die Kaltalkalibehandlung, wie auch die Fläche *B F G* erkennen läßt. Wenn andererseits die Materialkonzentration in Lumennähe für beide Fälle betrachtet wird, so ist ebenfalls ein, wenn auch geringer, Unterschied zu erkennen. Die relativ geringe Quellungskraft des Alkalis unter der Warmalkalibehandlung kann offenbar die dichte Struktur um das Lumen nicht ausreichend „öffnen“ und das dort niedergelegte Nichtcellulosematerial kann nicht entfernt werden. Eine Auslösung erfolgt erst, wenn mit der Kaltalkalibehandlung eine starke Quellung einhergeht. Die Lage des Materials, welches erst nach starker Quellung entfernt werden kann, ist durch die Fläche *G E A* gekennzeichnet. Die Materialverteilung in der Zellwand von hydrolysierter und kaltalkalibehandelter Fichtenholocellulose ist ziemlich ähnlich der nach einer Kaltalkalibehandlung. Die kurze Vorhydrolyse hat offenbar eine geringe Materialmenge, welche hauptsächlich in den äußeren Zellwandschichten sitzt, angegriffen, wie analoge Betrachtungen zeigen konnten.

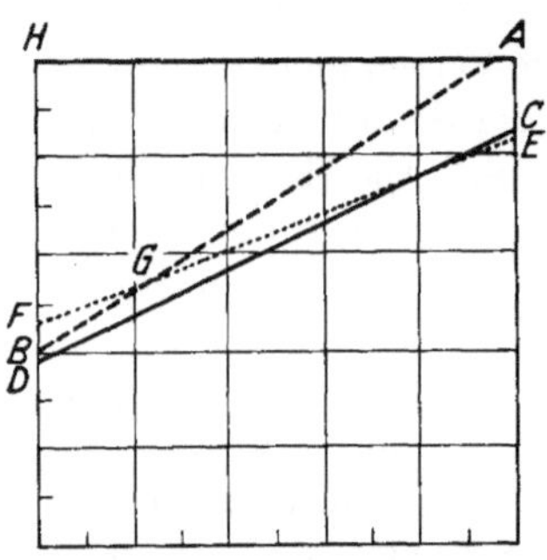

Abb. IV, 97. Zusammenfassung von „absoluten“ gemittelten Verteilungskurven. (Einzelheiten siehe Text)

Es muß darauf hingewiesen werden, daß obige Diskussion über die Art des Angriffes auf das Fasermaterial durch das Material selbst — in unserem Falle Fichtenholocellulose — mitbestimmt ist. Für andere Cellulosefaserarten, die mehr oder minder in ihren Eigenschaften sich von der hier beschriebenen Fichten-Holocellulose unterscheiden können, müssen die hier gezogenen Schlußsätze natürlich nicht zutreffen.

Die Materialverteilung in Baumwolle ist nahezu gleichmäßig über den Zellwandquerschnitt. Während einer alkalischen Behandlung von Standard-Baumwolle werden $\sim 5\%$ von der Zellwand weggelöst. Die Verteilungskurve zeigte, daß auch hier die lösliche Substanz im wesentlichen in den äußeren Zellwandschichten niedergelegt ist.

Es existiert auch ein Vorschlag zur Korrektion der Verteilungskurven, gestützt auf den Gehalt an Pentosanen und Polyuronsäuren[1]. Es scheint jedoch, daß diese Korrektur für die

[1] Siehe S. 259, Fußnote 5.

Verteilung der Kohlenhydrate in Fichte bedeutungslos ist. Für Birkenholocellulose sollte diese Korrektur beinhalten, daß die *gemessene* Materialverteilung — die gleichmäßig über die gesamte Wand ist — in der Weise zu korrigieren wäre, daß die *wirkliche* Substanzverteilung in der Faseraußenschicht etwa um 10—15% größer ist.

In Kunstseidenzellstoffasern (Abb. IV, 98) ist der meist „akzessible" Teil der Zellwand entfernt. Die Verteilung des resistenten Materials ist ähnlich der der „Cellulose", wie vorhin ausgeführt. Die Cellulosekonzentration in der Gegend des Lumens ist hoch, während nur wenig mehr als die Hälfte in der äußersten Zellwandschicht sich vorfindet.

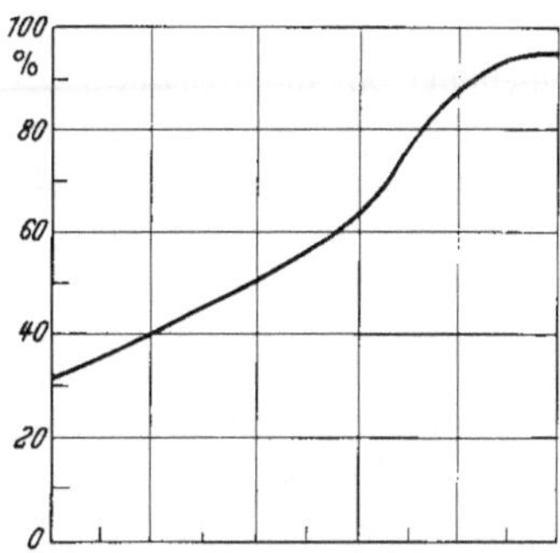

Abb. IV, 98. „Absolute", mittlere Materialverteilungskurve für einen Sulfit-Kunstseidenzellstoff

In Fasern von Acetatzellstoffen sind Teile des Cellulosesystems entfernt, wie aus der niederen Ausbeute hervorgeht. Dies illustriert auch Abb. IV, 99, die die Materialverteilung quer über die Zellwand einer Faser aus einem Acetatzellstoff zeigt. Hier wurde offenbar recht merkbar auch das Material um das Lumen herum angegriffen. Über die ganze Zellwand hinweg ist das akzessible Material zusammen mit Teilen von geordneter Cellulose entfernt. Acetatzellstoffasern müssen, z. B. im Vergleich mit Holocellulosefasern, eine recht offene und poröse Struktur besitzen.

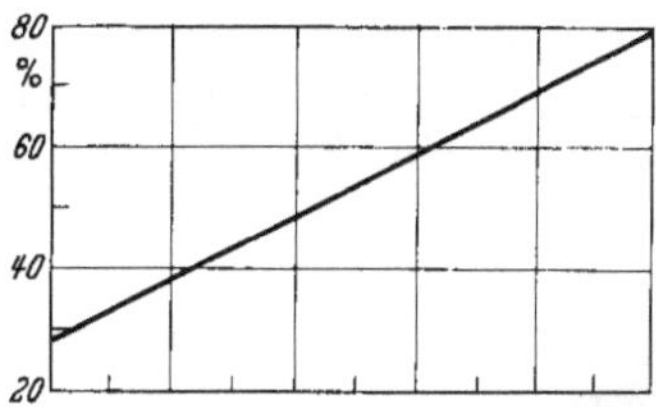

Abb. IV, 99. „Absolute", mittlere Materialverteilungskurve eines Sulfit-Acetatseidenzellstoffs

Gebleichte Sulfatfasern (Abb. IV, 100) zeigen eine bemerkenswerte Verteilung. Der Bereich um das Lumen weist eine sehr hohe Substanzkonzentration auf. Wenn die stärkere Quellung um das Lumen im Vergleich zum Faseraußenbezirk mit berücksichtigt wird, überschreitet die relative Konzentration sogar den Wert von 100%, was theoretisch unmöglich ist und durch Störungen bzw. Fehler in der Messung hervorgerufen sein muß. Ob die Eigenschaft dieser „Schicht" „nativ" ist oder eine Folge des Sulfataufschlusses, konnte mit den mikroskopischen Methoden nicht entschieden werden.

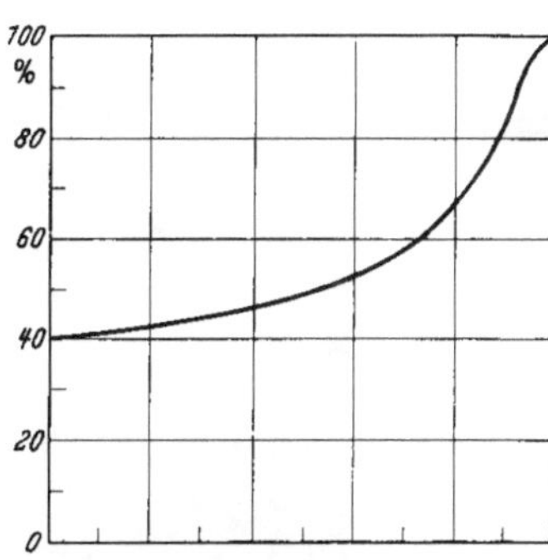

Abb. IV, 100. „Absolute" mittlere Materialverteilungskurve eines Kiefernsulfatzellstoffs

Wenn Sulfatfasern einer Vorhydrolyse unterworfen werden, tritt eine beträchtliche Änderung in der Materialverteilung, verglichen mit den nicht vorhydrolysierten, auf (Abb. IV, 101). Die Vorhydrolyse entfernt oder macht für eine folgende Alkalibehandlung einen großen Teil des um das Lumen liegenden Materials akzessibel. Die Verteilungskurve ist praktisch eine schwach geneigte Gerade, die eine schwache Konzentrationszunahme in Richtung des Lumens anzeigt. Der wesentliche Unterschied zwischen den beiden Proben scheint in unterschiedlichen Eigenschaften der um das Lumen gelegenen Schicht zu liegen.

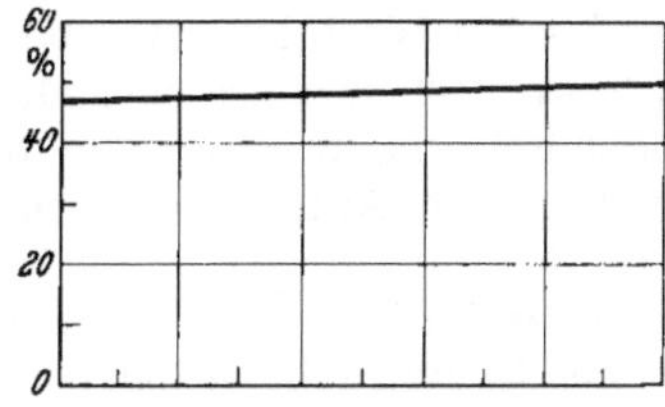

Abb. IV, 101. „Absolute", mittlere Materialverteilungskurve für einen vorhydrolysierten Kiefernsulfatzellstoff

Es sei hier angemerkt, daß beide „Sulfat"-Faserproben von Kiefernholz herstammen. Verteilungskurven der Zellwandsubstanz in Kiefernholocellulose liegen bisher nicht vor. In Anlehnung an die Resultate bei Fichte wurde in Analogie eine annähernd gleichmäßige Materialverteilung angenommen.

Zusammenfassung der Meßresultate der Kohlenhydratverteilung: Aus den im vorhergehenden referierten mikrospektrographischen Messungen kann folgendes abgeleitet werden:

1. Die Holocellulose ist annähernd gleichmäßig über die Zellwand von Fichte und Birke verteilt. Im letzten Falle ist möglicherweise eine Tendenz zu einer größeren Kohlenhydratkonzentration in den äußeren Zellwandschichten gegeben.
2. „Cellulose" ist am dichtesten bei Fichte und Birke um das Lumen herum gepackt; die Packungsdichte in der äußersten Schicht scheint nur wenig mehr über die Hälfte der inneren zu betragen.
3. „Hemicellulose" macht ungefähr die Hälfte oder darüber des Kohlenhydratmaterials in der äußeren Wandschicht bei Fichte und Birke aus. Um das Lumen herum beträgt die Menge der Kohlenhydrate, die hier als „Hemicellulose" in Erscheinung treten, etwa 10—20%.
4. In Baumwolle ist das Cellulosematerial annähernd gleichmäßig über die Zellwand verteilt. Ein geringer Betrag eines „akzessiblen" Materials ist vornehmlich in den äußeren Zellwandbereichen niedergelegt.

5. Massenverteilung in Zellwänden schwedischer Fichte und Birke

Es ist zweifelsohne schwer, die Resultate der Verteilungsmessungen an Lignin und Kohlenhydraten so zu kombinieren, daß man eine Auffassung bekommt, wie sich die Zellwandsubstanzen, d. h. Lignin und Kohlenhydrate, im absolut trockenen Zustand quer über die Zellwände hinweg verteilen.

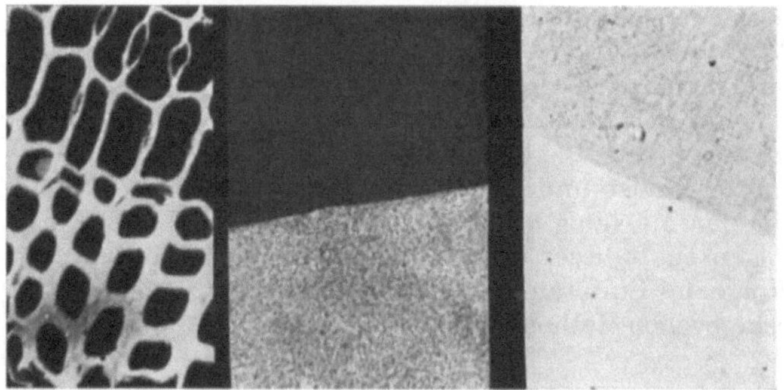

Abb. IV, 102. Mikroradiogramm von Picea excelsa und dem Bezugssystem (Stufenkeil aus Cellophanfolien)

Eine Methode, das Problem zu lösen, ist, sich entsprechender mikroradiographischer Verfahren zu bedienen, die bereits kurz beschrieben wurden. In Abb. IV, 102 ist ein solches Mikroradiogramm zusammen mit dem Referenzsystem abgebildet (nähere Einzelheiten siehe[1]). Vielfach ist es hierbei sehr schwer, hinreichendes Auflösungsvermögen des Mikroradiogramms zu erhalten[2], besonders beim Studium dünner Zellwände. Ein weiterer Nachteil besteht darin, daß das Präparat im Vakuum untersucht werden muß und evtl. Schrumpfungseffekte nur schwer in Betracht gezogen werden können.

[1] Siehe S. 260, Fußnote 4.

[2] Vgl S. 186.

Abb. IV, 103 zeigt ein typisches Beispiel, in welcher Weise die Absorption (ausgedrückt als Extinktion) weicher Röntgenstrahlen quer über zwei anstoßende Zellwände einer Fichtenfaser vom Lumen zum nächsten Lumen variiert. Der Quotient zwischen der Extinktion in der Sekundärwand und Mittelschicht wurde zu 1,52 für Fichte und 1,40 für Birke bestimmt[1]. Das Auflösungsvermögen in diesem Fall reichte lediglich zu einem Vergleich zwischen der größten Extinktion in der Sekundärwand und der niedersten in der Mittelschicht aus.

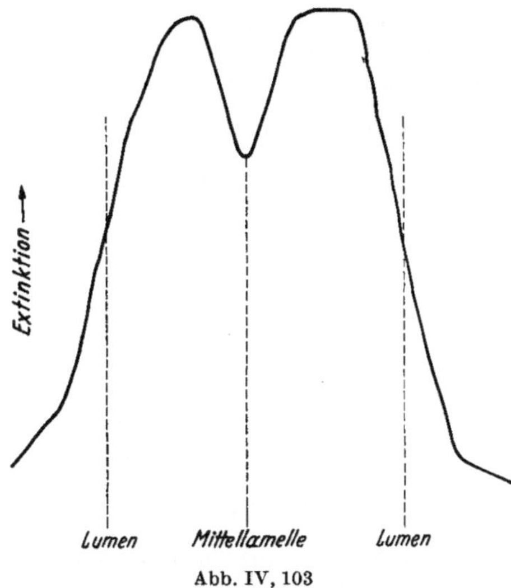

Abb. IV, 103

Das Verhältnis zwischen der Masse pro Flächeneinheit für die beiden Zellwandbereiche kann in folgender Weise berechnet werden:

Sekundärwand: $$\left(\frac{\mu}{\varrho}\right)_c \cdot m_{c_W} + \left(\frac{\mu}{\varrho}\right)_l \cdot m_{l_W} = \left(\frac{\mu}{\varrho}\right)_{ref} \cdot u_W \cdot w\,. \tag{1}$$

Mittellamelle: $$\left(\frac{\mu}{\varrho}\right)_c \cdot m_{c_L} + \left(\frac{\mu}{\varrho}\right)_l \cdot m_{l_L} = \left(\frac{\mu}{\varrho}\right)_{ref} \cdot u_L \cdot w\,. \tag{2}$$

Hierin sind $\left(\frac{\mu}{\varrho}\right)_c$, $\left(\frac{\mu}{\varrho}\right)_l$ und $\left(\frac{\mu}{\varrho}\right)_{ref}$ die Massenabsorptionskoeffizienten für Cellulose, Lignin und das Bezugsystem[1,2]. Weiters bedeutet:

m_{c_W} = Menge der Kohlenhydrate in der Sekundärwand (g/cm²)
m_{c_L} = Menge der Kohlenhydrate in der Mittelschicht (g/cm²)
m_{l_W} = Menge Lignin in der Sekundärwand (g/cm²)
m_{l_L} = Menge von Lignin in der Mittelschicht (g/cm²)
u_W = Anzahl der Folienäquivalente für die Sekundärwand (vgl. [2,3]).
u_L = Anzahl der Folienäquivalente für die Mittelschicht
w = Gewicht der Referenzfolie per Flächeneinheit[2,3].

Wird Gl. (1) durch (2) dividiert, so erhält man

$$\frac{\left(\frac{\mu}{\varrho}\right)_c \cdot m_{c_W} + \left(\frac{\mu}{\varrho}\right)_l \cdot m_{l_W}}{\left(\frac{\mu}{\varrho}\right)_c \cdot m_{c_L} + \left(\frac{\mu}{\varrho}\right)_l \cdot m_{l_L}} = \frac{u_W}{u_L} = k\,. \tag{3}$$

[1] Siehe S. 259, Fußnote 6. [2] Siehe S. 260, Fußnote 4.
[3] LINDSTRÖM, B.: Acta radiol. (Stockh.) 38, 355 (1952).

Werte für k sind die vorhin angegebenen Extinktionsquotienten für Fichte und Birke von 1,52 bzw. 1,40. Gl. (3) ist weiter umformbar in:

$$\frac{\left(\frac{\mu}{\varrho}\right)_c \cdot x \cdot M_W + \left(\frac{\mu}{\varrho}\right)_l \cdot (1-x) \cdot M_W}{\left(\frac{\mu}{\varrho}\right)_c \cdot (1-y) \cdot M_L + \left(\frac{\mu}{\varrho}\right)_l \cdot y \cdot M_L} = k\,, \tag{4}$$

dabei bedeutet: $M_W = m_{c_W} + m_{l_W}$ totale Substanzmenge in der Sekundärwand (g/cm²)
$M_L = m_{c_L} + m_{l_L}$ totale Substanzmenge in der Mittelschicht (g/cm²).
x = Bruchteil an Kohlenhydraten in der Sekundärwand
y = Bruchteil an Lignin in der Mittelschicht.

Die Gl. (4) wird schließlich umgeformt zu

$$\frac{M_W}{M_L} = \frac{1 - y + \frac{\left(\frac{\mu}{\varrho}\right)_c}{\left(\frac{\mu}{\varrho}\right)_l}}{x + \frac{\left(\frac{\mu}{\varrho}\right)_c}{\left(\frac{\mu}{\varrho}\right)_l} \cdot (1-x)} \cdot k\,, \tag{5}$$

worin $\left(\frac{\mu}{\varrho}\right)_c = 1076$ und $\left(\frac{\mu}{\varrho}\right)_l = 908$ ist (8,32 Å).

Es ist also möglich aus der Gl. (5) das Verhältnis $\frac{M_W}{M_L}$, d. h. also den Quotienten aus den Substanz-Mengen per Flächeneinheit (bzw. Volumseinheit, da man wohl die Schnittdicke zwischen dem einen Lumen und dem anderen auf jeden Fall als konstant ansehen kann) für einen Holzquerschnitt in der Sekundärwand und Mittellamelle als Funktion von x und y, d. h. also die Zusammensetzungen der beiden Zellwandbezirke, berechnen. Unter Kenntnis der spezifischen Gewichte der Kohlenhydrate[1] (für Cellulose ~ 1,55) und für Lignin[2] (~ 1,4) ist es weiters möglich, einen Mittelwert für das spezifische Gewicht von Sekundärwand und Mittelschicht (ϱ_W und ϱ_L) als Funktion von x und y zu berechnen[3]. Wenn das Zellwandmaterial gleichmäßig dicht über die gesamte Zellwand eingelagert ist, so sollte $M_W/M_L = \varrho_W/\varrho_L$ sein. Für alle vernünftigen Werte von x und y ist jedoch $M_W/M_L > \varrho_W/\varrho_L$, was lediglich bedeuten kann, daß die Mittelschicht eine mehr „poröse" bzw. „offene" Struktur als die Sekundärwand besitzt. Diese Tatsache scheint bei der Fichte stärker als bei der Birke ausgeprägt zu sein, wie aus Tab. IV, 38 hervorgeht.

In der letzten Spalte ist die relative Packungsdichte (%) des Materials in der Mittelschicht angegeben. Sie wird berechnet zu

$$\frac{\varrho_W}{\varrho_L} : \frac{M_W}{M_L} \cdot 100\,.$$

In dieser Definition wird die Packungsdichte in der Sekundärwand willkürlich zu 100% angenommen, unbeschadet ob diese Annahme physikalisch berechtigt ist oder nicht.

Die Auswahl vernünftiger Werte von x und y wurde ausführlich in der Literatur diskutiert[3].

---

[1] HERMANS, P. H.: Physics and Chemistry of Cellulose Fibres. p. 197. New York 1949.

[2] TRENDELENBURG, R., u. H. MAYER-WEGELIN: Das Holz als Rohstoff, S. 225. München 1955.

[3] Siehe S. 259, Fußnote 6.

Da lediglich Relativmessungen über die Substanzverteilung in den Zellwänden bei Fichte und Birke durchgeführt worden sind, ist es nicht möglich, ohne weiteres diese Resultate auf absoluter Basis miteinander zu vergleichen, d. h. die Menge per Volumseinheit in den Zellwänden beider Holzarten gegenüberzustellen. Wenn man jedoch bedenkt, daß man die Zellwand speziell vom chemischen Gesichtspunkt, in zwei Teile teilen kann und zwar in die Mittelschicht (Ligninteil) und Sekundärwand (Kohlenhydratteil), so findet sich immerhin eine gewisse Möglichkeit zu einem Vergleich: Man weiß, daß Birke weniger Lignin enthält als Fichte und ferner, wie erwähnt, daß die Sekundärwand der Birke schwächer lignifiziert ist als die der Fichte. Man kann daher offenbar annehmen, daß der Unterschied im Ligningehalt in erster Linie auf den Unterschied in der Lignifizierung der Sekundärwand zurückzuführen ist; dann sollte die Mittelschicht in beiden Fällen etwa dieselbe Ligninkonzentration besitzen. Nimmt man Gleichheit an, so ergibt sich, daß die Sekundärwand in Fichtenholzfasern weniger porös und ligninreicher ist (letzteres steht außer jedem Zweifel) als die Sekundärwände der Birkenfasern.

Tabelle IV, 38

	x	y	$\frac{\varrho_W}{\varrho_L}$	$\frac{M_W}{M_L}$	rel. Packungsdichte %
Fichte	0.9	1.0	1,10	1.30	84
		0.9	1.09	1.33	82
		0.8	1.07	1.35	80
		0.7	1.06	1.38	77
	0.8	1.0	1.08	1.33	81
		0.9	1.07	1.35	80
		0.8	1.06	1.37	78
		0.7	1.05	1.40	75
	0.7	1.0	1.07	1.35	79
		0.9	1.06	1.37	77
		0.8	1.05	1.40	75
		0.7	1.04	1.42	73
Birke	1.0	1.0	1.11	1.18	94
		0.9	1.10	1.21	91
		0.8	1.09	1.22	89
		0.7	1.07	1.24	87
	0.9	1.0	1.10	1.20	91
		0.9	1.09	1.22	89
		0.8	1.07	1.24	87
		0.7	1.06	1.27	84
	0,8	1.0	1.08	1.22	89
		0.9	1.07	1.24	87
		0.8	1.06	1.26	84
		0.7	1.05	1.29	82

6. Zusammenfassung

Wenn auch keine Möglichkeit besteht, die Resultate über die Verteilung der Komponenten in der Zellwand so zu verknüpfen, daß sämtliche Feinheiten unseres Fasermodells quantitativ interpretiert werden können, so geben die Resultate doch ein allgemeines Bild der chemischen Zusammensetzung der verschiedenen Wandschichten. Die Zellwand kann grob in zwei Teile unterteilt werden, in die sog. "*compound middle lamella*" (= Mittelschicht) und die Sekundärwand. Der erste stellt den Ligninteil und der zweite den Kohlenhydratteil der Faserwand dar. Die stärkste Änderung in der Ligninverteilung tritt daher auch in der äußersten Schicht der Sekundärwand ein. Die Konzentration an Lignin in der Mittelschicht beträgt etwa 60—90% und sinkt in der Gegend des Lumens auf weniger als 10—20% ab (Fichte). Die Zellwände verschiedener Harthölzer sind weniger lignifiziert und solche von "*reaction wood*" sind praktisch ligninfrei. Bei der Fichte besteht die Kohlenhydratsubstanz in der äußersten Schicht zu über 60% aus „Hemicellulosen", während die Konzentration an diesen im Kohlenhydratanteil rund um das Lumen weniger als etwa 15% beträgt. Die Verteilung von Lignin und „Hemicellulose" ist einander ähnlich, was möglicherweise für eine gewisse Verknüpfung zwischen Hemicellulose und Lignin sprechen könnte. Die symbate Verteilung dieser zwei Komponenten kann wahrscheinlich auf die verfügbare Hohlraumverteilung zwischen den geordneten Cellulosesträngen zurückgeführt werden. Um das Lumen herum ist die Cellulose die dominierende Komponente, während ihr Gehalt in der äußersten Schicht nur etwa die Hälfte beträgt.

Zusammenfassend kann die Zellwandstruktur vom Gesichtspunkt der Substanzverteilungen in der folgenden Art beschrieben werden: Die Cellulose bildet ein geordnetes System von Fibrillen, die in den inneren, lumennahen Schichten dicht gepackt sind; in den äußeren Regionen der Zellwand wird die Packung loser. In den Zwischenräumen sind die mehr isotropen

Hemicellulosen und das isotrope Lignin eingelagert; die Konzentration an beiden nimmt in den äußeren Schichten zu. Der Verlauf des ausgeprägten Konzentrationswechsels beim Übergang von der Sekundärwand zur Mittelschicht ist noch nicht in allen Feinheiten interpretierbar. Bekanntlich nimmt der Gehalt an Cellulose in der Primärwand stark ab (*lockeres* Geflecht); die relativen Mengen an Primärwandcellulose und Hemicellulose in der Mittelschicht müssen aber noch genauer bestimmt werden. Die dominierende Rolle des Lignins in der Mittellamelle ist eindeutig durch die Ultraviolettmikroskopie aufgezeigt worden. Röntgenabsorptionsmessungen an Holzquerschnitten im Vakuum zeigten, daß die Mittelschicht eine geringere Packungsdichte als die übrige Zellwand aufweist.

Der Ordnungszustand in der Umgebung des Lumens scheint zweifelsohne sehr hoch zu sein und nimmt in Richtung der Mittellamelle ab, die höchstwahrscheinlich wohl als amorph angesprochen werden darf.

Diese Strukturverhältnisse müssen sicherlich auch in der Zugänglichkeit ihren Ausdruck finden. Möglicherweise ist auch der Kristallinitätsgrad der Cellulose in den meisten Zellstofffasern in der Nähe des Lumens höher (Die geringere Kristallinität der Primärwandcellulose [$\sim$ 37%] ist bekannt).

Somit konnte, gegründet auf quantitative bzw. halbquantitative Messungen, erstmalig ein einheitliches Bild über die Verteilung der Zellwand-Hauptkomponenten in dieser gegeben werden. Die erhaltenen Resultate sind völlig in Übereinstimmung mit früheren Untersuchungen, die z. B. auf mikropräparativen Wegen, Farbreaktionen und Löslichkeitstesten beruhten. In diesem Zusammenhang sei hier auf die Übersicht bei HARLOW[1] und WARDROP[2] verwiesen.

Folgendes möge an dieser Stelle noch Erwähnung finden: Die unterschiedliche Verteilung von Cellulose und Hemicellulose in den Holzfasern konnte noch auf indirekte Weise durch Diffusionsmessungen mit Kongorot in verschiedenen Cellulosefasern bestätigt werden[3]. Dieselben Schlußfolgerungen wurden auch aus Anfärbeversuchen von BOULTON und MORTON[4] gezogen.

Die ermittelte Kohlenhydratverteilung scheint noch auf eine weitere interessante Weise durch VAROSSIEAU[5] eine Bestätigung zu finden, der altes, 30—600 Jahre eingegrabenes und abgestorbenes Holz mikroskopisch untersuchte. Es wurde gefunden, daß der Verfall in der Region um das Lumen einsetzt und in Richtung der äußeren Zellwandschichten fortschritt. Dabei stieg der Gehalt an Pentosanen mit dem Alter und dem Verfall[6], was auf eine ungleiche Verteilung von Cellulose und Hemicellulose im Zellwandquerschnitt schließen läßt.

Die größere Porosität der Mittelschicht im Vergleich zur dichten Sekundärwand erleichtert Diffusions- und Penetrierungsprozesse in dieser. Autor zeigte bereits früher[7], daß während des Sulfitaufschlusses der Fichte die Mittelschicht bereits in einem frühen Kochstadium angegriffen wird. Der Angriff scheint von der Grenzzone zwischen Tüpfeln und Mittellamelle auszugehen, wo die Penetrierungsresistenz geringer als in anderen Bezirken der Zellwand ist.

7. Zukünftige Entwicklungsmöglichkeiten und Anhang (Interferenzmikroskopie)

Die zukünftige Entwicklung des skizzierten Gebietes der Zellwandchemie beruht in beträchtlichem Ausmaß von weiterentwickelten und neuen mikrooptischen Methoden. Für quantitative Untersuchungen dürften vor allem Röntgenmikroskopie[8–11] und Interferenzmikroskopie[8, 12–17] eine große Bedeutung erlangen.

---

[1] Siehe S. 259, Fußnote 2.

[2] WARDROP, A. B.: Holzforsch. **8**, 12 (1954).

[3] LANGE, P. W., u. E. LINDVALL: Sv. Papperstidn., **57**, 235 (1954).

[4] BOULTON, J., u. T. H. MORTON: J. Soc. Dyers Col. **56**, 145 (1940).

[5] VAROSSIEAU, W. W.: In W. BOERHAVE BECKMAN: Hout in alle tijden, Deel I, Hoofdstuk 5. December 1949. Delft Holland.

[6] VAROSSIEAU, W. W.: Privatmitteilung.

[7] LANGE, P. W.: Sv. Papperstidn. **50**, No. 11 B, 130 (1947).

[8] Siehe S. 260, Fußnote 16.

[9] KIRKPATRICK, P.: Nature (London) **166**, 251 (1950).

[10] KIRKPATRICK, R., u. A. V. BAEZ: J. Opt. Soc. Amer. **38**, 766 (1948).

[11] KIRKPATRICK, P., u. H. PATTEE: Advances in Biological and Medical Physics Vol. III, p. 247. New York 1953.

[12] DYSON, J.: Proc. Phys. Soc. B **62**, 565 (1949).

[13] DYSON, J.: Proc. Roy. Soc. A **204** 170 (1950).

[14] DYSON, J.: Nature (London) **171**, 743 (1953).

[15] DAVIES, H. G., u. M. H. F. WILKINS: Nature (London) **169**, (1952).

[16] DAVIES, H. G., M. H. F. WILKINS, J. CHAYEN u. L. F. LA COUR: Quart. J. Microsc. Sci. **95**, 271 (1954).

[17] DAVIES, H. G., A. ENGSTRÖM u. B. LINDSTRÖM: Nature (London) **172**, 1041 (1953).

Die Bestimmung der Substanzmengen in den Zellwänden durch die Röntgenmikroskopie wird mit wesentlich höherer Auflösung und sicherlich mit einer besseren Möglichkeit für eine Korrektur des Einflusses eventueller Schrumpfungserscheinungen durchgeführt werden können. Der Nachteil, daß das Präparat im Vakuum untersucht werden muß, ist allerdings nicht eliminierbar. Einen großen Vorteil bringt daher die Interferenzmikroskopie, da man die Mengenbestimmung in einem Mikropräparat durchführen kann, ohne dasselbe trocknen zu müssen. Das Auflösungsvermögen kann jedoch mit dem, das die zukünftige Röntgenmikroskopie erwarten läßt, nicht konkurrieren.

Wie im Anhang gezeigt wird, kann die interferenzmikroskopisch bestimmbare Menge (g/cm^2 oder, wenn die Präparatdicke messbar ist, g/cm^3) der im Präparat enthaltenen Komponenten durch Messung der Phasenverschiebung, die das Präparat auf Grund des Unterschiedes im Brechungsindex zwischen Präparat und Einbettungsmittel verursacht, bestimmt werden. Um die Masse von n Komponenten zu bestimmen, müssen Messungen durchgeführt werden, in denen das Präparat in n verschiedenen Einbettungsmitteln eingebettet ist, von denen vorausgesetzt werden muß, daß sie in allen „Poren" des Präparates eindringen. Bezogen auf Holz kann man also die Menge Lignin und Kohlenhydrate in den verschiedenen Teilen der Zellwand bestimmen, mit anderen Worten die Frage beantworten, wie die chemischen Zusammensetzung quer über die Faserwand variiert. In gewisser Beziehung kann somit die Interferenzmikroskopie die im Vorhergegangenen beschriebenen Methoden ersetzen, wenn es gilt, die Verteilung von Lignin, Kohlenhydraten und Cellulose in der Zellwand festzustellen. LANGE[1] konnte so mit Hilfe der Interferenzmikroskopie seine früheren Resultate über die Zusammensetzung der Mittelschicht (an schwedischer Fichte) verifizieren. Die gefundenen Werte für den Ligningehalt variierten in noch laufenden Untersuchungen zwischen 65 und 85% bei einer Einbettungsmethode der Holzschnitte in Wasser und Benzol. Auch die mikroradiographischen Untersuchungsergebnisse über die Porosität der Mittellamelle konnten bestätigt werden; um bloß einen Fall zu nennen, wurde eine „effektive Schichtdicke" (s. Anhang) an einem Mikrotomschnitt zu 6,50 μ in der Mitte der Sekundärwand, im Vergleich zu 5,25 μ in der Mittellamelle, bestimmt, was bedeutet, daß die relative Packungsdichte für die Mittellamelle etwa 80% — in guter Übereinstimmung mit den früher berechneten Werten — beträgt.

Mit Röntgenmikromethoden mag es vielleicht möglich werden zu bestimmen, wie das Verhältnis „kristallin-amorph" in den verschiedenen Teilen der Zellwand sich verschiebt.

Zweifellos findet sich ein weites Forschungsgebiet für den, der mikrooptische Methoden für das Studium der Cambialschicht im Holz einsetzen will. BAILEY[2] bemerkt zu dieser Aufgabe:

"The physiological and biochemical processes in the cambium in its maturing derivatives, and their functioning in the living tree are imperfectly understood and progress in their investigation is relatively slow. Owing to obvious economic urges, chemists and physicists have concerned themselves largely with analyses of dead wood and with the walls of certain of its constituent cells — e. g., wood fibres. Plant physiologists have concerned themselves largely with shorter lived plants which provide easier material for controlled experimentation. Thus, there is an urgent need at present for a much broadened program of research in tree physiology, involving more closely coordinated effort by workers in different scientific disciplines. It is essential in this connection that data obtained by new techniques and methodologies be interpreted in the light of data that have been accumulated in other diversified fields of research."

Das Studium der Penetrierung und Diffusion in den Zellwänden wird ein weiteres wichtiges Forschungsobjekt werden, nicht nur lediglich für das Studium technischer Probleme innerhalb der Zellstoff- und Papierindustrie. LANGE[3, 4] hat bereits früher eine Reihe preliminärer Versuche auf diesem Gebiet durchgeführt, jedoch sind viele Fragenkomplexe heute noch völlig unbearbeitet.

Anhang

Als optisches Modell zur Interpretation der Verhältnisse bei der Interferenzmikroskopie betrachten wir eine planparallele Platte, die einen Holzquerschnitt repräsentieren soll, mit der Dicke t, der Dichte ϱ und dem Brechungsindex μ. Dieselbe möge in ein Medium mit dem Brechungsindex μ_m eingebettet sein.

Das in die Platte einfallende Licht möge um den Betrag Φ_m phasenverschoben werden, den man somit im Interferenzmikroskop messen kann. Es gilt nun:

$$\Phi_m = (\mu - \mu_m) \cdot t .$$

[1] LANGE, P. W.: (Wird veröffentlicht).

[2] BAILEY, I. W.: Abstracts of Papers, 120th Meeting American Chemical Society, p. 6D. New York 1951).

[3] Siehe S. 278, Fußnote 7.

[4] HÄGGLUND, E., u. P. W. LANGE: Makromol. Chem. 6, 280 (1951).

Nun ist $t \cdot \varrho = m$, die Masse per Flächeneinheit, und man kann setzen:

$$m = \frac{\Phi_m}{\chi}, \text{ worin } \chi = \frac{\mu - \mu_m}{\varrho} \text{ ist.}$$

Wenn wir ein Präparat mit mehreren Komponenten vor uns haben, (z. B. einen Holzquerschnitt mit Lignin und Kohlenhydraten), so können wir uns formal jede Komponente auf ihre maximale Dichte komprimiert denken. Für ein Präparat mit den beiden Komponenten 1 und 2 und der geometrischen Schichtdicke t können wir die Komponente 1 (ϱ_1, μ_1) auf die Schichtdicke t_1 und die Komponente 2 (ϱ_2, μ_2) auf die Schichtdicke t_2 und die Poren auf die Schichtdicke $t \cdot (1 - f)$ gebracht vorstellen, wobei f der Bruchteil des Porenvolumens im Präparat ist. Diese Betrachtungsweise setzt natürlich voraus, daß das Einbettungsmedium die Umgebung zwischen den Substanzteilchen penetriert. Das Präparat möge nun zuerst in ein solches Medium mit dem Brechungsindex μ_m und hierauf in ein solches mit dem Index μ_n eingebettet werden. Im ersten Fall gilt:

Für die Komponente 1: $\Phi_{m(1)} = (\mu_1 - \mu_m) \cdot t_1$ und

für die Komponente 2: $\Phi_{m(2)} = (\mu_2 - \mu_m) \cdot t_2$.

Die Phasenverschiebung Φ_m im Präparat ist die Summe von $\Phi_{m(1)}$ und $\Phi_{m(2)}$, also:

$$\Phi_m = \frac{\mu_1 - \mu_m}{\varrho_1} \cdot m_1 + \frac{\mu_2 - \mu_m}{\varrho_2} \cdot m_2 = \chi_{1,m} \cdot m_1 + \chi_{2,m} \cdot m_2 . \tag{1}$$

Darin sind m_1 und m_2 die Massen bzw. Mengen der Komponenten 1 bzw. 2 per Flächeneinheit. Im weiteren Versuchsverlauf gilt nun analog:

$$\Phi_n = \chi_{1,n} \cdot m_1 + \chi_{2,n} \cdot m_2 . \tag{2}$$

Aus Gl. (1) und (2) kann m_1 und m_2 berechnet werden, da Φ_m und Φ_n experimentell bestimmbar sind. Die „*effektive Schichtdicke*“, $t_1 + t_2$, kann wie folgt berechnet werden:

$$t_1 + t_2 = t \cdot (1 - f) = \frac{\Phi_m - \Phi_n}{\mu_n - \mu_m}$$

Für die Berechnung von f muß die geometrische Schichtdicke bekannt sein, was z. B. nach der von HALLÉN[1] ausgearbeiteten Methode geschehen kann. Will man die mittlere Dichte (g/cm^3) $\bar{\varrho}$ des Materiales berechnen; so erhält man den Ausdruck:

$$\bar{\varrho} = \frac{m_1 + m_2}{t_1 + t_2} = \frac{(m_1 + m_2) \cdot (\mu_n - \mu_m)}{\Phi_m - \Phi_n}$$

Durch die Messung von Φ_m und Φ_n in verschiedenen Bereichen in einem Holzfaser-Querschnitt kann man gemäß Gl. (1) und (2) berechnen, wie die Substanzmengen per Flächeneinheit: $m_{Kohlenhydrat}$ und m_{Lignin} in der Zellwand variieren, ohne daß man die Faser delignifizieren muß[2].

---

[1] Siehe S. 260, Fußnote 2. [2] Siehe S. 279, Fußnote 1.

Fünftes Kapitel

Anhang

zu § 19 und § 20

(Allgemeines zur Chemie und Physik der Cellulose)

Bearbeitet von

(O. KRATKY[1]), B. LINDBERG, G. POROD, J. SCHURZ und E. TREIBER

Mit 31 Abbildungen

§ 27. Die Reaktionsweise der Cellulose

Von

G. POROD, J. SCHURZ und E. TREIBER[1]

Hinsichtlich der Interpretation und exakten Bedeutung der im folgenden zu besprechenden Begriffe herrscht in den einschlägigen Handbüchern vielfach eine merkliche Divergenz. Selbstverständlich kann man jeden dieser Begriffe verschieden interpretieren, aber eine einheitliche Auffassung ist doch anzustreben und für das gegenseitige Verständnis sehr wesentlich. Wir teilen auch nicht ganz die Ansicht derjenigen Forscher, die, wie z. B. H. M. SPURLIN alle derartigen Formulierungen mehr oder minder mit der Begründung abtun, daß Cellulosereaktionen niemals so eindeutig definiert sind, wie es derartige Bezeichnungen vermuten lassen würden, sondern stets nur Übergänge bzw. Zwischenformen darstellen. Wir halten, wie auch immer die Reaktionsweise letztlich sein mag, eine klare Terminologie auf alle Fälle für nützlich und haben daher versucht, diese Begriffe in Anlehnung an gegenwärtige Auffassungen im folgenden so zu definieren, wie es uns am zweckmäßigsten und natürlichsten erschien.

Feste Cellulose besteht aus geordneten Bereichen (Micelle[2], kristalline Anteile) und weniger geordneten Bereichen (amorpher Anteil). Wenn man hier auch nicht streng von Phasen im Sinne der Phasenregel sprechen kann, so erscheint es doch für die folgenden Ausführungen vorteilhaft, diese beiden Grenzzustände als zwei verschiedene Phasen anzusprechen. Im allgemeinen werden nun diese beiden

---

[1]) Herrn Prof. Dr. O. KRATKY, der bedauerlicherweise wegen Arbeitsüberbürdung von der Abfassung dieses Beitrages zurücktreten mußte, danken die Autoren für die trotzdem freundlicherweise übernommene kritische Durchsicht dieses § 27.

[2] Für ein und denselben Begriff, die submikroskopischen kristallinen Teilchen eines hochpolymeren Stoffes werden in der Literatur die zwei Bezeichnungen gebraucht: *die Micelle* (Mehrzahl: *die Micellen*) und *das Micell* (Mehrzahl: *die Micelle*). Unangenehm ist nur, daß mit den gleichen Namen noch eine Reihe weiterer Begriffe belegt werden, wie die gelösten elektrisch geladenen Teilchen niedermolekularer kolloider Substanzen (z. B. Seifen), ferner die ungeladenen, durch Assoziation von Fadenmolekülen gebildeten Teilchen in Lösung. Obwohl es an Nomenklaturvorschlägen nicht gefehlt hat [z. B. A. FREY-WYSSLING, Kolloid-Z. **85**, 148 (1938), besonders S. 152], ist eine einheitliche Bezeichnungsweise bisher nicht zustandegekommen. Allerdings scheint im einzelnen die tatsächliche Gefahr einer Verwechslung kaum gegeben zu sein. Im vorliegenden soll für den hier allein interessierenden Begriff der kristallinen Teilchen im festen hochpolymeren Körper, soweit es sich nicht um wörtliche Zitate handelt, die Bezeichnung „das Micell" bzw. „die Micelle" verwendet werden.

Phasen der Cellulose mit einem Reaktionspartner in verschiedener Weise reagieren, wir haben es also mit einer *heterogenen Reaktion* zu tun. Gelingt es, die beiden „Phasen" der Cellulose auf eine einzige zu reduzieren, und lassen wir dann diese *eine* Phase reagieren, so wird offenbar — wenn wir die Eindiffusion des Reagens in die Cellulose zunächst vernachlässigen — die Reaktion an allen Teilen der Cellulose in gleicher Weise und nahezu gleichzeitig vor sich gehen und wir haben es mit einer *homogenen Reaktion* zu tun. Dies ist der Fall, wenn wir den zweiphasigen Aufbau der Cellulose dadurch aufheben, daß wir sie in Lösung bringen oder intramicellar quellen, wodurch das Gesamtgefüge der Cellulose (also einschließlich der Micelle) soweit aufgeweitet wird, daß das Reagens überall ungehindert Zutritt hat und daher die Reaktion gewissermaßen an allen Stellen gleichzeitig (oder fast gleichzeitig) und in gleicher Weise vor sich gehen kann.

Ferner ist noch ein Reaktionstyp zu beobachten, bei dem zunächst die äußeren Schichten des Micells angegriffen werden (heterogen), wobei aber durch diesen Angriff das Micell aufgeweitet wird, so daß die Reaktion verhältnismäßig rasch sukzessive auf dem selbstgebahnten Weg nach innen fortschreiten kann, bis schließlich das ganze Micell durchreagiert hat. Solche Reaktionen sind heterogen, da jedoch ihr Verlauf den Eindruck einer homogenen macht, erscheint es angebracht, sie *quasihomogen* zu nennen.

Genaugenommen kann man nur solche Reaktionen als homogen bezeichnen, die in einheitlicher Phase verlaufen, also in Lösung. Man muß daher also auch die Reaktion der intramicellar durchgequollenen Cellulose als quasihomogen ansprechen, da ja das von außen zugefügte Reagens gewiß zuerst mit den äußeren Schichten der Cellulose reagieren wird und, um auch die inneren zu erreichen, dorthin diffundieren muß. Diese Diffusion erfordert Zeit, außerdem kann das Reagens aufgebraucht werden, bevor es den Micellkern erreicht hat. Es erscheint jedoch durchaus berechtigt, in Fällen, wo die Diffusion so rasch verläuft, daß sie neben der Reaktionsgeschwindigkeit nicht ins Gewicht fällt (wie es nach vorhergehender intramicellarer Quellung meist der Fall ist), von quasihomogenen Reaktionen zu sprechen. Dagegen muß erwähnt werden, daß wir gerade bei der festen Cellulose sehr viele Fälle kennen, wo umgekehrt die Reaktionsgeschwindigkeit neben der Diffusion zu vernachlässigen ist; in diesem Fall haben wir typische heterogene Reaktionen vor uns und was wir zunächst messen, ist weniger die Kinetik der Reaktion, als vielmehr die Geschwindigkeit der Diffusion. Solche Verhältnisse liegen fast immer bei gewachsener oder künstlich geformter Cellulose vor („Zugänglichkeit" einer Probe).

Man kann noch eine zweite Betrachtungsweise anwenden. Bei der heterogenen Reaktion können nur bestimmte Teile der Cellulose (z. B. die amorphen Bereiche oder Micelloberflächen) reagieren, also nur bestimmte Orte (topos) einer Phase, daher bezeichnet man eine solche Reaktion als *topochemisch*. Bei einer topochemischen Reaktion bleibt selbstverständlich die übermolekulare Textur der Cellulose (z. B. Faserstruktur) erhalten. Ein Beispiel für diesen Typ wäre die *micellare Oberflächenreaktion* (= *micellar heterogen*), wie sie wahrscheinlich bei der unvollkommenen Acetylierung vorliegt. Bei diesem Typ reagieren — neben den amorphen Bereichen — nur die Oberflächen der Micelle und die röntgenographische Gitterzelle bleibt daher erhalten. Es kann jedoch sein, daß die gesamte Cellulose durchreagiert (d. h. beide Phasen gänzlich erfaßt werden), ohne daß aber die übermolekulare Textur (z. B. Faserstruktur) verlorengeht; hier sprechen wir von einer *permutoiden Reaktion*. Diese kann heterogen oder (zumeist) quasihomogen vor sich gehen. Da diese Reaktion sich auch über die Micellen erstreckt, ändert sich selbstverständlich die röntgenographische Gitterzelle. Eine solche permutoide Reaktion ist z. B. die Trinitrierung der Cellulose.

Wir haben für die permutoide Reaktion zunächst angenommen, daß als reagierende Einheiten die Makromoleküle (= Hauptvalenzketten) fungieren; dies ist aber keineswegs die einzige Möglichkeit. Auch zweidimensionale Gebilde (Ebenen, Roste) können die Reaktionseinheit bilden, z. B. bestimmte Schichten

(Netzebenen) der röntgenographischen Gitterzelle. Eine solche Reaktion nennen wir eine *Schichtgitterreaktion*. Gerade der Typ der Schichtgitterreaktion, der also ein Sonderfall der permutoiden Reaktion ist, kommt bei Cellulosederivaten recht häufig vor (z. B. Perxanthogenierung).

Keiner so ausführlichen Erklärung bedürfen die Ausdrücke *intermicellar* und *intramicellar*. Ein intermicellarer Vorgang geht nur zwischen den Micellen vor sich, läßt diese also unverändert, während ein intramicellarer auch innerhalb der Micelle abläuft, also diese selbst verändert. Die topochemische Reaktion ist im allgemeinen intermicellar, während die permutoide intramicellar ist.

Zuletzt muß noch darauf hingewiesen werden, daß die topochemische Reaktion nach einer gewissen Zeit zum Stillstand kommen muß, nämlich dann, wenn der dem Reagens zugängliche Ort durchreagiert hat. Wenn nun zufälligerweise der zugängliche Bereich zur gesamten Cellulose in einem einfachen, geradzahligen Verhältnis steht, so entsteht der Eindruck, als habe sich eine Verbindung gebildet, während es sich in Wirklichkeit um die Absättigung der zugänglichen Gruppen handelt. Solche Reaktionen nennt man *pseudostöchiometrisch*, ihre Natur wird z. B. dadurch offenbar, daß bei Änderung der Reaktionsbedingungen (z. B. Erhöhung der Konzentration des Reagens) die Reaktion weitergeht. Die Auflösung der Cellulose in Cuoxam scheint ein Beispiel einer pseudostöchiometrischen Reaktion zu sein. Wahre stöchiometrische Verbindungen können natürlich nur durch permutoide Reaktionen gebildet werden und man kann sie praktisch bei Cellulosederivaten nur dadurch erzielen, daß man alle reaktionsfähigen Gruppen, z. B. alle drei Hydroxyle, reagieren läßt (Triäther, Trixanthogenat, Trinitrat), da hier Reaktionen, die nur für ein oder zwei Hydroxyle spezifisch sind, nicht mit Sicherheit bekannt sind. Bekanntlich ist es jedoch recht schwer, bei permutoiden Reaktionen bis zur stöchiometrischen Verbindung vorzudringen.

Polymeranaloge Umsetzungen. In ihnen verlaufen die Umsetzungen so, daß ein „Makroradikal" in seiner Größe erhalten bleibt, analog wie bei der Überführung von Benzaldehyd oder der Benzoesäure in ihre Derivate das „Radikal" „Benzoyl" unverändert in den Verbindungen enthalten ist. Solche polymeranalogen Umsetzungen lieferten auch einen Beweis für den makromolekularen Aufbau vieler Kolloide. Ein Beispiel einer solchen polymeranalogen Umsetzung an Amylopektin zeigt Tab. V, 1.

Tabelle V, 1 (nach STAUDINGER)

Amylopektin in Formamid		als Triacetat in Aceton		als Triacetat in Chloroform		Aus dem Triacetat erhaltenes (regeneriertes) Amylopektin in Formamid	
$\overline{M}$	DP	$\overline{M}$	DP	$\overline{M}$	DP	$\overline{M}$	DP
30000	185	54000	190	53000	190	30000	185
62000	380	112000	390	110000	390	—	—
91000	560	155000	540	155000	540	9300	750
153000	940	275000	960	275000	960	14000	870

Zugleich zeigen solche polymeranaloge Umsetzungen — z. B. an einem Glykogen vom Polymerisationsgrad 5000, bei dem 15000 Hydroxylgruppen acetyliert werden, ohne daß sich die Größe des „Makroradikals" ändert, die große Stabilität der Makromolekülgerüste. Jedoch sind solche polymeranalogen Umsetzungen nicht immer einfach durchzuführen. In den meisten Fällen verlaufen noch Nebenreaktionen, die die Makromoleküle abbauen. Vielfach genügen schon Spuren von Luftsauerstoff, um einen autoxydativen Abbau nebenherlaufen zu lassen. Beispiele für relativ einfache und schonende polymeranaloge Umsetzungen bei der

Cellulose sind Nitrierung (meist in Salpetersäure-Phosphorsäure-Phosphorpentoxyd[1] oder in neuerer Zeit auch Salpetersäure-Essigsäure-Essigsäureanhydrid[2]) und bis zu einem gewissen Grade Acetylierung (Pyridinessigsäureanhydridverfahren[3], Kaliacetat-Essigsäureanhydridmethode[4] und schließlich die neue und elegante Dialkylamidmethode von BLUME und SWEZEY[5]).

§ 28. Die Reaktivität der festen Cellulose vom Standpunkt der Phasenregel

Von

J. SCHURZ

Wenn die physikalischen Eigenschaften eines Systems unabhängig vom Ort sind (in „makroskopischem" Maßstab), so bezeichnet man dieses System als *homogen*. Besteht ein System aus mehreren homogenen Teilen, so heißt es *heterogen* und die einzelnen homogenen Teile (die durch Grenzflächen getrennt sind) nennt man bekanntlich *Phasen*. Versucht man diese bekannten Definitionen der Phasenregel auf Cellulose anzuwenden, so gerät man sofort in ein Dilemma. Denn die Cellulose besteht aus langen Molekülketten, die in bestimmten Bereichen besser, in anderen wieder weniger gut geordnet sind (vgl. Abb. I, 5; I, 6b und I, 9b). Wenn nun auch die Ordnung soweit gehen kann, daß röntgenoptisch Kristallinterferenzen auftreten und wenn auch die geordneten Bereiche in ein und demselben Cellulosematerial im allgemeinen ungefähr dieselbe Größe haben (also mehr oder weniger selbständige Individuen sind [vgl. KAST[6]]), so kann man doch andererseits keine scharf definierten Grenzflächen auffinden, man hat es vielmehr mit einem mehr oder minder stetigen Übergang von verhältnismäßig gut ausgebildeten Kristalliten zu weniger geordneten Bereichen zu tun. Außerdem trifft ein weiteres wesentliches Kennzeichen der Phase für die geordneten Bereiche nicht in voller Strenge zu: Ihr Ordnungszustand ist auch innerhalb des Kristallites noch variabel (d. h. nicht unabhängig vom Ort), das Gitter ist nicht so regelmäßig wie bei einem Kristall, sondern stark gestört. Andererseits kann man die Kristallite, insbesondere bei gewissen Cellulosen, sehr wohl als *individuelle Teilchen* ansprechen[6].

Wenn man daher häufig von kristallinen Bereichen oder Micellen und von amorphen, besser ungeordneten (manchmal auch parakristallinen) Bereichen spricht und manchmal sogar so tut, als seien diese beiden Bereiche zwei Phasen im Sinne der Phasenregel, so kann das nur eine Denkhilfe sein, die zwar oft nützlich, aber nur unter der Bedingung zulässig ist, daß man sich vor Augen hält, daß die Verhältnisse in Wirklichkeit wesentlich komplizierter sind. Tatsächlich sind in der Cellulose sämtliche denkbare Übergänge zwischen der amorphen Phase und der kristallinen Phase realisiert (wobei, wie bereits betont, die Kristallite [Micelle] im

---

[1] STAUDINGER, H., u. R. MOHR: Ber. dtsch. chem. Ges. **70**, 2296 (1937). — DOLMETSCH, H., u. F. REINECKE: Zellwolle dtsch. Kunstseiden-Ztg. **5**, 219, 299 (1939). — DAVIDSON, G. F.: J. Textile Inst. **29**, T 195 (1938). — ALEXANDER, W. J., u. R. L. MITCHELL: Analytic. Chem. **21**, 1497 (1949). — MITCHELL, R. L.: Industr. Engin. Chem. **45**, 2526 (1953). — KENWORTHY, W., u. T. MYGLAND: Norsk Skogind. **8**, 471 (1954).

[2] HARLAND, W. G.: Shirley Inst. Memoirs **28**, 167 (1955); J. Textile Inst. **45**, T. 678 (1954). — Vgl. auch A. BOUCHONNET, M. TROMBE u. G. PETIPAS: C. r. Acad. Sci. (Paris) **197**, 63 (1933). — BENNETT, C. F., u. T. E. TIMELL: Sv. Papperstidn. **58**, 281 (1955).

[3] HESS, K., u. N. LJUBITSCH: Ber. dtsch. chem. Ges. **61**, 1460 (1928).

[4] HALLER, R., u. I. RUPERTI: USP. 1930895 (1933).

[5] BLUME, R. C., u. F. H. SWEZEY: Tappi **37**, 481 (1954).

[6] KAST, W.: Z. Elektrochem. **57**, 525 (1953).

allgemeinen nicht ganz den Ordnungszustand eines wirklichen Kristalls erreichen, wie aus nachfolgender Tabelle V, 2 hervorgeht).

Tabelle V, 2

Kristallit	Kristall
mehr oder weniger scharfe Röntgeninterferenzen	sehr scharfe Röntgeninterferenzen
Doppelbrechung	Doppelbrechung
keine streng definierten Grenzflächen	definierte Grenzflächen
Ordnungszustand abhängig vom Ort	Ordnungszustand unabhängig vom Ort

Verschiedene Autoren sprechen daher geradezu von einer „polyphasigen" Struktur der Cellulose, einem System mit vielen Phasen, und anerkennen das übliche Bild von Kristalliten, die in einer amorphen Matrix eingebettet sind, nur als eine — wenn auch sehr nützliche — Näherung (vgl. Abb. I, 9b). Die Bezeichnungen „kristalliner Bereich" und „ungeordneter Bereich" sind im allgemeinen durch die Eigenschaft definiert, scharfe Röntgeninterferenzen zu geben oder nicht, weswegen man schärfer sagen müßte „röntgenographisch geordnet" bzw. „röntgenographisch ungeordnet". Ebensowenig wie die Kristallite sind die amorphen Bereiche eine Phase im Sinne der Phasenregel, da infolge der günstigen Voraussetzungen bei Cellulose (starke Nebenvalenzkräfte, relativ steife Kette, günstige Geometrie, d. h. keine sterischen Hindernisse) die Kristallisationstendenz viel zu hoch ist, als daß die ideale Unordnung aufrechterhalten bleiben könnte. Nachkristallisationseffekte sind daher auch bei der Cellulose beobachtet worden.

Für die Betrachtung der Reaktivität der festen Cellulose ist es nun wieder vorteilhaft, die willkürliche Unterscheidung von kristallin und amorph aufzunehmen, wenn auch mit der Einschränkung, daß es sich nicht um Phasen im Sinne der Phasenregel handelt.

Zunächst sind die amorphen Bereiche wesentlich reaktionsfähiger als die kristallinen. Alle Reaktionen der Cellulose gehen in ihnen wesentlich schneller vonstatten, ja viele sind auf die amorphen Bereiche beschränkt[1]. Durch Quellung kann man sie in eine Art „zweidimensionale Lösung" überführen, wobei die Kettenstücke an sich beweglich sind wie in einer Lösung, aber durch ihren gleichzeitigen Einbau in die kristallinen Bereiche an einem oder beiden Enden fixiert werden. Als Ursache der Quellung sieht man heute die freie Energie der Verdünnung der in den amorphen Bereichen liegenden beweglichen Kettensegmente an, ferner den Raumbedarf der durch die Reaktion an die Cellulose angefügten Gruppen und schließlich bei Komplexformation mit Ionen den sich einstellenden osmotischen Druck, sowie die elektrostatischen Abstoßungskräfte zwischen den Ketten (modifiziert durch den DONNAN-Effekt).

Bei den kristallinen Bereichen werden immer zunächst die äußeren Schichten reagieren und es hängt von der Art der Reaktion ab, ob diese ins Kristallit-Innere fortschreitet, wobei sich auch unter Umständen der Zustand eines „teilweise reagierten Micells" ausbilden kann. Doch ist es möglich, durch eine intramicellare Quellung das Micell so aufzuweiten, daß es nunmehr völlig zugänglich ist und als ein starres Gerüst permutoid durchreagieren kann. Übrigens bewirkt eine solche intramicellare Quellung eine so weitgehende Vereinheitlichung der Cellulose, daß man nunmehr am ehesten von einer einheitlichen Phase sprechen könnte. Eine ähnliche, wenn auch lange nicht so weitgehende Erhöhung der Reaktionsfähigkeit findet man bei den sog. „Inklusionscellulosen" (H. STAUDINGER und Mitarbeiter[2]) in denen in gequollener Cellulose durch sukzessive Umimbibierung endlich ein Zustand der „Luftquellung" erzielt wird, in dem zumindest die amorphen Bereiche sehr leicht zugänglich sind. Ob, wie STAUDINGER vermutet, dabei die Kristallite ähnlich zugänglich werden, ist wohl noch nicht sichergestellt.

Die Luftquellung bringt automatisch eine vergrößerte innere Oberfläche mit sich und derartige Präparate stellen Zwischenstufen zwischen zwei Extremfällen — der verhornten und der hochgequollenen Cellulose — dar. Nach dem Gesagten ist es verständlich, daß derartige Cellulosepräparate sehr reaktiv sind (vgl. z. B. GROTJAHN[3]).

Nebenbei bemerkt, kann man auch den Kristallinitätsgrad der Cellulose beeinflussen, vornehmlich herabsetzen. Abgesehen von der Mahlung in der Schwingmühle (HESS[4]) kommt zur

[1] Der Reaktionsweg ist: interfibrillärer Capillarraum $\rightleftharpoons$ amorph-parakristall. Bereich $\rightleftharpoons$ kristalliner Bereich.

[2] STAUDINGER, H., u. W. DÖHLE: J. prakt. Chem. **161**, 219 (1942). — STAUDINGER, H., K. IN-DEN-BIRKEN u. M. STAUDINGER: Makromol. Chem. **9**, 149 (1953).

[3] GROTJAHN, H. u. K. HESS: Kolloid-Z. **129**, 128 (1952).

[4] HESS, K., H. KIESSIG u. J. GUNDERMANN: Z. physik. Chem. (B) **49**, 64 (1941); Kolloid-Z. **99**, 142 (1942).

Verringerung der Kristallinität hauptsächlich die Behandlung mit 70%igem Äthylamin in Frage[1] (mit Hilfe von wasserfreiem Äthylamin und Überführung in Chloroform tritt eine weitgehende Umwandlung in Cellulose III ein[2]). Derartige Cellulosen zeigen gleichzeitig erhöhte Reaktivität. Eine Herabsetzung der Reaktivität und Löslichkeit erreicht man durch Reagentien, die Vernetzungen ausbilden können, wie z. B. Formaldehyd, Diisocynaten, Dichlorhydrin[3] u. dgl. Der Nachweis solcher Brückenbildungen (vgl. auch nachstehende Formulierungen [Thomas[4]]) ist Wilson und Steele[5] gelungen. Die Erhöhung der Kristallinität bei der Hydrolyse (Rekristallisation) beruht auf der Beseitigung von (vornehmlich sterischen) Kristallisationshemmungen[6]. Auch bei den verschiedenen technischen Behandlungsarten kann die Kristallinität im positiven oder negativen Sinne sich verändern; so nimmt z. B. Nelson die Kristallinität unbehandelter Baumwolle etwas kleiner als die handelsüblicher an. Nach Okijama erhöht auch Mercerisierung und Heißdampfregenerierung geringfügig die Kristallinität. Clark[7] findet nach Entfernung der Inkrusten bei der Bleiche ein Ansteigen der Kristallinität (vgl. auch S. 167).

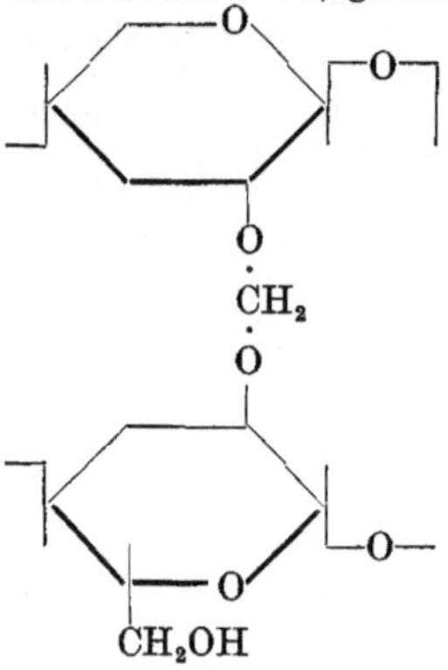

Formaldehydbehandlung (Meunier[8])

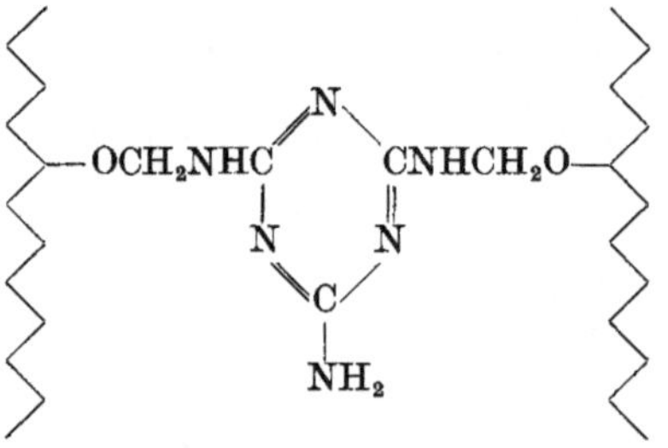

Melaminbehandlung

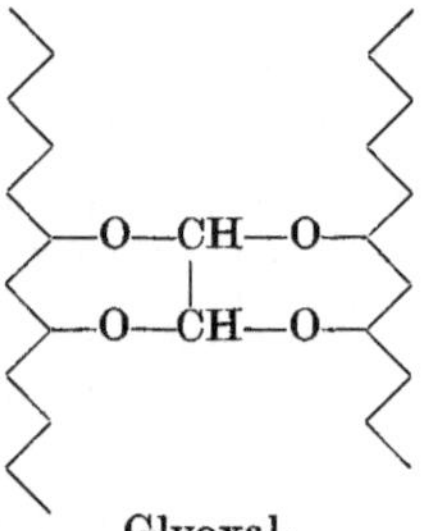

Glyoxalkondensation

Man muß sich also auf jeden Fall hüten, die Phasenregel ohne weiteres auf Cellulose anzuwenden und zumindest die folgenden Eigenheiten beachten:

1. Vorhandensein von ungeordnetem Material („polyphasische" Struktur).
2. Physikalische Behinderung in den Kristalliten (z. B. eine an sich reaktionsfähige Gruppe kann wegen ihrer Unzugänglichkeit nicht reagieren).

Zuletzt erscheint es uns notwendig, in diesem Zusammenhang auf folgendes hinzuweisen. Wenn man Cellulose oder ein Cellulosederivat aus seiner Lösung ausfällt, so bildet es zunächst eine zweite, amorphe Phase, die auch, solange sie feucht ist, sehr hohe Reaktionsfähigkeit aufweist. Der Bodenkörper und die überstehende Lösung stehen offensichtlich in einem Gleichgewicht, das aber nicht ohne weiteres im üblichen thermodynamischen Sinn betrachtet werden darf, da es sich nicht um chemisch einheitliche Körper handeln muß (vgl. auch die *Bodenkörperregel* von Wo. Ostwald[9]). Das heißt wiederum, daß z. B. in einer teilweise gefällten Lösung eines Cellulosederivates die chemische Zusammensetzung von Lösung und Präzipitat nicht dieselbe sein muß; und wenn man das Präzipitat auswäscht, so kann dies seine Zusammensetzung wiederum ändern. In vielen Fällen verhalten sich solche Fällungen mehr wie Ionenaustauscher als wie stöchiometrische Verbindungen (dies dürfte vielfach an den widerspruchsvollen Forschungsergebnissen an Cellulose-Kupfer-Komplexen schuld sein).

[1] Segal, L., L. Loeb u. J. J. Crelly: J. Polymer Sci. **13**, 193 (1953).

[2] Mann, J., u. J. Marrinan: Chem. a. Ind. **1953**, 1092.

[3] Hoelkeskamp, F.: Persönliche Mitteilung.

[4] Thomas, H. A.: Brit. Rayon Silk J. **31**, (Sept.), 70 (1954). — Meunier u. Gugot: Rev. Gén. Colloidés **7**, 53 (1929).

[5] Wilson, A. R., G. L. Drake, O. J. McMillan u. J. D. Guthrie: Textile Res. J. **25**, 41 (1955). — Steele, R.: Textile Res. J. **25**, 545 (1955). — Steele, R., u. L. E. Giddings: Ind. Engin. Chem. **48**, 110 (1956).

[6] Frilette, V. J., J. Hanle u. H. Mark: J. Amer. Chem. Soc. **70**, 1107 (1948). — Brenner, F. C., F. V. Frilette u. H. Mark: J. Amer. Chem. Soc. **70**, 877 (1948). — Brill, R., u. H. Mark: Z. Elektrochem. **55**, 202 (1951).

[7] Clark, G. L., u. H. C. Terford: Analytic. Chem. **27**, 888 (1955).

[8] Meunier u. Gugot: Rev. Gén. Colloidés **7**, 53 (1929).

[9] Ostwald, Wo.: Kolloid-Z. **41**, 165 (1927); **50**, 65 (1930).

§ 29. Die Reaktivität der Cellulose, mathematisch formuliert

Von
J. Schurz und G. Porod

Bei dem komplexen Aufbau der festen Cellulose ist es klar, daß offenbar keine allgemeingültigen mathematischen Formulierungen abgeleitet werden können, außer für Reaktionen in homogener Lösung — und selbst hier wird das Bild meist wiederum durch Nebenreaktionen verkompliziert. Bei den Reaktionen der festen Cellulose aber machen die Tatsachen des „polyphasischen" Aufbaues, die mit jeder Reaktion einhergehende stärkere oder schwächere Quellung, die verschiedene Zugänglichkeit der reaktiven Gruppen sowie in manchen Fällen auch die Schwierigkeit, die Reaktionsprodukte wegzuschaffen (die „Ausgänglichkeit" in der Terminologie von Bartunek[1]), es fast unmöglich, allgemeine Beziehungen abzuleiten. In vielen Fällen spielen, wie erwähnt, überhaupt Diffusionsvorgänge die entscheidende Rolle, das heißt, sie bestimmen die Geschwindigkeit des Reaktionsablaufes. Ein solcher Fall vereinfacht die Situation ebenso, wie wenn man andererseits die Diffusionsvorgänge neben der Reaktionsgeschwindigkeit vernachlässigen kann.

Atsuki und Ishiwara[2] untersuchten den Nitrierungsvorgang und fanden, daß dabei Diffusion und Reaktivität von annähernd gleicher Bedeutung sind. Es gelang ihnen, folgende Beziehungen aufzustellen:

$$\text{Diffusion:}\quad (a - n) = a \cdot e^{-0{,}649 \cdot t^{1/2}}$$

$$\text{Nitrierung:}\quad 0{,}0291 = \frac{(1 - \sqrt{1 - m})^2}{2t}$$

Im allgemeinen neigt man aber eher dazu, die Diffusion zu vernachlässigen (obwohl dies vielleicht oft vollkommen unzulässig ist und ein völlig falsches Bild ergeben kann!). Eine sehr häufig verwendete Formel für die Veresterung wurde von Sakurada[3] angegeben:

$$x = k \cdot t^b$$

Sie wurde ursprünglich für die Acetylierung ohne Katalysator aufgestellt und später auch auf die Nitrierung[4] angewandt, ferner auf die Benzoylierung[5], und schließlich wurde sie modifiziert für die katalysierte Acetylierung[6], indem die Konstante k durch den Ausdruck:

$$k = p \cdot c^{1/q} \text{ ersetzt wird.}$$

Es sei vielleicht hingewiesen, daß das Auftreten der Zeit t in einer anderen als der ersten Potenz in den obigen Formeln möglicherweise auf Einflüsse von Diffusionsvorgängen zurückgeht.

Zeichenerklärung:

a = % Gesamtstickstoff im höchstnitrierten Produkt
t = Zeit
n = % Gesamtstickstoff im Produkt nach der Zeit t
m = Bruchteil, der in t Minuten nitriert wird
x = Zahl der substituierten Hydroxylgruppen pro 100 Glucose-Einheiten
k, b, p, q = Konstante
c = Katalysator Konzentration.

[1] Bartunek, R.: Verschiedene Vorträge.
[2] Atsuki, K., u. M. Ishiwara: Proc. Imp. Acad. (Tokyo) **4**, 382 (1928); CA **22**, 4792.
[3] Sakurada, I.: J. Soc. Chem. Ind., Japan **35**, B 123, B 283 (1932); **36**, B. 280, B 299 (1933).
[4] Sakurada, I., u. M. Shojino: J. Soc. Chem. Ind., Japan **35**, B 287 (1932). — Nakashima, T., H. Nakahara u. I. Sakurada: J. Soc. Chem. Ind., Japan **39**, B 51 (1936).
[5] Bernoulli, A. L., M. Schenk u. F. Rohner: Helvet. chim. Acta **17**, 897 (1934).
[6] Sakurada, I., u. M. Miyagute: J. Soc. Chem. Ind., Japan **39**, B 91 (1936).

Besonderes Augenmerk hat man von jeher der Kinetik des *Abbaues* der Cellulose gewidmet, doch auch hier sind die Verhältnisse keineswegs klar und durchsichtig. Zunächst kann man den hydrolytischen und den oxydativen Abbau unterscheiden. Für die Hydrolyse ist die Zerfallskonstante bei den Oligomeren abhängig von der Gliederzahl, wofür FREUDENBERG[1] folgende Werte angibt (Tab. V, 3):

Tabelle V, 3 (nach FREUDENBERG)

	Abbaukonstante bei	
	18° C	30° C
Cellulose	$0{,}305 \cdot 10^{-4}$	$2{,}34 \cdot 10^{-4}$
Cellotetraose	$0{,}506$—$0{,}520 \cdot 10^{-4}$	$3{,}65$—$3{,}80 \cdot 10^{-4}$
Cellotriose	$0{,}636$—$0{,}640 \cdot 10^{-4}$	$4{,}50$—$4{,}60 \cdot 10^{-4}$
Cellobiose	$1{,}07 \cdot 10^{-4}$	$6{,}94 \cdot 10^{-4}$

Der oxydative Abbau, als der technisch wichtigere — er ist entscheidend unter anderen bei der Vorreife der Alkalicellulose sowie beim Abbau der Cellulose in Cuoxam-Lösungen — ist kinetisch besser erforscht. EISENHUT[2] nimmt an, daß die Reaktionsgeschwindigkeit konstant und unabhängig von der Molekülgröße ist (wenigstens im praktisch wichtigen DP-Bereich von 200 bis 2000). Der Verlauf des Abbaues verläuft demnach längs eines Hyperbelastes, wie die Formel:

$$Z_t = \frac{N_0 \cdot Z_0}{N_0 + n \cdot t} \approx P \text{ erkennen läßt.}$$

N = Zahl der Moleküle
Z = Zahl der Bindungen je Molekül ($Z = P - 1$)
P = Polymerisationsgrad
n = Zahl der Sprengungen in der Zeiteinheit.
Index $_0$: Zur Zeit 0

G. POROD[3] kam durch plausible Annahmen, die wiederum die Diffusion als geschwindigkeitsbestimmenden Faktor mit berücksichtigten, zu folgender Modifikation der EISENHUTschen Formel:

$$P_t = \frac{P_0}{1 + P_0 \cdot k\sqrt{t}}$$

P_0 = Polymerisationsgrad zur Zeit 0
P_t = Polymerisationsgrad zur Zeit t
t = Zeit, k = Konstante

Diese Formel, deren wesentliche Neuheit der Verlauf entsprechend der Wurzel aus t ist, konnte durch entsprechende Abbauversuche von FELBINGER und TREIBER[3] (für nicht zu große Werte von t) verifiziert werden. Die beiden oben abgeleiteten Ansätze ergeben einen unbegrenzt fortschreitenden Abbau (für $t = \infty$ wird $P = 0$), dagegen scheint die experimentelle Evidenz darauf hinzuweisen, daß ein endlicher Grenz-DP angestrebt wird (etwa 30—120). KLEINERT[4] hat für den milden oxydativen Abbau sowie milde Hydrolyse gezeigt, daß in einem bestimmten DP-Bereich (450—700) eine weitere Abnahme nur noch äußerst langsam erfolgt, so daß die Ausläufer der Abbaukurven parallel zur Zeitachse zu

[1] FREUDENBERG, K., E. BRUCH u. H. RAU: Ber. dtsch. chem. Ges. **62**, 3078 (1929); **63**, 535 (1930); **63**, 1503, 1510 (1930); **68**, 2070 (1935).
[2] EISENHUT, O.: J. prakt. Chem. **57**, 338 (1941); Melliand Textilber. **22**, 424, 426 (1941).
[3] Vgl. W. FELBINGER: Diss. Univ. Graz 1952.
[4] KLEINERT, TH., u. V. MÖSSMER: Mh. Chem. **81**, 118 (1950); **84**, 641 (1953). — KLEINERT, Th. N., u. V. MÖSSMER: Textile Res. J. **25**, 778 (1955).

verlaufen scheinen. Wie auch auf vielen anderen Gebieten unterscheiden sich Baumwollcellulose und Holz-Zellstoffe; letztere erreichen wesentlich schneller das Niveau der äußerst langsamen Spaltung, welches im übrigen auch etwas tiefer zu liegen scheint (vgl. Abb. V, 1 a, b).

Für technische Zwecke hat EISENHUT[1] seine Formel umgeformt, so daß man daraus die Schädigung einer Faser durch einen beliebigen Vorgang vergleichbar messen kann, indem man den DP vor und nach der Schädigung mißt und unter Zugrundelegung der EISENHUTschen Reaktionsisotherme ausrechnet, wie tief dieselbe Schädigung den DP gesenkt hätte bei einem Ausgangs-DP von 2000. Die Formel lautet:

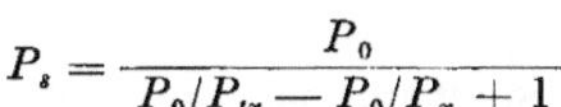

$$P_s = \frac{P_0}{P_0/P_{tx} - P_0/P_x + 1}$$

P_0 = Normal-Ausgangs-DP = 2000
P_s = Normal-DP nach der Schädigung
P_x = gemessener DP vor der Schädigung
P_{tx} = gemessener DP nach der Schädigung

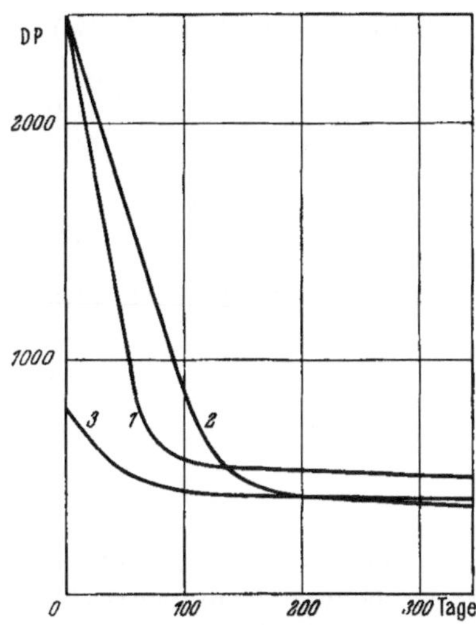

Abb. V, 1a. Hydrolytischer Abbau von Cellulose in 0,1 n HCl nach KLEINERT und MÖSSMER[2]; *1* unbehandelte Baumwolle, *2* gebleichte und gebeuchte Linters, *3* alkaliveredelter Fichtenzellstoff

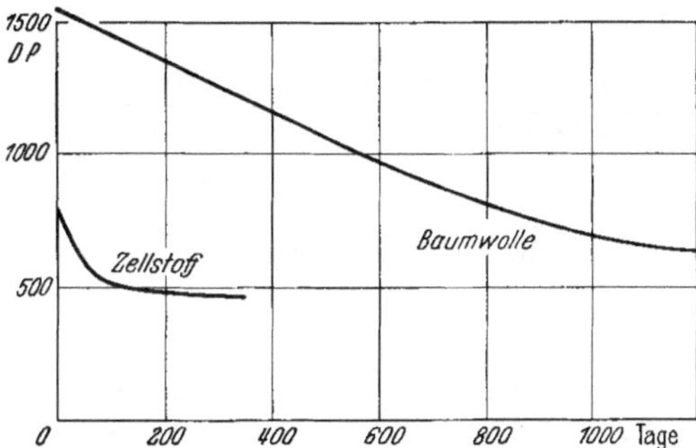

Abb. V, 1b. Abnahme des DP-Grades beim milden, oxydativen Abbau mit Chloramin von Baumwolle und Reyonzellstoff nach KLEINERT

Daraus definiert EISENHUT einen Schädigungsfaktor s ($2^s = P_0/P_s$, das heißt: nach der s-ten Spaltung sind $N_0 \cdot 2^s$ Moleküle vorhanden, wenn vor der Schädigung N_0 da waren). s errechnet sich zu:

$$s = \frac{\lg(2000/P_{tx} + 2000/P_x + 1)}{\lg 2}$$

Schließlich wurde — hauptsächlich von SCHULZ und HUSEMANN[3] — auch die Behauptung zur Diskussion gestellt, daß in der Cellulose zweierlei Arten von Bindungen vorhanden seien, nämlich die — viel diskutierten und umstrittenen — Lockerstellen mit einer Frequenz von etwa 500 DP neben den normalen (vgl. S. 147). SCHULZ und HUSEMANN geben an, wie man dies kinetisch prüfen kann. Legt man nämlich dem Abbau der Cellulose eine Reaktion nullter oder erster Ordnung zugrunde, so errechnen sich die Reaktionskonstanten k_0 bzw. k_1 zu:

$$k_0 = \frac{c}{t}\left\{\frac{1}{P_t} - \frac{1}{P_0}\right\} \qquad k_1 = \frac{1}{t}\ln\frac{1 - 1/P_0}{1 - 1/P_t}$$

Ist in der Cellulose nur eine Art von Bindungen vorhanden, so soll k_0 oder k_1 konstant sein. Sind aber schneller spaltende Bindungen da, so fällt k während des Abbaues ab.

[1] Siehe S. 288, Fußnote 2. [2] Siehe S. 288, Fußnote 4.
[3] SCHULZ, G. V., u. E. HUSEMANN: Z. Naturforsch. 1, 268 (1946).

In einer recht ausführlichen Arbeit haben kürzlich IMMERGUT, RÅNBY und MARK[1] die Hydrolyse der Cellulose in homogener Lösung behandelt. Sie geben dabei eine Reihe von mathematischen Beziehungen an, von denen die wesentlichsten hier referiert seien (Es ist stets: $P = \overline{P}_n$, c = Konzentration in mol/l, der Index $_0$ bedeutet zur Zeit 0, P_0 = Anfangs-DP, k_1 = Geschwindigkeitskonstante).

1. Die Spaltung ist von nullter Ordnung, alle Bindungen sind gleich (k_0), P_0 ist unendlich.

$$k_0 = \frac{c_0}{t} \cdot \frac{1}{P} \tag{1}$$

2. Die Spaltung ist von erster Ordnung, alle Bindungen sind gleich (k_1), P_0 ist unendlich.

$$k_1 = -\frac{1}{t} \ln \left\{1 - \frac{1}{P}\right\} \tag{2}$$

Für große P-Werte kann man dafür schreiben:

$$k_1 = \frac{1}{t} \cdot \frac{1}{P} \tag{3}$$

3. Die Spaltung ist von erster Ordnung, alle Bindungen sind gleich (k_1), P_0 ist endlich.

$$k_1 = \frac{1}{t} \ln \frac{1 - 1/P_0}{1 - 1/P} \tag{4}$$

Für große P-Werte kann man dafür schreiben:

$$k_1 = \frac{1}{t} \left\{\frac{1}{P} - \frac{1}{P_0}\right\} \tag{5}$$

Genannte Autoren zeigten, daß diese Gleichungen bereits verschiedentlich experimentell verifiziert wurden. In eigenen Experimenten (osmometrische Messungen des homogenen Celluloseabbaues in Phosphorsäure) finden sie, daß eine Auftragung von $1/P$ gegen t gerade Linien ergibt (Formel 3 oder 5).

Für den Abbau der Cellulose durch ionisierende Strahlung hat CHARLESBY[2] kürzlich folgende Formel angegeben:

$$[\eta] = C \cdot (R - R_0)^{-\alpha}$$

α, C = Konstante
R = Bestrahlungsdosis
R_0 = virtuelle Bestrahlungsdosis, die nötig ist, um ein unendliches Molekulargewicht bis zum Ausgangs-Molekulargewicht der Probe abzubauen.
$[\eta]$ = Grenzviscositätszahl

Diese Formel wurde mehrfach experimentell verifiziert.

Zuletzt soll noch einiges über die gleichfalls häufig untersuchte Sulfidierungsreaktion gesagt werden, also die Umwandlung von Alkalicellulose in Cellulosexanthogenat. Nach neueren Untersuchungen von GROTJAHN[3] handelt es sich hier um eine Reaktion zweiter Ordnung, die durch folgende, experimentell gut fundierte Formel dargestellt werden kann:

$$m_{Cell} \cdot k \cdot t = \frac{1}{b - a} 2{,}3 \lg \frac{a\,(b - x)}{b\,(a - x)}$$

x = % CS_2/Cell . . . aufgenommen
a = % CS_2/Cell . . . bei Reaktionsbeginn vorhanden
b = % NaOH/Cell $\cdot\, M_{CS_2}/M_{NaOH}$ (in der Alkalicellulose bei Reaktionsbeginn)
m_{Cell} = in der Alkalicellulose vorhandene Cellulose in Gramm
t = Zeit in Minuten

---

[1] IMMERGUT, E. H., B. G. RÅNBY u. H. MARK: Internat. Symposium on Macromol. Chemistry, Milano-Torino. Ric. Scient. Suppl. A, **25**, 308 (1955).
[2] CHARLESBY, A.: J. Polymer Sci. **15**, 263 (1955).
[3] GROTJAHN, H.: Z. Elektrochem. **57**, 305 (1953).

Für die chemische Zersetzung des Xanthogenats (vornehmlich Abspaltung von CS_2), ein an sich recht undurchsichtiger Reaktionsablauf infolge der vielen Nebenreaktionen, wurden Reaktionsgleichungen erster Ordnung[1], zweiter Ordnung[2] und noch kompliziertere Formeln vorgeschlagen[3]. Betrachtet man die Abnahme des Substitutionsgrades γ, so findet man in kleinerem Bereich einen Verlauf entsprechend einer Reaktion erster Ordnung ($\gamma = \gamma_0 \cdot e^{-kt}$). Über größere Bereiche erwies sich für Einstufenviscosen eine Reaktionsgleichung zweiter Ordnung als zutreffend ($1/\gamma = 1/\gamma_0 + kt$), wobei aus der Temperaturabhängigkeit der Reaktionsgeschwindigkeit eine Aktivierungsenergie von 17,6 kcal und ein Häufigkeitsexponent von 5,8 erhalten wurden, Werte, die einer Esterverseifung entsprechen[1].

Im Gegensatz zu dieser chemischen Reife ist die Zeitfunktion der Coagulationsreife (Grade Hottenroth [H_0^0]) komplizierter, sie verläuft zunächst steil, um dann mit einem deutlichen Knick in einen weniger steilen Ast überzugehen.

§ 30. Zur Beurteilung von Kunstseidenzellstoffen

Von E. Treiber

Nach dem vorhin Ausgeführten müßte für die Weiterverarbeitung, d. h. chemische Umsetzung der Cellulose die Zugänglichkeit, Angreifbarkeit oder *Akzessibilität* in erster Linie maßgebend sein. Barabash[4] findet denn auch ein Symbatgehen zwischen der durch die Chromtrioxydmethode bestimmten Akzessibilität und der Acetylierungsgeschwindigkeit. In der Praxis sind die Verhältnisse aber außerordentlich kompliziert. Die Akzessibilität läßt sich auch weder völlig eindeutig mit der Cellulosestruktur (Verhältnis kristallin-amorph) noch mit der Reaktivität — der möglicherweise eine größere Bedeutung zukommt (vgl. Jayme[5]) — der Cellulose verknüpfen. Immerhin beobachtet Ward[6], daß abnehmende Kristallinität, steigendes Wasserrückhaltevermögen und Reaktivität parallel gehen. Borgin[7] spricht von einer relativen Akzessibilität — wie sie durch Hydrolyse- und Oxydationsmethoden, Deuteriumaustausch usw. bestimmt wird — und einer totalen Akzessibilität, die sich im Grad der Substitution, Löslichkeit der Derivate, Filterwert, Bildung von Mikrogelen, Trübstoffen usw. zu erkennen gibt. (Das Verhältnis: kristallin—amorph wird als gesonderter, implizit in der Akzessibilität [allgemein] enthaltener Begriff herausgehoben[8]).

Während sich noch die (relative) Akzessibilität in Zahlen fassen läßt (s. Tab. V, 4), ist dies für die totale Akzessibilität praktisch schon nicht mehr möglich. Dies gilt auch für die *Reaktivität*, die ebenfalls nicht direkt in Absoluteinheiten angegeben werden kann. Nach Borgin[9] wird sie durch folgende drei Faktoren beschrieben: Durchschnitts-Reaktionsgeschwindigkeit A/t (hinsichtlich der Bezeichnungsweise vgl. Abb. V, 2), Geschwindigkeitsverteilung A/H und

[1] Schurz, J.: Unveröffentlichte Versuche.

[2] Kagawa, I. und H. Kobayashi: J. Polym. Sci. **7**, 421 (1951).

[3] Wronski, M.: J. Polym. Sci. **19**, 212 (1956).

[4] Barabash, E., A. J. Rosenthal u. B. B. White: Tappi **38**, 745 (1955).

[5] Jayme, G., u. U. Schenk: Cellulosechemie **22**, 54 (1944); Angew. Chem. **60**, 46 (1948); Papier **3**, 469 (1949).

[6] Ward, K.: Textile Res. J. **20**, 363 (1950).

[7] Borgin, K.: Norsk Skogind. **7**, 210 (1953).

[8] Immerhin besitzt die Methode der Akzessibilitätsbestimmung (vornehmlich Schnellbestimmungen[10, 11]) große praktische Bedeutung. Broughton[10] untersuchte vergleichsweise Methoden der Kristallinitäts- und Akzessibilitätsbestimmung (röntgenoptische Kristallinitätsmessung, Messung der Kristallinität aus UR-Daten, aus Dichtemessung, Wasserdampf- bzw. Jodsorption, Netzungswärme, Deuteriumaustausch, Säurehydrolyse, Oxydations-, Thalliumäthylat- und Veresterungsmethode) und empfiehlt zur Routinebestimmung die Messung der Wasserdampfsorption. Ishikawa (J. Japan Tappi **10**, 532 [1956]) bestimmt z. B. die Reaktivität von Acetatzellstoffen durch die Jodadsorption.

[9] Borgin, K.: Norsk Skogind. **6**, 373 (1952).

[10] Broughton, G., R. E. Heeks u. C. Johannes: Tappi **38**, 498 (1955); vgl. auch W. Kast in H. A. Stuart: Die Physik der Hochpolymeren. Bd. 3, S. 247 ff. Springer-Verlag Berlin-Göttingen-Heidelberg: 1955.

[11] Vgl. z. B. K. Schwalbe u. H. Frind: Faserforsch. Textiltechn. **4**, 91 (1953).

Sensitivität der Reaktion (dU/dc), d. h. die Änderung der durchschnittlichen Reaktionsgeschwindigkeit mit der Variation der experimentellen Bedingungen, wie z. B. Konzentration des Katalysators und dergleichen. Bei Acetylierungsversuchen erhielt BORGIN[1] für 3 Zellstoffe folgende Werte:

	A/t	A/H
Holzzellstoff, Reyonqualität 91% α	10,1	2,72
Acetatzellstoff [a] (95% α)	8,5	4,00
Acetatzellstoff [b] (96% α)	6,6	4,61

Die letztlich vom industriellen Gesichtspunkt so eminent wichtige Frage, wie wird sich ein Zellstoff bei der Verarbeitung verhalten und welche textilen Werte sind aus dem daraus herstellbaren Reyon optimal erzielbar, kann weder durch eine einzige oder wenige Kenngrößen eindeutig ausgedrückt, noch durch eine einfache experimentelle Testung eindeutig bestimmt werden.

Tabelle V, 4. *Akzessibilitätswerte*

Methode	Reyon	Holzzellstoff	Baumwolle
physikalische:			
Röntgenoptische	55—60	25—35	31—40
Dichte	60	40—50	30—40
Deuteriumaustausch	50—66	37—46	18—30
physikalisch-chemische:			
Wassersorption	60—65	35—45	30—37
Netzungswärme	—	—	13
chemische:			
HJO_4-Oxydation	—	—	1—6
Thalliumäthylatmethode	—	—	0,4
Hydrolyse	15—31,5	7—15	4,5—14
Veresterungsmethode (Ameisensäure)	77	6—47	28

Mit der Entwicklung neuer Cordzellstoffe ist in letzter Zeit erneut die Frage einer verbesserten Qualitätsbeurteilung stark in den Vordergrund getreten[2,3].

Forderungen an Viscosezellstoffe — vornehmlich Cordqualitäten — werden, wenn man Preisfragen, die speziell für die Zellwolleherstellung sehr wichtig sind, hier außer Betracht läßt, von zwei Seiten erhoben, nämlich von der betrieblichen und der Qualitätsseite. Jedoch ist es keineswegs möglich, die beiden Fragen: welche Schwierigkeiten wird ein Zellstoff bei der Verarbeitung ergeben und welche textilen Werte lassen sich erzielen, streng getrennt zu behandeln; im Gegenteil — beide Gruppen von Faktoren durchdringen sich wechselseitig. Darüber hinaus sind viele Faktoren oft nur relative oder gültig unter bestimmten Gesichtspunkten; es sind genug Fälle aus der Praxis bekannt, daß ein Reyonzellstoff, der in mehreren Fabriken sich ohne nennenswerte Schwierigkeit verarbeiten ließ, in einer

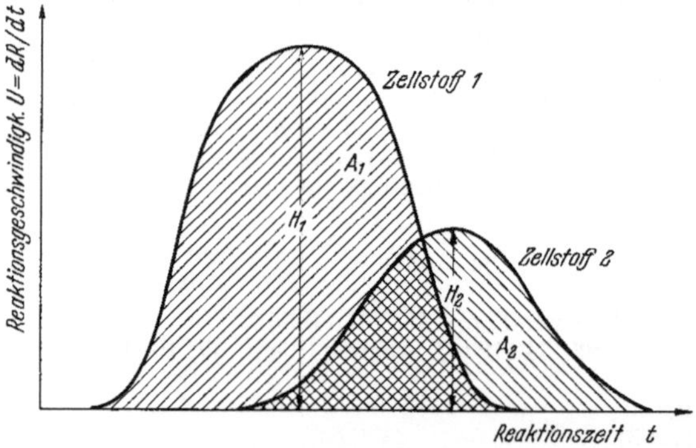

Abb. V, 2. Schema zur Zeichenerklärung des Textes

[1] Siehe S. 291, Fußnote 9.

[2] TREIBER, E., u. L. STOCKMAN: Sv. Papperstidn. **59**, 157 (1956).

[3] WALKER, F.: Paper Trade J. **139**, 22 (1955). — MCGREGOR, G. H.: Pulp & Paper **28**, 98 (s. S. 108) (1954). — SUREWICZ, W.: Przeglad Papierniczy **11**, 132 (1955) — WALKER, F.: Pulp & Paper Mag. Canada **57**, 127 (1956). — BEAUDRY, J. P.: Pulp Paper Mag. Canada **57**, 109 (1956). — RICHTER, G. A.: Tappi **39**, 668 (1956). — ANDERSON, A. W., u. R. W. SWINEHART: Tappi **39**, 548 (1956).

anderen Fabrik Anlaß zu Fabrikationsstörungen und Reklamationen gab. Wie sehr allein die Verarbeitungsmethoden die Anforderungen beeinflussen können, zeigt die Gegenüberstellung der Anforderungen an das Zellstoffblatt beim Tauch- und Flockenalkalisierungsverfahren. Bei der Beurteilung textiler Werte darf nicht übersehen werden, welche Modifikationen der praktisch empirisch gelenkte Spinnprozeß zuläßt, wieweit der Spinnprozeß in jedem Fall an eine bestimmte Zellstoffqualität anpaßbar ist und welche Beeinflussungen gerade in den letzten Jahren durch Spinnhilfsmittel und Zusätze zu Viscose, Temperaturbehandlung (z. B. US.P. 2611925, 2611928) und Spinnbad möglich geworden sind.

Trotz all dieser Schwierigkeiten und der oft mangelnden Kenntnis tieferer Zusammenhänge haben sich gerade in letzterer Zeit einige allgemeine Gesichtspunkte herauskristallisiert, denen in Zukunft entsprechende Aufmerksamkeit zukommen wird.

a) Laugelöslichkeit

Der α-Wert hat heute im wesentlichen nur die Bedeutung einer Mindestanforderung; Feinheiten in der Qualität kommen meist genausowenig ans Tageslicht wie der α-Wert heute etwas Verläßliches über die Ausbeute aussagt. Nach Untersuchungen von CHARLES und ELLEFSEN[1] stellt der $R_{21,5}$-Wert ein besseres bzw. recht geeignetes Maß für die Ausbeutebeurteilung dar. Es wäre aber verfehlt, in solchen Größen nur eine wirtschaftliche erblicken zu wollen. Der Differenzbetrag, vornehmlich der β-Gehalt, muß — wie man schon lange vermutete — in einem Zusammenhang mit den Garneigenschaften stehen. Man hat auch schon lange versucht, Zusammenhänge zwischen dem Gehalt an Hemicellulose und den Cordeigenschaften aufzustellen, doch ist man wenig über die grundsätzliche Feststellung, die schon DÖRR[2] machte, daß β-Cellulose die Festigkeit herabsetzt — wobei der Abfall zu Beginn bei kleinen β-Mengen (< 8%) stärker ist — wie auch die Waschfestigkeit und Bügelbeständigkeit, hinausgekommen (Abb. V, 3). BARTUNEK[3] zeigt in Abb. V, 4 ein gewisses Symbatgehen zwischen „Cordgarn-Gütepunkte" und der Laugeresistenz des Zellstoffs (Lu 10) — besonders deutlich mit der des Garnes (Lu 18_{Garn}).

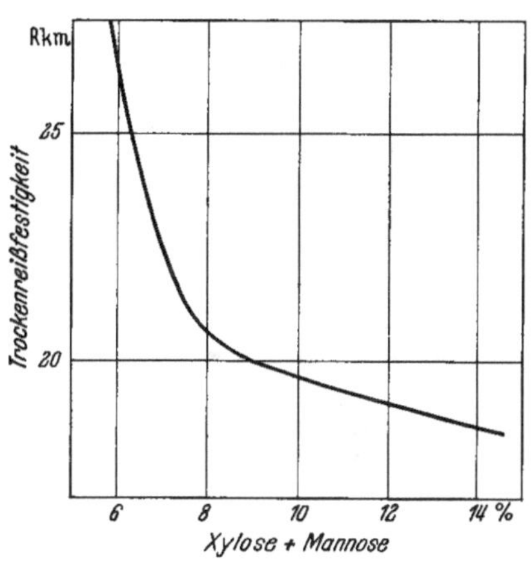

Abb. V, 3. Abhängigkeit der Trockenreißfestigkeit vom Fremdzuckergehalt nach DÖRR

In einer neuen Arbeit zeigt nun BACHLOTT[4], daß β-Cellulose nicht nur die Reißfestigkeit herabsetzt (Abb. V, 5a), sondern daß auch ein Zusammenhang zwischen β-Cellulose bzw. resistentem Pentosanwert und dem Ermüdungswiderstand *(Fatigue resistance)* besteht (Abb. V, 5b). Die beobachtete Relation, die bei vorhydrolysierten Sulfatzellstoffen gefunden wurde, ist bei Sulfitzellstoffen nicht erkennbar. Jedoch scheint der *fatigue*-Wert in Beziehung zum β-Gehalt hochveredelter Sulfitzellstoffe zu stehen. BACHLOTT — wie auch in der Diskussion CHARLES — weisen auf die Unsicherheit sowie

[1] CHARLES, F. R.: Tappi **37**, 148 (1954). — ELLEFSEN, O.: Norsk Skogind. **9**, 264 (1955). — SUTHERLAND, J. W.: Pulp & Paper Mag. Canada **57**, 113 (1956).

[2] DÖRR, R. E.: Angew. Chem. **53**, 292 (1940); vgl. auch J. MÜLLER: Kunstseide, Zellwolle **28**, 385 (1950). — KOCH, H.: Papierfabrikant **39**, (8), 46 (1940).

[3] BARTUNEK, R.: Papier **4**, 451 (1950).

[4] BACHLOTT, D. D., I. K. MILLER u. W. O. WHITE: Tappi **38**, 503 (1955).

physikalische und chemische Undefiniertheit der die Abszisseneinheit liefernden Größe hin, wodurch es leicht möglich erscheint, daß bestehende Zusammenhänge verwischt werden und Abweichungen auftreten.

Die moderne Auffassung geht nun dahin, daß die Bestimmung der laugenunlöslichen Anteile bei *verschiedener* Laugekonzentration eine sehr aufschlußreiche Größe ist (KLEINERT, BARTUNEK u. a.). Man schlägt vor, die Bestimmung bei 18, 10 und 5% NaOH durchzuführen, oder zumindest Lu 17 (bzw. Lu 18 oder Lu 21,5) und Lu 10 zu bestimmen und auch die Differenzwerte (z. B. Δ_{18-10}) zu bilden. Es hat sich ferner gezeigt, daß es sehr wesentlich ist, solche Messungen auch an der *gereiften Alkalicellulose* durchzuführen. BJÖRKQVIST konnte nun auch zeigen, daß eine relativ befriedigende Relation zwischen dem $\triangle$-Wert (Resthemi) und dem niederpolymeren Material (DP < 200) im Zellstoff besteht.

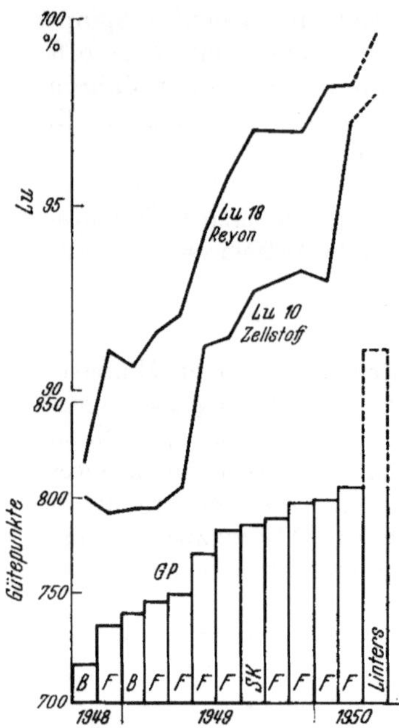

Abb. V, 4. Relationen zwischen der Laugelöslichkeit des Zellstoffs (10% NaOH) und Reyons (18% NaOH) und Cordgarngütepunkte *GP*. (*GP* = Trokkenfestigkeit [g/100 den] + 2 × Naßfestigkeit [g/100 den] + 10 × Trockendehnung) nach BARTUNEK. (Sulfitzellstoffe und Betriebsdaten der Jahre 1948–1950; *B* Buchenzellstoff, *F* Fichtenzellstoff, *SK* amerik. Südkiefer)

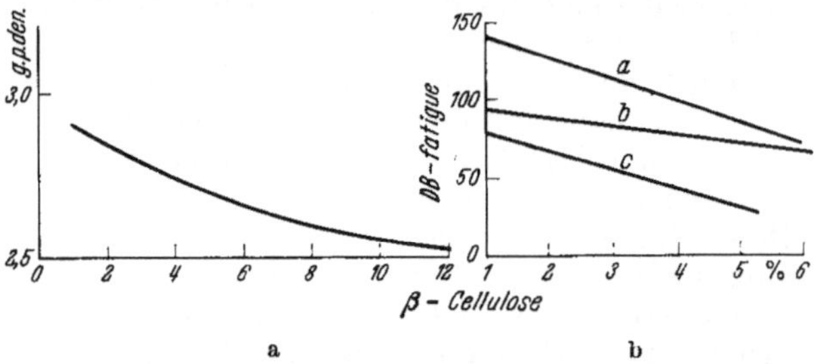

Abb. V, 5a, b. a Zusammenhang zwischen der Reißfestigkeit (g/den) und % β-Cellulose im Zellstoff nach BACHLOTT und Mitarbeitern; b Zusammenhänge zwischen β-Gehalt und DB-fatigue. (*a* vorhydr. Fichtensulfat-, *b* vorhydr. Gumwoodsulfat- und *c* Sulfitzellstoff) nach BACHLOTT und Mitarbeiter

Auch andere Testmethoden, wie *Perte à la Soude*, *H*-Test, α—*S* und α—*R*-Werte, sind in diesem Zusammenhang noch zu nennen (vgl. [1]).

b) Resthemi, Restpentosan

Unmittelbar verknüpft mit der Frage der laugenlöslichen Anteile ist die nach der Schädlichkeit der Nichtcellulosebegleitstoffe. Nach WISE[2] und BRADWAY ergeben Coniferenxylane und -mannan Trübungen der Acetatlösungen (nach ENGLEMAN sind es neben Pentosanen vor allem Polyuronide und das gebundene Calcium). Nach MAEDA[3] wird durch Hemisubstanzen die Homogenität der Xanthogenierung gestört. Aber auch für die Fasereigenschaften sind diese Stoffe mittelbar und unmittelbar recht ausschlaggebend; so wirken nach EISENHUT[4] Xylane und Mannane stark festigkeitsverschlechternd. Von besonderem Interesse sind hier jene resistenten Anteile, die im Viscoseprozeß nicht ausgeschieden werden (Xylane, vgl. dazu S. 235 u. 245).

---

[1] Siehe S. 292, Fußnote 2.
[2] WISE, L. E.: Indian Pulp Paper **10**, 490 (1956).
[3] MAEDA, H., T. HONDO u. Z. OKUNO: J. Soc. Textile Cell. Ind. Japan **10**, 49 (1954).
[4] EISENHUT, O.: Cellulosechem. **19**, 45 (1941).

Daß aber durch den Laugekreislauf auch fremde, vor allem artfremde und in ihrem Kolloidzustand veränderte Hemicellulosen wieder hereinkommen können, die (reversibel?) adsorbiert werden, sei hier am Rande vermerkt, gleichsam wie der Umstand, daß die Schädlichkeit der Holzpolyosen auch von Holzart und Aufschlußbedingung abzuhängen scheint, worauf bei einer Beurteilung Rücksicht zu nehmen ist.

c) Polydispersität

Unsere Kenntnisse über den Einfluß der Polydispersität sind — wohl zufolge experimenteller und meßtechnischer Schwierigkeiten — noch gering; während die eine Forschergruppe die Forderung nach möglichst polymereinheitlichem Material erhebt (SPURLIN, MARK, AKIM, SCHERER, POSSELT, PARETT, KLEINERT), sehen andere (z. B. NEBEL, VOSTERS) diese Frage als zweitrangig an. URQUHART[1] konnte zur Frage der Polydispersitätseinflüsse zeigen, daß man beim Verspinnen fraktionierter Celluloseacetate bessere Fäden erhält als beim unfraktionierten Produkt, selbst dann, wenn der DP-Grad der Fraktion kleiner war als der DP-Wert des unfraktionierten Materials. Hingegen sind sich alle Fachleute einig, daß niederpolymere Anteile, die sich primär im Zellstoff befinden und sekundär sich bei der Vorreife nachbilden, mit einem DP < 200, sich *sehr nachteilig* auswirken. Gerade Linterszellstoffe scheinen ihre Sonderstellung darin zu dokumentieren, daß sie neben geringerer Polydispersität nur sehr wenig niederpolymeres Material, selbst bei starkem Abbau in der Luftvorreife, nachbilden.

Da diese Anteile nur ungenügend durch optimal lösende Lauge von 10% herausgelöst werden oder anders bequem bestimmbar sind, wurden von mehreren Autoren Methoden entwickelt, um solche herauszulösen (TREIBER [Lauge-Berylliummethode[2]], KLEINERT, JONES). Solche Testmethoden sind ebenfalls auf die gereifte Alkalicellulose auszudehnen.

Wenig geklärt ist noch die Frage des Einflusses hochpolymerer Anteile. Die scheinbar widersprechenden Ergebnisse hinsichtlich der Filtrierbarkeit scheinen so interpretiert werden zu müssen, daß hochpolymere Anteile vor allem dann schädlich sind, wenn sie ihre Resistenz einem schlechteren Aufschluß oder einer sonstig morphologisch bedingten schwereren Zugänglichkeit verdanken. In diesem Falle sind solche Anteile auch in gereifter Alkalicellulose vorhanden und Störungen des Viscoseprozesses sind wahrscheinlich.

Die Frage der Kettenlängenverteilung wurde nun kürzlich von BJÖRKQVIST[3] eingehend bearbeitet. Betrachtet man Linters-, vorhydr. Sulfat- sowie hoch- und niederviscose Sulfitzellstoffe, so findet man charakteristische Unterschiede sowohl hinsichtlich der Kettenlängenverteilung wie auch Resthemigehalt (vgl. Abb. V, 6a). Weitere Unterschiede treten bei der Reife der Alkalicellulose zu Tage. So zeigen die hochpolymeren Sulfitzellstoffe, die für die Herstellung von hochfesten Garnen nun große Bedeutung erlangt haben, eine geringere Tendenz zur Nachbildung niederpolymeren Materials im Vergleich zu den niederviscosen Qualitäten. Den Reifeverlauf eines solchen hochpolymeren Sulfitzellstoffes zeigt Abb. V, 6b. Bei einem Abbau auf 7,5 cP sind weniger als $\sim 10\%$ des Materials unter DP $= 200$; erst bei noch kräftigerem Abbau nimmt dann der niederpolymere Anteil stark zu.

Die Teilabbildungen c und d zeigen nun sehr schematisch das grundsätzliche Verhalten; Schema c gibt die Verteilungskurve eines normalen niederviscosen sowie eines hochviscosen Sulfitzellstoffs sowie die Verteilungskurve eines vorhydr. Sulfatzellstoffs wieder. Schema d zeigt die Verteilung nach einer Vorreife zum

[1] URQUHART, A. R.: J. Appl. Chem. **1954**, 195.

[2] TREIBER, E.: Papper och Trä **38**, 145 (1956).

[3] BJÖRKQVIST, K. J.: 3. viscosetechn. Kolloquium, Stockholm, 14. 11. 1956; Meddelande från Cellulosaindustriens Centrallaboratorium, Ser. B, nr. 36 (1957).

selben DP-Wert, entsprechend einer Viscosität von 8—9 cP. Während die Verteilungskurven für den vorhydr. Sulfat- und hochviscosen Sulfitzellstoff praktisch identisch sind, weist die Verteilungskurve für den niederviscosen Sulfit-

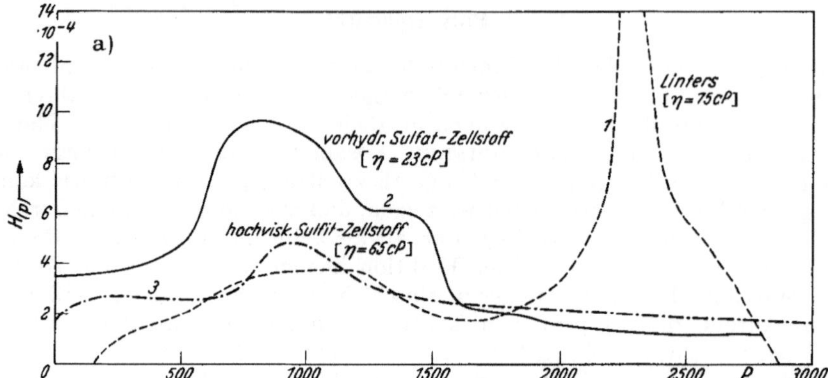

Abb. V, 6a—d: Kettenlängenverteilungskurven von Cordzellstoffen nach BJÖRKQVIST. a) Ausgangszellstoffe

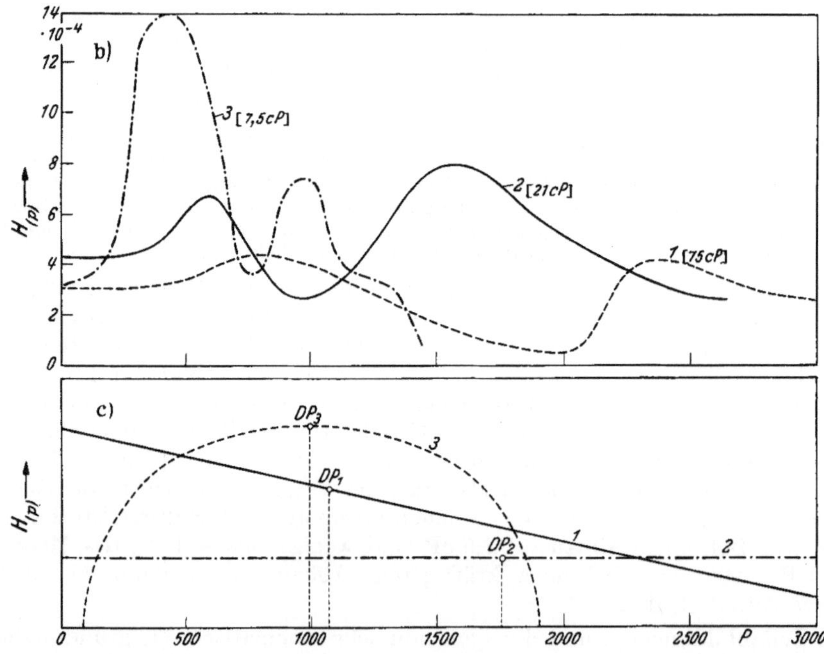

b) Polydispersität verschiedener Abbaustadien eines hochviscosen Sulfitzellstoffs, c) schematische, verallgem. Verteilungskurven für nieder- (1) und hochviscose (2) Sulfit- und vorhydr. Sulfatzellstoffe (3),

zellstoff einen anderen Charakter auf. Kennzeichnend ist hier der relativ hohe Anteil kurzkettigen Materials, der durch einen hochpolymeren „Schwanz" kompensiert wird.

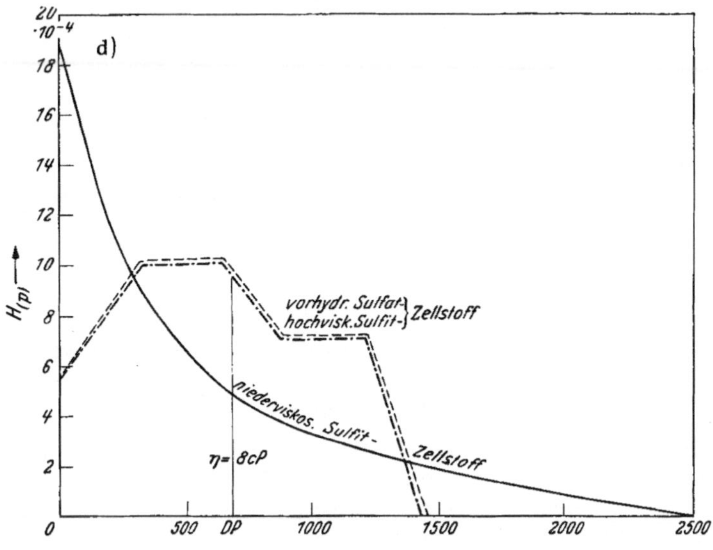

d) nach einer Luftvorreife zum gleichen DP-Wert

d) Polymerisationsgrad

Daß Ketten mit weniger als 100 Glucoseeinheiten keine festen Fäden bilden, ist hinlänglich bekannt; jedoch ist die Frage umstritten, wie der Einfluß steigender Kettenlänge sich praktisch auf die Fasereigenschaft auswirkt. In einer Reihe von Untersuchungen wurde gezeigt, daß ein Optimum bzw. ein Grenzwert im DP-Gebiet von 375—500 erreicht wird[1], der nicht mehr oder nur unwesentlich überschritten werden kann, so daß die zunehmenden Schwierigkeiten in der Handhabung hochviscoser Viscosen den erhöhten Aufwand nicht mehr lohnen. Nach Tachikawa, Drisch u. a.[2] sollen aber noch Qualitätsverbesserungen bis etwa DP 700—850 erzielbar sein. Besonders die Naßfestigkeiten scheinen sich so noch verbessern zu lassen.

Die Herstellung der neuen hochviscosen Kunstseidenzellstoffe (30—75 cP) trägt nun allerdings kaum solchen Überlegungen Rechnung; die Tendenz zum Übergang auf höherpolymere Zellstoffe hat ihre Erklärung darin, daß einerseits der erwähnte schädliche niederpolymere Anteil und besonders auch der Zuwachs an solchen — unter der Voraussetzung wirklich einwandfreier Zellstoffe — geringer wird, andererseits die natürliche Luftvorreife einen günstigeren Abbau bei gleichzeitiger, mit anderen Mitteln (z. B. durch Herunterkochen und Bleichen) *unerreichbarer Vergleichmäßigung* bewirkt. Die Qualitätsfrage hochpolymerer Zellstoffe scheint allerdings kritischer zu sein; so ist es u. a. bekannt, daß hochpolymere Zellstoffe oft höhere Kupferzahl als Normalqualitäten besitzen können[3].

Ein Nachteil ist zweifelsohne die Verlängerung der Vorreifezeit, was eine bedeutende betriebliche Belastung, vor allem bei der Zellwolleherstellung, darstellt. Jedoch auch auf dem Zellwollgebiet zeichnen sich trotz diesen Erschwernissen derartige Entwicklungstendenzen ab; so wurden sehr gute Resultate bereits mit einem hochpolymeren Buchenzellstoff (46,5 cP) erhalten.

Die Beeinflussung der Fadeneigenschaften durch Spinnviscosität u. dgl. gemäß den derzeitigen Auffassungen, vermittelt Tabelle V, 5.

[1] Lauer, K., u. R. Döderlein: Zellwolle, Kunstseide **48**, 123 (1943). — Schwarz, H., u. H. Wannow: Kolloid-Z. **97**, 193 (1941). — Coley, J. R.: Textile Res. J. **23**, 34 (1953).

[2] Tachikawa, S.: Rayon Synth. Text. **32**, (3), 31, 68; (7) 32, 42 (1951). — Drisch, N., u. L. Soep: Textile Res. J. **23**, 513 (1953).

[3] Jayme, G., u. H. Pfretzschner: Papierfabrikant **37**, 97, 109 (1939); vgl. auch H. Staudinger u. K. W. Eder: Cellulosechem. **19**, 125 (1941).

Tabelle V, 5

a) Erhöhung des DP-Grades:
  Verstärkung der Mantelzone,
  Erhöhung des Ermüdungswiderstandes *(fatigue resistance)*
  Erhöhung der Scheuerfestigkeit
  Erhöhung der Naßreißfestigkeit

  Ungünstige Beeinflussung des Orientierungsvorganges („Blättcheneffekt")

b) Herabsetzung des Hemianteils:
  Verbesserung des Ermüdungswiderstandes
  Ansteigen der Trocken- und Naßreißfestigkeiten

c) Erhöhung des Cellulosegehalts der Spinnlösung:
  Zunahme der Reißfestigkeit
  Günstige Beeinflussung der Orientierungsvorgänge („Stäbcheneffekt" ?)

e) Homogenität

Geringe Beimengungen ungeeigneten Cellulosematerials geben meist zu sehr deutlichen Störungen Anlaß. So setzen wenige Prozente Papierzellstoff, einem Kunstseidenzellstoff beigemischt, dessen Filtrierverhalten merkbar herab. Nach KOSSAJA[1] setzt ein Zusatz von 10% hartgekochten, jedoch zur selben Permanganatzahl chlorierten Zellstoff nicht nur die Filtrierbarkeit herab, sondern auch die Faserfestigkeiten. Da die vorhin genannten Testmethoden Durchschnittswerte ergeben und kleine Inhomogenitäten oft gar nicht ins Auge fallen, ist der Homogenität erhöhte Aufmerksamkeit zu zollen. Die gegenwärtigen Anschauungen über den Fortschritt der neuen Cordzellstoffe gipfeln letztlich unter anderem auch in der Feststellung, daß es sich hier um besonders gleichmäßige und sehr reine Zellstoffe handelt.

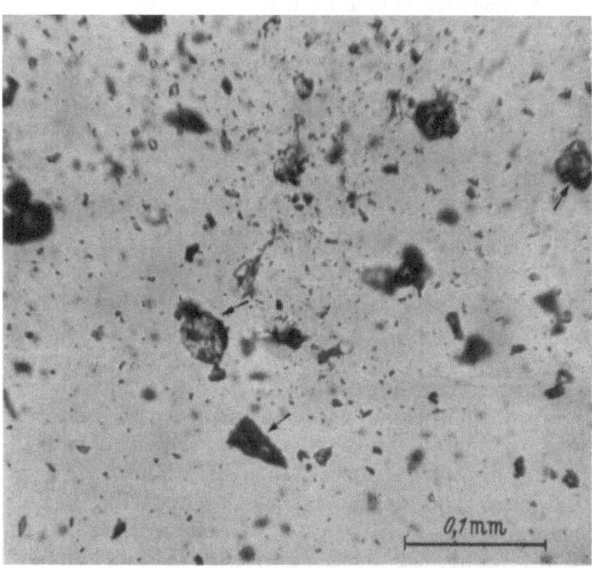

Abb. V, 7. Sandpartikel eines Zellstoffs, zurückgehalten im Düsenloch einer Zellwollspinndüse

In diesem Zusammenhang sei auf die bekannte Tatsache hingewiesen, daß ein O-Fasergehalt einer Gütesteigerung im Wege steht (vgl. S. 39 und [2]) und daß Rindenbastanteile, größere und schwer dispergierbare Harzpartikel sowie Sand zu ernsten Komplikationen Anlaß geben.

Daß auch der Aschegehalt als solcher sowie der der Spurenelemente von Bedeutung ist, sei hier nur angemerkt.

---

[1] KOSSAJA, G. Ss.: Papier-Ind. **28**, 5 (1953).

[2] TALMUD, Ss. L., A. M. IWANJUSCHKINA, L. A. POPOWA u. L. P. JANSUWAJEWA: Vorl. Akad. Wiss. UdSSR **92**, 397 (1953). — IWANOW, W. I.: Papier-Ind. **29**, 5 (1954). — SIHTOLA, H., A. SAARINEN, G. WIGREN, T. ULMANEN u. E. SAXÉN: Papper och Trä **38**, 221 1956. — SARTEN, P.: Papier **8**, 376 (1954); **10**, 554 1956). — TREIBER, E.: Papper och Trä **38**, 145 (1956); Papier **11**, 194 (1957).

Der Einfluß morphologischer Faktoren wurde schon im § 6 diskutiert. Der ursächliche Zusammenhang zwischen der Celluloseherkunft sowie der Aufschlußart und den textilen Eigenschaften ist noch wenig aufgeklärt. Tatsache ist, daß z. B. Holzzellstoffe bei sehr hohen Verstreckungen mehr Fadenbrüche ergeben als Linterzellstoffe und im großen und ganzen Linterszellstoffe immer noch Vorbild für die Herstellung von Holzzellstoffen sind. Für die Cellophanerzeugung, als anderes Beispiel, sind Laubholzzellstoffe, die mit Ausnahme der langfasrigen (~ 1,8 mm) Gumwoodqualitäten für hochfeste Garne kaum in Frage kommen, gleich gut wie Nadelholzzellstoffe geeignet. An dieser Stelle soll noch eingeschaltet werden, daß der Einfluß von Hartholzpentosan anders als der von Weichholzpentosan ist sowie, daß Hartholz-Restlignin aktiver ist.

f) Garnrohton

Mit der wichtigen Frage des Garnrohtons verknüpft ist der Weißgrad des Zellstoffs, der Vergilbungsgrad, der Restlignin- (und/oder chemische Veränderungsprodukte des Lignins) und der Carbonyl- und Carboxylgruppengehalt. Bis zu einem gewissen Grade gehen hier auch Eigenschaften des Zellstoffes ein, die man als „latente Zellstoffschäden" bezeichnen könnte. Der übliche Weg der Beurteilung durch die colorimetrische Messung der Laugenextrakte oder Weißgradmessung an der Alkalicellulose ist vor allem dann unzureichend, wenn chlordioxydgebleichte Zellstoffe getestet werden. IWANOW[1] weist mit Recht darauf hin, daß für die Viscoseindustrie eine Cellulose mit einem Minimalgehalt an Carbonyl-, Keto- und Aldehydgruppen am geeignetsten ist, besonders dann, wenn ohne Vorreife gearbeitet wird.

Sauer abgebaute oder überbleichte Zellstoffe ergeben stärker gefärbte Preßlaugen und schlechter filtrierende Viscosen (MELLER).

g) Filtrierbarkeit

Eine wichtige Größe, vornehmlich für die fabrikatorische Viscoseherstellung, ist der Filterwert, der von einer Reihe von Faktoren beeinflußt wird[2]. Daneben ergeben sich noch andere optische Viscosetestmöglichkeiten[3] z. B. zur Bestimmung des Lösungszustandes (Quellkörperzählung, Turbiditätsmessung usw.). Als Beispiel anderer Faktoren mögen die physikalischen Eigenschaften des Zellstoffblattes hervorgehoben werden, die im

h) Alkalisierungsverhalten

ihren Ausdruck finden. Das Herausgreifen dieses Beispiels erfolgt vor allem deswegen, weil in der letzten Zeit mehr und mehr die Bedeutung des Alkalisierungsvorganges erkannt worden ist. Man dürfte kaum fehlgehen, wenn man den Alkalisierungsvorgang als einen der heikelsten und bestimmendsten Prozesse in der Viscoseherstellung betrachtet; vor allem zeigt es sich, daß hier gemachte Fehler sich nicht oder nur ungenügend im weiteren Prozeß ausgleichen oder aufheben lassen (RINGSTRÖM, TREIBER[4]). Bestimmende Faktoren — von Seite des Zellstoffes her — sind hier: gute (rasche) und gleichmäßige Laugenabsorption, homogenes wolkenfreies Blatt mit optimaler Laugezugänglichkeit von beiden Seiten (nicht übertrocknet, unverhornt), geringe Tauch-Verwerfung, hinreichende Blattstabilität (Tauchresistenz nach NOLL), (bei Flockenalkalisierung leichte Aufschlagbarkeit und normale Breikonsistenz), keine Schwimmneigung, optimale Dickenquellung, leichte Lauge-Abrinnbarkeit (draining) und Preßbarkeit.

Die letzten Entscheidungen bringt heute immer noch der

j) Spinnversuch

am einwandfreisten sichtbar im hochgezüchteten Super-Cordspinnen.

---

[1] IWANOW, W. I.: Papier-Ind. **29**, 5 (1954).

[2] Es handelt sich hier um einen speziellen Filtrationsmechanismus und die sehr geringen porenverstopfenden Elemente sollen nach JAYME vornehmlich aus den Wandgebieten der Ligninzwickel stammen.

[3] GOLBEN, M.: Tappi **38**, 507 (1955).

[4] TREIBER, E., J. REHNSTRÖM u. S. BERGSTEDT: Sv. Papperstidn. **59**, 838 (1956). — TREIBER, E., S. BERGSTEDT, J. REHNSTRÖM u. A. STEPHAN: Papier **11**, 133, 194 (1957).

WALKER[1] u. a. fassen die Anforderungen an Viscosezellstoffen etwa wie folgt zusammen:

Die Schwierigkeiten im Viscoseprozeß liegen bereits in der Mikro- und Makroinhomogenität der Holzfasern verwurzelt. Diese Inhomogenität darf bei der Zellstoffherstellung keineswegs zunehmen und sich auf Makrobereiche ausdehnen. Übergehend auf die Verarbeitung in der Viscosefabrik werden folgende Forderungen an den Zellstoff gestellt:

a) Gleichmäßige Absorption der Lauge und einheitliche Mercerisierung (bedingt durch gute Aufschlagung des Stoffes und Justierung der Preß- sowie Trockenpartie; die Bögen müssen frei von „Wolkigkeit" sein); gleichmäßiges und schnelles Saugvermögen (sehr reiner Stoff-[Zentrifugalreiniger] mit hohem α-Gehalt, unverhornt, von guter Benetzbarkeit).

b) Die Luft im Bogen muß leicht durch Lauge austauschbar sein (bei geringerem als 70%igem Ersatz Schwimmneigung. Abhilfe: Zwischenpresse oder Druckerhöhung in der Ballenpresse).

c) Konstantes Quadratmetergewicht, optimale (und konstante) Blattdicke und konstante Feuchtigkeit. Hohes scheinbares spezifisches Gewicht, jedoch Fehlen hartgepreßter oder polierter Stellen (*"glazed spots"*). Leichte Abpreßbarkeit.

d) Die Prägung der Bögen soll das Eindringen der Lauge zwischen den Blättern erleichtern.

e) Keine extreme Dickenquellung sowie Beibehaltung einer gewissen Steifheit, so daß ein Zusammensinken und ein Verlust der Form vermieden wird. (Einstellung optimaler Blattdicke).

f) Leichte Zerfaserbarkeit der Alkalicellulose und Einstellung eines günstigen Litergewichtes. Klümpchen dichten Materials ergeben Schwierigkeiten.

g) Günstiger Ausgangs-DP-Wert (der vornehmlich durch die Kochung einzustellen ist). Gehalt an Co, Mn und Ni $< 0{,}5$ ppm; Si $\ll 50$ ppm.

h) Gleichmäßige Reaktivität (Einsatz von nicht ausgetrocknetem artgleichen Holz und geeignete Kochung [Einheitlichkeit der Hackschnitzel bezüglich Größe und Feuchtigkeit, schnelle und vollständige Durchtränkung, geeignete Laugenzirkulation sowie günstige Koch- und Bleichbedingungen, großräumige Stoffgruben]).

j) Minimum an β-Cellulose, „Resthemi", Restpentosan, Restlignin sowie Verunreinigungen (Sand, Schwermetalle [Fe < 10 ppm., Cu < 3 ppm], Ca, Mg, Pilzsporen usw.).

§ 31. Die oxydativen und hydrolytischen Veränderungen der Cellulose

Von B. LINDBERG

Das Cellulosemolekül wird sowohl unter oxydierenden wie auch unter hydrolytischen Bedingungen relativ leicht angegriffen. Die Hydrolyse führt im direkten Abbau zu kleineren Molekülen. Eine Oxydation kann ebenfalls zu einem derartigen Abbau führen, liefert jedoch außerdem Oxydationsprodukte mit gleichem Polymerisationsgrad, die leicht — z. B. im alkalischen Medium — gespalten werden. Eine oxydative oder hydrolytische Spaltung einer prozentuell recht unbedeutenden Anzahl von Bindungen in der Cellulosekette bewirkt eine starke Abnahme des Polymerisationsgrades und damit eine Änderung der physikalischen Eigenschaften der Cellulose.

Die Haltbarkeit von Celluloseprodukten, wie Papier und Textilien, nimmt mit fallendem Polymerisationsgrad ab, wodurch Reaktionen — welche einen Celluloseabbau zur Folge haben — vom technischen Gesichtspunkt Bedeutung erlangen. So müssen z. B. bei der Sulfit- und

[1] WALKER, F.: Paper Trade J. **139**, (17), 22 (1955). Siehe auch S. 292, Fußnote 3.

Sulfatkochung sowie bei der Bleiche die Bedingungen so schonend gewählt werden, daß die Cellulose nicht allzusehr angegriffen wird. Die sog. Vorreife der Alkalicellulose im Viscoseprozeß stellt auf der anderen Seite ein typisches Beispiel für einen kontrollierten oxydativen Abbau der Cellulose zur gewünschten Spinnviscosität und damit zum gewünschten Polymerisationsgrad dar. Andere Beispiele aus der Praxis, wo ein (unerwünschter) oxydativer Abbau der Cellulose stattfindet, sind photochemische Oxydationsvorgänge beim Altern der Papiere und Textilien sowie die auftretende Oxydation beim Waschen letzterer in Gegenwart von Bleichmitteln.

Die Cellulose, wie schon mehrfach hervorgehoben, ist eine hochpolymere Verbindung, aufgebaut aus Glucoseeinheiten, welche durch 1,4-β-glucosidische Bindungen miteinander verknüpft sind. Prinzipiell sollte sie sich daher in ihren Reaktionen — wie z. B. Hydrolyse und Oxydation — nicht von anderen, niedermolekularen Kohlenhydraten unterscheiden, sondern man könnte erwarten, daß die Reaktionen ähnlich verlaufen. Ein wichtiger Unterschied besteht jedoch darin, daß die Cellulose im Gegensatz zu den niedermolekularen Verbindungen meist als heterogenes System reagiert.

Die Cellulose, wie schon ausgeführt, umfaßt Gebiete verschiedenen Ordnungsgrades; man pflegt von amorphen und kristallinen Bereichen zu sprechen (s. S. 161). Die Begriffe „kristallin" und „amorph" erhalten bei den hochmolekularen Verbindungen eine andere Bedeutung als bei den niedermolekularen. Es gibt nämlich keine scharfe Differenzierung oder Abgrenzung bzw. Alternative, sondern eher einen mehr kontinuierlichen Übergang zwischen diesen beiden Extremzuständen nebeneinander. Die amorphen oder mesomorphen Gebiete, d. h. diejenigen mit dem niedrigeren Ordnungsgrad, werden von verschiedenen Reagentien viel leichter durchdrungen, als die schwer zugänglichen kristallinen, das sind jene Bereiche mit einem hohen Ordnungsgrad. Dieser Unterschied in der Zugänglichkeit (Akzessibilität; vgl. auch S. 291) bewirkt natürlich, daß die Reaktionskinetik bei heterogenen Cellulosereaktionen außerordentlich kompliziert werden kann. Diese hier skizzierten Verhältnisse, die für den Ablauf solcher Reaktionen große Bedeutung besitzen, sind in § 27—30 bereits ausführlicher dargestellt worden und sollen im weiteren nur mehr oberflächlich berührt werden. Eine ausführliche Darstellung der Cellulosereaktionen findet sich auch in den ausgezeichneten Monographien von Wise und Jahn[1] sowie Ott und Spurlin[2], auf die hier verwiesen sei.

1. Oxydation niedermolekularer Kohlenhydrate

Für das Verständnis erscheint es empfehlenswert, vor der Behandlung der Oxydation der Cellulose eine kurze Zusammenfassung der Oxydationsprozesse einfacher niedermolekularer Kohlenhydrate mit einigen der wichtigsten Oxydationsmittel vorauszuschicken und hierauf zu versuchen, die Ergebnisse auf die Oxydation der Cellulose zu übertragen.

Die meisten Oxydationsmittel, wie z. B. Permanganat oder Chromat, sind unspezifisch. Sie ergeben — im Überschuß angewandt — Kohlendioxyd und Wasser als Endprodukte. Einige wenige Reagentien jedoch sind ziemlich spezifisch; manchmal unter streng kontrollierten Bedingungen verläuft die Reaktion sogar stöchiometrisch.

Aldosen werden von Halogenen sowohl in saurer wie auch neutraler und alkalischer Lösung zu Glykonsäuren oxydiert[3]; z. B. Glucose (I) zu Gluconsäure (II)

```
         CH2OH                        CH2OH
           |                            |
     H   /C—O\   OH              H   /C—OH
      |/  H    \ |                |/  H
      C          C                C            COOH
      |\  OH H  /|                |\  OH H   /
   HO   \C—C/   H              HO   \C—C/
          |  |                        |  |
          H  OH                       H  OH
            I                           II
```

Mit Hypojodit als Oxydationsmittel wird diese Reaktion in mehreren Varianten — wie z. B. nach Jeanloz[4] — als Bestimmungsmethode für Aldosen ange-

[1] Wise, L. E., u. E. C. Jahn: Wood Chemistry. New York: Reynold 1952.

[2] Ott, E., u. M. W. Spurlin: Cellulose and Cellulose Derivatives I. New York Interscience 1954.

[3] Green, J. W.: Advances of Carbohydr. Chemistry, 3, 129 (1948).

[4] Jeanloz, R.: Helv. chim. Acta 29, 57 (1946).

wandt. Sie wurde auch zur Bestimmung reduzierender Endgruppen in Polysacchariden herangezogen. Eine andere Methode zur quantitativen Überführung einer Aldose in eine Aldonsäure ist die Oxydation mit Chlorit bei p_H 4 nach JEANES und ISBELL[1].

$$R{-}CHO + 3\,HClO_2 \rightarrow R{-}COOH + 2\,ClO_2 + HCl + H_2O$$

Perjodat ist ein spezifisches Oxydationsmittel, das α-Glykole nach

$$\begin{matrix} | \\ -C-OH \\ | \\ -C-OH \\ | \end{matrix} + JO_4^- \rightarrow \begin{matrix} | \\ -C{=}O \\ \\ -C{=}O \\ | \end{matrix} + JO_3^-$$

oxydiert. Glykole mit einer primären Hydroxylgruppe ergeben Formaldehyd während Polyhydroxyverbindungen mit mindestens 3 benachbarten Hydroxylen Säuren liefern. (Man vergleiche z. B. die Oxydation von Glycerin[III]).

$$\begin{matrix} CH_2OH \\ | \\ HC-OH \\ | \\ CH_2OH \\ \text{III} \end{matrix} \xrightarrow{2\,JO_4^-} \begin{matrix} HCHO \\ \\ HCOOH \\ \\ HCHO \\ \; \end{matrix}$$

Sowohl der Verbrauch von Perjodat als auch die Menge des gebildeten Formaldehyds und der gebildeten Ameisensäure lassen sich leicht analytisch bestimmen. Die Perjodatoxydation ist daher ein wichtiges Hilfsmittel in der Kohlenhydratchemie. Der gleiche Oxydationstyp kann auch mit Bleitetraacetat herbeigeführt werden; nach HEIDT, GLADDING und PURVES[2] muß ganz allgemein das Zentralatom eines Oxydans folgende Bedingungen erfüllen, wenn dieses zur Glykolspaltung befähigt sein soll:

1. Es soll einen Durchmesser von 2,5—3,0 Å besitzen.
2. Es soll außer den bereits gebundenen Gruppen noch 2 Hydroxyle koordinativ binden können.
3. Seine Wertigkeit muß um 2 Einheiten höher als seine nächstniedrigere Wertigkeitsstufe sein.
4. Sein Oxydationspotential (in bezug auf die nächstniedrigere Wertigkeitsstufe) soll ungefähr 1,7 Volt betragen.

HEIDT und Mitarbeiter konnten voraussagen, daß Wismutat (BiO_3^-) und dreiwertiges Silber (Ag^{3+}) diesen Typus von Reaktionen ergeben sollten, was auch beobachtet werden konnte.

Man kennt noch einige andere Oxydationsmittel, die Glykole spalten. Die meisten Oxydationsmittel erfüllen jedoch nicht alle oben erwähnten Bedingungen und sind daher auch nicht zu dieser Reaktion befähigt.

Von Stickstoffdioxyd (N_2O_4) werden vor allem primäre Hydroxyle zu Carboxylen oxydiert[3] — z. B. Methyl-α-Glucosid (IV) zu Methyl-α-glucuronid (V):

$$\text{IV (Methyl-}\alpha\text{-glucosid, } CH_2OH\text{)} \xrightarrow{N_2O_4} \text{V (Methyl-}\alpha\text{-glucuronid, } COOH\text{)}$$

[1] JEANES, ALLENE R., u. H. S. ISBELL: J. Res. Nat. Bur. Standards **27**, 125 (1941).
[2] HEIDT, L. J., E. K. GLADDING u. C. B. PURVES: Paper Trade J. **121**, 35, No. 9 (1945).
[3] MAURER, K., u. G. DREFAHL: Ber. dtsch. chem. Ges. **75**, 1489 (1942).

Dies ist eine relativ einheitliche Reaktion, mit deren Hilfe Uronide in guter Ausbeute hergestellt werden können. Der gleiche Typ von Oxydationsreaktionen kann mit Salpetersäure erhalten werden, wenn auch meist mit schlechterer Ausbeute (z. B. bei der wohlbekannten Oxydation von Galaktose zu Schleimsäure). Die Oxydation von primären Hydroxylen zu Carboxylen kann auch durch Sauerstoff am Platinkatalysator bei p_H 8—9[1] bewerkstelligt werden.

Andere Oxydationsmittel, wie Chromat, Permanganat, Halogene bei verschiedenen p_H-Werten usw. sind unspezifisch. Hier sind in erster Linie wohl die dabei entstehenden primären Reaktionsprodukte und ihre Eigenschaften von Interesse.

Von Chlor und Brom in saurer Lösung scheinen sekundäre Hydroxyle leichter oxydiert zu werden als primäre. So ist das Hauptprodukt der Oxydation von Mannit (VI) mit Chlorwasser Fructose (VII)[2]; im übrigen derselbe Verlauf wie bei der enzymatischen Oxydation mit *Acetobacter suboxydans*. Gluconsäure (II) gibt mit Chlor oder Brom[3] in saurer Lösung 5-Ketogluconsäure (VIII) sowie geringe Mengen Zuckersäure (IX).

$$\begin{array}{ccccccccc}
\mathrm{CH_2OH} & & \mathrm{CH_2OH} & & \mathrm{COOH} & & \mathrm{COOH} & & \mathrm{COOH} \\
\mathrm{HOCH} & & \mathrm{C{=}O} & & \mathrm{HCOH} & & \mathrm{HCOH} & & \mathrm{HCOH} \\
\mathrm{HOCH} & \xrightarrow{\mathrm{Cl_2}} & \mathrm{HOCH} & & \mathrm{HOCH} & \xrightarrow{\mathrm{Cl_2}} & \mathrm{HOCH} & + & \mathrm{HOCH} \\
\mathrm{HCOH} & & \mathrm{HCOH} & & \mathrm{HCOH} & & \mathrm{HCOH} & & \mathrm{HCOH} \\
\mathrm{HCOH} & & \mathrm{HCOH} & & \mathrm{HCOH} & & \mathrm{C{=}O} & & \mathrm{HCOH} \\
\mathrm{CH_2OH} & & \mathrm{CH_2OH} & & \mathrm{CH_2OH} & & \mathrm{CH_2OH} & & \mathrm{COOH} \\
\mathrm{VI} & & \mathrm{VII} & & \mathrm{II} & & \mathrm{VIII} & & \mathrm{IX}
\end{array}$$

Auch ein direkter oxydativer Angriff an einem glykosidischen Kohlenstoffatom wurde nachgewiesen. DYFVERMAN, LINDBERG und WOOD[4] zeigten, daß Methyl-β-glucosid von Chlorwasser zu Gluconsäure oxydiert wird, und zwar unter Bedingungen, bei denen eine primäre Hydrolyse zu Glucose ausgeschlossen ist. Die Methyl-β-glykoside von Mannose, Galaktose und Xylose reagieren auf gleiche Weise, während entsprechende α-Glykoside bedeutend stabiler sind[5]. ISBELL und PIGMAN[6] fanden bei den freien Zuckern denselben Unterschied in der Reaktivität, d. h. daß die β-Formen dieser Zucker bedeutend rascher oxydiert werden als die α-Formen. Auf gleiche Weise wird Methyl-β-cellobiosid[7] oxydiert. Intermediär entsteht sowohl Cellobionsäure als auch Methyl-β-Glucosid, während die Endprodukte Gluconsäure, 5-Ketogluconsäure und Zuckersäure sind. Dies zeigt, daß beide glucosidischen Bindungen oxydativ gespalten werden.

Durch Oxydation von Methyl-β-Glucosid mit Chromat in Anwesenheit von Oxalsäure erhielten LINDBERG und THEANDER[8] neulich zwei Carbonylverbindungen, Methyl-β-3-ketoglucosid (X) und Methyl-β-6-aldoglucosid (XI).

---

[1] BARKER, S. A., E. J. BOURNE u. M. STACEY: Chem. & Ind. **1951**, 970.

[2] BOGNAR, R.: Magyar kem. Fol. **56**, 214, 351 (1950).

[3] HART, J. P., u. M. R. EVERETT: J. Amer. Chem. Soc. **61**, 1822 (1939).

[4] DYFVERMAN, A., B. LINDBERG, u. D. WOOD: Acta chem. scand. **5**, 253 (1951).

[5] LINDBERG, B., u. D. WOOD: Acta chem. scand. **6**, 791 (1952).

[6] ISBELL, H. S., u. W. W. PIGMAN: J. Res. Nat. Bur. Standards **18**, 141 (1937).

[7] DYFVERMAN, A.: Acta chem. scand. **7**, 280 (1953).

[8] LINDBERG, B., u. O. THEANDER: Acta chem. scand. **8**, 1870 (1954).

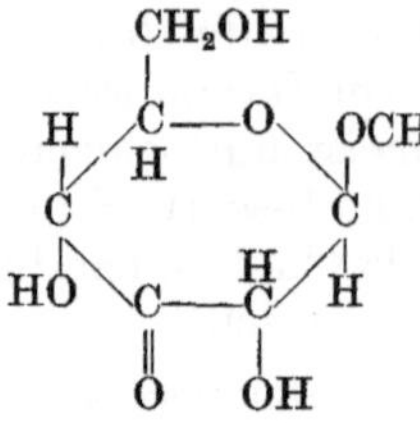

$$\text{X: } \begin{array}{c} CH_2OH \\ | \\ H\text{—}C(H)\text{—}O\text{—}C(H)(OCH_3) \\ HO\text{—}C(H)\quad C(H)(OH) \\ C{=}O \end{array} \qquad \text{XI: } \begin{array}{c} CHO \\ | \\ H\text{—}C(H)\text{—}O\text{—}C(H)(OCH_3) \\ HO\text{—}C(H)\quad C(H)(OH) \\ H\text{—}C\text{—}OH \end{array}$$

X 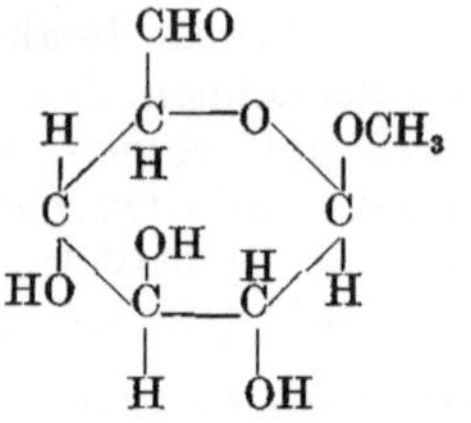 XI

Unter diesen Bedingungen scheinen die primären Hydroxyle leichter als die sekundären zu reagieren, andererseits werden aber auch die Aldehydgruppen leicht zu Carboxylgruppen weiteroxydiert. Vermutlich werden auch 2- und 4-Ketoverbindungen gebildet, jedoch in bedeutend geringerem Ausmaß als die 3-Ketoverbindung.

Die Oxydation von Glykosiden mit anderen gebräuchlichen Oxydationsmitteln, wie Permanganat, Hypochlorit, Peroxyde u. a. ist bisher leider sehr wenig untersucht worden. Für ein besseres Verständnis der Bildung der oxydierten Cellulose und ihrer Eigenschaften wären weitere Modellstudien mit niedermolekularen Verbindungen wertvoll.

2. Analysenmethoden für Oxycellulosen

Bei der Oxydation von Cellulose werden zwei Typen funktioneller Gruppen gebildet, und zwar *Carboxyl*gruppen und *Carbonyl*gruppen, für deren Bestimmung mehrere analytische Methoden zur Verfügung stehen.

Eine oxydierte Cellulose, welche Carboxylgruppen enthält, kann als ein Kationenaustauscher aufgefaßt werden, und eine analytische Bestimmung des Carboxylgruppengehaltes bedeutet nichts anderes als eine Bestimmung der Kapazität des Ionenaustauschers, unter der Voraussetzung, daß sämtliche Carboxylgruppen zugänglich sind. Der Ionenaustauscher wird hierbei in die H^+-Form übergeführt (mit Wasserstoff gesättigt) und darauf mit einem Salz, z. B. Calciumacetat, behandelt. Die in Freiheit gesetzte Säure wird schließlich titriert. Anstatt dessen kann man auch bestimmen, wie viele Metallionen adsorbiert wurden, die man vorteilhaft durch eine komplexometrische Titration erfaßt[1]. Salze organischer Farbstoffe besitzen so große Affinität zu den sauren Gruppen der Cellulose, daß sie auch dann fixiert werden, wenn die Cellulose nicht wasserstoffgesättigt ist (d. h. nicht in der H^+-Form vorliegt). Eine oft angewandte analytische Methode beruht auf der Adsorption von Methylenblau (XII). Eine kritische Übersicht über verschiedene Methoden zur Bestimmung von Carboxylgruppen in oxydierter Cellulose wurde von Davidson und Nevell[2] zusammengestellt.

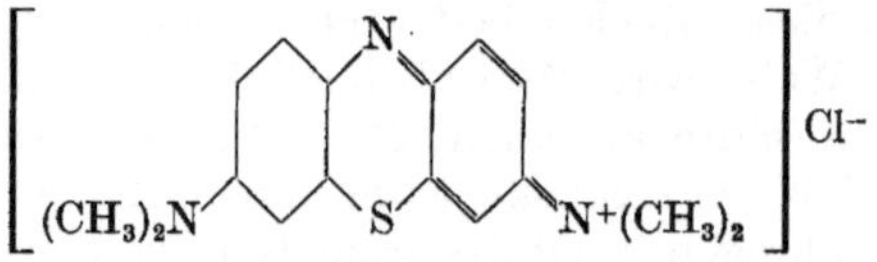

$$\left[(CH_3)_2N\text{—}C_6H_3\langle {}^{N}_{S} \rangle C_6H_3{=}N^+(CH_3)_2 \right] Cl^-$$

XII

Oxydierte Cellulose, die Carbonylgruppen enthält, wirkt reduzierend, was auf Gruppierungen vom Typ

$$\begin{array}{c} | \\ C{=}O \\ | \\ HCOH \\ | \end{array}$$

zurückgeführt werden kann. Die meistangewandte analytische Methode gründet sich auf die Oxydation mit alkalischer Kupferlösung und ist im wesentlichen analog der Bestimmung reduzierender Zucker mit Fehlingscher Lösung. Das Reduktionsvermögen wird durch die sog. *Kupferzahl* angegeben, das ist die Menge Kupfer in Gramm, die von 100 g trockener Cellulose vom zweiwertigen in den einwertigen Zustand übergeführt wird. Diese Methode wird in mehreren Modifikationen industriell angewandt, muß jedoch unter streng

[1] Sobue, H. u. M. Okubo: Tappi **39**, 415 (1956).

[2] Davidson, G. F., u. T. P. Nevell: Shirley Inst. Mem. **21**, 413 (1947).

kontrollierten Bedingungen ausgeführt werden, da die Reaktion nicht stöchiometrisch verläuft. Die Methode gibt auch nicht den Gehalt an Carbonylgruppen an, hat jedoch eine große Bedeutung für die Charakterisierung und den Vergleich verschiedener Cellulosepräparate, da sie leicht und mit großer Genauigkeit durchzuführen ist.

Carbonylgruppen können durch Reaktion mit Hydroxylaminhydrochlorid[1, 2] stöchiometrisch bestimmt werden. Bei der Reaktion wird Säure frei, welche titriert werden kann.

O-Methylhydroxylaminhydrochlorid wird gelegentlich angewendet, da die Methode bestimmte Vorteile hat. Die Genauigkeit bei niedrigem Carbonylgehalt der Präparate ist jedoch gering, da die Analyse in stark gepufferter Lösung ausgeführt wird. ANT-WUORINEN und VISUPÄÄ konstruierten ein verfeinertes p_H-Meßgerät zur Bestimmung von Carboxylgruppen[3] und konnten kürzlich durch Anwendung der gleichen Titriertechnik kleine Mengen von Carbonylgruppen nach der Hydroxylaminhydrochloridmethode bestimmen[4]. Analog dazu ist die Anwendung von GIRARDs Reagens[5]

Eine andere stöchiometrische Methode zur Bestimmung von Carbonylgruppen in der Cellulose gründet sich auf deren Reaktion mit Cyanwasserstoff:

$$>C=O + HCN \rightarrow >C<^{CN}_{OH}$$

Das gebildete Nitril kann hierauf zu Carbonsäure und Ammoniak hydrolysiert werden, für welches gute Mikromethoden zur Verfügung stehen. ISBELL[6] empfiehlt die Anwendung von C^{14}-markiertem Cyanid und die Messung der Radioaktivität des Polysaccharids. Die Cyanhydrin-Methode eignet sich gut zur Bestimmung von Aldosen; bei Ketosen verläuft jedoch die zugrunde liegende Reaktion nicht stöchiometrisch[7].

Eine dritte Bestimmungsmethode für Carbonylgruppen beruht auf Reduktion mit Natriumborhydrid ($NaBH_4$). Aldosen und Ketosen verbrauchen die berechnete Menge Reduktionsmittel[8] und bei mit Perjodat oxydierter Cellulose wurde eine gute Übereinstimmung des erhaltenen Wertes mit dem aus dem Perjodat-Verbrauch berechenbaren erzielt[9]. Eine Übersicht über verschiedene Carbonylbestimmungsmethoden wurde kürzlich von WILSON[10] gegeben.

Die in oxydierter Cellulose vorkommenden Carbonylgruppen können aldehydischer oder ketonischer Natur sein. Die gewöhnliche Methode zur Bestimmung von Aldehydgruppen in Zuckern mittels der Hypojoditoxydation ist nicht befriedigend, da eine Überoxydation eintreten kann und außerdem die Oxydation bei so hohem p_H ausgeführt wird, daß die Gefahr einer Spaltung der Oxycellulose besteht. Die beste Methode ist die Oxydation der Cellulose mit Chlorit und eine anschließende Bestimmung der Zunahme an Carbonylgruppen. PURVES u. Mitarbeiter[11, 12] wandten diese Methode zur Ermittlung von Aldehydgruppen in Stärke an, die mit Chromat bzw. Hypochlorit oxydiert worden war.

Die Methoden zur Bestimmung von Carboxylgruppen in oxydierter Cellulose können als zufriedenstellend angesehen werden. Dasselbe gilt leider nicht für die Methoden zur Bestimmung von Carbonylgruppen. Besonders bei niedrigem Carbonylgruppengehalt wird die Unsicherheit der Analyse zu groß. Das Vorkommen von Lactongruppen bildet ein weiteres Problem. Diese wurden bisher mit Sicherheit noch nicht nachgewiesen; sollten sie jedoch tatsächlich vorkommen, so würden sie die Analysen stören. Bei der Bestimmung der Carboxylgruppen, zu denen sie wohl am ehesten zuzurechnen sind, werden sie nicht miterfaßt; sie sollten mit Hydroxylaminhydrochlorid als auch mit Natriumborhydrid[13] nach dem Schema

$$\left(\begin{array}{l}>C-C=O\\ \quad | \qquad | \\ >C-O\end{array}\right. + \overset{+}{N}H_3OH \rightarrow \left(\begin{array}{l}>C-C<^{NOH}_{OH}\\ >C-OH\end{array}\right. + H^+ \text{ bzw. } \left(\begin{array}{l}>C-C=O\\ \quad | \qquad | \\ >C-O\end{array}\right. + 2\,H^- + 2\,H_2O \rightarrow \left(\begin{array}{l}>C-CH_2OH\\ >C-OH\end{array}\right. + 2\,OH^-$$

[1] GLADDING, E. K., u. C. B. PURVES: Paper Trade J. **116**, 26 (No. 14, 1943).
[2] MELLER, A.: Tappi **35**, 72 (1952).
[3] ANT-WUORINEN, O., u. A. VISAPÄÄ: Paperi ja Puu **36**, 233 (1954).
[4] ANT-WUORINEN, O., u. A. VISAPÄÄ: Paperi ja Puu **37**, 235 (1955).
[5] GEIGER, E. u. A. WISSLER: Helv. chim. Acta **28**, 1638 (1945).
[6] ISBELL, H. S.: Science (Lancaster, Pa.) **113**, 532 (1951).
[7] FRAMPTON, V. L., L. P. FOLEY, L. L. SMITH u. J. G. MALONE: Analytic. Chem. **23**, 1244 (1951).
[8] LINDBERG, B., u. A. MISIORNY: Sv. Papperstidn. **55**, 12 (1952).
[9] LINDBERG, B., u. O. THEANDER: Sv. Papperstidn. **57**, 83 (1954).
[10] WILSON, W. K.: Tappi **38**, 274 (1955).
[11] ELLINGTON, H. C., u. C. B. PURVES: Canad. J. Chem. **31**, 801 (1953).
[12] MCKILLIAN, E. MARY u. C. B. PURVES: Canad. J. Chem. **32**, 312 (1954).
[13] WOLFROM, M. L., u. H. B. WOOD: J. Amer. Chem. Soc. **73**, 2933 (1951).

reagieren. Mit diesen beiden Methoden werden sie demnach als Carbonylgruppen bestimmt. Estergruppen — sofern solche überhaupt vorkommen— sollten erfahrungsgemäß wohl mit Hydroxylaminhydrochlorid, vielleicht auch mit Natriumborhydrid, reagieren.

3. Verschiedene Typen von Oxycellulose

Schon die Oxydation einfacher Kohlenhydrate mit verschiedenen Oxydationsmitteln ist nur unvollständig untersucht, wenn man von einigen wenigen spezifischen Oxydationsmitteln absieht. Das gleiche gilt natürlich auch für die Oxydation der Cellulose. Selbstverständlich erhält man mit verschiedenen Oxydantien verschiedene Arten von Oxydationsprodukten, aber auch der p_H-Wert, bei welchem die Oxydation durchgeführt wird, ist von entscheidender Bedeutung. Diese Tatsache beruht teilweise darauf, daß die Zusammensetzung des Oxydationsmittels mit dem p_H-Wert variiert (z. B. Chlor in wäßriger Lösung), teils aber darauf, daß einige primäre Oxydationsprodukte wohl in saurer und neutraler Lösung stabil sind, jedoch im alkalischen Milieu abgebaut werden.

Die native Cellulose besitzt bekanntlich einen hohen Polymerisationsgrad (DP $\geqq$ 4000); es ist unbekannt, ob sie reduzierende Endgruppen enthält und durchaus möglich, daß — wie bei gewissen anderen Polysacchariden — die Ketten auf andere Weise abgeschlossen werden.

Bei milder Hydrolyse erhält man ein Cellulosepräparat *(Hydrocellulose)*, das sicher reduzierende Endgruppen enthält, welche mit Hypojodit[1] oder Chlorit[2] oxydiert werden können. Durch eine solche Oxydation verschwindet das Reduktionsvermögen und man erhält eine einheitlich aufgebaute oxydierte Cellulose vom sauren Typ. Wie alle carbonylhaltigen Polysaccharide wird auch Hydrocellulose von Alkali abgebaut. Die Alkalilabilität wird jedoch aufgehoben, wenn die Aldehydgruppen entweder zu Carboxylgruppen oxydiert oder mit Natriumborhydrid[3] reduziert wurden.

XIII $\xrightarrow{JO_4^-}$ XIV

Cellulose verbraucht 1 Mol Perjodat per Glucose-Einheit (XIII → XIV), die Bindung zwischen C_2 und C_3 wird aufgebrochen und 2 Aldehydgruppen werden gebildet. Die Endgruppen, und zwar sowohl die reduzierenden als auch die nichtreduzierenden, verbrauchen zwar mehr, stellen jedoch nur einen so kleinen Teil der langen Molekülkette dar, daß dieser Mehrverbrauch analytisch bedeutungslos ist. Der Perjodatverbrauch steigt zu Beginn rasch an, nimmt jedoch dann ab, da das Oxydationsmittel nur schwer in die kristallinen Bereiche eindringen kann. Es können jedoch sämtliche Glucoseeinheiten oxydiert werden. Die Struktur der Perjodatcellulose ist wohl gesichert. Die Aldehydgruppen wurden zu Carboxylen oxydiert, respektive zu Alkoholen reduziert und nach der Hydrolyse isolierte man

---

[1] RUTHERFORD, H. A., F. W. MINOR, A. R. MARTIN u. M. HARRIS: J. Res. Nat. Bur. Standards **29**, 131 (1942).
[2] Siehe S. 302, Fußnote 1.
[3] HEAD, F. S. H.: J. Textile Inst. **46**, T 584 (1955).

die erwarteten Produkte: Erythronsäure (XV) und Glyoxylsäure (XVI) respektive Erythrit (XVII) und Glykolaldehyd (XVIII).

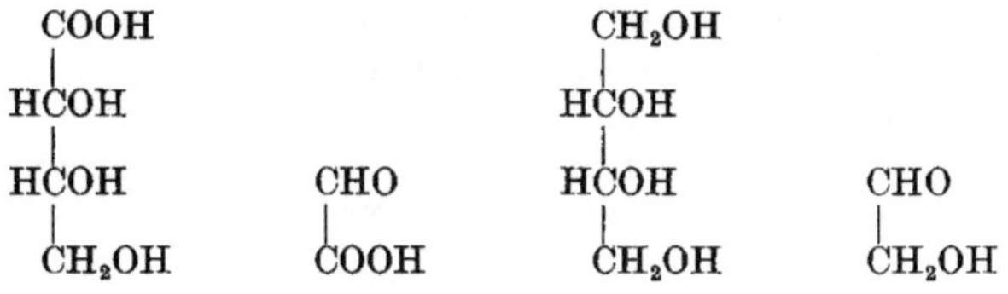

XV	XVI	XVII	XVIII
COOH		CH_2OH	
HCOH		HCOH	
HCOH	CHO	HCOH	CHO
CH_2OH	COOH	CH_2OH	CH_2OH

Die Aldehydgruppen liegen wahrscheinlich nicht als Carbonylgruppen $\left(-C{\scriptstyle\begin{matrix}\nearrow O\\ \searrow H\end{matrix}}\right)$ vor, sondern sind hydratisiert $\left(-C{\scriptstyle\begin{matrix}OH\\ H\\ OH\end{matrix}}\right)$ und können außerdem evtl. mit benachbarten Hydroxylgruppen — z. B. untereinander[1] — Halbacetale geben. Sie reagieren jedoch als Aldehydgruppen und können zu Recht als solche angesprochen werden (wie man ja z. B. auch die Formel der Glucose in der Aldehydform schreibt, wenn dies passend erscheint).

Da, wie bereits erwähnt, Perjodat ein sehr spezielles Oxydationsmittel darstellt, kann man nicht erwarten, daß diese Art modifizierter Cellulose mit technischen Oxydationsmitteln hergestellt werden kann. Die Perjodat-Oxycellulose stellte jedoch beim Studium der Oxycellulosen eine sehr wertvolle Modellsubstanz dar, da man durch Perjodatoxydation leicht die gewünschte Anzahl Carbonylgruppen einführen kann und da die Konstitution des gebildeten Produktes bekannt ist. Perjodatoxydierte Cellulose hat jedoch kaum technische Bedeutung.

In diesem Zusammenhang soll jedoch die mit Perjodat oxydierte Stärke erwähnt werden, die von gewissem technischen Interesse ist. Zum Teil wird die Perjodatoxydation mit nachfolgender Alkalibehandlung angewandt, um auf eine kontrollierbare Weise Stärke zu Produkten mit niedrigem Molekulargewicht abzubauen, zum Teil, um aus vollständig oxydierter Stärke Kunststoffe herzustellen. Die Oxydation wird mit katalytischen Mengen Perjodat durchgeführt, das elektrolytisch regeneriert wird.

Bei der Oxydation von Cellulose mit Stickstoffdioxyd[2,3] erhält man ein Produkt, das Celluronsäure genannt wird und in welchem die primären Hydroxyle zu Carboxylen oxydiert sind (XIX).

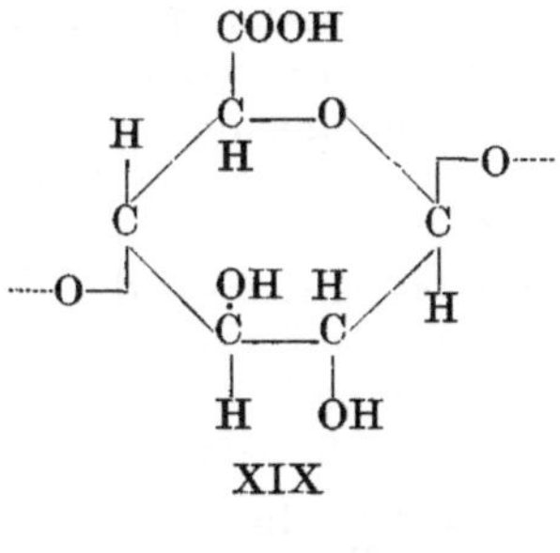

```
                  COOH
                   |
            H     C——O
            |   /  H    \
            |  /         \  ┌—O····
            C             C
   ····O—┘   \  OH  H   / |
              C——C    /   H
              |   |
              H   OH
```

XIX

Dieses Produkt besitzt eine gewisse praktische Bedeutung, und zwar als Ionenaustauschermaterial sowie für die Herstellung von chirurgischer Nähseide, die den Vorteil hat, daß sie nicht entfernt zu werden braucht, sondern langsam vom Organismus resorbiert wird.

[1] BARRY, V. C., u. P. W. P. MITCHELL: J. Chem. Soc. **1953**, 731.
[2] YACKEL, E. C., u. W. O. KENYON: J. Amer. Chem. Soc. **64**, 121 (1942).
[3] UNRUH, C. C., u. W. O. KENYON: J. Amer. Chem. Soc. **64**, 127 (1942).

Zum Unterschied von den natürlich vorkommenden Polyuroniden — Pektin und Alginsäure — wird dieses Produkt von Alkalien abgebaut. Auch die Uronsäureanalyse, d. h. die Bildung von Kohlendioxyd und Furfurol bei der Behandlung mit starker Säure, stimmt nicht mit der Annahme eines reinen Polyuronids überein. Daß dieses Produkt auch Carbonylgruppen enthält, geht aus der hohen Kupferzahl hervor. Dieser Typ oxydierter Cellulose verändert sich reversibel von farblos nach gelb, wenn die Produkte abwechselnd getrocknet und wieder einer feuchten Atmosphäre ausgesetzt werden. NEVELL[1], der auch eine Zusammenfassung ihrer Chemie gab, nimmt daher an, daß sie α-Diketogruppen (XX) enthält. Die Bildung von 3,5-Dioxotetrahydro-4-pyron (XXI) bei der vorsichtigen Hydrolyse von mit Stickstoffdioxyd oxydierter Cellulose deutet gleichfalls auf das Vorkommen von Diketogruppierungen[2] hin. Stickstoffdioxyd-oxydierte Cellulose wurde kürzlich auch von KAVERZNEVA[3] u. Mitarb. untersucht, die ebenfalls einen höheren Ketogruppengehalt nachweisen konnten.

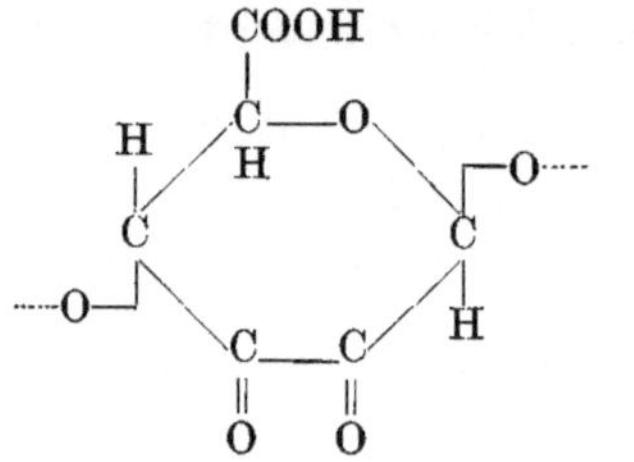

XX 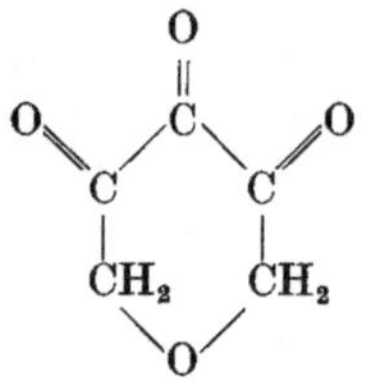 XXI

Wie bereits oben erwähnt, sind die übrigen Typen oxydierter Cellulose weniger einheitlich und man weiß auch bedeutend weniger über deren Struktur. Zu dieser Gruppe sind allerdings sämtliche technisch wichtigen Typen zu rechnen.

Durch Chromatoxydation erhält man modifizierte Cellulose vom reduzierenden Typ. Besonders geeignet zur Herstellung von extrem reduzierenden Typen, die praktisch frei von Carboxylgruppen sind, ist eine Mischung aus Chromat und Oxalsäure[4]. Bei Oxydation mit Chromat in schwefelsaurer Lösung[5] steigt zunächst die Kupferzahl rasch an, um nach einem Verbrauch von 0,2 Atomen Sauerstoff per Glucoseeinheit fast konstant zu werden. Die Methylenblau-Zahl steigt bis zu einem Verbrauch von etwa 1 Atom Sauerstoff per Glucoseeinheit an. Die Erklärung dieser großen Unterschiede zwischen der Bildung reduzierender und saurer Gruppen liegt vermutlich in der Tatsache, daß die Carbonylgruppen weiter oxydiert werden, und zwar entweder durch Oxydation von C_6-Aldehydgruppen zu Säuren (A) oder durch Weiteroxydation von Einheiten mit Carbonylgruppen am C_2 oder C_3 nach dem Mechanismus **B**.

PURVES und Mitarbeiter[6,7] bestimmten die funktionellen Gruppen in mit Chromat oxydierter Stärke und Cellulose. Bei einigen Präparaten von oxydierter Cellulose konnten sie zeigen, daß 50 bzw. 20% der Gesamt-Carbonyle Aldehydgruppen sind. Die Analyse beruht auf Oxydation mit Chlorit bei p_H 4 und Bestimmung der Zunahme an Carboxylgruppen. Aus diesen Versuchen geht natürlich nicht hervor, wo sich die Aldehydgruppen in der oxydierten Cellulose

[1] NEVELL, T. P.: J. Textile Inst. **42**, T 91 (1951).

[2] BATTENBERG, E., u. A. BERG: Chem. Ber. Ges. **86**, 640 (1953).

[3] KAVERZNEVA, E. D. et. al.: Iszvest. Akad. Nauk. SSSR., Otdel. Khim. Nauk. **1956**, 358, 604 (vgl. C. A. **50**, 11661, 17426 [1956]).

[4] CLIBBENS, D. A., u. B. P. RIDGE: J. Textile Inst. **18**, T 135 (1927).

[5] DAVIDSON, G. F.: J. Textile Inst. **32**, T 132 (1941).

[6] MEESOK, B., u. C. B. PURVES: Paper Trade J. **123**, No. 18, 35 (1946).

[7] ELLINGTON, A. C., u. C. B. PURVES: Canad. J. Chem. **31**, 801 (1953).

befinden. Es ist jedoch höchst wahrscheinlich, daß die primären Alkoholgruppen (C_6) zu Aldehydgruppen oxydiert worden sind. Modellversuche[1] zeigen auch, daß diese leichter als die sekundären Alkoholgruppen (C_2 u. C_3) oxydiert werden. Die weitere Oxydation von Ketoglucose-Einheiten (s. Mechanismus B)

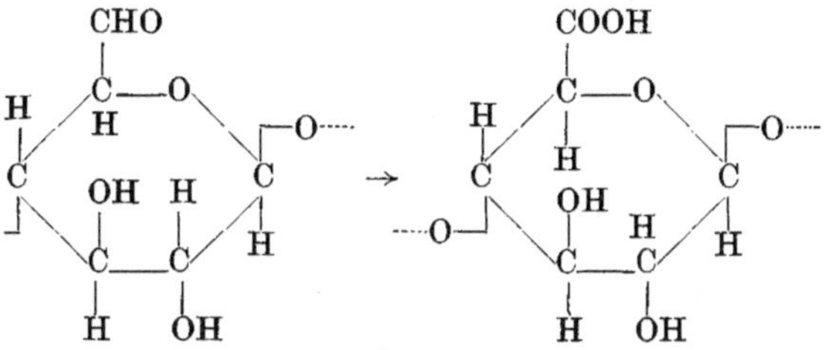

A

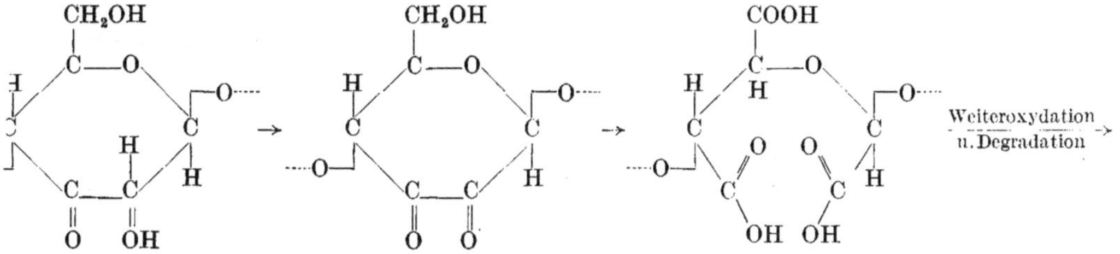

Weiteroxydation u. Degradation

B

ist hypothetisch. Vorläufige Versuche deuten jedoch darauf hin, daß Ketoglucose-Einheiten bedeutend leichter als intakte Glucoseeinheiten oxydiert werden[2]. Modellversuche[1] zeigen außerdem, daß die Oxydation leichter am C_3 als am C_2 vonstatten geht. Auf der anderen Seite zeigten PURVES und Mitarbeiter[3] daß in einer mit Chromat oxydierten Stärke mindestens 25% der Ketogruppen als 2-Ketogruppen vorliegen. Nach einer Cyanhydrinsynthese und darauffolgender reduzierender Hydrolyse mit Jodwasserstoffsäure konnten sie nämlich Methyl-Butylessigsäure (XXII) und 2-Methyl-4-äthylbutyrolakton (XXIII) isolieren; Substanzen, die auch bei entsprechender Behandlung von Fructose[4] erhalten wurden.

LINDBERG u. THEANDER[5] haben kürzlich aus einem Cellulosepräparat, das zuerst mit Chromat oxydiert und hierauf mit Natriumborhydrid reduziert und schließlich hydrolysiert wurde, Allose isoliert. Damit ist das Vorkommen von 3-Ketogruppen bewiesen. Chromatographisch konnte eine geringe Menge Mannose noch nachgewiesen werden, die auf das Vorkommen von 2-Ketogruppen hindeutet, doch ist der Gehalt an diesen kleiner als der an 3-Ketogruppen.

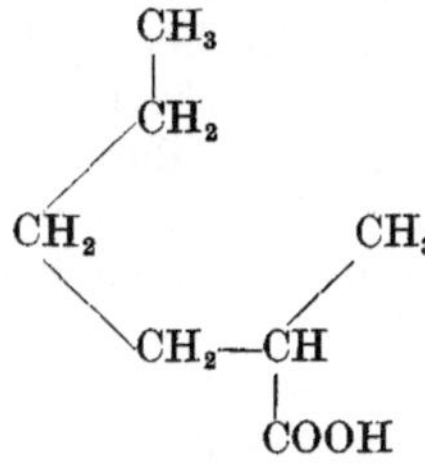

XXII 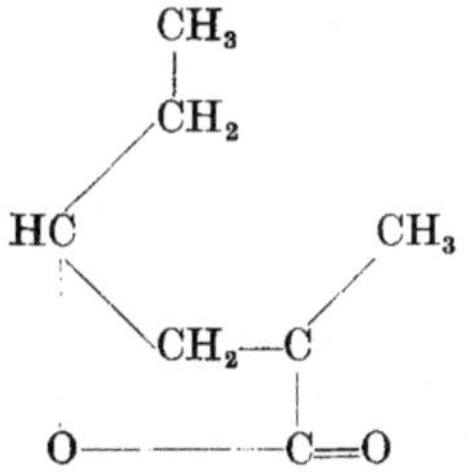 XXIII

[1] Siehe S. 303, Fußnote 8. [2] THEANDER, O.: Privatmitteilung.
[3] Siehe S. 308, Fußnote 6. [4] PERLIN, A., u. C. B. PURVES: Canad. J. Chem. **31**, 227 (1953).
[5] LINDBERG, B., u. O. THEANDER: Unveröffentlicht.

Die 2- und 3-Ketoglucoseeinheiten sollten sich leicht über die gemeinsame Enolform (XXIV) ineinander umlagern und eine derartige Umlagerung ist während der Cyanhydrinsynthese nicht ausgeschlossen, vor allem, da gezeigt werden konnte, daß Methyl-β-3-Ketoglucosid außerordentlich alkalilabil ist[1].

CH_2OH
C—O
H H —O···
C C
···O— H
C═C
OH OH

XXIV

Zur Erklärung der Alkalilabilität der mit Chromat oxydierten Cellulose nahmen Staudinger u. Sohn[2] das Vorkommen von Esterbindungen (XXV) an.

CH_2OH
C—OH
H H O···
C OH H C
···O— O
C—C
H OH

XXV

Die Alkalilabilität kann nunmehr auf andere Weise (siehe weiter unten) zufriedenstellend erklärt werden. Modellversuche mit Methyl-β-Glucosid und Chlorwasser, bei denen Gluconsäure gebildet wird, gaben dieser Hypothese jedoch erneut eine gewisse Aktualität. Selbst wenn also Estergruppen in oxydierter Cellulose vorkommen könnten, sind sie nicht allein für die Alkalilabilität verantwortlich, sondern die Carbonylgruppen spielen hier die entscheidende Rolle.

Tabelle V, 6. *Zusammensetzung einer Hypochloritlösung bei verschiedenem* p_H (0,02 mol Lösung; 20—25° C)

p_H	% Cl_2	% HClO	% ClO^-
1	82	18	—
3	4	96	—
5	—	100	—
7	—	73	27
9	—	3	97
11	—	—	100

Die Oxydation mit Chlor bei verschiedenen p_H-Werten hat außerordentlich große technische Bedeutung. Aus Tab. V, 6[3] ist ersichtlich, wie sich die Zusammensetzung des Oxydationsmittels mit dem p_H-Wert der Lösung ändert. Kräftiger oxydativer Angriff auf die Cellulose wird bei p_H-Werten zwischen 6 und 8 beobachtet. Bei der Hypochloritbleiche ist es daher sehr wichtig, daß das p_H nicht auf oder unter 8 sinkt, da man sonst mit einem bedeutenden Kohlenhydratabbau rechnen muß. Das Gebiet für diesen heftigen Angriff deckt sich nicht vollkommen mit dem p_H-Intervall (3—7), wo die undissoziierte unterchlorige Säure vorherrscht. Es scheint jedoch wahrscheinlich, daß die unterchlorige Säure das wesentliche Oxydans im „gefährlichen" Gebiet zwischen p_H 6

[1] Siehe S. 309, Fußnote 2.
[2] Staudinger, H., u. A. W. Sohn: Naturwiss. **27**, 548 (1939).
[3] Ridge, B. P., u. A. H. Little: J. Textile Inst. **33**, T 33 (1942).

und 8 darstellt. Man kann annehmen, daß die Oxydation, wie es auch bei Stickstoffdioxyd und Chromsäure der Fall ist, über eine Esterbildung zwischen Hydroxylgruppen und Oxydationsmittel verläuft. Unter sonst gleichen Bedingungen verläuft die Oxydation mit Hypobromit rascher als mit Hypochlorit[1]. Bei Oxydation in saurer Lösung bilden sich hauptsächlich Carbonylgruppen — bei der Oxydation in alkalischem Milieu überwiegend Carboxylgruppen.

WHISTLER u. Mitarb.[2] haben kürzlich die Oxydation von 4-O-Methylglucose und Stärke mit Hypochlorit bei p_H 9 untersucht. Die Oxydation setzt hauptsächlich am C_2 und C_3 ein und man erhält Erythronsäure und Glyoxylsäure als Endprodukte.

4. Oxydation mittels Luft in alkalischem Medium

Die Oxydation mit Chlor und Hypochlorit wird durch Licht sowie gewisse Metallsalze katalysiert. Dies deutet gegebenenfalls auf Reaktionen, die über Radikale verlaufen, hin (was natürlich nicht unbedingt auch für die unkatalysierten Reaktionen gelten muß). Eine andere Celluloseoxydation, die gleichfalls Radikalcharakter hat, findet bei der Vorreife der Alkalicellulose im Viscoseprozeß statt. Diese geschieht durch Luft in alkalischem Medium und ist von ENTWISTLE und Mitarbeitern[3] eingehend studiert worden. Die Anfangsgeschwindigkeit der Reaktion ist der Kupferzahl des Zellstoffs, d. h. der Anzahl freier reduzierender Endgruppen, direkt proportional. Sie kann durch Zusatz von Schwermetallsalzen, wie z. B. Eisen-, Mangan- oder vor allem Kobaltsalzen, sowie durch organische Verbindungen, die leicht in freie Radikale gespalten werden, wie z. B. Phenyldiazoniumhydroxyd, wesentlich gesteigert werden. Durch Zusatz negativer Katalysatoren (Inhibitoren), die die Kettenreaktion abbrechen, wie Naphtochinon oder metallisches Silber, kann die Anfangsgeschwindigkeit herabgesetzt werden. ENTWISTLE schlägt folgendes Reaktionsschema vor, wobei R einen Celluloserest darstellt:

$$\left.\begin{array}{l} R{-}CHO + O_2 \rightarrow RCO\cdot + HOO\cdot \\ R{-}CO\cdot \;+ O_2 \rightarrow RCO(OO\cdot) \\ R{-}CO(OO\cdot) + RH \rightarrow RCO(OOH) + R\cdot \end{array}\right\} \text{Initiierung}$$

$$\left.\begin{array}{l} R\cdot + O_2 \rightarrow ROO\cdot \\ ROO\cdot + RH \rightarrow ROOH + R\cdot \\ \quad \text{usw.} \end{array}\right\} \text{Kettenreaktion}$$

Peroxyde, wie ROOH können weiter in Radikale zerfallen, die wieder ihrerseits weiter reagieren, weshalb die Reaktion autokatalytisch abläuft.

$$\left.\begin{array}{l} R{-}OOH \rightarrow RO\cdot + HO\cdot \\ RH \;+ HO\cdot \rightarrow \;R\cdot \;\; + H_2O \\ RO\cdot + RH \rightarrow ROH + R\cdot \end{array}\right\} \text{Autokatalyse}$$

Über den Abbruch der Radikalkettenreaktion weiß man im allgemeinen bedeutend weniger als über Reaktionsstart und den weiteren Ablauf. Eine Möglichkeit wäre z. B. die Vereinigung zweier Radikale unter Bildung einer kovalenten Bindung.

$$\left.\begin{array}{l} R\cdot \;\;+ R\cdot \;\;\rightarrow R{-}R \\ RO\cdot + R\cdot \;\;\rightarrow R{-}O{-}R \\ RO\cdot + RO\cdot \rightarrow RO{-}OR \end{array}\right\} \text{mögliche Abbruchreaktionen}$$

Eine einfachere und vielleicht wahrscheinlichere Erklärung liegt in der Annahme, daß der Abbruch über eine Wasserstoffperoxydbildung und Rückbildung von Sauerstoffmolekülen erfolgt.

Der Mechanismus ist völlig hypothetisch, jedoch analog dem anderer Kettenreaktionen, z. B. dem der Autoxydation von Kohlenwasserstoffen. Einzelheiten des vorgeschlagenen Mechanismus sind natürlich diskutabel; im ganzen gesehen ist er jedoch mit den Ergebnissen kinetischer Untersuchungen vereinbar. Nicht bekannt ist, wo in den Glucoseeinheiten der

---

[1] Siehe S. 308, Fußnote 4.

[2] WHISTLER, R. L., E. G. LINKE u. S. KAZENIAC: J. Amer. Chem. Soc. 78, 4704 (1956)

[3] ENTWISTLE, D., E. H. COLE u. N. S. WOODING: Textile Res. J. 19, 527, 609 (1949).

Cellulosekette die Oxydation bevorzugt angreift. ALVÅNG u. SAMUELSON[1] haben die Cellulose aus einer durch Luftoxydation gereiften Alkalicellulose näher untersucht und 1,1—1,3 Mole Carboxyl- sowie 0,1—0,2 Mole Carbonylgruppen per Cellulosemolekül gefunden. Es ist natürlich möglich, daß Carbonylverbindungen als Zwischenprodukte während der Oxydation auftreten, daß aber die Hauptmenge solcher Produkte in dem stark alkalischen Milieu gespaltet wird. Da die Carboxyle, welche sich während der Reaktion bilden und welche in der Cellulose verbleiben, nur 10% des Sauerstoffverbrauches entsprechen, muß mit der Bildung zahlreicher niedermolekularer Reaktionsprodukte gerechnet werden (vgl. S. 313). Die große technische Bedeutung genannter Reaktion beruht auf dem Umstand, daß sowohl die amorphen, wie auch kristallinen Bereiche für die Oxydation offenbar leicht zugänglich sind, wodurch das Abbauprodukt homogen und damit für die Herstellung von Cellulosederivaten geeignet wird. Nach der Meinung einiger Autoren soll auch die Biostruktur stark aufgelockert und die Reaktionsfähigkeit erhöht werden. Die Reaktion kann z. B. durch Zusatz von Wasserstoffperoxyd beschleunigt werden, jedoch wird dadurch das erzielte Abbauprodukt nicht so ketteneinheitlich wie bei der normalen Vorreife. Auch mit anderen Abbaumethoden, sei es nun mit oxydativen oder hydrolytischen, kann man keine gleich homogenen Produkte erhalten. Allerdings kann man gleich gute Produkte bei allen Abbaureaktionen erzielen, welche im homogenen Medium verlaufen, doch hat diese Möglichkeit keinerlei größere praktische Bedeutung.

5. Photochemische Oxydation

Die Dissoziationsenergien für eine C—C- und eine C—O-Bindung liegen zwischen 80 und 90 kcal/Mol und die Energie des kurzwelligen UV-Lichtes reicht aus, um derartige Bindungen aufzusprengen. Wird Cellulose mit kurzwelligem UV-Licht bestrahlt, erhält man in der Tat einen Abbau, wie aus der Abnahme der Viscosität und α-Cellulose hervorgeht. Es handelt sich wahrscheinlich um eine direkte Spaltung kovalenter Bindungen und nicht um eine Reaktion, die über eine Ozonbildung verläuft, wie ebenfalls zur Diskussion gestellt wurde. Der Abbau vollzieht sich nämlich an trockener Cellulose gleich rasch oder rascher[2], während Ozon bei hohem Feuchtigkeitsgehalt als Oxydans am wirksamsten ist[3]. Bei diesem Typ des photochemischen Abbaus werden geringe Mengen Kohlenmonoxyd und Kohlendioxyd frei, ein Vorgang, der auch noch eine gewisse Zeit nach der Belichtung weiterläuft.

Sichtbares und langwelliges ultraviolettes Licht besitzen zu geringe Energie, um unmittelbar Bindungen zu spalten, wirken aber dennoch auf Cellulose abbauend. Da Cellulose kein Licht dieser Wellenlängen absorbiert (TREIBER), ist die Gegenwart anderer Substanzen, wie Verunreinigungen oder Fremdstoffe, zur Aufnahme der Strahlungsenergie erforderlich, die dann auf irgendeine Weise mittelbar auf die Cellulose übertragen wird. Wirksame Sensibilisatoren sind z. B. Zinkoxyd, Titandioxyd sowie verschiedene organische Farbstoffe. Diese Art photooxydativen Abbaues ist eine Oxydation, die höchstwahrscheinlich über die Bildung von Wasserstoffperoxyd verläuft, so daß Wasser und Sauerstoff gegenwärtig sein müssen. EGERTON[4] zeigte, daß ein Kontakt zwischen Cellulose und dem Sensibilisator nicht erforderlich ist, sondern daß eine Art Fernwirkung beobachtet werden kann. Das primär sich bildende Oxydationsmittel sollte daher flüchtig und relativ stabil sein. Die bei diesem Abbau stattfindenden Reaktionen sind praktisch unbekannt; es handelt sich möglicherweise um ähnliche Radikalreaktionen wie bei der Oxydation mit Sauerstoff in alkalischer Lösung. Es ist interessant, daß Farbstoffe, welche bei der photochemischen Oxydation als Sensibilisatoren wirken, auch die Oxydation mit Wasserstoffperoxyd oder Hypochlorit katalysieren. Nähere Einzelheiten s. § 34.

6. Thermischer Abbau der Cellulose

Die Cellulose ist gegenüber Wärme relativ stabil. Beim Trocknen an der Luft bei Temperaturen unter 140° sind die Veränderungen relativ unbedeutend, besonders wenn der ursprüngliche Feuchtigkeitsgehalt gering ist. Bei höherer Temperatur wird die Cellulose oxydiert, wobei die Geschwindigkeit dieser Reaktion mit dem Feuchtigkeitsgehalt zunimmt. Sowohl Kupferzahl als auch Methylenblauadsorption nimmt zu (letztgenannte jedoch wenig, da gleichzeitig eine Decarboxylierung eintritt). Außerdem muß bei solchen hohen Temperaturen auch mit einer gewissen Hydrolyse gerechnet werden, auch wenn unzweifelhaft in Anwesenheit von Luft die Oxydation vorherrscht.

---

[1] ALVÅNG, F., u. O. SAMUELSON: Sv. Papperstidn. **60**, 31 (1957).

[2] LAUNER, H. F., u. W. K. WILSON: J. Amer. Chem. Soc. **71**, 958 (1949).

[3] DORÉE, C., u. A. C. HEADEY: J. Textile Inst. **29**, T 27 (1938).

[4] EGERTON, G. S.: J. Textile Inst. **39**, T 305 (1948).

Bei sehr hohen Temperaturen findet eine Pyrolyse unter Bildung niedermolekularer Stoffe, wie Kohlenmonoxyd, Kohlendioxyd und Laevoglucosan (XXVI) statt.

```
         CH₂——O
          |    |
  H      C—O   |
  |     /    \ |
  C            C
  |  OH  H     |
 HO   |  |     H
      C——C
      |  |
      H  OH
```

XXVI

7. Mechanischer Abbau

Bei Trockenmahlung von Cellulose, z. B. in einer Kugelmühle, wird ein amorphes Cellulosepulver erhalten, das in Berührung mit Wasser in Form von Hydratcellulose (Cellulose II) kristallisiert. Kupferzahl und Fluidität steigen bei der Mahlung stark an, während die Zahl der Carboxylgruppen sich nur wenig verändert. Drei verschiedene Reaktionstypen, die zu einem Abbau führen können, stehen zur Diskussion:

a) Oxydation
b) Hydrolyse
c) Mechanische Aufsprengung von Hauptvalenzen.

Die Möglichkeit einer Oxydation darf wohl ausgeschlossen werden, da das Ergebnis der Mahlung unabhängig davon ist, ob diese in Luft oder in einem inerten Gas durchgeführt wird. Gegen die Annahme einer hydrolytischen Reaktion wird eingewandt, daß der Abbau temperaturunabhängig ist, während hydrolytische Reaktionen einen großen Temperaturkoeffizienten besitzen. STEURER und HESS[1] zeigten, daß die übertragbare kinetische Energie der Kugeln in einer Kugelmühle ausreicht, um kovalente Bindungen zu spalten, wenn sie bei der Überführung auf Cellulosefasern in Vibrationsenergie umgewandelt wird. Man kann allerdings nicht ohne weitere Versuche den hydrolytischen Mechanismus verwerfen; es erscheint nicht unwahrscheinlich, daß bei der Mahlung in submikroskopischen Bereichen lokalisiert sehr hohe Temperaturen auftreten und daß dort eine Hydrolyse stattfindet. Erst nach einer gründlichen Untersuchung der abgebauten Cellulose kann vielleicht zwischen diesen Möglichkeiten besser entschieden werden.

Naßmahlung der Cellulose ruft keinen nennenswerten Abbau der Molekülketten hervor, sondern bewirkt hauptsächlich eine Defibrillierung des Materials.

8. Alkalischer Abbau von oxydierter Cellulose und Polysacchariden

Oxydierte Cellulosepräparate des reduzierenden Typus — d. h. Carbonylgruppen enthaltende — werden in alkalischem Medium leicht depolymerisiert. Aus diesem Grund erhält man aus Viscositätsmessungen an Oxycellulosen, ausgeführt in alkalischen Lösungsmitteln, wie Cuoxam oder quartären Ammoniumbasen, vollkommen irreführende Werte. Hingegen sind diese Präparate gegen saure Hydrolyse ebenso stabil, wie Cellulose selbst; Äther und Acetale des Methyl-β-3-ketoglucosids sowie die glykosidisch gebundene Methylgruppe scheinen sogar beständiger als die entsprechenden Derivate des Methyl-β-glucosids zu sein[2]. Oxydierte Cellulose läßt sich auch leicht auf gewöhnliche Weise mit Salpetersäure verestern und das erhaltene Reaktionsprodukt eignet sich zur Ausführung physikalischer Messungen.

Von den verschiedenen Mechanismen, die für den alkalischen Abbau vorgeschlagen wurden, erscheint der von KENNER[3] und Mitarbeitern sowie — unabhängig davon — von HASKINS u. HOGSED[4] für mit Perjodat oxydierter Cellulose

[1] STEURER, E., u. K. HESS: Z. physik. Chem. **193**, 248 (1944).
[2] Siehe S. 309, Fußnote 2.
[3] KENNER, J.: Chem. and Ind. **1955**, 727.
[4] HASKINS, J. F., u. M. J. HOGSED: J. Org. Chem. **15**, 1264 (1950).

am besten begründet. McBurney[1] wies darauf hin, daß der von den Letztgenannten vorgeschlagene Mechanismus leicht verallgemeinert und auf verschiedene Typen von oxydierter Cellulose übertragen werden kann. Diese Erklärung gründet sich darauf, daß Äther mit einer elektronegativen Gruppe in β-Stellung zur Ätherbindung alkalilabil sind.

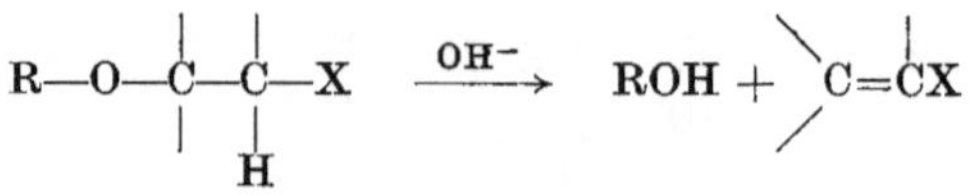

$$\mathrm{R{-}O{-}\overset{|}{\underset{|}{C}}{-}\overset{|}{\underset{H}{C}}{-}X \xrightarrow{OH^-} ROH + {>}C{=}\overset{|}{C}X}$$

Ein gutes Beispiel hierfür ist das Glucosid des Nitroäthylalkohols[2], das leicht in Glucose und polymeres Nitroäthan zerfällt. Eine Carbonylgruppe ist, ebenso wie eine Nitrogruppe, stark elektronegativ und kann durch Oxydation an C_2, C_3 oder C_6 in die Glucoseeinheit der Cellulose eingeführt werden. Wo immer auch die Carbonylgruppe sich in der Glucoseeinheit befindet, stets gibt es eine Äther- oder Acetalbindung in β-Stellung und zwar für Carbonylsauerstoff am C_2, C_3 oder C_6 am C_4, C_1 bzw. C_4 (vgl. XXVII). Außerdem muß berücksichtigt werden, daß 2- und 3-Carbonylverbindungen in alkalischem Milieu leicht ineinander übergeführt werden können.

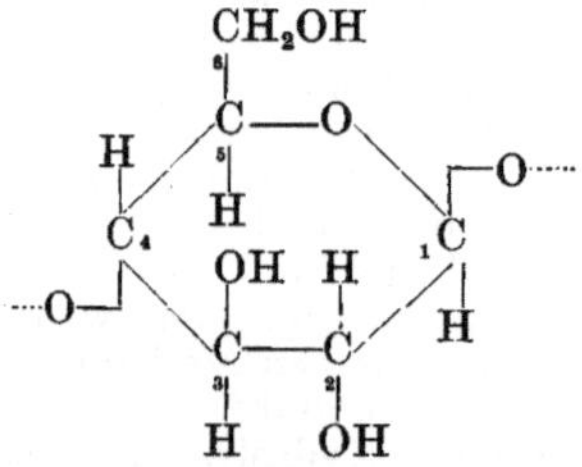

[Strukturformel XXVII: Glucoseeinheit der Cellulose mit CH_2OH an C_6, Ringsauerstoff zwischen C_5 und C_1, glykosidische Bindungen an C_1 und C_4, OH an C_2 und C_3]

XXVII

Die Carboxylgruppe ist ebenfalls stark elektronegativ, ist jedoch in alkalischer Lösung dissoziiert und liegt als Carboxylat-Ion vor. Dieses ist nicht elektronegativ, weshalb Ätherbindungen in β-Stellung zu einem Carboxyl alkalisch stabil sind. Werden jedoch die Carboxylgruppen verestert, kann man damit rechnen, daß in alkalischer Lösung eine Konkurrenz zwischen Verseifung und Spaltung von β-Ätherbindungen — d. h. Abbau — besteht, was sich auch am Beispiel des Methylesters der Pektinsäure[3] zeigen ließ.

Nach der alkalischen Hydrolyse sollte die Reaktion nach dem unten stehenden Schema über eine α-Dicarbonylverbindung verlaufen, welche — analog zu einer Benzilsäureumlagerung — in eine Hydroxysäure übergeht.

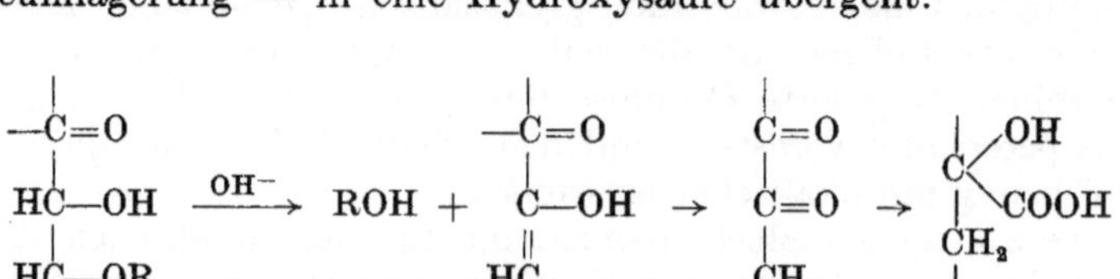

$$\begin{matrix} -C{=}O \\ HC{-}OH \\ HC{-}OR \end{matrix} \xrightarrow{OH^-} ROH + \begin{matrix} -C{=}O \\ C{-}OH \\ \| \\ HC \end{matrix} \rightarrow \begin{matrix} C{=}O \\ C{=}O \\ CH_2 \end{matrix} \rightarrow \begin{matrix} C\begin{matrix} OH \\ COOH \end{matrix} \\ CH_2 \end{matrix}$$

[1] McBurney, L. F.: Siehe S. 301, Fußnote 2.

[2] Helferich, B., u. H. Lutzmann: Liebigs Ann. 541, 1 (1939).

[3] Vollmert, B.: Makromol. Chem. 5, 110 (1950).

Eine 2-Ketoglucoseeinheit (XXVIII) in der Cellulose sollte dann z. B. auf folgende Art reagieren:

CH₂OH, C—O, H, H, —O—Cell., C, OH, C, Cell.—O—, C—C, H, H, O $\xrightarrow{OH^-}$

XXVIII

$\xrightarrow{OH^-}$ Cell.—OH + HC ... (CH₂OH, C—O, H, —O—Cell., OH, C, C—C, H, O) ⇌ (CH₂OH, C—O, H, H, —O—Cell., C, C, H, C—C, H, O, O)

XXIX

Es ist nicht leicht vorauszusehen, wie das instabile Zwischenprodukt (XXIX) dann weiter reagiert; wahrscheinlich wird die Endgruppe mit den Carbonylen von der Cellulosekette abgetrennt und liefert saure Endprodukte. Wichtig ist jedoch, daß bei der primären Reaktion eine freie reduzierende Endgruppe gebildet wird (Cell—OH). Es wurde gefunden, daß die Kupferzahl beim alkalischen Abbau von oxydierter Cellulose nur wenig absinkt, was auf diese Neubildung von Carbonylgruppen zurückzuführen ist. Es ist auch möglich, daß bei der Kupferzahlbestimmung die meisten oxydierten Einheiten, welche Carbonylgruppen enthalten, von der alkalischen Lösung umgewandelt werden, bevor sie noch mit dem zweiwertigen Kupfer reagieren und daß hauptsächlich die neugebildeten aldehydischen Endgruppen oxydiert werden.

Der Abbau, welcher bei der Alkalibehandlung von Cellulose und von anderen Polysacchariden — wie z. B. während des Sulfatprozesses — stattfindet, ist vollkommen analog dem alkalischen Abbau der Oxycellulose. Die freie reduzierende Endgruppe liegt hauptsächlich als Halbacetal vor, zum Teil jedoch — vor allem in alkalischer Lösung — auch als Aldehydgruppe. Der Abbau einiger Typen von Kohlenhydraten wird im Folgenden an einigen Beispielen erläutert.

CHO		CH_2OH			CH_2OH		CH_2OH		CH_2OH
HCOH		C=O			C=O		C=O		C(OH)(COOH)
HOCH	$\overset{OH^-}{\rightleftharpoons}$	HOCH	$\xrightarrow{OH^-}$	ROH +	HOC	$\overset{OH^-}{\rightleftharpoons}$	C=O	$\xrightarrow{OH^-}$	CH_2
HCOR		HCOR			HC		CH_2		HCOH
HCOH		HCOH			HCOH		HCOH		CH_2OH
CH_2OH		CH_2OH			CH_2OH		CH_2OH		Isosaccharinsäure

R = H: Glucose
R = CH_3: 4-O-Methylcellulose
R = β-Glucopyranose: Cellobiose
R = 1,4-β-Glucosan: Cellulose

$$\mathrm{CHO{-}HCOH{-}ROCH{-}HCOH{-}HCOH{-}CH_2OH} \xrightarrow{OH^-} \mathrm{ROH} + \mathrm{CHO{-}COH{=}CH{-}HCOH{-}HCOH{-}CH_2OH} \underset{}{\overset{OH^-}{\rightleftharpoons}} \mathrm{CHO{-}C{=}O{-}CH_2{-}HCOH{-}HCOH{-}CH_2OH} \xrightarrow{OH^-} \mathrm{COOH{-}C(H)(OH){-}CH_2{-}HCOH{-}HCOH{-}CH_2OH}$$

Metasaccharinsäure

R = H: Glucose
R = CH_3: 3-O-Methylglucose
R = β-Glucopyranose: Laminarobiose
R = 1,3-β-Glucosan: Laminarin

$$\mathrm{CH_2OR{-}C{=}O{-}HOCH{-}HCOH{-}HCOH{-}CH_2OH} \overset{OH^-}{\rightleftharpoons} \mathrm{CH_2OR{-}C(H)(OH){-}C{=}O{-}HCOH{-}HCOH{-}CH_2OH} \xrightarrow{OH^-} \mathrm{ROH} + \mathrm{CH_2{=}COH{-}C{=}O{-}HCOH{-}HCOH{-}CH_2OH} \xrightarrow{OH^-} \mathrm{CH_3{-}C{=}O{-}C{=}O{-}HCOH{-}HCOH{-}CH_2OH} \xrightarrow{OH^-} \mathrm{CH_3{-}C(OH)(COOH){-}HCOH{-}HCOH{-}CH_2OH}$$

Saccharinsäure

R = H: Fructose
R = CH_3: 1-O-Methylfructose

In sämtlichen Fällen werden Saccharinsäuren gebildet. Mit freien Zuckern erhält man ein Gemisch verschiedener Säuren, hingegen mit Äthern, Di- und Polysacchariden einheitlichere Reaktionsprodukte gemäß obenstehender Schemata.

Dieser Typ des Abbaus wurde von Kenner und Mitarbeitern an zahlreichen Beispielen verifiziert. Bei Polysacchariden, wie Cellulose und Laminarin, wird für jede abgespaltene Einheit eine reduzierende Endgruppe neu gebildet und die Reaktion schreitet bis zum vollständigen Abbau fort, sofern nicht die reduzierende Endgruppe aus irgendeinem Anlaß verändert wird, z. B. durch Oxydation zum Carboxyl oder durch Unregelmäßigkeiten in der Struktur des Polysaccharids.

Samuelson und Wennerblom[1] zeigten, daß beim alkalischen Abbau von Cellulose unter den Bedingungen der Sulfatkochung 40 bis 50 Glucoseeinheiten je Molekül abgespalten werden, bevor die Endgruppe durch Oxydation oder auf andere Weise zum Carboxyl stabilisiert wird. Bei dieser Temperatur tritt auch eine merkliche Fragmentierung auf; auf solche Weise erhielten Samuelson u. Wennerblom 1,6 Mole Säure pro abgebaute Glucoseeinheit. Außerdem tritt bei dieser Temperatur eine Hydrolyse der mittelständigen glucosidischen Bindung ein. Lindberg u. Mitarb.[2] haben kürzlich gezeigt, daß diese Reaktion dem alkalischen Abbau der Phenylglykoside[3] analog verläuft, welcher allerdings bei bedeutend tieferen Temperaturen vor sich geht. Auf diese Weise erhält man Laevoglucosan (XXVI) bzw. 1,6-Anhydrogalactose bei der alkalischen Hydrolyse von Cellobit und Lactobit. Diese Verbindungen sind allerdings labiler als die Ausgangsverbindungen und werden schnell zu sauren Produkten gespalten.

[1] Samuelson, O., u. A. Wennerblom: Sv. Papperstidn. **57**, 827 (1954).
[2] Lindberg, B.: Sv. Papperstidn. **59**, 531 (1956).
[3] Ballou, C. B.: Advances in Carbohydrate Chem. **9**, 59 (1954).

Außer Sorbit enthält das Reaktionsgemisch auch 1,4-Anhydrosorbit (XXX), was darauf hinweist, daß die Hydrolyse auch einem anderen Mechanismus folgen kann.

```
  H2C ———┐
   |     |
  HCOH   |
   |     O
 HOCH    |
   |     |
  HC ————┘
   |
  HCOH
   |
   CH2 OH
     XXX
```

9. Saure Hydrolyse der Cellulose

Die Cellulose enthält, ebenso wie andere Glykoside, Acetalbindungen, die gegenüber Alkali beständig sind, von Säuren jedoch leicht hydrolysiert werden. Glykoside sind aber gegen saure Hydrolyse stabiler als andere Acetale [z. B. $CH_3CH(OC_2H_5)_2$], da zur Deformierung des Pyranoseringes mit allen seinen Substituenten, welche während der Hydrolyse stattfindet, eine zusätzliche Aktivierungsenergie erforderlich ist. Das bei milder Hydrolyse von Cellulose anfallende Produkt wird *Hydrocellulose* genannt und ist gekennzeichnet durch einen niedrigeren Polymerisationsgrad, größere Alkalilöslichkeit und höhere Kupferzahl im Vergleich zum Ausgangsmaterial. (Durch HF entsteht ein wasserlösliches Celluloseabbauprodukt [Zellan].) Wie bereits erwähnt, besteht ein großer Unterschied zwischen homogener und heterogener Hydrolyse. Bei der heterogenen Hydrolyse verläuft die Reaktion in den amorphen, leicht zugänglichen Gebieten am raschesten, wobei das amorphe Material allmählich in Lösung geht oder, wenn die Ketten an geeigneten Stellen gespalten werden, erfolgt ein teilweiser Einbau durch Nachkristallisation in die geordneten Bereiche. Die heterogene Hydrolyse ist natürlich vom technischen Standpunkt gesehen am interessantesten. Doch auch das Studium der Hydrolyse in homogenem Medium besitzt gewisses Interesse, da es wertvolle Aufschlüsse über den Bau der Cellulose geliefert hat.

Cellulose wird von starken Säuren — wie starke Schwefelsäure, Salzsäure, Phosphorsäure und Zinkchloridlösung — gelöst und hydrolysiert. Die Hydrolyse kann sowohl durch Endgruppenbestimmungen als auch durch Viscositätsmessungen verfolgt werden. Bei der erstgenannten Methode wird direkt bestimmt, wieviel reduzierende Endgruppen neu gebildet, d. h. wieviele Bindungen gespalten wurden. Viscositätsmessungen hingegen liefern unter der Voraussetzung, daß der Polymerisationsgrad in einem Bereich liegt, wo die STAUDINGERsche Beziehung gilt, einen Gewichtsmittelwert, der bedeutend höher als das Zahlenmittel ist. (Vgl. § 19,1).

FREUDENBERG[1] und Mitarbeiter haben die Hydrolyse der Cellulose in homogenem Medium mittels der Endgruppenbestimmung eingehend studiert. Es wurde gefunden, daß die Aktivierungsenergie der Reaktion 28 kcal beträgt und daß bei den verschiedenen Bedingungen im Cellulosemolekül mit verschiedenen Reaktionsgeschwindigkeiten gerechnet werden muß. Am leichtesten wird die Bindung hydrolysiert, welche der reduzierenden Endgruppe am nächsten liegt und man kann mit guter Annäherung annehmen, daß dagegen alle anderen Bindungen mit gleicher Wahrscheinlichkeit hydrolysiert werden. In der Reihe: Cellobiose, Cellotriose, Cellotetraose und Cellulose nimmt die Anfangsgeschwindigkeit der Hydrolyse rasch ab ($k = 1{,}07$; 0,636; 0,506 bzw. $0{,}305 \cdot 10^{-4}$ min^{-1} in 51%iger Schwefelsäure bei 18°), was hauptsächlich auf dem Unterschied in der Reaktionsgeschwindigkeit dieser zwei Bindungen beruht. FREUDENBERG und BLOMQVIST[1] zeigten auch, daß zwischen dem Polymerisationsgrad und der

[1] FREUDENBERG, K., u. C. BLOMQVIST: Ber. dtsch. chem. Ges. 68, 2070 (1935).

optischen Aktivität bei Vertretern einer homologen Reihe ein einfacher Zusammenhang besteht. Sie nahmen an, daß bei einem *einheitlich* aufgebauten Polymeren das Drehungsvermögen der zentralen Einheiten gleich groß — und zwar gleich m — und für die beiden Endgruppen innerhalb einer Reihe konstant (a bzw. e) ist. Das molekulare Drehungsvermögen ergibt sich dann wie folgt:

$[M]_n = a + (n-2) \cdot m + e$ ein Ausdruck, der leicht umgeformt werden kann zu:

$$\frac{[M]_n}{n} = a + e - m + \frac{n-1}{n}(2m - a - e).$$

Es soll demnach eine lineare Beziehung zwischen $\frac{[M]_n}{n}$ und $\frac{n-1}{n}$ herrschen, was auch bei der Cellodextrinreihe[1,2] und bei anderen ähnlichen Reihen von Oligosacchariden gezeigt werden konnte (vgl. Abb. IV, 1). Ein ähnlicher Zusammenhang wurde zwischen dem R_f-Wert (= Strecke, die eine Substanz auf einem Papierchromatogramm gewandert ist, geteilt durch die Strecke, die die Flüssigkeitsfront zurückgelegt hat) und dem Polymerisationsgrad festgestellt[3]. Die Arbeiten FREUDENBERGs zeigten, daß die Cellulose homogen aufgebaut ist, d. h. daß alle monomeren Einheiten untereinander gleich und miteinander auf gleiche Weise verknüpft sind. Dies steht in Übereinstimmung mit den Ergebnissen rein organisch-chemischer Untersuchungen.

Da die Hydrolyse in homogenem Medium durch Viscositätsmessungen verfolgt wird, erhält man für den Polymerisationsgrad ein Gewichtsmittel (exakter eigentlich Viscositätsmittel [s. S. 143]) und die Messungen geben keinen direkten Aufschluß über die Anzahl hydrolysierter Bindungen. Eine unkritische Auslegung solcher Viscositätswerte[4,5,6] hat mehrere Forscher das Vorkommen schwacher Bindungen in der Cellulose annehmen lassen, welche mit bedeutend größerer Geschwindigkeit als die normalen Bindungen hydrolysiert werden sollten (vgl. S. 147f.). Eine Umrechnung des Versuchsmaterials zeigt jedoch, daß dies kein Argument für eine derartige Annahme bildet und daß, ganz im Gegenteil, alle Bindungen in der Cellulose innerhalb des untersuchten Gebietes mit gleicher Geschwindigkeit hydrolysiert werden. Unter der Voraussetzung, daß die Staudingersche Gleichung gilt und unter der Annahme, daß alle Bindungen mit der gleichen Wahrscheinlichkeit hydrolysiert werden, läßt sich nämlich zeigen, daß Φ, die Fluidität bei unendlicher Verdünnung, eine lineare Funktion der Hydrolysenzeit darstellt, was auch experimentell bestätigt wird[7]. Ausführliche Untersuchungen von JÖRGENSEN[8] zeigten ebenfalls, daß für das Vorkommen schwacher Bindungen in der Cellulose kein Beweis vorliegt.

Mehrere Forscher haben versucht, die Molekulargewichtsverteilung in einem abgebauten Polymeren aus kinetischen Daten zu berechnen. Die modernsten Arbeiten stammen von BEALL und JÖRGENSEN[9], die zeigten, daß dies unter den oben erwähnten Annahmen und der, daß das ursprüngliche native Cellulosematerial aus endlichen Ketten *verschiedener* Länge besteht, mit überraschender Genauigkeit durchgeführt werden kann.

Wenn auch die Theorie schwacher Bindungen in der Cellulose experimentell praktisch nicht gestützt wurde (vgl. § 19,3), kann es dennoch nicht als streng bewiesen gelten, daß die Cellulose *ausschließlich* aus 1,4-β-glucosidisch verknüpften Glucoseeinheiten aufgebaut ist. Selbst in sorgfältig gereinigten Cellulosepräparaten gibt es stets geringe Mengen anderer Zucker, wie z. B. Xylose. Diese können entweder als Einheiten in das Cellulosemolekül eingehen oder Spuren von Hemimaterial darstellen, die trotz der Reinigung nicht vollständig entfernt werden konnten. Verschiedene Forscher nehmen an[10] bzw. glauben einen Beweis dafür zu haben[11], daß Xylose und andere Zucker in der Cellulosekette vorkommen. Es dürfte jedoch außerordentlich schwierig sein, experimentell zwischen diesen beiden Möglichkeiten zu entscheiden und diese Frage muß daher als derzeit ungeklärt angesehen werden. In diesem Zusammenhang ist das Vorkommen eines Polysaccharids interessant, welches aus Mannose und Glucose aufgebaut ist, die in 1,4-β-Bindung verknüpft sind und welches kürzlich im Nadelholz aufgefunden wurde[12]. Dies weist zumindest auf die Möglichkeit hin, daß Mannoseeinheiten in Cellulose-ketten dieser Holzart eingebaut sein könnten.

---

[1] Siehe S. 317, Fußnote 1.
[2] WOLFROM, M. L., u. J. C. DACONS: J. Amer. Chem. Soc. **74**, 5331 (1952).
[3] FRENCH, D., u. G. M. WILD: J. Amer. Chem. Soc. **75**, 2612 (1953).
[4] PACSU, E.: Fortschr. Chem. org. Naturstoffe **5**, 129 (1948).
[5] HUSEMANN, E., u. A. CARNAP: Makromol. Chem. **1**, 140 (1947).
[6] SCHULZ, G. V.: J. Polymer Sci. **3**, 365 (1948).
[7] MCBURNEY, L. F.: Siehe S. 301, Fußnote 2.
[8] JÖRGENSEN, L.: Studies on the Partial Hydrolysis of Cellulose, Oslo: Emil Moerne 1950.
[9] BEALL, G., u. L. JÖRGENSEN: Textile Res. J. **21**, 203 (1951).
[10] ADAMS, G. A., u. C. T. BISHOP: Tappi **38**, 672 (1955).
[11] DAS, D. B., M. K. MITRA u. J. F. WAREHAM: Nature (London) **171**, 613 (1953).
[12] ANTHIS, A. F.: Tappi **39**, 401 (1956)

§ 32. Die wichtigsten chemischen Umsetzungen der Cellulose

Von J. Schurz und E. Treiber

1. Einleitung

Das Cellulosemolekül kann als ein dreiwertiger Polyalkohol mit einer primären und zwei sekundären Hydroxylgruppen pro Grundeinheit (Glucoseeinheit) reagieren. Jedes Molekül enthält überdies zwei Endgruppen, theoretisch ein nicht reduzierendes sekundäres Hydroxyl und eine reduzierende Aldehydgruppe, welche im allgemeinen acetalisiert vorliegt, aber bereits in der gewöhnlichen Cellulose häufig zu einer Carboxylgruppe oxydiert ist (vgl. Formelbild). Unter

nicht reduzierende Endgruppe

x = Cellobioserest
$2x + 2 = P$

reduzierende Endgruppe

homogenen Bedingungen reagieren die primären Hydroxyle rascher[1], während heterogene Reaktionen die sekundären Hydroxyle infolge ihrer größeren Anzahl begünstigen können. Da die meisten Cellulosereaktionen heterogen sind, hängt die Reaktionsgeschwindigkeit auch stark von der Beweglichkeit des Reagens in der Cellulose ab. Diffusionserscheinungen können daher die obigen allgemeinen Feststellungen modifizieren. Crank[2] hat den Eindiffusionsprozeß mathematisch studiert.

Eine wichtige Frage ist jedenfalls die nach den „chemischen Eigenschaften" der drei Hydroxylgruppen. Alle drei sind zu einer schwachen Ionisierung befähigt und die Protonen sind durch Deuteronen ersetzbar.

Nach einigen Autoren besitzt das Hydroxyl am C_2 die stärkst sauren Eigenschaften (so soll in 35%iger KOH eine Verbindung $C_6H_{10}O_5 \cdot KOH$ unter Betätigung des —OH^2 gebildet werden, da eine Methylierung und anschließende Hydrolyse 2-Methylglucose liefert). Nach Timell[3] reagiert bei der Bildung der Carboxymethylcellulose die primäre OH-Gruppe zuerst; ebenso bei der Formation der Sulfäthylcellulose. Ähnliche Verhältnisse herrschen bei der Benzylierung[4]; dies führt zur Auffassung, daß die H-Brücke zwischen OH^2 und OH^6 nur im kristallinen Bereich existiert. Auch Heuser[5] findet bei der heterogenen Veresterung mit p-Toluolsulfochlorid, daß die Reaktionsgeschwindigkeit der primären OH-Gruppe 5—8 mal größer ist. Bei der Verseifung von Sekundäracetat in Gegenwart von konzentrierter Buttersäure tritt eine Re-Veresterung der primären OH-Gruppe durch Buttersäure ein (Malm und Mitarbeiter). Hingegen reagiert nach Pacsu bei der Methylierung die OH-Gruppe in Position 6 am trägsten. Nach Alexandru[6] erweisen sich bei der Xanthogenierung die sekundären Hydroxylgruppen am C_2 und C_3 reaktionsfähiger (80% der Estergruppen; nach Rogowin[7] sind bei der Xanthogenierung die sek. Hydroxyle 4 mal reaktiver als die primären) und nach Wagner sollen bei der Formalisierung nur die sekundären Hydroxyle reagiern. Nach Chen[8] verteilen sich bei einem γ-Wert von 72 0,243 Xanthatgruppen auf Position C_6, 0,270 auf C_2 und 0,208 auf C_3 des einzelnen Kettengliedes. Äthylenoxyd reagiert mit den sekundären OH-Gruppen.

[1] Mahoney, J. F., u. C. B. Purves: J. Amer. Chem. Soc. **64**, 9, 15 (1942).
[2] Crank, J.: Philosophic. Mag. **43**, 811 (1952).
[3] Timell, T.: Sv. Papperstidn. **52**, 61 (1949).
[4] Roy, H. B.: Sci. a. Culture **20**, 293 (1954).
[5] Heuser, E., M. Heath u. W. H. Shockley: J. Amer. Chem. Soc. **72**, 670 (1950).
[6] Alexandru, L., u. S. Rogowin: J. allg. Chem. **23**, 1203 (1953).
[7] Rogowin, S. u., W. Deriwitzkaja: Faserforsch. **8**, 61 (1957).
[8] Chen, Ch-Y., R. E. Montonna u. C. S. Grove: Tappi **34**, 420 (1951).

MALM bestimmte die Anzahl primärer und sekundärer Hydroxylgruppen bei der Hydrolyse des Primäracetats. Am gebrachten Beispiel waren etwa doppelt so viel sekundäre OH-Gruppen frei als primäre. SANYAL[1] findet die S-Methylxanthatgruppe am C_6 der Glucose (als Modellkörper) gegen Säure stabiler als am C_2 und C_3. Nach ŠLEJHAR[2] ist das langsam gebildete Xanthat am C_6 stabiler im Vergleich zu den labilen Xanthatgruppen am C_2 und C_3.

Die OH-Gruppen verhalten sich u. a. auch gegenüber Oxydationsmittel verschieden; NO_2 oxydiert bekanntlich fast ausschließlich die primäre Hydroxylgruppe zur Carboxylgruppe (KENYON u. a.).

Zwischen dem Molekulargewicht M und dem Polymerisationsgrad P einer Substanz besteht bekanntlich die Beziehung $M = P \cdot m$, wobei m das Molekulargewicht der Grundeinheit ist. Der Substitutionsgrad s gibt an, wieviele Fremdgruppen pro Grundeinheit aufgenommen sind (die z. B. in der Viscoseindustrie übliche γ-Zahl ist $100 \cdot s$). Ist m_D das Molekulargewicht der Grundeinheit des Cellulosederivates und m_S das des eintretenden einwertigen Substituenten, so gilt:

$$m_D = 162{,}14 + s\,(m_S - 1{,}01)$$

Will man angeben, wieviel Prozent eines Bestandteiles n im Cellulosederivat m_D vorhanden sind, so errechnet sich:

$$\% n = s \cdot m_n \cdot 100/m_D \qquad m_n = \text{Molekulargewicht des Bestandteiles.}$$

Die Umkehrung ergibt:

$$s = \frac{162 \cdot \% n}{100 \cdot m_n + \% n - \% n \cdot m_S}$$

Im folgenden sind einige gebräuchliche Werte angegeben (Tabelle V, 7).

Tabelle V, 7

Substanz	Molekulargewicht der Grundeinheit m	Substitutionsgrad s
Cellulose	162,14 —$[C_6H_{10}O_5]$—	—
Cellulosenitrat (di-)	252	2
Cellulosenitrat (tri-)	297	3
Cellulosetrinitrat (13,7% N)	289,5	
Celluloseacetat (di-)	246	2
techn. Zweieinhalbfachacetat	262,1	
Celluloseacetat (tri-)	288	3
Natriumcellulosexanthogenat	211	0,5 (γ-Zahl = 50)
	260	1 (γ-Zahl = 100)
Natrium-Carboxymethylcellulose	242	1
	322	2

In Anlehnung an eine Darstellung von OTT[3] können wir die Cellulosereaktionen wie folgt einteilen:

Die Reaktionsmöglichkeiten der Cellulose

I. Reaktionen an den Hydroxylen

A. Veresterung

1. *Einfache Ester*
   a) *Säuren:* HNO_3, H_2SO_4, HCOOH u. a. Fettsäuren und dergleichen
   b) *Säureanhydride und Katalysator* (H_2SO_4 oder Salze wie z. B. Magnesiumperchlorat)
   c) *Säurechloride oder Säureanhydride* in basischem Medium (Pyridin, NaOH usw.)
2. *Gemischte Ester*
   a) *Mischester* (Nitratacetat, Acetatbutyrat, Acetatpropionat)
   b) *Halbester* der Schwefelsäure
   c) *Mischester-Halbacetal* Derivate
3. *Xanthogenierung* (Sulfthiokohlensäureester) mit NaOH und CS_2

[1] SANYAL, A. K., u. C. B. PURVES: Canad. J. Chem. **34**, 426 (1956).
[2] ŠLEJHAR, J.: Chem. Průmysl **3**, 255, 313, 356 (1953).
[3] OTT, E.: The Chemistry of Large Molecules. S. 258. Interscience, New York 1943.

B. Verätherung

1. *Einfache Äther*
   a) *Alkylierungsmittel* (Alkylsulfat, Alkylhalid oder Aralkylhalid in Gegenwart starker Alkalien)
   b) *Olefinoxyde* (Hydroxyalkyläther)
   c) *Diazomethan* auf Xanthogenat (Methylcellulose)
   d) *Aldehyde und Methylensulfat* (Acetale)
2. *Mischäther-Derivate*
   a) *Äther-Ester*
   b) *Veresterte Halbacetale*
   c) *Natriumester-Derivate*

C. Ersatz des Wasserstoffs im Hydroxyl durch Metalle (Cellulosat-Bildung)

D. Ersatz eines Hydroxyls durch Halogen, Aminogruppe usw.

E. Additionsverbindungen

1. *Wasser*
2. *Säuren, Alkalien, Salze* (Ionenaustausch!)
3. *Ungesättigte Verbindungen*

F. Oxydation der Hydroxyle

II. Abbau-Reaktionen (vgl. § 31)

A. Hydrolyse der Glucosid-Bindung

B. Oxydativer Abbau

C. Abbau durch andere Faktoren (kann auch hydrolytischer oder oxydativer Natur sein!) Hitze, Licht, mechanisch, biologisch, Ultraschall, wasserfreie Halogenwasserstoffsäuren (Siehe S. 342).

Mit Rücksicht auf den Charakter des Buches, nur die native Cellulose zu behandeln, soll mehr die Modifizierung nativer Cellulosefasern als die Umsetzung der Cellulose zu eigentlichen Derivaten herausgestellt werden; um so mehr, als jene in letzter Zeit erheblich an Bedeutung gewonnen hat[1]. Zunächst kann bekanntlich die Reaktionsfähigkeit und das Verhalten der Cellulosefasern durch oberflächenaktive Mittel beeinflußt werden[2]. Selbst „Weichmacher" (z. B. Isopropylamin) für Cellulose sind bekannt[3]. Wichtig sind auch die chemischen Modifizierungen von Papieren für die Papierchromatographie und Cellulose für Ionenaustauscherzwecke.

Eine chemisch modifizierte Baumwolle ist das *Azoton*[4]. Die Cyanoäthylierung der Baumwolle geschieht durch Alkalibehandlung und Einwirkung von Acrylonitrildämpfen. Der N-Gehalt liegt etwa bei 3,5%; die Baumwolle wird widerstandsfähiger gegenüber Mikroorganismen, Säuren und Hitze[5]. Bekannt ist ferner die Flammfestausrüstung mit THPC[6]. Eine Aminisierung beschreiben REEVES und GUTHRIE[7], die $< 0{,}16$ Aminoäthylsulfatgruppen/Glucoserest mittels 2-Aminoäthylschwefelsäure zwecks Verbesserung der Flamm- und Pilzfestigkeit sowie der Farbaufnahme und Lichtechtheit einführen. Die Partialacetylierung (der amorphen Gebiete) der Baumwolle (PA) erhöht ebenfalls deren Resistenz gegenüber Mikroorganismen und Wärme. (Umgekehrt eignet sich z. B. eine oberflächlich verseifte Acetatfaser [*Celcos*] vorzüglich für Teppiche und Teppichstoffe). Eine andere Modifizierung geschieht durch Phosphorylierung (DAUL), Carboxymethylierung (REID) bzw. Einführung von Mono- bzw. Dichlortriazingruppen (WARREN). Durch partielle Oxydation mit Perjodsäure und Kupplung der Dialdehydgruppen mit Hydrazin oder Phenylhydrazin wird die Pilzresistenz erhöht[8]. Den Kupplungsreaktionen ist auch der ω-(p-Aminoacetophenon-)äther der Cellulose zugäng-

[1] Vgl. C. H. FISHER: Textile Res. J. **25**, 1 (1955); Skinners Silk Rayon Rec. **29**, (8), 876 (1955). — SCOTT, W. M.: J. Textile Inst. **47**, P 235 (1956).
[2] NICOLAYSEN, V. B., u. V. BORGIN: Norsk Skogind. 8, 260 (1954). — ELÖD, E., K. GÖTZE u. H. RAUCH: Reyon, Zellwolle, Chemiefasern **1955**, 321; ferner: Rayonier Inc. E. P. 721053.
[3] KUBÁT, J.: Sv. Papperstidn. **56**, 739 (1953).
[4] Vgl. Rev. Textilis **11**, (7), 46, 48 (1955).
[5] GRANT, J. N., L. H. GREATHOUSE, J. D. REID u. J. W. WEAVER: Textile Res. J. **25**, 76 (1955).
[6] = Tetrakis (hydroxymethyl) phosphoniumchlorid.
[7] REEVES, W. A., u. J. D. GUTHRIE: Textile Res. J. **23**, 522 (1953).
[8] THOMAS, R.: Textile Res. J. **25**, 559 (1955).

lich, der Celluloseazofarben ergibt[1]. Bei der Hochveredlung der Cellulose (vornehmlich Reyon) werden für die Ausrüstung Vorkondensate benutzt, die eine große Neigung zu einer Vernetzung mit den Hydroxylgruppen der Cellulose haben[2]. Speziell für die Krumpfechtausrüstung kommen Brückenbildner in Frage, die ringförmig oder langkettig vernetzen (Urethane, aliph. Carbonsäureamide; vgl. auch S. 286). Schließlich muß noch auf spezielle Mercerisierung (GOLDTHWAIT) und Dekristallisierung hingewiesen werden sowie auf die Behandlung mit Propiolacton zwecks besserer Farbaufnahme.

2. Veresterung

Ester der Cellulose können unter Erhaltung der Faserstruktur (heterogen) oder in Lösung (homogen) hergestellt werden. Meist muß noch ein Katalysator zugegeben werden; im Falle einer Säure muß man mit einem Abbau rechnen. Halogenierte Ester sind schwierig herzustellen, oft führt nachträgliche Halogenierung des Esters leichter zum Ziel (z. B. macht man das Trichloracetat der Cellulose durch Chlorierung des Monochloracetats). Einheitliche Produkte mit einem Substitutionsgrad kleiner als 3 erhält man im allgemeinen nicht direkt durch unvollständige Veresterung, sondern durch partielle Verseifung des Trisubstitutionsproduktes bzw. durch dessen Umesterung mit niedermolekularen Alkoholen. Das Auftreten uneinheitlicher Produkte ist verständlich, wenn man bedenkt, daß die drei Hydroxyle der Grundeinheit insgesamt auf acht verschiedene Arten substituiert werden können, dies ergibt bei einer Kette aus 100 Grundeinheiten mit einem Durchschnitts-Substitutionsgrad von 1,5 bereits 10^{89} verschiedene Möglichkeiten!

Die anorganischen Ester hydrolysieren im Gegensatz zu den organischen normalerweise unter alkalischen Bedingungen nicht.

a) Anorganische Ester

Tabelle V, 8 gibt einen Überblick über die anorganischen Ester der Cellulose, die im folgenden kurz besprochen werden.

α) *Cellulosenitrat*

Diesen wichtigsten und auch bestuntersuchten Ester erhält man mit Salpetersäure und einem Katalysator (häufig Schwefelsäure; hier intermediäre Bildung von Schwefelsäure-[Misch]estern). Die Zusammensetzung des Nitriergemisches (Tauchsäure) bestimmt den Stickstoff-Gehalt des Esters (vgl. Tab. V, 9a); da es sich um eine Gleichgewichtsreaktion handelt, ist die Zusammensetzung der Endmischsäure (Abfallsäure) entscheidend[3]. Nach BLACKALL dürfte das Nitroniumion NO_2^+ die aktive Substanz sein. Der Stickstoffgehalt bestimmt die Art der Löslichkeit, der DP-Wert ihr Ausmaß. Geringe Veresterungsgrade ergeben alkohollösliche Cellulosenitrate (viele freie OH-Gruppen), sie werden mit steigendem Substitutionsgrad mehr und mehr organolöslich; der Triester (kein freies OH) ist in Alkohol unlöslich. Die Substitution erfolgt stets völlig statistisch.

Statt Schwefelsäure werden als Katalysatoren auch Phosphorsäure und Phosphorpentoxyd oder Essigsäure-Essigsäureanhydrid verwendet, wobei viel höher polymere Cellulosenitrate erhalten werden, ja, bei vorsichtigem Arbeiten soll ein Abbau gänzlich vermieden werden können[4]. Die Ursache dürfte darin liegen, daß hier die Veresterung dem Abbau wesentlich mehr voraneilt als bei Schwefelsäure als Katalysator und da Cellulosenitrat gegen Säuren viel widerstandsfähiger ist als Cellulose, wird der Abbau weitgehend verhindert. Auch mit gasförmigem N_2O_5 gelingt die Veresterung sehr leicht.

Die nitrierten Produkte sind zunächst unstabil, sie enthalten Restsäure, Abbauprodukte, Verunreinigungen der Cellulose, labile Nitrate und Schwefelsäureester; daher muß man sie

---

[1] MCLAUGHLIN, R. R., u. D. B. MUTTON: Canad. J. Chem. **33**, 646 (1955).

[2] Vgl. W. RÜMENS: Melliand Textilber. **37**, 441 (1956). — LINEKEN, E. E., S. M. DAVIS u. C. M. JORGENSEN: Text. Res. J. **26**, 940 (1956). — STAM, P. B.: Am. Dyestuff Rep. **44**, 251 (1955).

[3] BERL, E., u. E. BERKENFELD: Angew. Chem. **41**, 130 (1928).

[4] STAUDINGER, H., u. R. MOHR: Ber. dtsch. chem. Ges. **70**, 2296 (1937). — SCHULZ, G. V., u. M. MARX: Makromol. Chem. **14**, 52 (1954).

Tabelle V, 8. *Anorganische Ester*

Ester	Veresterungsmittel	Veresterungsgrad	Löslichkeit	Verwendung
Cellulose-nitrat	Salpetersäure + Katalysator (H_2SO_4, H_3PO_4, N_2O_5)	theoretisch 3 (= 14,14% N)	Aceton, Ester	Forschung
		2,1— 2,4 (11,2—12,5% N, =Collodiumwolle = Celloxylin)	Alkohol-Äther (Lösung in Alkohol-Äther=Collodium)	früher Chardonnet-Seide, jetzt künstliche Wursthäute, Folien
		2,4—3 (12,5—14% N, =Schießbaumwolle=Pyroxylin)	Äthylacetat, Aceton	rauchloses Pulver, Sprengstoffe
Cellulose-sulfat	Schwefelsäure, SO_3 Chlorsulfonsäure	stets saure Ester! 2,6—3 (21—24% S)	wasserlöslich, insbesonders die Salze	Verdickungsmittel (für Farben, Lebensmittel), Schlichte f. Textilien, Fett- und Öl-Schutz für Papier
Cellulose-phosphat	Phosphorsäure, Phosphoroxychlorid	bis zu 2,1 (?) (17% P)		Flammschutzbehandlung

durch Behandlung mit warmem Wasser oder Methanol stabilisieren, evtl. setzt man auch Stabilisatoren zu (Diphenylamin, Harnstoff, Anilin = schwache Base)[1]. Gut stabilisierte Cellulosenitrate sind recht beständig, jedoch ist eine geringe Depolymerisation, speziell in Lösung, beobachtbar („ageing"). Nach CAMPBELL und JOHNSON[2] existieren zwei Vorgänge, und zwar ein schnell ablaufender Prozeß, der nur bei hoch substituiertem und/oder umgefälltem Material unterdrückt ist und ein mit der Zeit langsam fortschreitender Viscositätsabfall, der von mehreren Faktoren beeinflußt ist (z. B. Stabilisierung).

Die Denitrierung, insbesondere wenn sie mit Alkalien durchgeführt wird, ist stets von starkem Abbau begleitet; insbesondere werden jetzt eventuelle bei der Veresterung erzeugte Schädigungen offenbar. Reduzierende Denitrierungsmittel (z. B. die Sulfhydrate des Natrium, Ammonium und Calcium, Sulfide usw.) sind wesentlich milder.

Der Mechanismus der Nitrierung ist heute recht weitgehend geklärt[3]. CHEDIN konnte zeigen, daß die Veresterung nur mit undissoziierter und unhydratisierter Salpetersäure erfolgt. Dies stimmt gut mit der Beobachtung überein, daß der Veresterung die Bildung einer definierten Anlagerungsverbindung (KNECHTsche Verbindung)[4] vorausgeht (Abb. V, 8). Die erforderlichen HNO_3-Moleküle treten erst bei sehr hohen Konzentrationen an HNO_3 auf, während bei niedrigeren Konzentrationen die Hydrate der Salpetersäure Häufigkeitsmaxima haben. Aus dem Zusammenfallen

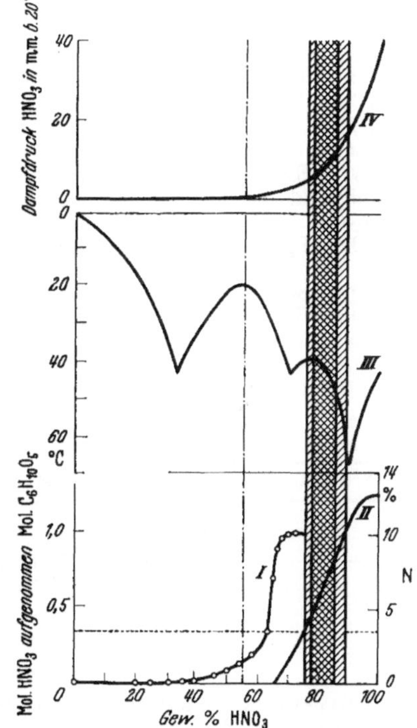

Abb. V, 8. Bildung der KNECHT-Verbindung (Kurve I); Stickstoffaufnahme der Cellulosefaser (Kurve II); Gefrierpunkt der Salpetersäure nach KÜSTER-KREMANN (Kurve III); Partialdruck der freien Salpetersäure bei 20° nach TAYLOR (Kurve IV) bei wäßriger Salpetersäure in Abhängigkeit von der Säurekonzentration. (Schraffierter Streifen: Starke Faserquellung; doppelt schraffierter Streifen: Auflösung der Faser in der Säure)

[1] ABEL, F. A.: Trans. Roy. Soc. London **1867**, 181. — MACDONALD: Historical Papers on Modern Explosives. London: Whittaker 1912.

[2] CAMPBELL, H., u. P. JOHNSON: J. Polymer Sci. **5**, 443 (1950).

[3] CHEDIN, J.: Kolloid-Z. **125**, 65 (1952).

[4] KNECHT, E.: Ber. dtsch. chem. Ges. **37**, 549 (1904). — HESS, K., u. J. KATZ: Z. physik. Chem. **122**, 1433 (1926).

dieser Maxima mit den Quellungsmaxima der Cellulose in Salpetersäure schließt BARTUNEK[1], daß die Hydrate für die Quellung verantwortlich sind.

Einer der ältesten, aber heute noch immer verwendeten Kunststoffe ist das leicht brennbare Celluloid, das eine Molekülverbindung aus 10 Teilen Cellulosenitrat und 4 Teilen Campher ist; Campher wirkt hier als Weichmacher. (BOGER konnte aus Cyclohexan eine Molekülverbindung [1 Camphermolekül per Glucoserest] präzipitieren).

β) *Schwefelsäureester der Cellulose*

Grundsätzlich sind saure (primäre) und neutrale (sekundäre) Ester möglich, doch kann man praktisch nur die sauren herstellen. Salze mit zweibasischen Metallen können Vernetzungsstellen liefern. Die einfache Behandlung mit Schwefelsäure ergibt Pergamentbildung[2] (mit 72% H_2SO_4), Lösung und Verkohlung, aber nur geringe Veresterung bei hauptsächlichem Abbau. Durch gewisse Kunstgriffe kann man jedoch höhere Ester erhalten (vgl. Tab. V, 8 u. 10).

Die Barium-, Natrium- und Pyridiniumsalze der Cellulosesulfate sind wasserlöslich, während das Benzidinsalz unlöslich ist und Lichtempfindlichkeit zeigt. Die Cellulose läßt sich aus den Sulfaten nicht regenerieren. Schwefelsäureester sind besonders beständig gegen Alkalien. Man hat Cellulosesulfate zur kommerziellen Verwendung als Verdicker usw. vorgeschlagen.

Aus Toluolsulfochlorid und Alkalicellulose entstehen Cellulosetoluolsulfonate, („Tosylierung"), in denen durch die eingeführten Gruppen an der Oberfläche der Cellulosefaser deren Affinität zu substantiven Farbstoffen aufgehoben ist[3]. Durch Ammoniak werden die Toluolsulfogruppen gegen NH_2-Gruppen ausgetauscht; dies ist also ein Weg, die Hydroxyle durch Aminogruppen zu ersetzen. Solche „Amincellulose" fixiert saure Farbstoffe[4] („Immungarn").

Tabelle V, 9a. *Nitrierungsmethoden*

Methode	% N	Literatur
Theor. Trinitrat	14,14	
$HNO_3 + H_3PO_4$ bei 10°	14,01	BERL, E., u. G. RUEFF: Cellulosechemie **12**, 53 (1931).
HNO_3 + Essigsäureanhydrid; Alkohol-Nachbehandlung im Soxleth	14,14	BOUCHONNET, A., u. G. PETIPES: C. r. Acad. Sci. (Paris) **197**, 63 (1933).
HNO_3 + Essigs.-Essigsäureanhydrid	14,1	GARLAND, W. G.: J. Textile Inst. **45**, T 678 (1954). vgl. S. 284.
N_2O_5-Gas	14,1	DALMON, R.: C. r. Acad. Sci. (Paris) **201**, 1123c (1935).
$HNO_3 + P_2O_5$ bei 40—45°	14,0	LUNGE, G., u. E. WEINTRAUB: Angew. Chem. **11**, 173 (1898); **12**, 445 (1899).
$HNO_3 + SO_3$	13,86	BERL, E., u. R. KLAYE: Chem. Ber. **41**, 1837 (1901).
$HNO_3 + H_2SO_4$	13,7	Technische Nitrierungsmethode. Zur Bildung möglichst hochsubstituierter Nitrate ist die Anwesenheit von etwas Wasser erforderlich.

Tab. V, 9b *Verschiedene Cellulosenitrate*

N-Gehalt	Löslichkeit	Verwendung
10,7—11,2	Äthanol	Plaste, Lacke
11,2—11,7	Äther-Äthanol, Methanol, Ester, Aceton	Lacke
11,8—12,3	Äther-Äthanol, Methanol, Ester, Aceton	Lacke, Überzüge
12,0—13,5	Aceton, Essigsäureester	Schießpulver, Sprengstoffe

γ) *Andere anorganische Ester*

CHAMPETIER[5] versuchte Phosphorsäureester darzustellen, indem er H_3PO_4 auf Cellulose einwirken ließ. Er fand zunächst die Additionsverbindung $\text{Cell.}_3 \cdot H_3PO_4$. Wirkliche Ester sollen durch Einwirkung von Phosphoroxychloriden gewonnen werden können (ergibt 16 bis

[1] BARTUNEK, R.: Kolloid-Z. **133**, 125 (1953).
[2] Vgl. H. BUCHER: Papier **11**, 125 (1957).
[3] DRP 396 926 (1922).
[4] KARRER, P., u. S. C. KWONG: Helvet. chim. Acta **11**, 525 (1928); DRP 459200, DRP 438324.
[5] CHAMPETIER, G.: C. r. Acad. Sci. (Paris) **196**, 930 (1933).

17% P, theoretisches Triphosphat = 23% P) sowie mit Phosphorsäurechloriden[1]. Vom technischen Standpunkt aus wäre die Einführung von Phosphor deshalb von Bedeutung, weil sie die Faser schwer entflammbar macht[2]. Dieses Ziel soll auch durch die Behandlung niedriger aliphatischer Celluloseester mit Chlorphosphonaten erreicht werden[3].

Durch Einwirkung von Chlorkohlensäuremethylester auf Cellulose A erhält man einen recht unstabilen Alkylkohlensäureester der Cellulose von der Zusammensetzung Cell. $(OCOOCH_3)_2$[4]. Thionylchlorid in Pyridin führt je Grundeinheit ein Chloratom ein[5].

Tabelle V, 10. *Sulfurierungsmethoden*

Methode	Ergebnis	Literatur
H_2SO_4 + aliphatischer Alkohol	Abbau!	USP 2559914 USP 2539451
H_2SO_4	saure Ester (Cellodextrinschwefelsäuren), s höchstens 1,5. Wasserlöslich, starker Abbau	vgl. OTT*, S. 755
SO_3 als Gas oder in CS_2 auf atro Cellulose	saurer Triester, wasserlöslich, Abbau	TRAUBE, W., u. Mitarb.: Ber. dtsch. chem. Ges. **61**, 754 (1928); **65**, 603 (1932); vgl. LIESER*, S. 72.
Chlorsulfonsäure in Pyridin	saurer 2,6—2,9 Ester	GEBAUER-FÜLLNEGG, E., W. H. STEVENS u. O. DINGLER: Ber. dtsch. chem. Ges. **61**, 2000 (1928).

* Siehe Fußnote bei Tabelle V, 12.

b) **Organische Ester** (vgl. Tab. V, 11)

Diese werden durch Umsetzung mit Säureanhydriden oder Säurechloriden mit Katalysator hergestellt, mit Säure selbst gelingt die Veresterung nur bei der Ameisensäure. Für die Eigenschaften ist die Natur des eingeführten Restes wesentlich, je länger dieser ist, desto differenzierter ist der Ester von Cellulose (Löslichkeit!) und desto geringer ist die Festigkeit. Alle organischen Celluloseester sind in Wasser unlöslich, wenn auch zum Teil quellbar.

α) *Ameisensäureester der Cellulose (Formylcellulose)*

Dieser nimmt insofern eine Sonderstellung ein, als die Cellulosenatur noch überwiegt, er ist z. B. in den organischen Lösungsmitteln unlöslich, wohl aber in Cellulose-Lösungsmitteln löslich. Wahrscheinlich ist die Veresterung stets von beträchtlichem Abbau begleitet. Der Ester ist sehr instabil, er wird unter Umständen von selbst verseift. Man soll daraus Fäden und Filme herstellen können, doch ist über eine tatsächliche kommerzielle Verwendung bis heute nichts bekannt. Mittels verschiedener Veresterungsvorschriften soll man fast bis zum Triester kommen[6].

β) *Celluloseacetat*

Die homogene Veresterung erfolgt meist mit Cellulose und Essigsäureanhydrid mit einem Katalysator (meist Schwefelsäure) in Eisessig oder Methylenchlorid als Lösungsmittel. Acetylchlorid führt ebenfalls zum Ziel, doch tritt hier wegen der freiwerdenden Säure verstärkter Abbau auf, selbst wenn man durch Zugabe von Salzen schwacher Säuren puffert. Auch die Veresterung mit Keten und einem Katalysator (z. B. Zinkchlorid) wurde beschrieben[7], doch waren die erhaltenen Produkte völlig undefiniert. Essigsäureanhydrid und Acetylchlorid führen schon ohne Katalysator zum Triacetat, besonders leicht an Inklusionscellulosen. Die

[1] USP 1848524, USP 1896725.

[2] COPPICK, S., u. W. P. HALL: in R. W. LITTLE, Flameproofing Textile Fabrics. S. 179. New York: Reinhold 1947. — NUESSLE, A. C.: J. Soc. Dyers Colour. **64**, 342 (1948).

[3] GORDER, N. v.: AP 2678309; vgl. Chem. Zbl. **1956**, 291.

[4] HEUSER, E., u. F. SCHNEIDER: Ber. dtsch. chem. Ges. **57**, 1389 (1924).

[5] CARRE, P., u. P. MANCLERE: C. Acad. Sci. (Paris) **192**, 1567 (1931).

[6] DRP 498157; vgl. auch TH. LIESER: Kurzes Lehrbuch der Cellulosechemie. S. 81. Berlin: Borntraeger 1953.

[7] DRP 139669.

Tabelle V, 11. *Organische Ester*

Ester	Veresterungsmittel	Veresterungsstufe	Löslichkeit	Eigenschaften und Verwendung
Cellulose-formiat	wasserfreie Ameisensäure + Katalysator (P_2O_5, $ZnCl_2$, H_2SO_4, HCl)	bis Triformiat	Ameisensäure, Pyridin, Mineralsäuren Essigsäure, Thiocyanate, Aceton (? USP 1 880 420)	Unbeständig
Cellulose-acetat	Essigsäureanhydrid oder Acetylchlorid + Katalysator (H_2SO_4, $ZnCl_2$ Perchlorsäure) Keten	3 = Primäracetat, daraus d. Verseifen das technisch wichtige Sekundäracetat (2,5)	*3-Acetat:* Chlorkohlenwasserstoffe Chloroform, CCl_4, Äthylenchlorhydrin, Epichlorhydrin, Ameisensäure, Essigsäure, Nitrobenzol, Anilin, Pyridin. *2,5-Acetat:* Ameisensäure, Essigs., Butylacetat, Alkohol-Benzol	Schmelzpunkt 306°, Dichte 1,28, Reißfestigkeit 7,3 kg/cm². Bei technischer Herstellung immer Abbau. Kunstseide, Filme, Folien, Plaste
Cellulose-propionat	Anhydrid + Katalysator	3-Propionat, daraus durch Verseifung die technisch wichtigeren niedriger substituierten Produkte	Mit zunehmender Verseifung: Benzol, Butylacetat, Aceton, Methylcellosolve[1] Dioxan	Schmelzp. 234°, Dichte 1,23, Reißfestigkeit 4,9 kg/cm². Plaste, Filme; wenig kommerzielle Verwendung, da weicher als Acetat
Cellulose-butyrat	Anhydrid + Katalysator	wie Propionat	mit zunehmender Verseifung: Benzol, Aceton, Chloroform, Dioxan	Herstellung ohne Abbau nur über Mischester. Schmelzp. 183°, Dichte 1,17, Reißfestigkeit 3,1 kg/cm². Weicher als Propionat, geringe kommerzielle Verwendung
Cellulose-laurat (palmitat, stearat)	Säurechlorid in benz. Lösung + Pyridin	2-Ester, uneinheitlich	heiße Fettsäuren u. Glyzeride	Schmelzp. 91°, Dichte 1,0

katalytische Wirkung der Schwefelsäure beruht wahrscheinlich auf einer intermediären Bildung von Schwefelsäureestern, wodurch aber auch stets etwas Schwefelsäure im Ester zurückbleibt und diesen unstabil macht. Perchlorsäure katalysiert die Veresterung noch besser und bildet keine Mischester. Bei jeder Acetylierung tritt zunächst Abbau auf, unabgebaute Triacetate erhält man durch besondere Methoden[2].

Das zunächst erhaltene Triacetat („Primäracetat") ist instabil, wenig löslich, schwer plastisch verformbar (hoher Schmelzpunkt) und zeigt sehr geringe Wasseraufnahme. Hydrolyse mit verdünnten Säuren (die die primären und die sekundären Hydroxyle annähernd gleich angreift[3]) führt zu dem technisch wertvolleren „Sekundäracetat" (meist ein 2,5-Acetat mit ~54,5% Essigsäure). Dieses ist stabil, in technischen Lösungsmitteln löslich (Aceton, Butylacetat, Alkohol-Benzol). Neuerdings konnte man durch besondere Behandlungsverfahren, wie z. B. Wasserdampfbehandlung auch das Triacetat techn sch verwertbar machen[4] und Textilreyon („*Arnel*") herstellen[5]; aus Röntgenuntersuchungen geht hervor, daß durch

[1] Cellosolve = Äthylenglykol-monoäthyläther

[2] Hess, K., u. M. Ljubitsch: Ber. dtsch. chem. Ges. **61**, 1560 (1928). — Staudinger, H., u. G. Daumiller: Ber. dtsch. chem. Ges. **61**, 227 (1928). Vgl. auch S. 284.

[3] Cramer, F. B., u. C. B. Purves: J. Amer. Chem. Soc. **61**, 3458 (1939).

[4] Miles, F. D.: USP 733729 (1903); BP 19330 (1905).

[5] Vgl. E. A. Krähenbühl: Textil-Rdsch. **10**, 69 (1955).

die Dampfbehandlung offenbar die Gleichmäßigkeit und Ordnung der Kristallite verbessert wird[1].

Die Veresterung kann auch unter Erhaltung der Faserstruktur durchgeführt werden; einheitliche Produkte erhält man jedoch nur durch Hydrolyse in Lösung. Die direkte unvollständige Acetylierung ist wahrscheinlich eine topochemische micellarheterogene Reaktion, (vgl. die ELÖDsche Abschälmethode[2]). HESS[3] gelang es, Triacetat in Kristallen zu erhalten (Abbau ?).

Das technische Sekundäracetat wird in größtem Maße kommerziell verwendet zur Herstellung von Plastikartikeln und von Kunstseide (Acetatseide), wobei teils die guten elektrischen Eigenschaften (Isolator), teils die hohe Lichtbeständigkeit und die geringe Wasseraufnahme geschätzt werden.

γ) *Andere Ester*

Durch Umsatz mit Säureanhydriden oder Säurechloriden hat man eine ganze Reihe von höheren Fettsäureestern hergestellt, die aber selten technische Bedeutung erlangten. Die Ester sehr langkettiger Säuren haben wesentlich vergrößerte Faserquerschnitte; daraus und aus anderen Befunden[4] kann man schließen, daß die Fettsäurereste senkrecht zur Faserachse angeordnet sind[5].

Die *ICI* (England) stellt neuerdings ein Cellulosecaprat her, das für optische Linsen Verwendung finden soll[6]; *Celanese* (USA) bringt ein Cellulosepropionat („Forticel") auf den Markt. Die vielen anderen Ester, die man im Labor darstellte, sind teilweise in Tab. V, 11 u. 12 zusammengestellt.

Tabelle V, 12. *Verschiedene Ester*

Ester mit	Literatur
Chloressigsäure	RUDY, H.: Cellulosechemie **13**, 49 (1931).
Oxy-Alkoxy-Keto-Aminosäuren	Patente, vgl. OTT, S. 814.
Ungesättigte Säuren (auch Ölsäure)	Patente, vgl. OTT, 809, LIESER 103.
Aromatische Säuren	OST, H., u. F. KLEIN: Ang. Chem. **26**, 437 (1913).
Kohlensäure	HEUSER, E., u. G. SCHNEIDER: Ber. dtsch. chem. Ges. **57**, 1389 (1924).
Oxalsäure (nur Mischester mit niedrigen Alkoholen)	FRANK, G. V., u. W. CARO: Ber. dtsch. chem. Ges. **63**, 1532 (1930). — MONTGOMERY, D. J.: J. Amer. Chem. Soc. **53**, 2701 (1931).
Phthalsäure	LIESER 106.
Zimtsäure	FRANK, H. v., u. H. MENDRZKY: Ber. dtsch. chem. Ges. **63**, 875 (1930).
p-Toluolsulfosäure (= Tosylierung)	DRP 396926
Methansulfosäure (= Mesylierung)	WOLFROM, M. L., I. C. SOWDAM u. E. A. METCALF: J. Amer. Chem. Soc. **63**, 1688, (1941).

Für weitere Angaben vgl. TH. LIESER: Kurzes Lehrbuch der Cellulosechemie, (Berlin: Borntraeger 1953) — im Text als „LIESER" bezeichnet, u. E. OTT u. H. M. SPURLIN: Cellulose and Cellulose Derivatives (Interscience, New York 1954) — im Text als „OTT" bezeichnet.

Durch Umsatz der Cellulose mit Nitrobenzoylchlorid erhält man ein Cellulosenitrobenzoat, dessen Nitrogruppen man zu Aminogruppen reduzieren kann, die sich wiederum diazotieren und verkuppeln lassen, was letztlich *färbige* (nicht gefärbte) Fasern liefert[7]. Über die Herstellung von „Immungarn" nach KARRER durch Tosylierung und anschließende Amidierung

[1] DULMAGE, W. J.: Nature (London) **172**, 1053 (1953).

[2] ELÖD, E., H. SCHMID-BIELENBERG u. L. THORIA: Angew. Chem. **74**, 465 (1934).— ELÖD, E.: Textil-Rdsch. **117**, H. 4 (1949).

[3] HESS, K.: Angew. Chem. **37**, 997 (1924); Naturwiss. **13**, 1003 (1925).

[4] NOWAKOWSKI, I.: C. r. Acad. Sci. (Paris) **191**, 411 (1930). — TRILLAT, J. J.: C. r. Acad. Sci. (Paris) **197**, 1616 (1933).

[5] GRÜN, A., u. F. WITTKA: Angew. Chem. **34**, 645 (1921).

[6] Chem. Engng. **62**, 120 (1955).

[7] KARRER, P., u. W. WEHRLI: Angew. Chem. **39**, 1509 (1926). — BRIGGS, J. F.: Angew. Chem. **26**, 255 (1913). — NIETHAMMER, W., u. W. KÖNIG: Ber. dtsch. chem. Ges. **57**, 1389 (1924).

wurde schon bei den Schwefelsäureestern gesprochen[1, 2]. Von den dibasischen Säuren sind bisher nur Mischester mit niedrigen Alkoholen dargestellt worden[3]. Aus Celluloseestern ungesättigter Säuren (z. B. Crotonaten) kann man durch Umsatz mit anderen Estern ungesättigter Säuren Mischpolymerisate herstellen, die für Filme und Folien geeignet sein sollen[4].

Läßt man Cellulose in Pyridin mit Alkylisocyanaten reagieren, so erhält man Celluloseurethane, die auch oft fälschlich Carbaminsäureester genannt werden[5]. Diese Reaktion macht die Cellulose wasserabstoßend und ist daher auch von praktischer Bedeutung. Durch polyfunktionelle Isocyanate sind auch Vernetzungen möglich[6], was unter anderem zur Herabsetzung der Quellung wichtig ist. Lösliche Cellulose-trialkyl-carbaminsäureester für Überzüge und Filme wurden kürzlich von *Dupont* beschrieben[7].

δ) *Mischester*

Mischester, also Cellulosen, die zugleich mit zwei oder mehr verschiedenen Säuren verestert sind, sind in der letzten Zeit vom kommerziellen Standpunkt aus sehr wichtig geworden, da man hier durch Variation der Zusammensetzung und Komponenten Produkte gewissermaßen „auf Bestellung“ herstellen kann und so Eigenschaften erzielt, die die normalen Ester nicht zeigen (vgl. Tab. V, 13). Da durch den Einbau verschiedener Gruppen die Ketten sehr unregelmäßig werden, zeigen die Mischester im allgemeinen wenig Kristallinität, gute Löslichkeit und niedrige Schmelzpunkte, so daß sie z. B. ohne Weichmacher in der Plastik-Industrie verwendet werden können. Auf diese Weise kann man z. B. direkt verwendbare gemischte Acetate erzeugen; die eingebauten höheren Säurereste (insbesondere Butyrat) wirken hier als innere Weichmacher. Zur Herstellung der Mischester setzt man dem Veresterungsgemisch beide Säuren zugleich zu oder man verestert zuerst mit einer Säure, verseift partiell und verestert hierauf mit der zweiten Säure.

Tabelle V, 13. *Mischester*

Ester	Literatur	Verwendung und Eigenschaften
Nitroacetat	Berl, E., u. Smith: Ber. dtsch. chem. Ges. **41**, 1837 (1908). Krüger, D.: Cellulosechemie **11**, 220 (1930).	Forschung
Cellulose-acetopropionat	Goor, W. E.: Ind. Eng. Chem. **29**, 690, (1937); USP 2 026 986	Sehr widerstandsfähiger plastischer Kunststoff mit geringer Wasseraufnahme und guten dielektrischen Eigenschaften. Isolier- und Überziehlack von großer Glätte (Flugzeugindustrie). Gute Löslichkeit.
Cellulose-acetobutyrat	Malm, C. J., M. Salo u. H. F. Vivian: Ind. Engng. Chem. **39**, 168 (1947), vgl. Ott S. 806	Guter plastischer Kunststoff. Überzüge. Gute Löslichkeit (Ester, Ketone, Toluol-Alkohol)

Technische Bedeutung haben vor allem das Acetopropionat und das Acetobutyrat wegen ihrer guten dielektrischen Eigenschaften und leichten Verarbeitbarkeit ohne äußere Weichmacher gewonnen. Auch gemischte Ester-Äther sind neuerdings beschrieben worden (z. B. Hydroxyäthylcelluloseacetat[8].

---

[1] Siehe S. 324, Fußnote 3. [2] Siehe S. 324, Fußnote 4.

[3] Lieser, Th.: Kurzes Lehrbuch der Cellulosechemie. S. 106. Berlin: Borntraeger 1953.

[4] AP 2682513; DP 711669 (Celanese).

[5] Lieser, Th., u. K. Macura: Liebigs Ann. **548**, 226 (1941). — Eckert, P., u. E. Herr: Kunstseide, Zellwolle **1947**, 204. — Bayer, O.: Angew. Chem. **59**, 270 (1947); DRP 544777.

[6] Krässig, H.: Makromol. Chem. **10**, 1 (1953).

[7] USP 2668168; vgl. Chem. Zbl. **1955**, 2563.

[8] USP 1876920; USP 2330263; vgl. E. Ott u. H. M. Spurlin, Cellulose and Cellulose Derivatives. S. 815. Interscience, New York 1955.

ε) *Cellulosexanthogenat (Sulfthiokohlensäureester)*

Läßt man auf Alkalicellulose Schwefelkohlenstoff einwirken, so entsteht das Natriumsalz des Sulfthiokohlensäureesters der Cellulose, das Natrium-Cellulosexanthogenat[1]. Es löst sich in verdünnter Natronlauge zur Viscose, woraus mit verdünnten Säuren die Cellulose regeneriert werden kann. Dieser Vorgang wird bekanntlich bei der Herstellung der Viscosekunstseide in größtem Maße angewendet; tatsächlich werden nach diesem Verfahren etwa zwei Drittel der Welterzeugung an Kunstseide hergestellt. Bei der Bildung des Xanthogenats finden wir noch eine Reihe von Nebenreaktionen[2], insbesondere die Bildung von Trithiocarbonat. Viscoselösungen sind sehr instabil und spalten von selbst Xanthogenatgruppen ab, dadurch wird der Substitutionsgrad (γ-Zahl) vermindert (die „Reife" der Viscose). Technische Xanthogenate haben meist einen (initialen) Substitutionsgrad von etwa 0,5 (γ-Wert 50). Die Herstellung des Trixanthogenats (Perxanthogenate) gelingt durch besondere Maßnahmen[3].

Läßt man Cellulosexanthogenat mit Alkylhalogeniden (oder -sulfaten) reagieren, so erhält man die Organoxanthate (das Na wird durch den organischen Rest ersetzt[4]), die recht stabil und keine Polyelektrolyte wie das Xanthat selbst sind. Ähnlich reagiert Xanthat mit halogenierten Polyalkoholen. Mit Halogenfettsäuren z. B. erhält man die Fettsäure-Xanthate[5], die neuerdings in der Viscoseforschung ein gewisses Interesse erlangten. Fettsäure-Xanthate reagieren mit Aminen weiter unter Bildung von Cellulosethiourethanen:

$$\text{Cell. OCSSCH}_2\text{COR} + \text{NH}_2\text{R} \rightarrow \text{Cell. OCSNHR} + \text{SHCH}_2\text{COR}$$

deren Salze wiederum z. B. mit Alkylhalogeniden die Alkylester der Cellulosethiourethane liefern[6]. Auch der direkte Umsatz von Cellulosexanthogenat mit Aminen ergibt Thiourethane[7]. Hydroxyalkylcellulosen können ebenfalls xanthogeniert werden.

Diazomethan liefert mit Xanthaten Monomethylcellulose[8]. Diazoniumverbindungen reagieren ebenfalls unter Bildung von Alkylxanthaten[9] durch Stickstoffabspaltung.

Acrylnitril bildet mit Cellulosexanthogenat Cyanoäthylcellulose; wird die Reaktion an Viscose durchgeführt, so verseift das vorhandene Alkali diese sofort zum Natriumsalz der Carboxyäthylcellulose[10].

Mit Jod bildet sich ein Disulfid[11], welches unlöslich und verhältnismäßig stabil ist. (Über weitere Reaktionen des Cellulosexanthogenats siehe [12].)

Analog reagiert Alkalicellulose auch mit COS (HESS) und CSe_2 (TREIBER); die Produkte sind recht instabil und nur beschränkt löslich.

c) Die Celluloseäther

Die Celluloseäther besitzen beachtliches technisches Interesse, wenn sie auch, teils wegen der Unmöglichkeit einer einfachen Regeneration, nicht an die Bedeutung der Ester heranreichen. Man erhält sie im allgemeinen durch Umsatz von Alkylhalogeniden oder -sulfaten mit Alkalicellulose oder durch Addition von ungesättigten Verbindungen an diese; in Einzelfällen sind auch andere Darstellungen bekannt (z. B. die des Methyläthers durch Einwirken von Keten oder Diazomethan auf Cellulosexanthogenat, vgl. Tab. V, 14). Sekundäre oder tertiäre Alkyläther konnte man bisher ebensowenig herstellen wie Aryläther,

---

[1] CROSS, C. F., u. E. J. BEVAN: Ber. dtsch. chem. Ges. **26**, 1090 (1893); **34**, 1513 (1901).

[2] Vgl. E. TREIBER, W. LANG u. E. MADER: Holzforsch. 8, 97 (1954).

[3] LIESER, TH., u. E. LECKZYCK: Liebigs Ann. **522**, 59 (1936). — GEIGER, E., u. B. J. WEISS: Helvet. chim. Acta **36**, 2009 (1953). — SHIMO, K., T. ANDO u. A. FUSE: Sci. Rep. Res. Inst. Toh. Univ. A **49**, 229 (1955); vgl. Chem. Abstr. **49**, 16426f.

[4] Vgl. Chem. Abstr. **22**, 3777 (1928); **21**, 2384 (1927; **25**, 2847 (1931).

[5] LILIENFELD, H.: DRP 448948. — FINK, H., R. STAHN u. A. MATTHES: Angew. Chem. **47**, 602 (1934). — SCHURZ, J.: Papier **9**, 333 (1955). — TREIBER, E., J. GIERER, J. REHNSTRÖM u. J. SCHURZ: Holzforsch. **10**, 36 (1956).

[6] LILIENFELD, L.: In Chem. Abstr. **22**, 2839 (1928); **27**, 3605 (1933); **27**, 601 (1933).

[7] LILIENFELD, L.: Chem. Abstr. **27**, 601 (1933). — ALLEVELT, A. L., u. W. R. WATT: Chem. Engng. News **34**, 2213 (1956).

[8] LIESER, TH.: Liebigs Ann. **470**, 104 (1929).

[9] HELBERGER, J. H.: Chem. Abstr. **27**, 841 (1933).

[10] HOLLIHAN, J. P., u. S. A. MOSS: Ind. Engng. Chem. **39**, 929 (1947). — SOMERS, J. A.: Brit. Rayon a. Silk J. **26**, Nr. 312, 62 (1950).

[11] CROSS, C. F., E. J. BEVAN u. C. BEADLE: Ber. dtsch. chem. Ges. **26**, 1090 (1893); **34**, 1513 (1901). — LIESER, TH.: Liebigs Ann. **470**, 104 (1929); **483**, 132 (1930). — LAUER, K., u. Mitarb.: Kolloid-Z. **110**, 26 (1945); **119**, 151 (1950).

[12] OTT, E., u. H. SPURLIN: Cellulose and Cellulose Derivatives. S. 1016. Interscience, New York 1955.

Tabelle V, 14. *Die wichtigsten Celluloseäther*

Äther	Formel	Herstellung	Verwendung
Methylcellulose	Cell.OCH_3	Alkylhalogenid oder -sulfat + Alkalicellulose, Keten+Xanthat, Diazomethan + + Xanthat	Platten, Verdicker, Schutzkolloid, Kosmetik, Pharmazie, Lebensmittelindustrie, Textilhilfsmittel, Kleister
Äthylcellulose	Cell.OC_2H_5	Alkylhalogenid o. -sulfat+Alkalicellulose	Plaste, Lacke, Klebstoffe, Platten, Ausrüstmittel
Benzylcellulose	Cell.$OCH_2C_6H_5$	Aralkylhalogenid + Alkalicellulose	Überzüge, Plaste, Lacke (ohne Weichmacher verwendbar, nicht wasserlöslich)
Hydroxyäthylcellulose	Cell.OCH_2CH_2OH	Äthylenoxyd; Halogenhydrine + Alkalicellulose	Schutzkolloid, Verdicker, Bindemittel, Emulgator
Carboxymethylcellulose (=Celluloseglykolsäure)	Cell. OCH_2COONa	Natriumchloracetat + Alkalicellulose	Schutzkolloid, Verdicker, Emulgator, Kleister, Bohrhilfsmittel, Appretur, Schlichte, Papierleimung, Abwasserklärung, Waschmittelzusatz usw.
Cyanoäthylcellulose	Cell.OCH_2CH_2CN	Acrylnitril + Alkalicellulose	wasserlösliche Garne, Modifizierung von Cellulose. Verseifung liefert Carboxyäthylcellulose
Tritylcellulose	Cell.$OCH_2(C_6H_5)_3$	Triphenylmethylchlorid	Analytisch interessant. Nur das primäre OH wird verestert!
Celluloseacetale	Cell.OCHOHR	Aldehyde, Methylensulfat	

dagegen gelingt die Darstellung von Aralkyläthern leicht (z. B. Benzyläther). Triphenylmethyl (Trityl) tritt leicht am primären 6-er Kohlenstoff unter Bildung eines Monoäthers ein, während offenbar die anderen Hydroxyle kaum umgesetzt werden; dieser Äther wurde daher in der Forschung wichtig[1]. Heute wird die Tritylierung allerdings durch die Tosylierung[2] (Veresterung mit p-Toluolsulfonylchlorid) als Forschungsmethode verdrängt. Fast immer ist die Verätherung mit einem oxydativen Abbau verbunden, wenn man diesen auch durch Ausschluß von Sauerstoff weitgehend hintanhalten kann. Praktisch stellt man meist nur Produkte mit niedrigen Verätherungsgraden her, obwohl man durch besondere Maßnahmen auch zu Triäthern[3] kommen kann, die sich stark von den technischen Äthern unterscheiden (z. B. organolöslich) und die man nach Hess auch kristallisiert erhält[4] — inwieweit dabei Abbau eintritt, ist allerdings noch nicht geklärt. An sich scheinen bei der Verätherung meist die drei Hydroxyle annähernd gleich reaktiv zu sein[5], doch kommt es vornehmlich wegen morphologischer Gegebenheiten dennoch nicht zu einer statistischen Substitution. Führt man die Verätherung in Lösung (homogen) durch, so erhält man Produkte von gleichmäßigerer Substitution und besserer Löslichkeit als heterogen dargestellte Äther von gleichem

[1] Helferich, B., u. H. Köster: Ber. dtsch. chem. Ges. **57**, 587 (1924). — Hearon, W. M., G. D. Hiatt u. C. R. Fordyce: J. Amer. Chem. Soc. **65**, 2449 (1943). — Honeyman, J.: J. Chem. Soc. **1947**, 168.

[2] Siehe S. 324, Fußnote 3.

[3] Heuser, E., u. N. Hiemer: Cellulosechemie **6**, 105 (1925). — Haworth, W. N., E. L. Hirst u. H. A. Thomas: J. Chem. Soc. **1931**, 821. — Abel, G., u. K. Hess: Cellulosechemie **16**, 79 (1935).

[4] Hess, K., u. H. Pichlmayer: Liebigs Ann. **450**, 29 (1926).

[5] Hess, K., K. E. Heumann u. R. Leipold: Liebigs Ann. **594**, 119 (1955).

Substitutionsgrad. Übrigens führt auch der Ersatz der Alkalicellulose durch Natriumcupricellulose (NORMANsche Verbindung), Thalliumcupricellulose, die Verbindung der Cellulose mit organischen Basen oder flüssigem Ammoniak zu gleichmäßigeren Produkten[1].

Die Löslichkeit der Äther ist in erster Linie eine Funktion des Verätherungsgrades, aber auch der Verteilung desselben. Bei ganz geringem Substitutionsgrad wird die zunächst unlösliche Ausgangscellulose zuerst alkalilöslich und dann wasserlöslich (vgl. JULLANDER[2]), da die intermolekularen Wasserstoffbrücken in der Cellulose gesprengt und so die Hydroxyle für den Lösungsvorgang frei werden. Während, wie hervorgehoben, alkalilösliche Äther recht gewöhnlich sind, sind säurelösliche Derivate sehr selten. BRESLOW hat einige Urethane beschrieben[3]. Jeder Äther hat auch einen optimalen Substitutionsgrad in bezug auf Wasserlöslichkeit. In dem Maße aber, wie nun durch die zunehmende Verätherung die Hydroxyle abgeschirmt werden, verschwindet die Wasserlöslichkeit und geht in eine Organolöslichkeit über, wobei folgende Stufen durchschritten werden: wasser-alkohol-, alkohol-, alkohol-organo, organolöslich. Triäther sind nur organolöslich. Die Celluloseäther sind die löslichsten und flexibelsten Cellulosederivate. Alle technisch verwendeten Äther haben einen solchen Substitutionsgrad, daß sie wasserlöslich sind (Ausnahme: die technisch wichtige Benzylcellulose ist nicht wasserlöslich). Die wasserlöslichen Äther sind in der Kälte besser löslich, zum Teil koagulieren sie sogar in der Wärme (Desolvatisierung). Im Mischäther Methocell 2602 (ein Oxypropylmethyläther der *Dow-Chem. Corp.*) gelang es, ein Produkt herzustellen, das gleichzeitig in Wasser und einigen organischen Lösungsmitteln löslich ist[4]. Die Äther sind im allgemeinen widerstandsfähiger gegen Alkalien und etwas widerstandsfähiger gegen Säuren als die Ester, doch sind sie sauerstoff- und lichtempfindlich. Man kann aus ihnen auch andere Cellulosederivate herstellen (z. B. Aminocellulose). Diazotiert und verkuppelt man Aminobenzyläther, so erhält man färbige Produkte. Eine theoretisch interessante Verbindung erhält man aus Cellulose, Säureanhydrid und Aldehyd[5]: Cell. $OCH_2—O—CO—CH_3$.

Sehr verbreitete Anwendung hat neuerdings die *Cyanoäthylierung* von Cellulose, insbesondere von Baumwolle, wie eingangs erwähnt gefunden[6]. Dabei reagieren bei genügend hoher Substitution auch die Kristallite, wie man aus dem Auftreten eines neuen Röntgendiagrammes schließen kann[7]. Mittels dieser Reaktion will man eine Modifizierung der Baumwolle erreichen; diese wird dadurch zwar ziemlich verteuert, ist aber dennoch wegen ihrer Vorzüge interessant (gute Färbbarkeit mit basischen Farbstoffen und sogar mit sauren Wollfarbstoffen usw.). Auch als Schutz gegen Schimmelbefall wurde die Cyanoäthylierung vorgeschlagen[8]. Durch Verseifung kann man die Cyanoäthylcellulose in die Carboxyäthylcellulose überführen[9]. Einen weiteren Versuch, Baumwolle zu modifizieren, stellt die Verätherung mit β-Propiolakton dar[10], wobei der Verätherung eine Weiterpolymerisation des Laktons an den neu eingeführten Gruppen folgt, so daß insgesamt 60% Gewichtszunahme erreicht wird. Auch ungesättigte aliphatische Cellulose-Äther wurden mit verschiedenen Monomeren copolymerisiert[11]. Ferner wurden hergestellt: Sulfalkyläther[12], ungesättigte Äther[13], Mischäther[14] und Äther mehrwertiger Alkohole[15]. Wendet man bei der Verätherung Dihalogenide an, so tritt Vernetzung ein und man kann zu unlöslichen Produkten gelangen (z. B. mit Dichlorhydrin[16]).

---

[1] OTT, E., u. H. M. SPURLIN: Cellulose and Cellulose Derivatives. S. 889. Interscience, New York 1955.

[2] JULLANDER, I.: Chim. et Ind. **71**, 288 (1954).

[3] BRESLOW, D. S.: J. Amer. Chem. Soc. **72**, 4244 (1950).

[4] GREMINGER, G. K., R. W. SWINEHARD u. A. T. MAASBERG: Ind. Engng. Chem. **47**, 156 (1955).

[5] SCHENCK, H. J.: Helvet. chim. Acta **14**, 520 (1931); **15**, 1088 (1932).

[6] GRANT, J. N., L. H. GREATHOUSE, J. D. REID u. J. W. WEAVER: Textile Res. J. **25**, 76 (1955). — N. N.: Amer. Dyestuff-Rep. **24**, 774 (1954). — HALL, A. J.: Textile Merc. Argus **132**, 239 (1955); BP 588751.

[7] HAPPEY, F., u. J. H. MACGREGOR: Nature (London) **160**, 907 (1947).

[8] FP 1047261.

[9] DBP 922886.

[10] DAUL, G. C., R. M. REINHARDT u. J. D. REID: Textile Res. J. **24**, 738 (1954).

[11] TIMELL, T.: Studies on Cellulose Reactions, Stockholm 1950. — OTT, E., u. H. M. SPURLIN: Cellulose and Cellulose Derivatives. S. 887. Interscience, New York 1955.

[12] USP 2580352, USP 2132181, USP 2332048, USP 2332049, BP 562581, USP 2349797, USP 2580351, USP 2422000.

[13] SAKURADA, J.: Ref. Cellulosechemie **10**, 79 (1929); BP 391171. USP 2539417.

[14] USP 2338681.

[15] SCHORIGIN, P.: Ref. Chem. Zbl. **1938 II**, 860; **1939 II**, 419.

[16] HÖLKESKAMP, F.: Persönl. Mitteilung.

Durch Nachveresterung der Carboxymethylcellulose, die große kommerzielle Bedeutung erlangt hat (vgl. Tab. V, 14), mit Schwefelsäure erhält man ein Blutantikoagulationsmittel vom Typ Heparin.

Auch die Umsetzung von Cellulose mit Formaldehyd in Gegenwart saurer Katalysatoren (Säuren, $AlCl_3$) gehört eigentlich hierher, da man erwarten kann, daß sich dabei Methylenäther der Cellulose bilden[1]. Doch scheint die „Formalisierung", die man im größten Maße zur Vernetzung und Hydrophobisierung der Cellulose anwendet, wesentlich komplizierter zu verlaufen. Neben den inter- und intramolekularen Methylenäthern bilden sich nämlich auch Cellulose-methylole oder, durch Polymerisation des Formaldehyds, längere Seitenketten aus Polyoxymethylenen. In der Technik verwendet man die Formalisierung zur Erhöhung der Naßfestigkeit und Verminderung der Quellung und es besteht eine ausführliche Patentliteratur darüber[2], am günstigsten scheint ein CH_2O-Gehalt von etwa 5% zu sein. So behandelte Cellulosen werden unelastischer, da die Oxymethylenbrücken die Beweglichkeit der Celluloseketten hindern — im Extremfall tritt Sprödigkeit auf. Dies führt uns über in das technisch sehr wichtige Gebiet des Knitterfestmachens von Geweben. Neben Harzeinlagerungen werden hier Umsetzungen durch kovalente Bindungen oder Wasserstoff-Brücken durchgeführt, wobei unter Umständen die neugebildeten Gruppen weiterpolymerisieren können. Formaldehyd ist an sich der beste Knitterfestmacher, doch leider drückt es auch die Gebrauchswerte des Gewebes sehr herab (Versprödung). Man versucht daher, Substanzen mit längeren Ketten anzuwenden, wie Glyoxal, *Upson*-Prozeß, Dimethylol-Formamid, Acrolein-Formaldehyd, die Kaurite (Äthylenharnstoff + Hexamethylentetramin), Dimethylol-äthylenharnstoff, Formaldehyd-Harnstoff-Vorkondensate, Melaminvorkondensate usw.[3] (vgl. auch S. 286).

3. Andere Cellulosereaktionen

Die noch verbleibenden Möglichkeiten sind bereits in der Übersicht auf S. 321 zusammengestellt, so daß wir hier nur noch einiges Ergänzendes zu bemerken haben. Begrenztes technisches Interesse hat das bereits erwähnte „Immungarn" erlangt[4, 5] (vgl. S. 324), in welchem die Hydroxyle durch Aminogruppen ersetzt sind. Man stellt es durch Umsatz von tosylierter Cellulose (Cellulose-p-toluolsulfonat) mit Jodnatrium und anschließender Reaktion des so erhaltenen Cellulosehalogenids mit Ammoniak oder auch direkt durch die Umsetzung des Cellulose-p-toluolsulfonates mit Ammoniak dar.

Durch partielle Einführung von 2,4-Diaminobenzol in Cellulose (Guthrie) soll eine Antioxydanswirkung erzielt werden.

Neuerdings wurden Misch- und Pfropfpolymerisate aus Cellulose und synthetischen Hochpolymeren oder Proteinen dargestellt, wobei häufig die Cellulosekette das „Rückgrat" bildet[6].

Über Oxydationsreaktionen, die zusammen mit der 1,4-Hydrolyse die wichtigsten Abbaureaktionen der Cellulose bilden, s. S. 306ff.

a) Die Reaktion der Cellulose mit Wasser[7]

Da Cellulose ein Polyalkohol ist, kann man erwarten, daß sie große Affinität zu Wasser zeigt. Tatsächlich ist sie auch sehr hygroskopisch — vor allem die letzten Wasserspuren sind außerordentlich schwer zu entfernen — und nur die gegenseitige Beanspruchung ihrer Hydroxyle durch Wasserstoffbrücken verhindert offenbar, daß sie stärkeähnlich oder wasserlöslich ist[8]. Die von einer Volumenzunahme (= Quellung) begleitete Wasseraufnahme ist um so größer, je weniger Wasserstoffbrücken die Cellulose enthält; sie ist bei höherer Temperatur geringer[9]

---

[1] Goldthwait, C. F.: Textile Res. J. **21**, 55 (1951); R. Steele u. L. E. Giddings: Ind. Engng. Chem. **48**, 110 (1956).

[2] DRP 197965. Schaeffer, A.: ZKS **48**, 1 (1943); vgl. Th. Lieser: Kurzes Lehrbuch der Cellulosechemie. S. 144. Berlin: Borntraeger 1953. — Steele, R.: Textile Res. J. **25**, 545 (1955). — Kärrholm, E. M.: Textile Res. J. **25**, 756 (1955).

[3] Borgheff, H. C., u. D. Fornell: Textile World Dez. **1955**, 102.

[4] Siehe S. 324, Fußnote 3. [5] Siehe S. 324, Fußnote 4.

[6] Vgl. E. H. Immergut u. H. Mark: Makromol. Chem. **18/19**, 322 (1956).

[7] Über das Zustanddiagramm: Zellstoff—Wasser siehe J. H. Dannies, Melliand Textilber. **34**, 973 (1953). — Vgl. auch Schramek, W., J. Helm u. A. Stenzel: Cellulosechem. **19**, 5 (1941).

[8] Ellis, J. W., u. J. J. Bath: J. Amer. Chem. Soc. **62**, 2859 (1940). — Nikitin, W. N.: Schurn. fis. kim. **23**, 775 (1949). — Brown, L., P. Holliday u. J. F. Trotter: J. Chem. Soc. **1951**, 1532. — Siehe Seite 155.

[9] Wiegerink, J. G.: J. Res. Nat. Bur. Standards **24**, 645 (1940).

und zeigt eine Hysterese (Desorption bleibt hinter der Adsorption zurück). Zahlenbeispiele für die Wasseraufnahme bei der Sättigung sind[1]:

Tabelle V, 15.

	%		%
Baumwolle	18	Cellulosetripropionat	2—3
Viscoseseide	74	Cellulosetributyrat	1,8
Kupferseide	86	Cellulosetrivalerat	1,6
Cellulosetriacetat	10	Cellulosetristearat	1

Durch wiederholtes Benetzen und Trocknen tritt eine irreversible Quellwertsverminderung ein:

Tabelle V, 16

Anzahl der Nachtrocknungen	0	1mal	2mal	3mal	4mal	5mal	6mal	7mal	8mal
Baumwolle, gebäucht	55,8	44,7	42,0	40,4	39,6				
Kupferreyon	84,6	80,9	76,8	73,7	71,8	70,1	69,5	66,7	66,4

Die Quellung und Quellungsanisotropie kann auch durch Wasserdampfbehandlung beeinflußt werden.

Das aufgenommene Wasser kann durch Hydratbildung an die Cellulose gebunden oder lediglich adsorbiert bzw. mechanisch festgehalten sein. (Über den Zustand des sorbierten Wassers in der Cellulose vgl. FURUYA[2]). Nach STAMM[3] kann Cellulose bei polymolekularer Adsorption bis zu 7 Molekülschichten durch H-Brücken festhalten. Die Frage, wieviel „gebundenes" Wasser die Cellulose enthält[4] und in welchem Zustand das sorbierte Wasser sich befindet[2], ist Gegenstand vieler Untersuchungen. Regenerierte, mercerisierte oder strukturgelockerte Cellulose enthält mehr nicht gefrierendes Wasser[5]. Auch die Feuchtigkeitsaufnahme unter Konditionierbedingungen variiert mit der Zugänglichkeit oder Reaktivität (z. B. Linters 5,7%, Fichtensulfitzellstoff [low-α] 6,8%).

Bei der Wasseraufnahme wird eine Benetzungswärme frei; die Reaktion ist also exotherm und daher bei tiefen Temperaturen begünstigt[6]. Feuchte Cellulose zeigt geringere Festigkeit als trockene; Baumwolle verhält sich umgekehrt (relative Naßfestigkeit: 110—120%). Die Umsetzung mit schwerem Wasser wurde zu analytischen Zwecken studiert[7].

Obwohl die Quellung in Wasser intermicellar ist, scheinen doch Wassermoleküle auch in die Kristallite eindringen zu können.

Die Aufnahme von Wasser in das Cellulosegitter ist in letzter Zeit sorgfältig studiert worden[8]. Während wir annehmen dürfen, daß Cellulose I kein Hydrat bildet, vermag Cellulose II offensichtlich meßbare Mengen Wasser im Gitter zu binden, welches eine Aufweitung (Vergrößerung des Netzebenenabstandes A_0) bedingt sowie eine Verstärkung der 002 und 101-Reflexe. Besonders ausgeprägt ist die Aufweitung bei der Zersetzung bestimmter Cellulosederivate bei tiefer Temperatur (Wassercellulose [Cellulosehydrat II] von SAKURADA und HUTINO). Daneben dürfte ein Cellulosehydrat I mit Übergangsstufen existieren, wobei allerdings für das Vorliegen stöchiometrischer Verbindungen kein experimenteller Anhalt gegeben ist.

---

[1] SHEPPARD, S. E.: Trans. Faraday Soc. **29**, 81 (1933).

[2] FURUYA, H.: J. Soc. Textile Cell. Ind. Japan **9**, 505, 514 (1953).

[3] STAMM, A. J.: J. Physic. Chem. **60**, 76, 83 (1956).

[4] Vgl. TH. LIESER: Kurzes Lehrbuch der Cellulosechemie. S. 15. Berlin: Borntraeger 1953. — HERMANS, P. H.: Physics and Chemistry of Cellulose Fibers. S. 188ff. New York: Elsevier 1949.

[5] KLENKOWA, N. I., u. N. I. NIKITIN: J. angew. Chem. UdSSR **27**, 171 (1954).

[6] HALLER, R.: Kolloid-Z. **49**, 74 (1929). — BARRAT, T., u. J. W. LEWIS: J. Textile Inst. **13**, T 113 (1922). — REES, W. H.: J. Textile Inst. **39**, T 351 (1948).

[7] BONHOEFFER, K. F.: Z. Elektrochem. **40**, 469 (1934). — FRILETTE, V. J., J. HANLE u. H. MARK: J. Amer. Chem. Soc. **70**, 1107 (1948).

[8] HERMANS, P. H.: Physics and Chemistry of Cellulose Fibers. New-York: Elsevier 1949. — KRATKY, O., u. E. TREIBER: Z. Elektrochem. **55**, 716 (1951). — KIESSIG, H.: Z. Elektrochem. **54**, 320 (1950). — KAST, W., u. R. SCHWARZ: Z. Elektrochem. **56**, 228 (1952). — LEGRAND, CH.: Ann. Physique [12] **8**, 863 (1953). — STUART, H. A.: Die Physik d. Hochpolymoren, Bd. 3, S. 129, Springer, 1955.

b) Cellulose als Kationenaustauscher

Schickt man eine neutrale Salzlösung durch Filtrierpapier, so wird sie sauer, da Cellulose als Kationenaustauscher wirkt. Besonders präparierte Jute wurde sogar zum Weichmachen von Wasser vorgeschlagen[1]. Für diese Eigenschaft sind die sauren Gruppen bzw. die begleitenden Polysäuren verantwortlich; bekanntlich liegen diese meist als Salze vor (Calcium, Natrium, Kalium) und bilden so die „Asche" der Cellulose[2]. Die metallischen Kationen können durch andere Kationen ersetzt werden oder durch Wasserstoff (= Entaschen); auch der Wasserstoff kann durch Metalle ersetzt werden (titrieren der sauren Gruppen[3]) oder es können Färbungen mit basischen Farbstoffen durchgeführt werden, wie sie analytisch viel verwendet werden[4] (Reversibel-Methylenblau, Kristallviolett-Base usw.). Auch technische Anwendungen dieser Austauscher-Eigenschaften wurden zu studieren begonnen[5].

c) Die Reaktionen der Cellulose mit Alkalien

Vor allem technisch wichtig ist die Verbindung, die durch Aufnahme von Ätznatron aus der Tauchlauge entsteht und als *Alkalicellulose* (Na-Cellulose) bezeichnet wird. Die technische Bedeutung macht es verständlich, daß über diesen Bildungsvorgang sehr viel gearbeitet wurde; dennoch sind die Verhältnisse gegenwärtig noch keineswegs restlos geklärt.

Betrachtet man die Alkaliaufnahme der Cellulosefasern bei steigender NaOH-Konzentration, so erhält man einen Kurvenverlauf gemäß Abb. V, 9; dieser besagt, daß die NaOH-Aufnahme konzentrationsabhängig ist — übrigens wird bei niedriger Temperatur mehr Alkali aufgenommen[6]. Der waagerechte Kurventeil zwischen 16 und 24 Gewichtsprozente deutet darauf hin, daß es sich nicht um einen einfachen Adsorptionsvorgang handeln kann, sondern die Cellulose tiefgreifendere Umwandlungen erleidet, wie man auch am Röntgendiagramm (> 9% NaOH) feststellen kann.

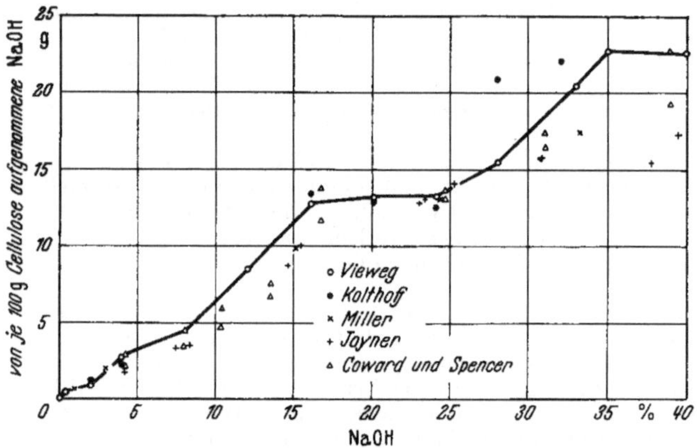

Abb. V, 9. NaOH-Bindung der Baumwolle nach verschiedenen Forschern, zusammengestellt von CLIBBENS

Es wäre nun von Wichtigkeit, die wahre aufgenommene Menge Ätznatron in Abhängigkeit von der Tauchlaugenkonzentration zu kennen. Nach VIEWEG[7] errechnet sich für den technisch interessanten horizontalen Teil $2\,C_6H_{10}O_5 \cdot NaOH$; es dürfte sich aber hier nur um die sog. „*scheinbare Alkaliaufnahme*" handeln.

COWARD und SPENCER[8] finden ein ausgezeichnetes Gebiet ab etwa 14% NaOH, welches nicht durch den — weiterhin stetig — ansteigenden NaOH-Gehalt, sondern durch den nunmehr sinkenden Wassergehalt ausgezeichnet ist. Aber auch die COWARDsche Betrachtungsweise dürfte den tatsächlichen Verhältnissen nicht gerecht werden.

---

[1] MCLEAN, u. L. A. WOOTEN: Ind. Engng. Chem. **31**, 1138 (1939).
[2] Vgl. G. F. DAVIDSON u. T. P. NEVELL: J. Textile Inst. **39**, T 59 (1948).
[3] LÜTTKE, M.: Angew. Chem. **48**, 650 (1935). — Vgl. auch S. 305 u. 307
[4] HUSEMANN, u. O. H. WEBER: J. prakt. Chem. **161**, 1 (1942). — WEBER, O. H.: Papier **9**, 16 (1955). — REBEK, M., K. KLAUS u. H. BAUMGARTNER: Papier **10**, 91 (1956).
[5] OTT, E., u. H. M. SPURLIN: Cellulose and Cellulose Derivatives. S. 208. Interscience, New York 1955.
[6] HEUSER, E.: Angew. Chem. **37**, 1012 (1924).
[7] VIEWEG, W.: Ber. dtsch. chem. Ges. **40**, 3876 (1907).
[8] COWARD, H. F., u. L. SPENCER: J. Textile Ind. **14**, 28, 32 (1925).

SCHWARZKOPF[1] hat erstmals die Menge nichtlösendes Wasser mitbestimmt und die in Abb. V, 10 gezeigten Ergebnisse erhalten. Oberhalb etwa 12,5% NaOH existiert ein Bereich mit dem Molverhältnis 1:1 ($C_6H_{10}O_5 \cdot NaOH$).

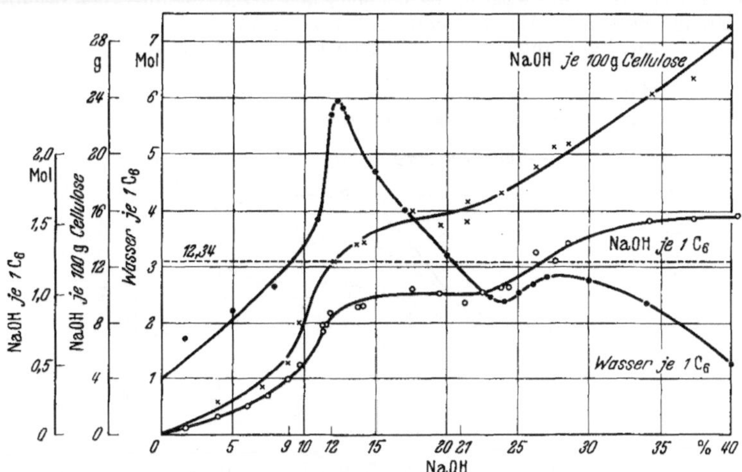

Abb. V, 10. Scheinbare NaOH-Bindung (NaOH je 100 g Cellulose), wahre NaOH-Bindung (NaOH je 1 C_6) und nicht lösendes Wasser (H_2O je 1 C_6) von Ramie in Abhängigkeit von der Konzentration der Tauchlauge bei 20,5° C (gestrichelte Linie: Stelle des VIEWEGschen Horizontalstückes [scheinbare NaOH-Bindung]) nach SCHWARZKOPF

In neuerer Zeit wurde das Problem von PETITPAS[2] studiert. Nach den Autoren penetriert das Alkali in drei Stufen die Cellulose:

a) bis ~ 12% Aufnahme von Alkali und Wasser in den amorphen Bereichen.
b) > 12% bis ~ 20%: Alkaliaufnahme steigt, während die Wasseraufnahme sinkt.
c) > 20%: weitere Alkaliaufnahme bei annähernd konstantem Wassergehalt.

Während sich BRÉGUET[3] unter Inbetrachtziehung der Ergebnisse von LAUER[4] für die Bildung einer Verbindung in der zweiten Stufe ausspricht, glaubt PETITPAS die Existenz definierter Additionsverbindungen verneinen zu müssen.

CHAMPETIER[5] untersuchte nach der klassischen Methode von SCHREINEMAKERS die Alkalisierung mit verschiedenen Alkalien und nimmt die Existenz folgender definierter Additionsverbindungen (vgl. Abb. V, 11) an: Anhydroglucose: Alkali wie 2:1, 3:2, 4:3 und 1:1; in Lithiumlauge wird kein Addukt gebildet.

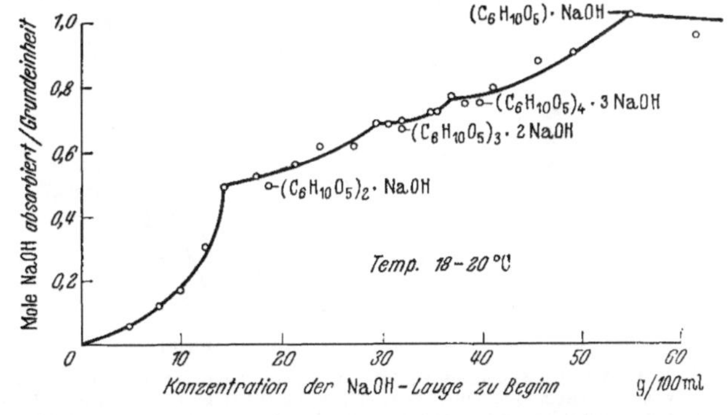

Abb. V, 11. NaOH, bevorzugt an Cellulose absorbiert, nach CHAMPETIER

PHILIPP[6] wandte nun ein modifiziertes SCHWARZKOPFsches Verfahren an und

[1] SCHWARZKOPF, O.: Z. Elektrochem. **38**, 353 (1932).

[2] PETITPAS, G.: Mém. Saviers chim. État. **34**, 125 (1948). — PETITPAS, G., u. TH. PETITPAS: Mém. Saviers chim. État. **35**, 7 (1950). — PETITPAS, TH: Mém. Saviers chim. État. **34**, 139 (1948).

[3] BRÉGUET, A., R. VIATTE u. H. PERRA: Mém. Saviers chim. État. **34**, 149, 153 (1948).

[4] LAUER, K.: Kolloid-Z. **121**, 33, 137 (1951).

[5] CHAMPETIER, G., u. J. NÉEL: Bull. Soc. chim. France **1949**, 930 — CHAMPETIER, G., u. K. G. ASHAR: Bull. Soc. chim. France **1951**, 153; Makromol. Chem. **6**, 85 (1951).

[6] PHILIPP, B.: Faserforsch. Textiltechn. **6**, 180 (1955).

erhielt als Ergebnis (siehe Abb. V, 12) einen waagerechten Kurventeil zwischen 16 und ~25% NaOH, in welchem eine 1:1-Verbindung gebildet wird.

Abweichende Aufnahmeverhältnisse ergeben sich bei Hydratcellulose[1]. Der Vorgang ist also von der Vorbehandlung der Fasern, speziell einer Mercerisierung, merklich beeinflußt und somit nicht streng reversibel. (Unter anderen sollen sich Fortisanfasern abnormal verhalten [Bréguet]). Über Alkaliaufnahme aus salzhaltigen Laugen siehe d'Ans[2].

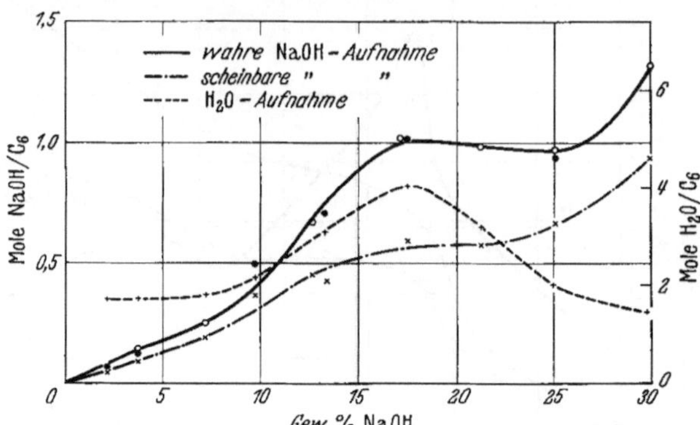

Abb. V, 12. Gleichgewichtswerte der NaOH- und Wasseraufnahme nach Philipp

Auch die *Quellung* der Cellulose in Natronlauge ist irreversibel und da man über 8% NaOH Mercerisierung (vgl. Abb. V, 13) und Veränderung des Röntgendiagramms beobachtet, muß es sich in zunehmendem Maß (bis über ~ 12% NaOH) um eine intramicellare — und zwar permutoide — Quellung handeln (Schichtgitterreaktion nach Hess).

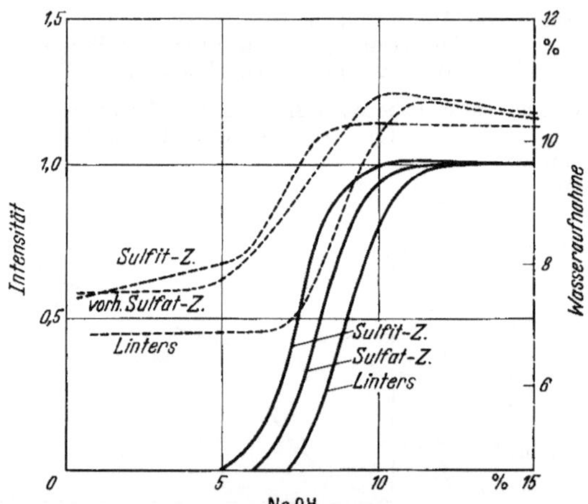

Abb. V, 13. Modifikationsumwandlung, röntgenoptisch verfolgt, nach Rånby und Mark. (I_r-Werte in Abhängigkeit von der Laugenkonzentration; [I_r = 0,0 für reine native und = 1,0 für vollständig mercerisierte Cellulose] von Sulfitzellstoffen aus Ahorn und Buche, vorhydrolysierter Sulfatzellstoff aus Gumwood und Eiche sowie Linters. Die strichlierten Kurven [zur rechten Ordinate gehörend] zeigen die Wassersorption bei 65% relativer Feuchtigkeit)

Durch die hohe (anisotrope) Quellung, die weitaus die Wasserquellung übertrifft, tritt eine Mobilisierung der Hydroxylgruppen in den „Rosten" ein; bei Anwendung von Basen beträchtlicher Molekülgröße und Hydratationsvermögen werden die Molkohäsionskräfte so weit aufgehoben, daß die Cellulose in Lösung gehen kann.

---

[1] Hess, K., u. H. Trogus: Z. physik. Chem. (B) **11**, 381 (1930); **15**, 157 (1931); **21**, 349 (1933). — Hess, K., u. O. Schwarzkopf: Z. physik. Chem. (A) **162**, 187 (1932).

[2] d'Ans, J., u. A. Jäger: Cellulosechemie **6**, 141 1925.

Die stärkste Blattquellung erfolgt in etwa 8—12%iger Lauge (BARTUNEK, SAITO u. a.); bei Messung von Baumwolleinzelfasern bei etwas höherer Konzentration. Eine Reihe von Faktoren sind für die Lage und das Ausmaß der Quellung verantwortlich — so verhält sich z. B. Hydratcellulose merklich anders. (Über Temperatureinflüsse usw. vgl. GOHLKE[1].) Bei der Laugequellung wird auch Wärme frei; die größte Zunahme der Wärmetönung wird im Gebiet über 10% NaOH gefunden und beträgt hier etwa 10 bis 15 cal/g Baumwolle (BARRAT).

Quellung und die verschiedenen Gitterumwandlungen werden von BARTUNEK[2] mit dem Hydratisierungszustand der Lauge in Zusammenhang gebracht. So wird die starke Quellung bei 8 bis 9%iger Lauge mit einem quellungsaktiven, hypothetischen Na^+-Ionenhydrat oder Na^+OH^--Ionenpaarhydrat erklärt, welches wegen seiner Größe stark aktiv, aber gleichzeitig nicht fähig zu einer intramicellaren Reaktion ist. Erst das höchste bekannte Dipolhydrat $NaOH \cdot 7\,H_2O$ kann ab 12—14% die Umsetzung zur Natroncellulose I bewirken usw. (vgl. Abb. V, 14).

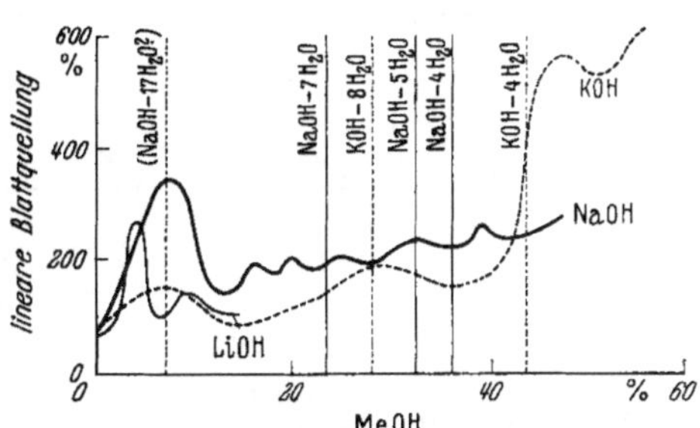

Abb. V, 14. Lineare Blattquellung in Abhängigkeit von der Alkalikonzentration in der Tauchlauge. Die verschiedenen Alkaliionenhydrate sind eingezeichnet. (Nach BARTUNEK)

Eine weitere interessante Quellungstheorie ist die auf Vorstellungen von KATZ, PAULI und VALKER zurückgehende Theorie von NEALE[3], nach der es sich um einen osmotischen Effekt handelt, bei dem die Cellulosefaser wie eine semipermeable Membran wirkt, auf die sich die DONNANsche Theorie anwenden läßt. Die Cellulose selbst wird als sehr schwache Säure aufgefaßt. Die gleichzeitig im Rahmen der Theorie gestellte Frage nach der höchstmöglichen Alkalibindung wird mit 1:1 beantwortet.

Wie erwähnt, findet man oberhalb ~ 12% NaOH das Röntgendiagramm der Natroncellulose I (vollständig etwa ab 14%), das um ~ 16% NaOH den Schwerpunkt des Gebietes optimaler Ausbildung besitzt (vgl. auch ANKER-RASCH[4]); dies ist auch die optimale Tauchlaugenkonzentration für kaltveredelte (mercerisierte) Zellstoffe. Bildungs- und Existenzbereich der Natroncellulose I ist nahezu identisch mit dem horizontalen Teil der VIEWEG-Kurve. Bei verschiedenen Temperaturen und Konzentrationen ergeben sich weitere Existenzbereiche anderer Natroncellulosen mit anderen Gitterzellen (vgl. Abb. V, 15 und V, 16) und anderen Zusammensetzungen, deren Auftreten durch den BARTUNEKschen Interpretationsversuch eine mögliche Erklärung findet. Alkalicellulosen anderer Zusammensetzung haben für die Herstellung verschiedener technischer

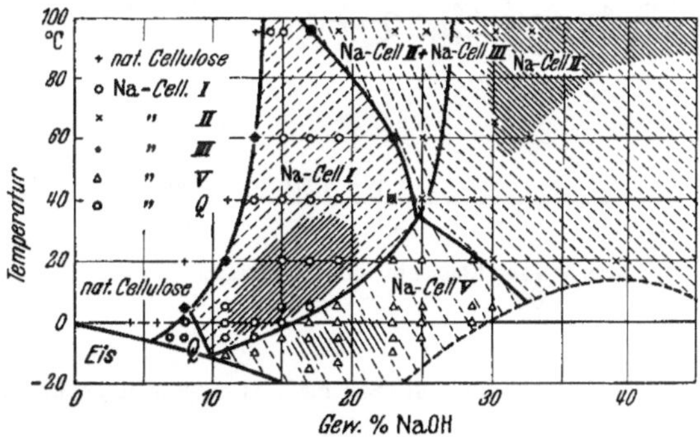

Abb. V, 15. Bildungsbereiche der verschiedenen Natroncellulosen in Abhängigkeit von NaOH-Konzentration und Temperatur nach SOBUE, KIESSIG und HESS. (Die ausgezogene Schraffierung kennzeichnet die Gebiete, in denen die betreffende Natroncellulose optimal gebildet wird.)

[1] GOHLKE, B.: Faserforsch. Textiltechn. **7**, 111 (1956).
[2] BARTUNEK, R.: Kolloid-Z. **146**, 35 (1956); vgl. auch Papier **6**, 356 (1952); **7**, 153 (1953); Holzforsch. **10**, 46 (1956).
[3] NEALE, S. N.: J. Textile Inst. **20**, T 373 (1929); **21**, T 225 (1930); **22**, T 320, 349 (1931).
[4] ANKER-RASCH, O., u. J. L. MCCARTY: Norsk Skogind. **8**, 329 (1954).

Cellulosederivate große Bedeutung. Abb. V, 17 zeigt die Zusammensetzung der Alkalicellulose für die Herstellung verschiedener Produkte. Die Alkalisierung mit anderen Alkalien wurde von BARTUNEK[1] studiert.

Es ist nun noch zu klären, wie das Alkali in der Alkalicellulose gebunden ist. Daß es sich um keine echte Alkoholatbildung (Cellulosat) handelt, darüber scheint man sich weitgehend einig zu sein, obwohl „Additionsverbindungen", die

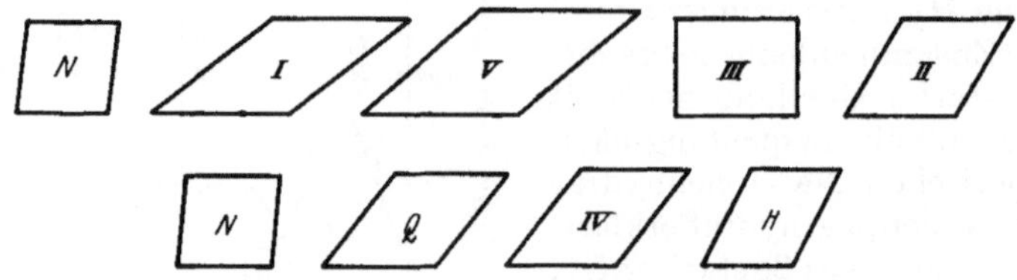

Abb. V, 16a. Schematische Darstellung (der Grundrisse) der Elementarkörper von: N = native Cellulose, I = Na-Cellulose I, II = Na-Cellulose II, III = Natroncellulose III, IV = Hydratocellulose (Na-Cellulose IV), V = Natroncellulose V, Q = Na-Cellulose Q, H = Cellulosehydrat II (Wassercellulose)

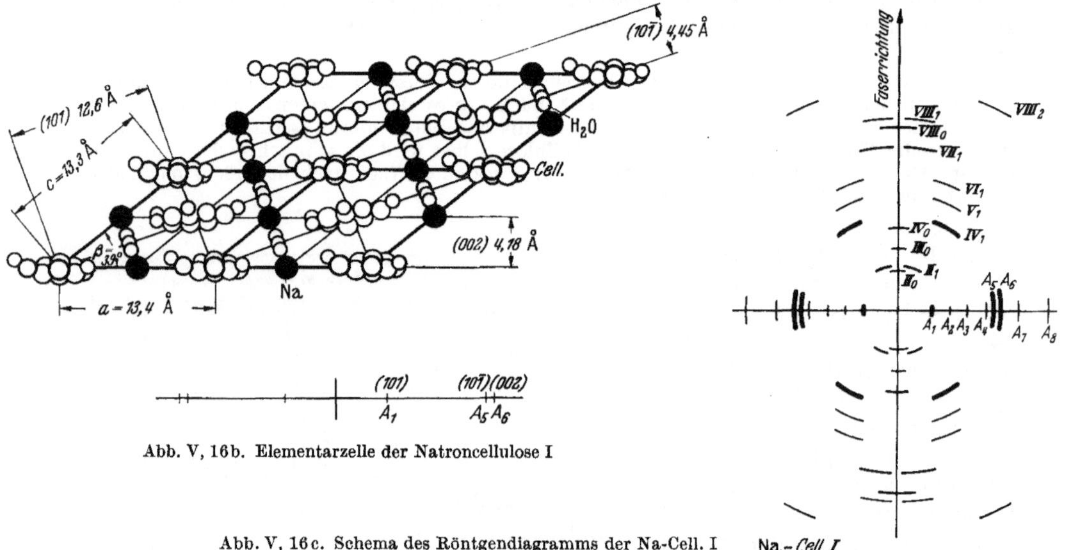

Abb. V, 16b. Elementarzelle der Natroncellulose I

Abb. V, 16c. Schema des Röntgendiagramms der Na-Cell. I

offenbar zumindest teilweise echte Alkoholate darstellen, von Stärke (YOVANOVITSCH; GAVER) und Polyvinylalkohol (OKADA) bekannt sind. Molekülverbindungen werden hingegen — wie bekannt — auch z. B. zwischen Zuckern und Erdalkalihydroxyden beobachtet[2], denen entsprechend man etwa den in Frage stehenden Cellulosekomplex mit der Formel: $(R_{Cell}—OH)_x \cdot (MOH)_y$ umschreiben kann. SAKURADA[3] weist darauf hin, daß Alkalicellulose eine Molekülverbindung ist, *die aber gleichzeitig noch Wasser enthält.* Der Charakter der Reaktion hängt nach PLESHINSKII von der Polarisationswechselwirkung zwischen dem Kation und der Cellulose bzw. ihren OH-Gruppen ab. Der Austausch radioaktiv markierten

[1] BARTUNEK, R.: Papier **6**, 356 (1952). Vgl. HEUSER, E., u. R. BARTUNEK: Cellulosechemie **6**, 19 (1925); ferner E. HEUSER u. M. SCHUSTER: Cellulosechem. **7**, 17 (1926).

[2] KARRER, P.: Cellulosechemie **2**, 125 (1921). — LIESER, TH: Kurzes Lehrbuch der Cellulosechemie. S. 26. Berlin: Borntraeger 1953.

[3] SAKURADA, I., u. S. OKAMURA: J. Soc. Chem. Ind. Japan **40**, 424 (1937).

Natriums mit inaktiver NaOH-Lauge erfolgt sehr schnell (SAMUELSON[1]). Auch die Aufnahme des NaOH durch Cellulose erfolgt sehr rasch; nach einer Stunde sind > 90% der Gleichgewichtsmenge gebunden. Die Reaktion verläuft zwischen ~ 12 und 20% NaOH am schnellsten (PHILIPP). Ein echtes Trinatriumcellulosat ist mittels metallischem Natrium in flüssigem Ammoniak darstellbar[2], der Umsatz mit CS_2 wurde kürzlich von SHIMO[3] untersucht.

Nach HESS[4] handelt es sich um eine Schichtgitterreaktion, bei der die Netzebenen der röntgenographischen Gitterzelle der Cellulose die Reaktionseinheiten

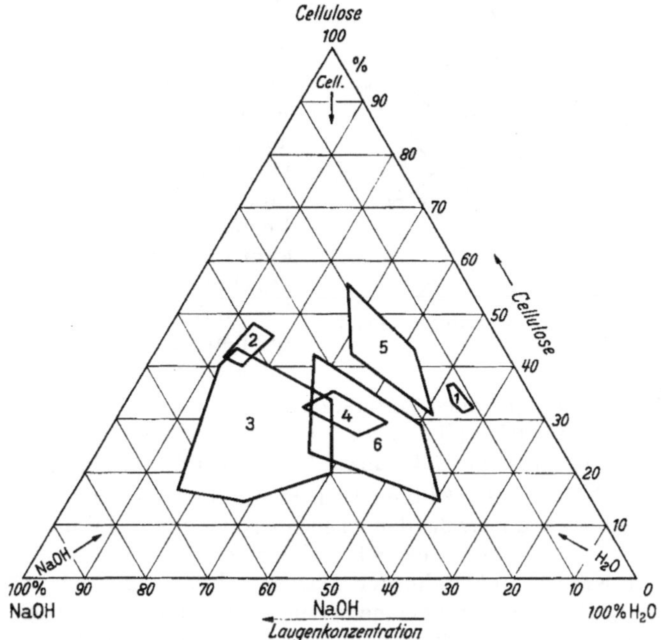

Abb. V, 17. Zusammensetzung der Alkalicellulose für die Herstellung verschiedener Cellulosederivate (1: Viscose; 2,3: Äthylcellulose; 4: wasserlösliche Methylcellulose; 5: alkalilösliche Methylcellulose; 6: Carboxymethylcellulose)

bilden, wobei das Alkali zwischen den Schichten durch Dipolkräfte festgehalten wird (mit großer Möglichkeit zum Platzwechsel), verbunden mit einer Schichtgitteraufweitung. Eine Alkoholatbildung wird sehr in Zweifel gezogen.

Gemäß der SCHWARZKOPFschen Auffassung finden sich prinzipiell Voraussetzungen für eine echte stöchiometrische Vereinigung, während man nach der LIESERschen oder HESSschen Theorie eher mit pseudostöchiometrischen Addukten zu rechnen hat. Auf alle Fälle handelt es sich aber nicht um bloße Adsorptionseffekte. Es steht auch noch die Möglichkeit offen, daß es sich um ein Gleichgewicht zwischen einer Additionsverbindung und einem echten Alkoxyd handelt, wobei das Gleichgewicht auf Seite der Additionsverbindung liegen kann[5]. Die Tendenz zur

[1] SAMUELSON, O., F. GÄRTNER u. G. JOHANNSON: Sv. Kem. Tidskr. **62**, 211 (1950); MAKOLKIN, I. A.: J. gen. Chem. UdSSR **12**, 365 (1943).

[2] BERNARDY, G.: Angew. Chem. **38**, 338, 1195 (1925). — SCHORIGIN, P., u. N. N. MAKAROWA: Ber. dtsch. chem. Ges. **69**, 1713 (1936).

[3] SHIMO, K., T. ANDO u. A. FUSE: Science Repts. Res. Inst. Tohoku Univ. (A) **7**, 229 (1955).

[4] HESS, K., K. E. HEUMANN u. R. LEIPOLD: Ann. Chem. **594**, 119 (1955). — HESS, K., H. KIESSIG u. W. KOBLITZ: Z. Elektrochem. **55**, 697 (1951).

[5] Vgl. Vorwort von M. L. WOLFROM u. M. A. EL. TARABOULSI: J. Amer. Chem. Soc. **76**, 2216 (1954).

Bildung von Alkoholaten steigt in der Reihenfolge: Li, Na, K, Rb, Cs und organischen quarternären Basen[1]. GEIGER vertritt die Auffassung, daß ein geringer Prozentsatz als Alkoholat vorliegt, der mit der Konzentration der Tauchlauge linear ansteigt. CHÉDIN[2] hält eine Cellulosealkoholatbildung bei $\approx 40\%$ NaOH für möglich.

Nach CHÉDIN[3] wird in einem $NaOH \cdot 4\,H_2O$-Hydrat eine OH-Gruppe durch eine Hydroxylgruppe der Cellulose ersetzt (Abb. V, 18). Auf BARTUNEKs Theorie, die ihre Parallele in der hydratisierten Salpetersäure bei der Bildung der KNECHTschen Verbindung hat (vgl. Abb. V, 8) (oder im Äthylamin-Wasser [1:1]-Komplex [LOEB], der die Kristallinität stark herabsetzt), wurde schon hingewiesen. Für die Solvatisierung muß durch die Ionendipole *nicht gebundenes Wasser* zur Verfügung stehen. (Zum Beispiel kann die Verbindung zwischen Tetraäthylammoniumhydroxyd und Cellulose in Alkohol nur um den $^1/_{100}$ Teil quellen, da die Verbindung nicht solvatisiert ist [SCHWABE]).

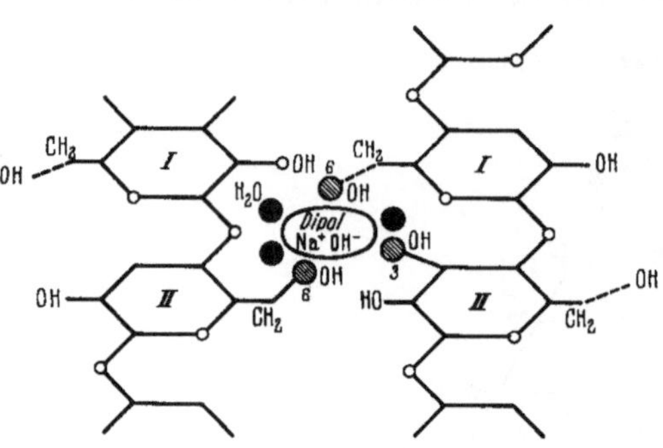

Abb. V, 18. Schema der Bindung von NaOH an Cellulose nach CHÉDIN

Gemäß den röntgenoptischen Untersuchungen kommt der Alkalicellulose die Formel $(C_6H_{10}O_5) \cdot (NaOH) \cdot (H_2O)_3$ zu. Gemäß PHILIPP dürfte die Formel: $Cell \cdot NaOH \cdot (H_2O)_{3-4}$ und gemäß HIRAI[4] $Cell \cdot NaOH \cdot (H_2O)_{3-5}$ lauten.

Nach HESS und Mitarbeiter[5] können wir röntgenoptisch die in Tab. V, 17 aufgeführten Na-Cellulosen unterscheiden. Die Natroncellulose IV bildet sich aus der Natroncellulose V beim Auswaschen mit Salzwasser bei — 5° C; sie enthält möglicherweise kein NaOH und steht der Natroncellulose Q sehr nahe. Bei der Natroncellulose Q dürfte es sich um eine bei der heterogenen Reaktion entstandene pseudostöchiometrische Verbindung handeln. Natroncellulose IV und Q sind als Hydratcellulosen anzusprechen. Röntgenographische Untersuchungen wurden auch an anderen Alkalicellulosen durchgeführt[6].

Tabelle V, 17a

Bezeichnung	Bildungsgebiet	Zusammensetzung	Grundmolgewicht
NaCell. I	16% NaOH 18° C	$Cell \cdot NaOH \cdot 3\,H_2O$	256
NaCell. II	35% NaOH 80° C	$Cell \cdot NaOH \cdot H_2O$	220
NaCell. IIh	> 35% NaOH 100° C	$Cell \cdot NaOH \cdot H_2O$	220
NaCell. III	26% NaOH 70° C	$Cell \cdot NaOH \cdot 2\,H_2O$	238
NaCell. IV =	Hydratocellulose, ohne NaOH (?)	$(Cell \cdot H_2O)$	180
NaCell. V	20% NaOH —5° C	$Cell \cdot NaOH \cdot 5\,H_2O$	292
NaCell. Q	7% NaOH —5° C	?	—

[1] BLESHINSKII, S. F., u. LOZITSKAJA: Chem. Abstr. **49**, **14315$_e$** (1955).
[2] CHÉDIN, J., u. A. MARSAUDON: Makromol. Chem. **20**, 57 (1956).
[3] CHÉDIN, J., u. A. MARSAUDON: Makromol. Chem. **15**, 115 (1955).
[4] HIRAI, I. S.: Repts. Himeji Inst. Technol. **3**, 15 (1953).
[5] SOBUE, H., H. KIESSIG u. K. HESS: Z. physik. Chem. (B) **43**, 309 (1939).
[6] HESS, K. u. C. TROGUS: Z. Elektrochem. **42**, 696, 704, 710 (1936).

Tabelle V, 17b

	Cellulose I Native Cell.	Na Cell. I	Na Cell. V	Na Cell. III	Na Cell. II	Na Cell. Q	Na Cell IV[1]	Cellulose II Hydratcellulose
ahrscheinliche usammensetzung ell: NaOH: H_2O)	1:0:0	1:1:3	1:1:4—5	1:1:2	1:1:1	1:0:1 ?	1:0—(0,3 ?) zu 1—2	1:0:0, $^1/_5$, $^1/_3$, $^1/_2$, $^2/_3$
chsenlänge *a*	8,20 Å	12,8 Å	13,95 Å	11,10 Å	10,0 Å	10,0 Å	8,14 Å	Vgl. S. 158, 333 und Tab. IV, 4
chsenlänge *c*	7,83 Å	13,2 Å	13,95 Å	9,17 Å	10,0 Å	9,98 Å	9,14 Å	
chsenwinkel	84°23′	40°	41°40′	90°	60°	52°	62°	
aumbeanspruhung für C_6-Einheit	164,4 Å^3	279,5 Å^3	233,0 Å^3	262,0 Å^3	223,0 Å^3	202,4 Å^3	169,1 Å^3	
aumzunahme egenüber d. natien Cellulose	0	+115,1 Å^3	+168,6 Å^3	+97,6 Å^3	+58,6 Å^3	38,0 Å^3	+4,7 Å^3	

Über Alkalicellulosen in alkoholischen Medien vgl. Weber[2].

Wenn wir auch heute vielleicht mehr die Auffassung vertreten, daß es sich hier nicht um Alkoholate handelt, so verhält sich doch Natroncellulose in ihren Reaktionen wie ein Alkoholat; sie bildet mit Halogenverbindungen Äther, mit Säureanhydriden und Säurechloriden Ester und mit Schwefelkohlenstoff das technisch so wichtige Xanthogenat. Technisch bedeutsam ist der oxydative Abbau beim Lagern von Alkalicellulose an Luft („Vorreife")[3] (vgl. auch S. 331). Wahrscheinlich geht die Depolymerisation über einen Mechanismus freier Radikale, da sie durch die üblichen Oxydationskatalysatoren und -inhibitoren beeinflußt werden kann[3].

Mit der Bildung der Alkalicellulose gehen noch andere chemische Reaktionen einher. Dies tritt äußerlich dadurch in Erscheinung, daß der Weißgrad der Cellulose abnimmt (unter Umständen gelbliche Färbung), die Lauge einen gelben Ton annimmt[4] und ein schwacher, aber charakteristischer Geruch auftritt[5]. Sicher sind die Ursachen in einer Herauslösung von Cellulose und Cellulosebegleitstoffen zu suchen, die vielfache Umwandlungen mitmachen können. Nach Micheel[6] gehen Hexosen zunächst in Triosen, Glycerinaldehyd, Dioxyaceton und schließlich in Methylglyoxal über. Für die gelbe Farbe sollen gegebenenfalls Diketoverbindungen verantwortlich sein. In der Tauchlauge finden sich auch weitere niedermolekulare Stoffe, wie Ameisensäure, 2,4-Dioxybuttersäure, Formaldehyd usw. In Kontakt mit Luftsauerstoff findet man noch peroxydartige Verbindungen.

§ 33. Die physikalischen Eigenschaften der Cellulosederivate

Von J. Schurz

Auf die physikalischen Eigenschaften eines Cellulosederivates wirken mehrere Einflüsse. Zunächst die Packung: je enger die Ketten gepackt sind und je stärker sie durch zwischenmolekulare Kräfte zusammengehalten werden, desto weiter entfernt vom Extremfall „Lösung" ist die Verbindung, hingegen finden wir hohe Kristallinität, schlechte Löslichkeit, hohe Erweichungstemperatur, geringe Flexibilität und hohe Festigkeit. Man kann die Plastizität und Flexibilität durch die sog. „Weichmachung" erhöhen, indem man die Packung weniger dicht, d. h. beweglicher macht, also versucht, den Zustand der Lösung anzunähern, wobei allerdings die Festigkeit abnimmt. Dies erreicht man dadurch, daß man die Ketten auseinanderdrängt, wodurch auch die zwischenmolekularen Kräfte geschwächt werden. Hierzu gibt man entweder einen zweiten Stoff mit sperrigen Gruppen zu, so daß man eine Mischung enthält (äußere Weichmachung), oder aber man führt solche sperrige Gruppen durch chemische Reaktionen ein (innere Weichmachung, z. B. bei Mischestern). Verbindungen, die von vornherein sperrige Gruppen enthalten, sind an sich weich genug (Benzylcellulose). Je länger die

---

[1] Nach Hess und Gundermann identisch mit der „Wassercellulose" von Sakurada und Hutino.

[2] Weber, A., K. Ashar u. G. Champetier: C. r. Acad. Sci. (Paris) **238**, 1318 (1954).

[3] Vgl. E. Ott u. H. M. Spurlin: Cellulose and Cellulose Derivatives. S. 856. Interscience, New York 1955. — Cole, E. H., u. N. S. Wooding: Textile Res. J. **19**, 527, 609 (1949).

[4] Vgl. J. Schurz: Sv. Papperstidn. **59**, 98 (1956). — Lang, W.: Papier **10**, 41 (1956).

[5] Vgl. W. Weltzien, G. Stollmann u. A. Schotte: Zellwolle, Kunstseide, Seide **46**, 379, 425, 481 (1941).

[6] Micheel, N.: Chemie der Zucker und Polysaccharide. S. 53. Leipzig 1939.

Seitenkette eines eingeführten Substituenten ist, desto „weicher" ist die Verbindung, das heißt, wir finden niedrigere Erweichungstemperatur, bessere Löslichkeit usw. Doch geht dies nur bis zu einer bestimmten Seitenkettenlänge, da sonst der entgegengesetzt wirkende Einfluß des Molekulargewichtes stärker wird. Steigt dieses nämlich an, so steigt die Erweichungstemperatur, die Löslichkeit wird schlechter und die Festigkeit wird erhöht; die letzte allerdings nur in einem bestimmten Bereich von etwa DP 100—800; darunter finden wir nahezu keine Festigkeit; darüber hat sie einen Grenzwert erreicht und nimmt kaum mehr zu.

Weiters werden die physikalischen Eigenschaften natürlich auch von der Form der Moleküle beeinflußt, insbesondere wirken Verzweigungen ähnlich wie Weichmachung (vgl. die unverzweigte Cellulose und die stark verzweigte Stärke). Zuletzt ist auch noch die Molekulargewichtsverteilung wichtig, wobei bessere Produkte einer engeren Verteilung entsprechen sollen[1].

§ 34. Einwirkung von Licht-, Schall- und Wärmeenergie auf Cellulose

Von E. Treiber

Die Lichtschädigung der Cellulose, die mit einer Abnahme des DP-Grades bzw. mit einem Absinken der Reißfestigkeit und Bruchdehnung des Einzelfadens sowie der Biege- und Scheuerfestigkeit des Garnes verbunden ist, hat großes praktisches Interesse und ist in den letzten Jahren in zunehmendem Maße untersucht worden.

Gemäß den Arbeiten von Egerton[2], Sippel[3], Launer und Wilson[4] u. a. müssen wir unterscheiden:

a) Die besonders praktisch bedeutsame *indirekte Lichtschädigung* oder *Photooxydation*, die im sichtbaren und langwelligen UV Spektralgebiet vor sich geht und die durch Mattpigmente, Feuchtigkeit, Sauerstoff und dergleichen verstärkt bzw. beeinflußt werden kann und

b) die im kurzwelligen UV Bereich auftretende unmittelbare Schädigung nach Egerton, die *Photolyse* der Cellulose.

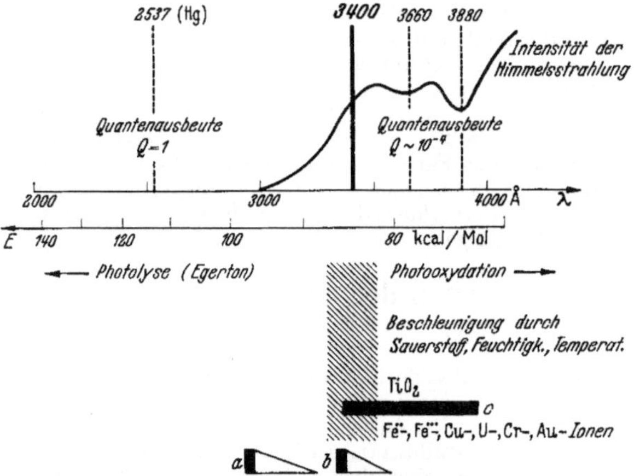

Abb. V, 19. Schema der Lichtschädigung nach Sippel (*a* Absorptionsbeginn von Uviolglas; *b* Absorptionsbeginn von Fensterglas; *c* Lage des Absorptionsmaximums von TiO_2)

Daß es sich hier um zwei im Wirkungsmechanismus unterschiedliche Prozesse handelt — schematisch in Abb. V, 19 dargestellt —, geht überzeugend aus der Bestimmung der Quantenausbeute durch Sippel[5] hervor.

Abadie-Maumert[6] faßt die Veränderungen der reinen Cellulose durch das (UV-)Licht wie folgt zusammen:

1. Teilweise Zerstörung der Cellulose, Abbau sowie Abnahme des α-Gehalts,
2. starke und schnelle Vergilbung (auch bei sehr reinen Cellulosepräparaten),
3. Verschlechterung der technologischen Eigenschaften (z. B. der Papiere, des Cellulosereyons),
4. Erschwerung der Veresterung.

a) Die Photolyse der Cellulose

Während im Falle a) die Quantenausbeute etwa 10^{-3} bis 10^{-4} beträgt, wird sie im Fall b) nahe um 1 gefunden. Von Egerton, Launer und Wilson wurde beobachtet, daß bei Hydrat-

[1] Siehe S. 295 sowie Fußnote 1 auf gleicher Seite.

[2] Egerton, G. S.: Proceedings Symposium Photochemistry, Soc. Dyers & Colourists, Harrogate 1949 und Bradford 1950. — Egerton, G. S.: De Tex **10**, 1219 (1951); **11**, 1 (1952). Vgl. auch den Übersichtsbericht von D. K. Appleby: Amer. Dyest Report. **38**, 149, 189 (1949), sowie E. R. Trotman: Text Manuf. **78**, 364 (1952).

[3] Vgl. A. Sippel: Melliand Textilber. **32**, 205 (1951).

[4] Launer, H. F., u. W. K. Wilson: J. Amer. Chem. Soc. **71**, 958 (1949).

[5] Sippel, A.: Melliand Textilber. **33**, 645 (1952); Faserforsch. Textiltechn. **3**, 211 (1952).

[6] Abadie-Maumert, F. A.: Papeterie **77**, 593, 595, 597, 599 (1955).

cellulose unterhalb 3400 Å kein nennenswerter Einfluß von Sauerstoff und Feuchtigkeit mehr feststellbar ist. STEURER[1] hatte zuvor schon im HESSschen Institut gezeigt, daß bei gelöster Methylcellulose die entsprechende Grenze bei einer Wellenlänge von ~ 3130 Å liegt und die Vermutung ausgesprochen, daß eine Spaltung möglicherweise an der β-glucosidischen Bindung erfolgt und daß diese Verhältnisse auch auf die Cellulose selbst übertragbar wären. Auch COOPER vertritt die Möglichkeit einer direkten Sprengung der O-Brücke. Für Celluloseacetatbutyrat fand TICHENOR die Grenze bei ~ 3500 Å. Eine Stütze erfährt vorerwähnte Auffassung durch die Tatsache, daß nach MARK u. a. die Spaltungsenergie für die —C—O—C-Bindung, vermutlich die schwächste Stelle in der Kette, in derselben Größenordnung, nämlich

$$\frac{2{,}858 \cdot 10^5}{\lambda \text{Å}} = \text{etwa } 84\text{—}90 \text{ kcal/Mol, liegt.}$$

Einer neuen Untersuchung von SIHTOLA[2] zufolge nimmt die Photodegradation der Cellulose merkbar im Bereich um 2500Å zu und steigt gegen kürzere Wellenlängen zu weiter an. Nach FRIELE[3] schafft Licht von ~ 2537 Å photochemisch aktivierte Moleküle, die dann durch Sauerstoff degradiert werden, während in der Gegend von 1850 Å primäre Dissoziation erfolgt.

Nach WARBURG muß einem unmittelbaren photochemischen Prozeß eine Lichtabsorption vorausgehen und es hat nicht an Versuchen gefehlt, diese Absorptionsstelle aufzufinden und vom Gesichtswinkel der Absorptionsspektroskopie zu interpretieren. RASSOW und AEHNELT[4] haben wohl als erste mit diesem Ziel begonnen, Cellulose zu untersuchen. Resultate berichten MARCHLEWSKI[5] sowie insbesonders OGURI und KUJIRAI in mehreren Veröffentlichungen[6]; sie beobachten über 3400 mm^{-1} ($= 1/\lambda$) Abweichungen vom Verlauf der reinen Tyndall-Scheinabsorption. KUJIRAI[6] findet unter 2000 Å eine starke Absorption, über 2000 Å eine sehr schwache. Reflexionsmessungen von CHAMPETIER und MARTON[7] zeigen das Einsetzen einer schwachen Absorption im Gebiet von 3800—4170 mm^{-1}. In diese Richtung weist auch eine Arbeit von MASON[8]. Wenngleich alle zitierten Beobachtungen keineswegs eindeutig sind, wird doch von vielen Autoren das Vorhandensein einer Absorptionsstelle in der Gegend von 3800 mm^{-1} (= 2660 Å) mit großer Bestimmtheit angenommen (z. B. SIPPEL, HEUSER). In den Jahren 1950—54 ist das Absorptionsverhalten der Cellulose und ihrer Derivate eingehend von TREIBER und Mitarbeitern[9] untersucht worden, leider ohne endgültige Klarheit zu schaffen. Ein kritischer Beitrag ist kürzlich auch von BERNDT[10] beigebracht worden. Wenn wir von der Absorption von Begleit- oder Fremdstoffen absehen, kann der fragliche Effekt entweder auf den Einfluß gehäufter OH-Gruppen, auf einen „verbotenen" $>C<^{O—}_{O—}$ Chromophor (Arbeitshypothese) oder auf geringe Mengen an Aldehyd zurückgehen, die in einer Gleichgewichtsreaktion zur Cyclohalbacetalform stehen. Die Absorption von Fremdgruppen oder Aldehydgruppen kann aber auch dazu führen, daß die aufgenommene Lichtenergie an reaktive Cellulosestellen weitergeleitet wird (SIPPEL, FRANK).

Absorptionseffekte an Cellulose werden deutlich dann beobachtet, wenn die Cellulose z. B. durch Oxydation geschädigt wurde. Oxycellulosen, vornehmlich die alkalischen oder wäßrigen Extrakte, wurden im UV nunmehr eingehender von SCHURZ und LANG[11] untersucht.

In letzter Zeit ist auch der Einfluß sehr energiereicher kurzwelliger und korpuskularer Strahlung untersucht worden. So ist von GILFILLAN[12] festgestellt worden, daß γ-Strahlen Cellulosefasern erheblich schädigen (zum Unterschied vom resistenten Orlon); Neutronen zerstören alle Fasern. Nach WÄCHTER und SIPPEL[13] zerschlägt ein Röntgenquant rund 1000 bis 10000 Bindungen.

[1] STEURER, E.: Z. physik. Chem. (B) **47**, 127 (1940).

[2] SIHTOLA, u. B. C. FOGELBERG: Papper och Trä **36**, 430 (1954).

[3] FRIELE, L. F. C., u. H. J. SELLING: De Tex **12**, 1250 (1953).

[4] RASSOW, B., u. W. AEHNELT: Cellulosechemie **10**, 169 (1929).

[5] MARCHLEWSKI, L., u. J. SKULMOWSKI: Biochem. Z. **276**, 453 (1935).

[6] OGURI, S.: J. Soc. Chem. Ind. Japan [Suppl.] **37**, 201, 620 (1934); **39**, 286 B (1936). — KUJIRAI, C.: Bull. Inst. Chem. Res. Kyoto Univ. **23**, 35 (1950); **31**, 228 (1953).

[7] CHAMPETIER, G., u. R. MARTON: Bull. Soc. chim. France [5] **10**, 102 (1943).

[8] MASON, C. W., u. F. B. ROSEVEAR: J. Amer. Chem. Soc. **61**, 2995 (1939).

[9] TREIBER, E.: Kolloid-Z. **130**, 39 (1953). — SCHAUENSTEIN, E., E. TREIBER, W. BERNDT, W. FELBINGER u. H. ZIMA: Mh. Chem. **85**, 120 (1954). — TREIBER, E., u. W. LANG: Melliand Textilber. **33**, 1021 (1952). — TREIBER, E., u. W. FELBINGER: Papier **7**, 13 (1953).

[10] BERNDT, W.: Mh. Chem. **85**, 387 (1954). — Siehe nunmehr auch J. SCHURZ u. E. KIENZL: Mh. Chem. **88**, 78 (1957).

[11] SCHURZ, J.: Sv. Papperstidn. **59**, 98 (1956). — LANG, W.: Papier **10**, 41 (1956).

[12] GILFILLAN, E. S., u. L. LINDEN: Textile Res. J. **25**, 772 (1955).

[13] SIPPEL, A.: Textil-Praxis **11**, 1131 (1955); vgl. auch DEMUS, H.: Faserforsch. Textiltechn. **7**, 357 (1956).

b) Die Photooxydation

Im Gebiet des sichtbaren (blauen) Spektralgebietes und nahen UV-Bereiches reicht die Lichtquantenenergie *nicht* aus, um unmittelbar die Kette zu zersprengen. Für die Spaltreaktion muß zusätzlich Energie aus exothermen Oxydationsprozessen hinzutreten. LANDOLT[1] macht recht wahrscheinlich, daß die Faserschädigung durch vielfache, aufeinanderfolgende Reduktions- und Oxydationsprozesse zustande kommt.

Es sei nochmals ausdrücklich festgestellt, daß die oxydativen und hydrolytischen Veränderungen der Cellulose aus sehr komplexen Vorgängen resultieren. Viele Faktoren, wie z. B. Feuchtigkeit und Luftsauerstoff, spielen eine große Rolle (vgl. Abb. V, 19). Allem Anschein nach wirkt als chemisches Agens aktiver Sauerstoff und/oder Wasserstoffperoxyd respektive organische Peroxyde auf der Faser. Der im Abbauprodukt sich vorfindende höhere Gehalt an Carbonyl- und Carboxylgruppen beruht auf der Tatsache, daß beim Abbau die am C^1 intermediär entstehende Alkoholgruppe je nach den weiteren Oxydationsbedingungen (z. B. Anwesenheit von TiO_2) zur Aldehyd- und Carboxylgruppe umgeformt wird. Es ist leicht verständlich, daß solch komplexe Prozesse durch die verschiedensten Umstände sowie Katalysatoren beeinflußt werden. So können Fehlerstellen, organische Peroxyde, Spurenlemente, Verunreinigungen (Fremdstoff, p_H-Wert), Farbstoffe[2], Ausrüstungs- und Waschmittel eine entscheidende Rolle spielen. Eine ausführliche Darstellung an Hand einer umfassenden Literaturübersicht ist kürzlich von TREIBER[3] gegeben worden.

c) Einfluß von Ultraschall und Wärme

Nach EDELMANN[4] werden durch Ultraschallbehandlung vorwiegend die längsten Ketten bis zu einem Grenz-DP-Wert abgebaut. JAYME[5] beobachtet eine erhebliche Erhöhung des Quellungszustandes ohne merkliche Änderung der Entwässerbarkeit.

SIPPEL[6] untersuchte das Verhalten von Fasern bei thermischer Einwirkung. Der Wärmeabbau ist ähnlich der Photooxydation ganz wesentlich an die Anwesenheit von Luftsauerstoff geknüpft und er nimmt an, daß es sich um dieselben empfindlichen Stellen im Kettenmolekül handelt, die auch von den Lichtquanten zerstört werden. Die Aktivierungsenergie nach STAMM[7] beträgt 15—30 kcal. Nach TISHCHENKO[8] erfolgt die thermische Zersetzung durch Aufsplitterung der halbacetalischen Brücke und unter Entbindung von Wasser. Unter den Abbauprodukten findet sich Laevoglucosan.

Bei gleichmäßiger Hochfrequenzerhitzung im Vakuum werden keine nennenswerten Zersetzungen $< 200°$ beobachtet (ZAKHAROV). Erhitzung auf $\sim 240°$ zeitigt Zerstörung der Reißfestigkeit und gibt in Cuoxam unlösliche Produkte. Nach KLEINERT setzen freie Carboxylgruppen die thermische Stabilität herab. (Bezüglich der Wirkung von Wasser bei verschiedenen Temperaturen auf Cellulose vgl.[9]).

Isolierte Hemicellulose wird viermal schneller zersetzt als Holz oder α-Cellulose[7].

d) Chemische und biologische Zerstörung

Der Einfluß von Chemikalien auf Cellulosetextilien ist kürzlich von HOWITT[10] untersucht worden. Die Degradation durch Mikroorganismen (Enzyme) haben HORECKER[11] und NORKRANS[12] studiert. NORKRANS hat Glucose, Cellobiose und Cellotriose als Spaltstücke gefaßt.

§ 35. Cellulose und Cellulosederivate in Lösung

Von J. SCHURZ und G. POROD

1. Allgemeines

Wird eine hochpolymere Verbindung mit einem Überschuß einer geeigneten Flüssigkeit zusammengebracht, so werden zunächst unter Volumszunahme mehr

[1] LANDOLT, A.: Textil-Rdsch. **5**, 441 (1950).

[2] SCHAEFFER, A.: Melliand Textilber. **37**, 954, 1073 (1956).

[3] TREIBER, E.: Sv. Papperstidn. **58**, 185 (1955). — Vgl. auch AGSTER, A.: Melliand Textilber. **35**, 1209 (1954). — ULRICH, M.: Prakt. Chemie (Wien) **5**, 158, 213, 235 (1954). — SCHAEFFER, A.: Melliand Textilber. **37**, 954, 1073 (1956).

[4] EDELMANN, K.: Faserforsch. Textiltechn. **4**, 407 (1953).

[5] JAYME, G., u. K. ROSENFELD: Papier **9**, 296, 423 (1955).

[6] Siehe S. 343, Fußnote 13.

[7] STAMM, A. J.: Ind. Engng. Chem. **48**, 413 (1956).

[8] TISHCHENKO, D., u. T. Fedorishchevschew: J. angew. Chem. **26** 393 (1953).

[9] Chem. Engng. News **33**, 956 (1955). — MITHEL, B. B., G. H. WEBSTER u. W. H. RAPSON: Tappi **40**, 1 (1957).

[10] HOWITT, F. O.: J. Text. Inst. Proc. **47**, P 909 (1956).

[11] HORECKER, B. L. u. A. H. MEHLER: Ann. Rev. Biochem. **24**, 207 (1955) — REESE, E. T.: Ind. Engng. Chem. **49**, 89 (1957).

[12] NORKRANS, B.. u. B. G. RÅNBY: Physiol. Plantarum **9**, 198 (1956).

oder weniger große Mengen dieser Flüssigkeit aufgenommen: sie quillt. Dabei bilden sich zwei Phasen, nämlich das gequollene Hochpolymere und die — praktisch von Hochpolymeren freie — überstehende Flüssigkeit. Wird nun das weitere Auseinanderweichen der Molekülketten durch irgendwelche, durch das Quellmittel nicht sprengbare Bindungen verhindert, so spricht man von begrenzter Quellung. Ist dies nicht der Fall, so wird die Quellung in Gegenwart von genügend Flüssigkeit unbegrenzt, das heißt, sie geht kontinuierlich in Lösung über. Hierbei bildet sich zuerst ein Zustand aus, in dem alle Moleküle zwar völlig solvatisiert sind, sich aber aus Raummangel dennoch sterisch soweit behindern, daß wir zunächst eher von einem Filz solvatisierter Makromoleküle sprechen können, der gleichmäßig auf das Lösungsmittel verteilt ist (Gellösung nach STAUDINGER[1] und HERMANS [Abb. V, 20]). Durch weitere Verdünnung wird den Molekülketten immer mehr Raum zugewiesen, so daß schließlich der Zustand der verdünnten Lösung (Sollösung nach STAUDINGER[1]) erreicht werden kann, in dem jedes Molekül von seinen Nachbarn völlig unbeeinflußt ist.

Abb. V, 20. Schema einer konzentrierten Gellösung nach P. H. HERMANS

Eine unangenehme Begleiterscheinung der Lösung von Cellulose ist der dabei sehr häufig eintretende Abbau. So bewirken Säuren oder saure Lösungsmittel zumeist eine Hydrolyse, während Alkalien oder alkalische Lösungsmittel in Gegenwart von Luft den oxydativen Abbau, fördern. Daher wird man bei solchen Lösungsmitteln stets prüfen müssen, ob nicht vielleicht die Lösung überhaupt nur durch einen weitgehenden Abbau vorgetäuscht wird, indem erst die niedermolekularen Bruchstücke in Lösung gehen. Ganz kann man Abbauerscheinungen bei Celluloselösungen anscheinend überhaupt nicht vermeiden und sie nur selbst in erträglichen Grenzen zu halten, erfordert oft umständliche Vorkehrungen (vgl. auch S. 283).

Die Lösungen von Hochpolymeren weisen gegenüber den niedermolekularen Lösungen einige besondere Züge auf[2]. In beiden Fällen wird der Lösungsvorgang zunächst dadurch eingeleitet, daß sich an zugänglichen Molekülen des zu Lösenden einige Lösungsmittelmoleküle anlagern. Wenn sich nun diese Partie einer niedermolekularen Substanz infolge der Wärmebewegung etwas weiter vom Festkörper entfernt, so kann es zur Ausbildung einer geschlossenen Solvathülle kommen, wodurch die Kohäsionskräfte des Festkörpers weitgehend abgeschirmt werden, so daß die betrachtete Partie der BROWNschen Bewegung der Lösungsmittelmoleküle folgen und wegdiffundieren kann: dieser Anteil ist gelöst. Der Vorgang der Rückassoziation ist hier in einiger Entfernung vom Sättigungspunkt so selten, daß die Lösungsgeschwindigkeit der Substanz davon nicht merklich beeinflußt wird. Bei hochmolekularen Verbindungen dagegen ist auch ein lokal sehr weitgehend solvatisiertes Kettenmolekül durch die noch nicht gelösten Stellen im ursprünglichen Verband verankert. Zwar können auch diese Stellen allmählich gelöst werden, aber bis sich dieser Vorgang durch die ganze Kette vollzogen hat, können einige der primär gelösten, jedoch in ihrer Beweglichkeit stark gehemmten Stellen wieder zusammentreffen und aneinander gebunden werden. Die dem Lösungsvorgang entgegenwirkende Rückassoziation wird somit bei den hochmolekularen Substanzen auch fern vom Sättigungspunkt durch die Anwesenheit der langen Ketten

[1] STAUDINGER, H.: Organische Kolloidchemie. Braunschweig: Vieweg 1950. — STAUDINGER, H.: Z. physik. Chem. A **153**, 391 (1931).

[2] FUCHS, O.: Kunststoffe **43**, 409 (1953). — MOORE, W. R.: Chem. Age **74**, 191 (1956). — SMALL, P. A.: J. Appl. Phys. **3**, 71 (1953). — TAGER, A., u. R. WERSCHKAIN: Kolloid J. **13**, 123 (1951); ref. Kunststoffe **42**, 377 (1952). — HILDEBRAND, J. H., u. R. L. SCOTT: The Solubility of Nonelectrolytes. New York: Reinhold 1950.

weitaus stärker begünstigt als bei den niedermolekularen Verbindungen; und zwar um so mehr, je länger und beweglicher die Ketten (höhere Lösungsentropie) und je stärker die zwischen ihnen wirkenden Kräfte sind. Dies besagt nichts anderes, als daß ein Makromolekül um so schlechter löslich ist, je höher sein Molekulargewicht, je steifer seine Moleküle und je größer ihre Kristallisationsneigung ist. Aus diesem Grunde ist auch z. B. die Cellulose viel schwerer löslich als der Polyvinylalkohol. Einen Überblick über die verschiedenen Arten der zwischen elektrisch neutralen Molekülen möglichen Kräfte gibt Tab. V, 8 (nach FUCHS[1])[2].

Tabelle V, 18

Art	Wechselwirkung zwischen	bestimmende Molekülkonst.	Formel	Temp.-Abhäng.	Beispiel
Dipolkräfte	molekulare Dipole	Dipolmoment μ	μ^2/r^4	stark	Aceton
Induktionskräfte	primäre und induzierte molekulare Dipole	Polarisierbarkeit α und Dipolmoment μ	$\alpha\mu^2/r^7$	schwach	Aceton + Benzol
Dispersionskräfte	atomare Dipole	Polarisierbarkeit α und Ionisierungsenergie J	$\alpha^2 J/r^7$	keine	alle Substanzen
Wasserstoffbrücken	—XH ... Y— (X und Y: bes. O u. N, auch Halogene)	besondere sterische Einflüße		stark	Wasser, Säuren

Damit nun tatsächlich Lösung eintritt, müssen drei Voraussetzungen erfüllt sein[3], nämlich:

1. Zugänglichkeit: Die wirksamen Teilchen des Lösungsmittels müssen in das Hochpolymere eindringen können.

2. Solvatation: Die Lösungsmittelmoleküle müssen imstande sein, unter Sprengung der Nebenvalenzbindungen im Hochpolymeren sich selbst an dieses anzuhängen; d. h. es zu solvatisieren.

3. Löslichkeit: Die energetischen und entropischen Verhältnisse im System müssen so sein, daß es zu einer gleichmäßigen Verteilung von solvatisierten Makromolekülen und Lösungsmittelmolekülen kommt. (Lösevermögen für die solvatisierten Makromoleküle.)

Zugänglichkeit. Diese Bedingung ist eine rein geometrische. Es ist notwendig, daß die mittlere Größe der Lösungsmittelteilchen kleiner ist als die Hohlräume, die in das Innere des Hochpolymeren führen, da sonst ein Angriff aus sterischen Gründen von vornherein unmöglich ist. Bei der Verhornung[4] z. B. wird durch die Ausbildung von Wasserstoffbrücken an der Oberfläche die Zugänglichkeit so sehr verringert, daß der Stoff schwer löslich oder sogar unlöslich wird.

Solvatation. Zur Solvatation kommt es, wenn die Anziehungskräfte AB zwischen den Molekülen des Lösungsmittels (A) und des zu Lösenden (B) größer sind als die zwischen gleichartigen Molekülen. Es muß die Kohäsion AB (zusammen mit der Wärmeenergie) größer sein als die Kohäsion AA und BB, damit Entsolvatation und Rückassoziation (von B und A) hintangehalten werden. Geeignete Lösungsmittel sind meist solche, die selbst in ähnlicher Weise zusammengehalten werden wie das zu Lösende, da erfahrungsgemäß meist diese imstande sind, die Nebenvalenzbindungen des Hochpolymeren zu sprengen. Daher sind für die durch Wasserstoffbrücken zusammengehaltene Cellulose in erster Linie solche Lösungsmittel brauchbar, die Wasserstoffbrücken spalten können. Die Solvatation der freien Hydroxyle des Cellulosenitrats in Aceton wurde UR-spektrographisch direkt nachgewiesen (der erste Oberton der

[1] Siehe S. 345, Fußnote 2.
[2] Aufschlüsse über molekulare Wechselwirkungskräfte gibt z. B. auch der *Soret*koeffizient.
[3] Vgl. auch W. R. MOORE: Chem. Age **74**, 191 (1956).
[4] JAYME, G., u. G. HUNGER: Mh. Chem. **87**, 8 (1956).

Bande des freien OH bei 1,44 μ wird in Lösung verbreitert, geschwächt und nach 1,46 μ verschoben, was auf Beanspruchung durch Wasserstoffbrücken hindeutet[1].

Löslichkeit. Die bekannte Faustregel „Gleiches löst Gleiches", hat ihr recht brauchbares, wenn auch nicht streng gültiges Analogon in der Feststellung, daß die Löslichkeit dann am besten ist, wenn Lösungsmittel und Festkörper die gleiche „Kohäsionsenergiedichte" (KED = Verdampfungsenergie pro Volumseinheit) haben[2].

Über dieses Konzept hinaus zeigt aber die Cellulose so wie alle Hochpolymeren noch einige weitere Eigentümlichkeiten bei der Lösung, auch wenn wir zunächst von spezifischen Wechselwirkungen (Komplexbildung) absehen. Zunächst müssen wir bedenken, daß die Cellulose teilweise kristallin ist, wobei in den kristallinen Bereichen die Kohäsion BB noch um die „Schmelzwärme" (= Kristallisationswärme) größer ist als in den amorphen Bereichen. Bevor also die obigen Überlegungen anwendbar sind, muß die Kristallinität zerstört werden, was einem Schmelzvorgang gleichkommt und zusätzliche Energie erfordert, welche ebenfalls von der Affinität Lösungsmittel—Gelöstes aufgebracht werden muß. Ferner muß vermieden werden, daß die vollständig solvatisierten Moleküle sich wiederum partiell zu einem neuen Kristallgitter ordnen. So sind z. B. Alkalilaugen sehr wohl imstande, das Gitter der Cellulose durch eine intramicellare Quellung zu zerstören, da sich aber dabei sofort das neue Gitter der Natroncellulose I bildet, kommt es zu keiner Lösung. Ersetzt man aber die kleinen Na-Ionen durch sehr große organische Reste (z. B. Tetraäthylammoniumhydroxyd), so kann sich aus sterischen Gründen kein neues Kristallgitter ausbilden und die Cellulose geht in Lösung[3]. Amorphe Cellulosen, z. B. das feuchte Verseifungsprodukt von Cellulosetriacetat oder das feuchte Präzipitat, das man erhält, wenn man in eine Lösung von Cellulose in starker Salzsäure (über 40%) Eis einrührt, lösen sich in 8% Natronlauge. Allerdings könnte bei allen diesen Beispielen (Cellulose A nach LIESER[4]) neben der fehlenden Kristallinität wohl auch ein eingetretener Abbau die bessere Löslichkeit verursachen.

Wenn wir die Dekristallisation und die anschließende völlige Solvatation mit dem Schmelzen verglichen haben, so entspricht dem nun erfolgenden eigentlichen Lösen das Mischen der Schmelze mit dem Verdünnungs- (=Lösungs)mittel, das durch möglichst gleiche Kohäsionsenergiedichte der beiden Komponenten begünstigt wird.

Die Einführung von Substituenten in die Cellulose kann die Löslichkeit stark verändern. So ist z. B. Cellulose an sich in hydroxylhaltigen Lösungsmitteln deshalb unlöslich, weil diese infolge der engen Packung keinen Zutritt haben und weil die meisten Hydroxyle der Cellulose durch intramolekulare Wasserstoffbrücken abgesättigt sind. Führt man nun einige sperrige Gruppen ein, z. B. Nitrogruppen oder Alkyle, so werden dadurch die Ketten auseinandergedrängt und die Lösungsmittel können an den nun freien Hydroxylen der Cellulose angreifen: die Derivate werden alkohollöslich; Cellulose, in denen 2 Hydroxylgruppen äthyliert sind, werden sogar wasserlöslich. Substituiert man freilich alle Hydroxyle, so sind Alkohole keine Lösungsmittel mehr, die Tri-Derivate sind nur mehr organolöslich. Cellulosetrinitrat z. B. löst sich nur mehr in Ketonen und Estern. Übrigens kann man, wie LIESER gezeigt hat, die Cellulose auch in wäßriger Lösung halten. Man muß dazu nur die Ketten durch recht sperrige Gruppen auseinanderdrängen und gleichzeitig alle drei Hydroxyle substituieren, wie es z. B. im Tri-tetraäthylammonium-trixanthogenat der Cellulose, gelöst in Wasser, der Fall ist. Dialysiert man diesen Stoff in großer Verdünnung so lange gegen reines Wasser, bis alle Xanthogenatgruppen abgespalten und die Umsetzungsprodukte mitsamt der überschüssigen Base vollständig entfernt sind, so erhält man eine Lösung von Cellulose in Wasser[5]. Freilich ist es dabei nicht zu vermeiden, daß infolge der Wärmebewegung sich die einzelnen Kettenmoleküle nach kürzerer oder längerer Zeit wieder berühren und schließlich assoziieren, weshalb solche Lösungen nur begrenzte Zeit stabil sind. Temperaturerhöhung vermindert natürlich die Stabilität.

Ionisierte Derivate begünstigen die Lösung ebenfalls, da sich die Ladungen auf den Ketten elektrostatisch abstoßen (Versteifung) und außerdem die große Zahl der Gegenionen viel zur Lösungsentropie beiträgt.

---

[1] NIKITIN, W.: Westn. Leningr. Univ. **3**, 33 (1950). — NIKITIN, N. I.: Die Chemie des Holzes. S. **66**. Berlin: Akademie-Verlag 1955. — Vgl. auch G. CHAMPETIER u. G. CHERUBIN: Makromol. Chem. **18/19**, 178 (1956).

[2] MAGAT, M.: J. Chim. physique **46**, 344, 1949. — STUART, H. A.: Physik der Hochpolymeren, Band II, S. 202. — MARK, H., u. A. V. TOBOLSKY: Physical Chemistry of High Polymer Systems. S. 261. Interscience, New York—London 1950.

[3] LIESER, TH., u. E. LECKZYCK: Liebigs Ann. **522**, 56 (1936). — MEASE, R. T., u. I. F. GLEYSTEEN: J. Res. Nat. Bur. Stand. **27**, 543 (1941).

[4] LIESER, TH.: Cellulose Chemie **7**, 85 (1926).

[5] LIESER, TH., u. R. EBERT: Liebigs Ann. **528**, 279 (1927).

Die Deutung der Temperaturabhängigkeit der hochpolymeren Lösungen ist noch recht problematisch und der Zusammenhang zwischen Theorie[1] und Erfahrungstatsachen[2,3] ziemlich mangelhaft. Thermodynamisch betrachtet kann ein Lösungsvorgang endotherm sein (Lösung erfolgt unter Wärmeaufnahme, sie wird bei Temperaturerhöhung begünstigt) oder exotherm. Erfahrungsgemäß verhalten sich die meisten Lösungen Hochpolymerer endotherm, doch erlaubt diese Beobachtung noch keine anschauliche Interpretation des Lösungsmechanismus, da dazu eine Zerlegung in energetischen und entropischen Anteil erwünscht wäre. Bekanntlich findet man bei Hochpolymeren eine sehr hohe Zusatzentropie und man nimmt an, daß diese hauptsächlich das beobachtete Verhalten verursacht. Bei der Lösung kristalliner Körper muß zusätzlich die meist sehr hohe Schmelzwärme überwunden werden und daher wird der Vorgang bei hoher Temperatur besonders begünstigt sein. Tatsächlich gibt es Stoffe, die nur oberhalb des Schmelzpunktes ihrer Kristallite in Lösung zu bringen sind (Polyäthylen). Für Quellungsphänomene sollten ähnliche Überlegungen gelten.

Zu beachten ist auch, daß wir es bei Hochpolymeren oft mit metastabilen Ungleichgewichtszuständen zu tun haben, die aber infolge der enorm langsamen Gleichgewichtseinstellung stabile Gleichgewichte vortäuschen. So kann man durch Temperaturerniedrigung die Beweglichkeit von Molekülketten so verringern, daß die Kristallisationsgeschwindigkeit unendlich langsam wird. Vielleicht ist dies mit die Ursache für die überraschend gute Löslichkeit von Cellulose in Laugen bei sehr tiefen Temperaturen.

Nun ist aber das Erfahrungsmaterial bei Cellulosederivaten noch nicht ausreichend, um eine eingehende Diskussion der Temperaturabhängigkeit im Lichte der Theorien zu rechtfertigen. Außerdem spielen noch Nebenerscheinungen eine komplizierende Rolle, wie z. B. Komplexbildung, Abbau, Ungleichgewichte usw., so daß wir uns hier darauf beschränken wollen, die bekannten Tatsachen zusammenzustellen.

Die organolöslichen Cellulosederivate verhalten sich meist endotherm (höhere Temperatur begünstigt die Löslichkeit). Die wasserlöslichen Äther dagegen sind in der Kälte besser löslich, in der Hitze erfolgt oft sogar Coagulation. Die Auflösung der Cellulose in Neutralsalzen wird durch höhere Temperaturen begünstigt (in LiBr erfolgt die Lösung erst bei etwa 60° C). Daß die Löslichkeit der Cellulose und Hemicellulose in Lauge aber auch mit höherer Temperatur wieder ansteigt, dürfte wohl hauptsächlich darauf zurückzuführen sein, daß bei diesen Temperaturen starker Abbau stattfindet, der leichter lösliche kurzkettige Produkte schafft. Im allgemeinen lösen Laugen bei sehr tiefen Temperaturen (~ — 25° C) wesentlich besser als bei Raumtemperatur, wie man schon seit 1928 weiß (US, Pat. 1658606), so daß wohl der Schluß gezogen werden kann, daß hier tiefere Temperaturen die Lösung (und auch die Quellung, wenn keine Lösung möglich ist) begünstigen. Zur Deutung dieses Verhaltens kann die Hydrathypothese von BARTUNEK[4] herangezogen werden (bevorzugte Existenz stark lösungsaktiver Hydrate bei tiefer Temperatur) sowie die oben erwähnte Kristallisationshemmung durch verringerte Beweglichkeit. In der gleichen Weise verhalten sich wäßrige Celluloselösungen in organischen Basen wie z. B. Tetraäthylammoniumhydroxyd. Bei der letztgenannten Substanz tritt übrigens keine Lösung, sondern nur mehr Quellung ein, wenn man statt Wasser Alkohol nimmt und auch die Temperaturabhängigkeit soll sich umkehren, d. h. höhere Quellung bei Temperaturerhöhung[5]. Bei Säuren finden wir Zunahme der Löslichkeit mit höherer Temperatur, doch ist hier die Erhöhung der Reaktionsgeschwindigkeit des Abbaues so stark ausgeprägt, daß über die Temperaturabhängigkeit der Löslichkeit selbst nichts ausgesagt werden kann. Unstabile Celluloselösungen (z. B. Viscose oder die wasserlösliche Cellulose) coagulieren bei Temperaturerhöhung rascher. Die Löslichkeit in Metallhydroxyd-Komplexen ist ebenfalls bei erhöhter Temperatur geringer, dies hängt wohl mit der geringeren Stabilität der lösenden Komplexe bei höheren Temperaturen zusammen.

Die Quellung. Grundsätzliches über die Quellung wurde schon gelegentlich bei der Lösung bemerkt, welcher sie thermodynamisch analog ist: der freien Energie der Lösung entspricht die freie Energie der Quellung und dem osmotischen Druck der (meßbare[6]) Quellungsdruck. Sie kann intermicellar oder intramicellar sein, den letzteren Fall erkennt man am Verschwinden des Röntgendiagrammes. Ferner kann man aus der Richtungsabhängigkeit (Anisotropie) der Quellung Rückschlüsse auf die Textur des Systems ziehen; Folien quellen meist eindimensional (laminar) und Fasern zweidimensional[7] (sie quellen nicht in der Faserrichtung). Zur begrenzten Quellung kommt es, wenn nicht lösbare Vernetzungen vorhanden sind oder

---

[1] MÜNSTER, A.: In H. A. STUART, Physik der Hochpolymeren, Band II, S. 193.

[2] Siehe S. 345, Fußnote 2.

[3] FUCHS, O.: Angew. Chem. **65**, 351 (1953); Makromol. Chem. **18/19**, 166 (1956). — HOUTZ, R. C.: Textile Res. J. **20**, 786 (1950).

[4] BARTUNEK, R.: Kolloid-Z. **133**, 125 (1953).

[5] SCHWABE, K., u. B. PHILIPP: Holzforsch. **9**, 104 (1955).

[6] POSNJAK, E.: Kolloid-Beih. **3**, 417 (1912). — BOYER, R. F.: J. Chem. Phys. **13**, 363 (1945).

[7] BARTUNEK, R., u. W. JANCKE: Holzforsch. **7**, 71 (1953).

wenn das System eine Mischungslücke aufweist. Die Kinetik der Quellung ist meist durch Diffusionsvorgänge bestimmt. Bei bestimmten Konzentrationen oder Temperaturen können Quellungsmaxima auftreten. Die größte Quellung, die mit einem im Überschuß vorhandenen Quellungsmittel eintritt, nennt man die maximale Quellung, sie ist bei sonst gleichen Bedingungen um so geringer, je mehr die Substanz vernetzt ist.

Bei der Quellung in Elektrolytlösungen kann man annehmen, daß die Elektrolyte mit den Hydroxylen der Cellulose Anlagerungsverbindungen mit Ionencharakter bilden, dadurch wird die Cellulose zu einem von zahlreichen Gegenionen umgebenen Polyelektrolyten, auf den man die DONNANsche Regel anwenden kann[1]. Nach dieser ist das Ionenprodukt in beiden Phasen nur dann gleich, wenn Elektrolyt in die Cellulose eindringt. Dadurch entsteht ein osmotischer Überdruck, der das molekulare Netz solange aufweitet, bis er durch dessen Spannung kompensiert wird[2]. Diese PROCTER-WILSONsche Quellungstheorie erklärt auch das Auftreten von Quellungsmaxima bei bestimmten Elektrolytkonzentrationen und wurde verschiedentlich experimentell geprüft, auch an Alkalicellulose[3]. Eine anschaulichere Erklärung stammt von BARTUNEK[4]. Bei der Quellung tritt eine Elektrolytverarmung ein, was auf Freiwerden von Hydratwasser hindeutet (wodurch übrigens auch die Bildung von Additionsverbindungen mit den ganzen Hydraten[5] widerlegt erscheint). Wenn nun nur bestimmte Hydrate in die Cellulose eindringen können, so wird die Konzentration ihres Häufigkeitsmaximums gleichzeitig die des Quellungsmaximums sein. Bei der Bindung des Elektrolyten an die Hydroxyle im Inneren der Cellulose wird stark kontrahiertes Hydratwasser frei, das bei seiner Expansion die Cellulose aufweitet und so die Quellung einleitet. Die Annahme von „quellungsaktiven" Hydraten in Elektrolytlösungen hilft eine Reihe von Erscheinungen verstehen, darunter auch die stärkere Quellung bei tiefer Temperatur. Aus den vielen Experimenten, die BARTUNEK beibrachte, seien in nebenstehender Tab. V, 19 einige Daten zusammengestellt.

Die Erhöhung der Quellung (und parallel dazu der Löslichkeit) in Laugen mit sinkender Temperatur[6] läßt sich durch die osmotische Theorie der Quellung allein nicht erklären[7]. Senkt man die Temperatur der gequollenen Cellulose soweit, daß Einfrieren stattfindet, so bewirkt dies Abbau und damit eine Erhöhung der Reaktivität[8], wahrscheinlich durch die mechanische Wirkung beim Entstehen der Eiskristalle.

Tabelle V, 19. *Lineare Blattquellung von Linterscellulose in Elektrolytlösungen* (20° C)

Quellungsmittel	maximale Quellung	
	Konzentration %	Betrag %
$ZnCl_2$	73	700
KOH	55	640
HNO_3 . . .	77	510
$HClO_4$. . . .	61	390
H_3PO_4 . . .	85	380
NaOH . . .	8—9	350

2. Celluloselösungsmittel

Von J. SCHURZ

a) Anorganische Salzlösungen

Schon sehr früh wurde erkannt, daß Lösungen von gewissen anorganischen Neutralsalzen Cellulose zu lösen vermögen[9], wobei meist sehr hohe Salzkonzentrationen und höhere Temperaturen notwendig sind. Aber auch bei ganz tiefen Temperaturen tritt Lösung ein, wie z. B. in einer Lösung von Ammoniumrhodanid in flüssigem Ammoniak[10]. Doch vermuten wir, daß der Lösungsmechanismus bei derart tiefen Temperaturen (~ — 30°) ein abweichender ist.

[1] DONNAN, F. G.: Z. Elektrochem. **17**, 572 (1911).

[2] PROCTER, H. R., u. J. A. WILSON: J. Chem. Soc. (London) **109**, 307 (1916).

[3] PAULI, WO., u. E. VALKO: Elektrochemie der Kolloide. Wien 1929. — NEALE, S. M.: J. Textile Inst. **20** T, 373 (1929); **21** T, 225 (1930); **22** T, 320, 349 (1931).

[4] BARTUNEK, R.: Papier **7**, 153 (1953).

[5] EKENSTAM, ALF AF: Ber. dtsch. chem. Ges. **69**, 549 (1936).

[6] BIRTWELL, C., D. CLIBBENS, A. GEAKE u. B. RIDGE: J. Textile Inst. **21**, T 85 (1930). — EDELSTEIN, S.: Amer. Dyestuff Rep. **25**, P 458, P 724 (1936); **26**, P 420 (1937). — PAPKOW, S. O.: Prom. organ. chim. **10**, 623 (1938). — DAVIDSON, G. F.: J. Textile Inst. **25** T, 174 (1934); **27**, T 112 (1936); **28**, T 27 (1937). —

[7] NIKITIN, N. I.: Die Chemie des Holzes. S. 120. Berlin: Akademie-Verlag 1955.

[8] RUDNJEVA, T., u. N. NIKITIN: Prom. organ. chim. **7**, 398 (1939).

[9] WEIMARN, P. P. v.: Kolloid-Z. **11**, 41 (1912); **29**, 197 (1923).

[10] SCHERER, P. C.: J. Amer. Chem. Soc. **53**, 4009 (1931).

Im allgemeinen folgt das Lösevermögen der Neutralsalze der lyotropen Ionenreihe[1]:

$$Li > Na > K > Rb > Cs\ ;\quad Ca > Sr > Ba\ ;\quad CNS > J > Br > Cl > F\ ;$$

Es handelt sich hier stets um sehr stark hydratisierte Ionen, die dadurch vielleicht als Säuren wirken können, etwa im Sinne der Aquosäuren von MEERWEIN[2]:

$$[(LiJ)OH]^{-}\,H^{+} \quad \text{oder} \quad [ZnCl_2(OH)_2]^{-2}\cdot 2\,H^{+}$$

Falls dies zutreffen sollte, muß man natürlich auch bereits wieder die Gefahr eines hydrolytischen Abbaues im Auge behalten, wie er z. B. bei $ZnCl_2$ tatsächlich auftritt. (Bekanntlich wird eine 72% Lösung von $ZnCl_2$ zur Herstellung der Vulkanfiber verwendet). Die gegenwärtige Meinung über den Lösungsmechanismus ist die, daß nie Cellulose selbst, sondern stets eine Additionsverbindung mit dem Salz in Lösung geht. In der Tat konnte KATZ bei Lithiumrhodanid verschiedene solcher Anlagerungsverbindungen in Abhängigkeit von der Konzentration röntgenographisch nachweisen[3], wobei bemerkenswert ist, daß die aus solchen Lösungen wiedergewonnene Cellulose das Gitter der Cellulose I hatte. Es muß jedoch darauf hingewiesen werden, daß die Annahme der Anlagerungsverbindung nicht unbedingt nötig ist, denn es könnte durchaus sein, daß einerseits die genannten Kationen größenmäßig so beschaffen sind, daß sie in die Cellulose eindringen können, wo sie dann infolge ihrer hohen Solvatationsfähigkeit sich unter Sprengung der Wasserstoffbrücken an die Hydroxyle der Cellulose anlagern; und daß andererseits die durchwegs sehr sperrigen Anionen (J^-, CNS^-, HgJ^-, ZnO^-) durch ihre Größe die Celluloseketten soweit auseinanderdrängen, daß keine Wasserstoffbrücken mehr gebildet werden können und dadurch Lösung erfolgt. Als besonders gut lösende Salze werden angegeben:

$$Ca(CNS)_2,\quad NH_4CNS,\quad Al(CNS)_3,\quad AlCl_3,\quad K_2(HgJ_4).$$

Besonders bemerkenswert erscheint die Tatsache, daß manche dieser Salze klare, auch im UV weitgehend optisch leere Lösungen ergeben und daher für spektroskopische Untersuchungen geeignet sind. Gewisse Erfolge in dieser Richtung werden von TREIBER und Mitarbeitern[4] mit Lithiumbromid referiert. Die von DOBRY[5] beschriebenen Lösungen von Bariumperchlorat und Berylliumperchlorat bzw. Gemische mit ähnlichen Salzen dürften schon infolge der langen Lösezeit so stark abbauen, daß an eine Verwertung praktisch nicht zu denken ist.

b) Anorganische Säuren

Salzsäure, Schwefelsäure und Phosphorsäure wirken bei geeigneter Konzentration lösend auf Cellulose, wobei der lösende Konzentrationsbereich meist recht eng ist. Esterbildung, die bei derartigen Lösungen wohl stets mitauftreten wird, wollen wir hier außer Betracht lassen. Der Mechanismus der Lösung ist auch hier noch nicht ganz aufgeklärt, man nimmt wiederum Anlagerungsverbindungen an, die bei den Mineralsäuren vielleicht Oxoniumsalze oder Additionsverbindungen mit hydratisierten Säuren sind[6]. BARTUNEK erklärt die Lösungswirkung durch die Annahme von lösungsaktiven Hydraten[7], und insbesondere bei der Phosphorsäure, wo nur ein recht enger Bereich um etwa 14 molar lösend wirkt, haben diese Ansichten viel für sich. Da die Lösefähigkeit bei den Mineralsäuren also an bestimmte Konzentrationen gebunden ist, kann man die gelöste Cellulose durch Verdünnen meist wieder ausfällen. Die optimal lösenden Konzentrationen der wichtigsten Säuren sind:

Schwefelsäure: 65%; Salzsäure: über 40%; Phosphorsäure: $\sim$ 83%.

Selbstverständlich ist hier die Gefahr des Abbaues, insbesondere bei höheren Temperaturen, besonders groß und man wird ihn auch nie ganz verhindern können. Beim Lösen von Cellulose in 85%iger Phosphorsäure und 65%iger Schwefelsäure tritt eine Umwandlung zu 5-Hydroxymethylfurfurol auf (CHOUDHURY). Wasserfreie Trifluoressigsäure soll ein gutes Lösungsmittel für Cellulose darstellen, in dem sehr wenig Abbau erfolgt[8].

---

[1] HOFMEISTER, F.: Arch. exper. Path. **24**, 247 (1888).
[2] MEERWEIN, H.: Liebigs Ann. **455**, 227 (1927).
[3] KATZ, J. R.: Rec. Trav. chim. Pays-Bas **50**, 149 (1931).
[4] SCHAUENSTEIN, E., E. TREIBER, W. BERNDT, W. FELBINGER u. H. ZIMA: Mh. Chem. **85**, 120 (1954).
[5] DOBRY, A.: Bull. Soc. chim. France **3**, 312 (1936).
[6] EKENSTAM, ALF AF: Ber. dtsch. chem. Ges. **69**, 549 (1936).
[7] BARTUNEK, R.: Papier **7**, 153 (1953).
[8] VALDSAAR, H., u. R. DUNLAP: Amer. Chem. Soc. Meeting, Atlantic City 1952; ref. Cellulose and Cellulose Derivaties, S. 1081, E. OTT u. H. M. SPURLIN, Interscience, New York—London 1955.

Perchlorsäure bildet in einer Konzentration von 60—65% (9,5—10,5 molar) eine Additionsverbindung mit Cellulose[1] ($Cell_2HClO_4$), in höherer Konzentration zerstört sie die Cellulose. Salpetersäure bildet ebenfalls eine Additionsverbindung (KNECHTsche Verbindung $Cell.HNO_3$)[2], doch erfolgt dann sehr rasch Veresterung.

c) Alkalien

Alkalilaugen, z. B. NaOH lösen nur sehr niedermolekulare Cellulose (DP < 100), wenn auch die Alkalisierung allgemein die Wasserstoffbrücken der Cellulose schwächt[3]. Die Konzentration des Quellungsmaximums ist auch die maximal lösende Konzentration (~ 8—10%), was BARTUNEK mit seiner Hypothese der quellungsaktiven Hydrate in Elektrolytlösungen erklärt[4]. Eine Erhöhung der Löslichkeit erfolgt durch Zusatz von $Be(OH)_2$ (TREIBER). Die Ursache dafür, daß Alkalilaugen nicht lösen, ist offenbar die, daß nach der sehr wohl erfolgenden intramicellaren (also permutoiden) Quellung infolge der günstigen geometrischen Verhältnisse sofort eine Rekristallisation zum Gitter der Natroncellulose erfolgt und ein In-Lösung-Gehen verhindert. Doch kann man offenbar durch bestimmte Vorbehandlungen der Cellulose die Rekristallisation verhindern. Wenn man Cellulosetriacetat verseift[5], oder wenn man in 40% HCl gelöste Cellulose durch Einrühren von Eis ausfällt[6], so erhält man Produkte, die man in nassem Zustand in 8% Natronlauge glatt in Lösung bringt. LIESER hat für derartige feuchte Cellulosen den Ausdruck „*Cellulose A*" geprägt[6]. Trocknet man sie, so tritt keine glatte Lösung mehr ein. Gewiß sind die Cellulosen A nicht oder nur wenig kristallin, was die Lösung sehr erleichtert; doch wird man wohl auch annehmen müssen, daß sie auch schon abgebaut und (vielleicht oxydativ) verändert sind. Etwas Ähnliches stellen offensichtlich auch die „Hydrocellulosen"[7] dar, die man erhält, wenn man Cellulose mit gasförmigem HCl behandelt; auch sie sind anoxydiert, mehr oder weniger stark abgebaut und zeigen erhöhte Löslichkeit.

d) Organische Basen

DEHNERT und KÖNIG[8] berichteten zuerst, daß organische Basen auf Cellulose ähnlich einwirken wie Alkalien. Die eingehenden Untersuchungen von LIESER[9] ergaben dann, daß Basen mit geringem Molekulargewicht quellend und mercerisierend wirken (z. B. Tetramethylammoniumhydroxyd), während solche mit hohem lösen, wobei die Lösung wieder auf einen bestimmten Konzentrationsbereich beschränkt ist, wie die folgende Tab. V, 20 zeigt.

Tabelle V, 20

Base	Molekulargewicht	lösende Konzentration
Triäthylmethyl-AH (AH=Ammoniumhydroxyd)	133	3,8 normal
Trimethylbutyl-AH	133	3,8 normal
Tetraäthyl-AH	147	2,3 normal
Trimethyl-p-tolyl-AH	167	~2,2 normal
Tetra-n-propyl-AH	203	~2,0 normal
Tributyl-äthyl-AH	251	~1,8 normal

Wie man sieht, ist die lösende Konzentration um so geringer, je höher das Molekulargewicht ist. Bald erkannte man, daß das eigentliche Kriterium das Molvolumen ist, und heute ist man sich eigentlich ziemlich einig darüber, daß die organischen Basen ganz analog den Alkalien wirken, nur daß zusätzlich infolge der sperrigen organischen Gruppen die Rekristallisation verhindert wird, das heißt, die Celluloseketten werden und bleiben so weit auseinandergedrängt, daß sich zwischen ihnen keine Wasserstoffbrücken mehr bilden können. Das lösende Konzentrationsintervall ist nach neueren Untersuchungen auch gegen oben begrenzt, so fanden z. B. KRÄSSIG und SIEFERT[10], daß bei Tetraäthylammoniumhydroxyd die lösende Konzentration sehr eng um 2,2 normal liegt. Bei

[1] ANDRESS, R. K., u. L. REINHARD: Z. physik. Chem. A **151**, 425 (1930).
[2] KNECHT, E.: Ber. dtsch. chem. Ges. **37**, 549 (1904). — HESS, K., u. J. R. KATZ: Z. physik. Chem. **122**, 1434 (1926).
[3] NIKITIN, W. M.: J. phis. chim. **7**, 775, 786 (1949).
[4] BARTUNEK, R.: Papier **7**, 153 (1953).
[5] HESS, K., u. W. WELTZIEN: Liebigs Ann. **435**, 10, 111, 125 (1923).
[6] LIESER, TH.: Cellulosechem. **7**, 85 (1926).
[7] GIRARD, A.: C. r. Acad. Sci. (Paris) **81**, 1105 (1875); Ber. dtsch. chem. Ges. **14**, 2834 (1881). — KNOEVENAGEL, E., u. J. BUSCH: Cellulose chem. **3**, 42 (1922).
[8] DEHNERT, F., u. W. KÖNIG: Cellulose chem. **6**, 1 (1925).
[9] LIESER, TH., u. E. LECKZYCK: Liebigs Ann. **522**, 56 (1936). — LIESER, TH.: Chemiker-Ztg. **60**, 387 (1936). — BOCK, L. H.: Ind. Engng. Chem. **29**, 985 (1936).
[10] KRÄSSIG, H., u. E. SIEFERT: Makromol. Chem. **14**, 1 (1954).

genügend hoher Konzentration und Molekulargewicht lösen übrigens auch Tetraalkylphosphonium-, argonium- sowie Trialkylsulfonium- und seleniumbasen[1].

Wenn man in derartigen Lösungen die organische Base durch Dialyse gegen 2% Lauge entfernt, so kann man dadurch die Cellulose in dieser Lauge in Lösung halten[2], allerdings nur für beschränkte Zeit, nämlich bis durch die Wärmebewegung die Celluloseketten sich wieder assoziieren, da nunmehr die sperrigen großvolumigen organischen Gruppen nicht mehr da sind; solche durch Dialyse erhaltene Lösungen sind also instabil. Dimethyl-dibenzyl-ammoniumhydroxyd (Triton F der *Fa. Roehm* und *Haas Co.*, Philadelphia) wurde als Lösungsmittel für Viscositätsbestimmungen vorgeschlagen[3] und ebenso Trimethyl-benzyl-ammoniumhydroxyd (Triton B). Nach den amerikanischen Befunden lösen diese Basen (besonders Triton F) bei einer Konzentration von 2 normal sehr rasch, die Lösekraft ist groß und Luft- bzw. Sauerstoffausschluß ist nicht nötig. In einer neueren Untersuchung über organische Basen wurden auch ihre alkoholischen Lösungen studiert, welche nur mehr quellend wirken[4].

Die Löslichkeit ist bei den organischen Basen in der Kälte besser als in der Hitze, was von Lieser als Argument dafür gesehen wird, daß auch hier nicht Cellulose selbst, sondern eine Molekülverbindung in Lösung geht. Es kann aber durchaus sein, daß diese Temperaturabhängigkeit der Löslichkeit dadurch zustande kommt, daß die lösenden Hydrate in der Wärme nicht mehr existieren[5], oder daß durch die gesteigerte Wärmebewegung die Reassoziation der Celluloseketten erleichtert wird. Hinzuweisen wäre noch darauf, daß Lösungen von Cellulose in organischen Basen auch präparativ wichtig wurden; so gelang damit z. B. die Herstellung eines Cellulose-Trixanthogenates[6].

e) Metallhydroxyd-Basen

In diese sehr wichtige Klasse gehört das erste Lösungsmittel für Cellulose überhaupt, nämlich die schon 1857 gefundene *Schweizer-Lösung*[7] (Kupfertetramminhydroxyd). Um so erstaunlicher ist es, daß eigentlich bis heute noch keine Klarheit über den Lösungsmechanismus herrscht. Zwar ist man sich darüber einig, daß hier eine Verbindung der Cellulose in Lösung geht, doch ebensowenig wie man weiß, ob die Bildung dieser Verbindung permutoid ist oder eine micellare Oberflächenreaktion, die zu einem pseudostöchiometrischen Produkt führt, kennt man mit Sicherheit ihre genaue Zusammensetzung. Vielleicht handelt es sich überhaupt um keine stöchiometrische Verbindung, sondern um einen Körper, dessen Zusammensetzung von der überstehenden Lösung abhängig ist. Wir verzichten daher auch auf eine ausführliche Diskussion (diese findet man z. B. bei Lieser[8] und Jolley[9]) und stellen nur anschließend die wichtigsten bis heute gegebenen Formulierungen zusammen (Tab. V, 21).

Tabelle V, 21

Autor	Formel
Traube[10]	$(\mathrm{Cell.}_2 \cdot \mathrm{Cu}) \cdot \mathrm{Cu(NH_3)_4}$
Hess[11]	$[\mathrm{Cell} \cdot \mathrm{Cu}]_2^- \cdot [\mathrm{Cu(NH_3)_4}]^{++}$
Lieser[12]	$\mathrm{Cell.}\left[\mathrm{Cell.}\begin{array}{l} \diagup \mathrm{OH} \searrow \\ -\mathrm{OH} \nearrow \mathrm{Cu(OH)_2} \\ \diagdown \mathrm{OH} - \mathrm{Cu(NH_3)_4} \cdot \frac{1}{2}(\mathrm{OH})_2 \end{array}\right]$
Hölkeskamp[13]	$[\mathrm{Cell.}_2 \cdot \mathrm{Cu}] \cdot \mathrm{Cu(NH_3)_4}$
Gralén[14]	$[\mathrm{Cu(NH_3)_4}]^{++} \cdot [\mathrm{Cu(Cell.)}]_2^-$
Danilow[15]	$(\mathrm{C_6H_{10}O_5})_x \cdot [\mathrm{Cu(NH_3)_m} \cdot \mathrm{H_2O}]_y \cdot (\mathrm{H_2O})_z$

[1] Lieser, Th.: Kurzes Lehrbuch der Cellulosechemie. S. 38ff. Berlin: Borntraeger 1953.

[2] Lieser, Th., u. R. Ebert: Liebigs Ann. **528**, 279 (1937).

[3] Mease, R. T., u. I. F. Gleysteen: J. Res. Nat. Bur. Stand. **27**, 543 (1951).

[4] Schwabe, K., u. B. Philipp: Holzforsch. **9**, 104 (1955).

[5] Siehe S. 348, Fußnote 4.

[6] Lieser, Th., u. E. Leckzyck: Liebigs Ann. **522**, 59 (1936).

[7] Schweizer, E.: J. prakt. Chem. **72**, 109 (1857).

[8] Lieser, Th.: Kurzes Lehrbuch der Cellulosechemie. S. 43ff. Berlin: Borntraeger 1953. — Archipow, M. J., u. W. P. Charitonowa: J. proschl. chim. **22**, 761 (1949); **24**, 733 (1951); ref. Faserforsch. u. Textiltechn. **3**, 35 (1952). — Archipow, M. J.: J. proschl. chim. 12, 761 (1949). — Rydholm, S.: Sv. Papperstidn. **55**, 115 (1952).

[9] Jolley, L. J.: J. Textile Inst. **30** T, 22 (1939).

[10] Traube, W.: Ber. dtsch. chem. Ges. **63**, 2086 (1930).

[11] Hess, K., u. E. Messmer: Ber. dtsch. chem. Ges. **56**, 787 (1923).

[12] Lieser, Th. u. Mitarb.: Liebigs Ann. **528**, 281 (1937); **532**, 89 (1937).

[13] Hölkeskamp, F.: Persönl. Mitt.

[14] Gralén, N., u. J. Linderot: Sv. Papperstidn. **59**, 14 (1956).

[15] Danilov, Ss. N., u. M. G. Okun: J. allg. Chem. **24**, 2153 (1954).

Im Gegensatz zur Traube-Hess-Gralénschen Auffassung soll nach Archipow[1] der Cellulose-Kupferkomplex keine Anion-Natur besitzen, sondern elektrisch neutral sein.

```
          |
          O
          |
       /     \
      O    HC—O      NH3
      |     |    \Cu/
      |    HC—O  /   \NH3
       \     /
          |
```

(bei einer Elektrophorese einer Cellulose-Cuenlösung [Adams] ist die Cellulose negativ geladen was aber nicht unbedingt im Widerspruch zur Archipowschen Auffassung stehen muß). Die Lösung soll in zwei Stufen vor sich gehen, nämlich in einer Bildung des Cellulose-Kupferkomplexes und der Solvatisierung desselben.

Mit Äthanol oder Methanol kann man aus Cellulose-Cuoxamlösungen verschiedene Cupricellulosen ausfällen. Zusatz von Alkali führt zunächst zur Aufnahme von mehr Kupfer und Cellulose[2], während große Alkalimengen zu Fällungsprodukten führen[3] (Normannsche Verbindungen). Auch mit Barium und Thallium erhält man Fällungen[4], von denen besonders die Thallium-cupri-cellulose ein wichtiges Forschungsobjekt für Alkylierungsversuche sowie für die Aufklärung der Cupricellulosen wurde[5].

Die Vorteile der Kupfertetramminhydroxydlösungen (Cuoxam) sind ihre hohe Lösekraft und verhältnismäßige Billigkeit, weswegen sie ja auch technisch zur Herstellung der Kupferseide und des Cuprophans verwendet werden. Nachteilig ist ihre ungemein große Sauerstoff- und Luftempfindlichkeit (oxydativer Abbau der Cellulose) sowie, in der Analytik, ihre starke Färbung. Obwohl sie gerade für die Celluloseforschung gewissermaßen bahnbrechend waren, machen dennoch die erwähnten Nachteile ihre physik. chemische Anwendung recht mühsam (Arbeiten unter reinstem Stickstoff usw.), so daß man sie gern durch ein besseres Lösungsmittel ersetzen möchte. Zunächst bietet sich das Kupferäthylendiamin (Cuen) an, das die hohe Sauerstoffempfindlichkeit des Cuoxams nicht mehr zeigen soll, da der Sauerstoff hier nicht die gelöste Cellulose, sondern das Cuen selbst anzugreifen scheint[6]. Nach neuesten, unveröffentlichten Arbeiten sollen aber auch die Cellulose-Cuenlösungen, im Gegensatz zum Cuen selbst, ziemlich sauerstoffempfindlich sein. Über den in Cuen-Lösung vorliegenden Komplex ist genau so viel gearbeitet worden wie über den Cuoxam-Komplex und es wurden ebensoviel Formulierungen vorgeschlagen, doch auch hier wurde noch keine Entscheidung erreicht[7–11]. Gralén und Linderot nehmen in Anlehnung an ihre Formulierung des Cuoxamkomplexes — die auch von Hess vorgeschlagen wurde — folgende Formel an: $[Cu \cdot en_2]^{++}[Cu(C_6H_7O_5)]_2^{-}$ [12]. Neuerdings sind mehrere Arbeiten speziell über Cuen als Lösungsmittel für Viscositätsmessungen erschienen[6, 13] die seine Überlegenheit gegenüber Cuoxam ausweisen.

In den letzten Jahren hat Jayme[14–18] eine ganze Reihe von neuen Celluloselösungsmitteln dieser Klasse zugänglich gemacht. Nach seinen eigenen Angaben dürfte sich für analytische Zwecke das Zink-triäthylendiamin-hydroxyd (Zinkoxen) und besonders das Cadoxen eignen,

[1] Siehe S. 352, Fußnote 8.

[2] Hess, K., u. C. Trogus: Z. physik. Chem. A **145**, 401 (1929).

[3] Normann, W.: Chem. Ztg. **30**, 584 (1906). — Lieser, Th., u. H. Swiatkowski: Liebigs Ann. **538**, 110 (1939).

[4] Traube, W.: Ber. dtsch. chem. Ges. **69**, 1484 (1936).

[5] Traube, W., R. Piwonka u. A. Funk: Ber. dtsch. chem. Ges. **69**, 1483, 1966 (1936).

[6] Browning, B. L., L. O. Sell u. W. M. Abel: Tappi **37**, 273 (1954).

[7–10] Siehe S. 352, Fußnote 8, 10, 12, 14.

[11] Lieser, Th.: Kurzes Lehrbuch der Cellulosechemie. S. 43ff. Berlin: Borntraeger 1953.

[12] Gralén, N., u. J. Linderot: Sv. Papperstidn. **59**, 14 (1956). — Vgl. auch J. Linderot: Meddel. från Svenska Textilforskningsinst. Göteborg **16**, 13 (1951).

[13] Marx, M.: Makromol. Chem. **16**, 157 (1955). — Wilson, K.: Sv. Papperstidn. **59**, 88 (1956).

[14] Jayme, G.: Papier **5**, 244 (1951).

[15] Jayme, G., u. K. Neuschäffer: Papier **9**, 563 (1955).

[16] Jayme, G.: Naturwiss. **42**, 536 (1955).

[17] Jayme, G., u. W. Verburg: Reyon, Zellwolle u. andere Chemiefasern **32**, 193, 275 (1954). — Jayme, G., u. W. Bergmann: Papier **10**, 88 (1956), Reyon-Zellwolle **1956**, 27; Naturwiss. **43**, 300 (1956).

[18] Jayme, G., u. F. Lang: Kolloid-Z. **144**, 75 (1955); **150**, 5 (1957).

Tabelle V, 22

Name des Lös.-Mittels	Zusammensetzung des Lös.-Mittels	optimale Metallkonz.	optimale Basenkonzentr.	höchsterreichbare Cell.-Konz.	Literatur Fußnote	Bemerkungen
Cuoxam	$[Cu(NH_3)_4](OH)_2$	1,5—3 Vol.-%	12,5—17,5 Vol.-%	>10%	1	Celluloseabbau bei Luftzutritt. Zur Stabilisierung setzt man ~ 1 Vol.% Rohrzucker zu.
Cuoxen	$[Cu(en)_2](OH)_2$ en = Äthylendiamin	3,18 Vol.-% (= 0,5 molar)	6 Vol.-% (= 1 molar)	0,6—1,2 Vol.-%	1 2	weniger Celluloseabbau als bei Cuoxam
Cooxen	$[Co(en)_3](OH)_2$	6,85 Gew.-%	26,6 Gew.-%	7 Vol.-%	3	
Nioxam	$[Ni(NH_3)_6](OH)_2$	3,72 Vol.-% (mindestens 2 Vol.-%)	mindestens 16 Vol.-%	3,5—5 Vol.-%	4	weniger sauerstoffempfindlich als die entsprechenden Cu-Lösungen
Nioxen	$[Ni(en)_3](OH)_2$	6,76 Vol.-% (mindestens 6,5 Vol.-%)	mindestens 25 Vol.-%	1,7—3 Vol.-%	4	
Zinkoxen	$[Zn(en)_3](OH)_2$	8 Gew.-%	~30 Gew.-%	2,86 Vol.-%	5	farblose, klare Lösung. Für analytische Zwecke erfolgverspr.
Cadoxen	$[Cd(en)_3](OH)_2$	6,5 Gew.-%	27,9%	< 5 Gew.-%	8	
Eisen(III)-Weinsäure-NaOH	$[(C_4H_3O_6)_3Fe]Na_6$		9,2—12 Vol.-% „freier" NaOH		6	wahrscheinlich tritt Cellulose nicht in den Komplex ein, sondern es wird nur die Quellung unendlich erweitert. Sauerstoffunempfindlich!
Eisen(III)-Weinsäure-KOH	$[(C_4H_3O_6)_3Fe]K_6$	30—32 Gew.-% an Komplex	13—17 Vol.-% „freier" KOH	0,8—1 Vol.-%	7	

[1] Siehe S. 353, Fußnote 6. [2] Siehe S. 353, Fußnote 13. [3] Siehe S. 353, Fußnote 14. [4] Siehe S. 353, Fußnote 15. [5] Siehe S. 353, Fußnote 16. [6] Siehe S. 353, Fußnote 17. [7] Siehe S. 353, Fußnote 18.

[8] JAYME, G., u. K. NEUSCHÄFFER: Naturwissensch. **44**, 62 (1957); Makrom. Chem. **23**, 71 (1957).

da sie mit reiner Cellulose klare, farblose Lösungen ergeben und offenbar nur wenig Abbau zeigen. Die folgende Tabelle gibt eine Zusammenstellung der bekannten Lösungsmitteln dieser Klasse. Auch die Eisen(III)-Weinsäure-hydroxyde[1, 2] sind mitaufgenommen, da sie ebenfalls Cellulose lösen können und keinen Luftabbau zeigen, obwohl sie eigentlich nicht hierher gehören (Tab. V, 22).

f) Weitere Lösungsmittel

K. H. Meyer[3] berichtet, daß regenerierte amorphe Cellulose von niedrigem DP in Pyridinlösungen von Chloral, Polyphenolen und gewissen Salzen löslich ist. Ferner sollen auch flüssige N_2O_4-Lösungen verschiedener organischer Verbindungen Cellulose lösen können[4].

Sehr oft werden allerdings nicht Lösungen der Cellulose, sondern die ihrer Derivate verwendet, wie z. B. die des für die Forschung so wichtig gewordenen Cellulosenitrats. Derartige Lösungen sollen bei dem entsprechenden Präparat besprochen werden.

3. Der Zustand des Fadenmoleküls in Lösung

Von J. Schurz und G. Porod

Makromoleküle in Lösung haben keine genau definierte Form; diese wechselt vielmehr dauernd gemäß einer Statistik und könnte z. B. nur durch eine Verteilungsfunktion genau beschrieben werden. Die Einzelmoleküle sind charakterisiert durch ihre Größe, ihre Verknäuelung und ihre Steifheit (Tab. V, 23). Stellt man sich diese durch Aneinanderfügung vieler kurzer Elemente vor (den Grundeinheiten oder monomeren Resten), die gegeneinander gleichsam durch Kugelgelenke beweglich sind, so müssen wir offenbar diese ,,Gelenke" durch zwei Größen charakterisieren: wie weit sie aufgehen (Öffnungswinkel) — dies gibt uns ein Maß für die Verknäuelung — und welche Kraft gebraucht wird, um sie zu betätigen — dies gibt uns die Steifheit an. Die Verknäuelung wird durch das statistische Fadenelement A_m[5] oder die Persistenzlänge[6] geometrisch beschrieben, während die Steifheit, eine dynamische Größe, durch eine Mikro- und eine Makrokonstellationswechselzeit bestimmt wird[7] (Mikro: bezogen auf das einzelne Gelenk, makro: bezogen auf den Gesamtknäuel). Verknäuelung und Steifheit sind also zwei verschiedene Begriffe.

Die Gestalt der Knäuel ist zunächst für reine Fadenmoleküle durch die chemische Beschaffenheit des Moleküls bestimmt (Länge und Art der Grundeinheiten, Valenzwinkel, freie Drehbarkeit). Dadurch ist das Ausmaß der Verknäuelungsfähigkeit bestimmt (Fadenelement, Persistenzlänge). Die Gesamtverknäuelung jedoch (mittlerer Endpunktabstand im Verhältnis zur gestreckten Länge L) ist außerdem noch vom Polymerisationsgrad abhängig (und zwar nimmt sie mit diesem zu). Weiters ist die Güte des Lösungsmittels von Einfluß, da bei einem guten Lösungsmittel, wo die Kräfte Lösungsmittel-Gelöstes groß sind, die Knäuel aufgeweitet werden, während sie sich in einem schlechten stärker verknäueln (über eine gegenteilige Ansicht vgl.[8]). Dies ist wahrscheinlich gleichbedeutend mit der Aussage, daß in einem guten Lösungsmittel die Ketten stark solvatisiert und dadurch versteift werden. Weitere Einflüsse sind Temperatur (sehr komplex) sowie äußere Kräfte, die, wie z. B. die Scherkräfte beim Fließvorgang die Knäuel verzerren können[9]. Wir sehen also, daß bei reinen Fadenmolekülen die Knäueldimension durch die gestreckte Länge L und die Verknäuelungsfähigkeit eindeutig festgelegt ist. Verzweigungen können diese Verhältnisse natürlich modifizieren im Sinne einer Verkleinerung der Knäueldimension bei gleicher gestreckter Länge, wodurch eine größere Verknäuelungsfähigkeit vorgetäuscht werden kann.

Der Grad der Verknäuelung bestimmt auch das hydrodynamische Verhalten unter stationären Versuchsbedingungen (z. B. im Capillar- oder Rotationsviscosimeter). Von diesem Gesichtspunkt aus unterscheidet man als Grenzfälle den recht lockeren *frei durchspülten Knäuel*, der beliebig und völlig frei von Lösungsmittel durchströmt wird, und den dichter gepackten *undurchspülten Knäuel*, der in seinem Inneren Lösungsmittelmoleküle festhält (immobilisiert)[7, 10]. Praktisch wird man es meist mit Zwischenfällen, nämlich mit teilweise durchspülten Knäueln zu tun haben.

---

[1] Siehe S. 353, Fußnote 17. [2] Siehe S. 353, Fußnote 18.

[3] Meyer, K. H., M. Studer u. A. J. A. van der Wijk: Mh. Chem. **81**, 151 (1950).

[4] Fowler, W. F., C. C. Unruh, P. A. McGee u. W. O. Kenyon: J. Amer. Chem. Soc. **69**, 1636 (1947).

[5] Kuhn, W.: Kolloid-Z. **68**, 2 (1934).

[6] Porod, G.: Mh. Chem. **80**, 251 (1949).

[7] Kuhn, W., H. Kuhn u. P. Buchner: Erg. exakt. Naturwiss. **25**, 1 (1951).

[8] Tager, A., u. R. Werschkain: Colloid. J. **13**, 123 (1951); ref. Kunststoffe, **42**, 377 (1952).

[9] Schurz, J.: Makromol. Chem. **12**, 127 (1954); **10**, 193 (1953).

[10] Mark, H.: Mh. Chem. **81**, 140 (1950).

Exakte Aussagen über den Verknäuelungsgrad sowie über die Steifheit sind nur durch Kombination mehrerer Messungen möglich. Doch gibt es einige Größen, die wichtige Hinweise über diese Eigenschaften geben können, wenn sie auch nicht genau definiert und oft mehr empirischer Art sind. Tab. V, 23 (siehe auch V, 24 u. 25) gibt eine Zusammenstellung solcher Kennzahlen. Wir sehen daraus, daß insbesondere der Exponent a in der MARK-HOUWINKschen Gleichung hier recht aufschlußreich ist; er gibt uns ein Maß dafür, welchen Widerstand der Molekülknäuel dem Durchströmen entgegensetzt und ist 1 für den frei durchspülten Knäuel und 0,5 für den undurchspülten Knäuel.

Tabelle V, 23. *Kennzahlen eines verknäuelten Fadenmoleküls*

	Symbol	Bezeichnung	erhalten aus
Gesamtmolekül	M P	Molekulargewicht Polymerisationsgsad	Osmometrie, Lichtstreuung, Ultrazentrifuge, Viscosimetrie (nach Eichung)
	L	hydrodynamische (= gestreckte) Länge	Berechnung aus P und der Länge der Grundeinheit l nach: $L = P \cdot l$
	$\sqrt{\overline{h^2}}$	mittlerer Endpunktsabstand	direkt aus Lichtstreuung. Auf Grund verschiedener Theorien aus hydrodynamischen Messungen
Verknäuelung (geometrisch)	A_m	statistisches Fadenelement (Vorzugslänge)	Direkt aus Röntgenkleinwinkelstreuung. Auf Grund von Theorien aus hydrodynamischen Messungen
	a $A_m = 2a$	Persistenzlänge	
Steifheit (dynam.)		Makrokonstellationswechselzeit Mikrokonstellationswechselzeit	Aus Relaxationsmessungen

Für Cellulosederivate ist a meist nahe an 1 und wir können sie uns also als recht wenig verknäuelt (ziemlich frei durchspült) denken (vgl. Tab. V, 25). Substitution führt meist zu einer Versteifung und Entknäuelung, die mit dem Substitutionsgrad zunimmt. Sie ist um so stärker, je polarer der Substituent ist, daher ist z. B. in gleichem Lösungsmittel Cellulosetrinitrat ($a = 0{,}91$) weniger verknäuelt als Cellulosetriacetat ($a = 0{,}82$). Ein interessantes Beispiel ist die Carboxymethylcellulose. Aus Tab. V, 25 kann man entnehmen, daß in 2% NaCl-Lösung das Molekül sehr steif und unverknäuelt sein muß (solche a-Werte über 1 finden sich bei Polyelektrolyten häufig), während in 6% NaOH offenbar die elektrostatischen Abstoßungskräfte am Molekül soweit abgeschirmt sind, daß es sich wie ein normales Cellulosederivat verhält. Zuletzt sind schließlich in Tab. V, 26 einige Werte für das

Tabelle V, 25. *Einige a-Werte für Cellulosederivate*

System	a	Literatur
Cellulose/Cuen	0,90	1
Cellulose/Cuoxam	0,81	2
Cellulosetrinitrat/Äthylacetat .	1,02	1
Cellulosetrinitrat/Äthylacetat .	0,92	1
Cellulosetrinitrat/Aceton . . .	0,91	1
Cellulosetrinitrat/Butylacetat .	0,73	3
Cellulosedinitrat/Acetone . . .	0,79	4
Celluloseacetat/Aceton	0,82	5
Celluloseacetobutyrat/Aceton .	0,83	6
Cellulosebutyrat/Butanon . . .	0,91	7
Cellulosecaprylat/Toluol	0,81	7
Carboxymethylcellulose/2% NaCl	1,28	8
Carboxymethylcellulose/6%NaOH	0,93	8

[1] IMMERGUT, E. H., J. SCHURZ u. H. MARK: Mh. Chem. **84**, 219 (1953).
[2] MARK, H.: Mh. Chem. **81**, 140 (1950).
[3] MOSIMANN, H.: Helvet. chim. Acta **26**, 369 (1943).
[4] OTH, A.: Bull. Soc. chim. Belg. **58**, 285 (1949).
[5] BADGLEY, W. J., u. H. MARK: J. Phys. Coll. Chem. **51**, 58 (1947).
[6] TAMBLYN, J. W., D. R. MOREY u. R. H. WAGNER: Ind. Engng. Chem. **37**, 573 (1945).
[7] MANDELKERN, L., u. P. J. FLORY: J. Amer. Chem. Soc. **74**, 2517 (1952).
[8] SCHURZ, J., H. STREITZIG u. E. WURZ: Mh. Chem. **87**, 520 (1956).

Tabelle V, 24. *Kennzahlen für den Lösungszustand von Fadenmolekülen*

Größe	Symbol	Definitions-Gleichung	Messung	erhalten aus	Kennzahl für
2. Virial-koeffizient	B bzw. B^+ $B^+ = B \cdot RT$	$\frac{\pi}{c} = \frac{RT}{M} + B^+ \cdot c$	osmometrisch	Steigung der π/c—c Kurve	Wechselwirkung Lösungsmittel-Gelöstes. Ist groß bei gutem LM und gestrecktem Knäuel
Wechselwirkungs-konstante von HUGGINS	μ	$\ln a_1 = \ln x_1 + (1 - V_1/V_2)x_2 + \mu \cdot x_2$ 1: Lös.Mittel 2: Gelöstes a: Aktivität x: Volumsbruch $\bar{V}$: part. Molvolum	osmometrisch	aus B nach $B = (1/\bar{V}_1\,\varrho)\,(0{,}5 - \mu)$ ϱ: Dichte	Wechselwirkung des Gelösten. Bei gutem LM klein.
HUGGINS Konstante	k'	$\eta_{red} = [\eta]\,(1 + k'[\eta]c)$	viscosimetrisch	Steigung der η_{red}/c Kurve	Wechselwirkung des Gelösten. Bei gutem LM ist k bzw. k' klein.
MARTINS Konstante	k	$\eta_{red} = [\eta] \cdot e^{k[\eta]c}$	viscosimetrisch	Steigung der lg η_{red}/c Kurve	
Grenzviscositäts-zahl	$[\eta]$ bzw. Z_η	$[\eta] = \lim_{c \to 0} \eta_{red}$ $\eta_{red} = (\eta - \eta_0)/\eta_0 \cdot c$	viscosimetrisch	Interzept der η_{red}/c Kurve für $c = 0$.	Maß für Volumbedarf des gelösten Moleküls. In gutem LM und bei gestreckten Molekülen größer.
Exponent der MARK-HOUWINK-Gleichung	a	$[\eta] = K \cdot M^a$	viscosimetrisch	Steigung der $lg\,[\eta]\,/\,lg\,M$ Kurve	Durchströmungswiderstand des Molekülknäuels. Größer bei gestreckten Molekülen und gutem LM. Für undurchspülten Knäuel 0,5, für frei durchspülten Knäuel 1.

statistische Fadenelement A_m und für a zusammengestellt, und zwar für Cellulosederivate und für Polyvinylalkohol, der, wie man sieht, viel stärker verknäuelt ist. Die A_m-Werte, nach verschiedenen Methoden erhalten, sind naturgemäß streuend; zum Teil auch noch unsicher, doch kann hier darauf nicht näher eingegangen werden (vgl.[1]). Immerhin sieht man, daß im großen und ganzen einem größeren A_m (geringere Verknäuelung) ein größeres a entspricht, wodurch die Brauchbarkeit dieser Größe als Kennzahl wohl erhärtet erscheint.

Tabelle V, 26. *A_m und a für einige Cellulosederivate*

System	P	L	A_m	a	Methode
Cellulose/Cuoxam	1200	6120	50	0,81	K. u. K. [2]
Methylcellulose/Chloroform . . .	1200	6120	130		K. u. K. [2]
Äthylcellulose/Chloroform . . .	1200	6120	180	1,00	K. u. K. [2]
Celluloseacetat/Chloroform . . .	1200	6120	82		K. u. K. [2]
Celluloseacetat/Aceton			114	0,82	K. u. K. [3]
Cellulosenitrat/Aceton	1200	6120	270	0,91	Lichtstreuung [4]
Cellulosenitrat/Aceton	1200	6120	150	0,91	Röntgen-KWS [5]
Cellulosenitrat/Aceton	1200	6120	238	0,91	K. u. K. [2, 6]
Cellulosenitrat/Aceton	1200	6120	162—193[7]	0,91	K. u. K. [3]
Cellulosenitrat/Butylacetat . . .	1200	6120	224	0,73	K. u. K. [2]
Polyvinylalkohol/Wasser			19,2	0,67	K. u. K. [3]

K. u. K.: Theorie von W. KUHN und H. KUHN; KWS: Kleinwinkelstreuung.

Nun soll noch einiges darüber gesagt werden, was wir über den Lösungszustand der Cellulose und ihrer Derivate wissen. Im allgemeinen nimmt man heute an, daß zumindest in den verdünnten Lösungen (unter 1%) die gelösten Teilchen Moleküle sind (molekulardisperse Lösung), wie dies STAUDINGER[8] schon seit langem auf Grund seiner polymeranalogen Umsetzungen gefordert hatte. Für Cellulosederivate, insbesondere das außerordentlich gut untersuchte Cellulosenitrat, ist diese Ansicht auch durch absolute Molekulargewichtsbestimmungen nach der osmotischen Methode[9], mittels Lichtstreuung[10] und durch Ultrazentrifugen-Messungen[11] erhärtet worden. Die recht befriedigende Übereinstimmung der unabhängigen und direkt bestimmten Molekulargewichte zeigt auch in einer neueren Veröffentlichung MEYERHOFF[12] auf (vgl. dazu Abb. V, 21). Auch rheologische Messungen deuten darauf hin, daß sich der Dispersionsgrad (d. h. die Größe der gelösten Teilchen) bis hinauf zu etwa 5% nicht ändert[13]. Schließlich wurde kürzlich durch Röntgen-Kleinwinkelmessungen[1] direkt festgestellt, daß in 4% Lösung keine Assoziation vorliegt. In krassem Widerspruch dazu stehen neueste, allerdings sehr umstrittene[14], Befunde, die selbst für verdünnte Lösungen als gelöste Teilchen über-

[1] KRATKY, O., u. H. SEMBACH: Makromol. Chem. **18/19**, 463 (1956).
[2] KUHN, W., u. H. KUHN: Helvet. chim. Acta **26**, 1394 (1943).
[3] KUHN, H., F. MONING u. W. KUHN: Helvet. chim. Acta **36**, 732 (1953).
[4] BADGER, R. M., u. R. H. BLAKER: J. Phys. Coll. Chem. **53**, 1056 (1949).
[5] KRATKY, O., u. H. SEMBACH: Makromol. Chem. **18/19**, 463 (1956).
[6] MÜNSTER, A.: Z. physik. Chem. **197**, 2 (1951).
[7] verschiedene N-Gehalte.
[8] STAUDINGER, H.: Die hochmolekularen organischen Verbindungen. Berlin: Julius Springer 1930.
[9] MÜNSTER, A.: Z. physik. Chem. **197**, 17 (1951); J. Polymer Sci. **8**, 633 (1952). — HOLTZER, A. M., H. BENOIT u. P. DOTY: J. Phys. Chem. **58**, 624 (1954). — IMMERGUT, E. H., J. SCHURZ u. H. MARK: Mh. Chem. **84**, 219 (1953).
[10] DOTY, P., N. S. SCHNEIDER u. A. HOLTZER: J. Amer. Chem. Soc. **75**, 754 (1953). — BADGER, R. M., u. R. H. BLAKER: J. Phys. Coll. Chem. **53**, 1056 (1949). — STEIN, R. S., u. P. DOTY: J. Amer. Chem. Soc. **68**, 159 (1946).
[11] MEYERHOFF, G.: Naturwiss. **41**, 13 (1945). — SCHULZ, G. V., u. M. MARX: Makromol. Chem. **14**, 52 (1954). — OTT, E., u. H. M. SPURLIN: Cellulose and Cellulose Derivaties. S. 1155. Interscience, New York—London 1955.
[12] MEYERHOFF, G.: Papier **11**, 43 (1957).
[13] EDELMANN, K.: Faserforsch. u. Textiltechn. **9**, 344 (1952).
[14] Vgl. zu diesem Fragenkomplex: Diskussionsbemerkung in: Papier **10**, 362 (1956); ferner A. FREY-WYSSLING u. H. MEIER: Sv. Papperstidn. **59**, 501 (1956); — SAMUELSON, O., F. ALVÅNG u. Å. SVENSSON: Sv. Papperstidn. **59**, 712 (1956) — FREY-WYSSLING, A., u. H. MEIER: Sv. Papperstidn. **60**, 55 (1957).

molekulare Gebilde (Micelle) ergeben[1]. Direkte Molekulargewichtsbestimmungen stützen jedoch — auch für andere Cellulosederivate (Acetat, Alkylcellulosen) — die Annahme molekulardisperser Lösungen[2]. Technische Viscose repräsentiert ein ganzes *Zerteilungsspektrum*[3],

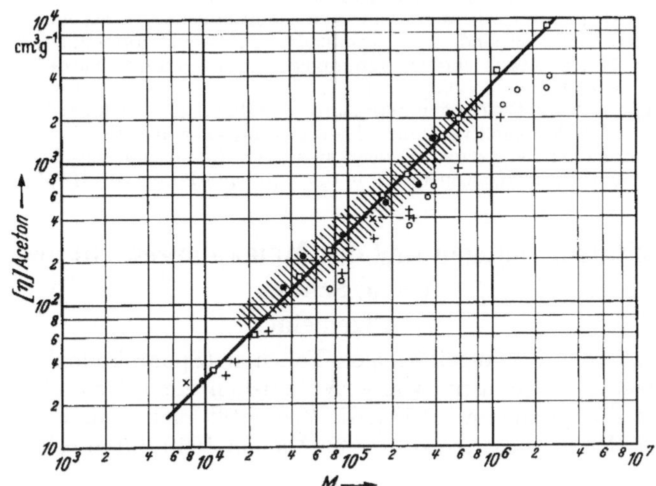

Abb. V, 21. Zusammenhang zwischen den mit der Lichtstreuung bzw. Ultrazentrifuge bestimmten Molekulargewichten und der Viscositätszahl (nach MEYERHOFF). Lichtzerstreuung: + HOLTZER, BENOIT, DOTY, × BADGER, BLAKER. Ultrazentrifuge: ○ JULLANDER, ● NEWMAN, LOEB, CONRAD, □ MEYERHOFF. Das schraffierte Gebiet stellt den osmotisch erfaßten Meßbereich nach IMMERGUT et al. dar

wobei möglicherweise der micellare Zerteilungszustand bevorzugt ist (vgl. Abb. V, 22), wie man aus der bei der Nachreife auftretenden Strukturierung[4, 5] sowie aus rheologischen Messungen, die eine Abhängigkeit der gelösten Teilchen von der Konzentration ergeben[6], schliessen kann. RÅNBY, GIERTZ und TREIBER[3] wiesen durch elektronenmikroskopische Untersuchungen

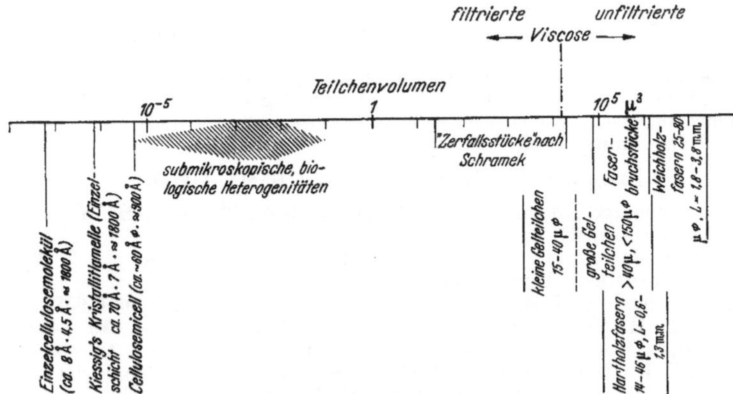

Abb. V, 22. Zerteilungsspektrum (Lösungsspektrum) xanthogenierter Cellulosefasern in technischer Viscose nach TREIBER

[1] DOLMETSCH, H.: Kolloid-Z. **145**, 141 (1956).
[2] OTT, E., u. H. M. SPURLIN: Cellulose and Cellulose Derivaties. S. 1133ff, 1164. Interscience, New York—London 1955.
[3] RÅNBY, B. G., H. W. GIERTZ u. E. TREIBER: Sv. Papperstidn. **59**, 117, 205 (1956).
[4] KOBLITZ, W., H. KIESSIG u. K. HESS: Z. Elektrochem. **58**, 872 (1954).
[5] TREIBER, E., H. KOREN, W. FELBINGER u. W. LANG: Mh. Chem. **83**, 259 (1952).
[6] SCHURZ, J.: Kolloid-Z. **138**, 149 (1954).

nach, daß $\approx 5 - < 20\%$ submikroskopische native Strukturelemente vorhanden sind. Zu ähnlichen Ergebnissen ist kürzlich auch BRUUN gekommen[1]. Lichtstreuungsmessungen[2], sowie vorläufige direkte osmometrische Molekulargewichtsbestimmungen an Organoxanthaten, die aus einer 1%igen Viscoselösung hergestellt waren[2], führten zu vernünftigen Werten für den Polymerisationsgrad (um 500), woraus man schließen kann, daß jedenfalls die *verdünnte* Viscose ebenfalls molekulardispers ist, wie es STAUDINGER schon lange vertreten hat[3]. Die Lösungen der unmodifizierten Cellulose sind noch verhältnismäßig wenig untersucht, doch lassen die wenigen, direkten Molekulargewichtsbestimmungen, die ausgeführt wurden (osmometrisch in Cuoxam[4], in Phosphorsäure[5]; Lichtstreuung in Phosphorsäure[6], in Cuoxam, Messungen in der Ultrazentrifuge und im Elektronenmikroskop) ebenfalls auf molekulardisperse Lösungen schließen. Die Ansicht, daß auch verdünnte Lösungen micellar dispers seien, wird heute wohl nur von wenigen Forschern vertreten[7,8], wenn sich auch die meisten darüber einig sind, daß technische Celluloselösungen (Konzentration in der Größenordnung von 10%) übermolekulare Gebilde enthalten.

§ 36. Viscositätsmessungen und das Molekulargewicht der Cellulose

Von J. SCHURZ

1. Allgemeines

Bekanntlich hängt bei kugelförmigen Teilchen (Sphärokolloiden, Kornmolekülen) die Viscosität in Lösung nur von der Volumskonzentration ab (EINSTEINsches Gesetz)[9], während bei Fadenmolekülen die Viscosität auch noch der Molekülgröße proportional ist. Dies drückte STAUDINGER[10] schon 1930 durch sein „Viscositätsgesetz" aus:

$$[\eta] = K_m \cdot M\,. \tag{1}$$

Später zeigten andere Forscher[11] (als erste wohl MARK und HOUWINK, theoretisch vor allem KUHN), daß dies nur der Sonderfall einer allgemeineren Beziehung von der Form ist:

$$[\eta] = K \cdot M^a\,. \tag{2}$$

Nach neuesten Erkenntnissen gilt allerdings auch dieses Exponentialgesetz nicht allgemein, sondern a ist ebenfalls variabel, es wird für höhere Molekulargewichte kleiner.

Im Vorliegenden ist $[\eta]$ die sog. Grenzviscositätszahl (engl. limiting viscosity number, nach neueren Nomenklaturvorschlägen auch Viscositätsindex oder STAUDINGER-Index; früher: *intrinsic viscosity*): $[\eta] = (\eta - \eta_0)/\eta_0 \cdot c$,[12] wobei η die Viscosität der Lösung und η_0 die des Lösungsmittels ist. c ist die Konzentration in Gramm pro Milliliter (für die so definierte Einheit $[\eta]$ wurde 1 STAUDINGER, abgekürzt *Sta.*, vorgeschlagen). Oft wird $[\eta]$ auch in anderen Konzentrationseinheiten angegeben (die früher verwendete *intrinsic viscosity* hatte c als g/100 ml), die Umrechnung geschieht nach:

$$[\eta]\,(\mathrm{g/l}) = 1/10\,[\eta]\,(\mathrm{g/100\,ml}) = 1/1000\,[\eta]\,(\mathrm{g/ml})\,.$$

[1] Hinsichtlich neuerer Ergebnisse vgl. Diskussionsbem. TREIBER, Heidelberg 28. 6. 57: Papier 11 (1957) [im Druck].

[2] TAIT, C. W., R. J. VETTER, J. M. SWANSON u. P. DEBYE: J. Polymer Sci. 7, 261 (1951). — SCHURZ, J., u. W. ZIMMERL: Unveröffentlicht.

[3] STAUDINGER, H., u. G. DAUMILLER: Ber. dtsch. chem. Ges. 71, 1995 (1938).

[4] IMMERGUT, E. H., B. G. RÅNBY u. H. MARK: Ind. Engng. Chem. 45, 2483 (1953). — IMMERGUT, E. H., S. ROLLIN, A. SALKIND u. H. MARK: J. Polymer Sci. 12, 439 (1954).

[5] IMMERGUT, E. H., B. G. RÅNBY u. H. MARK: Symposio Internazionale di Chimia Macromolecolare. Torino-Milano 1954. Ric. Scient. Suppl. A 250, 308 (1955).

[6] FRANK, H. P.: Diskussionsbemerkung zu 5.

[7] Siehe S. 359, Fußnote 1.

[8] LIESER, TH.: Kurzes Lehrbuch der Cellulosechemie. Berlin: Borntraeger 1953.

[9] EINSTEIN, A.: Ann. Physik 19, 289 (1906); 34, 598 (1911).

[10] STAUDINGER, H., u. W. HEUER: Ber. dtsch. chem. Ges. 63, 222 (1930). — STAUDINGER, H.: Kolloid-Z. 51, 71 (1930).

[11] MARK, H.: Der feste Körper. S. 103. Leipzig 1938. — HOUWINK, R. R.: J. prakt. Chem. 157, 15 (1940). — KUHN, W.: Z. angew. Chem. 49, 858 (1936); Kolloid-Z. 68, 2 (1934); 76, 258 (1936).

[12] HUGGINS, M. L., u. O. KRATKY: Makromol. Chem. 9, 195 (1953).

K_m, K und a sind Konstante für ein bestimmtes System (K_m = Staudinger Konstante). Liefert K die Molekulargewichte und K_P die Polymerisationsgrade, so hängen diese beiden Größen zusammen nach:

$$K = K_P/m_D^a$$

m_D: Molekulargewicht der Grundeinheit des Cellulosederivates

Diese Viscositätsgleichungen sind nicht absolut, sondern müssen geeicht werden; dazu stehen vor allem die Messung des osmotischen Druckes, der Lichtstreuung und des Sedimentationsverhaltens in der Ultrazentrifuge zur Verfügung[1]. Siehe Abb. V, 21! Da die hochmolekularen Verbindungen alle nicht einheitlich, sondern polymerhomologe Gemische sind (d. h. chemisch gleiche Moleküle verschiedenen Molekulargewichtes), liefern alle diese Methoden nur Mittelwerte; die Art des Mittelwertes ist abhängig von der Art der Methode. Sind i Molekülgrößen vorhanden, und zwar jedes Molekül M_i in N_i Exemplaren, so erhalten wir aus osmotischen Messungen sowie aus chemischen Molekulargewichtsbestimmungen (z. B. Endgruppentitration) das Zahlenmittel $\overline{M}_n$, aus Lichtstreuungsmessungen das Gewichtsmittel $\overline{M}_w$ und in der Ultrazentrifuge eine Reihe anderer Mittelwerte, von denen wohl das z-Mittel M_z das wichtigste ist:

$$\overline{M}_n = \frac{\Sigma N_i M_i}{\Sigma N_i}; \quad \overline{M}_w = \frac{\Sigma N_i M_i^2}{\Sigma N_i M_i}; \quad \overline{M}_z = \frac{\Sigma N_i M_i^3}{\Sigma N_i M_i^2}. \tag{3}$$

Viscositätsmessungen liefern im allgemeinen ein Viscositätsmittel $\overline{M}_\eta$:

$$\overline{M}_\eta = \left(\frac{\Sigma N_i M_i^{a+1}}{\Sigma N_i M_i}\right)^{1/a}. \tag{4}$$

Hier ist a der Exponent der MARK-HOUWINKschen Gl. (2). Für $a = 1$ wird also das Viscositätsmittel gleich dem Gewichtsmittel. Da für Cellulose und die meisten Cellulosederivate a annähernd 1 ist, dürfen wir als Näherung sagen, daß wir hier aus Viscositätsmessungen das Gewichtsmittel erhalten. Wir sollten also auch für die Ermittlung der Konstanten in den Viscositätsgln. (1) oder (2) solche Messungen heranziehen, die das Gewichtsmittel liefern (Lichtstreuung), leider sind jedoch eine ganze Reihe von Eichmessungen mittels der osmotischen Methode durchgeführt worden. Im allgemeinen ist:

$$\overline{M}_n < \overline{M}_\eta < \overline{M}_w < \overline{M}_z$$

und nur für einheitliche Moleküle ($i = 1$) werden alle Mittelwerte identisch.

Die Unterschiede von verschiedenen Mittelwerten derselben Substanz können verwendet werden, um ihre Uneinheitlichkeit zu beschreiben, z. B. durch die von SCHULZ[2] definierte Uneinheitlichkeit U:

$$U = \overline{M}_w/\overline{M}_n - 1\,.$$

Genauere Auskunft über die Uneinheitlichkeit einer Substanz erhält man durch Aufnahme der Molekulargewichts-Verteilungskurve (Polydispersitäts- oder Kettenlängenverteilungskurve) wie das heute noch am besten, allerdings sehr langwierig und mühsam, durch Fraktionierung erreicht wird. Daß aber auch diese Fraktionierungsmethoden große Unsicherheiten in sich bergen, zeigten kürzlich SNYDER und TIMELL[3]. Von anderen Methoden, die man zur Ermittlung der Mole-

[1] STUART, H. A.: Die Physik der Hochpolymeren, Band II: Das Makromolekül in Lösungen. Berlin: Springer-Verlag 1953.

[2] SCHULZ, G. V.: Z. phys. Chem. B 43, 25 (1939).

[3] SNYDER, J. L., u. T. E. TIMELL: Sv. Papperstidn. 58, 889 (1955).

kulargewichts-Verteilung herangezogen hat, seien als derzeit favorisierte die Trübungstitration und die Strukturviscositätsmessung erwähnt[1].

2. Die Messung der Viscosität. Fehlerquellen

Übt man auf eine Flüssigkeit eine Kraft aus, so beginnt sie zu fließen, jedoch nicht über die ganze Flüssigkeit gleich schnell, da die der Begrenzungswand anliegenden Flüssigkeitsschichten ruhen und dadurch die benachbarten gebremst werden. In einem Rohr z. B. wird daher die Fließgeschwindigkeit am Rand Null und in der Mitte maximal sein. Die Abnahme der Fließgeschwindigkeit von der Mitte gegen den Rand nennen wir das Geschwindigkeitsgefälle. Wir können auch sagen, daß unter dem Einfluß der ausgeübten Kraft, die man Schubspannung nennt, im Rohr ein Geschwindigkeitsgefälle aufgebaut wird. Normalerweise sind diese beiden Größen einander proportional und die Proportionalitätskonstante nennt man die Viscosität. Dieser Zusammenhang wird durch das NEWTONsche Gesetz ausgedrückt:

$$\tau = \eta \cdot q\,. \tag{5}$$

τ = Schubspannung
η = Viskosität
q = Geschwindigkeitsgefälle = dv/dr mit v = Fließgeschwindigkeit, r = Radius des Rohres.

η ist die dynamische Viscosität, ihre Einheit ist das Poise [P; in dyn $\cdot$ sec/cm^2 = g/cm $\cdot$ sec. 1 cP (Centipoise) = 0,01 P]. Die kinematische Viscosität μ ist η/ϱ (ϱ = Dichte), ihre Einheit das Stokes (St; cm$^2 \cdot$ sec^{-1}). Den Kehrwert der dynamischen Viscosität η nennt man die Fluidität $\varphi = 1/\eta$, ihre Einheit ist das Rhes.

Für die Messung der Viscosität werden betrieblich hauptsächlich die Kugelfallmethode und die Ausflußmethode (Capillarviscosimeter) verwendet, wobei bei der ersten die Zeit gemessen wird, die eine Kugel von bestimmter Masse braucht, um unter dem Einfluß der Erdschwere eine bestimmte Strecke in der zu messenden Lösung zu durchfallen. Beim Capillarviscosimeter mißt man die Zeit, die ein bestimmtes Volumen der zu messenden Lösung braucht, um eine Capillare von vorgegebenen Dimensionen zu durchfließen. Nach einer dritten Methode arbeiten die Rotationsviscosimeter (Couette-Prinzip), hier füllt man den Spalt zwischen zwei konzentrischen Zylindern mit der zu messenden Lösung, versetzt einen Zylinder in Drehung und mißt die Kraft, die durch Vermittlung der dazwischenliegenden Flüssigkeit auf den anderen Zylinder ausgeübt wird. Über andere Viscosimetertypen sehe man in der Spezialliteratur nach[2].

a) Kugelfallviscosimeter

Die Berechnung geschieht hier nach der STOKEschen Gleichung. Faßt man alle Apparatkonstanten darin zusammen, so erhält man:

$$\eta = K' \cdot \Delta\varrho \cdot t\,. \tag{6}$$

t = Fallzeit
$\Delta\varrho$ = Dichtedifferenz Fallkugel/Lösung

In der Praxis schließt man auch $\Delta\varrho$ zumeist noch in die Konstante ein und schreibt dann statt K' nur K. Wegen der komplizierten Strömungsverhältnisse kann man hier Geschwindigkeitsgefälle und Schubspannung nicht exakt berechnen; als Näherungsformeln wurden angegeben[3]:

$$q_m = v/(R - r)\,, \tag{7a}$$

$$\tau_m = \eta\; l/t\,(R - r)\,. \tag{7b}$$

q_m = mittleres Geschwindigkeitsgefälle
τ_m = mittlere Schubspannung
v = Fallgeschwindigkeit = l/t
l = Länge der Fallstrecke
t = Fallzeit
r = Radius der Fallkugel
R = Radius des Fallrohres

---

[1] SCHURZ, J.: Österr. Chem.-Ztg. **56**, 311 (1955).

[2] PHILIPPOFF, W.: Die Viskosität der Kolloide. Steinkopff 1942. — UMSTÄTTER, H.: Einführung in die Viskosimetrie. Berlin-Göttingen-Heidelberg: Springer-Verlag 1952. — MESKAT, W.: Viskosimetrie. In: Messen u. Regeln in der chem. Technik, Springer Verlag, Berlin 1957. S. 698 ff.

[3] Vgl. J. SCHURZ u. R. BARTUNEK: Papier **10**, 97 (1956).

Die obigen Betrachtungen gelten streng unter der Voraussetzung, daß das Fallrohr unendlich weit und lang ist. Da besonders die erste Bedingung selten genügend erfüllt ist, muß man Korrekturen anbringen:

$$\eta = K' \cdot \Delta\varrho \cdot t \left(\frac{1}{1 + k_1 \cdot r/R} \right). \tag{8}$$

Für k_1 wurde kürzlich experimentell der Wert 3,1 gefunden[1]. Ferner muß man darauf achten, daß die REYNOLDSsche Zahl *Re* (das Verhältnis zwischen Trägheitskräften und Reibungskräften) genügend klein bleibt. Sie kann nach:

$$Re = v \cdot r \cdot \varrho/\eta. \tag{9}$$

berechnet werden und soll unter 0,3 bleiben, was man durch Wahl einer genügend langen Fallzeit erreicht.

Für das viel verwendete HÖPPLER-Viscosimeter, das sehr genaue Messungen erlaubt, gelten die obigen Näherungsformeln nicht, da die Strömung eine ganz andere ist (sehr enger Spalt, Kugel rollt ab).

b) Capillarviscosimeter

Von den vielen bekannten Ausführungsformen werden am häufigsten das OSTWALD-Viscosimeter und das UBBELODHE-Viscosimeter verwendet (vgl. [2]); das letztere hat den Vorteil, daß infolge des „hängenden Niveaus" die Schubspannung eine Apparatekonstante ist und der Einfluß der Oberflächenspannung reduziert wird. Abb. VI, 23 zeigt ein modifiziertes UBBELODHE-Viscosimeter.

Die Viscosität berechnet man hier nach dem HAGEN-POISEULLEschen Ausflußgesetz:

$$\eta = \pi \cdot p \cdot R^4/8 \cdot l \cdot Q. \tag{10}$$

p = treibender Druck
R = Radius der Capillare
l = Länge der Capillare
Q = Strömungsvolumen pro sec = V/t (V = Volumen, t = Ausflußzeit)

Die maximale Schubspannung (am Capillarrand) τ und das mittlere Geschwindigkeitsgefälle D (vgl. S. 374) sind gegeben als:

$$\tau = R \cdot p/2 \cdot l, \tag{11a}$$

$$D = 4\,Q/\pi \cdot R^3. \tag{11b}$$

Auch hier gelten alle Formeln nur für die laminare Strömung ($Re = v r \varrho/\eta < 1160$). Aber auch bei laminarer Strömung treten Fehler auf: einerseits bildet sich beim Einfließen in die Capillare nicht sofort die laminare Strömungsform aus (Anlaufstörung, COUETTE-Korrektur) und andererseits muß auch die kinetische Energie der ausfließenden Lösung vom treibenden Druck abgezogen werden (Kinetische-Energie- oder HAGENBACH-Korrektur). Beide Effekte täuschen eine zu hohe Viscosität vor[3]. Die COUETTE-Korrektur ergibt ein Subtraktionsglied λ an der Länge der Capillare l und die HAGENBACH-Korrektur ein weiteres Subtraktionsglied an der HAGEN-POISEULLEschen Gleichung:

$$\eta = \pi \cdot p \cdot R^4/8\,(l - \lambda) - m\varrho Q/8\pi l \tag{12}$$

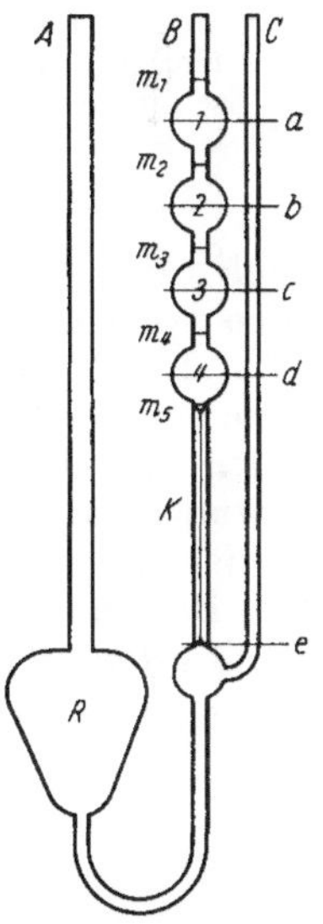

m ist eine Konstante, die den Wert 1,12 haben soll. Meist geht man allerdings so vor, daß man durch geeignete Dimensionierung des Viscosimeters diese Korrekturen vernachlässigbar klein macht[4] oder man bestimmt sie empirisch. Faßt man nämlich die Apparatekonstanten in Gl. (10) zusammen, so kann man schreiben:

$$\eta = A \cdot t \tag{13}$$

Abb. V, 23. Mehrkugel-Viscosimeter (ein modifiziertes UBBELODHE-Viscosimeter). Die Strecken $\overline{ed}$, $\overline{ec}$, $\overline{eb}$ und $\overline{ea}$ sind die treibenden Höhen für die entsprechenden Kugeln

[1] SCHURZ, J., u. W. ZIMMERL: Sv. Papperstidn. 58, 657 (1955).
[2] Siehe S. 362, Fußnote 2.
[3] SCHURZ, J.: Kolloid-Z. 137, 103 (1954).
[4] SCHULZ, G. V.: Z. Elektrochem. 43, 478 (1937). — CRAIGG, A. W., u. D. A. HENDERSON: J. Polymer. Sci. 19, 215 (1956). — SCHULZ, G. V., u. H. J. CANTOW: Makromol. Chem. 13, 71 (1954).

oder mit der HAGENBACH-COUETTE-Korrektur:

$$\eta = A \cdot t - B'/t\,, \tag{13a}$$

bzw.

$$\eta = A\,(t - B/t)\,. \tag{13b}$$

Wenn man nun das Viscosimeter mit zwei Flüssigkeiten von bekannter kinematischer Viscosität (μ_1 und μ_2) eicht, so kann man daraus die Konstanten A, B und B' errechnen:

$$A = \frac{\mu_2 t_2 - \mu_1 t_1}{t_2^2 - t_1^2}\,; \quad B' = t_1 t_2 \frac{\mu_1 t_2 - \mu_2 t_1}{t_2^2 - t_1^2}\,; \quad B = t_1 t_2 \frac{\mu_1 t_2 - \mu_2 t_1}{\mu_2 t_2 - \mu_1 t_1}\,. \tag{14a, b, c}$$

Bei hochpolymeren Lösungen verwendet man zumeist nicht die Viscosität selbst (die Absolutviscosität), sondern die davon abgeleitete relative Viscosität $\eta_{rel} = \eta/\eta_0$ (η = Viscosität der Lösung, η_0 = Viscosität des Lösungsmittels) oder die spezifische Viscosität $\eta_{sp} = \eta_{rel} - 1$. Nach Gl. (13) kann man auch schreiben $\eta_{rel} = t/t_0$ (t: Ausflußzeit der Lösung, t_0: Ausflußzeit des Lösungsmittels), wenn man die meist geringen Dichteunterschiede zwischen Lösung und Lösungsmittel vernachlässigt[1]. Während die HAGENBACH-COUETTE-Korrektur die Absolutviscosität verkleinert, werden η_{rel} und η_{sp} vergrößert. Die Durchrechnung ergibt[2]:

$$\eta_{sp,korr} = \eta_{sp,gem}\,(t t_0^2 + B t_0/t t_0^2 - B t)\,. \tag{15}$$

wobei $\eta_{sp,korr}$ und $\eta_{sp,gem}$ die korrigierten bzw. gemessenen Werte der spezifischen Viscosität sind. Wie man sieht, fällt hier die Viscosimeterkonstante A weg, während die Korrekturkonstante B bleibt. Für $t \simeq t_0$ und $B \ll t_0^2$ ergibt dies die schon lange bekannte Näherungsformel von SCHULZ[3]:

$$\eta_{sp,korr} = \eta_{sp,gem}\,(1 + 2\,B/t_0^2)\,.$$

Man wird in allen Fällen durch Eichmessungen prüfen, ob bei einer Messung die HAGENBACH-COUETTE-Korrektur notwendig ist oder nicht. Als Faustregel kann gelten, daß sie in normalen Capillarviscosimetern bei Ausflußzeiten unter 100 sec nicht mehr vernachlässigbar ist und unter 50 sec schon beträchtliche Werte annimmt.

3. Messung der Absolutviscosität

Infolge der starken Abhängigkeit der Viscosität vom Molekulargewicht des Gelösten kann man auch Absolutmessungen unter genormten Bedingungen als Maß für die Molekülgröße verwenden. Dies wird auch z. B. in der Zellstoffindustrie in weitestem Maße getan, leider gibt es viele verschiedene konventionelle Methoden[4], so daß zur Zeit keine Einheitlichkeit herrscht. Es sind zwar Normierungsbestrebungen im Gange, sogar unter internationaler Zusammenarbeit der wesentlichsten Stellen (CCA-Schweden, TAPPI-USA, ACS-USA, FaChFa-Deutschland), doch wurden noch keine endgültigen Entschlüsse gefaßt. Die wichtigsten zur Zeit im Gebrauch stehenden Methoden sind die folgenden:

Schweden:	CCA 13	Cuoxam 1%, cP, 20° C (= TAPPI T 206 m)
	CCA 16	Cuoxam 1%, cP, 20° C
	Entwurf	Cuen [η] 20° C, $\overline{G}$ = 200 sec^{-1}
Amerika:	TAPPI T 206 m	Cuoxam 1%, cP, 20° C (= CCA 13)
	TAPPI T 230 sm	Cuen 0,5%, 1%, cP, 25° C
	ACS	Cuoxam 1%, 2,5%, 5%, KF-sec
	(für 2,5% gilt: KF-sec 21,9 = cP.	
	Ferner gilt: [η] (Cuoxam) · 200 = DP)	
England:	*Shirley*-Institut	Cuoxam 0,5% rhes (Fluidität)
Deutschland: (FaChFa)	FAK 12	Cuoxam 1%, cP, 20° C (K-Viscosität)
	ZSt 4	Cuoxam 1%, mP(!), 20° C *(Kupferviscosität)*
	FChem 2	Cuoxam, Staudinger-DP
	FAK 11	Xanthogenat 4/15, Xanthat-DP
	Entwurf	Cellulosenitrat in Aceton, [η], 20° C $\overline{G}$ = 0, (Nitrat-DP)
Holland:	(A.K.U)	SAI:CA 1.2.20—52/6 modifizierte TAPPI-Methode

---

[1] TANFORD, CH.: J. Physic. Chem. **59**, 798 (1955).

[2] Siehe S. 363, Fußnote 3. [3] Siehe S. 363, Fußnote 4.

[4] Vgl. E. OTT u., H. M. SPURLIN: Cellulose and Cellulose Derivatives, Interscience, New York 1955. — PUMMERER, R.: Chemische Textilfasern, Filme und Folien. Stuttgart: F. Enke 1953. — GÖTZE, K.: Chemiefasern nach dem Viskoseverfahren. Berlin: Springer-Verlag 1951.

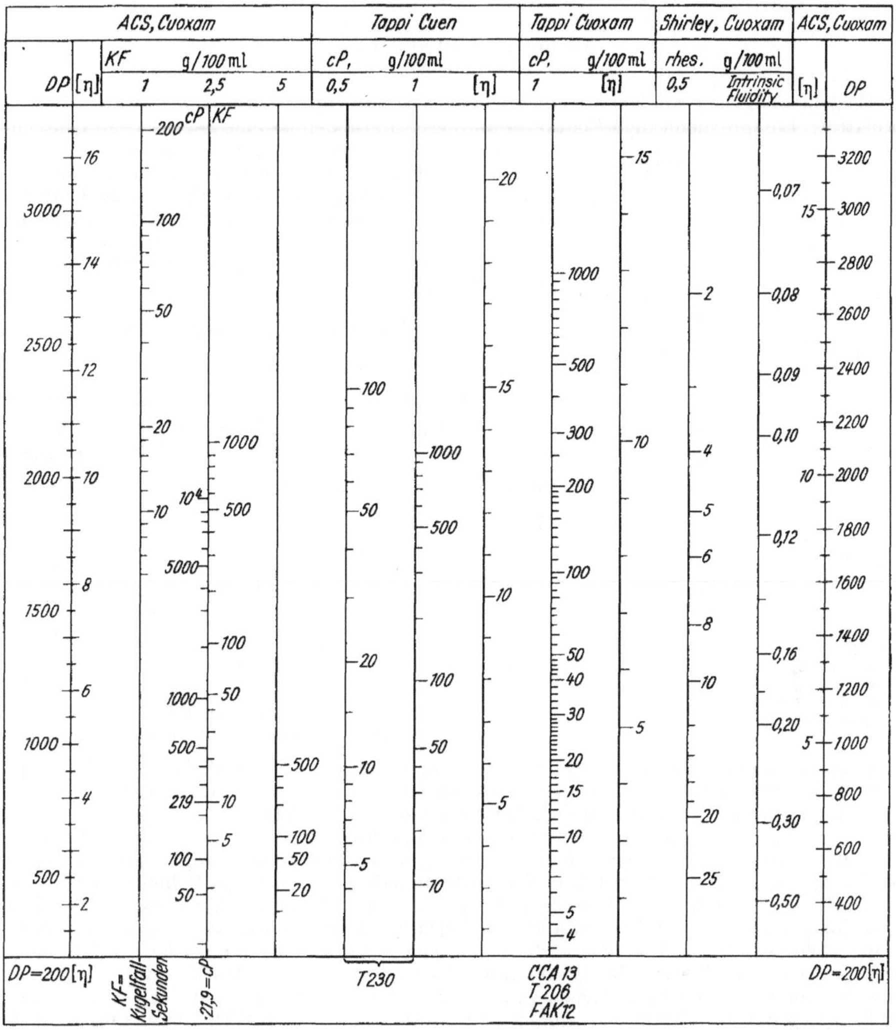

Abb. V, 24. Fluchtlinientafel für den Zusammenhang verschiedener Viscositätswerte. (Waagrechte Linien verbinden einander entsprechende Zahlen)

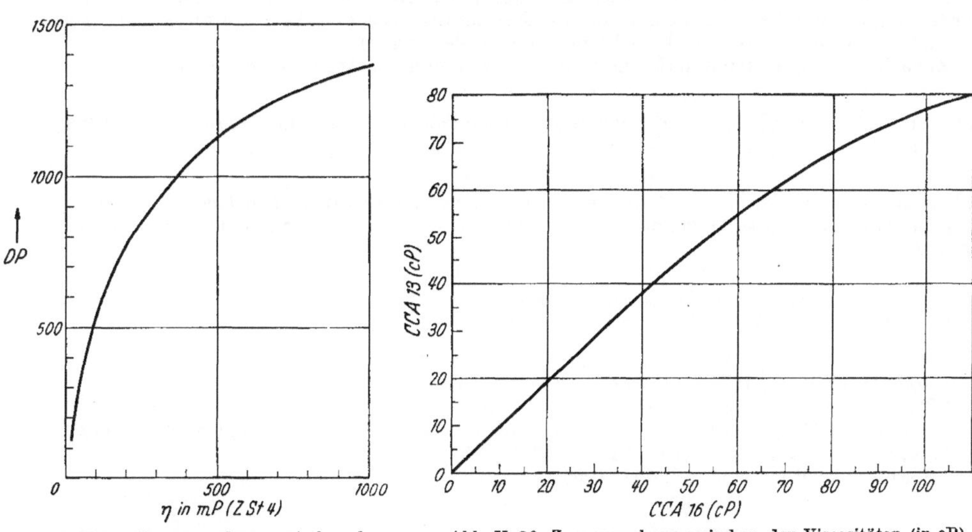

Abb. V, 25. Zusammenhang zwischen der „Kupferviscosität" in mP (deutsche Methode ZSt 4) und dem DP-Wert

Abb. V, 26. Zusammenhang zwischen den Viscositäten (in cP) nach den schwedischen Methoden CCA 13 (= TAPPI-Viscosität) und CCA 16

Über Einzelheiten, insbesonders vorgeschriebene Viscosimeter, informieren die betreffenden Merkblätter. Entsprechend dem Charakter all dieser Methoden ist eine gegenseitige Umrechnung nur näherungsweise möglich. Wir haben in Abb. V, 24—27 entsprechende Umrechnungskurven angegeben, die die gegenseitige Umrechnung sowie die Umrechnung von Absolutwerten in DP ermöglichen; naturgemäß ist die Umrechnung der Absolutviscositäten in $[\eta]$ in DP-Werte wesentlich genauer möglich als in den anderen Fällen.

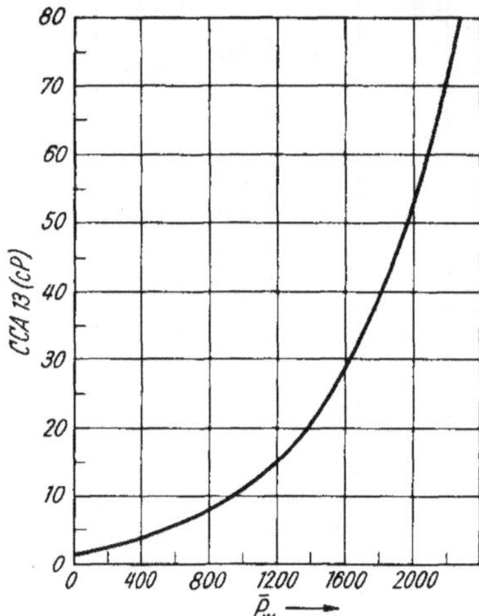

Abb. V, 27. Zusammenhang zwischen der Viscosität in cP nach der schwedischen Methode CCA 13 (= TAPPI-Viskosität) und dem Gewichtsmittel des Polymerisationsgrades $\bar{P}_w$

4. Die Grenzviscositätszahl

a) Bestimmung

Die Grenzviscositätszahl $[\eta]$ (vgl. S. 360; in der angloamerikanischen Literatur früher intrinsic viscosity, heute limiting viscosity number, manchmal auch mit Z_η bezeichnet)[1] ist definiert als:

$$[\eta] = \lim_{\substack{c \to 0 \\ q \to 0}} \eta_{sp}/c$$

$$c = \text{Konzentration in g/ml}$$

η_{sp} = spezifische Viscosität = $\eta_{rel} - 1$
η_{rel} = relative Viscosität η/η_0
η = Viscosität der Lösung
η_0 = Viscosität des Lösungsmittels
η_{sp}/c nennt man auch die reduzierte Viscosität η_{red}

Nach einem Vorschlag von SCHULZ unterscheidet man noch die bei endlichem Geschwindigkeitsgefälle q ermittelte konventionelle Viscositätszahl[2]. Über die Extrapolation auf $q \to 0$ wird bei der Strukturviscosität ausführlicher zu reden sein (S. 374).

Zunächst erhält man also $[\eta]$, indem man die reduzierte Viscosität nach $c = 0$ extrapoliert. Meist macht man dies graphisch, indem man η_{sp}/c (HUGGINS-Gleichung) oder $\log(\eta_{sp}/c)$ (MARTIN-Gleichung) gegen c aufträgt, der Ordinatenabschnitt bei $c = 0$ liefert dann $[\eta]$. Sicher ist dies die verläßlichste Methode und man wird sie insbesondere bei wissenschaftlichen Untersuchungen stets anwenden, da aus dem Verlauf der erhaltenen Kurve sowie aus ihrer Steigung wichtige Schlüsse über das vorliegende System gezogen werden können (vgl. S. 357). Zudem benötigt eine Meßserie im UBBELODHE-Viscosimeter, wo die Verdünnung im Instrument selbst vorgenommen wird, keinen wesentlichen Mehraufwand an Zeit. (Es sei an dieser Stelle bemerkt, daß im Capillarviscosimeter an Stelle von $[\eta]$ eigentlich $[\mu]$ gemessen wird, doch ist nach TANFORD[3] $[\eta] \sim [\mu]$). Für die Technik wäre es jedoch manchmal erwünscht, $[\eta]$ aus einem einzigen Viscositätswert errechnen zu können. Zu diesem Zweck wurden viele Formeln angegeben, deren Konstanten entweder vorgegeben sind oder empirisch bestimmt werden müssen und die dann die gewünschte Berechnung rasch erlauben. Im folgenden sollen die wichtigsten dieser Formeln kurz besprochen werden (vgl.[4]):

Zunächst ist zu erwarten, daß eine Reihenentwicklung der Art Genüge leistet:

$$\eta_{sp} = [\eta] \cdot c + B \cdot c^2 + C \cdot c^3 + \dots$$

Setzt man $B = k' \cdot [\eta]^2$ und bricht die Reihe anschließend ab, so erhält man die HUGGINS-Gleichung:

$$\eta_{sp}/c = [\eta] + k' \cdot [\eta]^2 \cdot c\,,$$

wobei HUGGINS für den Wert k' theoretisch 0,38 berechnete; tatsächlich findet man meist ähnliche Größen. Diese Gleichung wurde für nicht-NEWTONsche Systeme von SCHURZ[5] modifiziert:

$$\eta_{sp}/c = [\eta] \cdot (1 - a'q) + k\,[\eta]^2 \cdot c \cdot (1 - b'q)\,.$$

a' = Beitrag der Einzelteilchen zur Strukturviscosität
b' = Beitrag von Wechselwirkungen zur Strukturviscosität

[1] HUGGINS, M. L., u. O. KRATKY, Makromol. Chem. **9**, 195 (1953).
[2] SCHULZ, G. V., u. H. J. CANTOW: Makromol. Chem. **13**, 71 (1954).
[3] TANFORD, CH.: J. phys. Chem. **59**, 798 (1955).
[4] STUART, H. A.: Die Physik der Hochpolymeren, Bd. II, S. 316. — Vgl. auch CALVERT, M. A., u. D. A. CLIBBENS: J. Text. Inst. **42**, 211 (1951).
[5] SCHURZ, J.: Mh. Chem. **86**, 454 (1955).

Vom Typ der ARRHENIUS-Gleichung ist die von MARTIN angegebene:

$$\ln \eta_{sp}/c = \ln [\eta] + k \cdot [\eta] c \quad \text{oder} \quad \eta_{sp}/c = [\eta] \cdot e^{k[\eta]c}.$$

Aus dieser Gleichung geht auch die von HUGGINS hervor, wenn man sie in eine Reihe entwickelt und nach $[\eta] \cdot c$ abbricht. Die beiden Konstanten hängen zusammen nach $k = k' \cdot 2{,}3$. Beide Gleichungen gelten recht gut bis $\eta_{rel} \sim 2$, die MARTIN-Gleichung im allgemeinen bis zu höheren Werten. Zu beachten ist, daß Variationen in k bzw. k' auch durch Strukturviscosität hervorgebracht werden können[1] (vgl. S. 375).

Die Gleichung von SCHULZ-BLASCHKE, die ähnlicher Art ist, soll bis $\eta_{rel} \sim 10$ gelten:

$$\eta_{sp} = [\eta] \cdot c/(1 - k' \cdot [\eta] \cdot c).$$

Eine empirische Gleichung, die recht weitgehend gilt, ist die von FIKENTSCHER-MARK:

$$\log \eta_{rel} = (75 \cdot k^2 \cdot c/1 + 1{,}5 \cdot k \cdot c) + k \cdot c.$$

Hierbei ist k der „FIKENTSCHERsche k-Wert", der besonders in Deutschland technisch sehr viel verwendet wird. Man kann daraus $[\eta]$ errechnen nach:

$$[\eta] = 0{,}23 \cdot k (75 \cdot k + 1).$$

An weiteren rein empirischen Gleichungen sei als Beispiel die von CHATTERJEE aufgeführt, der auch die von BATTISTA sehr ähnlich ist:

$$\log \eta_{\,0{,}5\,\%\,\text{Lsg.}} = 0{,}03286 + 0{,}16348\,[\eta].$$

Von einem anderen Typ ist die BAKER-Gleichung:

$$\eta_{rel} = (1 + [\eta] \cdot c/n)^n.$$

Daraus erhält man mit $n = 8$ die viel verwendete Gleichung von HESS-PHILIPPOFF („8-te Potenz-Formel"), die insbesondere für natürliche Makromoleküle sehr gut stimmt:

$$\eta_{rel} = (1 + [\eta] \cdot c/8)^8.$$

TAKEI-ERBRING haben sie für synthetische Polymere erweitert:

$$\eta_{rel} = \{1 + [\eta] \cdot c/8\,(a \cdot c + 1/k)\}^8.$$

Ebenfalls aus der BAKER-Gleichung ist die von BREDÉE-DEBOOYS hervorgegangen:

$$\eta_{rel} = \{1 + 2{,}5 \cdot c_v/6\,(1 - c_v)\}^6$$

c_v = Volumskonzentration

SCHRAMEK[2] stellte in einer neueren Untersuchung fest, daß keine dieser Formeln über $\eta_{rel} \sim 7$ hinaus gilt. Dagegen soll eine neue Formel von FRIND-SCHRAMEK[3]:

$$\eta_{sp}/c = [\eta]\,(1 + K_1 \cdot [\eta] \cdot c/n)^n$$

mit $n = 10$ bis zu $\eta_{rel} \sim 200$ die gemessenen Werte gut wiedergeben können. (Vgl. auch Tab. V, 29).

Während alle diese Gleichungen aussagen, daß der Verlauf von η_{sp}/c gegen c monoton ist, ergeben neuere Präzisionsmessungen, daß bei sehr geringen Konzentrationen Minima und manchmal auch Maxima auftreten. Als Deutung dafür wurde Entknäuelung angenommen, Verzweigungen oder Adsorptionseffekte des Gelösten an der Capillare[4,5]. Gründliche Untersuchungen von STUART[6] scheinen darauf hinzuweisen, daß wir es tatsächlich mit Adsorptionseffekten zu tun haben. Auf alle Fälle brauchen wir diese Anomalien bei der Extrapolation nach $c = 0$ nicht zu berücksichtigen.

---

[1] SCHURZ, J.: J. Polymer Sci. **10**, 123 (1953).

[2] SCHRAMEK, W.: Makromol. Chem. **17**, 19 (1955).

[3] FRIND, H., u. W. SCHRAMEK: Makromol. Chem. **17**, 1 (1955).

[4] STREETER, D. J., u. R. F. BOYER: J. Polymer Sci. **14**, 5 (1954); **17**, 154 (1955). — UMSTÄTTER, H.: Makrom. Chem. **12**, 94 (1954). — ÖHRN, O. E.: J. Polymer Sci. **17**, 137 (1955). — BATZER, H.: Makromol. Chem. **12**, 145 (1954).

[5] ÖHRN weist speziell auf Fehler hin, die durch eine sog. Adsorptionsschicht an der Capillarwand auftreten und die umsomehr merkbar werden, je feiner die Capillaren sind. Solche Fehler können unter Umständen Anomalien bei sehr niederen Konzentrationen hervorrufen.

[6] FENDLER, H. G., H. ROHLEDER u. H. A. STUART: Makromol. Chem. **18/19**, 383 (1956).

b) Temperaturabhängigkeit

Die meisten Messungen werden bei 20 oder 25° C durchgeführt. Die relative Viscosität ist temperaturabhängig, weswegen auch bei der Messung gute Temperaturkonstanz erforderlich ist (Thermostat); auch die Grenzviscositätszahl ist temperaturabhängig. Für Cellulose und Cellulosederivate wurden folgende Relationen angegeben[1]:

Cellulose in Cuoxam: $\eta_{rel,20°}/\eta_{rel,24,7°} = 1{,}009$
Cellulosenitrat in Aceton: $[\eta]_{25°}/[\eta]_{20°} = 0{,}98$

c) Substitutionsgrad

Bei der Betrachtung des Einflusses des Substitutionsgrades auf die Grenzviscositätszahl wollen wir uns auf das Cellulosenitrat beschränken, da nur dieses Derivat in größerem Maß zur Molekulargewichtsbestimmung herangezogen wird. Bei anderen Methoden ist dieser Einfluß auch noch nicht erforscht und wird durch genaue Standardisierung der Herstellung eliminiert (z. B. beim Xanthat-DP). Im allgemeinen ergeben Nitrate mit geringerem N-Gehalt niedrigere $[\eta]$-Werte. LINDSLEY[2] hat für die Umrechnung die Formel angegeben:

$$[\eta]_{tri} = [\eta]_x \cdot R_x .$$

n_{tri} = bei 14,15% N
n_x = bei x% N

Der Korrekturfaktor R_x ist in Abb. V, 28 dargestellt. Ähnliche Ergebnisse erhielt RIIBER[3], er fand:

$$[\eta]_{13,8} = [\eta]_x \cdot A_x,$$

wobei die Funktion A_x zusätzlich noch von Art und DP der verwendeten Cellulose abhängig war.

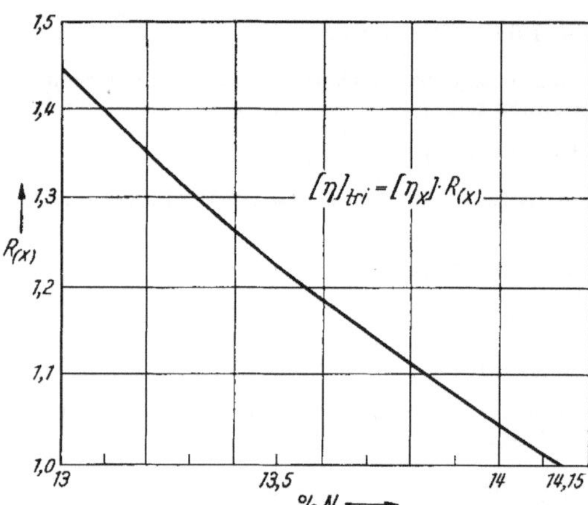

Abb. V, 28. Die Korrekturfunktion $R_{(x)}$ in Abhängigkeit vom Stickstoffgehalt zur Umrechnung der Grenzviscositätszahl von Cellulosenitrat auf den Stickstoffgehalt 14,15% (Trinitrat) gemäß der Formel $[\eta]_{tri} = [\eta]_x \cdot R_{(x)}$

d) Die Berechnung des Molekulargewichtes aus $[\eta]$

Aus $[\eta]$ wird bekanntlich nach $[\eta] = KM^a$ das Molekulargewicht errechnet. Am besten geht man hierzu so vor, daß man $[\eta]$ gegen M in doppelt logarithmischer Darstellung aufträgt. Die Steigung der erhaltenen Geraden ergibt dann a. K kann man sich aus irgendeinem Ordinatenabschnitt ausrechnen. Ist die Steigung nicht konstant, so gilt das Potenzgesetz nicht; unter Umständen kann man dann verschiedene Konstanten für verschiedene Molekulargewichtsbereiche angeben. Es muß jedoch auf eines hingewiesen werden: bei der Bestimmung von K und a aus der Kurve sind kleinere Fehler unvermeidlich. Infolge der doppelt logarithmischen Darstellung werden diese vervielfacht, wenn man die in einem bestimmten Bereich gewonnenen Konstanten zur Berechnung in einem ganz anderen Bereich benutzt. Deshalb ist es weitaus besser, wenn man die Kurve selbst benutzt, indem man zu jedem $[\eta]$-Wert graphisch das dazugehörige Molekulargewicht abliest. Wünscht man die Konstanten genau zu berechnen, so wird man wohl mit Ausgleichsrechnung arbeiten müssen[4].

---

[1] TREIBER, E.: Literaturrapport, CCL Sthlm. 1956. — WILSON, K.: Sv. Papperstidn. **55**, 125 (1952). — LINDSLEY, CH., u. M. R. FRANK: Ind. Engng. Chem. **45**, 2491 (1953). — ALEXANDER, W. J., u. R. L. MITCHELL: Analytic. Chem. **21**, 1497 (1949).

[2] LINDSLEY, CH., u. M. R. FRANK: Ind. Engng. Chem. **45**, 2491 (1953). — Vgl auch Ø. ELLEFSEN: Norsk Skogind. **9**, 399 (1955).

[3] RIIBER, O.: Norsk Skogind. **9**, 204 (1955). — Siehe auch T. OKAWA: J. Soc. Text. Cell. Ind. Japan **9**, 226 (1953).

[4] SCHURZ, J., H. STREITZIG u. E. WURZ, Mh. Chem. **87**, 520 (1956).

Vielfach wird die MARK-HOUWINK-Gleichung durch die einfachere STAUDINGER-Gleichung ersetzt. Das heißt, man ersetzt eine Parabel mit der Hochzahl a durch eine Gerade. Beide Kurven schneiden sich in einem Punkt, dort sind sie identisch, und auch in unmittelbarer Nachbarschaft werden die Abweichungen nicht groß sein. In weiter entfernten Gebieten jedoch müssen wir beträchtliche Unterschiede erwarten. Wenn man also auf die STAUDINGER-Gleichung nicht verzichten will, so muß man sich doch stets vor Augen halten, daß sie — auch wenn a nahe an 1 ist — immer nur in einem eng begrenzten Bereich eine gute Näherung darstellt — außer a ist genau 1, dann gilt sie natürlich streng. Daher werden auch oft verschiedene K_m-Werte für verschiedene Molekulargewichtsbereiche angegeben. Übrigens wird man bei wissenschaftlichen Untersuchungen auf die Bestimmung von a ohnedies nicht verzichten wollen, da dieser Wert wichtige Aufschlüsse über Lösungszustand und Moleküleigenschaften gibt (vgl. S. 357).

Bekanntlich muß die viscosimetrische Molekulargewichtsbestimmung geeicht werden. Geschieht diese Eichung an Hand von uneinheitlichen Präparaten, so werden Viscositätsmessungen annähernd die Mittelwerte des Molekulargewichtes liefern, die bei der Eichung verwendet wurden. Erfolgt die Eichung jedoch an Fraktionen, die mehr oder weniger einheitlich sind, dann ergibt die Messung an einem uneinheitlichen Präparat das Viscositätsmittel, das bekanntlich für $a = 1$ identisch mit dem Gewichtsmittel wird. Es ist also wichtig, bei Angaben der Konstanten stets hinzuzufügen, wie sie gewonnen wurden bzw. welchen Mittelwert sie liefern. So konnte STAUDINGER durch entsprechende Eichmessungen Konstanten für einheitliche (k_m) und uneinheitliche (K_m) Präparate erhalten, welche sich beträchtlich unterschieden[1] (je einheitlicher ein Präparat ist, desto kleiner ist K und desto größer a). SCHULZ[2] hat gezeigt, daß man die von ihm definierte Uneinheitlichkeit U auch durch diese beiden verschiedenen Konstanten ausdrücken kann:

$$U = \overline{M}_w/\overline{M}_n - 1 = K_m/k_m - 1\,.$$

Zuletzt sei noch einiges über die anschauliche Bedeutung der Grenzviscositätszahl gesagt. Sie ist im wesentlichen ein Volumen, und zwar jenes hydrodynamisch wirksame Volumen, das die Gewichtseinheit der gelösten Substanz in der Lösung einnimmt. SIGNER[3] hat darauf hingewiesen, daß $[\eta]$ angibt, auf welches Volumen wir ein Gramm Gelöstes mit einem bestimmten Lösungsmittel verdünnen müßten, damit diese Lösung gerade die doppelte Viscosität des reinen Lösungsmittels hätte, wenn die Viscositätserhöhung im betrachteten Konzentrationsgebiet ideal, d. h. proportional zu c verliefe.

In der Tab. V, 27 sind einige Werte für K und a aus der Literatur zusammengestellt, weitere Angaben findet man bei[4].

Von amerikanischen Forschern wird manchmal auch der „Level-Off Polymerisationsgrad" ($\overline{DP}$) zur Zellstoffcharakterisierung herangezogen[5]; das ist jener DP-Wert, der sich bei energischer Hydrolyse nach der anfänglichen raschen DP-Abnahme einstellt. Er soll ein Maß für die Kristallit-Länge sein, was auch durch direkte elektronenmikroskopische Messungen demonstriert wurde[5].

Oft ist auch das Verhältnis $\frac{\mathrm{DP}_{\mathrm{Nitrat}}}{\mathrm{DP}_{\mathrm{Cuoxam}}}$ (= 1,43) untersucht worden. Nach einer Tauchalkalisierung des Zellstoffs ergaben nun analoge Messungen[6] ein DP-Verhältnis von 1,09. Der Effekt, der mit der Kupferzahl des Zellstoffs in einer gewissen Beziehung zu stehen scheint, wird auf einen Abbau des Ausgangszellstoffs in der Cuoxamlösung zurückgeführt.

[1] Zum Beispiel nennt M. MARX [Das Papier **10**, 135 (1956)] für Cellulose in Cuen: $k_m = 5{,}4 \cdot 10^{-4}$ und $K_m = 7{,}7 \cdot 10^{-4}$. H. KRÄSSIG u. H. MÜLLER (Chem. Ztg. **78**, 209 [1954]) geben für Cellulosenitrate ($\sim$12,7% N) in Aceton die Werte $K_m = 1{,}1 \cdot 10^{-4}$ und $k_m = 0{,}9 \cdot 10^{-4}$ an.

[2] Siehe S. 361, Fußnote 2.

[3] SIGNER, R.: Makromol. Chem. **17**, 39 (1955).

[4] STUART, H. A.: Physik der Hochpolymeren, Bd. 2. S. 305. Berlin: Springer-Verlag 1953. — KRÄSSIG, H., u. H. MÜLLER: Chem.-Ztg. **78**, 209 (1954). — IMMERGUT, E. H., B. G. RÅNBY u. H. MARK: Ind. Engng. Chem. **45**, 2483 (1953). — IMMERGUT, E. H., J. SCHURZ u. H. MARK: Mh. Chem. **84**, 219 (1953). — MARK, H.: Mh. Chem. **81**, 140 (1950). — LANG, W.: Sv. Papperstidn. **59**, 819 (1956), **60**, 233 (1957). — Weitere Literatur vgl. Tab. V, 27, 28.

[5] BATTISTA, O. A., S. COPPICK, J. A. HOWSMON, F. F. MOREHEAD u. W. A. SISSON: Ind. Engng. Chem. **48**, 333 (1956).

[6] ELLEFSEN, Ø., u. F. A. ABADIE-MAUMERT: Norsk Skogind. **10**, 238 (1956).

Tabelle V, 27. *Werte für K und a* (bezogen auf Molekulargewichte, Dimension g/dl)

System	°C	K	a		Literatur Fußnote
Cellulose/Cuoxam	20	$2,65 \cdot 10^{-5}$	1	M_n	1
Cellulose/Cuoxam	20	$2,16(3,1) \cdot 10^{-5}$	1	M_w	2
Cellulose/Cuoxam	20	**$5,45 \cdot 10^{-5}$**	**0,9**	M_w	2
Cellulose/Cuoxam	25	$8,5 \cdot 10^{-5}$	$0,8_1$		3
Cellulose/Cuen	20	$3,34(4,75) \cdot 10^{-5}$	1	M_w	2
Cellulose/Cuen	20	$3,89 \cdot 10^{-5}$	1	M_w	4
Cellulose/Cuen	20	**$8,42 \cdot 10^{-5}$**	**0,9**	M_w	2
Cellulose/Cuen	25	**$1,33 \cdot 10^{-4}$**	**0,905**	M_n	5
Cellulose/2,3 mol. wäßriges Tetraäthylammoniumhydroxyd	20	$3,58 \cdot 10^{-5}$	1		1
Cellulose/Eisen-Weinsäure-NaOH-Komplex	20	$5,7 \cdot 10^{-5}$	1		6
Cellulosenitrat/Aceton	20	**$3,17 \cdot 10^{-5}$**	**1**	M_w	7
Cellulosenitrat/Aceton	20	**$1,54 \cdot 10^{-4}$**	**0,9**	M_w	2
Cellulosenitrat/Aceton	25	$1,68 \cdot 10^{-5}$	1	M_w	8
Cellulosenitrat/Aceton	20	$1,0 \cdot 10^{-5}$	1		9
Cellulosenitrat/Aceton	25	**$1,1 \cdot 10^{-4}$**	**$0,9_1$**	M_n	5
Cellulosenitrat/Aceton	25	$2,36 \cdot 10^{-4}$	0,9		10
Cellulosenitrat/Aceton	25	$8 \cdot 10^{-5}$	0,9		11
Cellulosenitrat/Aceton	27	$8,2 \cdot 10^{-5}$	1		9
Cellulosenitrat/Äthyllactat	25	$1,22 \cdot 10^{-4}$	$0,9_2$	M_n	5
Cellulosenitrat/Äthylacetat	25	$3,8 \cdot 10^{-5}$	$1,0_8$	M_n	5
Cellulosenitrat/Äthylbutyrat	25	$3,65 \cdot 10^{-5}$	1		12
Cellulosenitrat/Butylacetat	25	$1,1 \cdot 10^{-3}$	$0,7_3$		13
Celluloseacetat/Aceton	25	$8,9 \cdot 10^{-4}$	0,67		9
Celluloseacetat/Aceton	25	$1,49 \cdot 10^{-4}$	$0,8_2$		9
Celluloseacetat/Aceton	25	$9 \cdot 10^{-5}$	0,9		14
Celluloseacetobutyrat/Aceton	25	$1,37 \cdot 10^{-4}$	$0,8_3$		15
Celluloseacetobutyrat/Essigsäure	25	$1,46 \cdot 10^{-4}$	$0,8_3$		15
Cellulosetributyrat/Butanon	30	$3,98 \cdot 10^{-4}$	0,91		16
Cellulosetricaprylat/Toluol	30	$4,78 \cdot 10^{-4}$	0,81		16
	—	$9,3 \cdot 10^{-4}$	0,75	M_n	—
Äthylcellulose(s = 2,5)/Toluol-Äthanol 8:2	—	$7,4 \cdot 10^{-3}$	1 ?		10
Äthyl-Hydroxyäthylcellulose/Wasser	25	$4,7 \cdot 10^{-4}$	0,8	M_n	17
Carboxymethylcellulose(s = 0,6)/6%NaOH	20	$7,3 \cdot 10^{-5}$	$0,9_3$		18
Carboxymethylcellulose(s = 0,6)/2%NaCl	20	$2,35 \cdot 10^{-6}$	1,28		18
Pektinsäure/0,15 n NaCl	25	$1,4 \cdot 10^{-2}$	1,35		3
Dextran/Wasser	25	$9,78 \cdot 10^{-4}$	0,5	M_w	19

(Ist neben dem Wert für K noch eine eingeklammerte Zahl angegeben, so bezieht sich der eingeklammerte Wert auf unfraktionierte, der ohne Klammer auf fraktionierte Produkte.

Aus den K-Werten erhält man die K_P-Werte (auf den Polymerisationsgrad bezogen) nach $K_P = K \cdot m_D^a$ (m_D ist für Cellulose 162, für Cellulosetrinitrat 297,1 [theoretisch]).

$[\eta]$ und K werden beim Übergang von der Konzentration c in g/l auf g/dl und g/ml um den Faktor 10 bzw. 1000 vergrößert.

Für Cellulose/Cuoxam, Cellulose/Cuen und Cellulosenitrat/Aceton sind die neueren und derzeit verläßlichsten Werte fett gedruckt).

[1] Krässig, H., u. E. Siefert: Makromol. Chem. **14**, 1 (1954); vgl. H. Krässig u. H. Müller: Chem. Ztg. **78**, 209 (1954).

[2] Marx, M.: Papier **10**, 135 (1956); Makromol. Chem. **16**, 157 (1955).

[3] Mark, H.: Mh. Chem. **81**, 140 (1950); vgl. A. I. Goldberg, W. P. Hohenstein u. H. Mark: J. Polymer. Sci. **2**, 503 (1947).

[4] Gralén, N., u. J. Linderoth: Sv. Papperstidn. **59**, 14 (1956).

[5] Immergut, E. H., J. Schurz u. H. Mark: Mh. Chem. **84**, 219 (1953).

[6] Jayme, G., u. W. Bergmann: Papier **10**, 307 (1956).

[7] Meyerhoff, G.: Papier **11**, 43 (1957).

Zusammenfassung[20].

Die Messung der Viscosität gibt uns ein relativ einfaches Mittel zur Bestimmung von Größe und Gestalt der Teilchen in kolloiden Suspensionen in die Hand. Die spezifische Viscosität hängt mit dem Volumen der in 1 cm^3-Lösung suspendierten Substanz (EINSTEIN) sowie einem Formfaktor (KUHN, GUTH, MARK) zusammen. Für sehr verdünnte Lösungen von Fadenmolekülen ist η_{spec}/c proportional dem Molekulargewicht der gelösten Substanz (STAUDINGERsches Gesetz):

$$\lim_{c \to 0} \frac{\eta_{spec}}{c_{gm}} = K_m' \cdot M \text{ bzw. } \lim_{c \to 0} \frac{\eta_{spec}}{c} = Z_\eta = K_m' \cdot P$$

(c_{gm} = Grundmole/Liter; c = g/l).

K_m' ist abhängig von der Konzentrationsangabe und beträgt z. B. für Cuoxam $5 \cdot 10^{-4}$, für Nitrocellulose in Aceton $11 \cdot 10^{-4}$. Erfolgt die Konzentrationsangabe in g/100 ml, so ergibt sich:

$$[\eta] = K_P \cdot P \quad \text{mit} \quad [\eta] = 10 \cdot Z_\eta.$$

Einige Werte von K_P (nun bezogen auf g/100 ml) sind der Tab. V, 28 zu entnehmen.

Andere Werte für die Konstanten ergeben sich, wenn c in g/l bzw. g/100 ml ausgedrückt und das Molekulargewicht aus $[\eta] = K \cdot M$ errechnet wird:

$$Z_\eta = K_P' \cdot P; \quad [\eta] = K \cdot M \quad (c = \text{g/100 ml})$$

$$K_P' = \frac{K}{10} \cdot m_D \quad (m_D = \text{Molekulargewicht des Kettengliedes; vgl. Tab. V, 7})$$

(z. B. K_P' [Nitrocellulose/Aceton] $= \frac{3{,}8 \cdot 10^{-5} \cdot 290}{10} = 11{,}0 \cdot 10^{-4}$).

MEYER, HIBBERT, FULLER, FUOSS, KRAEMER u. a. sind der Annahme, daß bei Molekulargewichten unter 8000 (DP < 50) die STAUDINGERsche Beziehung durch einen Ausdruck der Form:

$$[\eta] = K \cdot M + K_0$$

ersetzt werden muß. Ein Beispiel für diesen Gleichungstyp ist die Beziehung von HARLAND[21] : $P = 92{,}8 \cdot [\eta]_{25°} - 15{,}6$ für Nitrocellulose (13,5—13,9% N) in Butylacetat.

Vor allem bei hohen Molekulargewichten wird die STAUDINGERsche Formel durch die Gleichung von KUHN, HOUWINK und MARK

$$[\eta] = K \cdot M^a$$

[8] HOLTZER, A. M., H. BENOIT u. P. DOTY: J. Phys. Chem. **58**, 624 (1954).
[9] STUART, H. A.: Die Physik der Hochpolymeren, Bd. 2, S. 305ff. Berlin: Springer-Verlag 1953.
[10] OTT, E., u. H. M. SPURLIN: Cellulose and Cellulose Derivatives. S. 1170ff. Interscience. New York 1955.
[11] TREIBER, E.: unveröffentlicht.
[12] HARLAND, W. G.: Nature (London) **170**, 667 (1952).
[13] MOSIMANN, H.: Helvet. chim. Acta **26**, 369 (1943).
[14] PHILIPP, H. J., u. C. F. BJÖRK: J. Polymer Sci. **6**, 383, 549 (1951).
[15] TAMBLYN, J. W., D. R. MOREY u. R. H. WAGNER: Ind. Engng. Chem. **37**, 573 1954).
[16] MANDELKERN, L., u. P. J. FLORY: J. Amer. Chem. Soc. **74**, 2517 (1952).
[17] MANLEY, R. ST. J.: Ark. Kemi **9**, 519 (1956).
[18] SCHURZ, J., H. STREITZIG u. E. WURZ: Mh. Chem. **87**, 520 (1956).
[19] SENTI, F. R.: J. Polymer Sci. **17**, 527 (1955).
[20] Redigiert von E. TREIBER
[21] HARLAND, W. G.: Shirley Inst. Mem. **28**, 111 (1955).

ersetzt. Bei Cellulosenitraten in geeigneten Lösungsmitteln ist a sehr nahe 1, wie es für weitgehend gestreckte, frei durchströmte Kettenmoleküle sein sollte. Daß auch recht bedeutende Abweichungen vom Exponenten 1 auftreten können, zeigen u. a. die Systeme: Celluloseacetat/Aceton ($a=0{,}67$) und Amylose/Äthylendiamin ($a = 1{,}5$). Während der Stellenwert der Grenzviscositätszahl Z_η, $[\eta]$ bzw. $[\eta]$ in STAUDINGER und somit auch der der Konstanten K bzw. K_P von der Art der Konzentrationsangabe abhängt, ist a *unabhängig* von derselben. Hingegen ist a z. B. vom Substitutionsgrad beeinflußt (0,80—0,91 für hochnitrierte Cellulose in Aceton und 0,79 für das Dinitrat).

Nach den Viscositätstheorien von KUHN, KIRKWOOD, FLORY, BRINKMAN, J. J. HERMANS, DEBYE ist auch die Beziehung $[\eta] = K \cdot M^a$ nur der Näherungsausdruck einer allgemeineren Beziehung, in der K und a nicht konstant sind; insbesonders a soll vom Molekulargewicht abhängig sein (vgl. MÜNSTER sowie BATZER[1]).

Die Werte von K, die in Tab. V, 27 zusammengestellt sind, divergieren beachtlich, was nicht nur auf den Umstand, daß $\frac{K_{Houwink}}{K_{Staudinger}} = P^{1-a}$, d. h. daß für $a \leqq 1$ $K_{Houwink} \geqq K_{Staudinger}$ ist, zurückgeführt werden kann; sondern dies zeigt entsprechende Unsicher-

Tabelle V, 28

Gelöstes	Gültigkeitsbereich	Lösungsmittel	K_P (g/100 ml)
		rekommendierte Werte nach IMMERGUT, RÅNBY u. MARK[2]:	
Cellulose	bis DP ~ 300	Cuen	$8{,}07 \cdot 10^{-3}$
	DP 300—3000	Cuen	$6{,}4 \cdot 10^{-3}$
Cellulosenitrat	bis DP ~ 600	Aceton	$11{,}4 \cdot 10^{-3}$
	DP 600—3000 (N 13,8%)	Aceton	$9{,}1 \cdot 10^{-3}$
Cellulose		Cuoxam	$5 \cdot 10^{-3}$ / $4{,}3 \cdot 10^{-3}$
		Tetraäthylammonium-hydroxyd	$5{,}8 \cdot 10^{-3}$
	niederpolym. Cellulose II	NaOH	$7 \cdot 10^{-3}$
Cellulosenitrat		Empfehlung von KRÄSSIG u. MÜLLER[3]:	
	fraktion. Nitrate	Aceton	$9 \cdot 10^{-3}$
	unfraktion. Nitrate	Aceton	$11 \cdot 10^{-3}$
		rekommendiert von LINDSLEY[4]:	
		$\text{Aceton}_{20°}$	$12 \cdot 10^{-3}$
Cellulosenitrat		Äthylacetat	$13{,}3 \cdot 10^{-3}$
		$\text{Butylacetat}_{25°}$[5]	$13{,}8 \cdot 10^{-3}$ / $14 \cdot 10^{-3}$ [6]
Celluloseacetat		Aceton	$6{,}6—11{,}9 \cdot 10^{-3}$

[1] MÜNSTER, A.: Z. phys. Chem. **197**, 17 (1951); J. Polymer Sci. 8, 633 (1952). — BATZER, H.: Makrom. Chem. **5**, 5 (1950).
[2] IMMERGUT, E. H., B. G. RÅNBY u. H. F. MARK: Ind. Engng. Chem. **15**, 2483 (1953).
[3] KRÄSSIG, H., u. H. MÜLLER: Chem. Ztg. **78**, 209 (1954).
[4] LINDSLEY, CH. H., u. M. B. FRANK: Ind. Engng. Chem. **15**, 2491 (1953).
[5] NICOLAS, L.: Bull. Assoc. Tech. Ind. Pap. **5**, 427 (1951).
[6] LANG, W.: Sv. Papperstidn. **59**, 819 (1956).

heiten in der viscosimetrischen Molekulargewichtsbestimmung auf. So zeigt LINDSLEY, daß $K_{m_{20°}}$ schon in der STAUDINGERschen Gleichung, bloß aus repräsentativen Arbeiten zusammengestellt, zwischen 11,4 und $15{,}5 \cdot 10^{-3}$ für Nitrate liegt. MOORE[1] bemerkt in einer Zusammenfassung, daß die K-Werte der HOUWINKschen Gl. zwischen 0,8 und $2{,}57 \cdot 10^{-4}$ — a von 0,80—0,91 — variieren.

Experimentelle Unsicherheiten werden auch durch den endlichen Geschwindigkeitsgradienten[2] sowie durch die Extrapolation auf $c \to 0$ verursacht. Zur

Tabelle V, 29. In Anlehnung an OTT

Autor	Gleichung	Konstanten für Cuoxam; $[\eta] = 1{,}0$	Anmerkungen
MARTIN	$\log(\eta_{sp}/c) = \log[\eta] + k[\eta]c$	$k = 0{,}130$	$k = 0{,}247$ Nitrocell./Aceton
PHILIPPOFF	$\eta_r = \left(1 + \frac{[\eta]}{8} \cdot c\right)^8$	—	—
BAKER	$\eta_r = \left(1 + \frac{[\eta]}{k} \cdot c\right)^k$	$k = 3{,}6$	—
EILERS	$\eta_r = \left[1 + \frac{2{,}5 \cdot C_v}{2(1 - C_v/a)}\right]^2$	—	—
FARROW u. NEALE	$1 + k/c = B/\log \eta_r$	$B = 11$; $k = 25{,}3$	—
ARRHENIUS	$\log \eta_r = k \cdot c_v$	$k = 0{,}4343$	—
BREDÉE u. DE BOOYS (1937)	$\eta_r = \left(1 + \frac{2{,}5 \cdot V_0}{6} \cdot c_v\right)^6$	$2{,}5 \cdot V_0 = [\eta]$	—
FIKENTSCHER	$\log \eta_r = \left(\frac{75\,k^2}{1 + 1{,}5 \cdot k \cdot c_v} + k\right) \cdot c_v$	$k = 0{,}0697$	—
FIKENTSCHER u. MARK	$\eta_r = 1 + k \frac{b \cdot c_v}{1 - b \cdot c_v}$	$k \cdot b = 1$; $b = 0{,}1552$	—
SCHULZ u. BLASCHKE	$\eta_{sp}/c = [\eta] \cdot (1 + k \cdot \eta_{sp})$	$k = 0{,}1552$	$k = 0{,}40$ (0,315) Nitrocell./Aceton $k = 0{,}35$ Nitrocell./Äthylacetat
TAKEI u. ERBRING	$\eta_r = \left(1 + \frac{[\eta] \cdot c}{8(1 + a \cdot c[\eta])}\right)^8$	$a = 0{,}468$	
BREDÉE u. DE BOOYS (1940)	$\log \eta_r = k' \cdot c(1 + c + {} + 0{,}1 \cdot k' \cdot c)^{\alpha-1}$	$k' = 1/2{,}3$; $\alpha = 0{,}744$	
JONG, KRUYT u. LENS	$\log \frac{\eta_{sp}}{c} = \log[\eta] + \alpha \cdot c + {} + \beta \cdot c \cdot [\eta] + \gamma \cdot c[\eta]^2$	—	$\alpha = 0{,}019$ $\beta = 0{,}129$ $\gamma = 0{,}00352$ Nitrocell./Butylacetat
FRIND u. SCHRAMEK	$\eta_{sp}/c = [\eta]\left(1 + k_1 \cdot [\eta]\frac{c}{n}\right)^n$	—	—

rechnerischen Extrapolation auf $c = 0$ aus einem einzigen Viscositätswert stehen, wie bereits auf Seite 366 ausgeführt, viele Formeln zur Verfügung. Die Bestimmung einer schubspannungsunabhängigen Grenzviscositätszahl *bei sehr* hoch-

[1] MOORE, W. R., u. J. A. EPSTEIN: J. Appl. Chem. (London) **6**, 168 (1956).

[2] Vgl. E. H. IMMERGUT u. F. R. EIRICH: Ind. Engng. Chem. **15**, 2500 (1953). — SIEBER, R.: Papier **7**, 466 (1953). — HELLER, W.: J. Coll. Sci. **9**, 547 (1954).

molekularen Stoffen diskutiert PATAT[1]. U. LOHMANDER[2] hat sich nun eingehend mit den Beziehungen zwischen Viscosität und Geschwindigkeitsgradienten beschäftigt. Man darf u. a. den Schluß ziehen, daß eine Interpolation bzw. Normierung auf einen festgelegten Geschwindigkeitsgradienten exakt möglich ist, während eine Extrapolation auf G = O, besonders in der bisher üblichen Weise, mit Unsicherheit verknüpft ist. Eine Zusammenstellung wichtiger Formeln bringt Tab. V, 29.

5. Strukturviscosität

Während bei normalen (NEWTONschen) Flüssigkeiten die Viscosität eine Konstante ist, hängt sie bei den hochpolymeren Lösungen von der Strömungsgeschwindigkeit ab (nicht-NEWTONsche Flüssigkeiten). Am häufigsten tritt Strukturviscosität auf, d. h. die Viscosität sinkt mit steigender Schergeschwindigkeit. Diese Anomalie kommt dadurch zustande, daß die gelösten Teilchen durch die Strömungskräfte modifiziert werden, und zwar können[3]:

1. die Einzelteilchen orientiert und verzerrt sowie
2. Wechselwirkungseffekte der Moleküle untereinander verändert werden.

Offenbar wird Effekt 1 von der Konzentration unabhängig sein und daher auch die Grenzviscositätszahl beeinträchtigen, während Effekt 2 mit sinkender Konzentration immer schwächer wird und bei $c = 0$ verschwindet. Allgemein kann man sagen, daß durch Nichtberücksichtigung der Strukturviscosität (= Scherabhängigkeit der Viscosität, engl. *shear dependence*) ein Fehler eingeführt wird, der bis etwa DP = 500 vernachlässigbar ist; bis DP = 1000 verursacht er kaum allzugroße Unsicherheiten (er bleibt meist unter 2%), während er bei DP > 1000 sehr rasch ansteigt; bei Cellulosenitrat liegt der Fehler bei DP 2000 schon um 10%!

Die Abhängigkeit der Viscosität von der Schergeschwindigkeit kann man verschieden ausdrücken. Zunächst kann man η als Funktion der Schubspannung τ angeben. Dies wird besonders im Capillarviscosimeter einfach, denn hier ist τ direkt der treibenden Höhe h proerlaubt. portional (vgl. Abb. V, 23):

$$\tau = R \cdot p/2 \cdot l\,, \qquad \text{wobei} \quad p = h \cdot \varrho \cdot g\,.$$

h = treibende Höhe
ϱ = Dichte der Lösung
g = Erdbeschleunigung = 981

Nach diesem Prinzip arbeitet das Mehrkugelviscosimeter[4] (Abb. V, 23), das vielleicht die rascheste Ermittlung der Scherabhängigkeit und näherungsweise Extrapolation nach $\tau = 0$ Legt man einen äußeren Druck an, so wird natürlich:

$$p = h\varrho g + p_a \qquad p_a\text{: äußerer Druck}$$

Außerdem kann man τ auch durch Variation der Capillaren verändern. Das Geschwindigkeitsgefälle q kann man nicht direkt angeben, da es über den Querschnitt der Capillare nicht konstant ist. Jedoch wurden Mittelwerte berechnet, und zwar ein Flächenmittel von KROEPELIN[5] $\overline{G}$ und ein Mittelwert von WEISSENBERG[6] D:

$$\overline{G} = 8\,Q/3\pi R^3 \quad \text{bzw.} \quad \overline{G} = 327 \cdot \varrho R h/\eta l\,; \quad D = 4\,Q/\pi R^3$$

Für NEWTONsche Flüssigkeiten ist $\overline{G} = (2/3)\,D$, für strukturviscose Flüssigkeiten gilt dies nicht mehr. Da außerdem die Berechnung der oben angegebenen Formeln für $\overline{G}$ und D eigentlich für NEWTONsche Systeme erfolgte, wird die Verwendung dieser „mittleren Geschwindig-

---

[1] PATAT, F., u. J. HARTMANN: Naturwiss. **41**, 526 (1954). — Makromol. Chem. **18/19**, 422 (1956).

[2] LOHMANDER, U.: Vortrag Universität Uppsala 13. 6. 1957. (Eine ausführliche Veröffentlichung soll Ende 1957 erscheinen.)

[3] SCHURZ, J.: Makromol. Chem. **12**, 127 (1954).

[4] SCHURZ, J., u. E. H. IMMERGUT, J. Polymer Sci. **9**, 279 (1952).

[5] KROEPELIN, H.: Kolloid-Z. **47**, 294 (1929).

[6] HERZOG, R. O., u. K. WEISSENBERG: Kolloid-Z. **46**, 277 (1928). — Vgl. W. PHILIPPOFF Kolloid-Z. **75**, 142 (1936).

keitsgefälle" von manchen Autoren abgelehnt[1]. Praktisch allerdings scheinen alle diese Größen etwa gleichwertig, wenn auch $\bar{G}$ und $\bar{D}$ häufiger verwendet werden als τ oder h.

Man muß also zunächst das Geschwindigkeitsgefälle (bzw. die Schubspannung) im Viscosimeter angeben. Nun könnte man daran denken, alle Werte von $[\eta]$ auf einen bestimmten, genormten Wert von $\bar{G}$ oder D zu beziehen; als solche Werte wurden 50, 200 oder 500 vorgeschlagen[2]. Dies hat jedoch den Nachteil, daß auch hier schon Abweichungen vom wahren Wert auftreten; während diese aber für geringen DP zu vernachlässigen sind, können sie bei hohem beträchtlich sein! Als exakte Methode kann man daher nur eine Extrapolation zur Schergeschwindigkeit Null gelten lassen, indem man bei verschiedenem $\bar{G}$ (oder D, τ, h) mißt und nach 0 extrapoliert. (Vgl. S. 374 oben und Fußnote 2 auf selber Seite.) Nun ist aber eine solche Extrapolation einwandfrei nicht einfach durchzuführen. Es wurde eine ganze Reihe von Formeln dafür vorgeschlagen[3], die meisten Untersuchungen zeigten jedoch, daß immer dann, wenn der Effekt der Strukturviscosität größer wird (also bei höherem DP, höherer Konzentration) die meisten dieser Formeln nicht mehr erfüllt sind, da bei geringer Strömungsgeschwindigkeit die Kurven steil nach aufwärts streben. Am besten scheint noch die graphische Extrapolation zu sein. Kürzlich wurde versucht, die erhaltenen Kurven durch Hyperbeln anzugleichen[4], dies ist eine mühsame Arbeit und liefert keine genaueren Ergebnisse als wenn man die Extrapolation graphisch nach dem Gefühl macht. Etwas besser scheint eine Extrapolation nach $p = 0$ in der von Fuoss[5] angegebenen Weise zu gehen ($1/p \cdot t$ gegen p), hier erhält man recht gute lineare Zusammenhänge, wie insbesondere an Cellulose/Cuen kürzlich gezeigt wurde[4].

Auf alle Fälle ist bei höheren DP-Werten auch eine näherungsweise Extrapolation nach der Schergeschwindigkeit 0 noch wesentlich sicherer als eine Nichtberücksichtigung der Strukturviscosität. Wir haben in Abb. V, 29—31 für die wichtigsten Systeme den Einfluß der Strukturviscosität auf $[\eta]$ zusammengestellt. Da in normalen Viscosimetern im allgemeinen ein $\bar{G}$ von 500—1000 sec^{-1} herrscht, können diese Kurven auch benützt werden, um an unkontrollierten Messungen näherungsweise Korrekturen für die Strukturviscosität anzubringen.

Die Strukturviscosität wird geringer, wenn die Temperatur erhöht wird, aber auch, wenn man zu schlechteren Lösungsmitteln übergeht. Daher wird man Viscositätsmessungen eher in schlechten Lösungsmitteln durchführen[6]. Auch die Huggins- bzw. Martins-Konstante werden durch die Strukturviscosität verkleinert[7], man wird daher stets untersuchen, ob ein solcher Effekt möglich ist, ehe man aus Variationen dieser Konstanten irgendwelche Schlüsse zieht.

Für unsere Zwecke genügt die Kenntnis des strukturviscosen Verhaltens bei geringen Schergeschwindigkeiten. Für eine vollständige rheologische Charakterisierung ist jedoch die Aufnahme der Fließkurve notwendig, d. h. des Verlaufes von D gegen τ über mehrere Zehnerpotenzen. Stellt man dies in doppeltlogarithmischem Maßstab dar, so erhält man s-förmige Kurven, deren Wendepunkt ein Maß für das mittlere Molekulargewicht ist[8] nach der Formel:

$$\hat{D} = k \cdot M^{-b}$$

$\hat{D} = D$ im Wendepunkt

Der allgemeine Verlauf der Fließkurve erlaubt uns Aussagen über die Polydispersität der Substanz. Gelingt es z. B. nach einer Näherungsmethode die Fließkurve als Gerade darzustellen, so kann die Neigung dieser Geraden als Maß für die Einheitlichkeit (Polydispersität) gelten[9].

[1] Goldberg, P., u. R. M. Fuoss: J. Physic. Chem. **58**, 648 (1954).

[2] Conrad, C. M., V. W. Tripp u. T. Mares: J. Phys. Coll. Chem. **55**, 1474 (1951). — Sieber, R.: Papier **7**, 466 (1953). — Wilson, K.: Sv. Papperstidn. **54**, 195 (1951).

[3] Vgl. E. H. Immergut u. F. R. Eirich: Ind. Engng. Chem. **45**, 2500 (1953). — Timell, T. E.: Sv. Papperstidn. **57**, 777 (1954).

[4] Browning, B. L., u. L. O. Sell: Tappi **39**, 489 (1956).

[5] Hall, H. T., u. R. M. Fuoss: J. Amer. Chem. Soc. **73**, 265 (1951).

[6] Cragg, L. H., R. H. Sones u. T. E. Dumitru: J. Polymer Sci. **13**, 167 (1954).

[7] Siehe S. 367, Fußnote 1 u. 2, sowie S. 366, Fußnote 5.

[8] Umstätter, H.: Kolloid-Z. **139**, 120 (1954); vgl. auch Strukturmechanik. Leipzig: Steinkopff 1948. — Schurz, J.: Kolloid-Z. **147**, 57 (1956).

[9] Meskat, W.: Chem. Ing. Technik **24**, 333 (1952). — Edelmann, K.: Kolloid-Z. **145**, 92 (1956); Faserforsch. Textiltechn. **5**, 59 (1954). — Schurz, J.: Kolloid-Z. **148**, 76 (1956).

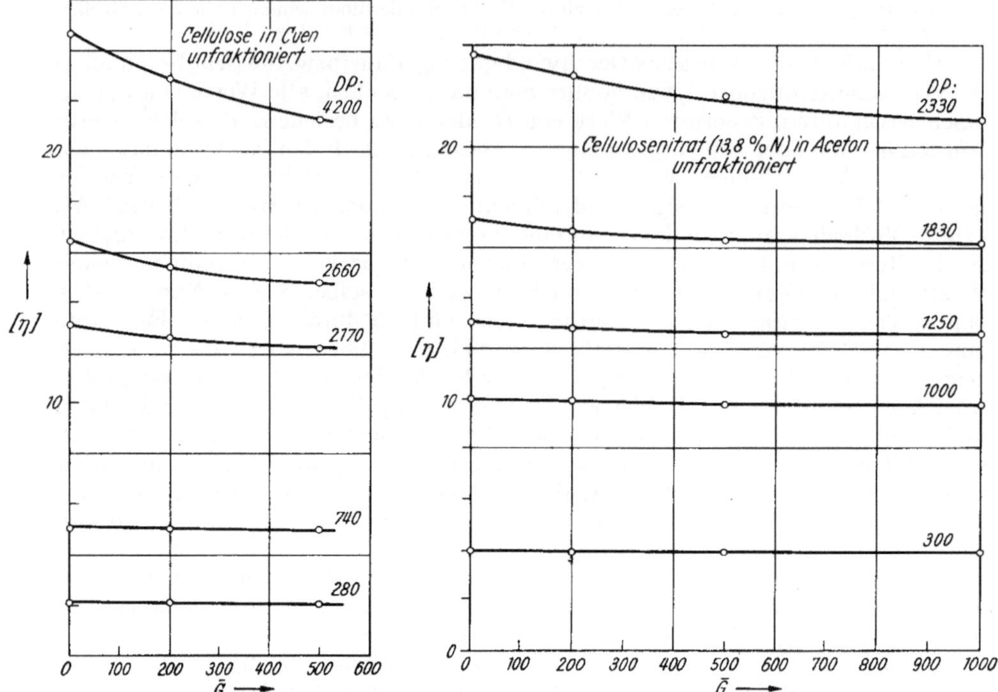

Abb. V, 29. Die Abhängigkeit der Grenzviscositätszahl von unfraktionierten Cellulosen in Cuen vom mittleren Geschwindigkeitsgefälle $\bar{G}$ für verschiedene Polymerisationsgrade. [[η] in g/100 ml; Daten nach L. O. SELL und B. L. BROWNING (s. S. 375, Fußnote 4)]

Abb. V, 30. Die Abhängigkeit der Grenzviscositätszahl von unfraktionierten Cellulosenitraten (13,8% N) in Aceton vom mittleren Geschwindigkeitsgefälle $\bar{G}$ für verschiedene Polymerisationsgrade. [[η] in g/100 ml; Daten nach J. SCHURZ, Makromol. Chem. **12**, 127 (1954); an weiterer Literatur vgl. T. E. TIMELL, Sv. Papperstidn. **57**, 777, 844 (1954); W. G. HARLAND: Shirley Inst. Mem. **28**, 111 (1955)]

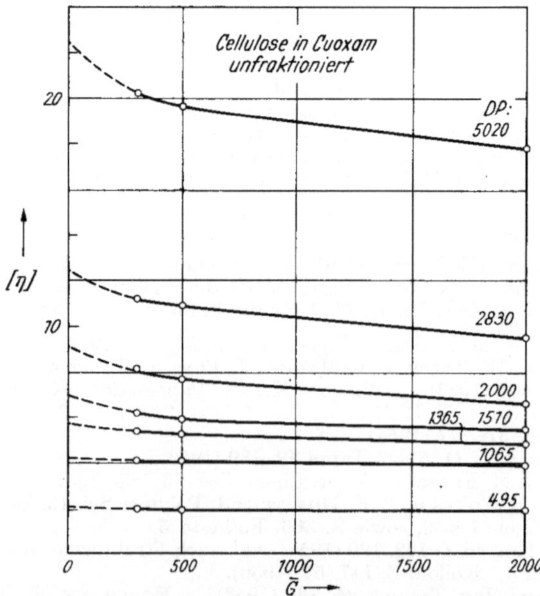

Abb. V, 31. Abhängigkeit der Grenzviscositätszahl von unfraktionierten Cellulosen in Cuoxam vom mittleren Geschwindigkeitsgefälle $\bar{G}$ für verschiedene Polymerisationsgrade [[η] in g/100 ml; Daten nach C. M. CONRAD, V. W. TRIPP und T. MARES; J. Phys. Coll. Chem. **55**, 1474 (1951); weitere Literatur vgl. R. SIEBER: Papier **7**, 466 (1953)]

§ 37. Die physikalisch-chemischen Konstanten der Cellulose

Von E. Treiber

a) Elektrische und optische Werte

DK (Dielektrische Konstante): Die *DK* der Cellulose variiert mit der Dichte, Temperatur, Feuchtigkeit und Kristallinität und ist anisotrop. An Zellstoffblättern fand Verseput[1] Werte zwischen 2,2—2,3 (30° C, 1000 Hz, $\varrho = 0{,}7$). Ähnliche Werte (1,6—2,7) wurden übrigens auch an trockenem Holz gemessen[2]. Für die feste Cellulose geben DeLuca und Mitarbeiter[3] 6,1 und Meyer u. Mark[4] 5,7 an. Für den Realteil der komplexen *DK*'ε findet Trapp[5] an Cellulose bei 1000 Hz den Wert 7,2.

Isolationswiderstand[6]*:* Auch diese Werte werden durch sekundäre Umstände (Feuchtigkeit, Elektrolytgehalt) sehr stark beeinflußt. Church[7] bestimmte an trockenem Papier den Isolationswiderstand mit etwa $2 \cdot 10^{14}$ Ohm-cm, Hearle[6] an ofentrockenem Holz denselben zu 3 bis $30 \cdot 10^{17}$ Ohm-cm. An reinstem Baumwollgewebe wurden Widerstände bis zu 10^{10} Megohm gemessen. Die

Durchschlagfestigkeit[4] liegt bei etwa 500 kV/cm.

Brechungsindex[8]*:* Cellulose ist anisotrop; der Brechungsindex hängt von Orientierung und Dichte ab. Hermans[8] gibt für perfekte Orientierung und theoretische Dichte den Index parallel zur Faserachse mit $(n_D)_\varepsilon = 1{,}618$ und $(n_D)_\omega = 1{,}543$ senkrecht dazu an. Meyer[4] nennt 1,599 und 1,532, Frey-Wyssling[9] 1,600 und 1,531; Stamm referiert die Werte 1,595 und 1,534. An Ramie findet man 1,601 und 1,530 und an Baumwolle 1,578 und 1,532. Für die Doppelbrechung (Δn_D) werden Werte zwischen 0,061—0,075 angegeben.

b) Mechanische und calorische Daten

Verbrennungswärme: Jessup und Proser[10] finden für Linters 4165 kal/g und für Holzcellulose 4172,8 kal/g in guter Übereinstimmung mit älteren Tabellenwerten (4159 $\pm$ 3 kal/g). Der Flammpunkt liegt $>$ 290°C (Demus).

Kristallisationswärme: Calvet und Hermans[11] geben dafür 4100 $\pm$ 200 kal/Mol Glucose an; der Wert errechnet sich unter der Voraussetzung, daß die Kristallisationswärme für Cellulose I und II gleich ist (vgl. dazu die Kritik von Ward[12]). Kast errechnet für $W_{Cr_1} = 4720$ kal/Mol, ein Wert, der in der Größenordnung der Kristallisationswärme von β-Glucose liegt (5 bis $5{,}5 \cdot 10^3$).

Die Rekristallisationswärme bestimmten Hermans und Weidinger[13] zu 1620 kal/Mol.

---

1 Verseput, H. W.: Tappi **34**, 572 (1951).
2 Vgl. S. J. Stamm: Tappi **37**, 122 A (1954).
3 DeLuca, H. A., W. B. Campbell u. O. Maass: Canad. J. Res. (Sec. B) **16**, 273 (1938).
4 Meyer, K. H., u. H. Mark: Makromolekulare Chemie. Leipzig 1950.
5 Trapp, W., u. L. Pungs: Holzforsch. **10**, 65 (1956).
6 Siehe J. W. S. Hearle: J. Textile Inst. **43**, 194 (1952); 48, P 40 (1957).
7 Church, H. F.: J. Soc. Chem. Ind. **66**, 221 (1947).
8 Vgl. P. H. Hermanns: Physics and Chemistry of Cellulose Fibers. New-York 1949.
9 Frey-Wyssling, A.: Biochim. et Biophysica Acta **17**, 155 (1955).
10 Jessup, R. S., u. E. J. Prosen: J. Res. Nat. Bur. Stand. **44**, 387 (1950).
11 Calvet, E., u. P. H. Hermans: J. Polymer Sci. **6**, 1 (1951).
12 Ward, K., u. R. E. Reeves: J. Polymer Sci. **6**, 778 (1951); vgl. auch W. Kast, in H. A. Stuart, Die Physik der Hochpolymeren. Bd. 3. Berlin 1955.
13 Hermans, P. H., u. A. Weidinger: J. Amer. Chem. Soc. **68**, 2547 (1946).

Spezifische Wärme: 0,291[1].

Dichte[2]*:* Die Dichte ist von den Bestimmungsmethoden bzw. Verdrängungsmedien nicht unabhängig. So wird für Cellulose angegeben:

gemessen in:		
	Heptan	1,540
	Benzol	1,570
	Toluol	1,548 —1,550
	Helium	1,567 —1,585
	Wasser	1,6038—1,6095

Dichte der Regeneratfasern nach HERMANS und VERMAAS: 1,522.

Die röntgenographische Dichte wird zu 1,590 (1,592 [MEYER und MISCH, HERMANS]) bis **1,630** (KIESSIG[3]) gefunden. Für die amorphe Cellulose werden Werte von 1,482—1,489 (STEURER) angegeben; KAST[4] errechnet **1,471**. Für Cellulose II (getrocknet bei 100°) nennt KIESSIG $1{,}60_0$, TREIBER $1{,}60_7$, bzw. $\mathbf{1{,}61_5}$[5], KAST $1{,}60_8$· (s. S. 158).

Kristallinität: Mittelwert für native Fasern: 0,70, Regeneratfasern 0,39 (HERMANS und WEIDINGER).

(Faserfestigkeiten und dergleichen s. S. 9).

---

[1] MAGNE, F. C., H. I. PORTAS u. H. WAKEHAM: J. Amer. Chem. Soc. **69**, 1898 (1947).
[2] Siehe S. 377, Fußnote 8.
[3] KIESSIG, H.: Z. Elektrochem. **54**, 320 (1950).
[4] Siehe S. 377, Fußnote 12.
[5] TREIBER, E.: Protoplasma (Wien) **40**, 176 (1951).

Sechstes Kapitel

Die Chemie der übrigen Wandsubstanzen

Bearbeitet von

E. ADLER, J. GIERER, O. HÄRTEL, B. KOLJO, B. LINDBERG, P. SITTE und E. TREIBER

Mit 32 Abbildungen

Während die Eiweißstoffe und die besprochenen Kohlenhydrate gewöhnlich als primäre Pflanzenstoffe bezeichnet werden, entstehen beim Stoffwechsel zahllose Zwischen- und Endprodukte verschiedenster chemischer Natur, die zum Großteil wieder besondere Aufgaben zu erfüllen haben. Im Gegensatz zu den allgemein verbreiteten primären Produkten können die sekundären Stoffwechselprodukte vielfach als systematische Merkmale herangezogen werden.

Aus der überwältigenden Fülle sekundärer Pflanzenstoffe können hier natürlich nur die wenigen, für die Zellwand bedeutsamen herausgegriffen werden.

Während somit einige für die Pflanzenmembranen kaum bedeutsame Stoffe (Glucoside, Saponine, Alkaloide und dergleichen) nur flüchtig gestreift werden, sollen Extraktstoffe, Kork, Wachs und Cutin sowie das Lignin eine etwas eingehendere Behandlung finden. Die letztgenannten Membranstoffe sind wohl für die Eroberung des Landes durch die Pflanze und deren Höherentwicklung maßgebend gewesen; es sind dies jene Stoffe, die teils die Pflanzen vor übermäßiger Wasserabgabe schützen können, teils den Membranen bzw. Organen eine Stütze geben (Lignin), so daß die Pflanze ihr eigenes Gewicht tragen kann.

§ 38. Einleitung

Von E. TREIBER

Vor allem die absterbenden Gefäße können sich mit anorganischen Ablagerungen und harzähnlichen Stoffen und dergleichen füllen, die unter Umständen auch die Zellwand zum Teil imprägnieren können. In Sekretbehältern, welche durch die Auflösung von Teilen oder sogar der ganzen Membran entstehen, sind ätherische Öle enthalten, die den Terpenen zugehören. Zur selben Stoffgruppe gehören beispielsweise aber auch die farbigen Polyensäuren und Polyenalkohole. Erstere (Chlorophyllin *a* und *b*), verestert mit farblosen Alkoholen (Phytol, Methanol), geben die Chlorophylle (verwandt damit ist z. B. auch der Farbstoff der Purpurbakterien), letztere, verestert mit farblosen Säuren, die Farbwachse. Die nahe Verwandtschaft zwischen Wachsen und Fetten, Lecithinen und Sterinestern ergibt sich aus der Tatsache, daß es sich in all diesen Fällen um Ester farbloser Säuren mit farblosen Alkoholen handelt. Von physiologischer Bedeutung scheinen nach METZNER[1] auch die Gerbstoffimprägnierungen zu sein, die eine starke UV-Absorption im langwelligen Gebiet besitzen. Solche Tatsachen machen es erforderlich, derartige Stoffe hier kurz zu streifen.

---

[1] METZNER, P.: Planta (Berlin) **10**, 281 (1930).

In ganz engen Zusammenhang mit den Wandsubstanzen stehen die *Terpene* (vgl. Tab. VI, 1), eine Stoffgruppe, zu der sehr viele sekundäre Pflanzenstoffe zu zählen sind. Hierher gehören beispielsweise die unter den „*Extraktstoffen*" miterfaßten ätherischen Ölen, Balsame, Harze, Campher, aber auch die Kautschukarten. Überdies haben die wesentlichen Komponenten mancher Farbstoffe (z. B. Safranfarbstoff Crocetin, Chlorophyll, Carotinoide), Farbwachse und andere

Tabelle VI, 1

Formel des Grundkörpers	Terpenklasse	Art des Stoffes	Beispiele (Terpene u. Sauerstoffderivate)	
			eigentliche oder cyclische Terpene (Mono-, bi- und tricyclische Terpene)	acyclische oder olefinische Terpene
C_5H_8	Hemiterpene	(kommt nicht frei vor)	—	(Isopren) (Prenol[1])
$C_{10}H_{16}$	(Mono-) Terpene	ätherische Öle (Mono-, Sesqui-, Diterpene)	(*Menthene, Menthadiene* und *bicyclische Terpene)* Myroen, Limonen, Pinen, Caren, Sabinen, Campher	Myrcen, (Citral, Linalool)
$C_{15}H_{24}$	Sesquiterpene[2]	ätherische Öle; Harze (Sesqui-, Di-, Triterpene)	Bisabolen, Cadinen, Selinen, Copaen	Farnesol, Nerolidol
$C_{20}H_{32}$	Diterpene	ätherische Öle; Harze; Balsame (Di-, Triterpene)	Camphoren, Abietinsäure, Sapinsäure, Laevopimarsäure	(Crocetin, Crocin, Phytol)
$C_{38}H_{48}$	Triterpene	Harze; Balsame	(Betulin, Amyrin, Oleanolsäure)	Squalen
$C_{40}H_{64}$	Tetraterpene	Carotinoide (Lipochrome)	Carotine, Phytoxanthine	Lycopin; Carotine, Phytoxanthine
$(C_5H_8)_n$	Polyterpene	Kautschukarten (Latex)	—	*Hevea*-Kautschuk, Guttapercha, Balata

physiologisch interessante Stoffe (z. B. Crocin, der Bewegungsstoff der Gameten der Grünalge *Chlamydomonas*) Terpencharakter und es ist ziemlich wahrscheinlich, daß auch Sterine, die vielfach im Aufbau eine Verwandtschaft mit Harzsäuren aufweisen, mit einfacheren Terpenverbindungen durch genetische Beziehungen verknüpft sind. Die Terpenoidketone Fridelin und Cerin kommen im Korkwachs vor[3].

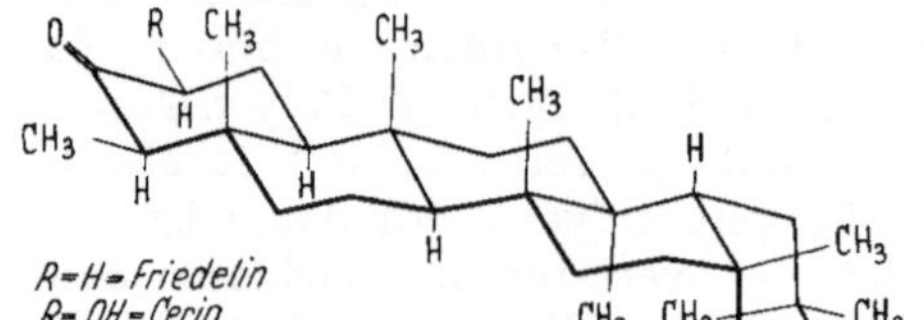

R=H-Friedelin
R-OH-Cerin

Harzsubstanzen werden wie die übrigen Terpene wohl im Protoplasma gebildet (vgl. SPERLICH[4]) und in den Saftraum abgeschieden oder durch die Zellwände in die Intercellular-

[1] $(CH_3)_2C{=}CH{-}CH_2OH$, Baustein der Monoterpene?
[2] Verwandt damit sind die Azulene.
[3] COREY, E. J., u. J. J. URSPRUNG: J. Amer. Chem. Soc. 77, 3667 (1955).
[4] SPERLICH, A.: In Handbuch der Pflanzenanatomie, Bd. 4,. Berlin 1939.

räume bzw. ins Freie befördert. Bei den Nadelhölzern finden sich die meisten Harzgänge im Holz (vgl. Abb. VI, 1a), im Gegensatz zu den Milchröhren des Kautschukbaumes, die in der Rinde lokalisiert sind. Die Harzgänge entstehen bei der Gewebedifferenzierung aus den Bildungsgeweben und erscheinen von Anfang an mit Terpenen gefüllt, deren Bildung somit während des Gewebewachstums erfolgen muß. Werden Harzgänge verletzt, so wird, da diese untereinander in offener Verbindung stehen, der Balsam sogar von weit her zur Wunde gepreßt.

Tallöl ist das Zerlegungsprodukt der Harzseifen der Sulfatablauge mit Säuren. Kommerziell unterscheidet man zwischen Rohtallöl (40—55% Fettsäuren, 35—45% Harzsäuren, 8—12% Unverseifbares), Leichttallöl mit ~ 40% Fettsäuren und 60% Unverseifbarem, Tallölfettsäuren (65—93% Fett- und 3—9% Harzsäuren), Tallölharz (mit fast 93% Harzsäuren) und Tallölpech mit einem hohen Gehalt an gebundenen Harz- und Fettsäuren sowie Unverseifbarem. Aus Tallöl und den Destillaten konnten neutrale Stoffe, wie Kohlenwasserstoffe (C_{22}—C_{26}), Terpineol, Cadinen und Cadinol, Diterpene, Sterine und Glycerin isoliert werden; ferner Fettsäuren (Laurin-, Myristin-, Palmitin-, Arachin-, Behen-, Carnauba-, Öl-, Linolen-, Sebacin-, Adipin- und Elaidinsäure) und Phenole (Acetovanillin, Guajacol, Eugenol und Phenol). Manche dieser Produkte sind sekundäre, d.h. Spalt- oder Umwandlungsprodukte.

Die Ausscheidung der ätherischen Öle erfolgt vielfach durch Drüsenhaare (Abb. VI, 1b), in anderen Fällen erfolgt die Ablagerung in innere Exkretzellen oder Intercellularräume (Abb. VI, 1c).

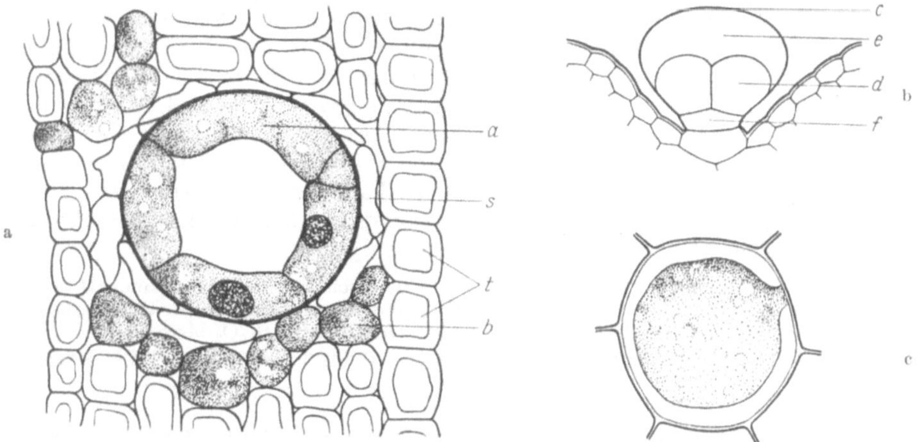

Abb. VI, 1a—c. a Querschnitt durch einen Harzgang im Holz der Föhre. *a* Auskleidezellen [Epithel], *b* Begleitzellen, *s* Scheidezellen, *t* Tracheiden). (Nach MÜNCH.) b Drüsenhaar der Pfefferminze *Mentha piperita*. (*c* abgehobene Cuticula, *e* ausgeschiedenes Exkret, *d* Drüsenzellen, *f* Fußzelle). (Nach FREY-WYSSLING.) c Exkretionszelle (Ölbeutel) im Blatt des Lorbeers. (Nach LEEMANN)

Von Holzarten, die Riechstoffe führen, sind z. B. Sandelholz, *Juniperus virginiana*, *Cedrela odorata*, *Prunus mahaleb* und Veilchenholz zu erwähnen.

Unter den verschiedenen Genesevorstellungen dürfte der von EULER große Wahrscheinlichkeit zukommen, derzufolge die Muttersubstanz aus Spaltprodukten der Zucker hervorgehen soll. Demnach sollte der β-Methylcrotonaldehyd ein wichtiger Zwischenkörper sein. Während dieser Aldehyd und der Vorläufer, β-Hydroxy-Isovaleraldehyd, frei in Pflanzen nicht gefunden wurde, konnten nah verwandte Verbindungen, wie Prenol und β-Methylcrotonsäure (Seneciosäure) gefunden werden. REICHEL erblickt nun in der Seneciosäure eine wichtige intermediäre Zwischenstufe. Nach BONNER und ARREGUIN geht auch die Kautschukbiosynthese über Seneciosäure (+ Essigsäure), wie selbst die β-Carotinsynthese über β-Methylcrotonyl-Co.A verläuft. Nach GUSSEWA u. BORICHINA sollen bei *Eucomia* Carotinoide und Guttapercha aus einem gemeinsamen Stoff von Polyisoprenstruktur entstehen. Hinsichtlich der Entstehung ätherischer Öle und Duftstoffe vgl. BURGER[1].

Die Vielgestaltigkeit der Terpenverbindungen in chemischer Hinsicht und in ihrer histologischen Lokalisierung machen es von vornherein unwahrscheinlich, daß ihnen irgendeine einheitliche Funktion in den Pflanzen zukommt. Selbst die Bewertung aller Terpene als Abfall des Stoffwechsels, von denen sich die Pflanze befreien müßte, trifft nicht das Richtige.

---

[1] BURGER, A. M.: Parfüm. Kosm. **35**, 451, 455 (1954).

Es ist durchaus wahrscheinlich, daß z. B. Carotinoide oder Sterine recht bedeutungsvolle Funktionen im Organismus ausüben, über die wir jedoch noch zu wenig Klarheit besitzen. So wenig wir eine einheitliche Funktion der Terpenabkömmlinge in den Pflanzen erwarten, so sicher sind wir doch davon überzeugt, daß diese meist durch sehr prägnante physikalische und chemische Eigenschaften (Farbe, Lipoidlöslichkeit, Oberflächenaktivität) ausgezeichneten Stoffe der Pflanze ebenso dienlich im Kampf ums Dasein werden können, wie irgendwelche anatomischen oder morphologischen Strukturen.

An keiner Stelle sind bisher Terpene als Bausteine für die Zellwand oder für plasmatische Strukturen nachgewiesen worden, obwohl z. B. Kautschuk und Guttapercha dafür geeignet erscheinen. Das Überraschendste ist jedoch, daß die kohlenstoff- und energiereichen Terpenverbindungen nirgends im Pflanzenreich im größeren Ausmaß als Reservestoff sich eingebürgert haben.

Manche unter den Extraktstoffen zusammengefaßten Inhaltsstoffe können den Bisulfitaufschluß erschweren. Solche Hemmungen sind z. B. beim Sulfitaufschluß der Douglastanne[1] (Dihydroquercetin) und des Kieferkernholzes[2] bekannt. Solche, vornehmlich phenolische Inhaltsstoffe, die den Bisulfitaufschluß erschweren sind: Pinosylvinmonomethyläther (vgl. Formel XXXVIII, S. 392), Pinobanksin (*a*), Tectochrysin (*b*), Robinetin (*c*), Morin und Pelargonidinchlorid (*d*)[3]; daneben, vornehmlich aus bestimmten Nadelhölzern: Strobochrysin, Pinocembrin, Strobopinin, Pinoresinol, Dihydropinosylvin, Pinostrobin, Strobobanksin und Taxifolin. Mehrere solche und andere Inhaltsstoffe sind auch für die Fäulnisresistenz von Bedeutung. So geht die Fäulnisresistanz von Weihrauchcedernholz[4] auf die Anwesenheit von Carvacrol, Thymohydrochinon und Thymochinon zurück. Eine ähnliche Schutzwirkung können Gerbstoffe entfalten (z. B. Eichenholz). Andere Beispiele s. S. 413. Gleichfalls fungicide Substanzen sind die Thujaplicine. (Aus dem Kernholz der amerikanischen Flußceder extrahierte BARTON Thujaplicin, Thujatsäure und Methylthujat). Beim Kraftaufschluß führt nach McLEAN Thujaplicin zu Kocherkorrosionen.

Andere Inhaltsstoffe können unter Umständen dadurch Interesse erwecken, als bei der Verarbeitung solcher Hölzer gesundheitsschädigende Wirkungen (Ekzeme) auftreten können[5]. Solche Effekte ruft im Brasil-Teakholz z. B. das Lapachonon $C_{16}H_{16}O_2$ hervor. Auch Harzbestandteile und Saponine können zu derartigen Erscheinungen führen oder mit beitragen.

---

[1] HOGE, W. H.: Tappi **37**, 369 (1954).

[2] SÖDERQUIST, R.: Sv. Papperstidn. **58**, 706 (1955); vgl. auch T. KONDO u. Y. KITAMURA: J. Jap. Tappi **10**, 72 (1956).

[3]

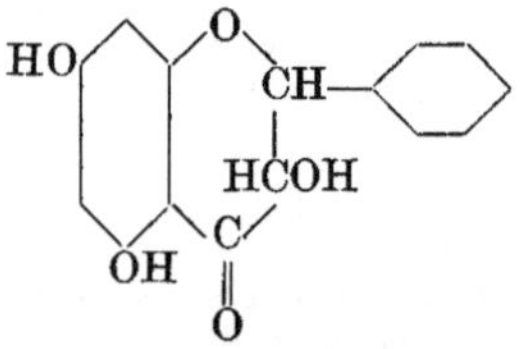

a)

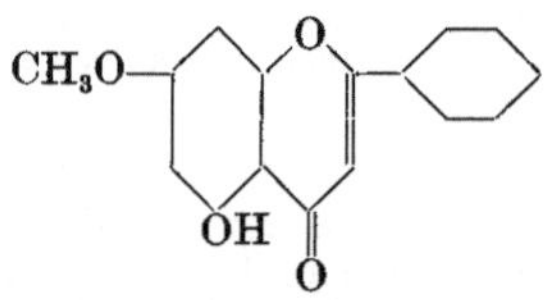

b)

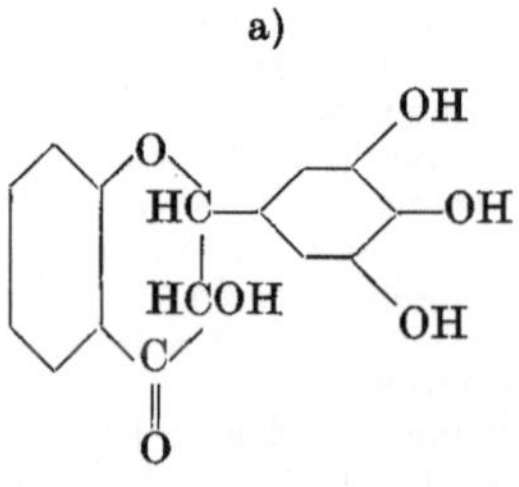

c)

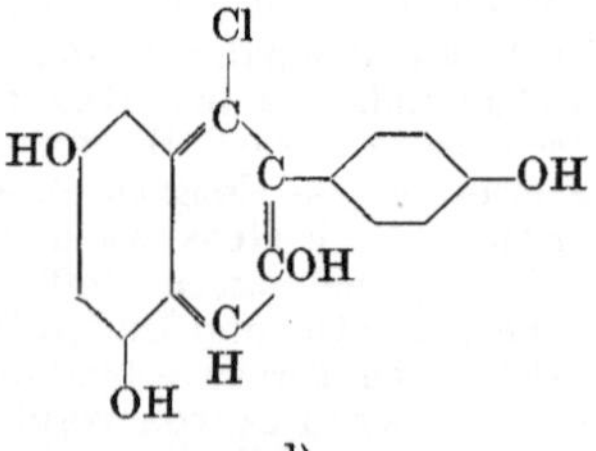

d)

[4] ZAVARIN, E., u. A. B. ANDERSON: J. org. Chemistry **20**, 82 (1955).

[5] SANDERMANN, W., u. A. W. BARGHOORN: Holzforsch. **9**, 112 (1955).

Eine wichtige Rolle, wie schon angedeutet, spielen die *Gerbstoffe*. Die oft auffällige dunklere Färbung des Kernholzes gegenüber dem funktionstüchtigen Splintholz sowie das Nachdunkeln geschnittenen Holzes rührt von Oxydationsprodukten der Gerbstoffe her und zeigt damit die Anwesenheit solcher auch im Holz an. Als gerbstoffreichstes Holz gilt das von *Schinopsis Balansae* und *Lorentzii*. Die Gerbstoffe der Hölzer können von denen der Rinde verschieden sein.

Unter Gerbstoffen verstand man früher amorphe Stoffe, die die Eigenschaft besitzen, Haut in Leder zu verwandeln. Sie fällen Alkaloide, Leim usw. und zeigen vielfach eine typische Eisenchloridreaktion, nach der man auch von eisenbläuenden (z. B. Tannengerbstoff) und eisengrünenden (z. B. Hemlockrindengerbstoff) Gerbstoffen spricht. Die (UV-)Lichtabsorption in den Spaltöffnungen soll z. B. nach METZNER[1] von eisengrünenden Gerbstoffen, in Epidermis und Mesophyll häufig von eisenbläuenden Gerbstoffen, herrühren.

Nach FREUDENBERG[2] unterscheidet man in der chemisch keineswegs einheitlichen Gruppe von Verbindungen:

a) eine esterartige Gruppe (Depside), die sich durch Hydrolyse zerlegen läßt und sich vorwiegend von der Gallussäure bzw. Digallussäure (HERZIG) ableitet. Es sind vielfach Gemische galloylierter Glucosen. Chinesisches und türkisches Tannin, Hamamelitannin und der Edelgerbstoff der Sumachpflanze gehören zu dieser Gruppe. In den ebenfalls hierher gehörenden Ellagengerbstoffen (Ellagitannine z. B. Corilagin) ist noch Ellagsäure enthalten. Freie Ellagsäure fand BLAND in Eucalyptusarten. Weiter gehören in diese Gruppe die Depside, die in den Flechten vorkommen[3].

b) Kondensierte Gerbstoffe (Catechin- oder Phlobatannine): Hierher gehören Catechine und andere nicht völlig aufgeklärte Substanzen, wie sie beispielsweise in der Eiche, Roßkastanie und Quebracho gefunden werden. Die Catechine, Muttersubstanzen vieler solcher Gerbstoffe, sowie die Gerbstoffrote (Phlobaphene) sind als hydrierte Flavonole oder Anthocyanidine aufzufassen. Gewisse Parallelen zur Struktur des Lignins werden vermutet.

In der Zelle liegen Gerbstoffe stets scharf vom Plasma getrennt vor, dessen kolloidalen Zustand sie gerbend zerstören würden. Im Zellsaft, dem bevorzugten Speicherplatz, gegen den die Zellwände — die oft von Phlobaphenen gefärbt sein können — zurücktreten, gehen sie oft Adsorptionsverbindungen mit Kolloiden ein, die dann physiologisch wenig oder inaktiv sind. Ursprünglich wird der Gerbstoff vor allem im Markstrahlparenchym gebildet. Erst später imprägniert er die Wände des Kernholzes.

Über die physiologische Rolle der Gerbstoffe sind viele Vermutungen geäußert worden. Die heterogene Natur mahnt bei Vorstellungen über die Bedeutung der Gerbstoffe in den Pflanzen zu großer Vorsicht. Mit ziemlicher Sicherheit kann man eine allgemeine Bedeutung als Reservestoffe ablehnen, wenn auch durch Tannase gespalten der Zucker der glykosidischen Tannine wieder in den Umsatz einbezogen werden kann. Bei peripherer Lage in den Organen gewähren die Gerbstoffe wohl in manchen Fällen einen Schutz gegen Tierfraß. Daß sie in die Zellwände eingelagert antiseptisch wirken und eine vorzeitige Zerstörung abgestorbener Teile noch lebender Pflanzen, wie wir es z. B. am Kernholz von Linde und Weide beobachten, hintanhalten, wurde schon hervorgehoben. Die weite Verbreitung der Gerbstoffe überblickend, dürfen wir wohl den Schluß ziehen, daß hier wie bei vielen anderen sekundären Stoffen die Pflanze zwar in manchen Fällen Vorteile im Kampf ums Dasein aus den zunächst zufällig in ihrem Stoffwechsel entstandenen Produkten gezogen hat und daß sich solche Formen, in denen die betreffenden Stoffe in einer für diesen Kampf günstigen Menge und Lage auftreten, erhalten und weiterentwickelt haben, daß aber in anderen Formen dieselben Stoffe als indifferente Bestandteile enthalten sind.

In manchen Fällen sind in den Zellwänden der Gefäßteile *Farbstoffe* enthalten, so daß man vielfach von Farbhölzern spricht; sie durchsetzen in diesem Falle Cellulose und Lignin oder sind an diese adsorbiert. (SHRINER[4] unterteilt die farbgebenden Komponenten in Ketone, Chinone und Hydrochinone, Benzopyrane und Chromone). So enthält Blauholz Hämatoxylin, Rotholz Brasilin, das rote

[1] Siehe S. 379, Fußnote 1.

[2] FREUDENBERG, K.: Tannin, Cellulose, Lignin, Berlin: Springer-Verlag 1933.

[3] FISCHER, E.: Untersuchungen über Depside und Gerbstoffe. Berlin: Springer-Verlag 1919.

[4] SHRINER, R. L.: Nature of Chemical Components of Wood.

Sandelholz Santalin, Gelbholz Morin, Fisetholz Fisetin usw. Kürzlich wurde auch die Konstitution des Baumwollsamenpigments Gossypol aufgeklärt.

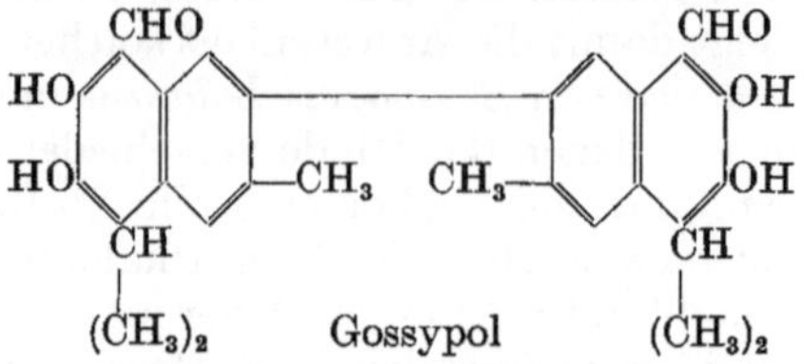

CHO CHO
HO OH
HO CH_3 CH_3 OH
CH CH
$(CH_3)_2$ Gossypol $(CH_3)_2$

Meist sind die Farbstoffe — die vorwiegend Pyronderivate sind — als Glykoside enthalten (z. B. Quercitrin, Fustin). Im Gegensatz zum Sulfitaufschluß des Holzes gehen bei einer alkalischen Kochung diese Farbstoffe in die Ablauge.

Über die blütenbiologische Bedeutung von Anthocyanen und gefärbten Flavonen in den Schauorganen der Blüten braucht wohl kein Wort verloren zu werden. Auffallend sind Gerbstoffe, Flavone und Anthocyane in der Epidermis der Laubblätter lokalisiert. Man hat daran schon sehr früh die Theorie eines Strahlenschutzes für den Chloroplastenapparat geknüpft. Alle, auch die nicht gefärbten Flavanderivate absorbieren vornehmlich das schädliche Gebiet der ultravioletten Strahlung. Den Flavonen und Anthocyanen hat man gelegentlich auch eine Rolle bei der Sauerstoff- bzw. Wasserstoffübertragung in der lebenden Zelle zugeschrieben.

Auch *Glykoside*, die schon mehrfach im Zusammenhang mit Gerb- und Farbstoffen (Anthocyane) genannt wurden, treten in Zellwände über. Es sind Stoffe, die unter Wasseraufnahme in Zucker (im Falle der Glucoside Glucose) und einem Aglykon (Genin), meist eine aromatische oder fettartige Komponente aufgespalten werden können. In bezug auf das Aglykon herrscht eine enorme Vielgestaltigkeit. Neben den einfachen eigentlichen Glykosiden: Arbutin *(Ericaceen)*, Aesculin (Roßkastanie), Salicin (Weide) ist weiter bekannt: Fraxin (Esche), Primin, Daphnin, Rutin, Rhapontin, Indican, Purpureaglykosid usw. In Cambialsäften kommen *Coniferin* und Syringin vor, beide von wesentlichem Interesse für die Ligninbildung.

Durch die Glykosidierung steigt häufig die Wasserlöslichkeit des Aglykons, während die Adsorbierbarkeit an der Plasmagrenzschicht sinkt. Zum Teil ist mit der Glykosidierung eine „Entgiftung" verbunden.

Eine wichtige Glykosidgruppe stellen die *Saponine* dar, die gelegentlich auch in die Zellwand übertreten. Diese Substanzen sind oberflächenaktiv und wirken hämolytisch. Die Aglykone, die *Sapogenine*, lassen sich in zwei Gruppen, einer sauren Gruppe, die echten Triterpencharakter hat (Dehydrierung liefert Sapotalin) und einer neutralen einteilen, die in die weitläufige Gruppe der Steroide gehört (Steroidsapogenine). Sapogenine der ersten Gruppe sind z. B. Oleanolsäure[1], Hederagenin (Efeu), Gypsogenin, Castanogenin; der zweiten Gruppe: Gitogenin, Äscigenin (Roßkastanie), Tigogenin[2], Digitogenin und Sarsasapogenin ($C_{45}H_{74}O_{17}$). Unmittelbar an die Struktur der in den Digitalisblättern gefundenen Sapogenine lehnen sich die Aglykone von herzwirksamen Glykosiden an (Steranderivate), die aus den gleichen Blättern gewonnen werden.

---

[1] CH_3 CH_3 HO CH_3 CH_3 CH_3 COOH CH_3 CH_3

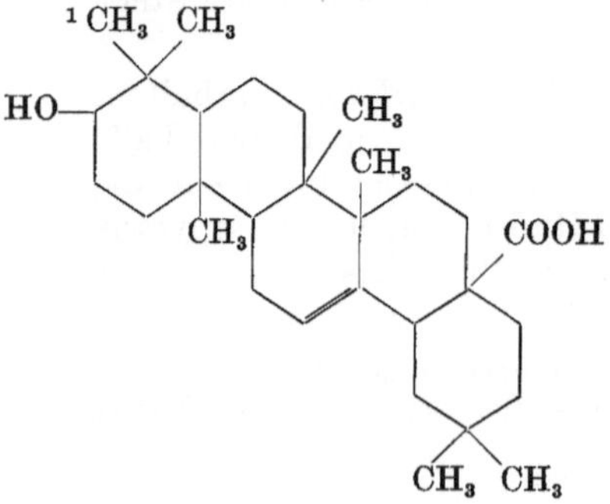

[2] CH_3 CH—C CH_2—CH_2 CH—CH O—CH_2 CH_3 O CH_3 OH H

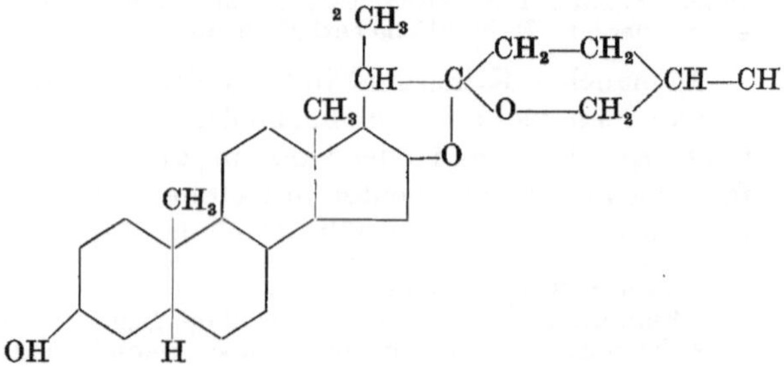

Ferner gehören vielfach die *Bitterstoffe* zu den Glykosiden; z. B. Vincetoxin und Kondurangin. Das Aglykon hat meist Beziehung zu den Steroiden (Typ des Jervins). Auch bei nichtglykosidischen Bitterstoffen sind Verwandtschaften mit Sesquiterpenen oder Steroiden vorhanden (z. B. Bitterstoff der Zichorie). Auch die Steroidalkaloide (*Solanum*-Alkaloide) sind Glykoside.

Der Begriff *Bitterstoff* ist recht unklar; vielfach werden Stoffe, bei denen es fraglich ist, in welche chemische Gruppe man diese eingliedern soll, hierzu mit eingerechnet. Unter dem Namen Andirin kommt ein Bitterstoff im Holz von *Andira anthelminthea* B. vor, als Baphiin im Holz von *Baphia nitida* L., als Quassin im Holz von *Quassia amara* L. und dem Jamaikabitterholz.

In höheren Pflanzen finden sich häufig *Alkaloide*[1] (allerdings fraglich, ob in den Wandsubstanzen enthalten). Alkaloide im engeren Sinn sind Verbindungen mit heterocyclisch gebundenen Stickstoffatomen, mehr oder minder stark basischem Charakter, meist kompliziertem Molekülbau und vielfach ausgeprägter physiologischer Wirkung. Unter den Nadelbäumen *(Gymnospermen)* enthält nur die Eibe ein Alkaloid (Taxin[2]) und die Hemlock- oder Schierlingstanne. Auch das Ephedrin der *Ephedra*arten kann als Alkaloid angesprochen werden. Alkaloidähnliche Stoffe werden bei Pilzen gefunden (Ergotinin und Ergotoxin).Welche physiologische Rolle die Alkaloide in der Pflanze spielen, ist noch ungeklärt.

Fette und Öle, osmotisch unwirksame Substanzen, stellen für die Pflanzen ausgezeichnete Reservestoffe dar. Bemerkenswert ist die Anhäufung von Fett in den Stämmen vieler einheimischer Laubbäume, vor allem im Herbst und Winter. Auch die Fichte enthält im Winter Fett. Der Fettsäureaufbau verläuft offenbar durch wiederholte Kondensation von Essigsäureeinheiten unter Mitwirkung von Coenzym A. Bei natürlichen Fettsäuren mit abgezweigten Methylgruppen, z. B. Tuberculostearinsäure und bei dem Antibioticum Erythromycin kann man Polypropionsäure-Abkömmlinge als Vorprodukte annehmen.

Fettähnliche Stoffe sind die *Wachse.* Im Wachs der Coniferennadeln finden sich Estergemische, vor allem von Oxysäuren, z. B. der Juniperinsäure und der Sabininsäure, aber auch Thapsiasäure soll darin vorkommen. In den Wachsen, die auf Fruchtschalen ausgeschieden werden, treten vornehmlich Terpenabkömmlinge auf. (Näheres siehe S. 432 ff.)

Über den Stoffwechsel der Wachse ist wenig bekannt. Bei pflanzlichen Wachsen hat man in erster Linie die epidermalen Ausscheidungen, z. B. auf Früchten („Bereifung") und auf *Crassulaceen-*, *Cactaceen-* und *Gramineen*blättern, vor Augen. In diesen Fällen erfüllt die Wachsausscheidung wohl eine wichtige Funktion als Schutz gegen zu starke Transpiration. Als Beispiel einer interessanten intracellulären Wachsausscheidung sei die Bildung des Wachsdepots der Früchte der japanischen *Rhus*arten erwähnt. Das Wachs wird zwischen Zellwand und Plasma ausgeschieden und drängt, indem es zu einer dicken Kruste heranwächst, den Protoplasten auf sehr engen Raum zusammen. Das Wachs läßt sich von der Membran ablösen, es inkrustiert also die Cellulose nicht. Es ist ähnlich wie die Wachsüberzüge stäbchenförmig aufgebaut.

Die weitaus meisten Landpflanzen schließen sich gegen die Umwelt durch *cutinisierte* oder *verkorkte Membranen* ab. Obwohl Korkgewebe im allgemeinen an der Oberfläche der Organe ausgebildet werden, fehlen doch Verkorkungen auch im Inneren von Geweben nicht. So schließen sich z. B. die Zellen, die ätherische Öle speichern, regelmäßig durch eine verkorkte Lamelle ab. Die praktisch und ökologisch bedeutsamste Eigenschaft der beiden Hauptsubstanzen Cutin und Kork (Suberin) ist ihre außerordentlich geringe Wasserdampfdurchlässigkeit.

Als Zwischenglieder zwischen Hexosen und aromatischen Körpern ist neben Inosit — scheinbar ein Reservekohlenhydrat mit vitaminähnlichem Charakter — China- und Shikimisäure zu betrachten. Bacterium *Pseudomonas Beijerinkii* deckt z. B. seinen Wasserstoffbedarf aus Inosit und führt dieses in Tetraoxychinon über. Besonderes Interesse hat in letzter Zeit in obigem Zusammenhang die

[1] Henry, T. A.: The Plant Alcaloids, 4. Aufl. London: Churchill Ltd. 1949.

[2] Vermutliche Teilformel $(CH_3)_2 \cdot N \cdot CH$ ⬡ $CH_2CO \cdot O(AcO) \cdot (COO) \cdot (OH)_4$ $(C_{23}H_{30})$ Vgl. dazu Takahashi: J. Pharm. Soc. Japan **51**, 37 (1931); **52**, 27, 36 (1932); **54**, 117 (1934).

Shikimisäure bekommen und BROWN[1] sieht in ihr einen Vorläufer in der Ligninbiosynthese. Nach KALA können Wurzeln Cumarinderivate[2] aufbauen und SKRIGAN spricht die Vermutung aus, daß im *hohen* Alter der Pflanze ein fortschreitender enzymatischer Umwandlungsprozeß von Kohlenhydraten in cyclische Verbindungen abläuft. Die Bildung und Umwandlung natürlicher Kohlenstoffverbindungen, besonders aromat. Natur, ist kürzlich von NICKERSON[3] besprochen worden.

Die *Lignin*-Bildung erfolgt nach FREUDENBERG durch zwei Fermentsysteme, und zwar durch eine mit Wasser nicht extrahierbare, zellwandgebundene β-Glucosidase und durch ein Redoxasengemisch (Phenoldehydrasen und Peroxasen), das sowohl in wasserlöslicher wie zellgebundener Form im Cambium und benachbartem Zellbezirk vorkommt. In der Zellwand wird somit nicht nur das Lignin niedergelegt, sondern diese ist auch — ähnlich wie bei der Celluloseentstehung — der Sitz der Ligninbildung. Das im Cambialsaft vorhandene Glucosid Coniferin wird gespalten und der freigelegte Coniferylalkohol durch Redoxasen in sekundäre Ligninbausteine verwandelt (die sich auch im Gewebesaft nachweisen lassen), das in weiterer Folge zum Lignin zusammentreten, in welches z. B. auch Sinapinalkohol aus dem Syringin der Laubhölzer eintreten kann. An der Wachstumsspitze verhindern Wachstumshormone eine Lignifizierung. Offenbar gibt es mehrere Typen von Lignin, wie z. B. Hart- und Weichholzlignine (systematisch tiefer stehende Gefäßpflanzen haben im allgemeinen methoxylärmeres Lignin), aber auch zwischen einem Lignin der Zellwand und der Mittellamelle sowie des Holzkörpers und der Rinde soll unterschieden werden. Ähnlichkeit mit den Zweierstücken, den sekundären Ligninbausteinen, haben auch die *Lignane* (HAWORTH); ein Zusammenhang mit dem Lignin ist indessen keineswegs gesichert. Besonders das „Überwallungsharz" der Coniferen und das Kernholz enthalten zahlreiche Vertreter dieser Gruppe. Hierher gehört auch das Conidendrin (Formel, LI, S. 394).

Die „Erfindung" des Lignins im Stoffwechsel der Pflanzen war die entscheidende Grundlage für die Entwicklung aller höheren Pflanzen; ist Lignin doch die einzige bedeutende Skeletsubstanz. Landpflanzen mit mangelhafter Holzproduktion können sich nur als Ranken- oder Windepflanzen erhalten. Die saprophytischen und parasitischen Phanerogamen mit geringem Vermögen zur Ligninbildung müssen sich zur Gestalterhaltung auf den Turgor verlassen und erreichen deshalb nie beträchtliche Höhen.

Während Verholzungen — z. B. nach starken Verletzungen — auch an ausgewachsenen Zellen, die normal nicht verholzen, beobachtbar sind, scheint eine Entholzung wohl nur als pathologischer Effekt aufzutreten.

§ 39. Die Extraktstoffe des Holzes

Von B. LINDBERG

1. Vorbemerkung

Alle Gewebe beinhalten eine Vielzahl von Substanzen, die keine eigentlichen Bestandteile der für die Festigkeit der Zellwände verantwortlichen Stoffe darstellen und die mittels organischen Lösungsmitteln, Wasser oder gepufferten Lösungen extrahiert werden können. Es sind dies teils Verbindungen, die am Metabolismus teilnehmen, teils Endprodukte, die entweder bestimmte Aufgaben zu erfüllen haben, z. B. als Reservestoffe, Schutzstoffe gegen Mikroorganismen usw., oder Nebenprodukte der Biosynthese, die wahrscheinlich als Abfallprodukte betrachtet werden dürfen. Bei den meisten Substanzen kann man jedoch nicht mit Bestimmtheit angeben, welche Funktion ihnen im Organismus zukommt. Extraktivstoffe in dieser weitgespannten Begriffsfassung würden nahezu alle bekannten Typen pflanzlicher Naturprodukte einschliessen. In der vorliegenden kurzen Übersicht können hauptsächlich nur solche

[1] BROWN, S. A., u. A. C. NEISH: Nature (London) **175**, 688 (1955).

[2] Cumarinderivate können auch in den Extraktivstoffen der Harthölzer (*Zanthoxylum*) gefunden werden.

[3] NICKERSON, W. J.: Ind. Eng. Chem. **48**, 1411 (1956).

Extraktivstoffe behandelt werden, die entweder für verschiedene Holzarten charakteristisch sind oder ökonomische Wichtigkeit besitzen[1].

2. Ätherische Öle und Harze[2,3]

Ätherische Öle und Harze kommen oft gemeinsam vor z. B. in den Harzkanälen der Nadelhölzer sowie im *pathologischen* Harz — Oleoresin —, welches sich absondert, wenn ein Baum beschädigt wird. Beide Stoffgruppen haben große ökonomische Bedeutung; die ätherischen Öle als wertvolle Lösungsmittel (Terpentin) und Geruchstoffe, die Harze, vor allem die darin enthaltenen Harzsäuren, als Komponenten oder Hilfsrohstoffe für die Lackherstellung sowie zur Leimung von Papier. Die Hauptmenge dieser Stoffe wird aus Nadelhölzern gewonnen, vor allem aus Kieferarten *(Pinus)*, und zwar nach drei verschiedenen Methoden:

a) aus dem lebenden Holz in Form des pathologischen Harzes,

b) aus dem Wurzelholz alter Baumstrünke und

c) als Nebenprodukt beim Sulfatprozeß, d. h. als Sulfatterpentin in den Abgasen und als Harzsäuren im Tallöl (siehe S. 381).

Die Nachfrage nach diesen Substanzen ist im ständigen Ansteigen und da bei einer rationellen Forstwirtschaft die Bäume nicht so alt werden, daß die Strünke größere Mengen an Terpenen und Harzen (die sich hauptsächlich im Kernholz vorfinden) beinhalten, erhält die Gewinnung als Nebenprodukt im Zusammenhang mit dem Sulfatkochprozeß steigende Bedeutung.

Terpene und Terpenderivate (Alkohole, Ester, Aldehyde, Ketone usw.) stellen die wichtigsten Komponenten der ätherischen Öle dar, die man als lipophile flüchtige Flüssigkeiten, von oft angenehmen Geruch, charakterisieren kann.

Gemeinsam für die Terpene ist die Tatsache, daß man sich ihr Kohlenstoffskelet durch Kondensation von zwei oder mehreren Molekülen Isopren (I) entstanden denken kann. Die (Mono-)Terpene enthalten 10 Kohlenstoffatome, die Sesquiterpene 15, die Diterpene 20 usw.

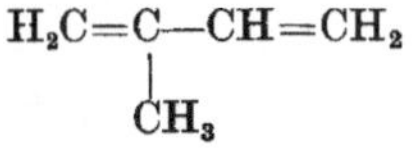

$$H_2C{=}C(CH_3){-}CH{=}CH_2$$

(I)

Kürzlich wurde aus einer *Lactobacillus*-Art[4] eine Substanz, und zwar β-Hydroxy-β-methyl-δ-valerolacton (Ia) isoliert, von der man annimmt, daß sie ein wichtiges Zwischenprodukt der biologischen Terpensynthese darstellt.

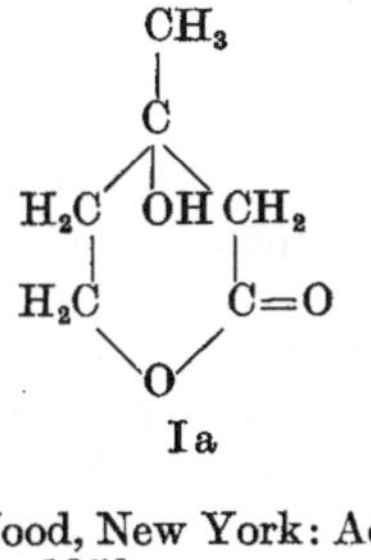

```
          CH3
          |
          C
        / | \
    H2C   OH  CH2
     |         |
    H2C        C=O
       \      /
          O
```

Ia

[1] HÄGGLUND, E.: Chemistry of Wood, New York: Acad. Press 1951. — BONNER, J.: Plant Biochemistry. New York: Acad. Press 1950.

[2] KURTH, E. F.: The Volatile Oils, in WISE, JAHN, Wood Chemistry. Bd. I, S. 548. New York: Reynold 1952.

[3] HARRIS, G. C.: Wood Resins, in WISE, JAHN, Wood Chemistry, Bd. I, S. 590. New York: Reynold 1952. — MORITZ, O.: Die niederen Terpene, in Moderne Methoden der Pflanzenanalyse. Bd. III, S. 1. Heidelberg 1955.

[4] WOLF, D. E., C. H. HOFFMAN, P. E. ALDRICH, H. R. SKEGGS, L. D. WRIGHT u. K. FOLKERS: J. Amer. Chem. Soc. 78, 4499 (1956).

Die wichtigsten Terpene aus dem Nadelholz sind α- und β-Pinen (II und III), Limonen (Dipenten) (IV) sowie Δ_3 und Δ_4-Caren (V und VI).

II 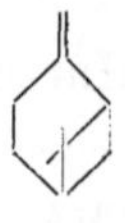 III 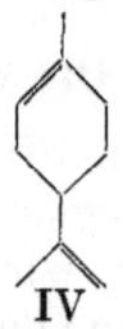 IV 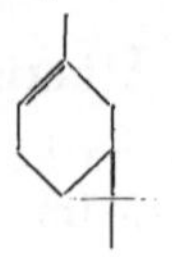 V  VI

Für alle diese Verbindungen ist die Möglichkeit zur optischen Isomerie gegeben und die natürlichen Terpene sind in der Regel optisch aktiv. Sylvestren (VII) aus Kieferterpentin betrachtete man früher als ein Naturprodukt; neuere Untersuchungen haben jedoch gezeigt, daß es sich um ein Artefakt handelt, welches bei der Aufarbeitung aus Caren gebildet wird.

In den ätherischen Ölen gewisser Kieferarten befinden sich außer Terpenen auch geradkettige aliphatische Kohlenwasserstoffe: *n*-Heptan und *n*-Undecan.

In den Fichten, sowohl *Picea* als auch *Abies*, ist Bornylacetat (VIII) als ein wesentlicher Bestandteil der ätherischen Öle enthalten.

Während der Sulfitkochung werden die Terpene zu dem aromatischen Kohlenwasserstoff Cymol (IX) dehydriert, welcher Hauptbestandteil des sog. Sulfitterpentins ist.

Nadelhölzer, die der Ordnung *Cupressales (Juniperus, Thuja* u. a.*)* angehören, beinhalten außer gewöhnlichen C_{10}-Terpenen auch eine Anzahl Sesquiterpene (C_{15}), sowie die entsprechenden Alkohole und andere Derivate, wie z. B. Cedren (X) und Cedrol (XI). Cedren ist ein wertvoller Duftstoff.

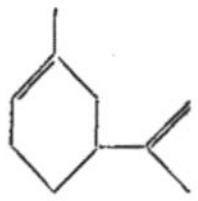

$OOCCH_3$ H OH

VII 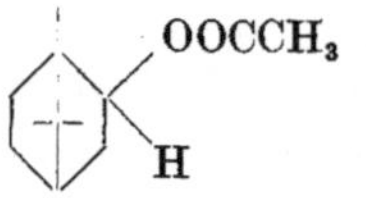 VIII  IX 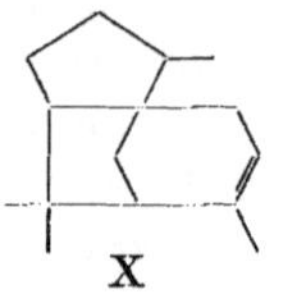 X 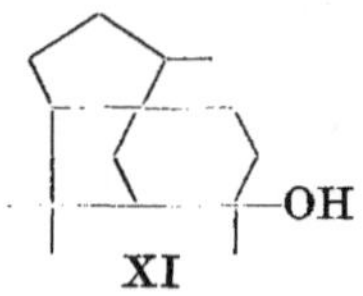 XI

Aus anderen Hölzern, vornehmlich der Laubbäume, können ätherische Öle gewonnen werden, die in der Parfümindustrie Anwendung finden. Derartige Geruchstoffe sind vielfach Terpenoide, wie z. B. Linalool (XII) und Campher (XIII).

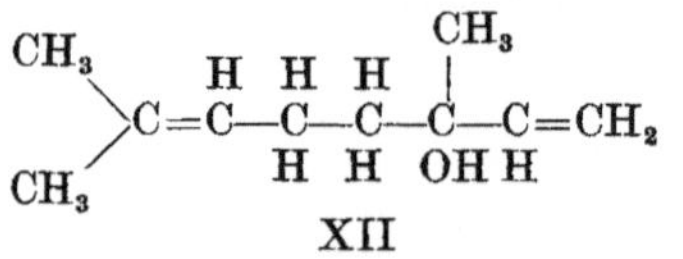

$$(CH_3)_2C{=}CH{-}CH_2{-}CH_2{-}C(CH_3)(OH){-}CH{=}CH_2$$

XII 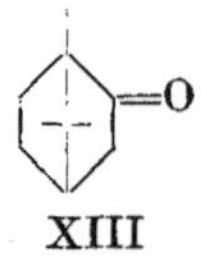 XIII

Harzsäuren. Auch die Harzsäuren kann man sich aus Isopreneinheiten aufgebaut denken und somit als Diterpenderivate betrachten. Man findet zwei Haupttypen mit unterschiedlichem Kohlenstoffskelet, und zwar den Abietinsäuretyp (XIV) und den Pimarsäuretyp (XV). Bei der Dehydrierung geben Harzsäuren des erstgenannten Typus den Kohlenwasserstoff Reten (XVI), und solche des letztgenannten Typus Pimantren (XVII).

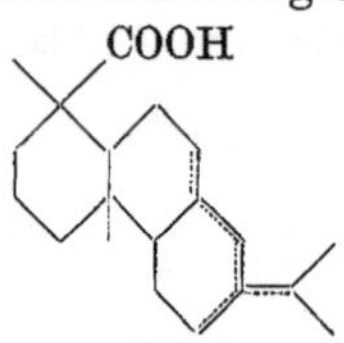

COOH CH=CH₂

XIV[1] 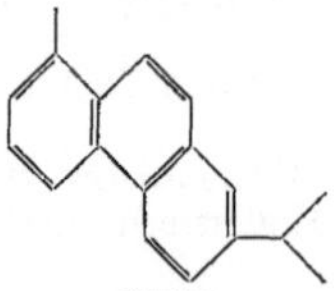 XVI 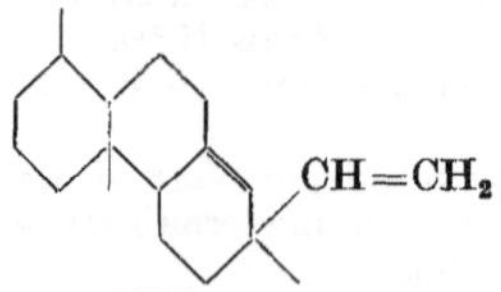 XV 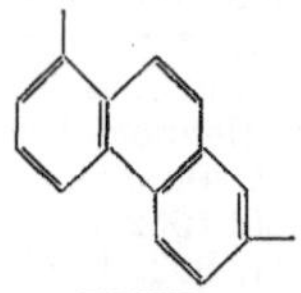 XVII

[1] Die strichlierten Linien bezeichnen die Lagen der Doppelbindungen in verschiedenen Harzsäuren dieses Typus.

Die natürlichen Harzsäuren liegen meist als komplizierte Gemische vor. Da sie außerdem bei Einwirkung von Wärme oder Säuren leicht isomerisieren, ist ihre Trennung ein sehr schwieriges Problem. In der älteren Literatur werden oft unreine Präparate beschrieben, welche man als einheitliche Komponenten angesehen und entsprechend benannt hat. Durch eine Fraktionierung der Salze der Harzsäuren mit verschiedenen Aminen kann man nunmehr in relativ einfacher Weise die verschiedenen Säuren in reiner Form erhalten (HARRIS und Mitarbeiter).

Die Säuren der Abietinsäuregruppe sind: Abietinsäure (XVIII), Neoabietinsäure (XIX) und Levopimarsäure (XX) (unglücklich gewählter Name, da diese kein optischer Antipode zur Dextropimarsäure ist und nicht einmal dasselbe Kohlenstoffskelet hat), welche alle konjugierte Doppelbindungen besitzen und Maleinsäureaddukte geben, sowie Dehydroabietinsäure (XXI) und einige nicht näher charakterisierte Di- und Tetrahydroabietinsäuren.

Kürzlich wurde im Fichtenharz, welches Abietin-, Neoabietin- und Levopimarsäure enthält (~ 50%) noch eine neue Harzsäure (10—20%) aufgefunden, die nach ihrer erstmaligen Isolierung aus *Pinus palustris* Palustrinsäure benannt wurde[1].

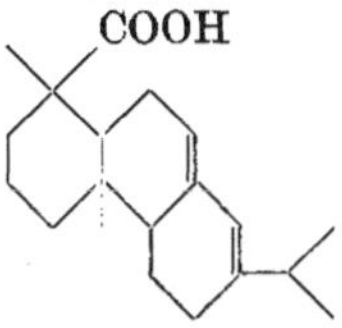

COOH COOH COOH COOH

XVIII 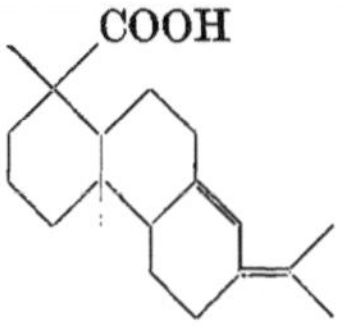 XIX 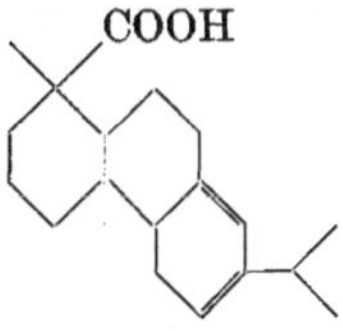 XX 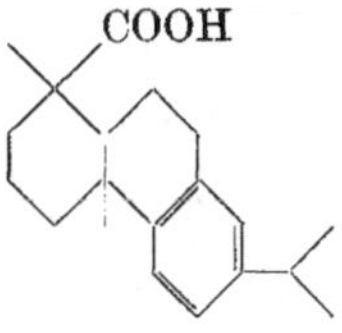 XXI

Dextropimarsäure (XV) und Isodextropimarsäure sind Epimere, deren Konfiguration an jenem Kohlenstoffatom verschieden ist, welches die Methyl- und Vinylgruppe trägt.

Agathendicarbonsäure (XXII) vom Nadelbaum *Agathis australis*, aus der Ordnung *Araucariales*, repräsentiert den dritten Typ von Harzsäuren.

Die Podocarpsäure (XXIII) aus Nadelbäumen, zur Ordnung *Podocarpales* gehörend, ist keine eigentliche Harzsäure, jedoch mit diesen verwandt.

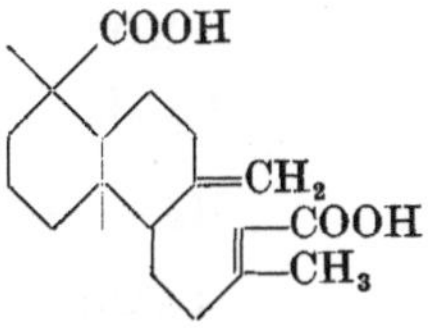

COOH COOH

$=CH_2$ COOH CH_3 OH

XXII 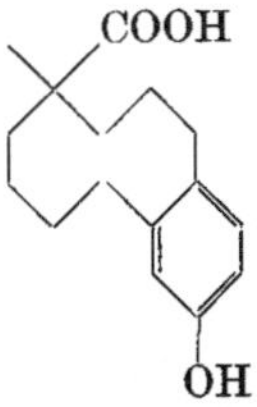 XXIII

3. Fettsäuren, Ester und Unverseifbares

Die nicht flüchtigen Neutralfraktionen eines Oleoresins bestehen aus Estern und unverseifbaren Substanzen. Die Säuren, die in den Estern enthalten sind, sind Fettsäuren und Harzsäuren. Unter den Fettsäuren dominieren die C_{18}-Säuren, vor allem die ungesättigte Ölsäure $C_{18}H_{34}O_2$ und die Linolsäure $C_{18}H_{32}O_2$. Die Alkohole können höhere Fettalkohole wie z. B. Stearylalkohol $C_{18}H_{37}OH$, höhere Terpenalkohole oder Sterole sein. Unter den Letztgenannten dominiert das

[1] Anon.: Chem. Eng. News **33**, 3908 (1955).

Sitosterol (XXIV). Die neutralen und unverseifbaren Komponenten enthalten Di- und Triterpene sowie — in gewissen Kiefernarten — auch höhere normale Kohlenwasserstoffe.

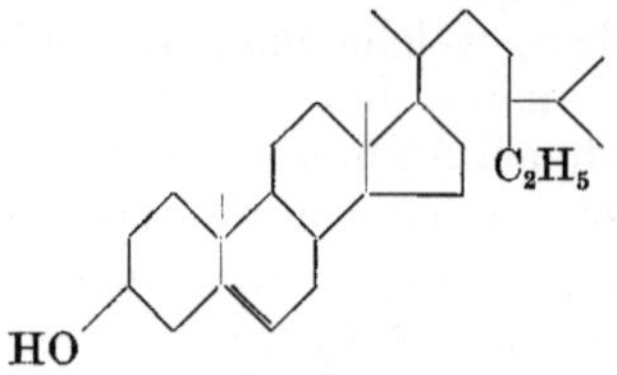

C_2H_5

HO

XXIV

4. Gerbstoffe[1, 2]

Holz, Rinde, Früchte wie auch andere Teile einer beträchtlichen Anzahl verschiedener Pflanzen enthalten Gerbstoffe, d.h. Substanzen, die, in wäßriger Lösung angewandt, Häute in Leder umwandeln können. Nach FREUDENBERG werden die Gerbstoffe in drei Gruppen eingeteilt:

1. Gallotannine
2. Ellagtannine
3. Kondensierte, nichthydrolysierbare Tannine.

Der größte Teil der Gerbstoffe wird aus Laubhölzern, wie z. B. Quebracho, Kastanie und Eiche, gewonnen; aber auch die Nadelhölzer, vor allem deren Rinden, enthalten merkliche Mengen.

Die *Gallotannine* sind Ester der Gallussäure (XXV), Digallussäure (XXVI) und ähnlicher Phenolcarbonsäuren mit Zucker, vornehmlich Glucose, aber auch mit anderen Kohlenhydraten, wie z. B. dem verzweigten Zucker Hamamelose (XXVII) und dem Zuckeranhydrid Polygalit (XXVIII) (= „Acerit", 1,5-Anhydrosorbit).

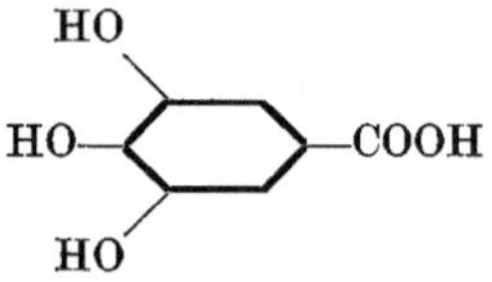

HO
HO— —COOH
HO

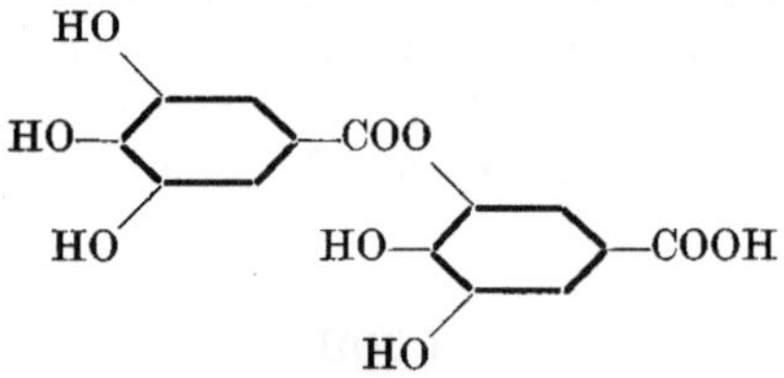

XXV

HO
HO— —COO
HO
HO— —COOH
HO

XXVI

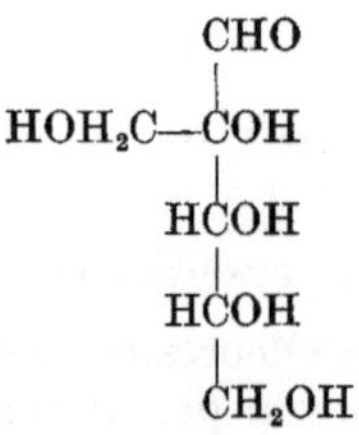

CHO
HOH_2C—COH
HCOH
HCOH
CH_2OH

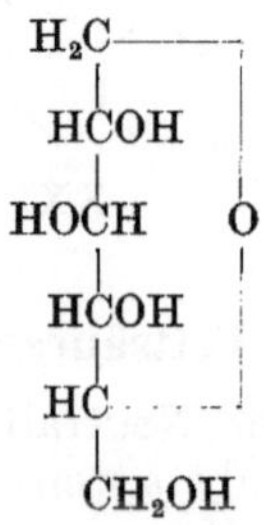

XXVII

H_2C—
HCOH
HOCH O
HCOH
HC
CH_2OH

XXVIII

[1] BUCHANAN, M. A.: The Tannins and Coloring Matters, in WISE, JAHN, Wood Chemistry. Bd. I, S. 618. New York: Reynold 1952.

[2] SCHMIDT, O. TH.: Natürliche Gerbstoffe, in PAECH, TRACEY, Moderne Methoden der Pflanzenanalyse. Bd. III, S. 517. Berlin: Springer-Verlag 1955. — Angew. Chem. **68**, 103 (1956).

Die Gerbstoffe von diesem Typ sind in der Regel komplizierte Gemische. Eines der beststudierten ist das chinesische Gallotannin, welches in der durchschnittlichen Zusammensetzung einer Pentadigalloylglucose entspricht, d. h. alle Hydroxylgruppen der Glucose sind verestert. Das kristalline Hamamelitannin ist ein Diester von Hamamelose und Gallussäure, wobei die beiden primären Hydroxyle des Zuckers verestert sind.

Charakteristisch für die Gerbstoffe des *Ellagsäuretypus* ist die Tatsache, daß sie bei der Hydrolyse die außerordentlich schwer lösliche Ellagsäure (XXIX) ergeben. Dieser Typ wurde in der letzten Zeit eingehend, vornehmlich von O. TH. SCHMIDT und seinen Mitarbeitern, studiert. Dadurch wurde klargelegt, daß Ellagsäure nicht als Komponente eingeht, sondern durch Lactonisierung aus Hexaoxydiphensäure (XXX) gebildet wird. Beide Carboxylgruppen in XXX sind mit den Hydroxylgruppen der Glucose verestert. Andere Hydrolyseprodukte sind Gallussäure und eine Anzahl Verbindungen, die man sich — ähnlich wie XXX — aus Gallussäure durch Dehydrierung und in speziellen Fällen durch nachfolgende Umlagerung gebildet denken kann. Die bis jetzt bekannten Verbindungen sind Chebulsäure (XXXI), eine Dehydrodigallussäure mit einer Ätherbrücke (XXXII), Brevifolin (XXXIII), Brevifolincarbonsäure (XXXIV) und Valoniasäuredilacton (XXXV).

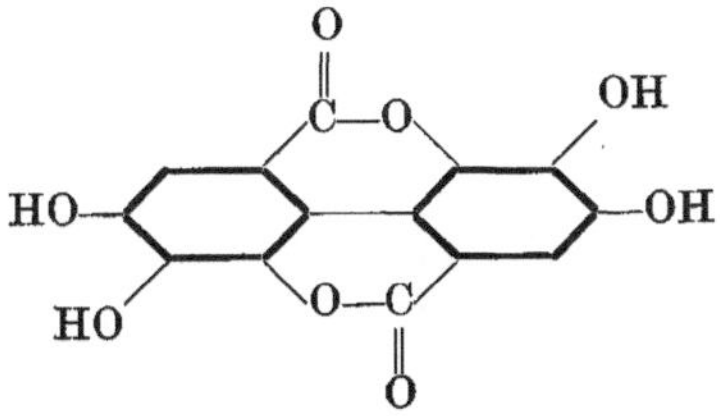

XXIX 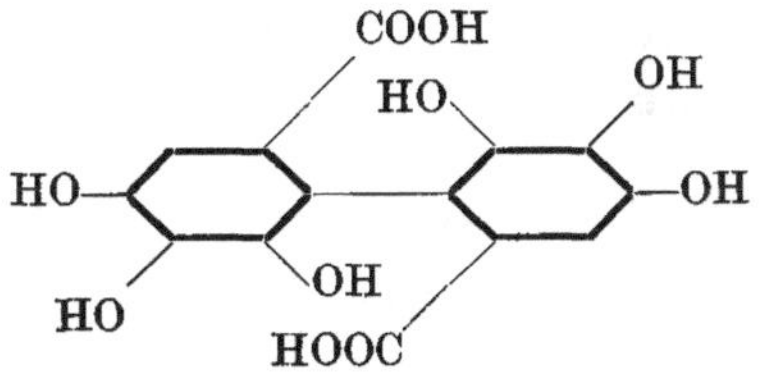 XXX

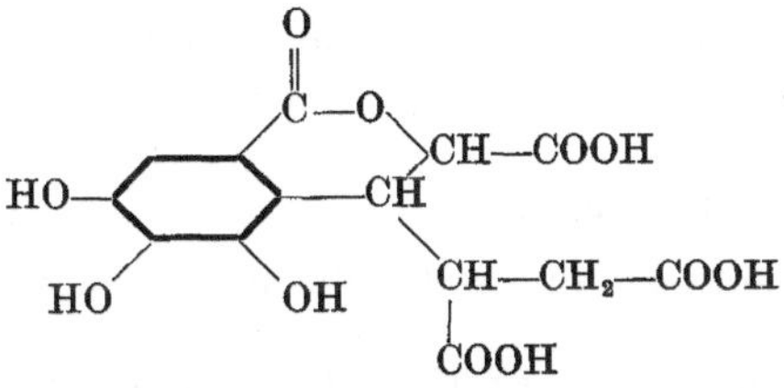

XXXI 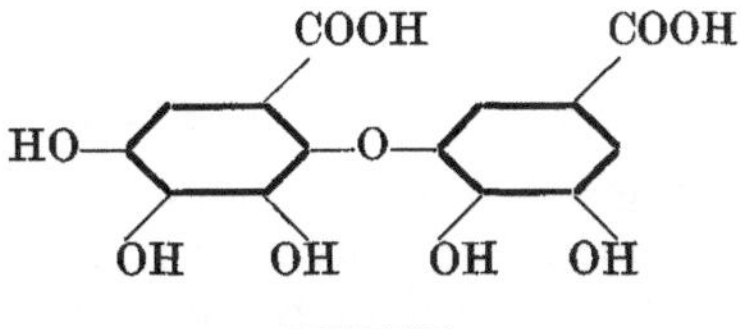 XXXII

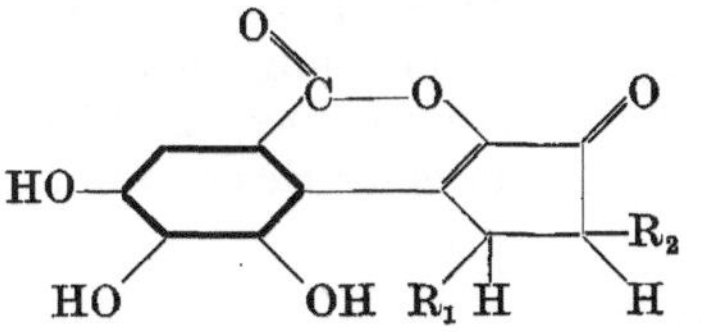

XXXIII $R_1 = R_2 = H$

XXXIV $R_1 = H$, $R_2 = COOH$
oder $R_1 = COOH$, $R_2 = H$

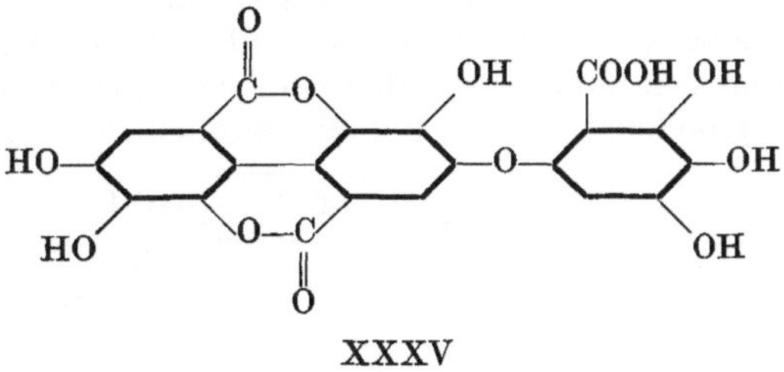

XXXV

SCHMIDT und Mitarbeiter haben auch kristallisierte Gerbstoffe dieses Typs isoliert und für einen Vertreter, das Corilagin (XXXVI), die Struktur vollständig aufgeklärt. Nach SCHMIDT ist es wahrscheinlich, daß die Dehydrierung der Gallussäure zur Hexaoxydiphensäure erst eintritt, nachdem die Gallussäureeinheiten an die Glucose gebunden wurden, wodurch dieser Gerbstofftyp aus Gallotanninen sich herleitet und mit diesen nahe verwandt ist.

Die nichthydrolysierbaren kondensierten Gerbstoffe werden vielfach auch „*Phlobatannine*“ und die wasserlöslichen Kondensate, die diese mit Säuren geben, „*Phlobaphene*“ genannt. Ihre Chemie ist wenig erforscht; man weiß, daß es sich um komplizierte Gemische handelt und vermutet, daß sie durch Kondensation von Catechin (XXXVIIa) und anderen Flavanen gebildet werden[1]. Gemeinsam für diese ist außer dem Grundskelet, daß sie zwei oder drei benachbarte phenolische OH-Gruppen (wie z. B. Gallocatechin [XXXVIIb]) im unkondensierten Benzolring enthalten.

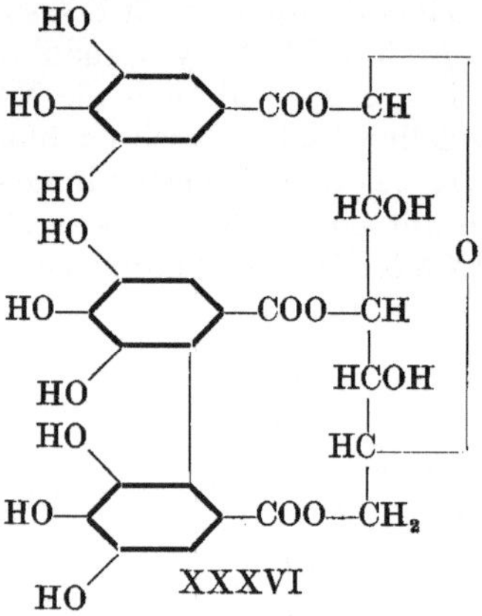

XXXVI

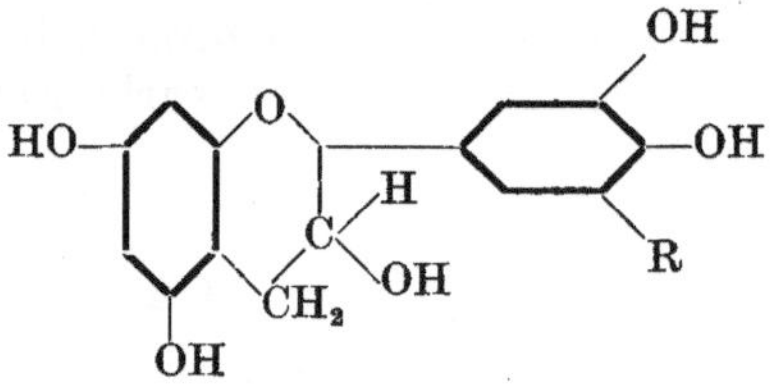

XXXVIIa: R = H

XXXVIIb: R = OH

Es wurden noch weitere Gerbstoffe aufgefunden, die jedoch so wenig untersucht sind, daß man sie nicht ohne weiteres einer dieser Gruppen zuordnen kann.

Grassman und Mitarbeiter[2] haben kürzlich einen kristallisierten Gerbstoff aus der Bastschicht der Fichte isoliert. Es handelt sich um ein Diglucosid eines Phenols, $C_{18}H_{16-18}O_5$, das möglicherweise Lignanstruktur (s. f.) besitzt.

5. Phenolische Substanzen[3]

Eine große Anzahl phenolischer Substanzen unterschiedlicher Typen wurde aus verschiedenen Holzarten isoliert.

So wurde aus dem Kiefernkernholz Pinosylvin (XXXVIII) und sein Monomethyläther isoliert. Beide Substanzen sind stark toxisch gegen Bakterien, Pilze und Insekten, wodurch sich auch die Resistenz des Kiefernkernholzes erklärt. Der bekannte Umstand, daß Kiefernholz sich bei saurer Sulfitkochung nicht aufschließen läßt, beruht ebenfalls auf diesen phenolischen Substanzen. Diese kondensieren sich nämlich mit den reaktiven Gruppen des Lignins in einer Reaktion, die der Kondensation des Bakelits ähnlich ist.

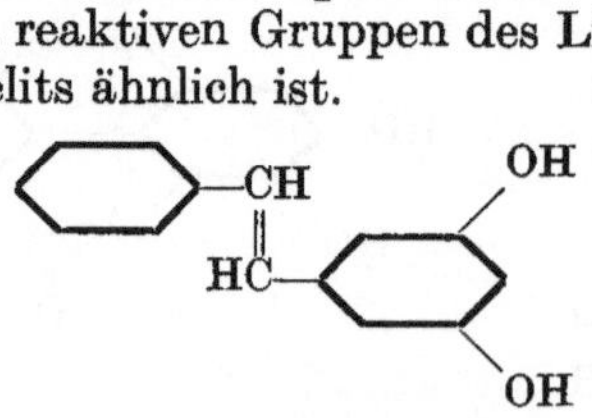

XXXVIII

[1] Freudenberg, K., J. H. Stocker u. J. Porte.

[2] Grassman, W., G. Deffner, E. Schuster u. W. Pauckner: Chem. Ber. 89, 2525 (1956).

[3] Wise, L. E.: Miscellaneous Extraneous Components of Wood, in Wise, Jahn, Wood Chemistry. Bd. I, S. 638. New York: Reynold 1952.

Flavone und Flavanone[1] sind sehr häufig. Aus Kieferarten *(Pinus)* haben ERDTMAN und Mitarbeiter mehrere isoliert, wie z. B. Pinocembrin (XXXIX) und Pinobanksin (XL), welche gleich dem Pinosylvin charakteristisch für das gesamte Genus zu sein scheinen.

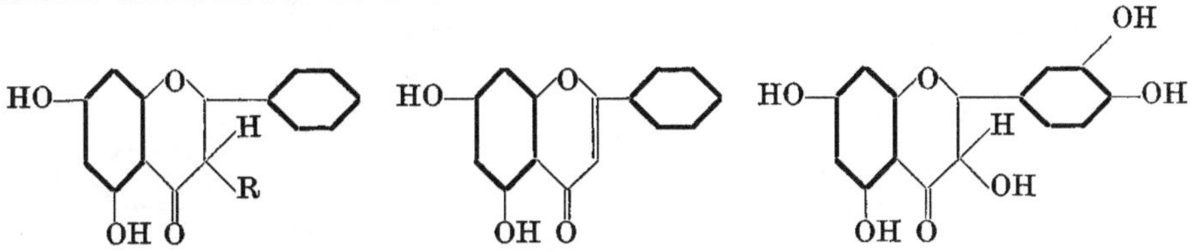

XXXIX: R = H
XL: R = OH

XLI

XLII

Kiefern, die der Untergruppe *Haploxylon* angehören, enthalten auch Dehydrierungsprodukte von XXXIX, Chrysin (XLI) und — interessanterweise — Dihydropinosylvin und die entsprechenden Monomethyläther. Sowohl die Stilbenderivate, wie auch die Flavonderivate der Kiefern besitzen eine unsubstituierte Phenylgruppe, die möglicherweise auf einen gemeinsamen Ursprung hindeuten kann.

Ein anderes Flavanon ist Taxifolin (XLII), welches in der Douglastanne *(Pseudotsuga taxifolia)* und Lärchenarten *(Larix)* vorkommt.

Ein wichtiger Typ von Phenolen sind die *Lignane*[2]. Nach ERDTMAN ist es wahrscheinlich, daß sie durch Dehydrierung und Verknüpfung von zwei C_6—C_3-Einheiten, wie Isoeugenol (XLIII) oder Coniferylalkohol (XLIV) gebildet werden. Man ist der Auffassung, daß sich Lignin in ähnlicher Weise bildet, aber zum Unterschied von diesem sind die Lignane in der Regel optisch aktiv. In letzteren sind stets beide Monomere durch eine C_β—C_β-Bindung vereinigt, wie in dem einfachsten Lignan der Guajac-Harzsäure (XLV) von *Guajacum officinale*. Matairesinol (XLVI) von der Conifere *Podocarpus spicatus* hat das gleiche Kohlenstoffskelet genauso wie Olivil (XLVII) des Olivenbaumes *Olea europea*, welches außerdem noch eine Sauerstoffbrücke enthält.

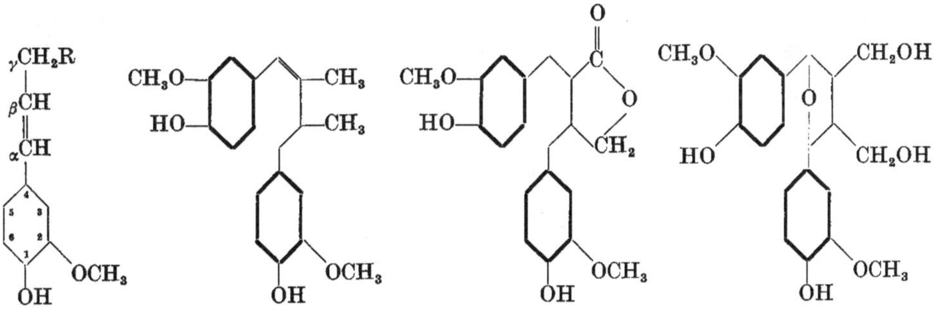

XLIII R = H
XLIV R = OH

XLV

XLVI

XLVII

Lariciresinol (XLVIII) aus Lärche *(Larix)* und Pinoresinol (XLIX) aus Fichten *(Picea)* und Kiefern *(Pinus)* enthalten ebenfalls Sauerstoffbrücken. Der

[1] GEISSMAN, T. A.: Anthocyanins, Chalcones, Aurones, Flavones and Related Water-Soluble Plant Pigments, in PAECH, TRACEY, Moderne Methoden der Pflanzenanalyse. Bd. III, S. 450. Berlin: Springer-Verlag 1955.

[2] ERDTMAN, H.: Lignans, in PAECH, TRACEY, Moderne Methoden der Pflanzenanalyse. Bd. III, S. 428. Berlin: Springer-Verlag 1955. — HEARON, W. M., u. W. S. McGREGOR: Chem. Rev. 5, 957 (1955).

Pinoresinoltyp ist in der Natur sehr verbreitet. Man findet z. B. den optischen Antipoden zum Pinoresinoldimethyläther, das Eudesmin, in Eukalyptusarten.

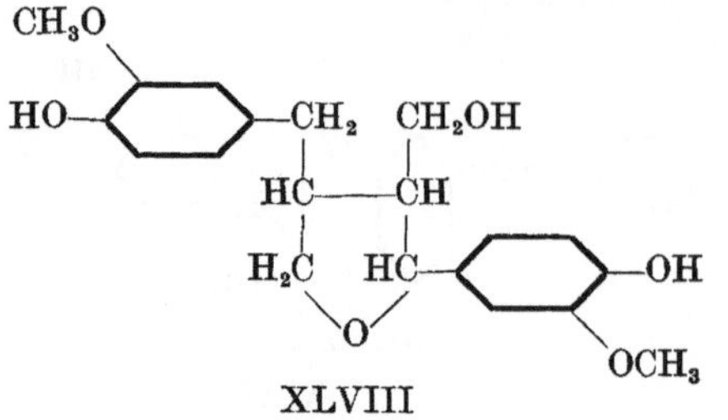

XLVIII

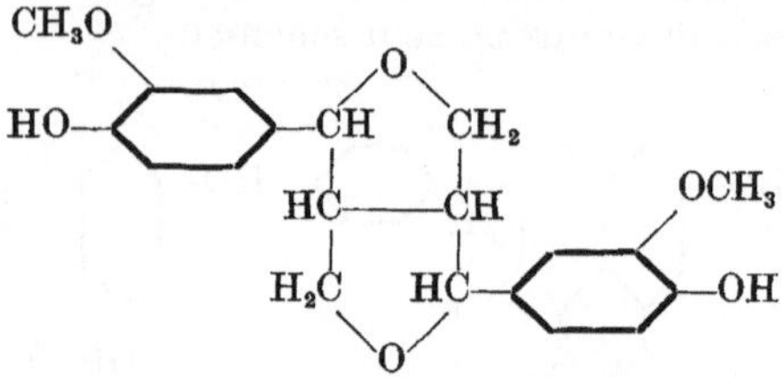

XLIX

Isoolivil (L) aus *Olea Cunninghamia* und Conidendrin (LI) in *Picea* und *Tsuga*, welches in großen Mengen aus der Sulfitablauge dieser Holzarten isoliert werden kann, enthalten einen weiteren Ring dadurch, daß eine C_5—C_α-Bindung hinzukommt.

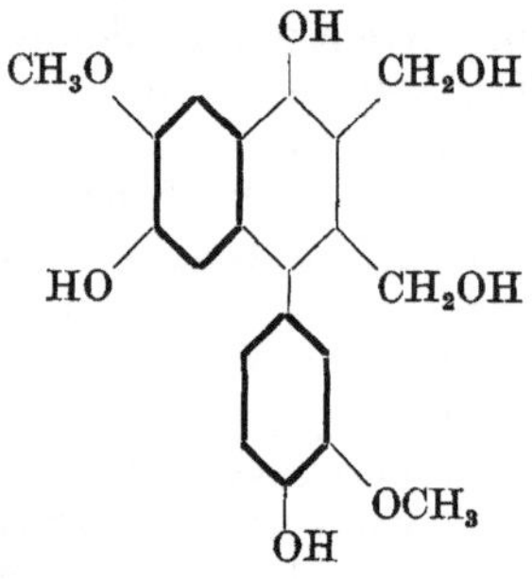

L

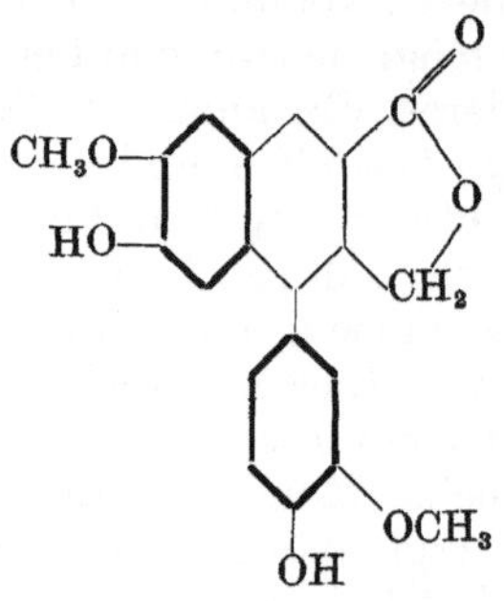

LI

Lignane, die den interessanten Podophyllotoxintypen [Podophyllotoxin (LII)] zugehören und die an Tumorzellen Schädigungen hervorrufen, konnten außer aus *Podophylliumarten* auch aus den Nadeln von *Juniperus silicicola* isoliert werden.

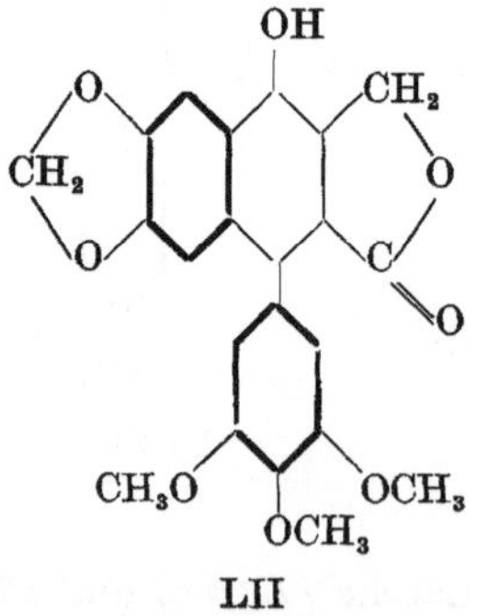

LII

Mehrere tropische Hölzer enthalten Farbstoffe[1, 2] und spielten seinerzeit eine wichtige Rolle für die Herstellung von Farbstoffen. Hämatoxylin (LIII) aus *Haematoxylon cambechianum* und Brasilin (LIV) aus *Caesalpinia echinata* und anderen Arten werden leicht zu roten chinoiden Verbindungen oxydiert.

[1] Siehe S. 390, Fußnote 1. [2] Siehe S. 393, Fußnote 1.

Deoxysantalin (LV) ist ein Naphthochinonderivat, welches aus Sandelholz, *Pterocarpus santalinus* isolierbar ist.

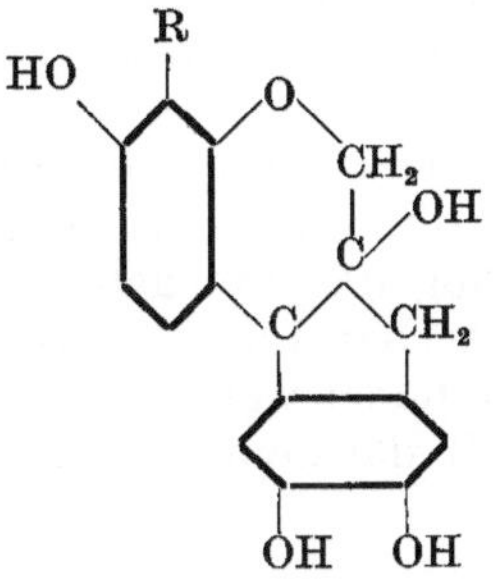

LIII R = OH
LIV R = H

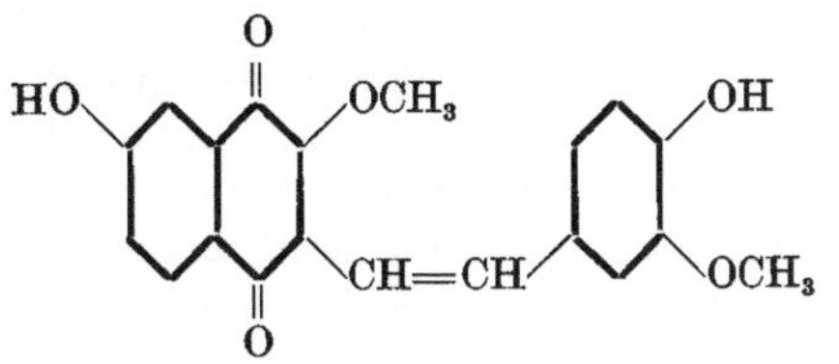

LV

Mehrere gelbe Pigmente sind Flavon- oder Xanthonderivate. Das Chrysin in gewissen Kiefern wurde schon genannt. Eiche, Kastanie und andere Hölzer enthalten Quercetin (LVI). Euxanton (LVII) findet sich in *Plutonia insignis.*

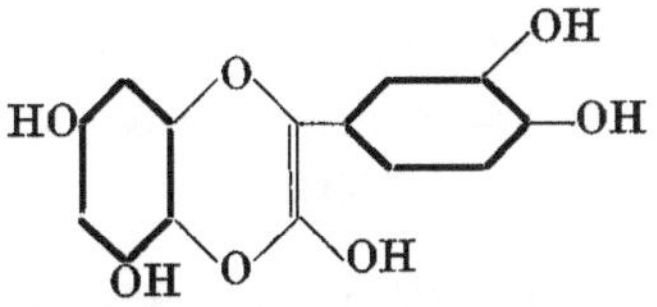

LVI

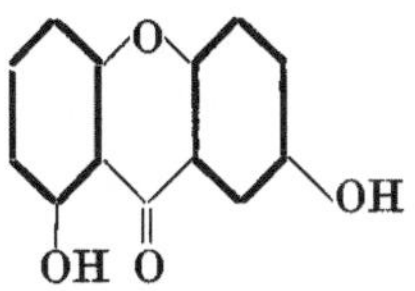

LVII

6. Tropolone[1]

Eine kleine, aber interessante Gruppe von Extraktivstoffen stellen die Tropolone dar, aromatische Verbindungen mit 7-Ringen. ERDTMAN und Mitarbeitern haben vier Substanzen isoliert und untersucht, sämtliche aus Nadelhölzern, die der Ordnung *Cupressales* angehören, nämlich α-(LVIII), β- und γ-Thujaplicin sowie Nootkatin (LIX). Die Substanzen sind gegen Pilze stark toxisch und somit erweisen sich diese Holzarten als sehr resistent. Die Anzahl der Kohlenstoffatome beträgt 10 bzw. 15 und obgleich die Substanzen nicht der Isoprenregel gehorchen, sind sie doch sicher mit den Terpenen verwandt. Aus den gleichen Hölzern wurden auch Siebenringsäuren isoliert, wie *Thuja*säure (LX) aus *Thuja plicata* und Chaminsäure (LXI) aus *Chamaecyparis nootkatensis.*

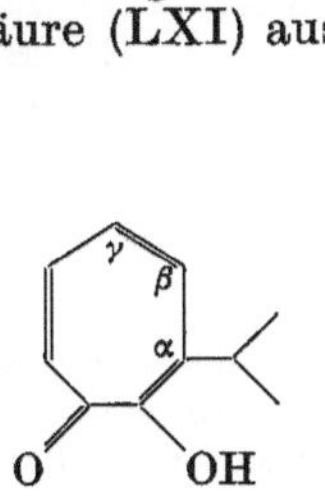

LVIII 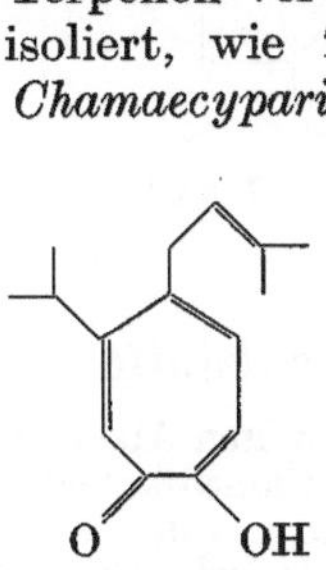 LIX 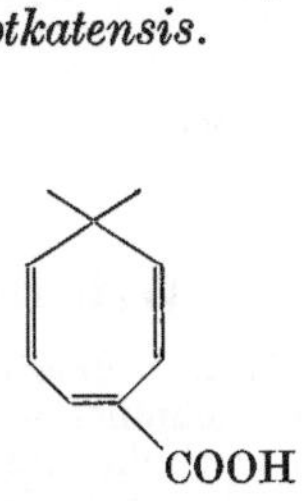 LX 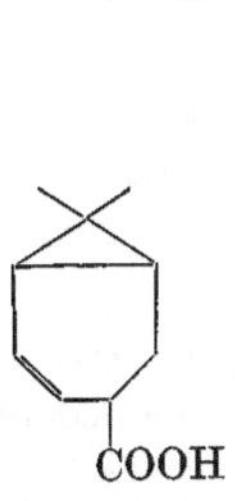 LXI

[1] ERDTMAN, H.: Natural Tropolones, in PAECH, TRACEY, Moderne Methoden der Pflanzenanalyse. Bd. III, S. 351. Berlin: Springer-Verlag 1955.

7. Kohlenhydrate

Inwiefern gewisse Polysaccharide, wie Stärke und Arabogalactan, welche wahrscheinlich als Reservenahrung fungieren und relativ leicht extrahiert werden können, zu den Extraktivstoffen oder den Hemicellulosen zu rechnen sind, ist vornehmlich eine Definitionsfrage.

Glucose, Fructose und Rohrzucker kommen in den lebenden Teilen des Baumes vor. Im toten Kernholz der Nadelbäume findet man oft freie L-Arabinose und D-Galaktose. Da diese Zucker in furanosidischer Bindung im Arabogalaktan eingehen, ist es wahrscheinlich, daß sie von diesem Polysaccharid durch Hydrolyse, entweder im Holz oder auch unter der Aufarbeitung, gebildet werden.

Phenolglycoside kommen weitverbreitet vor, wie z. B. das Coniferin (LXII) im Nadelholz und Salicin (LXIII) in den *Salix*arten.

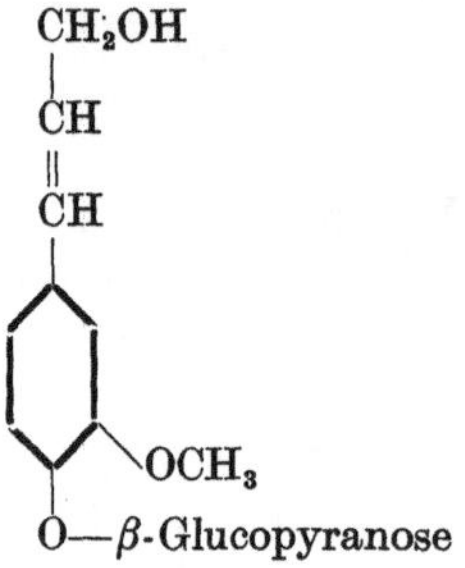

CH_2OH
CH
CH
OCH_3
O—β-Glucopyranose
LXII

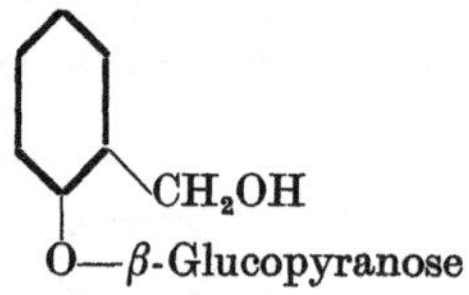

CH_2OH
O—β-Glucopyranose
LXIII

Cyclite[1] sind weit verbreitet in der Natur. Der Wichtigste, Mesoinosit (LXIV), findet sich offenbar in allen Pflanzen. Ein Methyläther davon, der Sequoyit (LXV) findet sich in mehreren Nadelhölzern wie z. B. *Sequoia sempervirens*. Pinit (LXVI), ein d-Inositmonomethyläther, kommt ebenfalls in Nadelhölzern vor. Ein l-Inositmonomethyläther, Quebrachit, wird aus Quebrachorinde isoliert. d-Quercit (LXVII), ein Desoxyinosit, wird in der Eiche gefunden. Schließlich verdient auch die Chinasäure (LXVIII), die in hoher Konzentration in der Chinarinde vorkommt, erwähnt zu werden.

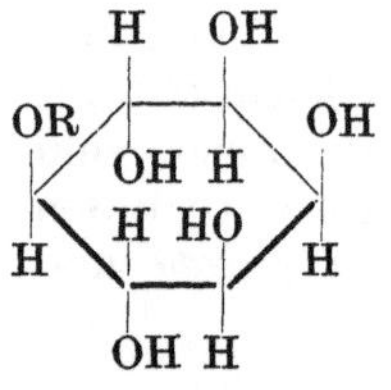

H OH
OR OH
OH H
H HO
H H
OH H
LXIV R = H
LXV R = CH_3

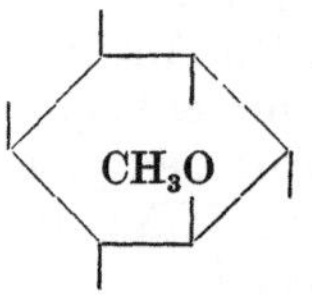

CH_3O
LXVI

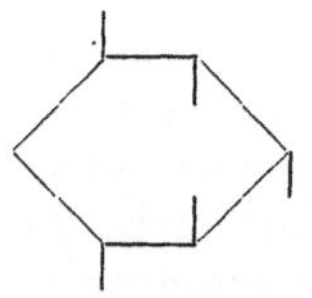

LXVII

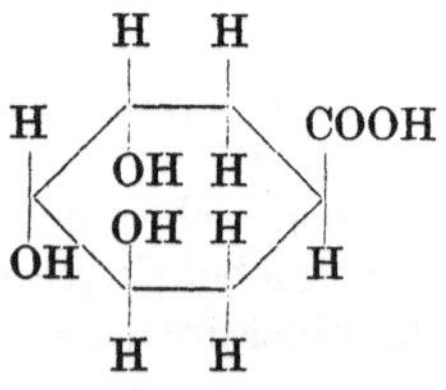

H H
H COOH
OH H
OH H
OH H
H H
LXVIII

8. Weitere Extraktstoffe

Alkaloide[2]. Mehrere tropische Holzsorten enthalten Alkaloide. Einige von diesen haben große praktische Bedeutung, vornehmlich wohl die Chinaalkaloide, wie Chinin, Cinchonin u. a. aus den *Cinconaarten* sowie Strychnin und Brucin aus den *Strychnosarten*. Alkaloide vom Piperidintyp wurden neulich auch aus Kiefernnadeln isoliert[3].

---

[1] DANGSCHAT, G.: Inosite und verwandte Naturstoffe, in PAECH, TRACEY, Moderne Methoden der Pflanzenanalyse. Bd. II, S. 64. Berlin: Springer-Verlag 1955.
[2] Siehe S. 392, Fußnote 2.
[3] TALLENT, W. H. u. E. C. HORNING: J. Amer. Chem. Soc. 78, 4467 (1956).

Anorganische Bestandteile[1]. Wenn man Holz verascht, so erhält man einen anorganischen Rückstand; die wichtigsten Kationen, die enthalten sind, sind: Calcium, Kalium und Magnesium, die wichtigsten Anionen: Karbonat, Phosphat und Sulfation. Ein Teil der Metalle ist an saure Polysaccharide gebunden, ein anderer liegt im Holz als Calciumkarbonat oder Oxalat ausgefällt vor, während der restliche und wichtigste Teil in gelöster Form vorliegt. Im letzten Anteil sind auch wichtige Spurenelemente enthalten. Die Asche gewisser Holzarten, vornehmlich der tropischen, enthält auch Kieselsäure (vgl. S. 484).

Aus dieser kurzen Übersicht geht hervor, wie die Extraktivstoffe die Eigenschaften des Holzes, wie z. B. dessen Farbe, Resistenz und Aufschlußvermögen bei den technischen Prozessen usw. beeinflussen. Viele Extraktivstoffe, wie die Alkaloide, Geruchstoffe wie auch gewisse Gerbstoffe, sind so wertvoll, daß man sie gegebenenfalls als Hauptprodukte der Holzveredlung betrachten kann; andere sind wichtige Nebenprodukte. Wiederum andere können als Nebenprodukte gegebenenfalls Bedeutung erlangen, wie die Pinosylvinphenole aus Kiefernholz, welche man in großer Menge beim Sulfatprozeß gewinnen könnte. Ein anderes Beispiel eines Bedeutung erlangenden Nebenproduktes ist Conidendrin, welches aus Sulfitlauge gewonnen und leicht zum Norconidendrin, einem wirksamen Antioxydans, demethyliert werden kann. Die Untersuchungen der Extraktivstoffe sind also sowohl von technischem als auch allgemein chemischem und biochemischem Interesse. Sie können auch Resultate ergeben, die vom taxonomischen Gesichtspunkt aus interessant sind, wie ERDTMAN und Mitarbeiter durch eine umfassende Untersuchung der Chemie der Coniferen aufzeigen konnten[2, 3].

§ 40. Zellsaft, Transpirationswasser, Siebröhren- und Cambialsaft

Von O. HÄRTEL und E. TREIBER

1. Der Zellsaft

Der Zellsaft, der sich in der wachsenden Zelle in den intracellularen Hohlräumen oder *Vacuolen* absondert und meist letztlich in einem einheitlichen großen Saftraum (Hohlraum) zusammenfließt, ist ein Lösungs- und Suspensionsgemisch einer sehr großen Anzahl verschiedener Komponenten. Die Vacuole ist Depot- und Ablagerungsstätte für alle möglichen Substanzen des Stoffumsatzes. Hier werden Ballastionen abgeladen, Reservestoffe gestapelt und umgeschlagen — Nebenstätte des Stoffwechselgeschehens — und unbrauchbare Endprodukte (Exkrete) ausgeschieden. Neben den sekundären Pflanzenstoffen, wie Glykoside, Gerb- und Farbstoffe, Alkaloide, organische Säuren und dergleichen sind vor allem Zucker und Salze hervorzuheben, da sie den wesentlichen Anteil am osmotischen Gesamtwert haben. Von den Kohlenhydraten finden sich im Zellsaft fast immer die beiden Monosaccharide Glucose und Fructose, von den Disacchariden die Saccharose in größerer Menge vor. Inulin ist selten, außer bei Angehörigen der *Compositen* und *Campanulaceen*, in deren Speicherorganen es sich stark anreichern kann. Glykogen ist nur bei Pilzen und Blaualgen verbreitet. Die Konzentration an Zuckern liegt im Durchschnitt um etwa 0,1 mol, kann aber in einigen Fällen bis auf ~ 0,7 mol ansteigen. Der Salzgehalt (K-, Na-, Ca-, Mg-Salze) beträgt meist mehr als 0,2 mol. Der p_H-Wert liegt zwischen 5,0 und 6,5; stark saure oder alkalische Reaktion ist sehr selten.

Milchsaft. Milchsaft als Zellsaft im eigentlichen Sinne, d. h. Kautschuk enthaltend und in gegliederten oder ungegliederten Röhren vorkommend, findet sich in den einheimischen Holzarten nicht. Dagegen kommt er im Feigen- und Maulbeerbaum, Oleander, afrikanischer

[1] Siehe S. 392, Fußnote 3.
[2] ERDTMAN, H.: Holz-, Roh- u. Werkstoff 11, 295 (1953).
[3] ERDTMAN, H.: Experientia (Basel) Suppl. II, 156 (1955).

Eiche usw. vor. In ringsum geschlossenen, übereinanderstehenden Zellen findet er sich auch beim Spitz- und Feldahorn sowie im Umkreis des Hollundermarkes.

Er gilt teils als Exkret, teils als Zwischenprodukt und kann Kautschuk- oder Guttaperchakügelchen, Harz-, Fett- und andere emulgierte Tröpfchen nebst Salzen, Zucker, Gerbstoffen und dergleichen enthalten. Der Milchsaft ist gewöhnlich weiß, seltener andersfarbig, wäßrig und gerinnt rasch an der Luft.

*(Hevea-)*Kautschuk ist auch vom physikalisch-chemischen Gesichtspunkt für die makromolekulare Chemie recht interessant gewesen. Die Beobachtung von KATZ im Jahre 1925, daß dieser beim Strecken kristallisiert, zog eine Reihe von Untersuchungen nach sich. VAN ROSSEM stellte fest, daß die Dichte des kristallisierten Kautschuks größer ist als des amorphen und untersuchte die Erscheinung der spontanen Kristallisation bei tiefer Temperatur. FIELD studierte die Zunahme der Kristallinität bei der Dehnung. Etwa 10 Jahre später sind von der

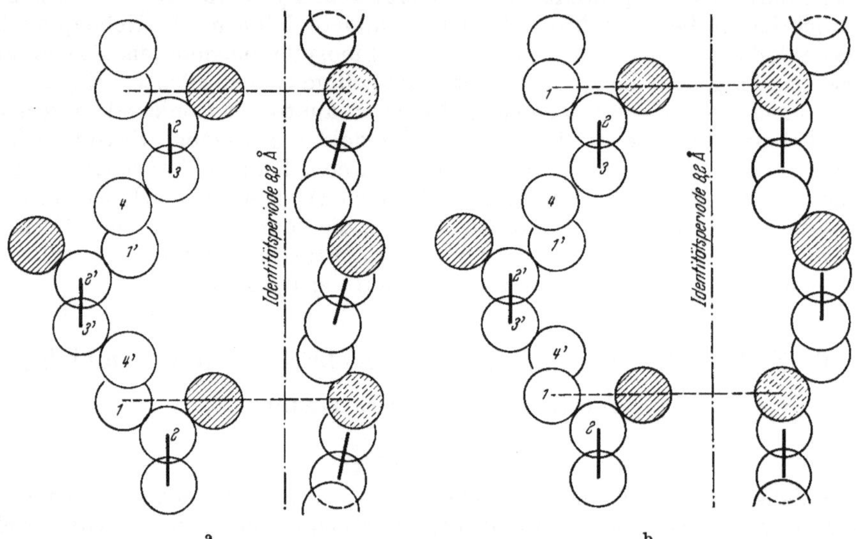

Abb. VI, 2a, b. a Projektion der Kautschukkette; Rotation $\alpha \sim 50°$ gleichsinnig um alle 1,2-Bindungen und entgegengesetzt gleichsinnig um alle 3,4-Bindungen. (Nach VAN DER WYK.) b Projektion der Kautschukkette: Rotation $\alpha \sim 50°$ alternierend um die 1,2-Bindungen und entgegengesetzt alternierend um die 3,4-Bindungen. (Nach VAN DER WYK)

MEYERschen Schule Strukturbestimmungen durchgeführt worden, die zur Aufstellung einer Gitterzelle und Bestimmung der Faserachsenlänge zu 8,20 Å führte. Die Micelldimension beträgt etwa $150 \cdot 500 \cdot > 600$ Å; Nachkristallisation unter Kristallitwachstum wurde beobachtet. Wie die lineare Kette aus Isoprenresten in *cis*-Konfiguration mit dieser Identitätsperiode in Einklang zu bringen ist, zeigen Abb. VI, 2a, b. (Das Molekulargewicht der in Benzol und Toluol löslichen Anteile des *Hevea*-Kautschuks beträgt ~ 300—$500 \cdot 10^3$. Die Elektronenmikroskopie des Gelkautschuks [schwach dreidimensional vernetzt] zeigte ein dichtverzweigtes Haufwerk mit Knotenbildung an den Haftstellen[1].)

Für unsere Betrachtungen wichtig — besonders für den biologischen Ablauf der Verholzung —, aber relativ wenig bearbeitet, sind die Gefäßflüssigkeiten, genauer ausgedrückt, das Transpirationswasser des xylematischen Wasserleitungssystems im Splintholz, der Siebröhren- oder Phloemsaft und der Cambialsaft (vgl. Abb. VI, 3).

Die jahresperiodisch verschiedene Beanspruchung der Leitungselemente findet in der Jahresringbildung — z. B. weitlumige Tracheiden im Frühjahr zum Saftsteigen — ihren Niederschlag, die durch Wuchsstoffe geregelt zu werden scheint. Nach FRASER ruft die Applikation von Heteroauxin Frühholzbildung hervor.

[1] HALL, C. E., E. A. HAUSER, D. S. LEBEAU, O. SCHMITT u. P. TALALAY: India Rubber J. **108**, 147 (1945).

Gelegentlich spricht man auch von einem Bewegungswasser oder freiem Wasser in den Leitungsbahnen und einem mehr oder minder gebundenen Zellwandwasser (welches aber z. B. in Parenchymen auch wandert). Trocknet man Holz, so verdunstet zuerst das freie Wasser (z. B. beim waldgelagerten Holz); beim Entfernen des gebundenen Wassers tritt eine Gestaltsänderung des Holzes ein — man sagt, es schwindet. Das spezifische Gewicht des geschrumpften, wasserfreien Holzes (getrocknet bei 105 °) ist das *Darrgewicht*. Der Quotient aus Darrgewicht durch Rauminhalt im frischen Zustand ist die Raumdichtezahl. Der Anteil an gebundenem Wasser beträgt etwa 22—35%.

Der Wassergehalt der stehenden Bäume ist vor allem von der botanischen Art, dem Baumteil, Alter und der Jahreszeit abhängig. In Laubholzstämmen ist der gesamte Wassergehalt meist größer als in Nadelholzstämmen, da ersteren der trokkene, luftreiche Kern fehlt. Der Splint ist im allgemeinen wasserreicher als der Kern, daher enthalten auch ältere (kernholzreichere) Stämme weniger Wasser als jüngere (auch die Stammpartien gegen die Krone zu enthalten aus demselben Grund mehr Wasser).

Je nach dem Feuchtigkeitsgehalt des frisch gefällten Holzes unterscheidet man nach TRENDELENBURG:

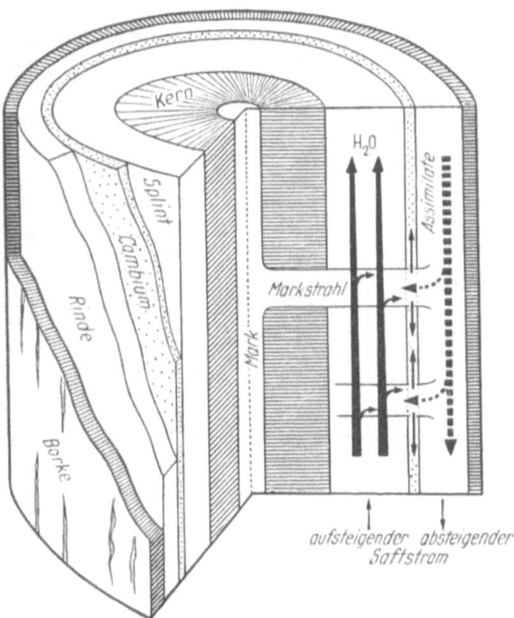

Abb. VI, 3. Schema eines Holzstammes und Richtung des Wasser- bzw. Assimilationsstromes

a) Mäßig feuchtes Holz (Holz mit ~ 100 bis ~ 150 kg Wasser je fm). Zum Beispiel Kernholz von Fichte, Kiefer, Lärche.

b) Feuchtes Holz (Holz mit ~ 200 bis ~ 350 kg Wasser je fm). Zum Beispiel Kernholz der Strobe, Naßkern der Tanne, Esche, Aspe.

c) Nasses Holz (Holz mit 400 bis ~ 500 kg Wasser je fm). Zum Beispiel Buche, Eiche, Birke, Ahorn, Linde, Erle, Pappel, Weide.

d) Sehr nasses Holz (Holz mit > 500 kg Wasser je fm). Zum Beispiel Ulme, Roßkastanie, Pappel, Splint der Nadelhölzer.

2. Transpirationswasser

In den Gefäßen kann das Wasser unter relativ geringen Strömungswiderständen über weite Strecken transportiert werden. Als Motor dieses aufwärtsgerichteten Saftstromes fungiert die durch die Transpiration der Blätter ausgeübte Saugung, die vermöge der Kohäsion der Wasserfäden in den engen Capillaren das Wasser bis in die Wipfel der höchsten Bäume zu heben imstande ist. Experimentell fand RENNER die Kohäsionsspannung zu ~ 300 Atm. Das Wasser gelangt aus dem Boden in die Wurzelhaare, von dort in die mächtige Wurzelrinde (s. Abb. VI, 4) und durchquert diese bis zur Endodermis, welche es dann in den Zentralzylinder befördert.

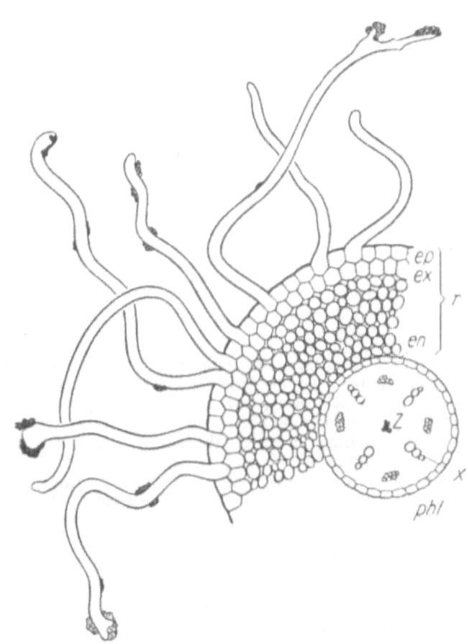

Abb. VI, 4. Wurzelquerschnitt durch die Resorptionszone. (*r* mächtige Rinde, nach außen begrenzt durch die Epidermis *ep* mit Wurzelhaaren und die Exodermis *ex*, nach innen begrenzt durch die Endodermis *en*. Schmächtiger Zentralzylinder *z* mit Wasserleitungsgewebe *x* [Xylem] u. Stoffleitungsgewebe *phl* [Phloem]). (Nach FREY-WYSSLING)

Durch dessen Zellen wird es ins Wasserleitungssystem ausgeschieden. Hier durchläuft es erst kurze Hydrocyten, dann längere Tracheiden und steigt durch die Gefäße des Stengels rasch in die Blätter hinauf (vgl. Abb. VI, 5). In den Parenchymgeweben tritt das Gefäßwasser zunächst in die Zellwände über und wird in deren Hohlräumen geleitet (vgl. S. 196). Das Wasser und die darin gelösten Salze umspülen somit die Protoplaste — die das eigentliche „Leben“ in der Zelle umfassenden Teile — der Parenchymzellen, die daraus die benötigten Stoffe entnehmen. Die Leitung des Wassers durch die einzelnen Zellinhalte hindurch würde wegen der relativ geringen Wasserpermeabilität der Protoplaste einen stärkeren Wassernachschub unmöglich machen (STRUGGER[1]).

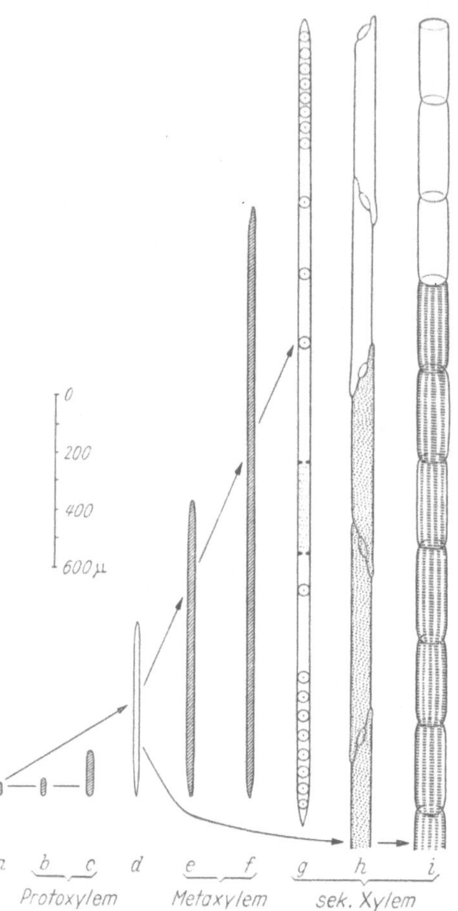

Abb. VI, 5. Wasserleitungszellen (tracheale Elemente). *a* Meristemzelle; *b, c* kurze Wasserleitungszellen [Hydrocyten] mit Schraubenbändern; *d* junge Cambiumzelle; *e, f, g* durch Zellstreckung entstandene, bis mehrere Millimeter lange Wasserleitungszellen [Tracheiden] mit Schraubenbändern oder Hoftüpfel; *h, i* durch Zellausweitung entstandene, bis mehrere Zehntelmillimeter weite Wasserleitungszellen, die durch Auflösung der Trennungswände miteinander verschmelzen [fusionieren] und echte Gefäße [Tracheen] bilden. (Nach FREY-WYSSLING)

Transpirationsmenge. Wenn ein Baum seine Blätter voll entwickelt hat, erlöschen Wurzel- und Blutungsdruck. Der große Wasserverbrauch aber beginnt erst, nachdem die Blätter entfaltet sind und beständig Wasser durch Transpiration abgeben. Eine Birke mit 200000 Blättern kann maximal täglich 300—400 Liter Wasser verlieren. Der normale Wasserverbrauch beträgt täglich etwa 60—70 Liter. Ein Hektar Buchenwald verdunstet täglich etwa 20000 Liter Wasser.

Die Geschwindigkeit des aufsteigenden Saftstromes liegt zwischen $\sim 1{,}2$ bis $\sim 1{,}5$ m/h (Nadelhölzern) und 43,6 m/h. Der Transpirationsstrom bei der Eiche beträgt nach HUBER 42 m/h, bei Lärche 1,8 m/h und bei Linde 3,6 m/h. Außer Wasser werden Salze — im wesentlichen die unentbehrlichen Elemente Ca, K, Mg, S, Fe, N und P — aus dem Boden aufgenommen, wobei eine Elektion stattfindet. Kürzlich wurden von FRASER[2] interessante Isotopenversuche über den xylematischen Stofftransport durchgeführt. Bei *Betula lutea* stieg das im Baumstrunk injizierte ^{86}Rb und ^{45}Ca *in Form einer Spirale* mit etwa $\leqq 30$ cm/min stammaufwärts. Nach zwei Stunden konnte auch ein schwacher Abwärtstransport im Phloem beobachtet werden. Die mit dem eindringenden Wasserstrom verbundene und vermutlich weitgehend auf einem Ionenaustausch beruhende Nährstoffaufnahme kann bei den höheren Landpflanzen weitgehend reguliert werden. Wirklich repräsentative Analysenwerte

---

[1] STRUGGER, S.: Flora (Jena) N. F. **33**, 56 (1938).
[2] FRASER, D. A., u. C. A. MAWSON: Canad. J. Bot. **31**, 324 (1953).

des aufsteigenden Wassers sind nicht vorhanden[1]; u. a. wegen der nicht auszuschließenden Beimengung anderer Säfte. Die Konzentrationen an Trockensubstanz schwanken erheblich; im allgemeinen liegen sie zwischen 10 und 100 mg/l. Blutungssäfte — Initiale des Transpirationsstroms — enthalten größere Mengen (bis zu $\sim$ 5,9 g/l) Trockensubstanz. Im Holzsaft der grünen Fichte wurde $\sim$ 0,9 g Trockensubstanz/l gefunden; diese enthielt $\sim$ 30% reduzierende Substanzen und $\sim$ 13% Asche.

3. Phloemsaft

Der abwärtsgerichtete Strom der Assimilate ist auf die in der Rinde liegenden Siebröhren (vgl. S. 95) lokalisiert; seine Geschwindigkeit ist mit 0,2 bis < 5 m/h wesentlich geringer als der aufwärtsgerichtete Saftstrom. Große, meist schon mit dem Lichtmikroskop sichtbare Poren in den Querwänden zwischen den einzelnen schlauchförmigen Siebröhren (den sog. Siebplatten; vgl. S. 89) erleichtern den Übertritt der aus großen Molekülen bestehenden Assimilate (vor allem Rohrzucker). Der Mechanismus des Stofftransportes in den Siebröhren ist noch nicht völlig klar. Die immerhin bedeutende Geschwindigkeit, der Transport auch so großer Teilchen, wie z. B. Viruspartikelchen u. a. m. sprechen für eine Massenströmung, die Münch in seiner Druckstromtheorie auf osmotische Kräfte zurückgeführt hat. Manche mit dieser Theorie nicht recht vereinbare experimentelle Befunde, der Umstand, daß gleichzeitig auch ein Transport in entgegengesetzten Richtungen beobachtet wurde, und andere Argumente haben die Möglichkeit eines Transportes auf dem Wege der Diffusion zur Diskussion gestellt.

Die Assimilationszucker wandern durch den Siebteil der Blattnerven und des Blattstieles in den Siebteil der Zweige und Äste. Weiter unten gelangen sie schließlich in die „Safthaut" des Stammes (vgl. Abb. VI, 3). Dort wird ein Teil der Zucker vom Cambium für den Aufbau neuer Zellen verbraucht. Die überschüssigen Zucker wandern in den Holzkörper, wo sie in Form von Stärke oder von Fett in den Markstrahlen und in den sog. Holzparenchymzellen aufgespeichert werden. Da die Hauptmenge der gebildeten Zucker durch den Siebteil des Stammes hinunterfließt, kann man mit Recht von einem absteigenden Strome der Assimilate sprechen. Die Geschwindigkeiten der absteigenden Stromwanderung betragen im Mittel für Eiche 53 cm/h, für Bergahorn 60, für Linde 30 und für Kiefer 20 cm/h.

Wie ausgeführt, wandern also die Assimilate zum Ort des Verbrauches oder der Speicherung, also in die unterirdischen Speicherorgane (Knollen, Rhizome, Zwiebel usw.), in den Stamm bei Holzpflanzen oder in Früchte und Samen und werden dort zu oft ansehnlicher Konzentration (zuckerhaltige, süsse Früchte) direkt oder indirekt in osmotisch unwirksamer Form (Stärke, Fett) gespeichert. Bei Holzpflanzen finden sich bis 80% der Reservestoffe im Holzkörper, nur 18% in der Rinde und 2% in den Ästen; der radiale Transport von den Siebröhren der Rinde in den Holzkörper geschieht auf dem Wege über die Markstrahlen; als Depotzellen fungieren die Holzparenchym- und die Markstrahlzellen. Je nach den Reservestoffen unterscheiden wir Fettbäume (Birke, Buche, Eiche) und Stärkebäume (Fichte, Tanne, Lärche). Zur Bildung der Laubkrone müssen so lange die Reservestoffe aushelfen, bis die Blätter selbständig assimilieren können; es werden dabei zu $^2/_5$ Reservestoffe und zu $^3/_5$ selbst erzeugte Assimilate herangezogen (Gäumann). Die Mobilisierung der Reservestoffe erfolgt durch zucker-, stärke- und fettspaltende Enzyme; auch Hemicellulose kann als Reservedepot dienen und im Frühjahr bei Laubaustrieb abgebaut werden (z. B. bei Salix [Leclerc du Sablon]). Zu dieser Zeit enthält auch der Gefäßsaft größere Mengen organischer Substanzen, die mit diesem in apikaler Richtung verfrachtet werden. Der Frühlingssaft der Birke z. B. enthält Glucose, Fructose, Spuren von Rohrzucker und geringe Mengen fluorescierender Substanzen unbekannter Natur (Löhr[2]). (Diese mit dem Gefäßsaft transportierten organischen Stoffe sind aber sehr wohl von gleichfalls zuckerhältigen Exkreten mancher Holzpflanzen zu unter-

[1] Vgl. W. H. Pierre u. G. G. Pohlmann: J. Amer. Soc. Agron. 25, 144 (1933). — Stocking, C.R.: In W. Ruhland, Handbuch der Pflanzenphysiologie, Bd. 3, S. 489, 1956. — Phillis, E., u. T. G. Mason: Mem. Cotton Res. Stat. Trinidad, Ser. B. 13, 635 (1940); Bot. Rev. 3, 47 (1937).

[2] Löhr, E.: Physiol. Plantarum 6, 529 (1953).

scheiden, die durch örtliche Umwandlungen von Zellsubstanzen entstehen.) Aus der Safthaut der Eiche gezapfte Flüssigkeitstropfen enthalten bis zu 20% Rohrzucker. Analysen des Siebteiles des Baumwollstrauches lieferten 5,6% Zucker (und nur 0,85% N aus Stickstoffverbindungen [0,39% Proteinstickstoff und 0,33% Asparaginstickstoff]).

Phloemsäfte sind eingehend von MASON, MOOSE[1] und WANNER[2] untersucht worden. Die Zusammensetzung wechselt außerordentlich stark. Nach WANNER ist der Siebröhrensaft praktisch frei von reduzierenden Hexosen und enthält an Zuckern Rohrzucker, der infolge des Fehlens einer Invertasewirkung stabil ist. (Vgl. auch ZIEGLER[2]).

Im Zusammenhang mit der Lignifizierung ist eingehend das Cambium — jener zwischen Xylem und Phloem liegende Gewebsstreifen mit meristematischer Eigenschaft — und der

4. Cambialsaft

untersucht worden. ANDERSON und Mitarbeiter[3] untersuchten die Cambialzone der Schwarztanne[4]. Der mit Alkohol und Benzol extrahierbare Anteil (67,3%) bestand etwa zur Hälfte aus Rohrzucker. Der Rückstand enthielt 11,9% α-Cellulose, 7% Proteine, 3% Pektinsubstanzen, 2,9% Hemicellulose, 3,6% Asche und 1,8% Lignin. TREIBER[5] untersuchte einige Cambialsäfte hinsichtlich ihrer UV-Absorption (Abb. VI, 6) und erhielt Absorptionskurven, die sich mit Coniferin — im Falle des Fliedercambialsaftes im wesentlichen mit Syringin — identisch erwiesen. Der Coniferingehalt im Fichtencambialsaft wurde zu > 0,5% gefunden. Auch KORTSCHEMKIN[6a] kam in einer späteren Arbeit zu dem Schluß, daß im Kiefercambialsaft nur Coniferin im UV absorbiert; somit müssen etwa 70% der

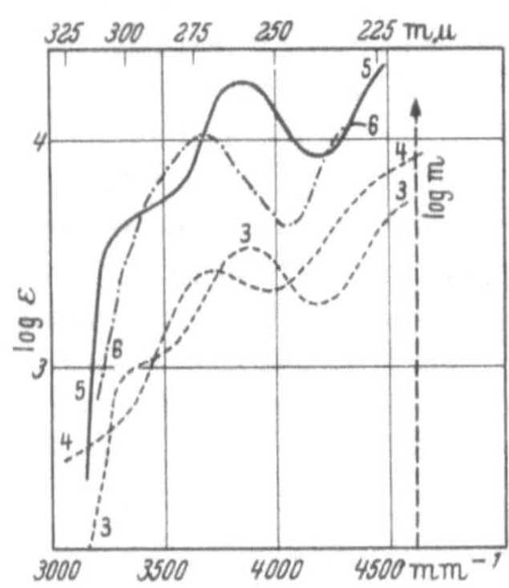

Abb. VI, 6. Ultraviolettabsorption einiger Cambialsäfte (Kurve 3 Fichtencambialsaft, Kurve 4 Fliedercambialsaft, Kurve 5 Coniferin [nach HILLMER], Kurve 6, 4-Hydroxy-3,5-di-methoxypropenylbenzol [nach PEARL]). (Nach TREIBER[5])

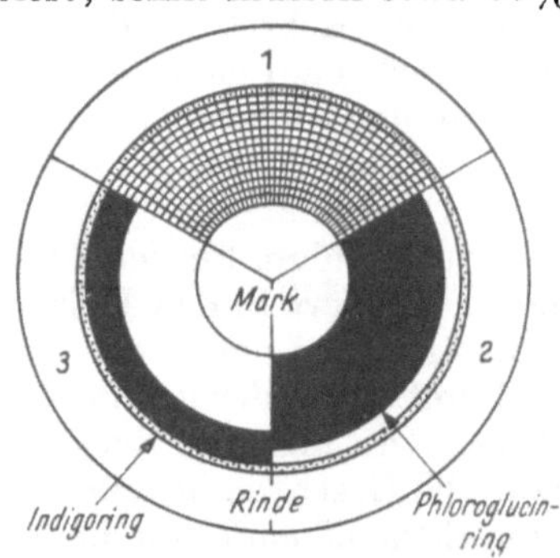

Abb. VI, 7. Schema eines Querschnittes durch einen einjährigen Coniferensproß nach FREUDENBERG u. Mitarb. Sektor 1: Schematische Darstellung des Holzkörpers und der Cambialzone. Sektor 2: Schematische Übersicht über die Topographie der Phloroglucinreaktion. Schwarz: verholztes Xylem mit positiver Farbreaktion. Sektor 3: Topographie der Indicanreaktion auf β-Glucosidase (Farbring im cambiumnahen Xylem)

Gesamtmethoxylmenge an nichtaromatische, nichtabsorbierende Verbindungen gebunden sein. Die Coniferinmenge wird, je nach der Jahreszeit der Probennahme, mit 3,1—7,6% angegeben[6b]. Im Coniferencambialsaft wurde u. a. auch noch D-Inositmonomethyläther und im Eichencambialsaft Quercit nachgewiesen. Der Cambialsaft der Weißbuche enthält u. a. noch Pentosane und Gerbstoffe. Genauer wurde nun der Kieferncambialsaft[7] untersucht. 58,4% des Trockenrückstandes (11,6%) sind vergärbare Zucker. (Siehe auch NIKITIN[4b]).

[1] MASON, T. G., u. E. J. MASKELL: Ann. of Bot. **42**, 1, 571 (1928); **48**, 119 (1934). — MOOSE: C. A.: Plant Physiol. **13**, 365 (1938).

[2] WANNER, H.: Ber. schweiz. bot. Ges. **63**, 162, 201 (1953). — ZIEGLER, H.: Planta **48**, 447 (1956).

[3] ANDERSON, E., L. E. WISE u. E. K. RATLIEF: Tappi **37**, 422 (1954).

[4] a) NIKITIN, N. I.: Die Chemie des Holzes. Berlin 1955 S. 359, (Tab. 90). — b) ibid., S. 322.

[5] TREIBER, E., W. LANG u. M. FLORIANTSCHITSCH: Protoplasma (Wien) **41**, 452 (1952).

[6] a) KORTSCHEMKIN, F. I., L. P. SHEREBOW u. W. B. JESOSTIGNEJEW: J. angew. Chem. **27**, 1217 (1954). — b) KORTSCHEMKIN, F. I.: Biochem. **14**, 258 (1949).

[7] SCHARKOW, W. u. A. GIRSCHITZ: Holzchem. Ind. **3**, 7 (1940).

Nach den Untersuchungen FREUDENBERGs (vgl. S. 477) wird das im Cambialsaft enthaltene Glykosid Coniferin durch die enthaltenen, dehydrierenden Fermente unter Wasserstoffentzug in die sekundären Ligninbausteine und weiter in Lignin umgewandelt, falls Coniferin fermentativ zum Coniferylalkohol gespaltet wird (lokalisierte Glucosidase im cambiumnahen Xylem [Abb. VI, 7]). Dehydrodiconiferylalkohol und andere sekundäre (Lignin-) Bausteine konnten von FREUDENBERG[1] auch im frischen Fichtencambialsaft papierchromatographisch nachgewiesen werden.

§ 41. Rinde und Rindenstoffe

Von B. KOLJO

1. Morphologie und Eigenschaften der Rinde

Ein Baumstamm kann schematisch etwa als eine sich langsam zuspitzende Säule angesehen werden. Diese kegelartige Form des Baumstammes ist auf sein Längen- und Dickenwachstum zurückzuführen. Das Längenwachstum einer Pflanze wird durch die schematische Darstellung der Entwicklung eines jungen oberirdischen Sprosses in Abb. VI, 8 skizziert. Hinsichtlich des Dickenwachstums

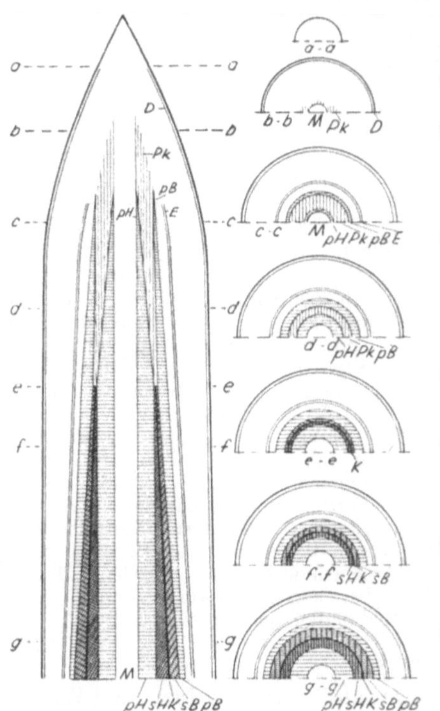

a—a Urgewebe des Vegetationskegels.

b—b Beginn der Ausbildung einer Rindenhaut-Mutterschicht (Dermatogen) *D* und der um das Mark *M* herum entstehenden Zellketten des Procambiums *Pk*.

c—c Eine innerste Rindenschicht (Endodermis) *E* grenzt den zentralen Teil ab, in welchem das Procambium als geschlossener Ring das Mark umgibt. Erste Entwicklung von primärem Holz *pH* und primärem Bast *pB* innerhalb des Procambiumringes.

d—d Fortschreitende Entwicklung von primärem Holz und primärem Bast im Procambium.

e—e Das Teilungsgewebe des Procambiums ist bis auf den einzelligen Verdickungsring, das Cambium *K*, zusammengeschmolzen. Übergang des primären in das sekundäre Wachstum.

f—f Das Cambium beginnt nach innen sekundäres Holz *sH*, nach außen sekundären Bast *sB* abzuscheiden.

g—g Fortschreiten des sekundären Dickenwachstums. Das Cambium trennt nun Rinde und Holz. Im Inneren des Holzkörpers umgrenzt das primäre Holz als Markkrone das Mark.

Abb. VI, 8. Schematische Darstellung der Entwicklung eines jungen oberirdischen Sprosses. (Aus BROWN, PANSHIN, FORSAITH).

eines Baumstammes lassen sich in den älteren Stammteilen drei konzentrische Schichten: Rinde, Splint- und Kernholz unterscheiden, welche das Mark umgeben. Eine scharfe Grenze zwischen Holz und Rinde bildet das *Cambium*; aus ihm entstehen durch fortlaufende Zellteilungen das eigentliche Holz und die Rinde. Vgl. auch S. 87ff.

[1] FREUDENBERG, K., M. REICHERT u. L. KNOPF: Naturwiss. **41**, 231 (1954). — FREUDENBERG, K.: Fortschr. Chem. org. Naturstoffe **11**, 43 (1954).

Die Zellen des Cambiums unserer Waldbäume sind dünnwandig und plasmareich. Die Cambiumzellen der Nadelhölzer sind nach BAILEY[1] größer (1 bis 2 mm lang und etwa 0,03 mm breit), als die der Laubhölzer (0,3 bis 0,8 mm lang und etwa 0,012 mm breit).

Die Zellen dieses nur eine Zellenreihe dicken Cambiummantels (monomeres cambium) teilen sich bei der Holz- und Rindenbildung durch tangentiale Längswände und scheiden nach *innen* in Richtung des Markes *Holzzellen* und nach *außen* in Richtung der Rinde *Rindenzellen* ab.

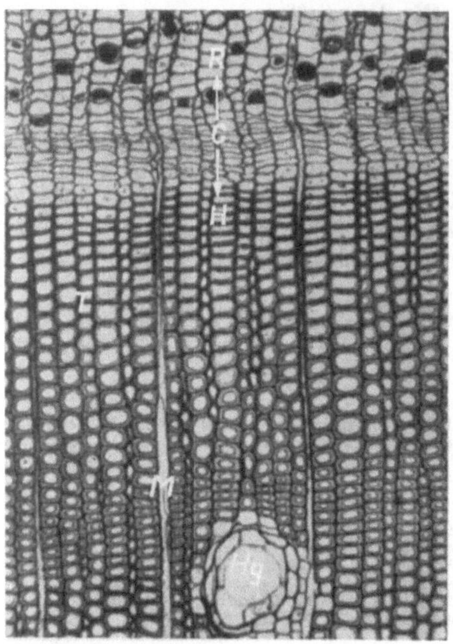

Abb. VI, 9. Querschnitt durch lebende Rinde *(R)*, Cambium *(C)* im Teilungszustand und Spätholz einer Kiefer *(Pinus longifolia)*. Im Holz Tracheiden *(T)* in radialen Reihen, einreihige Markstrahlen *(M)* und längsgehender Harzgang *(Hg)* mit dünnwandigen Epithelzellen; in der Rinde Siebzellen, Parenchymzellen und Markstrahlen. Etwa 1:100. (Mikroaufnahme H. P. BROWN)

Durch Teilung der Cambiumzellen entstehen zwei zunächst völlig gleiche Zellen. Die eine derselben wird zur neuen Cambiumzelle, die nur bis zur Größe der Ursprungszelle wächst. Die andere Zelle erfährt eine Veränderung, indem sie sich entweder zur Rinden- oder Holzzelle differenziert, je nachdem auf welcher Seite des Cambiums sie zu liegen kommt. Die Zahl der Teilungen der Cambiumzellen, die zum Holzgewebe werden, ist beträchtlich größer als die, die zum Rindgewebe führen. Der Rindenzuwachs beträgt bei Nadelhölzern nur $^1/_3$, bei den Laubhölzern etwa $^1/_{10}$ des gleichen Holzzuwachses (HOLDHEIDE u. HUBER)[2]. Hinzu tritt der Umstand, daß die einmal ausgebildeten Holzzellen ihre Größe beibehalten, während ein Teil der Rindenzellen zusammengedrückt wird. Der hiebreife Stamm unserer Waldbäume besteht zu etwa 85—90% aus eigentlichem Holz und zu etwa 10—15% aus Rinde. Als *Rinde* lassen sich somit die Zellgewebe, die außerhalb des Cambiumringes liegen und den Baum umhüllen, bezeichnen.

Äußerlich macht die Rindenentwicklung zwei auffallende Wandlungsphasen durch. Die junge mit Chlorophyllzellen versehene Rinde bei der Sproßbildung verliert schon im ersten oder zweiten Jahr ihre grüne Farbe, durch Korkbildung und Ausschluß von der Assimilation wird sie zur braunen oder grauen *Spiegelrinde*. Diese glatte Jungrinde verwandelt sich nach Jahren oder Jahrzehnten zuerst am wurzelnahen Stammteil zur rauhen und rissigen *Borke*. Den physiologischen Aufgaben nach läßt sich die Rinde in *Innenrinde* oder *Bast* und *Außenrinde* gliedern. Die Innenrinde hat die Aufgabe, die Assimilate von der Krone des Baumes in die unteren Stammteile zu leiten und als Speicherung für Reservestoffe zu dienen. Die Außenrinde hat mechanische und chemische Schutzaufgaben zu erfüllen, namentlich die lebenden Gewebe vor Austrocknung, Temperatureinflüssen und vor tierischen und fungiziden Beschädigungen zu schützen.

a) Innenrinde oder Bast

Die Innenrinde des Triebes wie auch Baumes umfaßt den aus Hart- und Weichbast bestehenden *Bast*.

Das Cambium scheidet nach außen die Zellen des *Bastes* ab. Bei Nadelbäumen sind diese Zellen in regelmäßigen Radialreihen angeordnet. Den wasserleitenden Gefäßen und Gefäßtracheiden im Holz entsprechen im Bast die assimilatleitenden Siebröhren, die durch Siebplatten verbunden sind. Zu Zellverschmelzungen unter völliger Auflösung der Querwände, wie bei den Laubholzgefäßen, kommt es in den Siebröhren nicht. Wie im Holz der Nadelbäume, so auch im Bast, ist der Parenchymanteil geringer als bei den Laubbäumen. Durch die Teilung der Markstrahl-

[1] BAILEY, J. W.: Amer. J. Bot. 7, 355 (1920).

[2] HOLDHEIDE, W., u. B. HUBER: Holz Roh- u. Werkstoff 10, 263 (1952).

Mutterzellen des Cambiums zweigen sich übereinanderliegende Reihen von Parenchymzellen ab, so daß die Markstrahlen des Holzkörpers sich in die Rinde hinein fortsetzen. Bei den *Laubbäumen* sind die Bastzellen stärker differenziert.

Den Holzfasern der Laubbäume entsprechen die *Bastfasern*; dem Holzparenchym — das *Bastparenchym*. Die einzige besondere Zellart der Rinde der Laubbäume sind die von den Siebröhren-Mutterzellen abgespaltenen *Geleitzellen* der Siebröhren.

Die wichtigste Zellform der Innenrinde sind die *Siebzellen* und *Siebröhren*, die als Leitungsbahnen für die Assimilate zu den Verbrauchsstellen dienen. Von den Gefäßbahnen des Holzes unterscheiden sich die Siebbahnen des Bastes unter anderem dadurch, daß sie ihren Plasmaschlauch auch nach der fertigen Ausbildung beibehalten, bis ihre Aufgabe erfüllt ist. Die Undurchlässigkeit der Plasma-Wandbeläge ermöglicht einen verlustlosen Transport der angereicherten Lösungen. Die Länge der Siebzellen der Nadelbäume entspricht der Tracheidenlänge und die der Siebröhren den Gefäßgliedern, d. h. Cambiumzellen. Die lichte Weite der Siebbahnen beträgt zwischen 15 und 50 μ (HOLDHEIDE[1]).

Abb. VI, 10. Dilatation der Markstrahlen (*m*) im Bast der Linde. Jahrringgrenzen durch weiße Striche in den abnehmenden Bandbreiten kenntlich. (Nach HOLDHEIDE u. HUBER)

Die Siebbahnen sind im allgemeinen nur ein Jahr, bei Nadelbäumen auch mehrere Jahre tätig. Danach *kollabieren* die straffen Siebbahnen der meisten Holzarten, bei den Laubbäumen kurz nach dem Laubabfall vor dem Beginn der nächsten Vegetationsperiode. HUBER[2] erklärt diesen Vorgang durch Herauslösung von Stoffen aus den Siebröhrenwänden, wodurch diese absterbenden Leitungsbahnen elastisch werden und gleichzeitig durch das aktive Wachstum der angrenzenden Parenchymzellen zusammengedrückt werden. Nur die an das Cambium angrenzende, mit voll tätigen Siebbahnen ausgestattete Bastschicht verursacht in den ersten Wochen einer Vegetationsperiode, daß die Rinde sich leicht vom Holz löst. Zwischen den Siebröhren des Bastgewebes finden sich in großer Zahl *Parenchymzellen*, sowohl in Form waagerecht verlaufender Markstrahlen, als auch *Längsparenchym*, das häufig in Streifen oder Bändern angeordnet ist. Daneben treten als Festigungszellen Bastfasern, Hartbastfasern und Steinzellen auf. Die Bastfasern in der Rinde einiger Holzarten (Wacholder, Pappel, Weide, Eiche, Linde u. a.) gehen unmittelbar aus dem Cambium hervor. Dagegen entstehen die sklerotischen *Hartbastfasern* und *Steinzellen* des Hartbastes durch nachträgliche Umwandlung, Vergrößerung, Wandverdickung und Verholzung der Parenchymzellen. Steinzellen können wie bei Tanne, Buche und Birke

[1] HOLDHEIDE, W.: In H. FREUND, Handbuch der Mikroskopie in der Technik. Bd. V, Teil 1, S. 193. Frankfurt a/M.: Umschau-Verlag 1951.

[2] HUBER, B.: Jb. wiss. Bot. 88, 176 (1939).

in Nestern vorkommen. Die breiten Markstrahlen einzelner Holzarten (wie z. B. Eiche, Buche, Platane) weisen stark verholzte Steinzellen auf.

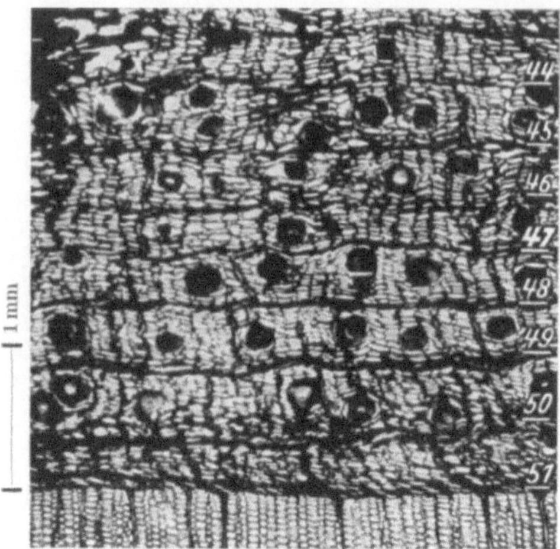

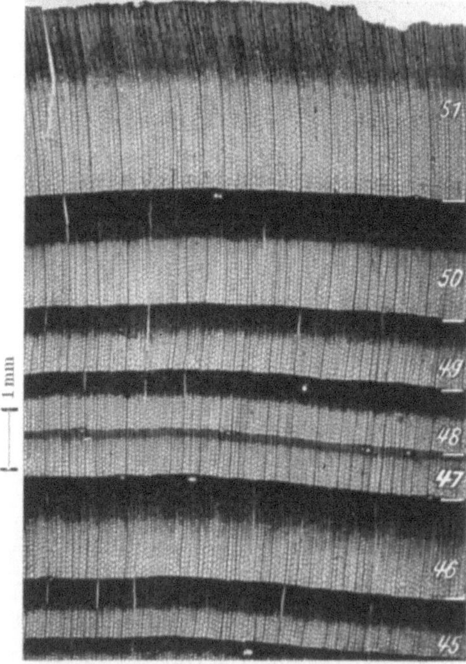

Abb. VI, 11. Jahresschwankungen des Rinden- und Holzzuwachses einer Lärche 1945—1951. Das Dürrejahr 1947 hebt sich im Holzzuwachs viel auffälliger heraus als im Bastzuwachs. (Nach KÖRNER)

Im Gegensatz zum Holz wird die Rinde durch das Dickenwachstum des Stammes ständig nach außen verdrängt, wodurch tangentiale Gewebespannungen auftreten. Diese werden zunächst durch *Dilatation* (Erweiterungswachstum) ausgeglichen, wobei die Parenchymzellen eine starke tangentiale *Dehnung* erfahren (z. B. Ulme, siehe Abb. VI, 10), oder es werden neue *Zellteilungen* ausgelöst, Diese Zellvermehrung kann sich auf die Markstrahlen beschränken (Linde, Pappel), oder neue Zellbildungen können an verschiedenen Stellen in neuen Bastgeweben auftreten. Im Bast der meisten Waldbäume sind, ähnlich wie im Holzkörper, die unter der Vegetationsperiode entstandenen Zuwachsschichten in Form von Jahrringen abgelagert. Oft sind diese Jahrringe sehr schwer zu erkennen, im Bast besser als in der Außenrinde. Die Breite des Bastzuwachses beträgt 0,1—0,7 mm und kann bei Weide und Pappel auf 0,8—1,0 mm (HUBER[1]) ansteigen. Durch das Kollabieren der Siebröhren am Ende der Vegetationszeit ist eine beträchtliche Breitenabnahme der Bastjahrringe zu konstatieren, so z. B. bei der Buche von 0,15 mm Breite auf 0,04 mm (HOLDHEIDE[2]). Im Jahresring hat der Frühbast weite Siebbahnen und wenig Parenchym, dagegen sind im Spätbast weniger und engere Siebbahnen vorhanden und die Parenchymzellen vorherrschend. Da der Frühbast reich an Siebröhren ist und stärker als der siebröhrenarme Spätbast zusammenfällt, sind die Markstrahlen der Rinde im Frühbast stark geknickt, während sie im Spätbast fast gerade bleiben. Diese stufige Deformation (Knickung) markiert den Jahrringbau. (HOLDHEIDE und HUBER[3]). Die Bastfasern treten meist nur im Spätbast, Hartbastfasern und Steinzellen fast nur im Frühbast auf.

Die Breiten der Rindenjahrringe schwanken in viel kleineren Grenzen als die der Holzringe. Dieser Unterschied im jährlichen Zuwachs ist damit zu erklären,

[1] Siehe S. 405, Fußnote 2. [2] Siehe S. 405, Fußnote 1.
[3] Siehe S. 404, Fußnote 2.

daß der zonenweise Rindenzuwachs zu anderen Zeiten der Vegetationsperiode als der Holzring gebildet wird.

Die Innenrinde wird nach außen durch die Außenrinde begrenzt. Die Stärke des Bastes beträgt im allgemeinen 3—10 mm, selten unter 1 bzw. über 13 mm. Sehr schmalen Bast haben Kiefer, Lärche, Robinie, deren Innenrinde etwa 1—3 mm beträgt. Sehr breiten Bast besitzen Tanne, Buche und Wallnuß mit einer Baststärke bis 15 mm. Die Zahl der Jahrringe im Bast schwankt. Sehr wenige — etwa 5—7 Ringe im Bast — hat die Robinie, weniger als 20 die Kiefer, Lärche, Pappel, Ulme und Platane. Fichte, Tanne, Erle, Linde, Birke und Ahorn haben bis zu 50 Jahrringe im Bast und bis zu 100 findet man bei Hainbuche bzw. 200 bei Buche.

b) Außenrinde

Die Außenrinde umfaßt die äußerste Zellschicht, die *Oberhaut (Epidermis)*, die wiederum mit teils verkorkten, teils verholzten, wachsführenden *Häutchen (Cuticula)* überzogen ist. Schon am Ende des ersten Jahres wird die Oberhaut durch eine *Korkschicht (Periderm)* ersetzt, in der ein unter der Oberhaut gebildetes *Korkcambium (Phellogen)* nach außen tote lufthaltige Korkzellen, nach innen grünes Rindenparenchym abscheidet.

Dieses *Oberflächenperiderm* erweitert sich — entsprechend dem Dickenwachstum des Stammes folgend — und ersetzt die äußersten, ständig abblätternden Zellen durch Absonderung neuer Lagen von Korkzellen. Diese Korkzellen bilden die glatte Jugendrinde aller Bäume. Einige Holzarten behalten diese glatte Außenrinde durch viele Jahrzehnte bei (z. B. Tanne, Hainbuche und Buche). Bei anderen Holzarten beginnt die Borkenbildung bereits nach wenigen Jahren oder Jahrzehnten in den unteren Stammteilen. Die oberen Stammteile und Kronenäste behalten die glatte *Spiegelrinde*.

Bei der Bildung der *Borke* kommt es zur Anlage von *Tiefenperidermen*, wobei gewisse, oft regelmäßig geformte Teile des Rindengewebes vom übrigen lebenden Bast abgetrennt werden. Am Rindenquerschnitt verlaufen diese Periderme (Korkcambien) flach bogenförmig, wobei das neue Periderm sich an naheliegendes Oberflächenperiderm oder an dieses selbst anschließt.

Ehe es zur Abscheidung von Bastgewebe kommt, gehen gewisse anatomische und chemische Vorgänge vor sich. Die Parenchymzellen der Rinde beginnen erneut zu wachsen, die Siebröhren, soweit sie nicht kollabiert sind, werden restlos zusammengepreßt, so daß sie nur noch schmale Streifen bilden. In einigen Fällen (bei Kiefer und Lärche) setzt ein sehr intensives Parenchymzellwachstum ein; nur in wenigen Fällen bleibt das Wachstum der Parenchymzellen ganz aus.

Bei *Taxaceen* und *Cupressaceen* kollabieren umgekehrt die Parenchymzellen und die Siebröhren bleiben offen. Bei einigen Holzarten wie Lärche und Douglasie werden im Zusammenhang mit der Borkenbildung auch Steinzellen gebildet.

Eine weitere Veränderung der zur Borkenbildung bestimmten Gewebe ist die durch Lignifizierung erfolgte Verholzung. Erst das so vorbereitete Gewebe wird durch das Tiefenparenchym vom übrigen Bast abgetrennt. Durch die Veränderungen und Umformung der Rindengewebe beim Übergang von Bast zur Borke ändert sich auch der Anteil an den Gewebearten.

Die abgestorbenen Zellverbände außerhalb der Korkcambien können sich nicht, dem Dickenwachstum des Stammes folgend, dehnen und verbreitern. Daher bilden sich bis zum lebenden Gewebe tiefe Risse, zwischen welchen sog. *Borkenfelder* oder *Borkenschuppen* stehenbleiben, die kürzere oder längere Zeit am Baum haften und allmählich abblättern (z. B. Fichte und Platane). Wie die Borke aufreißt, hängt von ihrer anatomischen Struktur ab. Rinden mit großem Faseranteil bilden stets *netzartige* Borken (z. B. Linde, Esche, Spitzahorn). Faserlose Rinden bilden dagegen eine *schuppige* Borke (Eiche, Kiefer, Fichte, Pappel).

Auch die tote, *verborkte Außenrinde* hat ihre Aufgabe zu erfüllen. Die mit Fasern und Steinzellen durchsetzte Borke schützt die Weichbastteile und das Cambium gegen Stoß und Verletzungen, wirkt abweisend gegen Tier- und Pilzangriffe und übt durch luftgefüllte Korkzellen des Periderms einen isolierenden Schutz gegen Temperatureinflüsse aus. Wie die Temperaturverhältnisse im Stamm sein können, zeigen Messungen von KOLJÓ und THUNELL (unveröffentlicht) vom 27./28. Juni 1947: Südseite auf der Rinde: Kiefer + 44,5°, Fichte 39,0°, Birke 31,0° C. In der Stammitte am gleichen Tage: Kiefer 30,0°, Fichte 29,0° und Birke 26,0° C. Die geringen Temperaturen der Birke erklären sich zweifellos aus der geringeren Wärmeabsorption infolge der weißen Rinde (Betulin). Bei tiefen Temperaturen sind die Unterschiede zwischen Rinde und Stammitte wesentlich kleiner. Im Jahre 1948 wurden folgende tiefste Temperaturen registriert: Kiefer auf der Rinde —17,0°, in Stammitte —15,0°, Fichte auf der Rinde — 17,0°, in Stammitte – 17,0°, Birke auf der Rinde — 17,8°, in Stammitte — 16,0° C.

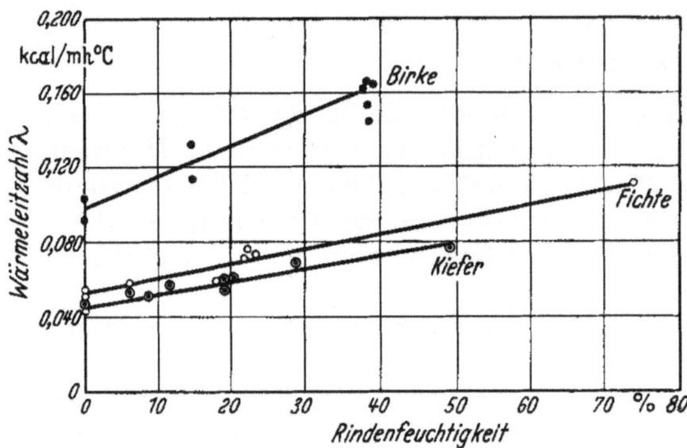

Abb. VI, 12. Abhängigkeit der mittleren Wärmeleitzahlen einiger Rinden in radialer Richtung von der Rindenfeuchtigkeit. (Nach KOLJO)

Über die Wärmeeigenschaften der Rinde hat KOLJO[1] orientierende Versuche angestellt. Die Wärmeleitzahl der Rinde (Abb. VI, 12) bei einer Rindenfeuchtigkeit von $u = 0$ bis 20% ist etwa 50% bei Kiefer, etwa 35% bei Fichte und etwa 5% bei Birke kleiner als die des Holzes entsprechender Holzarten.

Die spezifische Wärme der Rinde wurde (bei $u = 0\%$ und $t = 22°$) zu 0,320 kcal/kg° und die des Holzes unter gleichen Verhältnissen zu 0,285 kcal/kg° bestimmt. Die angeführten Angaben bestätigen die außerordentlichen Wärmeeigenschaften der Rinde. Ein Teil der anfallenden Rinde wird als Abfall in den Forsten zurückgelassen, ein Teil als Brennstoff in der Holzindustrie verwendet. Der Heizwert der Rinde ist im Durchschnitt größer als der des Holzes.

Durch Pressen der wassersatten Rinde kann eine zufriedenstellende Trockensubstanz von 45% erreicht werden. Die Angaben über Rohwichte und Festmasseanteil der Rinde sind sehr abweichend. Durch Stichproben ist erstere für Fichtenrinde bei einer Feuchte von $u = 0\%$ zu 519 kg/m³ und für Kiefernrinde zu 327 kg/m³ bestimmt worden.

Tabelle VI, 2. *Mittlere Heizwerte der Rinde* (zitiert nach E. HÄGGLUND)[2]

Trockensubstanz in %	Heizwert in kcal/kg
100	4260
65	2650
50	1700
45	1400
40	990
35	610
28	0

Tabelle VI, 3. *Schwindmasse der Rindenquerflächen.* Nach KOLJO

Rindenart	Stammhöhe 0 m	Stammhöhe 10 m	Mittelwerte in %
Aspe . .	4	14	10 — 20
Erle . . .	25	30	15 — 25
Birke . .	9	9,5	9 — 10
Fichte . .	26	35	25 — 30

Der Festgehalt der nach Raummeter gemessenen Rinde beträgt für frische Fichtenaltrinde (nach BAUR)[3] 22···35···46% und für frische Tannenrinde 44···50···58%. Die Schwindmasse

[1] KOLJO, B.: Forstwiss. Zbl. **69**, 538—551 (1950).

[2] HÄGGLUND, E.: Cellulosa ur ved (S. 11). In G. ANGEL, Handbok i Kemisk Teknologi. IV. Stockholm: Natur och Kultur 1949.

[3] BAUR, F.: Untersuchungen über das Festgehalt und das Gewicht des Schichtholzes und der Rinde. Augsburg 1897.

an Rindenquerflächen ist laut KOLJO[1] in dem unteren Stammabschnitt der Borkenrinde relativ klein und nimmt mit der Stammhöhe zu.

Die Innenrinde (65%) einer vollwüchsigen Fichte enthält etwa 75% fiberähnliche Siebröhren, die sich zur Herstellung von porösen Fiberplatten eignen. In den letzten Jahren hat man Rindenabfälle als Füllmaterial bei der Spanplattenherstellung verwendet.

In letzter Zeit sind auch Erkenntnisse über die Schädlingsanlockung durch Rindenduftstoffe gewonnen worden. Für Rüsselkäfer wirken als Duftstoff der Fichtenrinde Derivate der Öl-, Lanolin- und Stearinsäure, während Harzkomponenten abstoßend wirken. Ein „Duftmantel" tritt besonders bei alten, geschwächten Bäumen oder solchen an trockenen Standorten auf.

Ist die Rinde als lästiger Abfall oder als Rohmaterial zu bezeichnen? Wie aus dem Angeführten zu ersehen, besitzt die Rinde außerordentliche physikalische (Heiz- und Wärme-) Eigenschaften. Eichen-, Kastanien-, Weiden- und Fichtenrinde werden als Rohstoff für Gerbstoffe in der Gerberei verwendet. Einige Rindenarten gestatten eine Sondernutzung wie Korkeiche und Lindenbast.

Wie groß der jährliche Anfall von Rindenmengen in Europa ist, soll folgende Tabelle VI, 4 zeigen, wobei der Rindenanteil im Mittel mit 10% berechnet wurde.

Tabelle VI, 4. *Jährlicher Anfall an Rindenmenge in Europa, berechnet auf den Rundholzeinschlag in Mill. m³* [2].

Länder	Rundholzeinschlag in Mill. m³			Rindenmasse in Mill. m³
	Laubholz	Nadelholz	Gesamt	
Austria (Österreich) . .	1,48	9,46	10,95	1,09
Belgien.	1,06	1,12	2,18	0,22
Bulgarien. . . .	—	—	—	—
Dänemark . . .	—	—	—	—
Deutschland West	7,73	14,48	22,21	2,22
Deutschland Ost .	—	—	9,60	0,96
Finnland	6,70	28,30	35,00	3,50
Frankreich . . .	22,78	12,60	35,38	3,54
Griechenland . .	3,26	0,66	3,92	0,39
Groß-Britannien.	1,51	1,86	3,37	0,33
Irland	0,10	0,09	0,19	0,02
Italien	9,57	2,07	11,64	1,16
Jugoslawien . .	13,96	5,10	19,06	1,91
Luxemburg . . .	0,08	0,05	0,13	0,01
Norwegen . . .	1,09	8,56	9,65	0,97
Niederlanden . .	0,30	0,34	0 ,64	0,06
Polen	—	—	12,90	1,29
Portugal	2,31	2,61	4,92	0,49
Spanien	4,98	3,24	8,22	0,82
Schweden . . .	3,90	37,60	41,50	4,15
Schweiz	0,85	2,95	3,80	0,38
Tschecho-slowakei . .	—	—	10,30	1,03
Ungarn. . . .	—	—	2,20	0,22
Europa ohne UdSSR	82,6	132,6	256,6	25,6

(Nach Angaben von UN-FAO Yearbook of Forest Products Statistics 1955)

Für Kiefer und Laubholz ist der Rindenanteil mit 10% etwas zu niedrig geschätzt. Wenn man jedoch den Rindenverlust beim Rücken und Transport mit in Rechnung stellt, ist es etwa der Anteil, mit dem man als Rohstoffmenge unter Voraussetzung zentralisierter Sammelplätze rechnen kann. Wie zu ersehen, handelt es sich um beträchtliche Rindenmengen, die jährlich anfallen. Die Nutzung der Rinde von Holzarten der gemäßigten Zone haben bisher

[1] KOLJO, B.: Beobachtungen über das Schwinden von Holz und Rinde. Jb. akad. Forstver. zu Tartu (Dorpat) 1935.

[2] In der Tabelle VI, 4 angeführte Laub- und Nadelrundholzmengen stimmen mit der Totalsumme nicht überein, weil ein Teil der Länder ihre Einschlagmengen nicht spezifiziert haben.

begrenzte Anwendungsmöglichkeiten und im Rahmen der Abfallverwertung manche Schwierigkeiten zu überwinden. Hier handelt es sich nicht nur um die Rindensubstanz, sondern auch um eine wirtschaftliche Abtrennung der Rinde vom Holz. Große Fortschritte auf dem Gebiet der Entrindung sind im letzten Jahrzehnt erzielt worden. BOTT[1] berichtet über industrielle Holzentrindung mit den verschiedenen Typen von Entrindungsmaschinen (mit schneidenden Werkzeugen, Reibungskräften und Hochdruckwasserstrahlen) und ihre Wirtschaftlichkeit. Als besondere Methode sei noch die chemische Entrindung genannt. Das Cambium wird an stehenden Bäumen durch abtötende Chemikalien (z. B. Natriumarsenit, Ammoniumsulfamat, Ammoniumbifluorid u. a.) laut STEGMANN[2], GLÄSER[3] u. a. behandelt, die eine leichte Entrindung, unabhängig von der Jahreszeit, ermöglicht. Über die Auswirkung dieses Verfahrens ist noch wenig bekannt. SMITH[4] teilt mit, daß weder im Holz, noch im Holzschliff und Zellstoff solch behandelter Bäume eine über das Normale vorkommende Arsenitkonzentration festzustellen ist.

Die Rinden der westamerikanischen Nadelholzarten werden durch Trennung des gemahlenen Rindenguts in *faserhaltige* Anteile (zu Polstermaterial, Faserplatten, Preßformstücke), *korkhaltige* (zu Bodendüngung, Entfärbungsmittel) und *staubförmige* (als Träger von Bestäubungsgiften u. a.) verwendet. Ein Teil dieser Rinden wird einer Extraktion und Destillation unterworfen (KURTH[5], u. a.). Rinden der Douglasie und Western Hemlock werden als Zusatz (etwa 20 bis 45%) bei der Hartplattenherstellung gemäß ANDERSON und RUNCKEL[6] benutzt.

Die zukünftige Nutzung des Rinden-Rohstoffes wird von den Fortschritten ihrer wissenschaftlichen Erforschung abhängen.

2. Chemische Zusammensetzung der Rinde

Auf Grund des anatomischen Aufbaues der einzelnen Rindenschichten und ihrer physiologischen Aufgaben ist eine unterschiedliche Zusammensetzung derselben zu erwarten.

Den Bildungsmechanismus dieser einzelnen Schichten haben SCHARKOW und GIRSCHITZ[7] untersucht.

Sie analysierten den Cambiumsaft einiger 120jähriger Kiefern. Aus der abgeschälten Rinde wurde der Saft auf der Bastseite durch Druck eines stumpfen Messers herausgedrückt, gesammelt, filtriert und durch Kochen sterilisiert. Bei 60 bis 65° C koagulierten etwa 3% des Volumens der Inhaltsstoffe.

Die Analyse derselben ergab 54% Eiweiß. Dieses stammt nach Ansicht der Verfasser aus dem mitausgedrückten Protoplasma.

Das Filtrat des Bastsaftes wurde eingedampft (Trockenrückstand 11,6%) und auf seine Inhaltsstoffe untersucht.

Die Analysenwerte der Bastsaft-Inhaltsstoffe sind in der Tabelle VI, 5 — in Gegenüberstellung der von denselben Autoren ausgeführten Analysen von Bastgewebe und Rinde der Kiefer — angeführt.

Tabelle VI, 5. *Inhaltsstoffe von Bastsaft, Bastgewebe und Borke der Kiefer* (in Prozent). Nach SCHARKOW u. GIRSCHITZ[7]

Gehalt in Prozent	Kiefer		
	Bastsaft	Bastgewebe	Borke
Vergärbare Zucker (Glucose, Fructose u. Sacharose)	58,40	1,27	0
Ätherlösliche Stoffe (Fette, Harze, Wachse)	0,02	2,00	3,48
Asche	5,06	4,02	2,72
Gesamtmethoxyl	3,14	—	—
Uronsäure	6,46	9,39	3,77
Gerbstoffe	6,80	11,92	5,00
Schwefelsäure-Lignin	9,30	12,12	43,63
Pentosane	—	13,14	8,26
Hexosane	3,9	20,24	10,45
Cellulose	—	24,23	19,83
Pektin	3,4	—	—
Suberin	—	0	2,85

[1] BOTT, R.: Holz Roh- u. Werkstoff **13**, 147—160 (1955).
[2] STEGMANN, G.: Nord. Holzwirtsch. **5**, 9 (1954).
[3] GLÄSER, H.: Chemische Entrindung. Frankfurt am Main: Sauerländers Verlag 1954.
[4] SMITH, R. F., u. K. MATTISEN: Tappi **37**, 451 (1954).
[5] KURTH, E. F., u. a.: Chem. a. Utiliz. of Bark Bull. **25**, 223 New Haven (1949).
[6] ANDERSON, A. u. W. RUNCKEL: Paper Trade J. **134**, 22—28 (1952).
[7] SCHARKOW, W., u. A. GIRSCHITZ: Holzchem. Ind. (russ.) H. 3, 7, 12 (1940); zit. nach Chem. Zbl. I, **111**, 72, 399, 1049 (1940); II: **111**, 643, 1308 (1940).

Beim Übergang des Bastes in die Außenrinde findet eine starke Verringerung der Uronsäuren, Pektin- und Gerbstoffe statt bei einer 3,5- bis 4fachen Erhöhung des Ligningehaltes, was einer Steigerung des C-Gehaltes (von 45% im Pektin auf 61% im Lignin) entspricht.

Die Gerbstoffe haben in beiden Rindenteilen gleichen Aufbau, so daß die Verfasser annehmen, daß ein Teil der Gerbstoffe beim Übergang zur Außenrinde in Phlobaphene umgewandelt wird und in dieser Form im Lignin der Rinde enthalten ist. Die Untersuchung der Umwandlung vom Lignin beim Absterben des Bastes und Bildung der Außenrinde führt zur Schlußfolgerung, daß letztere Erscheinung nicht nur auf Lebensvorgänge des Bastgewebes, sondern auch auf Überführung gewisser Bau- und Abfallstoffe in den absterbenden Bastteilen zurückzuführen ist.

Die Diskussion der stofflichen Zusammensetzung der Rinde muß nun einerseits ausgehen von einer Diskussion der eigentlichen Zellwandsubstanzen, einschließlich Lignin, andererseits von einer Untersuchung der Begleitstoffe, Polyosen, und den sekundären Inhaltsstoffen, an denen die Rinde sehr reich ist[1].

Auch am Bau der Rindenzellen ist die Cellulose beteiligt (zu $\sim$ 20%); daneben tritt, neben dem Hervortreten einer stärkeren Lignifizierung, ein neuer Baustoff, das Suberin, hinzu. Wasser- und organosolve Extraktstoffe beobachtet man, speziell in der Borke, in relativ großen Mengen (in *Ceriops Candolleana Arn.*, z. B. 42,3% Tannin); u. a. finden sich wachs- und fettartige Komponenten. So enthält z. B. nach KURTH[2] die Rinde von *Abies grandis* 18—29% Extraktstoffe (Fette, Öle, Wachse, Tannin und Kohlenhydrate); der Rückstand besteht zu 40,4% aus Lignin und 59,5% aus Holocellulose. Auch der Aschegehalt liegt im allgemeinen höher als im Holzkörper. Zum Teil können sogar kristalline Ablagerungen in der Rinde auftreten (z. B. Quillajarinde).

Zum Unterschied vom Holz ist die Rinde ein sehr viel komplizierteres Gebilde und verhält sich auch chemisch anders. Bei der Zellstoffgewinnung ist eine Entrindung des Holzes notwendig, da sonst die Qualität des Zellstoffes leidet, weil die Rinde sich unter den üblichen Bedingungen nicht aufschließen läßt. Die Gründe für den im Vergleich zum Holz schwierigeren Aufschluß der Rinde (hauptsächlich Borke) können chemischer und morphologischer Art sein. Stärkere Verholzung, höherer Gehalt an offenbar aufschlußerschwerenden Extraktstoffen, teilweiser Ersatz durch andere Skelettsubstanzen und möglicherweise weitere unbekannte Faktoren spielen hier eine Rolle. Während andere, beim Holz übliche Aufschlußverfahren versagen, sind in diesem Falle Salpetersäureverfahren[3], insbesondere mit alkoholischer Salpetersäure (KÜRSCHNER und HOFFER[4]) geeignet.

Die **Gerüstsubstanz** der Kiefernborke wurde unter Anwendung der Aufschlußmethode von KÜRSCHNER und HOFFER[4] bestimmt: Die Lamellen ergaben 35,8%, die Primärborke 24,0% und die Sekundärborke 19,2% an Gerüstsubstanzen. (Hinsichtlich der Terminologie vgl. S. 95ff.)

Die Gerüstsubstanz bei der *Kiefernrinde*, die somit in einer durchschnittlichen Ausbeute von 21,5% erhalten wurde, zeigt keine prinzipiellen Unterschiede gegenüber der Cellulose des Holzes und ist zweifellos hauptsächlich ein aus Glucose aufgebauter hochpolymerer Stoff. HERRMANN[5] fand nach der Chlordioxydmethode in der Sekundärborke 25,3—28,5% an Gerüstsubstanzen. Bei dieser Methode scheinen die Kohlenhydrate am vollständigsten erhalten zu bleiben.

Der nicht hydrolysierbare Anteil der *Fichtenrinde*, der nach üblichen sauren Aufschlußverfahren als Rückstand von etwa 20% erhalten wird, dürfte mindestens zum Teil einen dem Lignin des Holzes analogen Aufbau haben. Durch Druckoxydation läßt sich, wenn auch in geringerer Ausbeute, Vanillin daraus herstellen. Der wesentlich geringere Methoxylgehalt des Rindenlignins deutet aber darauf hin, daß entweder noch andere, nicht zur Gruppe der Lignine gehörende Bestandteile anwesend sind, oder daß das Rindenlignin sich aus weniger hoch methoxylierten Bausteinen zusammensetzt.

[1] Vgl. auch CHANG, Y. PE u. R. L. MITCHELL: Tappi **38**, 315 (1955).
[2] KURTH, E. F.: Chem. Rev. **40**, 33 (1947).
[3] WACECK, A. v., u. A. SCHÖN: Holz Roh- u. Werkstoff **4**, 18 (1941).
[4] KÜRSCHNER, K., u. K. HOFFER: Techn. Chem. Pap. Zellst. Fabr. **26**, 125 (1929).
[5] HERRMANN, E.: Diss. Breslau 1938.

Polyosen. SCHWALBE und NEUMANN[1] fanden Galaktose als Baustein des Kohlenhydratanteils und nahmen deshalb als Hauptbaustein der Gerüstsubstanz Galaktose an. Diese Annahme wurde anfangs von LEHMANN und EISENHUT[2] durch Untersuchungen an Kiefernborke bestätigt, in späteren Untersuchungen jedoch widerlegt, in dem als Hauptbestandteil der Gerüstsubstanz der Borke ein Glucosan ermittelt wurde. Zum gleichen Ergebnis kamen auch v. WACEK und SCHÖN[3].

LEHMANN und WILKE[4] untersuchten Kiefernborke (vgl. Tab. VI, 6). Sie unterschieden anatomisch-morphologisch zwischen *Lamellen,* die auf den Stammteilen der Spiegelrinde die leicht abblätternden obersten Schichten der Rinde bilden, und der „*Primärborke*", d. h. die in der ersten Verborkungsphase sich bildende Borkenschicht, im Gegensatz zu der am unteren Stammteil befindlichen älteren „*Sekundärborke*".

Der *Pentosangehalt* dieser drei Entwicklungsstufen der Rinde (bezogen auf 100% Trockensubstanz) wurde für die Lamellen mit 12,5%, für die Primärborke mit 11,9% und für die Sekundärborke mit 4,4% bestimmt.

SCHWALBE und NEUMANN[1] haben die Zusammensetzung der jungen Rinde und des jungen Holzes von Fichte und Buche untersucht. Durch Heißwasserextraktionen konnten sie feststellen, daß in der Rindenschicht der untersuchten Hölzer nur unbedeutende Mengen freier Zucker vorhanden sind. Durch saure Hydrolyse wurden bei Nadelhölzern aus den inneren Rindenschichten größere Zuckermengen als aus dem Splintholz herausgelöst. In den Rindenschichten dieser Hölzer sind offenbar leicht hydrolysierbare Hemicellulosen angereichert, die alle Vertreter der bei der Hydrolyse von Holz vorkommenden Hexosen — mit Ausnahme von Glucose — enthalten. Auch der mengenmäßige Anteil der Pentosane ist in der Rinde größer als im Holz, wenn auch der Unterschied geringer ist als bei den Hexosanen.

Die Rindenschicht der Buche ist wesentlich ärmer an leicht hydrolysierbaren Hexosanen als das Splintholz; auch der Pentosangehalt der Buchenrinde ist niedriger (bei den Laubhölzern überwiegen die Pentosane).

Aus Tab. VI, 7 ist zu entnehmen, daß mit dem Alter der Rinde eine Abnahme des Pentosangehaltes, der wasserlöslichen Stoffe und der Gerüstsubstanz in den späteren Stadien der Rindenbildung festgestellt werden kann. Der Gehalt an Farb- und Fettstoffen hingegen nimmt zu.

Rinden-Extraktstoffe. Weitere Unterschiede der Rinde im Verhältnis zum Holz bestehen darin, daß ein sehr hoher Gehalt an Extraktstoffen zu beobachten ist. Während die Extrakte im Holz etwa 2—4% ausmachen, betragen sie bei der Rinde 20—30% des Trockengewichtes.

Bei der Alkoholextraktion der Kiefernborke wurden erhebliche Anteile eines roten Farbstoffes (Gerbstoffrot) sowie Fett- und Harzstoffe erhalten. Mit diesen Farbstoffen, die von STÄHLEIN und HOFSTETTER[5] schon früh (1844) isoliert und als *Phlobaphene* bezeichnet wurden, haben sich LEHMANN und Mitarbeiter besonders beschäftigt. Sie fanden, daß in der Borke zwei verschiedene Farbstoffe eingelagert sind, das methoxylfreie Phlobaphen und ein methoxylhaltiger Farbstoff, der dem Lignin ähnlich ist. Das Phlobaphen ist ein Farbstoff des Zellinnern, der ligninähnliche Farbstoff hingegen ein Bestandteil der Zellwand.

---

[1] SCHWALBE, C. G., u. K. E. NEUMANN: Cellulosechem. **11**, 113 (1930).
[2] LEHMANN, E., u. F. EISENHUTH: Ber. dtsch. chem. Ges. **12**, 1003, 1657 (1939).
[3] Siehe S. 411, Fußnote 3.
[4] LEHMANN, E., u. G. WILKE: Cellulosechem. **20**, 73 (1942).
[5] STÄHLEIN u. HOFSTETTER: Liebigs Ann. **51**, 63 (1844).

Die Ergebnisse der Alkoholextraktion an Proben der drei Entwicklungsstufen der Kiefernborke nach LEHMANN und WILKE sind in Tab. VI, 6 zusammengefaßt. Der ätherlösliche Anteil des Alkoholextraktes besteht im wesentlichen aus Harz- und Fettbestandteilen, der bei der jüngsten Borke 86,2% ausmacht und in den späteren Entwicklungsstufen auf 35—40% absinkt, was aber nicht unbedingt auf eine geringe Menge dieser Stoffe in der Primär- bzw. Sekundärborke schließen läßt, denn durch chemische Veränderungen (Oxydation, Kondensation usw.) kann unter Umständen die Löslichkeit dieser Stoffe herabgesetzt worden sein.

Tabelle VI, 6. *Alkoholextraktion der Kiefernborke nach* LEHMANN u. EISENHUT

Art der Rinde	Alkohol-extraktion Prozent d. extr. Substanz	Ätherunlösl. Anteil in Prozent d. Alkohol-extraktion	Ätherlöslich. Anteil in Prozent d. Alkohol-extraktion
Lamellen	4,26	10,85	86,20
Primärborke	8,33	52,50	36,40
Sekundärborke	11,05	55,00	41,00

Tabelle, VI, 7. *Extraktstoffe der Alkoholfraktion* (nach LEHMANN u. WILKE)

Gehalt in Prozent	Lamellen	Primärborke	Sekundär-borke
Farbstoff, unlöslich	27,97	32,77	49,73
Farbstoff, alkohollöslich	3,67	3,03	4,53
Fettstoffe	0,46	4,37	6,08
Gerüstsubstanz	34,27	22,04	17,08
Pentosan	10,92	9,85	3,53
Wasserlösliche Stoffe	9,25	12,28	6,26
Asche	1,56	1,61	1,51

Für die technische Verwertung der Rinde sind die *Gerbstoffe* die wichtigsten Extraktstoffe.

Am gerbstoffreichsten ist die Stammrinde, hierauf folgen Wurzelrinde, Rhizom, Blatt und Fruchtwand. Einen geringeren Gerbstoffgehalt weisen Holz (Eichen-, Edelkastanien-, Quebrachoholz) und die Fortpflanzungsorgane auf. Die physiologischen Aufgaben der Gerbstoffe bei den Pflanzen sind noch nicht geklärt.

Bei peripherer Lage mag wohl in manchen Fällen ein Schutz gegen Tierfraß gewährt werden. In die Zellwände eingelagerte Gerbstoffe wirken antiseptisch. Interessant ist das Auftreten gerbstoffähnlicher Verbindungen in viruskranken Pflanzen[1].

Nach den Untersuchungen von GRASSMANN und KUNTARA[2] ist der Gerbstoff in der jungen Pflanze zunächst in wasserlöslicher Form vorhanden und seine Menge nimmt mit zunehmendem Alter bei den meisten Holzarten ab; besonders bei der Bildung der Borkenrinde gehen die Gerbstoffe in wasserunlösliche Phlobaphene über. Diese Umwandlung des Gerbstoffes in der Pflanze, die zunächst mit Sicherheit bei Rinden einheimischer Bäume (Eiche, Fichte, Kiefer, Lärche) festgestellt worden ist, scheint gesetzmäßig für alle gerbstofführenden Pflanzen zu sein, deren Gerbstoffe durch Kondensation gebildet werden.

[1] RESÜHR, B.: Z. Pflanzenkrkh. **52**, 63 (1942).

[2] GRASSMANN, W., u. W. KUNTARA: Collegium **1941**, 98; 187.

Gerbrinde liefernde Holzarten sind folgende: Eichen, Edelkastanien, Fichten, gewisse Akazienarten (Mimosarinde), Eucalyptusarten (Malettrinde), Mangroven, Birken und Weiden. Tabelle VI, 8 gibt eine Übersicht über den Gerbstoffgehalt der einheimischen Holzarten.

Tabelle VI, 8. *Gerbstoffgehalt der Rinde* (nach PAESSLER[1], WOLFF[2], GNAMM[3], VORREITER[4] u. EHWALD[5])

Holzarten	Gerbstoff in Prozent
Fichte . .	4,7 ··· **11,6** ··· 20,0
Tanne . .	4,8 ··· **6,4** ··· 9,2
Kiefer . .	4,0 ··· **6,0** ··· 8,0
Lärche . .	5,0 ··· **10,0** ··· 16,0
Eiche . .	5,0 ··· **9,0** ··· 16,0
Ulme . .	3,0 ··· **3,5** ··· 4,0
Weide . .	3,0 ··· **8,0** 13,0
Erle . . .	5,5 ··· **8,0** ··· 20,0
Buche . .	2,5 ··· **3,3** ··· 4,0
Birke . .	3,0 ··· **4,3** ··· 5,5

Die Rindengerbstoffe machten bis kurz vor dem zweiten Krieg etwa 31% der gesamten Weltproduktion an Pflanzengerbstoffen aus (GNAMM[3]). Für den Gerbprozeß muß der in der Pflanze enthaltene Gerbstoff in Lösung gebracht werden. Viele Rinden haben neben wasserlöslichen Gerbstoffen noch wasserunlösliche Gerbstoffanteile, die vorwiegend in der Außenrinde (Borke) enthalten sind. Außer Temperatur- und Druckerhöhung zwecks Steigerung der Gerbstoffausbeute ist eine Sulfitierung angewendet worden. Auch eine Extraktion mit Wasser und organischen Lösungsmitteln haben bei Fichte und anderen Nadelhölzern gute Erfolge gezeitigt.

Die Gerbstoffe der meisten Rinden gehören zur Gruppe der Catechin-Gerbstoffe. Hinsichtlich der chemischen Konstitution dieser Gruppe sei auf die Ausführungen der §§ 38 u. 39 hingewiesen.

Nach neueren Untersuchungen haben GRASSMANN[6] und Mitarbeiter im Bast der Fichtenrinde eine Gerbstoffkomponente in Form eines kristallisierten Glucosids und des dazugehörigen Aglucons ($C_{18}H_{16}O_5$ oder $C_{18}H_{18}O_5$) isoliert und durch einige Derivate gekennzeichnet. Die Verbindung ist kein Catechin und enthält eine Doppelbindung. Beim oxydativen Abbau des Nitrobenzoylderivates wird Dinitrobenzoyl-protocatechusäure abgespalten. Ferner haben nun LINDSTEDT und ZACHARIAS[7] Gerbstoffextrakte der Fichtenrinde chromatographisch untersucht. Einige Komponenten des technischen Extraktes konnten in den frischen Rinden nicht gefunden werden oder umgekehrt. Eine Anzahl phenolischer Komponenten mit Aldehyd- oder Ketonfunktionen wurden nachgewiesen.

Tabelle VI, 9. *Einfluß der Sulfitierung auf die Gerbstoffausbeute* (nach GRASSMANN und KUNTARA[8])

Rindenart	Offizielle Gerbstoffanalyse %	Sulfitierte Extraktion %	Steigerung d. Ausbeut. %
Fichtenrinde . .	9,5	13,8—16,6	46— 75
Kiefernborke . .	3,0	5,0— 8,5	66—183
Lärchenborke . .	7,2	14,3	100
Eichenschälrinde	10,2	11,7	15
Eichenborke . .	5,9	10,7	81

In den Rinden der Nadelhölzer befindet sich in den weiten Harzkanälen der jungen Sprossen *Harz*, auch bei den Arten, die im Holzkörper selbst keine Harzgänge bilden *(Abies* und *Thuja).*

Oft werden diese Harzbeulen zu großen Speicherräumen für den Balsam ausgebildet (Tanne, Douglasie).

In der Phase der Borkenbildung geht dieses aus vertikalen Harzgängen gebildete Harzkanalsystem der Rinde verloren; alte Kiefern haben keine Harzgänge im Bast.

[1] PAESSLER, J.: Ledertechn. Rdsch. **13, 14** (1916, 1917).

[2] WOLFF, E.: Aschenanalysen. Berlin 1880.

[3] GNAMM, H.: Die Gerbstoffe und Gerbmittel. Stuttgart: Wiss. Verlagsges. 1949.

[4] VORREITER, L.: Handbuch für Holzabfallwirtschaft. 2. Aufl. Berlin: Neumann-Neudamm 1940.

[5] EHWALD, E.: Forstwirtsch.-Holzwirtsch. **4**, 233, 281 (1950).

[6] GRASSMANN, W., G. DEFFNER, E. SCHUSTER u. W. PAUCKNER: Ber. dtsch. chem. Ges. **89**, 2523 (1956).

[7] LINDSTEDT, G., u. B. ZACHARIAS: Acta chem. scand. (Copenh.) **9**, 781 (1955).

[8] Siehe S. 413, Fußnote 3.

Von WIENHAUS[1] wurde Terpentin aus solchen Harzbeulen einer Edeltanne *(Abies)* untersucht: Das Terpentin besteht aus 17% kristallinischen Stoffen (Abienolhydrat), etwa 30% neutralen Stoffen (α-, β-Pinen, Camphen, Pinolhydrat, Dipenten [Limonen], Sesquiterpenalkohole [$C_{15}H_{26}O$], Aldehyde und 50% Harzsäuren [Sylvinsäure, Laevopimarsäure u. a.]).

Das untersuchte Terpentin aus der Tannenrinde steht in seiner Zusammensetzung dem der übrigen Nadelhölzer nahe.

Ferner muß der große Anteil von **Mineralstoffen** in der Rinde — zum Unterschied vom Holz — hervorgehoben werden. Bei den meisten Holzarten liegt der Aschengehalt des Holzes unter 1% und nur selten darüber (Balsa: 2,12%). Die mittleren Aschenanteile für Rinde sind: bei Kiefer < 1%, bei Fichte, Tanne, Birke 1—3%; bei Esche, Robinie, Pappel, Erle, Buche 3—4%, bei Eiche 4—7%, bei Ulme, Ahorn, Hainbuche 7—9% der Trockensubstanz (TRENDELENBURG-MAYER-WEGELIN)[2].

Speziell zu erwähnen ist das beträchtliche Vorkommen von *Calciumoxalat* [$Ca(COO)_2 \cdot H_2O$] als monokline Kristalle, Drusen resp. Kristallsand in der Rinde der meisten Holzarten. Sie treten oft in Begleitung von Bastfasern und Steinzellen (z. B. bei Eiche, Weide, Birke, Robinie) auf; in einzelnen Rinden allerdings fehlt laut HOLDHEIDE[3] Calciumoxalat ganz (Feldahorn). Auch *Kieselsäure* (SiO_2) kommt in größeren Mengen in der Rinde einiger Baumarten (z. B. Fichte, Birke, Ulme) vor.

Als *spezifische Stoffe* der Rinde sei das Betulin der Birkenborke und Alanin der Erlenrinde Glycyrrhizin der Monesiarinde usw. zu nennen; ferner die *Alkaloide* der Chinarinde und die *Farbstoffe* wie *Quercetin, Morin, Brasilin, Hämatoxylin, Barbecin, Fisetin, Lokao,* wobei auf Einzelheiten dieser Stoffe im Rahmen dieser Darstellung verzichtet werden muß.

Abschließend sei der Unterschied zwischen Bast und Borke einiger Baumarten gemäß den in der UdSSR. ausgeführten Analysen beleuchtet.

Tabelle VI, 10. *Zusammensetzung der Rinde einiger Holzarten nach* SCHARKOW[4]

Holzart	Cellulose pentosanfrei	Pentosan	Hexosan	Uronsäure	Lignin	Methoxyl (außer Lignin)	Wasser-Extrakt	Alkohol-Extrakt	Flüchtige Säuren	Suberin	Gesamtasche
Kiefer											
Bast	18,22	12,14	16,30	6,04	17,12	1,84	20,84	3,85	1,73	0,00	2,19
Borke	16,43	6,76	6,00	2,17	43,63	3,70	14,20	3,48	1,25	2,85	0,39
Fichte											
Bast	23,20	9,65	9,30	5,98	15,57	1,90	33,08	0,70	1,11	0,00	2,33
Borke	14,30	7,10	7,70	3,95	27,44	2,90	27,91	2,62	0,69	2,82	2,31
Aspe											
Bast	8,31	11,80	7,00	3,56	27,70	3,78	31,32	7,50	1,60	0,91	2,73
Birke											
Bast	17,40	12,50	5,10	7,35	24,70	0,70	21,40	13,10	0,77	0,00	2,42

Wie die Analysenwerte zeigen, sind im Bast mehr Extraktstoffe, Uronsäuren und Pentosane, aber weniger Lignin als in der Borke enthalten.

Die Umwandlung von Bast in Borke äußert sich in der Ansammlung von Stoffen mit ligninähnlichem Charakter und im Auftreten von *Suberin* und anderen abdichtenden Stoffen. Einige Vertreter dieser letztgenannten Stoffe, die bisher hier nicht aufgeführt wurden, wie *Suberin, Wachse* und *Cutin* werden in den folgenden §§ 42 und 43 näher behandelt.

[1] WIENHAUS, H., u. K. MUCKE: Ber. dtsch. chem. Ges. 75, 1830—1840 (1942).

[2] TRENDELENBURG, R., u. H. MAYER-WEGELIN: Das Holz als Rohstoff, S. 221. 2. Aufl. München: Carl Hanser 1955.

[3] Siehe S. 405, Fußnote 1.

[4] SCHARKOW, J. W.: Papierindustrie N 8, 32 (1938) (russ.); zit. nach N. J. NIKITIN: Die Chemie des Holzes. Berlin: Akad. Verlagsges. 1955.

§ 42. Das Suberin

Von B. Koljo und P. Sitte

1. Allgemeines und die Chemie des Korks

Von B. Koljo

a) Vorbemerkung

Bei der Umwandlung des Bastes in Borke ist das Auftreten der Korksubstanz Suberin charakteristisch und sie bildet den wesentlichen Bestandteil der Zellmembranen in den Korkzellen.

Über die Vorgänge, die sich in den Korkzellen nach der Abspaltung vom Phellogen abspielen, ist wenig bekannt. Man vermutet jedoch, daß diese Zellen wahrscheinlich noch eine kurze Zeit am Leben bleiben. Die zahlreichen Forscher untersuchten mit wenigen Ausnahmen vor allem die fertigen, toten Korkzellen. von Höhnel[1] berichtet eingehend über die Anatomie und Physiologie des Korkes.

Kork bildet sich als besondere Gewebeschicht unter der Epidermis von Holzgewächsen zum Schutz der Pflanze. Er besteht aus abgestorbenen, mit Luft gefüllten Zellen. Dieses bei den Pflanzen auftretende Korkgewebe besteht meist aus 5—10 Zellenreihen. Die an der Rinde befindlichen Zellen sind infolge der Dilatation tangential gedreht. Nach den Erkenntnissen von Schnee[2] und Mylius[3] besteht jede Zellmembran des Korkgewebes aus 3 Schichten: der primären Mittellamelle, der allseitig anliegenden sekundären Suberinlamelle und der tertiären Kohlenhydratlamelle. Die Untersuchungen von H. Mader[4] an Korkmembranen von *Laburnum*-Arten haben bestätigt, daß die vom Phellogen abgegebene Zelle bis zur Größe der ausgebildeten Korkzelle heranwächst, ohne die Suberin- und Kohlenhydratlamelle vorher anzugliedern. Eine neue Korkzelle wird erst dann vom Phellogen abgegeben, wenn sich in der vorher abgetrennten Zelle die Suberinlamelle entwickelt hat. An die Mittellamelle schließt eine isotrope Suberinlamelle ohne Cellulosegrundlage sich an.

Abgestorbene Korkzellen mit dünnen Membranen sind in der Regel mit Luft, dickwandige dagegen oft mit Gerbstoff und Phlobaphenen angefüllt. Spezifische Inhaltsstoffe kommen seltener in den Korkzellen vor (Betulin bei der Birke), das nadelförmige Ceresin im Eichenkork, cochenillerotes Harz in den Korkzellen der europäischen Lärche.

Bei einigen Eichen-, Ulmen- und Ahornarten kann eine recht beträchtliche Korkschicht entwickelt werden, die eine technische Nutzung ermöglicht. Das klassische Beispiel bildet die Korkeiche *Quercus suber* L. und *Quercus occidentalis Oray*, deren Korkschicht eine technische Verwendung findet. Das Verbreitungsareal dieser Eichenarten erstreckt sich auf die Iberische Halbinsel, Südfrankreich, Italien und Nordafrika. Verbreitung, botanische Eigentümlichkeiten und Physiologie der Korkeichen hat Natividade[5] eingehend behandelt. Hier sei nur in Kürze folgendes erwähnt:

Die Korkeichen werden bei einem Durchmesser von 0,5 —1,5 m etwa 10—20 m hoch und erreichen ein durchschnittliches Alter von 200 Jahren. Ihr günstigster Standort ist in lockeren Beständen auf trockenen, sandigen Abhängen bis zu 500 m über dem Meeresspiegel.

Die Korkschicht beginnt sich im 4. Jahr zu bilden und hat in etwa 10 Jahren eine Stärke von etwa 15 mm erreicht. Dieser erste „männliche Kork“ ist rissig, brüchig und voller Löcher, dient als Rohstoff für Korkschrot und daraus hergestellte Platten. Nach dem Entfernen des „männlichen Korkes“ bildet das Phellogen eine weichere und regelmäßigere neue Schicht aus, den „weiblichen“ oder *Reproduktionskork*. Das Schälen des letzten kann alle 9 bis 10 Jahre bis zu einem Baumalter von 120 bis 150 Jahren wiederholt werden.

---

[1] Höhnel, F. v.: Sitzgsber. v. Wien. Akad. Abt. I **76** (1877).
[2] Schnee, F.: Über den Lebenszustand allseitig verkorkter Zellen. Diss. Leipzig 1907.
[3] Mylius, G.: Bibl. bot. **79** (1913).
[4] Mader, H.: Planta (Berlin) **43**, 163—181 (1953/54).
[5] Natividade, J. V.: Subericultura, Lissabon: Ministério da Economia. Direccão Geral dos serviços Florestais é Aquicolas. zit. nach Holz Roh- u. Werkstoff **11**, 240 (1953).

Das Schälen der Korkeichen geschieht durch Ringschnitte am oberen (etwa 3 m Höhe) und unteren Stammteil und durch zwei bis drei Längsschnitte, worauf die entstandenen Cylinderteile vom Stamm abgelöst werden. Für die technische Anwendung wird die Rinde einer kurzen Heißwasser- oder Dampfbehandlung unterzogen. Diese Behandlung geschieht zwecks Erhöhung der Elastizität des Korkes und Reinigung von Holz-, Moos- und Sandteilchen.

Der Wassergehalt eines so behandelten Korkes beträgt 4—7 %. Der ursprüngliche Wassergehalt des männlichen Korkes wird von STOCKAR[1] zu 18,7—19,3% angegeben. Der Aschengehalt wechselt stark und liegt zwischen 0,5 und 4,12% (ROSENTHAL[2], ZEMPLÉN[3], RIBAS und BLASCO[4]).

Die allgemein bekannten *physikalischen Eigenschaften* des Korkes beziehen sich auf das tote Gewebe. Seine geringe Rohwichte (spezifisches Gewicht) $\varrho = 0{,}12$ bis 0,25 g/cm³ ist durch die in den Zellen eingeschlossene Luft bedingt. Der Kork ist nicht hygroskopisch und undurchlässig für die meisten Stoffe (Süß- und Meerwasser, Salzlösungen, Öle, organische und mineralische Säuren, falls letztere nicht oxidierend wirken) und von geringer Durchlässigkeit für Wasser, Alkohol, Äther und Luft.

Die Quellbarkeit der toten Suberinlamellen ist nach PFEFFER[5] gering. STOCKAR[1] gibt eine Volumenzunahme von etwa 20% bei der Heißwasser- oder Dampfbehandlung an. Ob die Volumenzunahme auf den Temperatureinfluß oder auf die durch Sorption verursachte Quellung zurückzuführen ist, müssen weitere Untersuchungen klären. Die Dehnbarkeit bei konstanten Festigkeitseigenschaften wird bis zu 25% angegeben (KOLLMANN)[6].

Die hohe Elastizität und niedrige Wärmeleitzahl des Korkes (s. Abb. VI, 13) ist auf die in den Korkzellen eingeschlossene Luft, die nicht entweichen kann, zurückzuführen. Die Wärmeleitzahl beträgt je nach Raumeinheitsgewicht von 0,038—0,044 kcal/mh°C. Kork ist brennbar, besonders leicht in Form von Korkstaub (explosiv). Im kompakten Stück tritt nur eine Verkohlung der äußeren Schichten unter starker Rußbildung (Spanisch-Schwarz) ein. Von konzentrierten Mineralsäuren, Halogenen, Alkalien, starken Oxydationsmitteln und einigen ätherischen Ölen wird Kork zerstört.

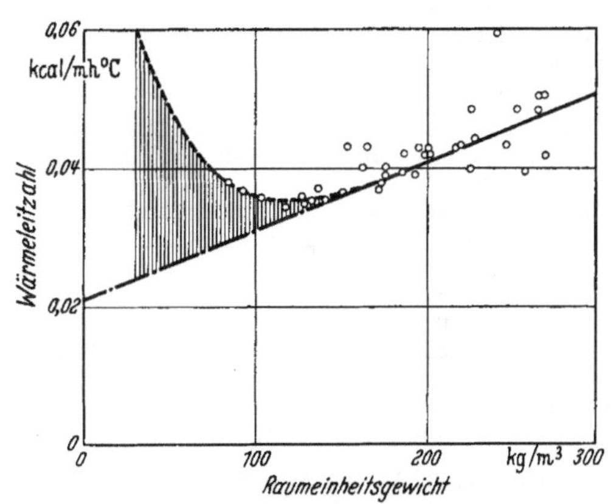

Abb. VI, 13. Wärmeleitzahl von Kork in Abhängigkeit vom Raumeinheitsgewicht.

Die außerordentlichen Wärmeschutzeigenschaften und der hohe Abnutzungswiderstand (höher als Eichenholz und Carraramarmor) verleihen dem Kork vielseitige Nutzungsmöglichkeiten. Der weibliche Kork wird hauptsächlich für die Herstellung von Flaschenstopfen, Schwimmer, Korksohlen usw. verwendet. Der dabei entstehende Abfall und der männliche Kork werden mit verschiedenen Bindemitteln zu Platten für Wärme- und Schallschutz, Fußboden- und Wandverkleidung usw. verarbeitet. Korkschicht wird als Pack- und Poliermittel und zur Herstellung von imprägnierten und unimprägnierten Korkstein für Isolationszwecke ausgenutzt.

[1] STOCKAR, G. K.: Diss. Zürich 1948.

[2] ROSENTHAL, G.: Diss. Bern 1927; s. auch F. ZETZSCHE u. G. L. ROSENTHAL: Helvet. chim. Acta **10**, 346 (1927).

[3] ZEMPLÉN, G.: Z. physik. Chem. **85**, 173 (1913).

[4] RIBAS, J., u. E. BLASCO: An. Real Soc. de Fis. y Quim **36**, 141 (1940); **37**, 248 (1940); Rev. Real. Acad. Ciencias Madrid **35**, 318 (1941).

[5] PFEFFER, W.: Pflanzenphysiologie I. Leipzig 1897.

[6] KOLLMANN, F.: Kork, in: Hütte. 28. Aufl. Berlin: Wilh. Ernst u. Sohn 1955.

b) Chemie des Korkes

Aus Kork lassen sich eine große Anzahl von Verbindungen isolieren, die sich in verschiedene Gruppen zusammenfassen lassen: die Extraktion des Eichenkorkes mit Wasser ergibt den Restteil an Gerbstoffen (Tannine, Zucker usw.), die noch von der technischen Reinigung zurückgeblieben sind. Der Rückstand dieser Extraktion ist in keinem Lösungsmittel ohne tiefgreifenden Abbau löslich. Durch alkalische Verseifung geht der größte Teil in Lösung, wobei der Kork seine Elastizität verliert und zu einem braunen Pulver zerfällt. Der gelöste Teil, das *Suberin*, enthält eine Reihe von Fettsäuren, die alle wasserunlöslich sind und einer höheren Kohlenwasserstoffreihe angehören, als die üblichen Reservestoffettsäuren und deren Bindungsweise untereinander noch nicht befriedigend aufgeklärt ist. Der Verseifungsrückstand enthält Cellulose und Lignin neben anderen, noch nicht definierten Substanzen.

1815 wurde der gesamte obenerwähnte Extraktionsrückstand als Suberin (CHEVREUL[1]) bezeichnet. Erst durch v. HOEHNEL[2] und GILSON[3] wurde der verseifte Teil als *Suberin* bezeichnet.

Der Gewichtsanteil des Suberins für unterschiedlich vorbehandelte Korke wird im Durchschnitt mit 35—44% (ZETZSCHE)[4] angegeben, aber auch Werte von 50% (FIERZ und ULRICH)[5], 54% (LÜSCHER)[6] und 60% (STOCKAR)[7] sind im neueren Schrifttum zu finden. Außer Suberin sind im Kork noch Wachse (Cerin), Fett, Cellulose (29,8—33,5%) Lignin (27,7—31,9%) und Mineralstoffe (manganreich) vorhanden (ORANSKIR[8]). In geringen Mengen kommt nach KÜGLER[8] Vanillin sowie Dakacrylsäure vor. Die Korkfarbe stammt vom Gerbstoffrot und „gelbroten Säuren", möglicherweise fettähnliche Farbstoffe. Durch H_2O_2 werden diese Stoffe unter gleichzeitiger Bildung von Oxydosuberin zerstört.

Umstritten ist, ob das Suberin in eine Cellulosegrundlage (Matrix) eingebettet ist oder eine einheitliche Lamelle im Aufbau der Pflanzenmembran darstellt. VAN WISSELINGH[9] erreichte durch Erwärmen von Schnitten in Glycerin auf 300° C eine Zersetzung der Fettsäuren des Suberins. Damit hat er bewiesen, daß eine einheitliche Suberinlamelle ohne Cellulosegrundlage besteht. Diese Tatsache wurde von MADER[10] durch Untersuchungen an Korkmembranen von *Laburnum*-Arten und von SITTE[11] durch elektronenmikroskopische Untersuchungen über den Feinbau verkorkter Zellwände bestätigt (vgl. § 42,2).

Eine Reihe Autoren stützen die VAN WISSELINGHsche Auffassung über die Suberinlamelle, vor allem ZETZSCHE, CHOLATNIKOW und SCHERZ[12]; wie auch KARRER, PEYER und ZEGA[13] Aber auch kritische und verneinende Einstellungen zu den Befunden VAN WISSELINGHs sind aufgetaucht (ZEMPLÉN[14] 1913 und RIBAS-MARQUÉS[15] 1952). (Da die chemischen Analysen sich auf Flaschenkorkpulver und nicht auf die einzelnen Suberin-Lamellen bezogen, ist im Kork Cellulose eindeutig nachgewiesen worden. Diese Versuche lieferten eine Reihe von Substanzen, die eine klare Vorstellung von der Konstitution des Suberin erschwerten.)

---

[1] CHEVREUL, M. E.: Ann. de Chim. **96**, 141, 165 (1815).

[2] Siehe S. **416**, Fußnote 1.

[3] GILSON, E.: Cellule **6**, 63 (1890).

[4] ZETZSCHE, F.: Kork und Cuticularsubstanzen. In G. KLEIN: Handbuch der Pflanzenanalyse III/2, S. 221—236. Wien: Julius Springer 1932.

[5] FIERZ u. ULRICH: Experientia (Basel) **1**, 160 (1945).

[6] LÜSCHER, E.: Diss. Bern 1936. ZETZSCHE, F. u. E. LÜSCHER: J. prakt. Chem. **150**, 68 (1938).

[7] Siehe S. 417, Fußnote 1.

[8] Referiert nach RUHLAND, W. Handbuch der Pflanzenphysiologie, Bd. I, Springer-Verlag, Heidelberg 1955.

[9] WISSELINGH, C. VAN: Die Zellmembran. In K. LINSBAUER: Handbuch der Pflanzenanatomie III/2. Berlin 1925.

[10] Siehe S. 416, Fußnote 4.

[11] SITTE, P.: Mikroskopie (Wien) **10**, 178 (1955).

[12] ZETZSCHE, F., C. CHOLATNIKOW u. K. SCHERZ: Helvet. chim. Acta **11**, 272 (1928).

[13] KARRER, P., J. PEYER u. Z. ZEGA: Helvet. chim. Acta **5**, 853 (1922).

[14] ZEMPLÉN, G.: Z. physiol. Chem. **85**, 173 (1913).

[15] RIBAS-MARQUÉS, J.: Chim. Industr. **68**, 333 (1952); zit. nach MADER 1954.

Das Suberin ist nach bisherigen Erkenntnissen als eine hochmolekulare Verbindung anzusehen, die wahrscheinlich durch Polymerisation, Kondensation oder Esterbildung aus verschiedenen höheren Fettsäuren (Stearin- bzw. Oxystearin-, Phellon und Phloionsäure) — die 2 oder mehrere reaktive Gruppen und ungesättigte Bindungen enthalten — und vielleicht Glycerin (?) gebildet werden. Die Ergebnisse der Röntgenanalyse sprechen für eine polymerisierte aliphatische Verbindung (PRINS)[1]. Die aufbauenden Säuren besitzen zwei und mehr reaktionsfähige Gruppen, die zur Esterifikation und Ätherbrückenbildung befähigt sind. Es entsteht so ein räumliches Netzwerk aus Ester- und Ätherbrücken, ein hochpolymeres Produkt, das aus spezifischen höhermolekularen gesättigten und ungesättigten Oxyfettsäuren aufgebaut ist. Das Polymerisationsschema ist offenbar analog den *Estoliden*; der Polymerisationsgrad ist aber niedriger als beim Cutin.

Als Zersetzungs- und Abbauprodukte von Suberin wurden folgende Säuren identifiziert:

Phellonsäure (α-Oxybehensäure [?] $C_{21}H_{42}(OH)COOH$ bzw. ω-Hydroxybehensäure nach JENSEN) 3,5—15,5% des Suberins (ZETZSCHE[2], GILSON[3], SONDEREGGER[4], ROSENTHAL[5], ZEGA[6], SCURTI[7], GRUEN[8]) neben α-Oxybehensäure bzw. 22-Oxytetracosylsäure $C_{24}H_{48}O_3$. (Die Kalischmelze ergibt Nonadreandicarbonsäure[9] neben Butter- und Valeriansäure; eine energische Oxydation liefert Korksäure [SCHMIDT][9,10].) Durch Erhitzen bildet sich ein Polyester vom Smp. 101 bis 102° (GILSON[3], v. SCHMIDT[9]).

Suberinsäure (Korksäure) $COOH(CH_2)_6COOH$: 16% des Suberins[3]; daneben Ricinulsäure $C_{18}H_{34}O_3$[6] oder eine Säure der Bruttoformel $C_{26}H_{46}O_6$ resp. ein Gemisch dieser[4,11]. Beim Erhitzen bildet sich ohne Wasserabspaltung ein polymeres Produkt[3,11]. (Die Korksäure ist *keine* ursprüngliche Korkfettsäure; sie wird erst durch die Salpetersäureoxydation des Korkes erhalten.)

Phloionsäure: 1,5% (BAEHLER) bzw. 3,9% des Suberins (SONDEREGGER[4]); eine Dioxydicarbonsäure $COOH(CH_2)_7(CHOH)_2(CH_2)_7COOH$ (GILSON[3], WEBER[10], SCURTI und TOMMASI[7]). (Vgl. auch [10,11].) (Nach JENSEN u. ÖSTMAN[12] soll die Phloionsäure im Kork der Korkeiche in viel größerer Menge vorkommen, als aus älteren Arbeiten hervorgeht; hingegen findet sie sich nicht im Birkenrindenkork.)

Phloionolsäure: Trioxystearinsäure $CH_2OH(CH_2)_7(CHOH)_2(CH_2)_7COOH$ (WEBER[12]): 1,7% des Suberins (ZETZSCHE[2], BAEHLER[11]), ein Begleiter der Phloionsäure.

Suberolsäure: 2% des Suberins (ZETZSCHE[2], SONDEREGGER[4], BAEHLER[11], CHOLATNIKOW[13]), Monocarbonsäure $C_{26}H_{50}O_5$, evtl. Gemisch verschiedener Säuren.

[1] PRINS, J. A.: Physica Groningen **1**, 752 (1934); zit. nach H. MADER: Planta (Berlin) **43**, 163 (1954).
[2] Siehe S. 418, Fußnote 4. [3] Siehe S. 418, Fußnote 3.
[4] ZETZSCHE, F., u. G. SONDEREGGER: Helvet. chim. Acta **14**, 32 (1931).
[5] Siehe S. 417, Fußnote 2.
[6] ZEGA, Z.: Diss. Zürich 1924. — KARRER, P., I. PEYER u. Z. ZEGA: Helvet. chim. Acta **5**, 852 (1922).
[7] SCURTI J. u. A. TOMMASI: Ann. Staz. Chim. Agr. Roma **6**, 40, 53, 67 (1913); **9**, 145 (1916). — SCURTI u. TOMMASI: Chem. Zbl. **46**, 859 (1916).
[8] GRUEN, A., u. K. JANKO: Chem. Umschau **23**, 15, 33 (1916).
[9] SCHMIDT, M. v.: Mh. Chem. **25**, 302 (1904); **31**, 347 (1910).
[10] WEBER, K.: Diss. Bern 1940; s. a. F. ZETZSCHE u. K. WEBER: J. prakt. Chem. **150**, 140 (1938).
[11] BAEHLER, M.: Diss. Bern 1931. — ZETZSCHE, F., u. M. BAEHLER: Helvet. chim. Acta **14**, 84, 6, 849, 852 (1931).
[12] JENSEN, W. u. R., ÖSTMAN: Papper och Trä **36**, 427 (1954).
[13] CHOLATNIKOW, CH.: Diss. Bern 1928; Auszug im Jb. phil. Fak. II Univ. Bern **8**, 65 (1928). — ZETZSCHE, F., CH. CHOLATNIKOW u. K. SCHERZ: Helvet. chim. Acta **11**, 272 (1928).

n-Eicosandicarbonsäure: 1% des Suberins (ZETZSCHE[1], BAEHLER[2]). $COOH(CH_2)_{20}COOH$ (Phellogensäure). Begleiter der Phellonsäure.

Ferner wurde Stearinsäure (KÜGLER[3]) und Corticinsäure (BAEHLER[2]) aufgefunden.

Es ist sehr fraglich, ob diese isolierten Säuren in der obenbeschriebenen Form im Kork vorliegen, wahrscheinlich sind sie Spaltprodukte höherer Oxysäuren bzw. des Kondensationsgerüstes. Selbst Suberinsäure ist keine primäre „Korksäure". Durch Erhitzen dieser im CO_2-Strom bei 140° tritt eine Rückpolymerisation zu einem suberinähnlichen Stoff ein.

Von JENSEN[4] wurde eine olefinische Dioxymonocarbonsäure der Bruttoformel $C_{18}H_{34}O_4$ isoliert. Von anderen ungesättigten Säuren sind Suberol-Corticinsäure und Oxyölsäure (letztere laut SCURTI[5] im Holunderkork) genannt worden. Der stark ungesättigte Charakter der Säuren des Suberins drückt sich in der Jodzahl aus, die von STOCKAR[6] zu 58 bestimmt wurde[17].

Ferner hat JENSEN[4] die aus den isolierten Fettsäuren des Suberins der Eichenrinde (*Quercus suber* L.) mittels Diazomethan hergestellten Methylester über Tonerde chromatographiert. Aus dem Chromatogramm ließen sich drei Substanzen, die schon früher aus der Rinde von *Betula verrucosa Ehrh.* isoliert wurden, als Dimethylester der Eicosandicarbonsäure, Methylester der Phellonsäure, und Methylester der erwähnten neuen C_{18}-Dihydroxymonocarbonsäure mit einer Doppelbindung identifizieren. JENSEN konnte durch Vergleich der physikalischen Daten, besonders des Röntgendiagrammes den Befund von DRACKE[7] und Mitarbeitern bestätigen, daß die Phellonsäure mit der ω-Hydroxybehensäure identisch ist.

Das Vorhandensein von Glycerin im Suberin wird einerseits verneint (ZETZSCHE[1] ROSENTHAL[8], FIERZ und ULRICH[9], THIERFELDER[10] u. a.) andererseits bejaht (GILSON[11] und INGLE[12]). KÜGLER[3] fand unter den Verseifungsprodukten des Korkpulvers einen Glyceringehalt von 2,65%, RIBAS und BLASCO[13] 6—7% und STOCKAR[6] 1,1%. Diese verschiedenen Ergebnisse dürften ihre Ursache in der Herkunft und im Alter des Korkes haben. RIBAS[14] gelang es nachzuweisen, daß der Glyceringehalt von jungem Kork um 10,5% höher ist als derjenige von älteren Schichten.

Phenole scheinen im Suberin der Eichenrinde nicht vorhanden zu sein, dagegen enthalten pathologische korkige Ablagerungen bei der Kartoffel Phenole (HILL[15]).

Die Suberinmengen der Rinde schwanken je nach Holzart und werden wie folgt angegeben (Tabelle VI, 11).

Tabelle VI, 11. *Suberingehalt einiger Rinden* (nach ZETZSCHE[1])

Holzart	Suberingehalt in %
Quercus	35 ... 44
Robinia pseudoacaeia	6,3
Rhamnus frangula.	6,9
Fagus silvatica . .	5,2

Bei Korkeiche und übrigen korkbildenden Holzarten bestehen nicht nur der Menge, sondern auch der chemischen Zusammensetzung nach Unterschiede im Suberin. JENSEN und ÖSTMAN[16] haben das Suberin der Birke (*Betula verrucosa*

[1] Siehe S. 418, Fußnote 4. [2] Siehe S. 419, Fußnote 11.
[3] KÜGLER, K.: Arch. f. Pharm. **22**, 217 (1884).
[4] JENSEN, W.: Paperi ja Puu **32**, 291 (1950).
[5] Siehe S. 419, Fußnote 7. [6] Siehe S. 417, Fußnote 1.
[7] DRAKE, N. H., H. W. CARHART u. R. MORZINGO: J. Amer. Chem. Soc. **63**, 617 (1941); zit. nach Ref. W. SANDERMANN: Holz Roh- u. Werkstoff **9**, 110 (1951).
[8] Siehe S. 417, Fußnote 2.
[9] FIERZ, H., u. ULRICH: Experientia (Basel) **1**, 160 (1945).
[10] THIERFELDER,: Diss. Bern 1938. [11] Siehe S. 418, Fußnote 3.
[12] INGLE: Soc. Chem. Ind. **23**, 1197 (1904). [13] Siehe S. 417, Fußnote 4.
[14] RIBAS-MARQUÈS, J.: Chim. et Industr. **68**, 333 (1952).
[15] HILL, L. M.: Phytopathology **29**, 274 (1939). [16] Siehe S. 419, Fußnote 12.
[17] Kürzlich wurden zwei ungesättigte Säuren, $(CH_2)_7CH{=}CH(CH_2)_7COOH$ und $HOOC(CH_2)_7CH{=}CH(CH_2)_7COOH$, identifiziert (JENSEN, W., u. W. TINNIS: Paper och Trä **39**, 261 [1957]).

EHRH.) untersucht und mit dem Suberin der Korkeiche (*Quercus suber* L.) verglichen. Aus einer Untersuchung unter streng paralleler Durchführung der analytischen Operationen sind die Ergebnisse in folgender Tabelle VI, 12 gebracht.

Tabelle VI, 12. *Vergleich der Suberinsubstanzen in Quercus suber und Betula verrucosa* nach JENSEN und ÖSTMAN

Säure	Formel	Gehalt an Suberinsubstanzen in:	
		Betula verr. %	Quercus sub. %
Phellogensäure	$HOOC(CH_2)_{20}COOH$	9,7	4,7
Phellonsäure	$HOH_2C(CH_2)_{20}COOH$	7,4	12,6
Phloionsäure	$HOOC(CH_2)_7(CHOH)_2(CH_2)_7COOH$	—	11,0
Phloionolsäure	$HOH_2C(CH_2)_7(CHOH)_2(CH_2)_7COOH$	7,8	—
Substanz *V*	$C_{18}H_{34}O_5$	15,9	1,9
Säuren, die flüchtige Methylester bilden		17,2	34,5
Verluste: in der Hauptsache in der chromatogr. Säule zurückgebliebene Substanzen		20,0	21,0

Die Ergebnisse zeigen, daß im Suberin von *Betula verrucosa* Phloionolsäure in beträchtlich größeren Mengen als Phloionsäure vorhanden ist, während das Gegenteil bei *Quercus suber* der Fall ist. Weitere Untersuchungen von JENSEN und RINNE[1] bestätigen für die Phloionolsäure aus der äußeren Rinde von *Betula verrucosa* und dem Kork von *Quercus suber* die Formel einer 9,10,18-Trihydroxystearinsäure.

Abschließend seien in Kürze Ergebnisse einer von HEGERT und KURTH[2] über den Kork der Douglasie (*Pseudotsuga taxifolia Britt.*) ausgeführten Untersuchung referiert. Etwa 40% der Korksubstanz war extrahierbar und die Extrakte — vorwiegend Korkwachse — ergaben nach der Verseifung Lignocerinsäure und -alkohol, Ferulasäure, Hydroxypalmitinsäure, Dihydroquercetin und Glycerin. Daneben fanden sich Tannin, Phlobaphene, Zucker, Phytosterol und nicht identifizierbare Säuren. Ungefähr 82 bis 85% — der nicht extrahierbare Teil — war in Alkali oder Salzsäure-Dioxan löslich. Neben einer phenolischen Säure unbekannter Konstitution fanden sich 11-Hydroxylaurinsäure und Undecansäure neben unidentifizierten phenolischen Säuren.

Im Vergleich mit Eichen-Kork zeigten die Ergebnisse weitgehende Übereinstimmung mit Ausnahme der Extraktivstoffe.

2. Der Feinbau der Kork-Zellwände

Von P. SITTE

a) Zusammenfassende histologische Vorbemerkung

Verkorkte Zellwände enthalten als charakteristischen Bestandteil *Suberin*[3,4]. Die niederen, poikilohydren Pflanzen vermögen diese Substanz nicht zu bilden[5] und besitzen auch kein Gewebe, das histologisch dem Kork entspricht[6]. Das typische Korkgewebe der höheren Pflanzen (*Gymno-*, bes. aber *Angiospermen*, vor allem *Dicotylen*[4,5,7,8]) leitet sich vom ausnahmslos sekundären *Phellogen* (Korkcambium) ab. Dieses liegt (annähernd) periklinal und scheidet nach außen — bezogen auf den Gesamtsproß — den Kork ab, nach innen ein lebendes, oft

[1] JENSEN, W., u. P. RINNE: Paperi ja Puu. **36**, 32 (1954). — Siehe auch S. 419, Fußnote 13.

[2] HEGERT, H. W., u. E. F. KURTH: Tappi **35**, 59 (1952).

[3] CHEVREUL, M. E.: Ann. de Chim. **96**, 141, 165 (1815).

[4] HÖHNEL, F. v.: Sitzgsber. Akad. Wiss. Wien **76**, 1, 507 (1877).

[5] ZETZSCHE, F.: Suberin. In G. KLEIN: Handbuch der Pflanzenanalyse, Bd. **3**, 1, S. 221 (siehe vor allem S. 235) Wien 1932.

[6] GUTTENBERG, H. v.: Lehrbuch der allgemeinen Botanik. S. 85. Berlin 1951.

[7] WISSELINGH, C. VAN: Die Zellmembran. In K. LINSBAUER: Handbuch der Pflanzenanatomie. Bd. **3**, 2. Berlin 1925.

[8] MADER, H.: Planta (Berlin) **43**, 163 (1954).

chloroplastenreiches Gewebe *(Phelloderm)*. Meist ist das eigentliche Korkgewebe nur wenige Zellagen stark, nur ausnahmsweise wird es dicker[1].

Die Korkzellen sterben nach der Suberinisierung ihrer Wand ab[2,3], da jeder Stoffaustausch mit Nachbarzellen weitgehend unterbunden ist: Die Suberinschicht ist lipophil und selbst für Wasser und Gase praktisch impermeabel. Der Zellinhalt verfällt nach und nach und das Lumen ist schließlich von Luft erfüllt (Flaschenkork) oder mit fäulnishemmenden Phlobaphenen und wachsartigen Stoffen (im Flaschenkork öfter Ceresin, Betulin im Kork der *Betulaceen*[4,5]) mehr oder weniger vollgestopft. Daß auch die tote Zellwand sich mit der Zeit recht erheblich ändert („altert"), wiesen gegenüber SCHNEE[3] besonders RIBAS-MARQUÉS[6] und in aller Eindringlichkeit MADER[2] nach; viele Widersprüche in der Literatur dürften auf die Vernachlässigung dieser wichtigen Tatsache zurückzuführen sein (so etwa der strittige Glyceringehalt[6–10]).

Auch alle jene Gewebe, die sich am Sproß außerhalb einer Peridermlage[11] befinden, sterben infolge ihrer Abtrennung vom Transpirationsstrom ab und bilden in ihrer Gesamtheit die *Borke* (vgl. S. 403ff., § 41). In ihr können Epidermis, primäre Rinde, Bast sowie bereits darin liegende Peridermlagen enthalten sein; innerhalb des Sproßcambiums tritt Korkbildung nur im Zusammenhang mit pathologischen Veränderungen (Wundkork) ausnahmsweise auf. Das eigentliche Korkgewebe macht in der Borke (bes. der *Gymnospermen*) mengenmäßig recht wenig aus, weshalb chemische und physikalische Untersuchungen an der Borke[12] nicht auf Kork übertragen werden dürfen; physiologisch aber ist der Kork das bedeutendste Gewebe der Borke (Borkenentstehung, Schutz gegen Transpiration, Strahlung, mechanische Beschädigung[13], raschen Temperaturwechsel[14] u. a. m., vgl. Abschn. 1).

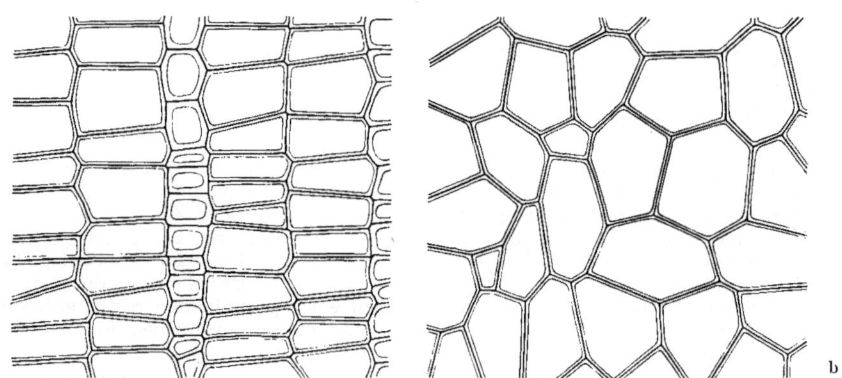

Abb. VI, 14. Schnitt durch Flaschenkork, 200:1; *a* Querschnitt oder radialer Längsschnitt; *b* Tangentialschnitt

Kork ist im Gewebe — dank seiner histologischen Eigenheiten — leicht erkennbar, worauf nicht näher einzugehen ist (vgl. Abb. VI, 14); Intercellularen fehlen, wie in allen Hypodermen,

[1] So bei *Quercus suber*, wo sich nach dem „Schälen" des ursprünglichen, „männlichen" oder „Jungfern"-Korkes der beträchtliche, durch viele Jahre wachsende „weibliche" Kork bildet, der industriell verwertet werden kann.

[2] Siehe S. 421, Fußnote 8.

[3] SCHNEE, F.: Diss. Leipzig 1907.

[4] DISCHENDORFER, O.: Mh. Chem. **44**, 123 (1923).

[5] BRUNNER, O., u. R. WÖHRL: Mh. Chem. **64**, 21 (1924).

[6] RIBAS-MARQUÉS, J.: Chim. et. Industr. **68**, 333 (1952).

[7] KÜGLER, K.: Diss. Straßburg 1884; Arch. Pharmaz. **32**, 217 (1884).

[8] RIBAS, J., u. E. BLASCO: Rev. Real Acad. Cienc. Madrid **35**, 318 (1941).

[9] STOCKAR, G. K.: Diss. Zürich 1948.

[10] ZETZSCHE, F., u. G. ROSENTHAL: Helvet. chim. Acta **10**, 346 (1927).

[11] Das *Periderm* ist der typische, durch die Phellogentätigkeit entstehende Gewebekomplex, der sich demnach in Korkgewebe, Phellogen und Phelloderm gliedert.

[12] FEINBERG, CH., J. HERRMANN, L. RÖGELSPERGER u. J. ZELLNER: Mh. Chem. **44**, 261 (1923). — ZELLNER, J.: Mh. Chem. **46**, 309, 611 (1925); **47**, 151, 659 (1926); **48**, 479 (1927). — FRÖSCHL, H., J. ZELLNER, u. E. ZIKMUNDA: Mh. Chem. **56**, 204 (1930). — DANOFF, CH. G., u. J. ZELLNER: Mh. Chem. **59**, 307 (1932). — BISKO, J., u. J. ZELLNER: Mh. Chem. **64**, 12 (1934).

[13] SCHWENDENER, S.: Abh. Akad. Wiss. Berlin 1882.

[14] HUBER, B.: Naturwiss. u. Landw. **17** (1935).

und auch Tüpfel kommen im eigentlichen Kork[1] nie vor. Auch mikrochemisch ist die Suberinisierung einer Zellwand leicht nachzuweisen durch lipophile Farbstoffe (Scharlach-R und Sudan III[2–4], Corallin[5], Alkanna[6], Chlorophyll[7]), Reduktion von OsO_4[8], hellblaue Primärfluorescenz[9, 10], starke negative Doppelbrechung (in bezug auf die Wanderstreckung im Schnitt, also Tangente[11]; das polarisationsoptische Verhalten cellulosischer Wände ist entgegengesetzt[10, 12, 13]), Unlöslichkeit in Chromsäure, Cuoxam und SCHULZEschem Gemisch (wenigstens bei Normaltemperatur)[14], schließlich relativ leichte Auflösung in Ätzlaugen unter Verseifung. Demgegenüber haben Cutine eine blaßgelbliche Primärfluorescenz[9], Sporopollenine entweder keine, oder aber weiße oder verschieden farbige[15]; Cutine lassen sich nur schwer, Sporopollenine überhaupt nicht durch Laugen verseifen (ZETZSCHE[16]). Außerdem sind besonders die Sporopollenine, aber auch die Cutine durch ihr streng lokalisiertes Vorkommen am Pflanzenkörper hinreichend charakterisiert; Schwierigkeiten sind nur gegeben bei der Klassifizierung gewisser Wandverdickungen von Endodermen, Sekretbehältern u. a.; es sei betont, daß diese Bildungen hier außer Diskussion bleiben.

b) Mikroskopische Struktur

Die wichtigsten chemischen Konstituenten der verkorkten Zellwand[16] sind *Cellulose*, häufig von *Lignin* begleitet[17–20], und *Suberin* im weiteren Sinn, das aber selbst nicht einheitlich ist, sondern durch Extraktion mit lipophilen Solventien (Alkohol-Benzol[21], Äther, Chloroform[22], Pyridin[10]) von *Korkwachsen* befreit werden kann (Cerin u. a.[14, 21, 23]).

Die Frage, in welchem morphologischen Verhältnis diese Konstituenten zueinander stehen, ist sehr verschieden beantwortet worden[24, 25]. Beobachtungen an Schnitten lassen immer — auch beim zartwandigen Flaschenkork — mindestens drei, oft fünf Schichten erkennen (vgl. Abb. VI, 15): Zuinnerst in der Wand und zwei benachbarten Zellen gemeinsam angehörend die *Primärwand* (I), daran anschließend mehr oder minder dick die *Sekundärwand* (II) und schließlich (fehlt manchen Korken, wie dem Flaschenkork) eine *tertiäre Wand* (III), die an das Zellumen grenzt. Besonders im Phasenkontrast und im Polarisationsmikroskop bei gekreuzten Nicols (vgl. nachstehend) ist diese Schichtengliederung der Wand sehr

[1] Im Korkgewebe finden sich auch unverkorkte (Phelloid-) Zellen und stark verholzte, gleichfalls nicht suberinisierte Sklereiden; ihr Vorkommen beschränkt sich aber auf die Lentizellen (Korkwarzen, wie auch die Poren des Flaschenkorkes); sie machen selten mehr als 1 Gew.-% aus.

[2] MOLISCH, H.: Mikrochemie der Pflanze (Kork: S. 308). Jena 1913.

[3] ZEIGER, K.: Physikochemische Grundlagen der histologischen Methodik. Dresden 1938.

[4] ROMEIS, B.: Mikroskopische Technik. 15. Aufl. München 1948.

[5] FREY-WYSSLING, A.: Die Stoffausscheidung der höheren Pflanzen. Berlin 1935.

[6] TROLL, W.: Allgemeine Botanik. 2. Aufl. Stuttgart 1954.

[7] CORRENS, C.: Sitzgsber. Akad. Wiss. Wien **97**, 1, 651 (1888).

[8] ZIMMERMANN, A.: Z. wiss. Mikrosk. **9**, 58 (1892).

[9] METZNER, P.: Planta (Berlin) **10**, 281 (1930).

[10] Siehe S. 421, Fußnote 8.

[11] Diese Bezugnahme steht in Übereinstimmung mit der von FREY-WYSSLING und der von MADER.

[12] AMBRONN, H.: Ber. dtsch. bot. Ges. **6**, 226 (1888).

[13] FREY-WYSSLING, A.: Submicroscopic Morphology of Protoplasm. 2. engl. Aufl. Amsterdam usw. 1953.

[14] Siehe S. 421, Fußnote 4.

[15] ASBECK, F.: Naturwiss. **42**, 632 (1955).

[16] Siehe S. 421, Fußnote 5.

[17] FELLENBERG, TH. v.: Biochem. Z. **85**, 45 (1918).

[18] BRÄUTIGAM, W.: Pharmaz. Zentralh. **39**, (1898).

[19] BÜTTNER, W.: Pharmaz. Zentralh. **39**, (1898).

[20] THOMS, A.: Pharmaz. Zentralh. **39**, (1898).

[21] LÜSCHER, E.: Diss. Bern 1936.

[22] Siehe S. 422, Fußnote 7.

[23] ZETZSCHE, F., u. E. LÜSCHER: J. prakt. Chem. N. F. **150**, 68 (1937).

[24] Siehe S. 421, Fußnote 7.

[25] SITTE, P.: Mikroskopie (Wien) **10**, 178 (1955).

deutlich[1]. Wie erwähnt, zeigt es sich dabei, daß das polarisationsoptische Verhalten der primären und (wenn vorhanden) tertiären Lamelle (I, III) einerseits und der sekundären (II) andererseits entgegengesetzt ist (vgl. Abb. VI, 15): Im bezug auf die Wandtangente ist die sekundäre Wand negativ, die primäre und tertiäre positiv. Ist die sekundäre Lamelle dick ausgebildet, zeigt sie vielfach eine mikroskopische Schichtung; nach v. Höhnel kann auch Lamelle III in seltenen Fällen doppelschichtig sein (äußere: „Zwischenlamelle").

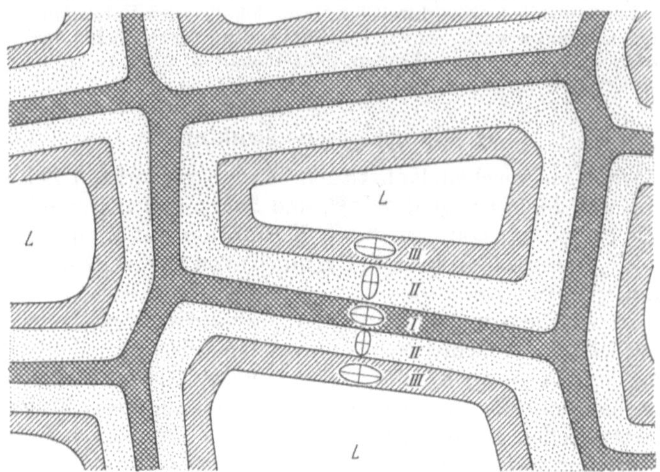

Abb. VI, 15. Lamellenbau verkorkter Zellwände (schem.) und Lage der Indexellipsen der Anisotropie; *I* primäre Wand; *II* sekundäre Wand (Suberinlamelle); *III* tertiäre Wand; *L* Lumen

van Wisselingh[2–5] wies durch Untersuchungen an verschiedensten Objekten nach, daß die Lamellen I und III Cellulose und Lignin enthalten, Lamelle II aber *keine* Cellulose, dafür das gesamte Suberin. Demnach sind die wichtigsten stofflichen Konstituenten in räumlich getrennten Schichten der Wand abgelagert.

van Wisselingh stützte sich dabei darauf, daß die Korkwachse bei 100° C schmelzen und sich mit dem eigentlichen Suberin bei höchstens 300° C zersetzen, während Cellulose erhalten bleibt; in Schnitten, die in Glycerin auf 300° C erhitzt worden waren, war nur mehr Lamelle I und III vorhanden, während die Lamelle II vollkommen zersetzt war. Alkaliabbau des Suberins (Verseifung) erbrachte gleiches, wie schon früher v. Höhnel[6] gezeigt hatte; v. Höhnel hatte indessen seine Ergebnisse anders gedeutet.

Die zahlreichen Einwendungen gegen die Ansicht von van Wisselingh haben sich nicht als stichhaltig erwiesen.

v. Höhnel glaubte, die nach Laugenbehandlung positive (blaue) Chlorzinkjodreaktion auf Cellulose zurückführen zu können; van Wisselingh[5] zeigte aber, daß nicht nur der Farbton ein anderer ist, sondern daß auch Lugolsche Lösung in gleicher Weise reagiert; die Anfärbung kann demnach nicht der Cellulose zukommen. — Sachs[7], sowie Sachsse[8] hatten seinerzeit die Ansicht geäußert, alle Inkrusten entstünden durch teilweise Umwandlung der alle Zellwände bildenden Cellulose; danach sollte in jeder Zellwandlage noch restliche Cellulose nachweisbar sein. Die Ansicht, daß in der Suberinlamelle (II) auch Cellulose vorhanden sei, hat sich

[1] R. Hooke (Micrographia 1664), der im Auflicht-Dunkelfeld beobachtete, ist dieser Schichtenbau begreiflicherweise noch entgangen.
[2] Wisselingh, C. van: Arch. néerl. Sci. exact. natur. **22**, 253 (1888).
[3] Wisselingh, C. van: Verh. Akad. wetensch. Amsterdam **1** (1892).
[4] Wisselingh, C. van: Arch. néerl. Sci. exact. natur. **26**, 305 (1893).
[5] Siehe S. 421, Fußnote 7. [6] Siehe S. 421, Fußnote 4.
[7] Sachs, J.: Handbuch der Experimental-Physiologie der Pflanzen. S. 369, 1865.
[8] Sachsse, R.: Die Chemie der Farbstoffe, Kohlenhydrate usw. S. 153, 1877.

— trotz ihrer Unrichtigkeit — bis in die neueste Zeit erhalten. — Teilweise wurde auch eine Veresterung von Cellulose und Fettsäuren angenommen[1, 2]; sie ließ sich aber nur unter ziemlich unnatürlichen Bedingungen im Laboratorium erreichen und liegt in der Suberinlamelle nicht vor[3]. Verschiedene Chemiker[4–6] glaubten zu Unrecht (vgl. VAN WISSELINGH[7], S. 146 und 244), durch den Nachweis von Cellulose im Kork in Widerspruch zu VAN WISSELINGH zu stehen. — Schließlich wurde die Empfindlichkeit der Methodik von VAN WISSELINGH angezweifelt[8]. Auf Grund chemischer Untersuchungen konnten zuerst in aller Klarheit ZETZSCHE, CHOLATNIKOW und SCHERZ[3] zeigen, daß die Ansichten von VAN WISSELINGH sehr wohl zu Recht bestehen; sie zeigten, daß Alkalien und Jod nur das Suberin angreifen; im abgebauten Anteil konnten lediglich Fettsäuren, nicht aber Cellulose oder deren Grundmoleküle nachgewiesen werden. Einen besonders empfindlichen Cellulosenachweis erlaubt das Elektronenmikroskop[9]. Cellulose kommt in der Natur ausnahmslos in Form von Mikrofibrillen vor (Durchmesser etwa 200—300 Å, Länge unbest.)[10, 11]; da Suberin (vgl. unten) auch submikroskopisch amorph ist, müßte inkrustierte Cellulose bei geeigneter Präparation noch in Mengen von weniger als 10^{-12} g sicher erkennbar sein. SITTE[12, 13, 9] konnte auf diesem Wege die Ansicht von VAN WISSELINGH für Flaschenkork und Kartoffelknollenkork sicherstellen; nichts spricht dafür, daß andere Korke sich grundlegend anders verhalten[14]. SITTE[12, 15] wies darauf hin, daß hier (wie auch bei Sporopollenin und teilweise Cutin) von einer Inkrustation der Cellulose keine Rede ist, und schlug für diese lipophilen Wandstoffe die Bezeichnung Adkrusten (Anlagerungsstoffe) vor.

c) Submikroskopische Struktur[16]

α) *Polarisationsmikroskopie*

Die starke negative Doppelbrechung der Suberinlamelle (II) im Schnitt[17] war früh bekannt; durch Behandlung mit alkoholischer Lauge[18], Extraktion mit Chloroform[19] oder Pyridin[20] verschwindet die Doppelbrechung irreversibel[21], durch Erhitzen auf 100° C reversibel[22]. AMBRONN schloß daraus auf orientiert eingelagerte Kristallite (Micelle im Sinne v. NÄGELIs) von unzersetzt schmelzenden Wachsen; daß wirklich Kristallite vorliegen, kann durch die Polarisationsoptik allein jedoch

[1] GRÜN, A., u. F. WITTKA: Z. angew. Chem. **34**, 645 (1921).
[2] HESS, K., u. E. MESSMER: Ber. dtsch. chem. Ges. **54**, 499 (1921).
[3] ZETZSCHE, F., C. CHOLATNIKOW., u. K. SCHERZ: Helvet. chim. Acta **11**, 272 (1928).
[4] Siehe S. 422, Fußnote 6.
[5] KARRER, P., J. PEYER., u. Z. ZEGA: Helvet. chim. Acta **5**, 853 (1922).
[6] ZEMPLÉN, G.: Z. physiol. Chem. **85**, 173 (1913).
[7] Siehe S. 421, Fußnote 7.
[8] CZAPEK, F.: Die Biochemie der Pflanze, Bd. 1, 2. Aufl. Jena 1913; 3. Aufl. Jena 1922.
[9] SITTE, P.: Diss. Innsbruck 1954.
[10] FREY-WYSSLING, A., K. MÜHLETHALER u. R. W. G. WYCKOFF: Experientia (Basel) **4**, 475 (1948).
[11] TREIBER, E.: Die Chemie der Zellwand. In W. RUHLAND, Handbuch der Pflanzenphysiologie, Bd. 1, S. 668. Berlin usw. 1955.
[12] Siehe S. 423, Fußnote 25.
[13] SITTE, P.: Rapp. Europ. Congr. T. EM. (G. VANDERMEERSSCHE), S. 83. Gent 1954.
[14] Vorher hatte sich MADER nach sehr gründlichen lichtoptischen Untersuchungen an Kork von *Laburnum* ebenfalls der Ansicht VAN WISSELINGHs angeschlossen.
[15] SITTE, P.: Mikroskopie (Wien) **8**, 290 (1953).
[16] Die Bezeichnung „submikroskopisch" ist seit der Einführung der Übermikroskopie (besonders Elektronenmikroskopie) nicht mehr korrekt; wir behalten aber doch — wie die meisten Autoren — den bisher üblichen Ausdruck aus Gründen der Zweckmäßigkeit bei.
[17] Diese Anisotropie wird nicht nur im Polarisationsmikroskop deutlich, sondern auch bei chemischer und mechanischer Beanspruchung (SITTE). In der Flächenansicht ist die Suberinlamelle isotrop, mithin optisch einachsig.
[18] DIPPEL, L.: Das Mikroskop, 2. Tl. S. 306, vgl. H. AMBRONN (1888).
[19] Siehe S. 422, Fußnote 7.
[20] Siehe S. 421, Fußnote 8.
[21] Nach DIPPEL wird dabei die Suberinlamelle nicht nur isotrop, sondern sogar opt. positiv; AMBRONN konnte dies nicht bestätigen, doch ist dieser Widerspruch durch verschiedene Imbibition deutbar (SITTE).
[22] Siehe S. 423, Fußnote 12.

nicht erwiesen werden[1,2]. Immerhin läßt sich daraus eine orientierte (parallele) Lage der stäbchenförmigen Wachsmolekel ableiten; anders ist die Doppelbrechung nicht erklärlich.

Der Nachweis, daß das Suberin selbst keine Eigendoppelbrechung besitzt und die negative Doppelbrechung der Sekundärwand ausschließlich von begleitenden Wachsen herrührt, gelang in aller Schärfe MADER[3] durch Pyridinextraktion von *Laburnum*-Kork.

Gealterter Kork besitzt geringere Doppelbrechung als eben gebildeter[3]. Nach HILL[4] sind pathologische Korkbildungen der Kartoffel nach *Fusarium*-Infektion optisch isotrop. Dies erklärt sich wohl aus der allmählichen Zersetzung, bzw. Bildungshemmung von Korkwachsen.

Das optische Verhalten von Aggregaten paralleler Wachsmolekel ist insoweit eigenartig, als die meisten Kork-[5,6] und Cuticularwachse (aber auch Paraffin u. a.)[7] in optisch negativen Nadeln kristallisieren. Nachdem zur Erklärung dieses Phänomens schon AMBRONN[5] gewisse Überlegungen angestellt hatte, auf die hier nicht eingegangen sei, konnte es durch die Untersuchungen von MEYER[8] und WEBER[9] mit Hilfe der Strömungsdoppelbrechung dieser Stoffe (vgl. FREY-WYSSLING[7]) dahin geklärt werden, daß die stäbchenförmigen Wachs- (aber auch Paraffin-, Fett- und Lipoid-)Molekel optisch positiv sind (Bezug: Morphologische Längsachse[10]); die Molekel liegen also in den Kristallnadeln quer. Nach FREY-WYSSLING[7,11] sind übrigens die Kristalle von Bienenwachs und von Estoliden im Gegensatz zu den erwähnten Stoffen opt. positiv, nach SITTE[12] auch die im Flaschenkork mitunter vorhandenen Ceresinkristalle.

Innerhalb der Suberinlamelle (II) müssen also gruppen- oder schichtenweise[10] parallelisierte Wachsmoleküle so orientiert sein, daß sie senkrecht auf die Wandfläche zu stehen kommen.

SITTE[6] konnte nach erschöpfender Extraktion von Flaschenkork mit Pyridin durch Imbibitionsreihen *Formdoppelbrechung* der Suberinlamelle nachweisen, die sich dabei wie ein Schichtenmischkörper verhält; die submikroskopische Schichtung besteht offenbar in abwechselnder Lagerung von extrahierbarem Wachs und nicht extrahierbarem Suberin s. str.; auf die Schichtdicke läßt die Polarisationsoptik keinen Schluß[13,14] (vgl. jedoch unten) zu.

Die übrigen Wandschichten (I,III) sind in der Flächenansicht statistisch isotrop, im Schnitt optisch positiv; sie sind demnach einachsig, und die Cellulose, auf die allein die Anisotropie zurückzuführen ist[15,16], besitzt Folien-(Streu-)Textur.

---

[1] SCHMIDT, W. J.: Verh. dtsch. zool. Ges. **41**, 303, 352 (1939).

[2] PFEIFFER, H. H.: Das Polarisationsmikroskop, S. 7; Braunschweig 1949.

[3] Siehe S. 421, Fußnote 8.

[4] HILL, L. M.: Phytopathology **29**, 274 (1939).

[5] Siehe S. 423, Fußnote 12.

[6] SITTE, P.: Noch unveröffentlicht.

[7] Siehe S. 423, Fußnote 13.

[8] MEYER, M.: Diss. ETH Zürich 1938; Protoplasma (Wien) **29**, 552 (1938).

[9] WEBER, E.: Diss. ETH Zürich 1942.

[10] In Übereinstimmung mit FREY-WYSSLING sei darauf hingewiesen, daß einem einzelnen Molekül natürlich keine Doppelbrechung zukommt; eine Gruppe paralleler Wachsmolekel hat aber eine Eigendoppelbrechung, die — bezogen auf die Längsachse der Einzelmoleküle — positiv ist.

[11] FREY-WYSSLING, A.: Ber. dtsch. bot. Ges. **55** (Mitt.), (119) (1937).

[12] SITTE, P.: Physik. Verh. **6**, 24 (1955).

[13] WIENER, O.: Abh. sächs. Ges. Wiss. **32**, 509 (1912).

[14] SCHMIDT, W. J.: Z. wiss. Mikrosk. **55**, 476 (1938).

[15] Eine seinerzeit geäußerte Ansicht (v. HÖHNEL), daß bei einigen Pflanzen in radial verlaufenden Korkwänden auch die Primärwand (I) suberinisiert sei, konnte nicht bestätigt werden (VAN WISSELINGH).

[16] FREUDENBERG, K., H. ZOCHER u. W. DÜRR: Ber. dtsch. chem. Ges. **62**, 1814 (1929).

β) *Elektronenmikroskopie*[1–4]

Native *Primärwand* zeigt weder in der Fläche, noch im Schnitt (Abb. VI, 16) eine charakteristische Struktur; sie ist vielmehr feinkörnig-rauh. Nach Behandlung mit Alkalien werden streuend texturierte Cellulosemikrofibrillen deutlich (Abb. VI, 17); dies steht in Übereinstimmung mit den polarisationsoptischen Befunden. Die Cellulose ist also inkrustiert von gealtertem Pektin oder Lignin. Die üblichen Ligninreaktionen sind positiv, was allerdings nicht viel besagt[5,6]; doch ist Vanillin im Kork nachgewiesen[7–9], und auch ein hoher Methoxylgehalt spricht dafür[10] (vgl. [5]). Durch Laugeneinwirkung sowie durch Pyridinextraktion wird die Inkrustation weitgehend zerstört; da sich dadurch primäre und sekundäre

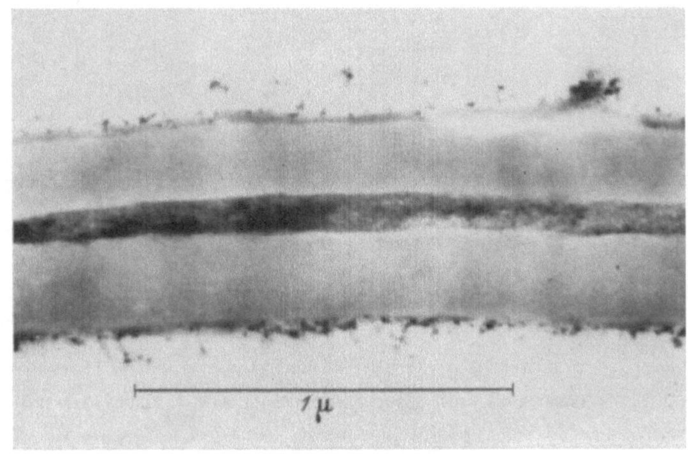

Abb. VI, 16. Ultradünner Querschnitt durch die Zellwand von Flaschenkork; beiderseits der dichteren (dunkleren) Primärwand die relativ dicken Sekundärwände (Suberinlamellen). Elektronenopt. 8800:1, Bildmaßstab: 49500:1

Wand meist voneinander trennen[1], ist erwiesen, daß die Mikrofibrillen der Cellulose nicht in die Sekundärwand hineinragen und infolge der Inkrustation mit ihr gar nicht in Berührung kommen. — In ultradünnen Schnitten zeigt sich, daß die Primärwand höhere Dichte hat als die sekundäre Wand.

Die *Suberinlamelle* des Flaschenkorkes erweist sich als weitgehend gleichmäßig dick (Abb. VI, 18); wenige unscharf begrenzte Stellen sind etwas dicker und weisen im oxydativ behandelten Kork (ClO_2, H_2O_2, Diacethyl-o-Salpetersäure) submikroskopische Poren auf (Abb. VI, 19; Durchmesser 500 Å), die meist zu Nestern vereint sind. Sie durchsetzen senkrecht die Zellwand, wie Dunkelfeldbeobachtung[3] und Ultradünnschnitte[1,4] zeigen, und sind im nativen Kork durch oxydationslabile Substanzen (Lignin oder Gerbstoffe) verschlossen. Sie sind als Überreste von Tüpfeln zu deuten[2], die wohl erst postmortal verschlossen werden.

Die Korkzelle steht demnach auch nach Abscheidung der Suberinlamelle noch in gewisser Beziehung zu Nachbarzellen. SCHNEE[11] zeigte, daß tatsächlich die Korkzellen noch lange Zeit leben können (bei *Hakea* waren sogar noch Zellen der sechsten Zellreihe, vom Phellogen aus

[1] Siehe S. 423, Fußnote 25. [2] Siehe S. 425, Fußnote 9.
[3] Siehe S. 425, Fußnote 13. [4] Siehe S. 426, Fußnote 12.
[5] KALB, L.: Analyse des Lignins. In G. KLEIN: Handbuch der Pflanzenanalyse. Bd. 2/II, S. 156. Wien 1932.
[6] KRATZL, K.: Holz, Roh- u. Werkstoff **11**, 269 (1953).
[7] Siehe S. 423, Fußnote 17. [8] Siehe S. 423, Fußnote 18. [9] Siehe S. 423, Fußnote 19.
[10] Siehe S. 423, Fußnote 20. [11] Siehe S. 422, Fußnote 3.

Abb. VI, 17. Elektronenoptische Aufnahme von teilweise durch Lauge verseiftem Flaschenkork. Unter der schollig zerfallenden Suberinlamelle sind Mikrofibrillen von Cellulose (Primärwand) deutlich; die Inkrustation der Primärwand ist durch die Lauge gelöst. Elektronenopt. 8800:1, Bildmaßstab 19000:1

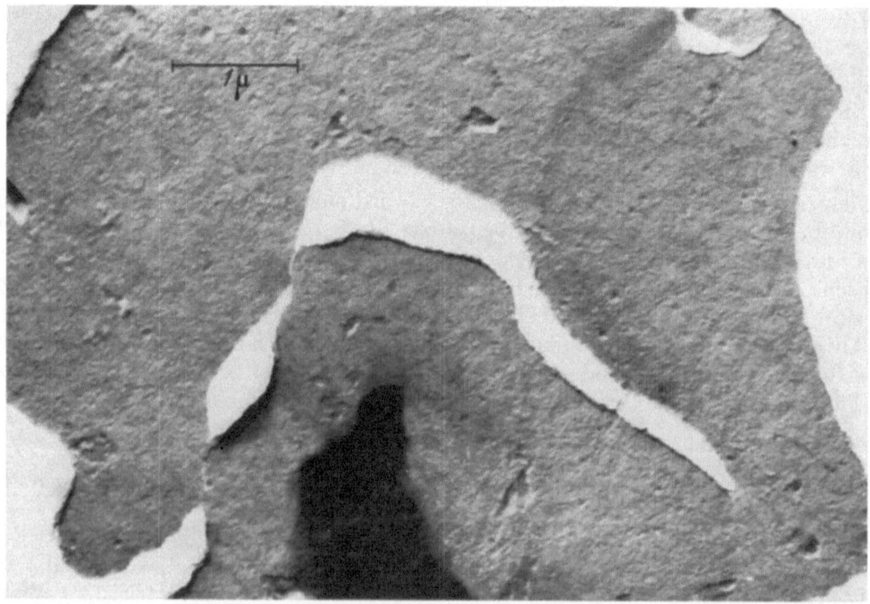

Abb. VI, 18. Chemisch nicht behandeltes Homogenisat von Flaschenkork. Elektronenmikroskopische Flächenansicht eines Rißstückes der Suberinlamelle. Elektronenopt. 8800:1, Bildmaßstab 17000:1

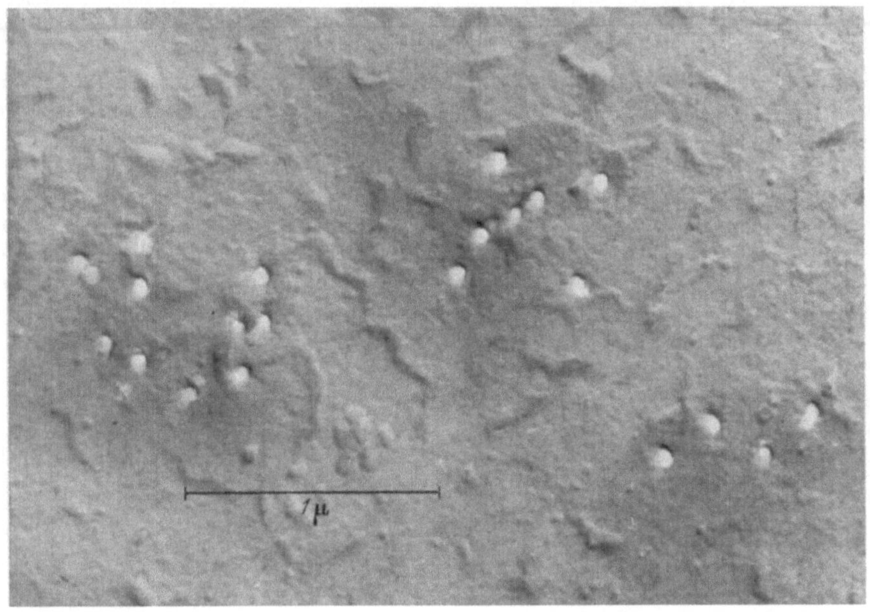

Abb. VI, 19. Bereich mit submikroskopischen Poren im Oxydkork. Elektronenopt. 8800:1, Bildmaßstab 33400:1

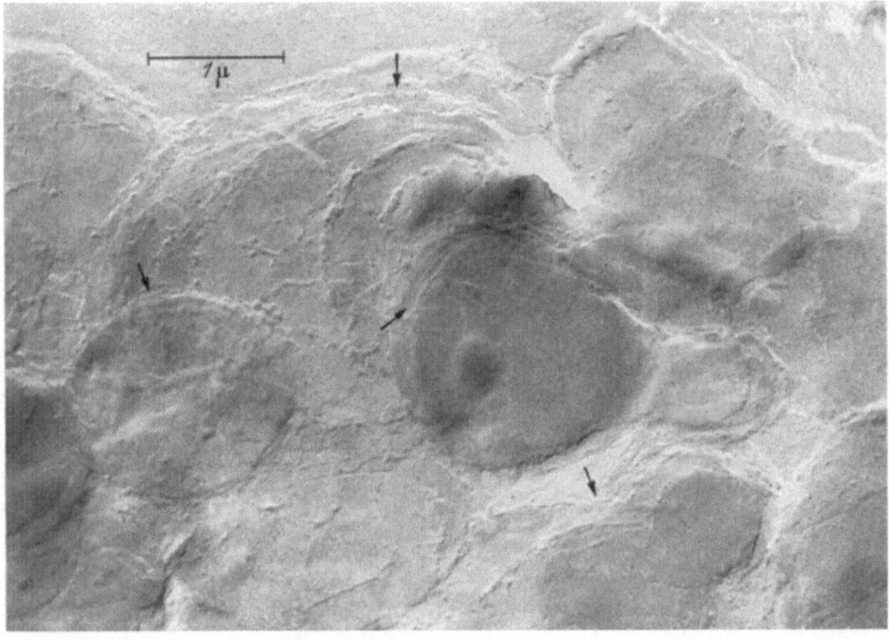

Abb. VI, 20. Elektronenmikroskopische Aufnahme einer partiell verseiften Suberinlamelle; die vielfach ausgebildeten Randstufen (Pfeile) lassen auf submikroskopischen Schichtenbau schließen. Elektronenopt. 8800:1, Bildmaßstab 18000:1

gerechnet, plasmolysierbar). Nach SITTE[1, 2] ist die submikroskopische Schichtung der Suberinlamelle vielleicht auf relativ hochfrequente, endogene Rhythmik, also eine ausgesprochene Lebensäußerung des Plasmas bei der Abscheidung der Sekundärwand zurückzuführen.

Die erwähnte submikroskopische Schichtung der Suberinlamelle ist sowohl an partiell verseiftem Kork (Abb. VI, 20), wie auch in Schnitten nachgewiesen. Durch Osmiumimprägnation wird sie an gealtertem Flaschenkork nur wenig, durch Pyridinextraktion dagegen wesentlich deutlicher. Auch die von Alkalikork erhaltenen Bilder[2] lassen sich nur durch die Annahme deuten, daß die einzelnen Schichten verschiedene Resistenz gegenüber Lauge besitzen. Die Abschätzung der Schichtdicke nach Randstufenzählung, Schrägbedampfung und schließlich im Ultradünnschnitt ergab etwa 100 Å; die resistenteren Suberinschichten sind dicker als die zwischengelagerten Wachsschichten, untereinander aber genau gleich dick.

Suberin ist submikroskopisch amorph.

Der oxydative und saure Korkabbau verläuft wesentlich langsamer als der alkalische, und die Elektronenmikrogramme sind von solchen unbehandelten Korkes nicht wesentlich unterschieden. Daraus darf man schließen, daß weder Gerbstoffe noch Lignin wesentliche morphologische Elemente der Sekundärwand sind (die erwähnten Poren ausgenommen).

Die wesentlichsten Ergebnisse, die ursprünglich nur an Flaschenkork ermittelt waren, konnten auch für den Kork der Kartoffelknollenhaut bestätigt werden.

γ) *Röntgendiffraktographie*

Nach den ersten Untersuchungen von PRINS[3] wurde die Suberinlamelle für amorph gehalten; die gefundene Periode von 4,1 Å führte PRINS auf aliphatische Bestandteile des Suberins zurück. Auch RIZZOLI[4] konnte in wesentlicher Übereinstimmung mit PRINS nur schwache, wohl durch die Primärwandcellulose verursachte Beugungsringe finden; diese Befunde schienen nicht nur eine micellare, sondern überhaupt eine geordnete Einlagerung der Wachsmolekel auszuschließen. Dieser Widerspruch zur Polarisationsoptik ist nun aber durch Untersuchung von KREGER[5] eindeutig beseitigt. KREGER konnte am nativen Kork doch Beugungen feststellen; dabei kommt ein diffuser Ring (entsprechend einer Periode von 5,3—3,8 Å) dem Suberin selbst zu, ein scharfer, schwacher Ring (4,15 Å) ist — in Übereinstimmung mit PRINS[3] — auf aliphatische, und drei weitere schwache Ringe (entspr. 5,75, 6,9 und 12,6 Å) auf zyklische Wachse zurückzuführen (Cerin und Fridelin sind zyklisch!). Diese Befunde sind durch Röntgenogramme vom Eintrocknungsrückstand des Extraktionsmittels (Chloroform) bestätigt; die Beugungen blieben weiter — außer der diffusen Ringzone — aus, wenn die Doppelbrechung durch erschöpfende Pyridinextraktion beseitigt war. — Das zurückgebliebene Suberin s.str. ist also — in Übereinstimmung mit den elektronenmikroskopischen Ergebnissen — praktisch amorph.

d) Amikroskopische Struktur

Auf die Struktur der chemischen Konstituenten der primären und tertiären (I, III) Wandschicht ist hier nicht einzugehen, da keine Besonderheiten gegenüber anderen, cellulosischen und von Lignin inkrustierten Zellwänden vorliegen. Auch bezüglich der Sekundärwand können wir uns sehr kurz fassen.

Als Konstituenten der Suberinlamelle sind zu nennen: Das Suberin selbst; die Korkwachse (ob es in der Suberinlamelle auch Korkfette gibt, ist recht zweifelhaft), bzw. Wachsalkohole (Fridelin, Cerin); und Gerbstoffe, die wohl meist in Form der Phlobaphene vorliegen und die Farbe der Korke bedingen sowie ihre Beständigkeit gegen Mikroorganismen.

Das *Suberin* ist nicht so ausgesprochen lipophil, wie es (durch seinen Wachsgehalt) zunächst erscheint[6]. Durch seine Unlöslichkeit in organischen Solventien weist es sich als netzigpolymere Substanz aus[7, 8]; da es trotzdem leicht verseifbar ist, nahm bereits v. SCHMIDT[7] einen polymeren und anhydrischen Aufbau an. v. SCHMIDTs Hypothese zur Entstehung aus

---

[1] Siehe S. 423, Fußnote 25. [2] Siehe S. 425, Fußnote 9.
[3] PRINS, J. A.: Physica **1**, 752 (1934).
[4] RIZZOLI, O.: Vgl. P. SITTE, Mikroskopie (Wien) **10**, 178 (1955).
[5] KREGER, D. R.: Noch unveröffentlicht, briefl. Mitteilung.
[6] Siehe S. 421, Fußnote 8.
[7] SCHMIDT, M. v.: J. prakt. Chem. **84**, 830 (1911).
[8] Siehe S. 421, Fußnote 5.

Glyceriden ist freilich überholt[1]. Als Verseifungs- und Umwandlungsprodukte werden Salze verschiedener Säuren erhalten[2–11], die alle mindestens zwei, oft mehr reaktive Gruppen besitzen: Suberinsäure, Phellogensäure und Eikosandicarbonsäure sind $\omega\omega'$-Dicarbonsäuren, Phellonsäure eine α-Oxy-Säure (oder ω-Hydroxy-Säure? [12]), Phloionsäure ist eine $\omega\omega'$-Dicarbonsäure mit zwei Oxygruppen, Phloionolsäure eine Tri-oxy-Stearinsäure (s. S. 419f.). JENSEN[12] fand noch eine ungesättigte Dioxy-monocarbonsäure. Der ungesättigte Charakter des Suberins kommt in der hohen Jodzahl (58[3]) zum Ausdruck, die sauren Eigenschaften in bestimmten Färbungen[13] sowie in der gegenüber der Anionenpermeabilität stark erhöhten Kationenpermeabilität (man vgl. für Hinweise auf eine sehr schwache, aber meßbare Permeabilität und Quellbarkeit, sowie Allgemeines: Zitate [14–16]). Dieser Reichtum an reaktiven und polaren Gruppen erklärt nicht nur die Entstehung des Suberins durch Mischpolymerisation, das demnach „ein ausschließlich aus ganz spezifischen, hochmolekularen, gesättigten und ungesättigten Oxy-Fettsäuren bestehendes hochpolymeres Produkt" (ZETZSCHE[3]) ist, sondern auch seine semihydrophilen Eigenschaften (vgl. die analogen Verhältnisse bei Cutin[14, 15, 17]).

Streng lipophil sind dagegen die orientiert eingelagerten *Wachse*[18, 19]; der ursprünglich[20] vermutete enge chemische Zusammenhang zwischen den Wachsen und dem Suberin besteht nach LÜSCHER[18] nicht. Die Wachsalkohole und Fettsäuren, vielleicht auch die Wachse (vgl. jedoch FREY-WYSSLING[15], S. 293!) haben einen streng lipophilen und einen mehr hydrophilen Pol; es ist sicher, daß die Wachsmoleküle parallelisiert sind (Doppelbrechung!) und auch sonst im wesentlichen den für Lipoidfilme nachgewiesenen Gesetzmäßigkeiten unterliegen. Daß jeweils mehrere oder viele bimolekulare Schichten zu einer Wachslamelle vereint sind, ist nach den elektronenoptischen Befunden auszuschließen; eine unimolekulare Wachslamelle hat — nicht gefaltete Moleküle vorausgesetzt (vgl.[18]) — eine Dicke von etwa 80 Å[21], was mit den elektronenoptisch vermessenen Schichtdicken gut übereinstimmen würde. Durch Extraktion mit Pyridin konnte SITTE[22] die leuchtend hellblaue Fluorescenz von Flaschenkork in eine braungelbe umwandeln (vgl. jedoch[13]); die extrahierten und wieder kristallisierten Wachse haben eine sehr schwache, graue Primärfluorescenz; in stark verdünnten Lösungen fluorescieren sie leuchtend blau. Daraus ist zu schließen (vgl. LENARD[23]), daß die Lamellen monomolekular, höchstens biomolekular sind (vgl. den analogen Fall bei Chlorophyll[24, 25]!).

FREY-WYSSLING[17] hat für cutinisierte Wandschichten ein Feinbaumodell entwickelt, demnach im amorphen, semihydrophilen Cutin in wandparallelen Schichten Cellulose und Pektin eingebettet sind, in den Lagen dazwischen und ebenfalls wandparallel aber kleine Wachsplättchen liegen, wobei die untereinander parallelen Moleküle senkrecht auf die Wandfläche stehen. Dieses wohlfundierte Modell[26, 27] ist auf Suberinlamellen übertragbar, wenn das

---

[1] ZEISEL, S.: J. prakt. Chem. **84**, 317 (1911); **85**, 226 (1912).

[2] Siehe S. 421, Fußnote 4. [3] Siehe S. 421, Fußnote 5. [4] Siehe S. 421, Fußnote 7.

[5] Siehe S. 422, Fußnote 7. [6] Siehe S. 422, Fußnote 8. [7] Siehe S. 422, Fußnote 9.

[8] SCHMIDT, M. v.: Sitzgsber. Akad. Wiss. Wien **112**, 2b, 1109 (1903).

[9] SCHMIDT, M. v.: Sitzgsber. Akad. Wiss. Wien **119**, 2b, 233 (1910).

[10] GILSON, E.: Cellule **6**, 63 (1890).

[11] ZETZSCHE, F., u. G. SONDEREGGER: Helvet. chim. Acta **14**, 632 (1931). — ZETZSCHE, F., u. M. BÄHLER: Helvet. chim. Acta **14**, 846, 849 (1931). — ZETZSCHE, F., u. K. WEBER: J. prakt. Chem. N. F. **150**, 140 (1937).

[12] Nach JENSEN, Vgl. E. TREIBER in W. RUHLAND, Handbuch der Pflanzenphysiologie. Bd. 1, S. 705. Berlin usw. 1955. — Siehe auch S. 419—421.

[13] Siehe S. 421, Fußnote 8. [14] Siehe S. 423, Fußnote 5. [15] Siehe S. 423, Fußnote 13.

[16] NÄGELI, C.: Bot. Mitt. **1**, 28 (1863). — EDER, H.: Sitzgsber. Akad. Wiss. Wien **72**, I (1875). — PFEFFER, W.: Pflanzenphysiologie I. Leipzig 1897. — LOEB, J., u. R. BEUTNER: Biochem. Z. **44**, 303 (1912); **51**, 288 (1913). — HABERLANDT, G.: Physiologische Pflanzenanatomie. Leipzig 1924. — MICHAELIS, L., u. A. FUJITA: Biochem. Z. **158**, 28 (1925). — MICHAELIS, L.: Naturwiss. **14**, 33 (1926). — BRAUNER, L.: Jb. wiss. Bot. **73**, 513 (1930). — TEORELL, T.: Proc. Soc. Exper. Biol. a. Med. **33**, 282 (1935). — MEYER, K. H., u. J. F. SIEVERS: Helvet. chim. Acta **19**, 649, 987 (1936).

[17] Siehe S. 426, Fußnote 11. [18] Siehe S. 423, Fußnote 21. [19] Siehe S. 423, Fußnote 23.

[20] Siehe S. 430, Fußnote 7.

[21] FINEAN, J. B.: Exper. Cell Res. **5**, 202 (1953).

[22] Siehe S. 426, Fußnote 6.

[23] LENARD, PH.: Fluoreszenz. In W. WIEN u. F. HARMS: Handbuch der Experimentalphysik, Bd. 23, 2. Leipzig 1928.

[24] NOACK, K.: Biochem. Z. **183**, 135 (1927).

[25] HUBERT, B.: Diss. Leiden 1935.

[26] Siehe S. 426, Fußnote 8.

[27] HÄRTEL, O.: Biol. generalis (Wien) **19**, 193 (1950).

Fehlen der Cellulose berücksichtigt wird und die Tatsache, daß die aus Wachsmolekeln gebildeten Schichten nicht aus einzelnen, isolierten Plättchen bestehen, sondern die ganze Wand längs durchziehen. Daß freilich die vom Suberin gebildeten Schichten der Sekundärwand auch unter sich (also durch die Wachszwischenlagen hindurch) irgendwie zusammenhängen, wird dadurch nahegelegt, daß ein „Aufblättern" von wachsfreien Korkwänden im Elektronenmikroskop nie beobachtet werden konnte[1].

Jedenfalls aber ist die Suberinlamelle weder im v. NÄGELIschen Sinn[2,3] micellar noch in dem eines Durchdringungsmischkörpers (FREY-WYSSLING[4,5]); sie ist vielmehr ein *Schichtenmischkörper*.

e) Die physiologische Bedeutung des Feinbaues

Die Wachse spielen im Kork mengenmäßig keine überragende Rolle (10%[6], 13—22%[7], 18,3%[8]; höchster gefundener Wert bei der Gymnosperme *Pseudotsuga*: fast 40%[9]); ihre physiologische Bedeutung ist aber ganz außerordentlich.

Naturkork ist für Wasser und selbst Gase praktisch impermeabel (vgl. oben!); von seinen Wachsen befreiter Reinkork ist dagegen permeabel: Er sinkt in Wasser oder Benzol mehr als 10000mal rascher unter als Rohkork[8]. Die Wachse spielen hier zur Erreichung der Impermeabilität eine ähnlich wichtige Rolle, wie in den semipermeablen Membranen (Plasmalemma, Tonoplast, Plastiden- und Kernmembran u. ä.) die Lipoide. So wird von der Pflanzenzelle ein totes und durch mechanische Festigkeit und Fäulnisschutz sehr dauerhaftes, aber doch durch den häufigen, schichtenweisen Wechsel von lipophilen und semihydrophilen Substanzen äußerst wirksames Sperrfilter gegen Transpirationsverluste errichtet.

In dieser Hinsicht nicht ohne Belang ist auch der Strahlungsschutz, den Kork bietet. Die hellblaue Primärfluorescenz[10] ist nach MADER[11] im jungen Kork stärker als im gealterten. Nach SITTE[8], kommt die Fluorescenz weder den Wachsen noch dem Suberin allein zu, sondern nur der feinbaugemäßen Verquickung beider. Die starke Reflexion des Lichtes an Birkenkork beruht nicht auf dessen Luftgehalt, sondern auf der Einlagerung von Betulin[12]. — Aber auch in thermischer[13] und mechanischer Hinsicht ist Kork ein ausgezeichneter Schutz; die Elastizität des Korkgewebes beruht nach SCHWENDENER[14] weniger auf Eigenheiten der einzelnen, isolierten Zellwand, die bei Normaltemperatur eher spröde ist (Reißen bei 2% Dehnung!); immerhin aber erscheint lufttrockener Kork nach Extraktion der Wachse stark geschrumpft und ist — im Gegensatz zu Rohkork — leicht zerreiblich. Auch hier scheinen also die Wachse eine wesentliche Rolle zu spielen.

Im ganzen ergibt sich, daß die feinbaulichen Eigenheiten der Suberinlamelle in hohem Ausmaße dazu beitragen, Kork zu einem so trefflichen Schutzorgan für die Pflanze zu machen.

§ 43. Wachse und Cutin

Von B. KOLJO (Mit einem Beitrag von P. SITTE)

Die Wachse sind, wie die Fette, Ester und wurden ursprünglich von den Fetten und Ölen durch ihre physikalische Eigenschaft, nämlich nicht zu schmieren, unterschieden.

Die meisten Pflanzenester, die der oberen Definition entsprechen, enthalten *kein Glycerin* als alkoholische Komponente. Die Pflanzenwachse bestehen im allgemeinen aus Estern höherer Fettsäuren mit Fettalkoholen sowie aus freien höheren Säuren und freien höheren Alkoholen. Viele Pflanzenwachse enthalten zusätzlich variierende Mengen von höheren normalen, gesättigten Kohlenwasserstoffen und sekundären Alkoholen. Andere Komponenten einiger Pflanzenwachse sind höhere Fettsäureester des Carotinols und freie und gebundene Sterole.

Eine Anzahl glycerinhaltiger Substanzen stimmen mit obigem Merkmal überein und werden dann gewöhnlich fälschlich als Wachse bezeichnet. Ein klassisches Beispiel für echtes Wachs ist das *Japanische Wachs* mit seiner nicht schmierenden Eigenschaft durch seinen hohen Schmelzpunkt, zufolge der Anwesenheit von zwei-

[1] Siehe S. 423, Fußnote 25.
[2] NÄGELI, C.: Micellartheorie. Hersg. v. A. FREY, OSTWALDs Klassiker, Leipzig 1928.
[3] NÄGELI, C., u. S. SCHWENDENER: Das Mikroskop. Leipzig 1877.
[4] Siehe S. 426, Fußnote 11.
[5] FREY-WYSSLING, A.: Kolloid-Z. **85**, 148 (1938).
[6] Siehe S. 421, Fußnote 5. [7] Siehe S. 422, Fußnote 7. [8] Siehe S. 426, Fußnote 6.
[9] HERGERT, H. L., u. E. F. KURTH: Tappi **35**, 59 (1952).
[10] Siehe S. 423, Fußnote 9. [11] Siehe S. 421, Fußnote 8. [12] Siehe S. 422, Fußnote 4.
[13] Siehe S. 422, Fußnote 14. [14] Siehe S. 422, Fußnote 13.

basischen Säuren mit hohem Molekulargewicht, während das *Myricawachs* (aus Früchten von *Myrica*-Arten) fast ausschließlich aus gemischten Glyceriden der Myrostin- und Palmitinsäure besteht.

1. Vorkommen des Wachses

Die Zahl und Verschiedenheit der natürlichen Wachse ist wahrscheinlich vergleichbar mit der der natürlichen Fette. Jedoch werden sie meist nicht in solchen Mengen wie die Fette produziert.

Die Wachse sind durch ihre Eigenschaften in der Poliertechnik (Oberflächenbehandlung) wichtig, sie haben aber bis heute nicht die Bedeutung der Pflanzen-Fette erreicht. Mit wenigen Ausnahmen sind die Wachse weniger erforscht als die Fette. Der Grund ist wohl in der unvoll kommenen Methodik zu suchen; daher kann auch nur eine orientierende Bestimmung der Bestandteilsmengen erfolgen.

Die Wachse wirken wegen ihrer großen Beständigkeit gegen Zersetzung und Unlöslichkeit in Wasser als Schutzmittel für Pflanzenoberflächen. Die Pflanzen-Wachse kommen daher hauptsächlich an den Außenoberflächen, oft als Wachshauch auf Blättern, Stengeln, Blüten und Früchten, in geringen Mengen als Sekrete in den Geweben vor und scheinen von Außen- und nicht von Innenschichten des Gewebes erzeugt zu werden. Ihre Funktion besteht darin, Wasser abzuweisen und dessen Ein- oder Austritt zu verhindern.

Wachs kann aber auch als ein Bestandteil des Plasmas in den Zellen vorkommen (Weißkohl, Rosenkohl)[1]. Intracelluläre Wachsdepots finden sich z. B. in den Früchten der *Rhus*-Arten. In recht eigenartiger Weise ist Wachs in den Parenchymzellen der Stämme bzw. Knollen mancher *Balanophoraceen* angehäuft.

Die genaue Biogenese sowohl der ex- wie auch intracellulärer Wachsausscheidungen ist unbekannt. Es dürften sich vermutlich Analogien zur Absonderung der ätherischen Öle ergeben; als Rohstoff mag die Stärke anzusprechen sein. Als Vorstufe werden meist schmierige „Öle" beobachtet (*Stanhopea tigrina, lupinus albus*).

Die größten Wachsbildungen erfolgen normalerweise an Pflanzen in tropischen und in den Wüsten-Aridengebieten. An der Unterseite der Blattoberfläche, wo reichlich Schließzellen vorhanden sind, ist das Wachs ein Schutz gegen zu starke Transpiration. Bei intensiver Sonnenstrahlung werden neben den Wachsen auch Harze gebildet, z. B. bei der *Laurea tridentata Vail* und anderen Wüsten-Xerophyten. Aber auch die Pflanzen der gemäßigten und subarktischen Zone können Wachse aufweisen. So z. B. decken Wachse das ganze Blatt von *Vaccinium uliginosum* L. und teilweise die Unterseite des Blattes, wie z. B. bei *Vaccinum oxycocus* L. Aber auch ganze Pflanzen können von Wachs zwecks Wasserschutz bedeckt sein, z. B. *Acer rubrum* L. Der Wachsüberzug verursacht bei einer Reihe von *Hallophyten*, z. B. *Eryngium maritinum* L. die matte blau-grüne Färbung der Blätter.

Die Ansammlung von Wachsen ist nur bei wenigen Pflanzen so groß, daß eine Gewinnung derselben sich lohnt, wie beim Wachsstaub auf den Blättern der Fächerpalme (Carnaubawachs) oder beim Candelilawachs in den *Euphorbiaceen* (2—3%).

2. Chemie der Wachse

Während, wie bereits erwähnt, Fette und Öle Ester einbasischer Fettsäuren mit gerader Kohlenstoffanzahl (die C_{18}-Säuren sind am häufigsten) mit Glycerin sind, wird in den Wachsen das Glycerin durch höhere einwertige, selten zweiwertige Alkohole vertreten. Die Fettsäuren, die am Aufbau teilnehmen, können auch in pflanzlichen Fetten auftreten.

Pflanzenfette und **Öle** sind ein- und mehrsäurige Triglyceride; daneben finden sich, offenbar durch Zersetzung entstanden, freie Fettsäuren. In sehr geringer Menge kommen noch

[1] SAHAI, P. N., u. A. CHIBNALL: Biochem. J. **26**, 403 (1932).

Phytosterine, Alkohole (z. B. Myricylalkohol) und im Samen von *Brucea sumatrana* der cyclische Alkohol ($C_{20}H_{39}OH$), Kohlenwasserstoffe [n-Eikosan (im Lorbeerfett), Octakosan, Spinacen] und Farbstoffe (Lipochrome) vor.

Palmöl z. B. besteht zu $^1/_3$—$^1/_2$ aus Ölsäure, der Rest ist Palmitinsäure. Etwa 1% der gebundenen Fettsäuren verteilt sich auf Stearinsäure, Linolsäure u. a. Die Kakaobutter setzt sich zusammen aus: 24,9% Oleodistearin, 54,7% Palmitodiolein und 20,3% Oleopalmitostearin. Daneben finden sich geringe Mengen von Palmitodi- und Tristearin, ferner Glyceride von Arachin- und Linolsäure. Cocosöl ist reich an Laurinsäure.

Eine häufig anzutreffende Fettsäure mit weniger als 18 C-Atomen ist die Palmitinsäure; längerkettige finden sich unter anderem vornehmlich im Erdnußöl (Arachinsäure, Cerotinsäure, Lignocerinsäure). Die kurzkettigste ungesättigte Fettsäure ($C_{10}H_{18}O_2$) kommt im Pollen von *Ambrosia artemisifolia* vor; eine langkettige Olefincarbonsäure ist die Erucasäure des Senföls. Eine Oxyfettsäure kommt z. B. im Ricinusöl vor (Dioxystearinsäure), während eine cyclische Säure, die Chaulmoograsäure; in Samen von *Hydnocarpus*-Arten angetroffen wird, [Über die Lokalisierung freier Fettsäuren (saurer Extraktstoffe) in Holzschnitten von Fichte, Kiefer und Erle vgl. PERILÄ[1]].

Bei den Wachsen kann man nun zwischen einfachen aliphatischen Wachsen und solchen, die aliphatische Hydrocarbonsäuren, Ketonanteile oder ungesättigte Komponenten (z. B. n-Triacontanol) enthalten, unterscheiden.

Neben den eigentlichen Wachsestern finden sich im Wachs — wie bereits erwähnt — stets noch freie Säuren, freie Alkohole und häufig Kohlenwasserstoffe unbekannter Konstitution. Abweichende Zusammensetzung zeigen oft Wachse der Fruchtcuticula und der Samenschalen, in denen sich ungesättigte Säuren und Alkohole vorfinden können. Cutinisierte und verkorkte Membranen enthalten *cyclische Wachse.*

Im großen und ganzen muß festgestellt werden, daß die Chemie der Wachse und analoger Verbindungen relativ mangelhaft erforscht ist. Insbesondere gilt dies für *Cutin* und *Sporopollenin.* Nach KREGER[2] gibt es z. B. keine stöchiometrische Beziehung zwischen den Alkoholen und Säuren eines Wachses.

Wachse sind im Gegensatz zu Cellulose, Lignin und Suberin niedermolekulare Verbindungen; die Länge der Estermoleküle liegt meist unter 100 Å.

Die Alkohole und Fettsäuren haben geradzahlige Kohlenstoffketten zwischen C_{24} und C_{34} [CHIBNALL, PIPER und Mitarbeiter[3] (z. B. Myricylalkohol $C_{30}H_{61}OH$ oder Cerotinsäure $C_{25}H_{51}COOH$)].

Die Stelle des Glycerins bei den Fetten und Ölen wird bei den Wachsen von langkettigen Alkoholen, wie z. B. Cetyl-, Ceryl-, Myricyl- und Lignocerylalkohol eingenommen.

Neben bekannten Fettsäuren finden sich auch eigenartige Wachsfettsäuren, wie Cerotinsäure, Mellisinsäure usw.

Die angetroffenen Paraffine besitzen eine ungerade Anzahl von Kohlenstoffatomen zwischen C_{27}und C_{31} (KREGER[2]); z. B. n-Noneicosan $C_{29}H_{60}$. Die Pflanzenwachse haben stets unverzweigte Kettenmoleküle.

Neben den aliphatischen Wachsen gibt es in den cutinisierten und verkorkten Membranen Cerin und Fridelin. Von LÜSCHER[4] wurden die Bruttoformeln mit $C_{30}H_{50}O_2$ bzw. $C_{46}H_{76}O_2$ angegeben, und man schloß aus dem niedrigen Wasserstoffgehalt, daß sie Ringsysteme enthalten und den Sterinen nahestehen. Inzwischen wurden sie als pentacyclische Triterpene erkannt, und neulich wurde von COREY und URSPRUNG[5] die Struktur dieser Terpenoidketone aufgeklärt (s. Formel auf S. 380).

[1] PERILÄ, O., u. P. MANNER: Papper och Trä **38**, 499 (1956).

[2] KREGER, D. R.: Rec. Trav. bot. néerl. **41**, 603 (1949).

[3] CHIBNALL, A. Ch., S. H. PIPER, A. POLLARD, E. F. WILLIAMS u. P. N. SAHAI: Biochemic. J. **28**, 2175, 2189 (1934).

[4] LÜSCHER, E.: Diss. Bern 1936.

[5] COREY, E. J., u. J. J. URSPRUNG: J. Amer. Chem. Soc. **77**, 3667 (1955).

Das klassische Beispiel für Wachs, das technische Bedeutung besitzt, ist das Carnaubawachs. Dieses Wachs aus den Blättern der Fächerpalme *(Copermicia cerifera* MART.) besteht z. B. in der Hauptsache aus Cerotinsäure-Myricylester $C_{25}H_{51}COOC_{31}H_{63}$ (neben Estern der geradzahligen Säuren C_{18}—C_{30}), dem Carnaubasäure $C_{23}H_{47}COOH$, Cerotinsäure $C_{25}H_{51}COOH$, höhere Alkohole (Ceryl- und Myricylalkohol) und Kohlenwasserstoffe beigemengt sind.

(Kürzlich wurde auch die sog. Holz-Carnaubasäure, d. s. höhere Fettsäuren im Harz und Tallöl, mit physikalischen Methoden untersucht[1]. Es sind n-C_{20}-, n-C_{22}- und n-C_{24}-Säuregemische).

Technische Bedeutung besitzen noch das Candelillawachs, einer strauchartigen *Euphorbiaceae (Pedilanthus Pavonis, Boiss)* in Mexiko, und das Fibrawachs (Schilfwachs). Im Zuckerrohrwachs wurden unter anderem den Sterolen verwandte Substanzen (Sitosterol, Stigmasterol u. a.) isoliert.

Baumwollwachs macht die Baumwollfaser wasserabstoßend; es ist trotz der hohen Verseifungszahl schwer verseifbar. Kürzlich hat TONN[2] sich eingehender damit befaßt.

ZELLNER und Mitarbeiter[3] haben eine Reihe von Rinden verschiedener Holzarten wie z. B. Feldahorn, Hasel, Grau- und Schwarzerle, Buche, Weißbuche und Birke u. a. untersucht. Wenn Rindenwachs durch Extraktion gewonnen wird, ist bei seiner Beurteilung zu beachten, daß es stets ein Gemisch der eigentlichen Wachse mit den Lipoiden des Zellinhaltes, besonders der Reservefette, darstellt. Die Gruppe langkettiger Fettalkohole, die in den meisten Wachsen gefunden wurde, ist auch hier vertreten. Es handelt sich meist um Gemische der Alkohole der C_{20}-Reihe, unter denen nach ZELLNER der Cerylalkohol vorzuherrschen pflegt. Oxyfettsäuren werden allerdings von ZELLNER nicht gefunden, doch verfügte er vielleicht nicht über genügende Mengen an Material für derartige Untersuchungen. Neben den Wachsen wurden Phlobaphene, Gerbstoffe, Invertzucker usw. nachgewiesen.

FRIESE und CLOTOFSKI[4] fanden im Wachs der Buchenrinde einen Ester eines C_{20}-Alkohols mit einer C_{20}-Säure. Von Interesse ist ferner noch das Korkwachs.

Wie im obigen Abschnitt über die Konstitution des Suberins erwähnt wurde, erhält man durch Extraktion des Rohkorkes mit neutralen organischen Lösungsmitteln Wachse, Sterine, freie Säuren und Glyceride.

Das Korkwachs setzt sich aus folgenden Substanzen zusammen:

Tabelle VI, 13. *Substanzen des Korkwachses* (nach STOCKAR[5])

		Schmelzpunkt °C
Cerin	$C_{30}H_{50}O_2$	246
Fridelin	$C_{30}H_{50}O$	264
Cerol	$C_{24}H_{42}O_2$	245
Phytosterin . .	$C_{26}H_{44}O$	135
Alkohol . . .	$C_{21}H_{44}O$	74
„Salbenartige Substanz“. .	($C_{18}H_{20}O$)	
Alkohol . . .	$C_{20}H_{42}O$	65

Ferner kommen wahrscheinlich Glycerin und als saure Bestandteile, die ZETZSCHE und LÜSCHER[6] in 2 Gruppen teilt, vor: 1. Säuren: Linol-, Öl-, Arachin-, α-Oxyarachin-, Phellon-(α-Oxybehen-)säure; 2. Nichtsäuren: Alkohol $C_{21}H_{44}O$, Alkohol $C_{24}H_{42}O_2$ Phytosteringemisch und Cerin und Fridelin. Die salbenartige Masse enthält auch Alkoholverbindungen.

[1] BERGSTRÖM, H., R. RYHAGE u. E. STENHAGEN: Svensk Papperstidn. **59**, 593 (1956).

[2] TONN, W. H., u. E. P. SCHOCH: Ind. Engng. Chem. **38**, 413 (1946).

[3] ZELLNER, J., u. Mitarb.: Mh. Chem. **44**, 261 (1923); **46**, 309, 611 (1925); **47**, 151, 659 (1926) — Siehe auch BRUNNER, O., u. G. WIEDEMANN: Mh. Chem. **63**, 368 (1933); **64**, 21 (1934).

[4] FRIESE, H., u. E. CLOTOFSKI: Ber. dtsch. chem. Ges. **70**, 1986 (1937).

[5] Siehe S. 417, Fußnote 1.

[6] ZETZSCHE, F., u. E. LÜSCHER: J. prakt. Chem. **150**, 68, 140 (1938).

Wachse sind am Aufbau des Suberinmoleküls nicht beteiligt, mitbestimmen aber wesentlich die Eigenschaften des Korkes. Nach ihrer Entfernung aus dem Kork läßt dieser Wasser eintreten und wird runzlig (RIBAS)[1]. KURTH und KIEFER[2] sowie HERGERT und KURTH[3] haben Douglasie-Rinde auf ihr Wachs untersucht.

Abb. VI, 21. Molekülstruktur von Cholesterin. Moleküllänge und -breite ist nach den Messungen von BERNAL eingezeichnet. Die hydrophile Seite wird durch die OH-Gruppen gebildet

Die wichtigsten Extraktivstoffe waren: Dihydroquercetin, Wachse, Tannin und Kohlenhydratsubstanzen. Das Wachs der Douglasie-Rinde ist eine harte, nicht klebrige Substanz, löslich in Benzol und in aliphatischen Chlorwasserstoffen. Das Wachs — etwa 5—10% Gewichtsteile der Rinde — läßt sich mit aliphatischem Kohlenwasserstoff in 3 Fraktionen zerlegen:

1. In heißem Hexan lösliches Wachs, besitzt helle Färbung und besteht zu 20% aus Lignocerylalkohol, 60% aus Lignocerylsäure und 20% aus Ferulasäure (4-Hydroxy-3-Methoxyzimtsäure).

2. In Hexan unlösliches, leicht braunrötliches Material, eine Mischung von Fettsäuren in einer Ausbeute von 25% sowie ein dunkel gefärbtes Phlobaphen in 24% Ausbeute.

3. In Äthyläther unlösliche Fraktion mit einer Ausbeute von 26%. Außerdem wurden 5% unverseifbare Bestandteile und Glycerin ermittelt. Die relativ hohe Wachsausbeute (5—10 Gew.-%) der Douglasie-Rinde kann in der Zukunft eine technische Nutzung erlauben.

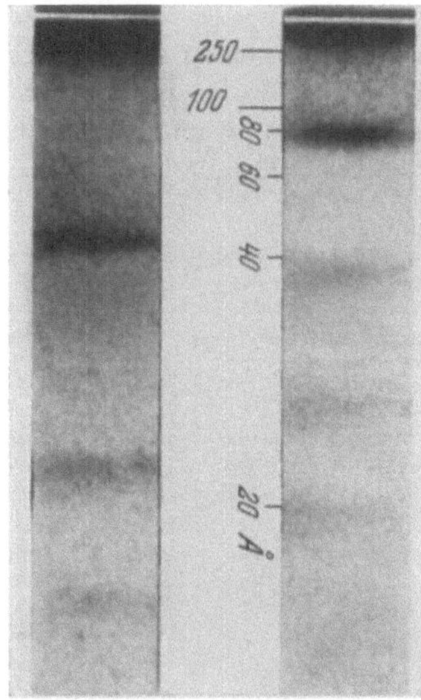

Abb. VI, 22. Röntgenkleinwinkelaufnahme von: links Wachs der *Echeveria glauca*, rechts Wachs von *Saccharum officinarum* (Reflexe höherer Ordnung sind schwach erkennbar). (Nach TREIBER und SEKORA)

Wachse sind als niedermolekulare Stoffe im allgemeinen gut kristallisiert und geben scharfe Röntgeninterferenzen, wobei vielfach auch große Netzebenenabstände beobachtet werden können (z. B. 60 und 83 Å bei einigen Wachsen nach HESS[4] (vgl. Abb. VI, 22).

In nachstehender Tabelle VI, 14 sind von TREIBER[5] und SEKORA ausgeführte Messungen der Röntgenkleinwinkelinterferenz einiger Wachse zusammengefaßt:

Tabelle VI, 14. *Messungen der Röntgenkleinwinkelinterferenz einiger Wachse* (nach TREIBER und SEKORA)

Bienenwachs	72 ± 1 Å
Wachs von *Saccharum officinale*	78 ± 1 Å
Wachs von *Echeveria glauca imbricata*	44 ± 1 Å
Wachs von *Picea Omorica*	40 ± 1 Å

Die hydrophilen Gruppen im Wachs sind — ähnlich wie bei Fetten — abgeschirmt bzw. maskiert; die Endgruppen sind ausgesprochen hydrophobe Gruppen, nicht reaktionsfähig und somit auch nicht zur Polymerisation befähigt. Moleküle mit hydrophilen und hydrophoben Endgruppen sind z. B. die Sterole (Abb. VI, 21) Proteine, Phosphatide

[1] Siehe S. 417, Fußnote 4.
[2] KURTH, E. F., u. H. J. KIEFER: Tappi **33**, 183 (1950).
[3] HERGERT, H. L., u. E. F. KURTH: Tappi **35**, 59 (1952).
[4] HESS, K., u. H. MAHL: Naturwiss. **41**, 86 (1954).
[5] TREIBER, E.: Chemie der Zellwand (S. 707). In W. RUHLAND, Handbuch der Pflanzenphysiologie. I. Berlin: Julius Springer 1955.

und Cutin, die nun gegebenenfalls Bindeglieder zwischen den hydrophilen und hydrophoben Wandsubstanzen bilden können.

Estolide. Bei der Verseifung der Wachse von Kiefern-Nadeln fanden BOUGAULT und BOURDIER[1] ω-Hydroxyfettsäuren (z. B. Hydroxylaurinsäure und Hydroxypalmitinsäure, Juniperinsäure) statt einfachen Säuren und Alkoholen. Verbindungen dieser Klasse haben 2 reaktive O-haltige Gruppen und können daher, im Gegensatz zu den Wachsen, hochmolekulare Polyester bilden. Letztere wurden *Estolide* genannt. Das Polymerisationsschema von Cutin und Suberin muß dem der Estolide ähnlich sein, weil ihre Hydrolyse- und Abbauprodukte gewöhnlich 2 oder mehrere reaktive Gruppen aufweisen, die zur Ester- oder Ätherbindung befähigt sind (Dicarbonsäuren oder Hydroxycarbonsäuren).

Suberin ist leichter als Cutin zu zersetzen, offenbar sind die Vernetzungsbrücken im Suberin in kleinerer Anzahl als im Cutin vorhanden. Den höchsten Vernetzungsgrad dürfte Sporopollenin besitzen, eine schwer verseif- und abbaubare Substanz (Vgl. S. 445).

Die isolierten Dicarbonsäuren könnten vielleicht Oxydationsprodukte höherer Hydroxysäuren sein, z. B. Suberinsäure [$COOH \cdot (CH_2)_6 \cdot COOH$] durch oxydierenden Abbau von Suberin. Wahrscheinlich sind nicht alle Carboxylgruppen der Carbonsäuren in den Membranen esterifiziert, weil z. B. Cutin einige charakteristische Eigenschaften einer Säure oder eines hochpolymeren Anions zeigt (ausgesprochene negative elektrische Ladung; BRAUNER[2]).

3. Farbwachse

Die meisten in der Natur vorkommenden Farbpigmente gehören zu den *Carotinoiden.* ZECHMEISTER[3] definiert sie wie folgt: „Carotinoide sind fettlösliche, wasserunlösliche, stickstofffreie (ganz oder vorwiegend) aliphatisch gebaute Polyenpigmente, deren Farbe durch ein anges System von konjugierten Doppelbindungen verursacht wird.“ Durch Absättigung der Doppelbindungen werden sie farblos. Zwei klassische Vertreter dieser Gruppe sind der gelbe Pflanzenfarbstoff *Lycopin* und das isomere *Carotin,* beide mit der Bruttoformel $C_{40}H_{56}$. Das erste bedingt die rote Farbe in der Tomate, der Hagebutte und vieler anderer Früchte. Das Carotin als Farbpigment der gelben Rübe gehört zu den verbreitetsten natürlichen Farbstoffen in grünen Blättern, Blüten und Früchten, aber auch in tierischen Organismen. Nach neueren Erkenntnissen tritt das Rübenpigment in drei Isomeren auf, die als α-, β-, und γ-Carotin unterschieden werden. Ihre Verschiedenheit wird durch die andere Lage der Doppelbindungen bedingt.

Vom Carotin lassen sich verschiedene sauerstoffhaltige pflanzliche Farbstoffe (sog. Phytoxanthine) ableiten, deren Sauerstoffatom ganz oder als Hydroxylgruppen vorliegen. Hierzu gehören das *Blattxanthophyll* ($C_{40}H_{56}O_2$) — ein Chloroplaststoff der grünen Blätter, das nah verwandte *Zeaxanthin* ($C_{40}H_{56}O_2$) als Farbstoff im Maiskorn, *Capsanthin* ($C_{40}H_{58}O_3$), wichtigster Farbstoff in Paprika und *Violaxanthin* ($C_{40}H_{56}O_4$), gelber Farbstoff in den Blüten von *Viola tricolor* u. a. Pflanzen.

Die eigentlichen Farbwachse sind Ester von den obenerwähnten Polyenalkoholen (hydroxylhaltige Carotinoide) mit Fettsäuren (KARRER[4]). Als Beispiel für Farbwachse sei das *Physalien* genannt, welches der Dipalmitinsäureester des Zeaxanthins ist und in den Kelchen und Früchten der Judenkirsche, *Hippophae rhamnoides* u. a. Pflanzen vorkommt. Ferner sei das *Helenien,* das als Luteindipalmitat in den Blüten verschiedener Pflanzen z. B. *Arnica montana, Narcissus pseudonarcissus* u. a. gefunden wurde, zu erwähnen.

Die Anzahl einwandfrei definierter Farbwachse ist noch gering.

In den Rinden der Waldbäume der gemäßigten Zone sind die Farbwachse meist seltener als bei den in den Tropen wachsenden Holzarten.

4. Cutin

Viele Landpflanzen enthalten, soweit sie keine verkorkte Membran besitzen, als Abschluß gegen die Umwelt cutinisierte Membranen. MOURAVIEFF[5] beobachtete,

---

[1] BOUGAULT, F., u. L. BOURDIER; C. r. Acad. Sci. (Paris) **147**, 1311 (1908).

[2] BRAUNER, L.: Jb. wiss. Bot. **73**, 513 (1930).

[3] ZECHMEISTER, L., Carotinoide höherer Pflanzen (Polyen-Farbstoffe) (S. 1239). In G. KLEIN, Handbuch der Pflanzenanalyse III/2. Wien: Julius Springer 1932.

[4] KARRER, P., u. E. JUCKER: Carotinoide. Basel: Birkhäuser 1948.

[5] MOURAVIEFF, J.: Bull. Soc. Lin. Lyon **21**, 236 (1952).

daß auch Wasserpflanzen *(spec. Ceratophyllum* L.*)* eine echte Cutinmembran besitzen. Somit ist Cutin eine in der Natur weit verbreitete Substanz.

In welchen Mengen in den Pflanzenteilen Cutin auftritt, zeigt Tab. VI, 15.

Tabelle VI, 15. *Vorkommen des Cutins in einigen Pflanzenteilen nach* ZETZSCHE[1]

Stengel:	Bambus	0,02%
Blätter:	*Laurus nobilis* . .	1,1 %
	Betula	0,8 %
Nadeln:	*Juniperus com.* .	5,1 %
	Pinus silvestris .	1,3 %
	Picea excelsa . .	1,2 %

Bei der *Agave americana* und bei *Myrtus pimata* ist die Cuticula kräftig ausgebildet. Es gibt jedoch auch Fälle, wo die Cuticularschicht fehlt, so z. B. bei den *Bromeliaceen* (vgl. auch S. 178f).

Cutinisierte Membranen und alle verkorkten Zellwände reagieren optisch umgekehrt wie die Cellulosewände, d. h. sie sind optisch negativ. Nach den Untersuchungen von M. MEYER[2] scheinen die Cuticular-Wandsubstanzen vielfach mehr oder minder ausgebildete Schichten zu bilden (Abb. VI, 23). Diese Schichten bestehen aus Cellulose, Pektin, Cuticularwachs und Cutin.

Nach den Auffassungen von FREY-WYSSLING[3] und HÄRTEL[4] ist das Cutin — wie bereits angedeutet — ein Bindeglied zwischen der hydrophilen Cellulose und dem hydrophoben Wachs (Vgl. S. 436 und Abb. VI, 21). Die Cuticularschichten bestehen aus einem nicht schmelzbaren Gerüst von Cellulose und Cutin und tangential orientierten plättchenförmigen Cutinwachsmicellen, die im cellulose- und pektinhaltigen Teil die positive Doppelbrechung der Cellulose kompensieren können. Die äußerste Schicht wird häufig durch einen dünnen Film von reinem Cutin gebildet, welches somit als unabhängige Wandsubstanz auftreten kann, dann aber wahrscheinlich mit dem Cutin der Cuticularschicht nicht identisch ist.

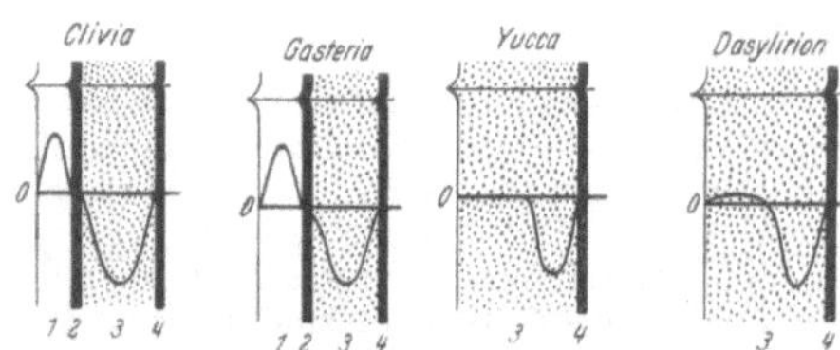

Abb. VI, 23. Aufbau der Cuticularschicht nach M. MEYER. In das Schema ist die relative Stärke der +- bzw. —-Doppelbrechung eingezeichnet. *1* Celluloseschicht; *2* isotrope Pektinschicht; *3* cutinisierte Wandschicht; *4* isotrope Cuticula

Während Cellulose und die Cuticularwachse keine UV-Absorption aufweisen, absorbiert Cutin sehr stark [(2900—3000 Å) WUHRMANN-MEYER[5]]. Ob diesem Verhalten eine gewisse biologische Bedeutung zukommt, ist noch nicht einwandfrei erwiesen. Cutin fluoresciert goldgelb bis grüngelb.

Einige Eigenschaften des Cutins seien hier noch erwähnt. Ein großer Teil der mikro- und histochemischen Reaktionen ist nicht nur charakteristisch für Cutin, sondern auch für das verwandte Suberin und der etwas entfernteren Gruppe der Sporopollenine. Reines, unverändertes Cutin ist bisher mit Ausnahme des Cutins aus der *Agave americana* von LEGG und WHEELER[6] noch nicht isoliert worden. Das hochpolymere Cutin ist äußerst hitzebeständig. Zufolge der Unlöslichkeit und der optischen Isotropie wird für den Bau des Makromoleküls nicht ein lineares, sondern ein räumliches Netzwerk angenommen, wobei, ähnlich wie im Suberin, die Verknüpfung durch Ester- und Ätherbrücken erfolgen dürfte. Wahrscheinlich sind nicht alle Carboxylgruppen der Carbonsäuren in den Membranen esterifiziert, weil

[1] Siehe S. 418, Fußnote 4.

[2] MEYER, M.: Protoplasma (Wien) **29**, 552, 586 (1938).

[3] FREY-WYSSLING, A.: Submikroskopische Morphologie des Protoplasmas und seiner Derivate. Berlin 1938. — Submicroscopic morphology of protoplasm and its derivatives. Amsterdam: Elsevier Publ. Co. 1948.

[4] HÄRTEL, O.: Biol. generalis (Wien) **19**, 193 (1950).

[5] WUHRMANN-MEYER, K. u. M.: Planta (Berlin) **32**, 43 (1941).

[6] LEGG, V. H., u. R. H. WHEELER: J. Chem. Soc. **127**, 1412 (1925).

Cutin einige charakteristische Eigenschaften einer Säure bzw. eines hochpolymeren Anions besitzt. Ferner enthält Cutin freie Hydroxylgruppen, die acetyliert werden können. Durch Kochen mit Glycerin tritt bei Cutin im Gegensatz zu Suberin eine langsame Depolymerisation ein. Starke Laugen verseifen das Cutin zu Cutinfettsäuren; starke Mineralsäuren hydrolysieren bei niederen Temperaturen nur spurenweise, bei hohen Temperaturen erfolgt Zersetzung. Oxydationsmittel bauen in der Kälte nur langsam ab; schneller in der Wärme. Bisher wurden von ZETZSCHE und LÜSCHER[1] im Cutin (auch Suberin) nur gesättigte und ungesättigte Oxymono- und dicarbonsäuren gefunden; ferner wurden Oleocutin- und Stearocutinsäure erhalten.

Über die als Spaltprodukte des Cutins auftretenden Fettsäuren referieren LEGG und WHEELER[2], daß die gesamten Fettsäuren des Cutins sich in 4 Fraktionen trennen ließen: flüssige Cutinsäure ($C_{20}H_{50}O_6$) etwa 65%; halbflüssige Cutinsäure ($C_{26}H_{44}O_6$) etwa 10%; etwa 10% einer bei 107—108° C schmelzenden Säure ($C_{19}H_{38}O_6$), und ein Prozent einer mit Phellonsäure identischen Säure.

Nach anderen Angaben wird das Auftreten von Phellonsäure im Gegensatz zum Vorkommen im Suberin verneint. Nach GÉNAN DE LAMARLIÈRE sollen noch aldehydartige Verbindungen anwesend sein.

Die Cuticula einiger Pflanzenteile kann mit einer äußeren Wachsschicht (z. B. Beeren, Trauben, Blättern) bedeckt sein. In einigen Fällen entstehen Ölüberzüge *(Malus coronaria)*, Flavon-, Harz und Firnisüberzüge. Gewisse Reaktionen gestatten zwar Cutin vom Suberin abzugrenzen, geben aber keine Auskunft, ob das Cutin aller Pflanzen identisch oder verschieden ist. Die Unterschiede zwischen Cutin und Suberin scheinen weitgehend graduell zu sein. Der sehr viel schwerer verseifbare und sehr resistente Membranstoff *Sporopollenin* ist stärker differenziert. Über die chemische Natur desselben ist noch sehr wenig bekannt.

Zusammenfassende Literatur

BROWN, H. P., A. J. PANSHIN and D. C. FORSAITH: Textbook of Wood Technology. Vol. I. New York, Toronto London 1949.

FREUD, H.: Handbuch der Mikroskopie in der Technik. Bd. V/1. Frankfurt am Main: Umschau Verlag 1951.

FREY-WYSSLING, A.: Submicroscopie morphology of protoplasma and its derivatives. Amsterdam: Elsevier Publ. Co. 1948.

GNAMM, H.: Die Gerbstoffe und Gerbmittel. Aufl. 3. Stuttgart: Wiss. Verlagsges. 1949.

HÄGGLUND, E.: Chemistry of wood. New York: Acad. Press Inc. Publ. 1951.

KLEIN, G.: Handbuch der Pflanzenanalyse, Bd. II/1, III/2 (Hälfte 1 u. 2). Wien: Springer 1932.

NIKITIN, N. J.: Die Chemie des Holzes. Berlin: Akademie-Verlag 1955.

PAECH K., u. M. V. TRACEY: Moderne Methoden der Pflanzenanalyse. Bd. II. Berlin: Springer 1955.

TRENDELENBURG, R., u. H. MAYER-WEGELIN: Das Holz als Rohstoff. 2. Aufl. München: C. Hanser 1955.

5. Morphologie des Cutins und des Sporopollenins

Von P. SITTE

Die aus Cutin oder Sporopollenin aufgebauten Wandschichten[3] gehören mit den Phytomelanen zu den chemisch widerstandsfähigsten Bildungen der Pflanzen; bei der Torf- und

[1] Siehe S. 435, Fußnote 6. [2] Siehe S. 438, Fußnote 5.

[3] Vgl. H. KÜSTER: Die Pflanzenzelle. 2. Aufl. Jena 1951. — LINSBAUER, K.: Handbuch der Pflanzenanatomie. Berlin 1925/1930. — FREY-WYSSLING, A.: Die Stoffausscheidung der höheren Pflanzen. Berlin 1935. — CZAPEK, F.: Biochemie der Pflanze. 3. Aufl. Jena 1922. — MOLISCH, H.: Mikrochemie der Pflanze. Jena 1913. — KLEIN, G.: Handbuch der Pflanzenanalyse 3. Wien 1932. — RUHLAND, W.: Handbuch der Pflanzenphysiologie; Bd. 1, F. TREIBER: Die Chemie der Zellwand, S. 668ff. Berlin usw. 1955.

Kohlenbildung bleiben sie am längsten unverändert erhalten, worauf sich Cuticularanalyse[1] und Pollen- und Sporenanalyse[2] gründen; selbst in Steinkohlen finden sich noch gut erhaltene Sporodermen[3].

a) Cutin

Die primären Oberflächenschichten[4] höherer Pflanzen enthalten im wesentlichen vier Stoffe: neben den sonst häufigen Membranstoffen Cellulose und Pektin (beide hydrophil) als ± charakteristische Bestandteile Cutin und Wachs (lipophil). Cutin steht chemisch dem Suberin nahe und ist — wie dieses — hochpolymer und vernetzt[5] (aber schwerer verseifbar); die ausgesprochene Lipophilie der cuticularen Schichten beruht vorwiegend auf eingelagertem Wachs: Cutin selbst ist durch den hohen Gehalt an polaren Gruppen semihydrophil, wie Quellbarkeit, cuticuläre Transpiration[6] und das Vorhandensein hydrophiler Rekrete (wie Kieselsäure) in der Cuticula[7] beweisen. — Cuticula und Cuticularschichten werden entgegen älteren, überholten Ansichten[8] nach der *Sekretionstheorie* durch Erguß von flüssigen Vorstufen der Cutine[9] und Wachse[10] durch eine bereits bestehende cellulosische Wand hindurch gebildet; bei der Polymerisation zu Cutin (unter O_2-Einfluß) erfolgen charakteristische chemische Veränderungen[11]. Die Cuticularschicht (vielleicht auch die Cuticula) kann regeneriert werden[12].

Die *mikroskopische Struktur* äußert sich vor allem in einer ausgesprochenen *Schichtung* der Epidermisaußenwände. Im einfachsten Fall (so bei vielen *Hygro-* und *Mesophyten*) liegt über der pektininkrustierten Cellulose eine scharf abgegrenzte Cuticula, die ihrerseits keine Cellulose enthält (Abb. VI, 24a); besonders bei

---

[1] JURASKY, K. A.: Biol. generalis (Wien) **10**, 383 (1934); KISSER, J., u. H. SKUHRA: Mikroskopie (Wien) **7**, 164 (1952).

[2] Vgl. dazu R. P. WODEHOUSE: Pollen Grains. New York usw. 1935. — ERDTMAN, G.: An Introduction to Pollen Analysis. Waltham 1943; 1954. — IVERSEN, J., u. J. TROELS-SMITH: Pollenmorfologiske definitioner og typer. København 1950 [auch: Danm. geol. Unders. IV, **3**, 8 (1950)]. — FAEGRI, K., u. J. IVERSEN: Textbook of Modern Pollen Analysis. København 1950. — Allfällige Zusammenstellung der Neuerscheinungen; in G. ERDTMAN: Literature on Palynology, in Geol. Fören. Förh., Stockholm. — Vgl. ferner H. GAMS: Mikroskopie (Wien) **2**, 65 (1947); H. STRAKA: Z. Bot. **43**, 341 (1955).

[3] ZETZSCHE, F.: Fossile Pflanzenstoffe. In G. KLEIN, Handbuch der Pflanzenanalyse, III/1, S. 293. Wien 1932.

[4] Dabei werden vielfach auch die Wände von Intercellularen und vor allem die der Atemhöhlen überzogen („Innencuticula"); vgl. H. MOHL: Bot. Ztg. **3**, 1 (1845). — ARZT, TH.: Ber. dtsch. bot. Ges. **51**, 470 (1933); dort auch weitere Lit. — HÄUSERMANN, E.: Ber. schweiz. bot. Ges. **54**, 541 (1944). — SCOTT, F. M.: Bot. Gaz. **111**, 378 (1950). — Über atypische Cutinablagerung ist hier nicht zu berichten; vgl. F. FRITZ: Jb. wiss. Bot. **81**, 718 (1935). — Nach VAN WISSELINGH gibt es auch typische, intracelluläre Cutine (Endodermen, Sekretbehälter). — Die erste Erwähnung einer Cuticula findet sich bei A. TH. BRONGNIART: Ann. Sci. nat. II. ser. **1**, 65 (1834).

[5] ZETZSCHE, F.: Cutin. In G. KLEIN, Handbuch der Pflanzenanalyse, III/1, S. 215—220. Wien 1932. — FREY, A.: Jb. wiss. Bot. **65**, 195 (1926). — FREY-WYSSLING, A.: Submicroscopic Morphology of Protoplam. 2nd engl. Ed. Amsterdam usw. 1953. — TREIBER, E.: Die Chemie der Zellwand. In W. RUHLAND, Handbuch der Pflanzenphysiologie 1, S. 668. Berlin 1955. — Über anorganische Einlagerungen vgl. H. KÜSTER: Die Pflanzenzelle. 2. Aufl. Jena 1951 (dort weitere Literatur).

[6] GÄUMANN, E., u. O. JAAG: Ber. schweiz. bot. Ges. **45**, 411 (1936).

[7] Vgl. P. SITTE: Diss. Innsbruck 1954.

[8] „Umwandlungstheorie": MOHL, H.: Bot. Ztg. **5**—**10** (1847).

[9] SCHLEIDEN, M. S.: Grundzüge der wissenschaftlichen Botanik. Leipzig 1861. — STRASBURGER, E.: Über das Wachstum vegetabilischer Zellhäute. Jena 1889. — LEE, B., u. G. H. PRIESTLEY: Ann. of Bot. **38**, 525 (1924). — BLOCH, R.: Ber. dtsch. bot. Ges. **42**, 255(1924). — MARTENS, P.: Bull. Soc. bot. Belg. **64**, 108 (1881); Cellule **41**, 15 (1931); C. r. Acad. Sci. (Paris) **197**, 785 (1933); Bull. Soc. bot. Belg. **66**, 58 (1933); Protoplasma (Wien) **20**, 483 (1934). — FRITZ, F.: Jb. wiss. Bot. **81**, 718 (1935).

[10] CUNZE, R.: Beih. Bot. Zbl. **42** (I), 160 (1926).

[11] LINSKENS, H. F.: Planta (Berlin) **38**, 591 (1950); **41**, 40 (1952).

[12] FRITZ, F.: Jb. wiss. Bot. **81**, 718 (1935).

Xerophyten ist aber der Aufbau wesentlich komplizierter durch das Hinzutreten der *Cuticularschicht* (Abb. VI, 24b), die mitunter sehr differenzierte Strukturen bildet („Kammzinken"[1]). Der Aufbau dieser Schichtensysteme ist heute durch Mikrochemie und Polarisationsoptik weitgehend abgeklärt[2]. In der Celluloseschicht wechseln Pektin- und Celluloselamellen miteinander ab, wie dies auch für andere Zellwände beschrieben ist[3]; mitunter ist auch hier schon Cutin in dünnsten Lagen eingeschlossen. Nach außen ist die Celluloseschicht begrenzt durch eine isotrope Pektinlamelle, an die sich die Cuticularschicht anschließt, die durch das gleichzeitige Vorkommen aller erwähnten Wandsubstanzen einen besonders verwickelten Aufbau besitzt; sie grenzt sich meist deutlich (öfter durch eine weitere Pektinlamelle) gegen die eigentliche Cuticula ab, die nie Cellulose enthält, sondern

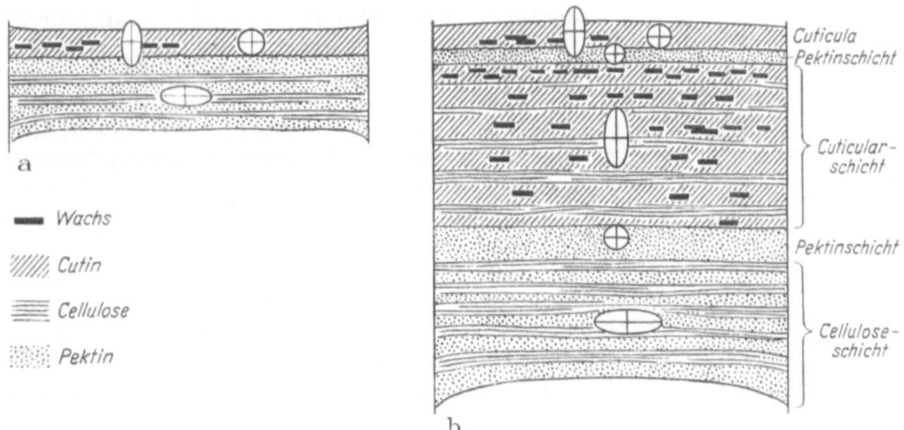

Abb. VI, 24. Schematische Querschnitte durch die Epidermis-Außenwand a) eines Hygro-, b) eines Xerophyten. Stark vergr.; der Doppelbrechungscharakter ist eingetragen

ausschließlich Cutin[4]; sie ist vielfach mit firnisartigen oder fein strukturierten Wachs-, Öl- oder Harzüberzügen ausgestattet. — In der Cuticularschichte liegen perikline Cellulose- und Cutinlamellen abwechselnd dicht aufeinander. Ob dabei das Cutin die Mikrofibrillen der Cellulose im eigentlichen Wortsinn zu inkrustieren vermag, ist ungeklärt; gemäß Vergleich mit ähnlichen Schichten ist dies jedoch nicht zu erwarten[5]. — Über die *Ektodesmen* der Epidermisaußenwände vgl.[6]; daß diese auch die Cuticula durchbrechen, ist unwahrscheinlich. —

Zur Aufklärung des *submikroskopischen Aufbaus der Cuticula* wurden bereits mehrfach elektronenmikroskopische Untersuchungen herangezogen; sie ist oft durchstrahlbar und zeigt eine glatte Außenseite (Abb. VI, 25a) und eine feinkörnig-rauhe Innenseite (Abb. VI, 25b); mikrofibrilläre Strukturen wurden bei sauberer

[1] Siehe S. 440, Fußnote 12.

[2] AMBRONN, H.: Ber. dtsch. bot. Ges. **7**, 226 (1889). — FREY, A.: Jb. wiss. Bot. **65**, 195 (1926). — ANDERSON, D. B.: Jb. wiss. Bot. **69**, 501 (1928). — MEYER, M.: Diss. ETH Zürich 1938; Protoplasma (Wien) **29**, 552 (1938). — ROELOFSEN, P. A.: Acta bot. neerl. **1**, 99 (1952).

[3] ANDERSON, D. B.: Sitzgsber. Akad. Wiss. Wien, math.-naturwiss. Kl. I, **136**, 429 (1927).

[4] P. A. ROELOFSEN (vgl. Fußnote 2!) weist im Gegensatz zu allen früheren Untersuchern für die Cuticula von *Clivia* Doppelbrechung nach; Wachseinlagerung?

[5] SITTE, P.: Mikroskopie (Wien) **8**, 290 (1953); **10**, 178 (1955); vgl. § 42/2 dieses Handbuches.

[6] SCHUMACHER, W.: Jb. wiss. Bot. **90**, 530 (1942). LAMBERTZ, P.: Planta (Berlin) **44**, 147 (1954). — SCHUMACHER, W., u. P. LAMBERTZ: Planta (Berlin) **47**, 47 (1956). — HUBER, B., E. KINDER, E. OBERMÜLLER u. H. ZIEGENSPECK: Protoplasma (Wien) (WEBER-Festschr.) **46**, 380 (1956).

Ablösung weder an Rißstellen, noch auf der Innenseite deutlich; die Cuticula dürfte also mit Cellulose nicht in unmittelbarer Berührung stehen[1]. Im Ultradünnschnitt erscheint die Cuticula mitunter geschichtet[2]. Besondere physiologische Bedeutung wurde seit jeher der Frage der *Porosität* beigemessen; feinste Poren wurden früher nach lichtoptischen Untersuchungen öfters beschrieben[3] oder auf Grund von Durchlässigkeitsversuchen gefordert[4], demgegenüber aber bisher trotz ausgedehnter Untersuchungen[5] nicht aufgefunden; allerdings tritt stellenweise eine Lockerung des submikroskopischen Gefüges in der Tiefe der Cuticularschichte auf[6]; auch ist die Cuticula chemisch nicht überall gleich[7] und kann Dünnstellen besitzen[8]. — Cutin selbst ist *amorph* (Abb. VI, 25); dementsprechend erscheinen auch in der Cuticula abgelagerte Si-Verbindungen im Elektronenmikroskop strukturlos[9]. — Zur submikroskopischen Struktur der *Cuticularschichten* hat FREY-WYSSLING ein wohlfundiertes Modell vorgelegt, das durch neue sehr eingehende Untersuchungen[10] weitgehend gesichert erscheint: Cellulosische Lagen wechseln mit Cutinlagen; in letzteren sind Wachskristallite enthalten, die vor allem die negative Doppelbrechung der Cutinlamellen verursachen (die Wachsmolekel stehen also antiklinal[11]). ROELOFSEN[10] konnte Formdoppelbrechung der Wachsfehlstellen nach Extraktion nachweisen; diese sind mutmaßlich unregelmäßig begrenzt, im allgemeinen aber flach und periklinal; die Grenzflächen gegen das Cutin dürften von chemisch gebundenen und gerichteten Wachsmolekeln gebildet sein („Residualwachs"). Cellulose- und Pektingehalt nehmen in der Cuticularschicht nach außen hin rasch ab[10].

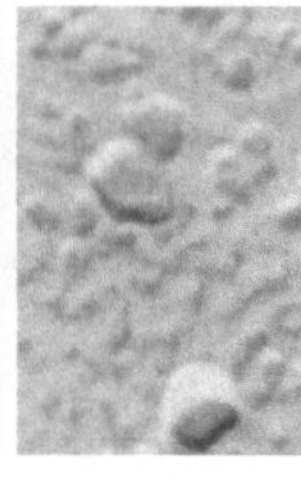

a b

Abb. VI, 25. Cuticula von *Heracleum sphondylium*, Laubblatt a) Außen-, b) Innenseite. Elektronenbild (SITTE), Au-Pd-beschattet, 50000:1

b) Sporopollenin

Die Pollenkörner aller Angiospermen und die Sporen der Gefäßkryptogamen[12] sind von einem charakteristischen Wandgebilde umhüllt (Sporoderm). Dieses

[1] COHN, F.: De cuticula. Halle 1850. — KÜSTER, H.: Experimentelle Physiologie der Pflanzenzelle. In E. ABDERHALDEN, Handbuch der biologischen Arbeitsmethoden XI. — MARTENS, P.: Cellule **41**, 15 (1931) u. a. — SITTE, P.: Diss. Innsbruck 1954. — WOOD, R. K. S., A. H. GOLD u. T. E. RAWLINS: Amer. J. Bot. **39**, 132 (1952). — Vgl. jedoch auch L. BOCK: Diss. München 1955.

[2] SITTE, P.: Unveröffentlicht.

[3] DOUS, F.: Bot. Arch. **19**, 461 (1927). — LLOYD, F. E.: The Carnivorous Plants. S. 41. Waltham 1942. — FENNER, C. A.: Flora (Jena) **93**, 335 (1904). — Weitere Lit. in H. KÜSTER: Die Pflanzenzelle. Jena 1951.

[4] STRUGGER, S.: Biol. Zbl. **59**, 409 (1939); Praktikum der Zell- und Gewebephysiologie der Pflanze. Berlin 1949.

[5] VOLZ, G.: Mikroskopie (Wien) **7**, 251 (1952). — SITTE, P.: Diss. Innsbruck 1954. — BOCK, L.: Diss. München 1955. — BRINGMANN, G., u. R. KÜHN: Z. Naturforsch. **10b**, 47 u. 317 (1955).

[6] HUBER, B., u. Mitarb. vgl. Fußnote 6, S. 441.

[7] Siehe S. 440, Fußnote 11.

[8] VOLZ, G.: Mikroskopie (Wien) **7**, 251 (1952). — BOCK, L.: Diss. München 1955.

[9] Siehe S. 440, Fußnote 7.

[10] ROELOFSEN, P. A.: Acta bot. neerl. **1**, 99 (1952).

[11] WEBER, E.: Diss. ETH Zürich 1942; Ber. schweiz. bot. Ges. **52**, 111 (1942).

[12] Über die Verbreitung der Sporopollenine im System ist nur wenig Sicheres bekannt, weil es keine einfache, eindeutige Nachweisreaktion gibt; bei Pilzen fehlen sie jedenfalls nach F. ZETZSCHE (in G. KLEIN, Handbuch der Pflanzenanalyse III/1, 205 u. 264. Wien 1932).

besteht aus zwei Schichten[1], einer inneren *Intine* (Endospor), die keine Sporopollenine (Spp.) enthält, sondern streuend texturierte Cellulose[2], die (wahrscheinlich von Pektin[3]) reichlich inkrustiert ist; und einer äußeren *Exine* (Exospor), die ausschließlich oder zum größten Teil aus Spp. besteht[4]. Exine und Intine sind klar geschieden und trennen sich oft erheblich voneinander (so im Bereich der Luftsäcke an Pollenkörnern von Gymnospermen[5]). Die Exine (*Sclerine*) gliedert sich ihrerseits[6] in eine (öfter fehlende), vom Periplasmodium gebildete Perine, die übrige Exine s. str. in die außenliegende Sexine (*s*kulpturierte *Exine*-Schicht) und die innenliegende Nexine (*n*icht skulpturiert); beide Lagen lassen vielfach eine Ecto- und Endoschicht erkennen (Abb. VI, 26). Dieser typische Schichtenbau findet sich zwar weitreichend in prinzipiell gleicher Weise, doch ist die Homologie der einzelnen Lagen noch fraglich. — Die *mikroskopische Struktur* der Exine ist dank ihrer Bedeutung für Palynologie[7] und Systematik[6] gut untersucht. Vielfach treten neben gröberen Strukturen auch solche auf, die bis an das Grenzauflösungsvermögen des Lichtmikroskopes oder darundergehen; über die hier erfolgreich angewendete L—O-Analyse, die auf der Ausnützung des BECKEschen Phänomens beruht, vgl. [6, 8]. Die Bezeichnungsweise ist gut durchgebildet, aber leider nicht einheitlich: Eine aus der pollenanalytischen Praxis hervorgegangene schlagen TROELS-SMITH und IVERSEN sowie FAEGRI und IVERSEN[7] vor, während ERDTMANs[6] Terminologie mehr theoretisch und den morphologischen Gegebenheiten wohl eher entsprechend ist. Die erschöpfende bildliche Darstellung der Exine erfolgt im *Palynogramm* (ERDTMAN), das also über ihre Gestalt, Größe, Polarität und Symmetrie, ihre Öffnungen (Gestalt, Zahl und Anordnung) sowie schließlich über ihren Schichtenbau und die Skulptur Aufschluß gibt.

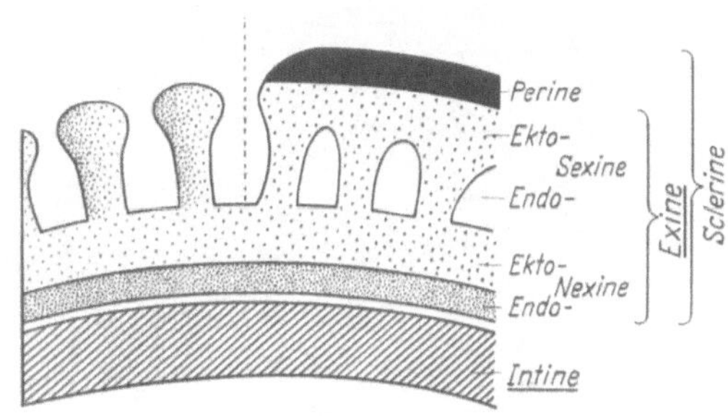

Abb. VI, 26. Schematischer Schnitt durch vollständiges Sporoderm; stark vergr.

Submikroskopische Struktur. Die Spp. sind amorph. Sie besitzen keine eigene Doppelbrechung; die oft beobachtbare schwache Doppelbrechung beruht auf Formdoppelbrechung oder sie verschwindet nach Fossilisierung, kommt also

[1] Vgl. bereits C. J. FRITZSCHE: Beiträge zur Kenntnis des Pollen. Berlin 1832. — FRITZSCHE, C. J.: Mém. Sav. Etrang. Acad. St. Petersbourg **3**, 649 (1837). — MOHL, H. v.: Ann. Sci. nat. **3** (1835). — FISCHER, H.: Beiträge zur vergleichenden Morphologie der Pollenkörner. Berlin 1890.

[2] Vgl. P. SITTE: Mikroskopie (Wien) **8**, 290 (1953).

[3] Sporodermen müssen außer Spp. (bis 25%), Cellulose (bis 3%) und Asche (bis 7%) noch andere Wandstoffe enthalten, wofür vor allem Pektine in Frage kommen [vgl. F. KIRCHHEIMER: Beih. bot. Zbl. A **53**, 398 (1935)]. Die Intine löst sich durch natürliche oder künstliche Fossilisierung (Laugen- oder Säurebehandlung, Acetolyse) auf. Strukturen der Exine sind an ihr (außer bei *Lycopodium*, SITTE) nicht vorgebildet.

[4] Eine wesentliche Beteiligung anderer Substanzen am Aufbau der Exine ist auszuschließen; der Aschen- (und hierin der Si-)Gehalt ist sehr gering; Verholzung liegt sicher nicht vor (H. ERDTMAN, in G. ERDTMAN: An Introduction to Pollen Analysis. Waltham 1943).

[5] JIMBO, T.: Sci. Rep. Tokohu Imp. Univ. ser. **4**, Biol. 8, 295 (1933); SITTE, P.: Mikroskopie (Wien) **8**, 290 (1953).

[6] ERDTMAN, G.: Pollen Morphology and Plant Taxonomy I. Angiosperms. Uppsala 1952. — ERDTMAN, G.: Sv. bot. Tidskr. **48**, 471 (1954).

[7] Siehe S. 440, Fußnote 2.

[8] ERDTMAN, G.: Sv. bot. Tidskr. **50** (1956). — ERDTMAN, G.: Grana Palynol. N. S. **1**, 127 (1956).

Begleitstoffen zu[1]; freilich sind Sporodermen polarisationsoptisch noch kaum untersucht[2]. Auch die Elektronenmikroskopie ergab eindeutig, daß mikrofibrilläre Elemente in der Exine nicht vorkommen, die Spp. vielmehr amorph sind. Die Ultrastruktur der äußersten Oberfläche erscheint in Lack-[3] oder Kohleabdrucken[4] feinkörnig-rauh (Abb. VI, 27) mit isometrischen Unregelmäßigkeiten. Ultradünnschnitte konnten zunächst[5] keine weiteren Aufschlüsse bringen, führten aber neuerdings[6] zu sehr beachtlichen Erkenntnissen. Das feinbauliche Grundelement sind demnach *globuläre Teilchen* (Durchm. etwa 60 Å), die entweder ± regellos und unterschiedlich dicht gelagert sind („granulär amorph") oder in submikroskopischen Schichten (Abb. VI, 28); diese Schichten sind freilich zu wenig regelmäßig, um durch Röntgenkleinwinkelbeugung feststellbar zu sein[7]. — Demnach

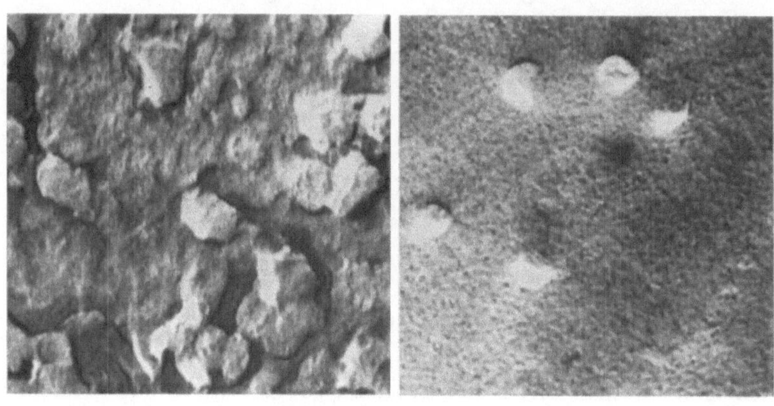

a b

Abb. VI, 27a, b. Lackabdrucke von Exinenoberflächen: a *Lycopodium annotinum*, 48000:1; b *Carpinus Betulus*, 51000:1. Elektronenbilder (SITTE), Au-Pd-beschattet

bestehen grundlegende feinbauliche Differenzierungen. Amorph und granulärgeschichtete Lagen sind bei den einzelnen Objekten sehr unterschiedlich dick, auch ihre gegenseitige Lage wechselt[6]; möglicherweise ist die geschichtete Bauweise phylogenetisch ursprünglicher[8]. Das oft bezweifelte Vorhandensein einer gesonderten Endonexine[9] ist durch die elektronenoptischen Schnittuntersuchungen für viele Objekte sicher erwiesen[6]. —

[1] Es kommen vor allem fettartige Körper, wie Farbstoffe in Betracht [Flavonole und Carotinoide, vgl. R. LUNDÉN: Sv. kem. Tidskr. **66**, 201 (1954), und Grana Palynol. N. S. **1**, 3 (1956); dort auch ältere Lit.!]. Über Fluorescenz der Exine vgl. F. ASBECK: Naturwiss. **42**, 632 (1955); doch ist der Strahlenschutz nicht sehr erheblich [WERFFT, R.: Biol. Zbl. **70**, 354 (1951)].

[2] Untersuchungen an vollständigen Exinen sind schwierig (Scheindoppelbrechung!). Imbibitionsreihen an Schnitten wurden m. W. noch nicht ausgeführt.

[3] SITTE, P.: Mikroskopie (Wien) 8, 290 (1953).

[4] MÜHLETHALER, K.: Planta (Berlin) **46**, 1 (1955).

[5] FERNÁNDEZ-MORÁN, H., u. O. DAHL: Science (Lancaster, Pa.) **116**, 465 (1952). — MÜHLETHALER, K.: Mikroskopie (Wien) 8, 103 (1953).

[6] AFZELIUS, B. M., G. ERDTMAN u. F. S. SJÖSTRAND: Sv. bot. Tidskr. **48**, 155 (1954). — AFZELIUS, B. M.: VIIe Congr. int. Bot., Sect. palynol. 241. Paris 1954. Bot. Notiser **108**, 141 (1955); Grana Palynol. N. S. **1**, 22 (1956). — Vgl. im ganzen K. STEFFEN: Z. Bot. **43**, 346 (1955).

[7] ENGSTRÖM, A.; vgl. B. M. AFZELIUS: Grana Palynol. N. S. **1**, 24 (1956).

[8] AFZELIUS, B. M.: Grana Palynol. N. S. **1**, 22 (1956).

[9] ERDTMAN, G.: Pollen- och sportyper i Sveriges kvartära lagerföljder. Västerås 1939 (cf. Fig. 26, 27!). — ERDTMAN, G.: Anal. Inst. Esp. Edaf. **7**, II (1948).

Über die *amikroskopische Struktur* der Spp. ist wenig bekannt. Die völlige Unlöslichkeit deutet auf eine hochpolymere, vernetzte Substanz[1] hin. Die im Elektronenmikroskop beobachteten globulären Makromoleküle (das MG. ermittelt sich[2] zu 6—10.10^4) müssen untereinander fest verbunden sein[3], oder es läßt sich wegen eines gemischt lipo-hydrophilen Charakters kein geeignetes Lösungsmittel finden; die Lipophilie ist indes ziemlich beschränkt[4]. — Über den *Chemismus* besteht keine Klarheit. Die Amorphie der Spp.[5] ist aber doch auch hierin wohlbegründet. Früher nahm man cutinähnlichen Aufbau an, ZETZSCHE[6] hingegen vermutet terpenoide Grundmolekel; diese heute am ehesten fundierte Ansicht ist aber keineswegs gesichert[7]. Die empirische Summenformel[8] für Sporonin von *Lycopodium clavatum* ist $C_{90}H_{129}O_{12}(OH)_{15}$; andere Spp. haben eine etwas andere

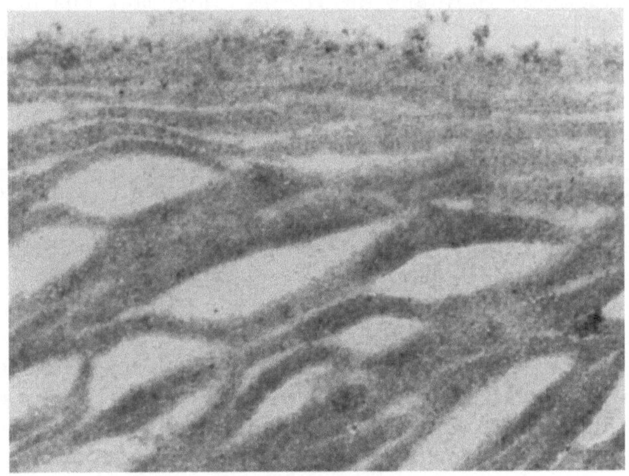

Abb. VI, 28. Ultradünnschnitt durch acetolysierte Exine von *Lycopodium clavatum* (granulär-geschichtet). Elektronenbild: B. M. AFZELIUS. 87000:1

Zusammensetzung. Die verschiedene Resistenz artverschiedener Exinen beruht demnach nicht nur auf ihrem verschiedenen Spp.-Gehalt (4—25%; verschiedene Exinendicke!), sondern auch auf unterschiedlichem Feinbau[9] und verschiedenem Chemismus[10].

[1] Dieser Auffassung widerspricht [entgegen einer Feststellung von K. STEFFEN, Z. Bot. **43**, 346 (1955)] die erwähnte submikroskopische Schichtung nicht.

[2] WILLIAMS, R. C., R. C. BACKUS u. L. S. RUSSEL: J. Amer. Chem. Soc. **73**, 2062 (1951).

[3] Möglicherweise durch Ätherbrücken; vgl. H. ERDTMAN, in G. ERDTMAN: An Introduction to Pollen Analysis. Waltham 1943; 1954.

[4] Zum Beispiel wird OsO_4 trotz des ungesättigten Charakters der Spp. nicht reduziert [JOHANSSON, L. P., u. B. M. AFZELIUS: Nature (London) **178**, 137 (1956)].

[5] Die Röntgendiffraktographie erbrachte in einigen Fällen (in anderen dagen nicht!) Anhaltspunkte für identische Perioden (ob Kristallinität im eigentlichen Sinn?); vgl. L. G. LABORIAU: Ann. Acad. bras. Cienc. **20**, 285 (1948). — LABORIAU, L. G., u. J. C. CARDOSO: Ann. Acad. bras. Cienc. **20**, 281 (1948). — LABORIAU, L. G., u. C. RABELLO: Rodriguésia **22**, 87, 95 u. 98 (1948).

[6] ZETZSCHE, F.: Sporopollenin. In G. KLEIN: Handbuch der Pflanzenanalyse, III/1, S. 205. Wien 1932. Hierin ältere Literatur!

[7] H. ERDTMAN: vgl. Fußnote 3 dieser Seite!

[8] ZETZSCHE, F., u. H. VICARI: Helvet. chim. Acta **14**, 58 (1931). Ausgedehntere Analysen konnten bisher vielfach wegen Materialmangel nicht ausgeführt werden, doch wurde durch G. CARLSSON ein geeignetes Sammelverfahren erfunden [Vertrieb: AB KABI, Stockholm 30; vgl. N. A. HELLSTRÖM: Grana Palynol. N. S. **1**, 20 (1956)].

[9] Siehe S. 444, Fußnote 8.

[10] SITTE, P.: Diss. Innsbruck 1954, fand, daß sich die Spp. von *Filicinen* in Chlorbleiche im Gegensatz zu jenen der *Gymno-* und *Angiospermen* auflösen.

§ 44. Lignin

Von E. ADLER und J. GIERER

1. Definition

Die Bezeichnung Lignin wurde von F. SCHULZE[1] für den Teil des Holzes eingeführt, der bei Oxydation mit $KClO_3$ und HNO_3 und darauf folgende Behandlung mit verdünntem Ammoniak in Lösung geht; sie wurde später von P. KLASON[2] auf die berechnete Differenz zwischen Holz einerseits und Cellulose, Holzpolyosen und Begleitsubstanzen andrerseits eingeschränkt. Heute versteht man unter Lignin wohl allgemein die durch Säuren im wesentlichen nicht hydrolysierbare, polymere, amorphe, inkrustierende Substanz des Holzes, aufgebaut aus methoxylhaltigen Phenylpropaneinheiten, die durch Ätherbindungen und C—C-Bindungen verknüpft sind. Lignin ist nach der Cellulose, mit der es stets gemeinsam vorkommt, mengenmäßig der bedeutendste Bestandteil der verholzten Zelle.

2. Vorkommen und morphologische Lagerung

Nach GJOKIC[3] sollen die Zellwände der Thallophyten (Algen, Moose, Flechten und Pilze) ligninfrei sein. Auch HOLMBERG[4], der die Reaktion des Lignins mit Thioglykolsäure einer Untersuchung über die Verteilung des Lignins im botanischen System zugrunde legte, fand, daß aus Thallophyten im allgemeinen kein Thioglykolsäurelignin erhalten wird; in gewissen Fällen konnte jedoch die Anwesenheit methoxylfreier Ligninsubstanzen vermutet werden. Für zwei *Sphagnum*-Arten wurde von LINDBERG und THEANDER[5] tatsächlich gezeigt, daß Oxydation mit Nitrobenzol und Alkali p-Oxybenzaldehyd (I) liefert, der einem sehr methoxylarmen Lignin entstammen dürfte. Lignifizierung mit stärker methoxylhaltigem Material tritt erst bei Pteridophyten und höheren Pflanzen auf.

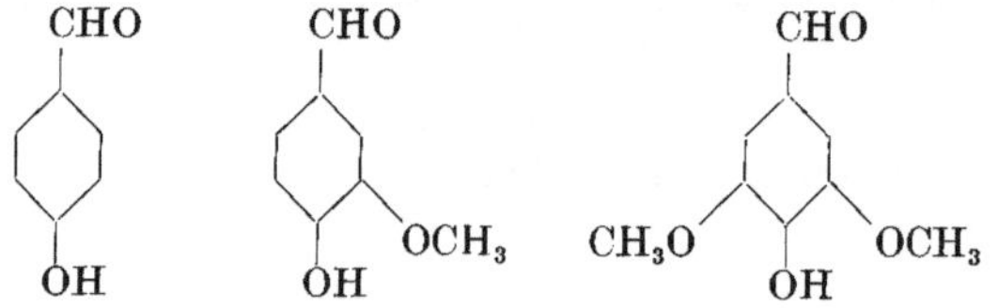

CHO CHO CHO

OCH_3 CH_3O OCH_3

OH OH OH

I II III

Abgesehen von den obenerwähnten methoxylarmen Ligninsubstanzen enthalten die Lignine der verschiedenen Pflanzengruppen innerhalb weiter Grenzen, nämlich zwischen etwa 6 und 24% schwankende Mengen von Methoxyl, in den meisten Fällen jedoch nicht weniger als 14%. Bei den Ligninen der Hölzer heben sich zwei Gruppen hervor, nämlich die der Coniferen mit 15—16%, und die der Laubhölzer mit rund 21% OCH_3. Auch der Ligningehalt selbst ist verschieden. Während die Coniferen im allgemeinen 26—30% enthalten, finden sich in Laubhölzern nur 20—22% Lignin.

Der unterschiedliche Methoxylgehalt ist durch die Natur der aromatischen Komponente bedingt. Diese ließ sich durch oxydativen Abbau mit Nitrobenzol

[1] SCHULZE, F.: Chem. Zbl. **1857**, 321.
[2] KLASON, P.: Tekn. Tidskr. Uppl. C, Kemi **23**, 56 (1893).
[3] GJOKIC, G.: Österr. bot. Z. **45**, 330 (1895).
[4] HOLMBERG, B.: Ing. Vetenskapsakad. Handl. No. 103 (1930); No. 131 (1934); Österr. Chem. Ztg. **43**, 152 (1940).
[5] LINDBERG, B., u. O. THEANDER: Acta chem. scand. (Copenh.) **6**, 311 (1952).

und Alkali bei 160° festlegen[1]. Hierbei wird aus Coniferenlignin Vanillin (II) in einer Ausbeute von etwa 25% erhalten, während aus Laubholzlignin ein Gemisch von Vanillin und Syringaaldehyd (III)[2] entsteht. Das Verhältnis von Vanillin zu Syringaaldehyd bewegt sich dabei zwischen 1:2,5 und 1:4,0. Neuerdings fand man im rohen Aldehydprodukt aus Laubholzlignin auch kleine Mengen von p-Oxybenzaldehyd (I)[3], der erstmalig bei der Nitrobenzoloxydation von Maisstengeln nachgewiesen worden war[4]. Weiterhin wurden im Coniferenlignin kleine Anteile der p-Oxybenzaldehyd- und der Syringaaldehydkomponente[5] aufgefunden.

Im Zellverband des Holzes ist das Lignin in charakteristischer Weise ungleichmäßig verteilt. Zwischen den Zellwänden, d. h. im Gebiet der Mittellamelle, ist

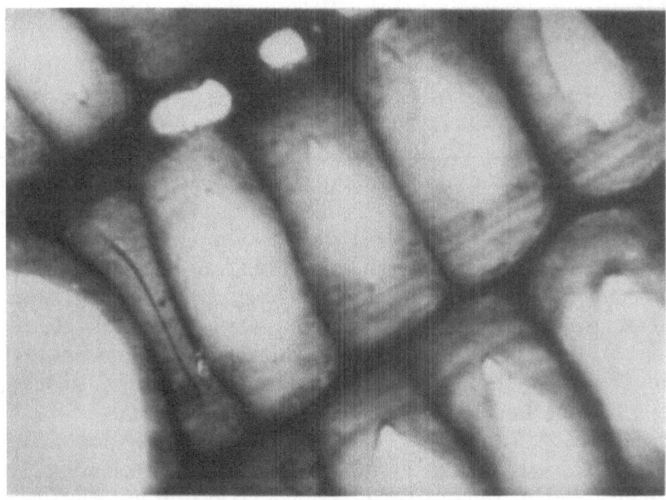

Abb. VI, 29. Ultraviolettmikroskopische Aufnahme eines Querschnitts von Fichtenholz (LANGE[6])

das Lignin sehr stark angereichert. Dies gibt sich u. a. deutlich in der ultraviolettmikroskopischen Aufnahme eines Querschnitts von Fichtenholz zu erkennen (Abb. VI, 29, LANGE[6]). Die von LANGE direkt am Holzschnitt gemessene Ultraviolettabsorption (Max. 280 mμ) beseitigte im übrigen jeglichen Zweifel an der aromatischen Natur des nativen Lignins. Wie BAILEY[7] nach Freilegung der Mittellamelle mit Hilfe des Mikromanipulators festgestellt hat, enthält dieser Bereich (in Douglas fir) etwa 70% Lignin. Zu demselben Ergebnis kam LANGE[8] durch Auswertung ultraviolettmikroskopischer Aufnahmen. Stark lignifiziert ist auch die primäre Zellwand, während die sekundäre besonders bei Laubhölzern viel ligninärmer ist. Bei diesen scheint auch die Tertiärlamelle ligninfrei

---

[1] FREUDENBERG, K., W. LAUTSCH u. K. ENGLER: Ber. dtsch. chem. Ges. **73**, 167 (1940).

[2] CREIGHTON, R. H. J., R. D. GIBBS u. H. HIBBERT: J. Amer. Chem. Soc. **66**, 32 (1944). — Vgl. auch K. FREUDENBERG u. H. F. MÜLLER: Ber. dtsch. Ges. **71**, 1621 (1938).

[3] BLAND, D. E.: Nature (London) **164**, 1093 (1949).

[4] CREIGHTON, R. H. J., u. H. HIBBERT: J. Amer. Chem. Soc. **66**, 37 (1944).

[5] BLAND, D. E., G. Ho u. W. E. COHEN: Austral. J. Sci. Res. A **3**, 642 (1950). — LEOPOLD, B., u. I.-L. MALMSTRÖM: Acta chem. scand. (Copenh.) **6**, 49 (1952). — NORD, F. F., u. G. DE STEVENS: Naturwiss. **39**, 479 (1952).

[6] LANGE, P. W.: Sv. Papperstidn. **47**, 262 (1944); **48**, 241 (1945); **53**, 749 (1950).

[7] BAILEY, A. J.: Ind. Engng. Chem. Analyt. Ed. **8**, 52 (1936); Paper Ind., Jan. 1936.

[8] LANGE, P. W.: Sv. Papperstidn. **57**, 525 (1954). — Vgl. S. 260ff.

zu sein[1]. Insgesamt nimmt also die Ligninkonzentration in der Faser von außen her gegen das Lumen ab. Bei Herauslösung der Cellulose (z. B. durch Säuren) bleibt das Lignin unter Beibehaltung der morphologischen Struktur als dreidimensionales Netzwerk zurück[2].

Durch elektronenmikroskopische Aufnahmen von intakter bzw. delignifizierter Zellwand konnte eindrucksvoll veranschaulicht werden, daß das Lignin der Faserwand zwischen die Cellulosefibrillen eingelagert ist[3]. Es ist leicht verständlich, daß die Packungsdichte der zum großen Teil kristallinen Cellulosefibrillen ein Eindringen des Lignins in dieselben nicht zuläßt.

Der Vorgang der Lignifizierung ist irreversibel; das einmal unter der Mitwirkung des lebenden Plasmas ausgeschiedene und in die Zellmembran eingebaute Lignin kehrt nicht mehr in den Metabolismus der Pflanze zurück[4]. Die Zelle stirbt ab, und das Lignin erhält damit für die Pflanze die Funktion der mechanischen Verstärkung und des Quellungsschutzes.

Die Frage, ob zwischen den Kohlenhydratbestandteilen der Zellwand und dem Lignin chemische Bindungen bestehen, oder ob dieses nur physikalisch mit den anderen Komponenten assoziiert ist, muß heute noch als ungeklärt angesehen werden. Die oft festgestellte Tatsache, daß es nicht möglich ist, die Hauptmenge des Lignins unter milden Bedingungen mit Hilfe inerter Lösungsmittel aus dem Holz herauszulösen[5,6] und weiterhin die Isolierung von „Kohlenhydrat—Lignin-Komplexen"[7–11] sind oft als Stützen für die Annahme einer chemischen Bindung zwischen den genannten Komponenten angeführt worden. In dieselbe Richtung scheint die Tatsache zu weisen, daß es nicht gelingt, Cellulose mit typischen Celluloselösungsmitteln aus dem Holze abzutrennen. Da es aber äußerst unwahrscheinlich ist, daß der Hauptanteil der Cellulose mit Lignin chemisch verbunden ist, könnte gerade dieser Umstand darauf hindeuten, daß die Auslösungsschwierigkeiten durch physikalische Faktoren bedingt sind.

Früher ausgeführten Versuchen, das Lignin im Holze durch enzymatischen Abbau der Cellulose anzureichern[12,13], war wenig Erfolg beschieden. Nach NORD[14] wird jedoch ein gewisser Anteil des Lignins der Extraktion mit inerten organischen

---

1 MEIER, M.: Holz Roh- u. Werkstoff **13**, 323 (1955).

2 FREUDENBERG, K.: Tannin, Cellulose, Lignin. Berlin: Julius Springer 1933.

3 HODGE, N. N., u. A. B. WARDROP: Austral. J. Sci. Res., Ser. B **3**, 265 (1950).

4 MANSSKAJA, S. M.: Fortschr. mod. Biol. **23**, 203 (1947). — STONE, J. E.: Canad. J. Chem. **31**, 207 (1953).

5 BRAUNS, F. E.: J. Amer. Chem. Soc. **61**, 2120 (1939); Paper Trade J. **111**, No. 14, 33 (1940); J. org. Chem. **10**, 211 (1945).

6 GROHN, H.: Chem. Techn. **3**, 240 (1951).

7 KAWAMURA, I.: J. Soc. Textile Ind. (Japan) **6**, 196 (1950). — KAWAMURA, I., u. T. HIGUCHI: J. Soc. Textile Ind. (Japan) **8**, 335 (1952); **8**, 442 (1952); **9**, 9 (1953); **9**, 159 (1953); **10**, 15 (1954). — Res. Bull. Faculty Gifu Univ., Gifu (Japan) März 1954.

8 HARRIS, E. E.: Tappi **36**, 402 (1953).

9 TRAYNARD, P., A. M. AYROUD u. A. EMERY: Assoc. Techn. Ind. Papeture Bull. **1953**, 45. — TRAYNARD, P., u. A. M. AYROUD: Bull. Soc. chim. France **1954**, 345.

10 STEWART, C. M.: Report Div. Forest Products CSIRO Melbourne **1953**, 10; Holzforsch. 8, 46, 71 (1954).

11 RICHTZENHAIN, H., B. ABRAHAMSSON u. E. DRYSELIUS: Sv. Papperstidn. **57**, 473 (1954).

12 FREUDENBERG, K., u. T. PLOETZ: Z. physiol. Chem. **259**, 19 (1939). — PLOETZ, T.: Z. physiol. Chem. **261**, 183 (1939); Ber. dtsch. chem. Ges. **72**, 1885 (1939); Sitzgsber. Heidelbg. Akad. Wiss. **1940**, 10. Abh.

13 VIRTANEN, A. I., u. O. A. KOISTINEN: Sv. kem. Tidskr. **56**, 391 (1944). — VIRTANEN, A. I., u. J. HUKKI: Suomen Kemistilehti **19 B**, 4 (1946).

14 SCHUBERT, W. J., u. F. F. NORD: J. Amer. Chem. Soc. **72**, 977, 3835 (1950). — KUDZIN, S. F., R. M. DEBAUN u. F. F. NORD: J. Amer. Chem. Soc. **73**, 4615 (1951). — KUDZIN, S. F., u. F. F. NORD: J. Amer. Chem. Soc. **73**, 690, 4619 (1951). — STEVENS, G. DE, u. F. F. NORD: J. Amer. Chem. Soc. **73**, 4622 (1951); **74**, 3326 (1952). — NORD, F. F., u. W. J. SCHUBERT: Holzforsch. **5**, 1 (1951).

Lösungsmitteln zugänglich, wenn das Holz dem Angriff von kohlenhydratabbauenden Pilzen (Braunfäulepilze, wie *Lentinus lepideus* und *Poria vaillantii*) ausgesetzt wird. Auch durch Feinmahlung von in Toluol aufgeschlämmtem Holzmehl in der Schwingmühle wird nach neuen Untersuchungen von BJÖRKMAN[1, 2] Lignin freigelegt, so daß es dann — in Ausbeuten von 30—50% — mit inerten organischen Lösungsmitteln bei Zimmertemperatur extrahiert werden kann. Da es nicht ausgeschlossen werden kann, daß es sich bei der Freilegung des Lignins nach diesem Verfahren um ein Losbrechen von Ligninbruchstücken aus einer evtl. vorliegenden Lignin-Kohlenhydrat-Verbindung handelt, können diese Ergebnisse einstweilen nicht als eigentliche Beweise gegen die Existenz solcher Verbindungen gewertet werden.

Aus feinstgemahlenem Holzmehl kann nach BJÖRKMAN[2, 3] im Anschluß an die Abtrennung des Lignins durch weiteres Extrahieren des Rückstandes (mit Dimethylformamid) noch ein „Lignin-Kohlenhydrat-Komplex“ langsam herausgelöst werden. In der Polysaccharidkomponente des Komplexes ließen sich sowohl der Art wie der Menge nach dieselben Monosaccharide nachweisen wie in der Hemicellulose des betreffenden Holzes. Dieses interessante Material dürfte besonders geeignet sein, die Frage nach dem Vorkommen von Bindungen zwischen Lignin und Polysacchariden im Holze experimentell zu prüfen. Es ist in diesem Zusammenhang auch von Interesse, daß die morphologische Verteilung der Hemicellulosen in der Faserwand der des Lignins ähnlich ist[4].

Die gegenwärtig vorliegenden Befunde können vielleicht so gedeutet werden, daß im Holz ein Teil des Lignins — vermutlich der größere — in freier Form, der Rest in Bindung an Polysaccharide — kaum an Cellulose — vorliegt[5].

3. Isolierung

Die zahlreichen zur Abtrennung des Lignins von den übrigen Holzbestandteilen verwendeten Methoden lassen sich in zwei Gruppen aufteilen, nämlich

1. Die Auslösung des Lignins aus dem Holz, und
2. die Entfernung der Kohlenhydratkomponenten unter Gewinnung des Lignins als Rückstand.

a) Auslösung des Lignins mit neutralen Lösungsmitteln

α) BRAUNS-Lignin („Lösliches Lignin“)

Ein geringer Anteil des Lignins (nach Angaben von BRAUNS 8—10%, nach eigenen Erfahrungen höchstens 1—2% der Gesamtmenge, möglicherweise in Abhängigkeit von der verwendeten Holzart) läßt sich nach BRAUNS[6] aus Holzmehl mit Hilfe von 96%igem Äthylalkohol extrahieren. Die Abtrennung von Harzen und anderen akzessorischen Holzbestandteilen erfolgt durch Umfällen aus verschiedenen Lösungsmittelpaaren. Das Produkt zeigt die typischen Ligninreaktionen, unterscheidet sich aber in mancher Beziehung, z. B. im Gehalt an freien Phenolhydroxylgruppen (s. S. 455) deutlich von der Hauptmenge des Lignins.

FREUDENBERG[7] verwendet zur Extraktion des „löslichen Lignins“ Aceton, das 5—7% Wasser enthält, und erhält nach wiederholtem Umfällen aus Aceton—Benzol ein Produkt, das nach neueren Ergebnissen[8] reichliche Mengen von Lignanen (dimeren Coniferylderivaten) enthält und daher vom eigentlichen Lignin stark abweicht.

[1] BJÖRKMAN, A.: Nature (London) **174**, 1057 (1954).
[2] BJÖRKMAN, A.: Sv. Papperstidn. **59**, 477 (1956).
[3] BJÖRKMAN, A.: Sv. Papperstidn. **60**, 243 (1957).
[4] Siehe S. 447, Fußnote 8.
[5] MEREWETHER, J. W. T.: Holzforschg. **11**, 65 (1957).
[6] Siehe S. 448, Fußnote 5.
[7] FREUDENBERG, K.: In K. PAECH u. M. V. TRACEY: Moderne Methoden der Pflanzenanalyse. Bd. 3, S. 499. Berlin: Springer-Verlag 1955.
[8] FREUDENBERG, K.: Angew. Chem. **68**, 508 (1956).

β) Nord-*Lignin*

Nord und Mitarbeitern[1] gelang es (vgl. S. 448), durch monatelange Einwirkung kohlenhydratabbauender Pilze auf vorextrahiertes Holzmehl weitere Ligninanteile alkohollöslich zu machen (vgl. auch Leopold[2]). Die Methode wurde sowohl auf Nadel- wie auf Laubhölzer angewandt; die erhaltenen Ligninpräparate waren den entsprechenden Brauns-Ligninen ähnlich. Auch der Pilzabbau von Bagasse lieferte ein alkohollösliches Lignin.

γ) Björkman-*Lignin*

Von besonderem Interesse ist die schon auf S. 449 erwähnte Freilegung von wesentlichen Ligninanteilen durch Feinstmahlen von vorextrahiertem Holzmehl[3,4] in der Schwingmühle. Die Herauslösung des Lignins gelingt dann bei Zimmertemperatur, z. B. mit Dioxan-Wasser (25:1). Einige Eigenschaften dieses neuen Materials, das für ligninchemische Untersuchungen von erheblichem Interesse ist, werden noch weiter unten besprochen werden.

b) Mit organischen Lösungsmitteln in Gegenwart von Mineralsäuren

Trotz der Anwendung neutraler Lösungsmittel und im übrigen verhältnismäßig schonender Bedingungen können weder das Nord-Lignin noch das Björkman-Lignin mit Sicherheit als unverändertes Lignin angesprochen werden. Weder beim Pilzangriff noch bei der Schwingmahlung kann ein Losbrechen von Ligninbruchstücken völlig ausgeschlossen werden. Bei den folgenden Methoden zur Ligninisolierung aber sind Veränderungen des nativen Lignins („Protolignins") mit Gewißheit anzunehmen. Sie sind dennoch von Interesse, da die im Zuge der Isolierung auftretenden Reaktionen Anhaltspunkte für die Strukturaufklärung des Lignins liefern können.

Verhältnismäßig wenig verändert dürfte das *Dioxanlignin* sein, das nach Stumpf und Freudenberg[5,6] vorextrahiertem Holzmehl durch 20tägiges Behandeln mit Dioxan in Gegenwart von 3% Wasser und 2—2,5% Salzsäure bei 20° in einer Ausbeute von etwa 15% des Gesamtlignins (Fichte) entzogen wird. Es enthält 1,5—2% Chlor und wird als ein Spaltstück des Protolignins betrachtet. Bei der Herstellung von sog. *Organosolvligninen*, z. B. der Alkohollignine[7], des Phenollignins[8] und des Thioglykolsäurelignins[9], durch Heißextraktion von Holzmehl mit den entsprechenden Lösungsmitteln in Gegenwart von Mineralsäure treten die Lösungsmittel in Form von Alkoxyl-[7] bzw. Oxyphenyl-[10] und Thioglykolsäureresten[7] in das Ligninmolekül ein. Besonders gute Ausbeuten von Alkohollignin werden beim Erhitzen von Holzmehl mit salzsäurehaltigen Lösungsmittelgemischen, wie Äthylalkohol-Chloroform oder Methylalkohol-Dioxan[11] erhalten. Auch siedendes Dioxan-Wasser (9:1) mit 0,2 N HCl ist ein geeignetes Extraktionsmittel[12].

[1] Siehe S. 448, Fußnote 14.

[2] Apenitis, A., H. Erdtman u. B. Leopold: Sv. kem. Tidskr. **63**, 196 (1951). — Leopold, B.: Sv. kem. Tidskr. **63**, 260 (1951).

[3] Siehe S. 449, Fußnote 1. [4] Siehe S. 449, Fußnote 2.

[5] Stumpf, W., u. K. Freudenberg: Angew. Chem. **62**, 537 (1950). — Stumpf, W., F. Weygand u. O. A. Grosskinsky: Chem. Ber. **86**, 1391 (1953).

[6] Siehe S. 449, Fußnote 7.

[7] Holmberg, B., u. S. Runius: Sv. kem. Tidskr. **37**, 189 (1925); Papir Fabr. **26**, 506 (1929). — Holmberg, B.: Ing. Vetenskapsakad. Handl. No. **103** (1930).

[8] Bühler, F.: Z. angew. Chem. **11**, 119 (1898).

[9] Holmberg, B.: Ing. Vetenskapsakad. Handl. No. **131** (1934).

[10] Wacek, A. v., u. H. Däubner-Rettenbacher: Mh. Chem. **81**, 266 (1950).

[11] Schuerch, C.: J. Amer. Chem. Soc. **74**, 5061 (1952). — Arlt, H. G., K. Sarkanen u. C. Schuerch: J. Amer. Chem. Soc. **78**, 1904 (1956).

[12] Adler, E., J. M. Pepper u. E. Eriksoo: Amer. Chem. Soc. Meet. Atlantic City 16.—21. Sept. 1956, Abstracts S. 18E. — Ind. Eng. Chem. (im Druck).

c) Lignosulfonsäure

Aus Sulfitablauge läßt sich als Hauptprodukt eine nicht dialysierbare Lignosulfonsäure mit ungefähr 0,5 SO_3H-Gruppen per Methoxyl isolieren[1,2]. Durch Sulfitierung von Holzmehl mit neutraler Sulfitlösung nach HÄGGLUND und JOHNSON[3] und Auslösung der so gebildeten „festen Lignosulfonsäure" nach KULLGREN[4,5] gelangt man zu einem niedrig sulfonierten Lignin mit 0,35—0,40 SO_3H/OCH_3.

d) Alkalilignin, Thiolignin

Das Lignin der Schwarzlauge, wie sie beim Alkalicelluloseprozeß bzw. Sulfatprozeß anfällt, läßt sich durch Neutralisieren mit Kohlensäure, vollständiger durch Ansäuern mit Essigsäure oder Mineralsäure, ausfällen. Das Thiolignin der Sulfatablauge enthält 2—3% Schwefel, dessen Bindungsweise weiter unten besprochen wird[6,7].

e) Ligninisolierung durch Abbau der Kohlenhydrate

Von den hierher gehörenden Methoden hat die Verzuckerung der Kohlenhydrate, insbesondere mit rauchender Salzsäure[8], eine wesentliche Rolle gespielt. Das dabei erhaltene, als *Salzsäurelignin* oder WILLSTÄTTER-*Lignin* bezeichnete Produkt ist im Gegensatz zu den thermoplastischen Ligninen der vorangehenden Gruppe unschmelzbar und in organischen Lösungsmitteln unlöslich, zeigt aber noch viele für das native Lignin typische Reaktionen. Es läßt sich z. B. durch Erhitzen mit neutraler Sulfitlösung in eine feste, niedrig sulfonierte, mit saurer Sulfitlösung in eine lösliche, höher sulfonierte Lignosulfonsäure überführen[9].

Ähnliche Eigenschaften zeigt das *Cuproxamlignin* nach FREUDENBERG[10], das bei wiederholter abwechselnder Hydrolyse von Holzmehl mit siedender verdünnter Schwefelsäure und Auslösung von Kohlenhydraten mit SCHWEIZERschem Reagens zurückbleibt.

In neuerer Zeit haben PURVES und Mitarbeiter[11] ein „*Perjodatlignin*" gewonnen, indem sie die Kohlenhydrate des Holzmehls durch wiederholte Einwirkung von Perjodat abbauten und mit siedendem Wasser extrahierten.

Auch die beiden letztgenannten Ligninpräparate sind unlöslich in organischen Lösungsmitteln. Dies kann darauf beruhen, daß unter den Isolierungsbedingungen Kondensation erfolgt.

4. Quantitative Bestimmung

Die in der Praxis meist angewandte Bestimmungsmethode des Lignins in pflanzlichen Geweben gründet sich auf den von KLASON angegebenen hydrolytischen Abbau mit starker Schwefelsäure bei niedriger Temperatur, an den noch eine Hydrolyse mit siedender verdünnter Schwefelsäure angeschlossen wird. Das Lignin bleibt dabei als dunkelgefärbter unlöslicher Rest (KLASON-Lignin) zurück, der durch Wägung bestimmt wird. Diese Methode ist mit zwei möglichen Fehlerquellen behaftet. Einerseits können außer dem Lignin auch andere Holzbestandteile, insbesondere Gerbstoffe und Kohlenhydrate, säureunlöslich bleiben bzw. in säureunlösliche Form übergeführt werden (Kondensation, Humifizierung), andrer-

---

[1] Siehe S. 449, Fußnote 6.

[2] MARKHAM, A. E., QU. P. PENISTON u. J. L. MCCARTHY: J. Amer. Chem. Soc. **71**, 3599 (1949).

[3] HÄGGLUND, E., u. T. JOHNSON: Pappers och Trävarutidskr. Finland **16**, 282 (1934).

[4] KULLGREN, C.: Sv. kem. Tidskr. **44**, 15 (1932).

[5] ERDTMAN, H.: Sv. Papperstidn. **48**, 75 (1945).

[6] ENKVIST, T.: Tappi **37**, 350 (1954).

[7] GIERER, J., u. B. ALFREDSSON: Amer. Chem. Soc. Meet. Atlantic City 16.—21. Sept. 1956, Abstracts S. 14 E.

[8] WILLSTÄTTER, R., u. L. ZECHMEISTER: Ber. dtsch. chem. Ges. **46**, 2401 (1913).

[9] HÄGGLUND, E., u. H. RICHTZENHAIN: Tappi **35**, 281 (1952).

[10] FREUDENBERG, K., H. ZOCHER u. W. DÜRR: Ber. dtsch. chem. Ges. **62**, 1814 (1929). — FREUDENBERG, K., u. G. DIETRICH: Liebigs Ann. **563**, 146 (1949).

[11] RITCHIE, P. F., u. C. B. PURVES: Pulp Paper Mag. Canada **48**, No. 12, 74 (1947). — WALD, W. J., P. F. RITCHIE u. C. B. PURVES: J. Amer. Chem. Soc. **69**, 1371 (1947).

seits können kleine Ligninanteile in Lösung gehen. FREUDENBERG und PLOETZ[1, 2] haben die für die einleitende kalte Hydrolyse geeignete Schwefelsäurekonzentration für verschiedene Holzarten ermittelt; sie soll ein KLASON-Lignin mit dem höchstmöglichen Methoxylgehalt liefern. Für Fichtenholz liegt diese Konzentration bei 72—75%.

5. Struktur des Lignins

a) Analyse und funktionelle Gruppen

Die Ligninchemie hatte von jeher mit der Schwierigkeit zu kämpfen, den Naturstoff in möglichst unveränderter Form aus dem Holz zu isolieren. Mit Hilfe der BJÖRKMANschen Methode läßt sich aber neuerdings ein erheblicher Anteil des Lignins unter Bedingungen abtrennen, die aller Wahrscheinlichkeit nach die wesentlichen strukturellen Kennzeichen des Ligninmoleküls intakt lassen. Obgleich nicht ausgeschlossen werden kann, daß während der Schwingmahlung eine Spaltung größerer Molekülkomplexe erfolgt, scheint es berechtigt, von den heute zugänglichen Ligninpräparaten das BJÖRKMAN-Lignin[3] als das dem Protolignin am nächsten stehende zu betrachten. Im Rahmen dieser Darstellung soll deshalb die Besprechung der analytischen Zusammensetzung im wesentlichen auf das BJÖRKMAN-Lignin beschränkt werden.

In einem typischen Präparat von BJÖRKMAN-Lignin aus Fichte ($CH_3O = 15{,}8\%$) wurde ein Gehalt von 1,9% Zucker gefunden[4]. Wurden die für das Präparat erhaltenen C-, H-, O- und CH_3O-Werte für den Zuckergehalt korrigiert (unter der Annahme, daß die Verunreinigung zu gleichen Teilen aus Hexosanen und Pentosanen bestand), so ergab sich die Formel[5]:

$$C_9H_{8,35}O_{2,45}(OCH_3)_{0,96}\ (185{,}5)\,.$$

Sie entspricht einem OCH_3-Gehalt von 16,06%.

Für ein Ligninpräparat, das aus einem unter Stickstoff feingemahlenen Holzmehl extrahiert worden war, wurde die — auf $OCH_3 = 16{,}06\%$ für Kohlenhydrat korrigierte — Zusammensetzung

$$C_9H_{8,83}O_{2,37}(OCH_3)_{0,96}(184{,}7)$$

gefunden. Die letztere Formel enthält gegenüber der voranstehenden etwas mehr Wasserstoff und etwas weniger Sauerstoff, was darauf hindeutet, daß bei der Schwingmahlung des Holzmehls ohne Ausschluß von Luft eine gewisse Oxydation des Lignins erfolgt.

Die Formeln sind auf C_9 bezogen, da, wie später noch näher gezeigt werden wird, das Lignin aus Phenylpropan-Einheiten aufgebaut ist. Jede solche Einheit enthält annähernd 1 Methoxylgruppe, die dem Guajacylkern (des Fichtenlignins) angehört. Neben dem Sauerstoff dieser OCH_3-Gruppe enthält das zuletzt angegebene Lignin noch 2,37 Atome O pro 0,96 OCH_3, oder 2,43 O/OCH_3. Diese Sauerstoffmenge läßt sich gegenwärtig folgendermaßen aufteilen:

Jeder Guajacylkern trägt neben der Methoxylgruppe ein aromatisches O-Atom, das entweder einer freien oder einer verätherten phenolischen Hydroxylgruppe zugehört. Im BJÖRKMAN-Lignin wurden 0,3 phenolische Hydroxylgruppen per OCH_3 gefunden (s. S. 455), weshalb 0,7 Phenolgruppen veräthert sein müssen. Da Diaryläthergruppen bisher im Lignin nicht angetroffen wurden, können somit 0,7

[1] FREUDENBERG, K., u. TH. PLOETZ: Hoppe-Seylers Z. **259**, 19 (1939).
[2] Siehe S. 449, Fußnote 6.
[3] BJÖRKMAN (siehe S. 449, Fußnote 2) wendet für sein Präparat die Bezeichnung M.W.L. (“milled wood lignin”) an.
[4] Siehe S. 449, Fußnote 2.
[5] BJÖRKMAN, A., u. B. PERSON: Sv. Papperstidn. **60**, 158 (1957).

O-Atome Aryl-alkyl-ätherbindungen zugeordnet werden. Die restlichen 1,43 O-Atome müssen sich in aliphatischen Gruppen befinden. Acetylierung ergab einen Totalgehalt von 1,20 OH-Gruppen (korrigiert für den obenerwähnten Gehalt an Polysacchariden); durch Abzug der phenolischen OH-Gruppen (0,3) ergeben sich 0,90 aliphatische OH-Gruppen. Weiterer aliphatischer Sauerstoff ist in Carbonylgruppen enthalten, von denen mittels Hydroxylaminhydrochlorid 0,19 per OCH_3 ermittelt wurden[1]. (In BRAUNS-Lignin und in Lignosulfonsäuren wurden früher mit der gleichen Methode nur 0,10—0,12 >CO/OCH_3 gefunden.) Ein schließlich verbleibender Rest von 0,34 Atomen Sauerstoff kann Dialkyl-äthergruppierungen zugeschrieben werden. (Carboxylgruppen können ausgeschlossen werden.)

Die Bruttoformel des nicht oxydierten BJÖRKMAN-Lignins kann demnach folgendermaßen aufgeteilt werden:

$$C_9H_{7,68}(\text{phenol. OH})_{0,29}\,(\text{aliph. OH})_{0,86}(\text{Carbonyl-O})_{0,18}$$
$$(\text{Aryl-alkyläther-O})_{0,71}(\text{Dialkyläther-O})_{0,33}(OCH_3)_{0,96}$$

Für das „lösliche Lignin" aus Fichte hat FREUDENBERG[2] auch eine Differenzierung der aliphatischen Hydroxyle durchzuführen versucht; eine solche steht beim BJÖRKMAN-Lignin noch aus. Qualitativ läßt sich jedoch sagen, daß sowohl primäre wie sekundäre Hydroxylgruppen vorliegen müssen, wobei vom letzteren Typ solche in α-Stellung, d. h. an dem zum Kern benachbarten Kohlenstoffatom der Seitenkette sicher nachgewiesen sind (Indophenol-Reaktion, S. 457).

Die Frage nach der Anzahl freier Phenolhydroxyle im Lignin war lange Zeit umstritten. Da aber der Gehalt an Guajacyl- bzw. Syringylbausteinen mit freiem Phenolhydroxyl für die Auffassung von der Bindungsart zwischen den Arylpropanmonomeren von größter Bedeutung ist, hat man dieser Frage in den letzten Jahren besondere Beachtung gewidmet. Sie sei im folgenden Abschnitt etwas ausführlicher dargestellt.

Phenolhydroxylgruppen

Als Beweis für das Vorkommen freier phenolischer Hydroxylgruppen im Lignin mag der Befund von TOMLINSON und HIBBERT[3] angeführt werden, wonach der alkalische Abbau von (mit Diazomethan) methylierter Lignosulfonsäure Veratrumaldehyd liefert anstelle von Vanillin, das bei gleichem Verfahren aus unmethylierter Lignosulfonsäure erhalten wird. In ähnlicher Weise geben sich Phenolgruppen darin zu erkennen, daß bei Permanganatoxydation von Ligninpräparaten, die mit Diazomethan methyliert worden waren, kleine Mengen von Veratrumsäure und Isohemipinsäure entstehen[4].

Zur quantitativen Bestimmung der freien Phenolhydroxyle hat man versucht, etwa den Eintritt von Methylgruppen bei Behandlung mit Diazomethan[5], die Umsetzung des tosylierten Lignins mit Hydrazin[6], oder die Reaktion des Lignins mit 2,4-Dinitrofluorbenzol[2] zu verwenden, ohne zu übereinstimmenden Ergebnissen zu gelangen.

Im Laufe der letzten Jahre wurden jedoch eine Reihe von Verfahren entwickelt bzw. auf das Lignin angewandt, die nunmehr ein richtiges Bild geben dürften.

---

[1] ADLER, E., u. I. WALLDÉN: Unveröffentlicht.

[2] FREUDENBERG, K.: In L. ZECHMEISTER, Fortschr. Chem. org. Naturstoffe (Wien) **11**, 43 (1954).

[3] TOMLINSON, G. H., u. H. HIBBERT: J. Amer. Chem. Soc. **58**, 348 (1936).

[4] RICHTZENHAIN, H.: Acta chem. scand. (Copenh.) **4**, 589 (1950); Sv. Papperstidn. **53**, 644 (1950).

[5] Siehe S. 448, Fußnote 5.

[6] FREUDENBERG, K., u. H. WALCH: Ber. dtsch. chem. Ges. **76**, 305 (1943).

Von diesen neueren Methoden ist zuerst die von GUNHILD AULIN-ERDTMAN[1] verwendete optische Methode zu nennen. Sie bedient sich der bathochromen Verschiebung der UV-Absorption von Phenolen beim Übergang vom schwach sauren oder neutralen zum alkalischen Milieu. Die Differenzkurve ($\Delta\varepsilon$-Kurve) zwischen der Absorptionskurve des Phenols und der seines Anions ist charakteristisch für gewisse Gruppen von phenolischen Substanzen. Aus dem Vergleich zwischen $\Delta\varepsilon$-Kurven von Ligninpräparaten mit denjenigen von Modellsubstanzen lassen sich Rückschlüsse über die Menge und auch über den Strukturtyp der im Lignin enthaltenen freien Phenolgruppen ziehen. Je nach der zugrunde gelegten Vergleichssubstanz werden jedoch in recht weiten Grenzen variierende Werte erhalten. Die Methode wurde — unter vereinfachten Voraussetzungen — auch von GOLDSCHMID[2] verwendet.

SARKANEN und SCHUERCH[3] haben die Phenolgruppen in einigen Ligninpräparaten konduktometrisch titriert. Es scheint, daß hierbei im allgemeinen die Hauptmenge der phenolischen Hydroxylgruppen erfaßt wird. Mit Ausnahme spezieller Strukturen (Brenzcatechingruppen) dürfte die von FREUDENBERG und DALL[4] sowie von ENKVIST[5] angewandte potentiometrische Titration nach BROCKMANN (in wasserfreiem Medium) auf alle sauren Gruppen ansprechen. Die FREUDENBERGschen Messungen ergeben höhere Werte als die optische Methode, wobei allerdings zu berücksichtigen ist, daß die Resultate bei der letzteren recht stark von der Wahl des Vergleichsmodells abhängig sind.

Eine rein chemische Methode wurde schließlich von ADLER und HERNESTAM[6] ausgearbeitet. Sie baut sich auf den Befund auf, daß Phenole mit *o*-ständiger Methoxylgruppe mit Natriumperjodat sehr rasch unter Freilegung von nahezu einem Äquivalent Methanol reagieren. Guajacol und zahlreiche Substitutionsprodukte des Guajacols geben diese Reaktion in gleicher Weise. Ist die *p*-Stellung zum phenolischen Hydroxyl durch eine Aldehyd-, Keto- oder Carbonsäuregruppe besetzt, so verläuft die Reaktion langsam und nicht vollständig. Solche Gruppierungen scheinen jedoch im Lignin keine Rolle zu spielen. Ist die phenolische Hydroxylgruppe durch Verätherung blockert, so bleibt die Reaktion aus. Die Bestimmung des durch Perjodat freigelegten Methanols gibt somit ein Maß für das Vorkommen von Gruppierungen IV im Coniferenlignin.

IV [Strukturformel: OH, OCH_3] $\xrightarrow{NaJO_4}$ CH_3OH (im Durchschnitt 0.91 Äquivalente)

Hingegen spricht die Methode natürlich nicht auf evtl. vorhandene methoxylfreie phenolische Kerne oder Brenzcatechingruppen an.

Wie aus Tabelle VI, 16 ersichtlich ist, besteht wenigstens in einigen Fällen gute Übereinstimmung zwischen den verschiedenen Methoden. Im BJÖRKMAN-Lignin, das möglicherweise als repräsentativ für das native Lignin des Holzes

[1] AULIN-ERDTMAN, G.: Sv. Papperstidn. a) **55**, 745 (1952); **56**, 91 (1953); **56**, 287 (1953); b) **57**, 745 (1954); c) **59**, 363 (1956).

[2] GOLDSCHMID, O.: a) J. Amer. Chem. Soc. **75**, 3750 (1953); b) Analyt. Chemistry **26**, 1421 (1954).

[3] SARKANEN, K., u. C. SCHUERCH: Analyt. Chemistry **27**, 1245 (1955).

[4] FREUDENBERG, K., u. K. DALL: Naturwiss. **42**, 606 (1955).

[5] ENKVIST, T., B. ALM u. B. HOLM: Paperi ja Puu Helsinki **38**, 1 (1956).

[6] a) ADLER, E., u. S. HERNESTAM: Acta chem. scand. (Copenh.) **9**, 319 (1955); b) HERNESTAM, S.: Sv. kem. Tidskr. **67**, 37 (1955).

betrachtet werden darf, trägt jede dritte Guajacylpropaneinheit eine freie phenolische Hydroxylgruppe. BRAUNS-Lignin unterscheidet sich davon durch seinen wesentlich höheren Phenolgruppengehalt. Die von SARKANEN und SCHUERCH[1] konduktometrisch erhaltenen Werte scheinen sich, soweit vergleichbares Material untersucht wurde, den hier angegebenen gut anzuschließen.

Tabelle VI, 16. *Freie Phenolhydroxylgruppen (Phenol-OH/OCH$_3$) in Ligninpräparaten (Fichte)*

Präparat	Methode			
	AULIN-ERDTMAN	GOLDSCHMID	FREUDENBERG, bzw. ENKVIST	ADLER und HERNESTAM
BRAUNS-Lignin[2]	0,36—0,70[3,4]		0,55—0,70[5,4]	
BRAUNS-Lignin[6]		0,47[7,8]		0,46[9]
BJÖRKMAN-Lignin	0,24[4]		0,33[4]; 0,38[10]	0,30[9]
Lignosulfonsäure[11]	0,23—0,34[12,4]	0,28[4]	0,43[4]; 0,44[10]	
Lignosulfonsäure[13]	0,15—0,22[14]	0,24[8]		0,25[9]
Lignosulfonsäure[15]				0,45[16]

b) Physikalische Kennzeichen

Das BJÖRKMAN-Lignin aus Fichte ist ein hell holzfarbenes Pulver, löslich in Glykolmonomethyläther, in Dioxan und Eisessig in Gegenwart von einigen Prozenten Wasser, sowie in gewissen Lösungsmittelgemischen, z. B. Äthylenchlorid-Äthylalkohol (2:1), weniger löslich in feuchtem Alkohol.

Die Ultraviolettabsorptionskurve (Abb. VI, 30) zeigt das für das Guajacylpropansystem kennzeichnende Maximum bei 280 mμ. Die Anwesenheit irgendwie nennenswerter Mengen von C=C- oder C=O-Doppelbindungen in Konjugation mit dem aromatischen Kern kann ausgeschlossen werden. Auch in Lignosulfonsäuren finden sich nach den spektrophotometrischen Untersuchungen von AULIN-ERDTMAN[14] nur sehr geringe Anteile solcher Chromophoren.

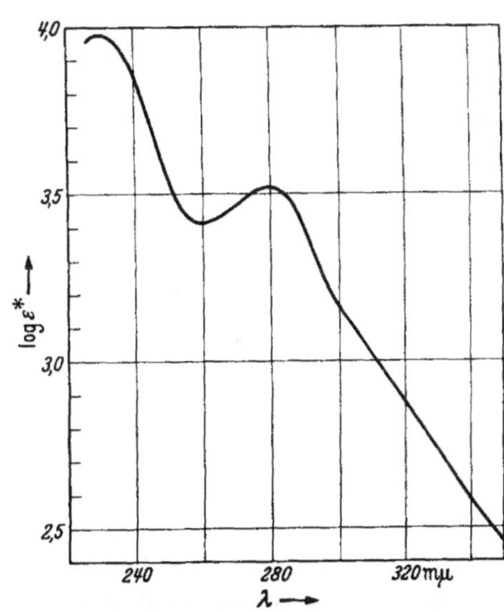

Abb. VI, 30. Ultraviolettabsorption von BJÖRKMAN-Lignin aus Fichte. Lösungsmittel: Dioxan-Methanol 1:1. Die Extinktion ε* ist auf die Methoxylkonzentration bezogen

Für drei durch aufeinanderfolgende Extraktion von feinstgemahlenem Fichtenholz mit Dioxan erhaltene Fraktionen von BJÖRKMAN-Lignin wurde mit

[1] Siehe S. 454, Fußnote 3.
[2] „Lösliches Lignin" (Acetonextraktion).
[3] Je nach Präparat und Vergleichssubstanz.
[4] Siehe S. 454, Fußnote 4.
[5] Je nach Präparat.
[6] „Lösliches Lignin" (Äthanolextraktion).
[7] Aus Western hemlock.
[8] Siehe S. 454, Fußnote 2.
[9] Siehe S. 454, Fußnote 6.
[10] Siehe S. 454, Fußnote 5.
[11] Nicht dialysiert, durch Basenfällung gereinigt.
[12] Je nach Vergleichssubstanz.
[13] Nicht dialysierbare Fraktionen.
[14] Siehe S. 454, Fußnote 1b.
[15] Bei neutraler Sulfitkochung ausgelöste (dialysierbare) Fraktion.
[16] ADLER, E., u. S. HERNESTAM: Unveröffentlicht.

Hilfe der Ultrazentrifuge übereinstimmend ein Molekulargewicht von 11000 (Gewichtsdurchschnitt) gefunden[1]. Es entspricht etwa 60 Phenylpropaneinheiten. Der Sedimentationsverlauf deutete darauf hin, daß die Präparate ziemlich polymolekular waren.

c) Farbreaktionen

Für den chemischen Nachweis des Lignins — und damit auch für den Nachweis der Verholzung — stehen seit langem zahlreiche Farbreaktionen zur Verfügung. (Zusammenstellungen siehe BRAUNS[2], HÄGGLUND[3].) Sie sollen hier nur in dem Maße besprochen werden, wie sie zur Klärung der Ligninstruktur beitragen können.

α) Reaktionen der Coniferylaldehydgruppe

Die wohl am längsten bekannte „WIESNERsche Reaktion"[4] besteht in einer intensiv violettroten Färbung beim Behandeln von Holz oder isoliertem Lignin mit Phloroglucin und Salzsäure. Chemisch gesehen ist diese Reaktion der Prototyp für eine große Zahl ähnlicher Reaktionen nicht nur mit Phenolen sondern auch mit Furanen, Pyrrolen und Indolen. Neuere Untersuchungen haben gezeigt, daß diese Farbreaktionen durch Coniferylaldehydgruppen im Lignin verursacht sind. Die Farbstofflösungen, die bei der Einwirkung von Phloroglucin—HCl[5,6] oder Resorcin—H_2SO_4[7] auf Coniferylaldehyd (V) und dessen Äther (VI) entstehen, stimmen hinsichtlich ihrer Absorptionsspektren mit den entsprechenden Färbungen isolierter Ligninpräparate weitgehend überein. Ultraviolettspektroskopische Beobachtungen zeigen an, daß die Coniferylaldehydgruppen im Lignin veräthert sind (VI)[8]. Der bei der Phloroglucinreaktion gebildeten Farbstoffgruppe wird die Struktur VIII zugeschrieben[9].

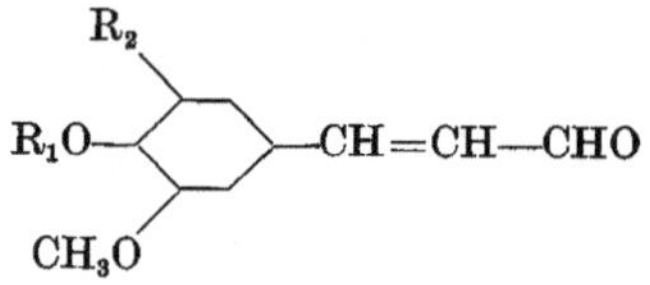

R_2

R_1O—⟨ring⟩—CH=CH—CHO

CH_3O

V R_1 = H, R_2 = H.
VI R_1 = Alkyl, R_2 = H.
VII R_1 = Alkyl, R_2 = OCH_3

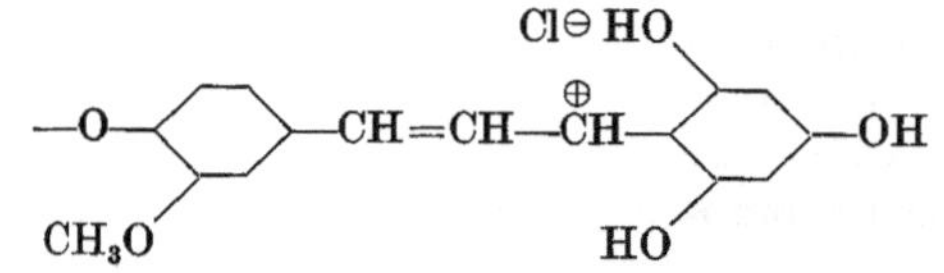

Cl⊖ HO

—O—⟨ring⟩—CH=CH—$\overset{\oplus}{C}$H—⟨ring⟩—OH VIII

CH_3O HO

Die Farbreaktionen mit den oben erwähnten Heterocyclen dürften auf der Bildung von Kondensationsprodukten von einem der Formel VIII analogen Typus beruhen. Auch die intensiv gelben Färbungen des Lignins mit aromatischen Aminen sind durch die Coniferylaldehydgruppierung bedingt[5]. Ihnen liegt zweifellos die Bildung der entsprechenden SCHIFFschen Base zugrunde.

---

[1] Siehe S. 452, Fußnote 5.
[2] BRAUNS, F. E.: The Chemistry of Lignin. New York: Academic Press 1952.
[3] HÄGGLUND, E.: The Chemistry of Wood. New York: Academic Press 1951.
[4] WIESNER, J. v.: Sitzgsber. Akad. Wiss. Wien, Math.-naturwiss. Klasse **77**, 60 (1878).
[5] ADLER, E., K. J. BJÖRKQVIST u. S. HÄGGROTH: Acta chem. scand. (Copenh.) **2**, 93 (1948). — ADLER, E., u. L. ELLMER: Acta chem. scand. (Copenh.) **2**, 839 (1945).
[6] KRATZL, K., u. F. RETTENBACHER: Mh. Chem. **80**, 622 (1949).
[7] PEW, J. C.: J. Amer. Chem. Soc. **73**, 1678 (1951); **74**, 5784 (1952).
[8] Siehe S. 454, Fußnote 1b).
[9] ADLER, E.: Sv. Papperstidn. **54**, 445 (1951).

Die seit langem bekannte anfänglich gelbe, bald nach Grün umschlagende Färbung von Holz mit konzentrierter Salzsäure läßt sich ebenfalls mit Coniferylaldehyd reproduzieren[1]; der Verlauf dieser Reaktion ist noch nicht völlig klargelegt[2].

Die Menge Coniferylaldehydgruppen im Lignin ist gering; sie kann durch kolorimetrischen Vergleich der mit p-Aminobenzoesäure an Lignin bzw. Äthern des Coniferylaldehyds hervorgerufenen Farben geschätzt werden[1]. In BRAUNS-Lignin[1] und BJÖRKMAN-Lignin[3] trifft auf etwa 35, in Lignosulfonsäure[1,4] auf 40 bis 60 Phenylpropaneinheiten eine Coniferylaldehydgruppe. Zur Phloroglucinreaktion des Holzes tragen außer dem Lignin auch kleine Mengen freien Coniferylaldehyds bei[5], in Laubhölzern beteiligen sich Sinapinaldehydgruppen (VII) sowie freier Sinapinaldehyd[5].

β) Indophenolreaktion

Die bekannte alkalische Kupplung von Chinonmonochlorimid mit Phenolen mit freier p-Stellung gelingt nach ZIEGLER und GARTLER[6] u. a. auch mit p-Oxybenzylalkoholen, wobei der alkoholische Substituent abgespalten wird. Diese Reaktion wurde auf das Lignin übertragen, und es wurde gezeigt, daß die mit Holz und isolierten Ligninpräparaten erhaltene Blaufärbung durch die p-Guajacylcarbinolgruppierung (IX), bzw. bei Laubholz auch durch die entsprechende Syringylgruppierung (X), bedingt ist[7].

R

HO— (Ring) —C(H)(OH)—   IX R=H; X R=CH_3O.

CH_3O

↓ + ClN=(Ring)=O + $OH^{\ominus}$

R

HO— (Ring) —N=(Ring)=O + H—C(=O)—

CH_3O XI

Unter Abspaltung der Carbinolgruppe als Aldehyd entsteht das „Guajacyl-" bzw. „Syringyl-indophenol" (XI, R=H bzw. CH_3O).

Durch diese Reaktion ist die Gegenwart der u. a. von der Sulfitierungstheorie (s. S. 466) geforderten Gruppierung IX bzw. X im Lignin experimentell direkt nachgewiesen worden. Kolorimetrisch findet man, daß im BRAUNS-Lignin etwa jede 7.—8., im BJÖRKMAN-Lignin (Fichte) jede 10.—14. Phenylpropaneinheit die Struktur IX besitzen. Aus einem Teil dieser Einheiten entsteht das freie „Guajacylindophenol" (XI, R=H), während der Rest im Lignin als Farbstoff gebunden bleibt, offenbar wegen des Vorliegens einer C-Substitution im Ring (IX, R=—C(|)(|)).

[1] Siehe S. 456, Fußnote 5.
[2] PEW, J. C.: J. Amer. Chem. Soc. **74**, 2850 (1952).
[3] ADLER, E.: Unveröffentlicht.
[4] ADLER, E.: In E. HÄGGLUND, Fußnote 3, S. 456.
[5] ISHIKAWA, H., u. C. IDE: Sci. Rep. Matsuyama Agr. Coll. **12**, 28 (1954).
[6] ZIEGLER, E., u. K. GARTLER: Mh. Chem. **79**, 637 (1948); **80**, 759 (1949).
[7] GIERER, J.: Acta chem. scand. (Copenh.) **8**, 1319 (1954); Chem. Ber. **80**, 257 (1956).

d) Abbaureaktionen

Im Gegensatz zu den meisten anderen hochmolekularen Naturstoffen läßt sich das Lignin nicht durch Hydrolyse in einfache Bausteine zerlegen, eine Tatsache, welche die Aufklärung seiner Struktur natürlich außerordentlich erschwert. Dennoch haben die im folgenden zu besprechenden Abbaureaktionen wichtige Erkenntnisse gebracht.

α) Oxydativer Abbau

Aromatische Carbonsäuren. Wird Holz mit Diazomethan methyliert und hierauf mit Permanganat oxydiert, so erhält man, berechnet auf das Lignin, 4,9% Veratrumsäure (XII) und 0,9% Isohemipinsäure (XIII)[1].

COOH, OCH_3, OCH_3 — XII
COOH, HOOC, OCH_3, OCH_3 — XIII
C, OCH_3, OH — XIV
C, C, OCH_3, OH — XV

XVI O—C statt OH XVII O—C statt OH

In ähnlicher Weise entstehen aus Salzsäurelignin, das mit Dimethylsulfat-Alkali methyliert worden war, 2,9% Veratrumsäure und 1,9% Isohemipinsäure. Höhere Ausbeuten, nämlich 7,8% Veratrumsäure und 3,4% Isohemipinsäure, werden erhalten, wenn man das methylierte Salzsäurelignin vor der Methylierung und Oxydation einer drastischen Alkalibehandlung (70% KOH, 170°C) unterwirft, wie dies erstmalig von FREUDENBERG und Mitarbeitern[2] beschrieben wurde. Diese Ergebnisse können so erklärt werden, daß im Lignin teils 4-substituierte (XIV), teils 4,6-substituierte Guajacolkerne (XV) vorkommen, von denen jeweils ein Teil freie, ein anderer Teil verätherte Phenolhydroxylgruppen (XVI und XVII) trägt. Die letzteren werden bei der Alkalikochung freigelegt und geben dann bei darauffolgender Methylierung und Oxydation Anlaß zur Bildung der erhöhten Ausbeuten an den Abbausäuren.

Wenngleich aus den erhaltenen Ausbeuten keine Schlüsse auf die Menge der Strukturen XIV—XVII gezogen werden konnten, so war insbesondere die Isolierung der Isohemipinsäure von großer Bedeutung, da sie die Existenz einer C—C-Brücke zwischen Phenylpropanbausteinen verriet. Ihre genaue Lage ist durch neue Untersuchungen von FREUDENBERG[3] aufgeklärt worden. Durch enzymatische Oxydation von Coniferylalkohol, der am mittelständigen (β-)Kohlenstoff der Seitenkette mit (radioaktivem)^{14}C markiert war (XVIII), wurde ein radioaktives Dehydrierungspolymerisat (DHP, „Künstliches Lignin") hergestellt. Wie

HO—(Ring, CH_3O)—$CH{=}^{14}CH—CH_2OH$ XVIII

[1] RICHTZENHAIN, H.: Sv. Papperstidn. **53**, 644 (1950); Acta chem. scand. (Copenh.) **4**, 206, 589 (1950).

[2] FREUDENBERG, K., A. JANSON, E. KNOPF u. A. HAAG: Ber. dtsch. chem. Ges. **69**, 1415 (1936). — FREUDENBERG, K., M. MEISTER u. E. FLICKINGER: Ber. dtsch. chem. Ges. **70**, 500 (1937). — FREUDENBERG, K., K. ENGLER, E. FLICKINGER, A. SOBEK u. F. KLINK: Ber. dtsch. chem. Ges. **71**, 1810 (1938).

[3] FREUDENBERG, K., u. F. NIEDERCORN: Chem. Ber. **89**, 2168 (1956).

in einem späteren Abschnitt noch näher besprochen werden soll, ist das FREUDENBERGsche DHP hinsichtlich des Vorkommens charakteristischer Strukturelemente mit dem natürlichen Lignin vergleichbar. Beim oxydativen Abbau des methylierten radioaktiven DHP wurden 0,9%, bei Oxydation nach vorgeschalteter Kalikochung 2—3% einer Isohemipinsäure gewonnen, welche die volle erwartete Radioaktivität besaß. Hieraus kann der Schluß gezogen werden, daß der 6-Substituent der Strukturen XV bzw. XVII dem β-Kohlenstoff einer Propanseitenkette entspricht (Formeln XIX und XX). Aus Gründen, die weiter unten erörtert werden, dürfte die verätherte Struktur XVII mit dem Gerüst des Phenylcumarans (XX) übereinstimmen. Diese Zusammenhänge sind im folgenden Schema veranschaulicht:

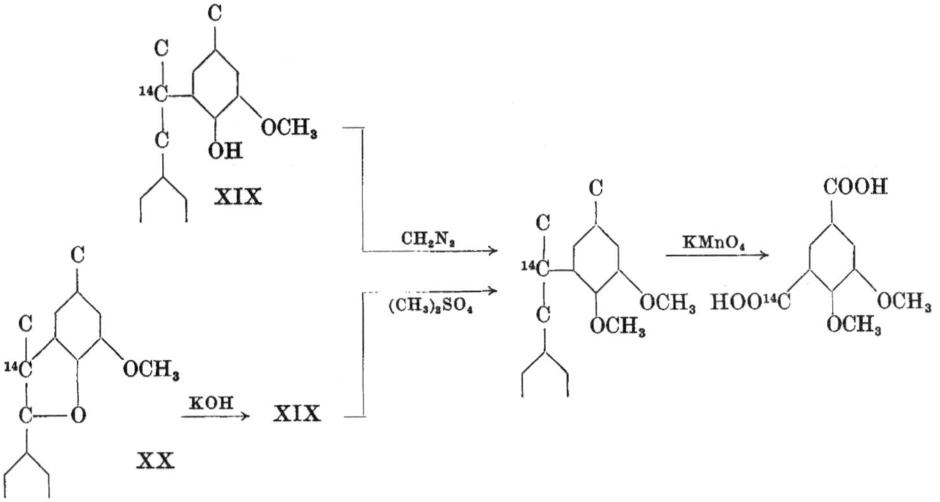

XIX — CH_2N_2 / $(CH_3)_2SO_4$ → (methylierte Verbindung, ^{14}C, OCH_3, OCH_3) — $KMnO_4$ → ($COOH$, $HOO^{14}C$, OCH_3, OCH_3)

XX — KOH → XIX

Die Richtigkeit dieser Beweisführung wird auch dadurch gestützt, daß DHP, das aus γ-C-markiertem Coniferylalkohol hergestellt war, eine nicht radioaktive Isohemipinsäure lieferte.

Neben Veratrum- und Isohemipinsäure erhielt RICHTZENHAIN[1] noch etwa 1% Metahemipinsäure (XXI), jedoch nur aus solchen Ligninpräparaten, die eine Säurebehandlung durchgemacht hatten. Die entsprechende Struktur XXII ist demnach ein Artefakt, dessen Bildung unter dem Einfluß von Säuren vielleicht auf Lignansysteme vom Typ des Pinoresinols (vgl. S. 478) zurückgeht[1].

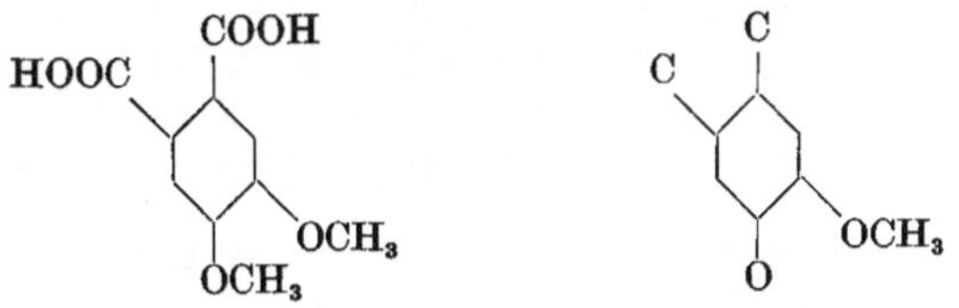

XXI XXII

Oxydationsprodukte, die ebenfalls nicht aus nativem Lignin, jedoch aus mit Säure oder Alkali behandelten Präparaten in Ausbeuten von einigen Prozenten erhalten werden, sind die Benzolpolycarbonsäuren (hauptsächlich Pentacarbon-

[1] Siehe S. 458, Fußnote 1.

säure). Auch sie entstehen vielleicht aus Isolignanstrukturen (XXIV), die sekundär aus Lignanelementen (XXIII) gebildet werden können[1].

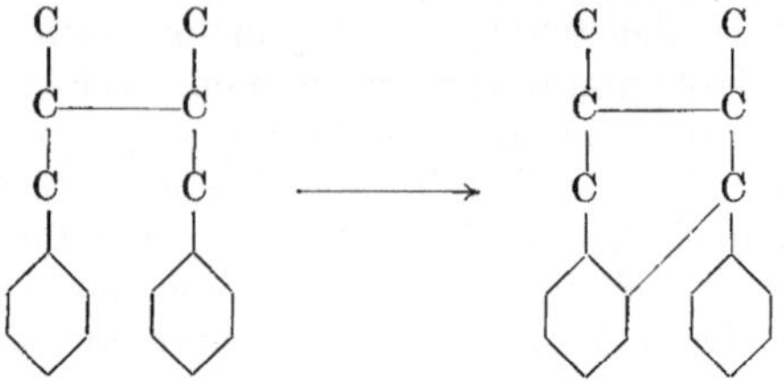

XXIII → XXIV

Aromatische Aldehyde. Von großer Bedeutung für die Ligninchemie erwies sich die von FREUDENBERG und LAUTSCH[2, 3] studierte Oxydation mit Nitrobenzol in Gegenwart von Alkali. Wie bereits erwähnt (S. 447), entsteht dabei aus Coniferenlignin der Hauptsache nach Vanillin (II), aus Laubholzlignin ein Gemisch von Vanillin und Syringaaldehyd (III)[4], aus dem Lignin der Gräser daneben auch p-Oxybenzaldehyd (I)[5]. Kleine Anteile der beiden letztgenannten Aldehyde wurden später (BLAND, LEOPOLD[6]) auch aus Coniferenlignin, des Aldehyds I auch aus Laubholzlignin[7] erhalten. Damit war die Natur der aromatischen Kerne im Lignin verschiedener Pflanzenklassen und ihr mengenmäßiger Anteil am Lignin klargelegt. Nach NORD[8] ist das Laubholzlignin nicht in seiner Gesamtheit aus Guajacyl- und Syringyleinheiten aufgebaut. Vielmehr scheint ein „Guajacyllignin" neben einem „Syringyllignin" vorzuliegen, wobei jedoch die Existenz gemischter „Guajacyl-syringyl-lignine" nicht ausgeschlossen werden kann.

Neben Vanillin (und kleinen Mengen von Syringa- und p-Oxybenzaldehyd) konnte LEOPOLD[9] nach Nitrobenzoloxydation von Fichtenholz u. a. auch geringere Anteile von 5-Formylvanillin (XXV), 5-Carboxyvanillin (XXVI) und Dehydrodivanillin (XXVII) isolieren, die teilweise schon früher von FREUDENBERG erhalten worden waren.

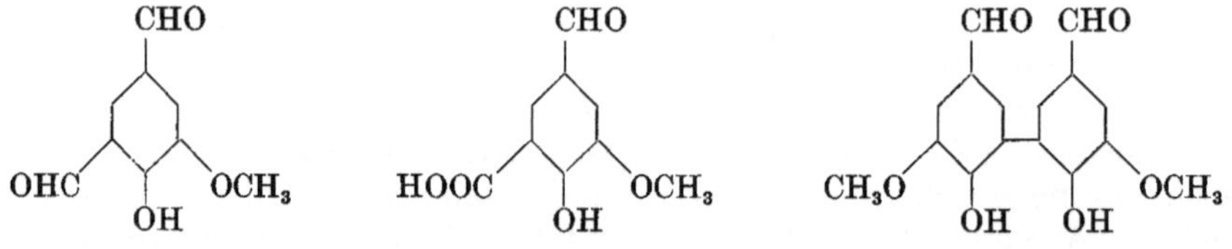

CHO / OHC / OCH_3 / OH — XXV   CHO / HOOC / OCH_3 / OH — XXVI   CHO CHO / CH_3O / OCH_3 / OH OH — XXVII

Es ist offenbar, daß die Produkte XXV und XXVI ebenso wie die Isohemipinsäure auf das Vorkommen der Strukturen XV bzw. XVII hinweisen.

Die Bildung einiger Prozente Dehydro-divanillin (XXVII) wurde kürzlich von PEW[10] bestätigt. In Modellversuchen fand dieser Forscher, daß XXVII nur aus

[1] READ, D. E., u. C. B. PURVES: J. Amer. Chem. Soc. **74**, 120 (1952). — CABOTT, I. M., u. C. B. PURVES: Pulp Paper Mag. Canada **57**, 151 (1956).

[2] FREUDENBERG, K., u. W. LAUTSCH: Naturwiss. **27**, 227 (1939). — FREUDENBERG, K.: Angew. Chem. **52**, 362 (1939).

[3] FREUDENBERG, K., W. LAUTSCH u. K. GUGLER: Ber. dtsch. chem. Ges. **73**, 167 (1940).

[4] Siehe S. 447, Fußnote 2. [5] Siehe S. 447, Fußnote 4.

[6] Siehe S. 447, Fußnote 5. [7] Siehe S. 447, Fußnote 3.

[8] KUDZIN, S. F., u. F. F. NORD: J. Amer. Chem. Soc. **73**, 4619 (1951).

[9] LEOPOLD, B.: Acta chem. scand. (Copenh.) **6**, 38 (1952).

[10] PEW, J. C.: J. Amer. Chem. Soc. **77**, 2831 (1955).

solchen Substanzen entsteht, in denen die Diphenylstruktur bereits enthalten ist; das Dehydro-divanillin ist demnach kein Sekundärprodukt und die Anwesenheit von Strukturelementen vom Diphenyltypus (XXVIII) im Lignin kann als erwiesen gelten.

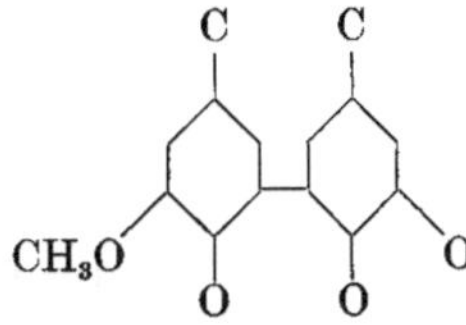

XXVIII 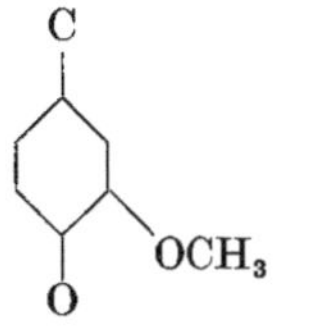 XXIX 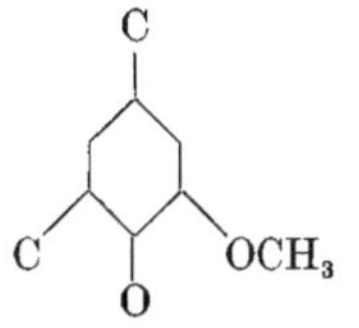 XXX

Die Substanzen XXV und XXVI (und ähnliche) sowie XXVII leiten sich von Ligninbausteinen ab, in denen der aromatische Kern in o-Stellung zum Phenolhydroxyl mittels Kohlenstoffbindung an den nächsten Phenylpropanbaustein gebunden ist (allgemeine Formel XXX, „kondensierte Bausteine"). LEOPOLD[1,2] hat versucht, das Mengenverhältnis „nicht kondensierter" (XXIX) und „kondensierter" (XXX) Bausteine im Lignin zu ermitteln, indem er die Ausbeute an Vanillin bei der Nitrobenzoloxydation von Lignin (aus XXIX) mit der entsprechenden Ausbeute aus Modellsubstanzen verglich. Dies führte ihn zu der Annahme, daß die Guajacylpropaneinheiten im Lignin etwa zu gleichen Teilen „unkondensiert" (XXIX) und „kondensiert" (XXX) sind. PEW[3] meint dagegen — auf Grund neuer Modellversuche —, daß die „kondensierten" Einheiten einen wesentlich geringeren Teil ausmachen. Diese wichtige Frage harrt noch ihrer endgültigen Klärung.

In ausgedehnten Arbeiten hat PEARL[4] den oxydativen Abbau von Lignosulfonsäure mit $Cu(OH)_2$ in Natronlauge bei 170°C untersucht. Die zahlreichen aromatischen Aldehyde, Ketone und Carbonsäuren, die dabei isoliert wurden, schließen sich im großen ganzen den bei der Nitrobenzoloxydation erhaltenen an. Einige zweikernige Reaktionsprodukte weisen jedoch auf das Vorkommen einer α,α-Verknüpfung zwischen zwei Propanseitenketten (XXXI) in der Lignosulfonsäure hin.

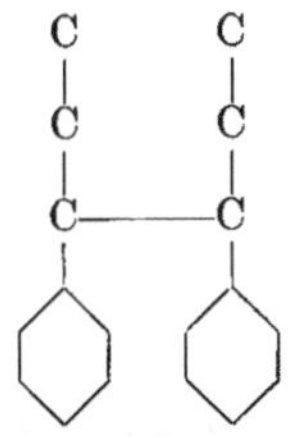

XXXI

Eine derartige Struktur ist, aus ganz anderen Gründen, bereits früher angenommen worden[5]. Sie ist möglicherweise eine erst bei der Sulfitkochung entstehende, im nativen Lignin fehlende, Struktur.

β) *Hydrogenolyse*

Die Versuche, Lignin und Lignosulfonsäure unter erhöhtem Druck und bei erhöhter Temperatur hydrierend zu spalten, wurden vor allem in der Absicht unternommen, zu technisch wertvollen Abbauprodukten zu gelangen. Wenngleich dies bisher noch nicht gelungen ist, kommt diesen Arbeiten doch eine erhebliche ligninchemische Bedeutung zu. Die komplizierten Gemische von Hydrierungsprodukten enthielten nämlich nicht unwesentliche Mengen von Substanzen,

[1] Siehe S. 460, Fußnote 9.
[2] LEOPOLD, B.: Sv. kem. Tidskr. **64**, 18 (1952). [3] Siehe S. 460, Fußnote 10.
[4] PEARL, I. A., u. D. L. BEYER: Tappi **39**, 171 (1956), und vorangehende Arbeiten.
[5] ADLER, E., u. S. HÄGGROTH: Sv. Papperstidn. **52**, 32 (1950).

in denen das C_6,C_3-Skelett der Ligninbausteine erhalten geblieben war. Je nach den gewählten Reaktionsbedingungen entstanden nämlich u. a. Propylcyclohexanole (XXXII, XXXIII, XXXIV)[1, 2] oder Propylphenole (XXXV, XXXVI, XXXVII)[3].

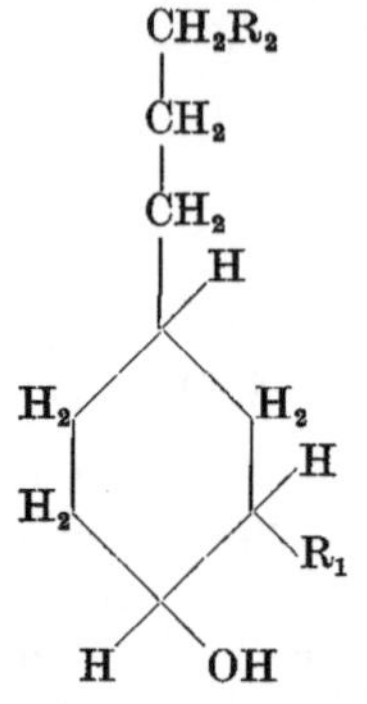

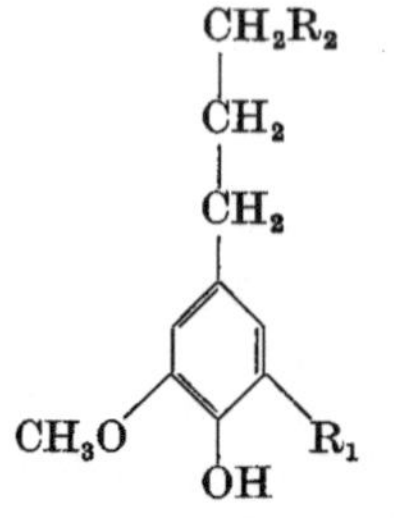

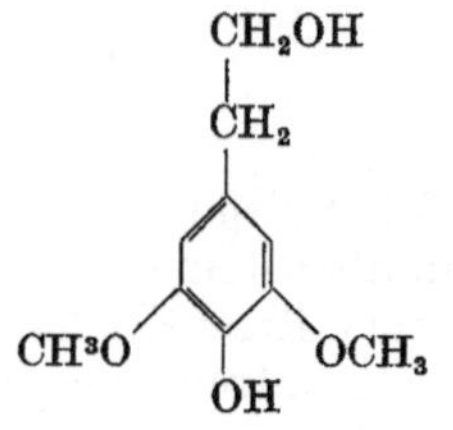

XXXII: $R_1=R_2=H$
XXXIII: $R_1=OH$; $R_2=H$
XXXIV: $R_1=H$; $R_2=OH$

XXXV: $R_1=H$; $R_2=OH$
XXXVI: $R_1=OCH_3$; $R_2=H$
XXXVII: $R_1=OCH_3$; $R_2=OH$

XXXVIII

Die Substanzen XXXIV, XXXV und XXXVII verrieten die Anwesenheit einer Hydroxylgruppe am γ-Kohlenstoffatom der Seitenkette im Lignin, und die Bildung des Phenyläthanderivats XXXVIII (aus Ahorn) gab Anlaß zur Vermutung[4], daß auch das β-Kohlenstoffatom Träger einer Sauerstoff-Funktion sein könne (vgl. S. 471).

C—C-Bindungen zwischen Phenylpropanbausteinen dürften nur in untergeordnetem Maße einer hydrierenden Spaltung unterliegen. Vor kurzem berichteten Granath und Schuerch[5] über die Isolierung einer Fraktion (durch Gegenstromverteilung) aus dem nach Hibbert[3] hergestellten „Hydrollignin", die aus Dimeren (aufgebaut aus zwei C_{10}-Einheiten) bestand. Ihre nähere Charakterisierung steht jedoch noch aus.

γ) Abbau durch Alkalimetall in flüssigem Ammoniak

Freudenberg und Mitarbeiter[6] behandelten Holz bzw. Cuproxamlignin bei Zimmertemperatur mit einer Lösung von metallischem Kalium in flüssigem Ammoniak. Dabei wurden phenolische Hydroxylgruppen freigelegt, wodurch das Lignin alkalilöslich wurde. Schorygina und Kefeli[7] untersuchten diese reduktive Abbaumethode näher und fanden, daß durch 9-malige Behandlung von Cuproxamlignin mit metallischem Natrium bei —33°C nahezu 90% des Lignins in niedrig- und mittelmolekulare Produkte übergeführt werden. Diese verteilen sich auf 8,4% neutrale, 19,3% saure niedermolekulare Stoffe, 11,3% einer etwas höhermolekularen, in Wasser und Äther unlöslichen Substanz, sowie etwa 50% wasserlösliche, ätherunlösliche Produkte.

---

[1] Harris, E. E., I. D'Ianni u. H. Adkins: J. Amer. Chem. Soc. **60**, 1467 (1938).

[2] Lautsch, W.: Cellulosechem. **19**, 69 (1941); Brennstoff-Chem. **23**, 265 (1941). — Lautsch, W., u. G. Piazolo: Ber. dtsch. chem. Ges. **76**, 486 (1943).

[3] Brewer, C. P., L. M. Cooke u. H. Hibbert: J. Amer. Chem. Soc. **70**, 57 (1948).

[4] Pepper, J. M., u. H. Hibbert: J. Amer. Chem. Soc. **70**, 67 (1948).

[5] Granath, M., u. C. Schuerch: J. Amer. Chem. Soc. **75**, 707 (1953).

[6] Freudenberg, K., W. Lautsch u. G. Piazolo: Ber. dtsch. chem. Ges. **74**, 1891 (1941).

[7] Schorygina, N. N., u. T. Ja. Kefeli: Zhur. Obshchei Khim. **17**, 2058 (1947); **18**, 528 (1948); **20**, 1199 (1950). — Schorygina, N. N., T. Ya. Kefeli u. A. F. Semetschkina: Zhur. Obshchei Khim. **19**, 1558 (1949); Dokl. Acad. Nauk SSSR **64**, 689 (1949). — Vgl. N. I. Nikitin: Die Chemie des Holzes. S. 298. Berlin: Akademie-Verlag 1955.

Aus dem niedrigmolekularen Anteil wurden neben den Propylphenolen XXXIX und XL das Oxy-coerulignol XLI isoliert, welches — wie Substanz XXXVIII — auf das Vorliegen einer β-ständigen Sauerstoff-Funktion im Lignin hindeutet.

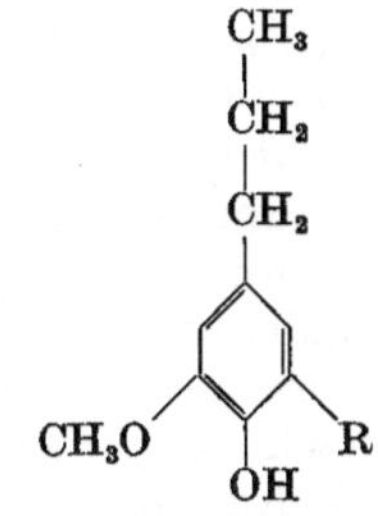

CH_3 — CH_2 — CH_2 — (Ring mit CH_3O, OH, R)

XXXIX: R=H
XL: R=OCH_3

CH_3 — CHOH — CH_2 — (Ring mit CH_3O, OH)

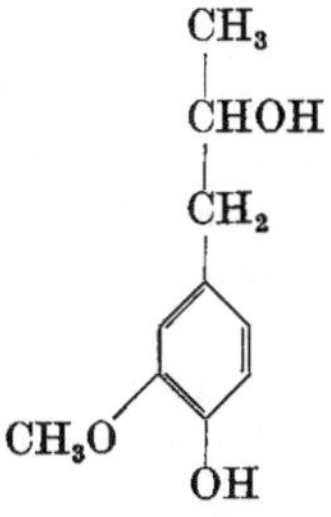

XLI

Ein ähnlicher Abbau wurde auch erhalten, wenn Holz, in flüssigem Ammoniak suspendiert, der Einwirkung von metallischem Natrium unterworfen wurde.

e) Die Reaktionen bei der Sulfitkochung

Der Herstellung von Sulfitcellulose liegt die Delignifizierung des Holzes durch Erhitzen mit Sulfit in Gegenwart von überschüssiger schwefliger Säure zugrunde. Das Lignin wird dabei in die wasserlösliche Lignosulfonsäure übergeführt. Die große praktische Bedeutung dieses Prozesses hat viele Forscher angeregt, die dabei verlaufenden Reaktionen näher zu studieren; insbesondere verdankt man E. Hägglund grundlegende und richtunggebende Untersuchungen auf diesem Gebiete (vgl.[1], S. 196, 215, 414).

Hägglund faßte seine Ergebnisse in der „Zweistufen-Theorie" der Sulfitkochung zusammen. Nach dieser Theorie erfolgt in einer ersten Stufe eine Sulfonierung (häufig auch als „Sulfitierung" bezeichnet) des Lignins unter Bildung einer noch im Holz verankerten „festen Lignosulfonsäure". Diese unterliegt in einer zweiten Stufe einer hydrolytischen Auslösung, wobei gleichzeitig bzw. nach erfolgter Lösung weitere Sulfonierung eintritt. Das Endresultat ist, soweit es das Lignin betrifft, die Lignosulfonsäure der Sulfitablauge mit einem bei normaler technischer Sulfitkochung charakteristischen Gehalt von etwa 0,5 SO_3H-Gruppen per Methoxyl.

Bei diesem Prozeß spielen sowohl Bisulfitionen wie Wasserstoffionen eine wesentliche Rolle. Hägglund nimmt an, daß die Geschwindigkeit der Hydrolyse der „festen Lignosulfonsäure" die Geschwindigkeit der Delignifizierung bestimmt, und daß diese somit eine Funktion der H^+-Konzentration sei. Von Maass und seiner Schule[2] in Canada wurde dagegen die Sulfonierung als solche und die Bisulfitionen-Konzentration als ausschlaggebend betrachtet. Die Diskussion über die komplizierten kinetischen Verhältnisse in dem vorliegenden heterogenen System wurde neuerdings wieder aufgegriffen[3,4]; sie soll jedoch hier nicht näher behandelt werden. Ganz abgesehen von der Frage nach dem Zusammenspiel von Sulfonierung und Hydrolyse beim technischen Sulfitprozeß hat sich, wie im folgenden dargetan werden soll, die „Zweistufentheorie" für die Klarlegung der chemischen Natur der reagierenden Gruppen im Lignin als fruchtbar erwiesen.

[1] Siehe S. 456, Fußnote 3.
[2] Calhoun, J. M., F. H. Yorston u. O. Maass: Canad. J. Res. B **15**, 457 (1937).
[3] Häggroth, S., B. O. Lindgren u. U. Saedén: Sv. Papperstidn. **56**, 660 (1953).
[4] Rydholm, S.: Sv. Papperstidn. **58**, 273, 406 (1955).

In einer von den technischen Verhältnissen allerdings stark abweichenden Ausführungsform läßt sich ein Zweistufenprozeß experimentell verwirklichen. Wird Holzmehl mit $NaHSO_3$—Na_2SO_3-Lösungen von annähernd neutraler Reaktion (p_H 5—6) bei etwa 130° C erhitzt, so nimmt das Holz nur soviel Schwefel auf, wie einem Eintritt von etwa 0,3 Sulfonsäuregruppen per Ligninmethoxyl entspricht[1]. Auch über mehrere Tage fortgesetztes Erwärmen bringt den „Sulfitierungsgrad" nicht über diese Grenze. Nur etwa $^1/_3$ des Lignins geht bei dieser neutralen Sulfitierung in Lösung; dieser Anteil, der von LEOPOLD[2] untersucht worden ist, zeigt höheren Sulfitierungsgrad als der Hauptanteil und besitzt verhältnismäßig niedriges Molekulargewicht. Die Hauptmenge des Lignins verbleibt aber im Holze gebunden („sulfoniertes Holz"). Sie läßt sich durch saure Hydrolyse in Lösung bringen. Man kann dabei so verfahren[3], daß man nach KULLGREN[4] das sulfonierte Holzmehl mit verdünnter Salzsäure wäscht, um die Na^+-Jonen gegen H^+-Jonen auszutauschen und — nach dem Verdrängen überschüssiger Salzsäure — mit Wasser auf 80° C erwärmt. Dabei geht niedrig sulfoniertes Lignin mit etwa 0,35 SO_3H/OCH_3 in Lösung.

Dieses Produkt läßt sich nun mit Sulfitkochsäure (p_H etwa 2) weiter sulfonieren zu Lignosulfonsäuren mit 0,5 und mehr Sulfonsäuregruppen per Methoxyl. Im Gegensatz zum ursprünglichen Lignin im Holz nimmt das hydrolytisch ausgelöste Produkt aber auch beim erneuten Erhitzen mit *neutraler* Sulfitlösung, wenn auch langsam, mehr Schwefel in Form von Sulfonsäuregruppen auf.

ERDTMAN[5–7] faßte diese Beziehung zwischen Sulfonierung und Acidität folgendermaßen zusammen:

Lignin enthält einen Typ reaktiver Gruppen *(Gruppen A)*, die sowohl mit sauren als auch mit neutralen Sulfitlösungen reagieren, sowie einen weiteren Typ *(Gruppen B)*, der nur durch saure Sulfitlösungen sulfoniert wird. Die Gruppen *B* scheinen das Lignin im Holz zu binden, denn die Sulfonierung der Gruppen *A* genügt nicht, um das Lignin aus dem Holz zu entfernen. Die hydrolytische Auslösung des niedrig sulfonierten Lignins vollzieht sich möglicherweise eben an den Gruppen *B*. Diese werden dabei derart verändert, daß sie nunmehr auch mit neutralen Sulfitlösungen reagieren. Die so veränderten Gruppen *B*, wie sie im ausgelösten niedrig sulfonierten Lignin vorkommen, nannte ERDTMAN *Gruppen B'*.

MIKAWA[8] und LINDGREN[9] fanden, daß die Gruppen *A* wiederum aus zwei Arten von Gruppen mit deutlich verschiedenem Reaktionsvermögen gegenüber neutralen Sulfitlösungen bestehen. Sie wurden als *Gruppen X* (sehr rasch reagierend) und *Z* (langsam reagierend) bezeichnet. Der Eintritt von Sulfonsäuregruppen in Fichtenholzmehl beim Erhitzen mit Sulfitlösungen von verschiedenem p_H ist in *Abb. VI, 31* (LINDGREN[10]) veranschaulicht.

Eine strukturmäßige Erklärung dieser Verhältnisse mußte natürlich von wesentlichem ligninchemischen Interesse sein. Die heute wohl allgemein anerkannte Auffassung über die Natur der sulfitierbaren Gruppen geht zurück auf BROR HOLMBERG, der annahm, daß es sich um Arylcarbinole oder deren Äther handle. Er stützte sich dabei auf Versuche mit im Kern unsubstituierten Phenyl-

---

[1] Siehe S. 451, Fußnote 3.
[2] LEOPOLD, B.: Acta chem. scand. (Copenh.) **6**, 57 (1952).
[3] Siehe S. 451, Fußnote 5. [4] Siehe S. 451, Fußnote 4.
[5] ERDTMAN, H.: Sv. Papperstidn. **43**, 255 (1940); Cellulosechem. **18**, 83 (1940).
[6] ERDTMAN, H.: Research **3**, 83 (1950).
[7] ERDTMAN, H.: In L. E. WISE u. E. C. JAHN, Wood Chemistry. Bd. 2, S. 999. New York: Reinhold Publ. Corp. 1952.
[8] MIKAWA, H.: J. Chem. Soc. Japan (Ind. Sect.) **54**, 651 (1951).
[9] LINDGREN, B. O.: Acta chem. scand. (Copenh.) **5**, 603 (1951).
[10] LINDGREN, B. O.: Sv. Papperstidn. **55**, 78 (1952).

carbinolen wie α-Phenyläthylcarbinol und Diphenylcarbinol[1], die bei Sulfitkochung langsam die entsprechenden Sulfonsäuren lieferten. Die HOLMBERGsche Theorie wurde gestützt und ausgebaut durch zahlreiche Modellversuche, insbesondere von LINDGREN[2], der sich ligninähnlicher Modelle vom Typus der 4-Guajacylcarbinole und ihrer Äther bediente. Es zeigte sich, daß z. B. Vanillylalkohol (XLII) schon mit neutralem Sulfit sehr schnell die entsprechende Sulfonsäure (XLIII) liefert, und dasselbe gilt für einen Benzyläther mit freier phenolischer Hydroxylgruppe, das Pinoresinol (LXXXIII, S. 479). Die Reaktionsfähigkeit gegenüber neutralem

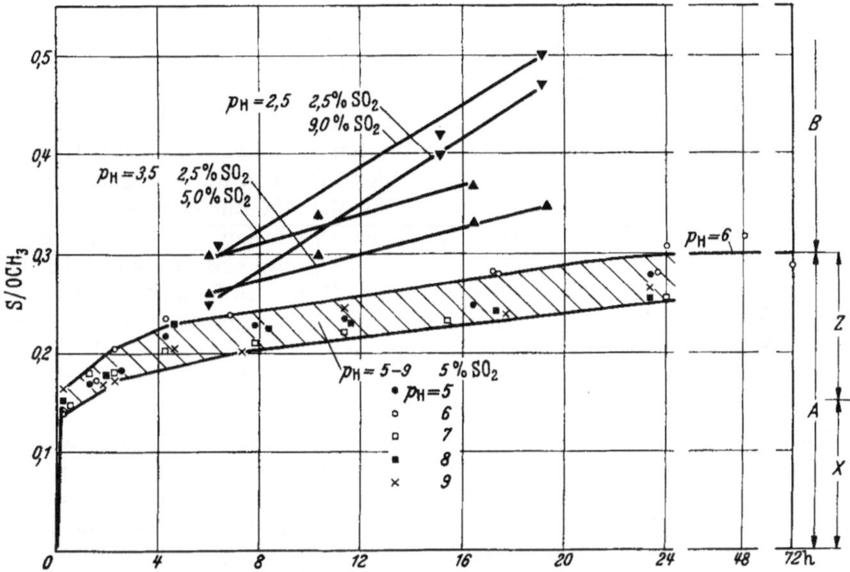

Abb. VI, 31. Die Aufnahme von Schwefel durch Fichtenholzmehl beim Erhitzen mit Sulfitlösungen von verschiedenen p_H bei 135°

Sulfit blieb erhalten, wenn im Vanillylalkohol das phenolische Hydroxyl veräthert wurde, doch verlief in der so gebildeten Modellsubstanz, dem Veratrylalkohol (XLIV), die Sulfonierung wesentlich langsamer. Erst mit sauren Sulfitlösungen wurde raschere Sulfonierung erzielt. Modelle, bei denen sowohl die phenolische wie die alkoholische Hydroxylgruppe veräthert waren, wie z. B. der Veratryläthyläther (XLV), reagierten nicht mehr mit neutralen, wohl aber mit sauren Sulfitlösungen.

CH_2OH (OCH₃, OH) XLII ⟶ CH_2SO_3H (OCH₃, OH) XLIII; CH_2OH (OCH₃, OCH₃) XLIV; $CH_2OC_2H_5$ (OCH₃, OCH₃) XLV

[1] BERG, G. A., u. B. HOLMBERG: Sv. kem. Tidskr. **47**, 257 (1935). — HOLMBERG, B.: Sv. Papperstidn. **39**, Sondernr., 113 (1936).

[2] Siehe S. 464, Fußnote 10.

Auf Grund dieser hier nur kurz angedeuteten Modellstudien schlug LINDGREN folgende Strukturen für die im Lignin anzunehmenden Gruppen A (d. h. X und Z) und B vor:

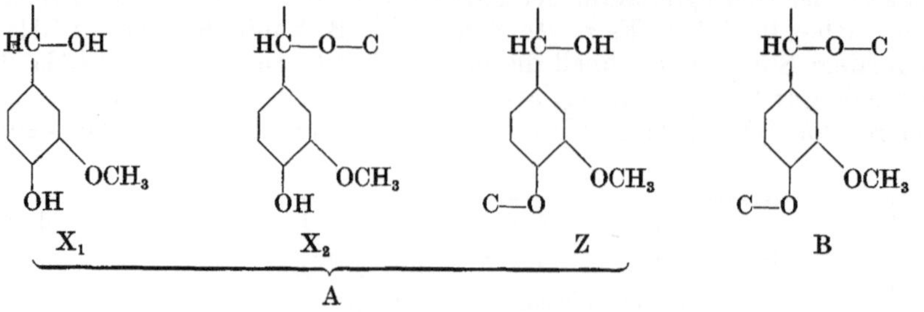

Die am leichtesten sulfonierbaren Strukturelemente sind demnach p-Hydroxybenzylalkohole (X_1) und deren Äther (X_2), hierauf folgen die weniger reaktionsfreudigen p-Alkoxybenzylalkohole (Z) und schließlich die nur sauer sulfonierbaren p-Alkoxybenzyläther (B). Aus Abb. VI, 31 ist ersichtlich, daß im Lignin per Methoxylgruppe etwa 0,15 Gruppen X ($= X_1 + X_2$) und etwa ebensoviele Gruppen Z vorkommen. Zusammen mit dem Rest (B) der sulfonierbaren Gruppen, dessen Menge — obwohl nicht eindeutig feststellbar — mindestens 0,3 per OCH_3 betragen dürfte, wäre nach dieser Auffassung die Substitution am α—C-Atom der Seitenkette in mindestens 60% der Guajacylpropaneinheiten des (Coniferen-) Lignins charakterisiert.

Freilich stützt sich diese Auffassung von der Struktur der sulfitierbaren Gruppen im wesentlichen auf Analogien in Modellversuchen und besitzt daher nicht die Stärke eines klassischen Strukturbeweises. Neuerdings konnte jedoch das Vorkommen der Gruppen X_1 mit Hilfe der Indophenolreaktion[1] (S. 457) eindeutig nachgewiesen werden; diese Tatsache dürfte auch die Annahme der verschiedenen verätherten Varianten des Guajacylcarbinolprinzips auf eine sichere Grundlage stellen.

Was die oben erwähnten Gruppen B' des hydrolytisch ausgelösten niedrig sulfonierten Lignins betrifft, so ist ihre chemische Natur noch unvollständig geklärt. Nimmt man an, daß sie durch hydrolytische Spaltung der Benzylätherbindung in B entstehen, so müßten sie neugebildete Gruppen Z darstellen und in ihrer Sulfitierbarkeit mit den letzteren übereinstimmen. In Wirklichkeit scheinen sie aber mit neutralem Sulfit noch langsamer zu reagieren als die ursprünglichen Gruppen Z. Es ist denkbar, daß bei der Hydrolyse der B-Gruppen auch die β- und vielleicht auch die γ-Kohlenstoffatome der betreffenden Seitenketten in Mitleidenschaft gezogen werden und eine von den Gruppen Z verschiedene Struktur entsteht. Nach analytischen Untersuchungen von ERDTMAN[2] handelt es sich bei den B'-Gruppen jedenfalls um Hydroxylgruppen, die bei der weiteren Sulfitierung durch Sulfonsäuregruppen ersetzt werden.

Von wesentlichem ligninchemischen Interesse ist die Frage nach der Natur derjenigen Gruppierung, mit welcher die Benzylalkoholgruppen in X_2 und B veräthert sind. Sie berührt das Problem der gegenseitigen Verknüpfung der Guajacylpropaneinheiten im Lignin. Eine Zeitlang wurde angenommen, daß es sich bei den Ätherbrücken um Benzyl-aryl-äther handle, eine Annahme, die sich besonders

[1] Siehe S. 457, Fußnote 7.

[2] ERDTMAN, H., B. O. LINDGREN u. T. PETTERSON: Acta chem. scand. (Copenh.) 4, 228 (1950).

auf das Ergebnis von FREUDENBERG[1] stützte, wonach das Phenylcumaran XLVI sich zur Sulfonsäure XLVII sulfitieren läßt:

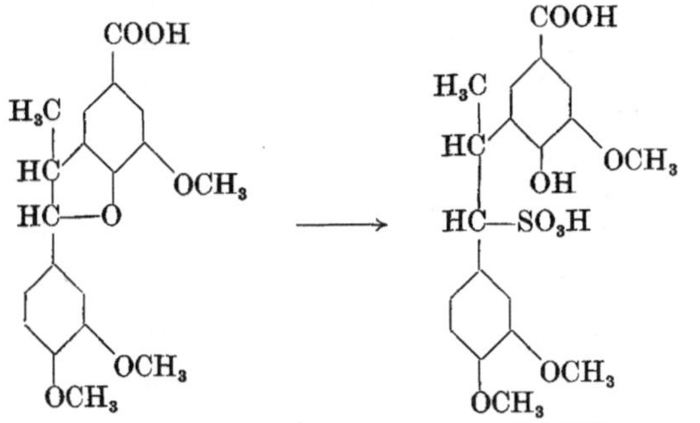

XLVI ⟶ XLVII

Würden derartige Reaktionen beim Sulfitierungsprozeß dominieren, so wäre zu erwarten, daß für jede eingeführte SO_3H-Gruppe eine phenolische OH-Gruppe in Freiheit gesetzt wird. Abgesehen von den Befunden[2,3], daß in der zweiten Stufe der Sulfitierung, d. h. beim Übergang von niedrig zu höher sulfoniertem Lignin keine oder eine nur unwesentliche Vermehrung phenolischen Hydroxyls erfolgt, ließen sich neuerdings in BJÖRKMAN-Lignin nur unbedeutende Mengen von Benzyl-aryl-äthern nachweisen (vgl. S. 471). Die Benzyläthergruppen der Strukturen X_2 und B müssen demnach heute als Benzyl-*alkyl*-äthergruppen betrachtet werden, d. h. es sind Ätherbrücken zwischen dem α-Kohlenstoffatom einer Seitenkette und einem der drei C-Atome in der Seitenkette eines anderen Phenylpropanbausteins anzunehmen. Die cyclische Ätherstruktur im Pinoresinol (vgl. S. 478) gehört diesem Typus an; daneben sind aber wahrscheinlich noch offene Ätherbrücken zu fordern.

Neueste Untersuchungen über die Abspaltbarkeit der Sulfonsäuregruppen aus Lignosulfonsäuren durch Einwirkung einer Säuremischung (HJ, HCl und H_3PO_2) ergaben, daß ein Teil ($^1/_3$—$^1/_2$) dieser Gruppen rasch eliminiert und der Rest nur sehr langsam abgespalten wird[4]. Ein Vergleich der Spaltungsgeschwindigkeit der Lignosulfonsäuren mit der verschiedener Modellsulfonsäuren ergibt, daß für die rasche Anfangsphase α-Sulfonsäuregruppen verantwortlich sein könnten, die aus Strukturelementen mit C-Substituent in β-Stellung vom Typus XIX und XX sowie LXXXIII hervorgegangen sind. Für den langsam abspaltbaren Anteil der Sulfonsäuregruppen in Lignosulfonsäuren konnte bisher noch keine vollkommen befriedigende strukturelle Zuordnung getroffen werden. Von den bisher untersuchten α-Sulfonsäuren ist die aus der Modellsubstanz LV (mit O-Substituent in β-Stellung) hergestellte hinsichtlich ihrer Spaltungsgeschwindigkeit am ehesten mit dem letztgenannten Anteil vergleichbar.

Eine gewisse Fraktion der SO_3H-Gruppen in Lignosulfonsäuren läßt sich beim Erhitzen mit 2,5 N NaOH auf 100° als Sulfit abspalten[5,6]. Eine endgültige strukturelle Zuordnung des unter solchen Bedingungen abspaltbaren sowie des dabei resistenten Anteils steht noch aus, wäre aber von erheblichem Interesse.

Eine Sonderstellung nimmt ein kleiner Anteil von Sulfonsäuregruppen ein ($< 0{,}05\ SO_3H/OCH_3$), die mit verdünntem Alkali schon bei Zimmertemperatur

[1] FREUDENBERG, K., M. MEISTER u. E. FLICKINGER: Ber. dtsch. chem. Ges. **70**, 500 (1937).
[2] Siehe S. 454, Fußnote 1b. [3] Siehe S. 454, Fußnote 6.
[4] GIERER, J. u. B. ALFREDSON: Unveröffentlicht.
[5] PEARL, I. A., u. H. K. BENSON: Paper Trade J. **111**, Nr. 19, 29 (1940).
[6] EDHBORG, A., H. ERDTMAN u. B. LEOPOLD: Acta chem. scand. (Copenh.) **6**, 450 (1952).

fast momentan als Sulfit abspaltbar sind. Es handelt sich bei diesem „locker gebundenen Sulfit“ um Carbonyl—Bisulfit-Addukte, bei einem Teil desselben auch um Sulfonsäuregruppen, die durch Anlagerung von Sulfit an die C—C-Doppelbindung von Coniferylaldehyd-Endgruppen entstanden sind. In Modellversuchen ist gezeigt worden, daß Coniferylaldehyd (XLVIII) sich mit Sulfit zu den Sulfonsäuren XLIX und L umsetzt, aus denen durch verdünntes Alkali leicht der freie Coniferylaldehyd regeneriert wird[1].

CHO, CH, CH, OCH_3, OH — XLVIII $\underset{NaOH}{\overset{NaHSO_3}{\rightleftarrows}}$ CHO, CH_2, $HC—SO_3H$, OCH_3, OH — XLIX $\underset{NaOH}{\overset{NaHSO_3}{\rightleftarrows}}$ $HC(OH)(SO_3H)$, CH_2, $HC—SO_3H$, OCH_3, OH — L

Die Gruppierungen XLIX bzw. L (mit veräthertem Phenolhydroxyl) geben sich in Lignosulfonsäuren dadurch zu erkennen, daß diese die Phloroglucin—HCl-Reaktion erst dann geben, wenn man sie — zur Abspaltung des „locker gebundenen Sulfits“ — kurz mit Alkali in der Kälte vorbehandelt.

„Alkalische Hydrolyse“ von Lignin und Lignosulfonsäuren

Wie TOMLINSON und HIBBERT[2] gezeigt haben, wird bei (nichtoxydativer) Behandlung von Lignosulfonsäuren mit siedender 24-proz. Natronlauge langsam Vanillin freigelegt. KRATZL[3] fand später, daß dabei auch Acetaldehyd entsteht. Insgesamt erhält man 1 Mol. Vanillin per 12—15 OCH_3 und 1 Mol. Acetaldehyd per 9—12 OCH_3. Es wurde vermutet[3], daß diese Reaktion auf eine Spaltung von Coniferylaldehydgruppen, die aus Sulfonsäureresten vom Typus XLIX oder L mit Alkali entstehen müssen, zurückzuführen sei. In der Tat zerfällt Coniferylaldehyd bereits beim Erhitzen mit 0,1 N NaOH in Vanillin und Acetaldehyd, und erwartungsgemäß lassen sich unter derart milden Bedingungen sowohl aus Lignosulfonsäuren wie aus BRAUNS-Lignin kleine Mengen von Vanillin und Acetaldehyd gewinnen, die dem Gehalt dieser Lignine an Coniferylaldehydgruppen (eine solche Gruppe per 35—60 OCH_3) ungefähr entsprechen[4, 5]. Die erheblich größeren Mengen an Vanillin und Acetaldehyd, die aus Lignosulfonsäuren — aber nicht aus nativem Lignin — mit siedender 24-proz. NaOH herausgespalten werden, müssen anderen, noch unbekannten Strukturen entstammen. Gewisse Anzeichen deuten darauf hin, daß die Reaktion über die Coniferylaldehydstruktur als Zwischenstadium verläuft[5].

[1] ADLER, E., K. J. BJÖRKQVIST u. S. HÄGGROTH: Acta chem. scand. (Copenh.) **2**, 93 (1948), sowie unveröffentlichte Versuche.

[2] Siehe S. 453, Fußnote 3.

[3] KRATZL, K.: Mh. Chem. **78**, 173 (1948). Österr. Chemiker-Ztg. **49**, 143 (1948). — WACEK, A. VON, u. K. KRATZL: J. Polymer Sci. **3**, 539 (1948). — KRATZL, K., u. F. RETTENBACHER: Mh. Chem. **80**, 622 (1949).

[4] Siehe S. 456, Fußnote 5.

[5] ADLER, E., u. S. HÄGGROTH: Acta chem. scand. (Copenh.) **3**, 86 (1949); vgl. auch S. 456. Fußnote 3, S. 190 u. 233. — ADLER, E., L. ELLMER u. B. RABBING: XIIth Internat. Congr. of Pure and Appl. Chem., New York, 10—13. Sept. 1951, Abstr. of Papers, S. 614.

f) Reaktionen bei der Alkali- und Sulfatkochung

Zum alkalischen Aufschluß von Nadelholz zwecks Herstellung von Zellstoff dient heute allgemein das „Sulfatverfahren", das im Erhitzen des Holzes mit Natronlauge in Gegenwart von Natriumsulfid bei etwa 160° besteht. Das eigentliche Alkaliverfahren (ohne Sulfidzusatz) wird auf Laubhölzer angewandt.

Man hat sich bemüht, den Ursachen für den fördernden Einfluß des Sulfidzusatzes auf die Ligninauslösung auf die Spur zu kommen; umfassende Arbeiten hierüber wurden von HÄGGLUND, ENKVIST und Mitarbeitern ausgeführt. Im Rahmen der vorliegenden Diskussion sei nur kurz auf die ligninchemischen Zusammenhänge hingewiesen. Es zeigte sich[1], daß das Lignin des Holzes in der Wärme mit Natriumhydrosulfid (NaSH) unter Aufnahme beträchtlicher Mengen von Schwefel (bis etwa 10%) reagiert. Im Verlauf der Sulfatkochung treten jedoch anscheinend unter dem Einfluß des Alkalis sekundäre Veränderungen an den schwefelhaltigen Gruppen ein; das schließlich gebildete Thiolignin der Sulfatablauge enthält nur noch etwa 2% S.

Auf Grund von Modellversuchen[2] wird angenommen, daß bei der primären „Sulfidierung", ganz ähnlich wie bei den ersten Stufen der Sulfitierung, p-Hydroxybenzylalkohol- und entsprechende Benzyläthergruppen in Reaktion treten. Im Phenolhydroxyl verätherte Einheiten scheinen dagegen — im Gegensatz zur Sulfitierung — nicht zu reagieren.

GIERER und ALFREDSSON[3] konnten kürzlich diese Annahme durch weitere Modellversuche stützen. Voraussetzung für das Eintreten der Sulfidierungsreaktion in α-Stellung ist jedoch die Abwesenheit von sterisch hindernden Substituenten in β-Stellung der Propanseitenkette. Mit Hilfe einer — mit gewissen Einschränkungen — spezifischen Spaltungsmethode[4] gelang es, den in Benzylstellung gebundenen Anteil des in Thioligninen eingebauten Schwefels zu bestimmen. Er macht — je nach den Kochungsbedingungen — die Hälfte bis drei Viertel der Gesamtmenge aus.

Unter dem Einfluß des Alkali werden bei der Alkali- wie bei der Sulfatkochung Phenolätherbindungen gespalten, und die freigelegten phenolischen Einheiten sind dann wiederum der Sulfidierung am α—C-Atom zugänglich. Für das Auftreten solcher Phenolätherspaltungen spricht nicht nur der hohe Gehalt an phenolischem Hydroxyl im Alkali- und Thiolignin[5], sondern auch ein Modellversuch von LEOPOLD[6], wonach die β-Arylätherbindung der Substanz LI durch 2 N NaOH bei 170° hydrolytisch gespalten wird.

CH_3O—⟨ring⟩—CHOH—CH_2O—⟨ring⟩—CHOH—CH_3 LI
(each ring with CH_3O)

Die ligninchemische Bedeutung solcher β-Arylätherverknüpfungen wird aus dem folgenden hervorgehen.

g) Reaktionen mit alkoholischer Mineralsäure

In einem früheren Abschnitt wurde bereits erwähnt, daß sich Lignin mit Hilfe von Alkoholen, Phenolen und Mercaptanen (Thioglykolsäure) in Gegenwart kleiner

[1] ENKVIST, T.: Sv. Papperstidn. **51**, 225 (1948); Tappi **37**, 350 (1954).
[2] ENKVIST, T., u. M. MOILANEN: Sv. Papperstidn. **52**, 183 (1952).
[3] GIERER, J., u. B. ALFREDSSON: Acta chem. scand. (Copenh.): Im Druck.
[4] GIERER, J., u. B. ALFREDSSON: Chem. Ber.: Im Druck.
[5] ENKVIST, T., u. B. ALFREDSSON: Sv. Papperstidn. **54**, 185 (1951).
[6] LEOPOLD, B.: Acta chem. scand. (Copenh.) **4**, 1525 (1950).

Mengen von Mineralsäure aus dem Holze herauslösen läßt, wobei die genannten Reagentien in das Ligninmolekül eintreten. Da insbesondere die Reaktionen mit alkoholischer Mineralsäure in letzter Zeit eingehender untersucht wurden und neue Beiträge zur Frage der Ligninstruktur brachten, sei ihrer Besprechung der Vorrang gegeben.

α) Einwirkung von CH_3OH—HCl *unter milden Bedingungen*

In Übereinstimmung mit dem Protolignin des Holzes, das bei der Auslösung mit alkoholischer Salzsäure eine Alkylierung erleidet, nimmt auch isoliertes Lignin, z. B. BRAUNS-Lignin, beim Erhitzen mit Methanol, das 0,5% HCl enthält, während $2^1/_2$ Std. etwa 0,5 Methoxylreste per Guajacylpropaneinheit auf[1,2]. ADLER und GIERER[3] fanden, daß eine Methylierung von BRAUNS-Lignin in etwa demselben Ausmaße bereits bei 20° während etwa 48 Std. erfolgt, und kürzlich wurde festgestellt[4], daß BJÖRKMAN-Lignin unter den gleichen Bedingungen 0,7 OCH_3-Gruppen per ursprünglich vorhandenes OCH_3 aufnimmt.

Als strukturelle Ursache dieser Alkylierungsreaktionen ist häufig eine Acetalisierung von Carbonylgruppen, bzw. eine Umacetalisierung von im Lignin vorgebildeten Acetalgruppen angenommen worden[1,2]. Die Menge freier und acetalisierter Carbonylgruppen in BRAUNS- oder BJÖRKMAN-Lignin reicht jedoch nicht aus, um den Umfang der Alkylierung zu erklären. Auch ließ sich zeigen[3], daß BRAUNS-Lignin, dessen Carbonylgruppen mittels Natriumborhydrid reduktiv entfernt worden waren, in gleicher Weise methyliert wird wie unbehandeltes Lignin.

Da wegen des Fehlens von Carboxylgruppen eine Esterbildung ausgeschlossen werden kann, bleibt für die Erklärung der Alkylierungsreaktion wohl nur die Verätherung von Arylcarbinolgruppen bzw. die Umätherung von Äthern derselben übrig:

HC—OR_1 ... OCH_3 ... R_2—O $\xrightarrow[(20°)]{CH_3OH-HCl}$ HC—OCH_3 ... OCH_3 ... R_2—O

LII: R_1 und R_2=H oder Alkyl-C-Atom

An zahlreichen Modellsubstanzen der allgemeinen Formel LII wurde die Verätherung bzw. Umätherung mit methanolischer Salzsäure studiert[5], und ganz analog wie bei der Sulfitierung lassen sich bei den verschiedenen Varianten deutliche Unterschiede in der Reaktionsgeschwindigkeit erkennen. Auch bei der zeitlichen Verfolgung der Methylierung von BJÖRKMAN-Lignin heben sich Abschnitte mit verschiedener Reaktionsgeschwindigkeit hervor[4]; ihre Zuordnung zu gewissen Gruppen von Modellsubstanzen ist eine noch nicht abgeschlossene Aufgabe.

Nach milder Methylierung von BRAUNS- oder BJÖRKMAN-Lignin verschwindet die Indophenolreaktion von GIERER[6], wie es bei Verätherung der freien Guajacylcarbinolstruktur (LII, R_1=R_2=H) zu erwarten ist.

Das Studium der Alkylierung des Lignins mit alkoholischer Mineralsäure hat somit erneute Stützen für das Vorkommen der Strukturen LII geliefert, wie sie

[1] Siehe S. 448, Fußnote 5.
[2] Siehe S. 456, Fußnote 2, (S. 295.)
[3] ADLER, E., u. J. GIERER: Acta chem. scand. (Copenh.) **9**, 84 (1955).
[4] Siehe S. 453, Fußnote 1.
[5] ADLER, E., u. S. DELIN: Unveröffentlicht.
[6] Siehe S. 457, Fußnote 7.

schon die Sulfitierungstheorie verlangt hatte. Die Annahme B. HOLMBERGs, wonach Sulfitierung, Alkylierung, sowie Umsetzung mit Thioglykolsäure und ähnliche Reaktionen des Lignins sich an Benzylalkoholgruppen (oder deren Äthern) vollziehen, erscheint nun weitgehend gesichert.

Wie schon auf Grund von Sulfitierungsversuchen vermutet worden war (vgl. S. 467), kann die Gruppe R_1 in Struktur LII kein Arylrest sein. Bei der milden Alkylierung von BRAUNS- oder BJÖRKMAN-Lignin[1] wurden nämlich keine nennenswerten Mengen von Phenolhydroxylgruppen freigelegt, während ein entsprechendes Modell (LIII) glatt gespalten wurde[2]:

CH_2—O— CH_3O OCH_3 OCH_3 —$\xrightarrow[(20°)]{CH_3OH-HCl}$ CH_2OCH_3 + HO— CH_3O OCH_3 OCH_3

LIII

Im Lignin vorkommende Benzyläthergruppen müssen demnach Benzyl-*alkyl*-äther sein, mit Ausnahme einer cyclischen Benzyl-arylätherstruktur, der Phenylcumaranstruktur, die in verhältnismäßig geringer Menge im Lignin enthalten ist, bei der Alkylierungsreaktion jedoch nicht Anlaß zur Bildung freien Phenolhydroxyls gibt (vgl. S. 480).

Wenn nun die Benzyl-arylätherstruktur für die Hauptmenge der verätherten Phenolgruppen (70% der gesamten Guajacolkerne sind veräthert, vgl. S. 452) ausgeschlossen werden konnte, so mußten entweder das mittelständige (β-) oder das endständige (γ-) C-Atom der Propanseitenketten die Träger der Arylätherbrücke sein. Gegen die γ-Arylätherstruktur sprach der Nachweis zahlreicher primärer Hydroxylgruppen im Lignin[3]. Für die β-Arylätherverknüpfung aber sprechen biogenetische Erwägungen von H. ERDTMAN[4] (vgl. auch S. 478).

Um die Wahrscheinlichkeit der β-Ätherstruktur zu prüfen, wurden die Modellsubstanzen LIV[5] und LV[6] synthetisiert.

H_2COH — HC—O— OCH_3 — HCOH — OCH_3 OR

LIV: R=H
LV: R=CH_3

Wie bisher am Veratrylderivat LV festgestellt wurde, läßt sich die sekundäre Hydroxylgruppe mit Sulfit durch SO_3H[6], mit methanolischer Salzsäure durch

[1] Siehe S. 453, Fußnote 1. [2] Siehe S. 470, Fußnote 5.

[3] FREUDENBERG, K.: In L. ZECHMEISTER, Fortschr. d. Chem. org. Naturstoffe (Wien) **11**, 43 (1954).

[4] Siehe S. 464, Fußnote 6.

[5] ADLER, E., u. E. ERIKSOO: Acta chem. scand. (Copenh.) **9**, 34 (1955).

[6] ADLER, E., B. O. LINDGREN u. U. SAEDÉN: Sv. Papperstidn. **55**, 245 (1952).

OCH_3[1] ersetzen. Diese Reaktionen werden aber generell von Benzylalkoholen gegeben; für die ligninchemische Bedeutung der gesamten Seitenkettenstruktur dieser Modelle sprach ihr Verhalten bei der Alkoholyse.

β) Alkoholyse und Acidolyse

Erhitzt man Holzmehl oder gewisse isolierte Ligninpräparate mit alkoholischer Salzsäure längere Zeit als es zur Darstellung der Alkohollignine erforderlich ist, so bildet sich, wie H. HIBBERT und seine Mitarbeiter in umfassenden Arbeiten gezeigt haben[2,3], neben ätherunlöslichem Alkohollignin ein ätherlösliches Öl, aus dem die folgenden Ketone (LVI—LIX) isoliert werden können:

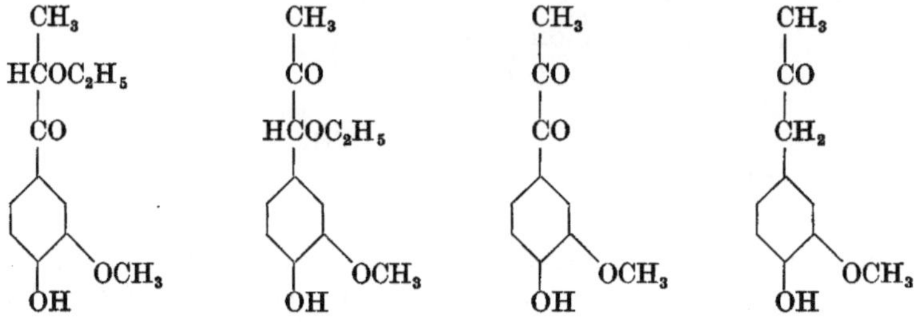

LVI	LVII	LVIII	LIX
CH_3	CH_3	CH_3	CH_3
$HCOC_2H_5$	CO	CO	CO
CO	$HCOC_2H_5$	CO	CH_2
Ring, OCH_3, OH	Ring, OCH_3, OH	Ring, OCH_3, OH	Ring, OCH_3, OH

Aus Laubholz entstehen auch die entsprechenden Syringylderivate.

Diese Abbauprodukte, die zusammen in einer Ausbeute von höchstens 10% des Lignins faßbar sind, sind durch eine endständige CH_3-Gruppe gekennzeichnet, die jedoch im ursprünglichen Lignin nur äußerst sparsam vorkommt. Auf Grund von Modellversuchen kam HIBBERT zu der Auffassung, daß diese „Alkoholyse-Ketone" aus einer im Lignin anzunehmenden β-Oxyconiferylalkohol(LX)-Gruppierung durch eine Folge von Reaktionen entstehen:

$$\underset{\text{LXa}}{R—CH_2—CO—CH_2OH} \rightleftharpoons \underset{\text{LXb}}{R—CH{=}C(OH)—CH_2OH}$$
$$\downarrow\uparrow$$
$$\underset{\text{LXIa}}{R—CH(OH)—CO—CH_3} \leftrightharpoons \underset{\text{LXIb}}{R—CH(OH)—C(OH){=}CH_2}$$
$$\downarrow\uparrow$$
$$\underset{\text{LXIIb}}{R—C(OH){=}C(OH)—CH_3} \rightleftharpoons \underset{\text{LXIIa}}{R—CO—CH(OH)—CH_3}$$

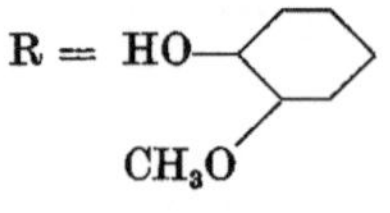

$R = HO—C_6H_3(OCH_3)—$ (Ring mit CH_3O)

Dieser Folge von Allyl- und Keto-Enol-Umlagerungen schließen sich an: Die Verätherung der Ketole LXIa und LXIIa unter Bildung der Ketoläther LVI und LVII, sowie eine Oxydoreduktion von LXIa, die zu den Substanzen LVIII und LIX führt.

Aus mehreren Gründen kann jedoch die β-Oxyconiferylalkoholgruppierung (LX) als solche nicht im Lignin vorhanden sein. Würde sie in Form ihrer Enolform

[1] ADLER, E., u. S. YLLNER: Sv. Papperstidn. 57, 78 (1954).
[2] HIBBERT, H.: Annual Rev. Biochem. 11, 183 (1942).
[3] GARDNER, J. A. F.: Canad. J. Chem. 32, 532 (1954).

(LXb) vorliegen, so müßten sich mit dem aromatischen Kern konjugierte Doppelbindungen in größerer Menge nachweisen lassen, als dies der Fall ist[1]. Handelte es sich um die Ketoform (LXa), so müßte diese durch Perjodat abgebaut werden; in Wirklichkeit liefert jedoch auch die Alkoholyse des Perjodatlignins (vgl. S. 451) die HIBBERTschen Ketone[2].

Aus dem letztgenannten Grunde schied auch das Guajacylglycerin (LXIII)[3] als Vorstufe der HIBBERT-Ketone aus, obwohl es diese bei der Alkoholyse lieferte[4], ebenso wie bei der Alkoholyse von Veratrylglycerin (LXIV)[5] die entsprechenden Veratryl-Ketone entstanden[6]. Das Vorkommen freier Glycerinseitenketten konnte auch durch den Befund ausgeschlossen werden, daß Perjodatoxydation von Lignin nur Spuren von Formaldehyd liefert[7, 8].

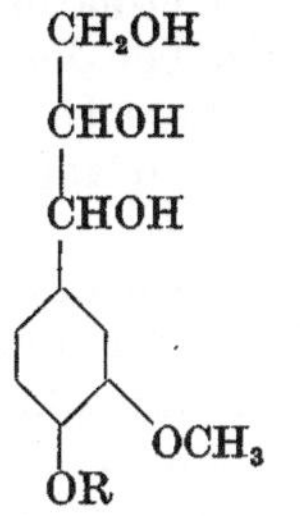

CH_2OH
CHOH
CHOH
(Ring mit OCH_3 und OR)

LXIII: R=H
LXIV: $R=CH_3$

Es schien daher berechtigt anzunehmen, daß eine Gruppierung vom Typus LIV bzw. LV (S. 471) die eigentliche Quelle der HIBBERTschen Ketone darstelle. In der Tat wurde der Guajacylglycerin-β-guajacyläther (LIV) unter den Bedingungen der Alkoholyse zu Guajacol und den HIBBERTschen Ketonen abgebaut[9]. Die Bildung von Guajacol und den im Phenolhydroxyl methylierten Ketonen aus dem Veratrylderivat LV war schon früher gezeigt worden[10, 11].

Diese Ergebnisse machen es wahrscheinlich, daß die Guajacylglycerin-β-arylätherstruktur (LXV) diejenige Gruppierung ist, die für die Bildung der HIBBERTschen Ketone bei der Alkoholyse von Lignin verantwortlich gemacht werden muß. Der Reaktionsverlauf kann in folgender Weise formuliert werden:

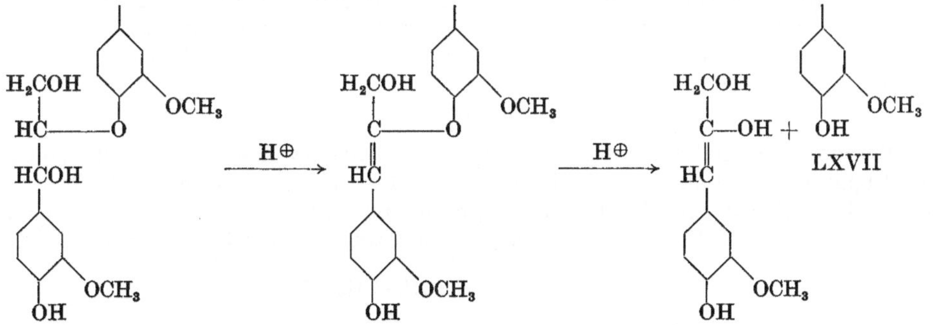

LXV $\xrightarrow{H^{\oplus}}$ LXVI $\xrightarrow{H^{\oplus}}$ LXb + LXVII

[1] Siehe S. 454, Fußnote 1b. [2] Siehe S. 472, Fußnote 3.
[3] ADLER, E., u. S. YLLNER: Acta chem. scand. (Copenh.) 7, 570 (1953).
[4] Siehe S. 472, Fußnote 1.
[5] ADLER, E., u. K. J. BJÖRKQVIST: Acta chem. scand. (Copenh.) 5, 241 (1951).
[6] ADLER, E., u. S. YLLNER: Sv. Papperstidn. 55, 238 (1952).
[7] LINDGREN, B. O., u. U. SAEDÉN: Acta chem. scand. (Copenh.) 6, 91 (1952).
[8] Siehe S. 455, Fußnote 16. [9] Siehe S. 450, Fußnote 12.
[10] ADLER, E., B. O. LINDGREN u. U. SAEDÉN: Sv. Papperstidn. 55, 245 (1952).
[11] ADLER, E., u. B. O. LINDGREN: Sv. Papperstidn. 55, 563 (1952).

Durch Wasserabspaltung entsteht aus LXV zunächst die Enol-aryläther-Struktur LXVI, die durch Hydrolyse (bzw. Alkoholyse) den β-Oxyconiferylalkohol (LXb) (bzw. dessen Enol-äthyläther) liefert, wobei gleichzeitig ein Phenolhydroxyl (LXVII) freigelegt wird. Vom β-Oxyconiferylalkohol (LXb) aus verläuft dann die Alkoholyse nach dem von HIBBERT (s. S. 472) angegebenen Schema.

In neuen Untersuchungen fanden ADLER, PEPPER und ERIKSOO[1], daß sich eine der HIBBERTschen Alkoholyse ganz analoge Reaktion am Lignin (z. B. BJÖRKMAN-Lignin) vollzieht, wenn man anstelle der äthanolischen Salzsäure ein Gemisch von Dioxan-Wasser (9:1)-HCl (0,2 N) verwendet. Bei dieser „Acidolyse" entstehen — neben einem ätherunlöslichen Ligninprodukt — die HIBBERTschen Ketone LVIII und LIX, sowie das Ketol LXIIa, das dem Ketoläther LVI bei der Alkoholyse entspricht. Dieselben Produkte werden auch bei der Acidolyse der Modellsubstanzen LIV und LXIII gebildet, und die nähere Untersuchung der Initialreaktionen bei der Acidolyse von LIV stützt den oben angegebenen Verlauf über den Enolaryläther.

Die Ergebnisse der Alkoholyse- und Acidolysestudien lassen sich zwanglos mit der von ADLER und LINDGREN[2] gemachten Annahme vom Vorkommen der Guajacylglycerin-β-aryläther-Struktur im Lignin erklären. Es wurden letzthin auch Versuche unternommen, den mengenmäßigen Anteil solcher Strukturen im Lignin zu ermitteln[1]. Die an sich geringe Ausbeute an HIBBERT-Ketonen sagt hierüber nichts aus, da angenommen werden kann, daß nur ein Teil der Ausgangsstrukturen schließlich in Form der monomeren Ketone erscheint. Es wurden statt dessen teils die Neubildung von C—CH_3-Gruppen, teils die Freilegung von Phenolhydroxyl bei der Acidolyse, z.B. von BJÖRKMAN-Lignin, zugrundegelegt. Diese beiden analytisch faßbaren Veränderungen können nach dem oben Gesagten auf Guajacylglycerin-β-aryläther-Strukturen zurückgeführt werden. Durch Vergleich mit Modellsubstanzen, insbesondere LIV, und unter Berücksichtigung der Tatsache, daß C—CH_3-Gruppen auch aus einem anderen System (Dehydro-diconiferylalkohol-System, vgl. S. 480) entstehen können, kam man zu dem Schluß, daß zumindest $^1/_4$—$^1/_3$ aller Guajacylpropaneinheiten eine in der β-Stellung mit einem Phenolhydroxyl verätherte Glycerinseitenkette tragen (vgl. Formel LXV).

Im folgenden Abschnitt wird beschrieben werden, wie von ganz anderer Seite her das reichliche Vorkommen der Struktur LXV im Lignin ebenfalls wahrscheinlich gemacht wurde.

h) Biosynthese

Bereits vor 60 Jahren hat PETER KLASON[3] den Gedanken ausgesprochen, daß das Lignin in der Pflanze aus Coniferylalkohol (LXVIII) gebildet wird. Er konnte sich dabei auf das von HARTIG (1861) gefundene Vorkommen von Coniferin im Cambialsaft der Coniferen stützen, einem Glucosid, dessen Konstitution (LXIX)

R—O—⟨Benzolring⟩—CH=CH—CH_2OH (Ring mit CH_3O)

LXVIII: R=H

LXIX: R=$C_6H_{11}O_5$

von TIEMANN und HARTMANN (1875) aufgeklärt worden war. TIEMANN und MENDELSOHN[4] hatten ferner die Vermutung geäußert, daß Coniferin ein einfaches

[1] Siehe S. 450, Fußnote 12. [2] Siehe S. 473, Fußnote 11.

[3] KLASON, P.: Sv. kem. Tidskr. 9, 133 (1897). — Zur Historik vgl. E. ADLER: Sv. Papperstidn. 56, 517 (1953). — HOLMBERG, B.: Jb. Kgl. schwed. Akad. Wiss. 1953, 338.

[4] TIEMANN, F., u. B. MENDELSOHN: Ber. dtsch. chem. Ges. 8, 1139 (1875).

Umwandlungsprodukt des „aromatischen Atomkomplexes" im Holze sei. KLASON fand eine gewisse Parallelle zum Verhalten des Lignins in der Tatsache, daß Coniferin beim Erhitzen mit Calciumbisulfitlösung eine Sulfonsäure lieferte, deren Zusammensetzung derjenigen der Lignosulfonsäure ähnlich war; auch schien ihm der Befund, daß das Lignin des Holzes durch Behandeln mit Mineralsäuren seine Sulfitierbarkeit einbüßt, mit der von TIEMANN und HARTMANN festgestellten Verharzung des Coniferylalkohols durch Säuren vergleichbar zu sein.

Es ist bemerkenswert, daß KLASON schon im Jahre 1907 vom Lignin als einer hochmolekularen Substanz spricht, und daß er im Jahre 1917 die — heute in etwas modifizierter Form als richtig angesehene — Auffassung ausdrückt, daß im Lignin die Coniferylalkoholeinheiten durch kontinuierliche Kondensation zwischen den alkoholischen und phenolischen Hydroxylgruppen miteinander verknüpft seien.

Erst mit der Einführung der Methode der radioaktiven Markierung in die Chemie und Biochemie des Lignins hat die KLASONsche Hypothese ihre experimentelle Bestätigung gefunden. Mit Hilfe derselben Technik hat man in den letzten Jahren auch Einblicke in die Biogenese des Coniferylalkohols selbst gewonnen. Im folgenden Abschnitt soll zunächst diese einleitende Stufe der biologischen Ligninsynthese besprochen werden.

α) Biogenese des Coniferylalkohols

Der Frage nach der Biogenese des Coniferylalkohols liegt das allgemeine Problem der Synthese des aromatischen Systems zugrunde. Dieses Problem ist im Zusammenhang mit dem Studium des Aufbaus von aromatischen Aminosäuren, wie Phenylalanin und Tyrosin, in Mikroorganismen grundsätzlich geklärt worden[1,2]. Man ist dabei zu dem Ergebnis gekommen, daß gewisse C_4- und C_5-Abbauprodukte der Glucose zum Phosphorsäureester der Seduheptulose (LXX) kondensiert werden, und daß letztere zum ersten Sechsringprodukt, der 5-Dehydro-chinasäure (LXXI), cyclisiert wird. Letztere wird über 5-Dehydro-shikimisäure (LXXII) in Shikimisäure (LXXIII) umgewandelt. Die Kondensation dieses hydroaromatischen Körpers mit Brenztraubensäure oder einem ihr äquivalenten C_3-Körper soll dann über die instabile Prephensäure (LXXIV) nach Abspaltung von CO_2 und H_2O Phenylbrenztraubensäure (LXXV) als aromatischen C_6,C_3-Körper liefern. Sie steht durch den Transaminierungsprozeß in engster Beziehung zum Phenylalanin (LXXVI).

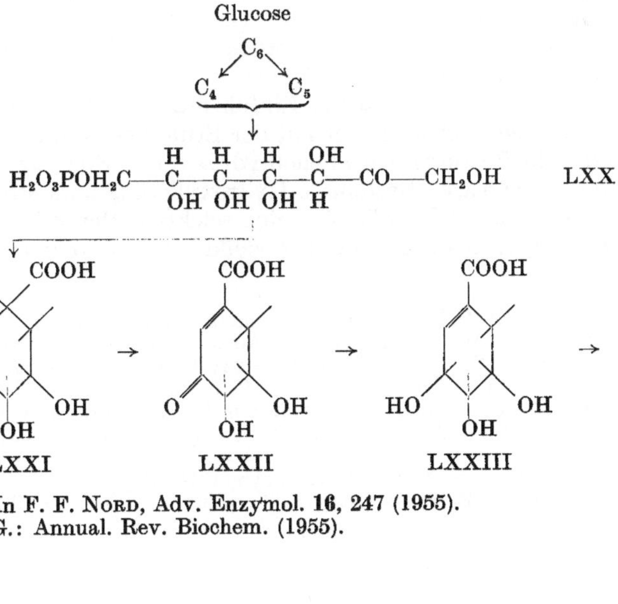

LXX

LXXI LXXII LXXIII

[1] DAVIS, B. D.: In F. F. NORD, Adv. Enzymol. **16**, 247 (1955).
[2] EHRENSVÄRD, G.: Annual. Rev. Biochem. (1955).

COOH COOH COOH
CO CO HC—NH$_2$
HOOC CH$_2$ CH$_2$ CH$_2$
→ → ⇄
OH
LXXIV LXXV LXXVI

BROWN und NEISH[1] zeigten nun, daß Shikimisäure (LXXIII), die in nicht näher lokalisierter Weise mit radioaktivem Kohlenstoff (^{14}C) markiert war, als Vorstufe für die Ligninsynthese dient, wenn ihre wäßrige Lösung z. B. jungen Weizen- oder Ahornpflanzen angeboten wird. Nach 48-stündiger Umsetzung lieferte nämlich die Nitrobenzoloxydation (vgl. S. 460) radioaktives Vanillin, sowie radioaktiven Syringaaldehyd und p-Oxybenzaldehyd. EBERHARDT und SCHUBERT[2] konnten nach Darbietung von spezifisch in 2,6-Stellung markierter Shikimisäure nachweisen, daß das Abbauvanillin ebenfalls in 2,6-Stellung markiert war, woraus hervorgeht, daß die Shikimisäure ohne Umbau des Sechsrings zum Lignin aufgebaut wird:

COOH CHO
* * * *
→ [^{14}C-Lignin] →
HO OH OCH$_3$
OH OH

In Anbetracht der Tatsache, daß Shikimisäure in höheren Pflanzen weit verbreitet sein dürfte[3], scheint es durch diese Versuche sichergestellt, daß die Bildung des aromatischen Vorläufers der Ligninsynthese über die genannte Säure verläuft.

BROWN und NEISH[4] fanden auch, daß radioaktiv markiertes Phenylalanin (LXXVI) sowie radioaktive Zimtsäure (LXXVII), und mit besonders guter Isotopenausbeute auch radioaktive Ferulasäure (LXXVIII) als Vorstufen der Ligninsynthese in Pflanzen dienen können.

Dies deutet darauf hin, daß die Einführung der Hydroxyl- und Methoxylsubstituenten in den Sechsring erst auf der Stufe des aromatischen Kerns stattfindet. Hierbei dürfte zuerst ein Phenolhydroxyl in 4-Stellung eintreten[5], worauf mit Hilfe des „Phenolase"-Systems o-Hydroxylierung zum Brenzcatechin- bzw. Pyrogalloltyp erfolgt[6], und schließlich eine selektive Methylierung (durch Transmethylierung mit Methionin)[7] unter Ausbildung des Guajacyl- bzw. Syringylsystems.

[1] BROWN, S. A., u. A. C. NEISH: Nature (London) **175**, 688 (1955).
[2] EBERHARDT, G., u. W. J. SCHUBERT: J. Amer. Chem. Soc. **78**, 2835 (1956).
[3] HASEGAWA, M., S. YOSHIDA u. T. NAKAGAWA: Kagaku (Tokyo) **24**, 421 (1954).
[4] BROWN, S. A., u. A. C. NEISH: Canad. J. Biochem. **33**, 948 (1955).
[5] UDENFRIEND, S., C. T. CLARK, J. AXELROD u. B. B. BRODIE: J. of Biol. Chem. **208**, 731 (1954). — BRODIE, B. B., J. AXELROD, P. A. SHORE u. S. UDENFRIED: J. of Biol. Chem. **208**, 741 (1954).
[6] MASON, H. S.: In F. F. NORD: Adv. Enzymol. **16**, 105 (1955).
[7] BYERRUM, R. U., J. H. FLOCKSTRA, L. J. DEWEY u. C. D. BALL: J. of Biol. Chem. **210**, 633 (1954).

Daß aus Phenylalanin (LXXVI) bzw. Ferulasäure (LXXVIII) tatsächlich die endgültige C_6,C_3-Struktur des Lignins gebildet, u. a. also die Carboxylgruppe zur endständigen Carbinolgruppe reduziert wird, geht aus Ergebnissen von FREUDENBERG[1] hervor. Nach Verabreichung der radioaktiven Säuren an eine junge Fichtenpflanze wurde der radioaktive Bereich des Holzes der Alkoholyse nach HIBBERT unterworfen, wobei radioaktives α-Äthoxypropioguajacon isoliert werden konnte. Dieses Keton muß nach unserer Auffassung aus Guajacylglycerin-β-aryläther-Strukturen entstanden sein (vgl. S. 473).

In vereinfachter Form läßt sich nach den bisher vorliegenden Untersuchungen der Weg von der Glucose zum Coniferylalkohol (LXXIXa) bzw. Coniferin (LXXIXb) folgendermaßen darstellen:

Glucose → Shikimisäure →

→ C_6H_5— { CH_2—CO—COOH LXXV; CH_2—CH(NH_2)—COOH LXXVI; CH=CH—COOH LXXVII } → HO—C_6H_3(OCH_3)—CH=CH—COOH LXXVIII

→ HO—C_6H_3(OCH_3)—CH=CH—CH_2OH LXXIXa ⇌ ($C_6H_{11}O_5$)—O—C_6H_3(OCH_3)—CH=CH—CH_2OH LXXIXb

β) *Der Aufbau von Lignin aus Coniferylalkohol*

Läßt man eine Lösung von D-Coniferin (LXXIXb), das in der CH_2OH-Gruppe mit ^{14}C markiert ist[2], durch einen jungen Fichtenzweig aufsaugen, so lagert sich in der verholzenden Zone des Zweiges ein in Alkohol unlösliches radioaktives Lignin ab, aus dem bei Alkoholyse radioaktive HIBBERT-Ketone entstehen (FREUDENBERG[3]). Zu demselben Ergebnis kam auch KRATZL mit einem am mittelständigen C-Atom der Seitenkette markierten Coniferin[4]. (Coniferin oder Coniferylalkohol selbst geben keine HIBBERT-Ketone.) Führt man dagegen (den L-Glucoserest enthaltendes) L-Coniferin zu, so bleibt dieses unverändert. Hieraus wurde von FREUDENBERG geschlossen, daß D-Coniferin unter der Einwirkung einer β-Glucosidase in D-Glucose und Coniferylalkohol

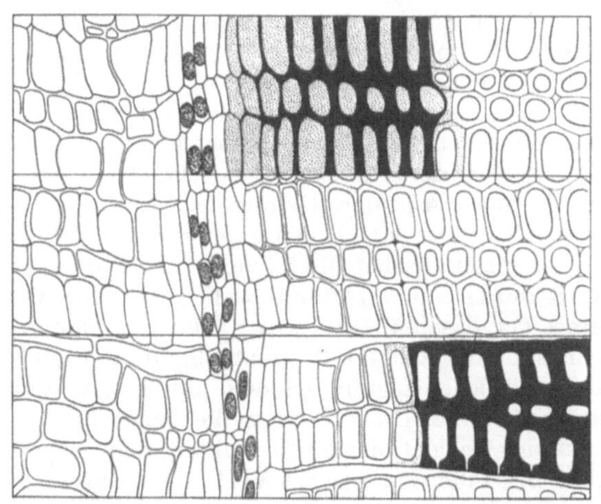

Abb. VI, 32. Querschnitt durch das Cambium und das anstoßende Gewebe eines Coniferentriebs (schematisch). Oben: β-Glucosidase, sichtbar gemacht (dunkel) durch Behandeln mit Indican. Mitte: unbehandelt. Unten: Lignin, sichtbar gemacht mit Phloroglucin-Salzsäure. (FREUDENBERG u. Mitarb.)

[1] FREUDENBERG, K.: a) Angew. Chem. **68**, 84 (1956); b) Angew. Chem. **68**, 508 (1956).
[2] FREUDENBERG, K., u. F. BITTNER: Chem. Ber. **86**, 155 (1953).
[3] FREUDENBERG, K., H. REZNIK, W. FUCHS u. M. REICHERT: Naturwiss. **42**, 29 (1955).
[4] KRATZL, K., u. G. BILLEK: Mh. Chem. **84**, 413 (1953); Holzforsch. **7**, 66 (1953); Mh. Chem. **85**, 845 (1954). — KRATZL, H., G. BILLEK, A. GRAF u. W. SCHWEERS: Mh. Chem. **87**, 60 (1956).

zerlegt, und daß letzterer dann zu Lignin aufgebaut wird. In der Tat ließ sich eine (zellgebundene) β-Glucosidase im Bereich des Cambiums nachweisen[1,2] (Abb. VI, 32).

Für die gegenwärtige Kenntnis vom Mechanismus des Übergangs von Coniferylalkohol zu Lignin wurde ein von ERDTMAN[3] im Jahre 1933 ausgesprochener Gedanke richtunggebend. Er nahm an, daß p-Oxyphenylpropanverbindungen, die in der Mitte der Seitenkette ungesättigt sind, bei der Oxydation Anlaß geben müssen zu Kopplungsreaktionen nicht nur in der o-Stellung zum Phenolhydroxyl, sondern auch am β-C-Atom der Seitenkette. Diese Annahme bestätigte sich bei der Untersuchung der Struktur des Dehydro-diisoeugenols, das früher von COUSIN und HÉRISSY[4] bei der Einwirkung einer Pilzoxydase auf Isoeugenol (LXXX) erhalten worden war. Dehydro-diisoeugenol erwies sich als ein Phenyl-cumaranderivat (LXXXI, vgl. auch[3]).

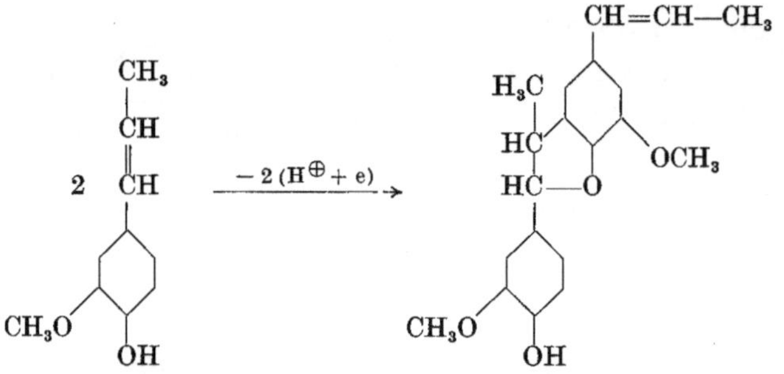

2 CH_3–CH=CH–C_6H_3(OCH_3)(OH) $\xrightarrow{-2(H^{\oplus}+e)}$ Phenylcumaran mit CH=CH–CH_3, H_3C, OCH_3, CH_3O, OH

LXXX LXXXI

Da FREUDENBERG kurz vorher das Vorkommen der Phenylcumaranstruktur im Lignin vorgeschlagen hatte, schien es ERDTMAN möglich, daß Lignin durch oxydative Polymerisation eines Guajacylpropankörpers, möglicherweise vom Coniferyltyp, entstehen könne.

Dieser Gedanke wurde in den von FREUDENBERG um 1943 begonnenen umfassenden Arbeiten über die Biogenese des Lignins außerordentlich fruchtbar. Die Arbeiten aus dem FREUDENBERGschen Institut (Zusammenfassungen vgl.[5,6]) haben die Kenntnis von der Bildung des Lignins und gleichzeitig damit auch diejenige seiner Struktur entscheidend gefördert.

In enzymatischen Modellversuchen wurde gefunden, daß beim Durchleiten von Luft durch eine verdünnte wäßrige Lösung von Coniferylalkohol in Gegenwart eines Oxydasepräparats aus Speisechampignon ein amorphes Pulver (Dehydrierungspolymerisat, DHP, „Kunstlignin“) entsteht, das in mehreren Eigenschaften dem „löslichen Lignin“ (S. 449) ähnlich ist. Von größter Bedeutung für das Verständnis dieses Prozesses war die Isolierung — in einem Intermediärstadium — von vier wohldefinierten Produkten, dem Dehydro-diconiferylalkohol (LXXXII), dem D,L-Pinoresinol (LXXXIII), dem Guajacyl-β-coniferyläther (LXXXIV) und dem Coniferylaldehyd (V).

[1] FREUDENBERG, K., H. REZNIK, H. BOESENBERG u. D. RASENACK: Chem. Ber. **85**, 641 (1952).

[2] Siehe S. 471, Fußnote 3.

[3] ERDTMAN, H.: Liebigs Ann. **503**, 283 (1933); **516**, 162 (1935); Sv. Papperstidn. **42**, 115 (1939); Research **3**, 83 (1950). — In K. PAECH u. V. M. TRACEY: Moderne Methoden der Pflanzenanalyse. Bd. 3, S. 428. Springer-Verlag 1955.

[4] COUSIN, H., u. H. HÉRISSEY: C. r. Acad. Sci. (Paris) **146**, 1413 (1908); **147**, 247 (1909).

[5] Siehe S. 471, Fußnote 3. [6] Siehe S. 477, Fußnote 1.

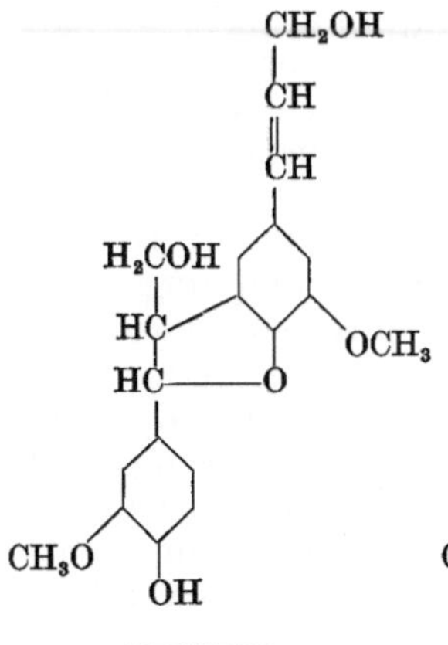

LXXXII 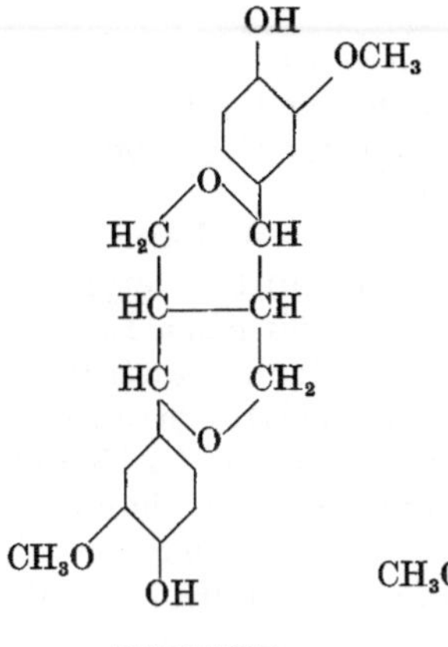 LXXXIII 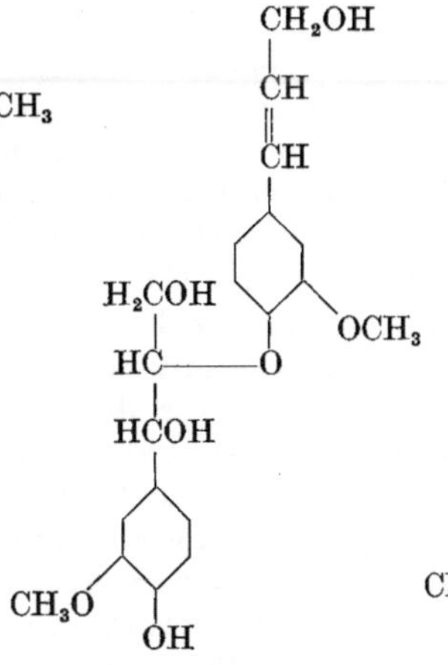 LXXXIV 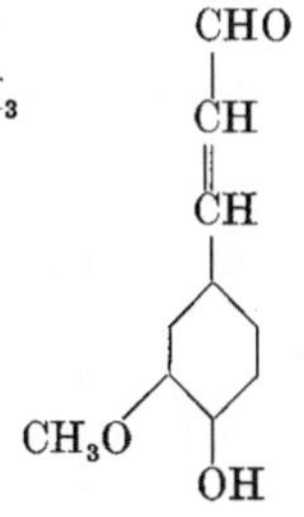 V

Weitere enzymatische Oxydation jedes der drei dimeren Produkte lieferte ebenfalls amorphe Polymere. Es wurde ferner gefunden[1], daß die Oxydasen des verholzenden Gewebes[2] dieselben Umwandlungsprodukte aus Coniferylalkohol erzeugen wie das Pilzenzym.

Der Mechanismus dieser Anfangsreaktionen der Ligninbildung ist folgendermaßen zu verstehen:

Die Oxydase erzeugt durch Ablösung des Wasserstoffs vom Phenolhydroxyl des Coniferylalkohols ein mesomeres Radikal (LXXXV). Dieses stabilisiert sich durch spontane Dimerisierung, welche dank der Mesomerie in verschiedener Weise erfolgen kann, nämlich als „Kern-β-Kopplung" (in LXXXII), als „β-β-Kopplung" (in LXXXIII) oder als „Aroxyl-β-Kopplung" (in LXXXIV). Spontane Sekundärreaktionen, wie intramolekularer Ringschluß (bei LXXXII u. LXXXIII) oder Anlagerung von Wasser an die primär entstehende Chinonmethidstruktur (bei LXXXIV) (vgl. S. 484), vollenden die Reaktionen.

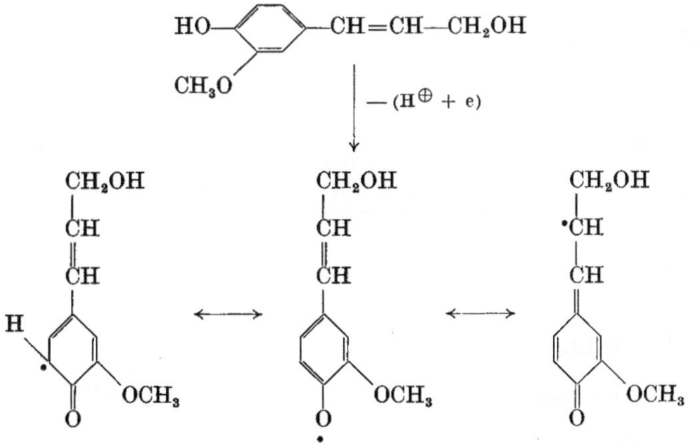

$-(H^{\oplus} + e)$

LXXXV

[1] Siehe S. 477, Fußnote 1b.

[2] MANSSKAJA, S. M.: Uspechi Sovrem. Biol. **23**, 203 (1947); Dokl. Chim. Nauk **62**, 369 (1948). Vgl. auch N. I. NIKITIN: Die Chemie des Holzes. S. 327. Berlin: Akademie-Verlag 1955.

Die Natur des für die Oxydation des Coniferylalkohols verantwortlichen Enzyms ist noch ziemlich unklar. Sowohl die Pilzenzympräparate wie der Cambialbereich des Holzes[1] enthalten Phenoloxydasen und Peroxydase. Nach MASON[2] nimmt die im FREUDENBERGschen Pilzenzympräparat enthaltene Polyphenoloxydase (Catecholase) nicht an der Reaktion teil; eher dürfte ein Enzym vom Typ der Laccase wirksam sein[3].

Welches auch die eigentliche Natur des wirksamen Enzyms sein mag, so steht jedenfalls fest, daß dessen Einwirkung auf Coniferylalkohol Verknüpfungsstrukturen erzeugt, wie sie analytisch im natürlichen Lignin wahrscheinlich gemacht worden sind. Dies gilt für die Phenylcumaranstruktur (vgl. die Bildung der Isohemipinsäure, S. 459) und die β-Arylätherstruktur (vgl. S. 473). Die Auffindung des Guajacylglycerin-β-coniferyläthers (LXXXIV)[4] als Zwischenprodukt der Ligninbildung stellte eine willkommene Bestätigung der auf analytischem Wege hergeleiteten Annahme (vgl. S. 474) vom Vorkommen solcher Systeme im Lignin dar. Für das Vorkommen des Pinoresinolsystems im Lignin gibt es nur schwächere Anhaltspunkte (vgl. S. 459—460).

Nach FREUDENBERGs Ansicht lassen sich aus den relativen Ausbeuten der drei Dimeren bei der enzymatischen Dehydrierung des Coniferylalkohols in vitro auf den Anteil der verschiedenen durch diese Dimeren repräsentierten Verknüpfungsarten im Protolignin Schlüsse ziehen. Die quantitative Verteilung der Dimeren ist indessen stark von den bei der Dehydrierung gewählten Arbeitsbedingungen abhängig. Vereinigt man die wäßrige Lösung des Coniferylalkohols rasch mit der Enzymlösung („Zulaufverfahren"), so wird als Hauptprodukt der Dehydrodiconiferylalkohol (LXXXII) erhalten, während bei langsamer Zugabe des Coniferylalkohols („Zutropfverfahren") der Guajacylglycerin-β-coniferyläther (LXXXIV) weitaus überwiegt[5]. FREUDENBERG nimmt an[5,6], daß das letztgenannte Verfahren den natürlichen Verhältnissen näherkommt.

Mit dieser Annahme stimmen die Ergebnisse der analytischen Untersuchungen, z. B. am BJÖRKMAN-Lignin, grundsätzlich überein. Es wurde gefunden[7], daß der Dihydro-dehydro-diconiferylalkohol (LXXXVI)[8], ein Phenylcumaranderivat,

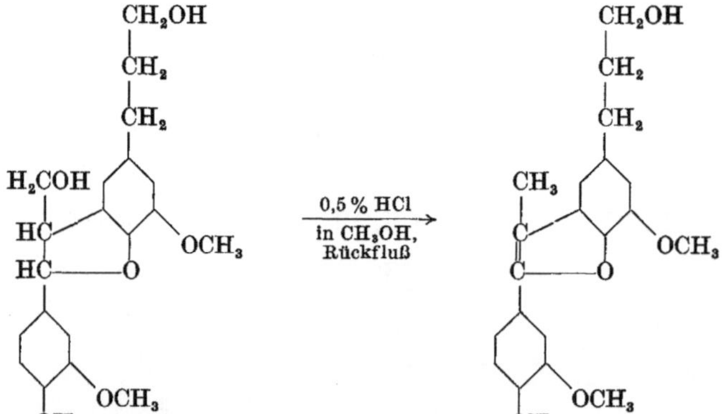

CH₂OH, CH₂, CH₂, H₂COH, HC, HC, O, OCH₃, OCH₃, OH — LXXXVI

$\xrightarrow[\text{in } CH_3OH,\ \text{Rückfluß}]{0{,}5\,\%\ HCl}$

CH₂OH, CH₂, CH₂, CH₃, C, C, O, OCH₃, OCH₃, OH — LXXXVII

[1] Siehe S. 479, Fußnote 2.
[2] MASON, H. S., u. M. CRONYN: J. Amer. Chem. Soc. 77, 491 (1955).
[3] Siehe S. 476, Fußnote 6.
[4] FREUDENBERG, K., u. H. SCHLÜTER: Chem. Ber. 88, 617 (1955).
[5] Siehe S. 390, Fußnote 1. [6] Siehe S. 477, Fußnote 5.
[7] Siehe S. 470, Fußnote 5.
[8] FREUDENBERG, K., u. H. H. HÜBNER: Chem. Ber. 85, 11 (1952).

beim Erhitzen mit methanolischer Salzsäure eine Umlagerung zum Phenylcumaronderivat (LXXXVII) erleidet (vgl. auch[1]), das im Gegensatz zu dem bei 280 mμ ($\log \varepsilon = 3{,}8$) maximal UV-absorbierenden Phenylcumaran eine starke UV-Absorption mit einem Maximum bei 310 mμ ($\log \varepsilon = 4{,}42$) zeigt.

Eine analoge Reaktion wurde beim entsprechenden Methyläther (LXXXVI, OCH_3 statt Phenol-OH) nachgewiesen. Wurde nun BJÖRKMAN-Lignin derselben Einwirkung von methanolischer Salzsäure unterworfen, so gab sich eine ziemlich geringfügige Erhöhung der Extinktion im Bereiche von 310 mμ zu erkennen, die auf einen Gehalt von Phenylcumaranstrukturen vom Typus LXXXVI in einer Menge von nur 5—7 % schließen ließ. Einen etwas höheren Wert für das Phenylcumaransystem findet FREUDENBERG[2] mit Hilfe einer Acetylierungsmethode im Dioxanlignin. Das Vorkommen der „Kern-β-Kopplung", wie sie im Phenylcumaransystem sowie in der entsprechenden nicht cyclisierten Struktur (XIX) enthalten ist, ist jedenfalls durch die Isotopenversuche von FREUDENBERG[3] eindeutig nachgewiesen (vgl. S. 459).

D,L-Pinoresinol (LXXXIII) entsteht bei beiden enzymatischen Verfahren in geringerer Menge. Der klare Nachweis solcher Lignanstrukturen im Lignin ist, wie schon erwähnt wurde, noch nicht gelungen; vielleicht deuten aber die Oxydationsergebnisse von PURVES[4] (vgl. S. 460) auf ihr Vorkommen in begrenzter Menge hin.

Wie bereits dargelegt (S. 474), spielt dagegen auch nach analytischen Ergebnissen[5] das Guajacylglycerin-β-aryläther-Verknüpfungsprinzip im Lignin eine wesentliche Rolle.

i) Schlußbetrachtung

PETER KLASONs Vermutung, daß das Lignin sich vom Coniferylalkohol herleitet, ist durch die analytische Ligninchemie, nicht zuletzt durch den Nachweis von Coniferylaldehyd-Endgruppen (S. 456), reichlich gestützt worden. Die im vorangehenden Abschnitt behandelten biogenetischen Untersuchungen haben weiteres Material von erheblicher Beweiskraft geliefert.

Ergebnisse biosynthetischer Versuche[6], wonach auch aus anderen Ausgangsstoffen, z. B. Eugenol, ligninähnliche Produkte entstehen können, sind, wie FREUDENBERG[2] betont, wohl von Interesse für den Mechanismus der oxydativen Polymerisation, entbehren aber direkter Beziehung zum Lignin, da im Gegensatz zum reichlichen Vorkommen des Coniferins[7] Eugenol oder sein Glucosid im Bereich des Cambiums nicht angetroffen werden.

Die analytische wie die synthetische Arbeitsrichtung haben auch im großen und ganzen übereinstimmende Ergebnisse bezüglich der Struktur der Verknüpfungselemente zwischen den Phenylpropanmonomeren und der Natur der reaktionsfähigen Gruppen des Lignins gezeitigt.

Der komplizierte Aufbau des Lignins, der einer völligen Strukturaufklärung mit klassischen Methoden soviel Widerstand entgegensetzt, wird aus den Erkenntnissen über sein Bildungsprinzip, die oxydative Polymerisation des Coniferylalkohols, ohne weiteres verständlich. Der enzymatische Teil des Prozesses ist offenbar auf die Dehydrierung am Phenolhydroxyl beschränkt. Darauf folgen spontane Stabilisierungsreaktionen des gebildeten Radikals, die nach verschiedenen

[1] ADLER, E., u. B. STENEMUR: Chem. Ber. 89, 291 (1956).
[2] Siehe S. 477, Fußnote 1b. [3] Siehe S. 458, Fußnote 3.
[4] Siehe S. 460, Fußnote 1. [5] Siehe S. 450, Fußnote 12.
[6] SIEGEL, S. M.: Physiol. Plantarum 6, 134 (1953); 8, 20 (1955); J. Amer. Chem. Soc. 78, 1753 (1956).
[7] KORTSCHEMKIN, F. I.: Biochemie 14, 258 (1949). Vgl. N. I. NIKITIN: Die Chemie des Holzes, S. 329. Berlin: Akademie-Verlag 1955.

Richtungen verlaufen können. Erneute Dehydrierung und Kopplung der Zwischenprodukte untereinander oder mit monomerem Coniferylalkohol-Radikal führen in zahlreichen Stufen zum fertigen Polymeren. Mit den Kopplungsstrukturen, wie sie von den Dimeren LXXXII, LXXXIII und LXXXIV veranschaulicht werden, sind die Verknüpfungsmöglichkeiten noch nicht erschöpft. Wie bereits erwähnt (S. 460), wurden im Lignin auch Diphenylstrukturen chemisch nachgewiesen; sie wurden neuerdings auch spektrophotometrisch, möglicherweise in einfach verätherter Form (LXXXVIII) wahrscheinlichgemacht[1]. Ihre Bildung erklärt sich zwanglos als Dimerisierung der Kern-Radikalform von LXXXV (S. 479) und ist im übrigen bei Phenoldehydierungen im allgemeinen geläufig.

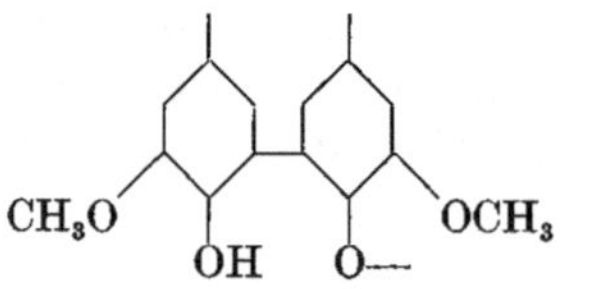

CH_3O OH O— OCH_3

LXXXVIII

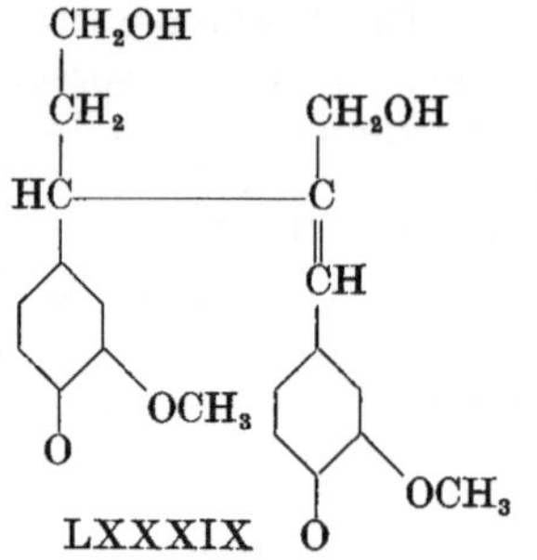

CH_2OH — CH_2 — HC——C(CH_2OH)=CH — OCH_3 O — OCH_3 O

LXXXIX

Des weiteren gibt es Hinweise auf das Vorkommen von α,α-Kohlenstoffbindungen (XXXI), wenigstens in Lignosulfonsäuren (vgl. S. 461). Schließlich macht FREUDENBERG[2,3] darauf aufmerksam, daß auch α, β-Verknüpfungen von Seitenketten (LXXXIX) denkbar sind; sie können durch spontane Dimerisierung von Coniferylalkohol-Endgruppen, wie sie etwa in LXXXII und LXXXIV enthalten sind, nach der Art der Dimerisierung bzw. Polymerisierung des Zimtalkohols[4] entstehen.

Möglicherweise werden sich solche und noch unbekannte Bindungstypen in den kleinen Mengen noch nicht aufgeklärter niedermolekularer Produkte zu erkennen geben, die neben den Substanzen LXXXII—LXXXIV und Coniferylaldehyd bei der enzymatischen Dehydrierung des Coniferylalkohols auftreten[5].

Als ein Versuch, die gegenwärtig bekannten oder als wahrscheinlich betrachteten Einzelstrukturen im Lignin in einem einzigen Bild zu sammeln, sei das Formelschema XC wiedergegeben. Es dürfte unnötig sein zu betonen, daß dies nicht etwa eine Strukturformel im klassischen Sinne darstellen will, sondern lediglich als eine der Übersicht dienende Konstruktion zu betrachten ist. Das Bild zeigt die verschiedenen Seitenketten- und Verknüpfungsstrukturen, wenngleich — aus Platzgründen — nicht in allen Fällen in den mengenmäßig richtigen Verhältnissen. Die Guajacylglycerin-β-guajacyläther-Struktur ist die am häufigsten vorkommende, die Phenylcumaranstruktur (oder eine offene „Kern-β-Bindung“), die Pinoresinol- und die Diphenylstruktur sind ihr untergeordnet. Etwa $^1/_3$ aller Bausteine ist phenolisch. Mit den in kleinen Mengen vorkommenden Coniferylaldehyd- und Coniferylalkohol[6]-Endgruppen alterniert die polymerisierte (α, β-verknüpfte) Coniferylalkoholstruktur (rechts oben). Sie verknüpft die aus 7 Phenylpropaneinheiten bestehende Kette mit einer oder mehreren anderen Ketten. Weitere

[1] AULIN-ERDTMAN, G., u. L. HEGBOM: Sv. Papperstidn. **59**, 363 (1956).
[2] Siehe S. 480, Fußnote 4. [3] Siehe S. 477, Fußnote 1.
[4] FREUDENBERG, K., u. O. AHLHAUS: Mh. Chem. **87**, 1 (1956).
[5] Siehe S. 458, Fußnote 3.
[6] GIERER, J., B. O. LINDGREN u. H. MIKAWA: Sv. Papperstidn. **57**, 633 (1954).

Vernetzungsglieder dürften die Benzylalkyläther-Gruppierungen darstellen (am zweiten Baustein von oben als Alternative zur Benzylalkoholgruppe angegeben).

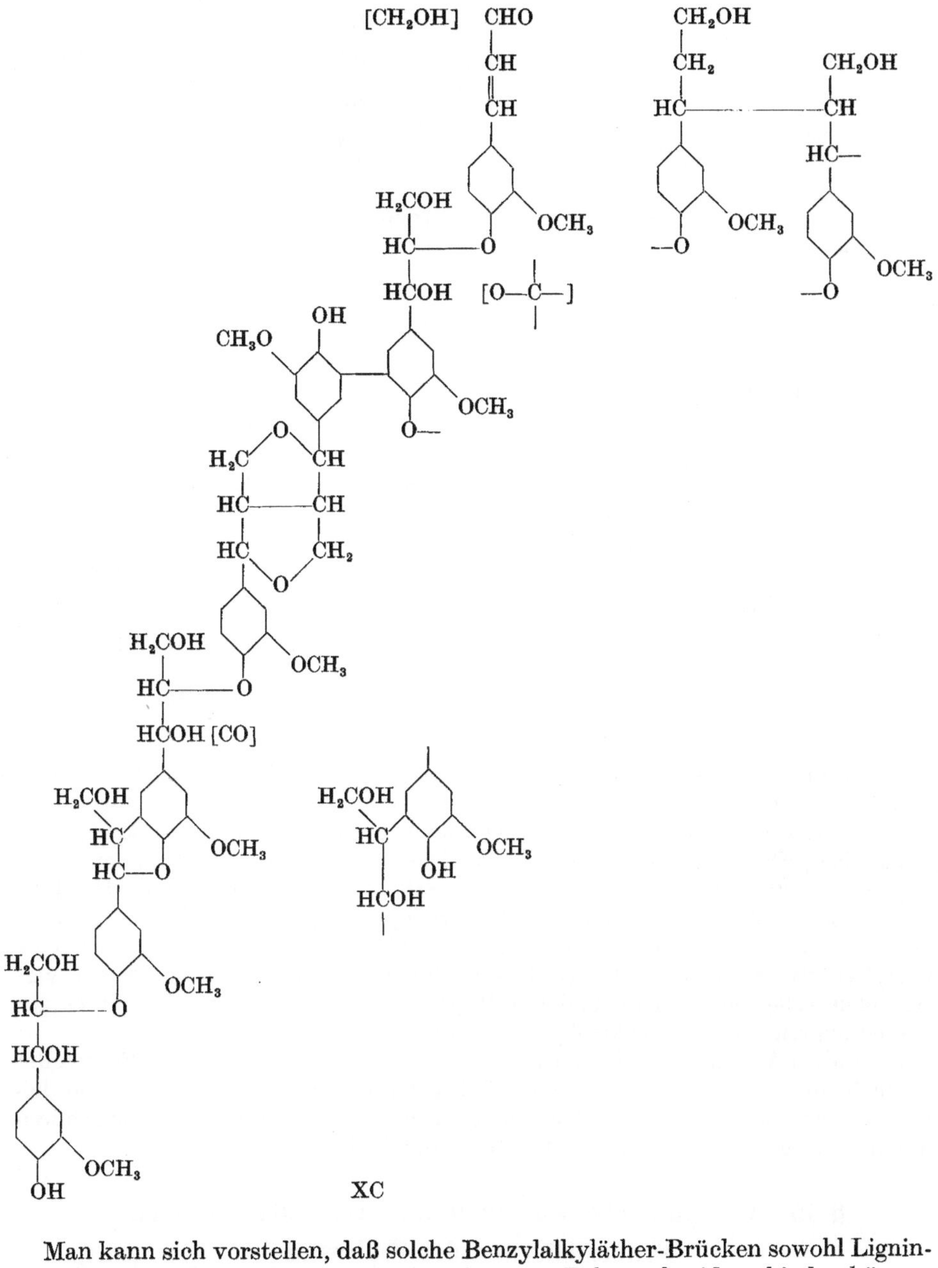

XC

Man kann sich vorstellen, daß solche Benzylalkyläther-Brücken sowohl Ligninkette mit Ligninkette als auch Lignin mit einem Polysaccharid verbinden können („Gruppen B“, vgl. S. 466). Die Bildung solcher Brücken könnte sich folgendermaßen vollziehen (vgl. auch[1, 2]):

[1] Siehe S. 471, Fußnote 3. [2] Siehe S. 477, Fußnote 1a.

LXXXV + XCI ⟶ XCII $\xrightarrow{+\ H-OR}$

XCIII: —OR = —OH oder —OCH_2—C—C—(Guajacyl) oder —O—CH [Kohlenhydrat]

Die Anlagerung eines dehydrierten Coniferylalkohol-Moleküls (LXXXV) — in der β-C-Radikalform — an ein zweites Radikal, z. B. in der Aroxylform XCI, das aus Coniferylalkohol oder einer wachsenden Ligninkette stammen kann, wird primär das p-Chinonmethid XCII liefern. Die ziemlich unstabile Chinonmethidgruppe kann sich durch Anlagerung von H—OR zu XCIII stabilisieren. Ist HOR Wasser, so entsteht die Guajacylcarbinolgruppierung, ist HOR eine Alkoholgruppe, z. B. das primäre Carbinol eines Ligninbausteines, so bildet sich eine Benzyl-alkyläther-Brücke. Ist HOR schließlich ein Carbinol eines in der verholzenden Zelle bereits vorgebildeten Polysaccharidmoleküls, so kommt es zur Ausbildung einer Lignin-Kohlenhydratbindung.

Mit diesen Andeutungen haben wir indessen zwei der schwierigsten Fragen der Ligninchemie berührt, nämlich die der Molekülgröße des nativen Lignins und diejenige der Existenz von Lignin-Kohlenhydratbindungen (vgl. S. 448). Sie gehören zu den wichtigsten noch ungelösten Fragen der Holzchemie.

§ 45. Anorganische Ausscheidungsstoffe der Pflanzen, Mineralisierung der Zellwand

Von E. Treiber

Bei den anorganischen Ausscheidungen beschränken wir uns hier im wesentlichen auf feste anorganische Ablagerungen, die sich in Geweben höherer Pflanzen anhäufen. Speziell interessiert hier die Mineralisation der Zellwand; hingegen werden nicht erwähnt die verschiedenen wichtigen Spurenelemente, die auch lokale Anreicherungen erfahren können (z. B. Mangan in den Markstrahlen des Holzes, welche auf Grund der technischen Bedeutung hier eine Behandlung findet), sowie die über der Cuticula entstehenden Salzkrusten der *Tamarix*arten. Auf das Festhalten von Metallen aus Salzlösungen durch pflanzliche Zellwände sei nur verwiesen. Die Eigenschaft, als Kationenaustauscher zu wirken, kann z. B. bei der Alginsäure sogar analytisch ausgewertet werden (SPECKER[1]).

Im wesentlichen werden 2 Stoffgruppen abgeschieden, und zwar entweder als diffuse Ablagerung (Membraninkrustation) oder als diskrete Ablagerung (z. B. Cystolithen): a) Kalksalze, und zwar Calciumoxalat und -carbonat, b) Kieselsäureanhydride.

In den Membranen von *Acetabularia* findet sich z. B. in der Außenschicht Calciumcarbonat, in den inneren Schichten vorwiegend Oxalat. Selten kommt es zur Ausscheidung von Calciumphosphat (Globoiden), -sulfat (z. B. Zuckerrohr) und -tartrat (Weinrebe).

Von den Kieselablagerungen kann z. B. die Cuticula und besonders die Epidermis betroffen werden; letztere unter Umständen so stark, daß ein Kieselsäureskelett erhalten werden kann. Die Kieselsäure scheint gegebenenfalls auch die Rolle einer Gerüstsubstanz spielen zu können; sie wird zu diesem Behufe auch in der Primärlamelle und den Sekundärschichten in Form eines zusammenhängenden Skeletts eingelagert. Am stärksten aber sind die Epidermisanhänge der Verkieselung ausgesetzt, vor allem die Haare. So sind die Brennhaare von *Urtica* in der Spitze verkieselt, im unteren Teil mit Kalk inkrustiert. Große Kieselsäuremengen kommen im Lumen der Haare von *Morus* und *Broussonetia* vor; ferner können sie als Tabaschir in Bambusarten auftreten. Bekannt ist noch der Kieselsäurekörper in den Stegmata der Orchideen und Palmen.

Von LADENBURG[2] wurde erstmals die Vermutung von der Existenz organischer Siliciumverbindungen ausgesprochen. Neuere Untersuchungen, vor allem über die Diffusion von SiO_2 durch Membranen sowie Extraktionsversuche an Geweben von HOLZAPFEL führten zur weitgehend gesicherten Annahme, daß die Kieselsäure mittels hydroxylhaltiger organischer Komponenten wasserlöslich gemacht und transportiert wird. So konnte ENGEL[3] aus der Roggenhalmwand (*Secale*) Galaktose-Siliciumkomplexe isolieren; ähnliche Resultate zeitigten Versuche mit Schachtelhalmen usw. HOLZAPFEL[4] nimmt an, daß es sich um Esterbindungen handelt, etwa nach dem Schema I oder II und gegebenenfalls III (vgl. auch[5]).

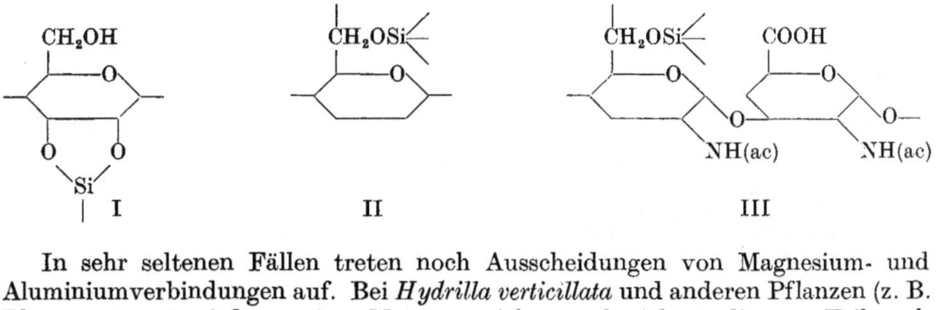

I II III

In sehr seltenen Fällen treten noch Ausscheidungen von Magnesium- und Aluminiumverbindungen auf. Bei *Hydrilla verticillata* und anderen Pflanzen (z. B. Phanerogamen) wird von einer Manganspeicherung berichtet, die zum Teil auch

[1] SPECKER, H., u. H. HARTKAMP: Naturwiss. **40**, 410 (1953) — Vgl. auch S. 334.
[2] LADENBURG, A.: Ber. dtsch. chem. Ges. **5**, 568 (1872).
[3] ENGEL, W.: Planta (Berlin) **41**, 358 (1953).
[4] HOLZAPFEL, L.: Z. Elektrochem. **55**, 577 (1951).
[5] RASCHE-JAHN, B.: Staub **37**, 404 (1954).

auf die Zellwände übergreift. Interessanterweise ist nach BERTRAND die Manganspeicherung in 1000 —3000 m Seehöhe stärker als auf Meereshöhe.

Der Mangangehalt — der vornehmlich in den Markstrahlzellen relativ hoch ist (WULTSCH) — kann von merkbarem Einfluß bei Kunstseidenzellstoffen sein, da Schwermetallspuren, wie Kobalt, Mangan, Eisen, die Vorreife katalytisch beeinflussen. BERTRAND[1] hat den Mn-Gehalt in *Phanerogamen* bei 160 Arten untersucht. Er fand 20—200 mg Mn pro Trockenkilo je nach Familienzugehörigkeit. Nach WULTSCH[2] wirkt Mangan bei mehr als 0,28 mg/100 g Zellstoff und Eisen bei $>$ 3 mg/100 g Zellstoff recht merklich viscositätssenkend ($<$ 0,1 mg Mn/100 g Zellstoff sind nicht störend). Einen ähnlichen Effekt auf den Nachreifeprozeß hat Kupfer. Kupfer und Eisen wirken stark farbverdunkelnd auf Viscose und Reyon. Auch eine Düsenverstopfung kann durch Fe und Cu im Zuge ungeklärter elektrochemischer Vorgänge verursacht werden. Aber auch sonst können bei der Reyonherstellung nnd Garnbleiche Schwermetallspuren zu gewissen Schwierigkeiten führen[3]; auch mit erhöhter Anfälligkeit gegen Licht (erhöhte Lichtschädigung) ist gegebenenfalls zu rechnen[4].

Ein weiterer wichtiger Faktor ist der Calcium- und Kieselsäuregehalt eines Kunstseidenzellstoffs. Kalk und Kieselsäure verursachen Filtrationsschwierigkeiten (SAMUELSON, VUORI, KLEINERT); im Falle von Ca und Mg[5] kann es auch zu Verkrustungen an der Spinndüse kommen.

So machen z. B. die hohen SiO_2-Gehalte der Epidermiszellen des Strohs die Anwendung des (Weizen-)Strohzellstoffs für Acetylierungszwecke im allgemeinen unmöglich, es sei denn, daß man Blätter und Ähren vor dem Aufschluß entfernt[6]. Ähnliche Schwierigkeiten treten auch bei der Verarbeitung von Schilf auf. Der störende „Spiegel" besteht aus verkieselten Epidermiszellen mit gleichzeitig hohem Ca-Gehalt. Aschereich sind Blätter und Blattscheiden (JAYME[7]).

Bei den Schwierigkeiten, die durch Kieselsäure (z. B. in Form kleiner Quarzkriställchen, aber auch in Form von Abscheidungen von Calciumsilikat), Calcium (in Form schwer löslicher Doppelsalze und Hemikomplexe), Magnesium, Eisen und dergleichen[8], hervorgerufen werden, ist allerdings zu beachten, daß der „Aschegehalt" nicht ausschließlich primärer Natur ist, sondern daß im Verlaufe der Zellstoffabrikation der Aschegehalt in den verschiedenen Behandlungsstufen deutliche Zu- und Abnahmen zeigt (WULTSCH[9]). (Nach KLEINERT[10] vermögen z. B. die Carboxylgruppen der Cellulose und Uronide Calciumionen zu binden).

Der Aschegehalt der Hölzer schwankt stark mit den Lebensbedingungen. Je jünger das Holz ist, um so mehr Asche enthält es. Splintholz hat gewöhnlich nicht mehr Asche als Kernholz. Die Fichte enthält nach SCHROEDER im Stammholz etwa 0,17%, im Gipfelstück 0,26% und in den Ästen 0,32% Asche. Eine starke Mineralisierung zeigen jedoch die Steinzellen der Rinde[11]. Bei einer Gegenüberstellung von Blatt- und Bastfasern erweisen sich letztere aschereicher (LATHROP[12]).

---

[1] BERTRAND, G., u. L. SILBERSTEIN: Ann. Inst. Nat. Rech. Agronom. [A] **5**, 317, 319 (1954).

[2] LOTTERMOSER, A., u. F. WULTSCH: Kolloid-Z. **83**, 180 (1938). — WULTSCH, F.: Papierfabrikant **42**, 354 (1944).

[3] MUNDS, E.: Papierfabrikant **32**, 268 (1934); vgl. auch F. OHL: Kunstseide **15**, 234, 268 (1933).

[4] TREIBER, E.: Sv. Papperstidn. **58**, 185 (1955).

[5] Siehe ANTHONI, B., u. H. SIHTOLA: Papper och Trä **38**, 521, 571 (1956).

[6] Vgl. G. JAYME u. L. SCHEURING: Papier **7**, 298, 347 (1953); vgl. auch E. SCHULZ: Zellwolle dtsch. Kunstseidenztg. **5**, 181 (1939).

[7] JAYME, G., F. BRANSCHEID u. M. HARDERS-STEINHÄUSER: Papier **7**, 459 (1953).

[8] Nach WALKER soll der Gehalt an Co, Mn, Ni $<$ 0,5 ppm, der von Ca $\leqq$ 40 ppm und SiO_2 $\leqq$ 13 ppm sein. Der Gehalt an Fe soll $<$ 7 ppm sein.

[9] WULTSCH F., u. F. SENGER: Tappi **38**, 25 (1955).

[10] KLEINERT, TH., u. W. WINCOR: Sv. Papperstidn. **53**, 638 (1950); **56**, 874 (1953). — KLEINERT, TH.: Textilrdsch. **7**, 98 (1952).

[11] KLEINERT, TH. N., u. PH. WURM: Sv. Papperstidn. **57**, 19 (1954).

[12] LATHROP, E. C., u. G. H. NELSON: Ind. Pulp. & Paper **9**, 27 (1954).

Namenverzeichnis

(Ä, Ö, Ø u. Ü sind wie Ae, Oe und Ue eingereiht; Å steht als eigener Buchstabe nach dem A)

Die *kursiv* gesetzten Seitenzahlen beziehen sich auf Literaturzitate. Kommt ein Autorname auf derselben Seite sowohl im Text als auch im Literaturnachweis vor, so ist die Seitenzahl nur kursiv gesetzt. Ein * nach der Seitenzahl kennzeichnet einen vom Autor verfaßten Beitrag im vorliegenden Buch.

Sachverzeichnis

(Ä, Ö und Ü sind wie Ae, Oe, Ue eingereiht)

Die kursiv gesetzten Seitenzahlen kennzeichnen die Textstellen, an denen das Stichwort eingehend behandelt ist.

SONDERDRUCK AUS
DIE CHEMIE DER PFLANZENZELLWAND
HERAUSGEGEBEN VON
ERICH TREIBER
SPRINGER-VERLAG / BERLIN · GÖTTINGEN · HEIDELBERG 1957

LIGNIN

VON
E. ADLER und J. GIERER

MIT 4 ABBILDUNGEN

Die Chemie der Pflanzenzellwand

Ein Beitrag zur Morphologie, Physik, Chemie und Technologie der Cellulose und ihrer Begleiter.

Bearbeitet von E. Adler, S. Asunmaa, J. Gierer, O. Härtel, B. Koljo, (O. Kratky), P. W. Lange, B. Lindberg, H. Meier, G. Porod, J. Schurz, P. Sitte, L. Stockman, E. Treiber. Herausgegeben von **Erich Treiber,** Zentrallaboratorium der schwedischen Celluloseindustrie, Stockholm. Mit 249 Abbildungen in 336 Einzeldarstellungen. XIV, 511 Seiten Gr.-8°. 1957.

Ganzleinen DM 98.—

Inhaltsübersicht: **I. Einführung.** 1. Einleitung (Übermolekulare Struktur und Faserbildung, Biosynthese, Einfluß morphologischer Faktoren auf technische Prozesse). Bearbeitet von E. Treiber und L. Stockman. — 2. Die Kohlenhydrate (Kurze allgemeine Darstellung). Bearbeitet von E. Treiber. — 3. Mikroskopische Morphologie (nebst einem Abriß des Baues der wichtigsten Faserpflanzen). Bearbeitet von O. Härtel. — **II. Chemie und submikroskopische Morphologie der Pflanzenzellwand.** 4. Die primären Pflanzenstoffe (Cellulose, Hemicellulose, Gummen, Schleimstoffe usw). Bearbeitet von S. Asunmaa, P. W. Lange, B. Lindberg, H. Meier und E. Treiber. — 5. Anhang (zu §§ 19 und 20). (Allgemeines zur Chemie und Physik der Cellulose). Bearbeitet von (O. Kratky), B. Lindberg, G. Porod, J. Schurz und E. Treiber. — 6. Die Chemie der übrigen Wandsubstanzen (Lignin, Suberin, Cutin, Extraktstoffe usw.). Bearbeitet von E. Adler, J. Gierer, O. Härtel, B. Koljo, B. Lindberg, P. Sitte und E. Treiber. — Namen- und Sachverzeichnis.

Erstmalig wird von 14 aus der Fachliteratur bekannten Fachleuten der Versuch unternommen, zusammenfassend die für Wissenschaft und Praxis so bedeutungsvolle übermolekulare Struktur der Gerüstsubstanzen pflanzlicher Zellwände unter Berücksichtigung technischer Gesichtspunkte, gesehen im biologischen Durchdringungssystem, welches die Zellwand darstellt, zu behandeln. In den letzten Dezennien hat sich mehr und mehr die Erkenntnis durchgesetzt, daß die submikroskopische Struktur, oft die ganze biologische Einheit (Faserzelle) von außerordentlicher Bedeutung für das Verstehen chemischer und technologischer Eigentümlichkeiten ist. Man kann heute nicht mehr allein von einer chemischen Holzforschung sprechen, muß sich doch der Cellulosechemiker ebenso mit gewissen botanischen, anatomischen, pflanzenphysiologischen, biologischen, physikalischen und physikochemischen Fragen beschäftigen, wenn er den von der Natur so heterogenen, jedoch nach unfaßbaren Gesetzmäßigkeiten so logisch aufgebauten Naturstoff „Holz" kennenlernen, verstehen und in seiner zweckmäßigen technologischen Verwertung völlig beherrschen will.

Modern Methods of Plant Analysis

Zweiter Band

SONDERDRUCK AUS
DIE CHEMIE DER PFLANZENZELLWAND
HERAUSGEGEBEN VON
ERICH TREIBER

SPRINGER-VERLAG / BERLIN · GÖTTINGEN · HEIDELBERG 1957

DIE MITTELLAMELLE

VON

A. ASUNMAA

MIT 9 ABBILDUNGEN

Die Chemie der Pflanzenzellwand

Ein Beitrag zur Morphologie, Physik, Chemie und Technologie der Cellulose und ihrer Begleiter.

Bearbeitet von E. Adler, S. Asunmaa, J. Gierer, O. Härtel, B. Koljo, (O. Kratky), P. W. Lange, B. Lindberg, H. Meier, G. Porod, J. Schurz, P. Sitte, L. Stockman, E. Treiber. Herausgegeben von **Erich Treiber,** Zentrallaboratorium der schwedischen Celluloseindustrie, Stockholm. Mit 249 Abbildungen in 336 Einzeldarstellungen. XIV, 511 Seiten Gr.-8°. 1957. Ganzleinen DM 98.—

Inhaltsübersicht: **I. Einführung.** 1. Einleitung (Übermolekulare Struktur und Faserbildung, Biosynthese, Einfluß morphologischer Faktoren auf technische Prozesse). Bearbeitet von E. Treiber und L. Stockman. — 2. Die Kohlenhydrate (Kurze allgemeine Darstellung). Bearbeitet von E. Treiber. — 3. Mikroskopische Morphologie (nebst einem Abriß des Baues der wichtigsten Faserpflanzen). Bearbeitet von O. Härtel. — **II. Chemie und submikroskopische Morphologie der Pflanzenzellwand.** 4. Die primären Pflanzenstoffe (Cellulose, Hemicellulose, Gummen, Schleimstoffe usw). Bearbeitet von S. Asunmaa, P. W. Lange, B. Lindberg, H. Meier und E. Treiber. — 5. Anhang (zu §§ 19 und 20). (Allgemeines zur Chemie und Physik der Cellulose). Bearbeitet von (O. Kratky), B. Lindberg, G. Porod, J. Schurz und E. Treiber. — 6. Die Chemie der übrigen Wandsubstanzen (Lignin, Suberin, Cutin, Extraktstoffe usw.). Bearbeitet von E. Adler, J. Gierer, O. Härtel, B. Koljo, B. Lindberg, P. Sitte und E. Treiber. — Namen- und Sachverzeichnis.

Erstmalig wird von 14 aus der Fachliteratur bekannten Fachleuten der Versuch unternommen, zusammenfassend die für Wissenschaft und Praxis so bedeutungsvolle übermolekulare Struktur der Gerüstsubstanzen pflanzlicher Zellwände unter Berücksichtigung technischer Gesichtspunkte, gesehen im biologischen Durchdringungssystem, welches die Zellwand darstellt, zu behandeln. In den letzten Dezennien hat sich mehr und mehr die Erkenntnis durchgesetzt, daß die submikroskopische Struktur, oft die ganze biologische Einheit (Faserzelle) von außerordentlicher Bedeutung für das Verstehen chemischer und technologischer Eigentümlichkeiten ist. Man kann heute nicht mehr allein von einer chemischen Holzforschung sprechen, muß sich doch der Cellulosechemiker ebenso mit gewissen botanischen, anatomischen, pflanzenphysiologischen, biologischen, physikalischen und physikochemischen Fragen beschäftigen, wenn er den von der Natur so heterogenen, jedoch nach unfaßbaren Gesetzmäßigkeiten so logisch aufgebauten Naturstoff „Holz" kennenlernen, verstehen und in seiner zweckmäßigen technologischen Verwertung völlig beherrschen will.

SONDERDRUCK AUS
DIE CHEMIE DER PFLANZENZELLWAND
HERAUSGEGEBEN VON
ERICH TREIBER

SPRINGER-VERLAG / BERLIN · GÖTTINGEN · HEIDELBERG 1957

MIKROSKOPISCHE MORPHOLOGIE

(NEBST EINEM ABRISS DES BAUES DER WICHTIGSTEN FASERPFLANZEN)

VON

O. HÄRTEL

MIT 49 ABBILDUNGEN

SPRINGER-VERLAG / BERLIN · GÖTTINGEN · HEIDELBERG

Die Chemie der Pflanzenzellwand

Ein Beitrag zur Morphologie, Physik, Chemie und Technologie der Cellulose und ihrer Begleiter.

Bearbeitet von E. Adler, S. Asunmaa, J. Gierer, O. Härtel, B. Koljo, (O. Kratky), P. W. Lange, B. Lindberg, H. Meier, G. Porod, J. Schurz, P. Sitte, L. Stockman, E. Treiber. Herausgegeben von **Erich Treiber,** Zentrallaboratorium der schwedischen Celluloseindustrie, Stockholm. Mit 249 Abbildungen in 336 Einzeldarstellungen. XIV, 511 Seiten Gr.-8°. 1957.

Ganzleinen DM 98.—

Inhaltsübersicht: **I. Einführung.** 1. Einleitung (Übermolekulare Struktur und Faserbildung, Biosynthese, Einfluß morphologischer Faktoren auf technische Prozesse). Bearbeitet von E. Treiber und L. Stockman. — 2. Die Kohlenhydrate (Kurze allgemeine Darstellung). Bearbeitet von E. Treiber. — 3. Mikroskopische Morphologie (nebst einem Abriß des Baues der wichtigsten Faserpflanzen). Bearbeitet von O. Härtel. — **II. Chemie und submikroskopische Morphologie der Pflanzenzellwand.** 4. Die primären Pflanzenstoffe (Cellulose, Hemicellulose, Gummen, Schleimstoffe usw). Bearbeitet von S. Asunmaa, P. W. Lange, B. Lindberg, H. Meier und E. Treiber. — 5. Anhang (zu §§ 19 und 20). (Allgemeines zur Chemie und Physik der Cellulose). Bearbeitet von (O. Kratky), B. Lindberg, G. Porod, J. Schurz und E. Treiber. — 6. Die Chemie der übrigen Wandsubstanzen (Lignin, Suberin, Cutin, Extraktstoffe usw.). Bearbeitet von E. Adler, J. Gierer, O. Härtel, B. Koljo, B. Lindberg, P. Sitte und E. Treiber. — Namen- und Sachverzeichnis.

Erstmalig wird von 14 aus der Fachliteratur bekannten Fachleuten der Versuch unternommen, zusammenfassend die für Wissenschaft und Praxis so bedeutungsvolle übermolekulare Struktur der Gerüstsubstanzen pflanzlicher Zellwände unter Berücksichtigung technischer Gesichtspunkte, gesehen im biologischen Durchdringungssystem, welches die Zellwand darstellt, zu behandeln. In den letzten Dezennien hat sich mehr und mehr die Erkenntnis durchgesetzt, daß die submikroskopische Struktur, oft die ganze biologische Einheit (Faserzelle) von außerordentlicher Bedeutung für das Verstehen chemischer und technologischer Eigentümlichkeiten ist. Man kann heute nicht mehr allein von einer chemischen Holzforschung sprechen, muß sich doch der Cellulosechemiker ebenso mit gewissen botanischen, anatomischen, pflanzenphysiologischen, biologischen, physikalischen und physikochemischen Fragen beschäftigen, wenn er den von der Natur so heterogenen, jedoch nach unfaßbaren Gesetzmäßigkeiten so logisch aufgebauten Naturstoff „Holz" kennenlernen, verstehen und in seiner zweckmäßigen technologischen Verwertung völlig beherrschen will.

SONDERDRUCK AUS
DIE CHEMIE DER PFLANZENZELLWAND
HERAUSGEGEBEN VON
ERICH TREIBER

SPRINGER-VERLAG / BERLIN · GÖTTINGEN · HEIDELBERG 1957

RINDE UND RINDENSTOFFE

VON

B. KOLJO

MIT 5 ABBILDUNGEN

SONDERDRUCK AUS
DIE CHEMIE DER PFLANZENZELLWAND
HERAUSGEGEBEN VON
ERICH TREIBER

SPRINGER-VERLAG / BERLIN · GÖTTINGEN · HEIDELBERG 1957

WACHSE UND CUTIN

VON

B. KOLJO

MIT 3 ABBILDUNGEN

Die Chemie der Pflanzenzellwand

Ein Beitrag zur Morphologie, Physik, Chemie und Technologie der Cellulose und ihrer Begleiter.

Bearbeitet von E. Adler, S. Asunmaa, J. Gierer, O. Härtel, B. Koljo, (O. Kratky), P. W. Lange, B. Lindberg, H. Meier, G. Porod, J. Schurz, P. Sitte, L. Stockman, E. Treiber. Herausgegeben von **Erich Treiber,** Zentrallaboratorium der schwedischen Celluloseindustrie, Stockholm. Mit 249 Abbildungen in 336 Einzeldarstellungen. XIV, 511 Seiten Gr.-8°. 1957. Ganzleinen DM 98.—

Inhaltsübersicht: **I. Einführung.** 1. Einleitung (Übermolekulare Struktur und Faserbildung, Biosynthese, Einfluß morphologischer Faktoren auf technische Prozesse). Bearbeitet von E. Treiber und L. Stockman. — 2. Die Kohlenhydrate (Kurze allgemeine Darstellung). Bearbeitet von E. Treiber. — 3. Mikroskopische Morphologie (nebst einem Abriß des Baues der wichtigsten Faserpflanzen). Bearbeitet von O. Härtel. — **II. Chemie und submikroskopische Morphologie der Pflanzenzellwand.** 4. Die primären Pflanzenstoffe (Cellulose, Hemicellulose, Gummen, Schleimstoffe usw). Bearbeitet von S. Asunmaa, P. W. Lange, B. Lindberg, H. Meier und E. Treiber. — 5. Anhang (zu §§ 19 und 20). (Allgemeines zur Chemie und Physik der Cellulose). Bearbeitet von (O. Kratky), B. Lindberg, G. Porod, J. Schurz und E. Treiber. — 6. Die Chemie der übrigen Wandsubstanzen (Lignin, Suberin, Cutin, Extraktstoffe usw.). Bearbeitet von E. Adler, J. Gierer, O. Härtel, B. Koljo, B. Lindberg, P. Sitte und E. Treiber. — Namen- und Sachverzeichnis.

Erstmalig wird von 14 aus der Fachliteratur bekannten Fachleuten der Versuch unternommen, zusammenfassend die für Wissenschaft und Praxis so bedeutungsvolle übermolekulare Struktur der Gerüstsubstanzen pflanzlicher Zellwände unter Berücksichtigung technischer Gesichtspunkte, gesehen im biologischen Durchdringungssystem, welches die Zellwand darstellt, zu behandeln. In den letzten Dezennien hat sich mehr und mehr die Erkenntnis durchgesetzt, daß die submikroskopische Struktur, oft die ganze biologische Einheit (Faserzelle) von außerordentlicher Bedeutung für das Verstehen chemischer und technologischer Eigentümlichkeiten ist. Man kann heute nicht mehr allein von einer chemischen Holzforschung sprechen, muß sich doch der Cellulosechemiker ebenso mit gewissen botanischen, anatomischen, pflanzenphysiologischen, biologischen, physikalischen und physikochemischen Fragen beschäftigen, wenn er den von der Natur so heterogenen, jedoch nach unfaßbaren Gesetzmäßigkeiten so logisch aufgebauten Naturstoff „Holz" kennenlernen, verstehen und in seiner zweckmäßigen technologischen Verwertung völlig beherrschen will.

SONDERDRUCK AUS
DIE CHEMIE DER PFLANZENZELLWAND
HERAUSGEGEBEN VON
ERICH TREIBER

SPRINGER-VERLAG / BERLIN · GÖTTINGEN · HEIDELBERG 1957

VERTEILUNG DER ZELLWANDKOMPONENTEN IN DER ZELLWAND

VON

P. W. LANGE

MIT 17 ABBILDUNGEN

SPRINGER-VERLAG / BERLIN · GÖTTINGEN · HEIDELBERG

Die Chemie der Pflanzenzellwand

Ein Beitrag zur Morphologie, Physik, Chemie und Technologie der Cellulose und ihrer Begleiter.

Bearbeitet von E. Adler, S. Asunmaa, J. Gierer, O. Härtel, B. Koljo, (O. Kratky), P. W. Lange, B. Lindberg, H. Meier, G. Porod, J. Schurz, P. Sitte, L. Stockman, E. Treiber. Herausgegeben von **Erich Treiber,** Zentrallaboratorium der schwedischen Celluloseindustrie, Stockholm. Mit 249 Abbildungen in 336 Einzeldarstellungen. XIV, 511 Seiten Gr.-8°. 1957. Ganzleinen DM 98.—

Inhaltsübersicht: **I. Einführung.** 1. Einleitung (Übermolekulare Struktur und Faserbildung, Biosynthese, Einfluß morphologischer Faktoren auf technische Prozesse). Bearbeitet von E. Treiber und L. Stockman. — 2. Die Kohlenhydrate (Kurze allgemeine Darstellung). Bearbeitet von E. Treiber. — 3. Mikroskopische Morphologie (nebst einem Abriß des Baues der wichtigsten Faserpflanzen). Bearbeitet von O. Härtel. — **II. Chemie und submikroskopische Morphologie der Pflanzenzellwand.** 4. Die primären Pflanzenstoffe (Cellulose, Hemicellulose, Gummen, Schleimstoffe usw). Bearbeitet von S. Asunmaa, P. W. Lange, B. Lindberg, H. Meier und E. Treiber. — 5. Anhang (zu §§ 19 und 20). (Allgemeines zur Chemie und Physik der Cellulose). Bearbeitet von (O. Kratky), B. Lindberg, G. Porod, J. Schurz und E. Treiber. — 6. Die Chemie der übrigen Wandsubstanzen (Lignin, Suberin, Cutin, Extraktstoffe usw.). Bearbeitet von E. Adler, J. Gierer, O. Härtel, B. Koljo, B. Lindberg, P. Sitte und E. Treiber. — Namen- und Sachverzeichnis.

Erstmalig wird von 14 aus der Fachliteratur bekannten Fachleuten der Versuch unternommen, zusammenfassend die für Wissenschaft und Praxis so bedeutungsvolle übermolekulare Struktur der Gerüstsubstanzen pflanzlicher Zellwände unter Berücksichtigung technischer Gesichtspunkte, gesehen im biologischen Durchdringungssystem, welches die Zellwand darstellt, zu behandeln. In den letzten Dezennien hat sich mehr und mehr die Erkenntnis durchgesetzt, daß die submikroskopische Struktur, oft die ganze biologische Einheit (Faserzelle) von außerordentlicher Bedeutung für das Verstehen chemischer und technologischer Eigentümlichkeiten ist. Man kann heute nicht mehr allein von einer chemischen Holzforschung sprechen, muß sich doch der Cellulosechemiker ebenso mit gewissen botanischen, anatomischen, pflanzenphysiologischen, biologischen, physikalischen und physikochemischen Fragen beschäftigen, wenn er den von der Natur so heterogenen, jedoch nach unfaßbaren Gesetzmäßigkeiten so logisch aufgebauten Naturstoff „Holz" kennenlernen, verstehen und in seiner zweckmäßigen technologischen Verwertung völlig beherrschen will.

SONDERDRUCK AUS
DIE CHEMIE DER PFLANZENZELLWAND
HERAUSGEGEBEN VON
ERICH TREIBER

SPRINGER-VERLAG / BERLIN · GÖTTINGEN · HEIDELBERG 1957

DIE POLYSACCHARIDE DER ALGEN

VON

B. LINDBERG

Die Chemie der Pflanzenzellwand

Ein Beitrag zur Morphologie, Physik, Chemie und Technologie der Cellulose und ihrer Begleiter.

Bearbeitet von E. Adler, S. Asunmaa, J. Gierer, O. Härtel, B. Koljo, (O. Kratky), P. W. Lange, B. Lindberg, H. Meier, G. Porod, J. Schurz, P. Sitte, L. Stockman, E. Treiber. Herausgegeben von **Erich Treiber,** Zentrallaboratorium der schwedischen Celluloseindustrie, Stockholm. Mit 249 Abbildungen in 336 Einzeldarstellungen. XIV, 511 Seiten Gr.-8°. 1957.
Ganzleinen DM 98.—

Inhaltsübersicht: **I. Einführung.** 1. Einleitung (Übermolekulare Struktur und Faserbildung, Biosynthese, Einfluß morphologischer Faktoren auf technische Prozesse). Bearbeitet von E. Treiber und L. Stockman. — 2. Die Kohlenhydrate (Kurze allgemeine Darstellung). Bearbeitet von E. Treiber. — 3. Mikroskopische Morphologie (nebst einem Abriß des Baues der wichtigsten Faserpflanzen). Bearbeitet von O. Härtel. — **II. Chemie und submikroskopische Morphologie der Pflanzenzellwand.** 4. Die primären Pflanzenstoffe (Cellulose, Hemicellulose, Gummen, Schleimstoffe usw). Bearbeitet von S. Asunmaa, P. W. Lange, B. Lindberg, H. Meier und E. Treiber. — 5. Anhang (zu §§ 19 und 20). (Allgemeines zur Chemie und Physik der Cellulose). Bearbeitet von (O. Kratky), B. Lindberg, G. Porod, J. Schurz und E. Treiber. — 6. Die Chemie der übrigen Wandsubstanzen (Lignin, Suberin, Cutin, Extraktstoffe usw.). Bearbeitet von E. Adler, J. Gierer, O. Härtel, B. Koljo, B. Lindberg, P. Sitte und E. Treiber. — Namen- und Sachverzeichnis.

Erstmalig wird von 14 aus der Fachliteratur bekannten Fachleuten der Versuch unternommen, zusammenfassend die für Wissenschaft und Praxis so bedeutungsvolle übermolekulare Struktur der Gerüstsubstanzen pflanzlicher Zellwände unter Berücksichtigung technischer Gesichtspunkte, gesehen im biologischen Durchdringungssystem, welches die Zellwand darstellt, zu behandeln. In den letzten Dezennien hat sich mehr und mehr die Erkenntnis durchgesetzt, daß die submikroskopische Struktur, oft die ganze biologische Einheit (Faserzelle) von außerordentlicher Bedeutung für das Verstehen chemischer und technologischer Eigentümlichkeiten ist. Man kann heute nicht mehr allein von einer chemischen Holzforschung sprechen, muß sich doch der Cellulosechemiker ebenso mit gewissen botanischen, anatomischen, pflanzenphysiologischen, biologischen, physikalischen und physikochemischen Fragen beschäftigen, wenn er den von der Natur so heterogenen, jedoch nach unfaßbaren Gesetzmäßigkeiten so logisch aufgebauten Naturstoff „Holz" kennenlernen, verstehen und in seiner zweckmäßigen technologischen Verwertung völlig beherrschen will.

SONDERDRUCK AUS
DIE CHEMIE DER PFLANZENZELLWAND
HERAUSGEGEBEN VON
ERICH TREIBER

SPRINGER-VERLAG / BERLIN · GÖTTINGEN · HEIDELBERG 1957

DIE OXYDATIVEN UND HYDROLYTISCHEN VERÄNDERUNGEN DER CELLULOSE

VON

B. LINDBERG

Die Chemie der Pflanzenzellwand

Ein Beitrag zur Morphologie, Physik, Chemie und Technologie der Cellulose und ihrer Begleiter.

Bearbeitet von E. Adler, S. Asunmaa, J. Gierer, O. Härtel, B. Koljo, (O. Kratky), P. W. Lange, B. Lindberg, H. Meier, G. Porod, J. Schurz, P. Sitte, L. Stockman, E. Treiber. Herausgegeben von **Erich Treiber,** Zentrallaboratorium der schwedischen Celluloseindustrie, Stockholm. Mit 249 Abbildungen in 336 Einzeldarstellungen. XIV, 511 Seiten Gr.-8°. 1957. Ganzleinen DM 98.—

Inhaltsübersicht: **I. Einführung.** 1. Einleitung (Übermolekulare Struktur und Faserbildung, Biosynthese, Einfluß morphologischer Faktoren auf technische Prozesse). Bearbeitet von E. Treiber und L. Stockman. — 2. Die Kohlenhydrate (Kurze allgemeine Darstellung). Bearbeitet von E. Treiber. — 3. Mikroskopische Morphologie (nebst einem Abriß des Baues der wichtigsten Faserpflanzen). Bearbeitet von O. Härtel. — **II. Chemie und submikroskopische Morphologie der Pflanzenzellwand.** 4. Die primären Pflanzenstoffe (Cellulose, Hemicellulose, Gummen, Schleimstoffe usw). Bearbeitet von S. Asunmaa, P. W. Lange, B. Lindberg, H. Meier und E. Treiber. — 5. Anhang (zu §§ 19 und 20). (Allgemeines zur Chemie und Physik der Cellulose). Bearbeitet von (O. Kratky), B. Lindberg, G. Porod, J. Schurz und E. Treiber. — 6. Die Chemie der übrigen Wandsubstanzen (Lignin, Suberin, Cutin, Extraktstoffe usw.). Bearbeitet von E. Adler, J. Gierer, O. Härtel, B. Koljo, B. Lindberg, P. Sitte und E. Treiber. — Namen- und Sachverzeichnis.

Erstmalig wird von 14 aus der Fachliteratur bekannten Fachleuten der Versuch unternommen, zusammenfassend die für Wissenschaft und Praxis so bedeutungsvolle übermolekulare Struktur der Gerüstsubstanzen pflanzlicher Zellwände unter Berücksichtigung technischer Gesichtspunkte, gesehen im biologischen Durchdringungssystem, welches die Zellwand darstellt, zu behandeln. In den letzten Dezennien hat sich mehr und mehr die Erkenntnis durchgesetzt, daß die submikroskopische Struktur, oft die ganze biologische Einheit (Faserzelle) von außerordentlicher Bedeutung für das Verstehen chemischer und technologischer Eigentümlichkeiten ist. Man kann heute nicht mehr allein von einer chemischen Holzforschung sprechen, muß sich doch der Cellulosechemiker ebenso mit gewissen botanischen, anatomischen, pflanzenphysiologischen, biologischen, physikalischen und physikochemischen Fragen beschäftigen, wenn er den von der Natur so heterogenen, jedoch nach unfaßbaren Gesetzmäßigkeiten so logisch aufgebauten Naturstoff „Holz" kennenlernen, verstehen und in seiner zweckmäßigen technologischen Verwertung völlig beherrschen will.

SONDERDRUCK AUS
DIE CHEMIE DER PFLANZENZELLWAND
HERAUSGEGEBEN VON
ERICH TREIBER

SPRINGER-VERLAG / BERLIN · GÖTTINGEN · HEIDELBERG 1957

DIE EXTRAKTSTOFFE DES HOLZES

VON
B. LINDBERG

Die Chemie der Pflanzenzellwand

Ein Beitrag zur Morphologie, Physik, Chemie und Technologie der Cellulose und ihrer Begleiter.

Bearbeitet von E. Adler, S. Asunmaa, J. Gierer, O. Härtel, B. Koljo, (O. Kratky), P. W. Lange, B. Lindberg, H. Meier, G. Porod, J. Schurz, P. Sitte, L. Stockman, E. Treiber. Herausgegeben von **Erich Treiber,** Zentrallaboratorium der schwedischen Celluloseindustrie, Stockholm. Mit 249 Abbildungen in 336 Einzeldarstellungen. XIV, 511 Seiten Gr.-8°. 1957.
Ganzleinen DM 98.—

Inhaltsübersicht: **I. Einführung.** 1. Einleitung (Übermolekulare Struktur und Faserbildung, Biosynthese, Einfluß morphologischer Faktoren auf technische Prozesse). Bearbeitet von E. Treiber und L. Stockman. — 2. Die Kohlenhydrate (Kurze allgemeine Darstellung). Bearbeitet von E. Treiber. — 3. Mikroskopische Morphologie (nebst einem Abriß des Baues der wichtigsten Faserpflanzen). Bearbeitet von O. Härtel. — **II. Chemie und submikroskopische Morphologie der Pflanzenzellwand.** 4. Die primären Pflanzenstoffe (Cellulose, Hemicellulose, Gummen, Schleimstoffe usw). Bearbeitet von S. Asunmaa, P. W. Lange, B. Lindberg, H. Meier und E. Treiber. — 5. Anhang (zu §§ 19 und 20). (Allgemeines zur Chemie und Physik der Cellulose). Bearbeitet von (O. Kratky), B. Lindberg, G. Porod, J. Schurz und E. Treiber. — 6. Die Chemie der übrigen Wandsubstanzen (Lignin, Suberin, Cutin, Extraktstoffe usw.). Bearbeitet von E. Adler, J. Gierer, O. Härtel, B. Koljo, B. Lindberg, P. Sitte und E. Treiber. — Namen- und Sachverzeichnis.

Erstmalig wird von 14 aus der Fachliteratur bekannten Fachleuten der Versuch unternommen, zusammenfassend die für Wissenschaft und Praxis so bedeutungsvolle übermolekulare Struktur der Gerüstsubstanzen pflanzlicher Zellwände unter Berücksichtigung technischer Gesichtspunkte, gesehen im biologischen Durchdringungssystem, welches die Zellwand darstellt, zu behandeln. In den letzten Dezennien hat sich mehr und mehr die Erkenntnis durchgesetzt, daß die submikroskopische Struktur, oft die ganze biologische Einheit (Faserzelle) von außerordentlicher Bedeutung für das Verstehen chemischer und technologischer Eigentümlichkeiten ist. Man kann heute nicht mehr allein von einer chemischen Holzforschung sprechen, muß sich doch der Cellulosechemiker ebenso mit gewissen botanischen, anatomischen, pflanzenphysiologischen, biologischen, physikalischen und physikochemischen Fragen beschäftigen, wenn er den von der Natur so heterogenen, jedoch nach unfaßbaren Gesetzmäßigkeiten so logisch aufgebauten Naturstoff „Holz" kennenlernen, verstehen und in seiner zweckmäßigen technologischen Verwertung völlig beherrschen will.

SONDERDRUCK AUS

DIE CHEMIE DER PFLANZENZELLWAND

HERAUSGEGEBEN VON

ERICH TREIBER

SPRINGER-VERLAG / BERLIN · GÖTTINGEN · HEIDELBERG 1957

DIE TERTIÄRWAND

VON

H. MEIER

MIT 12 ABBILDUNGEN

Die Chemie der Pflanzenzellwand

Ein Beitrag zur Morphologie, Physik, Chemie und Technologie der Cellulose und ihrer Begleiter.

Bearbeitet von E. Adler, S. Asunmaa, J. Gierer, O. Härtel, B. Koljo, (O. Kratky), P. W. Lange, B. Lindberg, H. Meier, G. Porod, J. Schurz, P. Sitte, L. Stockman, E. Treiber. Herausgegeben von **Erich Treiber,** Zentrallaboratorium der schwedischen Celluloseindustrie, Stockholm. Mit 249 Abbildungen in 336 Einzeldarstellungen. XIV, 511 Seiten Gr.-8°. 1957. Ganzleinen DM 98.—

Inhaltsübersicht: **I. Einführung.** 1. Einleitung (Übermolekulare Struktur und Faserbildung, Biosynthese, Einfluß morphologischer Faktoren auf technische Prozesse). Bearbeitet von E. Treiber und L. Stockman. — 2. Die Kohlenhydrate (Kurze allgemeine Darstellung). Bearbeitet von E. Treiber. — 3. Mikroskopische Morphologie (nebst einem Abriß des Baues der wichtigsten Faserpflanzen). Bearbeitet von O. Härtel. — **II. Chemie und submikroskopische Morphologie der Pflanzenzellwand.** 4. Die primären Pflanzenstoffe (Cellulose, Hemicellulose, Gummen, Schleimstoffe usw). Bearbeitet von S. Asunmaa, P. W. Lange, B. Lindberg, H. Meier und E. Treiber. — 5. Anhang (zu §§ 19 und 20). (Allgemeines zur Chemie und Physik der Cellulose). Bearbeitet von (O. Kratky), B. Lindberg, G. Porod, J. Schurz und E. Treiber. — 6. Die Chemie der übrigen Wandsubstanzen (Lignin, Suberin, Cutin, Extraktstoffe usw.). Bearbeitet von E. Adler, J. Gierer, O. Härtel, B. Koljo, B. Lindberg, P. Sitte und E. Treiber. — Namen- und Sachverzeichnis.

Erstmalig wird von 14 aus der Fachliteratur bekannten Fachleuten der Versuch unternommen, zusammenfassend die für Wissenschaft und Praxis so bedeutungsvolle übermolekulare Struktur der Gerüstsubstanzen pflanzlicher Zellwände unter Berücksichtigung technischer Gesichtspunkte, gesehen im biologischen Durchdringungssystem, welches die Zellwand darstellt, zu behandeln. In den letzten Dezennien hat sich mehr und mehr die Erkenntnis durchgesetzt, daß die submikroskopische Struktur, oft die ganze biologische Einheit (Faserzelle) von außerordentlicher Bedeutung für das Verstehen chemischer und technologischer Eigentümlichkeiten ist. Man kann heute nicht mehr allein von einer chemischen Holzforschung sprechen, muß sich doch der Cellulosechemiker ebenso mit gewissen botanischen, anatomischen, pflanzenphysiologischen, biologischen, physikalischen und physikochemischen Fragen beschäftigen, wenn er den von der Natur so heterogenen, jedoch nach unfaßbaren Gesetzmäßigkeiten so logisch aufgebauten Naturstoff „Holz“ kennenlernen, verstehen und in seiner zweckmäßigen technologischen Verwertung völlig beherrschen will.

SONDERDRUCK AUS
DIE CHEMIE DER PFLANZENZELLWAND
HERAUSGEGEBEN VON
ERICH TREIBER

SPRINGER-VERLAG / BERLIN · GÖTTINGEN · HEIDELBERG 1957

CELLULOSE UND CELLULOSEDERIVATE IN LÖSUNG

VON

J. SCHURZ und G. POROD

MIT 3 ABBILDUNGEN

SONDERDRUCK AUS
DIE CHEMIE DER PFLANZENZELLWAND
HERAUSGEGEBEN VON
ERICH TREIBER

SPRINGER-VERLAG / BERLIN · GÖTTINGEN · HEIDELBERG 1957

DIE WICHTIGSTEN CHEMISCHEN UMSETZUNGEN DER CELLULOSE

VON

J. SCHURZ und E. TREIBER

MIT 11 ABBILDUNGEN

SPRINGER-VERLAG / BERLIN · GÖTTINGEN · HEIDELBERG

Die Chemie der Pflanzenzellwand

Ein Beitrag zur Morphologie, Physik, Chemie und Technologie der Cellulose und ihrer Begleiter.

Bearbeitet von E. Adler, S. Asunmaa, J. Gierer, O. Härtel, B. Koljo, (O. Kratky), P. W. Lange, B. Lindberg, H. Meier, G. Porod, J. Schurz, P. Sitte, L. Stockman, E. Treiber. Herausgegeben von **Erich Treiber,** Zentrallaboratorium der schwedischen Celluloseindustrie, Stockholm. Mit 249 Abbildungen in 336 Einzeldarstellungen. XIV, 511 Seiten Gr.-8°. 1957.

Ganzleinen DM 98.—

Inhaltsübersicht: **I. Einführung.** 1. Einleitung (Übermolekulare Struktur und Faserbildung, Biosynthese, Einfluß morphologischer Faktoren auf technische Prozesse). Bearbeitet von E. Treiber und L. Stockman. — 2. Die Kohlenhydrate (Kurze allgemeine Darstellung). Bearbeitet von E. Treiber. — 3. Mikroskopische Morphologie (nebst einem Abriß des Baues der wichtigsten Faserpflanzen). Bearbeitet von O. Härtel. — **II. Chemie und submikroskopische Morphologie der Pflanzenzellwand.** 4. Die primären Pflanzenstoffe (Cellulose, Hemicellulose, Gummen, Schleimstoffe usw). Bearbeitet von S. Asunmaa, P. W. Lange, B. Lindberg, H. Meier und E. Treiber. — 5. Anhang (zu §§ 19 und 20). (Allgemeines zur Chemie und Physik der Cellulose). Bearbeitet von (O. Kratky), B. Lindberg, G. Porod, J. Schurz und E. Treiber. — 6. Die Chemie der übrigen Wandsubstanzen (Lignin, Suberin, Cutin, Extraktstoffe usw.). Bearbeitet von E. Adler, J. Gierer, O. Härtel, B. Koljo, B. Lindberg, P. Sitte und E. Treiber. — Namen- und Sachverzeichnis.

Erstmalig wird von 14 aus der Fachliteratur bekannten Fachleuten der Versuch unternommen, zusammenfassend die für Wissenschaft und Praxis so bedeutungsvolle übermolekulare Struktur der Gerüstsubstanzen pflanzlicher Zellwände unter Berücksichtigung technischer Gesichtspunkte, gesehen im biologischen Durchdringungssystem, welches die Zellwand darstellt, zu behandeln. In den letzten Dezennien hat sich mehr und mehr die Erkenntnis durchgesetzt, daß die submikroskopische Struktur, oft die ganze biologische Einheit (Faserzelle) von außerordentlicher Bedeutung für das Verstehen chemischer und technologischer Eigentümlichkeiten ist. Man kann heute nicht mehr allein von einer chemischen Holzforschung sprechen, muß sich doch der Cellulosechemiker ebenso mit gewissen botanischen, anatomischen, pflanzenphysiologischen, biologischen, physikalischen und physikochemischen Fragen beschäftigen, wenn er den von der Natur so heterogenen, jedoch nach unfaßbaren Gesetzmäßigkeiten so logisch aufgebauten Naturstoff „Holz" kennenlernen, verstehen und in seiner zweckmäßigen technologischen Verwertung völlig beherrschen will.

SONDERDRUCK AUS
DIE CHEMIE DER PFLANZENZELLWAND
HERAUSGEGEBEN VON
ERICH TREIBER

SPRINGER-VERLAG / BERLIN · GÖTTINGEN · HEIDELBERG 1957

VISCOSITÄTSMESSUNGEN UND DAS MOLEKULARGEWICHT DER CELLULOSE

VON

J. SCHURZ

MIT 9 ABBILDUNGEN

Die Chemie der Pflanzenzellwand

Ein Beitrag zur Morphologie, Physik, Chemie und Technologie der Cellulose und ihrer Begleiter.

Bearbeitet von E. Adler, S. Asunmaa, J. Gierer, O. Härtel, B. Koljo, (O. Kratky), P. W. Lange, B. Lindberg, H. Meier, G. Porod, J. Schurz, P. Sitte, L. Stockman, E. Treiber. Herausgegeben von **Erich Treiber,** Zentrallaboratorium der schwedischen Celluloseindustrie, Stockholm. Mit 249 Abbildungen in 336 Einzeldarstellungen. XIV, 511 Seiten Gr.-8°. 1957.

Ganzleinen DM 98.—

Inhaltsübersicht: **I. Einführung.** 1. Einleitung (Übermolekulare Struktur und Faserbildung, Biosynthese, Einfluß morphologischer Faktoren auf technische Prozesse). Bearbeitet von E. Treiber und L. Stockman. — 2. Die Kohlenhydrate (Kurze allgemeine Darstellung). Bearbeitet von E. Treiber. — 3. Mikroskopische Morphologie (nebst einem Abriß des Baues der wichtigsten Faserpflanzen). Bearbeitet von O. Härtel. — **II. Chemie und submikroskopische Morphologie der Pflanzenzellwand.** 4. Die primären Pflanzenstoffe (Cellulose, Hemicellulose, Gummen, Schleimstoffe usw). Bearbeitet von S. Asunmaa, P. W. Lange, B. Lindberg, H. Meier und E. Treiber. — 5. Anhang (zu §§ 19 und 20). (Allgemeines zur Chemie und Physik der Cellulose). Bearbeitet von (O. Kratky), B. Lindberg, G. Porod, J. Schurz und E. Treiber. — 6. Die Chemie der übrigen Wandsubstanzen (Lignin, Suberin, Cutin, Extraktstoffe usw.). Bearbeitet von E. Adler, J. Gierer, O. Härtel, B. Koljo, B. Lindberg, P. Sitte und E. Treiber. — Namen- und Sachverzeichnis.

Erstmalig wird von 14 aus der Fachliteratur bekannten Fachleuten der Versuch unternommen, zusammenfassend die für Wissenschaft und Praxis so bedeutungsvolle übermolekulare Struktur der Gerüstsubstanzen pflanzlicher Zellwände unter Berücksichtigung technischer Gesichtspunkte, gesehen im biologischen Durchdringungssystem, welches die Zellwand darstellt, zu behandeln. In den letzten Dezennien hat sich mehr und mehr die Erkenntnis durchgesetzt, daß die submikroskopische Struktur, oft die ganze biologische Einheit (Faserzelle) von außerordentlicher Bedeutung für das Verstehen chemischer und technologischer Eigentümlichkeiten ist. Man kann heute nicht mehr allein von einer chemischen Holzforschung sprechen, muß sich doch der Cellulosechemiker ebenso mit gewissen botanischen, anatomischen, pflanzenphysiologischen, biologischen, physikalischen und physikochemischen Fragen beschäftigen, wenn er den von der Natur so heterogenen, jedoch nach unfaßbaren Gesetzmäßigkeiten so logisch aufgebauten Naturstoff „Holz" kennenlernen, verstehen und in seiner zweckmäßigen technologischen Verwertung völlig beherrschen will.

SONDERDRUCK AUS
DIE CHEMIE DER PFLANZENZELLWAND
HERAUSGEGEBEN VON
ERICH TREIBER

SPRINGER-VERLAG / BERLIN · GÖTTINGEN · HEIDELBERG 1957

DER FEINBAU DER KORK-ZELLWÄNDE

VON

P. SITTE

MIT 7 ABBILDUNGEN

Die Chemie der Pflanzenzellwand

Ein Beitrag zur Morphologie, Physik, Chemie und Technologie der Cellulose und ihrer Begleiter.

Bearbeitet von E. Adler, S. Asunmaa, J. Gierer, O. Härtel, B. Koljo, (O. Kratky), P. W. Lange, B. Lindberg, H. Meier, G. Porod, J. Schurz, P. Sitte, L. Stockman, E. Treiber. Herausgegeben von **Erich Treiber,** Zentrallaboratorium der schwedischen Celluloseindustrie, Stockholm. Mit 249 Abbildungen in 336 Einzeldarstellungen. XIV, 511 Seiten Gr.-8°. 1957. Ganzleinen DM 98.—

Inhaltsübersicht: **I. Einführung.** 1. Einleitung (Übermolekulare Struktur und Faserbildung, Biosynthese, Einfluß morphologischer Faktoren auf technische Prozesse). Bearbeitet von E. Treiber und L. Stockman. — 2. Die Kohlenhydrate (Kurze allgemeine Darstellung). Bearbeitet von E. Treiber. — 3. Mikroskopische Morphologie (nebst einem Abriß des Baues der wichtigsten Faserpflanzen). Bearbeitet von O. Härtel. — **II. Chemie und submikroskopische Morphologie der Pflanzenzellwand.** 4. Die primären Pflanzenstoffe (Cellulose, Hemicellulose, Gummen, Schleimstoffe usw). Bearbeitet von S. Asunmaa, P. W. Lange, B. Lindberg, H. Meier und E. Treiber. — 5. Anhang (zu §§ 19 und 20). (Allgemeines zur Chemie und Physik der Cellulose). Bearbeitet von (O. Kratky), B. Lindberg, G. Porod, J. Schurz und E. Treiber. — 6. Die Chemie der übrigen Wandsubstanzen (Lignin, Suberin, Cutin, Extraktstoffe usw.). Bearbeitet von E. Adler, J. Gierer, O. Härtel, B. Koljo, B. Lindberg, P. Sitte und E. Treiber. — Namen- und Sachverzeichnis.

Erstmalig wird von 14 aus der Fachliteratur bekannten Fachleuten der Versuch unternommen, zusammenfassend die für Wissenschaft und Praxis so bedeutungsvolle übermolekulare Struktur der Gerüstsubstanzen pflanzlicher Zellwände unter Berücksichtigung technischer Gesichtspunkte, gesehen im biologischen Durchdringungssystem, welches die Zellwand darstellt, zu behandeln. In den letzten Dezennien hat sich mehr und mehr die Erkenntnis durchgesetzt, daß die submikroskopische Struktur, oft die ganze biologische Einheit (Faserzelle) von außerordentlicher Bedeutung für das Verstehen chemischer und technologischer Eigentümlichkeiten ist. Man kann heute nicht mehr allein von einer chemischen Holzforschung sprechen, muß sich doch der Cellulosechemiker ebenso mit gewissen botanischen, anatomischen, pflanzenphysiologischen, biologischen, physikalischen und physikochemischen Fragen beschäftigen, wenn er den von der Natur so heterogenen, jedoch nach unfaßbaren Gesetzmäßigkeiten so logisch aufgebauten Naturstoff „Holz" kennenlernen, verstehen und in seiner zweckmäßigen technologischen Verwertung völlig beherrschen will.

SONDERDRUCK AUS
DIE CHEMIE DER PFLANZENZELLWAND
HERAUSGEGEBEN VON
ERICH TREIBER

SPRINGER-VERLAG / BERLIN · GÖTTINGEN · HEIDELBERG 1957

MORPHOLOGIE DES CUTINS UND DES SPOROPOLLENINS

VON
P. SITTE

MIT 5 ABBILDUNGEN

SPRINGER-VERLAG / BERLIN · GÖTTINGEN · HEIDELBERG

Die Chemie der Pflanzenzellwand

Ein Beitrag zur Morphologie, Physik, Chemie und Technologie der Cellulose und ihrer Begleiter.

Bearbeitet von E. Adler, S. Asunmaa, J. Gierer, O. Härtel, B. Koljo, (O. Kratky), P. W. Lange, B. Lindberg, H. Meier, G. Porod, J. Schurz, P. Sitte, L. Stockman, E. Treiber. Herausgegeben von **Erich Treiber,** Zentrallaboratorium der schwedischen Celluloseindustrie, Stockholm. Mit 249 Abbildungen in 336 Einzeldarstellungen. XIV, 511 Seiten Gr.-8°. 1957.

Ganzleinen DM 98.—

Inhaltsübersicht: **I. Einführung.** 1. Einleitung (Übermolekulare Struktur und Faserbildung, Biosynthese, Einfluß morphologischer Faktoren auf technische Prozesse). Bearbeitet von E. Treiber und L. Stockman. — 2. Die Kohlenhydrate (Kurze allgemeine Darstellung). Bearbeitet von E. Treiber. — 3. Mikroskopische Morphologie (nebst einem Abriß des Baues der wichtigsten Faserpflanzen). Bearbeitet von O. Härtel. — **II. Chemie und submikroskopische Morphologie der Pflanzenzellwand.** 4. Die primären Pflanzenstoffe (Cellulose, Hemicellulose, Gummen, Schleimstoffe usw). Bearbeitet von S. Asunmaa, P. W. Lange, B. Lindberg, H. Meier und E. Treiber. — 5. Anhang (zu §§ 19 und 20). (Allgemeines zur Chemie und Physik der Cellulose). Bearbeitet von (O. Kratky), B. Lindberg, G. Porod, J. Schurz und E. Treiber. — 6. Die Chemie der übrigen Wandsubstanzen (Lignin, Suberin, Cutin, Extraktstoffe usw.). Bearbeitet von E. Adler, J. Gierer, O. Härtel, B. Koljo, B. Lindberg, P. Sitte und E. Treiber. — Namen- und Sachverzeichnis.

Erstmalig wird von 14 aus der Fachliteratur bekannten Fachleuten der Versuch unternommen, zusammenfassend die für Wissenschaft und Praxis so bedeutungsvolle übermolekulare Struktur der Gerüstsubstanzen pflanzlicher Zellwände unter Berücksichtigung technischer Gesichtspunkte, gesehen im biologischen Durchdringungssystem, welches die Zellwand darstellt, zu behandeln. In den letzten Dezennien hat sich mehr und mehr die Erkenntnis durchgesetzt, daß die submikroskopische Struktur, oft die ganze biologische Einheit (Faserzelle) von außerordentlicher Bedeutung für das Verstehen chemischer und technologischer Eigentümlichkeiten ist. Man kann heute nicht mehr allein von einer chemischen Holzforschung sprechen, muß sich doch der Cellulosechemiker ebenso mit gewissen botanischen, anatomischen, pflanzenphysiologischen, biologischen, physikalischen und physikochemischen Fragen beschäftigen, wenn er den von der Natur so heterogenen, jedoch nach unfaßbaren Gesetzmäßigkeiten so logisch aufgebauten Naturstoff „Holz" kennenlernen, verstehen und in seiner zweckmäßigen technologischen Verwertung völlig beherrschen will.

SONDERDRUCK AUS
DIE CHEMIE DER PFLANZENZELLWAND
HERAUSGEGEBEN VON
ERICH TREIBER

SPRINGER-VERLAG / BERLIN · GÖTTINGEN · HEIDELBERG 1957

DER EINFLUSS MORPHOLOGISCHER FAKTOREN AUF DIE HERSTELLUNG VON ZELLSTOFF UND PAPIER

VON

L. STOCKMAN

MIT 6 ABBILDUNGEN

SONDERDRUCK AUS
DIE CHEMIE DER PFLANZENZELLWAND
HERAUSGEGEBEN VON
ERICH TREIBER

SPRINGER-VERLAG / BERLIN · GÖTTINGEN · HEIDELBERG 1957

DIE BIOLOGISCHE ENTSTEHUNG DER CELLULOSE

VON

E. TREIBER

MIT 11 ABBILDUNGEN

SPRINGER-VERLAG / BERLIN · GÖTTINGEN · HEIDELBERG

Die Chemie der Pflanzenzellwand

Ein Beitrag zur Morphologie, Physik, Chemie und Technologie der Cellulose und ihrer Begleiter.

Bearbeitet von E. Adler, S. Asunmaa, J. Gierer, O. Härtel, B. Koljo, (O. Kratky), P. W. Lange, B. Lindberg, H. Meier, G. Porod, J. Schurz, P. Sitte, L. Stockman, E. Treiber. Herausgegeben von **Erich Treiber,** Zentrallaboratorium der schwedischen Celluloseindustrie, Stockholm. Mit 249 Abbildungen in 336 Einzeldarstellungen. XIV, 511 Seiten Gr.-8°. 1957.

Ganzleinen DM 98.—

Inhaltsübersicht: **I. Einführung.** 1. Einleitung (Übermolekulare Struktur und Faserbildung, Biosynthese, Einfluß morphologischer Faktoren auf technische Prozesse). Bearbeitet von E. Treiber und L. Stockman. — 2. Die Kohlenhydrate (Kurze allgemeine Darstellung). Bearbeitet von E. Treiber. — 3. Mikroskopische Morphologie (nebst einem Abriß des Baues der wichtigsten Faserpflanzen). Bearbeitet von O. Härtel. — **II. Chemie und submikroskopische Morphologie der Pflanzenzellwand.** 4. Die primären Pflanzenstoffe (Cellulose, Hemicellulose, Gummen, Schleimstoffe usw). Bearbeitet von S. Asunmaa, P. W. Lange, B. Lindberg, H. Meier und E. Treiber. — 5. Anhang (zu §§ 19 und 20). (Allgemeines zur Chemie und Physik der Cellulose). Bearbeitet von (O. Kratky), B. Lindberg, G. Porod, J. Schurz und E. Treiber. — 6. Die Chemie der übrigen Wandsubstanzen (Lignin, Suberin, Cutin, Extraktstoffe usw.). Bearbeitet von E. Adler, J. Gierer, O. Härtel, B. Koljo, B. Lindberg, P. Sitte und E. Treiber. — Namen- und Sachverzeichnis.

Erstmalig wird von 14 aus der Fachliteratur bekannten Fachleuten der Versuch unternommen, zusammenfassend die für Wissenschaft und Praxis so bedeutungsvolle übermolekulare Struktur der Gerüstsubstanzen pflanzlicher Zellwände unter Berücksichtigung technischer Gesichtspunkte, gesehen im biologischen Durchdringungssystem, welches die Zellwand darstellt, zu behandeln. In den letzten Dezennien hat sich mehr und mehr die Erkenntnis durchgesetzt, daß die submikroskopische Struktur, oft die ganze biologische Einheit (Faserzelle) von außerordentlicher Bedeutung für das Verstehen chemischer und technologischer Eigentümlichkeiten ist. Man kann heute nicht mehr allein von einer chemischen Holzforschung sprechen, muß sich doch der Cellulosechemiker ebenso mit gewissen botanischen, anatomischen, pflanzenphysiologischen, biologischen, physikalischen und physikochemischen Fragen beschäftigen, wenn er den von der Natur so heterogenen, jedoch nach unfaßbaren Gesetzmäßigkeiten so logisch aufgebauten Naturstoff „Holz" kennenlernen, verstehen und in seiner zweckmäßigen technologischen Verwertung völlig beherrschen will.

SONDERDRUCK AUS
DIE CHEMIE DER PFLANZENZELLWAND
HERAUSGEGEBEN VON
ERICH TREIBER

SPRINGER-VERLAG / BERLIN · GÖTTINGEN · HEIDELBERG 1957

DER EINFLUSS MORPHOLOGISCHER FAKTOREN AUF DEN CHEMISCHEN UMSATZ VON KUNSTSEIDENZELLSTOFFEN

VON

E. TREIBER

MIT 11 ABBILDUNGEN

SPRINGER-VERLAG / BERLIN · GÖTTINGEN · HEIDELBERG

Die Chemie der Pflanzenzellwand

Ein Beitrag zur Morphologie, Physik, Chemie und Technologie der Cellulose und ihrer Begleiter.

Bearbeitet von E. Adler, S. Asunmaa, J. Gierer, O. Härtel, B. Koljo, (O. Kratky), P. W. Lange, B. Lindberg, H. Meier, G. Porod, J. Schurz, P. Sitte, L. Stockman, E. Treiber. Herausgegeben von **Erich Treiber,** Zentrallaboratorium der schwedischen Celluloseindustrie, Stockholm. Mit 249 Abbildungen in 336 Einzeldarstellungen. XIV, 511 Seiten Gr.-8°. 1957. Ganzleinen DM 98.—

Inhaltsübersicht: **I. Einführung.** 1. Einleitung (Übermolekulare Struktur und Faserbildung, Biosynthese, Einfluß morphologischer Faktoren auf technische Prozesse). Bearbeitet von E. Treiber und L. Stockman. — 2. Die Kohlenhydrate (Kurze allgemeine Darstellung). Bearbeitet von E. Treiber. — 3. Mikroskopische Morphologie (nebst einem Abriß des Baues der wichtigsten Faserpflanzen). Bearbeitet von O. Härtel. — **II. Chemie und submikroskopische Morphologie der Pflanzenzellwand.** 4. Die primären Pflanzenstoffe (Cellulose, Hemicellulose, Gummen, Schleimstoffe usw). Bearbeitet von S. Asunmaa, P. W. Lange, B. Lindberg, H. Meier und E. Treiber. — 5. Anhang (zu §§ 19 und 20). (Allgemeines zur Chemie und Physik der Cellulose). Bearbeitet von (O. Kratky), B. Lindberg, G. Porod, J. Schurz und E. Treiber. — 6. Die Chemie der übrigen Wandsubstanzen (Lignin, Suberin, Cutin, Extraktstoffe usw.). Bearbeitet von E. Adler, J. Gierer, O. Härtel, B. Koljo, B. Lindberg, P. Sitte und E. Treiber. — Namen- und Sachverzeichnis.

Erstmalig wird von 14 aus der Fachliteratur bekannten Fachleuten der Versuch unternommen, zusammenfassend die für Wissenschaft und Praxis so bedeutungsvolle übermolekulare Struktur der Gerüstsubstanzen pflanzlicher Zellwände unter Berücksichtigung technischer Gesichtspunkte, gesehen im biologischen Durchdringungssystem, welches die Zellwand darstellt, zu behandeln. In den letzten Dezennien hat sich mehr und mehr die Erkenntnis durchgesetzt, daß die submikroskopische Struktur, oft die ganze biologische Einheit (Faserzelle) von außerordentlicher Bedeutung für das Verstehen chemischer und technologischer Eigentümlichkeiten ist. Man kann heute nicht mehr allein von einer chemischen Holzforschung sprechen, muß sich doch der Cellulosechemiker ebenso mit gewissen botanischen, anatomischen, pflanzenphysiologischen, biologischen, physikalischen und physikochemischen Fragen beschäftigen, wenn er den von der Natur so heterogenen, jedoch nach unfaßbaren Gesetzmäßigkeiten so logisch aufgebauten Naturstoff „Holz" kennenlernen, verstehen und in seiner zweckmäßigen technologischen Verwertung völlig beherrschen will.

SONDERDRUCK AUS

DIE CHEMIE DER PFLANZENZELLWAND

HERAUSGEGEBEN VON

ERICH TREIBER

SPRINGER-VERLAG / BERLIN · GÖTTINGEN · HEIDELBERG 1957

DIE CELLULOSE

VON

E. TREIBER

MIT 27 ABBILDUNGEN

SONDERDRUCK AUS
DIE CHEMIE DER PFLANZENZELLWAND
HERAUSGEGEBEN VON
ERICH TREIBER

SPRINGER-VERLAG / BERLIN · GÖTTINGEN · HEIDELBERG 1957

DER ÜBERMOLEKULARE AUFBAU DER CELLULOSE UND DIE TEXTUR DER ZELLWÄNDE

VORBEMERKUNG

DIE STRUKTUR DER FASERZELLWAND

VON

E. TREIBER

MIT 9 ABBILDUNGEN

SPRINGER-VERLAG / BERLIN · GÖTTINGEN · HEIDELBERG

Die Chemie der Pflanzenzellwand

Ein Beitrag zur Morphologie, Physik, Chemie und Technologie der Cellulose und ihrer Begleiter.

Bearbeitet von E. Adler, S. Asunmaa, J. Gierer, O. Härtel, B. Koljo, (O. Kratky), P. W. Lange, B. Lindberg, H. Meier, G. Porod, J. Schurz, P. Sitte, L. Stockman, E. Treiber. Herausgegeben von **Erich Treiber,** Zentrallaboratorium der schwedischen Celluloseindustrie, Stockholm. Mit 249 Abbildungen in 336 Einzeldarstellungen. XIV, 511 Seiten Gr.-8°. 1957. Ganzleinen DM 98.—

Inhaltsübersicht: **I. Einführung.** 1. Einleitung (Übermolekulare Struktur und Faserbildung, Biosynthese, Einfluß morphologischer Faktoren auf technische Prozesse). Bearbeitet von E. Treiber und L. Stockman. — 2. Die Kohlenhydrate (Kurze allgemeine Darstellung). Bearbeitet von E. Treiber. — 3. Mikroskopische Morphologie (nebst einem Abriß des Baues der wichtigsten Faserpflanzen). Bearbeitet von O. Härtel. — **II. Chemie und submikroskopische Morphologie der Pflanzenzellwand.** 4. Die primären Pflanzenstoffe (Cellulose, Hemicellulose, Gummen, Schleimstoffe usw). Bearbeitet von S. Asunmaa, P. W. Lange, B. Lindberg, H. Meier und E. Treiber. — 5. Anhang (zu §§ 19 und 20). (Allgemeines zur Chemie und Physik der Cellulose). Bearbeitet von (O. Kratky), B. Lindberg, G. Porod, J. Schurz und E. Treiber. — 6. Die Chemie der übrigen Wandsubstanzen (Lignin, Suberin, Cutin, Extraktstoffe usw.). Bearbeitet von E. Adler, J. Gierer, O. Härtel, B. Koljo, B. Lindberg, P. Sitte und E. Treiber. — Namen- und Sachverzeichnis.

Erstmalig wird von 14 aus der Fachliteratur bekannten Fachleuten der Versuch unternommen, zusammenfassend die für Wissenschaft und Praxis so bedeutungsvolle übermolekulare Struktur der Gerüstsubstanzen pflanzlicher Zellwände unter Berücksichtigung technischer Gesichtspunkte, gesehen im biologischen Durchdringungssystem, welches die Zellwand darstellt, zu behandeln. In den letzten Dezennien hat sich mehr und mehr die Erkenntnis durchgesetzt, daß die submikroskopische Struktur, oft die ganze biologische Einheit (Faserzelle) von außerordentlicher Bedeutung für das Verstehen chemischer und technologischer Eigentümlichkeiten ist. Man kann heute nicht mehr allein von einer chemischen Holzforschung sprechen, muß sich doch der Cellulosechemiker ebenso mit gewissen botanischen, anatomischen, pflanzenphysiologischen, biologischen, physikalischen und physikochemischen Fragen beschäftigen, wenn er den von der Natur so heterogenen, jedoch nach unfaßbaren Gesetzmäßigkeiten so logisch aufgebauten Naturstoff „Holz" kennenlernen, verstehen und in seiner zweckmäßigen technologischen Verwertung völlig beherrschen will.

SONDERDRUCK AUS
DIE CHEMIE DER PFLANZENZELLWAND
HERAUSGEGEBEN VON
ERICH TREIBER

SPRINGER-VERLAG / BERLIN · GÖTTINGEN · HEIDELBERG 1957

AUFBAU DER EINZELFASER · EXISTENZ UND BAU DER SEKUNDÄR-FIBRILLE · DIE PRIMÄRWAND DIE SEKUNDÄRWAND

VON

E. TREIBER

MIT 22 ABBILDUNGEN

SONDERDRUCK AUS
DIE CHEMIE DER PFLANZENZELLWAND
HERAUSGEGEBEN VON
ERICH TREIBER

SPRINGER-VERLAG / BERLIN · GÖTTINGEN · HEIDELBERG 1957

HEMICELLULOSEN

VON

E. TREIBER

MIT 4 ABBILDUNGEN

Die Chemie der Pflanzenzellwand

Ein Beitrag zur Morphologie, Physik, Chemie und Technologie der Cellulose und ihrer Begleiter.

Bearbeitet von E. Adler, S. Asunmaa, J. Gierer, O. Härtel, B. Koljo, (O. Kratky), P. W. Lange, B. Lindberg, H. Meier, G. Porod, J. Schurz, P. Sitte, L. Stockman, E. Treiber. Herausgegeben von **Erich Treiber,** Zentrallaboratorium der schwedischen Celluloseindustrie, Stockholm. Mit 249 Abbildungen in 336 Einzeldarstellungen. XIV, 511 Seiten Gr.-8°. 1957.
Ganzleinen DM 98.—

Inhaltsübersicht: **I. Einführung.** 1. Einleitung (Übermolekulare Struktur und Faserbildung, Biosynthese, Einfluß morphologischer Faktoren auf technische Prozesse). Bearbeitet von E. Treiber und L. Stockman. — 2. Die Kohlenhydrate (Kurze allgemeine Darstellung). Bearbeitet von E. Treiber. — 3. Mikroskopische Morphologie (nebst einem Abriß des Baues der wichtigsten Faserpflanzen). Bearbeitet von O. Härtel. — **II. Chemie und submikroskopische Morphologie der Pflanzenzellwand.** 4. Die primären Pflanzenstoffe (Cellulose, Hemicellulose, Gummen, Schleimstoffe usw). Bearbeitet von S. Asunmaa, P. W. Lange, B. Lindberg, H. Meier und E. Treiber. — 5. Anhang (zu §§ 19 und 20). (Allgemeines zur Chemie und Physik der Cellulose). Bearbeitet von (O. Kratky), B. Lindberg, G. Porod, J. Schurz und E. Treiber. — 6. Die Chemie der übrigen Wandsubstanzen (Lignin, Suberin, Cutin, Extraktstoffe usw.). Bearbeitet von E. Adler, J. Gierer, O. Härtel, B. Koljo, B. Lindberg, P. Sitte und E. Treiber. — Namen- und Sachverzeichnis.

Erstmalig wird von 14 aus der Fachliteratur bekannten Fachleuten der Versuch unternommen, zusammenfassend die für Wissenschaft und Praxis so bedeutungsvolle übermolekulare Struktur der Gerüstsubstanzen pflanzlicher Zellwände unter Berücksichtigung technischer Gesichtspunkte, gesehen im biologischen Durchdringungssystem, welches die Zellwand darstellt, zu behandeln. In den letzten Dezennien hat sich mehr und mehr die Erkenntnis durchgesetzt, daß die submikroskopische Struktur, oft die ganze biologische Einheit (Faserzelle) von außerordentlicher Bedeutung für das Verstehen chemischer und technologischer Eigentümlichkeiten ist. Man kann heute nicht mehr allein von einer chemischen Holzforschung sprechen, muß sich doch der Cellulosechemiker ebenso mit gewissen botanischen, anatomischen, pflanzenphysiologischen, biologischen, physikalischen und physikochemischen Fragen beschäftigen, wenn er den von der Natur so heterogenen, jedoch nach unfaßbaren Gesetzmäßigkeiten so logisch aufgebauten Naturstoff „Holz" kennenlernen, verstehen und in seiner zweckmäßigen technologischen Verwertung völlig beherrschen will.

SONDERDRUCK AUS
DIE CHEMIE DER PFLANZENZELLWAND
HERAUSGEGEBEN VON
ERICH TREIBER

SPRINGER-VERLAG / BERLIN · GÖTTINGEN · HEIDELBERG 1957

ZUR BEURTEILUNG VON KUNSTSEIDENZELLSTOFFEN

VON

E. TREIBER

MIT 6 ABBILDUNGEN

SPRINGER-VERLAG / BERLIN · GÖTTINGEN · HEIDELBERG

Die Chemie der Pflanzenzellwand

Ein Beitrag zur Morphologie, Physik, Chemie und Technologie der Cellulose und ihrer Begleiter.

Bearbeitet von E. Adler, S. Asunmaa, J. Gierer, O. Härtel, B. Koljo, (O. Kratky), P. W. Lange, B. Lindberg, H. Meier, G. Porod, J. Schurz, P. Sitte, L. Stockman, E. Treiber. Herausgegeben von **Erich Treiber,** Zentrallaboratorium der schwedischen Celluloseindustrie, Stockholm. Mit 249 Abbildungen in 336 Einzeldarstellungen. XIV, 511 Seiten Gr.-8°. 1957.

Ganzleinen DM 98.—

Inhaltsübersicht: **I. Einführung.** 1. Einleitung (Übermolekulare Struktur und Faserbildung, Biosynthese, Einfluß morphologischer Faktoren auf technische Prozesse). Bearbeitet von E. Treiber und L. Stockman. — 2. Die Kohlenhydrate (Kurze allgemeine Darstellung). Bearbeitet von E. Treiber. — 3. Mikroskopische Morphologie (nebst einem Abriß des Baues der wichtigsten Faserpflanzen). Bearbeitet von O. Härtel. — **II. Chemie und submikroskopische Morphologie der Pflanzenzellwand.** 4. Die primären Pflanzenstoffe (Cellulose, Hemicellulose, Gummen, Schleimstoffe usw). Bearbeitet von S. Asunmaa, P. W. Lange, B. Lindberg, H. Meier und E. Treiber. — 5. Anhang (zu §§ 19 und 20). (Allgemeines zur Chemie und Physik der Cellulose). Bearbeitet von (O. Kratky), B. Lindberg, G. Porod, J. Schurz und E. Treiber. — 6. Die Chemie der übrigen Wandsubstanzen (Lignin, Suberin, Cutin, Extraktstoffe usw.). Bearbeitet von E. Adler, J. Gierer, O. Härtel, B. Koljo, B. Lindberg, P. Sitte und E. Treiber. — Namen- und Sachverzeichnis.

Erstmalig wird von 14 aus der Fachliteratur bekannten Fachleuten der Versuch unternommen, zusammenfassend die für Wissenschaft und Praxis so bedeutungsvolle übermolekulare Struktur der Gerüstsubstanzen pflanzlicher Zellwände unter Berücksichtigung technischer Gesichtspunkte, gesehen im biologischen Durchdringungssystem, welches die Zellwand darstellt, zu behandeln. In den letzten Dezennien hat sich mehr und mehr die Erkenntnis durchgesetzt, daß die submikroskopische Struktur, oft die ganze biologische Einheit (Faserzelle) von außerordentlicher Bedeutung für das Verstehen chemischer und technologischer Eigentümlichkeiten ist. Man kann heute nicht mehr allein von einer chemischen Holzforschung sprechen, muß sich doch der Cellulosechemiker ebenso mit gewissen botanischen, anatomischen, pflanzenphysiologischen, biologischen, physikalischen und physikochemischen Fragen beschäftigen, wenn er den von der Natur so heterogenen, jedoch nach unfaßbaren Gesetzmäßigkeiten so logisch aufgebauten Naturstoff „Holz" kennenlernen, verstehen und in seiner zweckmäßigen technologischen Verwertung völlig beherrschen will.

SONDERDRUCK AUS
DIE CHEMIE DER PFLANZENZELLWAND
HERAUSGEGEBEN VON
ERICH TREIBER

SPRINGER-VERLAG / BERLIN · GÖTTINGEN · HEIDELBERG 1957

DIE PHYSIKALISCH-CHEMISCHEN KONSTANTEN DER CELLULOSE

VON

E. TREIBER